中文版

3ds Max 2013/VRay 效果图制作从新手到高手

时代印象 TIMES IMPRESSION 曹茂鹏 瞿颖健 编著

人民邮电出版社
北京

图书在版编目（CIP）数据

中文版3ds Max 2013/VRay效果图制作从新手到高手 / 时代印象，曹茂鹏，瞿颖健编著. -- 北京 : 人民邮电出版社，2013.9
ISBN 978-7-115-32204-3

Ⅰ. ①中… Ⅱ. ①时… ②曹… ③瞿… Ⅲ. ①三维动画软件 Ⅳ. ①TP391.41

中国版本图书馆CIP数据核字(2013)第156919号

内 容 提 要

这是一本系统讲解使用3ds Max+VRay进行效果图制作的图书，全书以制作效果图的基本流程为主线，从创建模型、放置摄影机、制作材质、布置灯光、渲染输出，到后期处理，每一个流程都有相对应的章节进行细致介绍，并且理论结合实战，是入门级读者快速掌握3ds Max效果图制作技术的必备参考书。

本书主要是针对效果图制作的相关技术，所以在教学内容上做了精心筛选，如建模方面就重点介绍了多边形建模，非常实用。对于材质、灯光、摄影机、渲染方面的技术，本书围绕3ds Max和VRay同时展开，因为VRay也有自身的材质、灯光和摄影机功能，渲染能力也是极为出色的，这也是VRay能够成为当前主流渲染器的核心因素。

本书主要针对零基础的读者而开发，从理论到技术，再到应用和提高，案例配置也遵循高低搭配的原则，让读者在学习过程中稳步提高，真正实现从新手到高手的蜕变。大量的应用型案例不仅让读者轻松有效地掌握了软件技术，而且还拓展了读者的视野，为工作就业奠定了良好的基础。

本书适合作为初、中级读者学习效果图制作的入门及提高参考书，图书附赠1张DVD教学光盘，内容包括本书所有案例文件、素材文件、贴图文件和多媒体教学录像。

◆ 编　　著　时代印象　曹茂鹏　瞿颖健
责任编辑　孟飞飞
责任印制　方　航

◆ 人民邮电出版社出版发行　北京市崇文区夕照寺街14号
邮编　100061　电子邮件　315@ptpress.com.cn
网址　http://www.ptpress.com.cn
北京鑫丰华彩印有限公司印刷

◆ 开本：787×1092　1/16
印张：29　彩插：8
字数：978千字　2013年9月第1版
印数：1-4 000册　2013年9月北京第1次印刷

定价：98.00元（附光盘）

读者服务热线：(010)67132692　印装质量热线：(010)67129223
反盗版热线：(010)67171154
广告经营许可证：京崇工商广字第0021号

使用3ds Max制作作品时，一般都遵循“建模→材质→灯光→渲染”这4个基本流程。建模是一幅作品的基础，没有模型，材质和灯光就是无稽之谈。在3ds Max中，建模的过程就相当于现实生活中的“雕刻”的过程。

3ds Max中的建模方法大致可以分为内置几何体建模、复合对象建模、二维图形建模、网格建模（实际上网格建模也属于多边形建模）、多边形建模、面片建模和NURBS建模7种。确切地说，它们不应该有固定的分类，因为它们之间都可以交互使用。

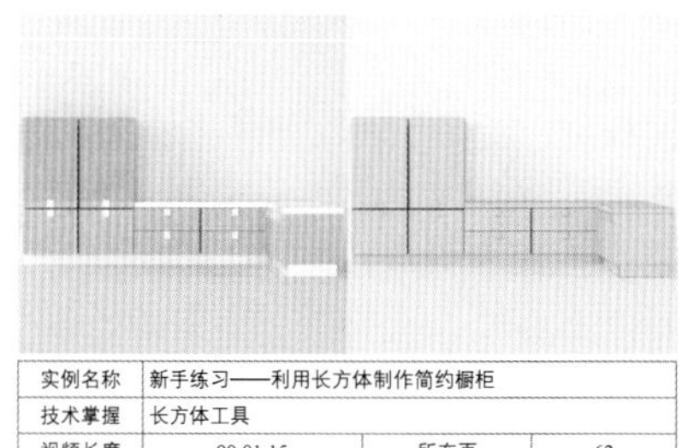

实例名称	新手练习——利用长方体制作简约橱柜		
技术掌握	长方体工具		
视频长度	00:01:15	所在页	62

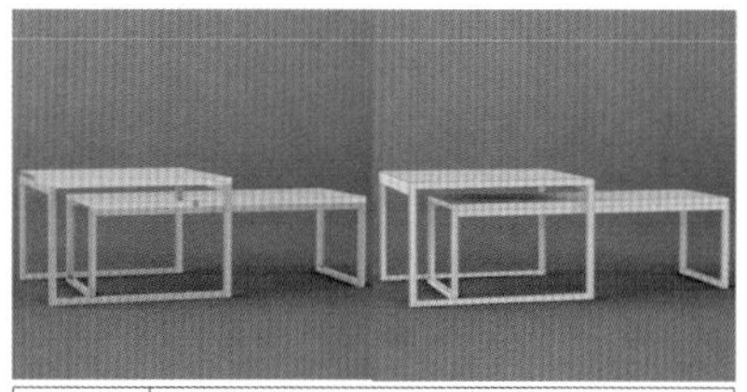

实例名称	新手练习——利用长方体制作组合茶几		
技术掌握	长方体工具、移动复制功能		
视频长度	00:01:15	所在页	64

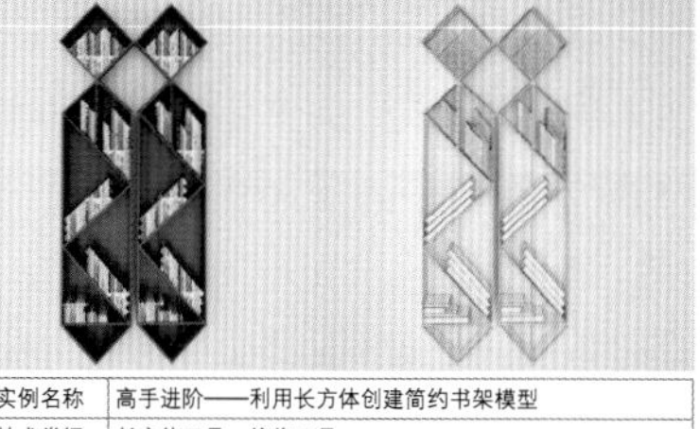

实例名称	高手进阶——利用长方体创建简约书架模型		
技术掌握	长方体工具、镜像工具		
视频长度	00:01:15	所在页	65

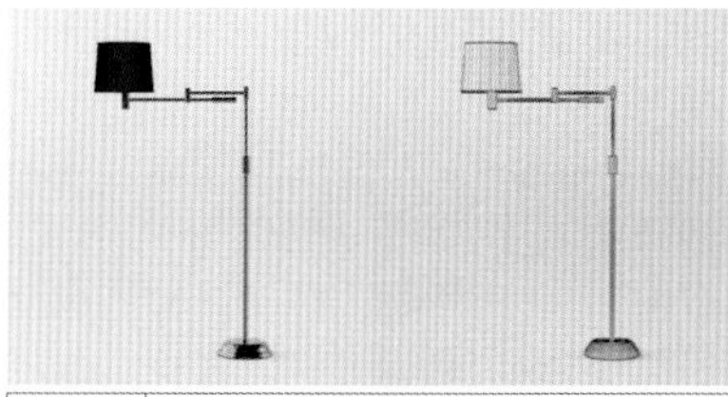

实例名称	新手练习——利用标准基本体制作落地灯		
技术掌握	管状体工具、圆柱体工具		
视频长度	00:01:15	所在页	68

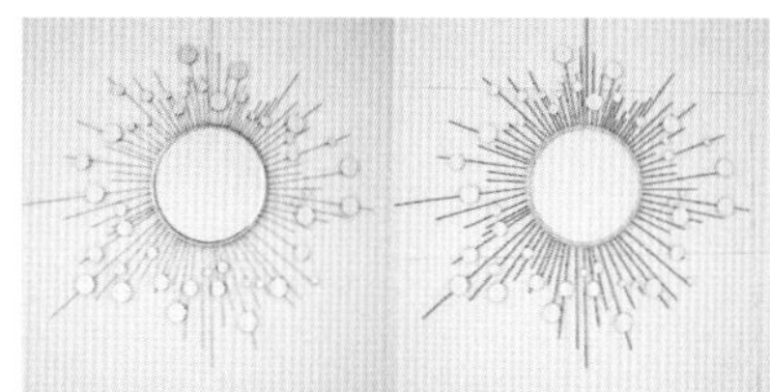

实例名称	新手练习——利用圆柱体制作镜子的模型		
技术掌握	圆柱体工具、移动复制功能		
视频长度	00:01:15	所在页	69

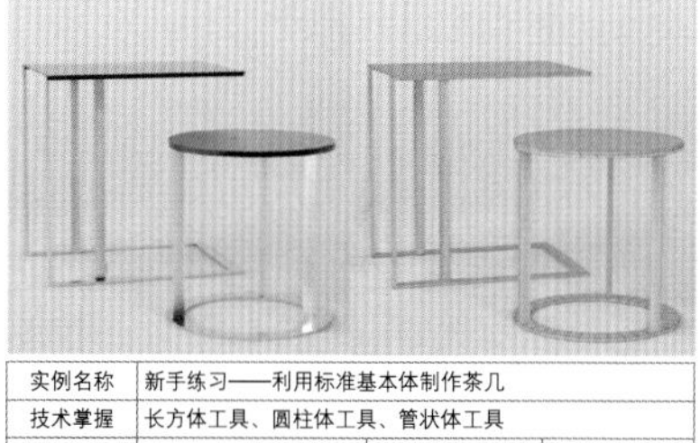

实例名称	新手练习——利用标准基本体制作茶几		
技术掌握	长方体工具、圆柱体工具、管状体工具		
视频长度	00:01:15	所在页	70

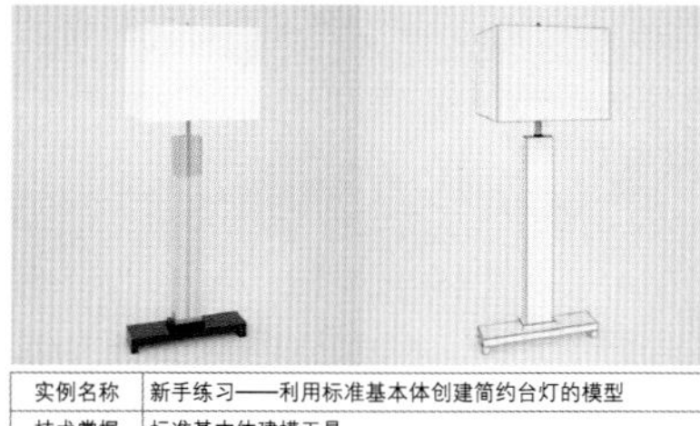

实例名称	新手练习——利用标准基本体创建简约台灯的模型		
技术掌握	标准基本体建模工具		
视频长度	00:01:15	所在页	71

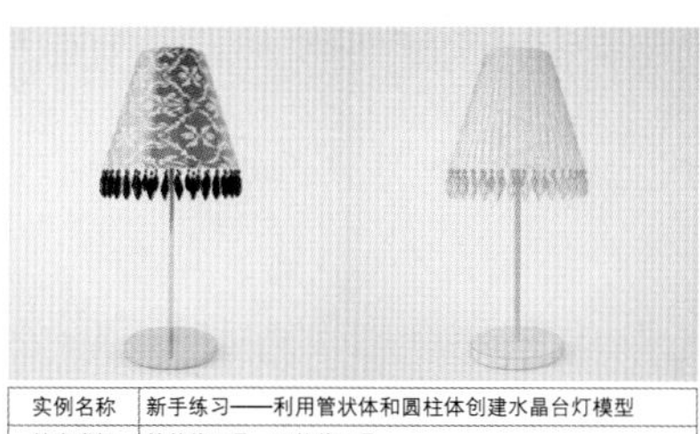

实例名称	新手练习——利用管状体和圆柱体创建水晶台灯模型		
技术掌握	管状体工具、圆柱体工具		
视频长度	00:01:15	所在页	72

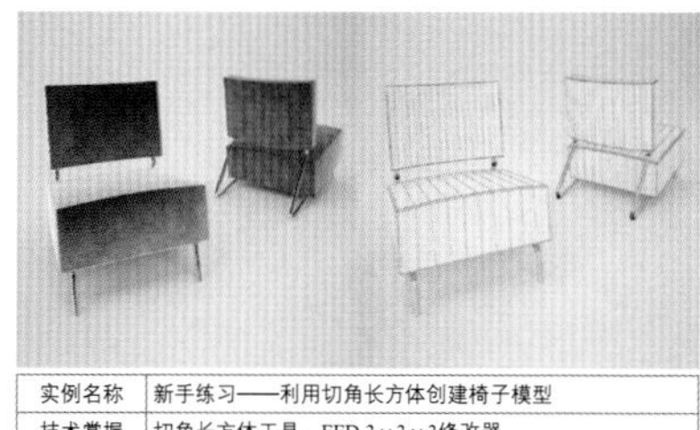

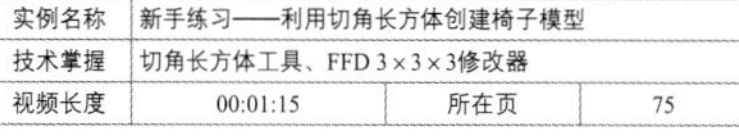

实例名称	新手练习——利用切角长方体创建椅子模型		
技术掌握	切角长方体工具、FFD 3×3×3修改器		
视频长度	00:01:15	所在页	75

实例名称	新手练习——制作欧式柱		
技术掌握	软管工具、球体工具		
视频长度	00:01:15	所在页	78

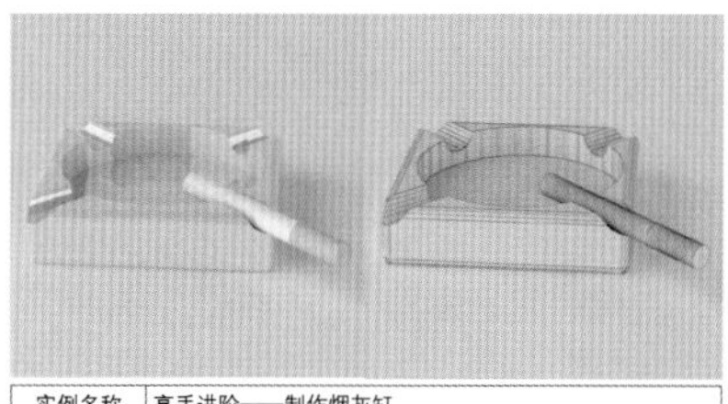

实例名称	高手进阶——制作烟灰缸		
技术掌握	圆柱体工具、切角长方体工具、油罐工具、ProBoolean工具		
视频长度	00:01:15	所在页	90

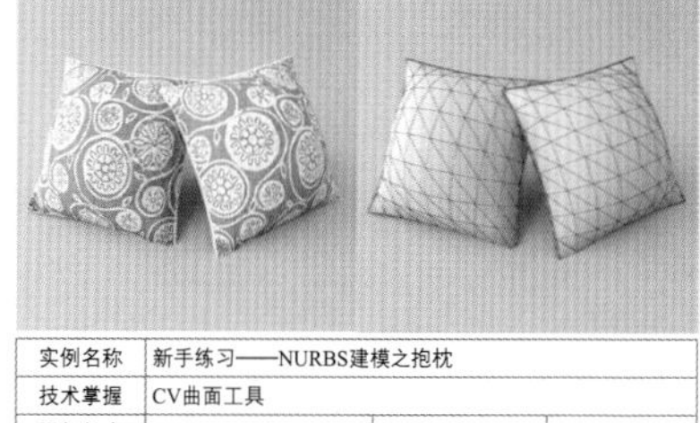

实例名称	新手练习——NURBS建模之抱枕		
技术掌握	CV曲面工具		
视频长度	00:01:15	所在页	96

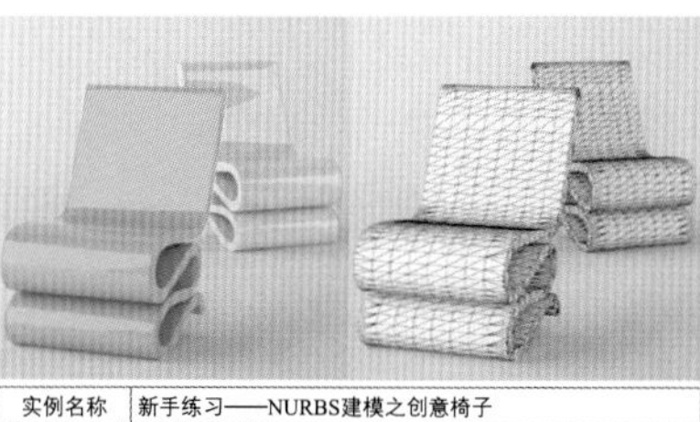

实例名称	新手练习——NURBS建模之创意椅子		
技术掌握	点曲线工具、创建挤出曲面工具		
视频长度	00:01:15	所在页	97

实例名称	新手练习——利用VRay代理物体创建剧场		
技术掌握	VRay代理工具		
视频长度	00:01:15	所在页	100

实例名称	新手练习——利用VRay毛皮制作地毯		
技术掌握	VRay毛皮工具		
视频长度	00:01:15	所在页	102

建模篇

实例名称	新手练习——制作卡通猫咪		
技术掌握	线工具		
视频长度	00:01:15	所在页	113

实例名称	新手练习——制作创意字母		
技术掌握	文本工具		
视频长度	00:01:15	所在页	115

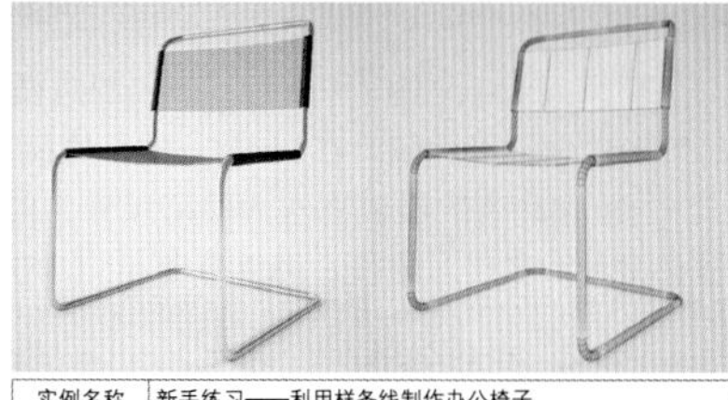

实例名称	新手练习——利用样条线制作办公椅子		
技术掌握	线工具、圆工具		
视频长度	00:01:15	所在页	121

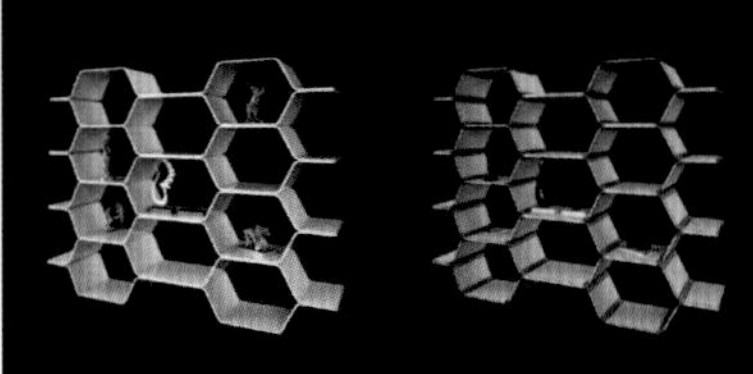

实例名称	新手练习——利用样条线创建书柜		
技术掌握	线工具		
视频长度	00:01:15	所在页	123

实例名称	高手进阶——利用样条线放样制作画框		
技术掌握	线工具、放样工具		
视频长度	00:01:15	所在页	123

实例名称	新手练习——制作花瓶		
技术掌握	点曲线工具、创建车削曲面工具		
视频长度	00:01:15	所在页	126

实例名称	高手进阶——NURBS建模之椅子		
技术掌握	CV曲线工具、创建U向放样曲面工具		
视频长度	00:01:15	所在页	126

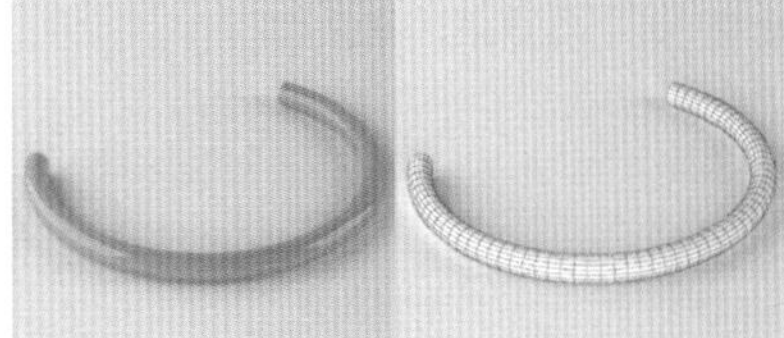

实例名称	新手练习——制作空心管		
技术掌握	弯曲修改器		
视频长度	00:01:15	所在页	133

实例名称	新手练习——制作台灯		
技术掌握	FFD 4×4×4修改器、挤出修改器		
视频长度	00:01:15	所在页	137

实例名称	新手练习——制作茶几		
技术掌握	挤出修改器、车削修改器		
视频长度	00:01:15	所在页	139

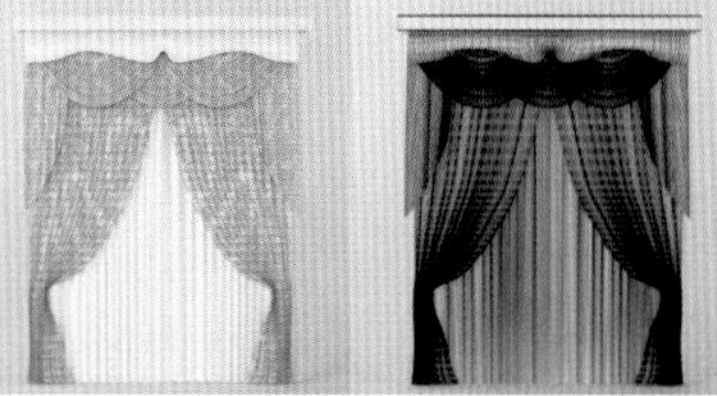

实例名称	高手进阶——制作窗帘		
技术掌握	挤出修改器、FFD 修改器		
视频长度	00:01:15	所在页	140

实例名称	新手练习——制作咖啡		
技术掌握	涟漪修改器		
视频长度	00:01:15	所在页	144

实例名称	新手练习——制作冰激凌		
技术掌握	弯曲修改器、壳修改器、扭曲修改器		
视频长度	00:01:15	所在页	146

实例名称	新手练习——制作樱桃		
技术掌握	平滑修改器、网格平滑修改器、涡轮平滑修改器		
视频长度	00:01:15	所在页	148

实例名称	新手练习——利用超级优化修改器减少模型面数		
技术掌握	优化修改器、ProOptimizer修改器		
视频长度	00:01:15	所在页	150

实例名称	新手练习——制作牌匾		
技术掌握	倒角修改器		
视频长度	00:01:15	所在页	151

实例名称	新手练习——制作果盘		
技术掌握	倒角剖面修改器		
视频长度	00:01:15	所在页	153

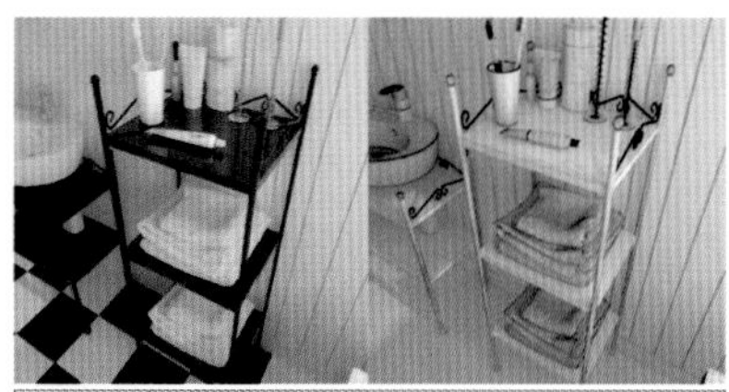

实例名称	新手练习——制作毛巾		
技术掌握	VRay置换模式修改器		
视频长度	00:01:15	所在页	154

建模篇

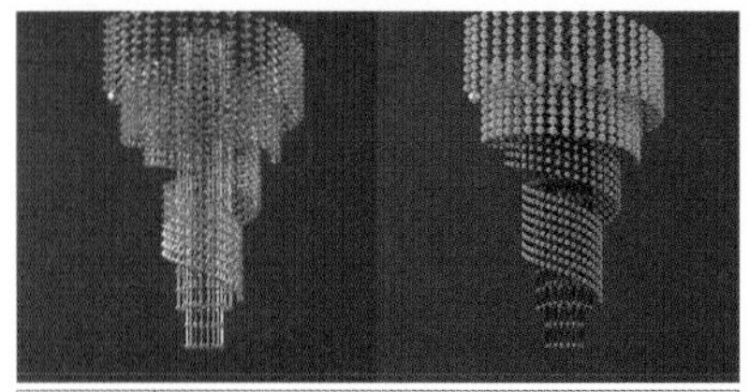

实例名称	高手进阶——制作水晶灯		
技术掌握	晶格修改器、挤出修改器		
视频长度	00:01:15	所在页	156

实例名称	新手练习——网格建模之浴缸		
技术掌握	挤出工具、切角工具		
视频长度	00:01:15	所在页	172

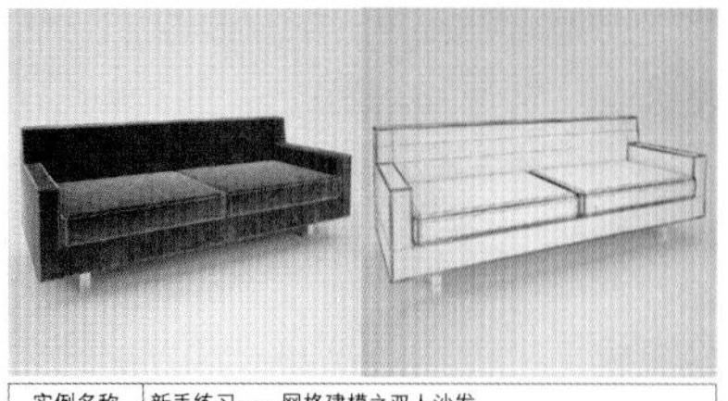

实例名称	新手练习——网格建模之双人沙发		
技术掌握	挤出工具、切角工具		
视频长度	00:01:15	所在页	174

实例名称	新手练习——网格建模之椅子		
技术掌握	挤出工具、切角工具		
视频长度	00:01:15	所在页	176

实例名称	高手进阶——网格建模之斗柜		
技术掌握	挤出工具、切角工具		
视频长度	00:01:15	所在页	179

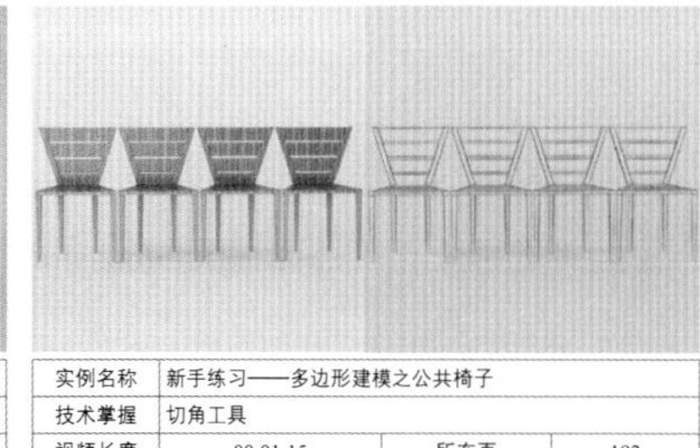

实例名称	新手练习——多边形建模之公共椅子		
技术掌握	切角工具		
视频长度	00:01:15	所在页	192

实例名称	新手练习——多边形建模之办公大楼		
技术掌握	切角工具、挤出工具、连接工具、插入工具		
视频长度	00:01:15	所在页	193

实例名称	新手练习——多边形建模之时尚书架		
技术掌握	桥工具、连接工具		
视频长度	00:01:15	所在页	195

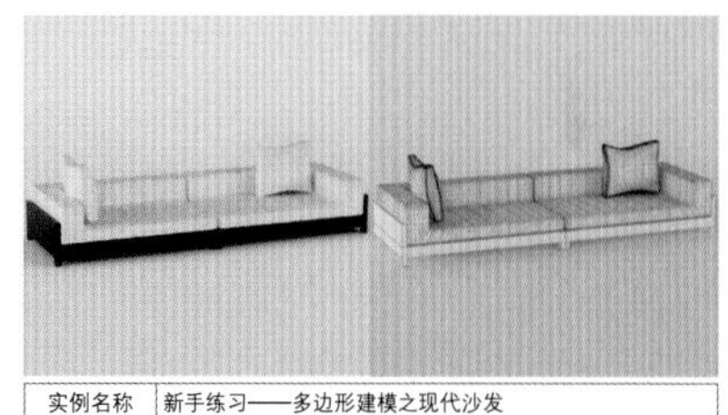

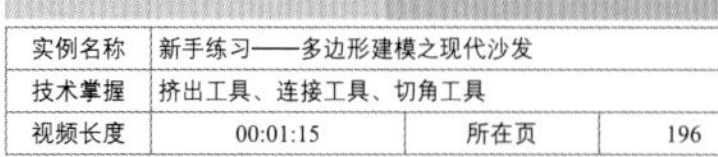

实例名称	新手练习——多边形建模之现代沙发		
技术掌握	挤出工具、连接工具、切角工具		
视频长度	00:01:15	所在页	196

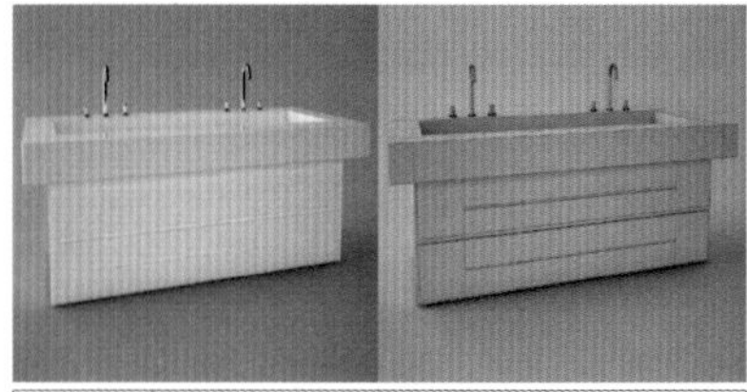

实例名称	高手进阶——多边形建模之台盆		
技术掌握	插入工具、挤出工具、切角工具、倒角工具		
视频长度	00:01:15	所在页	199

实例名称	高手进阶——多边形建模之室内装饰花		
技术掌握	调节多边形顶点		
视频长度	00:01:15	所在页	203

实例名称	高手进阶——多边形建模之柜子		
技术掌握	挤出工具、插入工具、连接工具、切角工具		
视频长度	00:01:15	所在页	205

摄影机与灯光篇

3ds Max中的摄影机在制作效果图和动画时非常重要。3ds Max中的摄影机只包含“标准”摄影机，而“标准”摄影机又包含“目标摄影机”和“自由摄影机”两种。安装好VRay渲染器后，摄影机列表中会增加一种VRay摄影机，而VRay摄影机又包含“VRay穹顶摄影机”和“VRay物理摄影机”两种。

没有灯光的世界将是一片黑暗，在三维场景中也是一样，即使有精美的模型、真实的材质以及完美的动画，如果没有灯光照射也毫无作用，由此可见灯光在三维表现中的重要性。有光才有影，才能让物体呈现出三维立体感，不同的灯光效果营造的视觉感受也不一样。灯光是视觉画面的一部分，其功能主要有3点：提供一个完整的整体氛围，展现出影像实体，营造空间的氛围；为画面着色，以塑造空间和形式；让人们集中注意力。

摄影机与灯光篇

实例名称	新手练习——利用目标摄影机制作餐桌景深效果		
技术掌握	用目标摄影机制作景深效果		
视频长度	00:01:15	所在页	214

实例名称	新手练习——利用目标摄影机制作运动模糊		
技术掌握	用目标摄影机制作运动模糊效果		
视频长度	00:01:15	所在页	215

实例名称	新手练习——测试VRay物理摄影机的光晕		
技术掌握	VRay物理摄影机的光晕功能		
视频长度	00:01:15	所在页	218

实例名称	新手练习——测试VRay物理摄影机的快门速度		
技术掌握	VRay物理摄影机的快门速度（s^-1）功能		
视频长度	00:01:15	所在页	219

实例名称	新手练习——利用目标灯光制作射灯效果		
技术掌握	用目标灯光模拟射灯		
视频长度	00:01:15	所在页	229

实例名称	高手进阶——利用目标灯光制作客厅射灯效果		
技术掌握	用目标灯光模拟客厅射灯		
视频长度	00:01:15	所在页	230

实例名称	新手练习——利用目标聚光灯制作舞台灯光		
技术掌握	用目标聚光灯模拟舞台灯光		
视频长度	00:01:15	所在页	236

实例名称	高手进阶——利用目标聚光灯模拟客厅夜景效果		
技术掌握	用目标聚光灯模拟夜景灯光		
视频长度	00:01:15	所在页	238

实例名称	新手练习——利用VRay灯光制作休息室日光效果		
技术掌握	用VRay灯光模拟日光		
视频长度	00:01:15	所在页	244

实例名称	新手练习——利用VRay灯光制作化妆间日光效果		
技术掌握	用VRay灯光模拟日光		
视频长度	00:01:15	所在页	245

实例名称	新手练习——利用VRay灯光制作壁灯效果		
技术掌握	用VRay灯光模拟壁灯		
视频长度	00:01:15	所在页	247

实例名称	新手练习——利用VRay灯光制作时尚西餐厅灯光		
技术掌握	用VRay灯光模拟时尚冷光照		
视频长度	00:01:15	所在页	250

实例名称	高手进阶——利用VRay灯光模拟灯带效果		
技术掌握	用VRay灯光模拟灯带		
视频长度	00:01:15	所在页	252

实例名称	高手进阶——利用VRay灯光制作台灯效果		
技术掌握	用VRay灯光模拟台灯		
视频长度	00:01:15	所在页	254

实例名称	新手练习——利用VRay太阳制作客厅正午阳光效果		
技术掌握	用VRay太阳模拟正午阳光		
视频长度	00:01:15	所在页	257

实例名称	新手练习——利用VRayIES制作洗手间灯光效果		
技术掌握	用VRayIES灯光模拟特殊灯光形状		
视频长度	00:01:15	所在页	259

实例名称	高手进阶——灯光综合运用制作欧式卧室灯光		
技术掌握	用VRay太阳和VRay灯光模拟卧室柔和灯光		
视频长度	00:01:15	所在页	260

实例名称	高手进阶——灯光综合运用制作中式卧室灯光		
技术掌握	用VRay灯光和目标灯光模拟卧室柔和灯光		
视频长度	00:01:15	所在页	262

实例名称	高手进阶——灯光综合运用制作卫生间灯光		
技术掌握	用VRay灯光和目标灯光模拟卫生间明亮灯光		
视频长度	00:01:15	所在页	265

材质、贴图与渲染篇

在大自然中，物体表面总是具有各种各样的特性，如颜色、透明度、表面纹理等。而对于3ds Max而言，制作一个物体除了造型之外，还要将表面特性表现出来，这样才能在三维虚拟世界中真实地再现物体本身的面貌，既做到了形似，也做到了神似。在这一表现过程中，要做到物体的形似，可以通过3ds Max的建模功能；而要做到物体的神似，就要通过材质和贴图来表现。

渲染输出是3ds Max工作流程的最后一步，也是呈现作品最终效果的关键一步。一部3D作品能否正确、直观、清晰地展现其魅力，渲染是必要的途径。3ds Max是一个全面性的三维软件，它的渲染模块能够清晰、完美地帮助制作人员完成作品的最终输出。渲染本身就是一门艺术，如果把这门艺术表现好，就需要我们深入掌握3ds Max的各种渲染设置，以及相应渲染器的用法。

实例名称	新手练习——制作绒布材质		
技术掌握	用标准材质模拟绒布材质		
视频长度	00:01:15	所在页	285

实例名称	高手进阶——制作雪山		
技术掌握	用标准材质模拟雪山材质		
视频长度	00:01:15	所在页	286

实例名称	新手练习——制作窗帘		
技术掌握	用混合材质和VRayMtl材质模拟窗帘材质		
视频长度	00:01:15	所在页	289

实例名称	高手进阶——制作雕花玻璃		
技术掌握	用混合材质模拟雕花玻璃材质		
视频长度	00:01:15	所在页	290

实例名称	新手练习——制作卡通效果		
技术掌握	用Ink' n Paint材质模拟卡通材质		
视频长度	00:01:15	所在页	292

实例名称	新手练习——制作玻璃材质		
技术掌握	用VRayMtl材质模拟玻璃材质		
视频长度	00:01:15	所在页	297

实例名称	新手练习——制作灯罩材质		
技术掌握	用VRayMtl材质模拟灯罩材质		
视频长度	00:01:15	所在页	298

实例名称	新手练习——制作水材质		
技术掌握	用VRayMtl材质模拟水材质		
视频长度	00:01:15	所在页	299

实例名称	新手练习——制作金材质		
技术掌握	用VRayMtl材质模拟金材质		
视频长度	00:01:15	所在页	300

实例名称	新手练习——制作水晶灯材质		
技术掌握	用VRayMtl材质模拟水晶材质		
视频长度	00:01:15	所在页	301

实例名称	高手进阶——制作汽车材质		
技术掌握	用VRayMtl材质模拟汽车材质		
视频长度	00:01:15	所在页	302

实例名称	新手练习——制作钻戒		
技术掌握	用VRay混合材质模拟钻戒材质		
视频长度	00:01:15	所在页	306

实例名称	高手进阶——制作银器		
技术掌握	用多维/子对象材质、VRay混合材质等模拟银器材质		
视频长度	00:01:15	所在页	307

实例名称	新手练习——制作木质衣柜		
技术掌握	用VRayMtl材质与位图贴图模拟木质材质		
视频长度	00:01:15	所在页	316

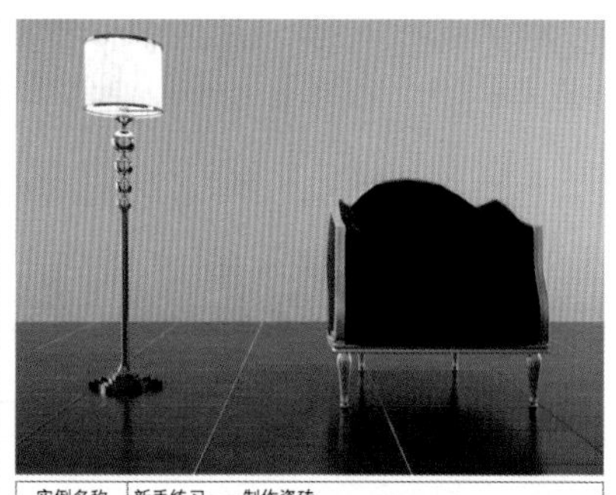

实例名称	新手练习——制作瓷砖		
技术掌握	用VRayMtl材质和平铺程序贴图模拟瓷砖材质		
视频长度	00:01:15	所在页	318

实例名称	高手进阶——制作水墨效果		
技术掌握	用标准材质和衰减程序贴图模拟水墨材质		
视频长度	00:01:15	所在页	319

实例名称	新手练习——制作沙发材质		
技术掌握	用标准材质和衰减程序贴图模拟沙发材质		
视频长度	00:01:15	所在页	324

实例名称	新手练习——制作瓷器材质		
技术掌握	用VRayMtl材质和位图贴图模拟瓷器材质		
视频长度	00:01:15	所在页	325

实例名称	新手练习——制作皮手套材质		
技术掌握	用VRayMtl材质和位图贴图模拟皮质材质		
视频长度	00:01:15	所在页	326

实例名称	高手进阶——制作食物材质		
技术掌握	用多维/子对象材质和VRayMtl材质模拟食物材质		
视频长度	00:01:15	所在页	327

实例名称	新手练习——灯光材质渲染综合应用之卫生间		
技术掌握	室内明亮灯光的表现方法；砖墙材质、陶瓷材质的制作方法		
视频长度	00:01:15	所在页	359

实例名称	新手练习——灯光材质渲染综合应用之卧室		
技术掌握	强烈阳光的表现方法；玻璃钢材质、植物材质、床单材质、窗纱材质的制作方法		
视频长度	00:01:15	所在页	369

实例名称	高手进阶——灯光材质渲染综合应用之厨房		
技术掌握	柔和日光的表现方法；白漆材质、乳胶漆材质、金属材质、花盆材质、鹅软石材质的制作方法		
视频长度	00:01:15	所在页	375

实例名称	新手练习——灯光材质渲染综合应用之客厅一角		
技术掌握	室内明亮灯光的表现方法；窗帘布材质、木纹材质的制作方法		
视频长度	00:01:15	所在页	364

实例名称	高手进阶——灯光材质渲染综合运用之现代风格餐厅		
技术掌握	餐厅明亮灯光的表现方法；椅子靠背材质、仿古砖材质、大理石台面材质、镜子材质的制作方法		
视频长度	00:01:15	所在页	381

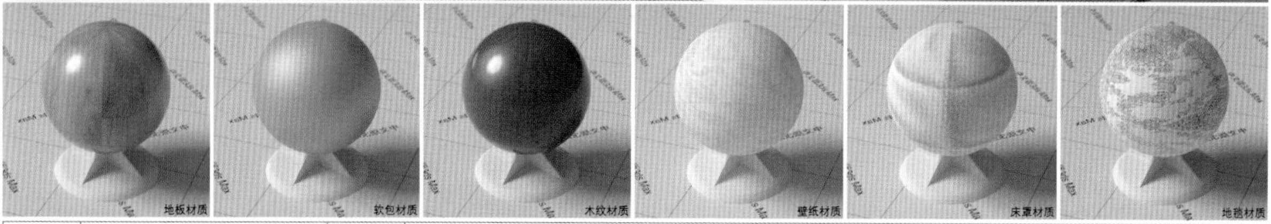

地板材质 软包材质 木纹材质 壁纸材质 床罩材质 地毯材质

实例名称	综合实例——豪华欧式卧室夜晚效果	技术掌握	卧室夜晚灯光的表现方法；软包材质、木纹材质、床盖材质、地毯材质的制作方法	视频长度	00:04:40	所在页	388

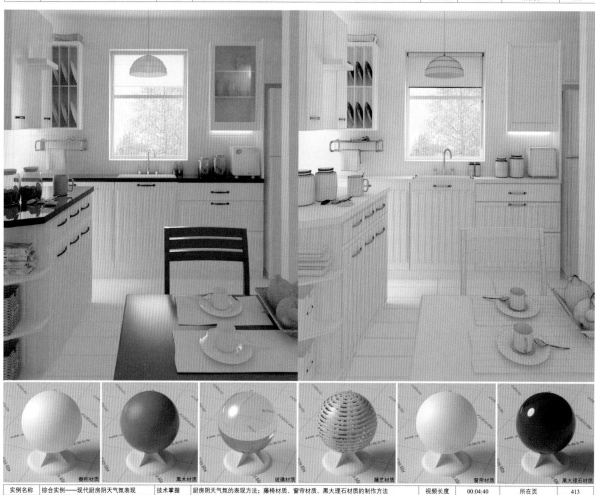

橱柜材质 黑木材质 玻璃材质 藤艺材质 窗帘材质 黑大理石材质

实例名称	综合实例——现代厨房阴天气氛表现	技术掌握	厨房阴天气氛的表现方法；藤椅材质、窗帘材质、黑大理石材质的制作方法	视频长度	00:04:40	所在页	413

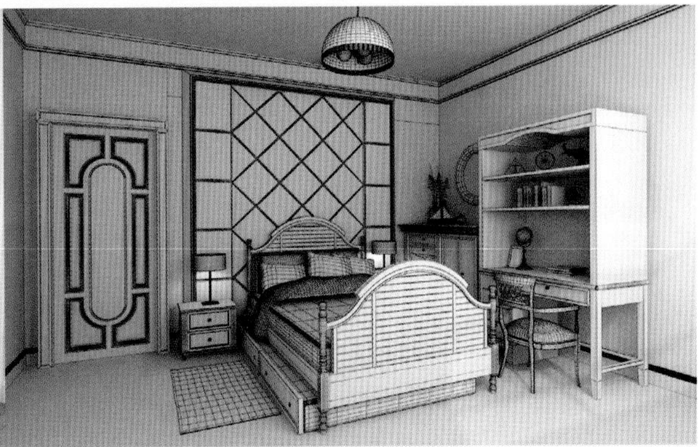

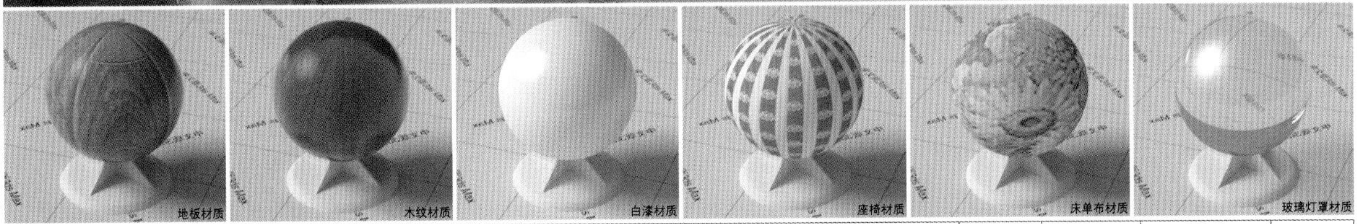

地板材质 木纹材质 白漆材质 座椅材质 床单布材质 玻璃灯罩材质

实例名称	综合实例——现代卧室儿童房日景效果	技术掌握	儿童卧室日景的表现方法；地板材质、木纹材质、座椅材质、玻璃灯罩材质的制作方法	视频长度	00:04:40	所在页	394

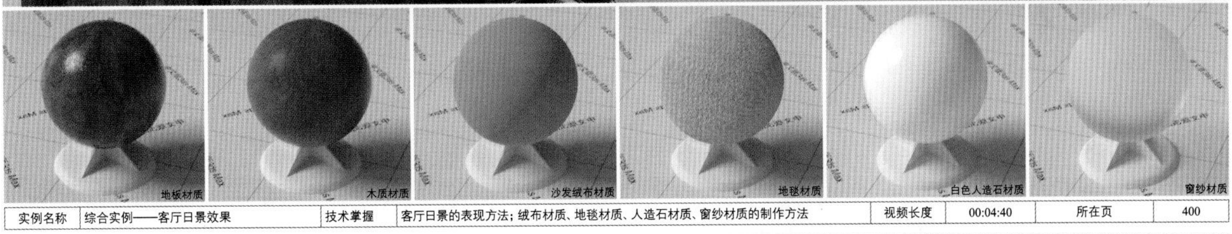

地板材质 木质材质 沙发绒布材质 地毯材质 白色人造石材质 窗纱材质

实例名称	综合实例——客厅日景效果	技术掌握	客厅日景的表现方法；绒布材质、地毯材质、人造石材质、窗纱材质的制作方法	视频长度	00:04:40	所在页	400

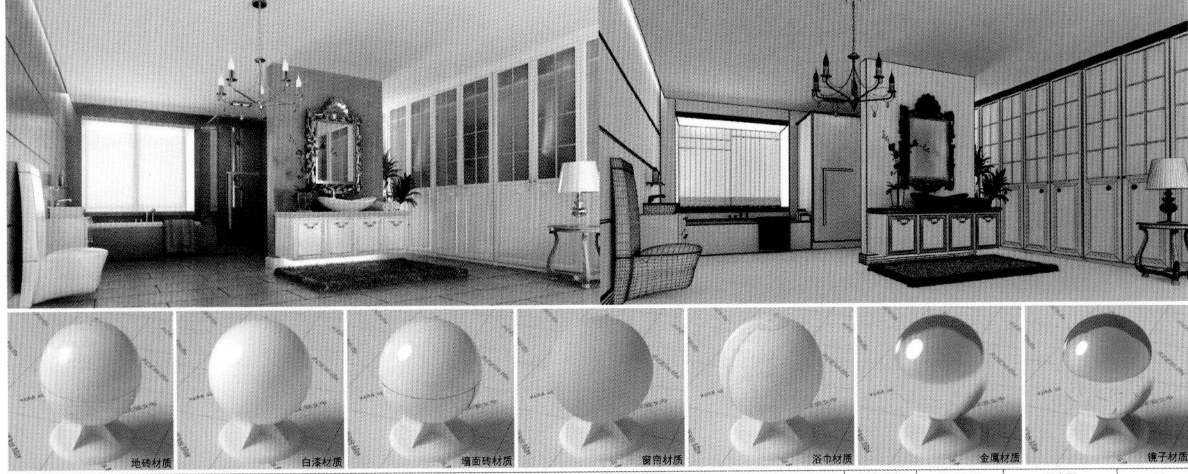

实例名称	综合实例——豪华欧式卫生间	技术掌握	卫生间日景的表现方法；地砖材质、窗帘材质、浴巾材质、金属材质、镜子材质的制作方法	视频长度	00:04:40	所在页	440

实例名称	综合实例——现代客厅日景效果	技术掌握	客厅日景的表现方法；餐桌材质、窗帘材质、靠垫材质、地毯材质、磨砂金属材质的制作方法	视频长度	00:04:40	所在页	407

砖墙材质　藤椅材质　环境材质　花叶子材质　地板材质　窗框材质

实例名称	综合实例——休息室阳光表现	技术掌握	休息室阳光的表现方法；藤椅材质、环境材质、花叶材质、窗框材质的制作方法	视频长度	00:04:40	所在页	426

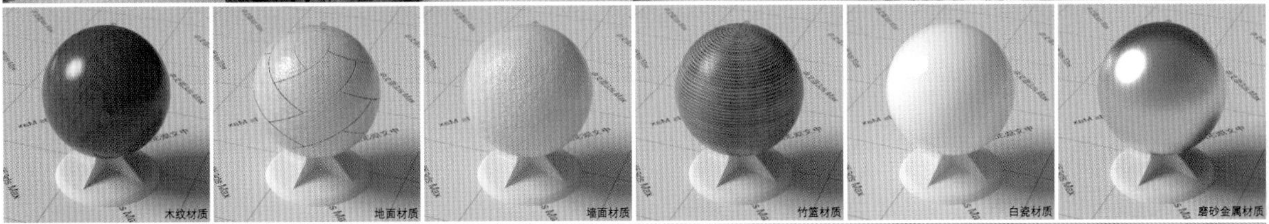

木纹材质 地面材质 墙面材质 竹篮材质 白瓷材质 磨砂金属材质

实例名称	综合实例——简欧厨房夜景效果	技术掌握	厨房日景的表现方法；木纹材质、墙面材质、竹篮材质、磨砂金属材质的制作方法	视频长度	00:04:40	所在页	420

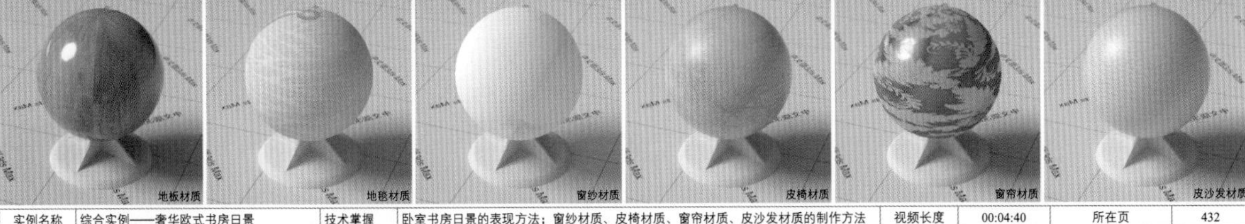

实例名称	综合实例——奢华欧式书房日景	技术掌握	卧室书房日景的表现方法；窗纱材质、皮椅材质、窗帘材质、皮沙发材质的制作方法	视频长度	00:04:40	所在页	432

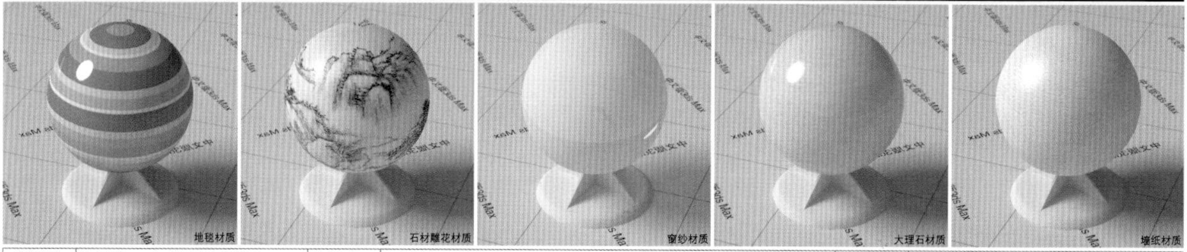

地毯材质 石材雕花材质 窗纱材质 大理石材质 墙纸材质

实例名称	综合实例——中式接待室日景效果	技术掌握	中式接待室日景的表现方法；石材雕花材质、窗纱材质、大理石材质、墙纸材质的制作方法	视频长度	00:04:40	所在页	448

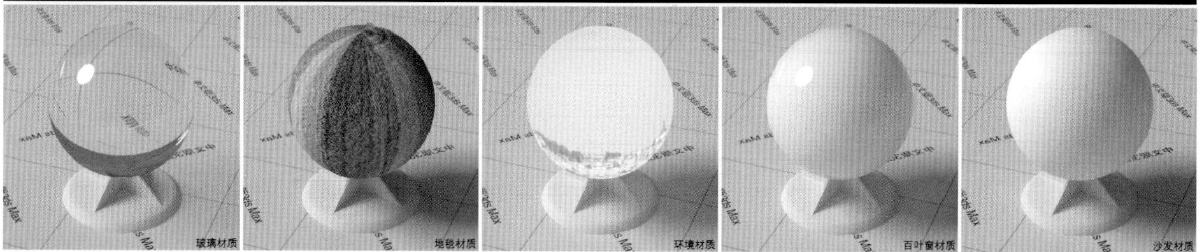

玻璃材质 地毯材质 环境材质 百叶窗材质 沙发材质

实例名称	综合实例——会客室日景效果	技术掌握	会客室日景的表现方法；玻璃材质、地毯材质、环境材质的制作方法	视频长度	00:04:40	所在页	454

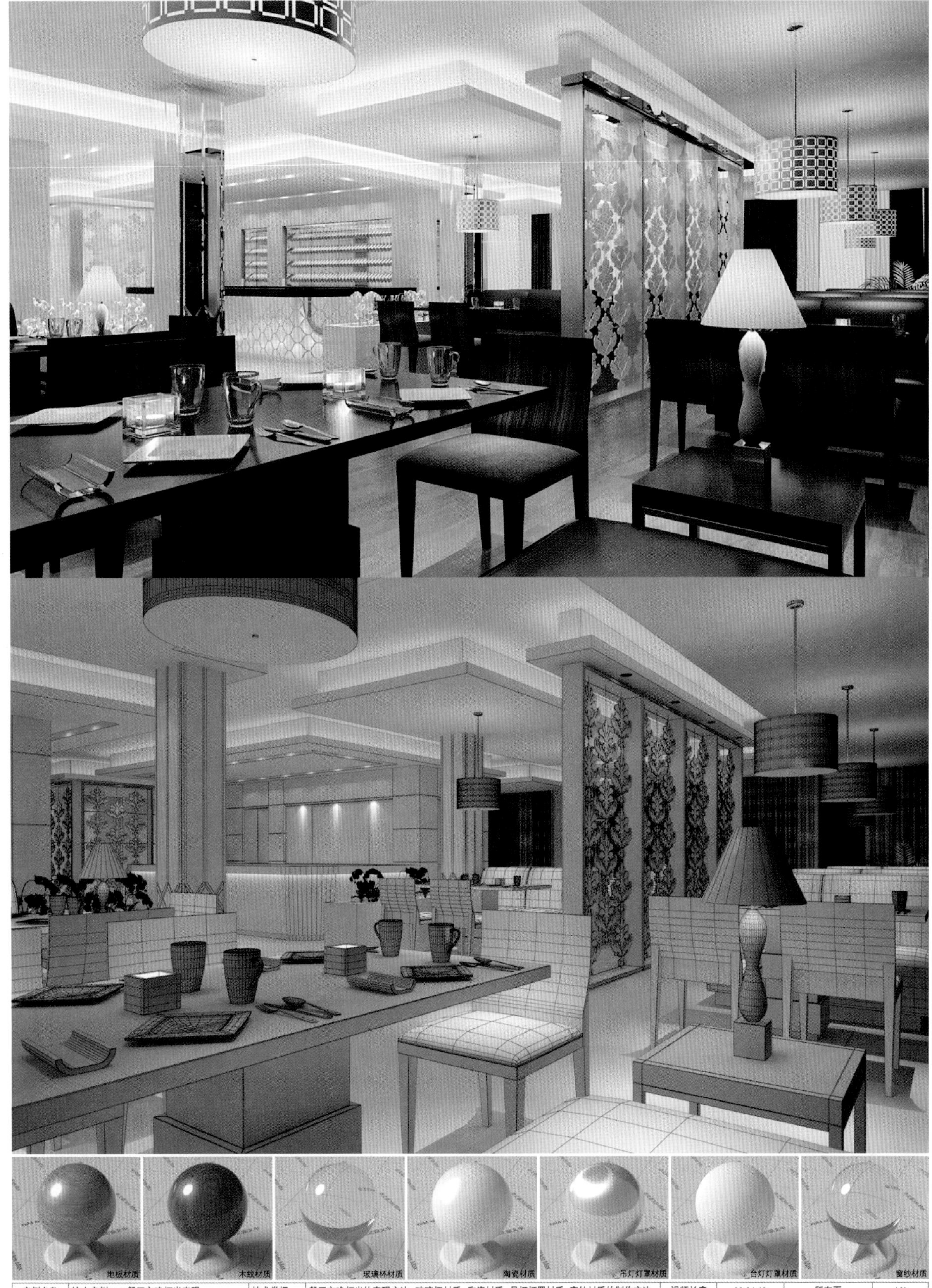

实例名称	综合实例——餐厅夜晚灯光表现	技术掌握	餐厅夜晚灯光的表现方法；玻璃杯材质、陶瓷材质、吊灯灯罩材质、窗纱材质的制作方法	视频长度	00:04:40	所在页	461

实例名称	综合实例——简约别墅日景效果	技术掌握	简约别墅日景的表现方法；墙砖材质、地面材质、玻璃材质的制作方法	视频长度	00:04:40	所在页	472

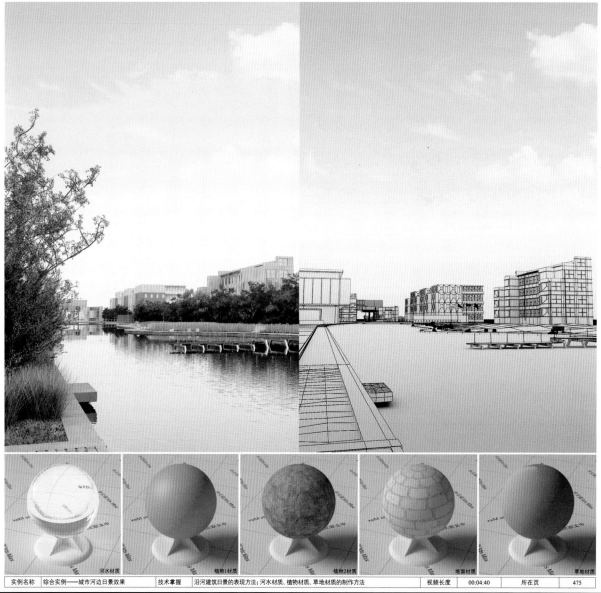

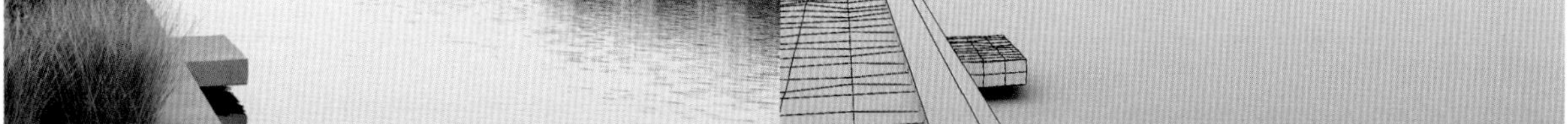

河水材质　植物1材质　植物2材质　地面材质　草地材质

实例名称	综合实例——城市河边日景效果	技术掌握	沿河建筑日景的表现方法；河水材质、植物材质、草地材质的制作方法	视频长度	00:04:40	所在页	475

光盘使用说明

本书附带1张DVD9海量教学光盘，内容包含“案例文件”和“多媒体教学”两个文件夹。其中“案例文件”文件夹中包含本书所有案例的源文件、素材文件、效果图和贴图；“多媒体教学”文件夹中包含本书100个新手练习、25个高手进阶和14个综合案例的多媒体有声视频教学录像，共139集。

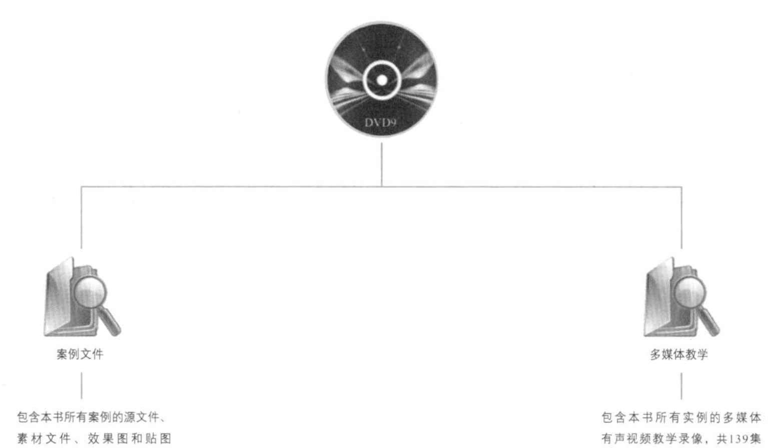
DVD9
案例文件
包含本书所有案例的源文件、
素材文件、效果图和贴图
多媒体教学
包含本书所有实例的多媒体
有声视频教学录像，共139集

为了更方便大家学习3ds Max 2013，我们特别录制了本书所有实例的多媒体高清有声视频教学录像，分为新手练习（100集）、高手进阶（25集）和综合案例（14集）3个部分，共139集，大家可以边观看视频，边学习本书的内容。

打开“多媒体教学”文件夹，在该文件夹中有1个“多媒体教学（启动程序）.exe”文件，双击该文件便可观看本书视频，无需其他播放器。

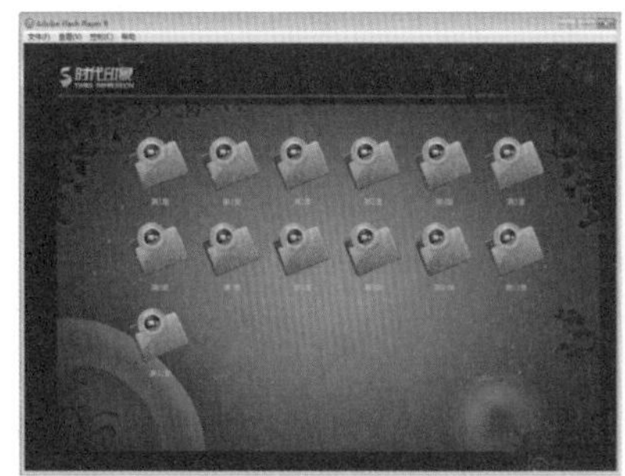

章节列表

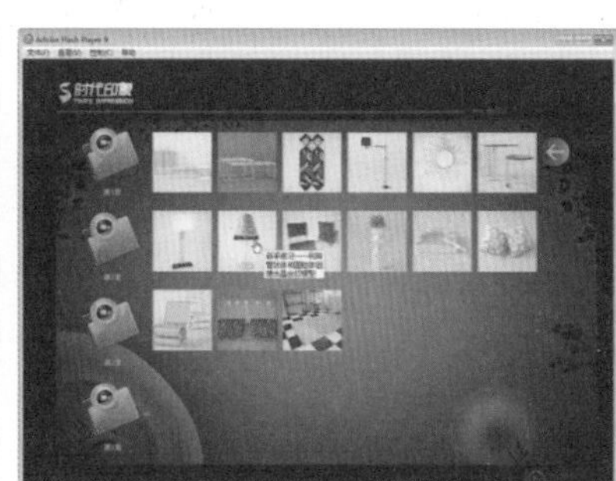

章节内视频列表

播放画面

★温馨提示★

为了更流畅地播放多媒体视频教学与调用源文件及其他文件，请大家将DVD光盘中的所有内容复制到计算机硬盘中。另外，请大家珍惜我们的劳动成果，不要将视频文件上传到互联网上，如若发现，我们将追究法律责任

前言

随着计算机图形学的不断发展，使用计算机进行艺术创作或辅助设计已经成为当今最主流的表现形式，而三维软件又是其中最为高端的表现形式。与二维平面设计不同，三维制作能够以立体的方式来表达更多的信息，并且可以得到更为真实的效果。无论是基本的建筑可视化展示，还是全部由计算机模拟生成的3D动画，我们都可以体会到三维表现艺术给我们带来的极大震撼。

Autodesk公司的3ds Max是世界顶级的三维制作软件，也是本书的主角之一。由于3ds Max的强大功能，使其从诞生以来就一直受到CG艺术家的喜爱。3ds Max在模型塑造、场景渲染、动画及特效等方面都能制作出高品质的对象，这也使其在室内设计、建筑表现、影视与游戏制作等领域中占据领导地位，成为全球最受欢迎的三维制作软件。

作为CG领域最为流行的一款渲染插件，VRay渲染器以其快速、优质的渲染性能，赢得了全球用户的一致认可。在国内，VRay渲染器在建筑设计、游戏制作、影视制作、工业设计等领获得了广泛的应用，尤其是在效果图制作领域，VRay占据了绝对的统治地位，以至于形成了“学效果图，必学VRay”的行业趋势。

本书基于当前最新版本3ds Max 2013和VRay 2.30.01进行讲解，是一本介绍效果图制作的入门与提高教材，正如图书的名字，我们希望读者通过学习能够从效果图制作新手成长为高手。全书从专业的角度出发，全面、系统地讲解了3ds Max和VRay与效果图相关的全部功能。书中在介绍软件功能的同时，还精心安排了数百个实战案例，帮助读者轻松掌握软件使用技巧和具体应用，真正做到学用结合，并且全部案例都配有多媒体有声视频教学录像，详细演示了实例的制作过程，方便读者学习。

全书共有12章，根据效果图的制作流程，分别讲解了建模技术、摄影机技术、材质技术、灯光技术和渲染输出技术，完全遵循专业的制作流程，细致讲解专业的制作技术，让读者快速掌握正确高效的效果图制作方法。

另外，本书还附赠1张DVD9教学光盘，内容包括本书所有案例文件、素材文件、贴图文件和多媒体教学录像，读者在学习过程中可以调用这些教学资源。

由于编者水平有限，书中难免出现疏漏和不足之处，还请广大读者包涵并指正。

编者也衷心地希望能够为读者提供阅读服务，如果读者朋友在阅读过程中遇到任何与本书相关的技术问题，请发邮件至iTimes@126.com，我们将竭诚为您服务。

祝您在学习的道路上百尺竿头，更上一层楼！

编者

2013年3月

第6章 摄影机 209

第7章 灯光 223

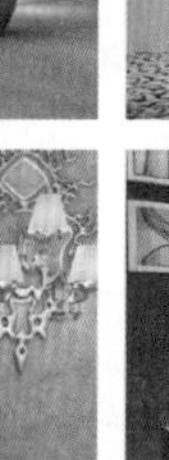

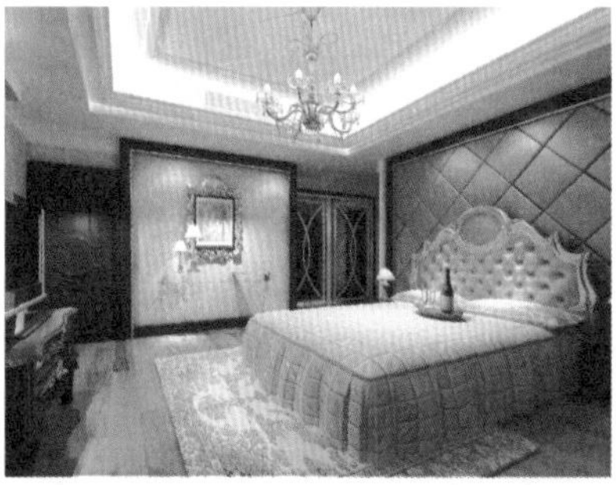
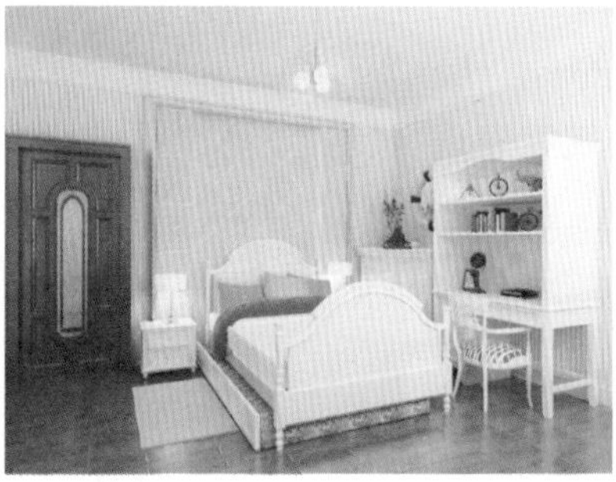
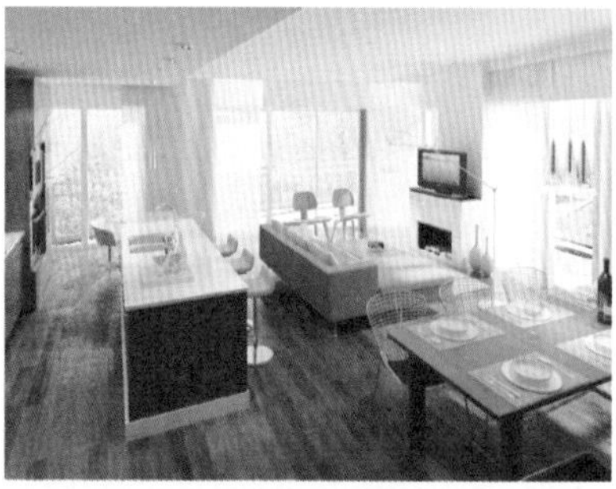
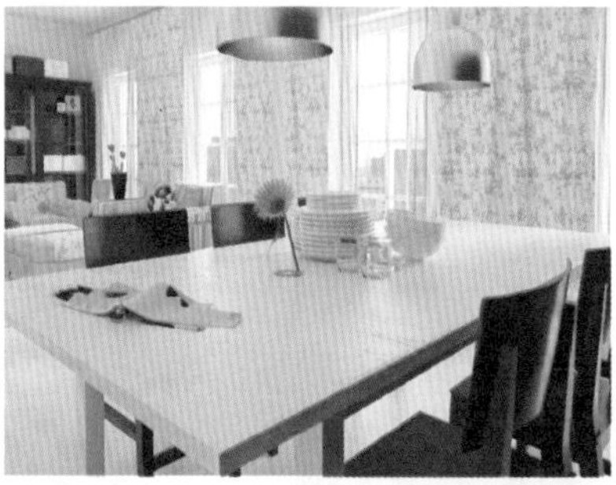
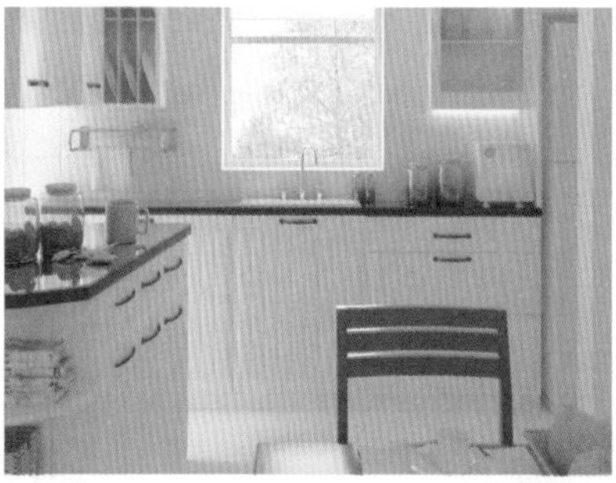
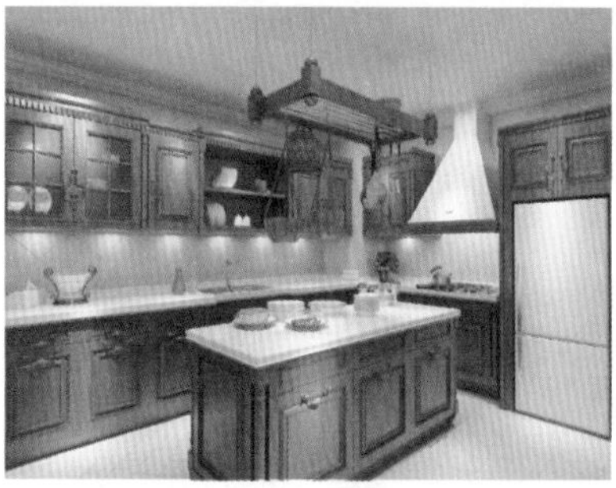
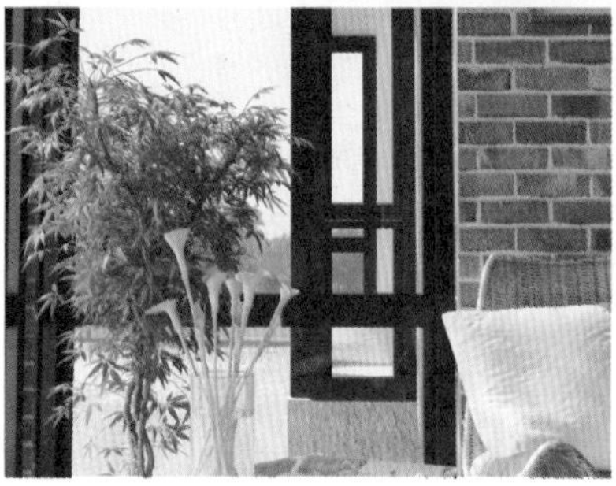
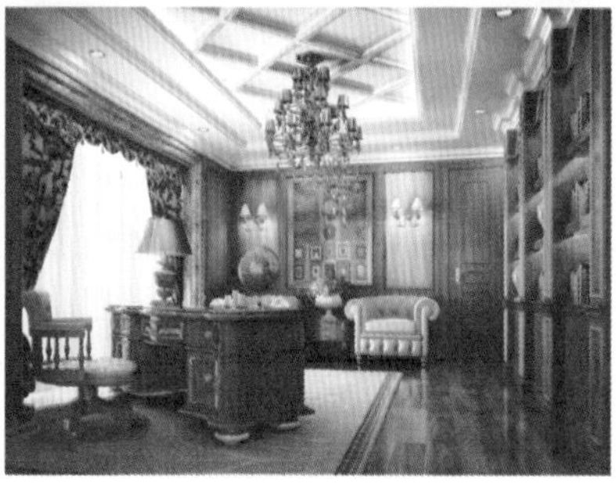
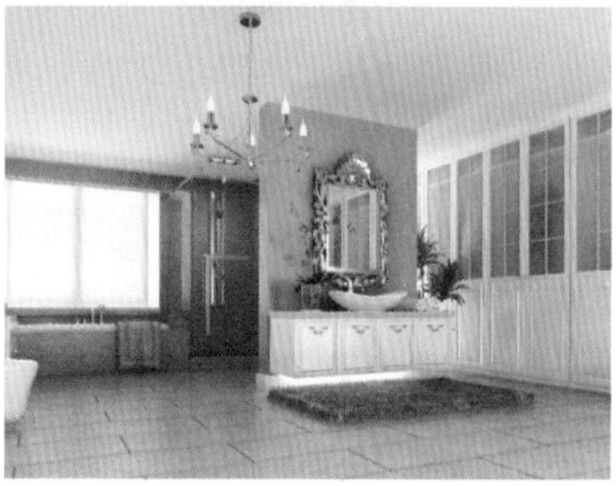

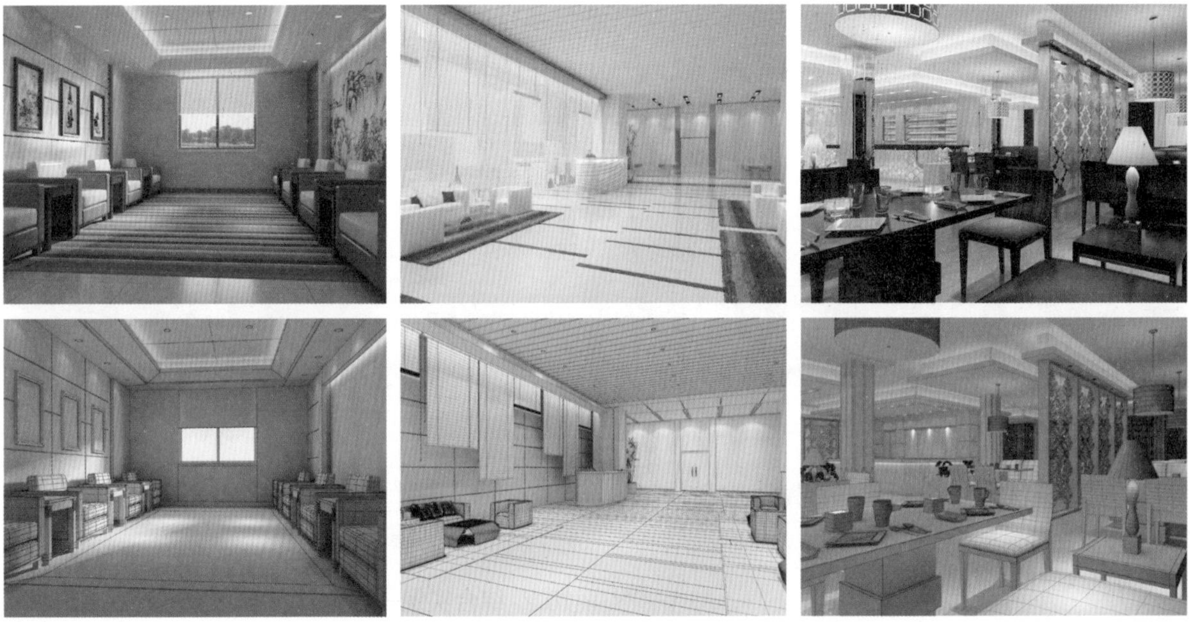

中文版
3ds Max 2013/VRay
效果图制作从新手到高手

第1章 3ds Max 2013的入门

要点索引

本章概述

3ds Max是一款非常不错的三维通用软件，在学习这个软件的核心功能之前，我们先来了解一下这个软件到底能够做什么，以及该软件对软硬件环境的需求，还有对第三方插件的支持度。通过这些知识的学习，大家可以对3ds Max有一个宏观的认识。另外，本章还会对3ds Max的工作界面和基本操作进行介绍，这是学习该软件的入门级知识，希望读者用心去体会。

1.1 3ds Max 2013可以做什么

3ds Max是由Autodesk公司开发的通用三维软件，这是一个非常优秀的3D制作平台，自其诞生以来一直受到全球CG艺术家的喜爱。3ds Max拥有较强的造型、渲染、动画和特效等功能，在3D制作领域拥有无可争辩的霸主地位，是目前基于PC平台最普及的三维制作软件。

3ds Max的商业运用极为广泛，在建筑设计、产品设计、影视动画、游戏动漫等领域都可以看到该软件的身影，而且是作为核心制作软件存在的。如图1-1~图1-4所示，这些都是用3ds Max制作的3D产品，虽然不同领域的产品千变万化，但是唯一不变的就是3ds Max的基本技术，这也正是本书将要学习的内容。

图1-1

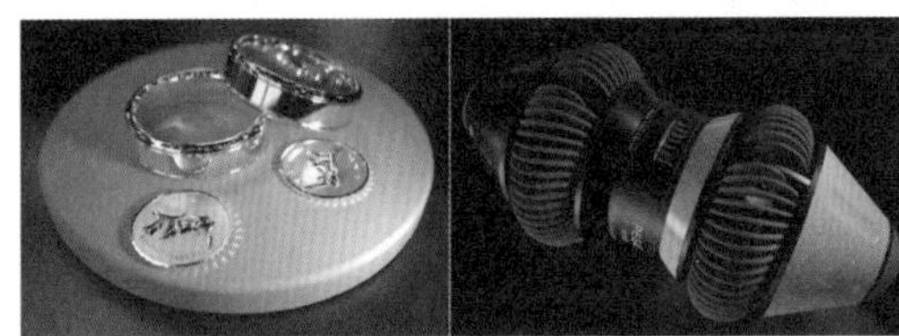

图1-2

图1-3

图1-4

本书以简体中文版3ds Max 2013为教学软件，建议读者选择对应的软件版本来进行学习，以避免出现一些不必要的麻烦。3ds Max 2013其实有两个版本，一个是3ds Max 2013，另一个是3ds Max Design 2013，很多初学者对此感到疑惑，不理解两者有什么区别。按照Autodesk官方的解释，3ds Max 2013面向娱乐专业人士，如从事游戏、影视、动画制作的人士；3ds Max Design 2013面向建筑师、设计师以及可视化专业人士，如从事室内、建筑、工业设计的人士。

1.2 3ds Max 2013对软硬件配置的需求

1.2.1 可以流畅运行3ds Max 2013的硬件配置

就3ds Max来讲，笔者已经使用了很多年，从早期的低版本到现在的高版本，总的趋势就是每一次升级除了改进功能之外，还有就是对硬件配置的要求也会相应提高。每次发布新版本，Autodesk官方都会告诉用户当前版本所需要的最低硬件配置，实际上这个官方说法非常不靠谱。以3ds Max 2013为例，官方说英特尔奔腾4处理器可以支撑该软件的运行，但可以肯定的是，如果真在奔腾4的机器上安装该软件，估计会卡得没法动弹，更别说流畅地工作。

笔者在效果图行业工作了多年，对游戏行业也有所了解，在这两个3ds Max最为普及的行业中，从业人员的电脑的CPU配置最起码也是英特尔酷睿4核心处理器，内存至少是4GB（而官方给的参考数据是1GB）。虽然现在的软件功能越来越强大，但软件本身所消耗的硬件资源也越来越多，再加上工作项目的需要，没有足够好的硬件配置是无法正常工作的。

对于初学3ds Max的读者而言，如果您要购买计算机，在经济允许的情况下可以适当超前，CPU至少要选择英特尔酷睿4核处理器，如图1-5所示，内存至少不能低于4GB，显卡也可以选择一个稍微好点的，主要就是这三点，其他硬件可以随意一点。

图1-5

小技巧

笔者在工作中使用过很多计算机，有的是英特尔的CPU，有的是AMD的CPU，总的感觉就是英特尔的稳定性要比AMD好，尤其是计算机使用一段时间之后体现得比较明显，因此建议大家尽量选购英特尔CPU的计算机。

1.2.2 运行3ds Max 2013的最佳系统平台

由于3ds Max 2013分32位和64位，所以它需要的操作系统平台也有32位和64位之分，安装软件的时候必须对号入座，也就是说32位的3ds Max只能安装在32位的Windows系统中，64位亦然。

3ds Max 2013和3ds Max Design 2013的32位版本可以在32位的Windows 7 Professional或Windows XP Professional SP3（或更高版本）操作系统中运行。

3ds Max 2013和3ds Max Design 2013的64位版本则相对复杂一些，除了需要64位的操作系统之外，还需要一些其他的软件配置，如需要Internet Explorer 8或更高版本的网页浏览器。

从安装和使用的方便性来讲，笔者建议大家使用64位的3ds Max 2013和Windows 7 Professional操作系统，如图1-6所示。还有一个更重要的因素就是“对内存大小的支持”，64位系统理论上支持128GB内存，而32位系统最多只能支持3GB内存。假设电脑配置是8GB内存，安装32位系统则仅能使用其中的3GB内存，剩下的就浪费了，而64位系统就没有这个问题。

图1-6

1.3 3ds Max 2013与第三方插件

虽然3ds Max 2013增强了很多功能，但是这么多年来，3ds Max的各种插件已经发展得非常丰富了，并且它们占据了重要地位，当然这也要得益于3ds Max这个优秀的软件平台。对于3ds Max来讲，这些插件是非常有效的补充，它们扩充了3ds Max的功能，弥补了3ds Max的不足，让3ds Max能够胜任更多的工作。

学习3ds Max肯定绕不过第三方插件，而且在实际工作中多少都会用到这些插件，所以笔者在这里简要介绍一下第三方插件，让大家对插件有一个宏观的认识。

1.3.1 3ds Max模型插件

3ds Max本身的建模功能还是很强大的，但是很多高级用户为了某些特殊的工作目的，在3ds Max这个平台上开发出一些具有特定功能的模型制作插件，这些插件在制作某一类模型上具有超强的能力，使用起来极为方便。如xfrog、SpeedTree、treestorm就是比较强大的做树插件，FaceGen Modeller、Head Designer是制作人头模型的常用插件，Power Solids、Power Booleans是比较实用的布尔运算插件，STITCH、Simcloth、clothreyes是专门制作布料的插件，还有制作毛发的插件Hairtrix。

制作模型的插件非常多，这里就不一一列举，有兴趣的读者可以自己去百度搜索引擎查看。

1.3.2 3ds Max渲染插件

3ds Max的渲染插件非常多，比较知名的有VRay、Brazil、FinalRender、Maxwell、Fryrender、Finaltoon、Illustrate、NPR1、cartoonReyes等，其中前5个渲染器属于全局光渲染器，尤其以VRay的商业普及率最高，是目前最主流的商用渲染器，在建筑、游戏、影视等领域的应用极为广泛；后面4个渲染器是卡通渲染器，主要用于渲染卡通效果，如NPR1对于笔触效果的表现很独特。

3ds Max本身集成了mental ray渲染器，这个渲染器的功能也非常强大，只是商用普及率不如VRay，本书将会在后面重点讲解VRay的用法，如图1-7所示。

图1-7

1.3.3 3ds Max特效插件

特效插件主要是用来制作一些比较特殊的效果，如用RealFlow制作流体特效（独立软件，有max接口），用phoenix制作火焰特效，用ThinkPartiles（思想粒子）制作粒子特效，还有制作山脉和海洋的插件mountain和Seascape。

除此之外，3ds Max还有动画插件、贴图插件等，这些插件都是针对某一特殊功能而开发，简单实用，是3ds Max的相关功能的有益补充。

1.3.4 第三方插件的使用和管理

3ds Max的第三方插件确实很多，甚至多得让人眼花缭乱，这么多种类繁杂的插件也给3ds Max在插件管理上带来了麻烦，如果有效地管理这些插件变得十分重要，在插件的使用上要注意以下几个问题。

1.插件的版本

插件开发公司或者个人一般都是针对3ds Max的各个版本开发插件，所以在选择插件时要与3ds Max的版本相对应。一般情况下应使用与之版本对应的插件，但由于有些版本在升级的时候没有改动内核，所以插件可以兼容，但是这种情况是少数。

2.插件的安装

3ds Max的插件都是由不同的公司或个人开发的，所以安装的程序也不尽相同，但主要文件放置的目录是相同的，一般放置在3ds Max根目录下的plugins目录下。如果是自动安装型，在安装过程中指明3ds Max

的安装目录即可；如果是手动安装型，只要将相应的文件复制到该目录下即可。

3.插件的类型

3ds Max的插件有多种类型，一般根据类型的不同，它的扩展名也不同，同时在3ds Max中出现的位置也不同，如表1-1所示。通常根据扩展名，可以知道将来使用时在哪里能找到它。

表1-1 3ds Max的插件扩展名

扩展名	含义
.DLO	位于"创建"命令面板，可以创建新对象
.DLM	位于"修改"命令面板，属于新的修改命令
.DLT	位于"材质编辑器"中，属于特殊材质或贴图
.DLR	属于渲染插件，在3ds Max的渲染面板中指定或者在"环境"面板中
.DLE	位于"文件/导出"菜单命令中，定义新的输出格式
.DLI	位于"文件/导入"菜单命令中，定义新的输入格式
.DLU	位于"工具"命令面板中，属于特殊用途
.FLT	位于Video Post视频合成器中，属于特技滤镜

4.插件的加载

每安装一个插件，都会占去一部分系统资源，因此3ds Max提供了插件的选择加载控制，可以有效地控制各种插件的使用。

执行"自定义/插件管理器"菜单命令，打开"插件管理器"，如图1-8所示。在管理器的列表中列出了当前所有3ds Max内部和外部插件，"已加载"表示当前插件为调用状态，后面有内存使用数值；"已延迟"表示未调用状态，不占用内存。

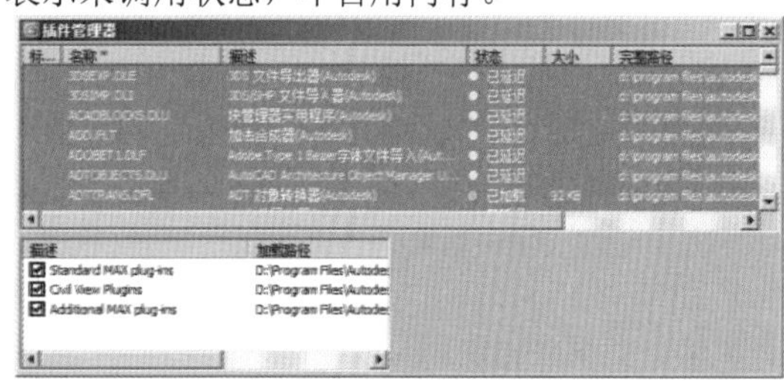

图1-8

如果想对插件的使用进行开关控制，在其上单击鼠标右键，从快捷菜单中选择相应的命令即可。

1.4 3ds Max 2013的工作界面

1.4.1 安装3ds Max 2013

3ds Max 2013的安装还是比较简单的，因为涉及版权问题，所以笔者没有在书中讲述安装过程，如果读者在安装软件的过程中遇到什么问题可以在网上查询或者发邮件给笔者。

1.4.2 运行3ds Max 2013

安装好3ds Max 2013后，可以通过以下两种方法来启动3ds Max 2013。

方法一：鼠标左键双击桌面上的快捷方式图标。

方法二：通过开始菜单启动3ds Max 2013，具体如图1-9所示。

当启动3ds Max 2013之后，可以观察到3ds Max 2013的启动画面，如图1-10所示。

图1-9

图1-10

打开3ds Max 2013之后，进入软件的工作界面，如图1-11所示。乍一看，3ds Max的工作界面还是蛮复杂的，上面集成了很多工具，不过大家别着急，后面我们慢慢来学习这些工具，相信大家可以通过本书来轻松掌握这些工具。

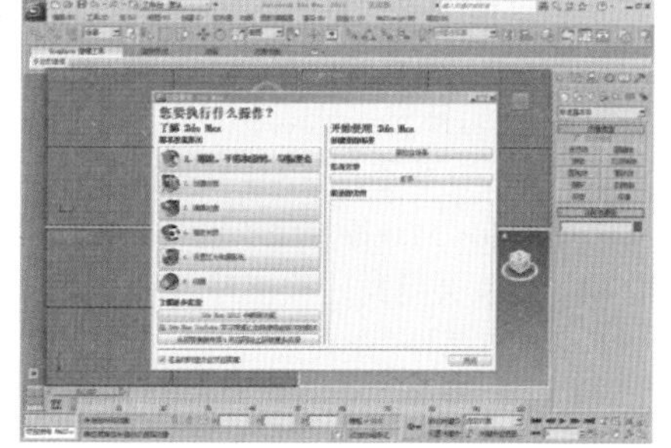

图1-11

第一次运行3ds Max 2013，系统会打开一个"欢迎使用3ds Max"的对话框，这是3ds Max为用户提供的一个向导功能，在实际工作中的意义并不大。新用户可以通过这个向导来大致了解3ds Max，而老用户则认为这个功能没有什么工作价值。

若想在启动3ds Max 2013时不弹出"欢迎使用3ds Max"的对话框（也叫"基本技能影片"），只需要在该对话框左下角关闭"在启动时显示该对话框"选项即可，如图1-12所示；若要恢复该功能，可以执行"帮助/基本技能影片…"菜单命令来打开该对话框，如图1-13所示。

图1-12　　图1-13

1.4.3 3ds Max界面构成

3ds Max 2013的工作界面主要由9大部分构成，如图1-14所示，分别是标题栏（1）、菜单栏（2）、主工具栏（3）、视口区域（4）、命令面板（5）、时间尺（6）、状态栏（7）、时间控制按钮（8）和视图控制按钮（9）。

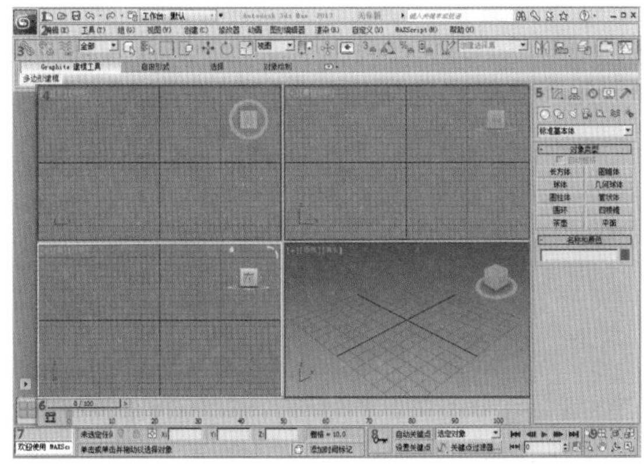

图1-14

在默认状态下，“主工具栏”和“命令面板”分别停靠在界面的上方和右侧，可以通过拖曳的方式将其移动到视图的其他位置，这时的“主工具栏”和“命令面板”将以浮动的面板形态呈现在视图中，如图1-15所示。

图1-15

小技巧

若想将浮动的面板切换回停靠状态，可以将浮动的面板拖曳到任意一个面板或工具栏的边缘，或直接双击面板的标题都可返回到停靠状态。

1.4.4 标题栏

3ds Max 2013的标题栏位于界面的最顶部，主要由“应用程序”按钮、“快速访问”工具栏、“版本信息和文件名称”、“信息中心”和“控制按钮”组成，如图1-16所示。

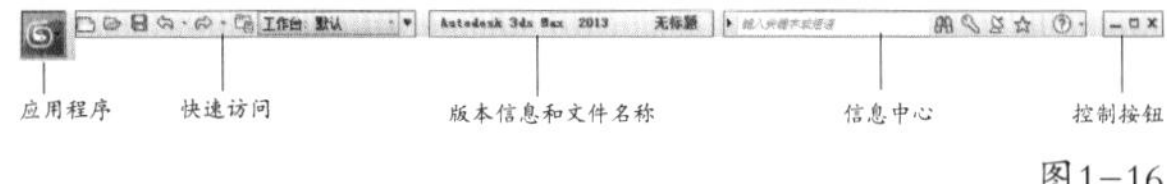

图1-16

1.应用程序

单击软件图标将会弹出一个用于管理文件的下拉菜单，这个菜单主要包括“新建”、“重置”、“打开”、“保存”、“另存为”、“导入”、“导出”、“发送到”、“参考”、“管理”、“属性”和“最近使用的文档”12个常用命令，在菜单的右下角还有2个按钮分别是“选项”和“退出3ds Max”，如图1-17所示。

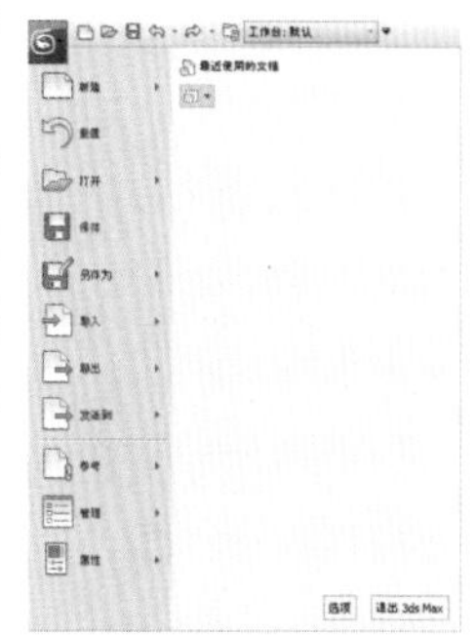

图1-17

2.快速访问

“快速访问”工具栏集合了用于管理场景文件的常用命令，便于用户快速管理场景文件，包括“新建场景”、“打开文件”、“保存文件”、“撤销场景操作”、“重做场景操作”、“设置项目文件夹”，如图1-18所示。另外，用户也可以根据个人喜好对“自定义快速访问工具栏”进行设置。

图1-18

小技巧

在“撤销”工具的下拉列表中列出了最近执行过的操作，选择相应的操作就可以返回到这个步骤，如图1-19所示。

需要注意的是3ds Max默认的可撤销次数为20次，也就是说系统可以记录的操作记录为20次。若要更改记录次数，可以执行“自定义/首选项”菜单命令，然后在弹出的“首选项设置”对话框中单击“常规”选项卡，接着在“场景撤销”选项组下更改“级别”的数值即可，如图1-20所示。

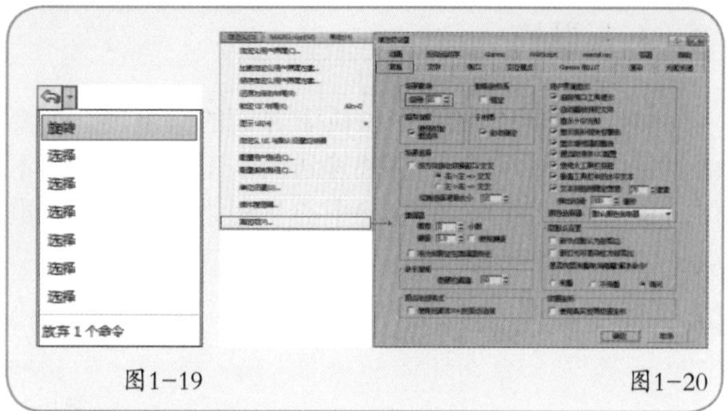

图1-19　　图1-20

3.版本信息和文件名称

“版本信息和文件名称”用于显示当前3ds Max的版本编码（如3ds Max 2013）以及当前打开文件的名称。

4.信息中心

“信息中心”用于访问有关3ds Max和其他Autodesk产品的信息。

5.控制按钮

用于控制3ds Max工作界面的最小化（▁）和恢复窗口大小（▣），以及关闭程序（✕）。

新手练习——导入外部文件

素材文件	12.3DS
案例文件	新手练习——导入外部文件.max
视频教学	视频教学/第1章/新手练习——导入外部文件.flv
技术掌握	掌握如何导入外部文件

在效果图制作中，经常需要将外部文件（如.3ds和.obj文件）导入到场景中进行操作。

【操作步骤】

01 单击界面左上角的软件图标，然后在弹出的下拉菜单中单击“导入”图标，并在右侧的列表中单击“导入”选项，如图1-21所示。

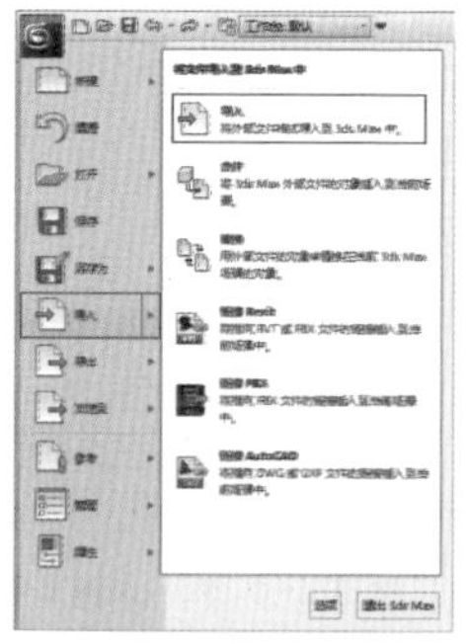

图1-21

02 执行上一步的操作后，系统会弹出“选择要导入的文件”对话框，在该对话框中选择本书配套光盘中的“12.3ds”文件，如图1-22所示，导入到场景后的效果如图1-23所示。

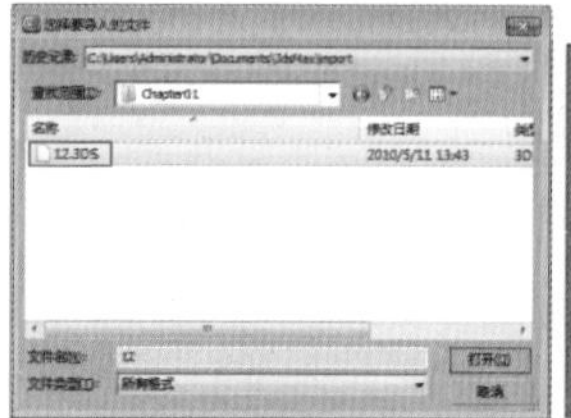

图1-22

图1-23

新手练习——导出场景对象

素材文件	13.max
案例文件	新手练习——导出场景对象.max
视频教学	视频教学/第1章/新手练习——导出场景对象.flv
技术掌握	掌握如何导出场景对象

创建完一个场景后，可以将场景中的所有对象导出为其他格式的文件，也可以将选定的对象导出为其他格式的文件。

【操作步骤】

01 打开本书配套光盘中的“13.max”文件，如图1-24所示。

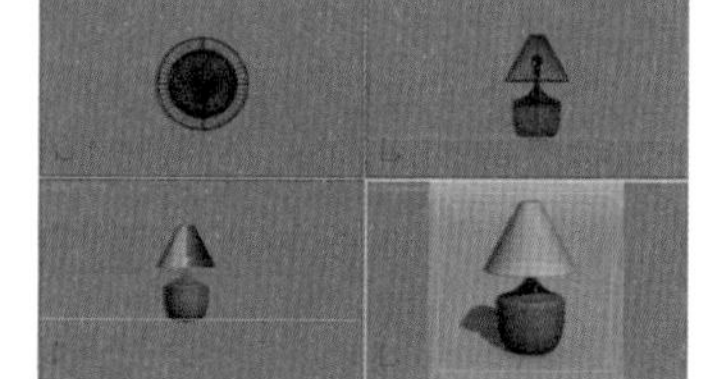

图1-24

02 选择场景中的台灯模型，然后单击界面左上角的软件图标，在弹出的下拉菜单中单击“导出”图标，接着在弹出的对话框中为导出文件进行命名，再设置好导出文件的保存格式类型，最后单击“保存”按钮，如图1-25所示。

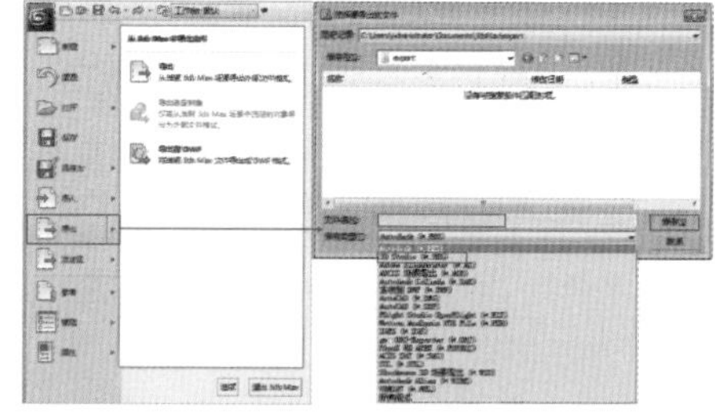

图1-25

新手练习——合并场景文件

素材文件	14（1）.max和14（2）.max
案例文件	新手练习——合并场景文件.max
视频教学	视频教学/第1章/新手练习——合并场景文件.flv
技术掌握	掌握如何合并外部场景文件

合并文件就是将外部的文件合并到当前场景中。这种合并是有选择性的，可以合并几何体、图形、灯光、摄影机等。

【操作步骤】

01 打开本书配套光盘中的“14（1）.max”文件，如图1-26所示。

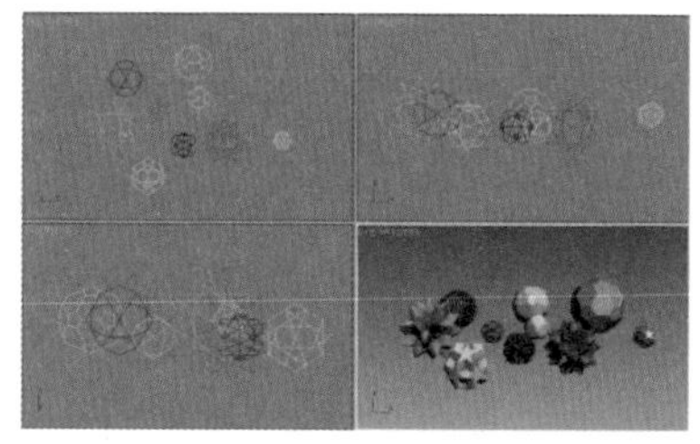

图1-26

02 单击界面左上角的软件图标，然后在弹出的下拉菜单中单击“导入”图标，并在右侧的列表中单击“合并”选项，接着在弹出的对话框中选择本书配套光盘中的“14（2）.max”文件，如图1-27所示。

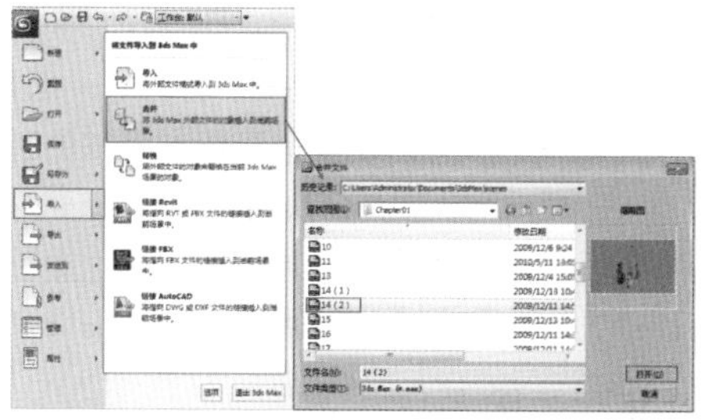

图1-27

03 执行上一步骤后，系统会弹出“合并”对话框，用户可以选择需要合并的文件类型，这里选择全部的文件，然后单击“确定”按钮，如图1-28所示，合并文件后的效果如图1-29所示。

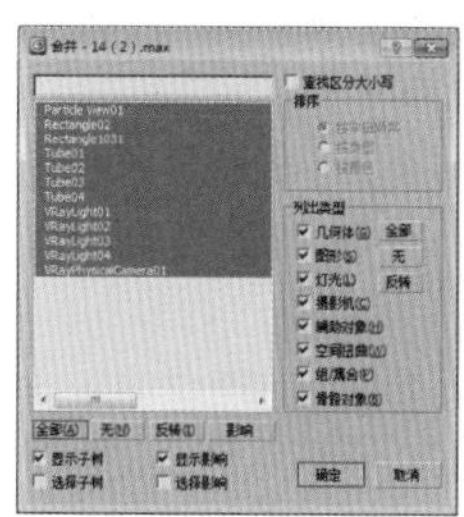

图1-28

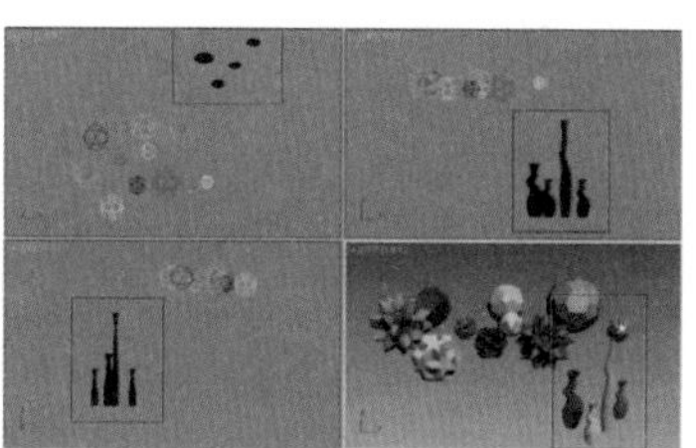

图1-29

小技巧

在实际工作中，一般合并文件都是有选择性的。比如场景中创建好了灯光和摄影机，可以不将灯光和摄影机合并进来。

新手练习——归档场景

素材文件	15.max
案例文件	新手练习——归档场景.zip
视频教学	视频教学/第1章/新手练习——归档场景.flv
技术掌握	掌握如何归档场景文件

归档文件可以将场景中的所有文件压缩成一个.zip压缩包，这样就不会丢失材质和光域网等文件。

【操作步骤】

01 打开本书配套光盘中的“15.max”文件，如图1-30所示。

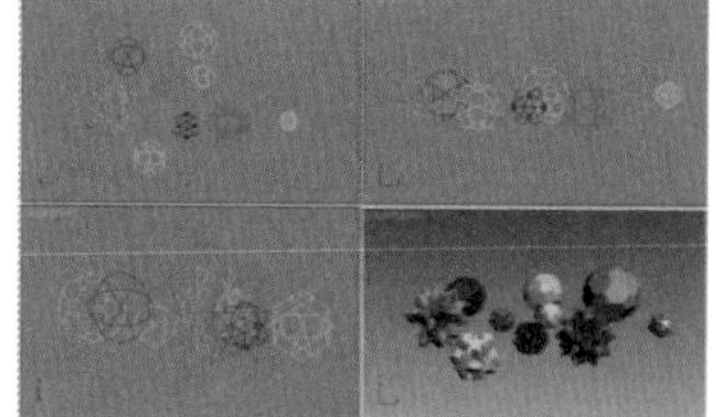

图1-30

02 单击界面左上角的软件图标，并在弹出的下拉菜单中单击“导入”图标，然后在右侧的列表中单击“归档”选项，接着在弹出的对话框中输入文件名，最后单击“保存”按钮，如图1-31所示，归档后的效果如图1-32所示。

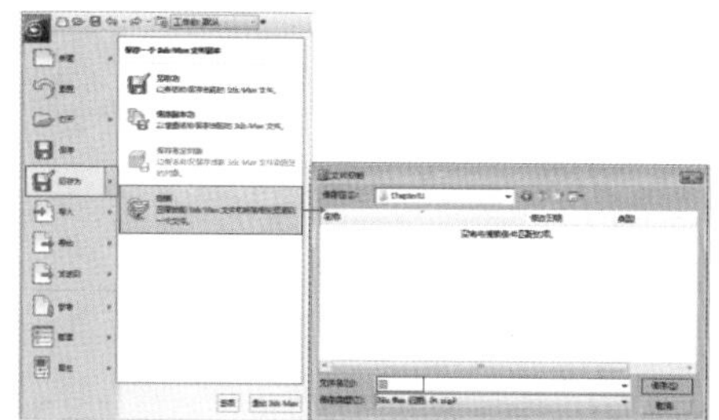

图1-31

图1-32

1.4.5 菜单栏

菜单栏位于工作界面的顶端，包含“编辑”、“工具”、“组”、“视图”、“创建”、“修改器”、“动画”、“图形编辑器”、“渲染”、“自定义”、MAXScript（MAX脚本）和“帮助”12个主菜单，如图1-33所示。

编辑(E) 工具(T) 组(G) 视图(V) 创建(C) 修改器 动画 图形编辑器 渲染(R) 自定义(U) MAXScript(M) 帮助(H)

图1-33

在执行菜单栏中的命令时可以发现，某些命令后面有与之对应的快捷键，如“撤销”命令的快捷键为Ctrl+Z组合键，也就是说按Ctrl+Z组合键就可以撤销当前操作返回上一步，如图1-34所示。牢记这些快捷键能够提高工作效率。

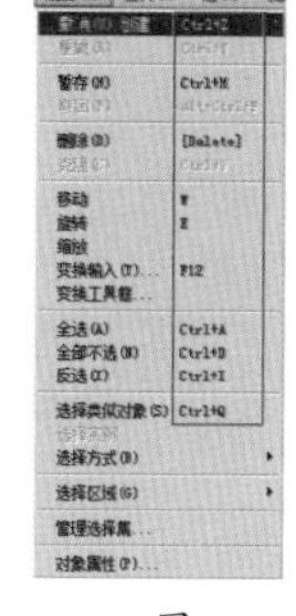

图1-34

若下拉菜单命令的后面带有省略号，则表示执行该命令后会弹出一个独立的对话框，如图1-35所示。

若下拉菜单命令的后面带有黑色小箭头图标▶，则表示该下拉菜单含有子菜单，如图1-36所示。

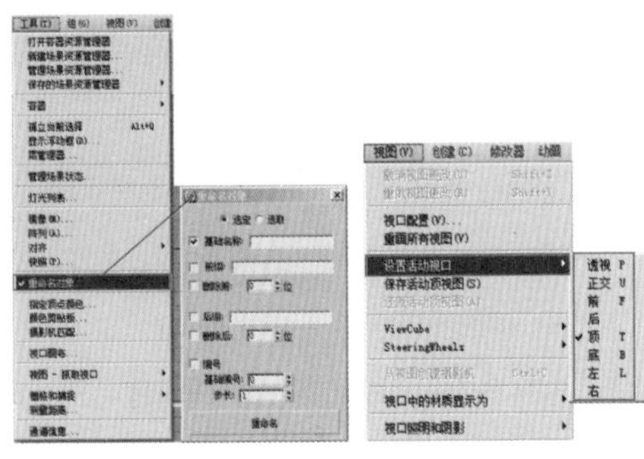

图1-35　　图1-36

仔细观察菜单命令，会发现某些命令显示为灰色，这表示这些命令不可用，这是因为在当前操作中该命令没有合适的操作对象。如当前场景中有两个物体处于选中状态，执行“组”菜单命令时，可以观察到其下拉菜单中只有“成组”和“集合”命令是可用的，而“解组”和“打开”等命令则是不可用的，如图1-37所示。只有当场景中存在成组的物体时，“解组”和“打开”等命令才可用。

图1-37

菜单栏中的每一个菜单命令都包含有一个下拉菜单，用鼠标左键单击菜单命令就可以打开对应的下拉菜单。如鼠标左键单击“编辑”命令，就可以打开编辑下拉菜单，里面集合了用于编辑操作的相关命令。如图1-38所示，这里把12个菜单命令的下拉菜单都展示出来了，每一组下拉菜单中的命令都是根据功能来进行组合的，如“创建”下拉菜单中的命令都是用于创建3ds Max各种对象的。

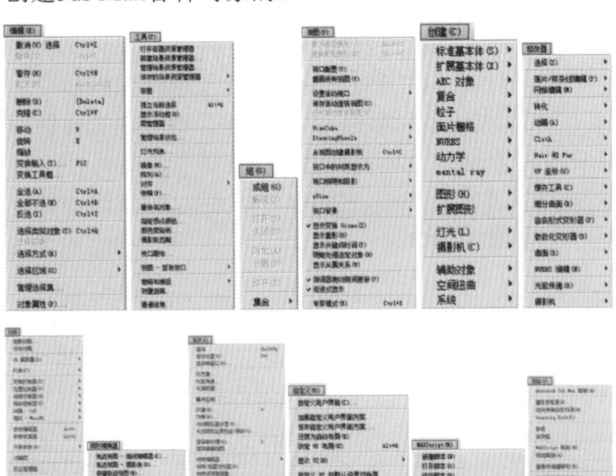

图1-38

新手练习——设置文件自动备份

素材文件	无
案例文件	无
视频教学	视频教学/第1章/新手练习——设置文件自动备份.flv
技术掌握	自动备份文件的方法

3ds Max 2013在运行过程中对计算机的配置要求比较高，占用系统资源也比较大。在运行3ds Max 2013时，由于某些较低的计算机配置和系统性能的不稳定性等原因会导致文件关闭或发生死机现象。当进行较为复杂的计算（如光影追踪渲染）时，一旦出现无法恢复的故障，就会丢失所做的各项操作，造成无法弥补的损失。

解决这类问题除了提高计算机硬件的配置外，还可以通过增强系统稳定性来减少死机现象。在一般情况下，可以通过以下3种方法来提高系统的稳定性。

第1种：要养成经常保存场景的习惯。

第2种：在运行3ds Max 2013时，尽量不要或少启动其他程序，而且硬盘也要留有足够的缓存空间。

第3种：如果当前文件发生了不可恢复的错误，可以通过备份文件来打开前面自动保存的场景。

下面将重点讲解如何设置自动备份文件的方法。

【操作步骤】

01 执行“自定义/首选项”菜单命令，如图1-39所示。

02 系统打开“首选项设置”对话框中单击“文件”按钮，接着在“自动备份”选项组下勾选“启用”选项，再设置“Autobak文件数”为3、“备份间隔（分钟）”为5，最后单击“确定”按钮 确定 ，具体参数设置如图1-40所示。

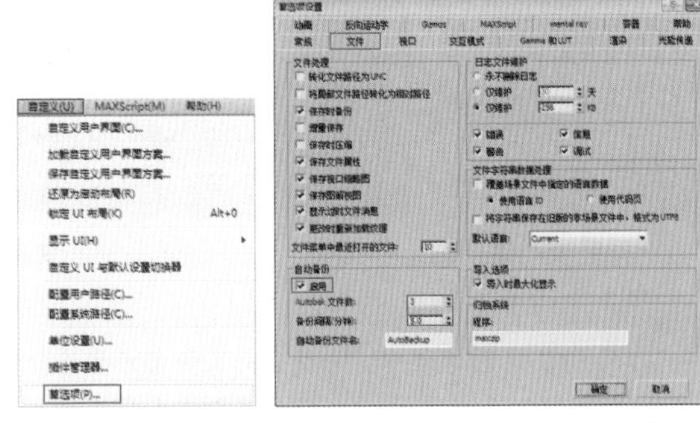

图1-39　　图1-40

小技巧

如有特殊需要，可以适当加大或降低“Autobak文件数”和“备份间隔”的数值。

新手练习——3ds Max 2013的单位设置

素材文件	01.max
案例文件	新手练习——3ds Max 2013的单位设置.max
视频教学	视频教学/第1章/新手练习——3ds Max 2013的单位设置.flv
技术掌握	掌握如何设置“显示单位比例”和“系统单位比例”

通常情况下，在制作效果图之前都要对3ds Max的单位进行设置，这样才能制作出精确的模型。

【操作步骤】

01 打开本书配套光盘中的“01.max”文件，这是一个长方体，如图1-41所示。

02 在“命令”面板中单击“修改”按钮，切换到“修改”面板，在“参数”卷展栏下可以观察到长方体的相关参数，但是这些参数后面的都没有带有单位，具体参数设置如图1-42所示。

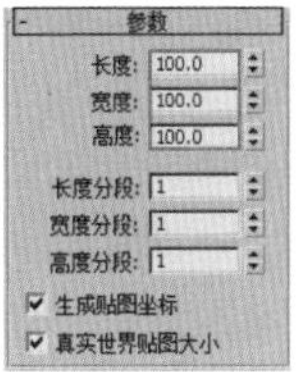

图1-41 图1-42

03 下面将长方体的单位设置为m（m表示“米”的意思）。在菜单栏中执行“自定义/单位设置”菜单命令，打开“单位设置”对话框，如图1-43所示。

04 设置“显示单位比例”为“公制”，然后在下拉列表中选择单位为“米”，如图1-44所示。

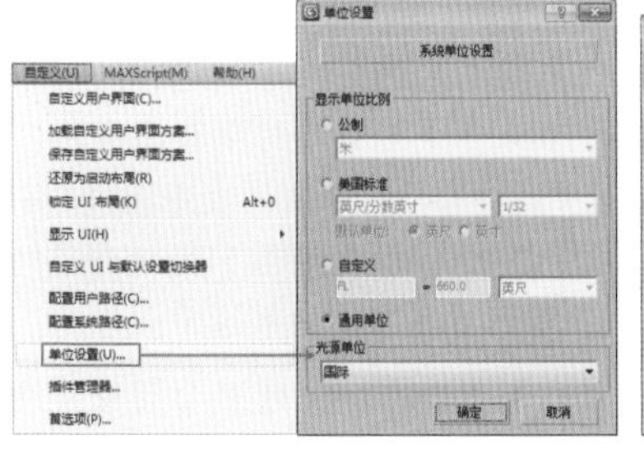

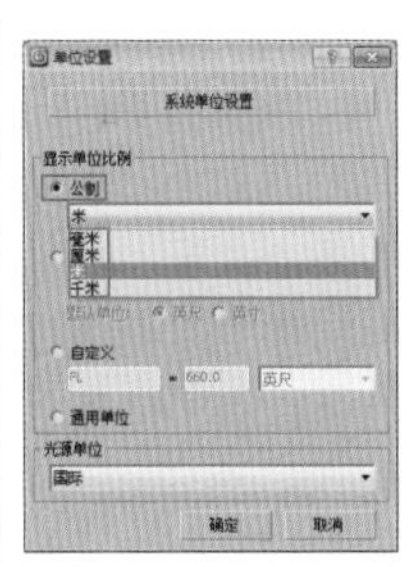

图1-43 图1-44

05 单击“系统单位设置”按钮 系统单位设置 ，然后在弹出的“系统单位设置”对话框中设置“系统单位比例”为“米”，接着单击“确定”按钮 确定 ，如图1-45所示。

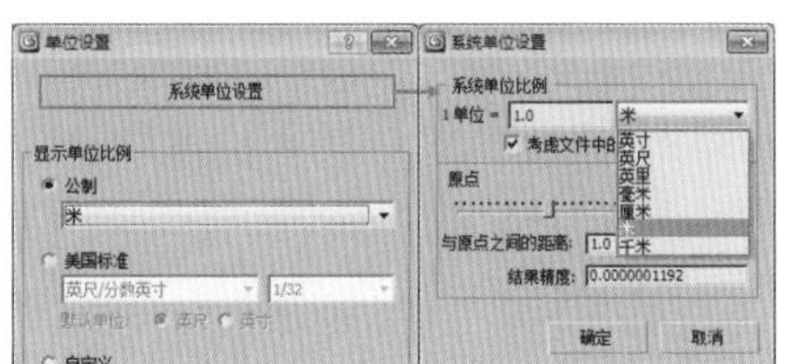

图1-45

小技巧

注意，“系统单位”一定要与“显示单位”保持一致，这样才更方便进行操作。

06 在场景中选择长方体，然后在“命令”面板中单击“修改”按钮，切换到“修改”面板，此时在“参数”卷展栏下就可以观察到长方体的一些参数后面就带上了单位“m”如图1-46所示。

图1-46

小技巧

在制作室外场景时一般采用m（米）作为单位；在制作室内场景中时一般采用cm（厘米）或mm（毫米）作为单位。

新手练习——设置快捷键

素材文件	无
案例文件	新手练习——设置快捷键.max
视频教学	视频教学/第1章/新手练习——设置快捷键.flv
技术掌握	掌握如何设置快捷键

在实际工作中，一般都是使用快捷键来代替繁琐的操作，因为使用快捷键可以提高工作效率。3ds Max 2013内置的快捷键非常多，并且用户可以自行设置快捷键来调用常用的工具或命令。

【操作步骤】

01 在菜单栏中执行“自定义/自定义用户界面”菜单命令，打开“自定义用户界面”对话框，然后单击“键盘”选项卡，如图1-47所示。

图1-47

02 3ds Max 2013默认的“按名称选择”的快捷键是H键，现在可以尝试将其改变为数字键1。在“操作”列表下选择“按名称选择”选项，然后单击“移除”按钮 移除 ，接着在“热键”输入框中输入1，再单击“指定”按钮 指定 ，最后单击“保存”按钮 保存... ，如图1-48所示。

03 单击“保存”按钮 保存... 后会弹出“保存快捷键文件为”对话框，在该对话框中为文件进行命名，然后继续单击“保存”按钮，如图1-49所示。

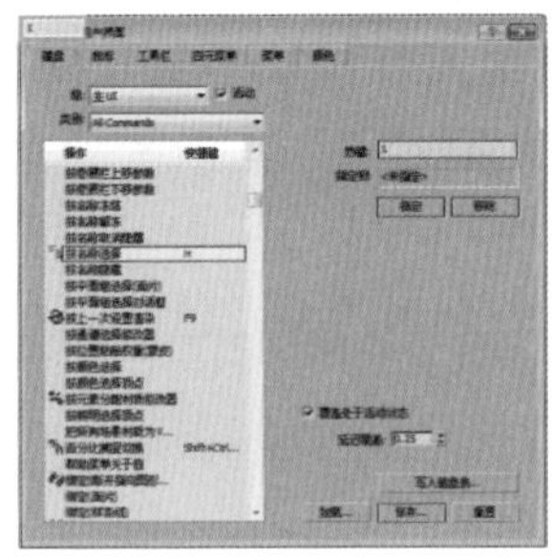

图1-48

图1-49

04 在“自定义用户界面”对话框中单击“加载”按钮 加载... ，然后在弹出的“加载快捷键文件”对话框中选择前面保存好的文件，接着单击“加载”按钮 加载... ，如图1-50所示。

05 关闭“自定义用户界面”对话框，然后按1键即可打开“从场景选择”对话框，如图1-51所示。

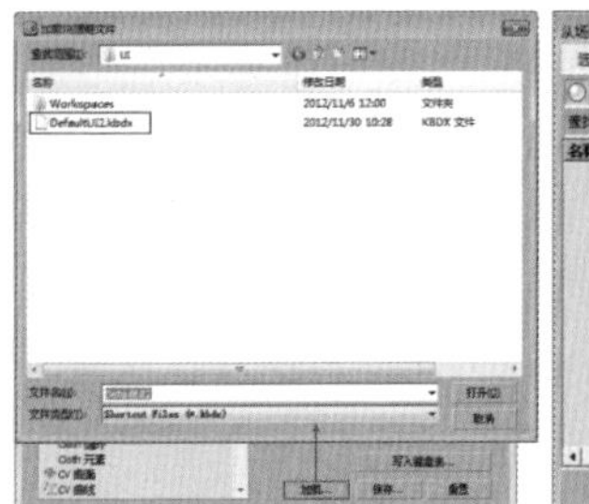

图1-50

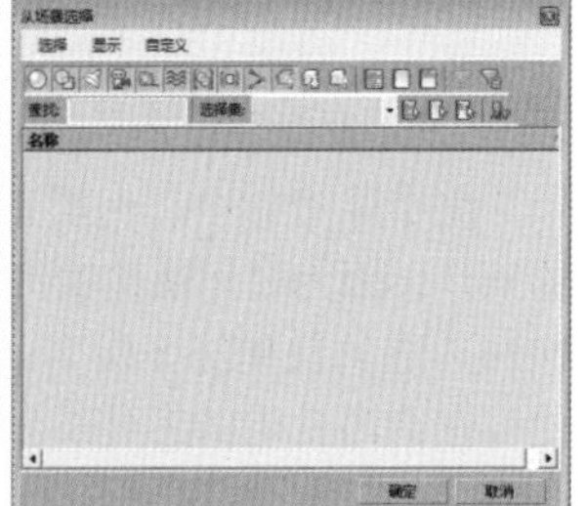

图1-51

1.4.6 主工具栏

“主工具栏”是3ds Max非常重要的一个工具栏，里面集成了很多常用的工具命令，这些命令大部分都可以在下拉菜单中找到，但是通过主工具栏来执行这些工具命令肯定是最快捷的，如图1-52所示。

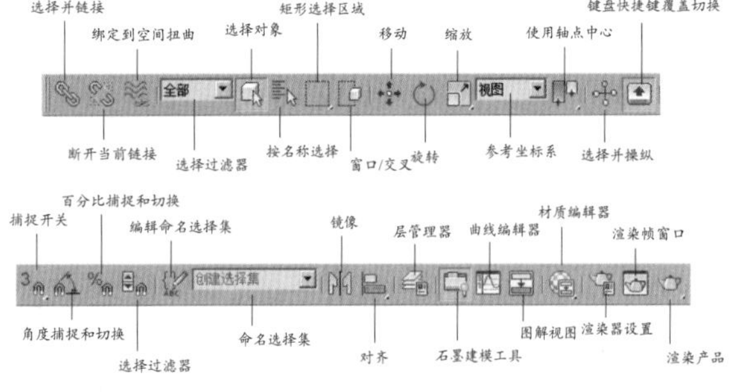

图1-52

在“主工具栏”中，默认状态下的工具按钮并不是完全显示的，某些工具按钮的右下角有一个三角形图标，单击该图标就会弹出一个下拉工具列表，里面集成了更多的同类工具按钮。以“捕捉开关”为例，单击“捕捉开关”按钮就会弹出一个下拉列表，里面还有另外两种捕捉模式供用户选择，如图1-53所示。

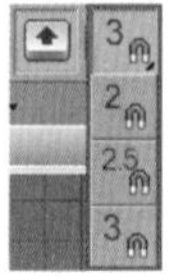

图1-53

小技巧

若显示器的分辨率较低，“主工具栏”可能无法完全显示，这时可以将光标放置在“主工具栏”上的空白处，当光标变成手型图标时，按住鼠标左键即可左右移动“主工具栏”；也可以直接按住鼠标中键，当光标变成手型图标时即可移动“主工具栏”。

下面就“主工具栏”中的相关命令按钮做详细介绍。

【工具介绍】

选择并链接：主要用于建立对象之间的父子链接关系与定义层级关系，但是只能父级物体带动子级物体，而子级物体的变化不会影响到父级物体。

断开当前选择链接：与“选择并链接”工具的作用恰好相反，主要用来断开链接好的父子对象。

绑定到空间扭曲：可以将使用空间扭曲的对象附加到空间扭曲中。选择需要绑定的对象，然后单击“主工具栏”中的“绑定到空间扭曲”按钮，接着将选定对象拖曳到空间扭曲对象上即可，图1-54所示是为雪绑定风力后，雪受到外力作用向下飘落的效果。

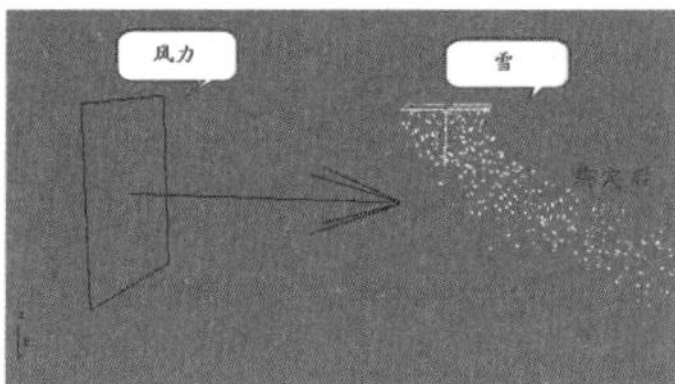

图1-54

过滤器 全部 ：主要用来过滤不需要选择的对象类型，这对于批量选择同一种类型的对象非常有用，如图1-55所示。比如在“过滤器”的下拉列表中选择“G-几何体”选项，那么在场景中选择对象时，只能选择几何物体，而灯光、图形、摄影机等对象不会被选中。

选择对象：主要用于选择一个或多个对象（快捷键为Q键），按住Ctrl键可以进行加选，按住Alt键可以进行减选。当使用“选择对象”工具选择物体时，光标指向物体后会变成十字形。

按名称选择：单击该按钮会弹出“从场景选择”对话框，在该对话框中可以按名称选择所需要的对象，如图1-56所示。“从场景选择”对话框中有一些按钮与“创建”面板中的部分按钮是相同的，这些按钮主要用来控制是否显示相应的对象，当激活相应的对象按钮后，在下面的对象列表中就会显示出与其相对应的对象。

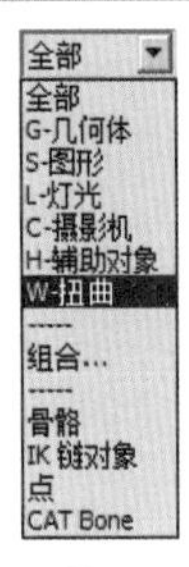

图1-55

图1-56

选择区域：选择区域工具包含5种模式，分别是“矩形选择区域”工具、“圆形选择区域”工具、“围栏选择区域”工具、“套索选择区域”工具和“绘制选择区域”工具。

窗口/交叉：当该工具处于突出状态（即未激活状态）时，其按钮显示效果为，这时如果在视图中选择对象，那么只要选择的区域包含对象的一部分即可选中该对象；当该工具处于凹陷状态（即激活状态）时，其按钮显示效果为，这时如果在视图中选择对象，那么只有选择区域包含对象的全部区域才能选中该对象。在实际工作中，一般都要使该工具处于未激活状态。

选择并移动：该工具可以将选中的对象移动到任何位置。当使用该工具选择对象时，在视图中会显示出坐标移动控制器，在默认的四视图中只有透视图显示的是x、y、z这3个轴向，而其他得3个视图中只显示其中的某两个轴向，若想要在某一个或几个轴向上移动对象，只需要将光标放置到该轴上，当该轴变成黄色时即可沿该轴移动对象，图1-57所示是沿x轴和y轴移动对象。

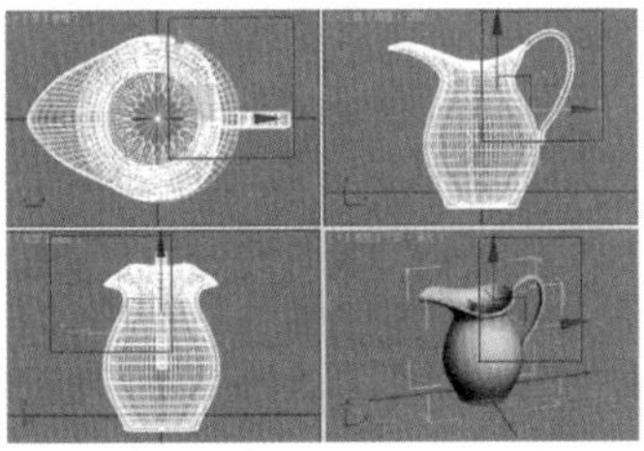

图1-57

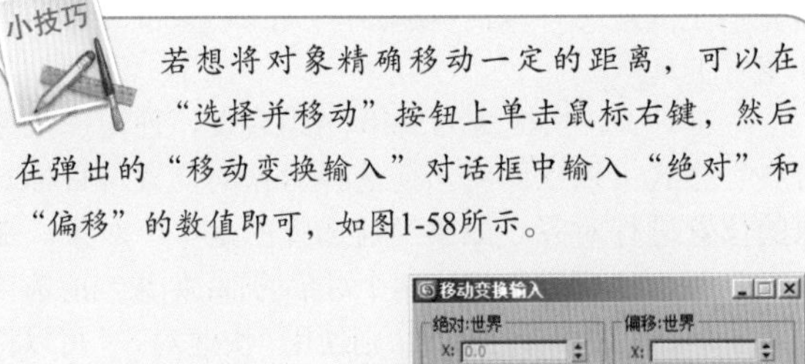

小技巧

若想将对象精确移动一定的距离，可以在“选择并移动”按钮上单击鼠标右键，然后在弹出的“移动变换输入”对话框中输入“绝对”和“偏移”的数值即可，如图1-58所示。

图1-58

“绝对”坐标是指对象目前所在的世界坐标位置；“偏移”坐标是指对象以屏幕为参考对象所偏移的距离。

选择并旋转：该工具的使用方法与“选择并移动”工具的使用方法相似，当该工具处于激活状态（选择状态）时，被选中的对象可以在x、y、z这3个轴上进行旋转。

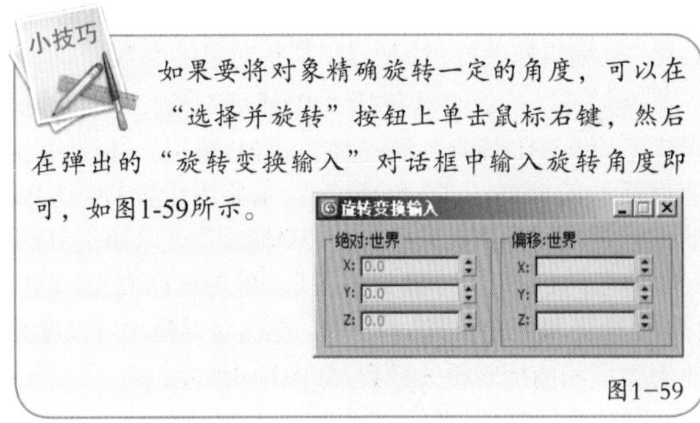

小技巧

如果要将对象精确旋转一定的角度，可以在“选择并旋转”按钮上单击鼠标右键，然后在弹出的“旋转变换输入”对话框中输入旋转角度即可，如图1-59所示。

图1-59

选择并缩放：该工具包含3种，分别是“选择并均匀缩放”工具、“选择并非均匀缩放”工具和“选择并挤压”工具。

参考坐标系：该选项组用来指定变换操作（如移动、旋转、缩放等）所使用的坐标系统，包括“视图”、“屏幕”、“世界”、“父对象”、“局部”、“万向”、“栅格”、“工作”和“拾取”9种坐标系，如图1-60所示。

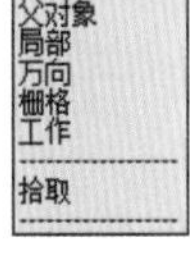

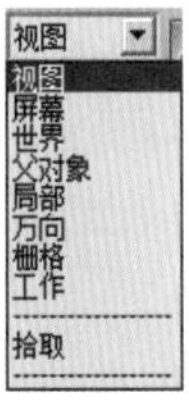

图1-60

视图：在默认的“视图”坐标系中，所有正交视口中的 x、y、z 轴都相同。使用该坐标系移动对象时，可以相对于视口空间移动对象。

屏幕：将活动视口屏幕用作坐标系。

世界：使用世界坐标系。

父对象：使用选定对象的父对象作为坐标系。如果对象未链接至特定对象，则其为世界坐标系的子对象，其父坐标系与世界坐标系相同。

局部：使用选定对象的轴心点为坐标系。

万向：万向坐标系与Euler xyz旋转控制器一同使用，它与局部坐标系类似，但其3个旋转轴相互之间不一定垂直。

栅格：使用活动栅格作为坐标系。

工作：使用工作轴作为坐标系。

拾取：使用场景中的另一个对象作为坐标系。

轴点中心：该工具包括“使用轴点中心”、“使用选择中心”和“使用变换坐标中心”工具3种，

使用轴点中心：该工具可以围绕其各自的轴点旋转或缩放一个或多个对象。

使用选择中心：该工具可以围绕其共同的几何中心旋转或缩放一个或多个对象。如果变换多个对象，该工具会计算所有对象的平均几何中心，并将该几何中心用作变换中心。

使用变换坐标中心：该工具可以围绕当前坐标系的中心旋转或缩放一个或多个对象。当使用“拾取”功能将其他对象指定为坐标系时，其坐标中心在该对象轴的位置上。

选择并操纵：该工具可以在视图中通过拖曳“操纵器”来编辑修改器、控制器和某些对象的参数。

捕捉开关：该工具包括“2D捕捉”、“2.5D捕捉”和“3D捕捉”3种。“2D捕捉”主要用于捕捉活动的栅格，“2.5D捕捉”主要用于捕捉结构或捕捉根据网格得到的几何体，“3D捕捉”可以捕捉3D空间中的任何位置。在“捕捉开关”上单击鼠标右键，可以打开“栅格和捕捉设置”对话框，在该对话框中可以设置捕捉类型和捕捉的相关参数，如图1-61所示。

角度捕捉切换：该工具可以用来指定捕捉的角度（快捷键为A键）。激活该工具后，角度捕捉将影响所有的旋转变换，在默认状态下以5°为增量进行旋转。若要更改旋转增量，可以在“角度捕捉切换”按钮上单击鼠标右键，然后在弹出的“栅格和捕捉设置”对话框中单击“选项”选项卡，接着在“角度”选项后面输入相应的旋转增量即可，如图1-62所示。

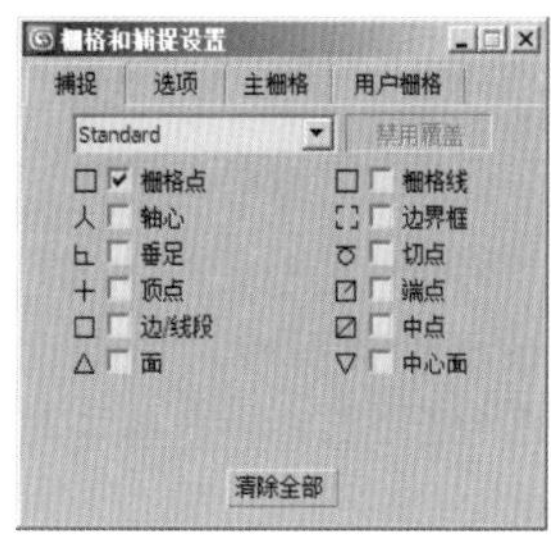

图1-61

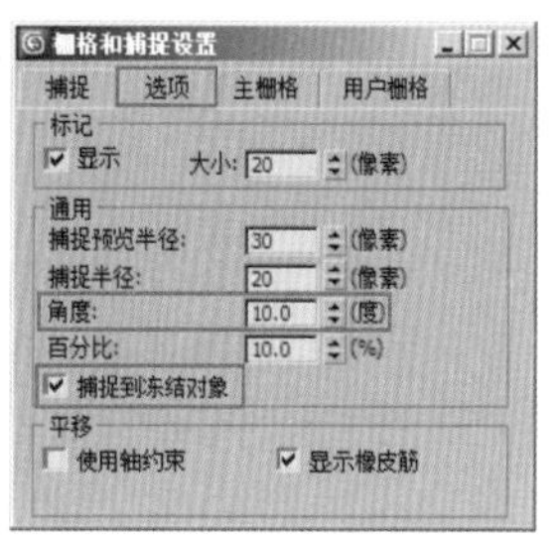

图1-62

百分比捕捉切换：该工具可以将对象缩放捕捉到自定的百分比（快捷键为Shift+Ctrl+P组合键），在缩放状态下，默认每次的缩放百分比为10%。若要更改缩放百分比，可以在“百分比捕捉切换”按钮上单击鼠标右键，然后在弹出的“栅格和捕捉设置”对话框中单击“选项”选项卡，接着在“百分比”选项后面输入相应的百分比数值即可，如图1-63所示。

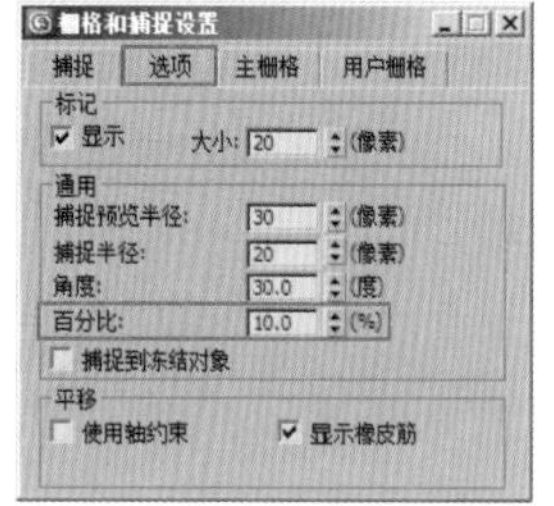

图1-63

微调器捕捉切换：该工具可以用来设置微调器单次单击的增加值或减少值。若要设置微调器捕捉的参数，可以在“微调器捕捉切换”按钮上单击鼠标右键，打开“首选项设置”对话框，然后在“常规”选项卡的“微调器”参数组下设置相关参数，如图1-64所示。

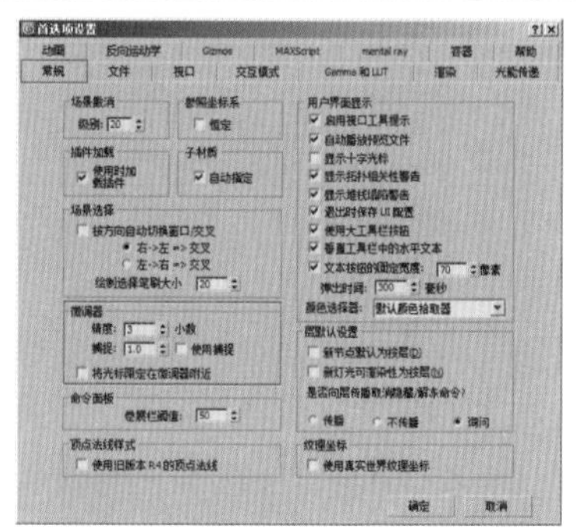

图1-64

编辑命名选择集：该工具可以为单个或多个对象进行命名。选中一个对象后，单击“编辑命名选择集”按钮可以打开“命名选择集”对话框，在该对话框中就可以为选择的对象进行命名，如图1-65所示。“命名选择集”对话框中有7个管理对象的工具，分别是“创建新集”工具、“删除”工具、“添加选定对象”工具、“减去选定对象”工具、“选择集内的对象”工具、“按名称选择对象”工具和“高亮显示选定对象”工具。

镜像：使用该工具可以围绕一个轴心镜像出一个或多个副本对象。选中要镜像的对象后，单击“镜像”按钮，可以打开“镜像：世界坐标”对话框，在该对话框中可以对“镜像轴”、“克隆当前选择”和“镜像IK限制”进行设置，如图1-66所示。

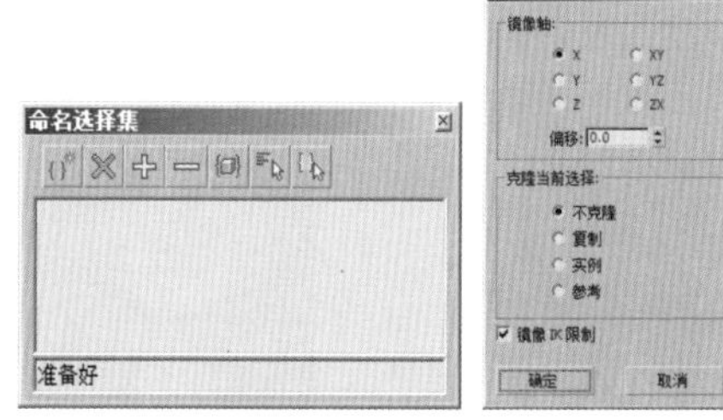

图1-65　　图1-66

对齐：该工具共有6种，分别是“对齐”工具、“快速对齐”工具、“法线对齐”工具、“放置高光”工具、“对齐摄影机”工具和“对齐到视图”工具。

快速对齐：快捷键为Shift+A组合键，使用“快速对齐”方式可以立即将当前选择对象的位置与目标对象的位置进行对齐。如果当前选择的是单个对象，那么“快速对齐”需要使用到两个对象的轴；如果当前选择的是多个对象或多个子对象，则使用“快速对齐”可以将选中对象的选择中心对齐到目标对象的轴。

法线对齐：快捷键为Alt+N组合键，“法线对齐”基于每个对象的面或是以选择的法线方向来对齐两个对象。要打开“法线对齐”对话框，首先要选择对齐的对象，然后单击对象上的面，接着单击第2个对象上的面，释放鼠标后就可以打开“法线对齐”对话框。

放置高光：快捷键为Ctrl+H组合键，使用“放置高光”方式可以将灯光或对象对齐到另一个对象，以便可以精确定位其高光或反射。在“放置高光”模式下，可以在任一视图中单击并拖动光标。“放置高光”是一种依赖于视图的功能，所以要使用渲染视图，在场景中拖动光标时，会有一束光线从光标处射入到场景中。

对齐摄影机：使用“对齐摄影机”方式可以将摄影机与选定的面法线进行对齐。“对齐摄影机”工具的工作原理与“放置高光”工具类似。不同的是，它是在面法线上进行操作，而不是入射角，并在释放鼠标时完成，而不是在拖曳鼠标期间时完成。

对齐到视图：“对齐到视图”方式可以将对象或子对象的局部轴与当前视图进行对齐。“对齐到视图”模式适用于任何可变换的选择对象。

知识窗 对齐参数详解

当激活“对齐”工具之后，用鼠标左键单击目标对象，系统将打开“对齐当前选择”对话框，如图1-67所示。

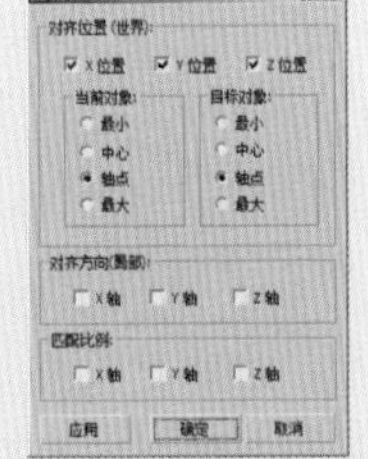

图1-67

x/y/z位置：用来指定要执行对齐操作的一个或多个坐标轴。同时勾选这3个选项可以将当前对象重叠到目标对象上。

最小：将具有最小x/y/z值对象边界框上的点与其他对象上选定的点对齐。

中心：将对象边界框的中心与其他对象上的选定点对齐。

轴点：将对象的轴点与其他对象上的选定点对齐。

最大：将具有最大x/y/z值对象边界框上的点与其他对象上选定的点对齐。

对齐方向(局部)：包括x/y/z轴3个选项，主要用来设置选择对象与目标对象是以哪个坐标轴进行对齐。

匹配比例：包括x/y/z轴3个选项，可以匹配两个选定对象之间的缩放轴的值，该操作仅对变换输入中显示的缩放值进行匹配。

层管理器：该工具可以用来创建和删除层，也可以用来查看和编辑场景中所有层的设置以及与其相关联的对象。单击“层管理器”按钮，可以打开“层”对话框，在该对话框中可以指定光能传递解决方案中的名称、可见性、渲染性、颜色以及对象和层的包含关系等，如图1-68所示。

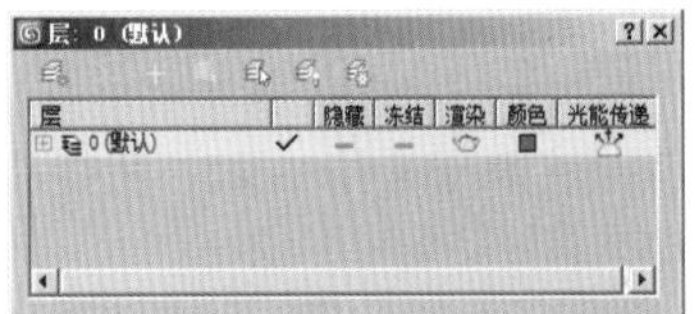

图1-68

Graphite建模工具：该工具一般翻译为石墨建模工具，它是优秀的PolyBoost建模工具与3ds Max的完美结合，其工具摆放的灵活性与布局的科学性大大方便了多边形建模的流程。单击“Graphite建模工具”按钮可以调出石墨建模工具的工具栏，如图1-69所示。

图1-69

曲线编辑器：单击“曲线编辑器”按钮可以打开“轨迹视图-曲线编辑器”对话框。“曲线编辑器”是一种“轨迹视图”模式，可以用曲线来表示运动，而“轨迹视图”模式可以使运动的插值以及软件在关键帧之间创建的对象变换更加直观化，如图1-70所示。

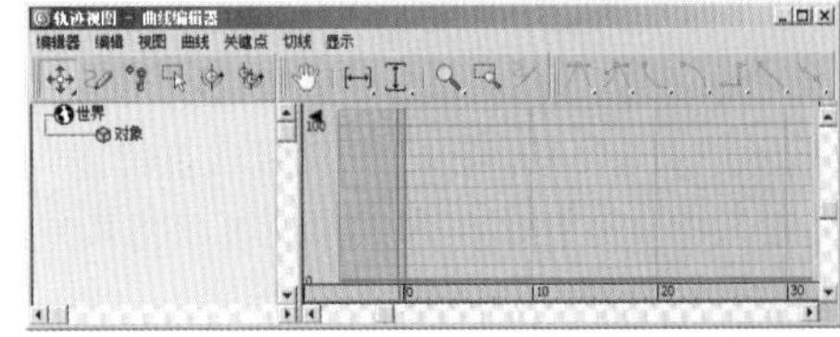

图1-70

图解视图：该工具是基于节点的场景图，通过它可以访问对象的属性、材质、控制器、修改器、层次和不可见场景关系，同时在“图解视图”对话框中可以查看、创建并编辑对象间的关系，也可以创建层次、指定控制器、材质、修改器和约束等属性，如图1-71所示。

图1-71

小技巧 在“图解视图”对话框的列表视图中的文本列表中可以查看节点，这些节点的排序是有规则性的，通过这些节点可迅速浏览极其复杂的场景。

材质编辑器：该工具主要用于打开材质编辑器，基本上所有的材质设置都在材质编辑器中完成的，单击“材质编辑器”按钮或者按M键都可以打开

“材质编辑器”对话框，该对话框中提供了很多材质和贴图，通过这些材质和贴图可以制作出很真实的材质效果。

渲染设置：该工具可以打开“渲染设置”对话框，其快捷键为F10键，所有的渲染设置参数基本上都在该对话框中完成。

渲染帧窗口：单击该按钮可以打开“渲染帧窗口”对话框，在该对话框中可执行选择渲染区域、切换图像通道和储存渲染图像等任务，如图1-72所示。

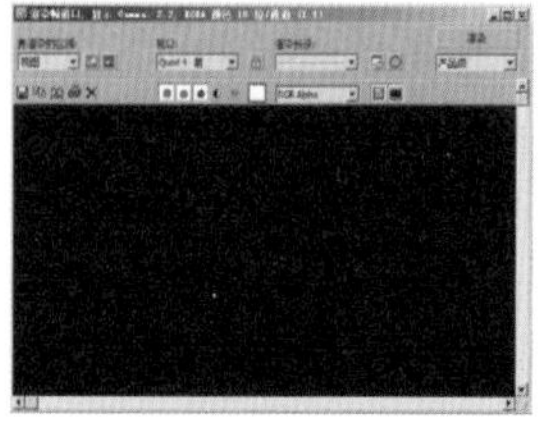

图1-72

渲染：该工具包括“渲染产品”、“渲染迭代”和ActiveShade 3种类型。

新手练习——调出隐藏的工具栏

素材文件	无
案例文件	无
视频教学	视频教学/第1章/新手练习——调出隐藏的工具栏.flv
技术掌握	如何调出隐藏的工具栏

3ds Max 2013中有很多隐藏的工具栏，用户可以根据实际需要来调出处于隐藏状态的工具栏。当然，将隐藏的工具栏调出来后，也可以将其关闭。

【操作步骤】

01 执行“自定义/显示UI/显示浮动工具栏”菜单命令，如图1-73所示，此时系统会弹出所有的浮动工具栏，如图1-74所示。

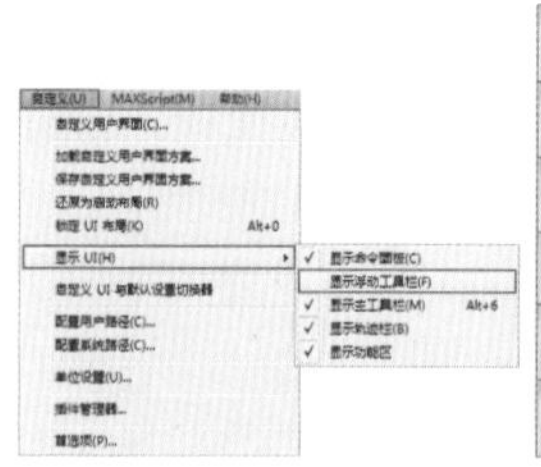

图1-73

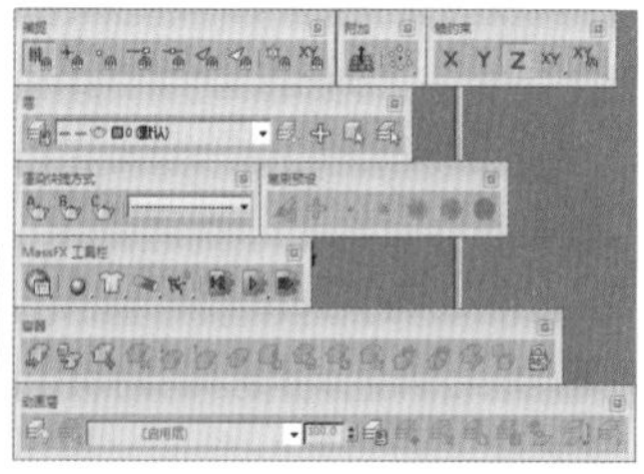

图1-74

02 采用上一步的方法适合一次性调出所有的隐藏工具栏，但在很多情况下只需要用到其中某一个工具栏，这时可以在主工具栏的空白处单击鼠标右键，然后在弹出的菜单中勾选需要的工具栏即可，如图1-75所示。

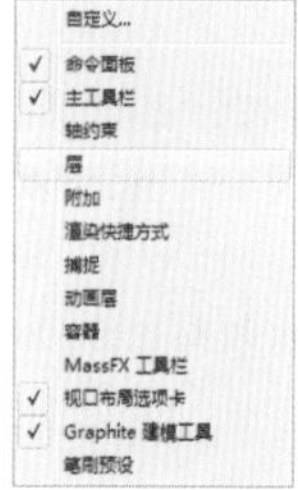

图1-75

小技巧

按Alt+6组合键可以隐藏“主工具栏”，再次按Alt+6组合键可以显示出“主工具栏”。

新手练习——使用过滤器选择场景中的灯光

素材文件	02.max
案例文件	无
视频教学	视频教学/第1章/新手练习——使用过滤器选择场景中的灯光.flv
技术掌握	如何使用过滤器选择对象

在较大的场景中，物体的类型可能会非常多，这时要想选择处于隐藏位置的物体就会很困难，而使用“过滤器”过滤掉不需要选择的对象后，选择相应的物体就很方便了。

【操作步骤】

01 打开本书配套光盘中的“02.max”文件，从视图中可以观察到本场景包含两把椅子和4盏灯光，如图1-76所示。

图1-76

02 如果要选择灯光，可以在主工具栏中的“过滤器”全部下拉列表中选择“L-灯光”选项，如图1-77所示；然后使用“选择并移动”工具框选视图中的对象，框选完毕后可以发现只选择了灯光，而椅子模型并没有被选中，如图1-78所示。

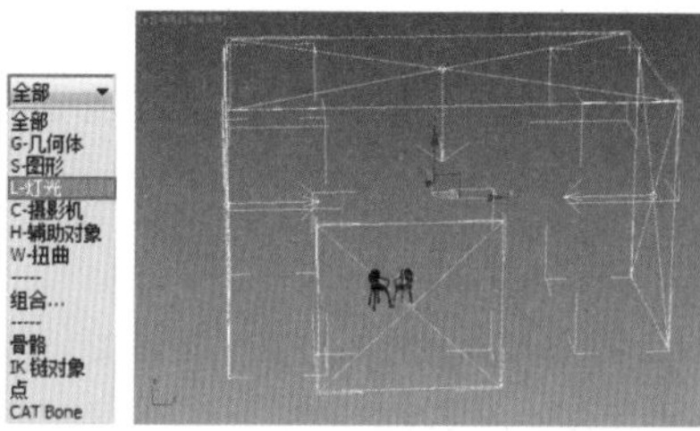

图1-77　　图1-78

03 如果要选择椅子模型，可以在主工具栏中的“过滤器”全部下拉列表中选择“G-几何体”选项，如图1-79所示；然后使用“选择并移动”工具框选视图中的对象，框选完毕后可以发现只选择了椅子模型，而灯光并没有被选中，如图1-80所示。

图1-79　　图1-80

新手练习——使用“按名称选择”工具选择对象

素材文件	03.max
案例文件	无
视频教学	视频教学/第1章/新手练习——使用“按名称选择”工具选择对象.flv
技术掌握	使用“按名称选择”工具选择对象

“按名称选择”工具非常重要，它可以按场景中的对象名称来选择对象。当场景中的对象比较多时，使用该工具选择对象相当方便。

【操作步骤】

01 打开本书配套光盘中的“03.max”文件，如图1-81所示。

02 在主工具栏中单击“按名称选择”按钮，打开“从场景选择”对话框，从该对话框中观察到场景中的对象名称，如图1-82所示。

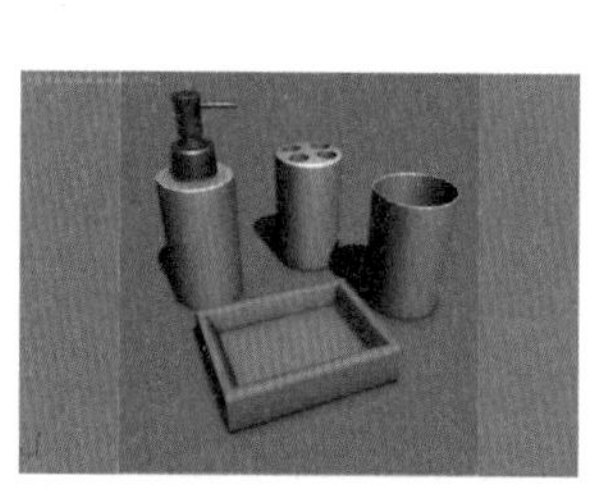

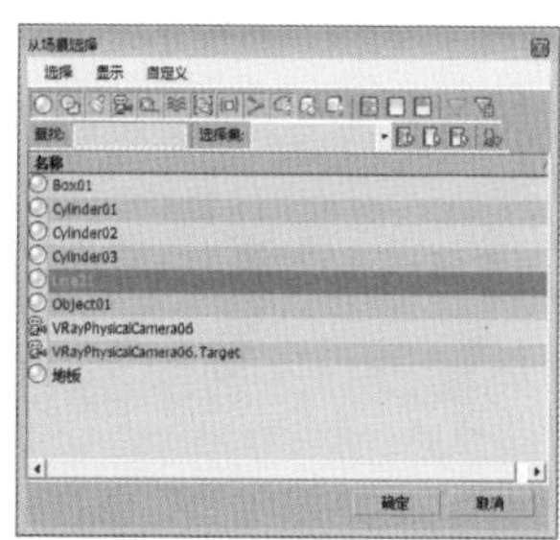

图1-81　　图1-82

03 如果要选择单个对象，可以直接在“从场景选择”对话框单击该对象的名称，然后单击“确定”按钮，如图1-83所示。

04 如果要选择隔开的多个对象，可以按住Ctrl键的同时依次单击对象的名称，然后单击“确定”按钮，如图1-84所示。

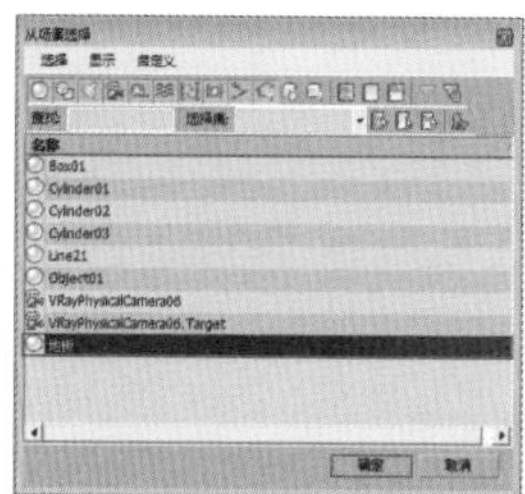

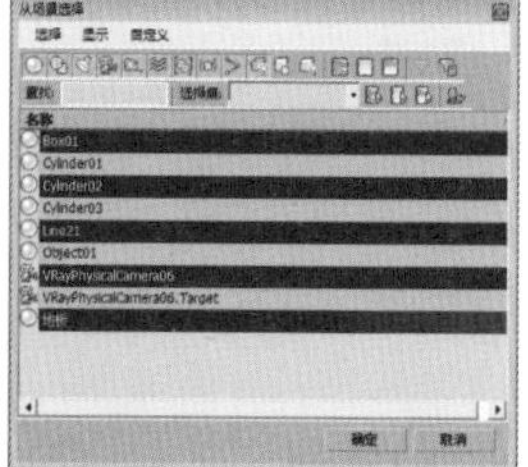

图1-83　　图1-84

如果当前已经选择了部分对象，那么按住Ctrl键的同时可以进行加选，按住Alt键的同时可以进行减选。

05 如果要选择连续的多个对象，可以按住Shift键的同时依次单击首尾的两个对象名称，然后单击“确定”按钮，如图1-85所示。

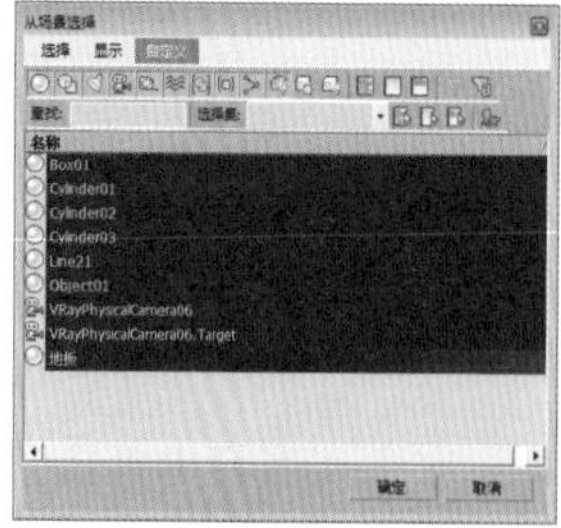

图1-85

新手练习——使用“套索选择区域”工具选择对象

素材文件	04.max
案例文件	无
视频教学	视频教学/第1章/新手练习——使用“套索选择区域”工具选择对象.flv
技术掌握	使用“套索选择区域”工具选择场景中的对象

本例将利用“套索选择区域”工具来选择场景中的对象。

【操作步骤】

01 打开本书配套光盘中的“04.max”文件，如图1-86所示。

图1-86

02 在主工具栏中单击“套索选择区域”按钮，然后在视图中绘制一个形状区域，将刀叉模型勾选出来，如图1-87所示，这样就选中了刀叉模型，如图1-88所示。

图1-87　　图1-88

新手练习——窗口/交叉工具

素材文件	05.max
案例文件	无
视频教学	视频教学/第1章/新手练习——窗口/交叉工具.flv
技术掌握	掌握如何使用“窗口/交叉”工具选择对象

【操作步骤】

01 打开本书配套光盘中的“05.max”文件，如图1-89所示。

图1-89

02 在主工具栏中单击“窗口/交叉”按钮，使其处于激活状态，然后按住鼠标左键的同时在视图绘制拖曳出一个如图1-90所示的选框，接着释放鼠标左键，此时可以观察到只有处于选框区域内的对象才会被选中，如图1-91所示。

图1-90　图1-91

03 继续在主工具栏中单击“窗口/交叉”按钮，使其处于未激活状态，然后按住鼠标左键的同时在视图绘制拖曳出一个如图1-92所示的选框，接着释放鼠标左键，此时可以观察到只要是对象有一部分处于选框内，那么该对象就会被选中，如图1-93所示。

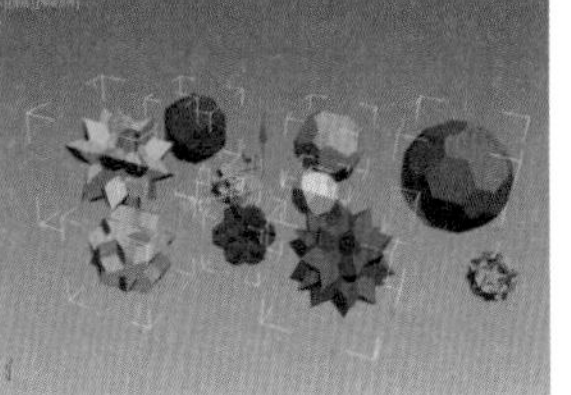

图1-92　图1-93

新手练习——使用“选择并缩放”工具调整花瓶的形状

素材文件	06.max
案例文件	新手练习——使用选择并缩放工具调整花瓶的形状.max
视频教学	视频教学/第1章/新手练习——使用选择并缩放工具调整花瓶的形状.flv
技术掌握	使用选择并缩放工具缩放和挤压对象

本例将使用选择并缩放工具中的3种工具来调整花瓶的形状，让读者熟悉这3种工具的使用方法。

【操作步骤】

01 打开本书配套光盘中的“06.max”文件，如图1-94所示。

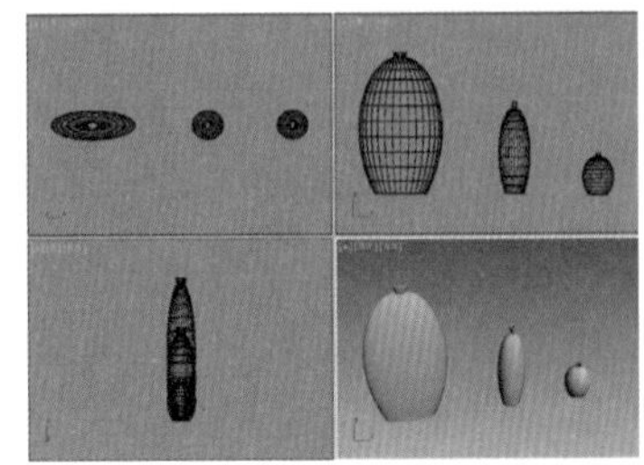

图1-94

02 在主工具栏中单击“选择并均匀缩放”按钮，然后选择最右边的模型，接着在左视图中沿x轴正方向进行缩放，如图1-95所示，完成后的效果如图1-96所示。

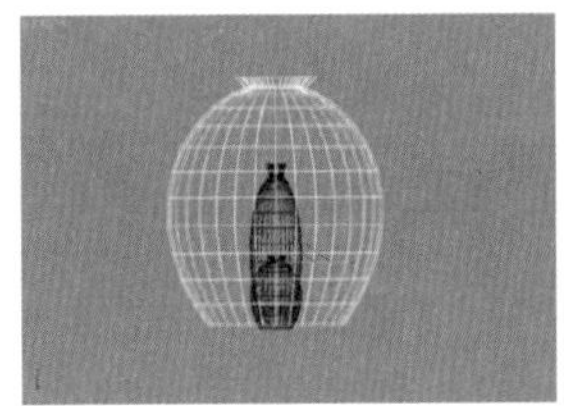

图1-95　图1-96

03 在主工具栏中单击“选择并非均匀缩放”按钮，然后选择中间的模型，接着在透视图中沿y轴正方向进行缩放，如图1-97所示。

04 在主工具栏中单击“选择并挤压”按钮，然后选择最左边的模型，接着在透视图中沿z轴负方向进行挤压，如图1-98所示。

图1-97　图1-98

小技巧

“选择并缩放”工具也可以设定一个精确的缩放比例因子，具体操作方法是在相应的工具上单击鼠标右键，然后在弹出的“缩放变换输入”对话框中输入相应的缩放比例数值即可，如图1-99所示。

图1-99

新手练习——使用“角度捕捉切换”工具制作挂钟

素材文件	07.max
案例文件	新手练习——使用“角度捕捉切换”工具制作挂钟.max
视频教学	视频教学/第1章/新手练习——使用“角度捕捉”工具制作挂钟.flv
技术掌握	“角度捕捉切换”工具的运用方法

本例使用“角度捕捉切换”工具制作的挂钟效果如图1-100所示。

图1-100

【操作步骤】

01 打开本书配套光盘中的“07.max”文件，如图1-101所示。从场景中可以观察到挂钟没有指针刻度，下面就使用“角度捕捉切换”工具来制作指针刻度。

02 在“创建”面板中单击“球体”按钮，然后在场景中创建一个大小合适的球体，如图1-102所示。

图1-101

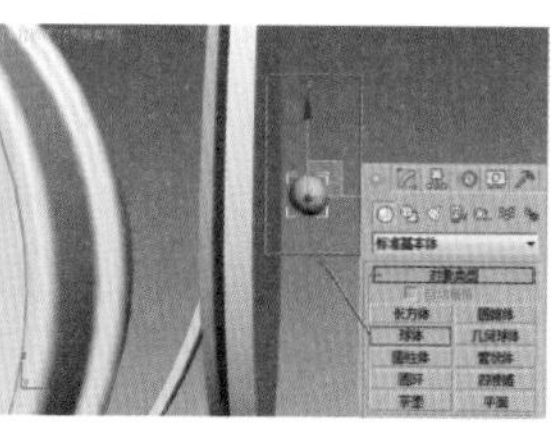

图1-102

03 使用“选择并均匀缩放”工具将球体沿y轴进行适当缩放，接着使用“选择并移动”工具将其移动到表盘“12点钟”的位置，如图1-103所示。

04 在命令面板中单击“层次”按钮，进入“层次”面板，然后单击“仅影响轴”按钮（此时球体上会增加一个较粗的坐标轴，这个坐标轴主要用来调整球体的中心点位置），接着使用“选择并移动”工具将球体的中心点拖曳到表盘的中心位置，如图1-104所示。

图1-103

图1-104

05 单击“仅影响轴”按钮，退出“仅影响轴”模式，然后在“角度捕捉切换”工具上单击鼠标右键（注意，要使该工具处于激活状态），接着

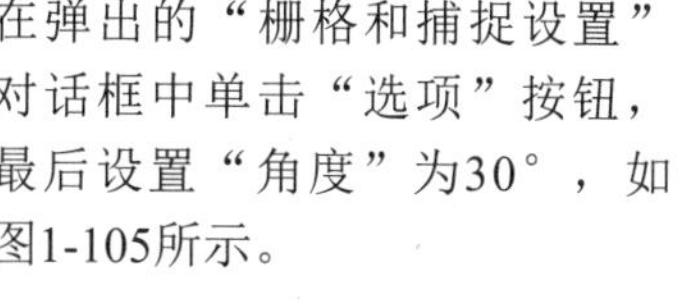

在弹出的“栅格和捕捉设置”对话框中单击“选项”按钮，最后设置“角度”为30°，如图1-105所示。

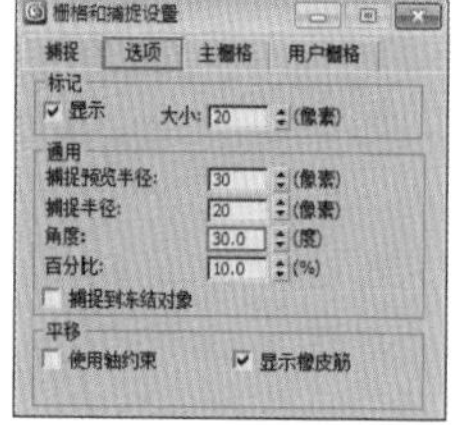

图1-105

06 在主工具栏中单击“选择并旋转”按钮，然后在前视图中按住Shift键的同时顺时针旋转30°，接着在弹出的“克隆选项”对话框中设置“对象”为“实例”、“副本数”为11，最后单击“确定”按钮，如图1-106所示，最终效果如图1-107所示。

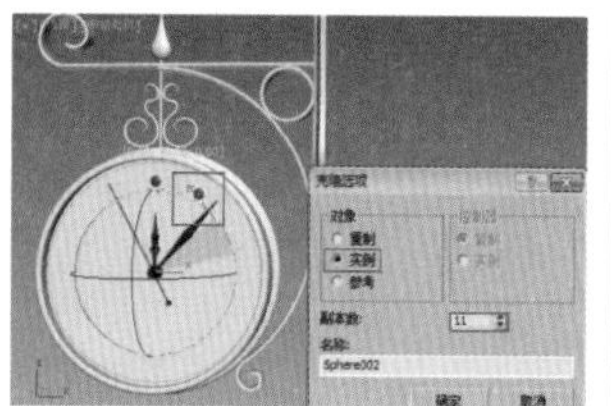

图1-106

图1-107

新手练习——复制对象

素材文件	08.max
案例文件	新手练习——复制对象.max
视频教学	视频教学/第1章/新手练习——复制对象.flv
技术掌握	掌握如何在远处复制对象

复制对象也就是克隆对象。选择一个对象或多个对象后，按Ctrl+V组合键或执行“编辑/克隆”菜单命令即可在原处复制出一个相同的对象。

【操作步骤】

01 打开本书配套光盘中的“08.max”文件，如图1-108所示。

02 选择一盒玫瑰花，然后执行“编辑/克隆”菜单命令或按Ctrl+V组合键打开“克隆选项”对话框，接着在“对象”选项组下勾选“复制”选项，最后单击“确定”按钮，这样就在原处复制出了一盒玫瑰花，如图1-109所示。

图1-108

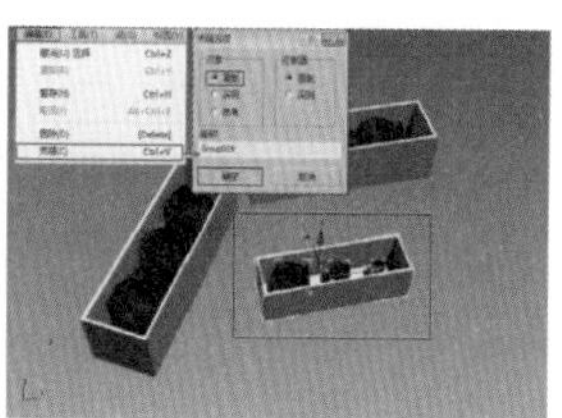

图1-109

03 由于复制出来的玫瑰花与原来的玫瑰花是重合的，这时可以使用“选择并移动”工具将复制出来的玫瑰花拖曳到其他位置，以观察复制效果，如图1-110所示。

图1-110

小技巧

在远处复制对象还有另外一种方法。先选择要复制的对象，然后单击鼠标右键，接着在弹出的菜单中选择“克隆”命令，如图1-111所示。

图1-111

新手练习——移动复制对象

素材文件	09.max
案例文件	新手练习——移动复制对象.max
视频教学	视频教学/第1章/新手练习——移动复制对象.flv
技术掌握	掌握如何使用“选择并移动”工具移动复制对象

所谓移动复制对象就是在移动对象的过程中复制出一个相同的对象，这种复制对象的方法是最常用的一种。

【操作步骤】

01 打开本书配套光盘中的“09.max”文件，如图1-112所示。

02 单击主工具栏中的“选择并移动”按钮，并在场景中选择最左侧的瓶子，然后按住Shift键的同时移动并复制对象，接着在弹出的“克隆选项”对话框中勾选“复制”选项，最后单击“确定”按钮，如图1-113所示。

图1-112

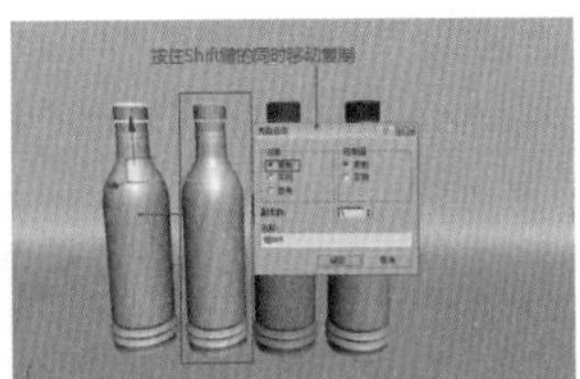

图1-113

新手练习——旋转复制对象

素材文件	10.max
案例文件	新手练习——旋转复制对象.max
视频教学	视频教学/第1章/新手练习——旋转复制对象.flv
技术掌握	掌握如何使用“选择并旋转”工具旋转复制对象

所谓旋转复制对象就是在旋转对象的过程中复制出一个相同的对象，这种复制对象的方法在制作交叉物体时非常有用。

【操作步骤】

01 打开本书配套光盘中的“10.max”文件，如图1-114所示。

02 单击主工具栏中的“选择并旋转”按钮，并选择两个长方体，然后按住Shift键的同时沿z轴旋转复制对象，接着在弹出的对话框中勾选“复制”选项，最后单击“确定”按钮，如图1-115所示。

图1-114

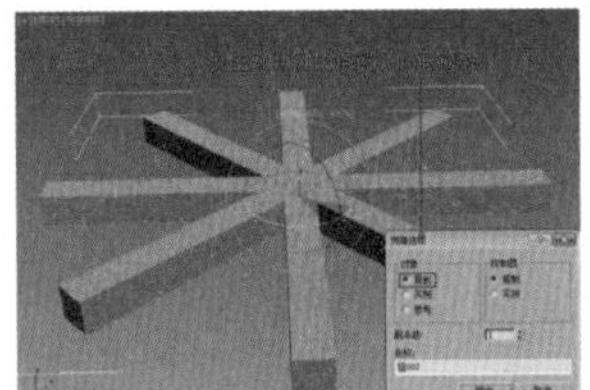

图1-115

新手练习——关联复制对象

素材文件	11.max
案例文件	新手练习——关联复制对象.max
视频教学	视频教学/第1章/新手练习——关联复制对象.flv
技术掌握	掌握如何关联复制对象

关联复制对象与前面讲解的复制对象有很大的区别。使用复制方法复制出来的对象与源对象虽然完全相同，但是当改变任何一个对象的参数时，另外一个对象不会随着发生变化；而使用关联复制方法复制对象时，无论是改变源对象还是复制对象的参数，另外一个对象都会跟着发生相应的变化。

【操作步骤】

01 打开本书配套光盘中的“11.max”文件，这是一个茶壶模型，如图1-116所示。

02 使用“选择并移动”工具选择茶壶模型，然后按住Shift键的同时移动复制一个茶壶，接着在弹出的对话框中设置“对象”为“实例”，最后单击“确定”按钮，如图1-117所示。

图1-116

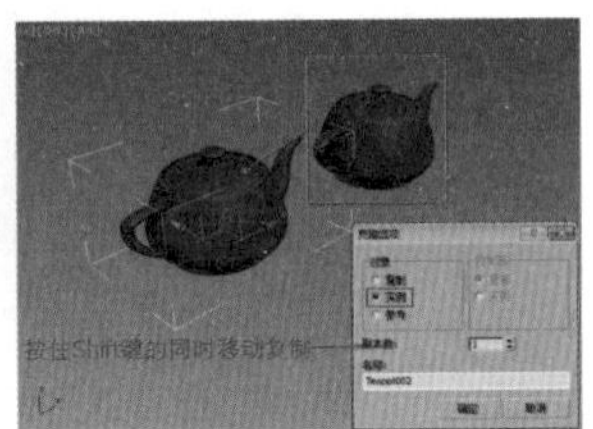

图1-117

03 选择其中的任意一个茶壶，然后在“命令”面板中单击“修改”按钮，进入“修改”面板，接着在“参数”卷展栏下设置“半径”为30mm，最后在

“茶壶部件”选项组中关闭“壶盖”选项，具体参数设置如图1-118所示，此时可以观察到两个茶壶都发生了相同的变化，这就是关联复制的好处，适用于批量处理相同的模型，如图1-119所示。

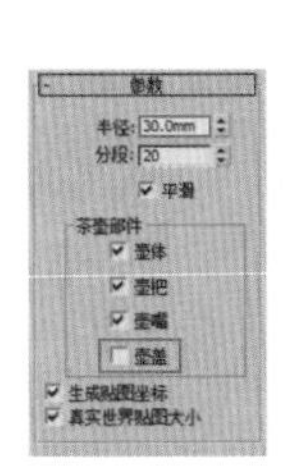

图1-118

图1-119

新手练习——参考坐标系

素材文件	16.max
案例文件	无
视频教学	视频教学/第1章/新手练习——参考坐标系.flv
技术掌握	掌握各种参考坐标系的区别

【操作步骤】

01 打开本书配套光盘中的“16.max”文件，此时这个场景使用的是默认的“视图”坐标系，可以观察到坐标是按照各个视图来进行分配的，如图1-120所示。

图1-120

02 设置“参考坐标系”为“屏幕”坐标系，此时可以观察到坐标轴的方向发生了变化，透视图中的z轴始终垂直于屏幕，如图1-121所示。

图1-121

03 设置“参考坐标系”为“世界”坐标系，此时可以观察到坐标轴的方向发生了变化，物体的坐标使用的是一个参考坐标，如图1-122所示。

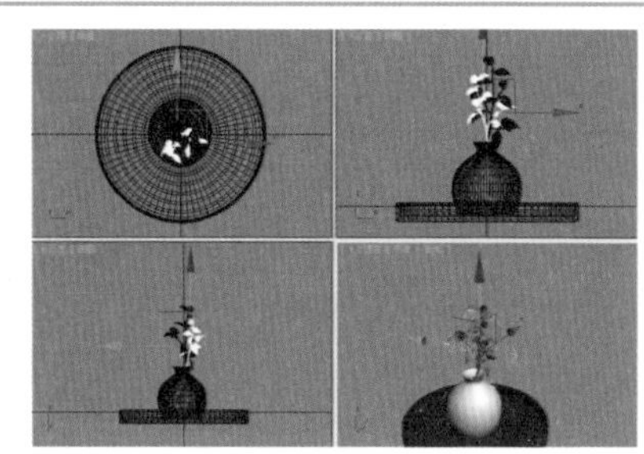

图1-122

04 设置“参考坐标系”为“局部”坐标系，此时可以观察到坐标轴的方向发生了变化，物体的坐标会按照自己的参考的坐标系统进行显示，如图1-123所示。

图1-123

其他坐标系统在实际工作中不是很实用，因此这里不进行讲解。

新手练习——对齐工具

素材文件	17.max
案例文件	新手练习——对齐工具.max
视频教学	视频教学/第1章/新手练习——对齐工具.flv
技术掌握	掌握如何对齐对象

【操作步骤】

01 打开本书配套光盘中的“17.max”文件，可以观察到场景中有两把椅子没有与其他的椅子对齐，如图1-124所示。

图1-124

02 选中其中的一把没有对齐的椅子，然后在主工具栏中单击“对齐”按钮，接着单击另外一把处于正常位置的椅子，在弹出的对话框中设置“对齐位置（世界）”为“x位置”、“当前对象”为“轴点”，最后单击“确定”按钮，如图1-125所示。

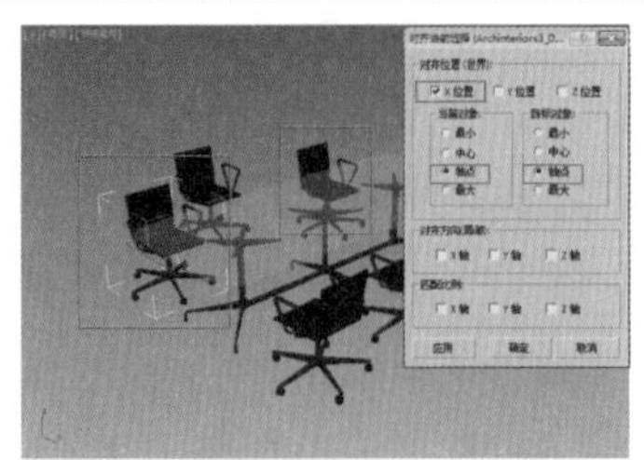

图1-125

03 采用相同的方法对齐另外一把椅子，完成后的效果如图1-126所示。

图1-126

新手练习——在渲染前保存要渲染的图像

素材文件	无
案例文件	无
视频教学	视频教学/第1章/新手练习——在渲染前保存要渲染的图像.flv
技术掌握	掌握如何在渲染场景之前保存要渲染的图像

上一实例介绍了渲染图像的保存方法，该保存方法是最常用的一种方法。而下面要讲解的也是保存渲染图像的方法，这种方法是在渲染场景之前就设置好图像的保存路径、文件名和文件类型，当渲染师不在计算机旁时一般采用这种方法。

【操作步骤】

01 单击主工具栏中的“渲染设置”按钮或按F10键打开“渲染设置”对话框，然后单击“公用”按钮，接着展开“公用参数”卷展栏，如图1-127所示。

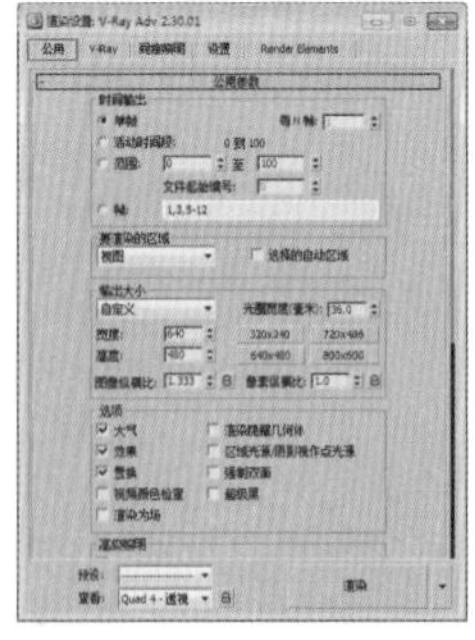

图1-127

02 在“渲染输出”选项组下单击“文件”按钮 文件... ，然后在弹出的对话框中设置好渲染图像的保存路径，接着为渲染图像进行命名，并在“保存类型”列表中选择需要保存的文件格式，最后单击“保存”按钮 保存(S) ，如图1-128所示。

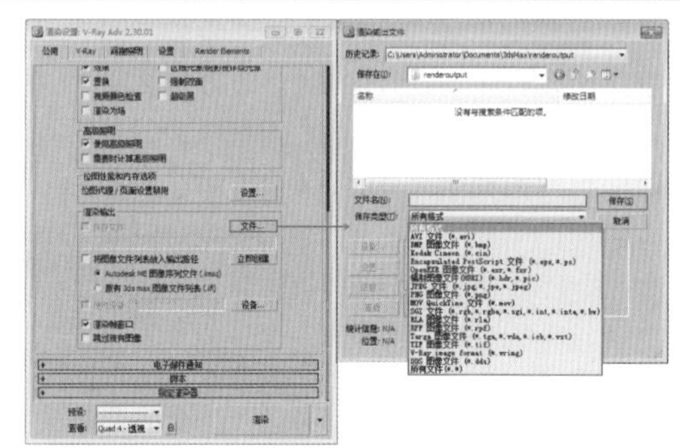

图1-128

新手练习——保存渲染图像

素材文件	18.max
案例文件	无
视频教学	视频教学/第1章/新手练习——保存渲染图像.flv
技术掌握	掌握保存渲染图像的方法

当制作好一个场景后，需要对场景进行渲染，渲染完成后就需要保存渲染好的图像。

【操作步骤】

01 打开本书配套光盘中的“18.max”文件，如图1-129所示。

02 单击主工具栏中的“渲染产品”按钮或按F9键渲染场景，渲染完成后的图像效果如图1-130所示。

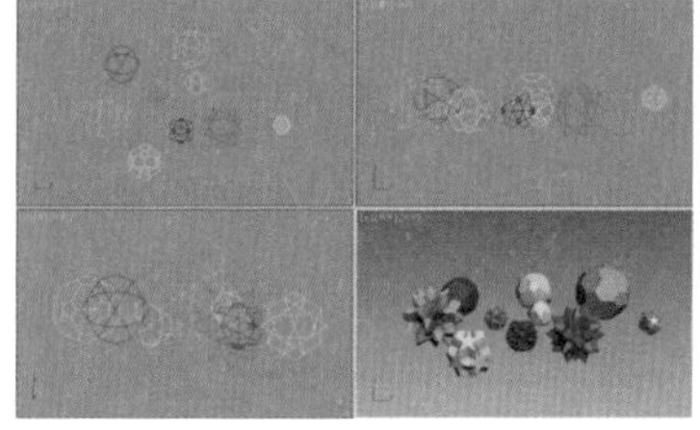

图1-129

图1-130

小技巧

当渲染场景时，系统会弹出“渲染帧”对话框，该对话框中会显示渲染图像的进度和相关信息。

03 在“渲染帧”对话框中单击“保存图像”按钮，打开“保存图像”对话框，然后在“文件名”后面输入图像的名称，接着在“保存类型”列表中选择要保存的文件格式，最后单击“保存”按钮 保存(S) ，如图1-131所示。

图1-131

1.4.7 视口区域

视口区域是操作界面中最大的一个区域，也是3ds Max中用于实际操作的区域，通常使用的状态为四视图显示，包括顶视图、左视图、前视图和透视图4个视图，在这些视图中可以从不同的角度对场景中的对象进行观察和编辑。

每个视图的左上角都会显示视图的名称以及模型的显示方式，右上角有一个导航器（不同视图显示的状态也不同），如图1-132所示。

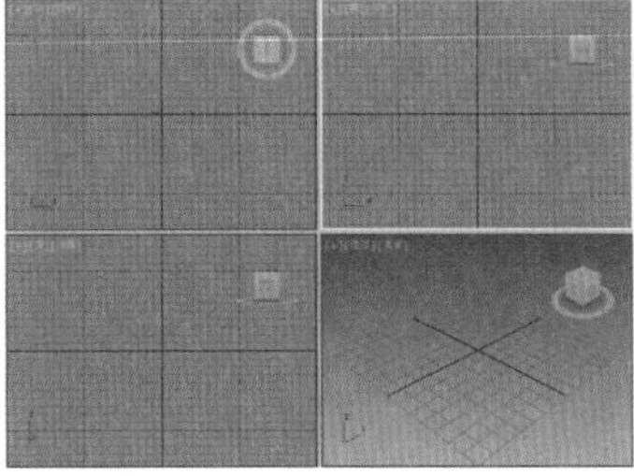

图1-132

常用的几种视图都有其相对应的快捷键，顶视图的快捷键是T键、底视图的快捷键是B键、左视图的快捷键是L键、前视图的快捷键是F键、透视图的快捷键是P键、摄影机视图的快捷键是C键。

3ds Max 2013中视图的名称部分被分为3个小部分，用鼠标右键分别单击这3个部分会弹出不同的菜单，如图1-133所示。

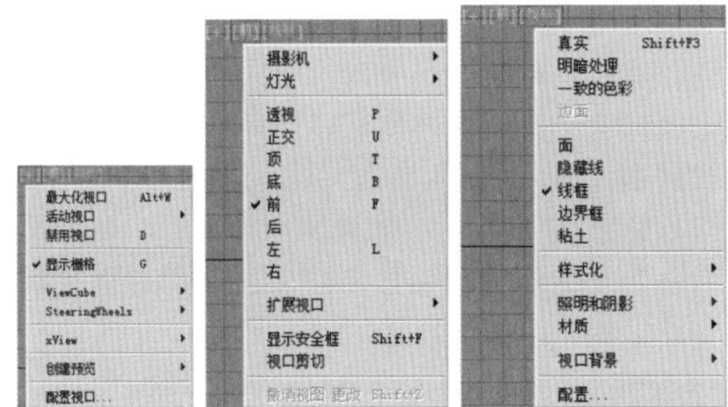

图1-133

新手练习——视口布局设置

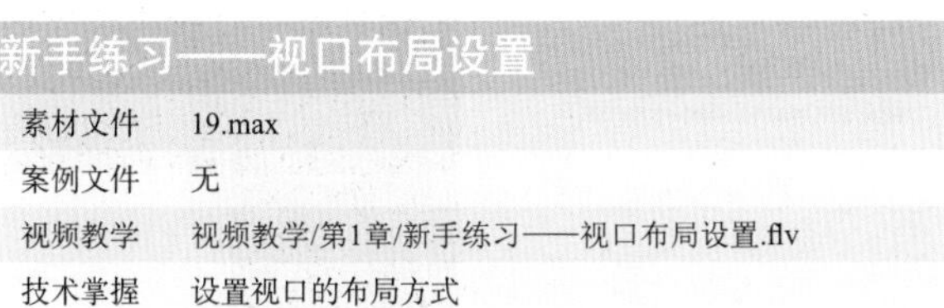

素材文件	19.max
案例文件	无
视频教学	视频教学/第1章/新手练习——视口布局设置.flv
技术掌握	设置视口的布局方式

视图划分及显示在3ds Max 2013中是可以调整的，用户可以根据观察对象的需要来改变视图的大小或视图的显示方式等。

【操作步骤】

01 打开本书配套光盘中的“19.max”文件，如图1-134所示。

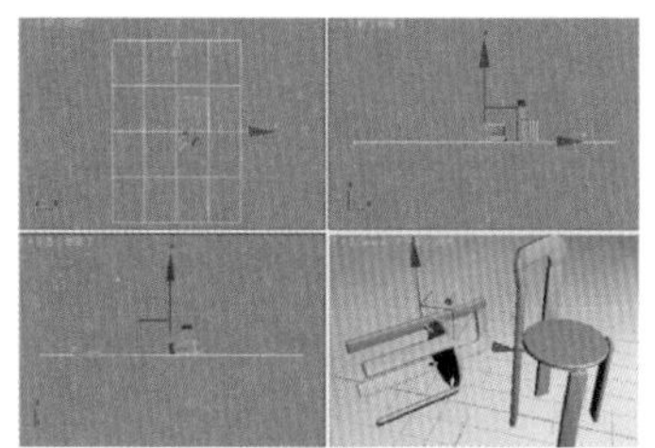

图1-134

02 执行“视图/视口配置”菜单命令，打开“视口配置”对话框，然后单击“布局”按钮，在该选框下系统预设了一些视口的布局方式，如图1-135所示。

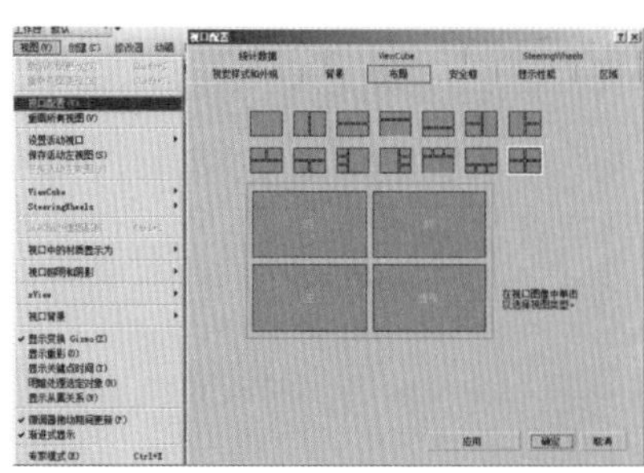

图1-135

03 选择第6个布局方式，此时找下面的缩略图中可以观察到这个视图布局的划分方式，如图1-136所示。

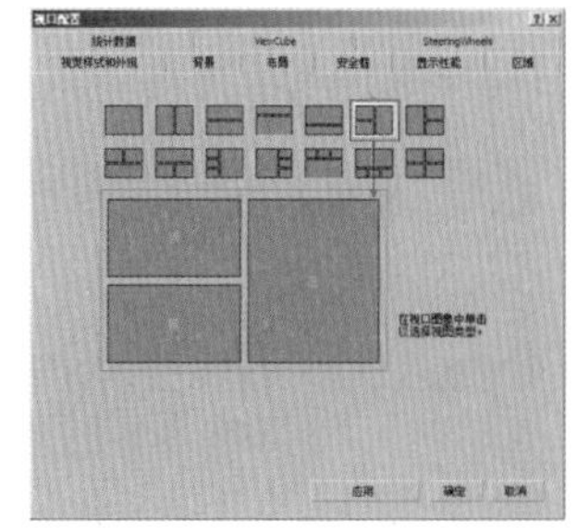

图1-136

04 在大缩略图的左视图上单击鼠标右键，然后在弹出的菜单中选择“透视”命令，将该视图设置为透视图，接着单击“确定”按钮 确定 ，如图1-137所示，重新划分后的视图效果如图1-138所示。

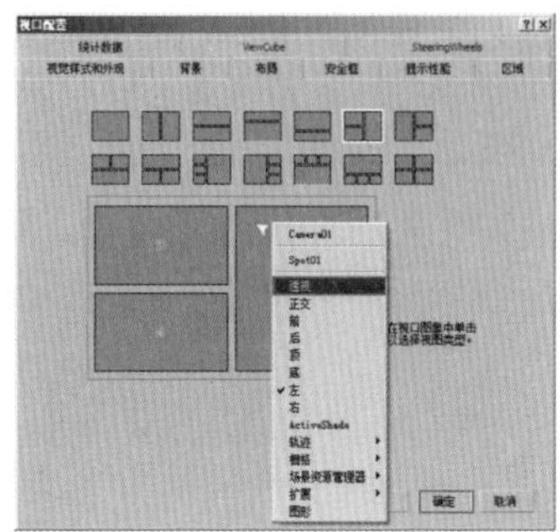

图1-137

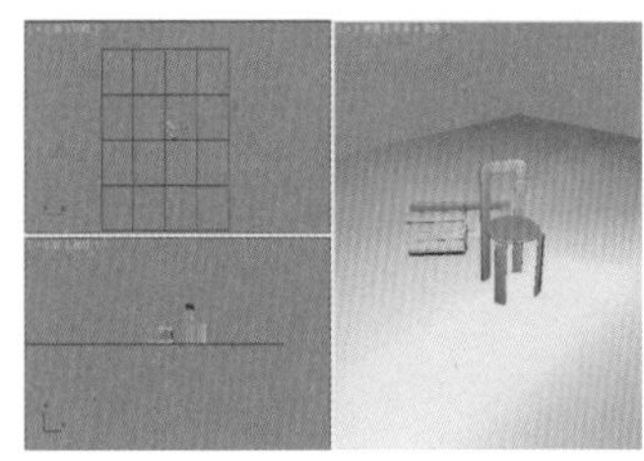

图1-138

小技巧

将光标放置在视图与视图的交界处，当光标变成⟺或⇕（双箭头）时，可以左右或上下调整视图的大小；当光标变成✥（十字箭头）时，可以上下左右调整视图的大小，如图1-139所示。

如果要将视图恢复到原始的布局方式，可以在视图交界处单击鼠标右键，然后在弹出的菜单中选择“重置布局”命令，如图1-140所示。

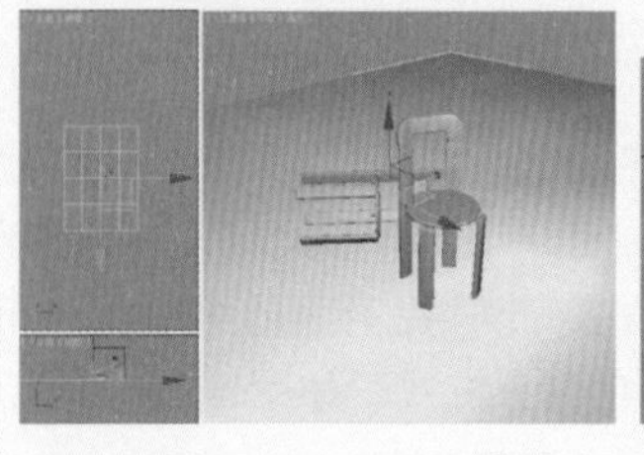

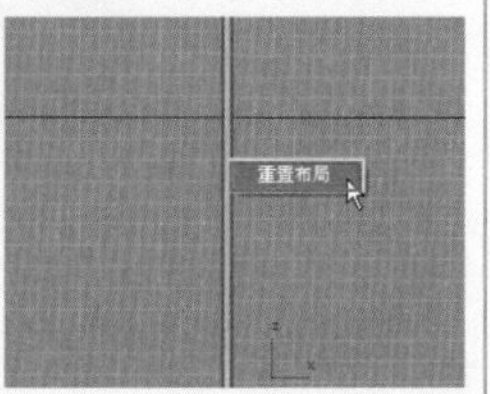

图1-139　　图1-140

新手练习——自定义视口颜色

素材文件	无
案例文件	无
视频教学	视频教学/第1章/新手练习——自定义视口颜色.flv
技术掌握	自定义视口颜色的方法

通常情况下，首次安装并启动3ds Max 2013时，界面是由多种不同的黑灰色构成的。如果用户不习惯系统预置的颜色，可以通过自定义的方式来更改界面的颜色。

【操作步骤】

01 在菜单栏中执行“自定义/自定义用户界面”菜单命令，打开“自定义用户界面”对话框，然后单击“颜色”按钮，如图1-141所示。

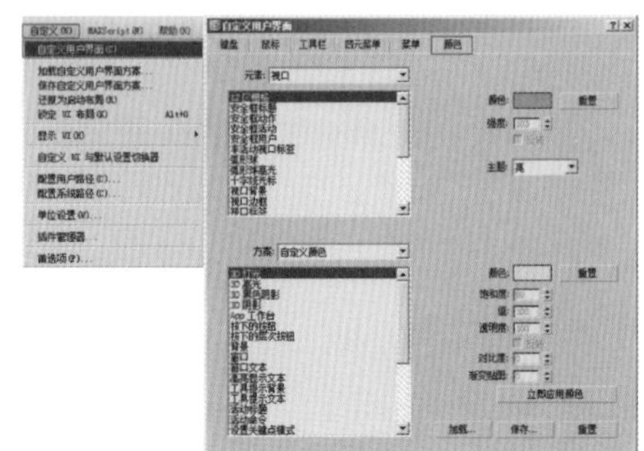

图1-141

02 设置“元素”为“视口”，然后在其下拉列表中选择“视口背景”选项，接着单击“颜色”选项旁边的色块，在弹出的“颜色选择器”对话框中可以观察到“视口背景”默认的颜色为（红:125，绿:125，蓝:125），如图1-142所示。

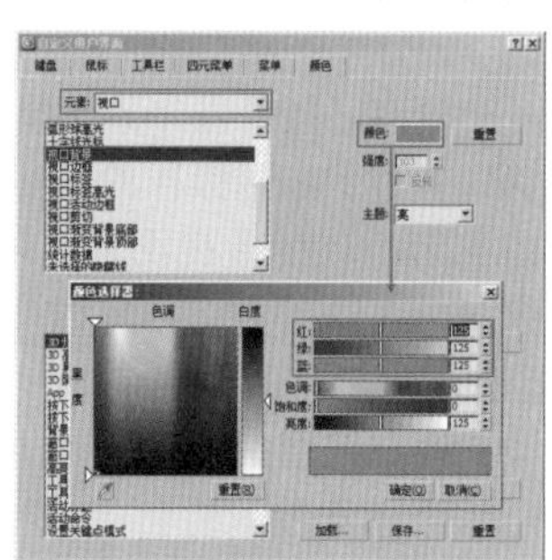

图1-142

03 在“颜色选择器”对话框中设置颜色为（红:0，绿:0，蓝:0），然后单击“保存”按钮保存...，接着在弹出的“保存颜色文件为”对话框中为颜色文件进行命名，最后单击“保存”按钮保存(S)，如图1-143所示。

图1-143

04 在“自定义用户界面”对话框中单击“加载”按钮加载...，然后在弹出的“加载颜色文件”对话框中找到前面保存好的颜色文件，接着单击“打开”按钮，如图1-144所示。加载颜色文件后，视口的背景颜色就会发生相应的变化，注意透视图的背景颜色并没有发生变化，如图1-145所示。

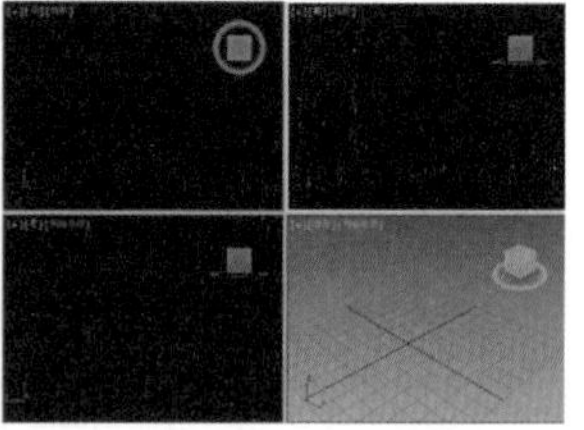

图1-144　　图1-145

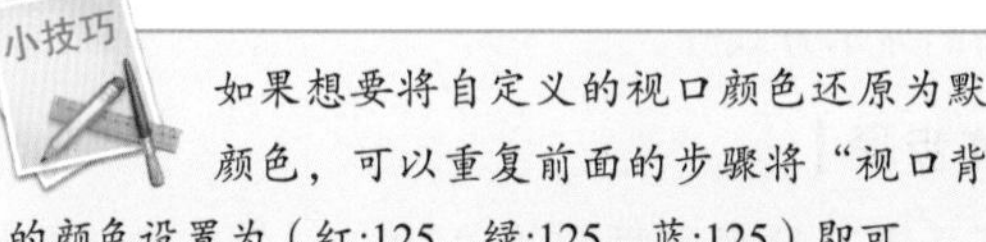

小技巧

如果想要将自定义的视口颜色还原为默认的颜色，可以重复前面的步骤将“视口背景”的颜色设置为（红:125，绿:125，蓝:125）即可。

新手练习——对象的隐藏与显示

素材文件	20.max
案例文件	新手练习——对象的隐藏与显示. max
视频教学	视频教学/第1章/新手练习——对象的隐藏与显示.flv
技术掌握	掌握如何隐藏对象与显示出隐藏的对象

隐藏功能非常重要，有的物体会被其他物体遮挡住，这时就可以使用隐藏功能将其暂时隐藏起来，待处理好场景后再将其显示出来。

【操作步骤】

01 打开本书配套光盘中的“20.max”文件，如图1-146所示。

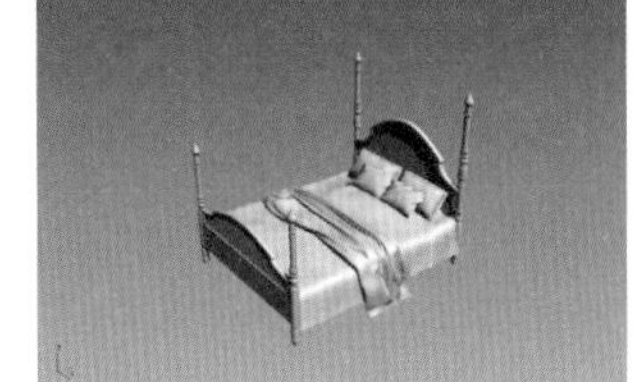

图1-146

02 如果需要将床单隐藏起来，可以先选择床单，然后单击鼠标右键，接着在弹出的菜单中“隐藏当选定对象”命令，如图1-147所示，隐藏床单后的效果如图1-148所示。

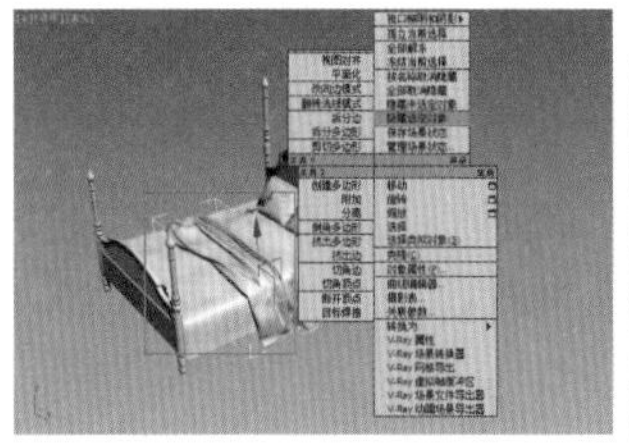

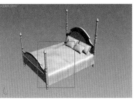

图1-147

图1-148

03 如果只想在视图中显示出枕头模型，先选择枕头模型，然后单击鼠标右键，接着在弹出的菜单中选择“隐藏未选定对象”命令，如图1-149所示，此时的视图显示效果如图1-150所示。

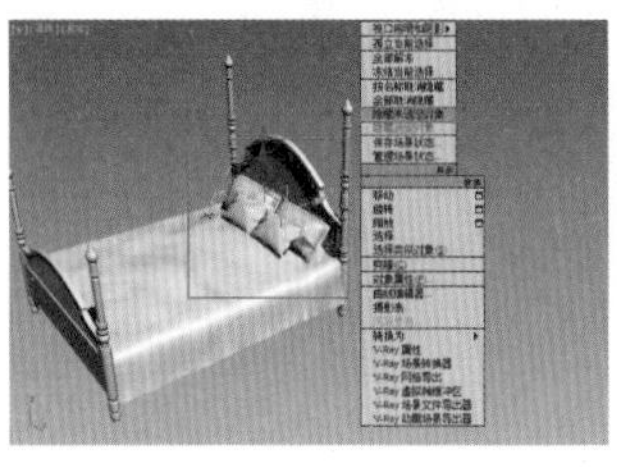

图1-149

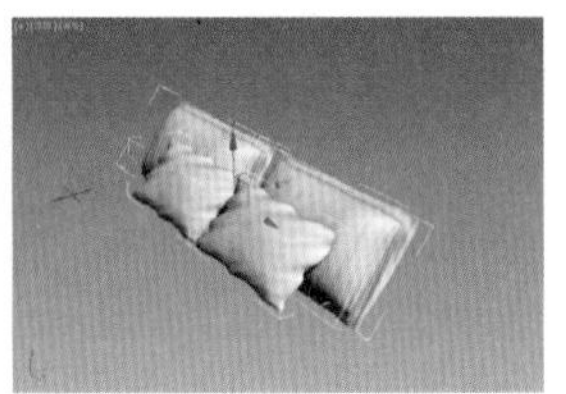

图1-150

04 如果想要将隐藏的部分显示出来，可以单击鼠标右键，然后在弹出的菜单中选择“全部取消隐藏”命令，如图1-151所示，此时的视图效果如图1-152所示。

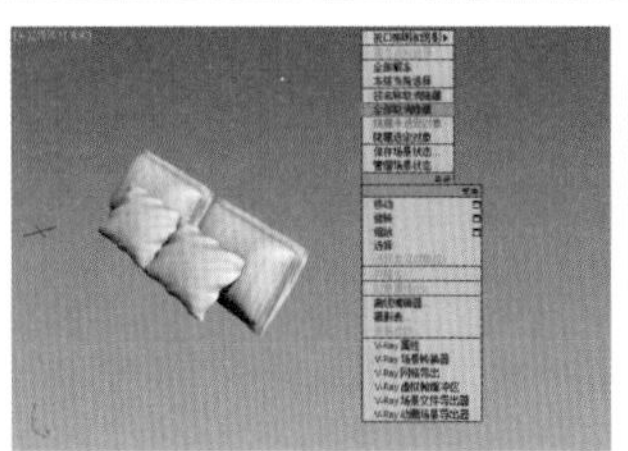

图1-151

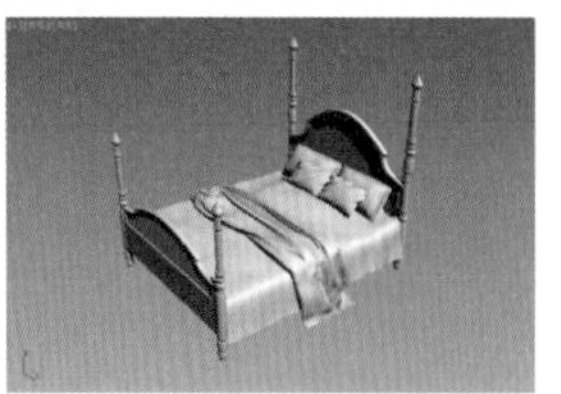

图1-152

新手练习——对象的冻结与解冻

素材文件	21.max
案例文件	新手练习——对象的冻结与解冻.max
视频教学	视频教学/第1章/新手练习——对象的冻结与解冻.flv
技术掌握	掌握如何冻结与解冻对象

在实际工作中，有很多模型是相互靠在一起的，这时如果想要操作其中一部分对象，可以先将其冻结起来，待处理完其他对象后再将其解冻。

【操作步骤】

01 打开本书配套光盘中的“21.max”文件，如图1-153所示。

02 然后要将腿部物体冻结起来，可以先选择腿部模型，然后单击鼠标右键，接着在弹出的菜单中选择“冻结当前选择”命令，如图1-154所示。

图1-153

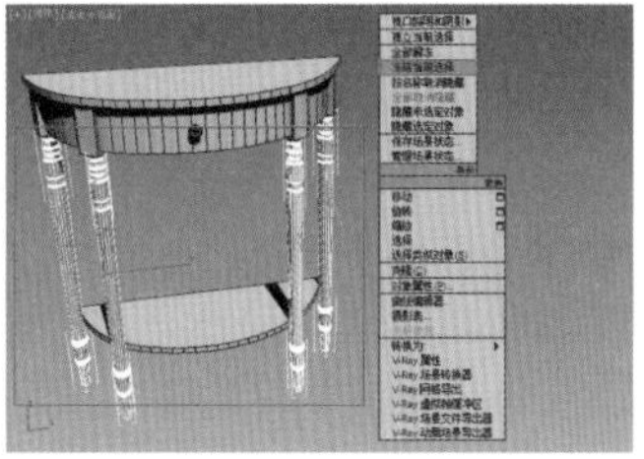

图1-154

小技巧

将腿部模型冻结起来后，这部分模型将不能进行任何操作，这样就方便了对其他模型部分的操作，如图1-155所示。

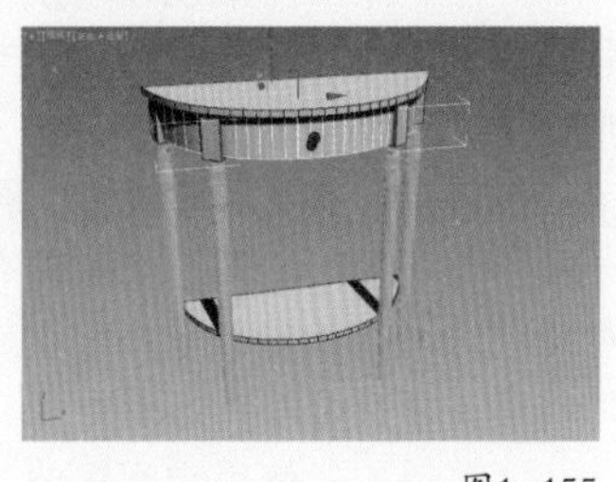

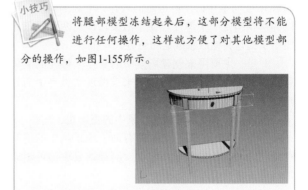

图1-155

03 如果将冻结的腿部模型进行解冻，可以单击鼠标右键，然后在弹出的菜单中选择“全部解冻”命令，如图1-156所示，解冻后的效果如图1-157所示。

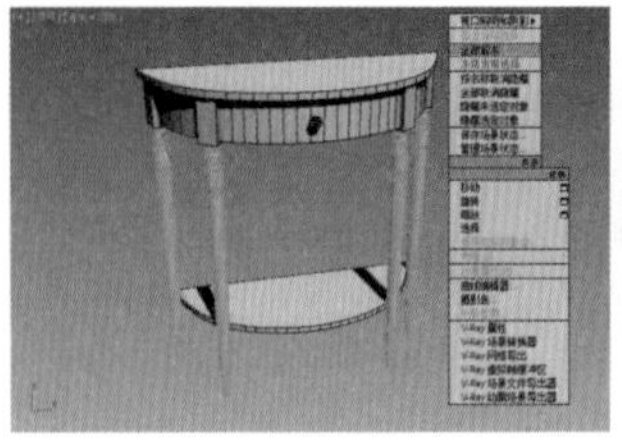

图1-156

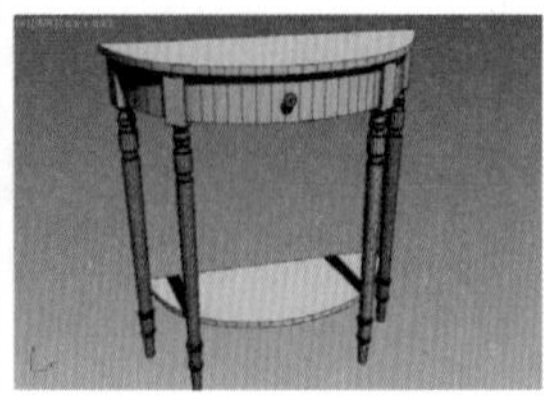

图1-157

1.4.8 命令面板

场景对象的操作都可以在命令面板中完成，该面板由6个功能板块组成，默认状态下显示的是“创建”面板，其他面板分别是“修改”面板、“层次”面板、“运动”面板、“显示”面板和“工具”面板，如图1-158所示。

图1-158

1.创建面板

“创建”面板主要用来创建几何体、摄影机和灯光等。在“创建”面板中可以创建7种对象，分别是“几何体”、“图形”、“灯光”、“摄影机”、“辅助对象”、“空间扭曲”和“系统”，如图1-159所示。

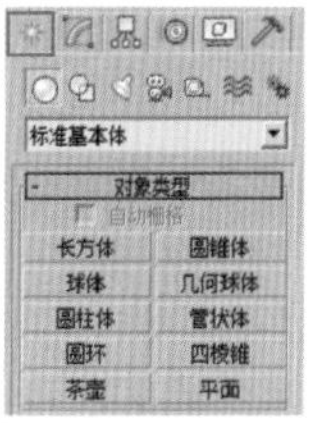

图1-159

【工具介绍】

几何体：主要用来创建长方体、球体和锥体等基本几何体，同时也可以创建出高级几何体，如布尔、阁楼以及粒子系统中的几何体。

图形：主要用来创建样条线和NURBS曲线。虽然样条线和NURBS曲线能够在2D空间或3D空间中存在，但是他们只有一个局部维度，可以为形状指定一个厚度以便于渲染，但这两种线条主要用于构建其他对象或运动轨迹。

灯光：主要用来创建场景中的灯光。灯光的类型有很多种，每种灯光都可以用来模拟现实世界中的灯光效果。

摄影机：主要用来创建场景中的摄影机。

辅助对象：主要用来创建有助于场景制作的辅助对象。这些辅助对象可以定位、测量场景中的可渲染几何体，并且可以设置动画。

空间扭曲：使用空间扭曲功可以在围绕其他对象的空间中产生各种不同的扭曲效果。

系统：可以将对象、控制器和层次对象组合在一起，提供与某种行为相关联的几何体，并且包含模拟场景中的阳光系统和日光系统。

2.修改面板

“修改”面板主要用来调整场景对象的参数，同样可以使用该面板中的修改器来调整对象的几何形体，图1-160所示是默认状态下的“修改”面板。

图1-160

3.层次面板

在“层次”面板中可以访问调整对象间层次链接的工具，通过将一个对象与另一个对象相链接，可以创建对象之间的父子关系，包括轴、IK和链接信息3种工具，如图1-161所示。

图1-161

【工具介绍】

轴：该工具下的参数主要用来调整对象和修改器中心位置，以及定义对象之间的父子关系和反向动力学IK的关节位置等。

IK：该工具下的参数主要用来设置动画的相关属性。

链接信息：该工具下的参数主要用来限制对象在特定轴中的移动关系。

4.运动面板

“运动”面板中的参数主要用来调整选定对象的运动属性，如图1-162所示。可以使用“运动”面板中的工具来调整关键点时间及其缓入和缓出。“运动”面板还提供了“轨迹视图”的替代选项来指定动画控制器，如果指定的动画控制器具有参数，则在“运动”面板中可以显示其他卷展栏；如果“路径约束”指定给对象的位置轨迹，则“路径参数”卷展栏将添加到“运动”面板中。

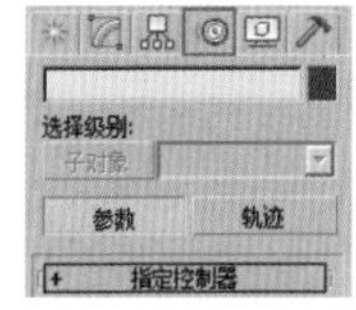

图1-162

5.显示面板

“显示”面板中的参数主要用来设置场景中的控制对象的显示方式，如图1-163所示。

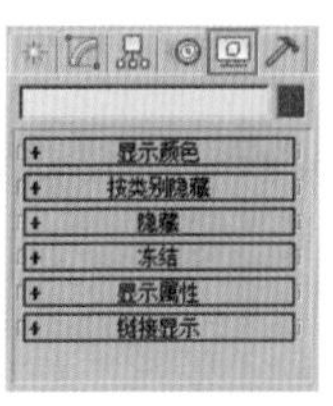

图1-163

6.工具面板

在“工具”面板中可以访问各种工具程序，包含用于管理和调用的卷展栏。当使用“工具”面板中的工具时，将显示该工具的相应卷展栏，如图1-164所示。

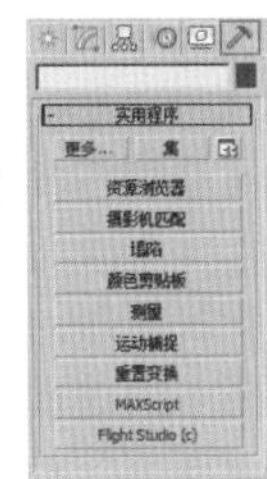

图1-164

1.4.9 时间尺

“时间尺”包括时间线滑块和轨迹栏两大部分。时间线滑块位于视图的最下方，主要用于制定帧，默认的帧数为100帧，具体数值可以根据动画长度来进行修改。拖曳时间线滑块可以在帧之间迅速移动，单击时间线滑块左右的向左箭头图标 < 与向右箭头图标 > 可以向前或者向后移动一帧，如图1-165所示；轨迹栏位于时间线滑块的下方，主要用于显示帧数和选定对象的关键点，在这里可以移动、复制、删除关键点以及更改关键点的属性，如图1-166所示。

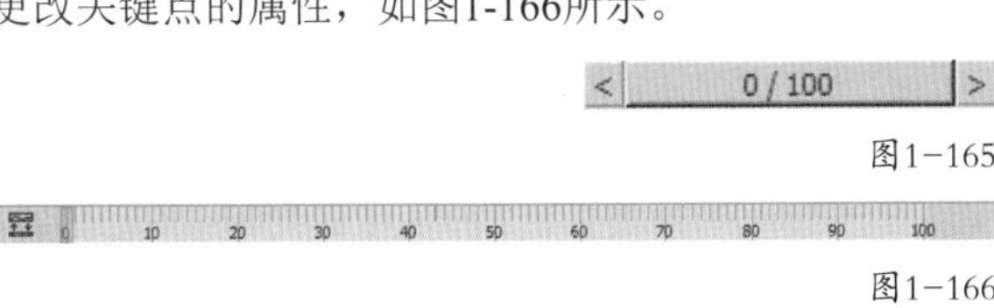

图1-165

图1-166

小技巧

在“轨迹栏”的左侧有一个“打开迷你曲线编辑器”按钮，单击该按钮可以显示轨迹视图。

新手练习——调节时间线滑块来观察动画效果

素材文件	22.max
案例文件	无
视频教学	视频教学/第1章/新手练习——调节时间线滑块来观察动画效果.flv
技术掌握	通过调节“时间线滑块”来观察动画效果

本例将通过一个设定好的动画来让用户初步了解动画的预览方法，效果如图1-167所示。

图1-167

【操作步骤】

01 打开本书配套光盘中的“22.max”文件，如图1-168所示。本场景中已经制作好了动画，并且时间线滑块位于第10帧。

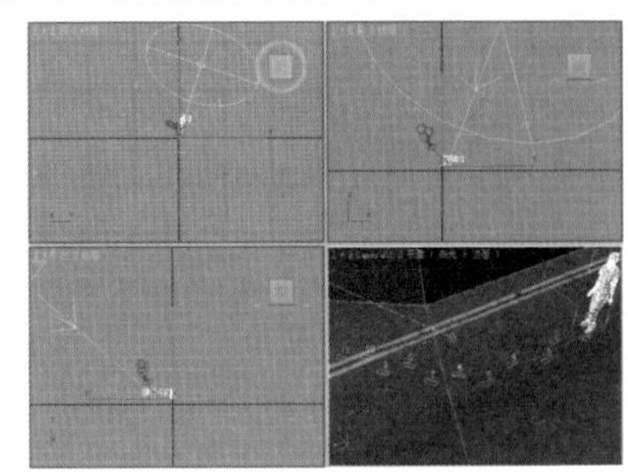

图1-168

02 将时间线滑块分别拖曳到第10帧、34帧、60帧、80帧、100帧和120帧的位置，如图1-169所示，然后观察各帧的动画效果，如图1-170所示。

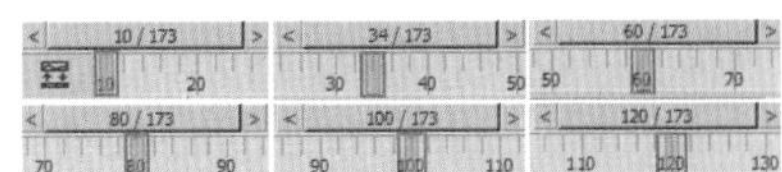

图1-169

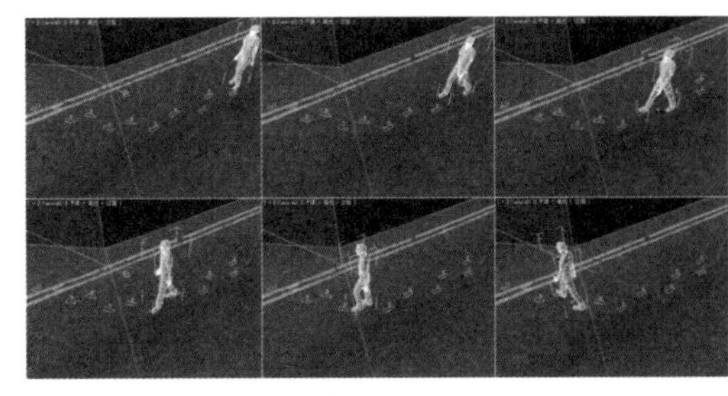

图1-170

当然，我们也可以直接单击“播放动画”按钮来观察动画效果，如图1-171所示。

图1-171

1.4.10 状态栏

状态栏位于轨迹栏的下方，它提供了选定对象的数目、类型、变换值和栅格数目等信息，并且状态栏可以基于当前光标位置和当前程序活动来提供动态反馈信息，如图1-172所示。

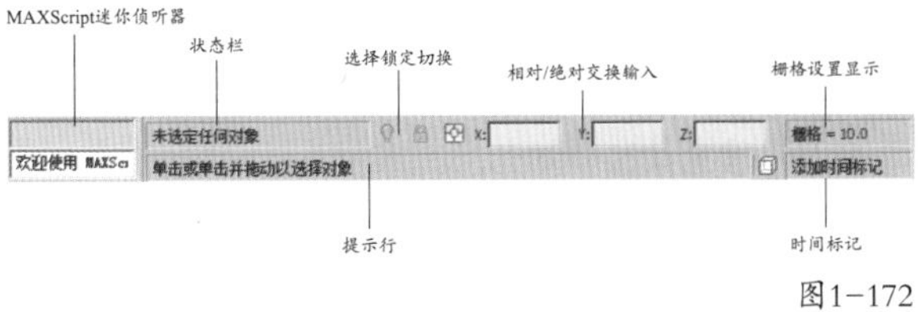

图1-172

1.4.11 时间控制按钮

时间控制按钮位于状态栏的右侧，这些按钮主要用来控制动画的播放效果，包括关键点控制和时间控制等，如图1-173所示。

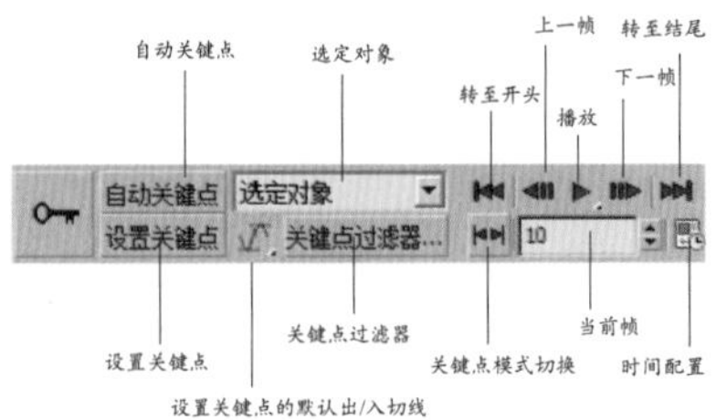

图1-173

关键点控制主要用于创建动画关键点，有两种不同的模式，分别是“自动关键点” 和“设置关键点” ，快捷键分别为键盘上的N键和‘键。时间控制提供了在各个动画帧和关键点之间移动的便捷方式。

1.4.12 视图控制按钮

视图控制按钮在3ds Max的最右下角，主要用来控制视图的显示和导航。使用这些按钮可以缩放、平移和旋转活动的视图。

1.标准视图控制工具

对一般的标准视图，包括正视图、正交视图、透视图、栅格视图和图形视图，它们的控制工具基本相同，如图1-174所示。这些控制工具的部分按钮为隐藏状态，在相关工具按钮上按住鼠标左键，从弹出的菜单中可以选择被隐藏的工具。

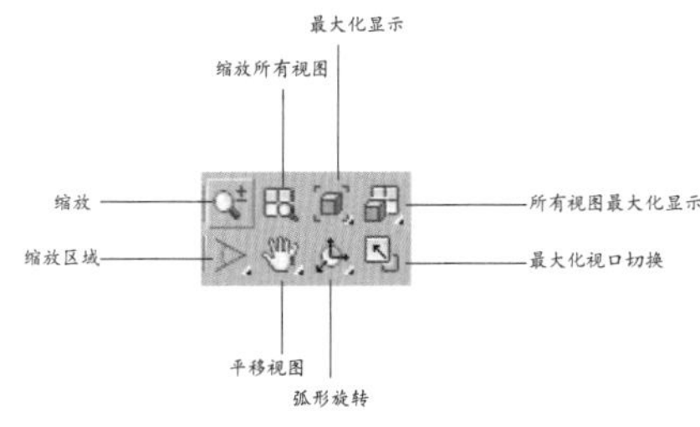

图1-174

【工具介绍】

缩放：单击后上下拖动鼠标，可以进行视图显示的缩放，快捷键为Alt+Z。

缩放所有视图：使用该工具可以同时对所标准视图中的对象进行缩放。

最大化显示：将所有对象以最大化的方式显示在当前激活视图中。

最大化显示选定对象：将所选择的对象以最大化的方式显示在当前激活视图中。

所有视图最大化显示：将所有对象以最大化的方式显示全部标准视图中。

所有视图最大化显示选定对象：将所选择的对象以最大化的方式显示全部标准视图中。

缩放区域：该工具可以放大选定的矩形区域，快捷键为Ctrl+W。在透视图中该工具将不可用，如果想使用它，可以先将透视图切换为正交视图，进行区域放大后再切换回透视图。

视野：该工具只能在透视图中使用，可以用来调整视图中可见对象的数量和透视张角量。视野的效果与更改摄影机的镜头相关，视野越大，观察到的对象就越多（与广角镜头相关），而透视会扭曲；视野越小，观察到的对象就越少（与长焦镜头相关），而透视会展平。

平移视图：使用该工具可以将选定视图平移到任何位置，配合Ctrl键可以加速平移，配合Shift键可以将对象限定在垂直方向和水平方向移动，键盘快捷键为Ctrl+P。

环绕：该工具只能在正交视图和透视图中使用，可以把视图围绕一个中心进行自由旋转，键盘快捷键为Ctrl+R。

选定的环绕：同上工具，只是视觉中心会放置在当前选择的对象上。

环绕子对象：同上工具，只是视觉中心放置在当前选择的子对象上。

最大化视口切换：将当前激活视图切换为全屏显示，键盘快捷键为Alt+W。

2.摄影机视图控制工具

在场景中创建摄影机后，按C键可以切换到摄影机视图，此时的视图控制按钮也会发生相应的变化，如图1-175所示。

图1-175

【工具介绍】

推拉摄影机：沿着视线移动摄影机的起始点，保持起始点与目标点之间连线的方向不变，使起始点在此线上滑动，这种方式不改变目标点的位置，只改变摄影机起始点的位置。

推拉目标：沿着视线移动摄影机的目标点，保持起始点与目标点之间连线的方向不变，使目标点在此线上滑动，这种方式不会改变摄影机视图中的影像效果，只是有可能使摄影机反向。

推拉摄影机+目标：沿着视线同时移动摄影机的起始点和目标点，这种方式产生的效果与“推拉摄影机”相同，只是保证了摄影机本身形态不发生改变。

透视：以推拉起始点的方式来改变摄影机的视野，配合Ctrl键可以增加变化的幅度。

侧滚摄影机：使用该工具可以围绕摄影机的视线来旋转“目标”摄影机，同时也可以围绕摄影机局部的z轴来旋转“自由”摄影机。

视野：固定摄影机的起始点和目标点，通过改变视野取景的大小来改变视野值，这是一种调节镜头效果的好方法。

平移摄影机：使用该工具可以将摄影机移动到任何位置，配合Ctrl键可以加速平移，配合Shift键可以将摄影机限定在垂直方向和水平方向移动。

环游摄影机：固定摄影机的目标点，使起始点围绕它进行旋转观测，配合Shift键可以锁定在单方向上旋转。

摇移摄影机：固定摄影机的起始点，使目标点围绕它进行旋转观测，配合Shift键可以锁定在单方向上旋转。

小技巧

在场景中创建摄影机后，按C键可以切换到摄影机视图，若想从摄影机视图切换回原来的视图，可以按相应视图名称的首字母。

新手练习——使用所有视图中可用的控件

素材文件	23.max
案例文件	无
视频教学	视频教学/第1章/新手练习——使用所有视图中可用的控件.flv
技术掌握	掌握在所有视图中可用控件的使用方法

本例将学习所有视图中可用控件的使用方法。

【操作步骤】

01 打开本书配套光盘中的“23.max”文件，可以观察到场景中的物体在4个视图中只显示出了局部，并且位置不居中，如图1-176所示。

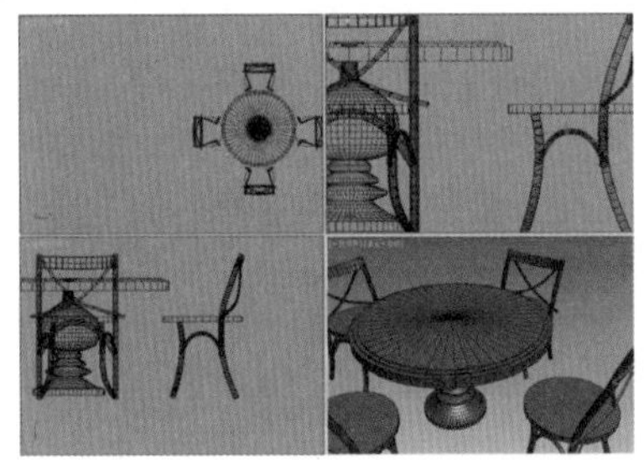

图1-176

02 如果想要整个场景的对象都居中显示，可以单击“所有视图最大化显示”按钮，效果如图1-177所示。

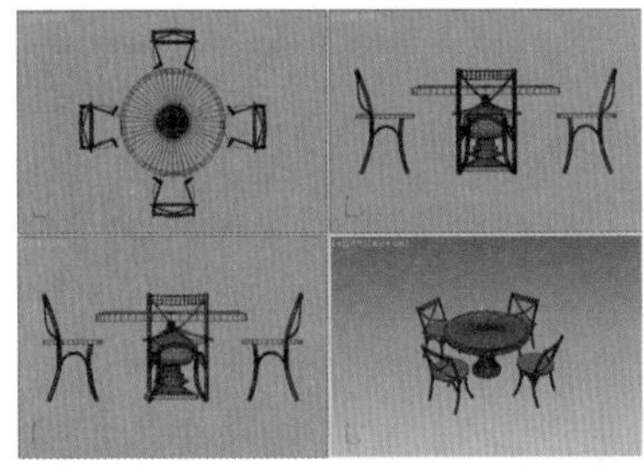

图1-177

03 如果想要餐桌居中最大化显示，可以在任意视图中选中餐桌，然后单击“所有视图最大化显示选定对象”按钮（也可以按快捷键Z键），效果如图1-178所示。

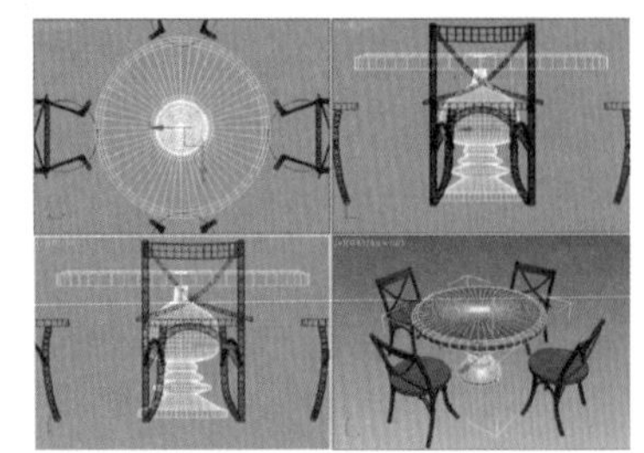

图1-178

04 如果想要最大化显示当前被激活视图，可以单击“最大化视口切换”按钮（或按组合键Alt+W），效果如图1-179所示。

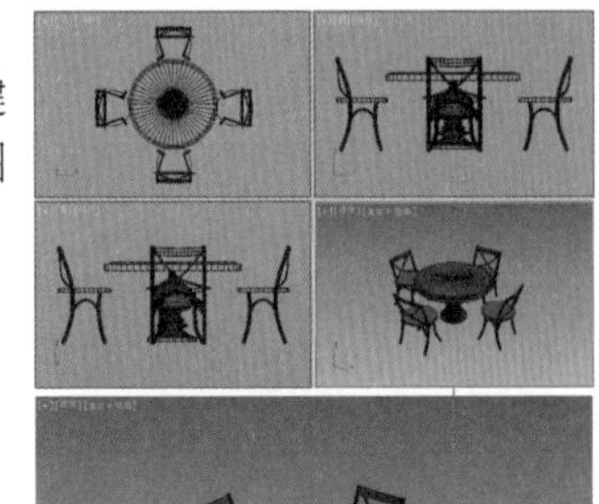

图1-179

新手练习——使用透视图和正交视图中可用的控件

素材文件	23.max
案例文件	无
视频教学	视频教学/第1章/新手练习——使用透视图和正交视图中可用的控件.flv
技术掌握	掌握在透视图和正交视图中可用控件的使用方法

本例将学习透视图和正交视图中可用控件的使用方法。

【操作步骤】

01 继续使用上一实例的场景。如果想要拉近视图中所显示的对象，可以单击“视野”按钮，然后按住鼠标左键的同时进行拖曳，如图1-180所示。

图1-180

02 如果想要观看视图中未能显示出来的对象，可以单击“平移视图”按钮，然后按住Ctrl键的同时将未显示出来的部分拖曳到视图中，如图1-181所示。

图1-181

新手练习——使用摄影机视图中可用的控件

素材文件	23.max
案例文件	无
视频教学	视频教学/第1章/新手练习——使用摄影机视图中可用的控件.flv
技术掌握	掌握在摄影机视图中可用控件的使用方法

当一个场景已经有了一台设置完成的摄影机，并且视图是处于摄影机视图时，如果直接调整摄影机的位置很难达到最佳效果，而使用摄影机视图控件来进行调整就方便多了。

【操作步骤】

01 继续使用上一案例的场景，首先创建一台摄影机，可以在顶视图、前视图和左视图中观察到摄影机的位置，如图1-182所示。

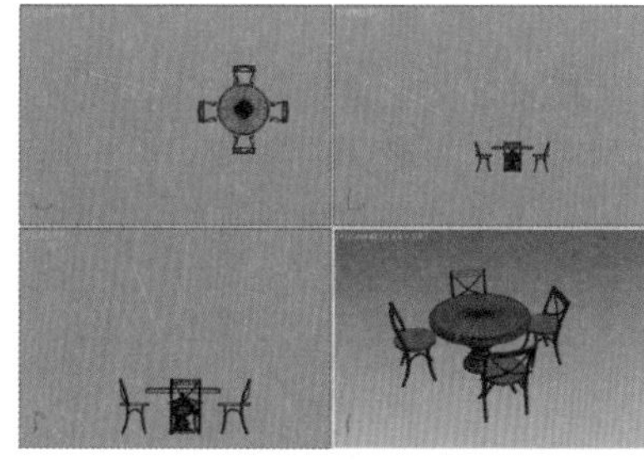

图1-182

02 如果想拉近摄影机镜头，可以单击“视野”按钮，然后按住鼠标左键的同时将光标向摄影机中心进行拖曳，如图1-183所示。

图1-183

03 如果想要查看画面的透视效果，可以单击“透视”按钮，然后按住鼠标左键的同时拖曳光标即可查看到对象的透视效果，如图1-184所示。

04 如果想要一个倾斜的构图，可以单击“环绕摄影机”按钮，然后按住鼠标左键的同时拖曳光标，如图1-185所示。

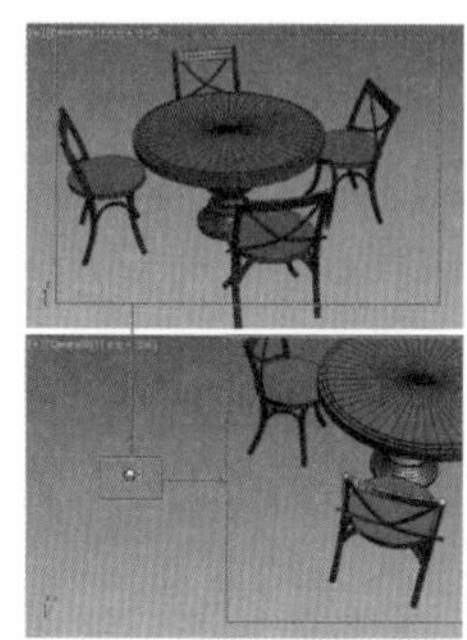

图1-184　　图1-185

05 通过使用摄影机视图控件调整出一个正常的角度，然后按Shift+F组合键打开安全框（这个安全框就是渲染的区域），如图1-186所示。

图1-186

新手练习——3ds Max 2013故障恢复方法

素材文件	无
案例文件	无
视频教学	视频教学/第1章/新手练习——3ds Max 2013故障恢复方法.flv
技术掌握	3ds Max的文件故障恢复

在操作3ds Max 2013的过程中，电脑发生意外（如3ds Max 2013突然错误、突然断电、突然死机、突然关机等）状况时，正在做的文件可能被损坏，当然也可能有一定的挽回的方法。

【操作步骤】

01 如果 3ds Max 2013 遇到了意外故障，可能会出现错误提示时，如图1-187所示。

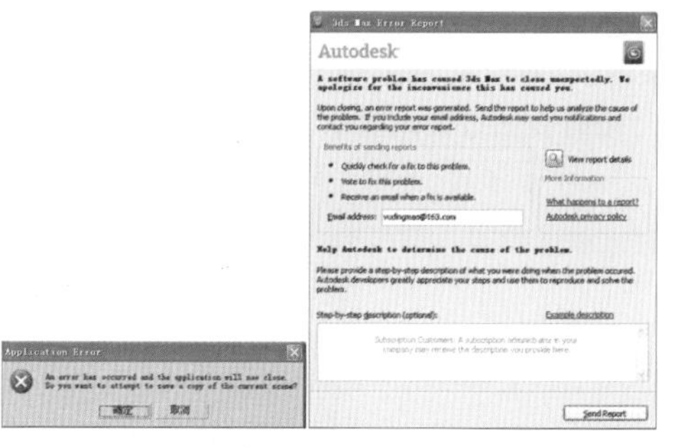

图1-187

02 一旦3ds Max 2013报错，它就会试图恢复和保存当前内存中的文件，但并不是每次都能成功，有时候恢复的文件也是无法使用的。要查找被恢复或保存的文件，可以单击系统的“开始”按钮，选择“文档”，然后双击打开3ds Max文件夹，接着双击打开autoback文件夹，里面就会有自动保存的备份文件，如图1-188所示。

图1-188

03 当我们找到需要的自动保存的文件后，必须将该文件复制到别的位置（如桌面），再进行操作。否则再次打开别的文件时，该自动保存的文件就会被替换。

小技巧

建议大家定期保存正在操作的3ds Ma文件，不要完全依赖软件本身的自动备份功能，具体有以下几点需要大家注意。

（1）请定期保存所做的工作。

（2）要利用自动增量文件命名，执行“自定义/首选项”菜单命令，打开“首选项设置”对话框，在“文件”选项卡的“文件处理”组中勾选“增量保存”选项。

（3）如果自己经常忘记进行保存，请启用“自动备份”功能。执行“自定义/首选项”菜单命令，打开“首选项设置”对话框，在”文件”选项卡的“自动备份”组中勾选“启用”选项。

新手练习——熟悉项目工作流程

素材文件	无
案例文件	无
视频教学	频教学/第1章/新手练习——熟悉项目工作流程.flv
技术掌握	熟悉3ds Max的项目工作流程

一般来说，使用3ds Max制作项目都要遵循一个基本流程，即建立模型、制作材质、创建灯光和摄影机、制作动画、渲染输出，下面就来简单体验一下这个流程。

【操作步骤】

01 建立对象模型。在视口中建立对象的模型并设置对象动画，视口的布局是可配置的。可以从不同的3D几何基本体开始创建，也可以使用样条线建模、多边形建模、网格建模、NURBS建模等方式进行制作，如图1-189所示。

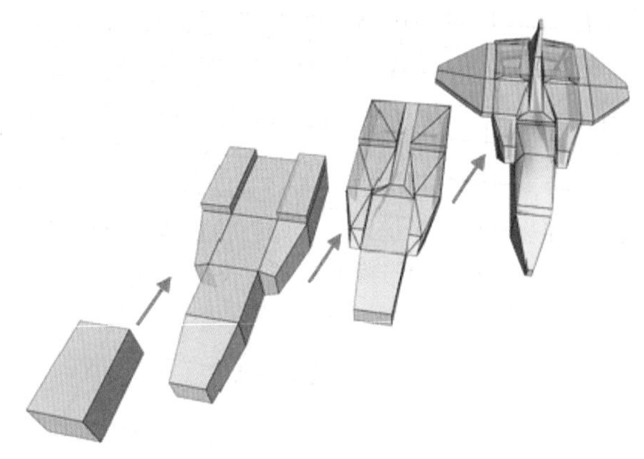

图1-189

02 制作材质。可以使用“材质编辑器”制作材质，这是3ds Max最主要的材质制作工具，材质不仅可以表现物体的表面属性，而且材质还可以是动态的，如图1-190所示。

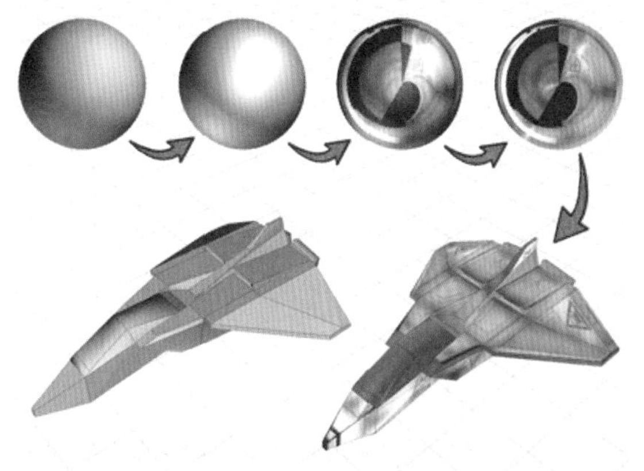

图1-190

03 灯光和摄影机。用户可以创建带有各种属性的灯光来为场景提供照明，灯光可以投射阴影、投影图像以及为大气照明创建体积效果。基于自然的灯光在场景中使用真实的照明数据，光能传递在渲染中提供无比精确的灯光模拟，如图1-191所示。

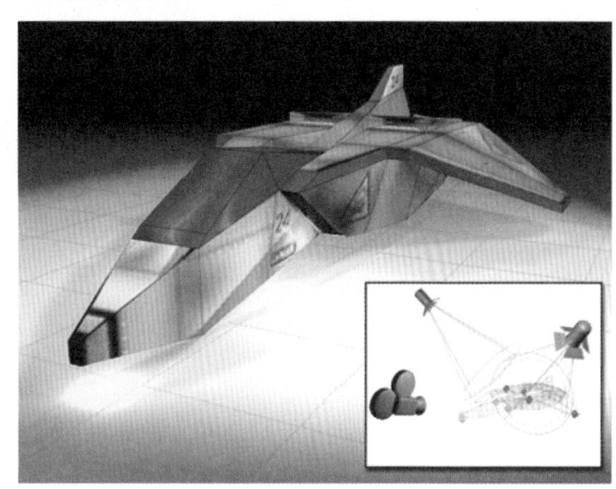

图1-191

04 制作动画。任何时候只要打开“自动关键点”按钮自动关键点，就可以设置场景动画，关闭该按钮可以返回到建模状态。也可以给场景对象的参数进行动画设置以实现动画建模效果。“自动关键点”按钮处于启用状态时，3ds Max会自动记录场景所做的移动、旋转和比例变化，但不是记录为对静态场景所做的更改，而是记录为表示时间的特定帧上的关键点，如图1-192所示。

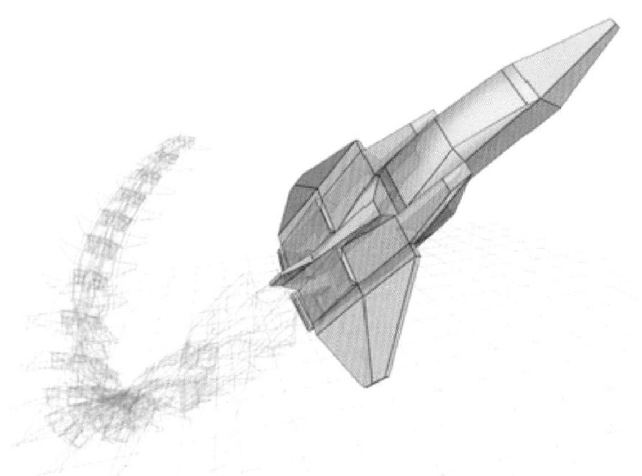

图1-192

05 渲染输出。渲染会在场景中添加颜色和着色，3ds Max中的渲染器包含选择性光线跟踪、分析性抗锯齿、运动模糊、体积照明和环境效果等功能。用户可以使用扫描线渲染器、Mental Ray渲染器、VRay渲染器等进行渲染，如图1-193所示。

图1-193

第2章 基本建模技术——几何体建模

要点索引

本章概述

从本章开始，我们来学习3ds Max的建模技术，首先肯定是最基本的建模方法，虽然这些建模方式比较低端，但却是制作一切高级模型的第一步，高级模型都是从最基本的体块一步步转化而来的。3ds Max的基本建模技术属于基础层面的造型技术，如创建标准基本体、扩展基本体、复合对象、NURBS曲面等，这些基本体块可以通过相应的建模命令制作出来，并且还可以对这些体块进行编辑加工，以便生成更为高级的模型。

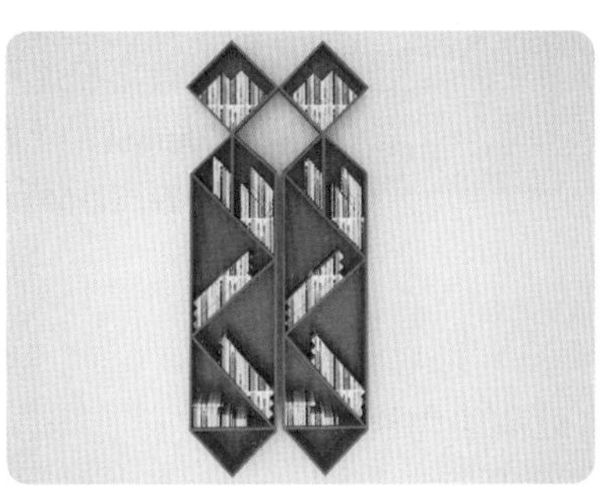

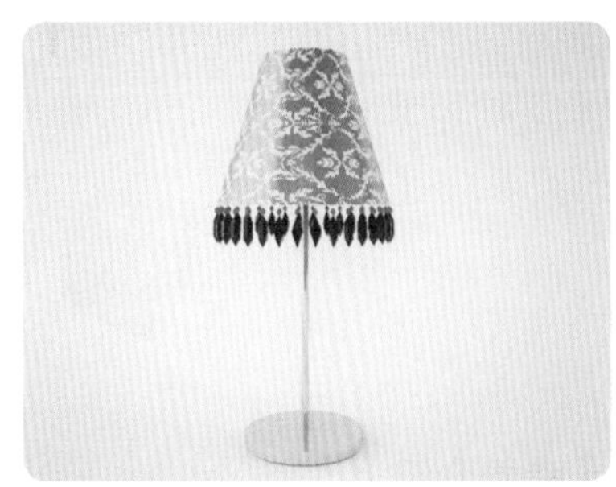

2.1 创建标准基本体

“标准基本体”是3ds Max最基本的建模工具，其中包含长方体、圆锥体、球体、圆柱体、圆环等建模命令，这些建模命令的使用频率非常高，基本上随时都在被使用。

在“创建”面板下单击“几何体”按钮，然后在下拉列表中可以选择相应的几何体类型，分别是“标准基本体”、“扩展基本体”、“复合对象”、“粒子系统”、“面片栅格”、“实体对象”、“门”、“NURBS曲面”、“窗”、“mental ray”、“AEC扩展”、“动力学对象”和“楼梯”，如图2-1所示。

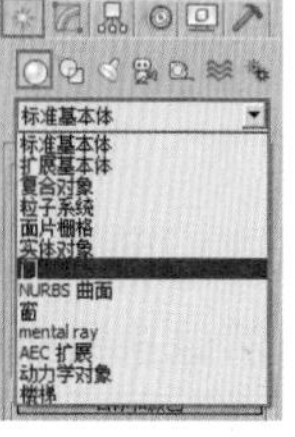

图2-1

如果给3ds Max安装了VRay插件，那么图2-1所示的下拉列表中还将多一项VRay。

“标准基本体”包含10种对象类型，分别是长方体、圆锥体、球体、几何球体、圆柱体、管状体、圆环、四棱锥、茶壶和平面，如图2-2所示。

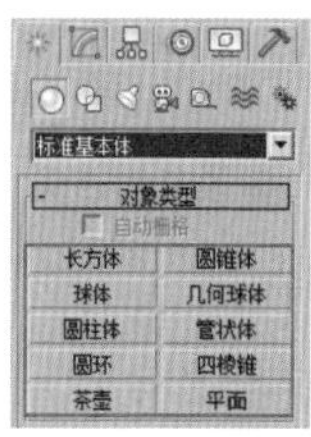

图2-2

2.1.1 长方体

长方体是标准基本体中使用频率最高的建模命令，它的控制参数也比较简单，只有“长度”、“宽度”、“高度”以及相对应的分段数，如图2-3所示。

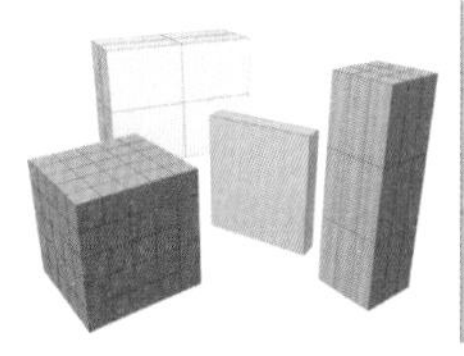
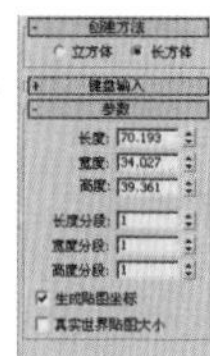

图2-3

【参数介绍】

立方体：直接创建立方体模型。

长方体：通过确定确定长、宽、高来创建长方体模型。

长度/宽度/高度：这3个参数决定了长方体的外形，用来设置长方体的长度、宽度和高度。

长度分段/宽度分段/高度分段：这3个参数用来设置沿着对象每个轴的分段数量。

生成贴图坐标：自动产生贴图坐标。

真实世界贴图大小：不勾选此项时，贴图大小复合创建对象的尺寸；勾选此项后，贴图大小由绝对尺寸决定。

新手练习——利用长方体制作简约橱柜

素材文件	无
案例文件	新手练习——利用长方体制作简约橱柜.max
视频教学	视频教学/第2章/新手练习——利用长方体制作简约橱柜.flv
技术掌握	掌握“长方体”工具的使用方法

本例将以一个简约橱柜来讲解“长方体”工具的使用方法，案例效果如图2-4所示。

图2-4

【操作步骤】

01 在“创建”面板中单击“几何体”按钮，然后设置几何体类型为“标准基本体”；接着单击“长方体”按钮，如图2-5所示。

02 在场景中创建一个长方体，然后在“命令”面板中单击“修改”按钮，进入“修改”面板；接着在“参数”卷展栏下设置“长度”为500mm、“宽度”为500mm、“高度”为400mm，具体参数设置及模型效果如图2-6所示。

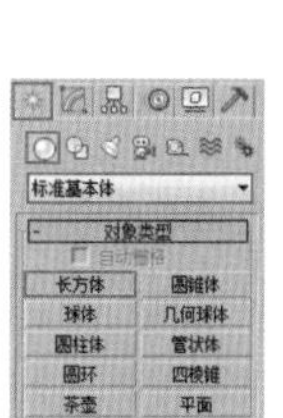

图2-5

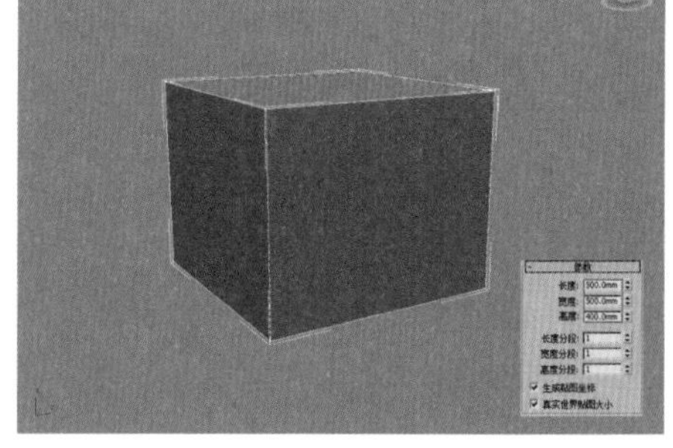

图2-6

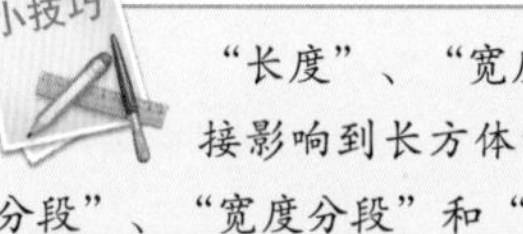

“长度”、“宽度”和“高度”这3个参数直接影响到长方体的形状和大小。修改“长度分段”、“宽度分段”和“高度分段”的数值可以改变长方体本身的长宽高分段数，也就是边的数量，对于模型来讲，分段数越少，渲染速度越快，但是过少的分段数将出现模型精度不够的现象。

03 选择上一步创建的长方体Box01，然后选择“选择并移动”工具，接着按Shift键移动复制一个长方体，并将其拖曳到图2-7所示的位置。

04 继续使用“长方体”工具 长方体 创建一个长方体；然后在“参数”卷展栏下设置“长度”为500mm、“宽度”为500mm、“高度”为800mm，并将其命名为“Box03”，具体参数设置及模型位置如图2-8所示。

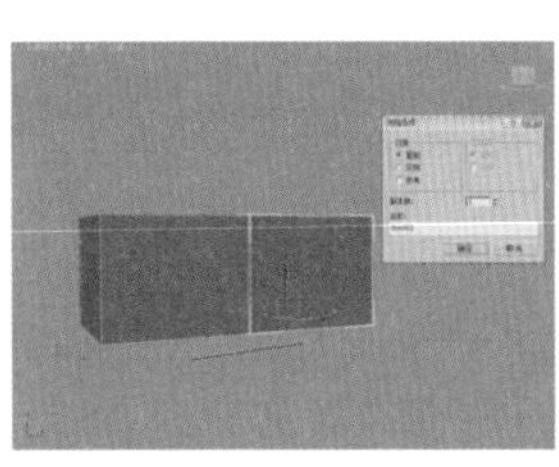
图2-7

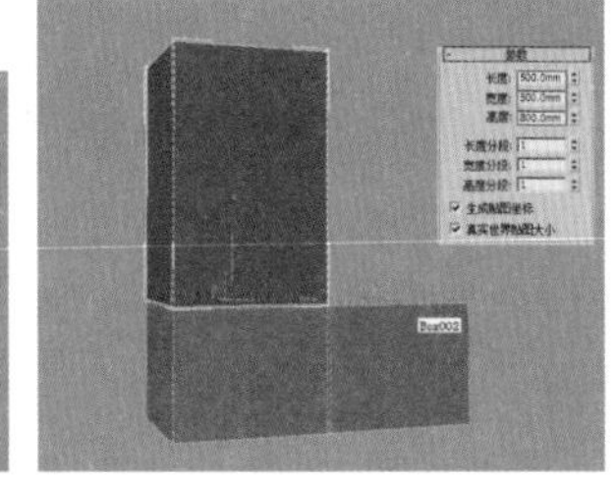
图2-8

05 选择上一步创建的长方体“Box03”，然后选择“选择并移动”工具，接着按Shift键移动复制一个长方体，并将其拖曳到如图2-9所示的位置。

图2-9

小技巧

设置“对象”为“复制”时，单独对复制后的物体进行调节，其参数变化不会影响到源物体；当设置“对象”为“实例”时，调节其中一个物体的参数，另外一个物体都会发生相应的变化。

06 继续使用“长方体”工具 长方体 创建一个长方体；然后在“参数”卷展栏下设置“长度”为500mm、“宽度”为600mm、“高度”为200mm，并将其命名为“Box05”，具体参数设置及模型位置如图2-10所示。

07 选择上一步创建的长方体“Box05”，然后选择“选择并移动”工具；接着按Shift键移动复制一个长方体，并将其拖曳到如图2-11所示的位置。

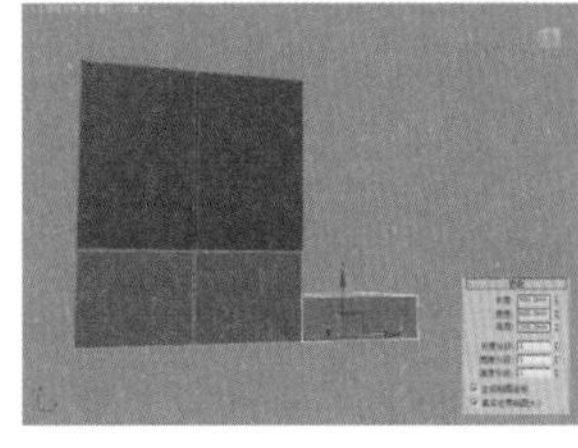
图2-10

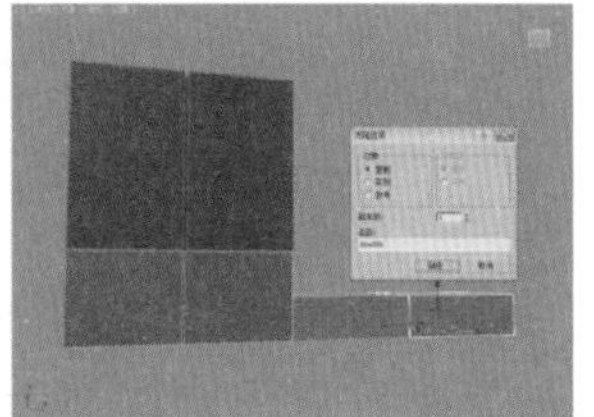
图2-11

08 选择上一步创建的长方体“Box05”和“Box06”，然后选择“选择并移动”工具；接着按Shift键移动复制一个长方体，并将其拖曳到如图2-12所示的位置。

09 继续使用“长方体”工具 长方体 创建一个长方体；然后在“参数”卷展栏下设置“长度”为300mm、“宽度”为500mm、“高度”为400mm，具体参数设置及模型位置如图2-13所示。

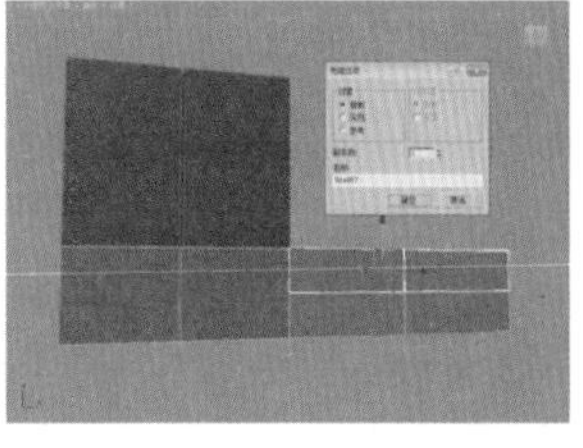
图2-12

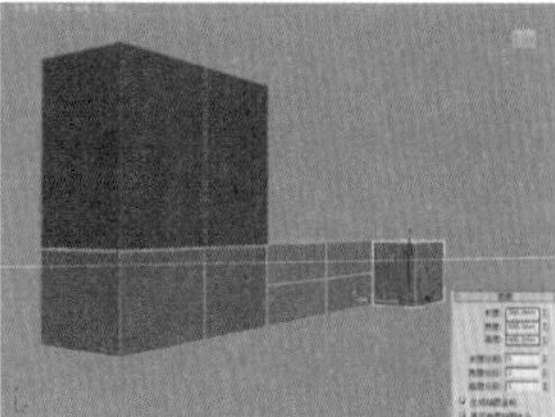
图2-13

10 选择上一步创建的长方体，然后选择“选择并移动”工具，接着按Shift键移动复制3个长方体，并将其拖曳到如图2-14所示的位置。

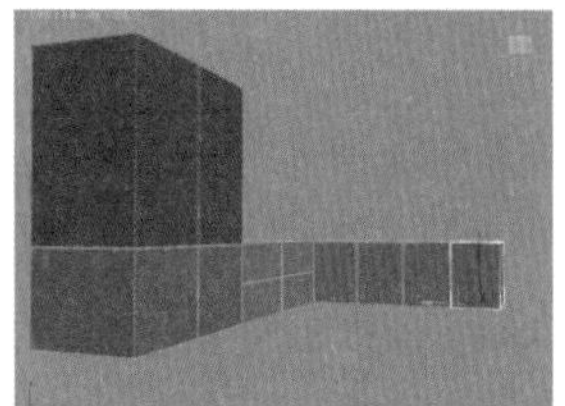
图2-14

11 使用“长方体”工具 长方体 创建一个长方体，然后在“参数”卷展栏下设置“长度”为500mm、“宽度”为1700mm、“高度”为50mm，具体参数设置如图2-15所示，模型位置如图2-16所示。

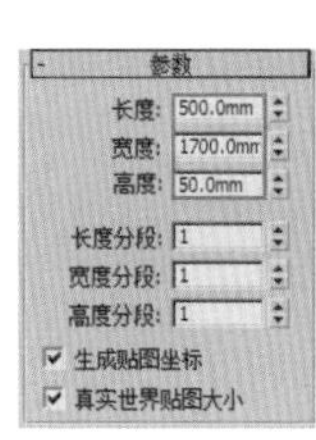

图2-15

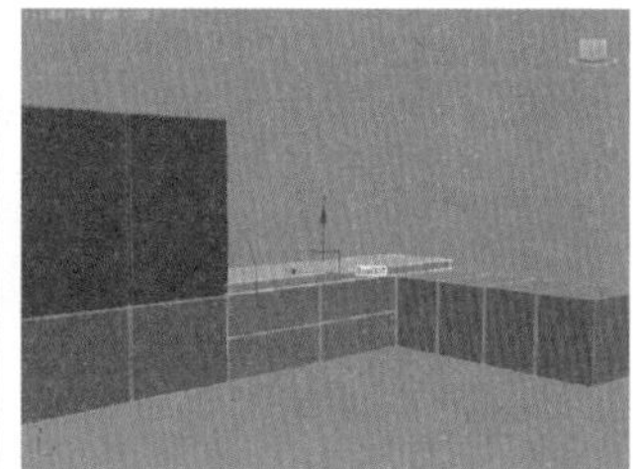
图2-16

12 使用“长方体”工具 长方体 创建一个长方体，然后在“参数”卷展栏下设置“长度”为1250mm、“宽度”为500mm、“高度”为50mm，具体参数设置如图2-17所示，模型位置如图2-18所示。

图2-17

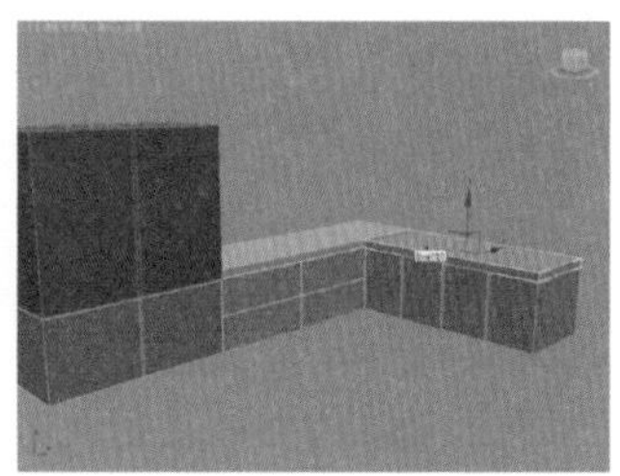
图2-18

13 使用“长方体”工具 长方体 创建一个长方体，然后在“参数”卷展栏下设置“长度”为400mm、“宽度”为2700mm、“高度”为100mm，具体参数设置如图2-19所示，模型位置如图2-20所示。

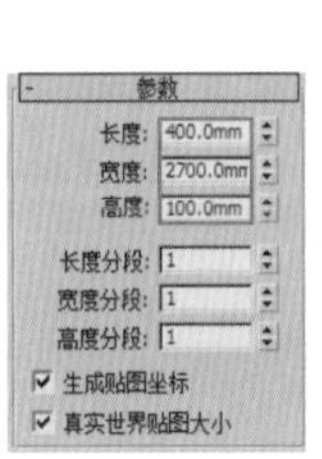

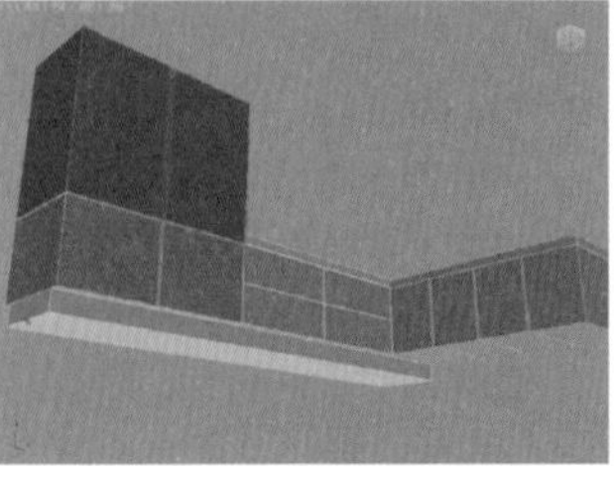

图2-19　　图2-20

14 使用“长方体”工具 长方体 创建一个长方体，然后在“参数”卷展栏下设置“长度”为1250mm、“宽度”为400mm、“高度”为100mm，具体参数设置如图2-21所示，模型位置如图2-22所示。

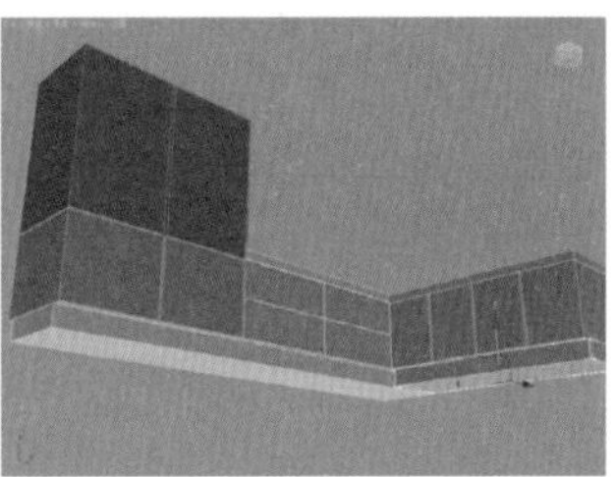

图2-21　　图2-22

15 继续使用“长方体”工具 长方体 创建一个长方体，然后在“参数”卷展栏下设置“长度”为20mm、“宽度”为60mm、“高度”为70mm，具体参数设置如图2-23所示，模型位置如图2-24所示。

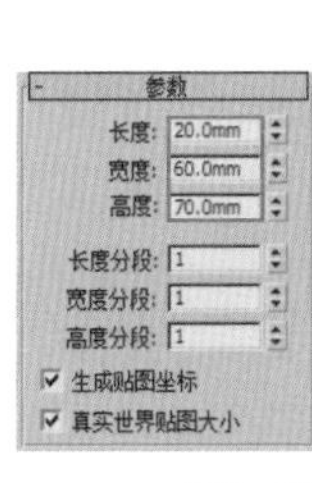

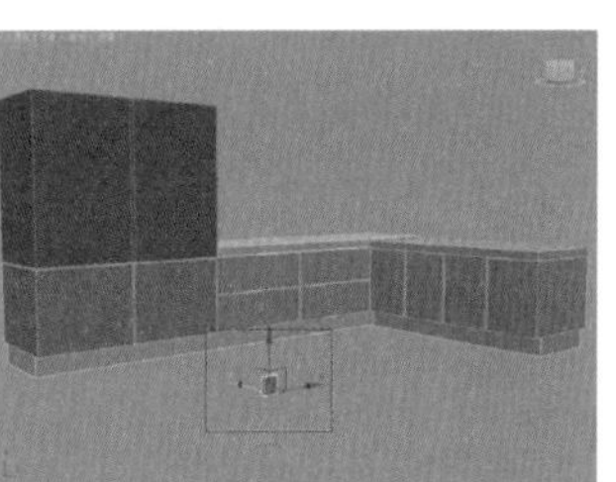

图2-23　　图2-24

16 使用“选择并移动”工具选择上一步创建的长方体，然后按Shift键移动复制11个长方体如图2-25所示，模型位置及最终模型效果如图2-26所示。

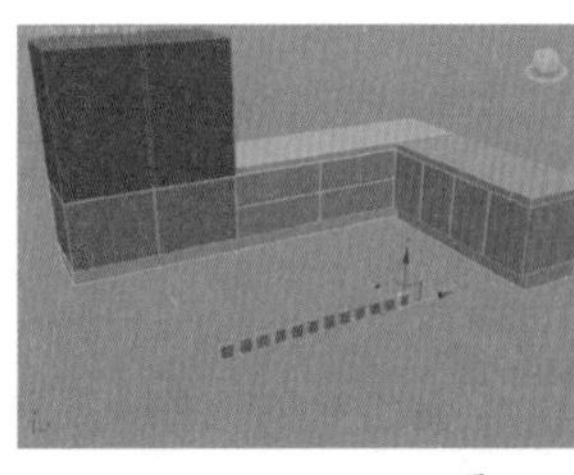
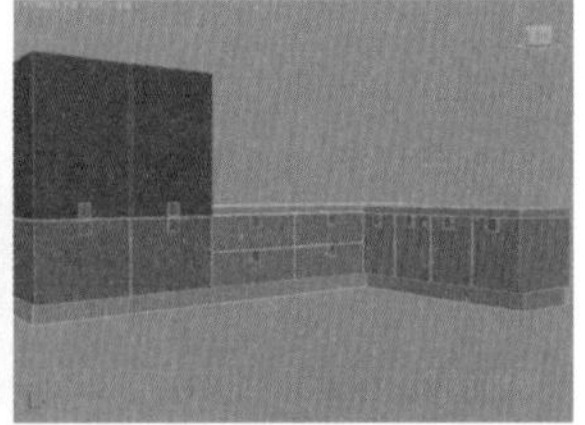

图2-25　　图2-26

新手练习——利用长方体制作组合茶几

素材文件	无
案例文件	新手练习——利用长方体制作组合茶几.max
视频教学	视频教学/第2章/新手练习——利用长方体制作组合茶几.flv
技术掌握	“长方体”工具、移动复制功能的运用

本例是使用“长方体”工具来进行制作的，其中穿插了移动复制功能的运用，案例效果如图2-27所示。

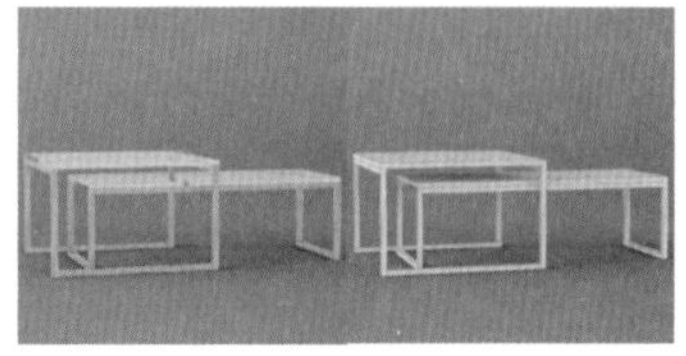

图2-27

【操作步骤】

01 使用“长方体”工具 长方体 在场景中创建一个长方体，然后在“参数”卷展栏下设置“长度”为150mm、“宽度”为150mm、“高度”为5mm，如图2-28所示。

02 使用“长方体”工具 长方体 在场景中创建一个长方体，然后在“参数”卷展栏下设置“长度”为100mm、“宽度”为240mm、“高度”为5mm，如图2-29所示。

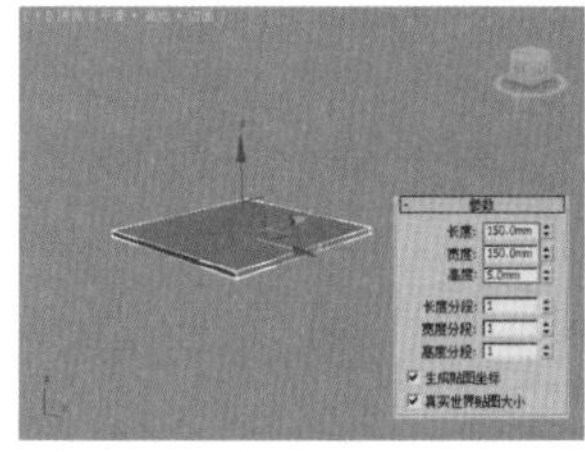
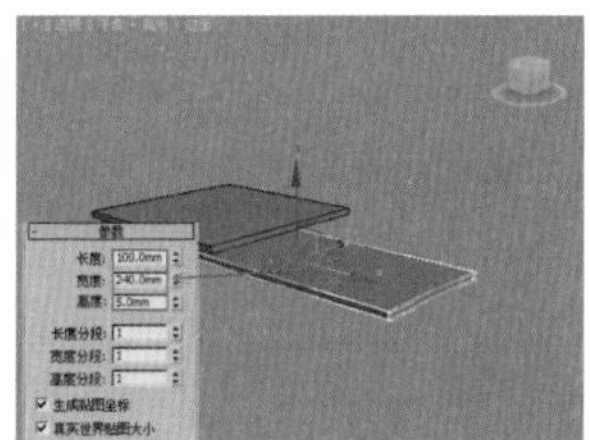

图2-28　　图2-29

03 使用“长方体”工具 长方体 在桌面边缘创建一个长方体，然后在“参数”卷展栏下设置“长度”为150mm、“宽度”为5mm、“高度”为5mm，模型位置如图2-30所示。

04 选择上一步创建的长方体，然后复制3个长方体到如图2-31所示的位置。

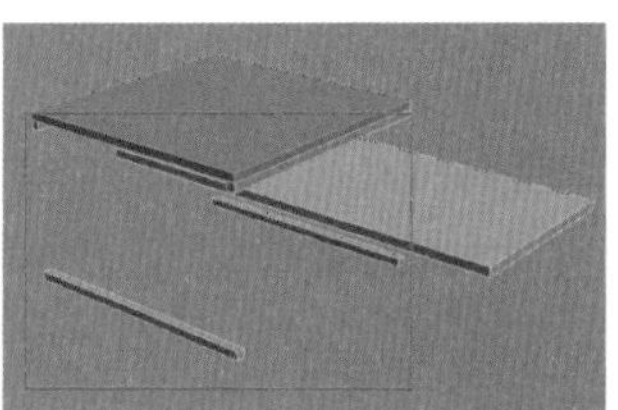

图2-30　　图2-31

05 使用“长方体”工具 长方体 在桌面角底部创建一个长方体，然后在“参数”卷展栏下设置“长度”为90mm、“宽度”为5mm、“高度”为5mm，模型效果及位置如图2-32所示。

06 选择上一步创建的长方体，然后复制3个长方体到如图2-33所示的位置。

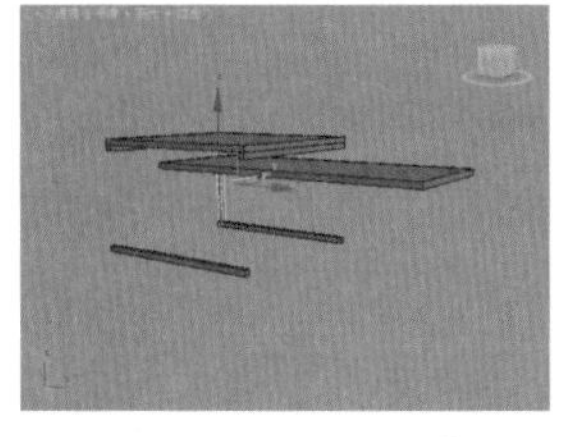

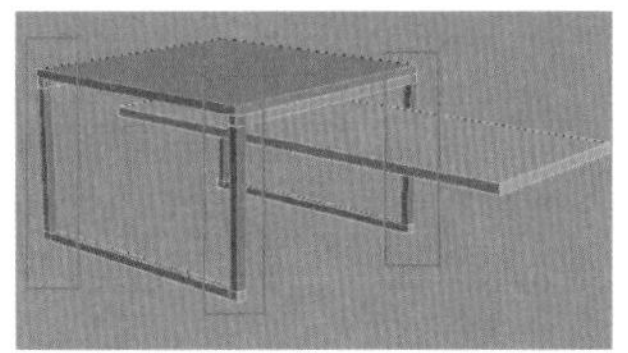

图2-32 图2-33

07 使用“长方体”工具 长方体 在两条桌腿之间创建一个长方体，然后在“参数”卷展栏下设置“长度”为240mm、“宽度”为5mm、“高度”为5mm，具体参数设置及模型位置如图2-34所示。

08 选择上一步创建的长方体，然后复制一个长方体到另外一侧，如图2-35所示。

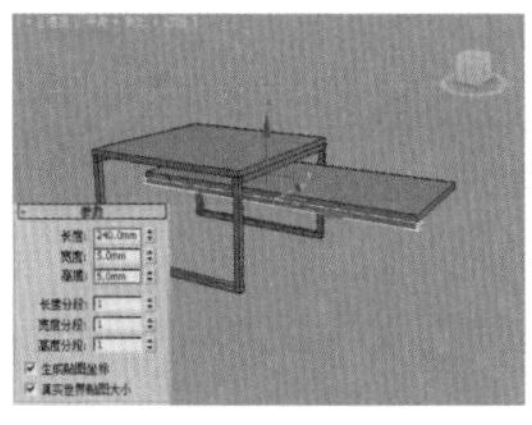

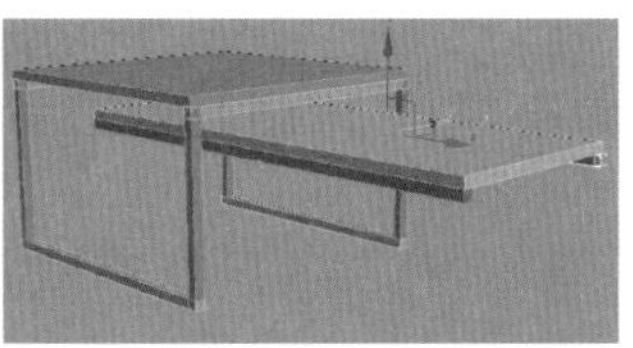

图2-34 图2-35

09 使用“长方体”工具 长方体 在场景中创建一个长方体，然后在“参数”卷展栏下设置“长度”为100mm、“宽度”为5mm、“高度”为5mm，模型位置如图2-36所示。

10 选择上一步创建的长方体，然后复制一个长方体到如图2-37所示的位置。

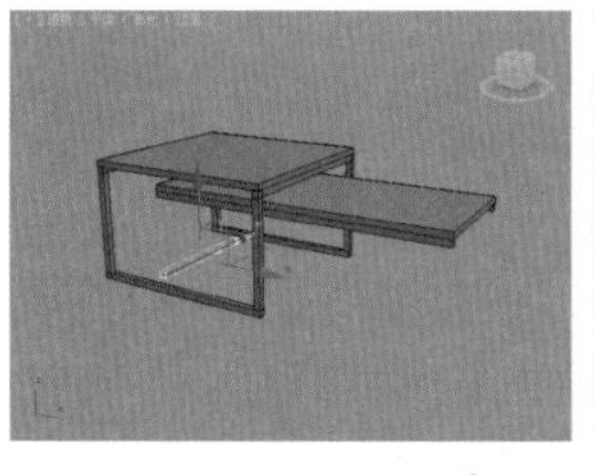

图2-36 图2-37

11 继续使用“长方体”工具 长方体 创建出剩余的支架，模型位置如图2-38所示；组合茶几模型最终效果如图2-39所示。

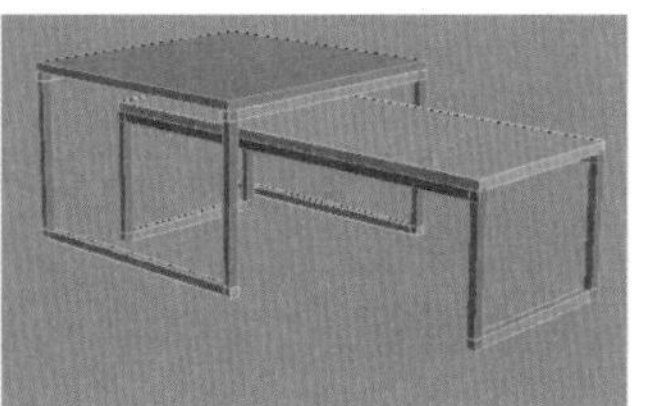

图2-38 图2-39

高手进阶——利用长方体创建简约书架模型

素材文件	无
案例文件	高手进阶——利用长方体创建简约书架模型.max
视频教学	视频教学/第2章/高手进阶——利用长方体创建简约书架模型.flv
技术掌握	“长方体”工具、“镜像”工具的运用

本例主要使用“标准基本体”中的“长方体”工具创建一个书架模型，其中包括了“镜像”工具的运用，案例效果如图2-40所示。

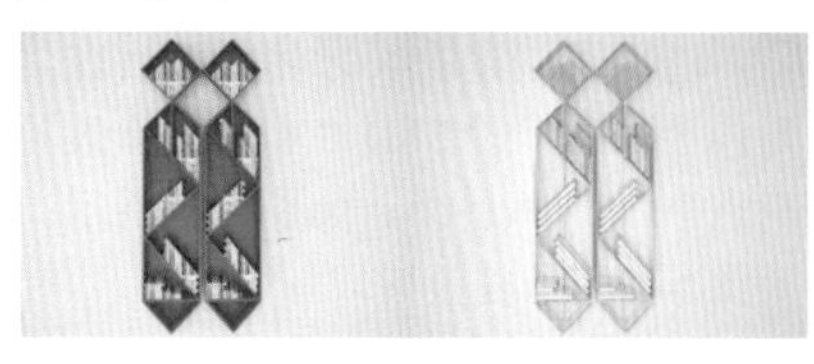

图2-40

【操作步骤】

01 使用“长方体”工具 长方体 在场景中创建一个长方体，然后在“参数”卷展栏下设置“长度”为500mm、“宽度”为500mm、“高度”为30mm，参数设置及模型效果如图2-41所示。

02 继续使用“长方体”工具 长方体 在场景中创建一个长方体，然后在“参数”卷展栏下设置“长度”为540mm、“宽度”为300mm、“高度”为20mm，参数设置及模型位置如图2-42所示。

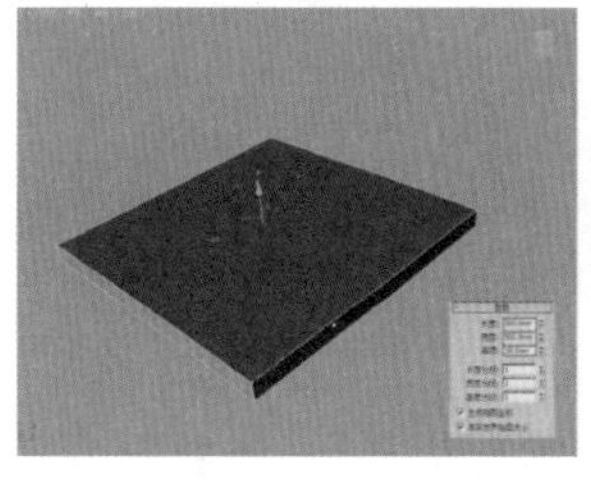

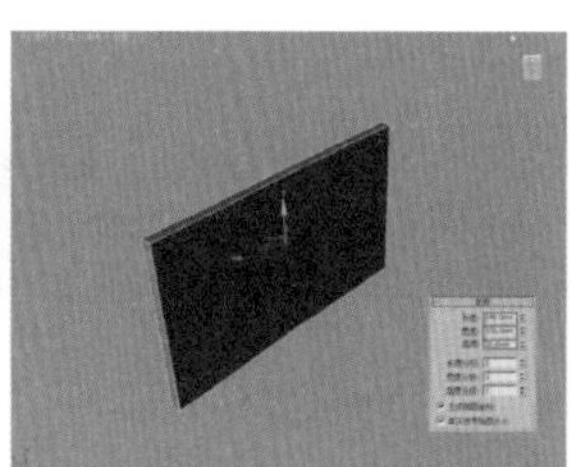

图2-41 图2-42

03 选择创建好的两个长方体，然后在“主工具栏”中单击“镜像”按钮，接着在弹出的对话框中设置“镜像轴”为*zx*轴、“偏移”为-370mm、“克隆当前选择”为“复制”，如图2-43所示。

04 使用同样的方法制作出另外两块挡板，当前效果如图2-44所示。

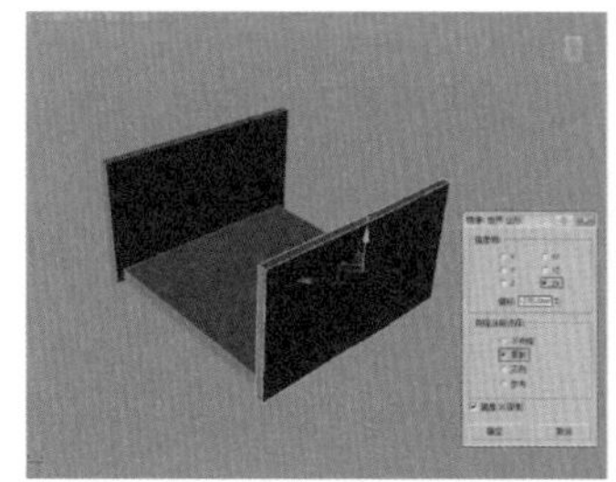

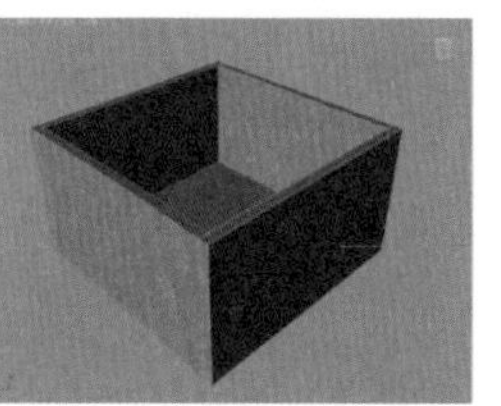

图2-43 图2-44

05 使用“长方体”工具长方体在场景中创建一个长方体，然后在“参数”卷展栏下设置“长度”为1500、“宽度”为620mm、“高度”为30mm，参数设置及模型位置如图2-45所示。

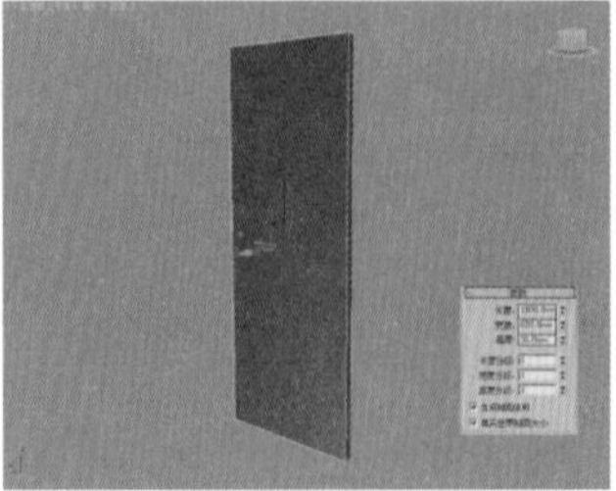
图2-45

06 选择刚创建的长方体，然后在“修改器列表”中为模型加载一个FFD 3×3×3修改器，接着选择“控制点”次物体层级，如图2-46所示；最后将其调整成如图2-47所示的效果。

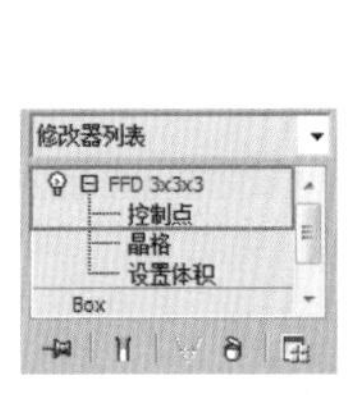

图2-46

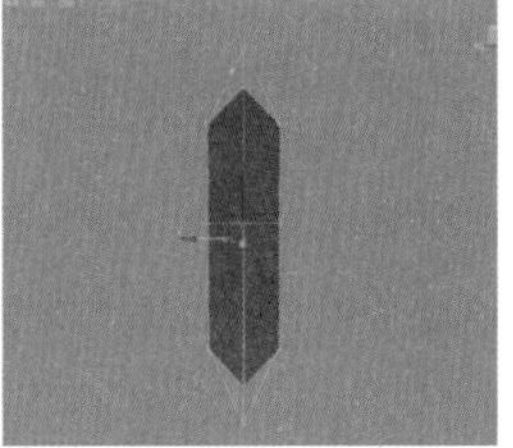
图2-47

07 使用“长方体”工具长方体在场景中创建一个长方体，然后在“参数”卷展栏下设置“长度”为490mm、“宽度”为300mm、“高度”为20mm，如图2-48所示。

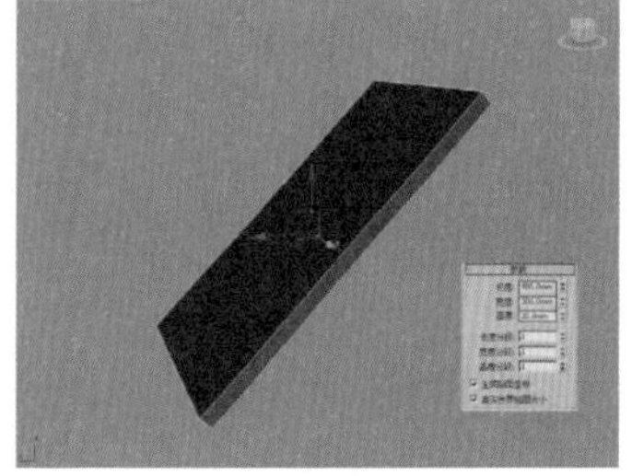
图2-48

08 选择创建好的长方体，然后在“主工具栏”中单击“镜像”按钮，接着在弹出的对话框中设置“镜像轴”为x轴、“偏移”为-300mm、“克隆当前选择”为“复制”，具体参数设置及模型效果如图2-49所示。

09 使用“长方体”工具长方体在书架边缘创建一个长方体，然后在“参数”卷展栏下设置“长度”为2040mm、“宽度”为300mm、“高度”为20mm，具体参数设置及模型位置如图2-50所示。

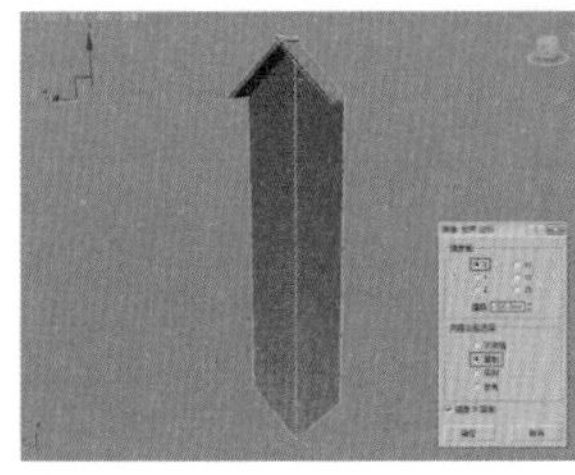
图2-49

图2-50

在这里制作出一个长方体，剩余相同的长方体可以采用按住Shift键进行复制或使用镜像命令的方法进行制作。

10 使用“长方体”工具长方体在书架框架内创建一个长方体，然后在“参数”卷展栏下设置“长度”为950mm、“宽度”为300mm、“高度”为20mm，具体参数设置及模型位置如图2-51所示。

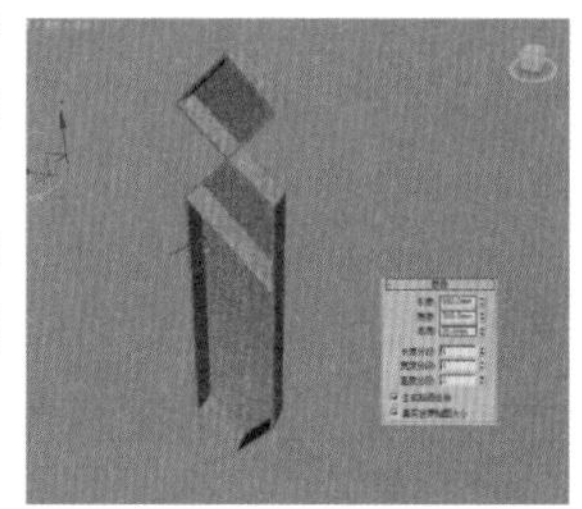
图2-51

11 使用“选择并移动”工具选择上一步创建的创建长方体，然后按Shift键移动复制长方体到如图2-52所示的位置。

12 最后我们可以使用长方体制作出书本的模型，最终模型效果如图2-53所示。

图2-52

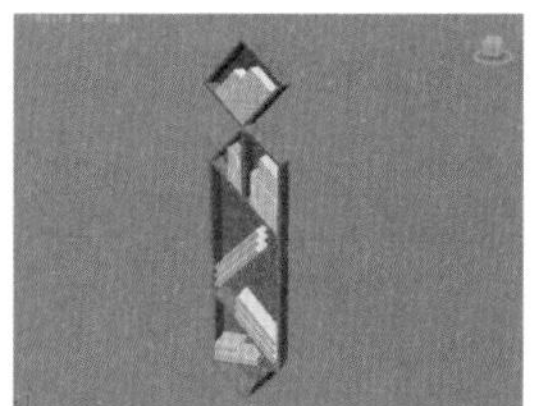
图2-53

2.1.2 圆锥体

大家在现实生活中经常可以看到圆锥体造型的实物，比如冰淇淋、酒瓶子、交通安全隔离柱、吊坠等。圆锥体的参数设置面板如图2-54所示，使用该工具可以创建圆锥、圆台、棱锥和棱台。

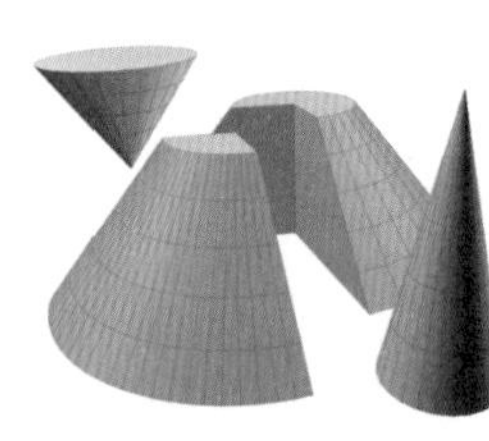

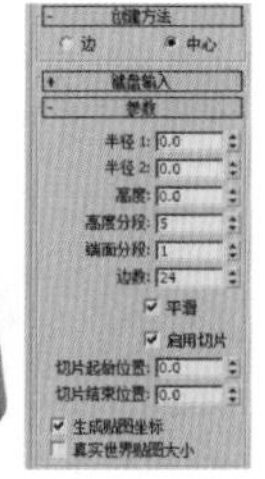

图2-54

【参数介绍】

边：按照边来绘制圆锥体，通过移动鼠标可以更改中心位置。

中心：从中心开始绘制圆锥体。

半径1/半径2：设置圆锥体的第1个半径和第2个半径，两个半径的最小值都是0。

高度：设置沿着中心轴的维度。负值将在构造平面下面创建圆锥体。

高度分段：设置沿着圆锥体主轴的分段数。

端面分段：设置围绕圆锥体顶部和底部的中心的同心分段数。

边数：设置圆锥体周围边数。

平滑：混合圆锥体的面，从而在渲染视图中创建平滑的外观。

启用切片：控制是否开启“切片”功能。

切片起始/结束位置：设置从局部x轴的零点开始围绕局部z轴的度数。

2.1.3 球体

球体也是现实生活中最常见的物体。在3ds Max中，用户可以创建完整的球体，也可以创建半球体或球体的局部，其参数设置面板如图2-55所示。

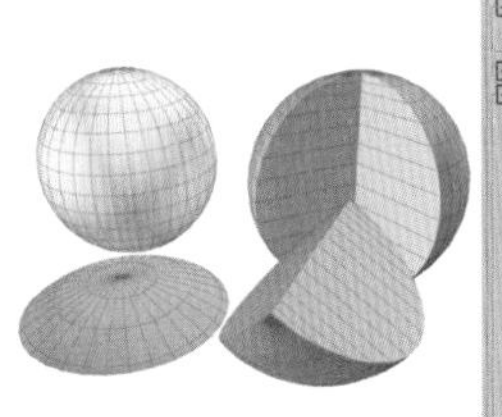

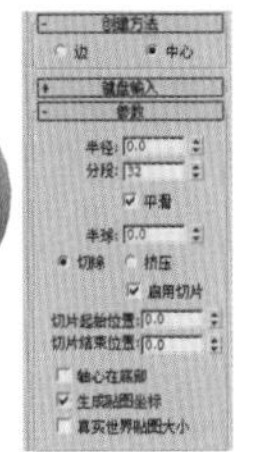

图2-55

【参数介绍】

半径：指定球体的半径。

分段：设置球体多边形分段的数目。分段越多，球体越圆滑；反之则越粗糙。图2-56所示是“分段”值分别为8和32时的球体对比。

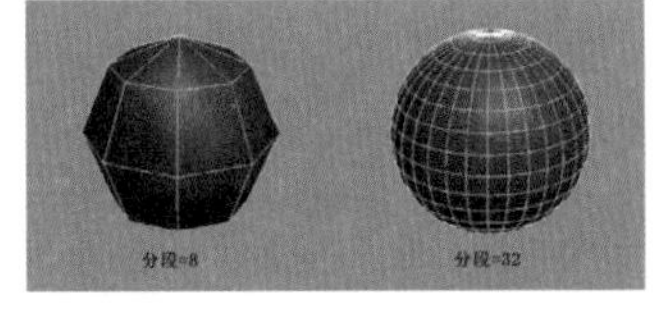

图2-56

平滑：混合球体的面，从而在渲染视图中创建平滑的外观。

半球：该值过大将从底部“切断”球体，以创建部分球体，取值范围可以从0~1。值为0可以生成完整的球体；值为0.5可以生成半球，如图2-57所示；值为1会使球体消失。

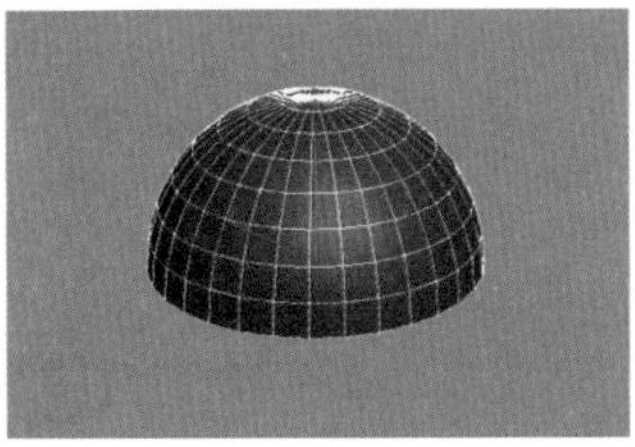

图2-57

切除：通过在半球断开时将球体中的顶点数和面数“切除”来减少它们的数量。

挤压：保持原始球体中的顶点数和面数，将几何体向着球体的顶部挤压为越来越小的体积。

启用切片：控制是否开启“切片”功能。

切片起始位置/切片结束位置：设置切片的起始角度和停止角度。对于这两个参数，正数值将按逆时针移动切片的末端，负数值将按顺时针移动它。这两个设置的先后顺序无关紧要，端点重合时，将重新显示整个球体。

轴心在底部：在默认情况下，轴点位于球体中心的构造平面上，如图2-58所示。如果勾选“轴心在底部”选项，则会将球体沿着其局部z轴向上移动，使轴点位于其底部，如图2-59所示。

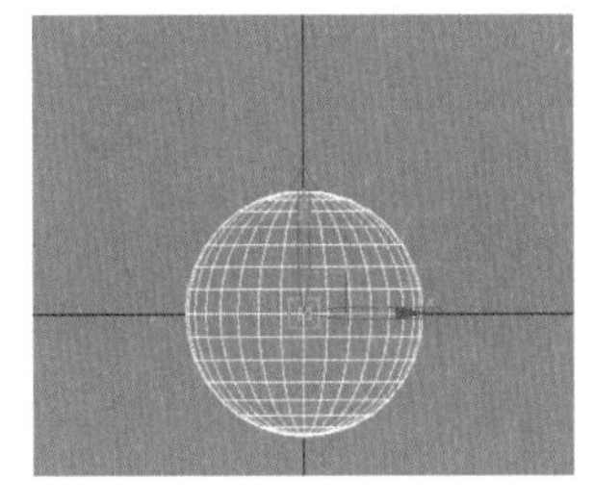

图2-58

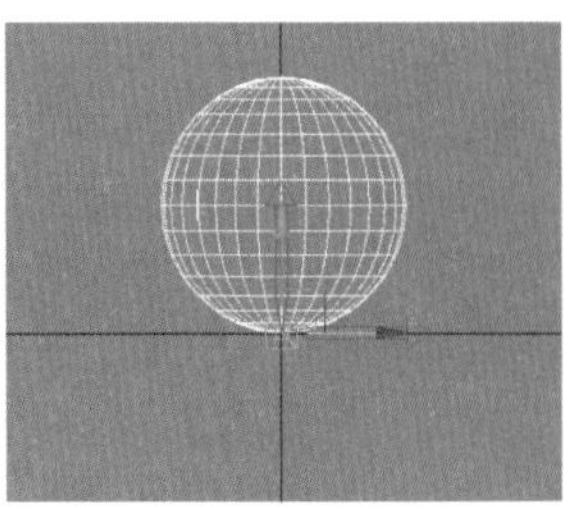

图2-59

2.1.4 几何球体

几何球体的形状与球体的形状很接近，学习了球体的参数之后，几何球体的参数便不难理解了。其中“半径”和“分段”参数都是相同的，而不同之处在于几何球体可以切换“基点面类型”，分别是“四面体”、“八面体”和“二十面体”，如图2-60所示。

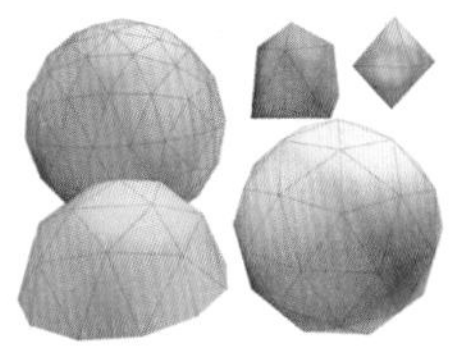

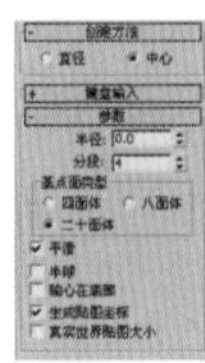

图2-60

【参数介绍】

基点面类型：在该选项下可以设置几何球体表面的基本组成单位类型，可供选择的有“四面体”、“八面体”和“二十面体”；图2-61所示分别是这3种基点面的效果。

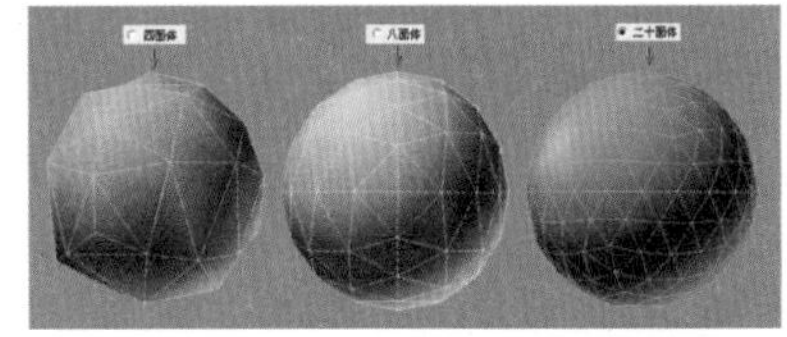

图2-61

平滑：勾选该选项后，创建出来的几何球体的表面就是光滑的；如果关闭该选项，效果则相反，如图2-62所示。

半球：若勾选该选项，创建出来的几何球体会是一个半球体，如图2-63所示。

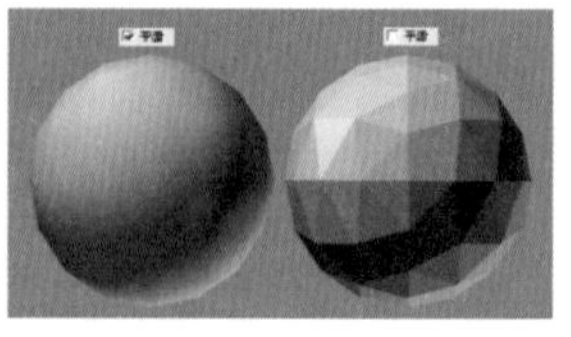

图2-62

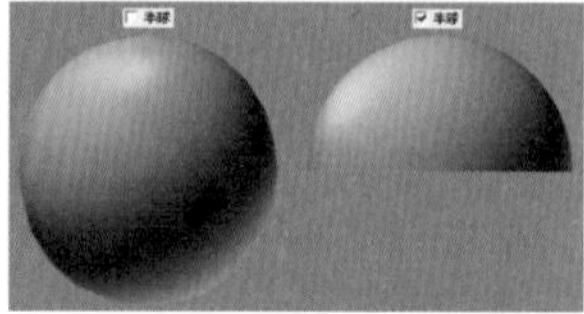

图2-63

小技巧

几何球体与球体在外观上可能很相似，但球体是由四边面构成的，而几何球体是由三角面构成的。

2.1.5 圆柱体

圆柱体在现实生活中很常见，比如玻璃酒杯、油漆桶、圆柱子等。制作由圆柱体构成的物体时，可以先将圆柱体转换成可编辑多边形，然后对细节进行调整。圆柱体的参数如图2-64所示。

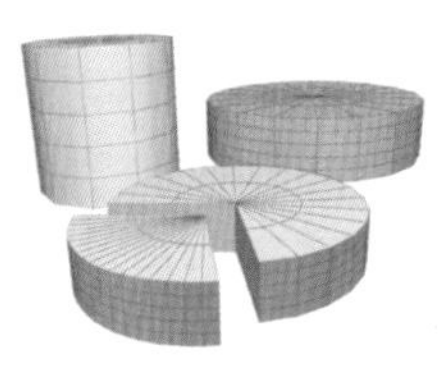

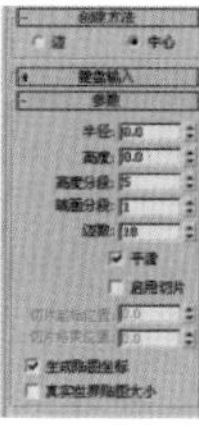

图2-64

【参数介绍】

半径：设置圆柱体的半径。

高度：设置沿着中心轴的维度。负值将在构造平面下面创建圆柱体。

高度分段：设置沿着圆柱体主轴的分段数量。

端面分段：设置围绕圆柱体顶部和底部的中心的同心分段数量。

边数：设置圆柱体周围的边数。

新手练习——利用标准基本体制作落地灯

素材文件	无
案例文件	新手练习——利用标准基本体制作落地灯.max
视频教学	视频教学/第2章/新手练习——利用标准基本体制作落地灯.flv
技术掌握	"管状体"工具、"圆柱体"工具的运用

本例主要先使用“管状体”工具创建出灯罩，然后使用“圆柱体”工具拼接出支架和底座模型，案例效果如图2-65所示。

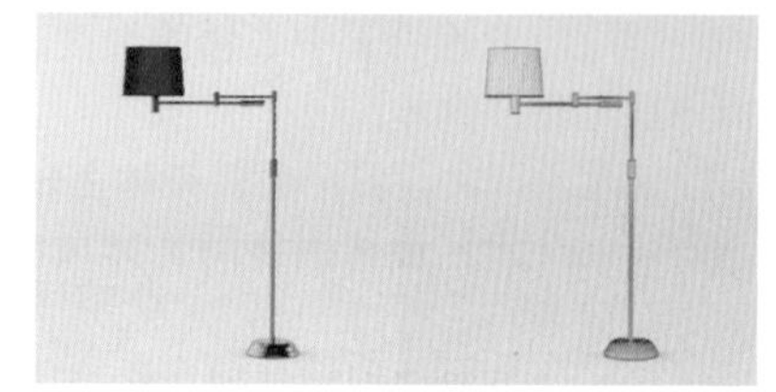

图2-65

【操作步骤】

01 在“创建”面板中单击“管状体”按钮 管状体 ，然后在场景中创建一个管状体；接着在“参数”卷展栏下设置“半径1”为60mm、“半径2”为59mm、“高度”为100mm、“边数”为36，参数设置如图2-66所示，模型效果如图2-67所示。

图2-66

图2-67

02 使用“圆柱体”工具 圆柱体 在管状体底部创建一个圆柱体，然后在“参数”卷展栏下设置“半径”为10mm、“高度”为48mm、“边数”为36，参数设置及模型位置如图2-68所示。

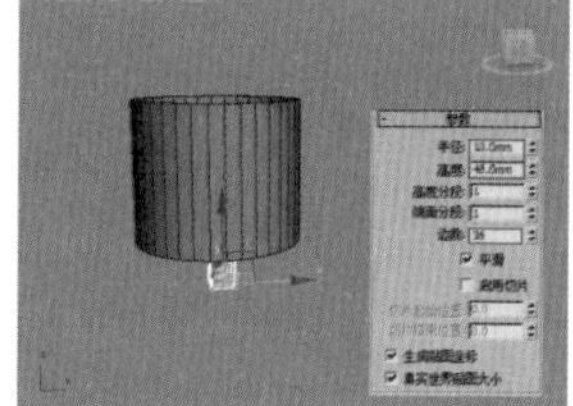

图2-68

03 使用“圆柱体”工具 圆柱体 在场景中创建一个圆柱体，然后在“参数”卷展栏下设置“半径”为3.5mm、“高度”为180mm、“边数”为36，参数设置及模型位置如图2-69所示。

04 采用相同的方法创建出落地灯的其他支架，模型效果如图2-70所示。

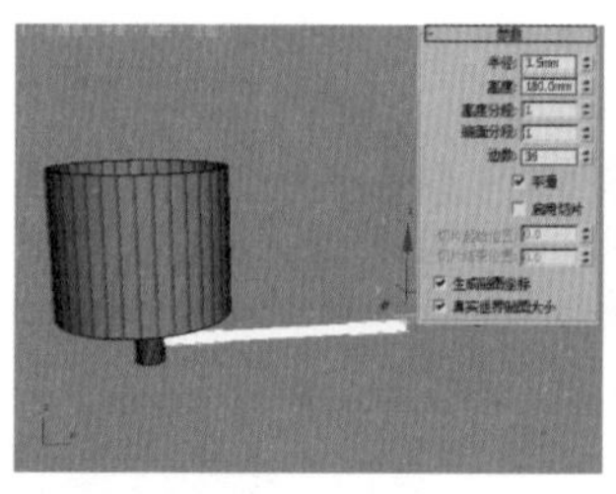

图2-69

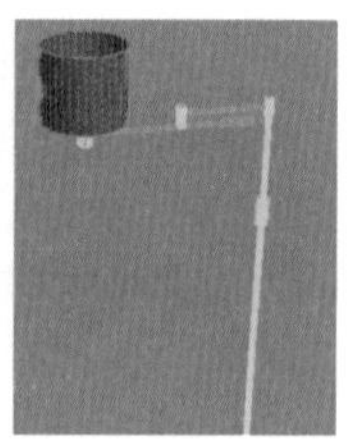

图2-70

05 使用“圆柱体”工具 圆柱体 在支架的底部创建3个圆柱体，具体参数设置如图2-71所示；落地灯模型最终效果如图2-72所示。

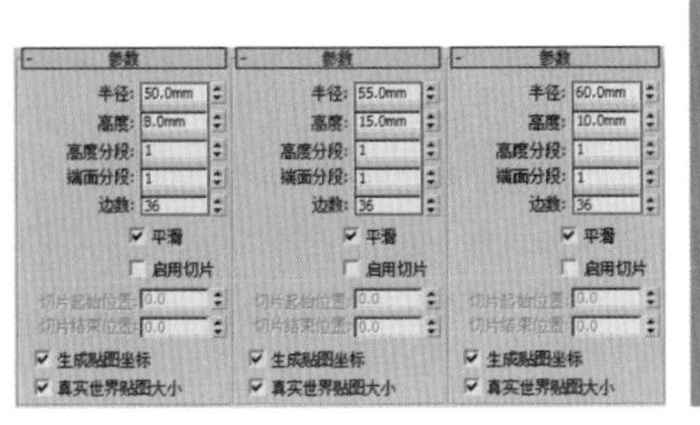

图2-71

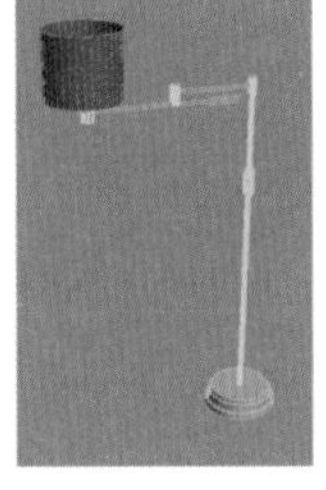

图2-72

新手练习——利用圆柱体制作镜子的模型

素材文件	无
案例文件	新手练习——利用圆柱体制作镜子的模型.max
视频教学	视频教学/第2章/新手练习——利用圆柱体制作镜子的模型.flv
技术掌握	"圆柱体"工具、移动复制功能的运用

本例是使用"圆柱体"工具来进行制作的，其中穿插了移动复制功能的运用，如图2-73所示。

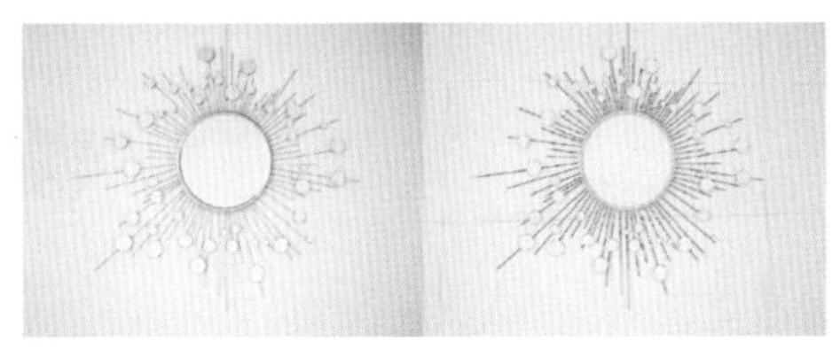

图2-73

【操作步骤】

01 使用"圆柱体"工具 圆柱体 在场景中创建一个圆柱体，然后在"参数"卷展栏下设置"半径"为320mm、"高度"为10mm、"高度分段"为1、"边数"为40，参数设置及模型效果如图2-74所示。

02 使用"圆环"工具 圆环 在场景中创建一个圆环，然后在"参数"卷展栏下设置"半径1"为320mm、"半径2"为14mm、"分段"为40、"边数"为12，参数设置及模型效果如图2-75所示。

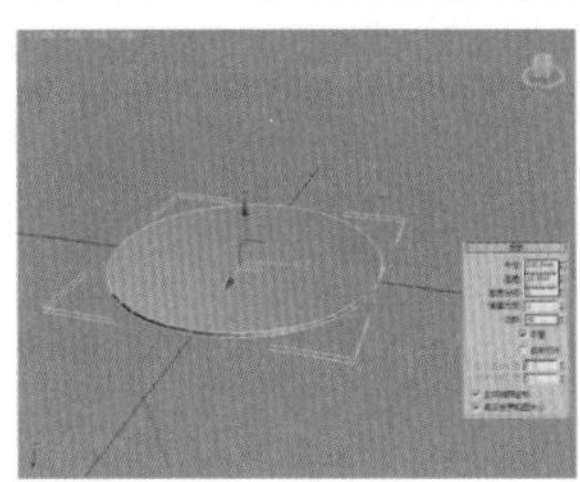

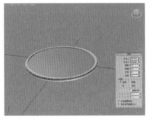

图2-74

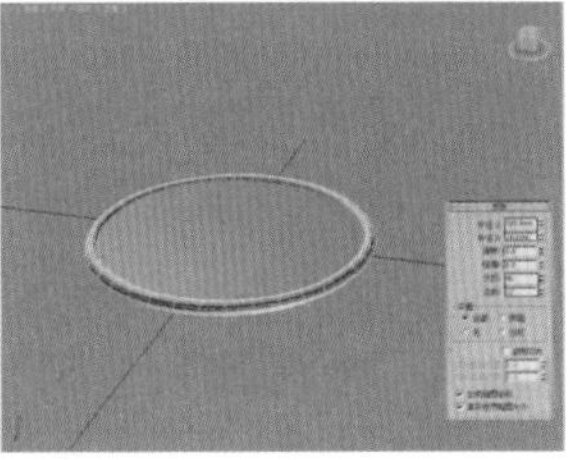

图2-75

03 使用"圆柱体"工具 圆柱体 在镜子边缘创建一个圆柱体，然后在"参数"卷展栏下设置"半径"为2mm、"高度"为640mm、"高度分段"为1、"边数"为20，参数设置及模型位置如图2-76所示。

04 使用"选择并移动"工具选择上一步创建的圆柱体，然后按Shift键移动复制一个圆柱体到如图2-77所示的位置。

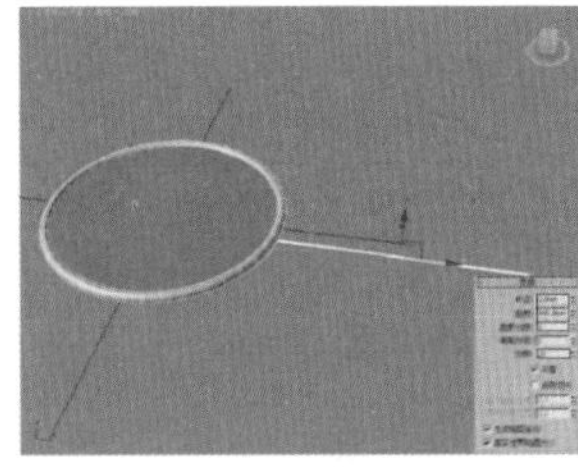

图2-76

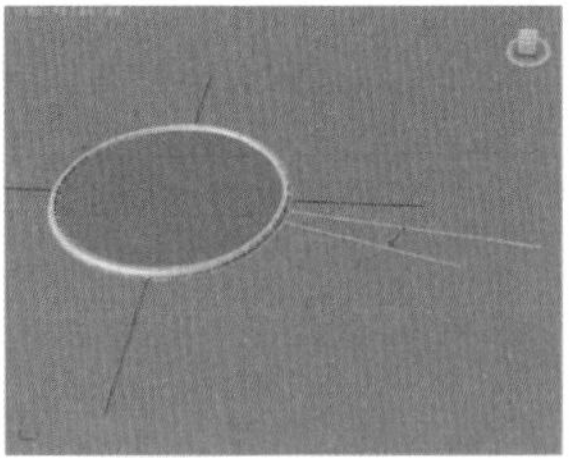

图2-77

05 继续使用"选择并移动"工具选择上一步创建的圆柱体，然后按Shift键移动复制圆柱体到如图2-78所示的位置。

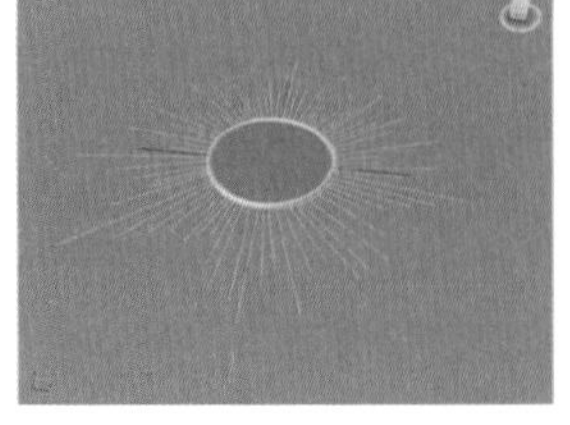

图2-78

在这里进行复制之后，可以在每个小圆柱的参数栏里来修改圆柱的长度。

06 使用"圆柱体"工具 圆柱体 在细圆柱上创建一个圆柱体，然后在"参数"卷展栏下设置"半径"为50mm、"高度"为5mm、"高度分段"为1mm、"边数"为20，参数设置及模型位置如图2-79所示。

07 使用"选择并移动"工具选择上一步创建的圆柱体，然后按Shift键移动复制圆柱体，模型位置及最终模型效果如图2-80所示。

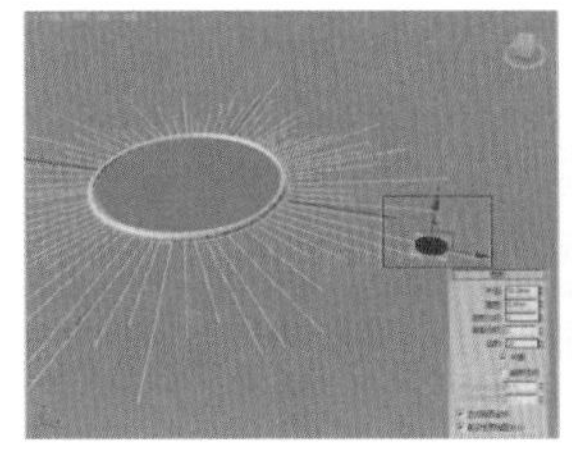

图2-79

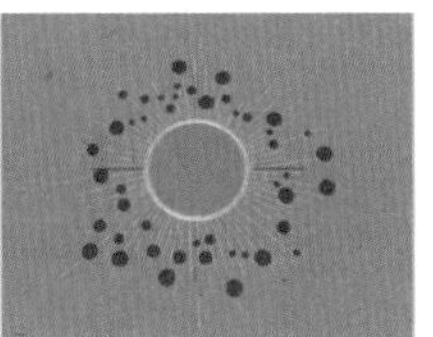

图2-80

2.1.6 管状体

管状体的外形与圆柱体相似，不过管状体是空心的，因此管状体有两个半径，即外径（半径1）和内径（半径2）。管状体的参数如图2-81所示。

图2-81

【参数介绍】

半径1/半径2："半径1"是指管状体的外径，"半径2"是指管状体的内径，如图2-82所示。

图2-82

高度：设置沿着中心轴的维度。负值将在构造平面下面创建管状体。

高度分段：设置沿着管状体主轴的分段数量。

端面分段：设置围绕管状体顶部和底部的中心的同心分段数量。

边数：设置管状体周围边数。

新手练习——利用标准基本体制作茶几

素材文件	无
案例文件	新手练习——利用标准基本体制作茶几.max
视频教学	视频教学/第2章/新手练习——利用标准基本体制作茶几.flv
技术掌握	长方体"工具、"圆柱体"工具和"管状体"工具的运用

本例主要使用"长方体"工具、"圆柱体"工具和"管状体"工具3个工具来制作，其中穿插了旋转复制功能的运用，案例效果如图2-83所示。

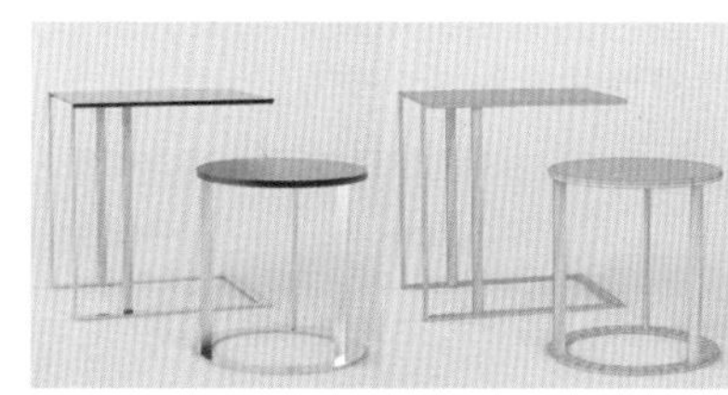

图2-83

【操作步骤】

01 使用"长方体"工具 长方体 在场景中创建一个长方体，然后在"参数"卷展栏下设置"长度"为100mm、"宽度"为130mm、"高度"为1mm，参数设置及模型效果如图2-84所示。

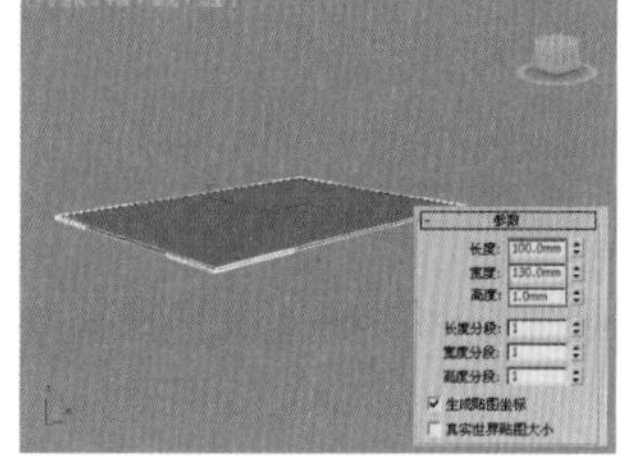

图2-84

02 使用"圆柱体"工具 圆柱体 在场景中创建一个圆柱体，然后在"参数"卷展栏下设置"半径"为56mm、"高度"为1.5mm、"高度分段"为1、"边数"为36，参数设置及模型位置如图2-85所示。

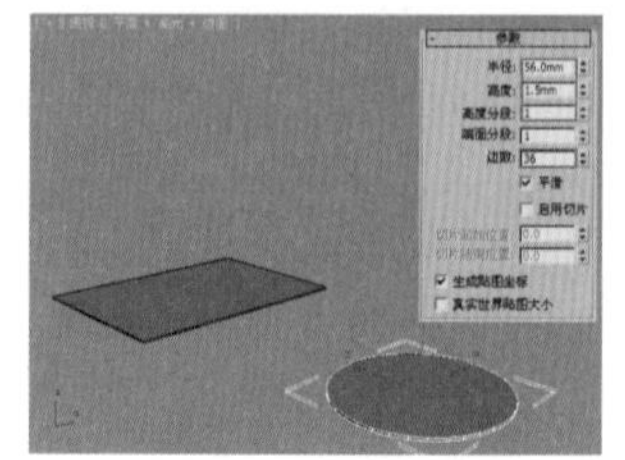

图2-85

03 使用"长方体"工具 长方体 在桌面底部的边缘创建一个长方体，然后在"参数"卷展栏下设置"长度"为6mm、"宽度"为130mm、"高度"为1.8mm，参数设置及模型位置如图2-86所示。

04 使用"选择并移动"工具选择上一步创建的长方体，然后按Shift键移动复制3个长方体到如图2-87所示的位置。

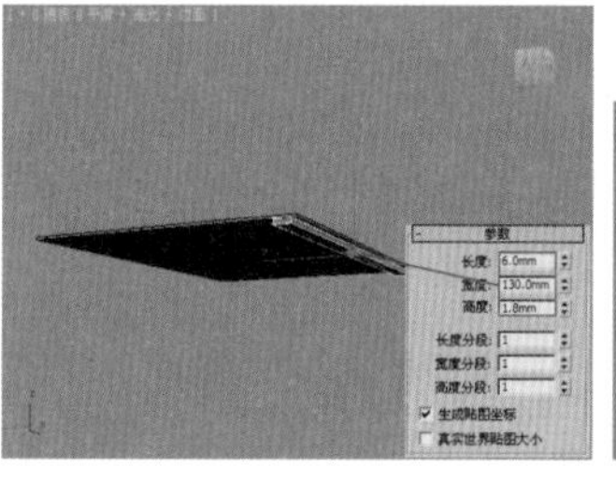

图2-86　图2-87

05 使用"长方体"工具 长方体 在桌面底部的另一侧边缘处创建一个长方体，然后在"参数"卷展栏下设置"长度"为6mm、"宽度"为95mm、"高度"为1.8mm，参数设置及模型位置如图2-88所示。接着使用"选择并移动"工具选择长方体，最后按Shift键移动复制一个长方体到如图2-89所示的位置。

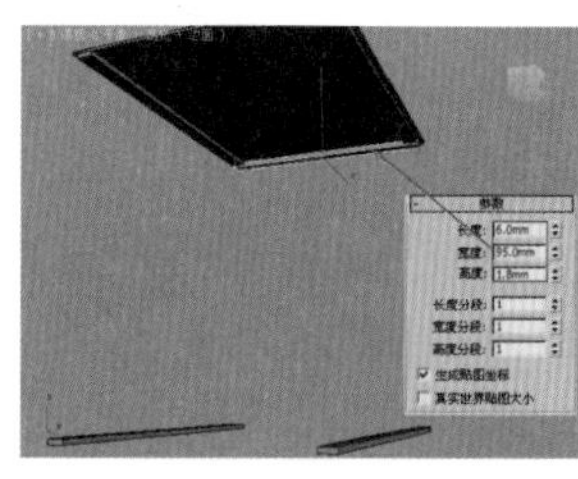

图2-88

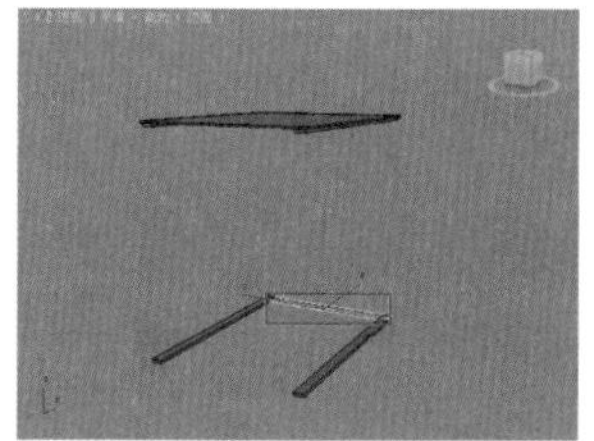

图2-89

06 使用"长方体"工具 长方体 在场景中创建一个长方体，然后在"参数"卷展栏下设置"长度"为6mm、"宽度"为130mm、"高度"为1.8mm，参数设置及模型位置如图2-90所示。

07 使用"选择并移动"工具选择上一步创建的长方体，然后按Shift键移动复制3个长方体到如图2-91所示的位置。

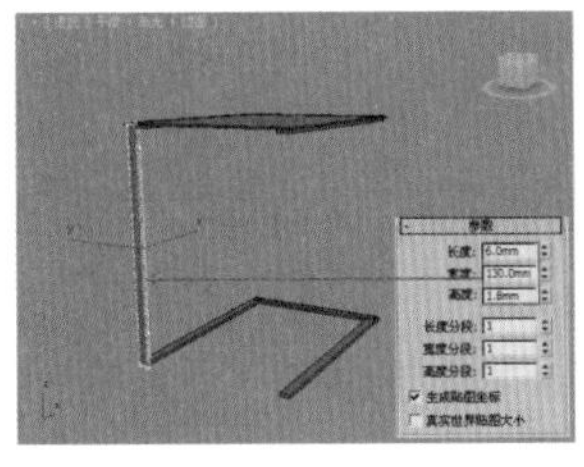
图2-90

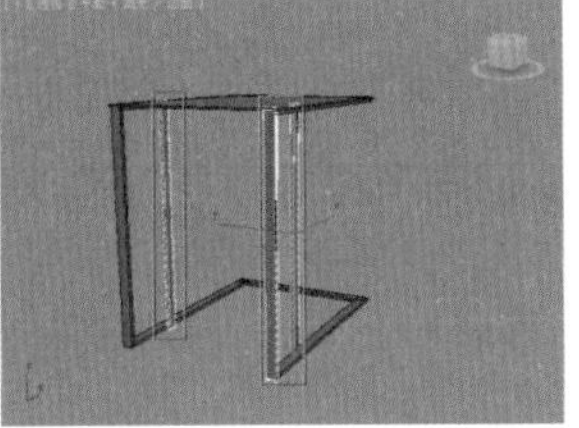
图2-91

08 使用“管状体”工具 管状体 在圆形桌面底部创建一个管状体，然后在“参数”卷展栏下设置“半径1”为56mm、“半径2”为45mm、“高度”为2mm、“边数”为36，参数设置及模型位置如图2-92所示。

09 使用“选择并移动”工具选择上一步创建的管状体，然后按Shift键移动复制一个管状体到如图2-93所示的位置。

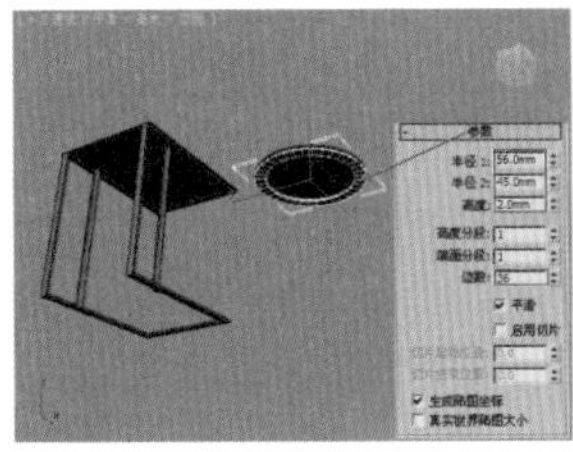
图2-92

图2-93

10 使用“长方体”工具 长方体 在两个管状体之间创建一个长方体，然后在“参数”卷展栏下设置“长度”为8mm、“宽度”为98mm、“高度”为2mm，具体参数设置及模型位置如图2-94所示。

11 在“命令”面板中单击“层次”按钮，进入“层次”面板，然后单击“仅影响轴”按钮 仅影响轴 ，接着在顶视图中将长方体的轴心点调整到如图2-95所示的位置。

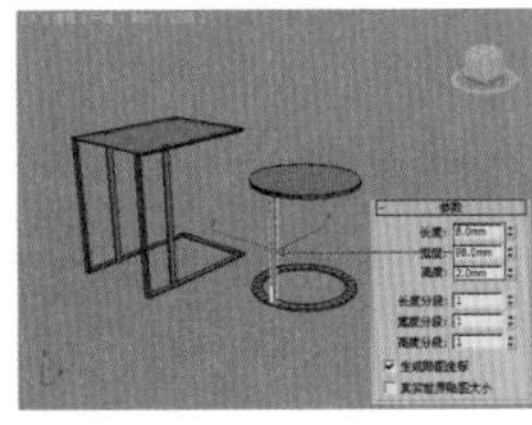
图2-94

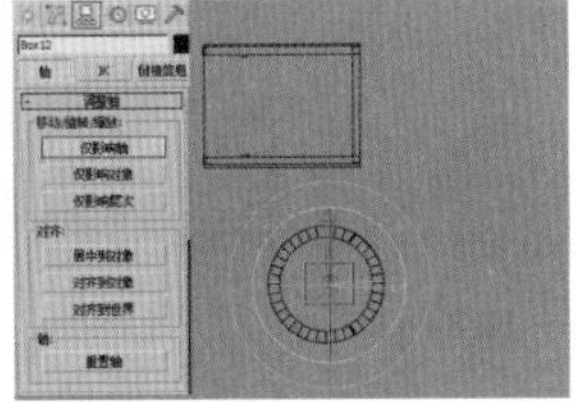
图2-95

12 再次单击“仅影响轴”按钮 仅影响轴 ，退出“仅影响轴”模式。然后在“主工具栏”中单击“角度捕捉切换”按钮，接着使用“选择并旋转”工具选择圆柱体，同时按Shift键在顶视图中将圆柱体旋转复制-120°，最后在弹出的对话框中设置“对象”为“复制”、“副本数”为2，并单击“确定”按钮 确定 ，如图2-96所示。复制好的圆柱体位置如图2-97所示，茶几模型最终效果如图2-98所示。

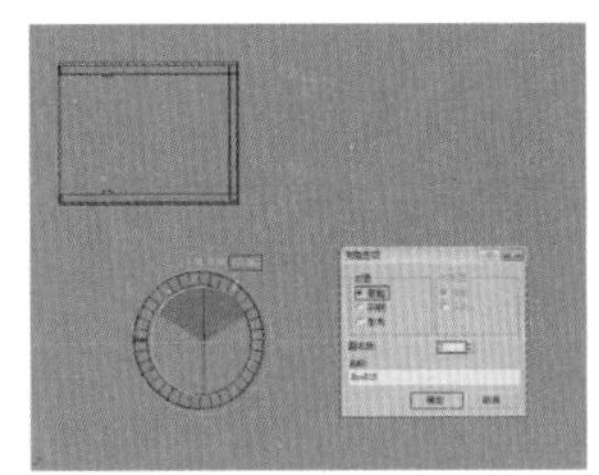
图2-96

图2-97

图2-98

新手练习——利用标准基本体创建简约台灯的模型

素材文件	无
案例文件	新手练习——利用标准基本体创建简约台灯的模型.max
视频教学	视频教学/第2章/新手练习——利用标准基本体创建简约台灯的模型.flv
技术掌握	掌握如何使用标准基本体创建台灯

本例主要先使用“管状体”工具创建出灯罩，然后使用“圆柱体”工具、“长方体”工具、“圆环”工具拼接出支架和底座模型，案例效果如图2-99所示。

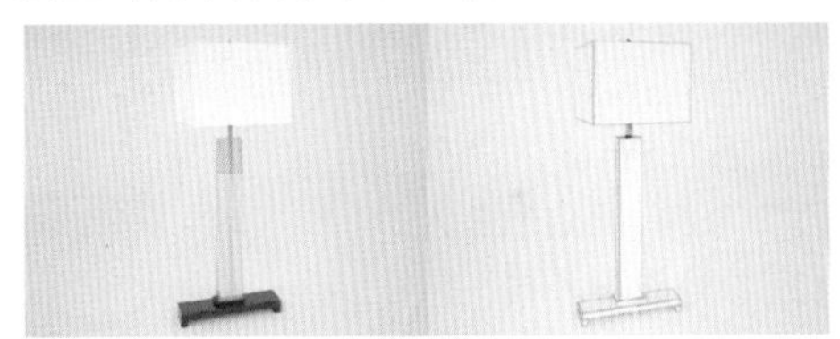
图2-99

【操作步骤】

01 在“创建”面板中单击“管状体”按钮 管状体 ，然后在场景中创建一个管状体，接着在“参数”卷展栏下设置“半径1”为110mm、“半径2”为109mm、“高度”为120mm、“边数”为4，具体参数设置如图2-100所示，模型效果如图2-101所示。

图2-100

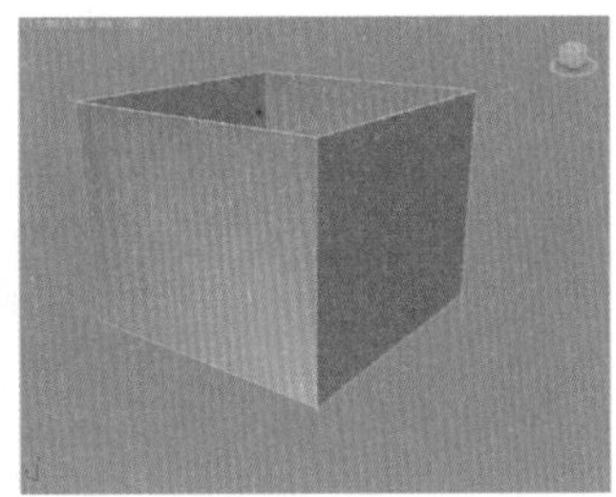
图2-101

小技巧

在“修改器列表”中为灯罩模型加载一个“平滑”修改器，可以去除模型上黑色的区域，效果如图如图2-102所示。

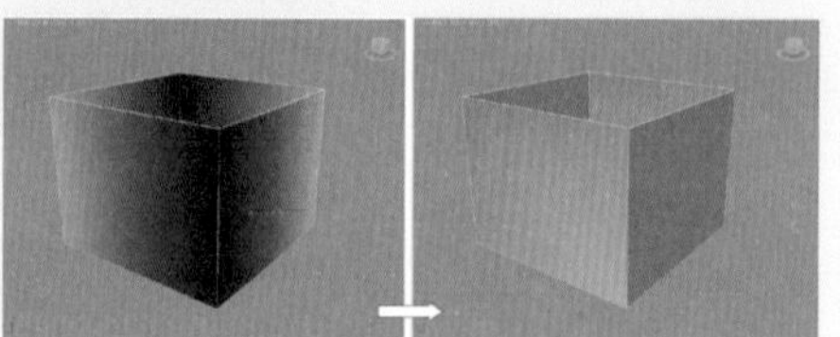
图2-102

02 使用“圆柱体”工具 圆柱体 在管状体内部创建一个圆柱体，然后在“参数”卷展栏下设置“半径”4.5mm、“高度”为150mm、“高度分段”为1、“边数”为18，参数设置及模型位置如图2-103所示。

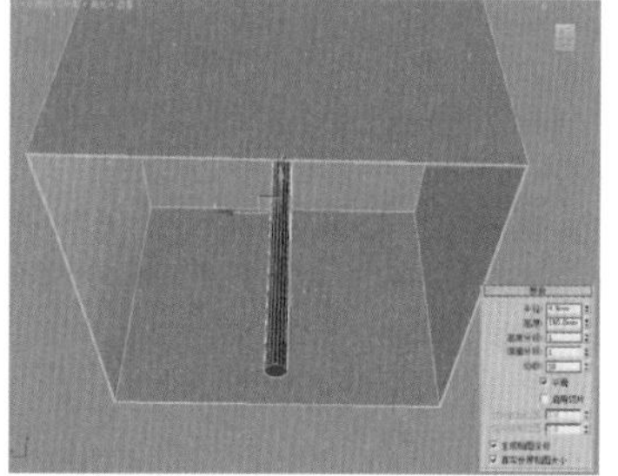
图2-103

03 使用“圆环”工具 圆环 在场景中创建一个圆环，然后在“参数”卷展栏下设置“半径1”为5mm、“半径2”为1.5mm、“分段”为24、“边数”为12，参数设置及模型位置如图2-104所示。

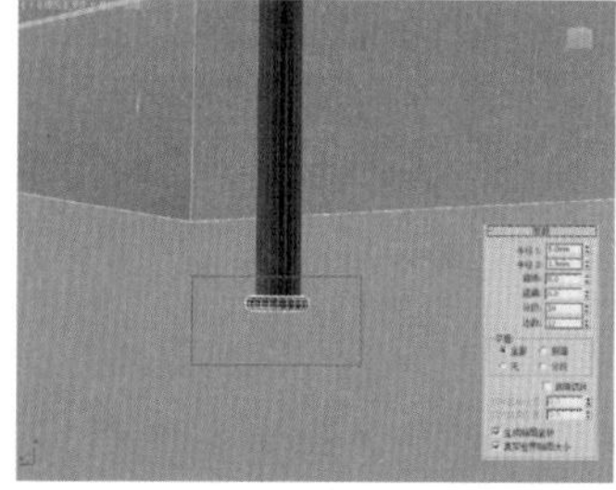
图2-104

04 采用相同的方法继续使用“圆环”工具 圆环 创建出台灯的其他配件部分，模型效果如图2-105所示。

05 使用“圆锥体”工具 圆锥体 在管状体上部创建一个圆锥体，然后在“参数”卷展栏下设置“半径1”4.5mm、“半径2”为0mm、“高度”为9mm、“高度分段”为1、“边数”为24，具体参数设置及模型位置如图2-106所示。

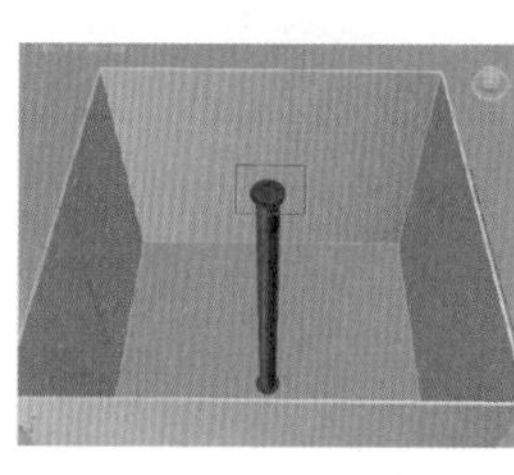
图2-105

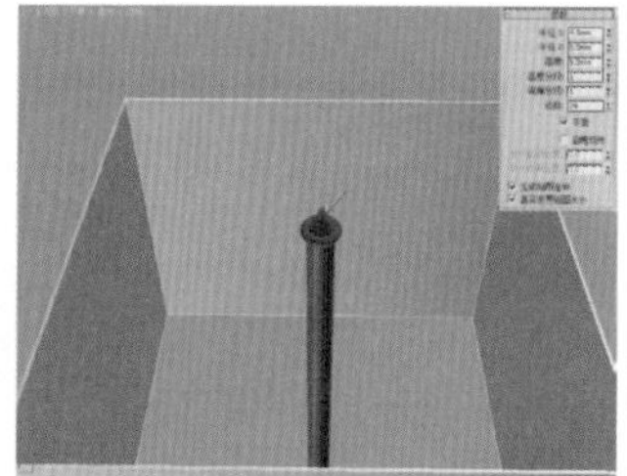
图2-106

06 使用“圆柱体”工具 圆柱体 在灯罩内主体支架上创建4个圆柱体，参数设置及模型效果如图2-107所示。

07 使用“长方体”工具 长方体 在管状体下部创建一个长方体，然后在“参数”卷展栏下设置“长度”为280mm、“宽度”为40mm、“高度”为20mm，参数设置及模型位置如图2-108所示。

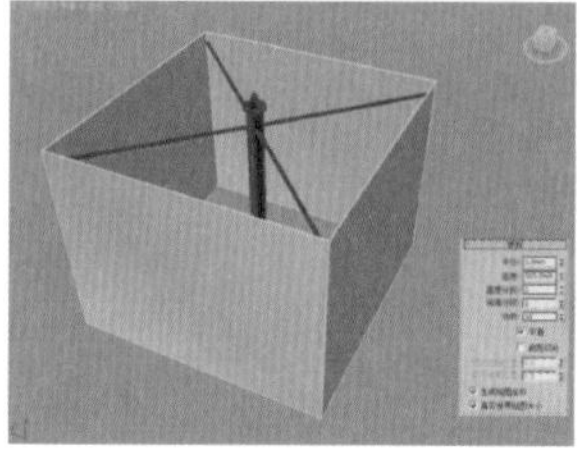
图2-107

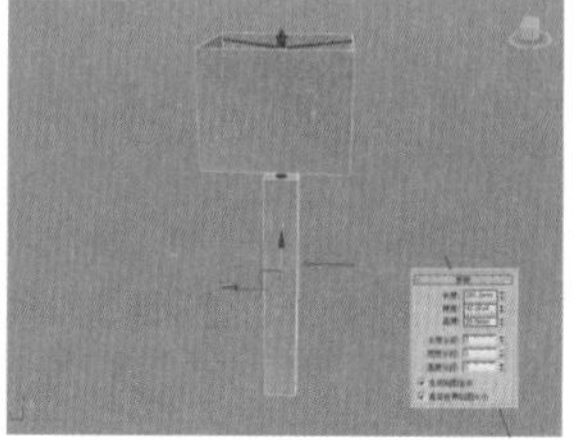
图2-108

08 使用“长方体”工具 长方体 在支架的底部创建4个长方体，具体参数设置及模型位置如图2-109～图2-111所示。

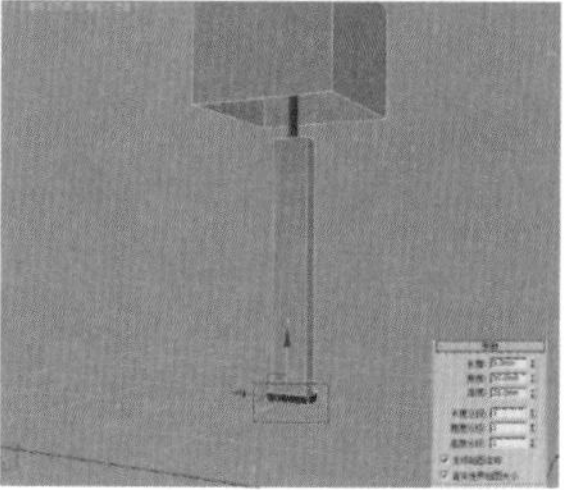
图2-109

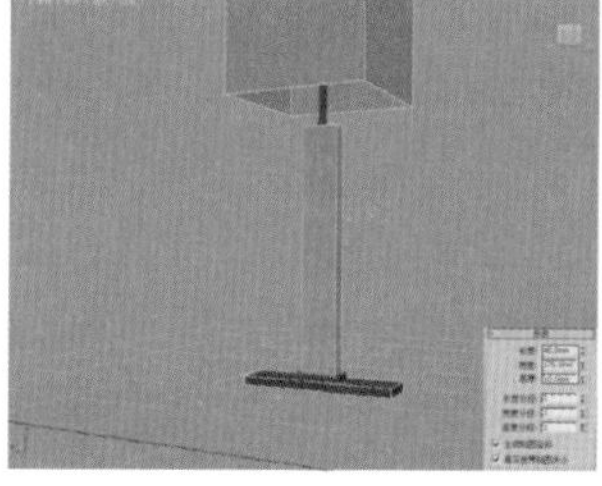
图2-110

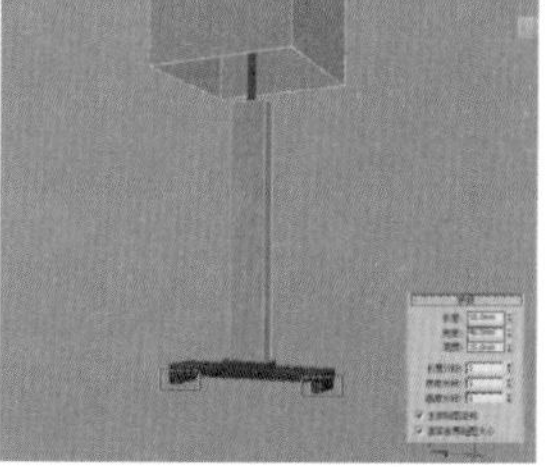
图2-111

09 简约台灯最终模型效果如图2-112所示。

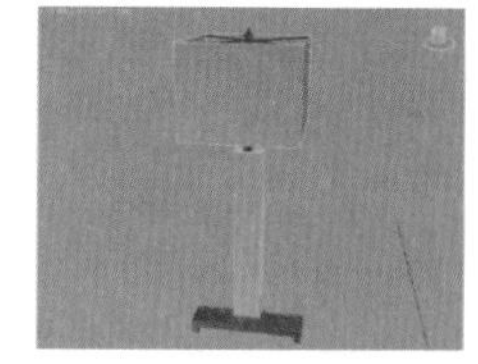
图2-112

新手练习——利用管状体和圆柱体创建水晶台灯模型

素材文件	无
案例文件	新手练习——利用管状体和圆柱体创建水晶台灯模型.max
视频教学	视频教学/第2章/新手练习——利用管状体和圆柱体创建水晶台灯模型.flv
技术掌握	“管状体”工具、“圆柱体”工具的运用

本例主要先使用“管状体”工具创建出灯罩，然后使用“圆柱体”工具拼接出支架和底座模型，最后

使用圆环与“扩展工具”中“异面体”拼接出装饰水晶模型，案例效果如图2-113所示。

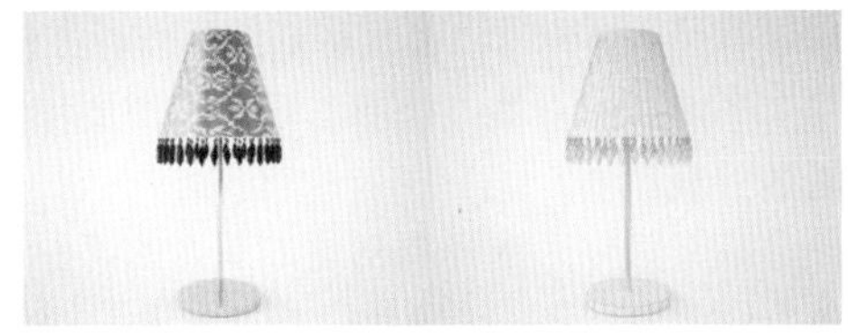

图2-113

【操作步骤】

01 在“创建”面板中单击“管状体”按钮 管状体 ，然后在场景中创建一个管状体，接着在“参数”卷展栏下设置“半径1”为150mm、“半径2”为160mm、“高度”为200mm、“高度分段”为1、“边数”为50，参数设置及模型效果如图2-114所示。

02 选择上一步创建的管状体，然后在修改面板中给物体添加一个FFD4×4×4修改器，并选择“控制点”次物体层级，接着在视图中选择物体的顶点进行缩放，如图2-115所示。

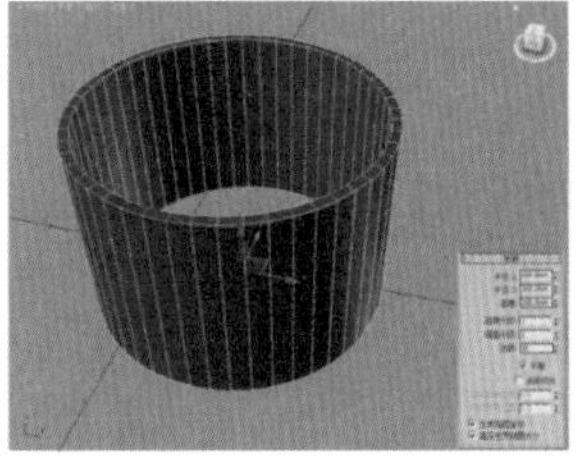

图2-114

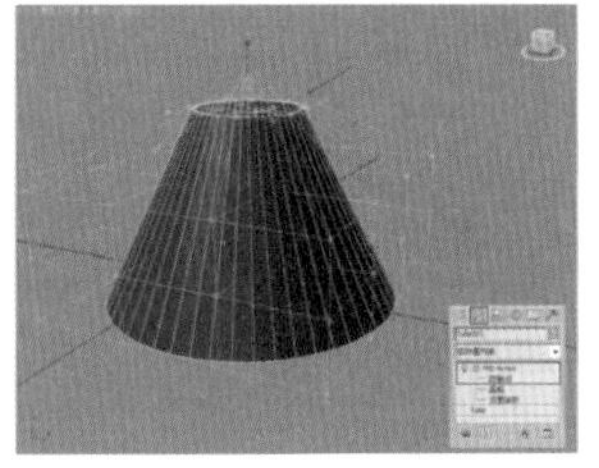

图2-115

03 使用“圆柱体”工具 圆柱体 在管状体底部创建一个圆柱体，然后在“参数”卷展栏下设置“半径”为5mm、“高度”为300mm、“边数”为18、“高度分段”为1，参数设置及模型位置如图2-116所示。

04 使用“圆柱体”工具 圆柱体 在场景中创建一个圆柱体，然后在“参数”卷展栏下设置“半径”为80mm、“高度”为15mm、“高度分段”为1、“边数”为18，参数设置及模型位置如图2-117所示。

图2-116

图2-117

05 在“创建”面板中单击“几何体”按钮，然后选择“扩展基本体”中“异面体” 异面体 ，在场景中创建一个异面体；接着在“参数”卷展栏下设置“系列”为“立方体/八面体”，具体参数设置及模型效果如图2-118所示。

06 使用“选择并移动”工具选择上一步创建的异面体，然后按Shift键移动复制一个异面体到如图2-119所示的位置。

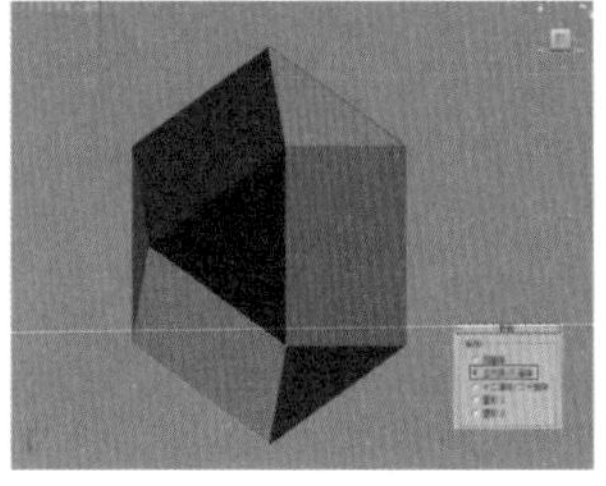

图2-118

图2-119

在复制模型之后，要对模型进行缩放，缩放到适当的大小。

07 使用“圆环”工具 圆环 在场景中创建一个圆环，然后在“参数”卷展栏下设置“半径1”为2mm、“半径2”为0.2 mm、“分段”为30、“边数”为3，参数设置及模型位置如图2-120所示。

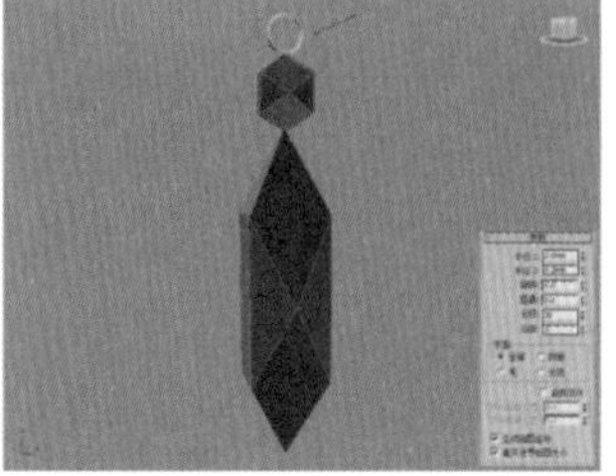

图2-120

08 选择上一步创建的两个异面体和一个圆环，然后单击“组/成组”，如图2-121所示；接着在弹出的“组”对话框中将其命名为“组001”，如图2-122所示。

图2-121

图2-122

09 选择上一步成组的物体“组001”，然后选择“选择并移动”工具，接着按Shift键移动复制36个水晶组合，模型位置及最终模型效果如图2-123所示。

图2-123

2.1.7 圆环

圆环可以用于创建环形或具有圆形横截面的环状物体。圆环的参数如图2-124所示。

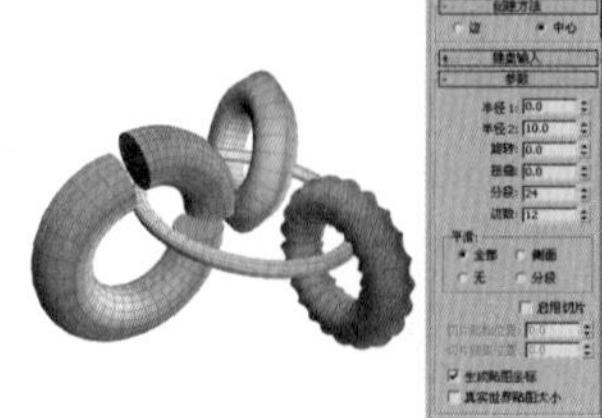

图2-124

【参数介绍】

半径1：设置从环形的中心到横截面圆形的中心的距离，这是环形环的半径。

半径2：设置横截面圆形的半径。

旋转：设置旋转的度数，顶点将围绕通过环形环中心的圆形非均匀旋转。

扭曲：设置扭曲的度数，横截面将围绕通过环形中心的圆形逐渐旋转。

分段：设置围绕环形的分段数目。通过减小该数值，可以创建多边形环，而不是圆形。

边数：设置环形横截面圆形的边数。通过减小该数值，可以创建类似于棱锥的横截面，而不是圆形。

2.1.8 四棱锥

四棱锥的底面是正方形或矩形，侧面是三角形。四棱锥的参数如图2-125所示。

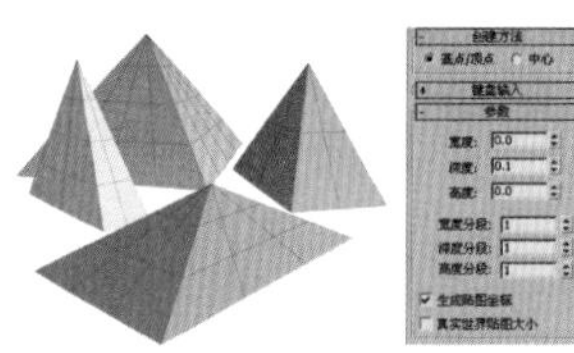

图2-125

【参数介绍】

宽度/深度/高度：设置四棱锥对应面的维度。

宽度分段/深度分段/高度分段：设置四棱锥对应面的分段数。

2.1.9 茶壶

茶壶在室内场景中是经常使用到的一个物体，使用“茶壶”工具 茶壶 可以方便快捷地创建出一个精度较低的茶壶。茶壶的参数如图2-126所示。

图2-126

【参数介绍】

半径：设置茶壶的半径。

分段：设置茶壶或其单独部件的分段数。

平滑：混合茶壶的面，从而在渲染视图中创建平滑的外观。

茶壶部件：选择要创建的茶壶的部件，包含“壶体”、“壶把”、“壶嘴”和“壶盖”4个部件。

2.1.10 平面

平面在建模过程中使用的频率非常高，如墙面和地面等。平面的参数如图2-127所示。

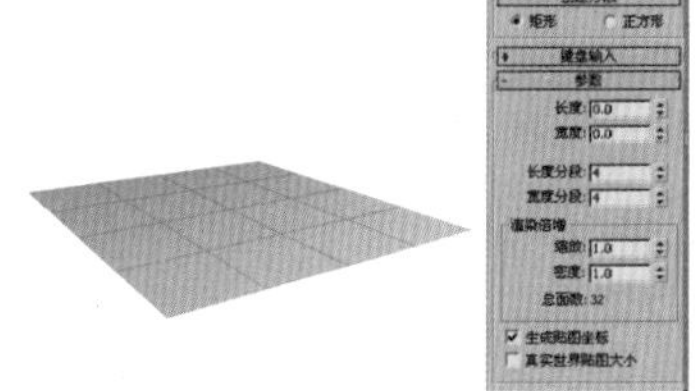

图2-127

【参数介绍】

长度/宽度：设置平面对象的长度和宽度。

长度分段/宽度分段：设置沿着对象每个轴的分段数量。

小技巧

在默认情况下创建出来的平面是没有厚度的，如果要让平面产生厚度，需要为平面加载“壳”修改器，然后适当调整“内部量”和“外部量”数值即可，如图2-128所示。

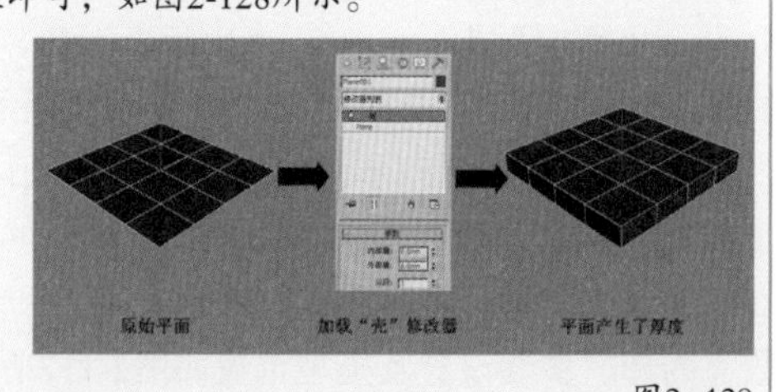

图2-128

2.2 创建扩展基本体

“扩展基本体”是基于“标准基本体”的一种扩展物体，共有13种，分别是异面体、环形结、切角长方体、切角圆柱体、油罐、胶囊、纺锤、L-Ext、球棱柱、C-Ext、环形波、软管和棱柱，如图2-129所示。

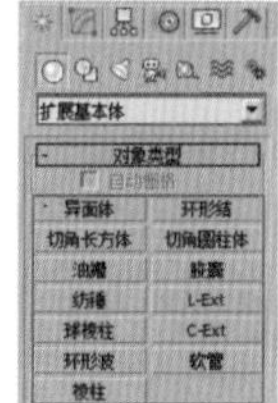

图2-129

有了这些扩展基本体，就可以快速地创建出一些简单的模型，如使用“软管”工具 软管 制作冷饮吸管，用“油罐”工具 油罐 制作货车油罐，用“胶囊”工具 胶囊 制作胶囊模型等，如图2-130所示。

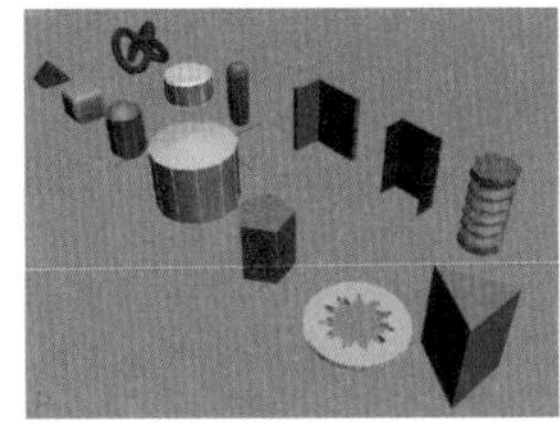

图2-130

并不是所有的扩展基本体都很实用，本书只讲解在实际工作中比较常用的一些扩展基本体。

2.2.1 异面体

异面体是一种很典型的扩展基本体，异面体类型包括5种，分别是“四面体”、“立方体/八面体”、“十二面体/二十面体”、“星形1”和“星形2”，如图2-131所示。

下面对异面体的各个参数进行讲解，其参数面板如图2-132所示。

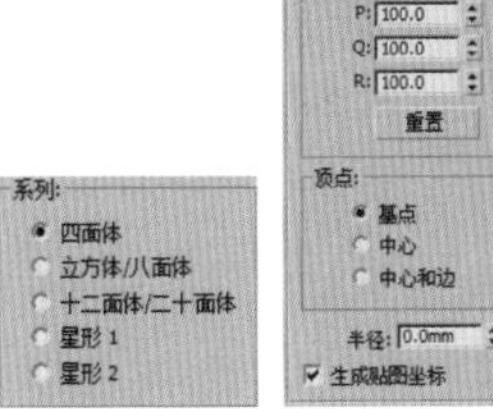

图2-131　图2-132

【参数介绍】

P/Q：这两个选项主要用来切换多面体顶点与面之间的关联关系，其数值范围从0~1。

P/Q/R：这3个选项主要用来设置多面体的一个面反射的轴向。

重置：单击该按钮可以将轴恢复到默认设置。

基点：该选项主要用来限制面的细分不能超过最小值。

中心：在中心放置另一个顶点（其中边是从每个中心点到面角）来细分每个面。

中心和边：在中心放置另一个顶点（其中边是从每个中心点到面角，以及到每个边的中心）来细分每个面。与“中心”选项相比，“中心和边”选项会使多面体中的面数加倍。

半径：设置多面体的半径。

“顶点”选项组中的参数决定了多面体每个面的内部几何体。“中心”和“中心和边”选项可以增加对象中的顶点数，但是这些参数不能用来设置动画。

2.2.2 切角长方体

切角长方体是长方体的扩展，使用“切角长方体”工具 切角长方体 可以方便快捷地创建出带圆角效果的长方体，其参数包括“长度”、“宽度”、“高度”、“圆角”以及相对应的分段数，如图2-133所示。

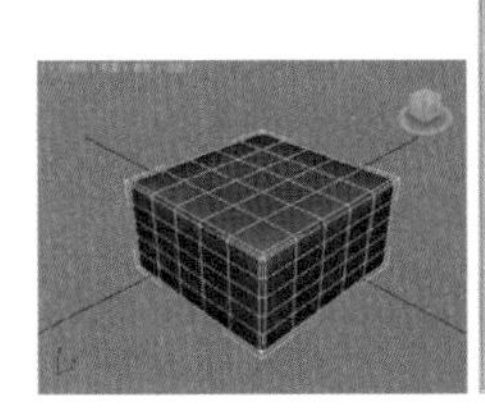

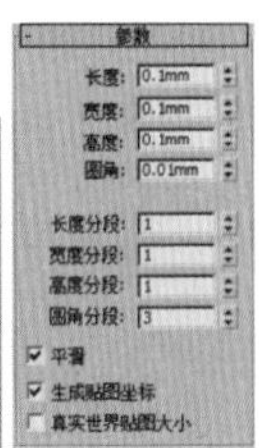

图2-133

新手练习——利用切角长方体创建椅子模型

素材文件	无
案例文件	新手练习——利用切角长方体创建椅子模型.max
视频教学	视频教学/第2章/新手练习——利用切角长方体创建椅子模型.flv
技术掌握	“切角长方体”工具和FFD 3×3×3命令修改器的运用

本例主要使用“扩展基本体”中的“切角长方体”工具制作一个椅子模型，案例效果如图2-134所示。

图2-134

【操作步骤】

01 在“命令”面板中单击“创建”按钮，进入“创建”面板，然后单击“几何体”按钮，接着设置“几何体”类型为“扩展基本体”，最后单击“切角长方体”按钮 切角长方体，如图2-135所示。

02 创建一个切角长方体，然后在“命令”面板中单击“修改”按钮，进入“修改”面板，接着在“参数”卷展栏下设置“长度”为650mm、“宽度”为700mm、“高度”为270mm、“圆角”为10mm、“宽度分段”为10，参数设置及模型效果如图2-136所示。

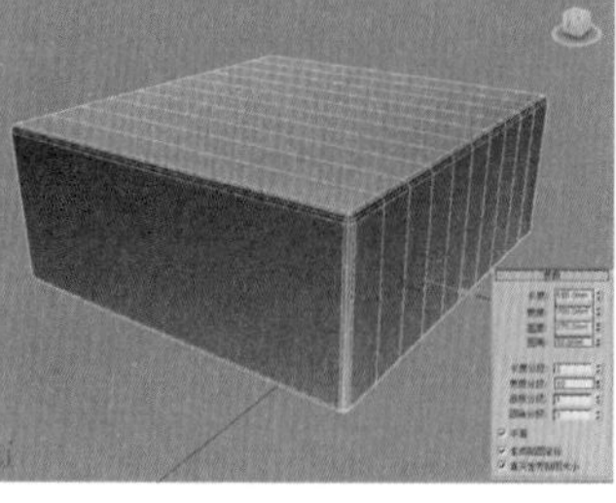

图2-135　　图2-136

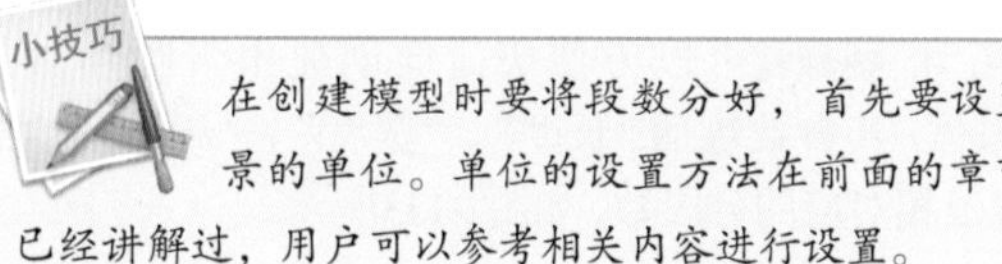

在创建模型时要将段数分好，首先要设置场景的单位。单位的设置方法在前面的章节中已经讲解过，用户可以参考相关内容进行设置。

03 使用“切角长方体”工具 切角长方体 在前视图场景中创建一个长方体，然后在“参数”卷展栏下设置“长度”为450mm、“宽度”为650mm、“高度”为150mm、“圆角”为5mm、“宽度分段”为18，参数设置如图2-137所示，模型位置如图2-138所示。

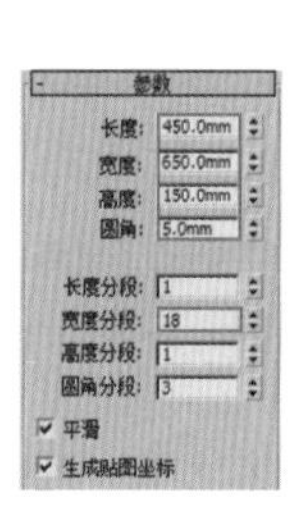

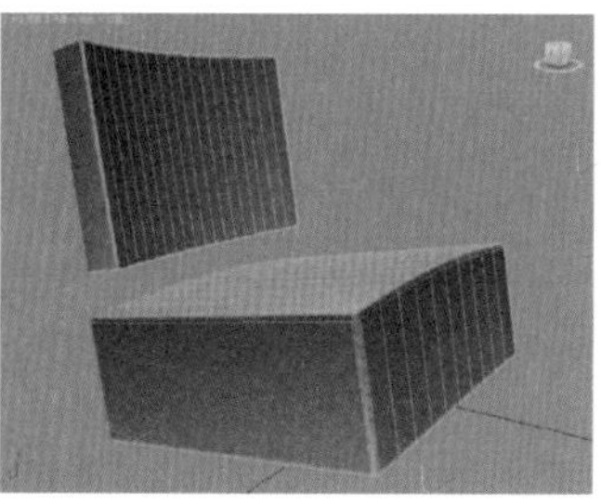

图2-137　　图2-138

04 选择上一步创建的切角长方体，然后在“修改器列表”中为椅垫模型加载一个FFD 4×4×4修改器，接着选择“控制点”次物体层级，最后将其调整成如图2-139所示的效果。

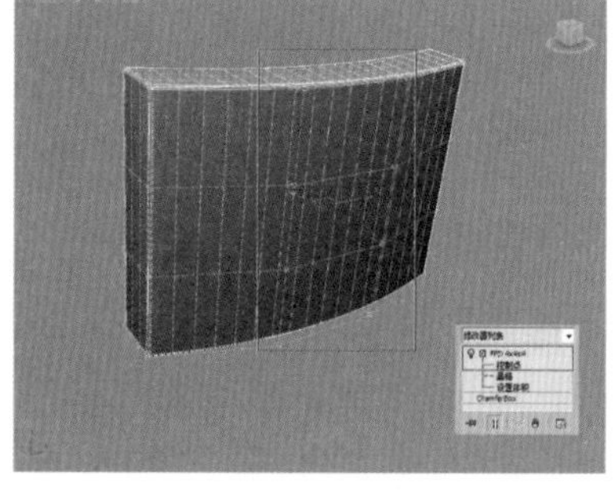

图2-139

05 在“命令”面板中单击“图形”按钮，然后设置“图形”类型为“样条线”，接着单击“线”按钮 线 ，并在场景中绘制一条样条线作为椅子腿模型，如图2-140所示。

06 选择上一步绘制的样条线，然后进入“修改”面板，接着在“渲染”卷展栏下勾选“在视口中启用”和“径向”选项，并设置“厚度”为25mm，参数设置及模型效果如图2-141所示。

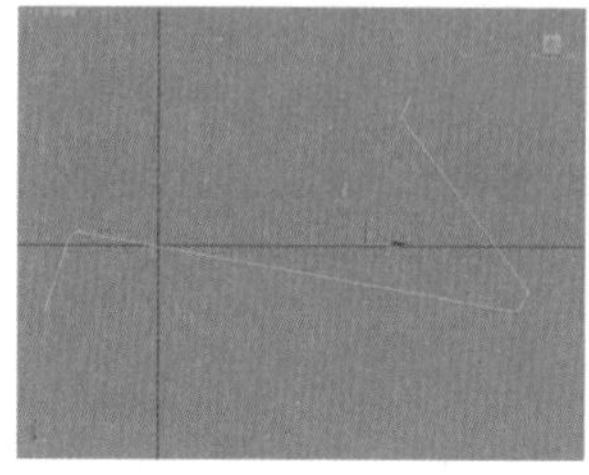

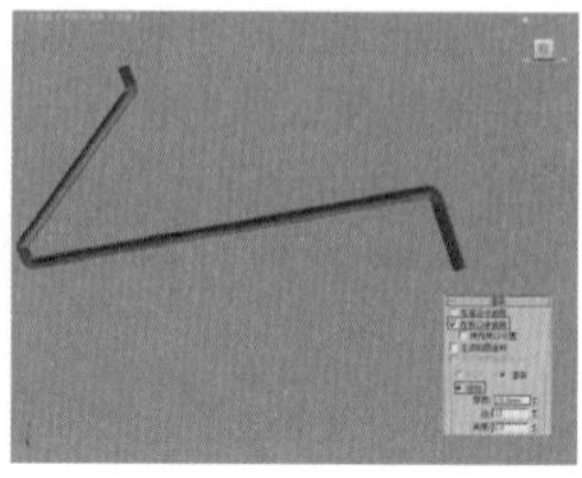

图2-140　　图2-141

07 选择椅子腿部分的模型，然后选择“选择并移动”按钮，接着按Shift键移动复制一个椅子腿模型，模型位置如图2-142所示，椅子最终模型效果如图2-143所示。

图2-142　　图2-143

2.2.3 切角圆柱体

切角圆柱体是圆柱体的扩展，使用“切角圆柱体”工具 切角圆柱体 可以方便快捷地创建出带圆角效果的圆柱体，其参数包括“半径”、“高度”、“圆角”、“高度分段”、“圆角分段”、“边数”和“端面分段”等，如图2-144所示。

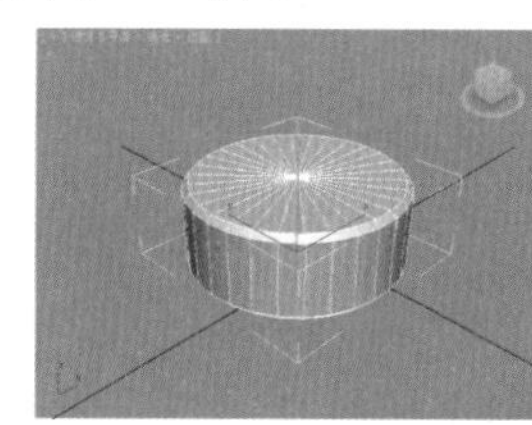

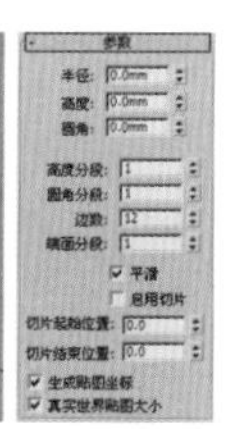

图2-144

小技巧

相对于长方体的参数设置，切角长方体增加了“圆角”和“圆角分段”两项参数。当设置切角长方体的“圆角”数值为0时，效果与长方体效果是完全一样的，如图2-145所示。

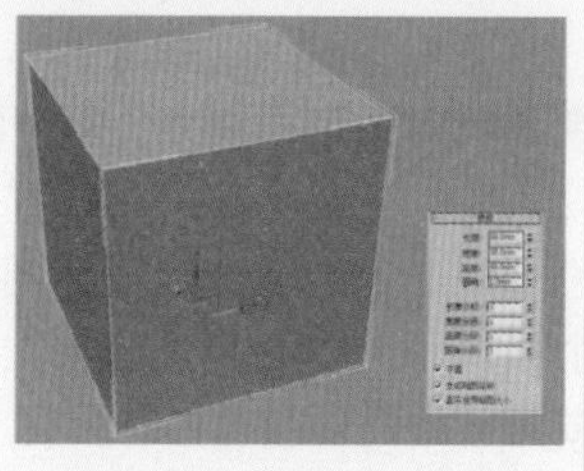

图2-145

2.2.4 胶囊

使用“胶囊”可创建出半球状带有封口的圆柱体，其参数包括“半径”、“高度”、“边数”、“高度分段”、“平滑”和“启用切片”等，如图2-146所示。

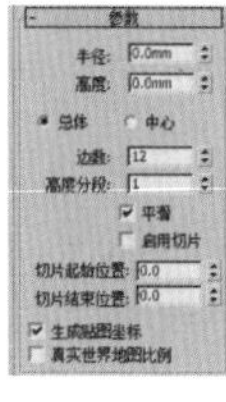
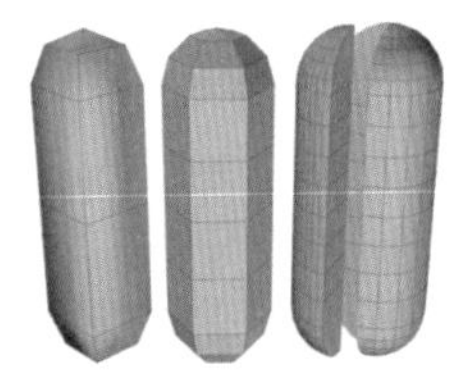

图2-146

2.2.5 L-Ext/C-Ext

使用L-Ext可创建并挤出的L 形的对象，其参数面板如图2-147所示；使用C-Ext可创建并挤出 C 形的对象，其参数面板如图2-148所示。

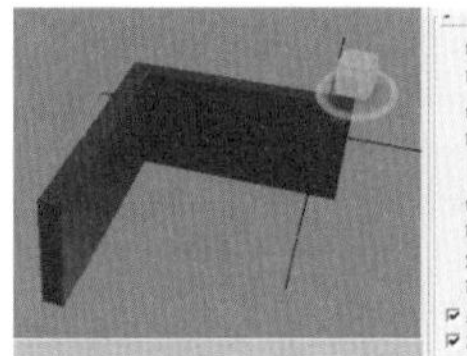

图2-147

图2-148

2.2.6 软管

软管是一种能连接两个对象的弹性物体，有点类似于弹簧，但它不具备动力学属性，如图2-149和图2-150所示。

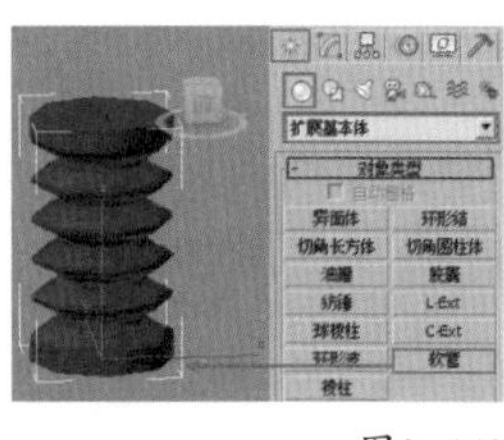
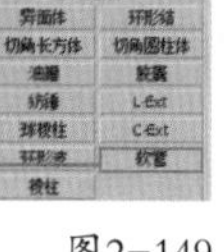

图2-149

图2-150

【参数介绍】

1.“端点方法”选项组

自由软管：如果只是将软管作为一个简单的对象，而不绑定到其他对象，则需要勾选该选项。

绑定到对象轴：如果要把软管绑定到对象中，该选项必须勾选。

2.“绑定对象”选项组

顶部<无>：显示顶部绑定对象的名称。

拾取顶部对象：使用该按钮可拾取“顶部”对象。

张力：设定当软管靠近底部对象时，顶部对象附近软管曲线的张力大小。减小张力，顶部对象附近将产生弯曲效果；增大张力，远离顶部对象的地方将产生弯曲效果。

底部<无>：显示底部绑定对象的名称。

拾取底部对象：使用该按钮可拾取“底部”对象。

张力：设定当软管靠近顶部对象时，底部对象附近软管曲线的张力。减小张力，底部对象附近将产生弯曲效果；增大张力，远离底部对象的地方将产生弯曲效果。

小技巧

只有选择了“绑定到对象轴”选项时“绑定对象”选项组中的参数才可用。

3.“自由软管参数”选项组

高度：用于设置软管未绑定时的垂直高度或长度。选择“自由软管”选项时，该选项才可用。

4.“公用软管参数”选项组

分段：软管长度的总分段数。当软管弯曲时，增大该值可使曲线更加平滑。

启用柔体截面：启用该选项，以下4个参数才可用，可以用来设置软管的中心柔体截面；若关闭该选项，软管的直径会和软管的长度保持一致。

起始位置：软管的起始位置到柔体截面开始处所占软管长度的百分比。在默认情况下，软管的起始位置指对象轴出现的一端，默认值为10%。

结束位置：软管的结束位置到柔体截面结束处所占软管长度的百分比。在默认情况下，软管的结束位置指与对象轴出现的相反端，默认值为90%。

周期数：柔体截面中的起伏数目。可见周期的数目受限于分段的数目，如果分段值不够大，不足以支持周期数目，则不会显示出所有的周期，其默认值为5。

小技巧

提示要设置合适的分段数目，首先应设置周期，然后增大分段数目，直至可见周期停止变化。

直径：周期“外部”的相对宽度。如果设置为负值，则比总的软管直径要小；如果设置为正值，则比总的软管直径要大。

平滑：定义要进行平滑处理的几何体，其默认设置为“全部”。

全部：对整个软管进行平滑处理。

侧面：沿软管的轴向进行平滑处理。

无：不进行平滑处理。

分段：仅对软管的内截面进行平滑处理。

可渲染：如果启用该选项，则使用指定的设置对软管进行渲染；如果关闭该选项，则不对软管进行渲染。

生成贴图坐标：设置所需的坐标，以对软管应用贴图材质，其默认设置为启用。

5.“软管形状”选项组

圆形软管：设置为圆形的横截面。

直径：软管端点处的最大宽度。

边数：软管边的数目，其默认值为8。边设置为 3 表示为三角形的横截面；设置为4 表示为正方形的横截面；设置为5 表示为五边形的横截面。

长方形软管：指定不同的宽度和深度。

宽度：指定软管的宽度。

深度：指定软管的高度。

圆角：设置横截面的倒角数值。若要使圆角可见，“圆角分段”数值必须设置为 1 或更大。

圆角分段：每个圆角上的分段数目。

旋转：指定软管沿其长轴的方向，其默认值为0。

D截面软管：与矩形软管类似，但有一条边呈圆形，以形成 D 形状的横截面。

宽度：指定软管的宽度。

深度：指定软管的高度。

圆形侧面：圆边上的分段数目。该值越大，边越平滑，其默认值为 4。

圆角：指定将横截面上圆边的两个圆角的数值。要使圆角可见，“圆角分段”数值必须设置为 1 或更大。

圆角分段：指定每个圆角上的分段数目。

旋转：指定软管沿其长轴的方向，其默认值为0。

新手练习——制作欧式柱

素材文件	无
案例文件	新手练习——制作欧式柱.max
视频教学	视频教学/第2章/新手练习——制作欧式柱.flv
技术掌握	“球体”、“软管”建模命令的运用

本例是一个欧式柱模型，主要使用“球体”和“软管”建模命令来进行制作，案例效果如图2-151所示，案例制作流程如图2-152所示。

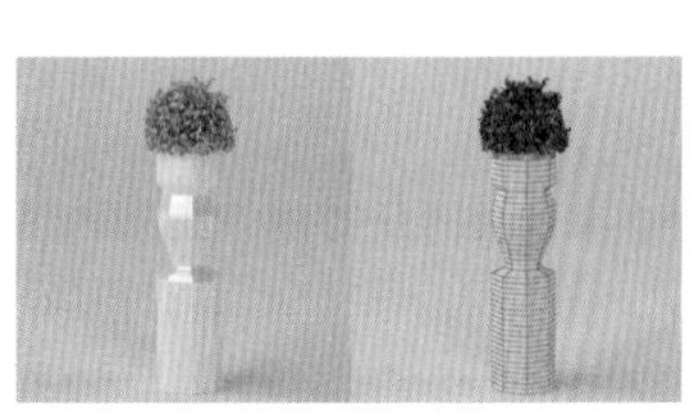

图2-151

图2-152

【操作步骤】

01 在“命令”面板中单击“创建”按钮，进入“创建”面板，然后单击“几何体”按钮，接着设置“几何体”类型为“扩展基本体”；再单击“软管”按钮 软管 ，然后在视图中拖曳鼠标创建一个软管模型，如图2-153所示。

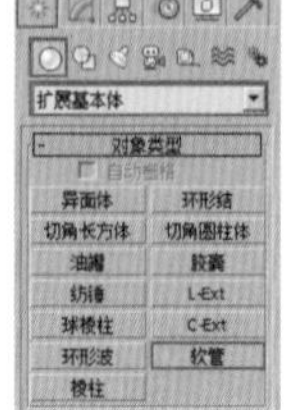

图2-153

02 在“命令”面板中单击“修改”按钮，进入“修改”面板，接着在“软管参数”卷展栏下选择“端点方法”为“自由软管”，设置“高度”为400mm；在“公用软管参数”下设置“分段”为45、“起始位置”为50、“结束位置”为85、“周期数”为78、“直径”为−23mm；接着设置“软管形状”为“圆形软管”，设置“直径”为115mm、“边数”为8，具体参数设置如图2-154所示，此时的模型效果如图2-155所示。

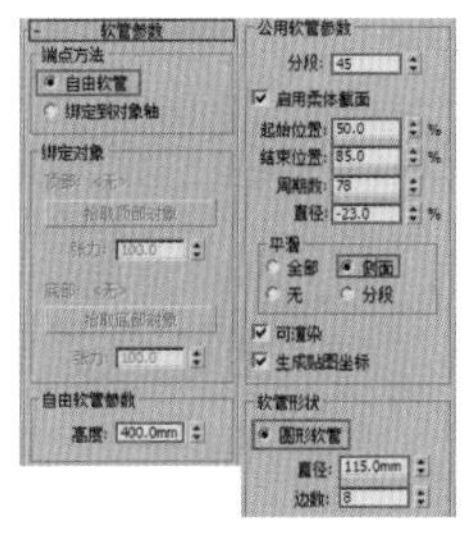

图2-154

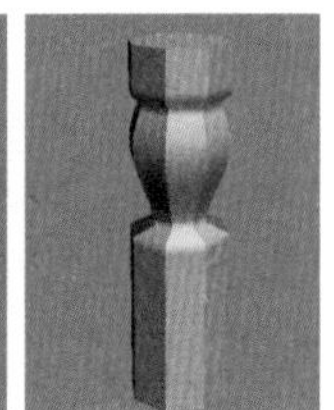

图2-155

小技巧

在这里我们设置的“软管的形状”类型为“圆形软管”，我们也可以设置为“长方形软管”，并设置“宽度”为112mm、“深度”为112mm，如图2-156所示。

此时的模型效果如图2-157所示。

当勾选“D截面软管”时，然后设置“宽度”为112mm、“深度”为112mm、“圆形侧面”为5，如图2-158所示。

此时的模型效果如图2-159所示。

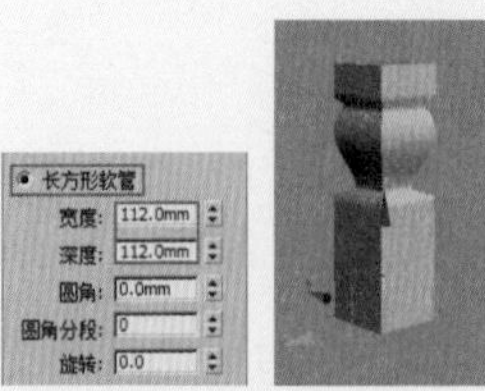

图2-156 图2-157

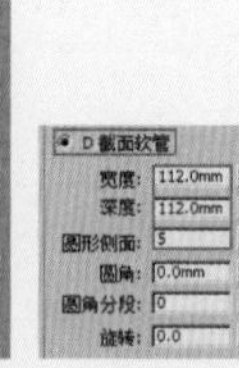

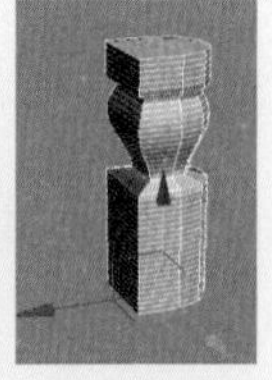

图2-158 图2-159

在实际工作中，我们可以根据实际需要来设置这些参数，非常方便。

03 在柱子的顶部创建一个球体，球体的直径要略大于柱子的直径，如图2-160所示。

04 进入“修改”面板，在“参数”卷展栏下设置球体的“半径”为60mm、“分段”为56、“半球”为0.5，如图2-161所示。

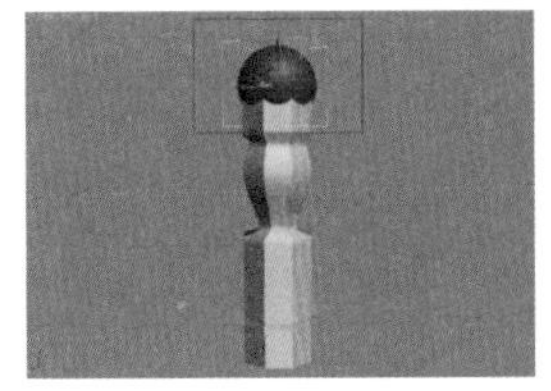

图2-160

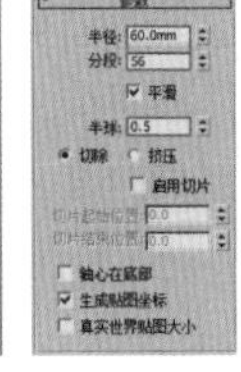

图2-161

05 此时的欧式柱模型效果如图2-162所示；最后导入植物素材模型，并把植物放在柱子的顶部，模型最终效果如图2-163所示。

图2-162

图2-163

2.3 创建复合对象

2.3.1 复合对象的命令面板

使用3ds Max内置的模型就可以创建出很多优秀的模型，但是在很多时候还会使用复合对象，因为使用复合对象来创建模型可以大大节省建模时间。

在3ds Max的“创建”面板中单击“几何体”按钮，在“几何体”类型下拉列表中选择“复合对象”，打开复合对象的命令面板，如图2-164所示。

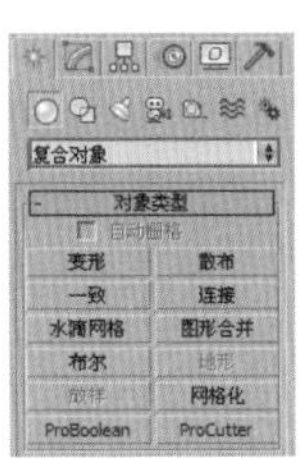

图2-164

复合对象的建模命令包括“变形”工具、“散布”工具、“一致”工具、“连接”工具、“水滴网格”工具、“图形合并”工具、“布尔”工具、“地形”工具、“放样”工具、“网格化”工具、ProBoolean工具和ProCuttler工具，下面将分别进行讲解。

2.3.2 变形

“变形”是一种与2D动画中的中间动画类似的动画技术。“变形”可以合并两个或多个对象，方法是插补第一个对象的顶点，使其与另外一个对象的顶点位置相符。如果随时执行这项插补操作，将会生成变形动画，如图2-165所示。

图2-165

“变形”是一种动画特技，是动画的一种表现形式，它是将一个网格对象变形为另一个形态不同的对象，这是在三维空间进行的变形，不同于一些视频图像变形手段。

在变形过程中，原始对象被称作种子或基础对象，通过变形工具，在不同的关键点把原始对象变形为其他形态的对象（成为目标对象）。3ds Max在变形过程中自动进行插补计算，这样就形成了形态不断变化的平滑动画效果。

在执行“变形”操作的时候，原始对象和目标对象必须满足下列两个条件。

这两个对象必须是网格、面片或多边形对象。

这两个对象必须包含相同的顶点数。

制作变形动画有它自己的工作流程，一般要先将原始对象和其他目标对象制作完毕，然后在视图中选择原始对象，再进入“复合对象”命令面板，单击 变形 按钮开始变形制作。

单击 变形 按钮，展开其参数面板，如图2-166所示。

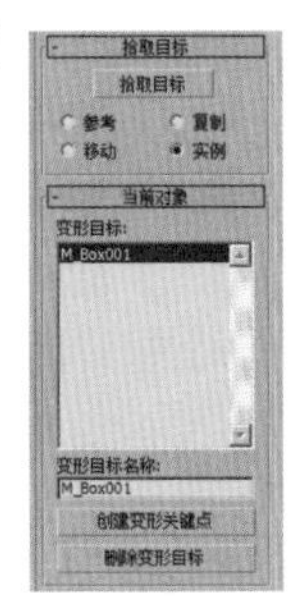

图2-166

【参数介绍】

1.“拾取目标”卷展栏

该参数卷展栏主要用于控制目标对象的拾取，开始时3ds Max只能检查哪些对象可以进行变形。

拾取目标：把将要进行变形的对象从视图中选到变形舞台上来作为变形目标，只需要在视图中单击对象即可。

参考：对象被选择后，系统会复制一个与它有参考属性的复制对象，将它作为变形目标，进入变形目标列表。以后如果对原始对象进行修改，同时也会影响变形目标对象，但对变形目标对象的修改不会影响原始对象。

复制：对象被选择后，会复制一个新的对象，它本身不会发生任何改变，新的复制对象去参加变形制作。当原始对象在场景中还有别的用途时采用这种方式。

移动：对象被选择后，它本身会成为变形目标，进入变形目标列表，它在视图上的形象将消失。如果原始对象在场景中就是为了这个变形效果可以选择这种方式。

实例：对象被选择后，系统会复制一个实例对象，将它作为变形目标，进入变形目标列表。如果以后对它们其中的一个进行修改操作，那么另外一个也会发生相同的变化。使用“实例”可以在进行变形动画的同时叠加另外的动画操作。

2. “当前对象”卷展栏

变形目标：其下为变形目标列表，显示所有要用于变形的对象，这些都是从视图中拾取来的。

变形目标名称：显示在变形目标列表中选择的变形目标对象名称，并可以为其重命名。

创建变形关键点：按下此按钮，会在当前帧建立一个变形关键点，表示将原始对象变形为变形目标名称框中的目标对象。

删除变形目标：删除当前选择的一个目标对象，这时会连它所有的变形键也一同删除。

2.3.3 散布

“散布”是复合对象的一种形式，将所选源对象散布为阵列，或散布到分布对象的表面，如图2-167所示。这是一个非常有用的造型工具，通过它可以制作头发、胡须、草地、长满羽毛的鸟或者全身是刺的刺猬，这些都是一般造型工具难以做到的。

图2-167

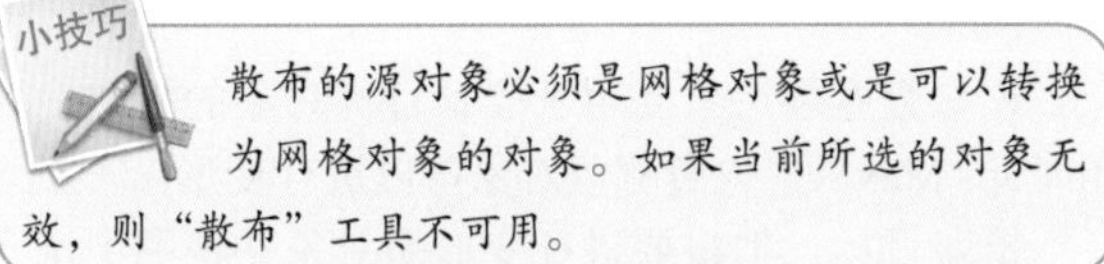

小技巧

散布的源对象必须是网格对象或是可以转换为网格对象的对象。如果当前所选的对象无效，则“散布”工具不可用。

“散布”的功能参数比较多，下面进行详细讲解。

1. “拾取分布对象”卷展栏

“拾取分布对象”卷展栏如图2-168所示。

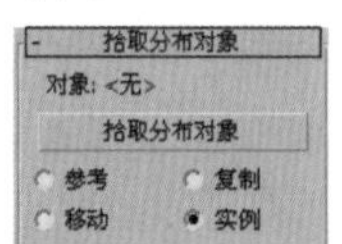

图2-168

【参数介绍】

对象<无>：显示使用“拾取分布对象”工具选择的分布对象的名称。

拾取分布对象：单击该按钮，然后在场景中单击一个对象，可以将其指定为分布对象。

参考/复制/移动/实例：用于指定将分布对象转换为散布对象的方式。它可以作为参考、副本（复制）、实例或移动的对象（如果不保留原始图形）进行转换。

2. “散布对象”卷展栏

“散布对象”卷展栏如图2-169所示。

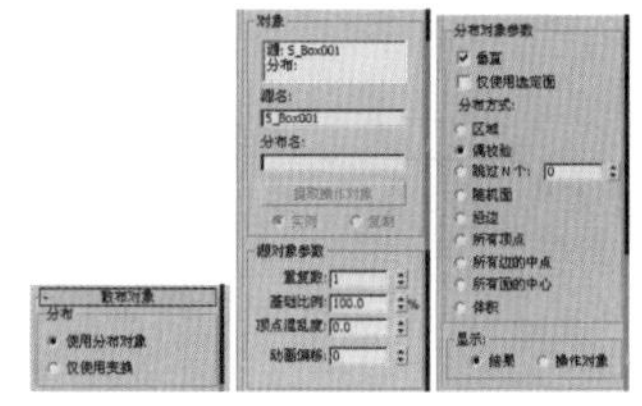

图2-169

【参数介绍】

分布选项组：主要包含以下两个选项。

使用分布对象：使用分布对象的表面来附着被散布的对象。

仅使用变换：在参数面板的下方有一个“变换”卷展栏，专门用于对散布对象进行变动设置。如果选择该选项，则将不使用分布对象，只通过“变换”卷展栏的参数设置来影响散布对象的分布。

对象选项组：主要包含以下6个选项。

源名：显示散布源对象的名称，可以进行修改。

分布名：显示分布对象的名称，可以进行修改。

重复数：设置散布对象分配在分布对象表面的复制数目，这个值可以设置得很大。

基础比例：设置散布对象尺寸的缩放比例。

顶点混乱度：设置散布对象自身顶点的混乱程度。当值为0时，散布对象不发生形态改变，值增大时，会随机移动各顶点的位置，从而使造型变得扭曲、不规则。

动画偏移：如果散布对象本身带有动画设置，这个参数可以设置每个散布对象开始自身运动所间隔的帧数。例如，模拟风吹过草地时，草丛逐一开始摇动的效果。

分布对象参数选项组：主要包含以下11个选项。

垂直：选择该选项，每一个复制的散布对象都与它所在的点、面或边界垂直，否则它们都保持与源对象相同的方向。

仅使用选定面：使用选择的表面来分配散布对象。

区域：在分布对象表面所有允许区域内均匀分布散布对象。

偶校验：在允许区域内分配散布对象，使用偶校验方式进行过滤。

跳过N个：在放置重复项时，跳过N个面。后面的参数指定了在放置下一个重复项之前要跳过的面数。如果设置为 0，则不跳过任何面。如果设置为 1，则跳过相邻的面，以此类推。

随机面：散布对象以随机方式分布到分布对象的表面。

沿边：散布对象以随机方式分布到分布对象的边缘上。

所有顶点：把散布对象分配到分布对象的所有顶点上。

所有边的中点：把散布对象分配到分布对象的每条边的中心点上。

所有面的中心：把散布对象分配到分布对象的每个三角面的中心处。

体积：把散布对象分配在分布对象体积范围中。

显示选项组：主要包含以下两个选项。

结果：在视图中直接显示散布的对象。

操作对象：分别显示散布对象和分布对象散布之前的样子。

3. "变换"卷展栏

"变换"卷展栏如图2-170所示。

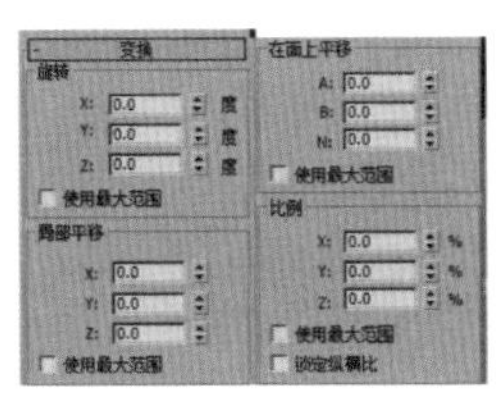

图2-170

【参数介绍】

变换控制包含4种类型，下面来进行详细介绍。

旋转：在3个轴向上旋转散布对象。

局部平移：沿散布对象的自身坐标进行位置改变。

在面上平移：沿所依附面的重心坐标进行位置改变。

比例：在3个轴向上缩放散布对象。

在这4种类型里面分别还有2个选项"使用最大范围"和"锁定纵横比"。

使用最大范围：当勾选该选项时，只可以调节绝对值最大的一个参数，其他两个参数将被锁定。

锁定纵横比：可以保证散布对象只改变大小而不改变形态。

4. "显示"卷展栏

"显示"卷展栏如图2-171所示。

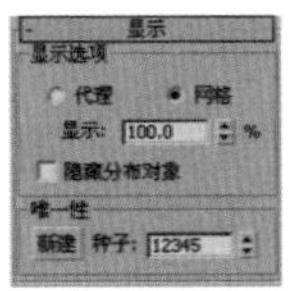

图2-171

【参数介绍】

显示选项组：主要包含以下4个选项。

代理：将散布对象以简单的方块替身方式显示，当散布对象过多时，采用这个方法可以提高显示速度。

网格：将散布对象以标准网格对象方式显示。

显示：控制占多少百分比的散布对象显示在视图中。

隐藏分布对象：将分布对象隐藏，只显示散布对象。

唯一性选项组：主要包含以下两个选项。

新建：产生一个新的随机种子数。

种子：产生不同的散布分配效果，可以在相同设置下产生不同效果的散布结果，以避免雷同。

5. "加载/保存预设"卷展栏

"加载/保存预设"卷展栏如图2-172所示。

图2-172

【参数介绍】

预设名：输入名称，为当前的参数设置命名。

保存预设：列出以前所保存的参数设置，在退出3ds Max后仍旧有效。

加载：载入在列表中选择的参数设置，并且将它用于当前的分布对象。

保存：将当前设置以"预设名"中的命名进行保存，它将出现在参数列表框中。

删除：删除在参数列表框中选择的参数设置。

2.3.4 一致

"一致"命令是将一个对象表面的顶点投影到另一个对象上，使被投影的对象产生变形。通常可以表现包裹动画，比如一张纸包住盒子、一块布包住箱子等；还可以制作扁平对象在另一个起伏对象表面浮动的效果，比如文字飘过海面、商标贴在酒瓶上等。这个工具提供了一种不同顶点数目的对象之间变形的途径，因为包裹时不要求两个对象顶点数相同，只需要在包裹前先复制一个对象，将它与包裹后的对象进行变形即可。如图2-173所示，这是使用该功能制作的沿着地形崎岖的公路。

图2-173

在进行"一致"操作时，先选择的对象称为包裹器，其后选择的对象是被包裹的对象（称为包裹对象）。

1. "拾取包裹到对象"卷展栏

"拾取包裹到对象"卷展栏如图2-174所示。

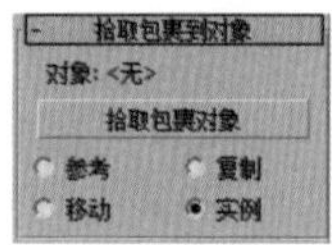

图2-174

【参数介绍】

对象：显示选定的作为包裹器的对象名称。

拾取包裹对象：单击此按钮，然后选择希望被包裹的对象。

参考/复制/移动/实例：这些选项用于指定将包裹对象转换为一致对象的方式。

在操作过程中，首先要先在视图中选择一个对象作为包裹器，然后单击 一致 按钮，将它送入包裹系统，接着按下 拾取包裹对象 按钮，最后在视图中单击另一个对象，将它作为包裹的对象，单击前要确定它的属性，如参考、复制、移动或实例。

2. "参数"卷展栏

"参数"卷展栏如图2-175所示。

【参数介绍】

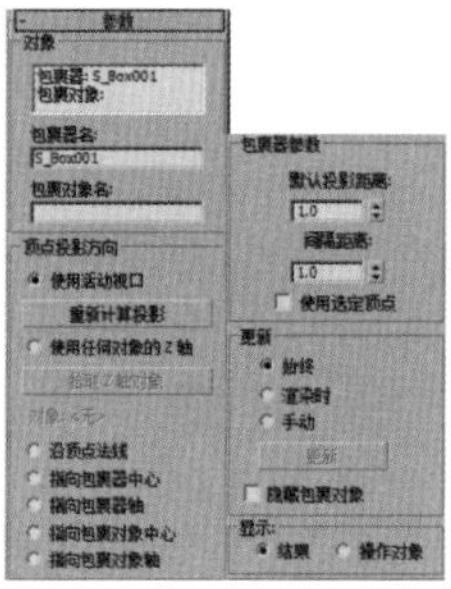

图2-175

对象选项组：在对象列表框中列出包裹器的名称和包裹对象的名称。

包裹器名：显示包裹器的名称，可以进行修改。

包裹对象名：显示包裹对象的名称，可以进行修改。

顶点投影方向选项组：有7种方式可供用户选择，会产生各种不同的投影效果。

使用活动视口：以当前的活动视口为基准，顶点向视图深处投影。

重新计算投影：当转到另一视图时，单击此按钮，重新进行针对该视图的投影计算。

使用任何对象的Z轴：选择此项时，拾取Z轴对象按钮被激活。单击它可以在视图上选择一个对象，以它的z轴进行投影。

沿顶点法线：沿着顶点的法线进行投影。

指向包裹器中心：指向包裹器的中心点进行投影。

指向包裹器轴：指向包裹器的轴心点进行投影。

指向包裹对象中心：指向包裹对象的中心点进行投影。

指向包裹对象轴：指向包裹对象的轴心点进行投影。

包裹器参数选项组：用于确定顶点投射距离。

默认投影距离：包裹器上没有在包裹对象上产生投影的点，默认移动的距离（相对于该顶点的初始位置）。

间隔距离：设置包裹器与包裹对象之间的距离，值越小，造型越接近包裹对象。例如，如果将其设置为5，就不会把顶点推动至离包裹对象的表面小于5个单位的位置。

使用选定顶点：勾选此项，只对包裹器上选择点的集合进行包裹处理。

更新选项组：用于确定何时重新计算复合对象的投影。

始终：每当调节后，都立刻进行更新。

渲染时：只在最后渲染时才计算更新效果。

手动：选择此项后，更新 按钮被激活，允许用户随时单击此按钮进行更新处理。

隐藏包裹对象：是否隐藏包裹对象，这样可以使用实例复制的对象来制作效果。

显示选项组：确定是否显示图形操作对象。

结果：在视图中显示计算结果。

操作对象：不在视图中显示计算结果，而是显示操作对象的初始状态，这样可以加快显示速度。

2.3.5 连接

"连接"命令用于在两个以上对象对应的删除面之间创建封闭的表面，将它们焊接在一起，并且产生光滑的过渡，如图2-176所示。

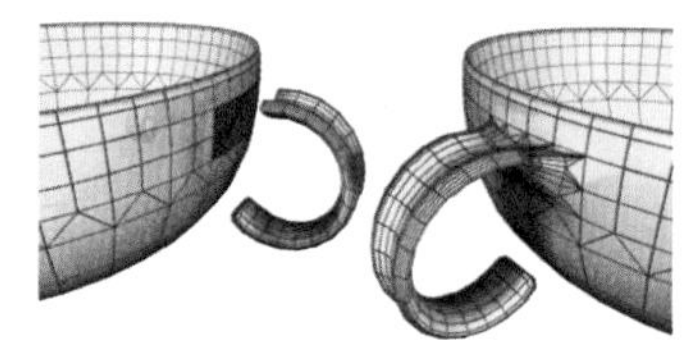

图2-176

"连接"工具对造型非常有用，它可以消除硬性的接缝，而且两个内部的子对象变动时，还会牵引着这个中间过渡进行变化。使用前先要对模型进行处理，可以使用"编辑网格"修改器，选择一组面，然后将它们删除，造成对象表面的开口；将两个具有开口的对象正对放置，使它们的开口相互面对，然后使用此命令进行连接。

当对象为NURBS类型时，不能保证连接的正确性，如果需要将它们连接，先对它们使用"焊接"修改器，转换为网格类型后再使用。

"连接"的参数面板主要有3个卷展栏，分别是"拾取操作对象"、"参数"和"显示/更新"，如图2-177所示。

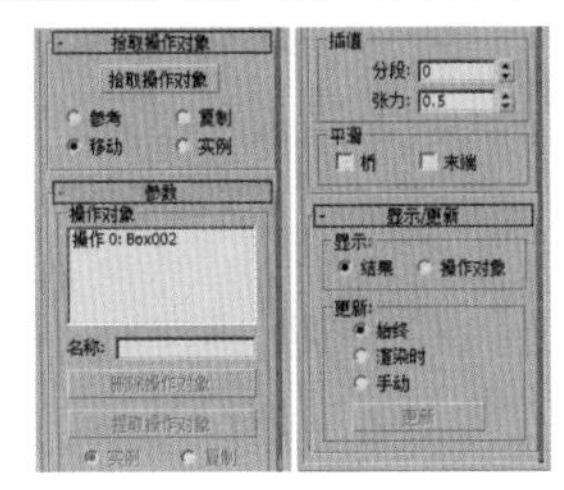

图2-177

【参数介绍】

1. “拾取操作对象”卷展栏

在选择了第一个连接对象后，按拾取操作对象按钮，就可以在视图中选择下一个连接对象。对于被连接的对象，有4种属性可选，分别是“参考”、“复制”、“移动”和“实例”。系统默认为“移动”方式。这样被连接的对象就不存在了，只作为连接对象的一个组成部分。

2. “参数”卷展栏

操作对象选项组：在列表框中列出了所有进行连接的对象的名称，如果要对它们分别进行操作，可以在这里进行选择。

名称：可以对选定的操作对象改名，输入新名称后按Tab键或者按Enter键确定。

删除操作对象：将列表框中当前选择的操作对象删除。

拾取操作对象：此项只有在“修改”命令面板下有效，它将当前指定的操作对象重新提取到场景中，作为一个新的可用对象，包括“实例”和“复制”两种属性。

插值选项组：主要包含以下两个选项。

分段：设置连接过渡对象的分段数。

张力：控制连接过渡对象的曲度。值为0时表示无张力，不弯曲；值越高，匹配连接桥两端的表面法线的曲线越平滑。“分段”设置为0时，无论张力值为多少，过渡对象都没有变化。

平滑选项组：控制中间过渡连接部分的表面平滑度。

桥：在过渡对象表面之间进行平滑处理。

末端：对过渡对象与原对象的连接部分进行表面平滑处理。

3. “显示/更新”卷展栏

显示选项组：控制是否在视图中显示运算结果。选择“结果”，会一直显示连接情况；选择“操作对象”，只显示初始操作对象，不显示连接情况，可以加快显示速度。

更新选项组：控制每次修改后视图显示的更新情况。

始终：每此修改后都自动进行更新。

渲染时：只在最后渲染时才计算更新效果。

手动：选择此项后，更新按钮被激活，允许用户随时单击此按钮进行更新处理。

2.3.6 水滴网格

“水滴网格”通过一些具有黏性的球（变形球）相互堆积融合来生成模型，这是一种比较特殊的方法，适合于表面黏稠的液体或胶质的物体等，如图2-178所示。当前的“水滴网格”功能还比较简单，也不太完善，但毕竟为3ds Max增加了一种新的建模方法和思路。该功能可以和PF Source（粒子流源）系统配合使用，从而表现真实、复杂的流体动画效果。

“水滴网格”功能的参数面板如图2-179所示，分别是“参数”卷展栏和“粒子流参数”卷展栏。

图2-178

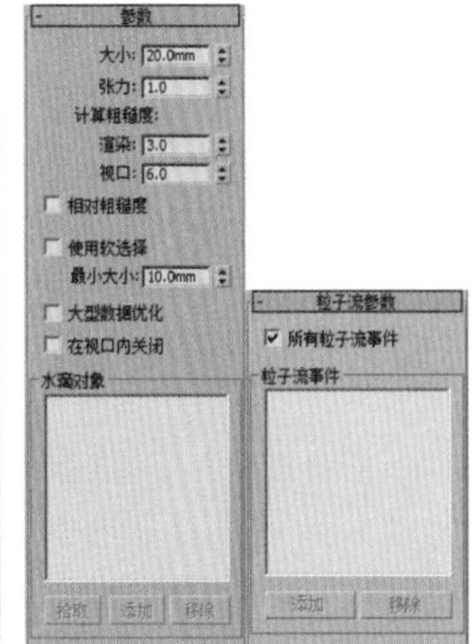

图2-179

【参数介绍】

1. “参数”卷展栏

大小：设置水滴网格对象中每个变形球的半径尺寸。当水滴网格的目标对象是粒子时，变形球的大小由粒子的大小决定。变形球的实际尺寸还会受到“张力”参数的影响。

张力：水滴网格的张力系数，取值范围是0.01~1.0。较小的张力值使得变形球较为松弛，体积扩大，较大的张力值使得变形球收缩。

计算粗糙度：设置水滴网格的粗糙度，即生成的水滴网格对象表面三角面分布的密度。可以分别对“渲染”和“视口”进行设置。当下面的“相对粗糙度”未勾选的时候，完全由该参数控制水滴网格面的大小，较小的值表示生成的水滴网格面尺寸较小，模型较精细；当勾选“相对粗糙度”时，水滴网格面的尺寸由变形球的大小与该参数的比值决定，这时较小的参数反而使生成的水滴网格面尺寸较大。默认情况下，“渲染”和“视口”的值分别是3.0和6.0，此时视口显示的网格密度较低，以提高显示速度。

相对粗糙度：决定粗糙度的设置方式。不勾选此项时，上面的“计算粗糙度”参数组中的数值为绝对值，即使变形球尺寸发生改变，生成的水滴网格面的大小也将保持不变。反之，当勾选此项时，水滴网格面的大小将由变形球大小和粗糙度的相对比值决定，因此当变形球尺寸增大或缩小时，生成的水滴网格面的尺寸也将相应增大或缩小。

使用软选择：当添加到水滴网格中的几何体启用“软选择”时，勾选此项可以使用几何体的软选择来控制变形球的分布位置和尺寸大小。只有在几何体的“顶点”层级处于激活状态时，勾选此选项才有效。软选择中完全选定的顶点处的变形球尺寸由“大小”值决定；选择范围之外的顶点将不放置变形球；处于选择衰减范围内的顶点，变形球的大小将介于“大小”和“最小大小”之间。

最小大小：启用“使用软选择”后，控制位于选择衰减区域中的变形球的最小尺寸。

大型数据优化：当场景中的变形球数量过多时，勾选此项可以使生成水滴网格的计算和显示速度提高。

在视口内关闭：勾选此项时，水滴网格在视口中不显示，只显示在渲染图像中，从而大大提高了显示速度。

水滴对象：在该参数组的列表框中列出了当前生成水滴网格对象的目标对象，这个参数组只有在“修改”命令面板下才有效。下面还有3个按钮，单击“拾取”按钮可以从视图中拾取对象添加到水滴网格中；单击“添加”按钮可以打开“添加水滴”对话框，从中选择要添加到水滴网格中的对象，如图2-180所示；单击“删除”按钮，将列表框中选定的对象从水滴网格中删除。

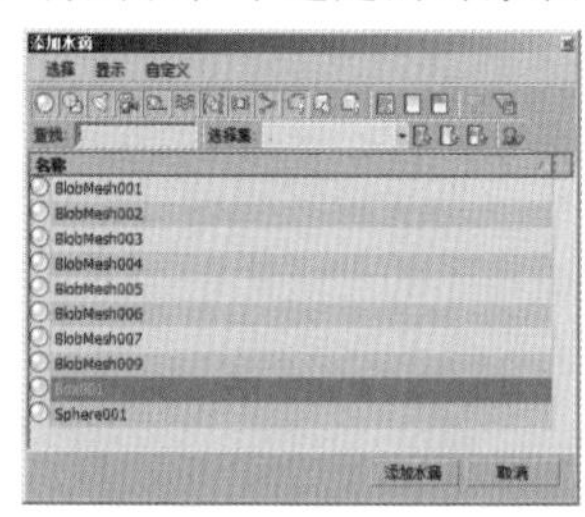

图2-180

2. “粒子流参数”卷展栏

当场景中有粒子流系统存在时，这个卷展栏可以指定粒子流的哪些“事件”可以生成变形球。需要注意的是，在指定事件生成变形球之前，应该先将粒子流系统加入到上面的“水滴对象”列表框中。

所有粒子流事件：勾选此项，表示粒子流系统中所有的事件都可以生成变形球；取消勾选此项，则只有在下面的“粒子流事件”列表框中列出的事件能够生成变形球。

添加：单击此按钮会打开“添加粒子流事件”对话框，可以从中选择粒子流系统中的事件添加到列表框中。

移除：单击此按钮，可以将“粒子流事件”列表框中选定的事件从列表框中移除。

2.3.7 图形合并

使用“图形合并”工具可以将一个或多个图形嵌入到其他对象的网格中或从网格中移除，从而产生相交或相减的效果，如图2-181所示。

图2-181

这个工具常常用于在对象表面镂空文字或花纹，或者从复杂的曲面对象上截取部分表面。例如，一个造型独特的酒瓶，可以利用此方法将商标从其表面捕获，然后进行商标的贴图制作，更可以制作出商标在酒瓶表面浮动的动画效果。

对完成了图形合并的对象，加入一个“面挤出”修改器命令，可以将投影的图形在原对象表面凸起或凹进，从而产生立体的浮雕效果。

打开“图形合并”的参数面板，如图2-182所示，其中包括“拾取操作对象”卷展栏、“参数”卷展栏和“显示/更新”卷展栏，下面对其参数进行详细介绍。

图2-182

【参数介绍】

1. “拾取操作对象”卷展栏

拾取图形：单击该按钮，然后单击要嵌入网格对象中的图形，这样图形可以沿图形局部的z轴负方向投射到网格对象上。

参考/复制/移动/实例：指定如何将图形传输到复合对象中，一般将图形以“实例”方式进行合并。

2. “参数”卷展栏

操作对象：在其下的列表框中列出了所有合并对象的名称，可以通过选择不同的对象进入各自的修改命令面板。

名称：可以对选定的对象重命名。

删除图形：将列表框中被选定的对象删除。

提取操作对象：将当前指定的操作对象重新提取到场景中，作为一个新的可用对象，包括“实例”和“复制”两种属性。在“操作对象”列表框中选择操作对象后，该按钮才可用。

操作：该参数组的参数决定如何将图形应用于网格中。

饼切：像切饼一样切除。如果不选择“反转”复选项，会从对象上将图形的投影区域切除；如果选了“反转”复选项，将把对象除图形投影区域外的所有表面都删除，只留下一个薄片的相交表面。

合并：将新的投影面与原始对象合并，这样当时会看不到什么效果，但添加“面挤出”修改器命令之后，它就可以控制投影部分区域的对象表面凸起或凹进（通过“反转”复选项还可以选择投影区域外的表面进行凹凸变形）。

反转：反转“饼切”或“合并”效果。使用“饼切”时，禁用“反转”，图形在网格对象中是一个孔洞；启用“反转”，图形是实心的而网格消失。使用“合并”时，启用“反转”将反转选中的子对象网格。

输出子网格选择：该参数组提供了4个选项，决定将以哪种子对象层级选择形式向上传送到修改堆栈中，包括“顶点”、“面”和“边”3种层级，“无”表示输出完整对象。

3. “显示/更新”卷展栏

“显示”参数组：控制是否在视图中显示运算结果。选择“结果”，会一直显示合并情况；选择“操作对象”将不显示合并情况，这样可以加快显示速度。

“更新”参数组：控制每次修改后视图显示的更新情况。

始终：每此修改后都自动进行更新。

渲染时：只在最后渲染时才计算更新效果。

手动：选择此项后，更新按钮被激活，允许手动控制更新视图。

2.3.8 布尔

“布尔”是通过对两个以上的物体进行并集、差集、交集运算，从而得到新的物体形态。系统提供了5种布尔运算方式，分别是“并集”、“交集”和“差集A-B”、“差集B-A”和“切割”。

在布尔运算中，两个原始对象被称为操作对象，一个叫操作对象A，另一个叫操作对象B，如图2-183所示。

图2-183

创建布尔运算之前，首先要在视图中选择一个原始对象，这时布尔按钮才可以使用。对象布尔运算后随时可以对两个对象进行修改操作，布尔的方式、效果也可以编辑修改。布尔运算的过程可以录制为动画，从而表现神奇的切割效果。

下面详细介绍一下布尔运算的几种方式。

并集：将两个造型合并，相交的部分被删除，成为一个新对象，如图2-184所示。

交集：将两个造型相交的部分保留，不相交的部分删除，如图2-185所示。

图2-184

图2-185

差集A-B：将两个造型进行相减处理，得到一种切割后的造型。这种方式对两个对象相减的顺序有要求，会得到不同的结果，该方式的执行结果如图2-186所示。

差集B-A：将两个造型进行相减处理，得到一种切割后的造型。这种方式跟前面一种类似，仅仅是两个对象相减的顺序不同，其执行结果如图2-187所示。

图2-186

图2-187

在进行布尔运算的过程中，应该遵守一些合理的操作原则以减少错误的产生。首先要确保布尔操作对象表面完全闭合，没有空洞、重叠的面或未焊接的顶点；确保运算过程中法线方向统一，通过“法线”修改器可以统一表面法线；对网格对象进行布尔运算时，要注意共享共享一条边界的表面必须共享两个顶点，一条边界只能有两个共享表面。一次只能对一个单独对象进行布尔运算，在进行下次运算之前，先按鼠标右键退出操作，然后再重新进行下一次布尔运算。

1. “拾取布尔”卷展栏

展开“拾取布尔”卷展栏，如图2-188所示。

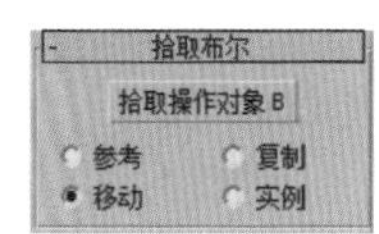

图2-188

【参数介绍】

拾取运算对象B：单击该按钮可以在场景中选择另一个操作对象来完成“布尔”运算。以下4个选项用来控制操作对象B的方式，必须在拾取操作对象B之前确定采用哪种方式。

参考：将原始对象的参考复制品作为操作对象B，若以后改变原始对象，同时也会改变布尔物体中的操作对象B，但是改变操作对象B时，不会改变原始对象。

复制：复制一个原始对象作为操作对象B，而不改变原始对象（当原始对象还要用在其他地方时采用这种方式）。

移动：将原始对象直接作为操作对象B，而原始对象本身不再存在（当原始对象无其他用途时采用这种方式）。

实例：将原始对象的关联复制品作为操作对象B，若以后对两者的任意一个对象进行修改时都会影响另一个。

2. “参数”卷展栏

展开“参数”卷展栏，如图2-189所示。

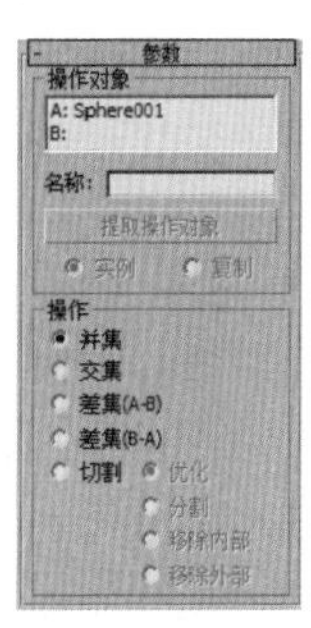

图2-189

【参数介绍】

操作对象：该列表框主要用来显示当前参与布尔运算的对象的名称。

名称：显示操作对象的名称，允许对名称进行修改。

提取操作对象：将当前指定的操作对象重新提取到场景中，作为一个新的可用对象，包括“实例”和“复制”两种属性。这样进入了布尔运算的对象仍可以被释放回场景中。

操作：该参数组指定采用何种方式来进行“布尔”运算，共有以下5种。

并集：将两个对象合并，相交的部分将被删除，运算完成后两个物体将合并为一个物体。

交集：将两个对象相交的部分保留下来，删除不相交的部分。

差集A-B：在A物体中减去与B物体重合的部分。

差集B-A：在B物体中减去与A物体重合的部分。

切割：用B物体切除A物体，但不在A物体上添加B物体的任何部分，共有“优化”、“分割”、“移除内部”和“移除外部”4个选项可供选择。“优化”是在A物体上沿着B物体与A物体相交的面来增加顶点和边数，以细化A物体的表面；“分割”是在B物体切割A物体部分的边缘，并且增加了一排顶点，利用这种方法可以根据其他物体的外形将一个物体分成两部分；“移除内部”是删除A物体在B物体内部的所有片段面；“移除外部”是删除A物体在B物体外部的所有片段面。

3. “显示/更新”卷展栏

展开“显示/更新”卷展栏，如图2-190所示。

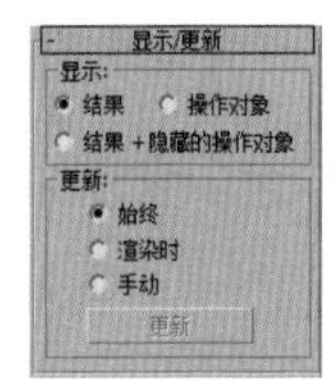

图2-190

【参数介绍】

显示：该选项组中的参数用来决定是否在视图中显示布尔运算的结果。

更新：该选项组中的参数用来决定何时进行重新计算并显示布尔运算的结果。

2.3.9 地形

“地形”的功能是根据一组等高线的分布来创建地形对象，如图2-191所示。具体将根据等高线的分布情况，利用由三角面组成的网格曲面创建地形对象，建成的地形对象可以依据自身海拔按不同颜色区分。等高线可以利用样条线直接在视图中进行绘制，也可以从其他二维绘图软件中输入，例如，从AutoCAD中输入精确的等高线。

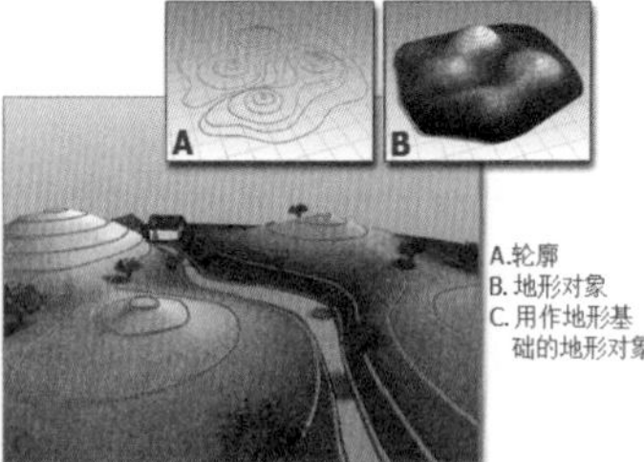

图2-191

需要注意的是，等高线应该具备密集的顶点才能获得精细的地形模型，不能只靠几个简单的贝兹点围成的平滑曲线，必须是可见的顶点才能用于生成地形对象的网格，曲线的“步数”值无用。

1. “拾取操作对象”卷展栏

展开“拾取操作对象”卷展栏，如图2-192所示。

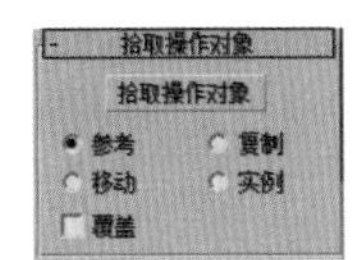

图2-192

【参数介绍】

拾取操作对象：为地形对象拾取等高线。按下此按钮，在视图中单击一条等高线，地形对象就会将它作为操作对象进行相应的变形。拾取前首先要确定它的属性，这里有4种选择，分别是“参考”、“复制”、“移动”和“实例”。

覆盖：选择“覆盖”复选项之后，在选择的闭合等高线范围内，其他的操作对象都被忽略不显示。当存在多个开启“覆盖”的操作对象时，优先选择最后一个操作对象。在操作对象列表框中，开启“覆盖”的操作对象名称后用#标注。“覆盖”功能只对闭合的曲线有效。

2. “参数”卷展栏

展开“参数”卷展栏，如图2-193所示。

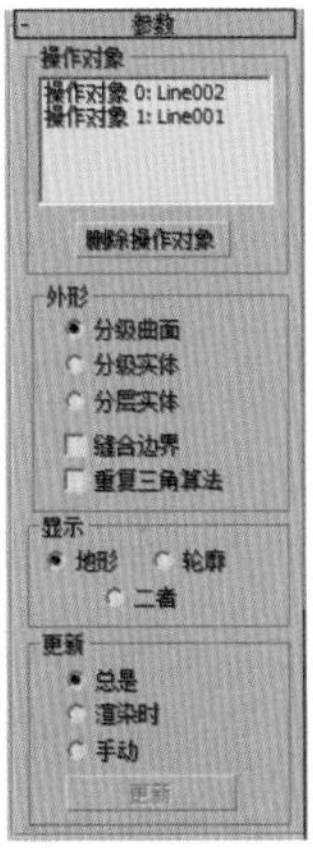

【参数介绍】

图2-193

操作对象：在下面的列表框中显示当前操作对象。

删除操作对象：删除在列表框中被选择的操作对象。

外形选项组：该选项组提供了3种地形分布方式。

分级曲面：依等高线分布创建网格构成的地形。

分级实体：依等高线分布创建地形，对象边缘和底部也有面，形成一个实体，从各个角度均可见。

分层实体：等高线之间用垂直的曲面连接，使地形对象呈阶梯状，可以用于模拟纸质建筑模型或多层蛋糕的效果。

缝合边界：如果地形对象的边界是由未闭合的样条线所定义的，“缝合边界”则会对地形边缘上三角面的创建有所抑制。通常关闭此选项，大部分的地形对象能够更正常地显示。

重复三角算法：一种特殊的地形运算法则，较常规算法稍慢，但能够更加接近轮廓线。

显示选项组：该参数组提供了3种显示方式。

地形：只显示三角形网格曲面构成的地形对象。

轮廓：只显示地形对象的轮廓线。

二者：同时显示地形对象和它的轮廓线。

更新选项组：控制每次修改后视图显示的更新情况。

3. “简化”卷展栏

展开“简化”卷展栏，如图2-194所示。

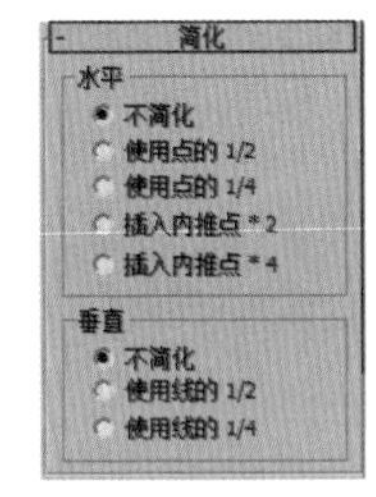

图2-194

【参数介绍】

水平选项组：主要包含以下5个选项。

不简化：使用所有操作对象的顶点构成网格对象，产生的结果翔实，文件大。

使用点的1/2：使用操作对象一半的顶点构成网格对象，产生的结果比“不简化”简单一些，文件较小。

使用点的1/4：使用操作对象1/4的顶点构成网格对象，产生的结果最简单，文件最小。

插入内推点*2：使用操作对象双倍的顶点构成网格对象，产生的结果比“不简化”更翔实，文件更大。

插入内推点*4：使用操作对象4倍的顶点构成网格对象。

垂直选项组：主要包含以下3个选项。

不简化：使用所有操作对象的顶点构成网格对象，产生的结果翔实，文件大。

使用线的1/2：使用样条线操作对象集的一半来创建不太复杂的网格。

使用线的1/4：使用样条线操作对象集的1/4来创建网格，产生的结果最简单，文件最小。

4. “按海拔上色”卷展栏

展开“按海拔上色”卷展栏，如图2-195所示。

图2-195

【参数介绍】

最大海拔高度：显示地形对象上z轴方向上的最大海拔。

最小海拔高度：显示地形对象上z轴方向上的最小海拔。

参考海拔高度：这是3ds Max在为海拔区域指定颜色时用作导向的参考海拔或基准。

按基础海拔分区：该参数组下面只有一个“创建默认值”按钮，用于创建海拔分区。根据指定的参考海拔，每个分区的海拔值自动显示在下方的列表框中。

色带选项组：该选项组用于指定赋予海拔分区的颜色。

基础海拔：可以对指定的海拔位置赋予颜色。输入值后，单击“添加区域”按钮，新指定的值就出现在“创建默认值”下方的列表框中。

基础颜色：更改赋予海拔分区时的颜色。

与上面颜色混合：将当前分区的颜色融合到上一层分区。

填充到区域顶部：将纯色赋予当前区域上方，不与上一层分区融合。

修改区域：对选中的色带加以修改。

添加区域：增加新的色带。

删除区域：删除所选色带。

2.3.10 放样

“放样”是将一个二维图形作为沿某个路径的剖面，从而生成复杂的三维对象。“放样”是一种特殊的建模方法，能快速地创建出多种模型，其参数设置面板如图2-196所示。

“放样”建模是3ds Max的一种很强大的建模方法，在“放样”建模中可以对放样对象进行变形编辑，包括“缩放变形”、“旋转变形”、“倾斜变形”、“倒角变形”和“拟合变形”。

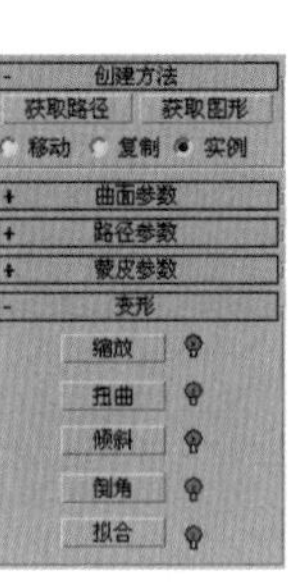

图2-196

【参数介绍】

获取路径 获取路径：将路径指定给选定图形或更改当前指定的路径。

获取图形 获取图形：将图形指定给选定路径或更改当前指定的图形。

移动/复制/实例：用于指定路径或图形转换为放样对象的方式。

缩放 缩放：使用“缩放”变形可以从单个图形中放样对象，该图形在其沿着路径移动时只改变其缩放。

扭曲 扭曲：使用“扭曲”变形可以沿着对象的长度创建盘旋或扭曲的对象，扭曲将沿着路径指定旋转量。

倾斜 倾斜：使用“倾斜”变形可以围绕局部x轴和y轴旋转图形。

倒角 倒角：使用“倒角”变形可以制作出具有倒角效果的对象。

拟合 拟合：使用“拟合”变形可以使用两条拟合曲线来定义对象的顶部和侧剖面。

2.3.11 网格化

利用“网格化”可以把程序对象（如粒子等）转换为网格对象，从而可以对其指定扭曲、生成贴图坐标等修改命令。“网格化”主要是针对粒子系统而设计，也可以应用于其他各类对象，可以自由地去修改每一个粒子。

展开该工具的“参数”卷展栏，如图2-197所示。

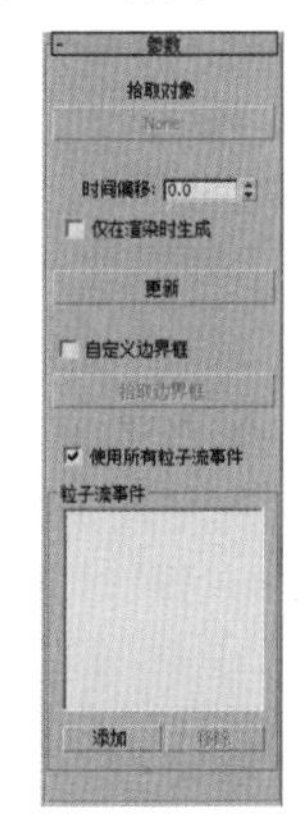

图2-197

【参数介绍】

拾取对象：单击下面的None按钮，然后在窗口中选择要转换的对象，对象名称自动出现在下面的按钮上。

时间偏移：设置“网格化”系统与粒子系统开始运动的时间差，默认值为0，即“网格化”系统与粒子系统同时开始运动。

仅在渲染时生成：勾选此项，“网格化”将不在视口中显示，仅在渲染时才能看到。默认为关闭。

更新：在修改了原粒子系统参数或时间偏移值之后，按下此按钮观看“网格化”系统的变化结果。

自定义边界框：勾选此项，“网格化”系统将来自粒子系统和修改器的动态边界替换为用户选择的静态边界框。

拾取边界框：按下此按钮，指定一个自定义的边界框。可以指定任何对象作为边界框，包括粒子系统本身。

使用所有粒子流事件：对粒子流系统使用“网格化”时，勾选此项，“网格化”会在该粒子流系统中为每个事件自动创建网格对象。

粒子流事件：当对粒子流系统使用了“网格化”复合对象时，使用该参数组指定部分事件创建网格，“网格化”不会对其余事件创建网格。下面的列表框用于显示当前指定到“网格化”复合对象中创建网格的粒子流事件。单击“添加”按钮可以选择要添加的事件，单击“移除”按钮可以从列表框中删除被选中的粒子流事件。

2.3.12 ProBoolean

ProBoolean复合对象与前面的“布尔”复合对象很接近，但是与传统的“布尔”复合对象相比，ProBoolean复合对象更具优势。因为ProBoolean运算之后生成的三角面较少，网格布线更均匀，生成的顶点和面也相对较少，并且操作更容易、更快捷，如图2-198所示。

图2-198

单击ProBoolean按钮 ProBoolean 可以展开ProBoolean运算的参数设置面板，下面对各个卷展栏下的参数进行讲解。

1.“拾取布尔对象”卷展栏

展开“拾取布尔对象”卷展栏，如图2-199所示。

图2-199

【参数介绍】

开始拾取：单击该按钮可以在场景中选择另一个运算物体来完成ProBoolean运算，下面4个选项用来控制运算对象B的方式，必须在拾取运算对象B之前确定采用哪种方式。

参考：将原始对象的参考复制品作为运算对象B，若以后改变原始对象，同时也会改变ProBoolean物体中的运算对象B，但是改变运算对象B时，不会改变原始对象。

复制：复制一个原始对象作为运算对象B，而不改变原始对象（当原始对象还要用在其他地方时采用这种方式）。

移动：将原始对象直接作为运算对象B，而原始对象本身不再存在（当原始对象无其他用途时采用这种方式）。

实例：将原始对象的关联复制品作为运算对象B，若以后对两者的任意一个对象进行修改时都会影响另一个。

2.“参数”卷展栏

展开“参数”卷展栏，如图2-200所示。

【参数介绍】

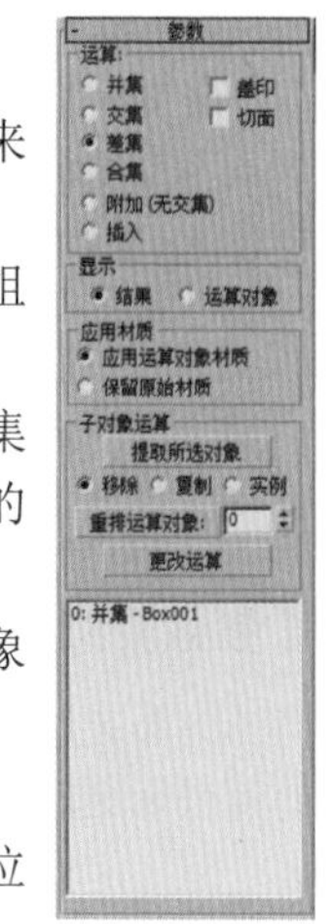

图2-200

运算选项组：该选项组下的参数用来设置ProBoolean运算对象的运算方法。

并集：将两个或多个单独的实体组合到单个ProBoolean对象中。

交集：从原始对象之间的物理交集中创建一个“新”对象（移除未相交的体积）。

差集：从原始对象中移除选定对象的体积。

合集：将对象组合到单个对象中，而不移除任何几何体（在相交对象的位置创建新边）。

附加：将两个或多个单独的实体合并成单个ProBoolean对象，而不更改各实体的拓扑。实质上，操作对象在整个合并成的对象内仍为单独的元素。

插入：先从第1个操作对象减去第2个操作对象的边界体积，然后再组合这两个对象。

盖印：将图形轮廓或相交边打印到原始网格对象上。

切面：切割原始网格图形的面，只影响这些面。选定运算对象的面未添加到ProBoolean结果中。

显示选项组：该选项组用来选择显示模式。

结果：只显示ProBoolean运算而非单个运算对象的结果。

运算对象：显示定义ProBoolean结果的运算对象。

应用材质选项组：该选项组用来选择一种材质应用模式。

应用运算对象材质：ProBoolean运算产生的新面获取运算对象的材质。

保留原始材质：ProBoolean运算产生的新面保留原始对象的材质。

子对象运算选项组：该选项组下的参数用来设置子对象的运算方式等。

提取所选对象：共有“移除”、“复制”和“实例”3种方式。“移除”方式从ProBoolean结果中移除在层次视图列表中高亮显示的运算对象；“复制”方式是提取在层次视图列表中高亮显示的一个或多个运算对象的副本；“实例”方式是提取在层次视图列表中高亮显示的一个或多个运算对象的一个实例。

重排运算对象：在层次视图列表中更改高亮显示的运算对象的顺序。

更改运算：为高亮显示的运算对象更改运算类型。

3. “高级选项”卷展栏

展开“高级选项”卷展栏，如图2-201所示。

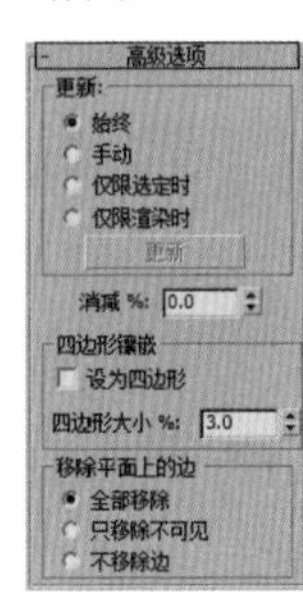

图2-201

【参数介绍】

更新选项组：该选项组用于控制运算之后的对象如何进行更新。

始终：只要更改了布尔对象，就会进行更新。

手动：仅在单击了下面的 更新 按钮后进行更新。

仅限选定时：只要选定了布尔对象，就会进行更新。

仅限渲染时：仅在渲染或单击下面的 更新 按钮时才更新布尔对象的更改。

消减%：从布尔对象中的多边形上移除边从而减少多边形数目的边百分比。

四边形镶嵌选项组：启用布尔对象的四边形镶嵌。

设为四边形：勾选此项，会将布尔对象的镶嵌从三角形改为四边形。

四边形大小%：确定四边形的大小作为总体布尔对象长度的百分比。

移除平面上的边选项组：确定如何处理平面上的多边形边。

全部移除：移除面上所有的多余的共面的边。

只移除不可见：移除每个面上的不可见边。

不移除边：不移除任何边。

高手进阶——制作烟灰缸

素材文件	无
案例文件	高手进阶——制作烟灰缸.max
视频教学	视频教学/第2章/高手进阶——制作烟灰缸.flv
技术掌握	“圆柱体”、“切角长方体”、“油罐”和ProBoolean工具的运用

本例是一个烟灰缸模型，主要使用“圆柱体”、“切角长方体”、“油罐” 和ProBoolean工具进行制作，案例效果如图2-202所示，案例制作流程如图2-203所示。

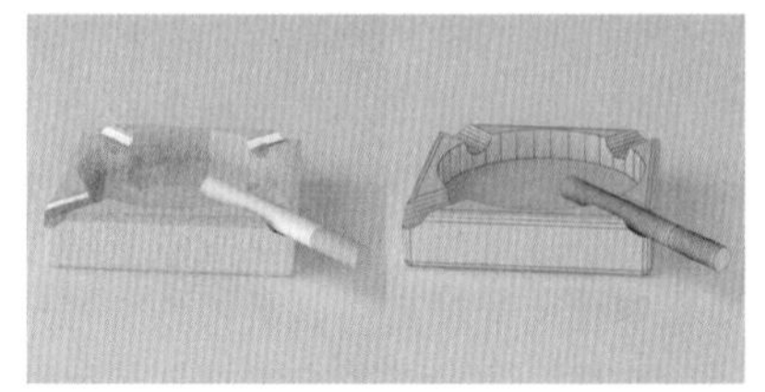

图2-202

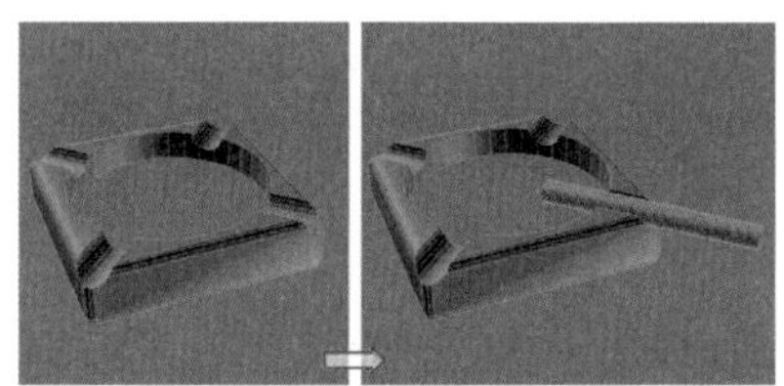

图2-203

【操作步骤】

01 在“创建”面板的“扩展基本体”中单击 切角长方体 按钮，然后在“顶”视图中拖曳鼠标创建一个切角长方体，并进入“修改”面板，接着在“参数”卷展栏下设置切角长方体的“长度”为20mm、“宽度”为20mm、“高度”为5mm、“圆角”为0.7mm，模型效果如图2-204所示。

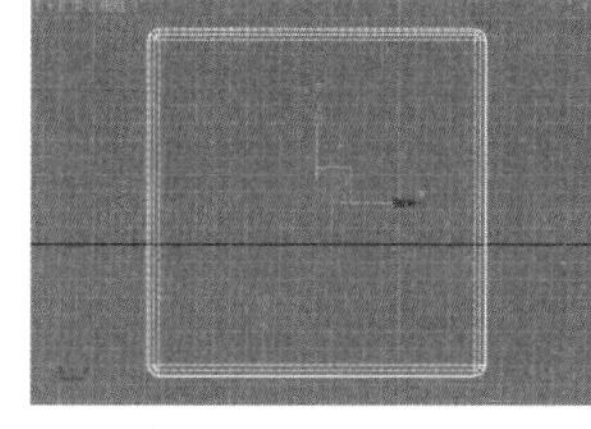

图2-204

02 在“创建”面板的“扩展基本体”中单击 油罐 按钮，然后在“前”视图中拖曳鼠标创建一个油罐模型，并进入“修改”面板，接着在“参数”卷展栏下设置油罐模型的“半径”为1.5mm、“高度”为7mm、“封口高度”为0.8mm、“边数”为24，模型效果如图2-205所示。

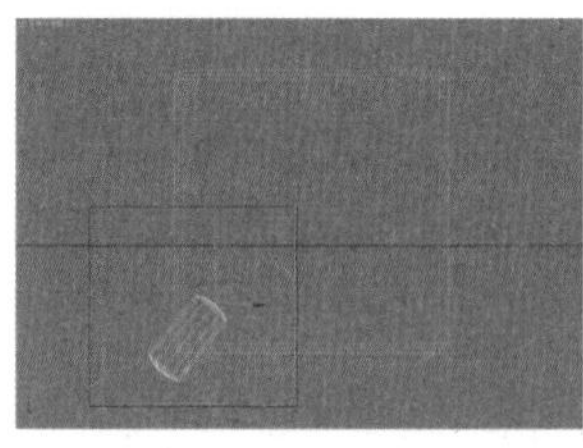

图2-205

03 选择油罐模型，然后单击“选择并旋转”按钮，同时按Shift键将模型复制3份，并将其分别拖曳到合适的位置，此时的模型如图2-206所示。

04 选择所有的油罐模型，然后单击“实用程序”按钮，接着单击“塌陷”按钮，最后在下面单击“塌陷选定对象”按钮，如图2-207所示。

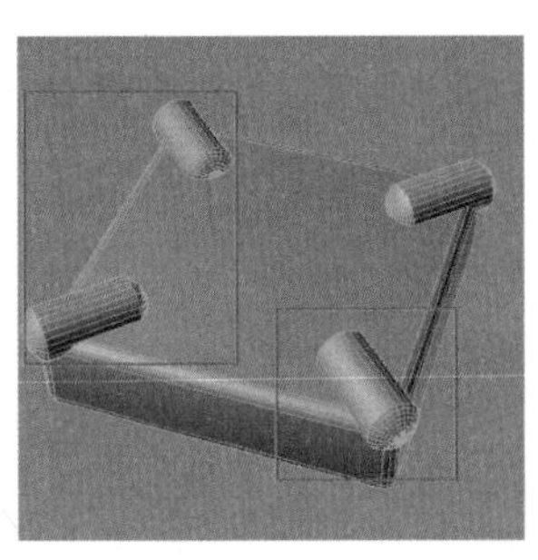

图2-206　　图2-207

将油罐物体进行塌陷是为了下一步的操作，塌陷后的物体成了一个整体。

05 在“创建”面板的“复合对象”中单击 ProBoolean 按钮，如图2-208所示。

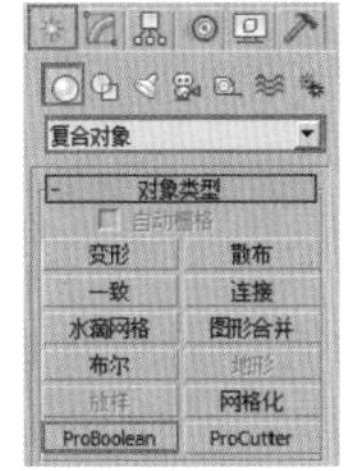

图2-208

06 选择切角长方体，然后单击 开始拾取 按钮，接着单击选择“油罐”模型，如图2-209所示，此时的烟灰缸模型效果如图2-210所示。

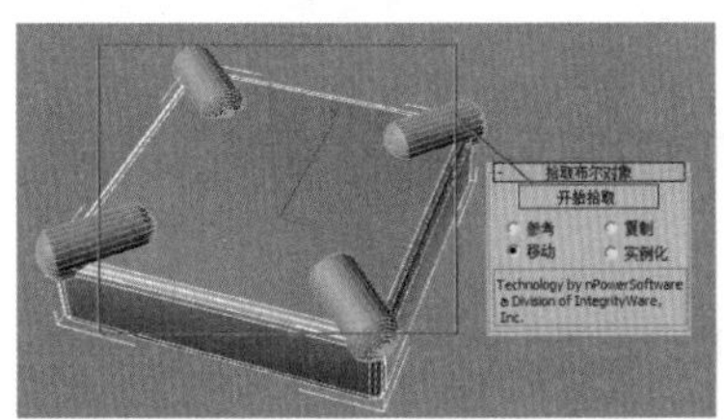

图2-209　　图2-210

07 在“顶”视图中创建一个圆柱体，模型效果及位置如图2-211所示，然后使用ProBoolean命令进行操作，结果如图2-212所示。

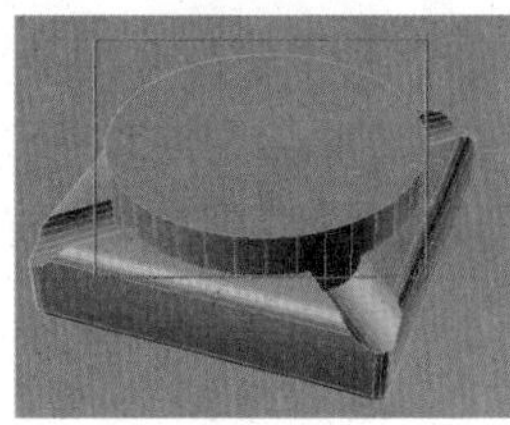

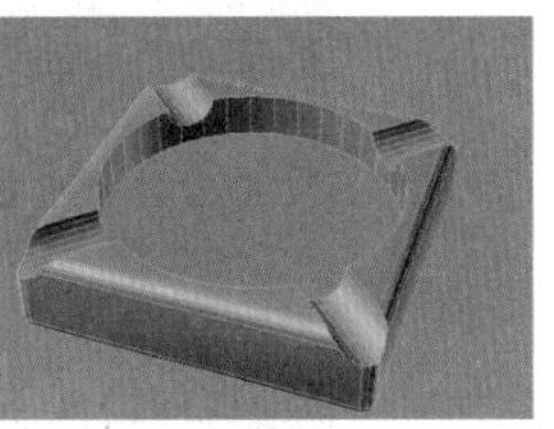

图2-211　　图2-212

08 在场景中创建一个圆柱体（表示一支烟），其“半径”为1mm，设置“高度”为13mm、“高度分段”为1、“边数”为36，模型效果及位置如图2-213所示。

09 把圆柱体复制一份，并将其缩短作为过滤嘴，此时的模型效果如图2-214所示，这样就完成了本案例的制作。

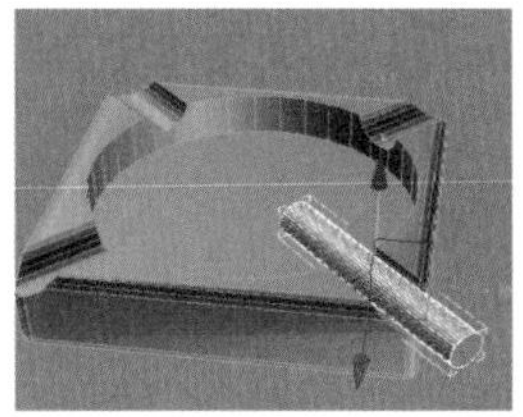

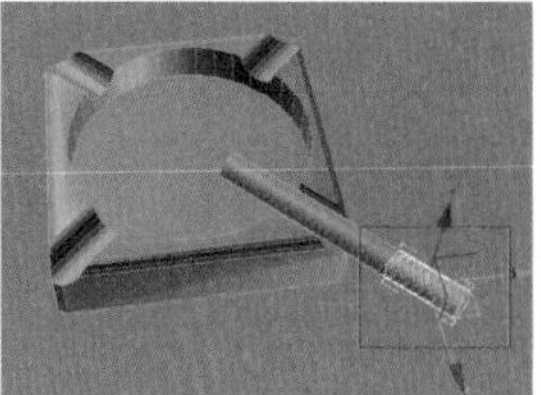

图2-213　　图2-214

3ds Max 2013提供了两种布尔运算的方式，分别为“布尔”和ProBoolean（超级布尔）。其中ProBoolean（超级布尔）的运算更为准确一些，出现的错误更少，推荐使用这种方式进行布尔运算。

2.3.13 ProCuttler

ProCuttler复合对象也是一种特殊的布尔运算，主要用于分裂或细分对象体积，如图2-215所示。一般用来模拟爆炸、碎裂、断开或装配等效果，或者用来建立截面、拟合对象。运算的结果更适合在动态中模拟中使用，以模拟对象炸开或由于外力使对象破碎的现象。

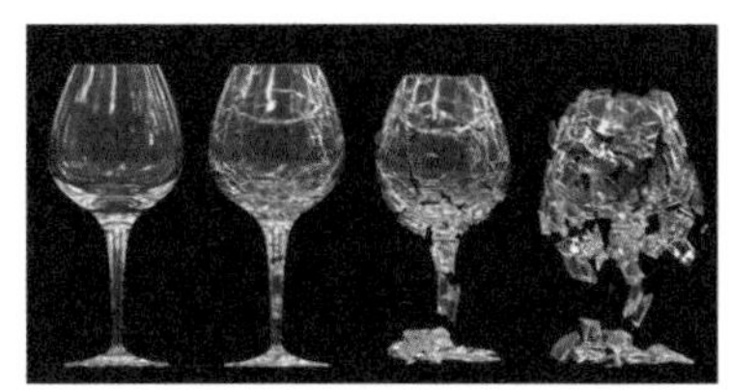

图2-215

ProCuttler的具体功能如下。

使用切割器将原对象断开为可编辑网格元素或单独对象，切割器为实体或曲面。

同时在一个或多个原对象上使用一个或多个切割器。

可以对一组切割器对象的体积分解。

一个切割器可以多次使用，但不能记录历史过程。

1. “切割器拾取参数”卷展栏

展开“切割器拾取参数”卷展栏，如图2-216所示。

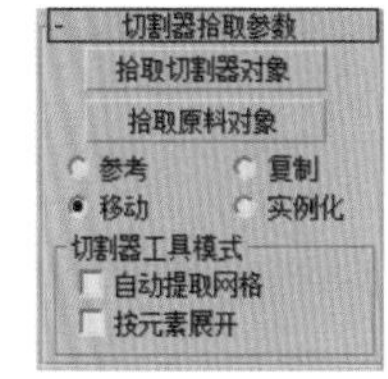

图2-216

【参数介绍】

拾取切割对象：按下此按钮，可以在视图中选择切割器对象，切割器对象被用来细分原料对象。

拾取原料对象：按下此按钮，可以在视图中选择原料对象，也就是被切割器细分的对象。

参考/复制/移动/实例化：在选择切割器对象或原料对象之前，需要先选择这4个选项之一来确定如何拾取下一个对象传输给ProCuttler对象。

切割器工具模式选项组：主要包含以下两个选项。

自动提取网格：选择原料对象后自动提取结果。它没有将原料对象保持为子对象，但对其进行了编辑，并用剪切结果替换了该对象。这能够快速剪切、移动切割器和再次进行剪切。

按元素展开：启用“自动提取网格”时，自动将每个元素分割成单独的对象。禁用“自动提取网格”时没有这样的效果。

2. “切割器参数”卷展栏

展开“切割器参数”卷展栏，如图2-217所示。

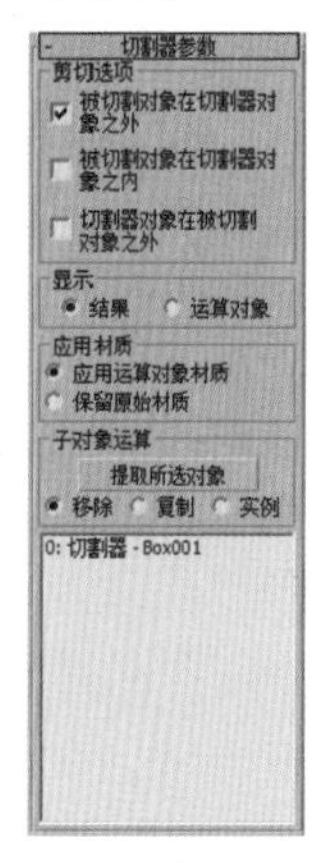

图2-217

【参数介绍】

剪切选项选项组：主要包含以下3个选项。

被切割对象在切割器对象之外：勾选该项，运算结果将保留所有切割器外部的原料部分。

被切割对象在切割器对象之内：勾选该项，运算结果将保留一个或多个切割器内的原料部分。

切割器对象在被切割对象之外：勾选该项，运算结果包含不在原料内部的切割器部分。如果切割器之间也相交，则它们会进行相互剪切。

显示选项组：主要包含以下两个选项。

结果：显示布尔运算的结果。

运算对象：显示定义布尔结果的运算对象，可以用该模式编辑运算对象并修改结果。

应用材质选项组：主要包含以下两个选项。

应用运算对象材质：运算产生的新面获取运算对象的材质。

保留原始材质：运算产生的新面保留原始对象的材质。

子对象运算选项组：主要包含以下4个选项。

提取所选对象：将参与布尔运算的对象从运算后的网格对象中提取出来，主要有“移除”、“复制”和“实例”3种模式。

移除：从布尔结果中移除层次列表中选中的运算对象。

复制：提取在层次列表中选中的运算对象副本，原始的运算对象仍然是布尔运算结果的一部分。

实例：提取在层次列表中选中的运算对象的一个实例。

3. “高级选项”卷展栏

展开“高级选项”卷展栏，如图2-218所示，这个参数面板与ProBoolean基本一致，这里就不在重复讲解。

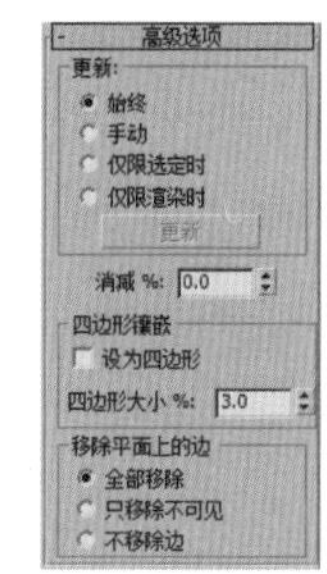

图2-218

2.4 创建NURBS曲面

2.4.1 创建NURBS对象

NURBS建模是一种高级建模方法，所谓NURBS就是Non—Uniform Rational B-Spline（非均匀有理B样条曲线）。NURBS建模适合于创建一些复杂的弯曲曲面，图2-219~图2-222所示是一些比较优秀的NURBS建模作品。

图2-219

图2-220

图2-221　　图2-222

1.NURBS曲面对象类型

NBURBS曲面对象类型，如图2-223所示。

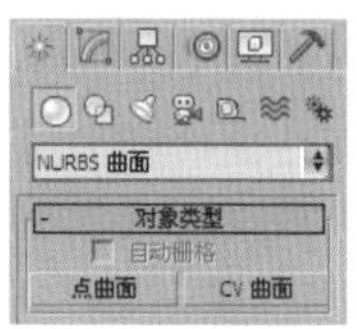

图2-223

NURBS曲面包含“点曲面”和“CV曲面”两种。“点曲面”由点来控制曲面的形状，每个点始终位于曲面的表面上，如图2-224所示；“CV曲面”由控制顶点（CV）来控制模型的形状，CV形成围绕曲面的控制晶格，而不是位于曲面上，如图2-225所示。

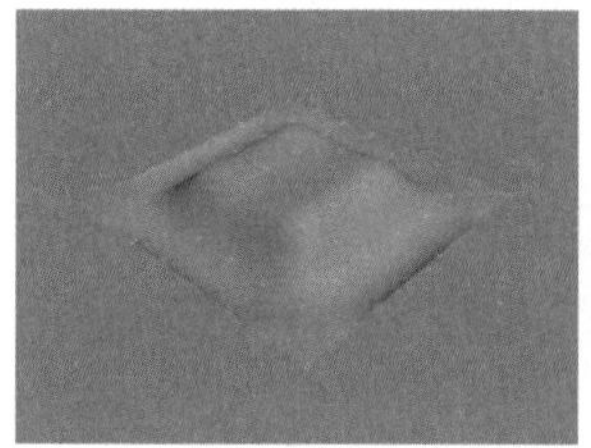

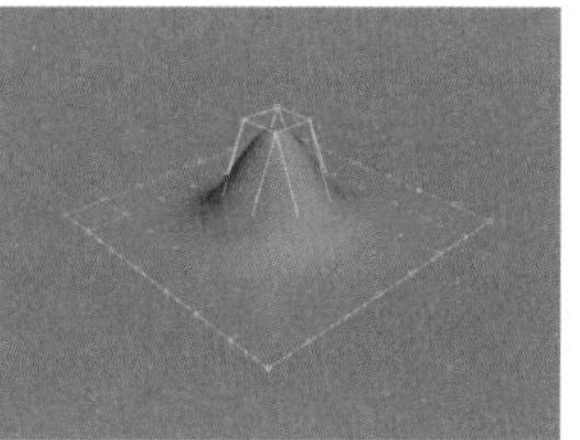

图2-224　　图2-225

2.创建NURBS对象

创建NURBS对象的方法很简单，如果要创建NURBS曲面，可以将几何体类型切换为“NURBS曲面”，然后使用“点曲面”工具 点曲面 和“CV曲面”工具 CV 曲面 即可创建出相应的曲面对象。

<1>点曲面

点曲面是由矩形点的阵列构成的曲面，创建时可以修改它的长度、宽度以及各边上的点数，如图2-226所示。

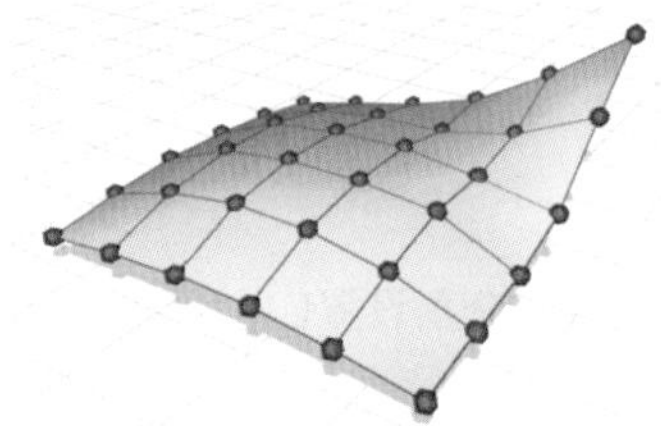

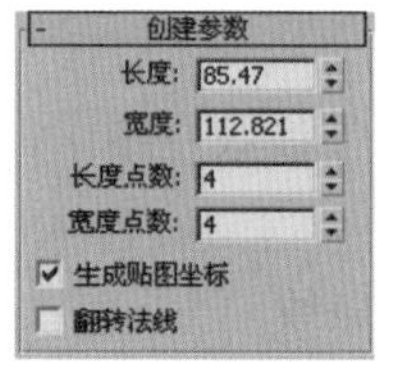

图2-226

【参数介绍】

长度/宽度：分别设置曲面的长度和宽度。

长度点数/宽度点数：分别设置长、宽边上的点的数目。

生成贴图坐标：自动产生贴图坐标。

翻转法线：翻转曲面法线。

<2>CV曲面

CV曲面就是可控曲面，即由可以控制的点组成的曲面，这些点不在曲面上，而是对曲面起到控制作用，每一个控制点都有权重值可以调节，以改变曲面的形状，如图2-227所示。

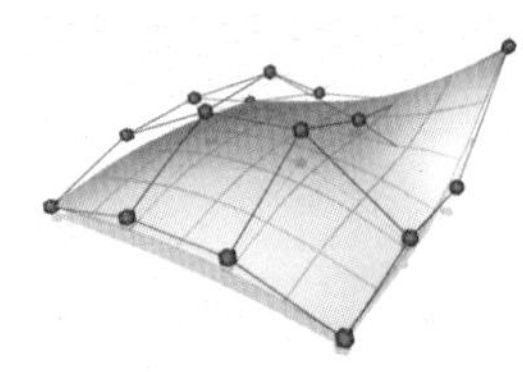

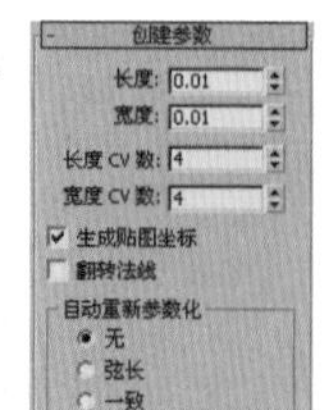

图2-227

【参数介绍】

长度/宽度：分别设置曲面的长度和宽度。

长度CV数/宽度CV数：分别设置长、宽边上的控制点的数目。

生成贴图坐标：自动产生贴图坐标。

翻转法线：翻转曲面法线。

无：不使用自动重新参数化功能。所谓自动重新参数化，就是对象表面会根据编辑命令进行自动调节。

弦长：应用弦长度运算法则，即按照每个曲面片段长度的平方根在曲线上分布控制点的位置。

一致：按一致的原则分配控制点。

3.转换NURBS对象

NURBS对象可以直接创建出来，也可以通过转换的方法将对象转换为NURBS对象。将对象转换为NURBS对象的方法主要有以下3种。

第1种：选择对象，然后单击鼠标右键，接着在弹出的菜单中选择“转换为>转换为NURBS”命令，如图2-228所示。

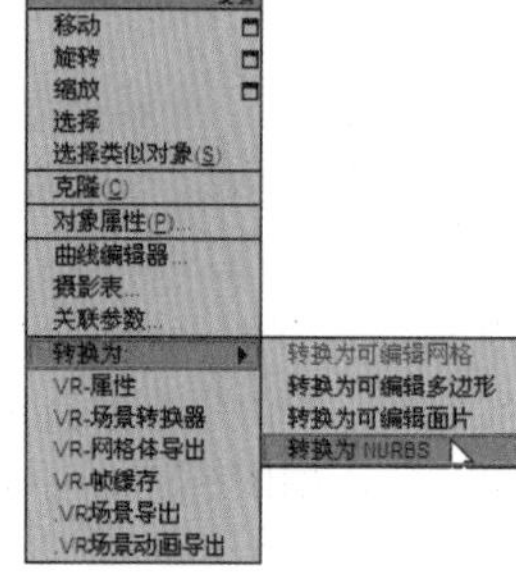

图2-228

第2种：选择对象，然后进入“修改”面板，接着在修改器堆栈中的对象上单击鼠标右键，最后在弹出的菜单中选择NURBS命令，如图2-229所示。

第3种：为对象加载“挤出”或“车削”修改器，然后设置“输出”为NURBS，如图2-230所示。

图2-229　　图2-230

2.4.2 编辑NURBS对象

在NURBS对象的修改参数面板中共有7个卷展栏（以NURBS曲面对象为例），分别是“常规”、“显示线参数”、“曲面近似”、“曲线近似”、“创建点”、“创建曲线”和“创建曲面”卷展栏，如图2-231所示。

图2-231

1. “常规”卷展栏

“常规”卷展栏下包含用于编辑NURBS对象的常用工具（如“附加”工具、“附加多个”工具、“导入”工具、“导入多个”工具等）以及NURBS对象的显示方式，还包含一个“NURBS创建工具箱”按钮（单击该按钮可以打开“NURBS创建工具箱”），如图2-232所示。

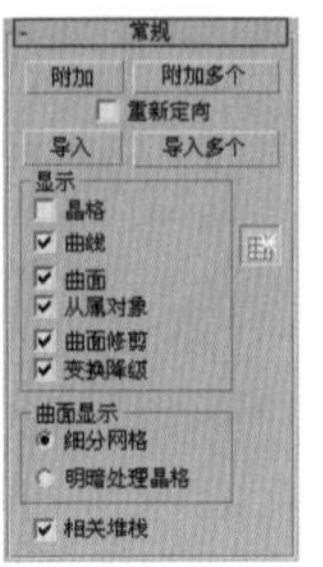

图2-232

【参数介绍】

附加：单击此按钮，然后在视图中单击选择NURBS允许接纳的对象，可以将它附加到当前NURBS造型中。

附加多个：单击此按钮，系统打开一个名称选择框，可以通过名称来选择多个对象合并到当前NURBS造型中。

导入：单击此按钮，然后在视图中单击选择NURBS允许接纳的对象，可以将它转化为NURBS对象，并且作为一个导入造型合并到当前NURBS造型中。

导入多个：单击此按钮，系统打开一个名称选择框，可以通过名称来选择多个对象导入到当前NURBS造型中。

显示选项组：控制造型5种组合因素的显示情况，包括晶格、曲线、曲面、从属对象和曲面修剪。最后的变换降级比较重要，默认是勾选的，如果在这时进行NURBS顶点编辑，则曲面形态不会显示出加工效果，所以一般要取消选择，以便于实时编辑操作。

曲面显示选项组：选择NURBS对象表面的显示方式。

细分网格：正常显示NURBS对象的构成曲线。

明暗处理晶格：按照控制线的形式显示NURBS对象表面形状。这种显示方式比较快，但是不精确。

相关堆栈：勾选此项，NURBS会在修改堆栈中保持所有的相关造型。

2. “显示线参数”卷展栏

“显示线参数”卷展栏下的参数主要用来指定显示NURBS曲面所用的“U向线数”和“V向线数”的数值，如图2-233所示。

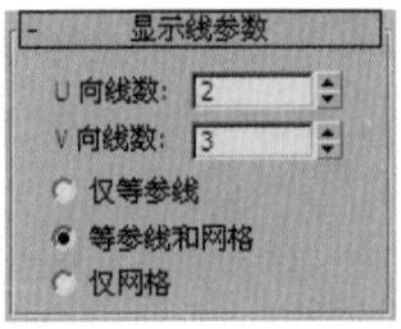

图2-233

【参数介绍】

U向线数/ V向线数：分别设置U向和V向等参线的条数。

仅参考线：选择此项，仅显示等参线。

字体颜色：选择此项，在视图中同时显示等参线和网格划分。

仅网格：选择此项，仅显示网格划分，这是根据当前的精度设置显示的NURBS转多边形后的划分效果。

3."曲面近似"卷展栏

"曲面近似"卷展栏下的参数主要用于控制视图和渲染器的曲面细分，可以根据不同的需要来选择"高"、"中"、"低"3种不同的细分预设，如图2-234所示。

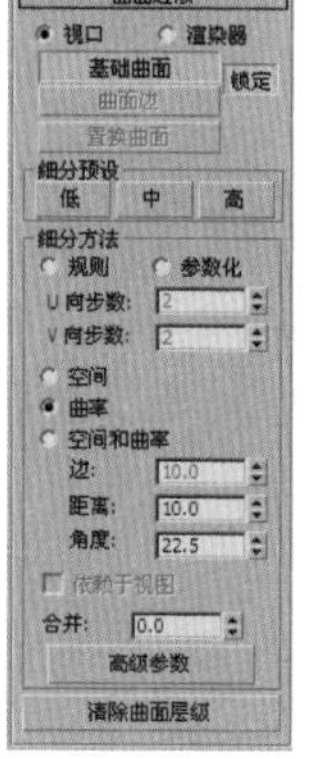

图2-234

【参数介绍】

视口：选择此项，下面的设置只针对视图显示。

渲染器：选择此项，下面的设置只针对最后的渲染结果。

基础曲面：设置影响整个表面的精度。

曲面边：对于有相接的几个曲面，如修剪、混合、填角等产生的相接曲面，它们由于各自的等参线的数目、分布不同，导致转化为多边形后边界无法一一对应，这时必须使用更高的细分精度来处理相接的两个表面，才能使相接的曲面不产生缝隙。

置换曲面：对于有置换贴图的曲面，可以进行置换计算时曲面的精度划分，决定置换对曲面造成的形变影响大小。

细分预设选项组：提供了3种快捷设置，分别是低、中、高3个精度，如果对具体参数不太了解，可以使用它们来设置。

细分方法选项组：提供各种可以选用的细分方法。

规则：直接用U、V向的步数来调节，值越大，精度越高。

参数化：在水平和垂直方向产生固定的细化，值越高，精度越高，但运算速度也慢。

空间：产生一个统一的三角面细化，通过调节下面的"边"参数控制细分的精细程度。数值越低，精细化程度越高。

曲率：根据造型表面的曲率产生一个可变的细化效果，这是一个优秀的细化方式。"距离"和"角度"值降低，可以增加细化程度。

空间和曲率：空间和曲率两种方式的结合，可以同时调节"边"、"距离"和"角度"参数。

依赖于视图：该参数只有在"渲染器"选项下有效，勾选它可以根据摄影机与场景对象间的距离调整细化方式，从而缩短渲染时间。

合并：控制表面细化时哪些重叠的边或距离很近的边进行合并处理，默认值为0，这个功能可以有效地去除一些修剪曲面产生的缝隙。

4."创建点/曲面"卷展栏

"创建点"和"创建曲面"卷展栏中的工具与"NURBS工具箱"中的工具相对应，主要用来创建点和曲面对象，如图2-235和图2-236所示。

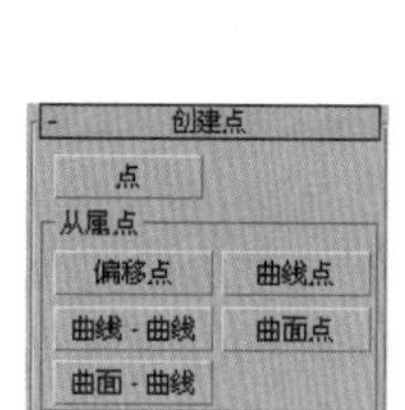

图2-235

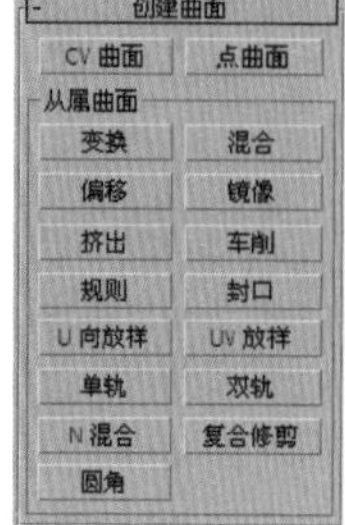

图2-236

"创建点"、"创建曲线"和"创建曲面"这3个卷展栏中的工具是NURBS中最重要的对象编辑工具，关于这些工具的含义请参阅9.3节的相关内容。

2.4.3 NURBS创建工具箱

在"常规"卷展栏下单击"NURBS创建工具箱"按钮打开"NURBS工具箱"，如图2-237所示。"NURBS工具箱"中包含用于创建NURBS对象的所有工具，主要分为3个功能区，分别是"点"功能区、"曲线"功能区和"曲面"功能区。

图2-237

【参数介绍】

1.创建点的工具

创建点：创建单独的点。

创建偏移点：根据一个偏移量创建一个点。

创建曲线点：创建从属曲线上的点。

创建曲线-曲线点：创建一个从属于“曲线-曲线”的相交点。

创建曲面点：创建从属于曲面上的点。

创建曲面-曲线点：创建从属于“曲面-曲线”的相交点。

2.创建曲面的工具

创建CV曲线：创建独立的CV曲面子对象。

创建点曲面：创建独立的点曲面子对象。

创建变换曲面：创建从属的变换曲面。

创建混合曲面：创建从属的混合曲面。

创建偏移曲面：创建从属的偏移曲面。

创建镜像曲面：创建从属的镜像曲面。

创建挤出曲面：创建从属的挤出曲面。

创建车削曲面：创建从属的车削曲面。

创建规则曲面：创建从属的规则曲面。

创建封口曲面：创建从属的封口曲面。

创建U向放样曲面：创建从属的U向放样曲面。

创建UV放样曲面：创建从属的UV向放样曲面。

创建单轨扫描：创建从属的单轨扫描曲面。

创建双轨扫描：创建从属的双轨扫描曲面。

创建多边混合曲面：创建从属的多边混合曲面。

创建多重曲线修剪曲面：创建从属的多重曲线修剪曲面。

创建圆角曲面：创建从属的圆角曲面。

新手练习——NURBS建模之抱枕

素材文件	无
案例文件	新手练习——NURBS建模之抱枕.max
视频教学	视频教学/第2章/新手练习——NURBS建模之抱枕.flv
技术掌握	掌握“CV曲面”工具的使用方法以及如何在“曲面CV”次物体层级下调整CV曲面的形状

本例是一个抱枕模型，主要使用NURBS建模中的“CV曲面”工具来进行制作，案例效果如图2-238所示。

图2-238

【操作步骤】

01 使用“CV曲面”工具 CV曲面 在场景中创建一个CV曲面，然后在“创建参数”卷展栏下设置“长度”为300mm、“宽度”为300mm、“长度CV数”为4、“宽度CV数”为4，参数设置如图2-239所示，模型效果如图2-240所示。

图2-239

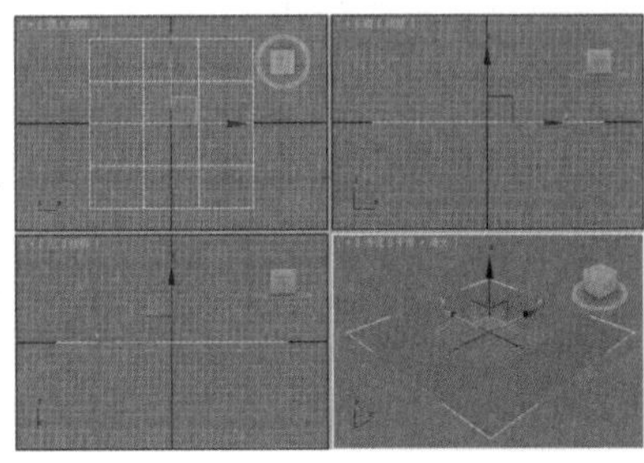

图2-240

02 进入“修改”面板，然后选择“NURBS曲面”的“曲面CV”次物体层级，如图2-241所示。

03 在前视图和透视图中调整好CV控制点的位置，完成后的效果如图2-242所示。

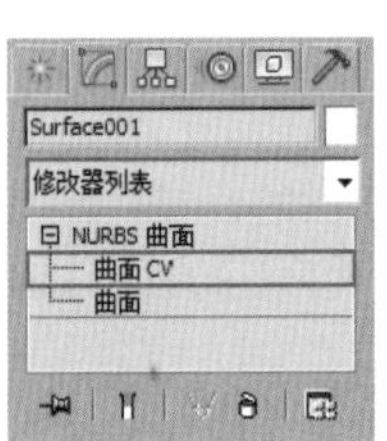

图2-241

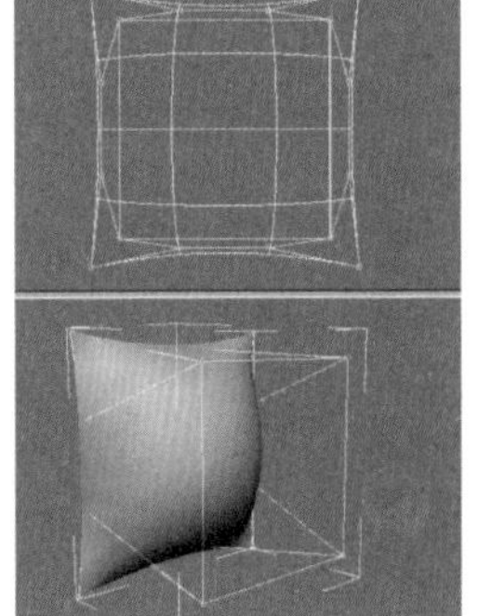

图2-242

04 为模型加载一个“对称”修改器，然后在“参数”卷展栏下设置“镜像轴”为z轴，接着关闭“沿镜像轴切片”选项，最后设置“阈值”为2.54mm，参数设置如图2-243所示，最终效果如图2-244所示。

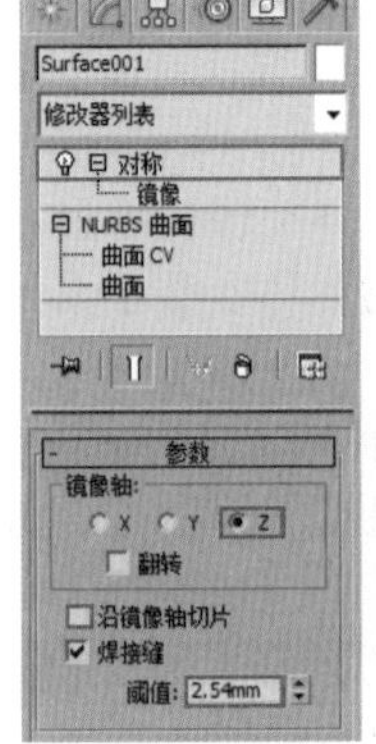

图2-243

图2-244

新手练习——NURBS建模之创意椅子

素材文件	无
案例文件	新手练习——NURBS建模之创意椅子.max
视频教学	视频教学/第2章/新手练习——NURBS建模之创意椅子.flv
技术掌握	创建挤出曲面，创建封口曲面工具的使用

本例的制作方法非常简单，需要使用“点曲线”工具绘制曲线，并使用创建挤出曲面，创建封口曲面工具制作出创意椅子的模型，案例效果如图2-245所示。

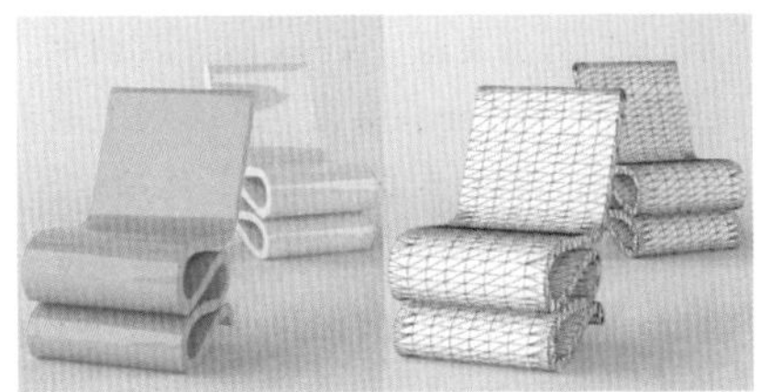

图2-245

【操作步骤】

01 在“创建”面板中单击“图形”按钮，然后设置“图形类型”为“NURBS曲线”，接着单击“点曲线”按钮 点曲线，如图2-246所示，最后在前视图中创建如图2-247所示的点曲线。

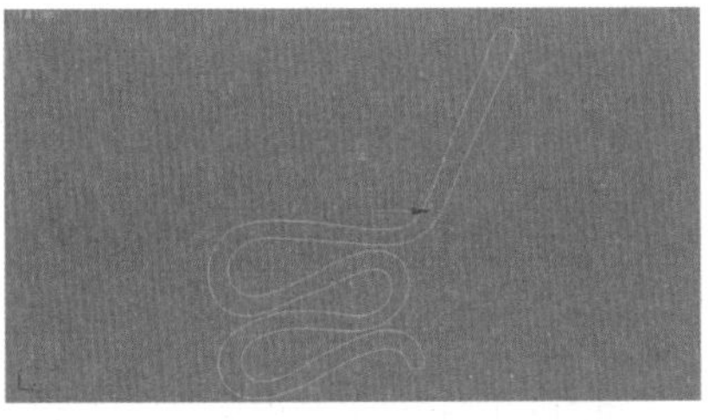

图2-246　　图2-247

02 选择曲线，然后在“命令”面板中单击“修改”按钮，进入“修改”面板，接着单击“NURBS创建工具箱”按钮，此时弹出“NURBS”工具面板，如图2-248所示。

图2-248

03 选择曲线，然后在NURBS创建工具箱工具中选择“创建挤出曲面”按钮，如图2-249所示。当鼠标拖曳到曲线以后发现曲线颜色变成蓝色，如图2-250所示，此时创意椅子模型效果如图2-251所示。

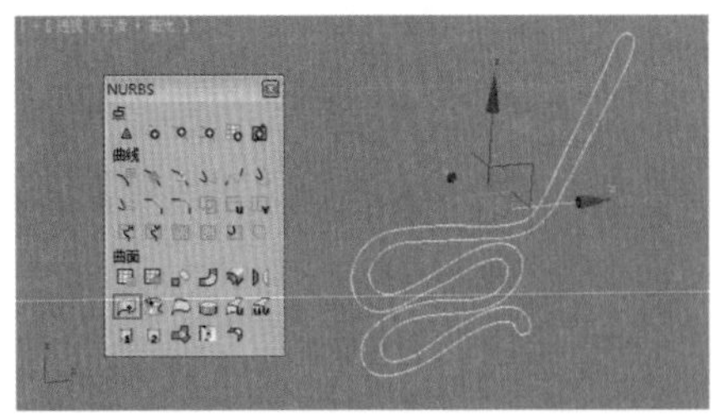

图2-249

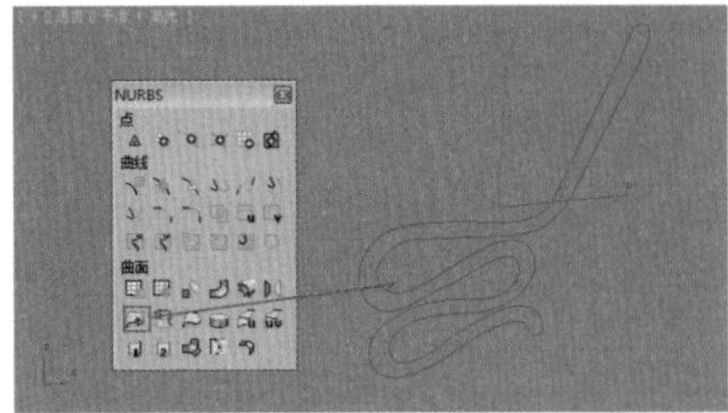

图2-250

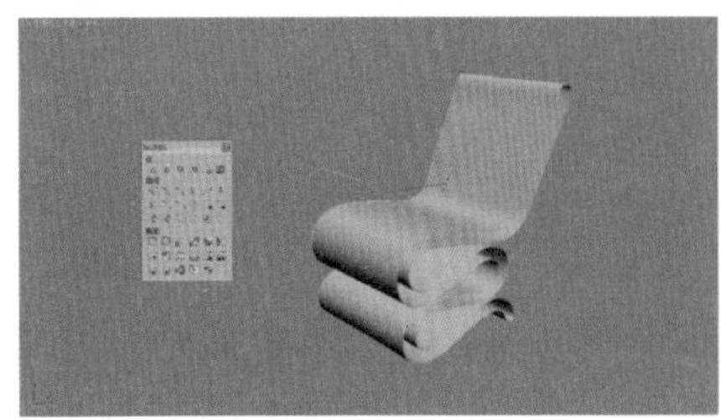

图2-251

04 然后在“命令”面板中单击“修改”按钮，进入“修改”面板，展开“挤出曲面”卷展栏，并设置“数量”为190mm，如图2-252所示，此时创意椅子模型如图2-253所示。

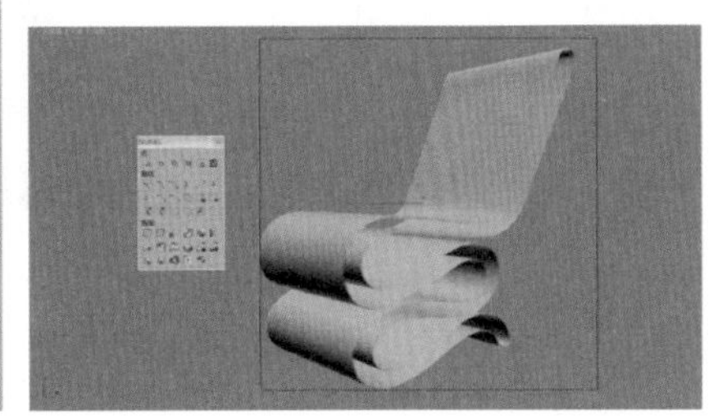

图2-252　　图2-253

05 从上图中可以看出创意椅子中间部分是镂空的，这并不是我们所需要的模型，所以需要单击“创建封口曲面”按钮，将创意椅子模型两侧部分进行封口处理，如图2-254所示。

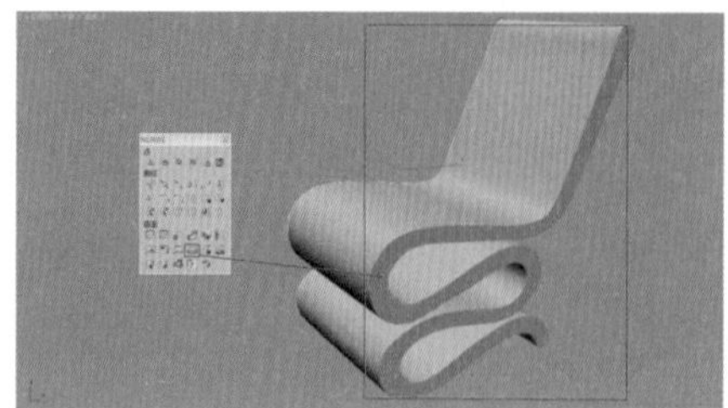

图2-254

创建类似椅子模型方法很多，可以使用样条线在前视图中绘制样条线，然后在修改器列表下加载挤出命令，并设置一定的挤出数量，也非常简单。

06 模型最终效果，如图2-255所示。

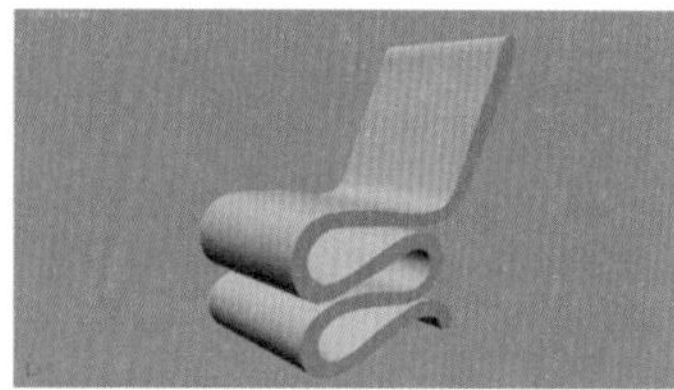

图2-255

2.5 创建mental ray对象

mental ray代理对象主要运用在大型场景中。当一个场景中包含多个相同的对象时就可以使用mental ray代理物体，如在图2-256所示的场景中有许多树，这些树在3ds Max中使用实体进行渲染将会占用非常多的内存，所以这些树可以使用mental ray代理物体来进行制作。

图2-256

小技巧

代理物体尤其适用在具有大量多边形物体的场景中，这样既可以避免将其转换为mental ray格式，又无需在渲染时显示源对象，同时也可以节约渲染时间和渲染时所占用的内存。但是使用代理物体会降低对象的逼真度，并且不能直接编辑代理物体。

mental ray代理对象的基本原理是创建“源”对象（也就是需要被代理的对象），然后将这个“源”对象转换为“mr代理”格式。若要使用代理物体时，可以将代理物体替换掉“源”对象，然后删除“源”对象（因为已经没有必要在场景显示“源”对象）。在渲染代理物体时，渲染器会自动加载磁盘中的代理对象，这样就可以节省很多内存。

需要注意的是，mental ray代理对象必须在mental ray渲染器中才能使用，所以使用mental ray代理物体前需要将渲染器设置成mental ray渲染器。在3ds Max 2013中，如果要将渲染器设置为mental ray渲染器，可以按F10键打开“渲染设置”对话框，然后单击“公用”选项卡，展开“指定渲染器”卷展栏，接着单击第1个“选择渲染器”按钮...，最后在弹出的对话框中选择渲染器为NVIDIA mental ray渲染器，如图2-257所示。

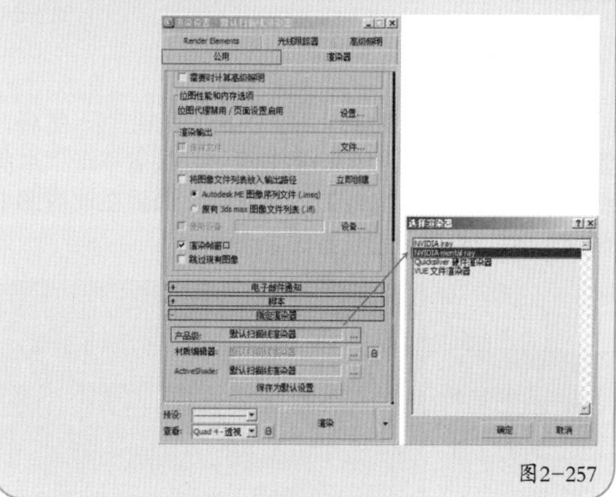

图2-257

mental ray对象是内置几何体中比较特别的建模功能，该功能下面只有一个建模命令“mr代理” mr 代理 ，也就是创建mental ray代理物体，如图2-258所示。

展开“参数”卷展栏，如图2-259所示。

图2-258　图2-259

【参数介绍】

源对象选项组：主要包含以下3个选项。

None（无）：若在场景中选择了“源”对象，这里将显示“源”对象的名称；若没有选择“源”对象，这里将显示为None（无）。

“清除源对象”按钮：单击该按钮可以将“源”对象的名称恢复为None（无），但不会影响代理对象。

将对象写入文件：将对象保存为MIB格式的文件，随后可以使用“代理文件”将MIB格式的文件加载到其他的mental ray代理对象中。

MIB格式的文件仅包含几何体，不包含材质，但是可以对每个示例或mental ray代理对象的副本应用不同的材质。

代理文件选项组：主要包含以下两个选项。

“浏览”按钮：单击该按钮可以选择要加载为被代理对象的MIB文件。

比例：调整代理对象的大小，当然也可以使用“选择并均匀缩放”工具来调整代理对象的大小。

显示选项组：主要包含以下4个选项组。

视口顶点：以代理对象的点云形式来显示顶点数。

渲染的三角形：设置当前渲染的三角形的数量。

显示点云：勾选该选项后，代理对象在视图中将始终以点云（一组顶点）的形式显示出来。该选项一般与“显示边界框”选项一起使用。

显示边界框：勾选该选项后，代理对象在视图中将始终以边界框的形式显示出来。该选项只有在开启“显示点云”选项后才可用。

预览窗口：该窗口用来显示MIB文件当前帧存储的缩略图。若没有选择对象，该窗口将不会显示对象的缩览图。

动画支持选项组：主要包含以下5个选项。

在帧上：勾选该选项后，如果当前MIB文件为动画序列的一部分，则会播放代理对象中的动画；若关闭该选项，代理对象仍然保持在最后的动画帧状态。

动画中可使用的帧数，从动画的第1帧加上帧偏移值。播放完最后1帧后，动画将从第1帧开始重新播放一次。如果“往复重新播放”选项已经启用，则动画将循环播放。

重新播放速度：用于调整播放动画的速度。例如，如果加载100帧的动画，设置“重新播放速度”为0.5（半速），那么每一帧将播放两次，所以总共就播放了200帧的动画。

帧偏移：让动画从某一帧开始播放（不是从起始帧开始播放）。

往复重新播放：开启该选项后，动画播放完后将重新开始播放，并一直循环下去。

2.6 创建VRay对象

安装好VRay渲染器之后，在“创建”面板中就会出现VRay。“VRay”包括“VRay代理”、“VRay毛皮”、“VRay平面”和“VRay球体”，如图2-260所示。

图2-260

知识窗

按F10键打开“渲染设置”对话框，然后单击“公用”选项卡，展开“指定渲染器”卷展栏，接着单击第1个“选择渲染器”按钮，最后在弹出的对话框中选择渲染器为V-Ray Adv 1.50 SP4（本书的VRay渲染器均采用V-Ray Adv 1.50 SP4版本），如图2-261所示。

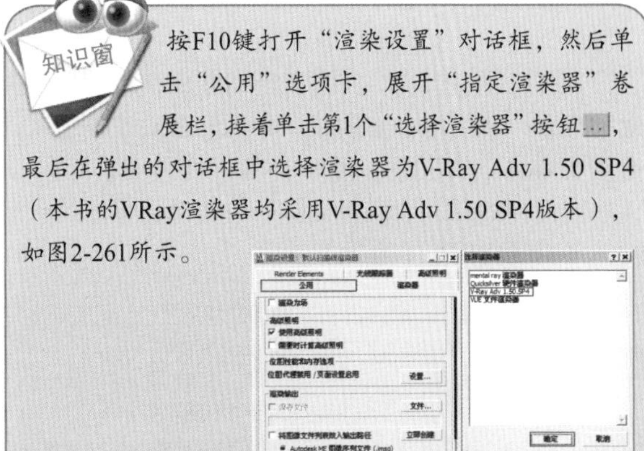

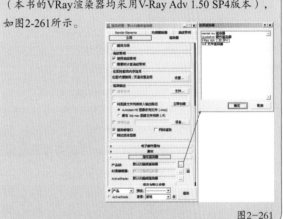

图2-261

2.6.1 VRay代理

VRayProxy（VRay代理）物体在渲染时可以从硬盘中将文件（外部）导入到场景中的“VRay代理”网格内，场景中的代理物体的网格是一个低面物体，可以节省大量的内存以及显示内存，一般在物体面数较多或重复较多时使用，其使用方法是在物体上单击右键，然后弹出的菜单中选择“VRay网格导出”命令，并会弹出与之对应的对话框（该对话框主要用来保存VRay网格代理物体的路径），如图2-262所示。

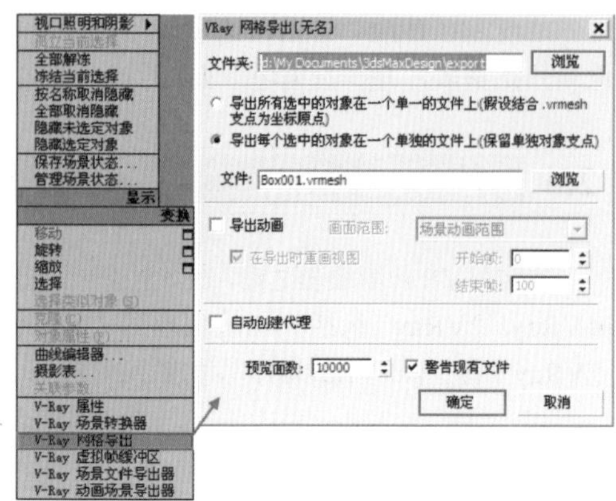

图2-262

“文件夹”：代理物体所保存的路径。

“导出在单一文件的所有选定对象”：可以将多个物体合并成一个代理物体导出。

“导出在单一文件的每个选定对象”：可以为每个物体创建一个文件进行导出。

“自动创建代理”：是否自动完成代理物体的创建和导入，源物体将被删除。如果没有勾选该选项，则需要增加一个步骤，就是在VRay物体中选择VRay代理物体，然后从“网格文件”中选择已导出的代理物体来实现代理物体的导入。

新手练习——利用VRay代理物体创建剧场

素材文件	1.3ds
案例文件	新手练习——利用VRay代理物体创建剧场.max
视频教学	视频教学/第2章/新手练习——利用VRay代理物体创建剧场.flv
技术掌握	掌握VRay代理物体的创建方法

本例将以一个剧场来讲解VRay代理物体的创建方法，案例效果如图2-263所示。

图2-263

【操作步骤】

01 使用“长方体”工具 长方体 在场景中创建一个长方体，然后在“参数”卷展栏下设置“长度”为140mm、“宽度”为280mm、“高度”为6mm，模型效果如图2-264所示。

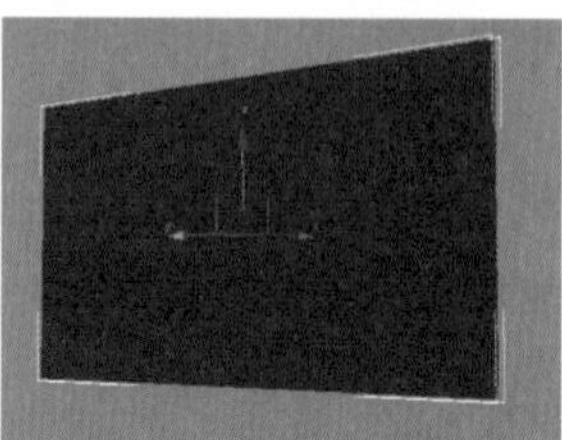

图2-264

02 继续使用“长方体”工具 长方体 创建出另外的几面墙体和阶梯模型，模型效果如图2-265和图2-266所示。

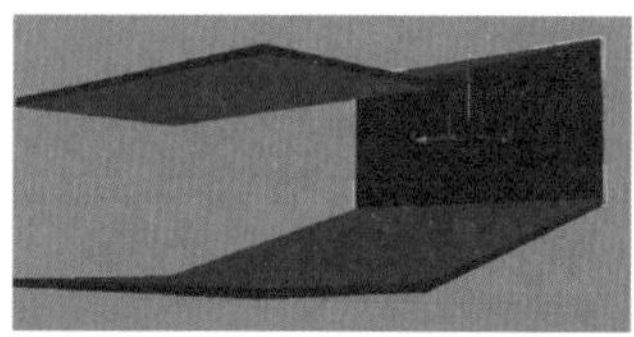

图2-265

图2-266

03 导入本书配套光盘中的“素材文件/第2章/1.3ds”文件，如图2-267所示。

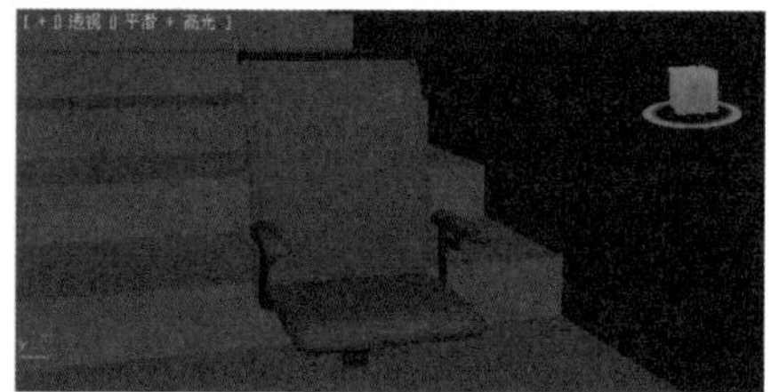

图2-267

04 选择椅子模型，然后单击鼠标右键，并在弹出的菜单中选择“VRay网格体导出”命令，如图2-268所示，接着在弹出的“VRay网格体导出”对话框中单击“文件夹”选项后面的“浏览”按钮 浏览 ，为其设置一个合适的保存路径，再为其设置一个名称，最后单击“确定”按钮 确定 ，如图2-269所示，这时在前面设置的保存路径中就会出现一个格式为1.vrmesh的代理文件，如图2-270所示。

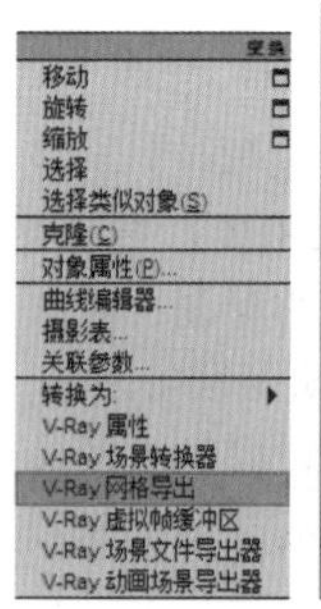

图2-268

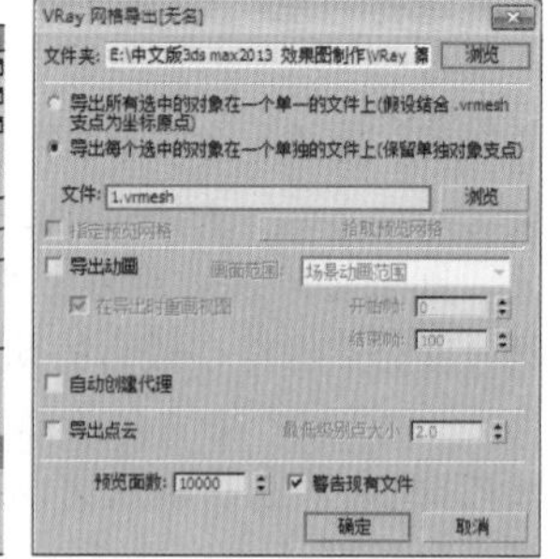

图2-269

图2-270

05 设置几何体类型为VRay，然后单击“VR代理”按钮 VR代理 ，如图2-271所示。

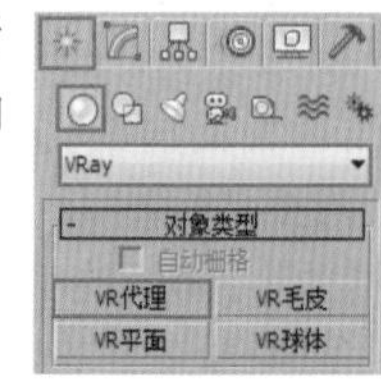

图2-271

注意，必须是3ds Max安装了VRay渲染器后才有“VR代理”工具 VR代理 。

06 在“网格代理参数”卷展栏下单击“浏览”按钮 浏览 ，然后找到前面导出的1.vrmesh文件，如图2-272所示，接着在视图中的合适位置单击鼠标左键，此时场景中就会出现椅子模型，如图2-273所示。

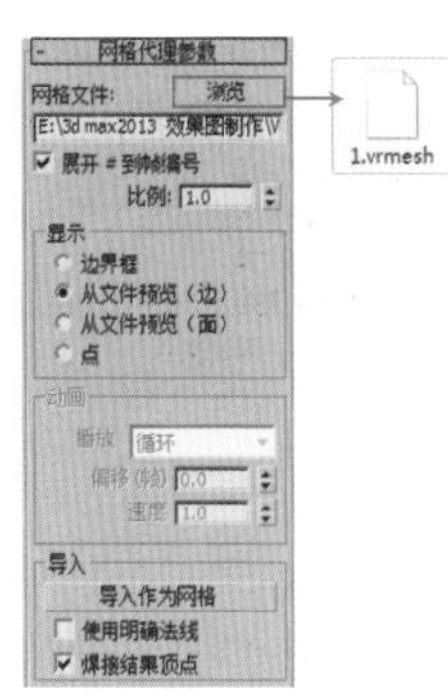
图2-272

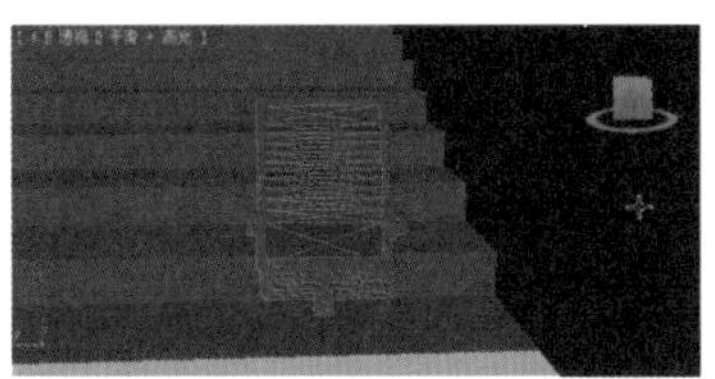
图2-273

07 使用复制功能复制一些代理物体，最终效果如图2-274所示。

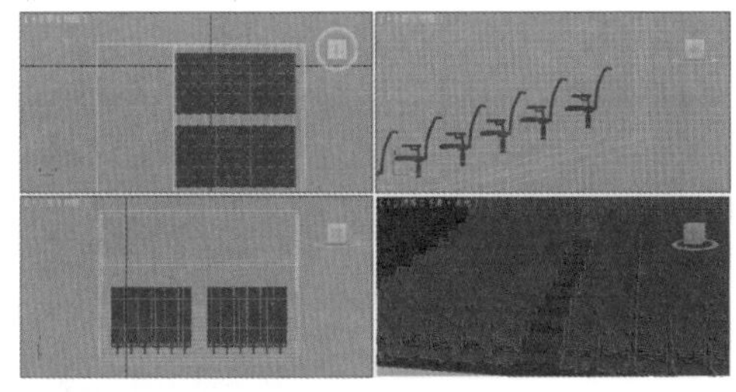
图2-274

虽然场景中的相同或相似物体可以用“VR代理”工具 VR代理 来制作，但是不能过于夸张地进入复制，否则会增加渲染压力。

2.6.2 VRay毛皮

VRay毛皮是VRay渲染器自带的一种毛发制作工具，经常用来制作地毯、草地和毛制品等，如图2-275所示。

图2-275

加载VRay渲染器后，随意创建一个物体，然后设置几何体类型为VRay，接着单击“VRay毛皮”按钮 VR毛皮 ，就可以为选中的对象创建VRay毛皮，如图2-276所示。

VRay毛皮的参数只有3个卷展栏，分别是“参数”、“贴图”和“视口显示”卷展栏，如图2-277所示。

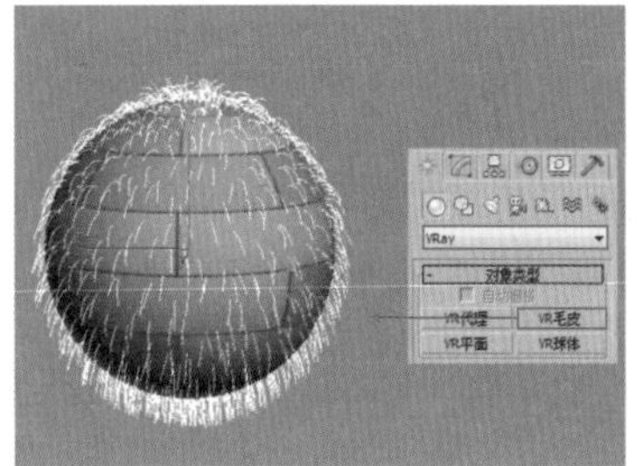
图2-276

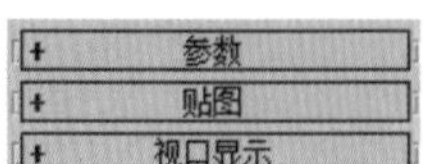

图2-277

1.“参数”卷展栏

展开“参数”卷展栏，如图2-278所示。

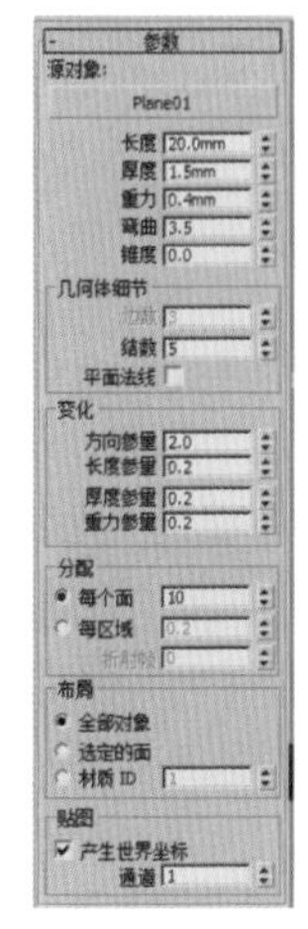
图2-278

【参数介绍】

源对象选项组：主要包含以下6个选项。

源对象：指定需要添加毛发的物体。

长度：设置毛发的长度。

厚度：设置毛发的厚度。

重力：控制毛发在z轴方向被下拉的力度，也就是通常所说的“重量”。

弯曲：设置毛发的弯曲程度。

锥度：用来控制毛发锥化的程度。

几何体细节选项组：主要包含以下3个选项。

边数：目前这个参数还不可用，在以后的版本中将开发多边形的毛发。

结数：用来控制毛发弯曲时的光滑程度。值越大，表示段数越多，弯曲的毛发越光滑。

平面法线：这个选项用来控制毛发的呈现方式。当勾选该选项时，毛发将以平面方式呈现；当关闭该选项时，毛发将以圆柱体方式呈现。

变化选项组：主要包含以下4个选项。

方向变化：控制毛发在方向上的随机变化。值越大，表示变化越强烈；0表示不变化。

长度变化：控制毛发长度的随机变化。1表示变化越强烈；0表示不变化。

厚度变化：控制毛发粗细的随机变化。1表示变化越强烈；0表示不变化。

重力参量：控制毛发受重力影响的随机变化。1表示变化越强烈；0表示不变化。

分配选项组：主要包含以下3个选项。

每个面：用来控制每个面产生的毛发数量，因为物体的每个面不都是均匀的，所以渲染出来的毛发也不均匀。

每区域：用来控制每单位面积中的毛发数量，这种方式下渲染出来的毛发比较均匀。

折射帧：指定源物体获取到计算面大小的帧，获取的数据将贯穿整个动画过程。

布局选项组：主要包含以下3个选项。

全部对象：启用该选项后，全部的面都将产生毛发。

选定的面：启用该选项后，只有被选择的面才能产生毛发。

材质ID：启用该选项后，只有指定了材质ID的面才能产生毛发。

贴图选项组：主要包含以下两个选项。

产生世界坐标：所有的UVW贴图坐标都是从基础物体中获取，但该选项的W坐标可以修改毛发的偏移量。

通道：指定在W坐标上将被修改的通道。

2.“贴图”卷展栏

展开“贴图”卷展栏，如图2-279所示。

图2-279

【参数介绍】

基本贴图通道：选择贴图的通道。

弯曲方向贴图（RGB）：用彩色贴图来控制毛发的弯曲方向。

初始方向贴图（RGB）：用彩色贴图来控制毛发根部的生长方向。

长度贴图（单色）：用灰度贴图来控制毛发的长度。

厚度贴图（单色）：用灰度贴图来控制毛发的粗细。

重力贴图（单色）：用灰度贴图来控制毛发受重力的影响。

弯曲贴图（单色）：用灰度贴图来控制毛发的弯曲程度。

密度贴图（单色）：用灰度贴图来控制毛发的生长密度。

3.“视口显示”卷展栏

展开“视口显示”卷展栏，如图2-280所示。

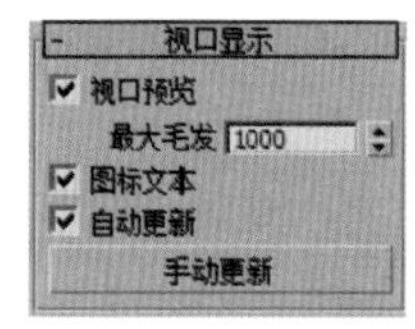

图2-280

【参数介绍】

视口预览：当勾选该选项时，可以在视图中预览毛发的生长情况。

最大毛发：数值越大，就可以更加清楚地观察毛发的生长情况。

图标文本：勾选该选项后，可以在视图中显示VRay毛皮的图标和文字，如图2-281所示。

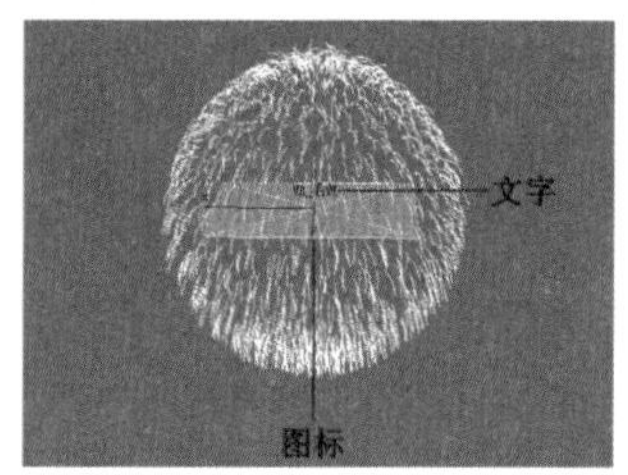

图2-281

自动更新：勾选该选项后，当改变毛发参数时，3ds Max会在视图中自动更新毛发的显示情况。

手动更新：单击该按钮可以手动更新毛发在视图中的显示情况。

> 小技巧
> 由于毛发系统在后面的章节中将作为重点来进行讲解，因此在这里只简单介绍一下。

新手练习——利用VRay毛皮制作地毯

素材文件	02.max
案例文件	新手练习——利用VRay毛皮制作地毯.max
视频教学	视频教学/第2章/新手练习——利用VRay毛皮制作地毯.flv
技术掌握	VRay毛皮的使用

本例主要使用VRay毛皮制作地毯的效果，案例效果如图2-282所示。

图2-282

【操作步骤】

01 打开本书配套光盘中的“素材文件/第2章/02.max”，如图2-283所示。

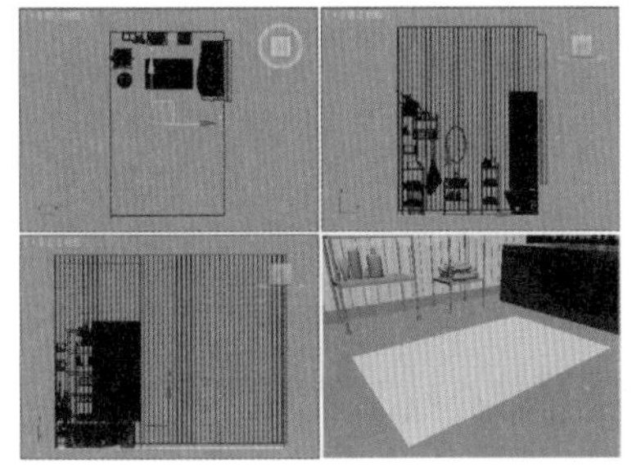

图2-283

02 选择场景中的地毯模型，然后在创建面板下单击“几何体”按钮，并设置“几何体类型”为“VRay”，接着单击“VR毛皮”按钮 VR毛皮 ，如图2-284所示，此时场景效果如图2-285所示。

图2-284

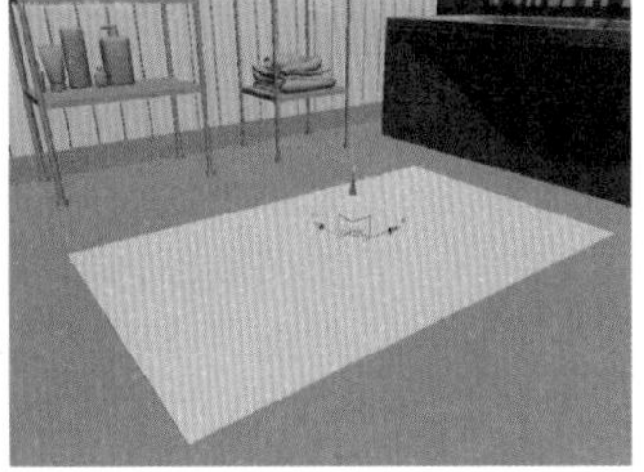

图2-285

03 选择刚创建的VR毛皮然后在修改面板下展开“参数”卷展栏，设置“长度”为20mm，“厚度”为1.5mm，“重力”为0.4mm，“弯曲”为3.5，“结数”为5，“方向参量”为2，“每个面”为10，参数设置如图2-286所示，最终效果如图2-287所示。

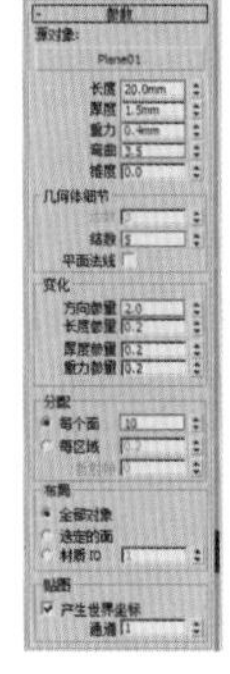

图2-286

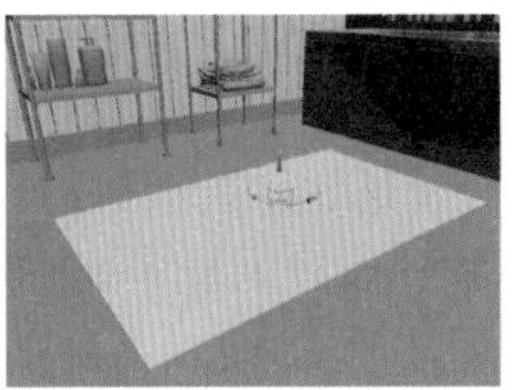

图2-287

小技巧

在使用VR毛发以后电脑的渲染速度会明显减慢，如果是想得到一般的地毯凹凸效果可以使用VR置换来制作，相比较后者的渲染速度会相当快，效果会比VR毛发的效果次之。这两种方法要最好根据具体的需要来选择使用。

2.6.3 VRay平面

“VRay平面”可以理解为无限延伸的平面，可以为这个平面指定材质，并且可以对其进行渲染，在实际工作中，一般用来模拟地面和水面等，如图2-288所示。

图2-288

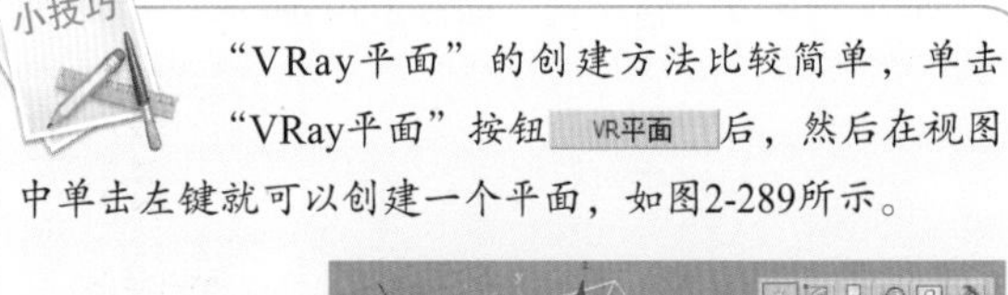

小技巧

“VRay平面”的创建方法比较简单，单击“VRay平面”按钮 VR平面 后，然后在视图中单击左键就可以创建一个平面，如图2-289所示。

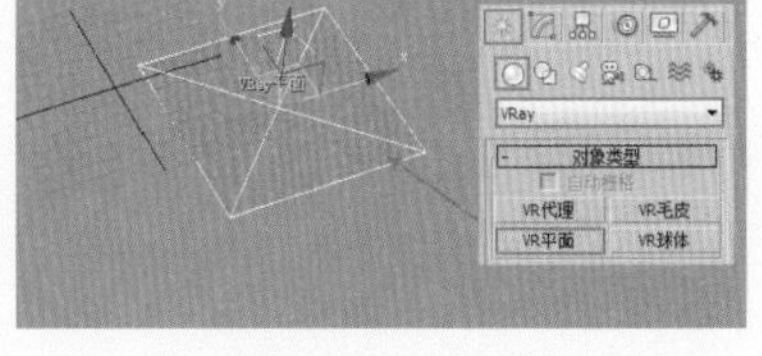

图2-289

2.6.4 VRay球体

“VRay球体”可作为球来使用，但必须在VRay渲染器中才能渲染出来，其参数也很简单，只有“半径”和“翻转法线”两项，如图2-290所示。

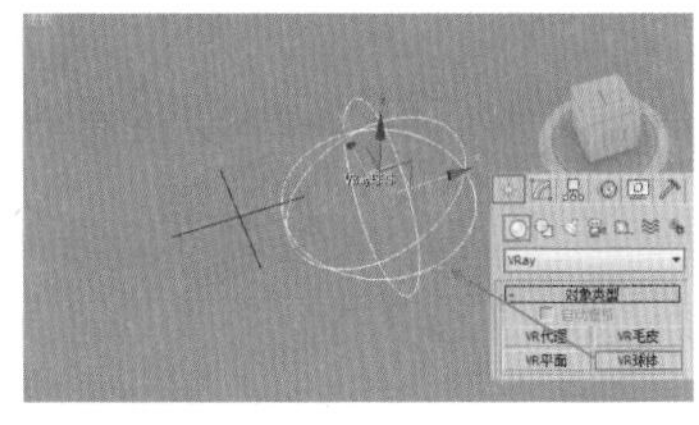

图2-290

2.7 创建门

3ds Max 2013提供了3种内置的门模型，包括“枢轴门”、“推拉门”和“折叠门”，如图2-291所示。“枢轴门”是在一侧装有铰链的门；“推拉门”有一半是固定的，另一半可以推拉；“折叠门”的铰链装在中间以及侧端，就像壁橱门一样。

这3种门的大部分参数都是相同的，首先对相同部分的参数进行讲解。所有的门都有高度、宽度和深度，在创建之前可以先选择创建的顺序，如“宽度/深度/高度”或“宽度/高度/深度”，如图2-292所示。

图2-291

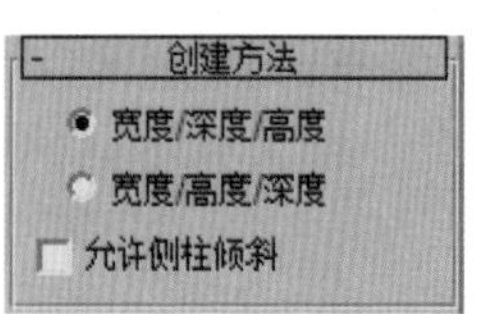

图2-292

宽度/深度/高度：首先创建门的宽度，然后创建门的深度，接着创建门的高度。

宽度/高度/深度：首先创建门的宽度，然后创建门的高度，接着创建门的深度。

允许侧柱倾斜：允许创建倾斜门。

展开“参数”卷展栏，如图2-293所示。

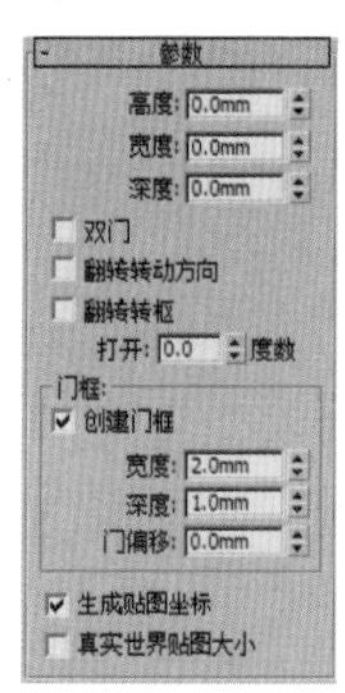

图2-293

【参数介绍】

高度：设置门的总体高度。

宽度：设置门的总体宽度。

深度：设置门的总体深度。

打开：使用枢轴门时，指定以角度为单位的门打开的程度；使用推拉门和折叠门时，指定门打开的百分比。

门框：用于控制是否创建门框和设置门框的宽度和深度。

创建门框：控制是否创建门框。

宽度：设置门框与墙平行方向的宽度（启用“创建门框”选项时才可用）。

深度：设置门框从墙投影的深度（启用“创建门框”选项时才可用）。

门偏移：设置门相对于门框的位置，该值可以为正，也可以为负（启用“创建门框”选项时才可用）。

生成贴图坐标：为门指定贴图坐标。

真实世界贴图大小：控制应用于对象的纹理贴图材质所使用的缩放方法。

展开“页扇参数”卷展栏，如图2-294所示。

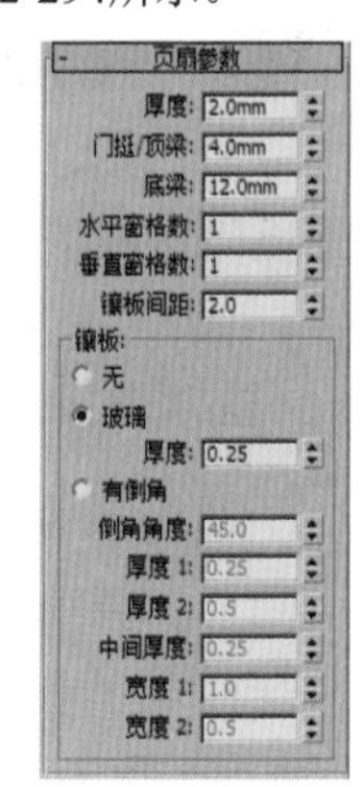

图2-294

【参数介绍】

厚度：设置门的厚度。

门挺/顶梁：设置顶部和两侧的面板框的宽度。

底梁：设置门脚处的面板框的宽度。

水平窗格数：设置面板沿水平轴划分的数量。

垂直窗格数：设置面板沿垂直轴划分的数量。

镶板间距：设置面板之间的间隔宽度。

镶板：指定在门中创建面板的方式。

无：不创建面板。

玻璃：创建不带倒角的玻璃面板。

厚度：设置玻璃面板的厚度。

有倒角：勾选该选项可以创建具有倒角的面板。

倒角角度：指定门的外部平面和面板平面之间的倒角角度。

厚度1：设置面板的外部厚度。

厚度2：设置倒角从起始处的厚度。

中间厚度：设置面板内的面部分的厚度。

宽度1：设置倒角从起始处的宽度。

宽度2：设置面板内的面部分的宽度。

门的参数除了这些公共参数外，每种类型的门还有一些细微的差别，下面依次讲解。

2.7.1 枢轴门

“枢轴门”只在一侧用铰链进行连接，也可以制作成为双门，双门具有两个门元素，每个元素在其外边缘处用铰链进行连接，如图2-295所示。“枢轴门”包含3个特定的参数，如图2-296所示。

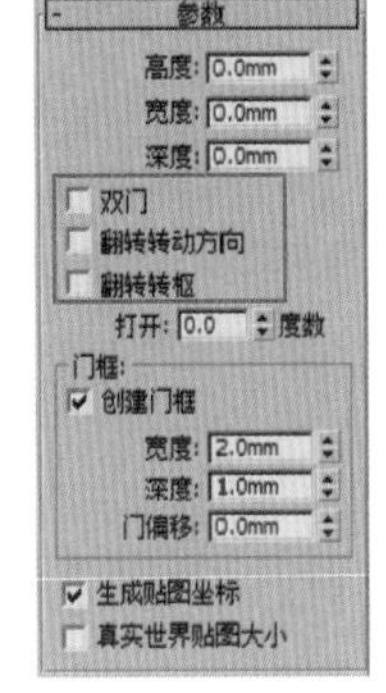

图2-295　　图2-296

【参数介绍】

双门：制作一个双门。

翻转转动方向：更改门转动的方向。

翻转转枢：在与门面相对的位置上放置门转枢（该选项不能用于双门）。

2.7.2 推拉门

“推拉门”可以左右滑动，就像火车在铁轨上前后移动一样。推拉门有两个门元素，一个保持固定，另一个可以左右滑动，如图2-297所示。“推拉门”包含两个特定的参数，如图2-298所示。

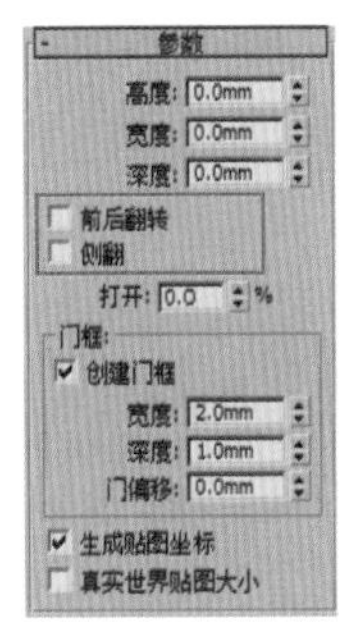

图2-297　　图2-298

【参数介绍】

前后翻转：指定哪个门位于最前面。

侧翻：指定哪个门保持固定。

2.7.3 折叠门

“折叠门”就是可以折叠起来的门，在门的中间和侧面有一个转枢装置，如果是双门的话，就有4个转枢装置，如图2-299所示。“折叠门”包含3个特定的参数，如图2-300所示。

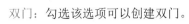

图2-299　　图2-300

【参数介绍】

双门：勾选该选项可以创建双门。

翻转转动方向：翻转门的转动方向。

翻转转枢：翻转侧面的转枢装置（该选项不能用于双门）。

2.8 创建窗

3ds Max 2013中提供了6种内置的窗户模型，使用这些内置的窗户模型可以快速地创建出所需要的窗户，如图2-301所示。

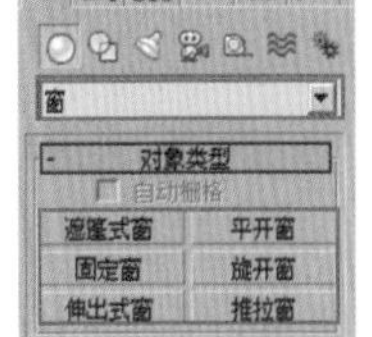

图2-301

遮篷式窗：这种窗户有一扇通过铰链与其顶部相连，如图2-302所示。

平开窗：这种窗户的一侧有一个固定的窗框，可以向内或向外转动，如图2-303所示。

图2-302　　图2-303

固定式窗：这种窗户是固定的，不能打开，如图2-304所示。

旋开窗：这种窗户可以在垂直中轴或水平中轴上进行旋转，如图2-305所示。

图2-304　　图2-305

伸出式窗：这种窗户有3扇窗框，其中两扇窗框打开时就像反向的遮蓬，如图2-306所示。

推拉窗：推拉窗有两扇窗框，其中一扇窗框可以沿着垂直或水平方向滑动，如图2-307所示。

图2-306　　图2-307

由于窗户的参数比较简单，因此只讲解这6种窗户的公共参数，如图2-308所示。

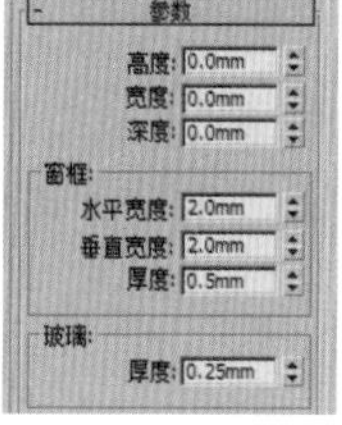

图2-308

【参数介绍】

高度：设置窗户的总体高度。

宽度：设置窗户的总体宽度。

深度：设置窗户的总体深度。

窗框：控制窗框的宽度和深度。

水平宽度：设置窗口框架在水平方向的宽度（顶部和底部）。

垂直宽度：设置窗口框架在垂直方向的宽度（两侧）。

厚度：设置框架的厚度。

玻璃：用来指定玻璃的厚度等参数。

厚度：指定玻璃的厚度。

2.9 创建楼梯

楼梯在室内外场景中是很常见的一种建筑结构，按梯段组合形式来分可分直梯、折梯、旋转梯、弧形梯、U形梯和直圆梯6种。3ds Max 2013提供了4种内置的参数化楼梯模型，分别是“直线楼梯”、“L型楼梯”、“U型楼梯”和“螺旋楼梯”，如图2-309所示，这4种楼梯的参数比较简单，并且每种楼梯都包括“开放式”、“封闭式”和“落地式”3种类型，完全可以满足室内外建模的需求。

这4种楼梯都包括“参数”卷展栏、“支撑梁”卷展栏、“栏杆”卷展栏和“侧弦”卷展栏，而“螺旋楼梯”还包括“中柱”卷展栏，如图2-310所示。

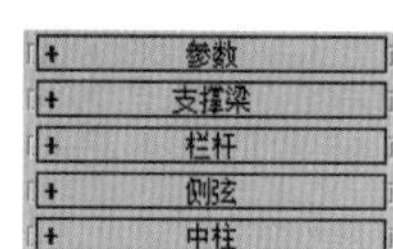

图2-309　　图2-310

下面来分别来介绍一下这些参数面板。

2.9.1 “参数”卷展栏

这4种楼梯中，“L型楼梯”是最常见的一种，这里就以“L型楼梯”为例来讲解楼梯的参数，首先讲解“参数”卷展栏中的参数，如图2-311所示。

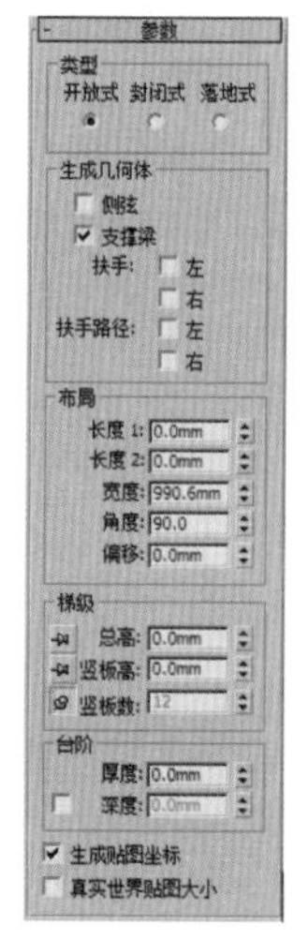

图2-311

【参数介绍】

类型选项组：主要包含以下3个选项。

开放式：创建一个开放式的梯级竖板楼梯。

封闭式：创建一个封闭式的梯级竖板楼梯。

落地式：创建一个带有封闭式梯级竖板和两侧具有封闭式侧弦的楼梯。

生成几何体选项组：主要包含以下3个选项。

侧弦：沿楼梯梯级的端点创建侧弦。

支撑梁：在梯级下创建一个倾斜的切口梁，该梁支撑着台阶。

扶手：创建左扶手和右扶手。

布局选项组：主要包含以下5个选项。

长度1：设置第1段楼梯的长度。

长度2：设置第2段楼梯的长度。

宽度：设置楼梯的宽度，包括台阶和平台。

角度：设置平台与第2段楼梯之间的角度，范围从-90°~90°。

偏移：设置平台与第2段楼梯之间的距离。

梯级选项组：主要包含以下3个选项。

总高：设置楼梯级的高度。

竖板高：设置梯级竖板的高度。

竖板数：设置梯级竖板的数量“梯级竖板总是比台阶多一个，隐式梯级竖板位于上板和楼梯顶部的台阶之间”。

当调整这3个选项中的其中两个选项时，必须锁定剩下的一个选项，要锁定该选项，可单击选项前面的锁定按钮。

台阶选项组：主要包含以下两个选项。

厚度：设置台阶的厚度。

深度：设置台阶的深度。

2.9.2 “侧弦”卷展栏

“侧弦”卷展栏中的参数如图2-312所示，只有在“生成几何体”选项组中启用“侧弦”功能时，该卷展栏中的参数才可用。

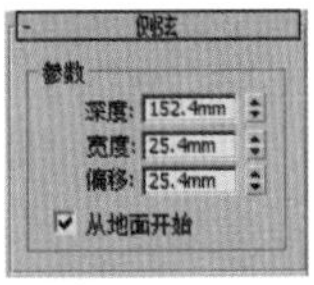

图2-312

【参数介绍】

深度：设置侧弦离地板的深度。

宽度：设置侧弦的宽度。

偏移：设置地板与侧弦的垂直距离。

从地面开始：控制侧弦是从地面开始，还是与第1个梯级竖板的开始平齐，或是否将侧弦延伸到地面以下。

2.9.3 “支撑梁”卷展栏

下面讲解“支撑梁”卷展栏中的参数，如图2-313所示，只有在“生成几何体”选项组中启用“支撑梁”功能时，该卷展栏中的参数才可用。

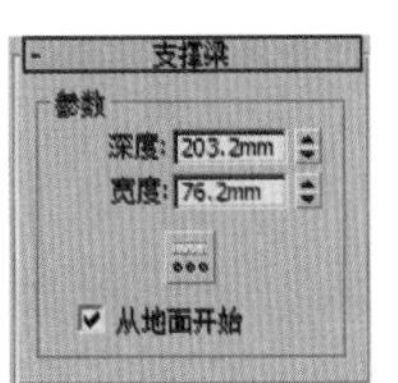

图2-313

【参数介绍】

深度：设置支撑梁离地面的深度。

宽度：设置支撑梁的宽度。

“支撑梁间距”按钮：设置支撑梁的间距。单击该按钮可弹出“支撑梁间距”对话框，在该对话框中可设置支撑梁的一些参数。

从地面开始：控制支撑梁是从地面开始，还是与第1个梯级竖板的开始平齐，或是否将支撑梁延伸到地面以下。

2.9.4 “栏杆”卷展栏

下面讲解“栏杆”卷展栏中的参数，如图2-314所示，只有在“生成几何体”选项组启用“扶手”功能时，该卷展栏中的参数才可用。

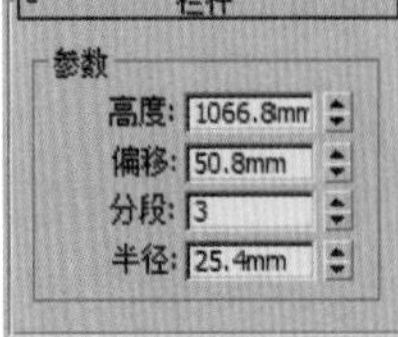

图2-314

【参数介绍】

高度：设置栏杆离台阶的高度。

偏移：设置栏杆离台阶端点的偏移量。

分段：设置栏杆中的分段数目，值越高，栏杆越平滑。

半径：设置栏杆的厚度。

2.10 创建AEC扩展

“AEC扩展”对象专门用在建筑、工程和构造等领域，使用“AEC扩展对象”可以提高创建场景的效率。“AEC扩展”对象包括“植物”、“栏杆”和“墙”3种物体，如图2-315所示。

图2-315

2.10.1 植物

使用“植物”工具可以快速地创建出系统内置的植物模型。植物的创建方法很简单，首先将“几何形体”类型切换为“AEC扩展”类型，然后单击“植物”按钮，接着在“收藏的植物”卷展栏中选择树种，最后在视图中拖曳鼠标就可以创建出相应的树木，如图2-316所示。

图2-316

“植物”的参数面板如图2-317所示，下面做详细讲解。

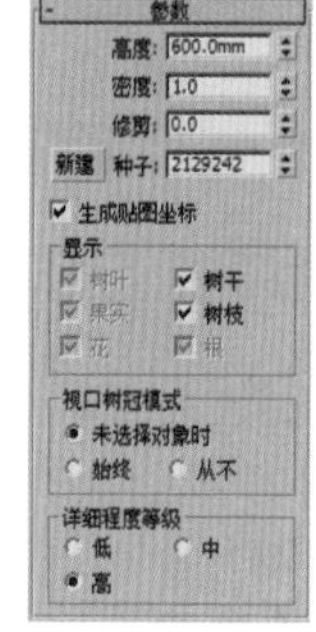

图2-317

【参数介绍】

高度：控制植物的近似高度，这个高度不一定是实际高度，它只是一个近似值。

密度：控制植物叶子和花朵的数量。值为 1 表示植物具有完整的叶子和花朵，值为5 表示植物具有1/2的叶子和花朵，值为0 表示植物没有叶子和花朵。

修剪：只适用于具有树枝的植物，可以用来删除与构造平面平行的不可见平面下的树枝。值为 0 表示不进行修剪，值为 1 表示尽可能修剪植物上的所有树枝。

小技巧

3ds Max修剪植物取决于植物的种类，如果是树干，则永不进行修剪。

新建：显示当前植物的随机变体，其旁边是种子的显示数值。

生成贴图坐标：对植物应用默认的贴图坐标。

显示选项组：这里面的参数主要用来控制植物的叶子、果实、花、树干、树枝和根的显示情况，勾选相应选项后，相应的对象就会在视图中显示出来。

视口树冠模式选项组：主要包含以下3个选项。

未选择对象时：未选择植物时以树冠模式显示植物。

始终：始终以树冠模式显示植物。

从不：从不以树冠模式显示植物，但是会显示植物的所有特性。

小技巧

植物的树冠是覆盖植物最远端（如叶子、树枝和树干的最远端）的一个壳，在未选择植物时将以树冠的模式来显示植物。

详细程度等级选项组：主要包含以下3个选项。

低：这种级别用来渲染植物的树冠。

中：这种级别用来渲染减少了面得植物。

高：以最高的细节级别渲染植物的所有面。

小技巧

减少面数的方式因植物而异，但通常的做法是删除植物中较小的元素，如树枝和树干中的面数。

2.10.2 栏杆

“栏杆”对象的组件包括栏杆、立柱和栅栏。3ds Max提供了两种创建栏杆的方法，第1种是创建有拐角的栏杆，第2种是通过拾取路径来创建异形栏杆，如图2-318所示。

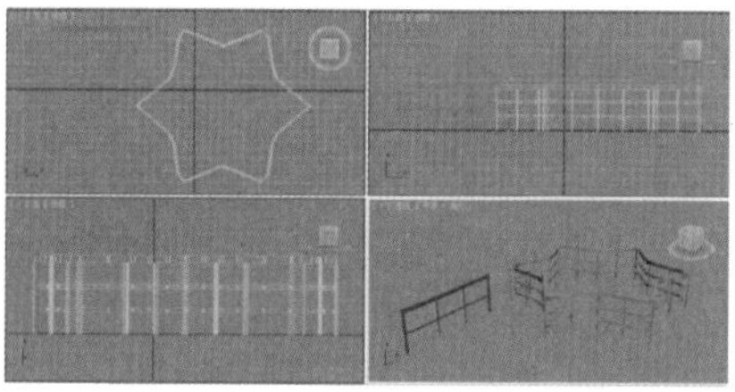

图2-318

栏杆的创建方法比较简单，首先将“几何体”类型切换到“AEC扩展”，然后单击“栏杆”按钮 栏杆 ，如图2-319所示，接着在视图中拖曳鼠标即可创建出栏杆。

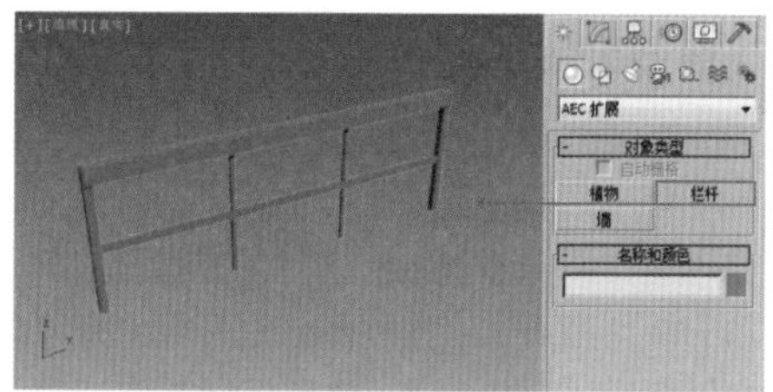

图2-319

1. “栏杆”卷展栏

“栏杆”卷展栏的参数设置如图2-320所示，下面来详细介绍相关参数的含义。

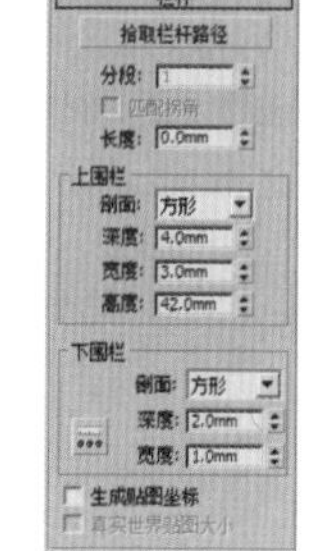

图2-320

【参数介绍】

拾取栏杆路径：单击该按钮可拾取视图中的样条线来作为栏杆路径。

分段：设置栏杆对象的分段数，只有使用栏杆路径时才能使用该选项。

匹配拐角：在栏杆中放置拐角，以匹配栏杆路径的拐角。

长度：设置栏杆的长度。

上围栏选项组：主要包含以下4个选项。

剖面：指定上栏杆的横截面形状。

深度：设置上栏杆的深度。

宽度：设置上栏杆的宽度。

高度：设置上栏杆的高度。

下围栏选项组：主要包含以下4个选项。

剖面：指定下栏杆的横截面形状。

深度：设置下栏杆的深度。

宽度：设置下栏杆的宽度。

下围栏间距按钮：设置下围栏之间的间距。单击该按钮后可弹出一个对话框，在该对话框中可设置下栏杆间距的一些参数。

生成贴图坐标：为栏杆对象分配贴图坐标。

真实世界贴图大小：控制应用于对象的纹理贴图材质所使用的缩放方法。

2. "立柱"卷展栏

"立柱"卷展栏中的参数设置如图2-321所示。

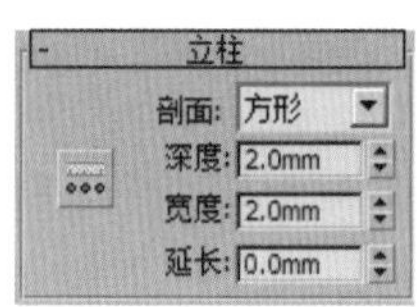

图2-321

【参数介绍】

剖面：指定立柱的横截面形状。

深度：设置立柱的深度。

宽度：设置立柱的宽度。

延长：设置立柱在上栏杆底部的延长量。

立柱间距按钮：设置立柱的间距。单击该按钮后可弹出一个对话框，在该对话框中可设置立柱间距的一些参数。

如果将"剖面"设置为"无"，"立柱间距"将不可用。

3. "栅栏"卷展栏

"栅栏"卷展栏中的参数设置如图2-322所示。

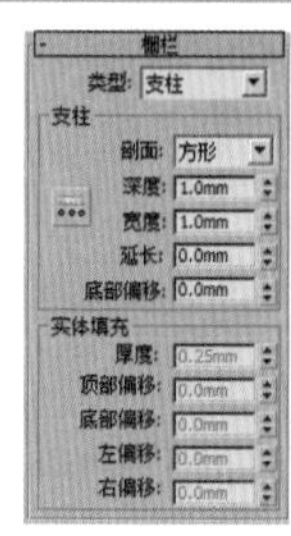

图2-322

【参数介绍】

类型：指定立柱之间的栅栏类型，有"无"、"支柱"和"实体填充"3个选项。

支柱选项组：只有"栅栏"类型为"支柱"类型时，该选项组中的参数才可用。

剖面：设置支柱的横截面形状，有方形和圆形两个选项。

深度：设置支柱的深度。

宽度：设置支柱的宽度。

延长：设置支柱在上栏杆底部的延长量。

底部偏移：设置支柱与栏杆底部的偏移量。

支柱间距：设置支柱的间距。单击该按钮后可弹出一个对话框，在该对话框中可设置支柱间距的一些参数。

实体填充选项组：只有栅栏类型为"实体填充"类型时，该选项组中的参数才可用。

厚度：设置实体填充的厚度。

顶部偏移：设置实体填充与上栏杆底部的偏移量。

底部偏移：设置实体填充与栏杆底部的偏移量。

左偏移：设置实体填充与相邻左侧立柱之间的偏移量。

右偏移：设置实体填充与相邻右侧立柱之间的偏移量。

2.10.3 墙

"墙"对象由3个子对象构成，这些对象类型可以在修改面板中进行修改。编辑墙的方法和样条线比较类似，可以分别对墙本身，以及其顶点、分段和轮廓进行编辑。

创建墙模型的方法比较简单，首先将"几何体"类型切换到"AEC扩展"类型，然后单击"墙"按钮，接着在视图中拖曳鼠标创建一个墙体，如图2-323所示。

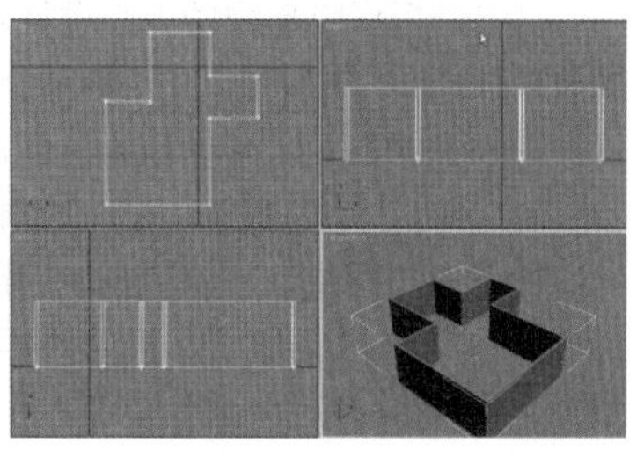

图2-323

单击“墙”按钮，系统会弹出“墙”的参数面板，如图2-324所示。

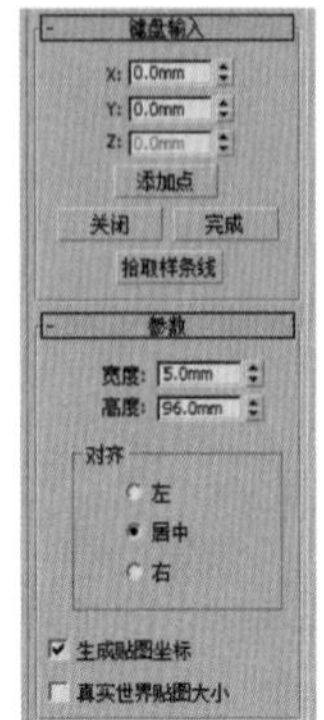

图2-324

【参数介绍】

1.“键盘输入”卷展栏

X：设置墙分段在活动构造平面中的起点的*x*轴坐标值。

Y：设置墙分段在活动构造平面中的起点的*y*轴坐标值。

Z：设置墙分段在活动构造平面中的起点的*z*轴坐标值。

添加点：根据输入的*x*/*y*/*z*轴坐标值来添加点。

闭合：单击该按钮可结束墙对象的创建，并在最后一个分段端点与第一个分段起点之间创建出分段，以形成闭合的墙体。

完成：单击该按钮结束墙对象的创建，使端点处于断开状态。

拾取样条线：单击该按钮可拾取场景中的样条线，并将其作为墙对象的路径。

2.“参数”卷展栏

宽度：设置墙的厚度，其范围从 0.01 ~100 mm，默认设置为 5mm。

高度：设置墙的高度，其范围从 0.01~ 100mm，默认设置为 96mm。

对齐：指定门的对齐方式，共有以下3种。

左：根据墙基线“墙的前边与后边之间的线，即墙的厚度”的左侧边进行对齐。如果启用“栅格捕捉”给你，则墙基线的左侧边将捕捉到栅格线。

中心：根据墙基线的中心进行对齐。如果启用“栅格捕捉”功能，则墙基线的中心将捕捉到栅格线。

右：根据墙基线的右侧边进行对齐。如果启用“栅格捕捉”功能，则墙基线的右侧边将捕捉到栅格线。

生成贴图坐标：为墙对象应用贴图坐标。

真实世界贴图大小：控制应用于对象的纹理贴图材质所使用的缩放方法。

第3章

高级建模技术——图形建模

要点索引

本章概述

3ds Max的二维图形建模主要是样条线建模技法，包括“样条线”、“扩展样条线”和“NURBS曲线”的创建，以及可编辑样条线的处理方法，还有如何将二维样条线转化为3D模型。二维图形建模是3ds Max非常重要的建模方法之一，也是比较基础的方法，很多复杂的模型都可以通过转化二维图形来获得，希望读者能够熟练掌握。

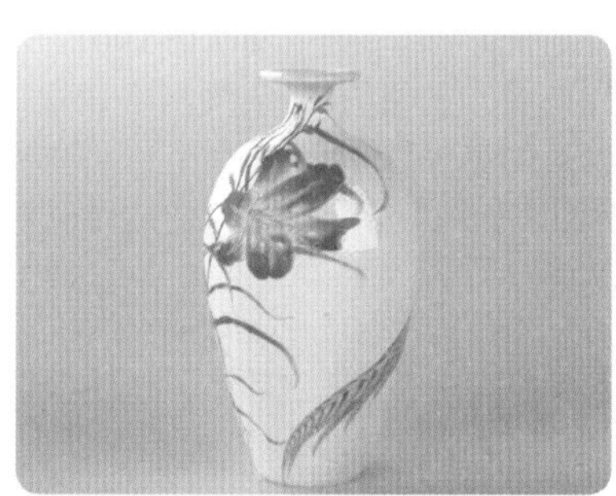

3.1 创建样条线

二维图形是由一个或多个“样条线”组成，而样条线又是由点和线段组成。所以只要调整点的参数及样条线的参数，就可以生成复杂的二维模型，利用这些二维模型又可以生成三维模型。

在“创建”面板中单击“图形”按钮，然后设置图形类型为“样条线”，这里有12种样条线，分别是“线”、“矩形”、“圆”、“椭圆”、“弧”、“圆环”、“多边形”、“星形”、“文本”、“螺旋线”、Egg和“截面”，如图3-1所示。

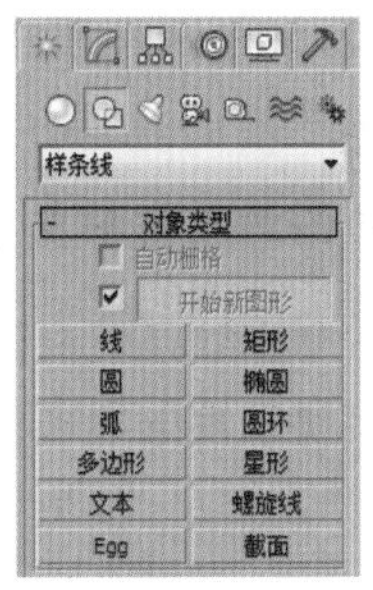

图3-1

小技巧

样条线的应用非常广泛，其建模速度相当快。在3ds Max中，制作三维文字时，可以直接使用“文本”工具 文本 输入字体，然后将其转换为三维模型。同时还可以导入AI矢量图形来生成三维物体。选择相应的样条线工具后，在视图中拖曳光标就可以绘制出相应的样条线，如图3-2所示。

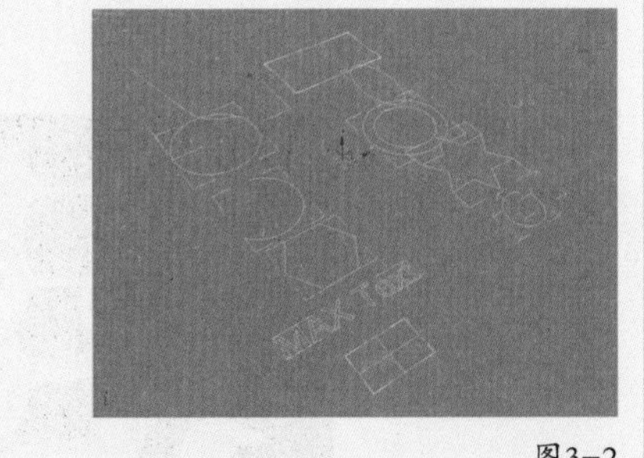

图3-2

3.1.1 线

“线”在建模中是最常用的一种样条线，其使用方法非常灵活，形状也不受约束，可以封闭也可以不封闭，拐角处可以是尖锐也可以是圆滑的，如图3-3所示。线中的顶点有3种类型，分别是“角点”、“平滑”和Bezier。

线的参数包括“渲染”卷展栏、“插值”卷展栏、“创建方法”卷展栏和“键盘输入”卷展栏，如图3-4所示。

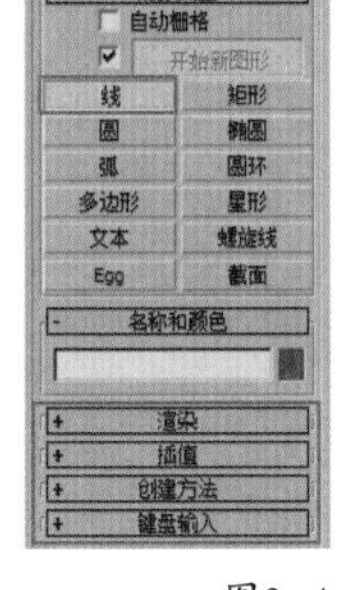

图3-3 图3-4

1.“渲染”卷展栏

展开“渲染”卷展栏，如图3-5所示。

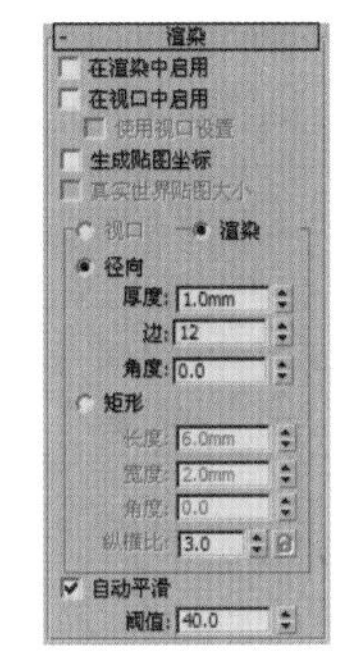

图3-5

【参数介绍】

在渲染中启用：勾选该选项才能渲染出样条线。

在视口中启用：勾选该选项后，样条线会以网格的形式显示在视图中。

使用视口设置：该选项只有在开启“在视口中启用”选项时才可用，主要用于设置不同的渲染参数。

生成贴图坐标：控制是否应用贴图坐标。

真实世界贴图大小：控制应用于对象的纹理贴图材质所使用的缩放方法。

视口/渲染：当勾选“在视口中启用”选项时，样条线将显示在视图中；当同时勾选“在视口中启用”和“渲染”选项时，样条线在视图中和渲染中都可以显示出来。

径向：将3D网格显示为圆柱形对象，其参数包含“厚度”、“边”和“角度”。“厚度”选项用于指定视图或渲染样条线网格的直径，其默认值为1，范围从0~100；“边”选项用于在视图或渲染器中为样条线网格设置边数或面数（如值为4表示一个方形横截面）；“角度”选项用于调整视图或渲染器中的横截面的旋转位置。

矩形：将3D网格显示为矩形对象，其参数包含“长度”、“宽度”、“角度”和“纵横比”。“长度”选项用于设置沿局部y轴的横截面大小；“宽度”选项用于设置沿局部x轴的横截面大小；“角度”选项用于调整视图或渲染器中的横截面的旋转位置；“纵横比”选项用于设置矩形横截面的纵横比。

自动平滑：启用该选项可以激活下面的“阈值”选项，调整“阈值”数值可以自动平滑样条线。

2.“插值”卷展栏

展开“插值”卷展栏，如图3-6所示。

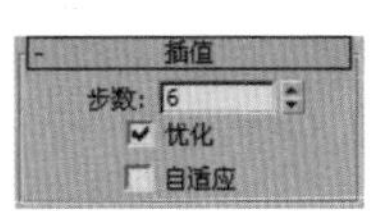

图3-6

【参数介绍】

步数：手动设置每条样条线的步数。

优化：启用该选项后，可以从样条线的直线线段中删除不需要的步数。

自适应：启用该选项后，系统会自适应设置每条样条线的步数，以生成平滑的曲线。

3.“创建方法”卷展栏

展开“创建方法”卷展栏，如图3-7所示。

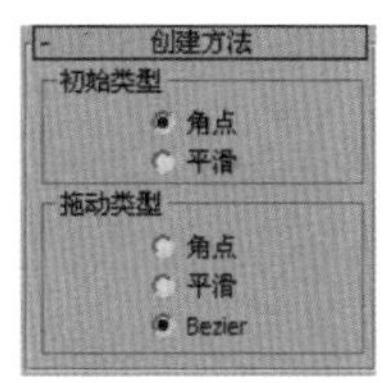

图3-7

【参数介绍】

初始类型：该选项组用于指定创建第1个顶点的类型，主要包含以下两个选项。

角点：通过顶点产生一个没有弧度的尖角。

平滑：通过顶点产生一条平滑的、不可调整的曲线。

拖动类型：该选项组用于当拖曳顶点位置时，设置所创建顶点的类型，主要包含以下3个选项。

角点：通过顶点产生一个没有弧度的尖角。

平滑：通过顶点产生一条平滑、不可调整的曲线。

Bezier：通过顶点产生一条平滑、可以调整的曲线。

4.“键盘输入”卷展栏

展开“键盘输入”卷展栏，如图3-8所示。该卷展栏下的参数可以通过键盘输入来完成样条线的绘制。

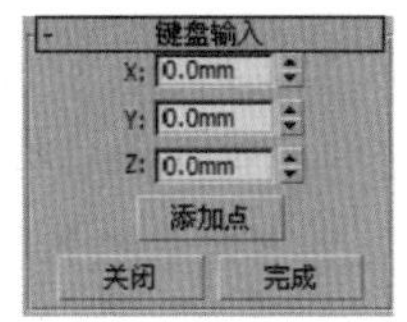

图3-8

新手练习——制作卡通猫咪

素材文件	无
案例文件	新手练习——制作卡通猫咪.max
视频教学	视频教学/第3章/新手练习——制作卡通猫咪.flv
技术掌握	“线”命令的运用

本案例的卡通猫咪效果如图3-9所示，制作技术比较简单，主要采用“线”命令来完成。

图3-9

【操作步骤】

01 使用“线”工具 线 在前视图中绘制出猫咪头部的样条线，如图3-10所示。

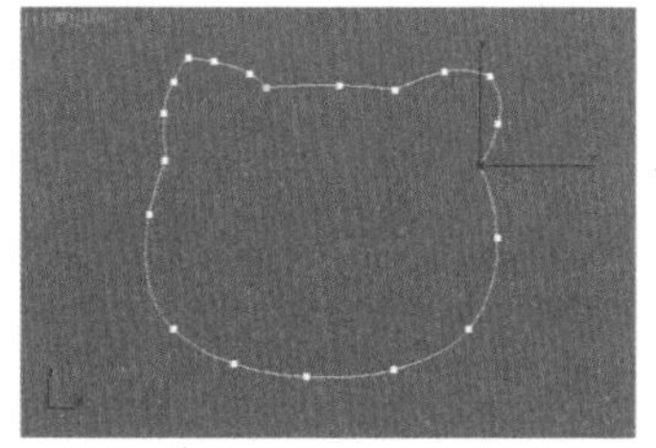

图3-10

知识窗

调节样条线的形状

如果绘制出来的样条线不是很平滑，就需要对其进行调节（需要尖角的角点时就不需要调节），样条线形状主要是在“顶点”级别下进行调节。下面以图3-11中的矩形来详细介绍一下如何将硬角点调节为平面的角点。

进入“修改”面板，然后在“选择”卷展栏下单击“顶点”按钮，进入“顶点”级别，如图3-12所示。

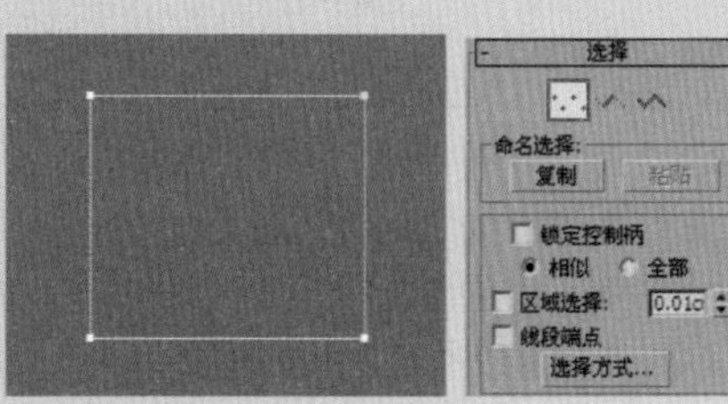

图3-11　图3-12

选择需要调节的顶点，然后单击鼠标右键，在弹出的菜单中可以观察到除了“角点”选项以外，还有另外3个选项，分别是“Bezier角点”、Bezier和“平滑”选项，如图3-13所示。

平滑：如果选择该选项，则选择的顶点会自动平滑，但是不能继续调节角点的形状，如图3-14所示。

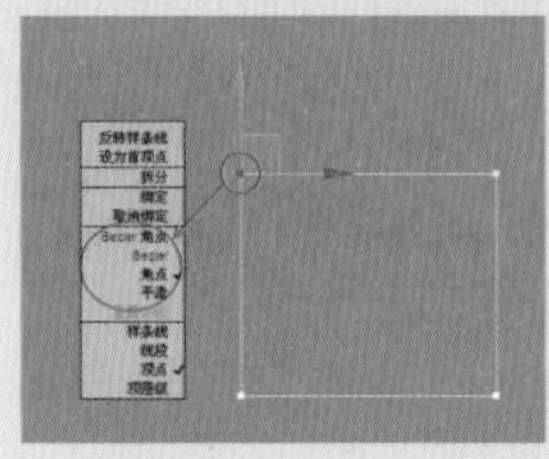

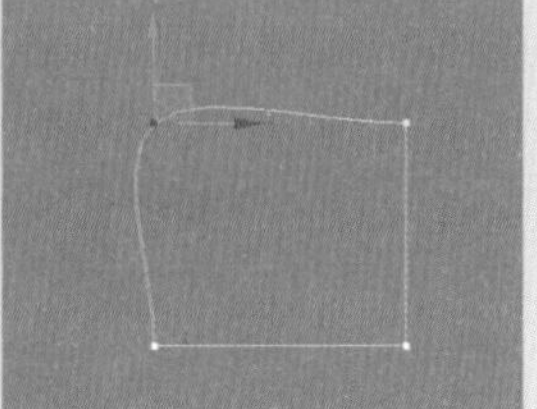

图3-13　　图3-14

Bezier角点：如果选择该选项，则原始角点的形状保持不变，但会出现控制柄（两条滑竿）和两个可供调节方向的锚点，如图3-15所示。通过这两个锚点，可以用“选择并移动”工具、“选择并旋转”工具、“选择并均匀缩放”工具等对锚点进行移动、旋转和缩放等操作，从而改变角点的形状，如图3-16所示。

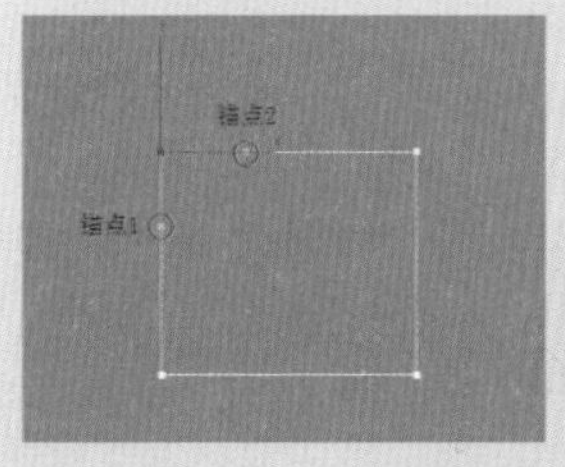

图3-15　　图3-16

Bezier：如果选择该选项，则会改变原始角点的形状，同时也会出现控制柄和两个可供调节方向的锚点，如图3-17所示。同样通过这两个锚点，可以用“选择并移动”工具、“选择并旋转”工具、“选择并均匀缩放”工具等对锚点进行移动、旋转和缩放等操作，从而改变角点的形状，如图3-18所示。

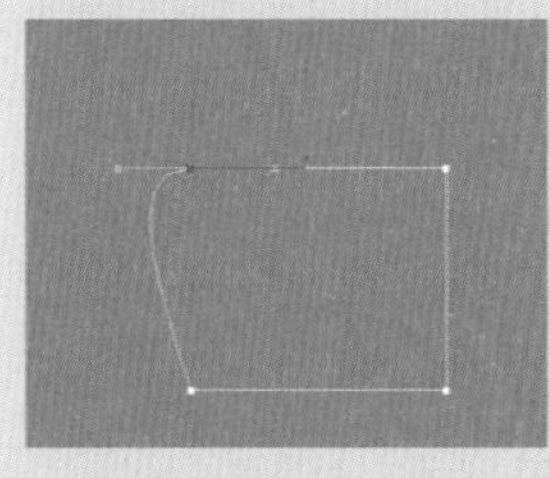

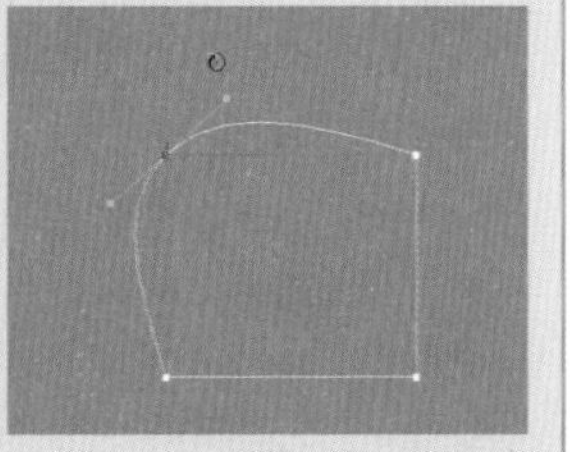

图3-17　　图3-18

02 切换到“修改”面板，然后在“渲染”卷展栏下勾选“在渲染中启用”和“在视口中启用”选项，接着设置“径向”的“厚度”为1.969mm、“边”为15，最后在“插值”卷展栏下设置“步数”为30，具体参数如图3-19所示，此时模型效果如图3-20所示。

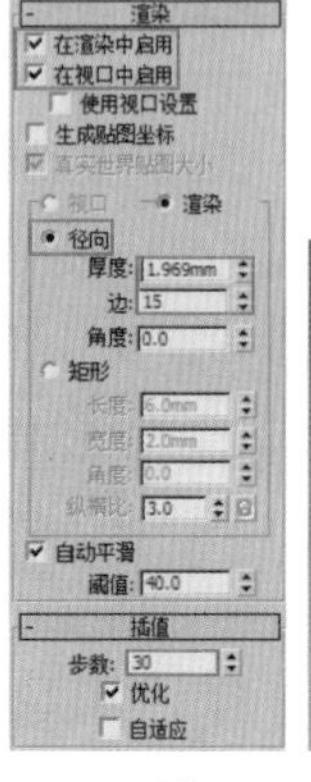

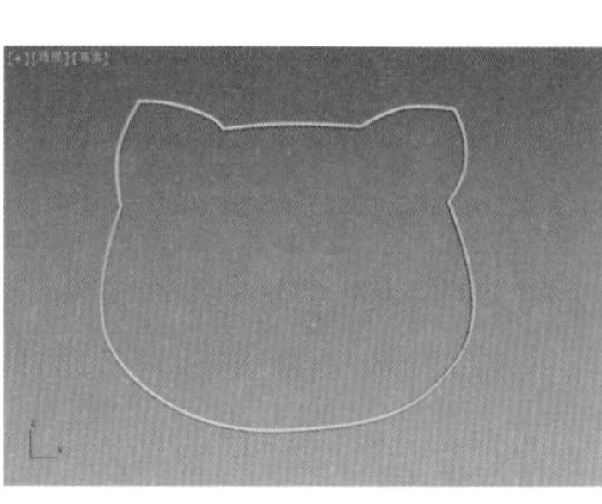

图3-19　　图3-20

小技巧

“步数”主要用来调节样条线的平滑度，值越大，样条线就越平滑。图3-21和图3-22所示分别是“步数”值为2和50时的效果对比。

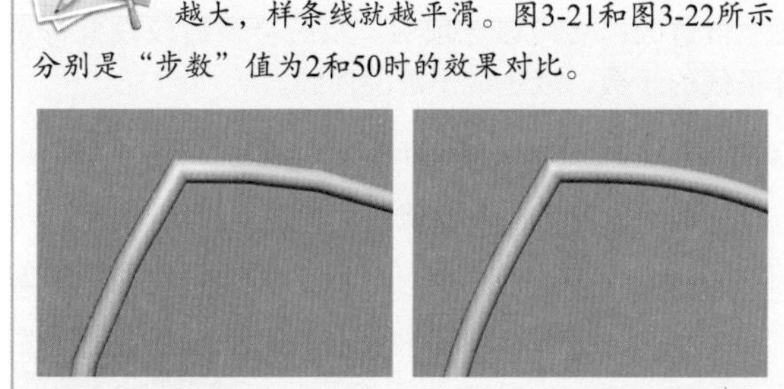

图3-21　　图3-22

03 在“创建”面板中单击“圆”按钮 圆 ，然后在前视图中绘制一个圆形作为猫咪的眼睛，接着在“参数”卷展栏下设置“半径”为7.46mm，圆形位置如图3-23所示。

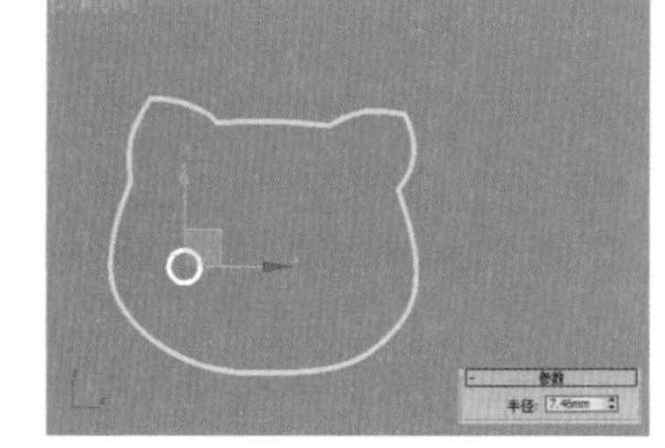

图3-23

由于在步骤（2）中已经设置了样条线的渲染参数（在“渲染”卷展栏下设置），3ds Max会记忆这些参数，并应用在创建的新样条线中，所以在步骤（3）中就不用设置渲染参数。

04 使用“选择并移动”工具选择圆形，然后按住Shift键移动复制一个圆到图3-24所示的位置。

05 继续使用“选择并移动”工具移动复制一个圆形到嘴部位置，然后按R键选择“选择并均匀缩放”工具，接着在前视图中沿y轴向下将其压扁，效果如图3-25所示。

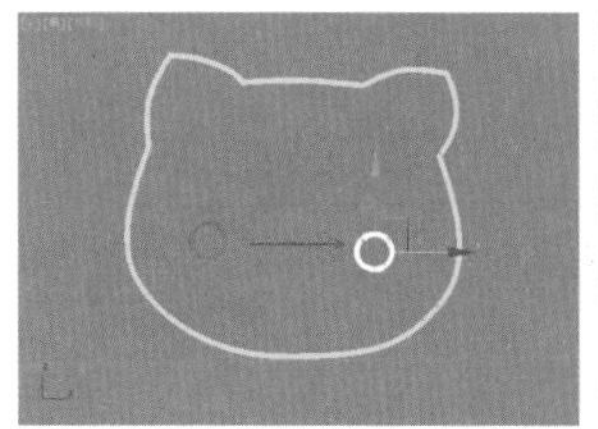

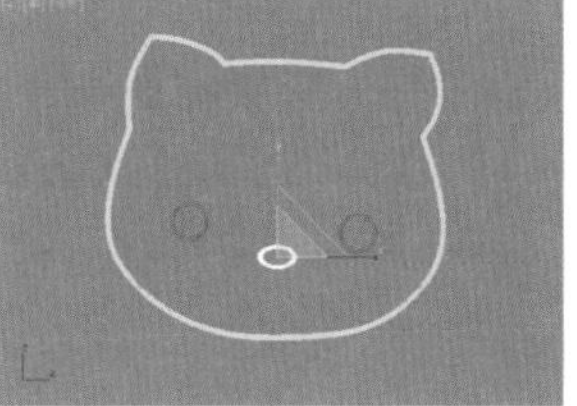

图3-24　图3-25

06 采用相同的方法使用“线”工具在前视图中绘制出猫咪的其他部分，最终模型效果如图3-26所示。

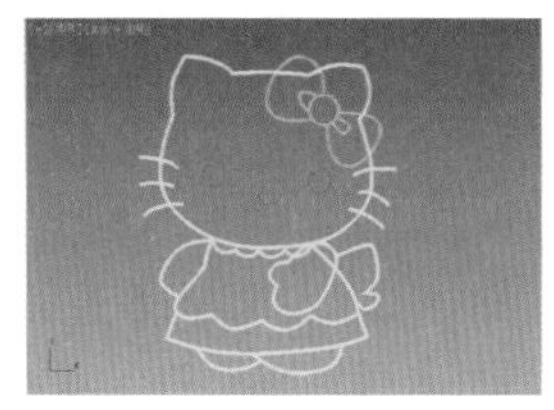

图3-26

3.1.2 文本

使用“文本”样条线可以很方便地在视图中创建出文字模型，并且可以更改字体类型和字体大小，如图3-27所示，其参数设置面板如图3-28所示（“渲染”和“插值”两个卷展栏中的参数与“线”的参数相同）。

图3-27　图3-28

【参数介绍】

斜体：单击该按钮可以将文本切换为斜体，如图3-29所示。

下划线：单击该按钮可以将文本切换为下划线文本，如图3-30所示。

图3-29　图3-30

左对齐：单击该按钮可以将文本对齐到边界框的左侧。

居中：单击该按钮可以将文本对齐到边界框的中心。

右对齐：单击该按钮可以将文本对齐到边界框的右侧。

对正：分隔所有文本行以填充边界框的范围。

大小：设置文本高度，其默认值为100mm。

字间距：设置文字间的间距。

行间距：调整字行间的间距（只对多行文本起作用）。

文本：在此可以输入文本，若要输入多行文本，可以按Enter键切换到下一行。

新手练习——制作创意字母

素材文件	无
案例文件	新手练习——制作创意字母.max
视频教学	视频教学/第3章/新手练习——制作创意字母.flv
技术掌握	文本”命令的运用

本案例的创意字母效果如图3-31所示，主要用来练习“文本”命令的用法。

图3-31

【操作步骤】

01 在“创建“面板下单击“图形”按钮，然后设置图形类型为“样条线”，接着单击“文本”按钮，最后在前视图中单击鼠标左键创建一个默认的文本图形，如图3-32所示。

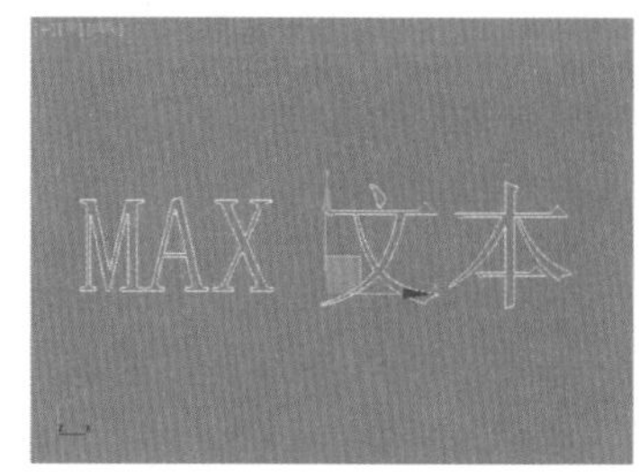

图3-32

02 选择文本图形，进入“修改”面板，然后在“参数”卷展栏设置“字体”为Arial Black、“大小”为78.74mm，接着在“文本”输入框中输入字母H，具体参数设置及字母效果如图3-33所示。

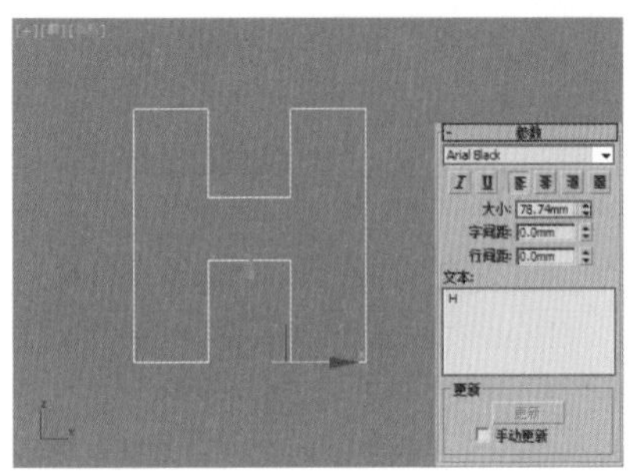
图3-33

03 选择文本H，然后在“修改器列表”下选择“挤出”修改器，接着在“参数”卷展栏下设置“数量”为19.685mm，具体参数设置及模型效果如图3-34所示。

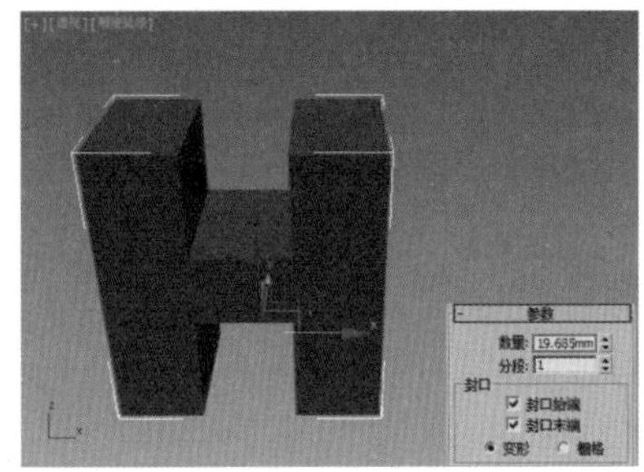
图3-34

04 继续使用“文本”工具创建出其他的文本，最终模型效果如图3-35所示。

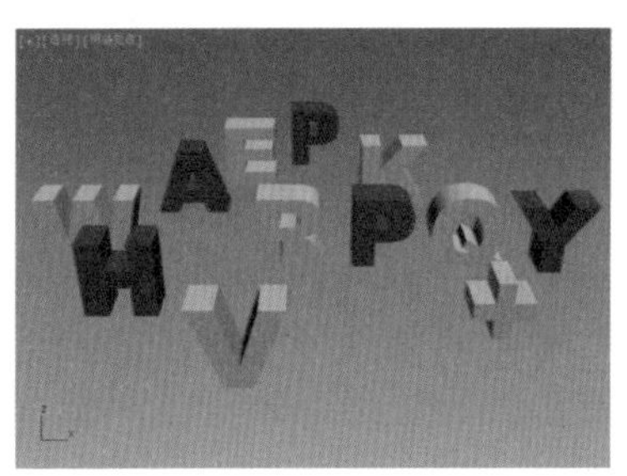
图3-35

3.1.3 螺旋线

使用“螺旋线”工具 螺旋线 可创建开口平面或螺旋线，其创建参数如图3-36所示。

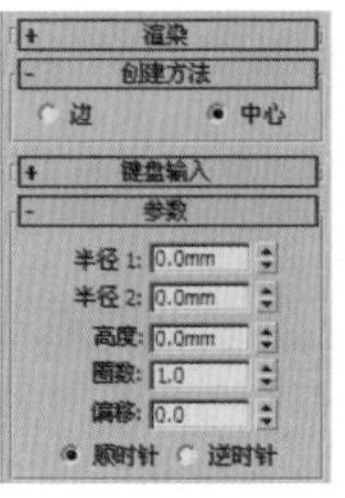

图3-36

【参数介绍】

边：以螺旋线的边为基点开始创建。

中心：以螺旋线的中心为基点开始创建。

半径1/半径2：设置螺旋线起点和终点半径。

高度：设置螺旋线的高度。

圈数：设置螺旋线起点和终点之间的圈数。

偏移：强制在螺旋线的一端累积圈数。高度为0时，偏移的影响不可见。

顺时针/逆时针：设置螺旋线的旋转是顺时针还是逆时针。

3.1.4 其他样条线

除了以上3种样条线以外，还有其他9种样条线，分别是“矩形”、“圆”、“椭圆”、“弧”、“圆环”、“多边形”、“星形”、Egg和“截面”，如图3-37所示。这9种样条线都很简单，其参数也很容易理解，在此就不再赘述。

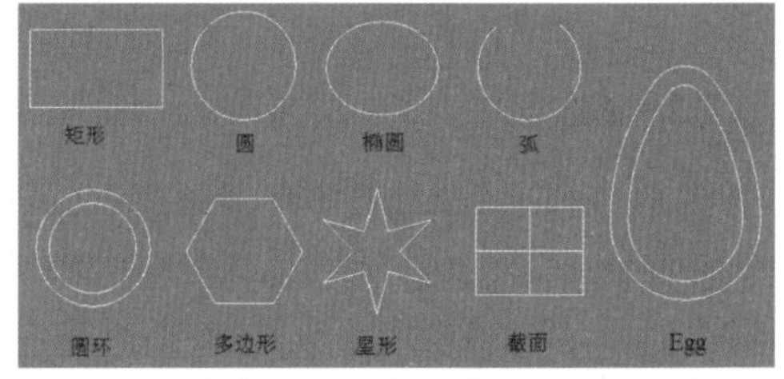

图3-37

3.2 扩展样条线

“扩展样条线”有5种类型，分别是“墙矩形”、“通道”、“角度”、“T形”和“宽法兰”，如图3-38所示。这5种扩展样条线在前视图中的显示效果如图3-39所示。

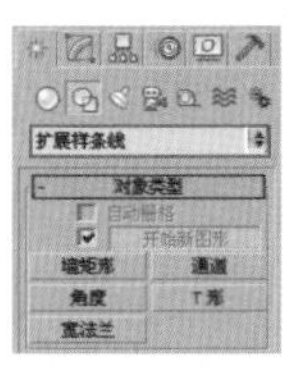

图3-38

图3-39

扩展样条线的创建和编辑方法与样条线相似，并且也可以直接转化为NURBS曲线。

3.2.1 墙矩形

“墙矩形”命令可以创建两个嵌套的矩形，并且内外矩形的边保持相同间距。适合创建窗框、方管截面等图形，配合Ctrl键可以创建嵌套的正方形，其示意图及其参数面板如图3-40和图3-41所示。

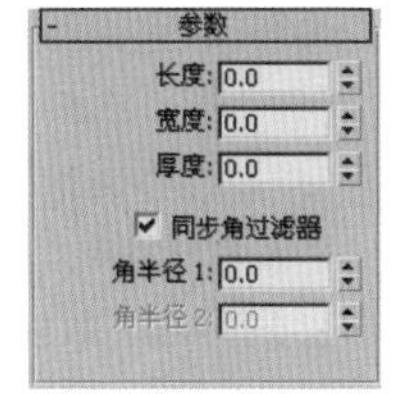

图3-40　图3-41

【参数介绍】

长度：设置墙矩形的外围矩形的长度。

宽度：设置墙矩形的外围矩形的宽度。

厚度：墙矩形的厚度，即内外矩形的间距。

同步角过滤器：勾选此选项时，墙矩形的内外矩形圆角保持平行，同时下面的“角半径2”失效。

角半径1/角半径2：设置墙矩形内外矩形的圆角值。

3.2.2 通道

“通道”命令可以创建C型槽轮廓图形，配合Ctrl键可以创建边界框为正方形的C型槽，并可以在槽底和槽壁的转角处设置圆角，其示意图及其参数面板如图3-42和图3-43所示。

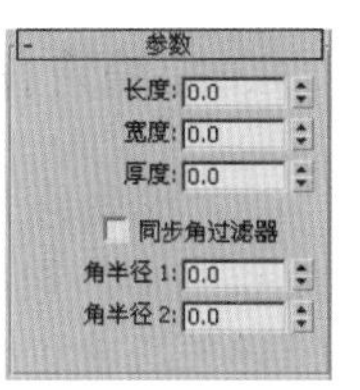

图3-42　图3-43

【参数介绍】

长度：设置C型槽边界长方形的长度。

宽度：设置C型槽边界长方形的宽度。

厚度：设置槽的厚度。

同步角过滤器：勾选此选项时，C型槽外侧和内侧的圆角保持平行，同时下面的“角半径2”失效。

角半径1/角半径2：分别设置外侧和内侧的圆角值。

3.2.3 角度

“角度”命令可以创建角线图形，配合Ctrl键可以创建边界框为正方形的角线，并可以设置圆角，常用于创建角钢、包角的截面图形，其示意图及其参数面板如图3-44和图3-45所示。

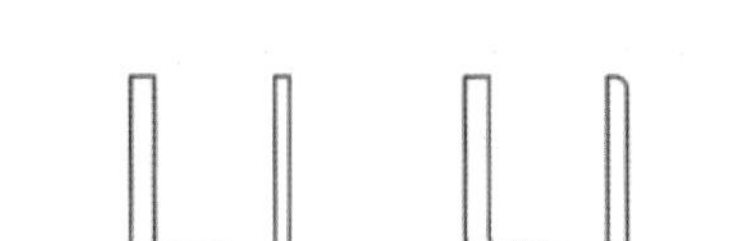

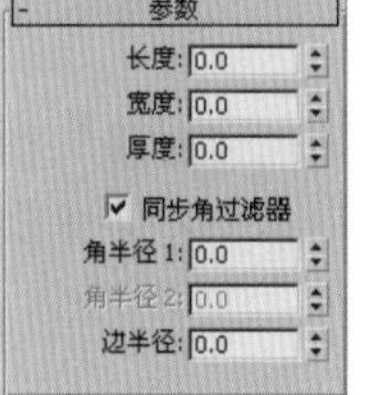

图3-44　图3-45

【参数介绍】

长度：设置角线边界长方形的长度。

宽度：设置角线边界长方形的宽度。

厚度：设置角线的厚度。

同步角过滤器：勾选此选项时，角线拐角处外侧和内侧的圆角保持平行，同时下面的“角半径2”失效。

角半径1/角半径2：分别设置角线拐角处外侧和内侧的圆角值。

边半径：设置角线两个顶端内侧的圆角值。

3.2.4 T形

“T形”命令用于创建一个闭合的T形样条线，配合Ctrl键可以创建边界框为正方形的T形，其示意图及其参数面板如图3-46和图3-47所示。

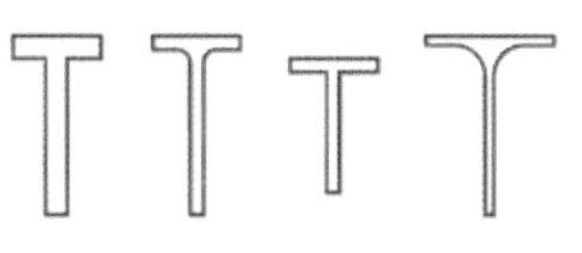

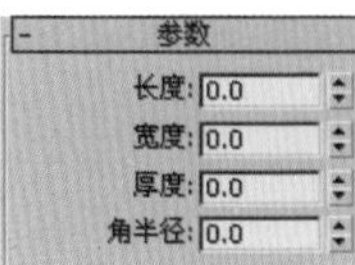

图3-46　图3-47

【参数介绍】

长度：设置T形边界长方形的长度。

宽度：设置T形边界长方形的宽度。

厚度：设置厚度。

角半径：给T形的腰和翼交接处设置圆角。

3.2.5 宽法兰

“宽法兰”命令用于创建一个工字形图案，配合Ctrl键可以创建边界框为正方形的工字形图案，其示意图及其参数面板如图3-48和图3-49所示。

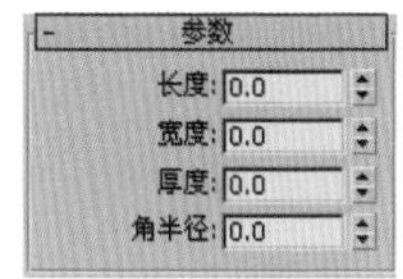

图3-48　图3-49

【参数介绍】

长度：设置宽法兰边界长方形的长度。

宽度：设置宽法兰边界长方形的宽度。

厚度：设置厚度。

角半径：为宽法兰的4个凹角设置圆角半径。

二维图形建模中还有一个“NURBS曲线”建模方法，这一部分内容将在后面的章节中进行讲解。

3.3 可编辑样条线

虽然3ds Max提供了很多种二维图形，但是也不能完全满足创建复杂模型的需求，因此就需要对样条线的形状进行修改，并且由于绘制出来的样条线都是参数化对象，只能对参数进行调整，所以就需要将样条线转换为可编辑样条线。

3.3.1 把样条线转换为可编辑样条线

将样条线转换为可编辑样条线的方法有以下两种。

第1种：选择样条线，然后单击鼠标右键，接着在弹出的菜单中选择“转换为/转换为可编辑样条线”命令，如图3-50所示。

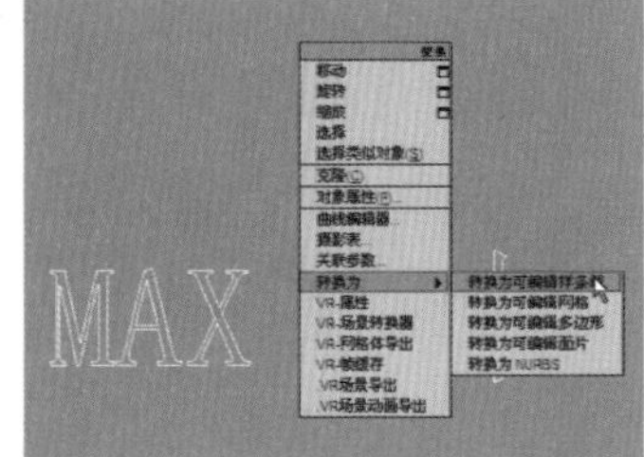

图3-50

小技巧

在将样条线转换为可编辑样条线前，样条线具有创建参数（“参数”卷展栏），如图3-51所示。转换为可编辑样条线以后，“修改”面板的修改器堆栈中的Text就变成了“可编辑样条线”选项，并且没有了“参数”卷展栏，但增加了“选择”、“软选择”和“几何体”3个卷展栏，如图3-52所示。

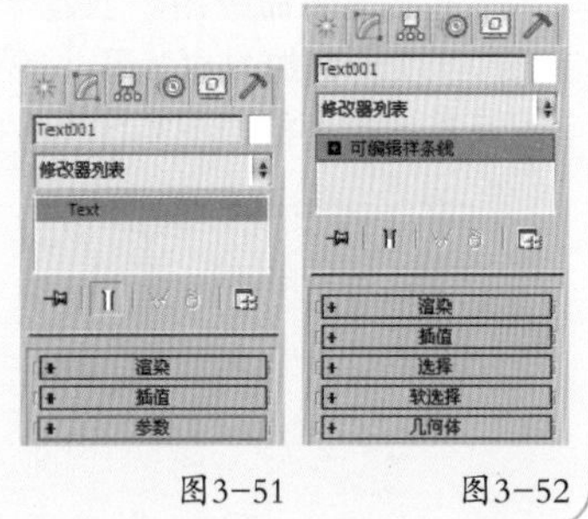

图3-51　图3-52

第2种：选择样条线，然后在“修改器列表”中为其加载一个“编辑样条线”修改器，如图3-53所示。

图3-53

小技巧

上面介绍的两种方法有一些区别。与第1种方法相比，第2种方法的修改器堆栈中不只包含“编辑样条线”选项，同时还保留了原始的样条线（也包含“参数”卷展栏）。当选择“编辑样条线”选项时，其卷展栏包含“选择”、“软选择”和“几何体”卷展栏，如图3-54所示；当选择Text选项时，其卷展栏包括“渲染”、“插值”和“参数”卷展栏，如图3-55所示。

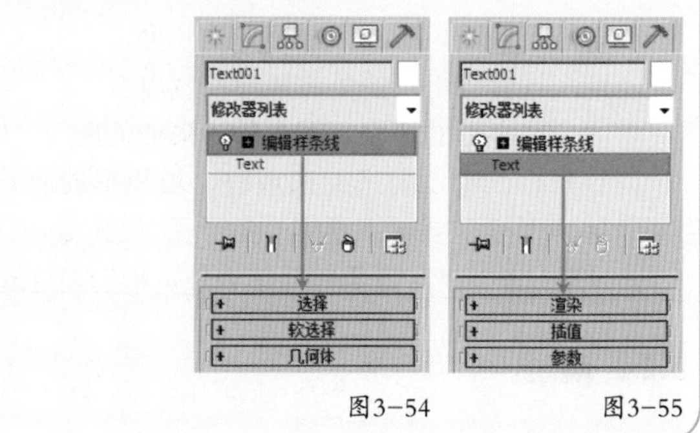

图3-54　图3-55

在3ds Max的修改器中，能够用于样条线编辑的修改器包括编辑样条线、横截面、删除样条线、车削、规格化样条线、圆角/切角、修剪/延伸等。

3.3.2 编辑样条线

“编辑样条线”修改器主要针对样条线进行修改和编辑，把样条线转换为可编辑样条线后，可编辑样条线就包含5个卷展栏，分别是“渲染”、“插值”、“选择”、“软选择”和“几何体”卷展栏，如图3-56所示。

图3-56

小技巧

下面只介绍“选择”、“软选择”和“几何体”3个卷展栏下的相关参数，另外两个卷展栏请参阅上面相关内容。

1.“选择”卷展栏

“选择”卷展栏主要用来切换可编辑样条线的操作级别，其参数面板如图3-57所示。

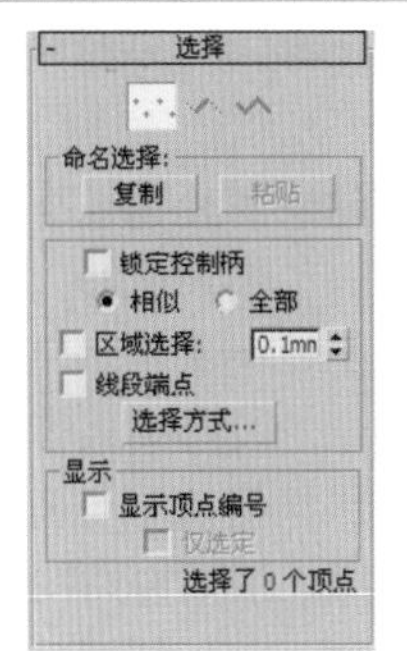

图3-57

【参数介绍】

顶点：用于访问“顶点”子对象级别，在该级别下可以对样条线的顶点进行调节，如图3-58所示。

线段：用于访问“线段”子对象级别，在该级别下可以对样条线的线段进行调节，如图3-59所示。

样条线：用于访问“样条线”子对象级别，在该级别下可以对整条样条线进行调节，如图3-60所示。

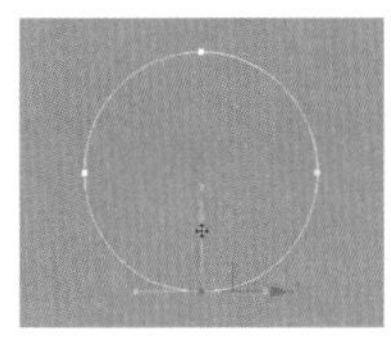
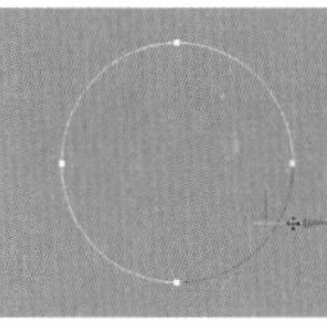
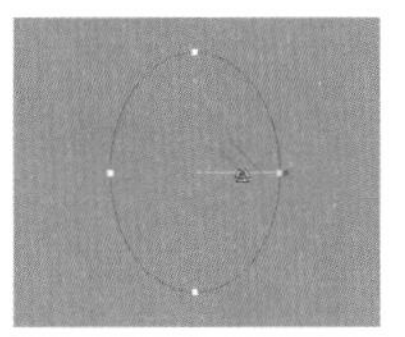

图3-58　图3-59　图3-60

命名选择：该选项组用于复制和粘贴命名选择集，主要包含以下两个选项。

复制 复制：将命名选择集放置到复制缓冲区。

粘贴 粘贴：从复制缓冲区中粘贴命名选择集。

锁定控制柄：关闭该选项时，即使选择了多个顶点，用户每次也只能变换一个顶点的切线控制柄；勾选该选项时，可以同时变换多个Bezier和Bezier角点控制柄。

相似：拖曳传入向量的控制柄时，所选顶点的所有传入向量将同时移动。同样，移动某个顶点上的传出切线控制柄将移动所有所选顶点的传出切线控制柄。

全部：当处理单个Bezier角点顶点并且想要移动两个控制柄时，可以使用该选项。

区域选择：该选项允许自动选择所单击顶点的特定半径中的所有顶点。

线段端点：勾选该选项后，可以通过单击线段来选择顶点。

选择方式 选择方式...：单击该按钮可以打开“选择方式”对话框，如图3-61所示。在该对话框中可以选择所选样条线或线段上的顶点。

选择方式...
线段
样条线

图3-61

显示：该选项组用于设置顶点编号的显示方式，主要包含以下两个选项。

显示顶点编号：启用该选项后，3ds Max将在任何子对象级别的所选样条线的顶点旁边显示顶点编号，如图3-62所示。

仅选定：启用该选项后（要启用“显示顶点编号”选项时，该选项才可用），仅在所选顶点旁边显示顶点编号，如图3-63所示。

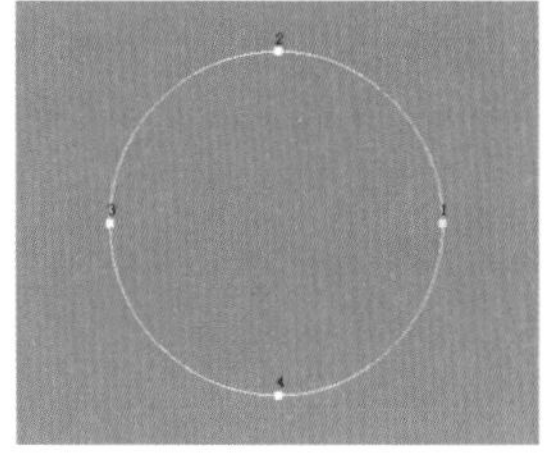
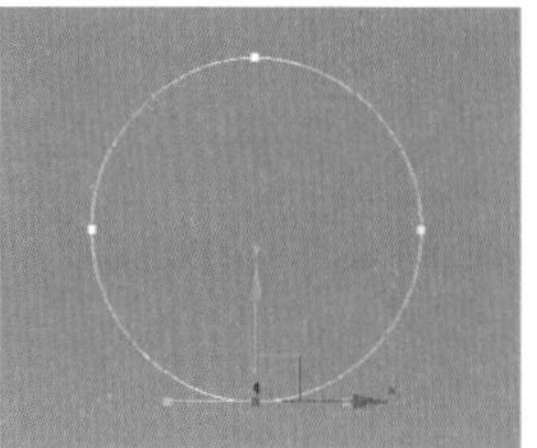

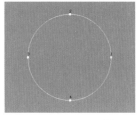

图3-62　图3-63

2.“软选择”卷展栏

“软选择”卷展栏下的参数选项允许部分地选择显式选择邻接处中的子对象，如图3-64所示。这将会使显式选择的行为就像被磁场包围了一样。在对子对象进行变换时，在场中被部分选定的子对象就会以平滑的方式进行绘制。

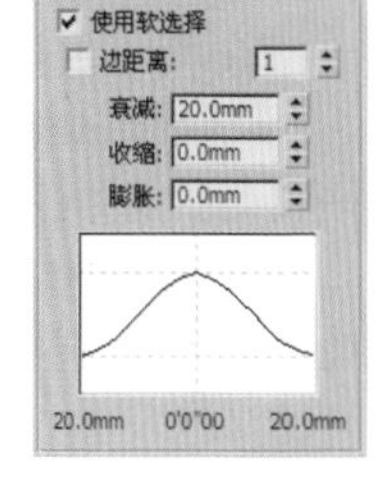

图3-64

【参数介绍】

使用软选择：启用该选项后，3ds Max会将样条线曲线变形应用到所变换的选择周围的未选定子对象。

边距离：启用该选项后，可以将软选择限制到指定的边数。

衰减：用以定义影响区域的距离，它是用当前单位表示的从中心到球体的边的距离。使用越高的“衰减”数值，就可以实现更平缓的斜坡。

收缩：用于沿着垂直轴提高并降低曲线的顶点。数值为负数时，将生成凹陷，而不是点；数值为0时，收缩将跨越该轴生成平滑变换。

膨胀：用于沿着垂直轴展开和收缩曲线。受“收缩”选项的限制，“膨胀”选项设置膨胀的固定起点。“收缩”值为0mm，并且“膨胀”值为1mm时，将会产生最为平滑的凸起。

软选择曲线图：以图形的方式显示软选择是如何进行工作的。

3. “几何体”卷展栏

“几何体”卷展栏下是一些编辑样条线对象和子对象的相关参数与工具，如图3-65所示。

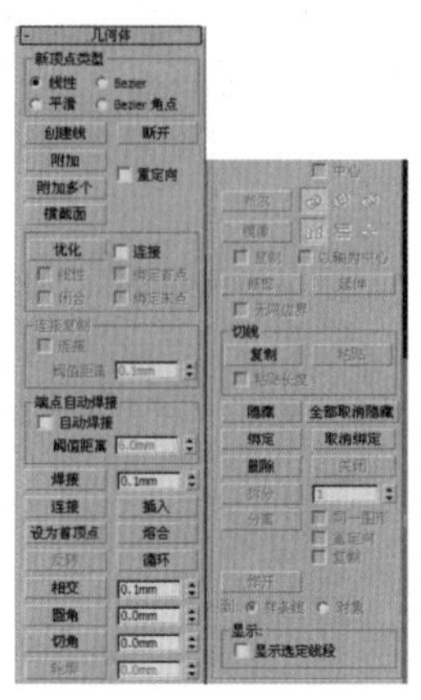

图3-65

【参数介绍】

新顶点类型：该选项组用于选择新顶点的类型，主要包含以下4个选项。

线性：新顶点具有线性切线。

Bezier：新顶点具有Bezier切线。

平滑：新顶点具有平滑切线。

Bezier角点：新顶点具有Bezier角点切线。

创建线 创建线 ：向所选对象添加更多样条线。这些线是独立的样条线子对象。

断开 断开 ：在选定的一个或多个顶点拆分样条线。选择一个或多个顶点，然后单击“断开”按钮 断开 可以创建拆分效果。

附加 附加 ：将其他样条线附加到所选样条线。

附加多个 附加多个 ：单击该按钮可以打开“附加多个”对话框，该对话框包含场景中所有其他图形的列表。

重定向：启用该选项后，将重新定向附加的样条线，使每个样条线的创建局部坐标系与所选样条线的创建局部坐标系对齐。

横截面 横截面 ：在横截面形状外面创建样条线框架。

优化 优化 ：这是最重要的工具之一，可以在样条线上添加顶点，且不更改样条线的曲率值。

连接：启用该选项时，通过连接新顶点可以创建一个新的样条线子对象。使用“优化”工具 优化 添加顶点后，“连接”选项会为每个新顶点创建一个单独的副本，然后将所有副本与一个新样条线相连。

线性：启用该选项后，通过使用“角点”顶点可以使新样条直线中的所有线段成为线性。

绑定首点：启用该选项后，可以使在优化操作中创建的第一个顶点绑定到所选线段的中心。

闭合：如果用该选项后，将连接新样条线中的第一个和最后一个顶点，以创建一个闭合的样条线；如果关闭该选项，“连接”选项将始终创建一个开口样条线。

绑定末点：启用该选项后，可以使在优化操作中创建的最后一个顶点绑定到所选线段的中心。

连接复制：该选项组在“线段”级别下使用，用于控制是否开启连接复制功能。

连接：启用该选项后，按住Shift键复制线段的操作将创建一个新的样条线子对象，以及将新线段的顶点连接到原始线段顶点的其他样条线。

阈值距离：确定启用“连接复制”选项时将使用的距离软选择。数值越高，创建的样条线就越多。

端点自动焊接：该选项组用于自动焊接样条线的端点，主要包含以下两个选项。

自动焊接：启用该选项后，会自动焊接在与同一样条线的另一个端点的阈值距离内放置和移动的端点顶点。

阈值距离：用于控制在自动焊接顶点之前，顶点可以与另一个顶点接近的程度。

焊接 焊接 ：这是最重要的工具之一，可以将两个端点顶点或同一样条线中的两个相邻顶点转化为一个顶点。

连接 连接 ：连接两个端点顶点以生成一个线性线段。

插入 插入 ：插入一个或多个顶点，以创建其他线段。

设为首顶点 设为首顶点 ：指定所选样条线中的哪个顶点为第一个顶点。

熔合 熔合 ：将所有选定顶点移至它们的平均中心位置。

反转 反转 ：该工具在“样条线”级别下使用，用于反转所选样条线的方向。

循环 循环 ：选择顶点以后，单击该按钮可以循环选择同一条样条线上的顶点。

相交 相交 ：在属于同一个样条线对象的两个样条线的相交处添加顶点。

圆角 圆角 ：在线段会合的地方设置圆角，以添加新的控制点。

切角 切角 ：用于设置形状角部的倒角。

轮廓 轮廓 ：这是最重要的工具之一，在“样条线”级别下使用，用于创建样条线的副本。

中心：如果关闭该选项，原始样条线将保持静止，而仅仅一侧的轮廓偏移到“轮廓”工具指定的距离；如果启用该选项，原始样条线和轮廓将从一个不可见的中心线向外移动由“轮廓”工具指定的距离。

布尔：对两个样条线进行2D布尔运算，主要包含以下3个命令。

并集 ：将两个重叠样条线组合成一个样条线。在该样条线中，重叠的部分会被删除，而保留两个样条线不重叠的部分，构成一个样条线。

差集：从第1个样条线中减去与第2个样条线重叠的部分，并删除第2个样条线中剩余的部分。

交集：仅保留两个样条线的重叠部分，并且会删除两者的不重叠部分。

镜像：对样条线进行相应的镜像操作，主要包含以下5个命令。

水平镜像：沿水平方向镜像样条线。

垂直镜像：沿垂直方向镜像样条线。

双向镜像：沿对角线方向镜像样条线。

复制：启用该选项后，可以在镜像样条线时复制（而不是移动）样条线。

以轴为中心：启用该选项后，可以以样条线对象的轴点为中心镜像样条线。

修剪 修剪 ：清理形状中的重叠部分，使端点接合在一个点上。

延伸 延伸 ：清理形状中的开口部分，使端点接合在一个点上。

无限边界：为了计算相交，启用该选项可以将开口样条线视为无穷长。

切线：使用该选项组中的工具可以将一个顶点的控制柄复制并粘贴到另一个顶点，只有包含以下3个选项。

复制 复制 ：激活该按钮，然后选择一个控制柄，可以将所选控制柄切线复制到缓冲区。

粘贴 粘贴 ：激活该按钮，然后单击一个控制柄，可以将控制柄切线粘贴到所选顶点。

粘贴长度：如果启用该选项后，还可以复制控制柄的长度；如果关闭该选项，则只考虑控制柄角度，而不改变控制柄长度。

隐藏 隐藏 ：隐藏所选顶点和任何相连的线段。

全部取消隐藏 全部取消隐藏 ：显示任何隐藏的子对象。

绑定 绑定 ：允许创建绑定顶点。

取消绑定 取消绑定 ：允许断开绑定顶点与所附加线段的连接。

删除 删除 ：在“顶点”级别下，可以删除所选的一个或多个顶点，以及与每个要删除的顶点相连的那条线段；在“线段”级别下，可以删除当前形状中任何选定的线段。

关闭 关闭 ：通过将所选样条线的端点顶点与新线段相连，以关闭该样条线。

拆分 拆分 ：通过添加由指定的顶点数来细分所选线段。

分离 分离 ：允许选择不同样条线中的几个线段，然后拆分（或复制）它们，以构成一个新图形，该组主要包含以下3个命令。

同一图形：启用该选项后，将关闭“重定向”功能，并且“分离”操作将使分离的线段保留为形状的一部分（而不是生成一个新形状）。如果还启用了“复制”选项，则可以结束在同一位置进行的线段的分离副本。

重定向：移动和旋转新的分离对象，以便对局部坐标系进行定位，并使其与当前活动栅格的原点对齐。

复制：复制分离线段，而不是移动它。

炸开 炸开 ：通过将每个线段转化为一个独立的样条线或对象来分裂任何所选样条线。

到：设置炸开样条线的方式，包含“样条线”和“对象”两种。

显示：控制是否开启“显示选定线段”功能。

显示选定线段：启用该选项后，与所选顶点子对象相连的任何线段将高亮显示为红色。

新手练习——利用样条线制作办公椅子

素材文件	无
案例文件	新手练习——利用样条线制作办公椅子.max
视频教学	视频教学/第3章/新手练习——利用样条线制作办公椅子.flv
技术掌握	样条线的可渲染功能的运用

本例全部采用样条线的可渲染功能来进行制作，如图3-66所示。

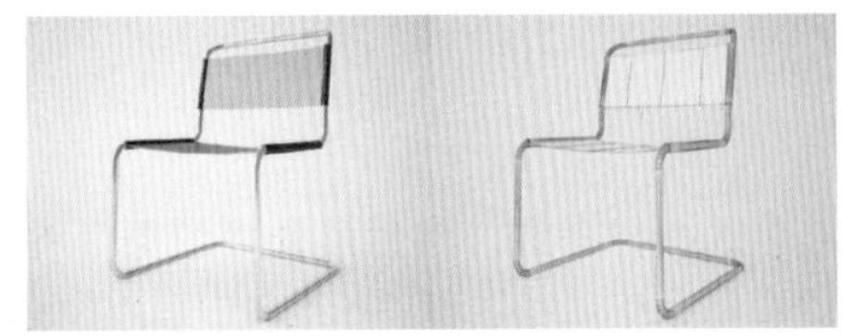

图3-66

【操作步骤】

01 首先创建办公椅子金属部分模型。在“创建”面板下单击“图形”工具，接着单击“线”工具 线 在前视图中绘制出如图3-67所示的样条线。

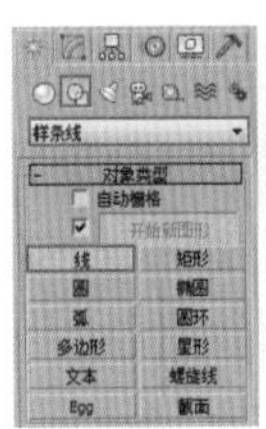

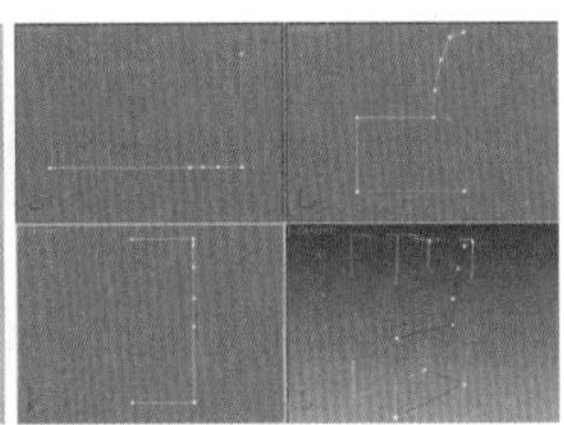

图3-67

02 在“顶点”级别下选择如图3-68所示的顶点，然后单击右键并在弹出的菜单中选择“平滑”，此时发现被选择的顶点已经变圆滑，如图3-69所示。

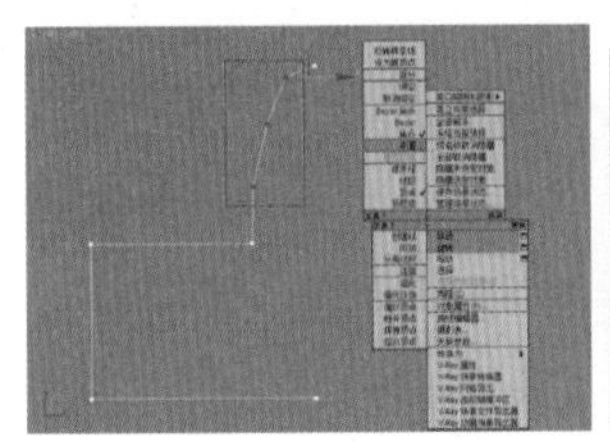

图3-68

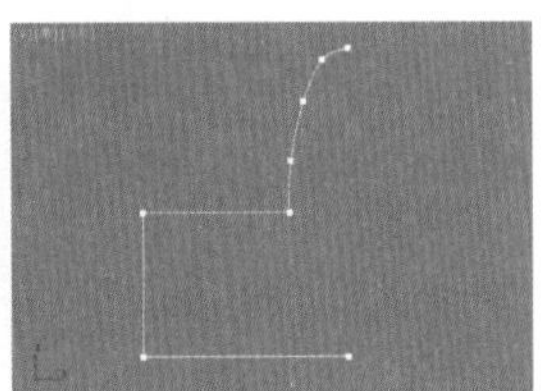

图3-69

03 在顶点级别下选择如图3-70所示的顶点，并在“几何体”卷展栏下设置“圆角”为220mm，如图3-71所示。

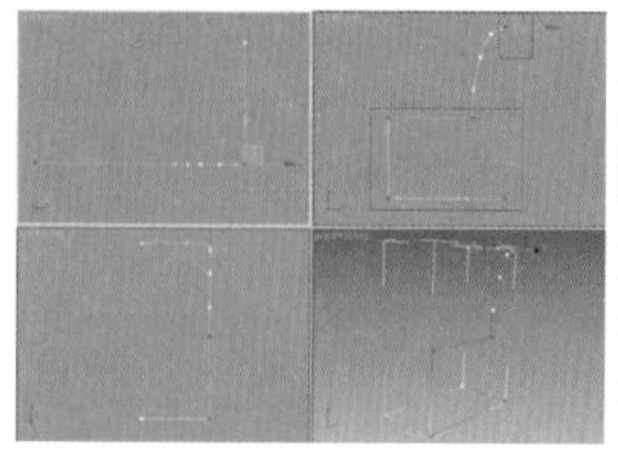

图3-70

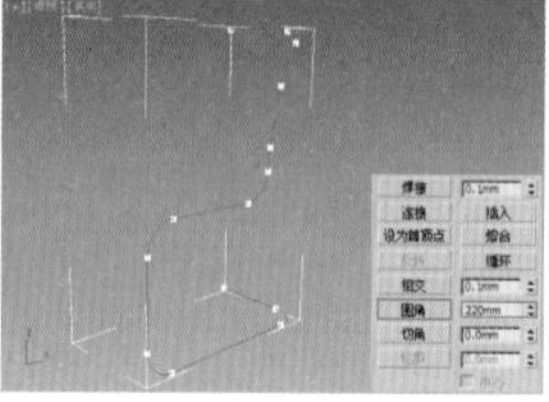

图3-71

04 选择样条线接着单击镜像工具，并在弹出的“镜像屏幕坐标”对话框中设置“镜像轴”为y轴、“偏移”为2400mm，然后设置“克隆”当前选择为“复制”，并将复制的对象拖曳到合适的位置，如图3-72所示。

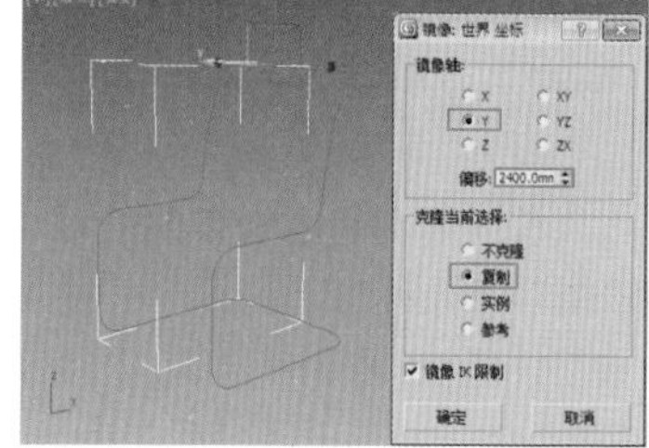

图3-72

05 选择样条线，然后展开“渲染”卷展栏，勾选“在渲染中启用”和“在视口中启用”选项，接着勾选“径向”选项，并设置“厚度”为85mm，如图3-73所示。

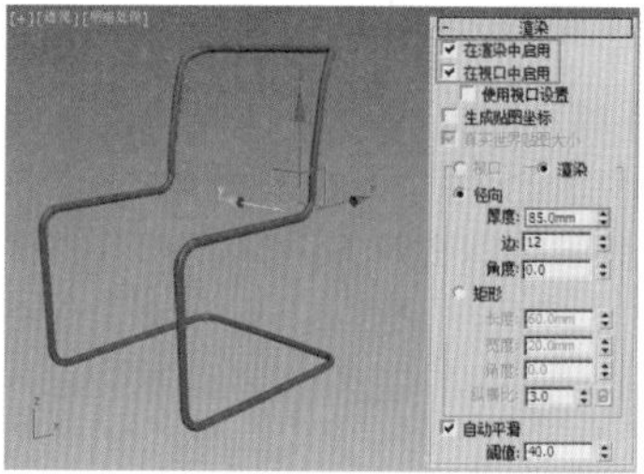

图3-73

06 创建办公椅子剩余部分模型。单击“圆”按钮 圆 ，并在左视图中创建，展开“渲染”卷展栏，勾选“在渲染中启用”和“在视口中启用”选项，接着勾选“矩形”选项，并设置“长度”为1500mm，“宽度”为20mm，如图3-74所示。

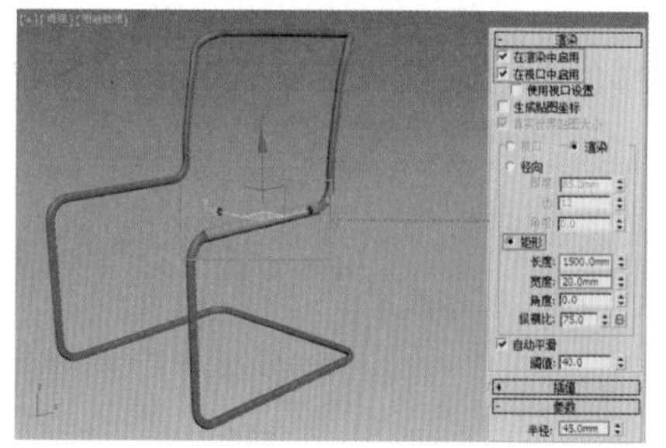

图3-74

07 使用同样的方法在视图中创建圆，展开“渲染”卷展栏，勾选“在渲染中启用”和“在视口中启用”选项，接着勾选“矩形”选项，并设置“长度”为900mm、“宽度”为20mm，如图3-75所示。

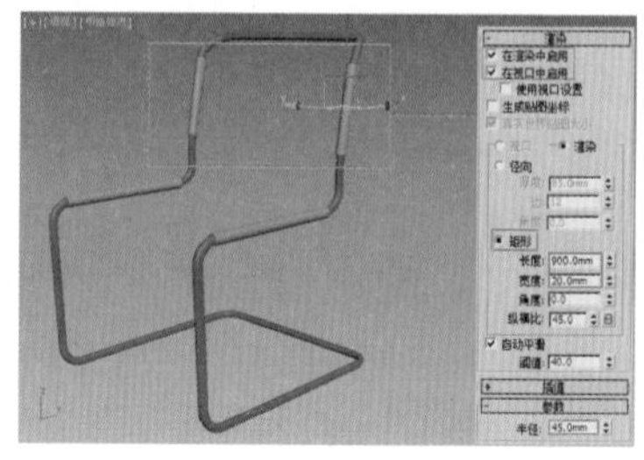

图3-75

08 使用线工具在左视图中绘制如图3-76所示的样条线，然后展开“渲染”卷展栏，勾选“在渲染中启用”和“在视口中启用”选项，接着勾选“矩形”选项，并设置“长度”为1500mm、“宽度”为12mm，如图3-77所示。使用同样的方法进行创建其余部分，最终模型效果，如图3-78所示。

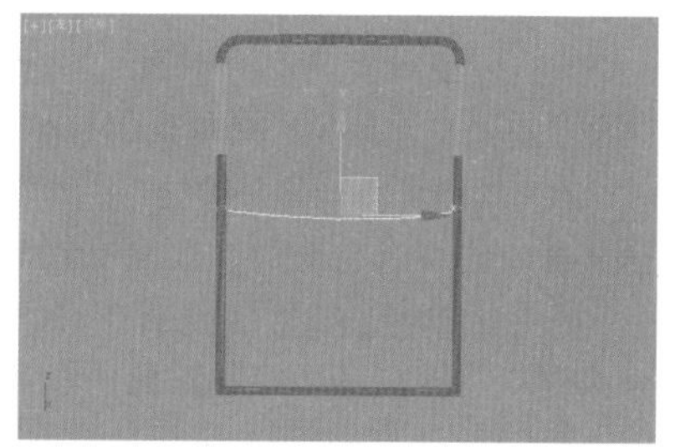

图3-76

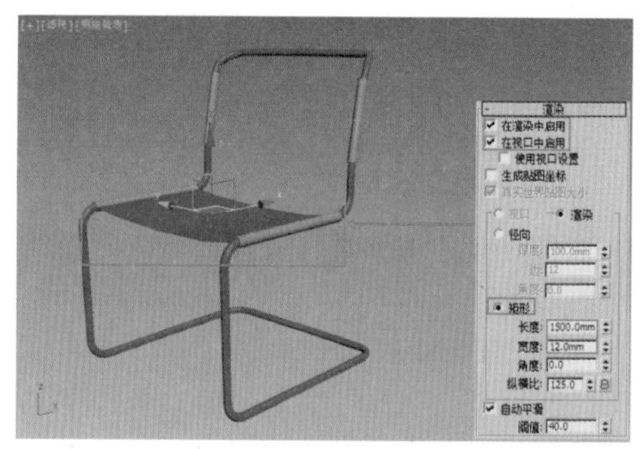

图3-77

图3-78

新手练习——利用样条线创建书柜

素材文件	无
案例文件	新手练习——利用样条线创建书柜.max
视频教学	视频教学/第3章/新手练习——利用样条线创建书柜.flv
技术掌握	样条线的可渲染功能和圆角工具的运用

本例全部采用样条线的可渲染功能来进行制作，如图3-79所示。

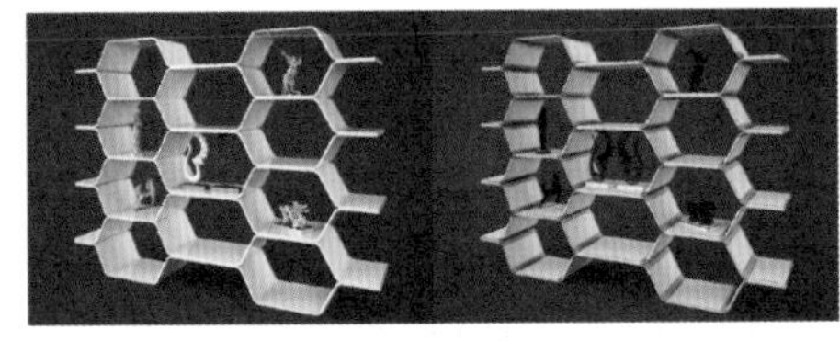

图3-79

【操作步骤】

01 使用线工具在前视图中创建如图3-80所示的样条线。

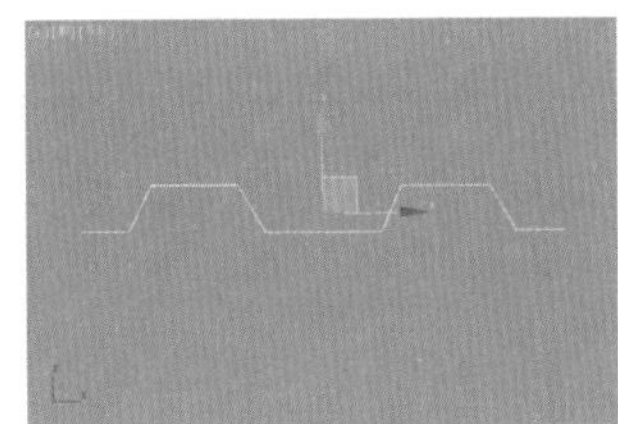

图3-80

02 在顶点级别下选择如图3-81所示的顶点，接着在“几何体”卷展栏下设置“圆角”为40mm，此时发现所选择的顶点已经变为圆滑的效果，具体参数设置及效果如图3-82所示。

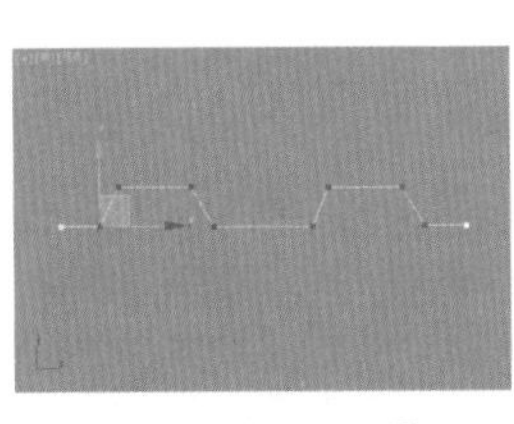

图3-81

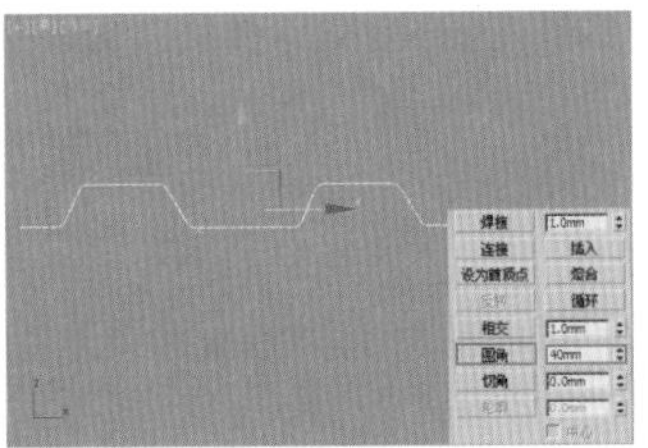

图3-82

03 选择样条线，然后展开“渲染”卷展栏，勾选“在渲染中启用”和“在视口中启用”选项，接着勾选“矩形”并设置“长度”为500mm、“宽度”为20mm，具体参数设置及模型效果如图3-83所示。

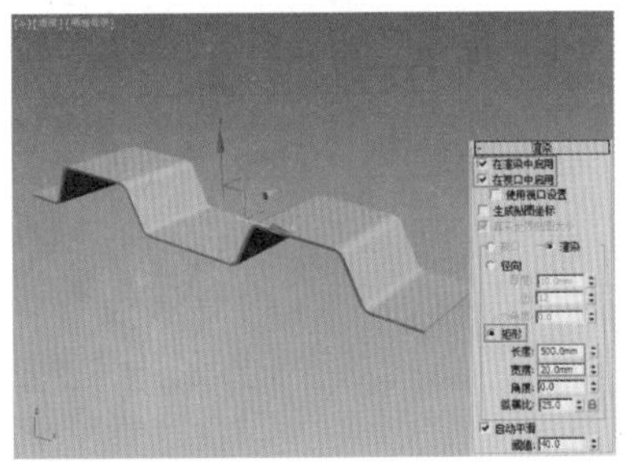

图3-83

04 选择样条线，然后单击“镜像”工具，此时弹出“镜像屏幕坐标”对话框，设置“镜像轴”为y轴，“偏移”为-350mm，“克隆当前选择”为“实例”，具体参数设置及模型效果如图3-84所示。

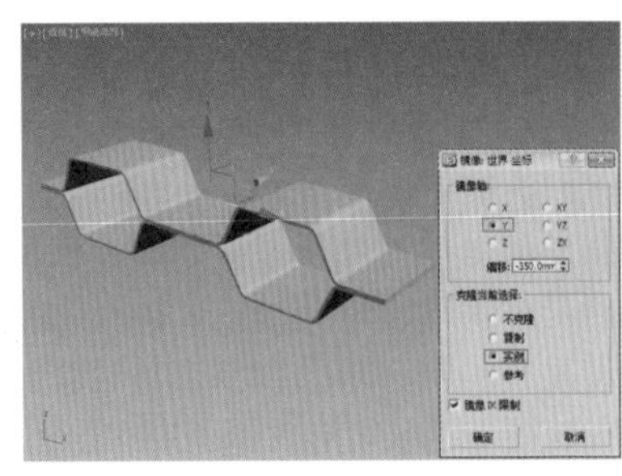

图3-84

05 选择如图3-85所示的模型，然后使用选择并移动工具同时按下键盘上的Shift键此时弹出“克隆选项”对话框，并设置“对象”为“实例”、“副本数”为3，最终模型效果如图3-86所示。

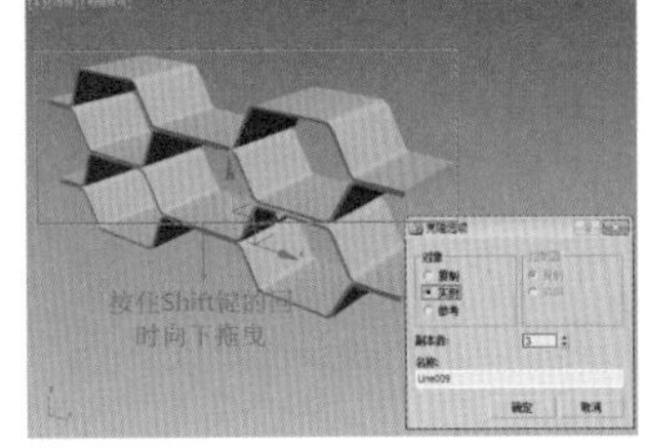

图3-85

图3-86

高手进阶——利用样条线放样制作画框

素材文件	无
案例文件	高手进阶——利用样条线放样制作画框.max
视频教学	视频教学/第3章/高手进阶——利用样条线放样制作画框.flv
技术掌握	“线”工具、“放样”工具的运用

本例主要是对“放样”工具进行练习，这个工具在建模中非常实用，如图3-87所示。

图3-87

【操作步骤】

01 使用“线”工具 线 在前视图中绘制一条如图3-88所示的样条线。

02 使用“矩形”工具 矩形 在顶视图绘制一个矩形，然后在“参数”卷展栏下设置“长度”为900mm、“宽度”为1200mm，如图3-89所示。

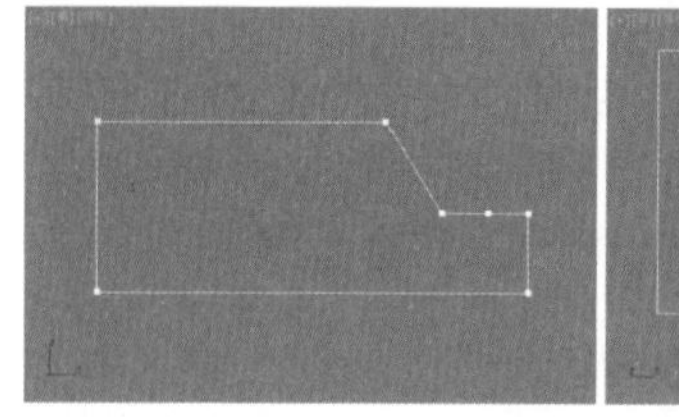

图3-88

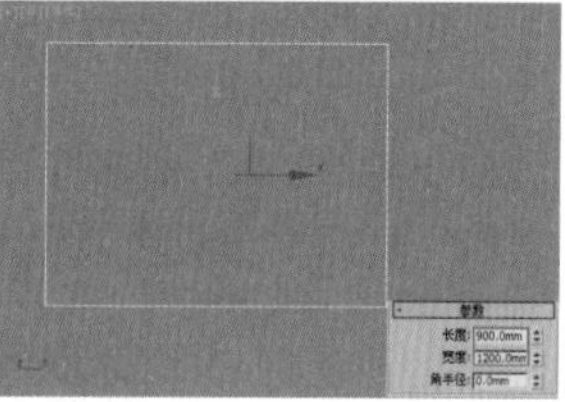

图3-89

03 选择样条线，然后在“创建”面板中单击“几何体”按钮，接着设置几何体类型为“复合对象”，最后单击“放样”按钮 放样 ，展开“创建方法”卷展栏，然后单击“获取路径”按钮 获取路径 ，接着在视图中拾取矩形，如图3-90所示。

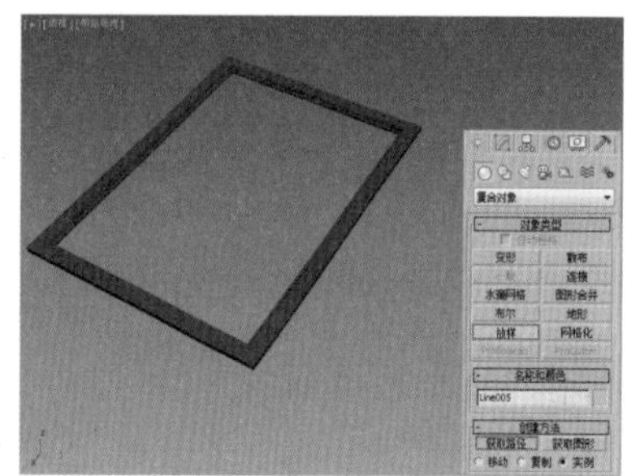

图3-90

04 使用“线”工具 线 在左视图中绘制一条如图3-91所示的样条线。

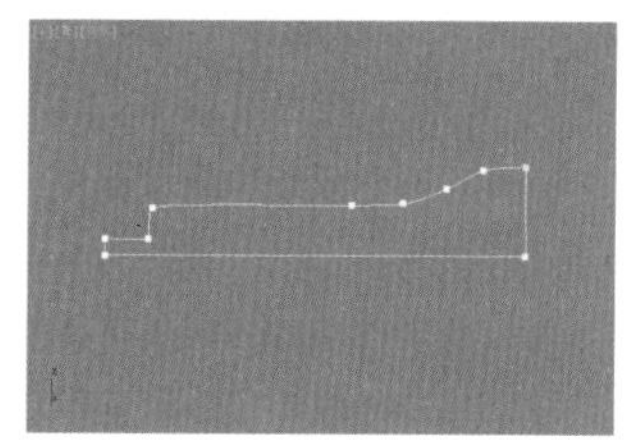

图3-91

05 使用“矩形”工具 矩形 在顶视图绘制一个矩形，然后在“参数”卷展栏下设置“长度”为900mm、“宽度”为1200mm。

06 选择样矩形，然后在“创建”面板中单击“几何体”按钮，接着设置几何体类型为“复合对象”，最后单击“放样”按钮 放样 ，展开“创建方法”卷展栏，然后单击“获取图形”按钮 获取图形 ，接着在视图中拾取样条线，如图3-92所示。

图3-92

07 画框模型最终效果如图3-93所示。

图3-93

3.4 创建NURBS曲线

3.4.1 NURBS对象类型

NURBS建模是一种高级建模方法，所谓NURBS就是Non—Uniform Rational B-Spline（非均匀有理B样条曲线）。NURBS建模适合于创建一些复杂的弯曲曲面，图3-94所示是一些比较优秀的NURBS建模作品。

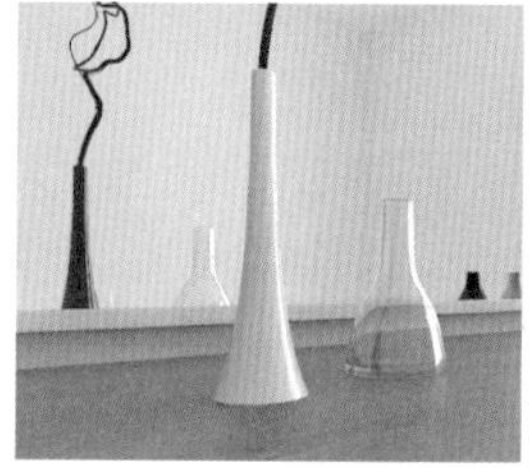

图3-94

NBURBS对象包含NURBS曲面和NURBS曲线两种，在上一章节已经介绍了NURBS曲面，所以在本章节只介绍NURBS曲线，如图3-95所示。

图3-95

NURBS曲线包含“点曲线”和“CV曲线”两种。“点曲线”由点来控制曲线的形状，每个点始终位于曲线上，如图3-96所示；“CV曲线”由控制顶点（CV）来控制曲线的形状，这些控制顶点不必位于曲线上，如图3-97所示。

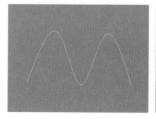

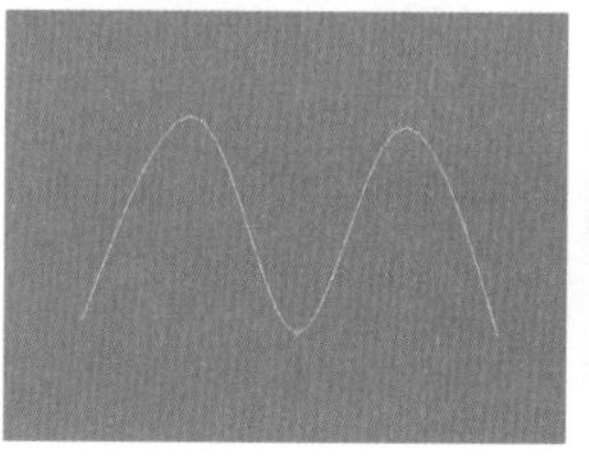

图3-96

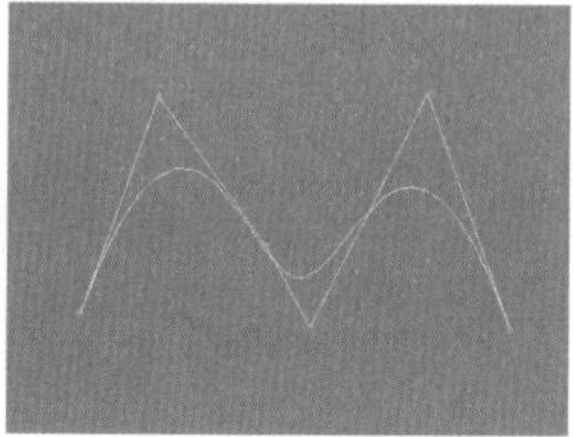

图3-97

3.4.2 创建NURBS曲线

创建NURBS对象的方法很简单，如果要创建NURBS曲线，可以将图形类型切换为“NURBS曲线”，然后使用“点曲线”工具 点曲线 和“CV曲线”工具 CV 曲线 即可创建出相应的曲线对象。

1.点曲线

点曲线是由一系列点来弯曲构成曲线，其示意图及其参数面板如图3-98和图3-99所示。

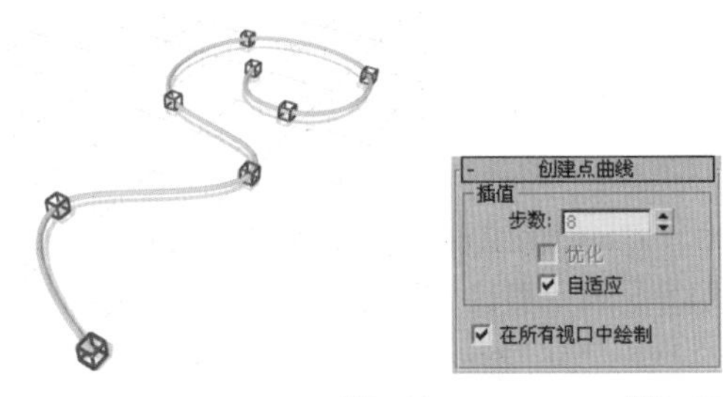

图3-98　　图3-99

【参数介绍】

步数：设置两点之间的的分段数目。值越高，曲线越圆滑。

优化：对两点之间的分段进行优化处理，删除直线段上的片段划分。

自适应：由系统自动指定分段，以产生平滑的曲线。

在所有视口中绘制：选择该项，可以在所有的视图中绘制曲线。

2.CV曲线

CV曲线是由一系列线外控制点来调整曲线形态的曲线，其示意图及其参数面板如图3-100和图3-101所示。

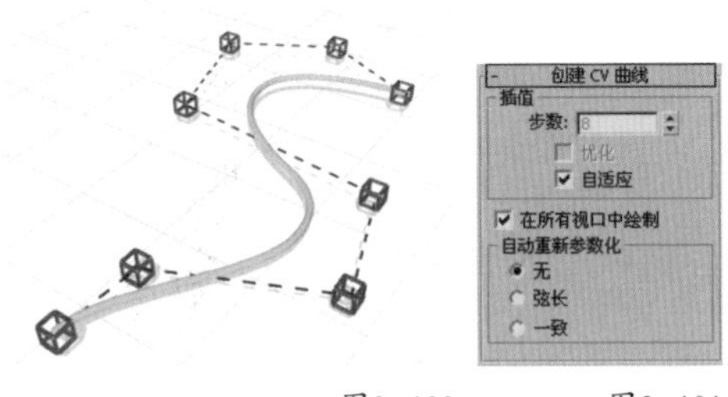

图3-100　　图3-101

CV曲线的功能参数与点曲线基本一致，这里就不再重复介绍。

3.4.3 转换NURBS对象

NURBS对象可以直接创建出来，也可以通过转换的方法将对象转换为NURBS对象。将对象转换为NURBS对象的方法主要有以下3种。

第1种：选择对象，然后单击鼠标右键，接着在弹出的菜单中选择“转换为>转换为NURBS”命令。

第2种：选择对象，然后进入“修改”面板，接着在修改器堆栈中的对象上单击鼠标右键，最后在弹出的菜单中选择NURBS命令。

第3种：为对象加载“挤出”或“车削”修改器，然后设置“输出”为NURBS。

3.4.4 “创建曲线”卷展栏

“创建曲线”的卷展栏中的工具与“NURBS工具箱”中的工具相对应，主要用来创曲线对象，其参数面板如图3-102所示。

图3-102

3.4.5 NURBS创建工具箱

在“常规”卷展栏下单击“NURBS创建工具箱”按钮打开“NURBS工具箱”，如图3-103所示。“NURBS工具箱”中包含用于创建NURBS对象的所有工具，主要分为3个功能区，分别是“点”功能区、“曲线”功能区和“曲面”功能区。

图3-103

创建点和创建曲面的工具的命令介绍请参阅上一章，这里详细介绍创建曲线的工具。

【工具介绍】

创建CV曲线：创建一条独立的CV曲线子对象。

创建点曲线：创建一条独立点曲线子对象。

创建拟合曲线：创建一条从属的拟合曲线。

创建变换曲线：创建一条从属的变换曲线。

创建混合曲线：创建一条从属的混合曲线。

创建偏移曲线：创建一条从属的偏移曲线。

创建镜像曲线：创建一条从属的镜像曲线。

创建切角曲线：创建一条从属的切角曲线。

创建圆角曲线：创建一条从属的圆角曲线。

创建曲面-曲面相交曲线：创建一条从属于“曲面-曲面”的相交曲线。

创建U向等参曲线：创建一条从属的U向等参曲线。

创建V向等参曲线：创建一条从属的V向等参曲线。

创建法向投影曲线：创建一条从属于法线方向的投影曲线。

创建向量投影曲线：创建一条从属于向量方向的投影曲线。

创建曲面上的CV曲线：创建一条从属于曲面上的CV曲线。

创建曲面上的点曲线：创建一条从属于曲面上的点曲线。

创建曲面偏移曲线：创建一条从属于曲面上的偏移曲线。

创建曲面边曲线：创建一条从属于曲面上的边曲线。

新手练习——制作花瓶

素材文件	无
案例文件	新手练习——制作花瓶.max
视频教学	视频教学/第3章/新手练习——制作花瓶.flv
技术掌握	掌握“创建车削曲面”命令的使用方法

本例是一个花瓶模型，主要使用NURBS建模的工具箱中的“车削曲面”命令，案例效果如图3-104所示。

图3-104

【操作步骤】

01 在“创建” 面板中单击“图形”按钮，设置图形类型为“NURBS曲线”，然后单击“点曲线”按钮 点曲线 ，接着在前视图中创建如图3-105所示的点曲线。

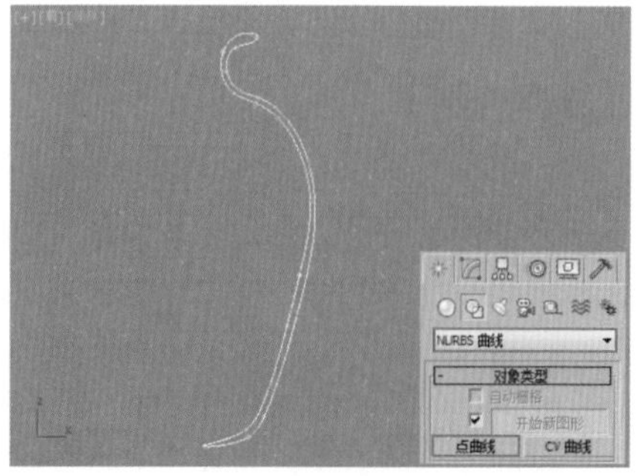

图3-105

02 选择曲线，进入“修改”面板，在“常规”卷展栏中单击“NURBS创建工具箱”按钮，打开NURBS工具面板，如图3-106所示。

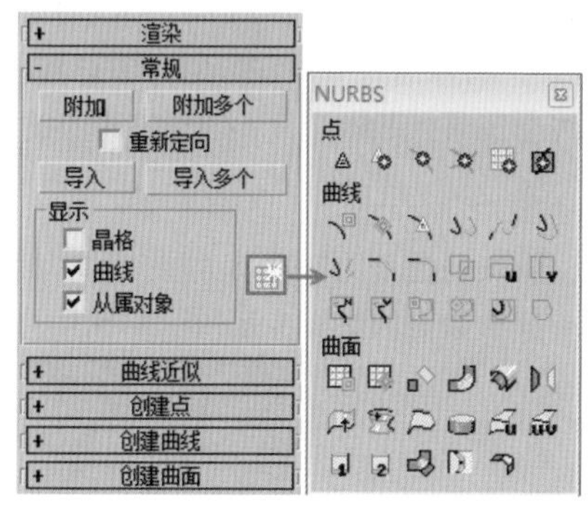

图3-106

03 在NURBS创建工具箱中单击“创建车削曲面”按钮，然后移动鼠标到曲线上面，此时曲线颜色变成蓝色，并且光标造型也会发生变化，如图3-107所示，接着用鼠标左键单击曲线，进行车削操作，完成后的模型效果如图3-108所示。

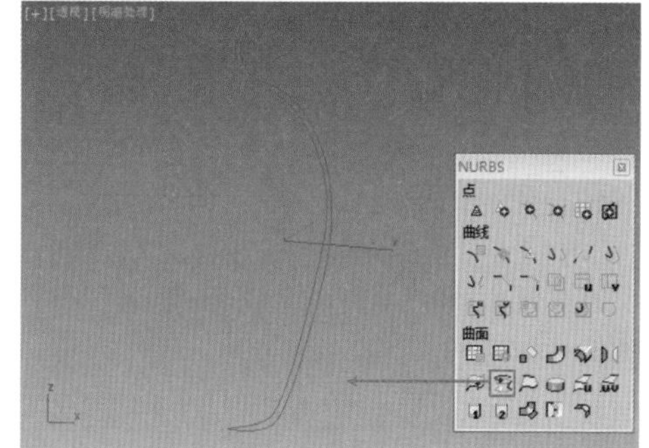

图3-107

图3-108

高手进阶——NURBS建模之椅子

素材文件	无
案例文件	高手进阶——NURBS建模之椅子.max
视频教学	视频教学/第3章/高手进阶——NURBS建模之椅子.flv
技术掌握	掌握“CV曲线”工具、“创建U向放样曲面”工具

本例是一个椅子模型，主要使用NURBS建模中的“CV曲线”工具、“创建U向放样曲面”工具，最终效果，如图3-109所示。

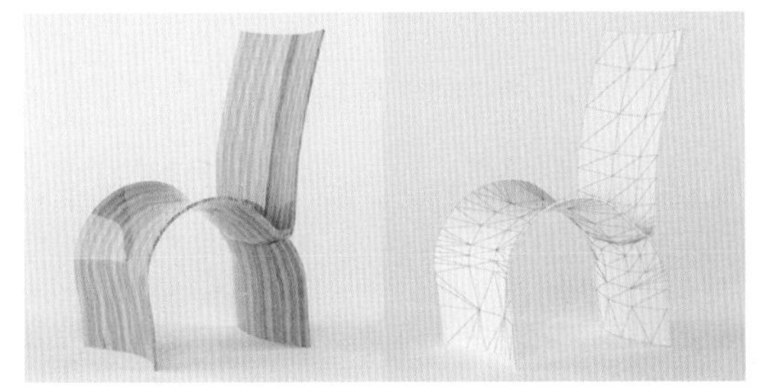

图3-109

【操作步骤】

01 在“创建”面板中单击“图形”按钮，然后设置图形类型为“NURBS曲线”，接着单击“CV曲线”按钮 CV 曲线 ，最后在顶视图中绘制一条如图3-110所示的点曲线。

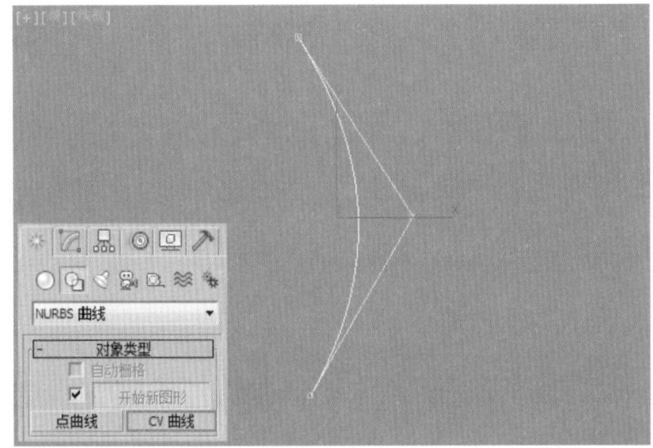

图3-110

02 继续使用CV曲线在视图中创建曲线，此时场景效果如图3-111所示。

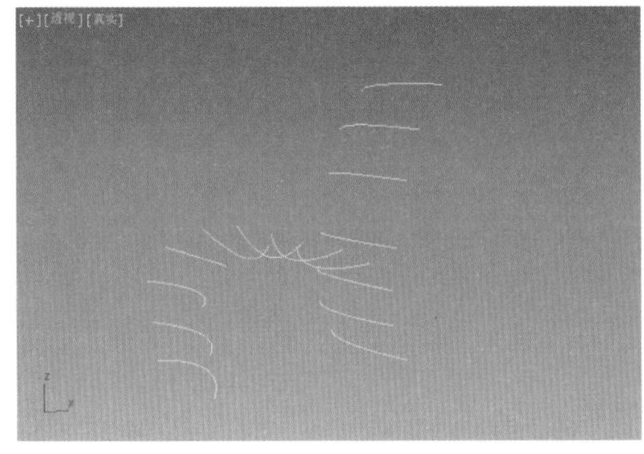

图3-111

03 选择CV曲线然后在修改面板下单击“NURBS”按钮，此时弹出NURBS工具箱，如图3-112所示。

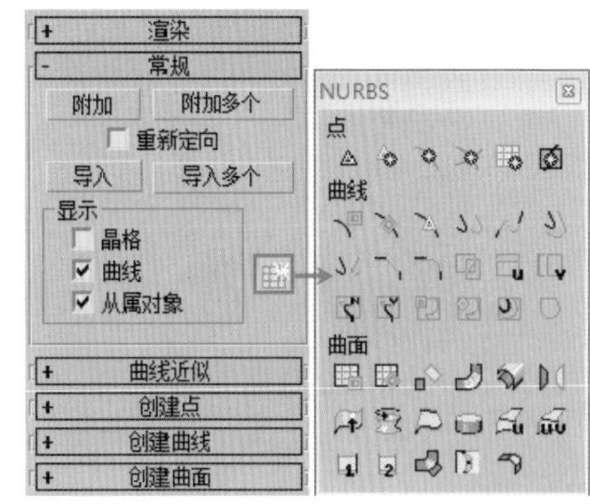

图3-112

04 在工具箱中单击“创建U向放样曲面”按钮并进行放样，如图3-113所示，此时模型效果如图3-114所示。

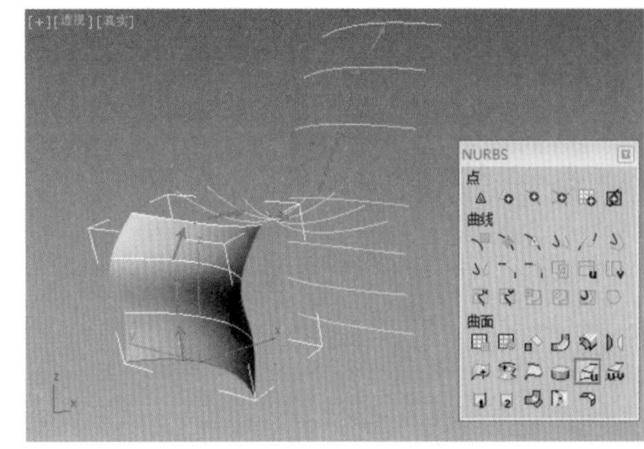

图3-113

图3-114

05 选择CV曲线，然后为其加载一个“壳”修改器，接着展开“参数”卷展栏，并设置“内部量”为1.5mm，“外部量”为1.5mm，具体参数设置及模型效果如图3-115所示，最终模型效果如图3-116所示。

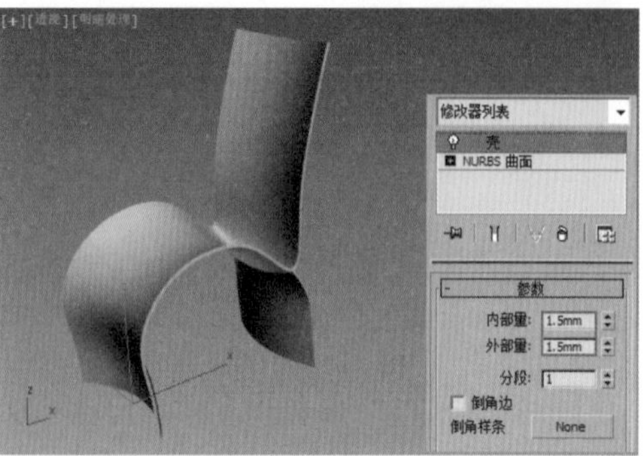

图3-115

图3-116

第4章 高级建模技术——修改器运用

要点索引

本章概述

所谓"修改器"，就是可以对模型进行编辑、改变其几何形状及属性的命令。修改器是3ds Max 2013非常重要的建模工具，可以通过创建对象并加载修改器，快速地修改出我们所需要的复杂模型。在实际建模过程中，各式各样的修改器是应用最为广泛的工具，很多基本模型都需要通过修改器来处理才能做成成品模型。"修改"面板是3ds Max的很重要组成部分，而修改器堆栈则是"修改"面板的"灵魂"。

4.1 修改面板

在“命令”面板中单击按钮，进入“修改”面板，可以观察到修改面板的工具，如图4-1所示。

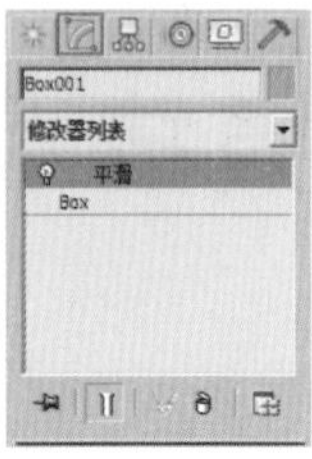

图4-1

从“修改”面板中可以看出，面板最顶部的文本框中显示了当前被选择对象的名称，单击右侧的色块按钮可以给选择对象设置显示颜色。接下来还有一个“修改器列表”，这个列表中显示了3ds Max可以提供的所有修改器命令，单击右侧的按钮可以打开下拉列表，然后从中选择需要的修改器，被选择的修改器将会出现在下面的修改器堆栈（面板中最大的空白区域，如果选择了多个修改器命令，这些命令都将堆叠显示在这个区域，所以叫修改器堆栈，故名思议就是堆积修改器的地方）中，如这里选择了“平滑”修改器。

面板最下方是一行工具按钮，具体功能如下。

【命令介绍】

锁定堆栈：激活该按钮可以将堆栈和“修改”面板的所有控件锁定到选定对象的堆栈中。即使在选择了视图中的另一个对象之后，也可以继续对锁定堆栈的对象进行编辑。

显示最终结果：激活该按钮后，会在选定的对象上显示整个堆栈的效果。

使唯一：激活该按钮可以将关联的对象修改成独立对象，这样可以对选择集中的对象单独进行操作（只有在场景中拥有选择集的时候该按钮才可用）。

从堆栈中移除修改器：若堆栈中存在修改器，单击该按钮可以删除当前的修改器，并清除由该修改器引发的所有更改。

如果想要删除某个修改器，不可以在选中某个修改器后按Delete键，那样删除的将会是物体本身而非单个的修改器。这时只需要单击选中某个修改器，然后单击“从堆栈中移除修改器”按钮即可。

配置修改器集：单击该按钮将弹出一个子菜单，这个菜单中的命令主要用于配置在“修改”面板中怎样显示和选择修改器，如图4-2所示。

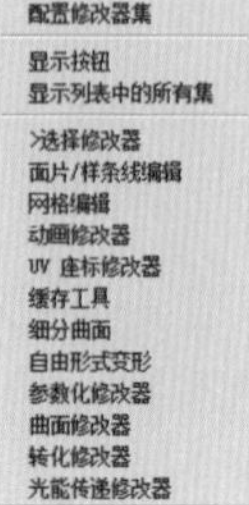

图4-2

给对象加载修改器的方法非常简单。选择一个对象后，进入“修改”面板，然后单击“修改器列表”后面的按钮，接着在弹出的下拉列表中就可以选择相应的修改器，如图4-3所示。

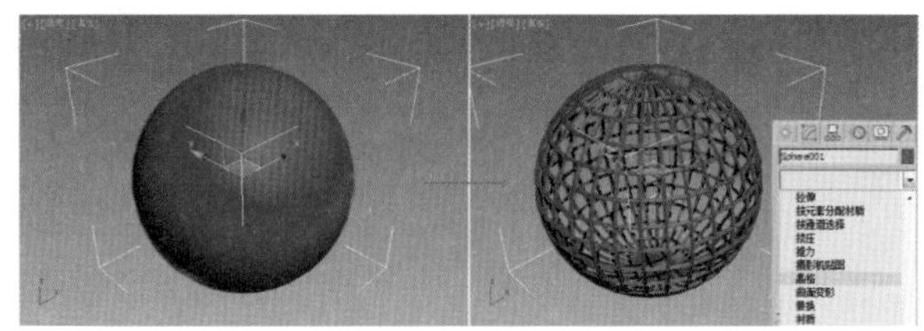

图4-3

4.2 修改器的排序

修改器的排列顺序非常重要，先加入的修改器位于修改器堆栈的下方，后加入的修改器则在修改器堆栈的顶部，不同的顺序对同一物体起到的效果是不一样的，如图4-4和图4-5所示。

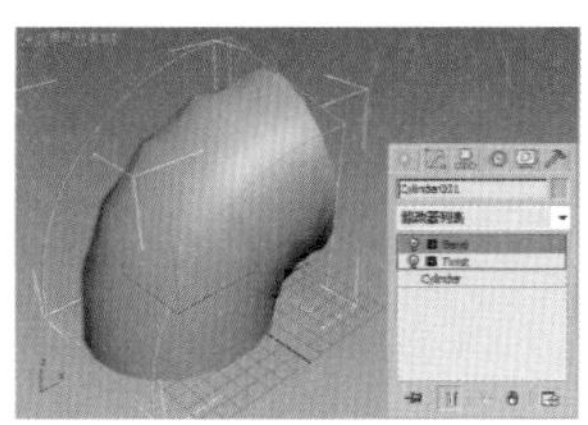

图4-4

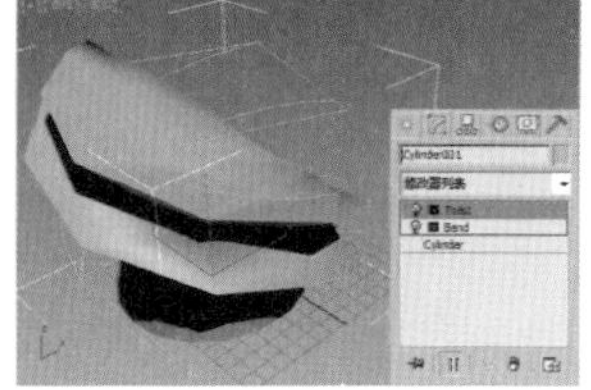

图4-5

调整修改器顺序的方法很简单，用鼠标左键单击其中一个修改器不放，然后将其拖曳到需要放置的位置松开鼠标左键即可（进行拖曳的时候修改器下方会出现一条蓝色的线），如图4-6所示。

图4-6

小技巧

在修改器堆栈中，如果要同时选择多个修改器，可以先选中一个修改器，然后按住Ctrl键的同时加选其他修改器，如果按住Shift键则可以选中多个连续的修改器。

4.3 启用与禁用修改器

在修改器堆栈中可以观察到每个修改器前面都有个小灯泡的图标，这个图标表示的是这个修改器的启用或禁用状态。当小灯泡显示为亮的状态时，代表这个修改器是启用的；当小灯泡显示为暗的状态时，代表这个修改器被禁用了。单击这个小灯泡即可切换启用和禁用状态。

以下面的修改器堆栈为例，可以观察到这个物体加载了3个修改器，并且这3个修改器都被启用了，如图4-7所示。

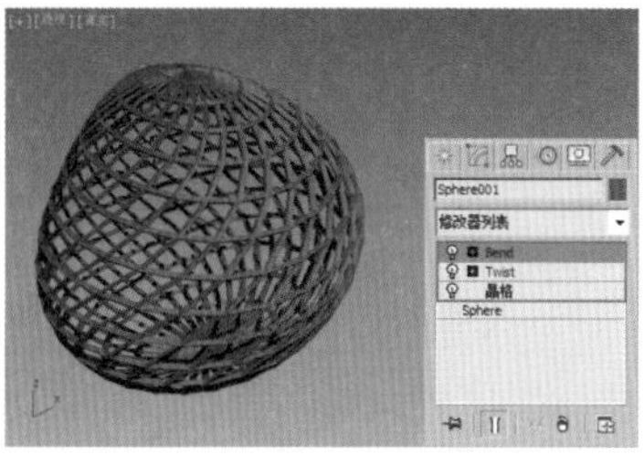

图4-7

选择底层的修改器，当“显示最终结果”按钮被禁用时，场景中的物体不能显示该修改器之上的所有修改器的效果。例如此时选中底层的“晶格”修改器，从图4-8中可以观察到其余两个修改器的效果并没有显示出来。这时如果单击“显示最终结果”按钮，即可在选中底层修改器的状态下显示所有修改器的修改结果，如图4-8和图4-9所示。

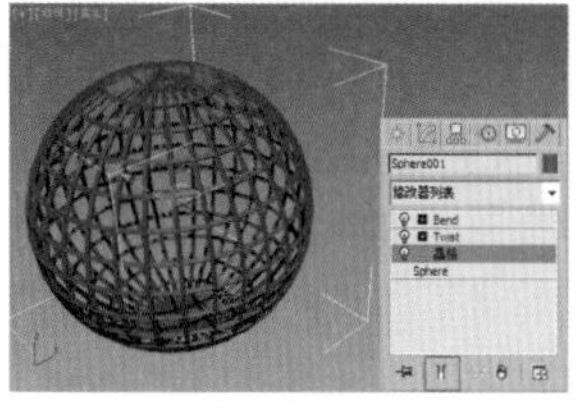

图4-8

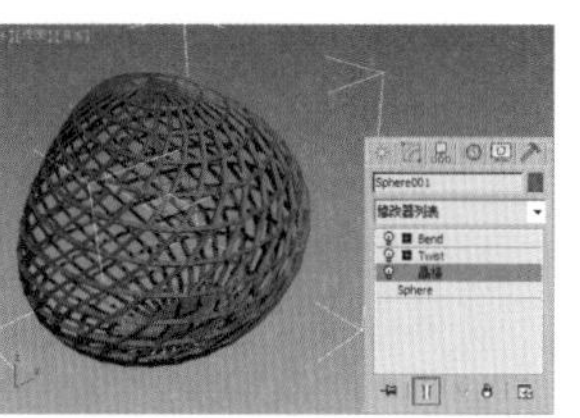

图4-9

如果要禁用“弯曲”修改器，可以单击该修改器前面的小灯泡图标，使其变为灰色即可，这时物体的形状也跟着发生了变化，如图4-10所示。

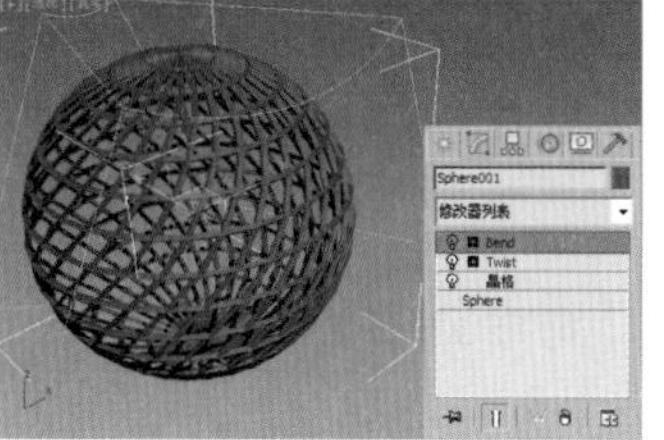

图4-10

4.4 编辑修改器

在修改器命令上单击鼠标右键（如在图4-9所示的“晶格”修改器命令上单击鼠标右键），系统会弹出一个快捷菜单，该菜单中包括一些对修改器进行编辑的常用命令，如图4-11所示。

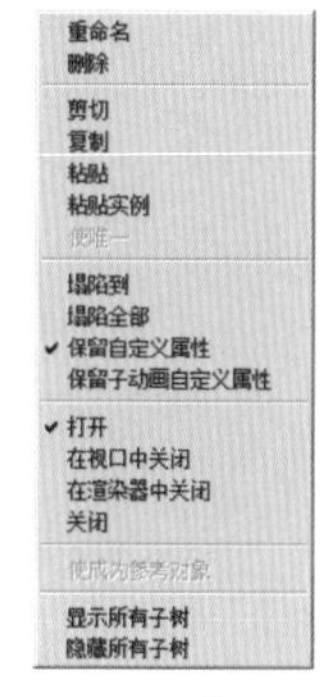

图4-11

从菜单中可以看出修改器是可以复制到其他物体上的，复制的方法有以下两种。

第1种：在修改器上单击鼠标右键，然后在弹出的菜单中选择“复制”命令，接着在需要的位置单击鼠标右键，最后在弹出的菜单中选择“粘贴”命令即可。

第2种：直接将修改器拖曳到场景中的某一物体上。

在选中某一修改器后，如果按住Ctrl键的同时将其拖曳到其他对象上，可以将这个修改器作为实例粘贴到其他对象上；如果按住Shift键的同时将其拖曳到其他对象上，就相当于将源物体上的修改器剪切并粘贴到新对象上。

4.5 塌陷修改器堆栈

塌陷修改器堆栈会将物体转换为可编辑网格，并删除其中所有的修改器，这样可以简化对象，并且还能够节约内存。但是塌陷之后就不能对修改器的参数进行调整，并且也不能将修改器的历史恢复到基准值。

塌陷修改器堆栈有“塌陷到”和“塌陷全部”两种方法。使用“塌陷到”命令可以塌陷到当前选定的修改器，也就是说删除当前及列表中位于当前修改器下面的所有修改器，保留当前修改器上面的所有修改器。而使用“塌陷全部”命令，则会塌陷整个修改器堆栈，删除所有修改器，并使对象变成可编辑网格。

"塌陷到"与"塌陷全部"命令的区别

以图4-12所示的修改器堆栈为例，处于最底层的是一个圆柱体，可以将其称为基础对象（注意，基础对象一定是处于修改器堆栈的最底层），而处于基础物体之上的是"弯曲"、"扭曲"和"松弛"3个修改器。

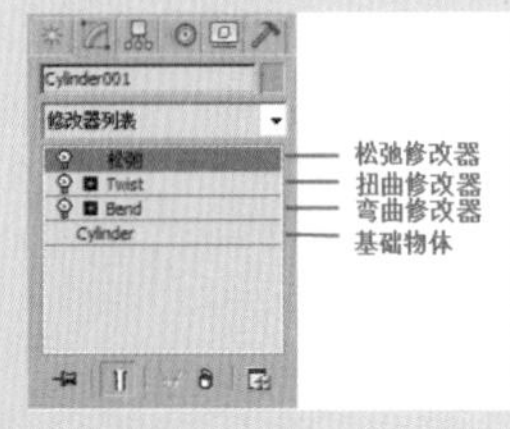

图4-12

在"扭曲"修改器上单击鼠标右键，然后在弹出的菜单选择"塌陷到"命令，此时系统会弹出"警告：塌陷全部"对话框，如图4-13所示。在"警告：塌陷全部"对话框中有3个按钮，分别为"暂存/是"按钮、"是"按钮和"否"按钮。如果单击"暂存/是"按钮可以将当前对象的状态保存到"暂存"缓冲区，然后才应用"塌陷到"命令，执行"编辑/取回"菜单命令，可以恢复到塌陷前的状态；如果单击"是"按钮，将塌陷"扭曲"修改器和"弯曲"两个修改器，而保留"松弛"修改器，同时基础对象会变成"可编辑网格"物体，如图4-14所示。

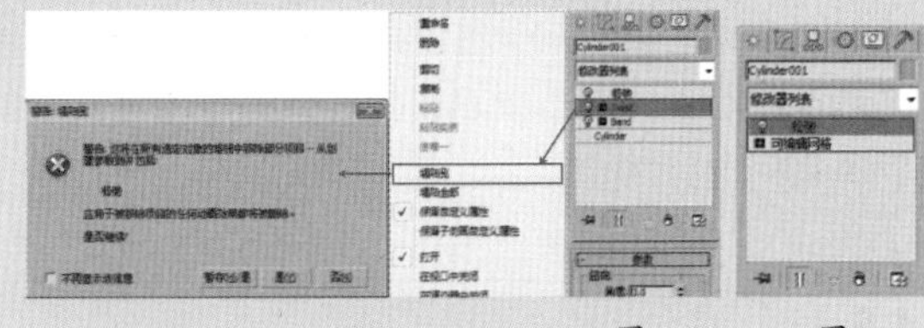

图4-13　图4-14

下面对同样的对象执行"塌陷全部"命令。在任意一个修改器上单击鼠标右键，然后在弹出的菜单中选择"塌陷全部"命令，此时系统也会弹出"警告:塌陷全部"对话框，如图4-15所示。如果单击"是"按钮后，将塌陷修改器堆栈中的所有修改器，并且基础对象也会变成"可编辑网格"物体，如图4-16所示。

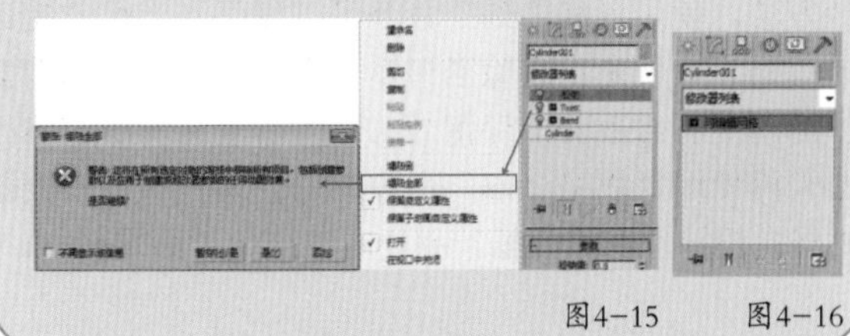

图4-15　图4-16

4.6 修改器的分类

修改器有很多种，按照类型的不同被划分在几个修改器集合中。在"修改"面板下的"修改器列表"中，3ds Max将这些修改器默认分为"选择修改器"、"世界空间修改器"和"对象空间修改器"3大类，如图4-17所示。

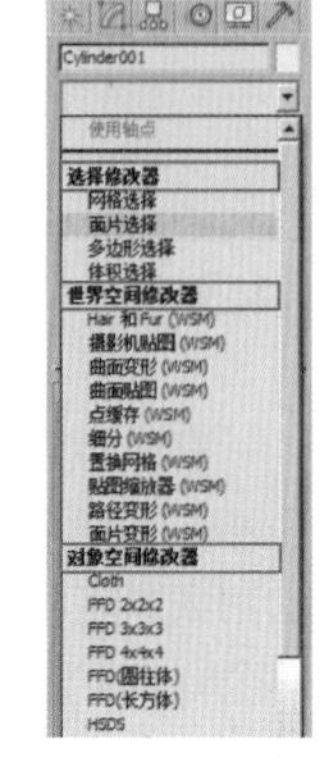

图4-17

4.6.1 选择修改器

"选择修改器"集合中包括"网格选择"、"面片选择"、"多边形选择"和"体积选择"4种修改器，如图4-18所示。

选择修改器
网格选择
面片选择
多边形选择
体积选择

图4-18

【命令介绍】

网格选择：可以选择网格子对象。

面片选择：选择面片子对象，然后可以对面片子对象应用其他修改器。

多边形选择：选择多边形子对象，然后可以对其应用其他修改器。

体积选择：可以从一个对象或多个对象选定体积内的所有子对象。

4.6.2 世界空间修改器

"世界空间修改器"集合基于世界空间坐标，而不是基于单个对象的局部坐标系，如图4-19所示。当应用了一个世界空间修改器之后，无论物体是否发生了移动，它都不会受到任何影响。

世界空间修改器
Hair 和 Fur (WSM)
点缓存 (WSM)
路径变形 (WSM)
面片变形 (WSM)
曲面变形 (WSM)
曲面贴图 (WSM)
摄影机贴图 (WSM)
贴图缩放器 (WSM)
细分 (WSM)
置换网格 (WSM)

图4-19

【命令介绍】

Hair和Fur（WSM）（头发和毛发（WSM））：用于为物体添加毛发。

点缓存（WSM）：该修改器可以将修改器动画存储到磁盘文件中，然后使用磁盘文件中的信息来播放动画。

路径变形（WSM）：可以根据图形、样条线或NURBS曲线路径将对象进行变形。

面片变形（WSM）：可以根据面片将对象进行变形。

曲面变形（WSM）：该修改器的工作方式与“路径变形（WSM）”修改器相同，只是它使用的是NURBS点或CV曲面，而不是使用曲线。

曲面贴图（WSM）：将贴图指定给NURBS曲面，并将其投射到修改的对象上。

摄影机贴图（WSM）：使摄影机将UVW贴图坐标应用于对象。

贴图缩放器（WSM）：用于调整贴图的大小，并保持贴图比例不变。

细分（WSM）：提供用于光能传递处理创建网格的一种算法。处理光能传递需要网格的元素尽可能地接近等边三角形。

置换网格（WSM）：用于查看置换贴图的效果。

4.6.3 对象空间修改器

“对象空间修改器”集合中的修改器非常多，如图4-20所示。这个集合中的修改器主要应用于单独对象，使用的是对象的局部坐标系，因此当移动对象时，修改器也会跟着移动。

图4-20

这部分修改器将在后面的内容中作为重点进行讲解。

4.7 常用修改器

4.7.1 弯曲

“弯曲”修改器可以使物体在任意3个轴上控制弯曲的角度和方向，也可以对几何体的一段限制弯曲效果，其参数设置面板如图4-21所示。

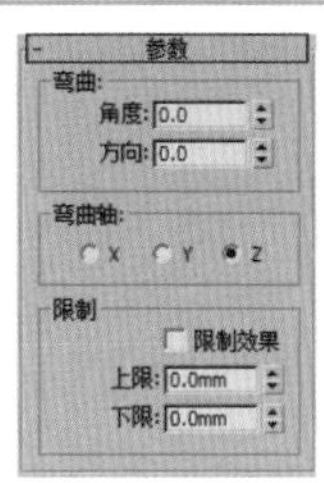

图4-21

【参数介绍】

弯曲：该选项组主要包含以下两个选项。

角度：从顶点平面设置要弯曲的角度，范围从-999999~999999。

方向：设置弯曲相对于水平面的方向，范围从-999999~999999。

弯曲轴X/Y/Z：该选项组用于指定要弯曲的轴，默认轴为*z*轴。

限制：该选项组主要包含以下3个选项。

限制效果：将限制约束应用于弯曲效果。

上限：以世界单位设置上部边界，该边界位于弯曲中心点的上方，超出该边界弯曲不再影响几何体，其范围从0~999999。

下限：以世界单位设置下部边界，该边界位于弯曲中心点的下方，超出该边界弯曲不再影响几何体，其范围从-999999~0。

新手练习——制作空心管

素材文件	无
案例文件	新手练习——制作空心管.max
视频教学	视频教学/第4章/新手练习——制作空心管.flv
技术掌握	“弯曲”修改器的使用方法

本例的效果非常简单，主要练习“弯曲”修改器的用法，案例效果如图4-22所示。

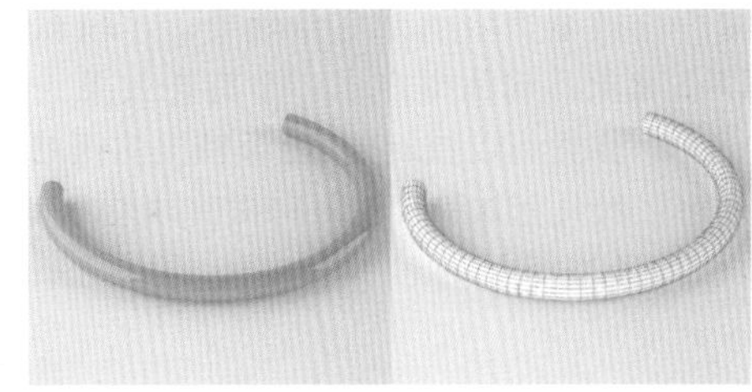

图4-22

【操作步骤】

01 使用“标准基本体”中的“管状体”建模命令在视图中创建一个“半径1”为4mm、“半径2”为6.5mm、“高度”为360mm、“高度分段”为64的空心管模型，如图4-23所示。

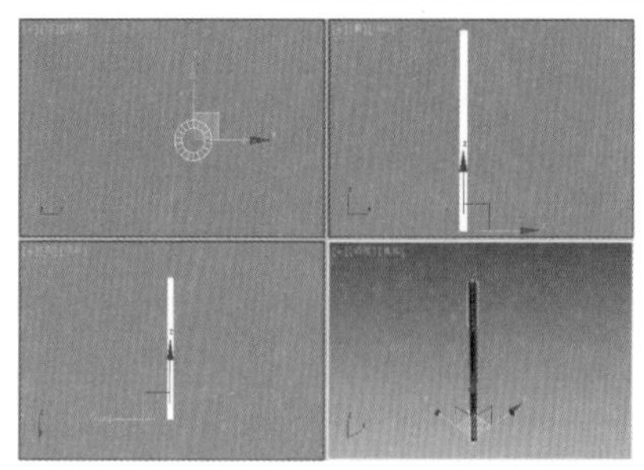

图4-23

02 进入“修改”面板，然后在“修改器列表”下为其加载一个“弯曲”修改器，然后设置“角度”为240、“弯曲轴”为z，具体参数设置如图4-24所示，此时模型效果如图4-25所示。

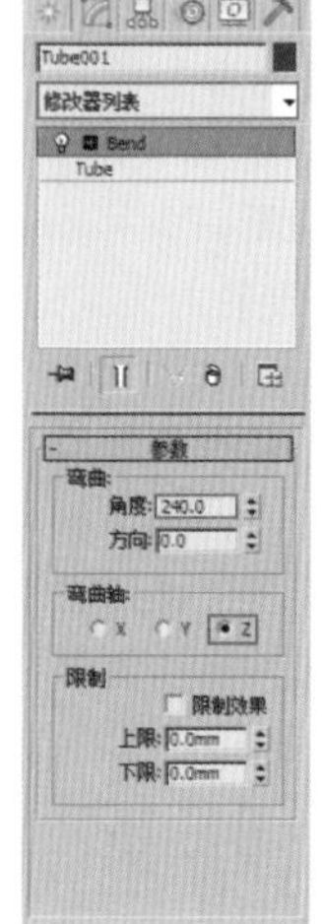

图4-24

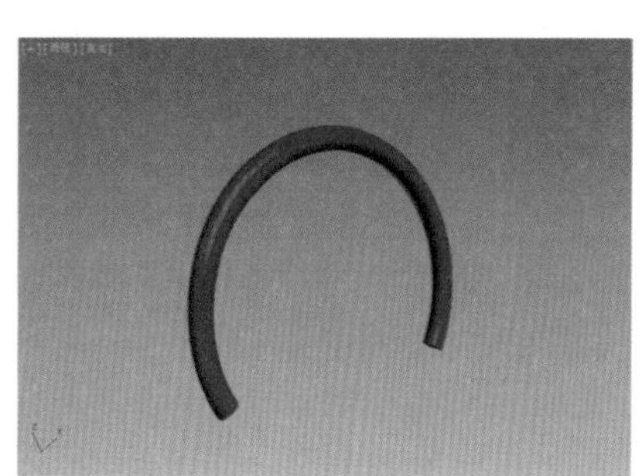

图4-25

4.7.2 扭曲

“扭曲”修改器与“弯曲”修改器的参数比较相似，但是“扭曲”修改器产生的是扭曲效果，而“弯曲”修改器产生的是弯曲效果。“扭曲”修改器可以在对象几何体中产生一个旋转效果（就像拧湿抹布），并且可以控制任意3个轴上的扭曲角度，同时也可以对几何体的一段限制扭曲效果，其参数设置面板如图4-26所示。

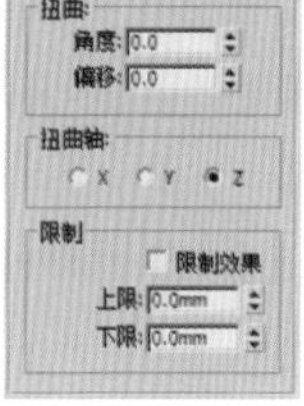

图4-26

【参数介绍】

扭曲：该选项组主要包含以下两个选项。

角度：确定围绕垂直轴扭曲的量，其默认值为0。

偏移：使扭曲物体的任意一断相互靠近，其取值范围从100~-100。数值为负时，对象扭曲会与Gizmo中心相邻；数值为正时，对象扭曲将远离Gizmo中心；数值为0时，将产生均匀的扭曲效果。

扭曲轴X/Y/Z：该选项组用于指定扭曲所沿着的轴。

限制：该选项组主要包含以下3个选项。

限制效果：对扭曲效果应用限制约束。

上限：设置扭曲效果的上限，默认值为0。

下限：设置扭曲效果的下限，默认值为0。

新手练习——制作大厦

素材文件	无
案例文件	新手练习——制作大厦.max
视频教学	视频教学/第4章/新手练习——制作大厦.flv
技术掌握	掌握“扭曲”修改器的使用方法

本例是一个大厦模型，主要使用扭曲修改器来进行制作，效果如图4-27所示。

图4-27

【操作步骤】

01 在“创建”面板中单击“几何体”按钮，然后设置几何体类型为“标准基本体”，接着单击“长方体” 长方体 按钮，如图4-28所示。

02 使用“长方体”工具在场景中创建一个长方体，然后在“参数”卷展栏下设置“长度”为30mm、“宽度”为27mm、“高度”为205mm、“长度分段”为2、“宽度分段”为2、“高度分段”为13，具体参数设置及模型效果如图4-29所示。

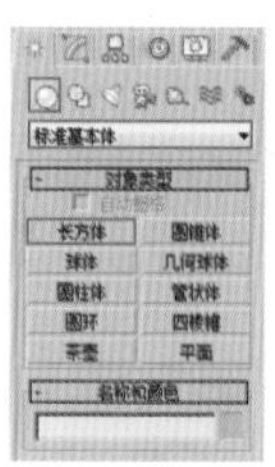

图4-28

图4-29

小技巧

设置“高度分段”是为了下一步的操作，如果高度分段的数值很小那么加载“扭曲”修改器以后也不会有明显的变化。

03 选择长方体，然后为其加载一个“扭曲”修改器，接着在“参数”卷展栏下设置“角度”为160，设置“扭曲轴”为z，具体参数设置和模型效果如图4-30所示。

04 选择长方体，并继续为其加载一个FFD（4×4×4）修改器，然后在FFD参数卷展栏下单击“控制点”，选择两侧的控制点，接着调整好模型的形状，完成后的模型效果如图4-31所示。

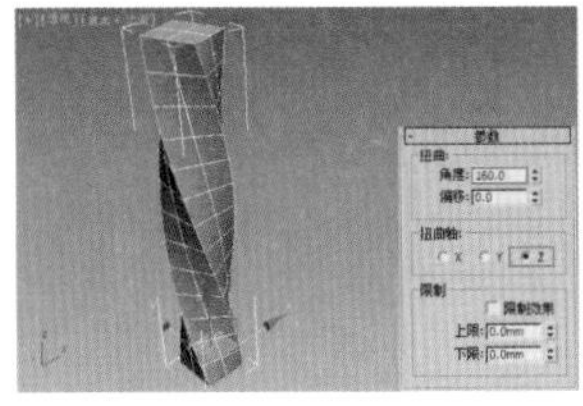
图4-30

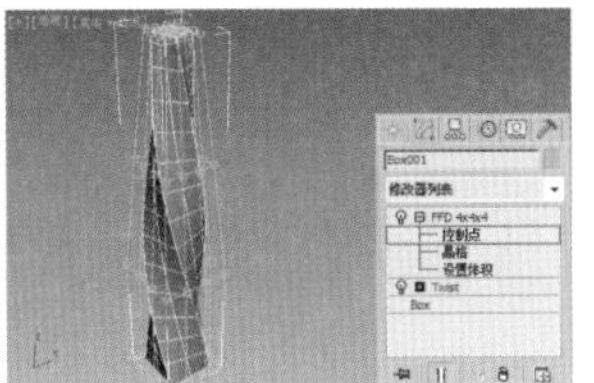
图4-31

05 选择长方体，然后再为其加载一个“编辑多边形”修改器，如图4-32所示。

06 进入“修改”面板，然后在“选择”卷展栏下单击“边”按钮，进入“边”级别，接着选择如图4-33所示的边。

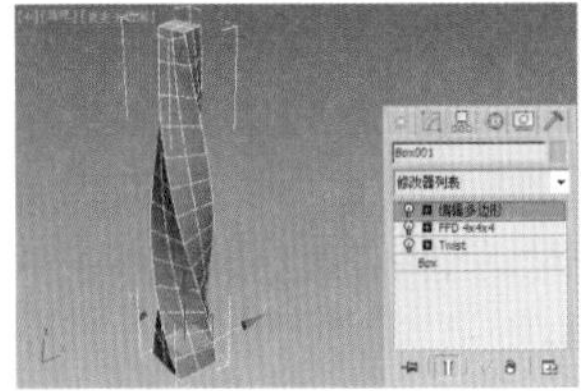
图4-32

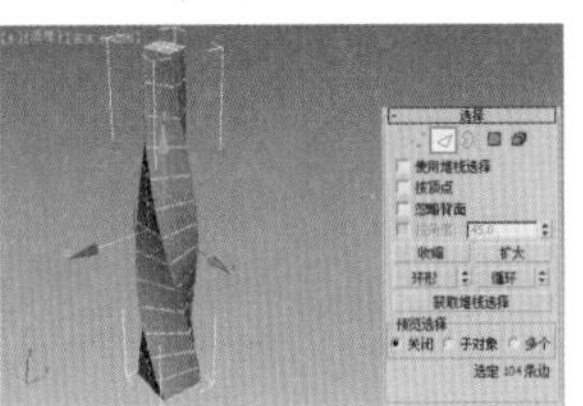
图4-33

07 接着在“编辑边”卷展栏下单击“连接”按钮 连接 后面的“设置”按钮，最后设置“分段”为2，如图4-34所示。

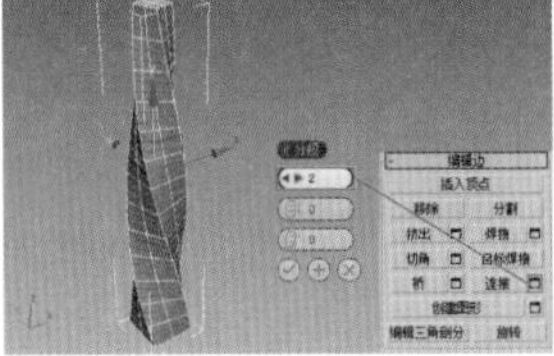
图4-34

08 再次进入“修改”面板，然后在“选择”卷展栏下单击“边”按钮，进入“边”级别，接着选择如图4-35所示的边。

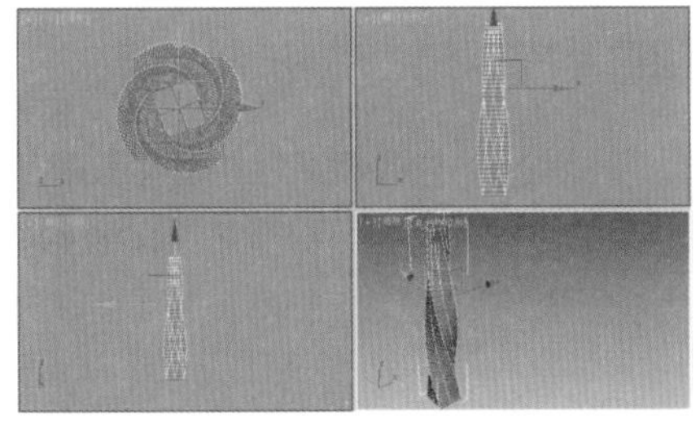
图4-35

09 接着在“编辑边”卷展栏下单击“连接”按钮 连接 后面的“设置”按钮，最后设置“分段”为2，如图4-36所示。

10 进入“修改”面板，然后在“选择”卷展栏下单击“多边形”按钮，进入“多边形”级别，接着选择如图4-37所示的多边形。

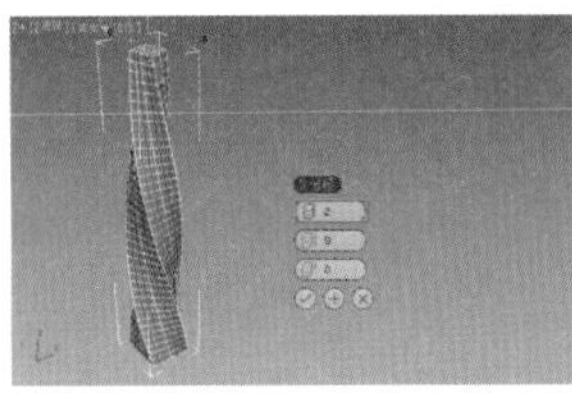
图4-36

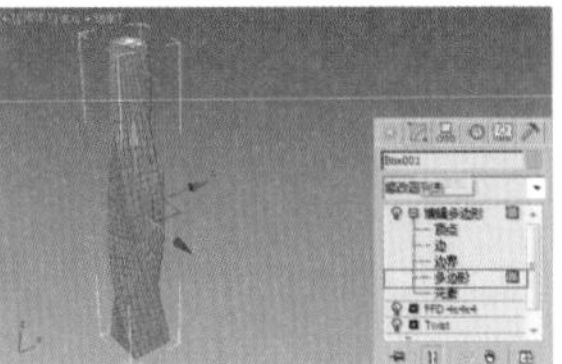
图4-37

11 保持对多边形的选择，在“编辑多边形”卷展栏下单击“插入”按钮 插入 后面的“设置”按钮，并设置“插入量”为0.7mm，如图4-38所示。

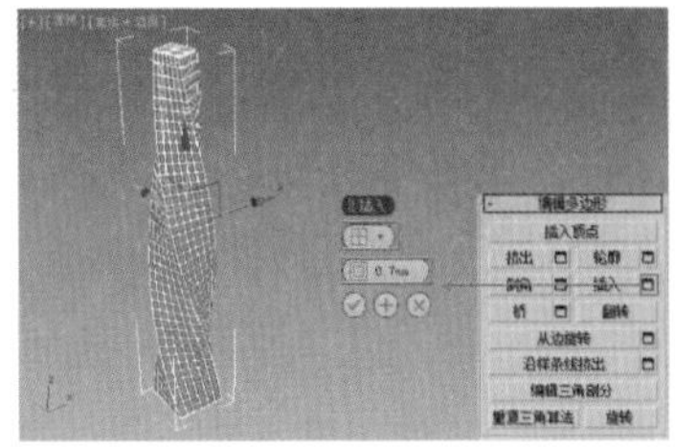
图4-38

12 保持对多边形的选择，在“编辑多边形”卷展栏下单击“挤出”按钮 挤出 后面的“设置”按钮，并设置“挤出类型”为“按多边形”、“挤出高度”为-0.7mm，如图4-39所示，最终模型效果如图4-40所示。

图4-39

图4-40

4.7.3 FFD

FFD是“自由形式变形”的意思，FFD修改器即“自由形式变形”修改器。FFD修改器包含5种类型，分别是FFD 2×2×2修改器、FFD 3×3×3修改器、FFD 4×4×4修改器、FFD（长方体）修改器和FFD（圆柱体）修改器，如图4-41所示。这种修改器是使用晶格框包围住选中的几何体，然后通过调整晶格的控制点来改变封闭几何体的形状。

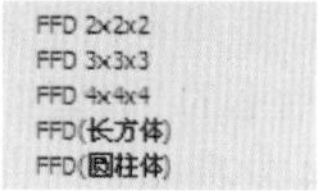

FFD 2x2x2
FFD 3x3x3
FFD 4x4x4
FFD(长方体)
FFD(圆柱体)

图4-41

1.FFD 2×2×2/FFD 3×3×3/FFD 4×4×4

FFD 2×2×2、FFD 3×3×3和FFD 4×4×4修改器的子选项和参数设置面板完全相同，如图4-42所示。这里统一进行讲解，以节省篇幅。

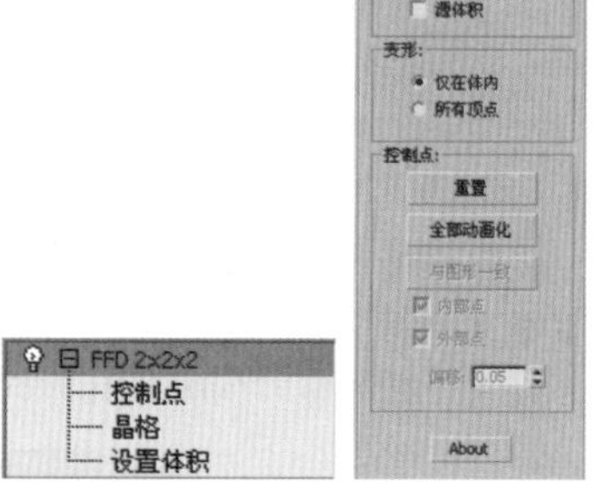

图4-42

【命令介绍】

控制点：在这个子对象级别，可以对晶格的控制点进行编辑，通过改变控制点的位置影响外形。

晶格：对晶格进行编辑，可以通过移动、旋转、缩放使晶格与对象分离。

设置体积：在这个子对象级别下，控制点显示为绿色，对控制点的操作不影响对象形态。

【参数介绍】

显示：该选项组主要包含以下两个选项。

晶格：控制是否使连接控制点的线条形成栅格。

源体积：开启该选项可以将控制点和晶格以未修改的状态显示出来。

变形：该选项组主要包含以下两个选项。

仅在体内：只有位于源体积内的顶点会变形。

所有顶点：所有顶点都会变形。

控制点：该选项组主要包含以下6个选项。

重置：将所有控制点恢复到原始位置。

全部动画化：单击该按钮可以将控制器指定给所有的控制点，使他们在轨迹视图中可见。

与图形一致：在对象中心控制点位置之间沿直线方向来延长线条，可以将每一个FFD控制点移到修改对象的交叉点上。

内部点：仅控制受“与图形一致”影响的对象内部的点。

外部点：仅控制受“与图形一致”影响的对象外部的点。

偏移：设置控制点偏移对象曲面的距离。

About（关于）：显示版权和许可信息。

2.FFD（长方体）/FFD（圆柱体）

FFD（长方体）和FFD（圆柱体）修改器与FFD修改器的功能基本一致，只是参数面板略有一些差异，如图4-43所示，这里只介绍其特有的相关参数。

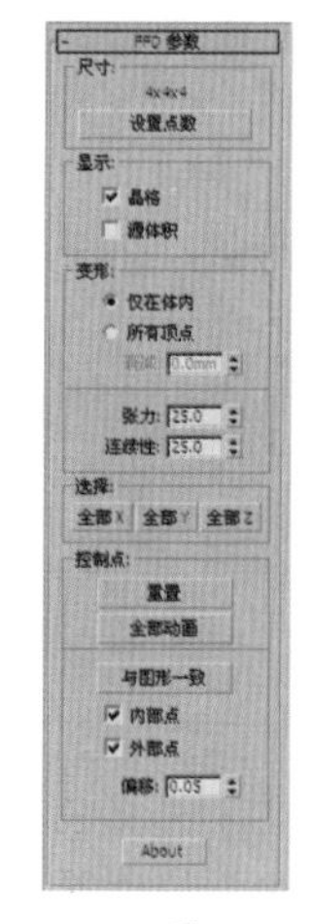

图4-43

【参数介绍】

尺寸：该选项组主要包含以下两个选项。

点数：显示晶格中当前的控制点数目，如4×4×4、2×2×2等。

设置点数：单击该按钮可以打开“设置FFD尺寸”对话框，在该对话框中可以设置晶格中所需控制点的数目，如图4-44所示。

图4-44

变形：该选项组主要包含以下3个选项。

衰减：决定FFD的效果减为0时离晶格的距离。

张力/连续性：调整变形样条线的张力和连续性。虽然无法看到FFD中的样条线，但晶格和控制点代表着控制样条线的结构。

选择：该选项组主要包含以下3个选项。

全部X/全部Y/全部Z：选中沿着由这些轴指定的局部维度的所有控制点。

4.7.4 车削

“车削”修改器通过围绕坐标轴旋转一个图形或NURBS曲线来创建3D对象，如图4-45所示，其参数设置面板如图4-46所示。

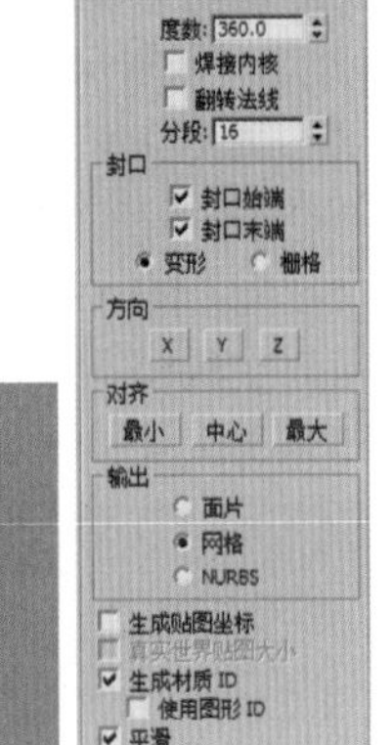

图4-45　　图4-46

【参数介绍】

度数：设置对象围绕坐标轴旋转的角度，其范围从0°~360°，默认值为360°。

焊接内核：通过将旋转轴中的顶点焊接来简化网格。

翻转法线：使物体的法线翻转，翻转后物体内部会外翻。

分段：在起始点之间，确定在曲面上创建多少插补线段数量。

封口：该选项组主要包含以下4个选项。

封口始端：封口设置的“度”小于360°的车削对象的始点，并形成闭合图形。

封口末端：封口设置的“度”小于360°的车削的对象终点，并形成闭合图形。

变形：按照创建变形目标所需的可预见且可重复的模式排列封口面。

栅格：在图形边界上的方形修剪栅格中安排封口面。

方向：设置轴的旋转方向，共有x、y、z3个轴可供选择。

对齐：设置对齐的方式，共有“最小”、“中心”和“最大”3种方式可供选择。

输出：该选项组主要包含以下3个选项。

面片：产生一个可以折叠到面片对象中的对象。

网格：产生一个可以折叠到网格对象中的对象。

NURBS：产生一个可以折叠到NURBS对象中的对象。

生成贴图坐标：将贴图坐标应用到车削对象中。

真实世界贴图大小：控制应用于该对象的纹理贴图材质所使用的缩放方法。

生成材质 ID：将不同的材质 ID 指定给挤出对象侧面与封口。

使用图形 ID：将材质 ID 指定给在车削生成的样条线段，或指定给在 NURBS 中车削生成的曲线子对象。

平滑：将平滑应用于车削图形。

4.7.5 挤出

“挤出”修改器可以将深度添加到二维图形中，并且可以将对象转换成一个参数化对象，该修改器的功能示意图和参数面板如图4-47和图4-48所示。

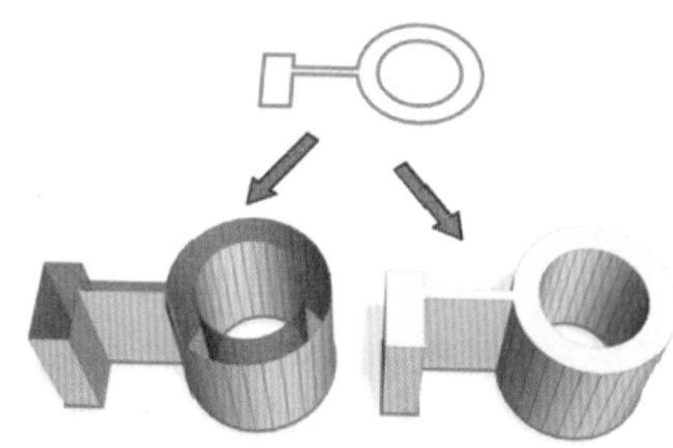

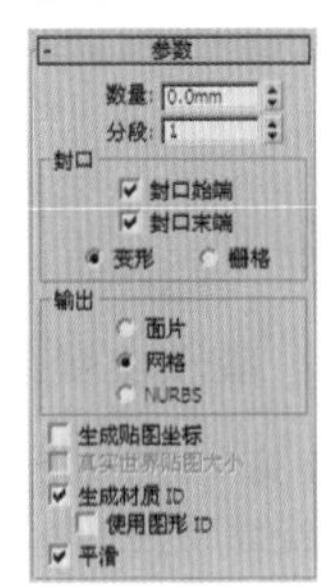

图4-47　　图4-48

【参数介绍】

数量：设置挤出的深度。

分段：指定将要在挤出对象中创建线段的数目。

封口：该选项组主要包含以下4个选项。

封口始端：在挤出对象始端生成一个平面。

封口末端：在挤出对象末端生成一个平面。

变形：以可预测、可重复的方式排列封口面，这是创建变形目标所必需的操作。

栅格：在图形边界上的方形修剪栅格中安排封口面。

输出：该选项组主要包含以下3个选项。

面片：产生一个可以折叠到面片对象中的对象。

网格：产生一个可以折叠到网格对象中的对象。

NURBS：产生一个可以折叠到NURBS对象中的对象。

生成贴图坐标：将贴图坐标应用到挤出对象中。默认设置为禁用状态。

真实世界贴图大小：控制应用于该对象的纹理贴图材质所使用的缩放方法。

生成材质 ID：将不同的材质 ID 指定给挤出对象侧面与封口。

使用图形 ID：将材质 ID 指定给在挤出产生的样条线中的线段，或指定给在NURBS 挤出产生的曲线子对象。

平滑：将平滑应用于挤出图形。

新手练习——制作台灯

素材文件	无
案例文件	新手练习——制作台灯.max
视频教学	视频教学/第4章/新手练习——制作台灯.flv
技术掌握	“线”工具、“矩形”工具、“车削”修改器、FFD4×4×4修改器、“挤出”修改器的运用

本例主要是针对“车削”修改器进行练习。首先使用“线”工具绘制出主体模型的1/2横截面，然后为样条线加载一个“车削”修改器即可得到三维实体模

型，而台面和底座模型可以使用“挤出”修改器来进行制作，如图4-49所示。

图4-49

【操作步骤】

01 设置几何体类型为“标准基本体”，再单击“管状体”按钮 管状体 ，并在场景中创建一个管状体。在“参数”卷展栏下设置“半径1”为410mm、“半径2”为420mm、“高度”为600、“高度分段”为1、“边数”为24，具体参数设置和模型效果如图4-50所示。

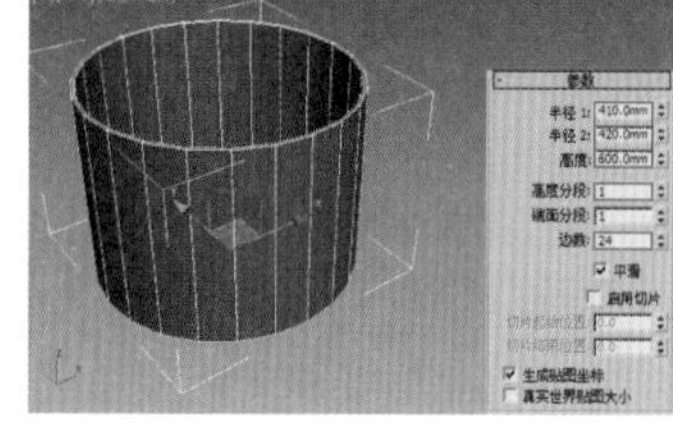

图4-50

02 在“修改器列表”中为模型加载一个FFD 4×4×4修改器，然后选择“控制点”次层级，接着选择如图4-51所示的控制点进行缩放，最后将其调整成如图4-52所示的效果。

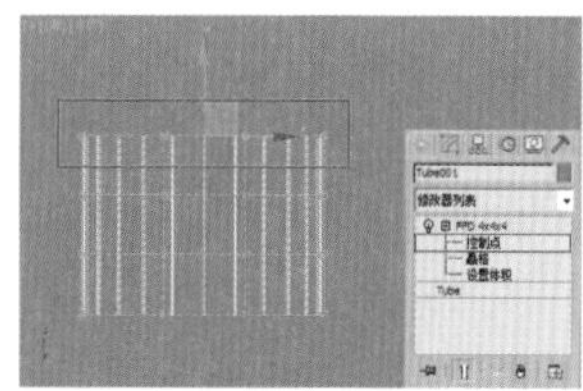

图4-51

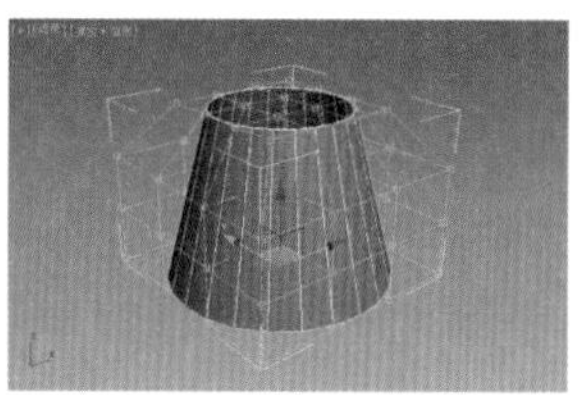

图4-52

03 设置图形类型为“样条线”，然后使用“线”工具 线 在前视图中绘制出台灯主体模型的1/2横截面，如图4-53所示。

04 选择样条线，然后为其加载一个“车削”修改器，展开“参数”卷展栏设置“分段”为24，再单击“对齐”中的“最小”，具体参数设置和模型效果如图4-54所示。

图4-53

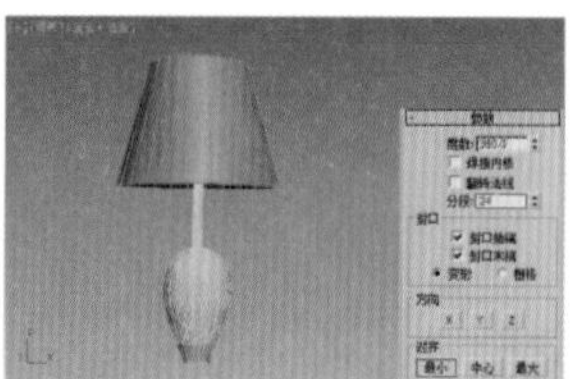

图4-54

05 使用“矩形”工具 矩形 在主体模型的底部绘制一个矩形，然后在“参数”卷展栏下设置“长度”为500mm、“宽度”为500mm、“角半径”为20mm，具体参数设置和模型效果如图4-55所示。

06 为矩形加载一个“挤出”修改器，然后在“参数”卷展栏下设置“数量”为150mm，具体参数设置和模型效果如图4-56所示。

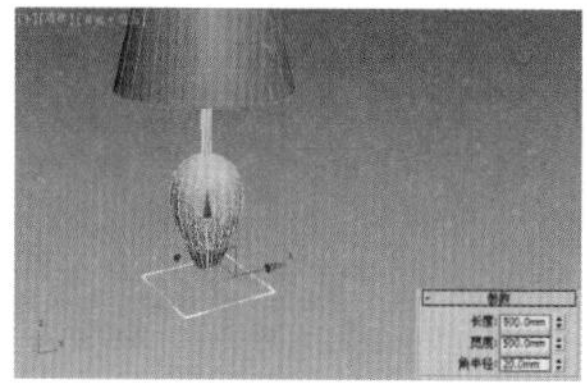

图4-55

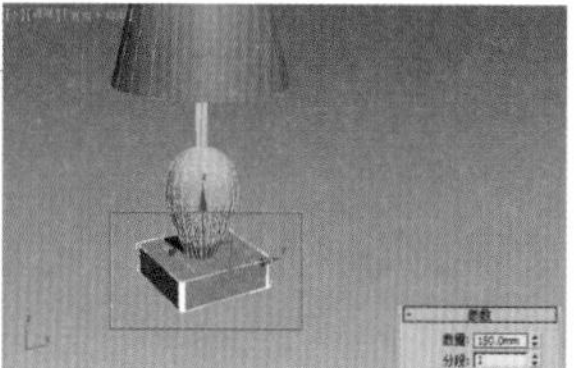

图4-56

07 使用同样的方法再制作出一个矩形作为台灯的底座，并设置“长度”为550mm、“宽度”为550mm、“角半径”为5mm，接着为矩形加载一个“挤出”修改器，然后在“参数”卷展栏下设置“数量”为30mm，具体参数设置如图4-57和图4-58所示，最终模型效果如图4-59所示。

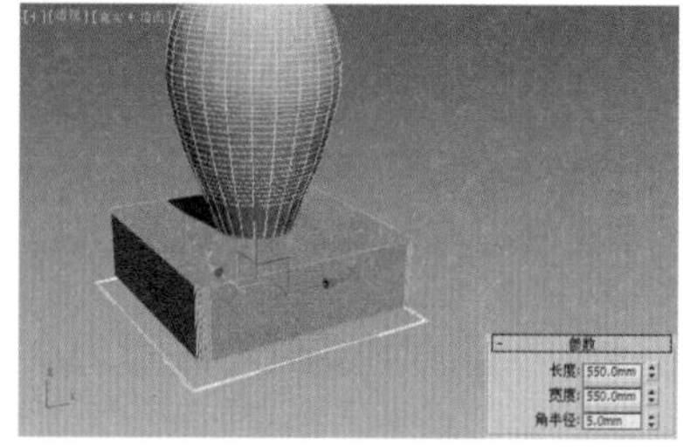

图4-57

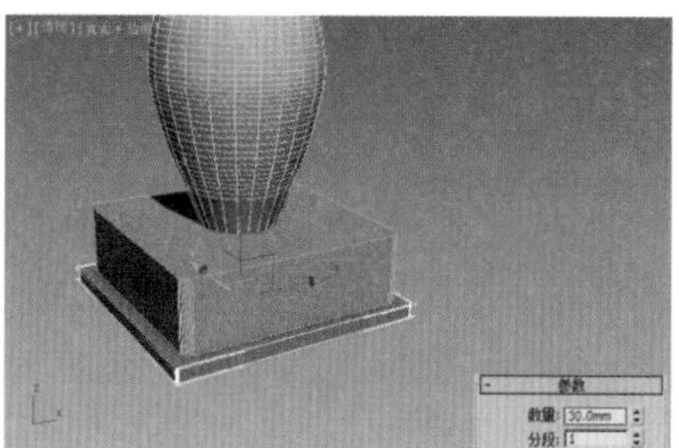

图4-58

图4-59

新手练习——制作茶几

素材文件	无
案例文件	实战——利用挤出修改器制作茶几.max
视频教学	视频教学/第4章/新手练习——制作茶几.flv
技术掌握	掌握“挤出”修改器、“车削”修改器的运用

本例的制作方法比较简单，主要使用“挤出”修改器和“车削”修改器来进行制作，如图4-60所示。

图4-60

【操作步骤】

01 使用“矩形”工具 矩形 在顶视图中绘制出如图4-61所示的矩形，并设置“长度”为1500mm、“宽度”为2500mm、“角半径”为50mm。

02 选择矩形，然后为其加载一个“挤出”修改器，接着在“参数”卷展栏下设置“数量”为30mm，模型效果如图4-62所示。

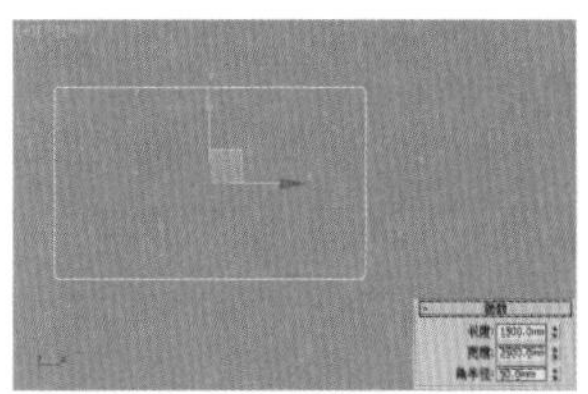

图4-61

图4-62

03 继续使用“矩形”工具 矩形 创建出第二个矩形，并设置“长度”为800mm、“宽度”为1500mm、“角半径”为50mm，然后为其加载一个“挤出”修改器，接着在“参数”卷展栏下设置“数量”为50mm，模型效果如图4-63所示。

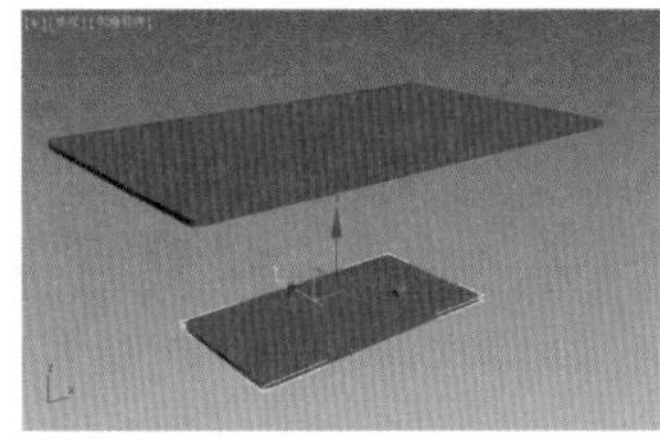

图4-63

04 使用“线”工具 线 在前视图中绘制出如图4-64所示的样条线，然后为其加载一个“挤出”修改器，接着在“参数”卷展栏下设置“数量”为200mm，此时模型效果如图4-65所示。

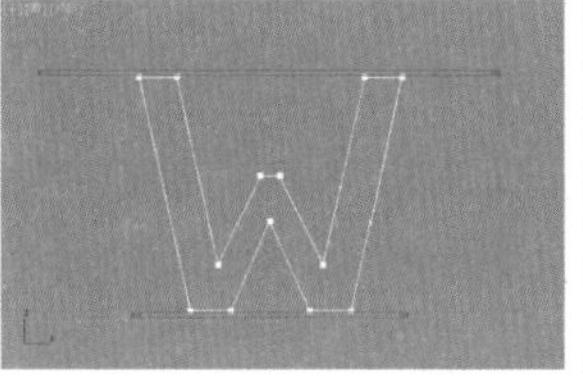

图4-64

图4-65

05 使用“线”工具 线 在前视图中绘制出如图4-66所示的样条线，然后为其加载一个“车削”修改器，接着在“对齐”中单击“最小”，模型效果如图4-67所示。

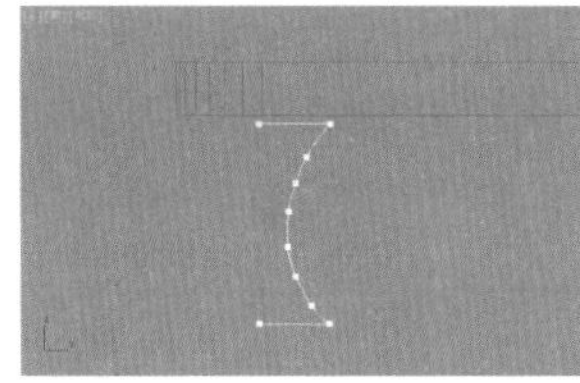

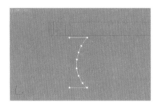

图4-66

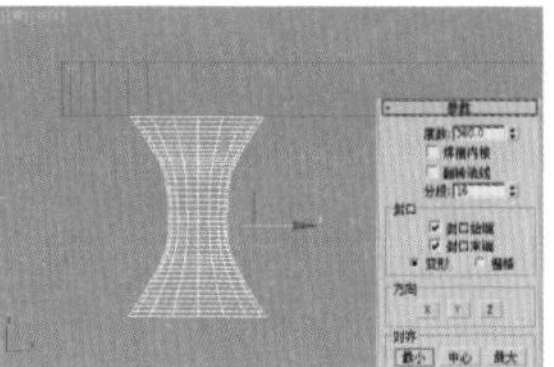

图4-67

06 使用“选择并移动”工具选择上一步创建的模型，然后按住Shift键的同时移动复制模型到如图4-68所示的位置，此时效果如图4-69所示，模型最终效果如图4-70所示。

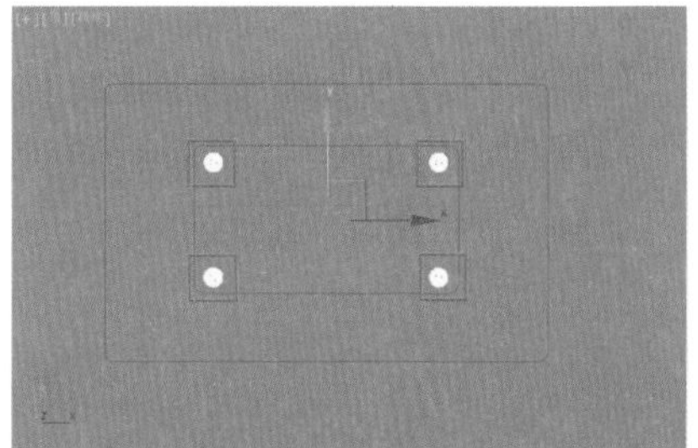

图4-68

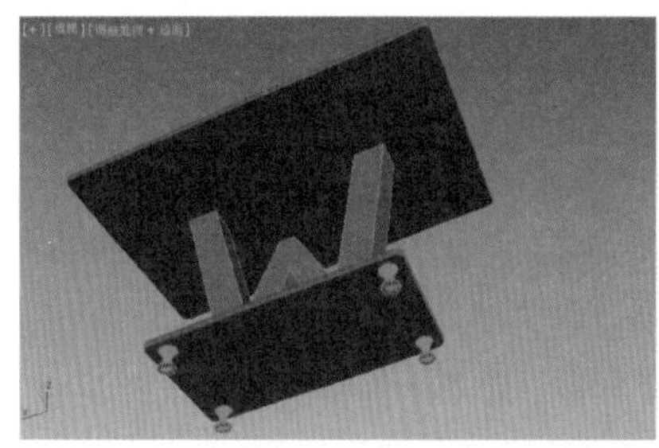

图4-69

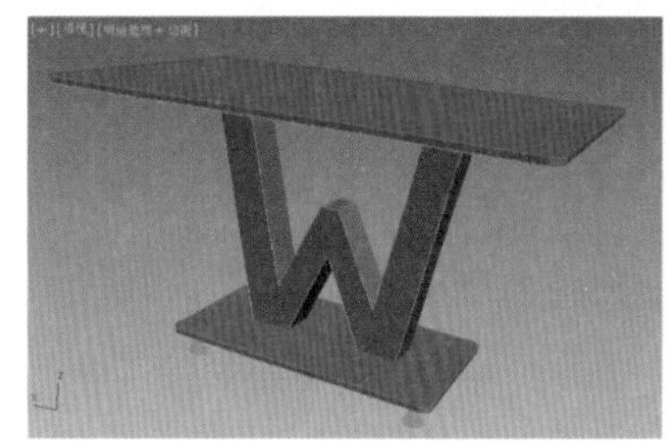

图4-70

高手进阶——制作窗帘

素材文件	无
案例文件	高手进阶——制作窗帘.max
视频教学	视频教学/第4章/高手进阶——制作窗帘.flv
技术掌握	"挤出"、FFD 3×3×3、FFD 4×4×4和"FFD（长方体）"修改器的运用

本例是一个窗帘模型，主要用来练习"样条线"建模方式，以及"挤出"、FFD 4×4×4、"FFD（长方体）"修改器的运用技法，案例效果如图4-71所示。

图4-71

【操作步骤】

01 在"创建"面板中单击"图形"按钮，并设置图形类型为"样条线"，接着用"线"工具 线 在顶视图中创建如图4-72所示的线。

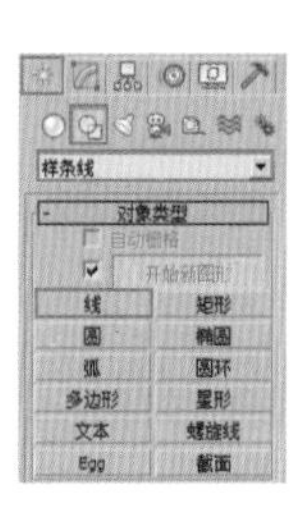

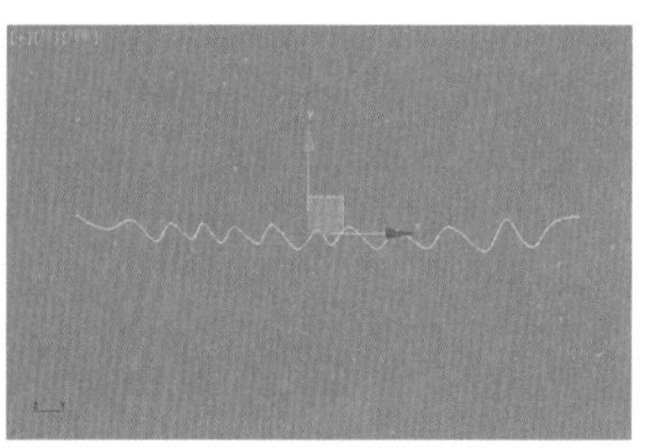

图4-72

02 选择上一步创建的样条线，然后进入"修改"面板，接着为其加载一个"挤出"修改器，最后设置"数量"为480mm、"分段"为45，此时窗帘主体部分模型如图4-73所示。

03 选择挤出后的模型，然后给模型加载一个FFD 4×4×4修改器，接着单击选择相应的控制点，并使用"选择并移动"按钮对其进行移动操作，如图4-74所示。

图4-73

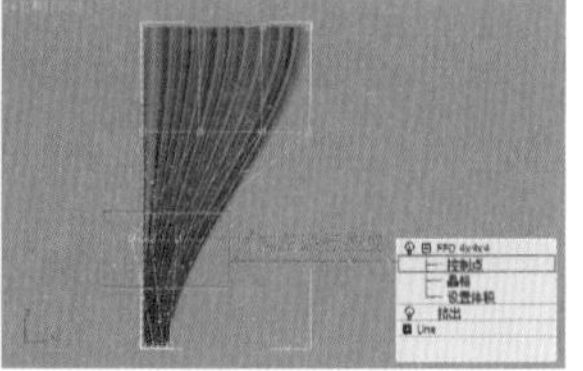

图4-74

小技巧

在使用FFD修改器时，需要特别注意的是，模型的网格数一定要设置合理。设置网格数过少，会导致模型转折太强烈，设置网格数过多，会占用太多硬件资源。因此合理设置模型的网格数非常重要。

FFD修改器是3ds Max非常重要的修改器之一，可以直接通过调节控制点的位置，快速地调节出特殊的物体形态，比多边形建模中调节点、边、多边形的方法节省很多时间。

04 在"修改"面板下继续为模型加载一个"FFD（长方体）"修改器，接着单击"设置点数"按钮，弹出"设置FFD尺寸"对话框，然后设置"长度"为2、"宽度"为10、"高度"为10，具体参数设置如图4-75所示。

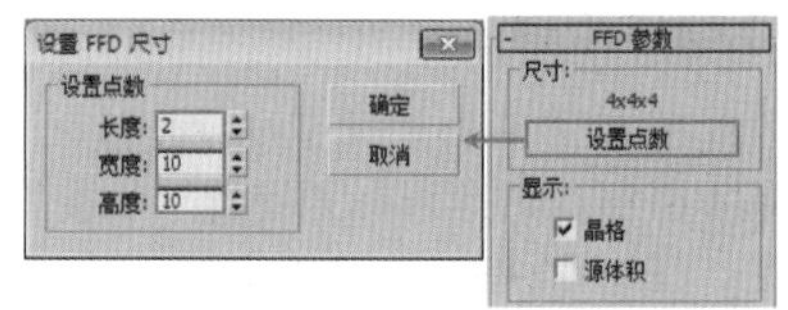

图4-75

05 单击"控制点"层级，然后选择相应的控制点并进行拖曳调整，如图4-76所示。

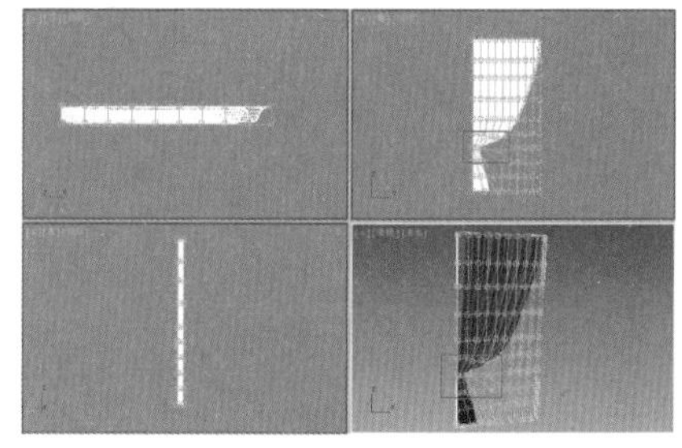

图4-76

06 选择窗帘的主体部分模型，接着单击"镜像"按钮，此时弹出"镜像：世界坐标"对话框，然后设置"镜像轴"为x，并设置"克隆当前选择"为"实例"，此时窗帘效果如图4-77所示。

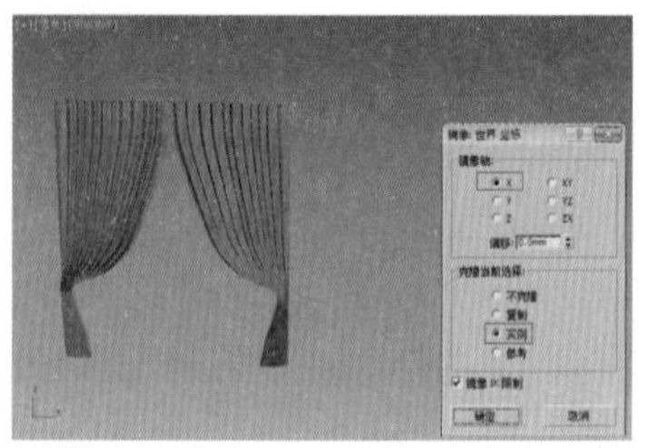

图4-77

小技巧

在使用"镜像"工具时一定要注意"镜像轴"的选择，然后注意"克隆当前选择"采用什么方式。

07 继续使用“线”工具在顶视图中创建如图4-78所示的线，接着为其加载一个“挤出”修改器，然后设置“数量”为550mm、“分段”为1，如图4-79所示。

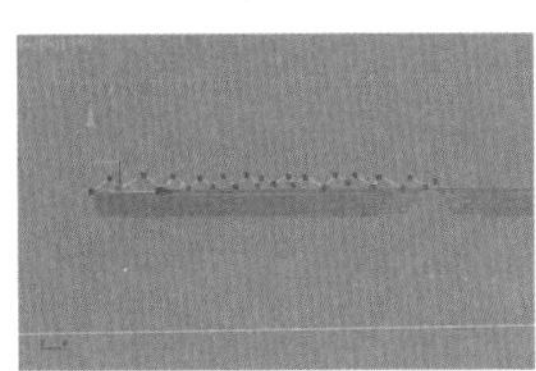
图4-78

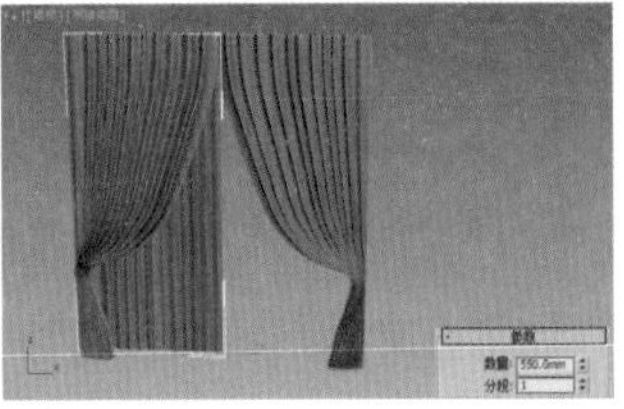
图4-79

08 单击“镜像”按钮，把上一步绘制的模型镜像复制一份，然后将其拖曳到合适的位置，此时窗帘的效果如图4-80所示。

09 继续使用“线”工具在左视图中创建如图4-81所示的样条线，接着为其加载一个“挤出”修改器，然后设置“数量”为240mm、“分段”为45。

图4-80

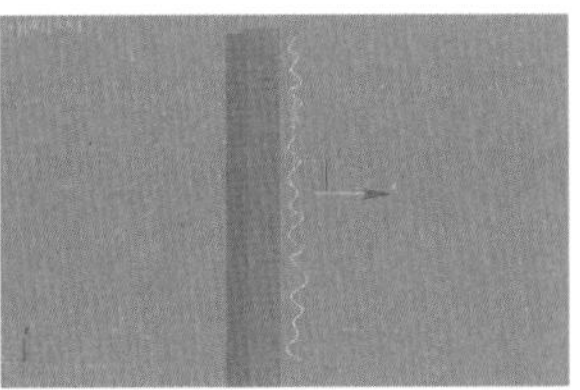
图4-81

10 继续为其加载一个FFD 3×3×3修改器，接着单击“控制点”层级，然后使用“选择并移动”工具将所选择的控制点进行调整，效果如图4-82所示。

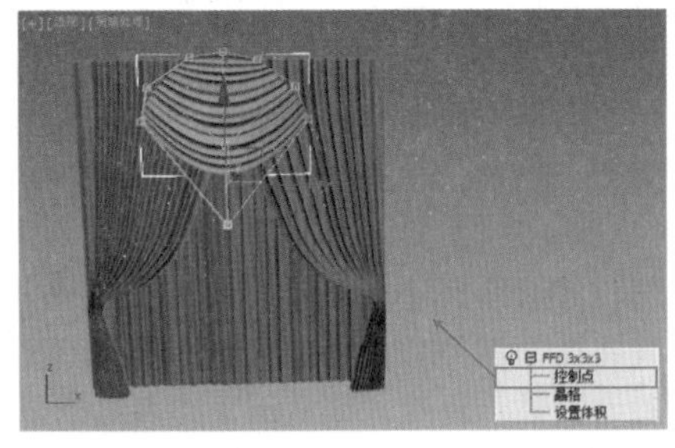
图4-82

11 把上一步制作的模型水平复制两份，然后调整模型位置，其效果如图4-83所示。

图4-83

12 使用“线”工具在顶视图中创建如图4-84所示的线，接着为其加载一个“挤出”修改器，并设置“数量”为240mm、“分段”为45，此时模型效果如图4-85所示。

图4-84

图4-85

13 继续给上一步创建的模型加载一个FFD 3×3×3修改器，然后选择控制点并进行拖曳操作，此时的模型效果如图4-86所示，再将模型调整到合适的位置，并将其镜像复制一份，结果如图4-87所示。

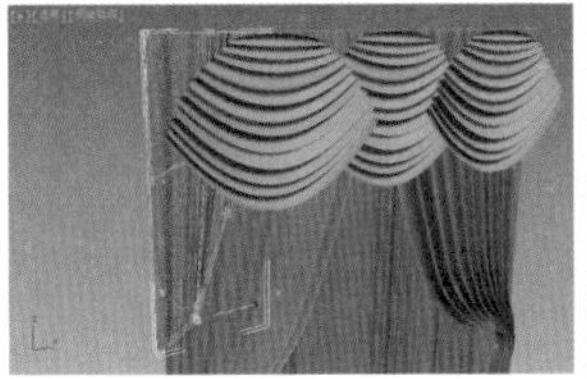
图4-86

图4-87

14 采用完全相同的方法继续创建窗帘最内侧的布幔，如图4-88所示。

图4-88

15 使用“线”工具在左视图中绘制如图4-89所示的样条线，然后给样条线加载一个“挤出”修改器，并设置“数量”为600mm、“分段”为45，制作出窗帘盒模型，这样就完成了整个模型的制作，最终效果如图4-90所示。

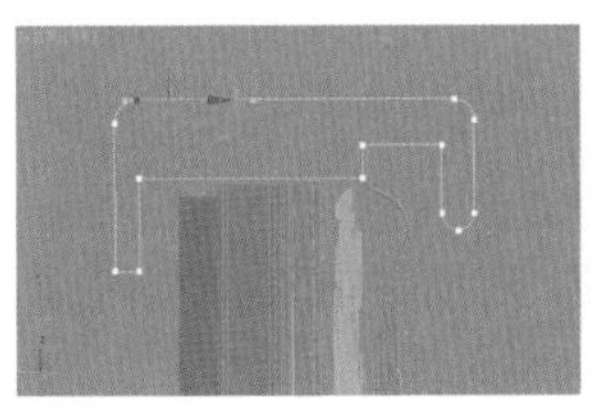
图4-89

图4-90

4.7.6 圆角/切角

专用于样条线的加工，对直角转折点进行加线处理，产生圆角或切角效果。圆角会在转角处增加更多的顶点；切角会倒折角，增加一个点与选择点之间形成一个线段。在“编辑样条线”修改器的子对象级别中也有圆角和倒角功能，与这里产生的效果是一样的。但这里进行的圆角和倒角操作会记录在堆栈层级中，方便以后的反复编辑。该修改器的功能示意和参数面板如图4-91和图4-92所示。

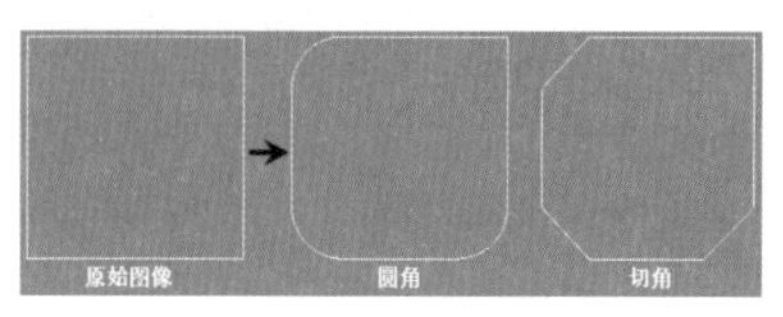

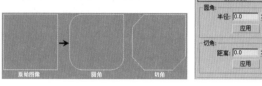

图4-91　　图4-92

加载“圆角/切角”修改器后，可以进入它的顶点子对象级进行点的编辑，包括移动、旋转、缩放，但点的属性只有在角点和Bezier角点时才能正确执行圆角和切角操作。

【参数介绍】

半径：设置圆角的半径大小。

距离：设置切角的距离大小。

应用：将当前设置指定给选择点。

4.7.7 修剪/延伸

专用于样条线的加工，对于复杂交叉的样条线，使用这个工具可以轻松地去掉交叉或重新连接交叉点，被去掉交叉的断点会自动重新闭合。在“编辑样条线”修改器中也有同样的功能，用法也相同。但这里进行的修剪/延伸操作会记录在堆栈层级中，可以反复调节。该修改器的功能示意图和参数面板如图4-93和图4-94所示。

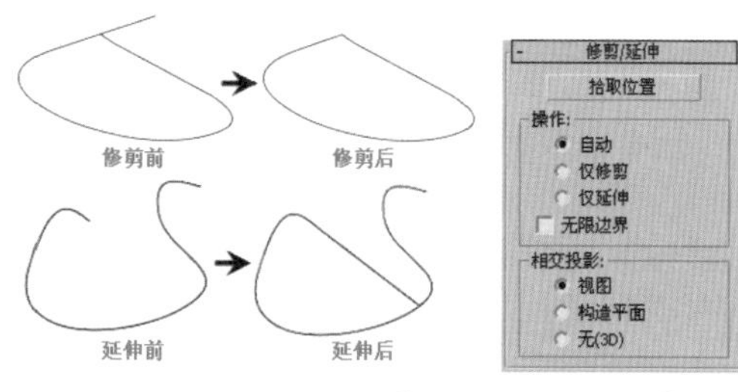

图4-93　　图4-94

【参数介绍】

拾取位置：单击此按钮，然后在视图中选择位置单击，进行修剪或延伸修改。

操作：该选项组主要包含以下4个选项。

自动：自动进行修剪或延伸，在单击位置点后，系统自动进行判断，能修剪的进行修剪，能延伸的进行延伸。

仅修剪：只进行修剪操作。

仅延伸：只进行延伸操作。

无限边界：选择此选项，系统将以无限远处为界限进行修剪，扩展计算。

相交投影：该选项组主要包含以下3个选项。

视图：对当前视图显示的交叉进行修改。

构造平面：对构造平面上的交叉进行修改。

无（3D）：仅对三维空间中真正的交叉进行修改。

4.7.8 可渲染样条线

该修改器可以直接设置样条线的可渲染属性，而不用将样条线转换为可编辑样条线。可以同时对多个样条线应用该修改器，其参数面板如图4-95所示。

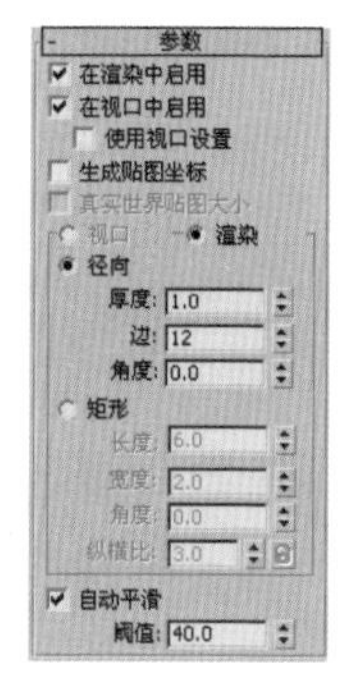

图4-95

“可渲染样条线”修改器的参数选项用于控制样条线的可渲染属性，可以设置渲染时的类型、参数和贴图坐标，还能够进行动画设置。

【参数介绍】

在渲染中启用：勾选此选项，线条在渲染时具有实体效果。

在视口中启用：勾选此选项，线条在视口中显示实体效果。

使用视口设置：当勾选“在视口中启用”时，此选项才可用。不勾选此项，样条线在视口中的显示设置保持与渲染设置相同；勾选此项，可以为样条线单独设置显示属性，通常用于提高显示速度。

生成贴图坐标：用于控制贴图位置。

真实世界贴图大小：不勾选此项，贴图大小符合创建对象的尺寸；勾选此项，贴图大小由绝对尺寸决定，与对象的相对尺寸无关。

视口：设置图形在视口中的显示属性。只有勾选“在视口中启用”和“使用视口设置”时，此选项才可用。

渲染：设置样条线在渲染输出时的属性。

径向：该选项组用于将样条线渲染或显示为截面为圆形或多边形的实体，主要包含以下3个选项。

厚度：可以控制渲染或显示时线条的粗细程度。

边：设置渲染或显示样条线的边数。

角度：调节横截面的渲染角度。

矩形：该选项组用于将样条线渲染或显示为截面为长方体的实体，主要包含以下4个选项。

长度：设置长方形截面的长度。

宽度：设置长方形截面的宽度。

角度：调节横截面的旋转角度。

纵横比：长方形截面的长宽比值。此参数与“长度”和“宽度”值是联动的，改变长度或宽度值，纵横比值就会自动更新；改变纵横比值时，长度值会自动更新。如果单击后面的🔒按钮，则将保持纵横比不变，此时调整长度或宽度值，另一个参数值会相应发生改变。

自动平滑：勾选此选项，按照下面的“阈值”设定对可渲染的样条线实体进行自动平滑处理。

阈值：如果两个相邻表面法线之间的夹角小于阈值的角（单位为度），则指定相同的平滑组。

4.7.9 拉伸

“拉伸”修改器用于模拟传统的挤出拉伸动画效果，在保持体积不变的前提下，沿指定轴向拉伸或挤出对象的形态。可以用于调节模型的形状，也可用于卡通动画的制作，其功能示意图和参数面板如图4-96和图4-97所示。

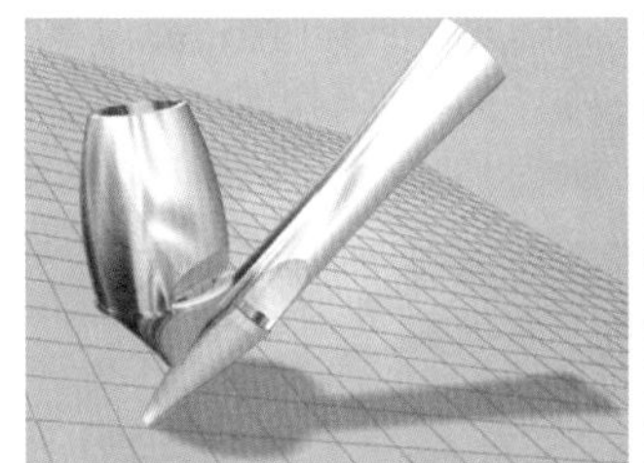

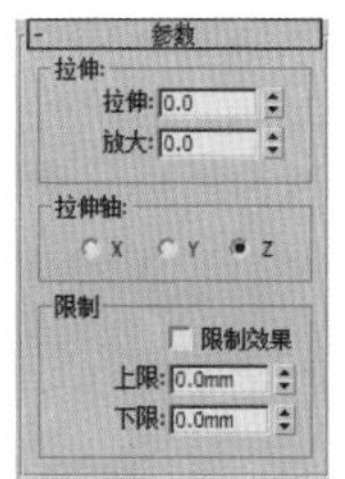

图4-96　　图4-97

【参数介绍】

拉伸：该选项组主要包含以下两个选项。

拉伸：设置拉伸的强度大小。

放大：设置拉伸中部扩大变形的程度。

拉伸轴X/Y/Z：该选项组用于设置拉伸依据的坐标轴向。

限制：该选项组主要包含以下3个选项。

限制效果：打开限制影响，允许用户限制拉伸影响在Gizmo（线框）上的范围。

上限/下限：分别设置拉伸限制的区域。

4.7.10 挤压

“挤压”修改器类似于“拉伸”修改器的效果，沿着指定轴向拉伸或挤出对象，即可在保持体积不变的前提下改变对象的形态，也可以通过改变对象的体积来影响对象的形态，其示意图和参数面板如图4-98和图4-99所示。

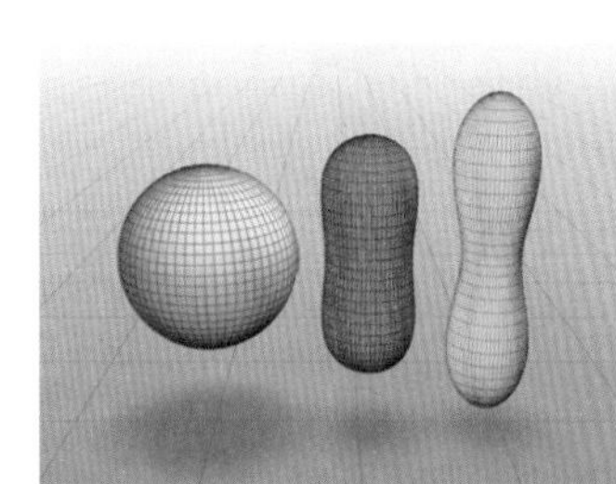

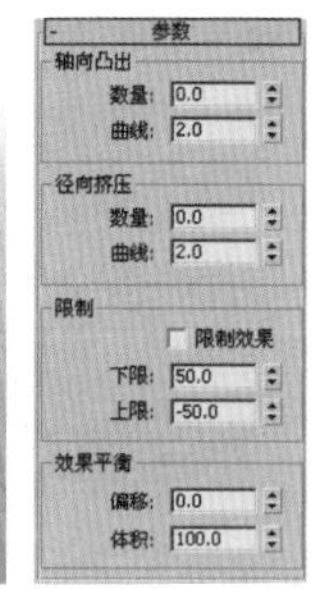

图4-98　　图4-99

【参数介绍】

轴向凸出：该选项组用于沿着Gizmo（线框）自用轴的z轴进行膨胀变形。在默认状态下，Gizmo（线框）的自用轴与对象的轴向对齐，主要包含以下两个选项。

数量：控制膨胀作用的程度。

曲线：设置膨胀产生的变形弯曲程度，控制膨胀的圆滑和尖锐程度。

径向挤压：该选项组用于沿着Gizmo（线框）自用轴的z轴挤出对象，主要包含以下两个选项。

数量：设置挤出的程度。

曲线：设置挤出作用的弯曲影响程度。

限制：该选项组主要包含以下3个选项。

限制效果：打开限制影响，在Gizmo（线框）对象上限制挤压影响的范围。

下限/上限：分别设置限制挤压的区域。

效果平衡：该选项组主要包含以下两个选项。

偏移：在保持对象体积不变的前提下改变挤出和拉伸的相对数量。

体积：改变对象的体积，同时增加或减少相同数量的拉伸和挤出效果。

4.7.11 松弛

该修改器可以通过向内收紧表面的顶点或向外松弛表面的顶点来改变对象表面的张力，松弛的结果会使原对象更平滑，体积也更小。它不仅可以作用于整个对象，也可以作用于子对象，将对象的局部进行松弛修改。在制作人物动画时，弯曲的关节常会产生坚硬的折角，使用松弛修改可以将它揉平。

如果使用面片建模，最终的模型表面由于三角面和四边形面的拼接，往往出现一些不平滑的褶皱，这时可以加入“松弛”修改器，从而平滑模型的表面，其示意图和参数面板如图4-100和图4-101所示。

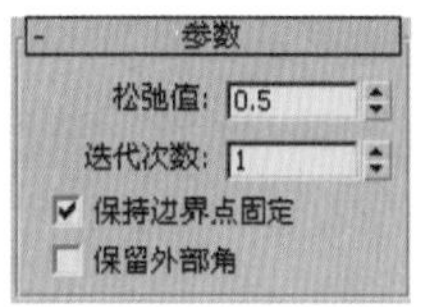

图4-100 图4-101

【参数介绍】

松弛值：设置顶点移动距离的百分比值，范围为-1.0~1.0，值越大，顶点越靠近，收缩度越大；如果为负值，则表现为膨胀效果。

迭代次数：设置松弛计算的次数，值越大，松弛效果越强烈。

保持边界点固定：如果打开此选项设置，在开放网格对象边界上的点将不进行松弛修改。

保留外部角：勾选时，距对象中心最远的点将保持在初始位置不变。

4.7.12 涟漪

使用“涟漪”修改器，可以在对象表面产生一串同心波，从中心向外辐射，振动对象表面的顶点，形成涟漪效果。用户可以对一个对象指定多个涟漪修改，通过移Gizmo（线框）对象和涟漪中心，还可以改变或增强涟漪效果，其示意图和参数面板如图4-102和图4-103所示。

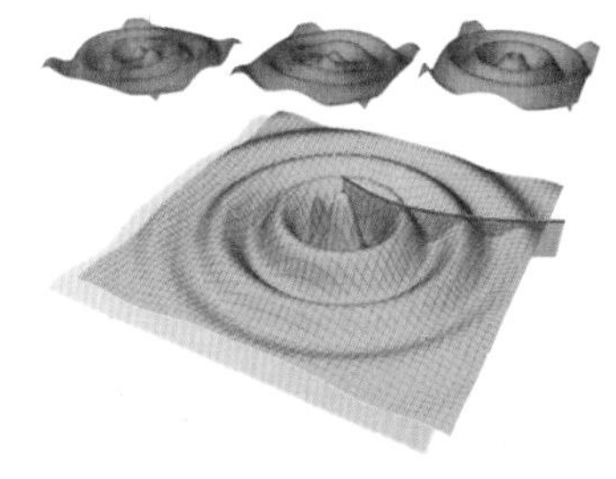

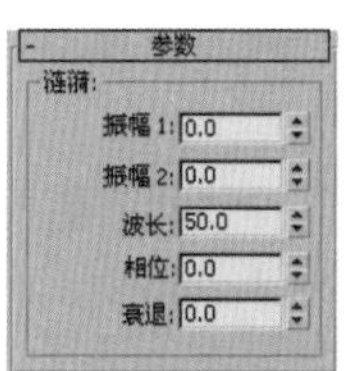

图4-102 图4-103

【参数介绍】

涟漪：该选项组主要包含以下5个选项。

振辐1：设置沿着涟漪对象自身x轴向上的振动辐度。

振辐2：设置沿着涟漪对象自身y轴向上的振动辐度。

波长：设置每一个涟漪波的长度。

相位：设置波从涟漪中心点发出的振幅偏移。此值的变化可记录为动画，产生从中心向外连续波动的涟漪效果。

衰退：设置从涟漪中心向外衰减振动影响，靠近中心的地区振动最强，随着距离的拉远，振动也逐渐变弱，以符合自然界中的涟漪现象，当水滴落入水中后，水波向四周扩散，振动衰减直到消失。

新手练习——制作咖啡

素材文件	05.max
案例文件	新手练习——制作咖啡.max
视频教学	视频教学/第4章/新手练习——制作咖啡.flv
技术掌握	掌握涟漪命令修改器

本例使用了两次涟漪命令修改器，最终渲染效果，如图4-104所示。

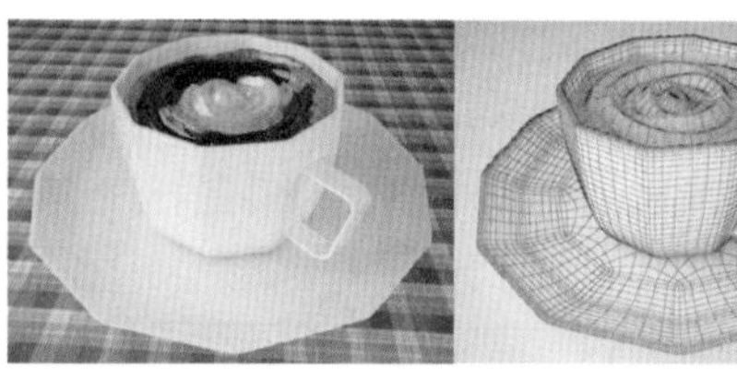

图4-104

【操作步骤】

01 打开本书配套光盘中的“05.max”，此时场景效果，如图4-105所示。

02 使用圆柱体在顶视图中创建，接着展开“参数”卷展栏，并设置“半径”为110mm、“高度”为2mm、“高度分段”为1、“端面分段”为60、“边数”为22，具体参数设置和模型效果如图4-106所示。

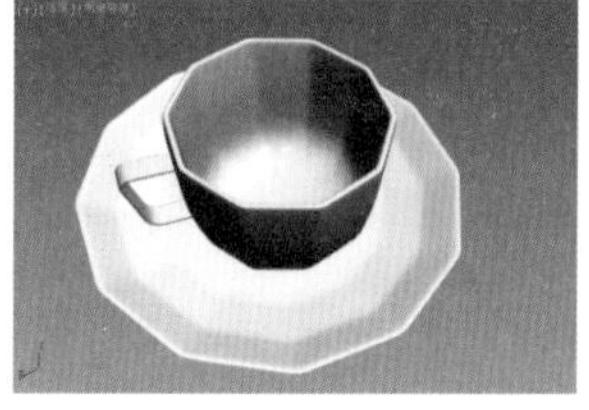

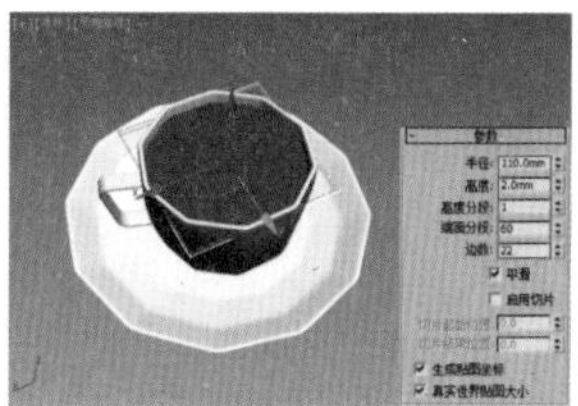

图4-105 图4-106

小技巧 从上图中可以看出咖啡杯中的圆柱体模型只是表面平静并没有涟漪的效果，不符合真实的模型。

03 选择圆柱体，然后为其加载一个“涟漪”修改器，接着展开“参数”卷展栏，并设置“振幅1”为3mm、“振幅2”为3mm、“波长”为20mm、“相位”为3.8，具体参数设置和模型效果如图4-107所示。

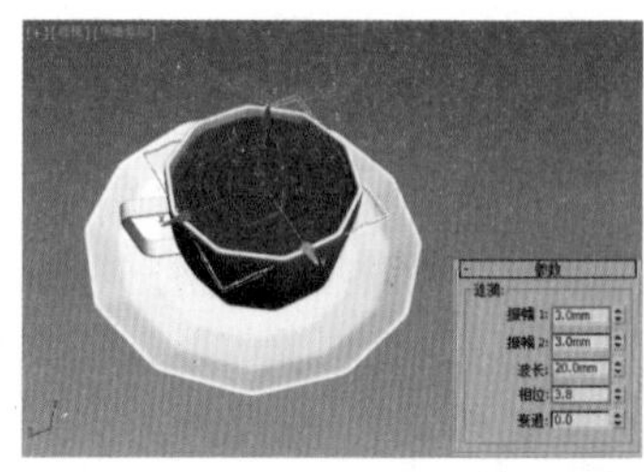

图4-107

04 选择圆柱体，然后继续为其加载一个“涟漪”修改器，接着展开“参数”卷展栏，并设置“振幅1”为5mm、“振幅2”为5mm、“波长”为50mm，具体参数设置和当前模型效果如图4-108所示，最终模型效果如图4-109所示。

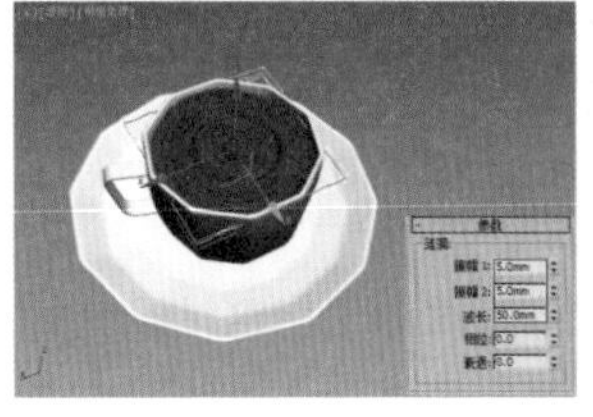

图4-108

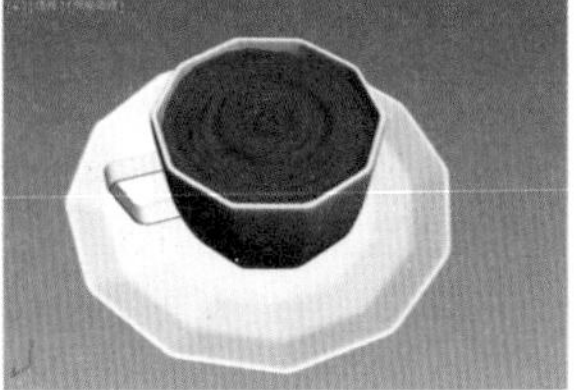

图4-109

4.7.13 切片

“切片”修改器修改器用于创建一个穿过网格模型的剪切平面，基于剪切平面创建新的点、线和面，从而将模型切开。“切片”的剪切平面是无边界的，尽管它的黄色线框没有包围模型的全部，但仍然对整个模型有效。如果针对选择的局部表面进行剪切，可以在其下加入一个“网格选择”的修改，打开面层级，将选择的面上传。其示意图和参数面板如图4-110和图4-111所示。

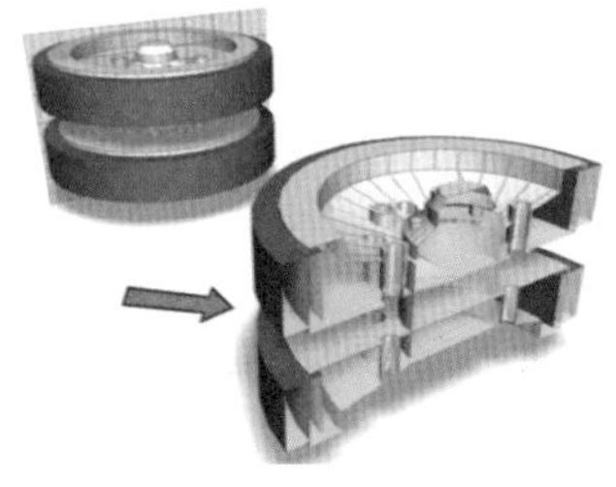

图4-110

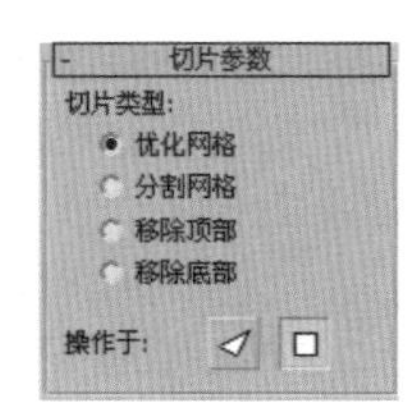

图4-111

【参数介绍】

切片类型：该选项组主要包含以下4个选项。

优化网格：在对象和剪切平面相交的地方增加新的点、线或面，被剪切的网格对象仍然是一个对象。

分割网格：在对象和剪切平面相交的地方增加双倍的点和线，剪切后的对象被分离为两个对象。

移除顶部：删除剪切平面顶部全部的点和面。

移除底部：删除剪切平面底部全部的点和面。

操作于：该选项组主要包含以下两个选项。

面：指定切片操作基于三角面，即使是三角面的隐藏边也会产生新的节点。

多边形：基于对象的可见边进行切片加点，隐藏的边不加点。

4.7.14 影响区域

“影响区域”修改器用于将对象表面区域进行凸起或凹下处理，任何可以渲染的对象都可以进行“影响区域”处理，如图4-112所示。如果需要对影响区域进行限制，则可以通过选择修改器来进行子对象选择，其参数面板如图4-113所示。

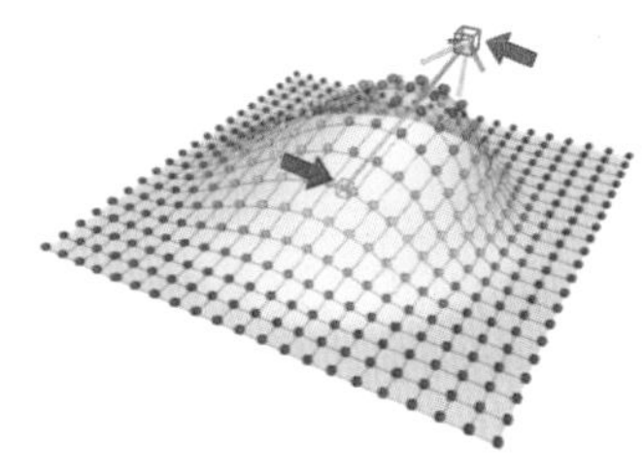

图4-112

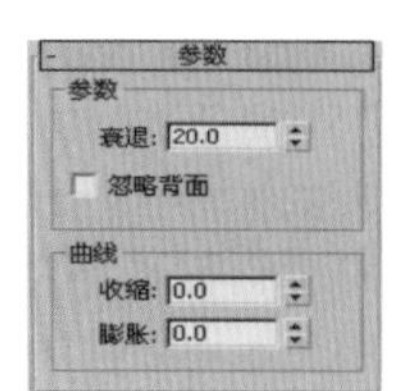

图4-113

【参数介绍】

参数：该选项组主要包含以下两个选项。

衰退：设置影响的半径。值越大，影响面积也越大，凸起也越平缓。

忽略背面：在凸起时是否也对背面进行处理。打开此选项时，背面将不受凸起影响，否则将一其凸起。

曲线：该选项组主要包含以下两个选项。

收缩：设置凸起尖端的尖锐程度，值为负时表面平坦，值为正时表面尖锐。

膨胀：设置向上凸起的趋势。当值为1时会产生一个半圆形凸起，值降低时，圆顶会变得倾斜而陡峭。

4.7.15 镜像

“镜像”修改器用于沿着指定轴向镜像对象或对象选择集，适用于任何类型的模型，对镜像中心的位置变动可以记录成动画，其示意图及其参数面板如图4-114和如图4-115所示。

图4-114

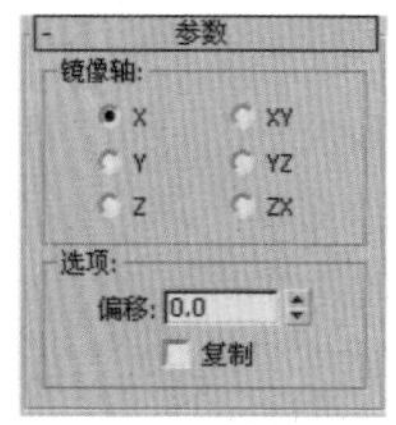

图4-115

【参数介绍】

镜像轴X/Y/Z/XY/YZ/ZX：选择镜像作用依据的坐标轴向。

选项：该选项组主要包含以下两个选项。

偏移：设置镜像后的对象与镜像轴之间的偏移距离。

复制：是否产生一个镜像复制对象。

4.7.16 壳

“壳”修改器可以通过拉伸面为曲面添加一个真实的厚度，还能对拉伸面进行编辑，非常适合建造复杂模型的内部结构，它是基于网格来工作的，也可以添加在多边形、面片和NURBS曲面上，但最终会将它们转换为网格。

壳修改器的原理是通过添加一组与现有面方向相反的额外面，以及连接内外面的边来表现出对象的厚度。可以指定内外面之间的距离（也就是厚度大小）、边的特性、材质ID、边的贴图类型，其示意图及其参数面板如图4-116和图4-117所示。

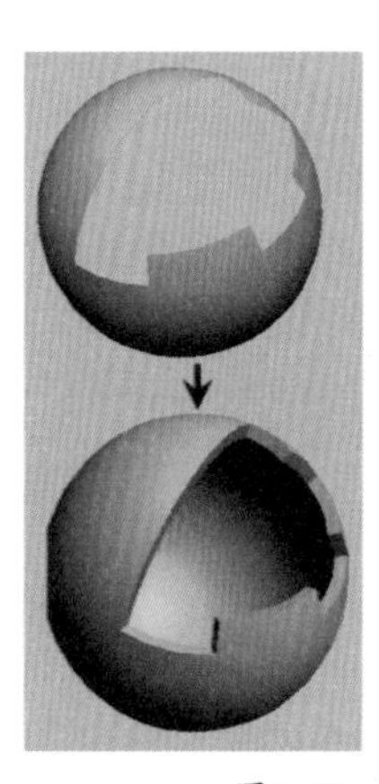

图4-116

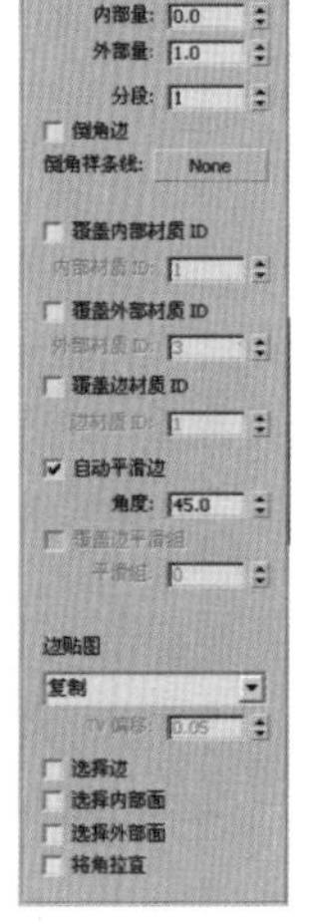

图4-117

【参数介绍】

内部量：将内部曲面从原始位置向内移动，内、外部的值之和为壳的厚度，也就是边的宽度。

外部量：将外部曲面从原始位置向外移动，内、外部的值之和为壳的厚度，也就是边的宽度。

分段：设置每个边的分段数量。

倒角边：启用该选项可以让用户对拉伸的剖面自定义一个特定的形状。当指定了“倒角样条线”后，该选项可以作为直边剖面的自定义剖面之间的切换开关。

倒角样条线：单击None按钮后，可以在视图中拾取自定义的样条线。拾取的样条线与倒角样条线是实例复制关系，对拾取的样条线的更改会反映在倒角样条线中，但其对闭合图形的拾取将不起作用。

覆盖内部材质ID：启用后，可使用“内部材质ID”参数为所有内部曲面上的多边形指定材质ID。如果没有指定材质ID，曲面会使用同一材质ID或者和原始面一样的ID。

内部材质ID：为内部面指定材质ID。

覆盖外部材质ID：启用后，可使用“外部材质ID”参数为所有外部曲面上的多边形指定材质ID。如果没有指定材质ID，曲面会使用同一材质ID或者和原始面一样的ID。

外部材质ID：为外部面指定材质ID。

覆盖边材质ID：启用后，可使用“边材质ID”参数为所有新边组成的剖面多边形指定材质ID。如果没有指定材质ID，曲面会使用同一材质ID或者和与导出边的原始面一样的ID。

边材质ID：为新边组成的剖面多边形指定材质ID。

自动平滑边：启用后，软件自动基于角度参数平滑边面。

角度：指定由“自动平滑边”所平滑的边面之间的最大角度，默认为45°。

覆盖边平滑组：启用后，可使用“平滑组”设置，该选项只有在禁用了“自动平滑组”选项后才可用。

平滑组：可为边多边形设置平滑组。平滑组的值为0时，不会有平滑组指定为多边形。要指定平滑组，值的范围为1~32。

边贴图：该选项组指定了将应用于新边的纹理贴图类型，下拉列表中选择的4种贴图类型如下。

复制：每个边面使用和原始面一样的UVW坐标。

无：将每个边面指定的U值为0、V值为1。因此若指定了贴图，边将获取左上方的像素颜色。

剥离：将边贴图在连续的剥离中。

插补：边贴图由邻近的内部或者外部面多边形贴图插补形成。

TV偏移：确定边的纹理顶点之间的间隔。该选项仅在“边贴图”中的“剥离”和“插补”时才可用，默认设置为0.05。

选择边：勾选后可选择边面部分。

选择内部面：勾选后可选择内部面。

选择外部面：勾选后可选择外部面。

将角拉直：勾选后可调整角顶点来维持直线的边。

新手练习——制作冰激凌

素材文件	无
案例文件	新手练习——制作冰激凌.max
视频教学	视频教学/第4章/新手练习——制作冰激凌.flv
技术掌握	“弯曲”、“壳”、“扭曲”修改器的使用方法

本例是一个冰激凌模型，主要用来练习前面学习的“弯曲”、“壳”、“扭曲”修改器的使用方法，案例效果如图4-118所示。

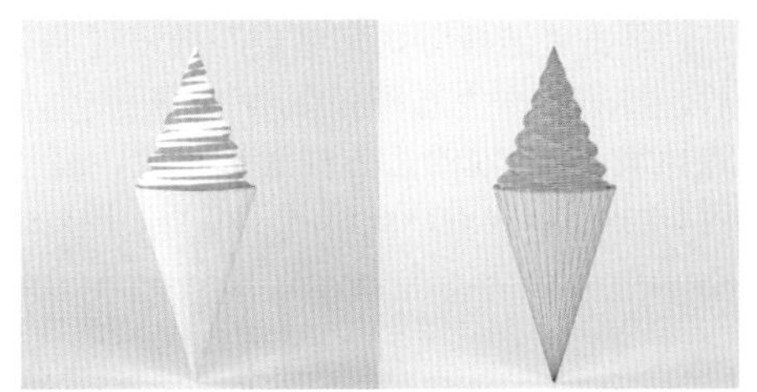

图4-118

【操作步骤】

01 使用“标准基本体”中的“平面”建模命令创建一个平面，并设置其“长度”为180mm、“宽度”为180mm、“长度分段”为1、“宽度分段”为32，具体参数设置和模型效果如图4-119所示。

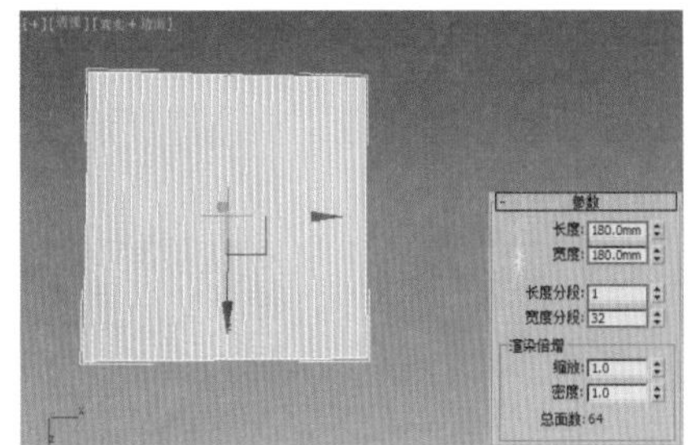

图4-119

小技巧 这里设置“宽度分段”数值比较大，主要是为了接下来的操作，必须要有足够多的段值才能进行下一步操作。

02 选择平面，然后为其加载一个“弯曲”修改器，接着设置“角度”为360、“方向”为198，选择“弯曲轴”为x，具体参数设置和模型效果如图4-120所示。

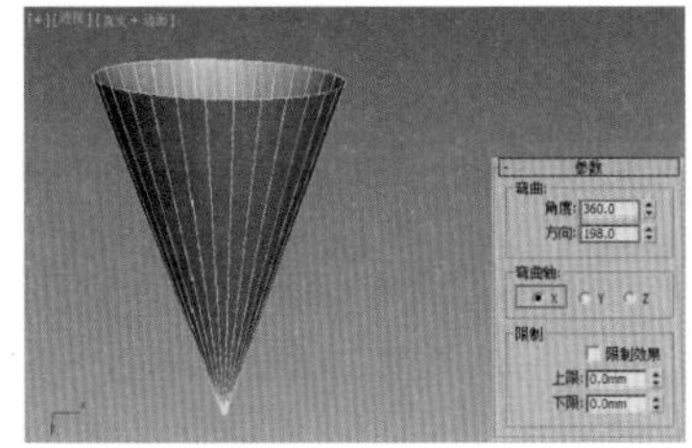

图4-120

小技巧 在设置弯曲的“角度”和“方向”的时候，一定要选择好“弯曲轴”，先确定是哪个轴向上的弯曲。

03 进入“修改”面板，然后继续为其加载一个“壳”修改器，并设置“外部量”为1.5mm，具体参数设置和模型效果如图4-121所示。

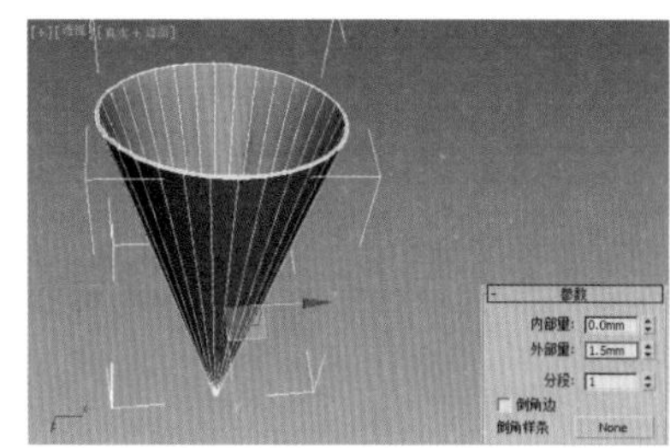

图4-121

小技巧 给平面加载一个“壳”修改器可以使平面变成实体，这样就能看到平面的另一侧。

04 在上一步创建的模型上面创建一个圆锥体模型，并设置圆锥体的“半径1”为55mm、“半径2”为0mm、“高度”为-133mm、“高度分段”为55、“端面分段”为1、“边数”为5，具体参数设置和模型效果如图4-122所示。

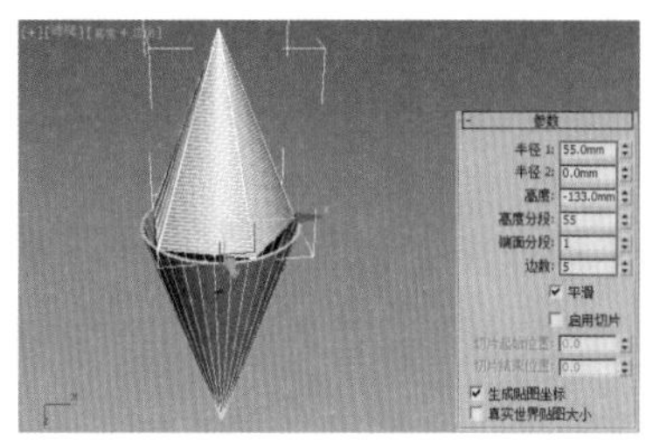

图4-122

05 选择圆锥体，然后为其加载一个“扭曲”修改器，并设置“角度”为3450、“偏移”为0，选择“扭曲轴”为z，具体参数设置和模型效果如图4-123所示，完成模型的制作，最终效果如图4-124所示。

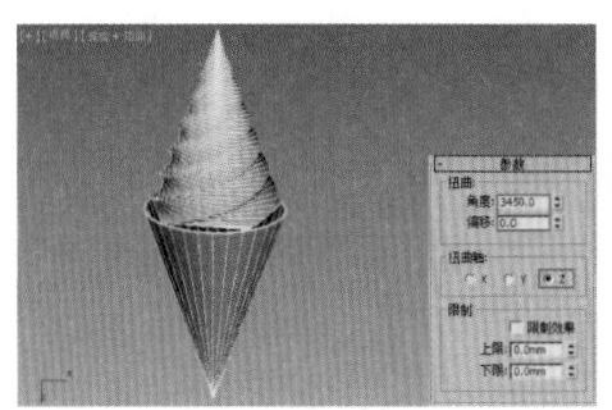

图4-123

图4-124

4.7.17 平滑

“平滑”修改器分为“平滑”修改器、“网格平滑”和“涡轮平滑”三种。

（1）“平滑”修改器基于相邻面的角提供自动平滑，可以将新的平滑效果应用到对象上。

（2）“网格平滑”修改器会使对象的角和边变得圆滑，变圆滑后的角和边就像被锉平或刨平一样。

（3）“涡轮平滑”修改器是一种使用高分辨率模式来提高性能的极端优化平滑算法，可以大大提升高精度模型的平滑效果。

这3个修改器都可以用于平滑几何体，但是在平滑效果和可调性上有所差别。对于相同物体来说，“平滑”修改器的参数比较简单，但是平滑的程度不强；“网格平滑”修改器与“涡轮平滑”修改器使用方法比较相似，但是后者能够更快并更有效率地利用内存。

新手练习——制作樱桃

素材文件	无
案例文件	新手练习——制作樱桃.max
视频教学	视频教学/新手练习——制作樱桃.flv
技术掌握	“平滑”命令，“网格平滑”命令，“涡轮平滑”命令

本例是一组樱桃模型，使用了多边形建模的方法进行制作，并应用了“平滑”命令，“网格平滑”命令，“涡轮平滑”命令，效果如图4-125所示。

图4-125

【操作步骤】

01 设置几何体类型为“标准基本体”，接着单击“茶壶”并在顶视图中创建，然后设置“半径”为80mm、“分段”为10，并取消勾选“壶把”、“壶嘴”、“壶盖”部分，具体参数设置及模型效果如图4-126所示。

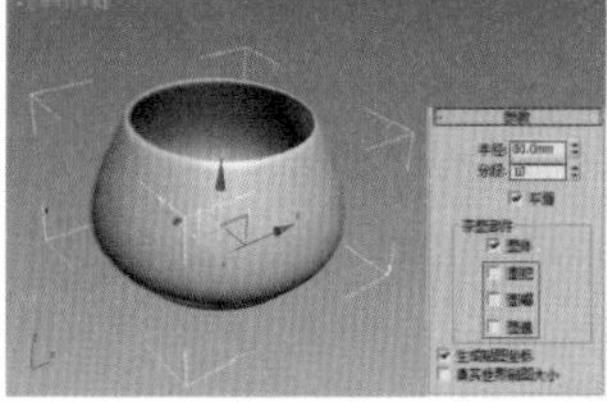

图4-126

小技巧

我们可以利用茶壶这些没个部分来制作相应的模型比较方便。

02 选择上一步创建的模型，然后为其加载一个FFD3×3×3修改器，接着在修改器堆栈下单击展开FFD3×3×3，并单击“控制点”，最后在前视图中选择如图4-127所示的控制点。

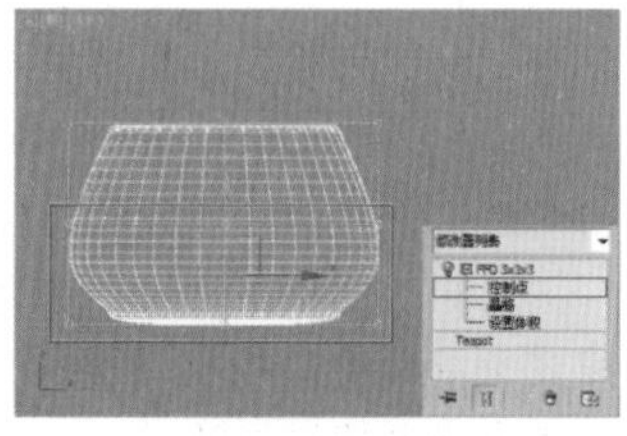

图4-127

03 单击“选择并均匀缩放”按钮将控制点进行缩放，接着单击“选择并移动”按钮，并在前视图中将控制点按y轴的正方向进行拖曳，将模型调整到如图4-128所示状态，此时杯子模型如图4-129所示。

图4-128

图4-129

04 单击“创建”面板，接着在顶视图中创建一个球体，然后设置球体的“半径”为20mm、“分段”为8，最后取消勾选“平滑”，具体参数设置及模型效果如图4-130所示。

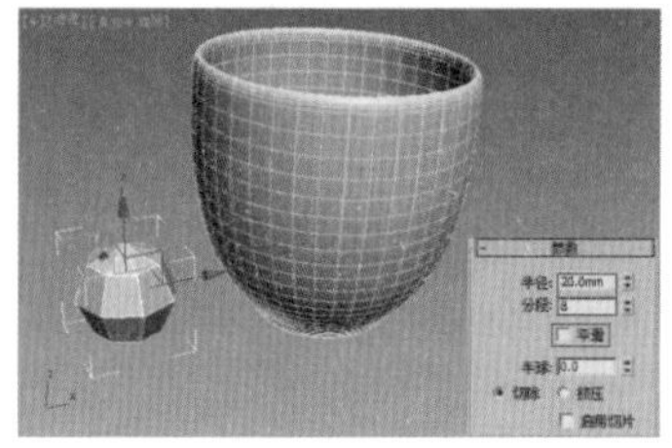

图4-130

小技巧

在这里我们设置“分段”以及不勾选“平滑”是为了使模型表面上的点不会太多，当我们将其转换为可编辑多边形的时候更容易我们调节各点的位置。

05 右键单击“转换为”，接着单击“转换为可编辑多边形”命令，将其转换为可编辑多边形，如图4-131所示。

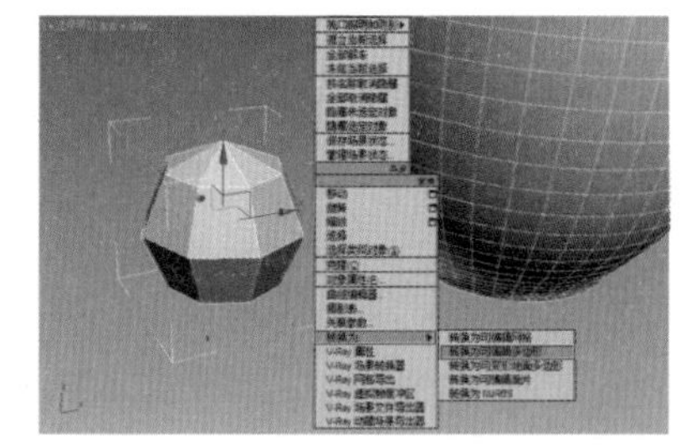

图4-131

06 在“顶点”按钮，选择如图4-132所示的点，然后单击“选择并移动”按钮，接着在前视图中拖曳其位置，此时效果如图4-133所示。

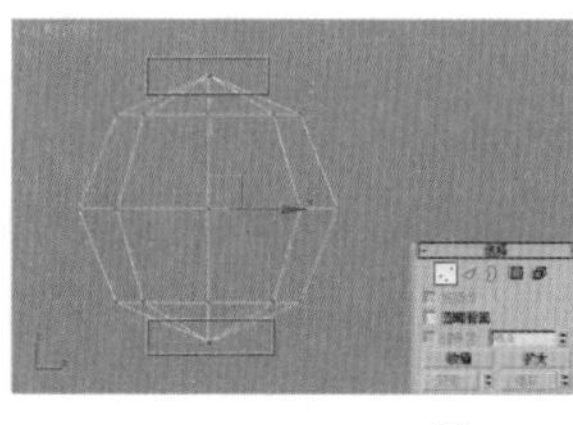

图4-132

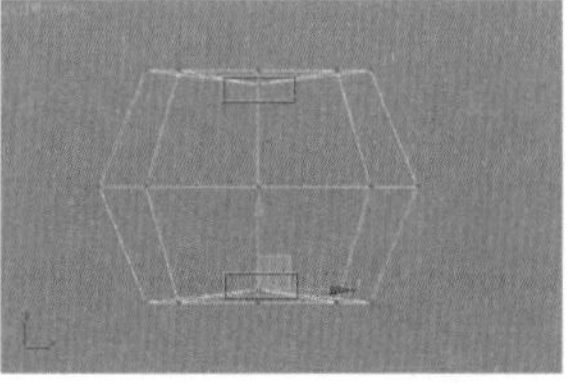

图4-133

07 选择上一步创建的模型，然后为其加载一个“网格平滑”命令，并设置“迭代次数”为2，具体参数设置及模型效果如图4-134所示。

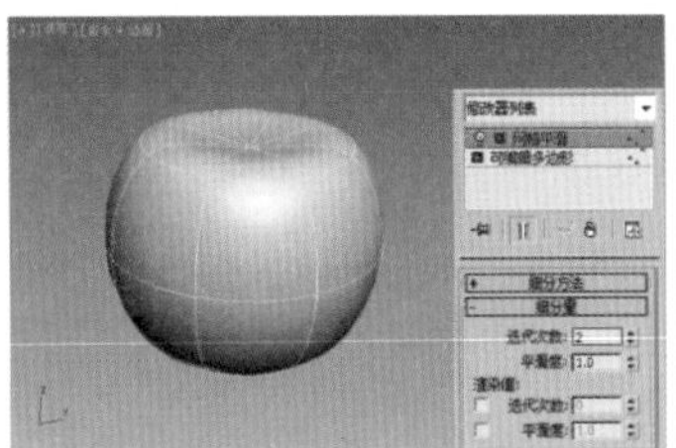

图4-134

小技巧

“网格平滑”修改器通过同时把斜面功能用于对象的顶点和边来光滑全部曲面。此修改器，可以创建一个NURMS对象。NURMS代表非均匀有理网格光滑。

“参数”卷展栏包括3种网格光滑类型：“典型的”、NURMS和“四边输出”。可以操作三角形面或多边形面。“迭代次数”可以调节平滑的数值（在这里一定注意不要设置迭代次数太大）。

08 最后使用“编辑多边形”创建出樱桃把部分模型，并将樱桃两部分成组，此时模型效果如图4-135所示。

09 按下键盘上的Shift键然后单击“选择并移动”按钮，将其复制并拖曳到适当的位置，最终模型效果如图4-136所示。

图4-135

图4-136

小技巧

在“涡轮平滑”出现之前都是使用“网格平滑”来光滑物体的，可代价就是光滑之后显卡明显迟钝严重影响了操作，大家不得不一直升级硬件来满足需要。

而“涡轮平滑”是Max7推出的强大功能之一，它的效果跟“网格平滑”是一样的，但算法非常优秀，对显卡的要求却非常低，以前“网格平滑”光滑2级机器就跑不动了，而“涡轮平滑”却可以轻松上到6级，简直不可同日而语，也因此取代了“网格平滑”。

不过“涡轮平滑”的高速度是有一定缺陷的，稳定性不如“网格平滑”好，不过这种情况很少见。如果你发现模型发生奇怪的穿洞或者拉扯现象，可以试着把“涡轮平滑”换成“网格平滑”。

在这里我们可以使用“涡轮平滑”命令来制作，单击并在“修改器列表”下面选择“涡轮平滑”命令，然后设置“迭代次数”为2，添加“涡轮平滑”后的效果，从图中可以看到效果也比较好，如图4-137所示。

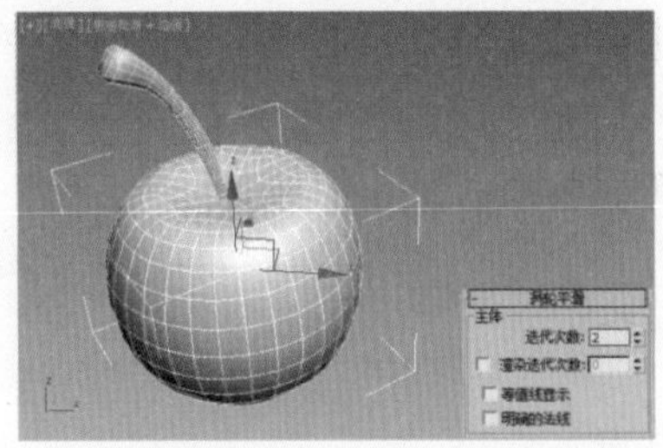

图4-137

接下来我们还可以使用“平滑”命令，在使用“平滑”的时候我们需要先对物体进行“细化”命令，增加它表面的段值，设置“操作于”为“四边形”，设置“迭代次数”为2，如图4-138所示。

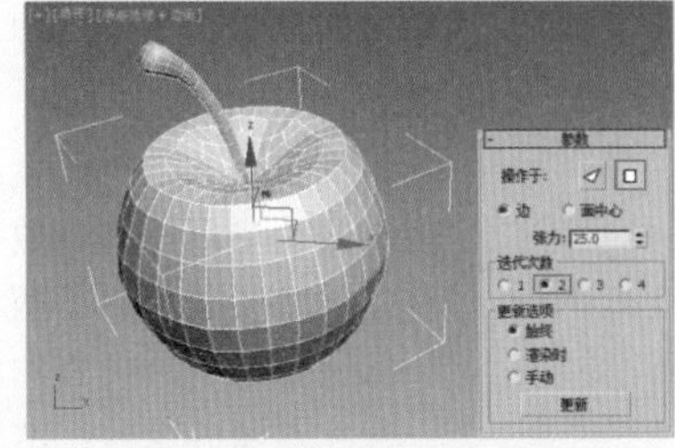

图4-138

在“修改器列表”下选择“平滑”命令，然后勾选“自动平滑”命令，并设置“阈值”为50，如图4-139所示。

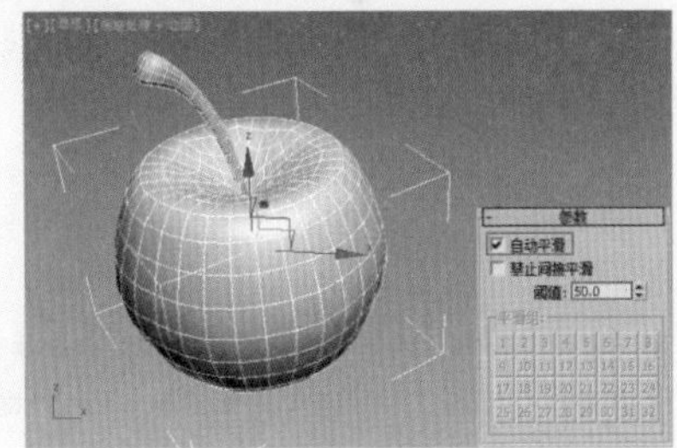

图4-139

三种平滑命令的效果对比，如图4-140所示。

图4-140

在实地操作的时候我们可以根据我们的实际情况来使用这些命令。

4.7.18 优化

"优化"修改器可以减少对象的面和顶点的数目，其参数设置面板如图4-141所示。

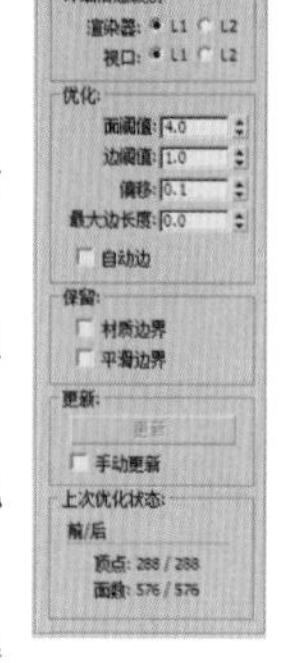
图4-141

【参数介绍】

详细信息级别：该选项组主要包含以下两个选项。

渲染器：设置默认扫描线渲染器的显示级别。

视口：同时为视口和渲染器设置优化级别。

优化：该选项组主要包含以下5个选项。

面阈值：设置用于决定哪些面会塌陷的阈值角度。

边阈值：为开放边（只绑定了一个面的边）设置不同的阈值角度。

偏移：帮助减少优化过程中产生的三角形，从而避免模型产生错误。

最大边长度：指定边的最大长度。

自动边：控制是否启用任何开放边。

保留：该选项组主要包含以下两个选项。

材质边界：保留跨越材质边界的面塌陷。

平滑边界：优化对象并保持平滑效果。

更新：该选项组主要包含以下两个选项。

更新 更新：单击该按钮可使用当前优化设置来更新视图。

手动更新：开启该选项后才能使用上面的"更新"功能。

新手练习——利用超级优化修改器减少模型面数

素材文件	02.max
案例文件	新手练习——利用超级优化修改器减少模型面数.max
视频教学	视频教学/第4章/新手练习——利用超级优化修改器减少模型面数.flv
技术掌握	掌握"超级优化"修改器的使用方法

本例将通过"超级优化"修改器来讲解如何优化模型的面数，图4-142所示是优化前后的效果。

图4-142

【操作步骤】

01 打开本书配套光盘中的"02.max"文件，然后按7键在视图的左上角显示出多边形和顶点的数量，目前的多边形数量为35182个，如图4-143所示。

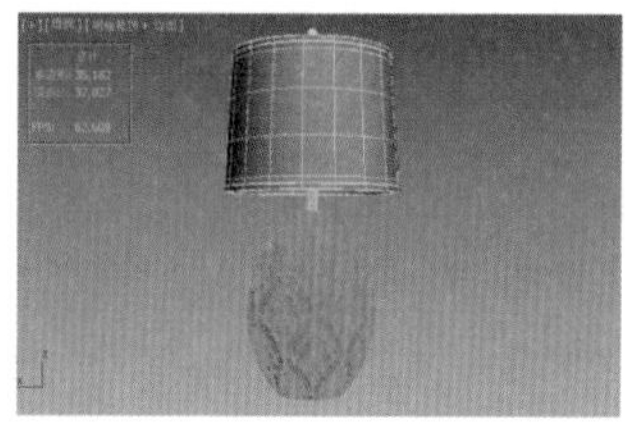
图4-143

小技巧

如果在一个很大的场景中每个物体都有这么多的面，那么系统在运行时将会非常缓慢，因此可以对不重要的物体进行优化。

02 为模型加载一个"优化"修改器，并设置"优化"选项组下的"面阈值"为10，具体参数设置如图4-144所示；这时可以从网格中观察到面数已经明显减少了，视图的左上角显示出多边形和顶点的数量，目前的多边形数量为28804个，模型效果如图4-145所示。

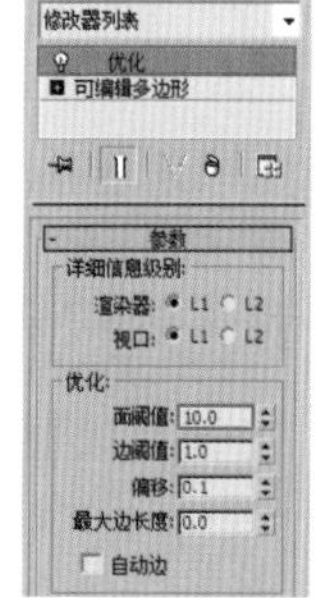
图4-144

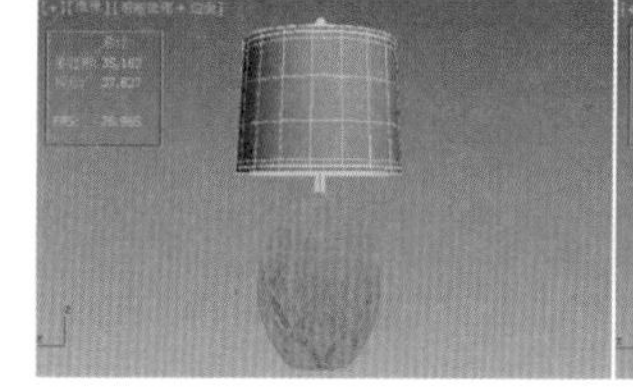
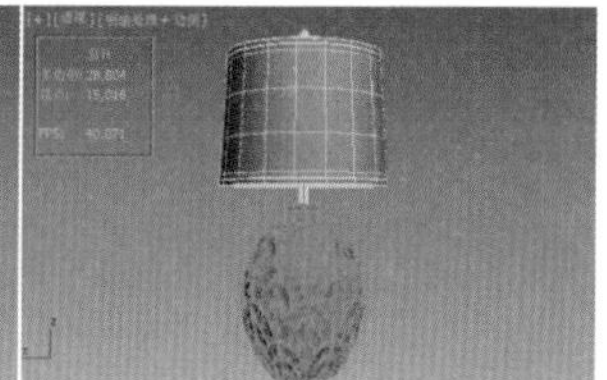
图4-145

03 使用"选择并移动"工具选择模型，然后按住Shift键的同时移动复制一个球体到如图4-146所示的位置。

04 选择上一步复制所得模型，然后选择"优化"修改器并单击"从堆栈中移除修改器"按钮，删除"优化"修改器，模型效果如图4-147所示。

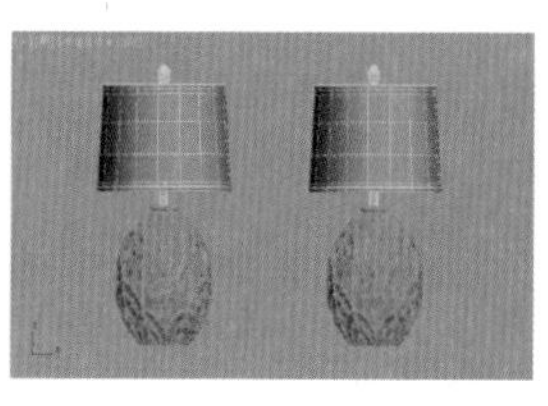
图4-146

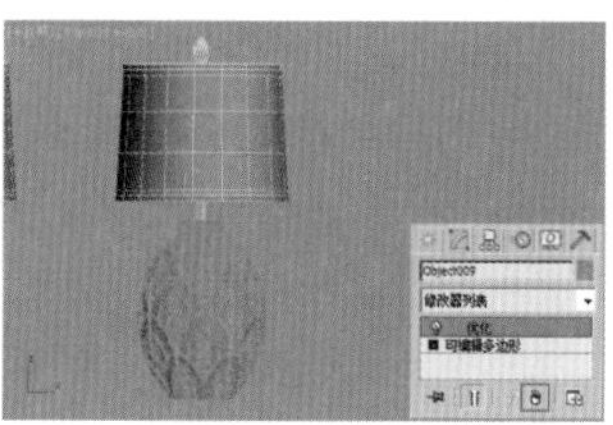
图4-147

05 为模型加载一个ProOptimizer修改器，然后单击"计算"按钮 计算 ，在"优化级别"卷展栏下设置"顶点%"20，具体参数设置如图4-148所示，明显加载ProOptimizer比加载"优化"的效果好，模型效果如图4-149所示。

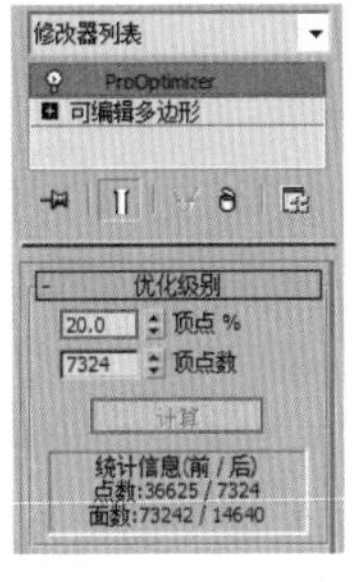

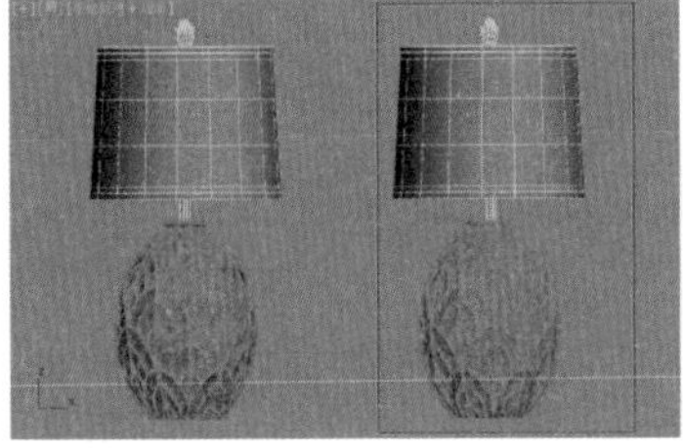

图4-148　　图4-149

06 删除加载“优化”修改器的模型，在视图的左上角显示出多边形和顶点的数量，目前的多边形数量为15824个，而且从外观上看起来也没有发生过大的变形，最终模型效果如图4-150所示。

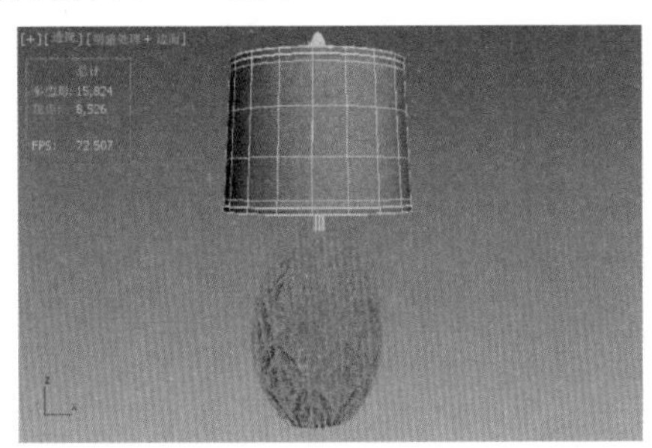

图4-150

4.7.19 倒角

“倒角”修改器可以将图形挤出为3D对象，并在边缘应用平滑的倒角效果，如图4-151所示，其参数设置面板包含“参数”和“倒角值”两个卷展栏，其参数面板如图4-152所示。

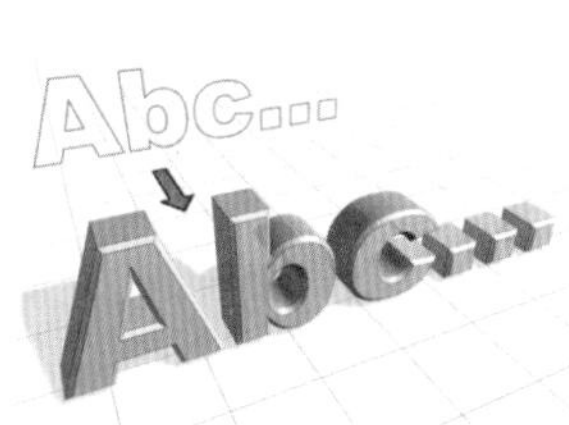

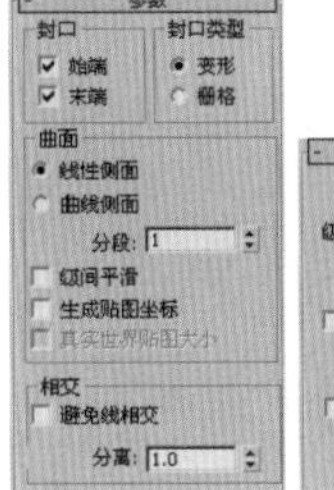

图4-151　　图4-152

【参数介绍】

封口：该选项组用于指定倒角对象是否要在一端封闭开口，主要包含以下两个选项。

始端：用对象的最低局部z值（底部）对末端进行封口。

末端：用对象的最高局部z值（底部）对末端进行封口。

封口类型：该选项组用于指定封口的类型，主要包含以下两个选项。

变形：创建适合的变形封口曲面。

栅格：在栅格图案中创建封口曲面。

曲面：该选项组用于控制曲面的侧面曲率、平滑度和贴图，主要包含以下6个选项。

线性侧面：勾选该选项后，级别之间会沿着一条直线进行分段插补。

曲线侧面：勾选该选项后，级别之间会沿着一条Bezier曲线进行分段插补。

分段：在每个级别之间设置中级分段的数量。

级间平滑：控制是否将平滑效果应用于倒角对象的侧面。

生成贴图坐标：将贴图坐标应用于倒角对象。

真实世界贴图大小：控制应用于对象的纹理贴图材质所使用的缩放方法。

相交：该选项组用于防止重叠的相邻边产生锐角，主要包含以下两个选项。

避免线相交：防止轮廓彼此相交。

分离：设置边与边之间的距离。

起始轮廓：设置轮廓到原始图形的偏移距离。正值会使轮廓变大；负值会使轮廓变小。

级别1：该选项组主要包含以下两个选项。

高度：设置“级别1”在起始级别之上的距离。

轮廓：设置“级别1”的轮廓到起始轮廓的偏移距离。

级别2：该选项组用于在“级别1”之后添加一个级别，主要包含以下两个选项。

高度：设置“级别1”之上的距离。

轮廓：设置“级别2”的轮廓到“级别1”轮廓的偏移距离。

级别3：在选项组用于在前一级别之后添加一个级别，如果未启用“级别2”，“级别3”会添加在“级别1”之后，主要包含以下两个选项。

高度：设置到前一级别之上的距离。

轮廓：设置“级别3”的轮廓到前一级别轮廓的偏移距离。

新手练习——制作牌匾

素材文件	无
案例文件	新手练习——制作牌匾.max
视频教学	视频教学/第6章/新手练习——制作牌匾.flv
技术掌握	“文本”建模命令和“倒角”修改器的运用

本例的制作非常简单，主要就是用来练习“倒角”修改器的使用方法，案例效果如图4-153所示。

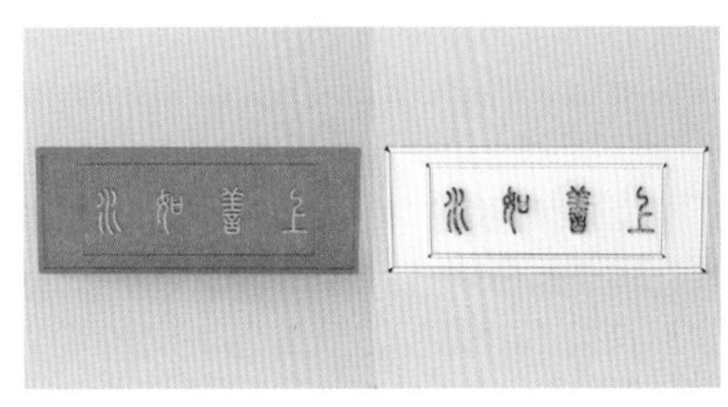

图4-153

【操作步骤】

01 使用“矩形”工具 矩形 在前视图中绘制一个矩形，然后在“参数”卷展栏下设置“长度”为100mm、“宽度”为226mm、“角半径”为2mm，具体参数设置及模型效果如图4-154所示。

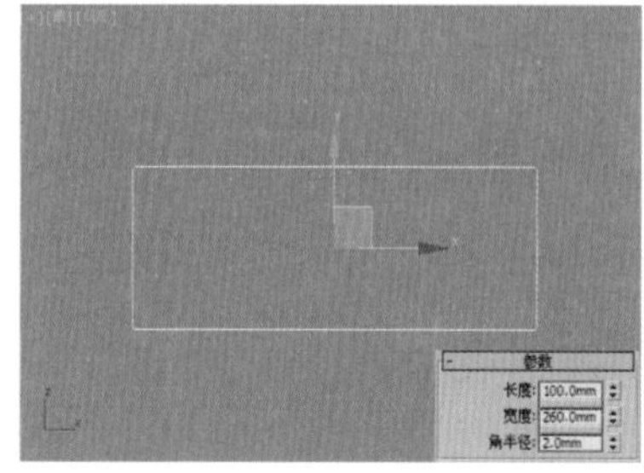

图4-154

02 为矩形加载一个“倒角”修改器，然后在“倒角值”卷展栏下设置“级别1”的“高度”为6mm，接着勾选“级别2”选项，并设置其“轮廓”为-4mm，最后勾选“级别3”选项，并设置其“高度”为-2mm，具体参数设置及模型效果如图4-155所示。

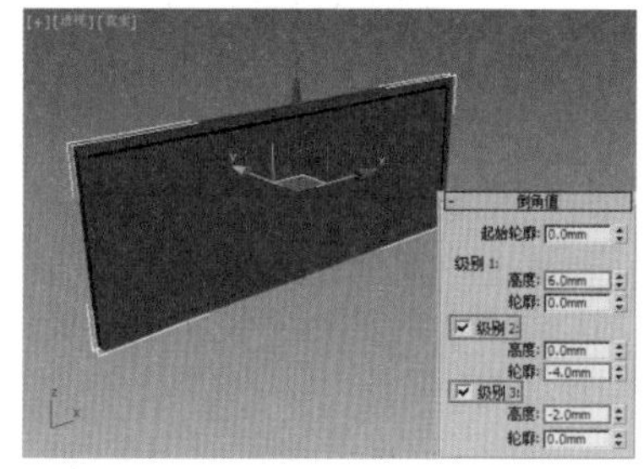

图4-155

03 使用“选择并移动”工具选择模型，然后在左视图中移动复制一个模型，并在弹出的“克隆选项”对话框中设置“对象”为“复制”，具体参数设置及模型效果如图4-156所示。

04 切换到前视图，然后使用“选择并均匀缩放”工具将复制出来的模型缩放到合适的大小，如图4-157所示。

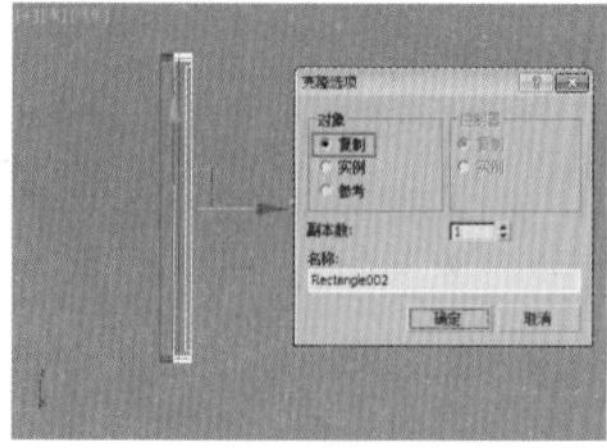

图4-156　图4-157

05 展开“倒角值”卷展栏，然后设置“级别1”的“高度”为2mm，接着将设置“级别2”的“轮廓”为-2.8mm，最后设置“级别3”的“高度”为-1.5mm，具体参数设置及模型效果如图4-158所示。

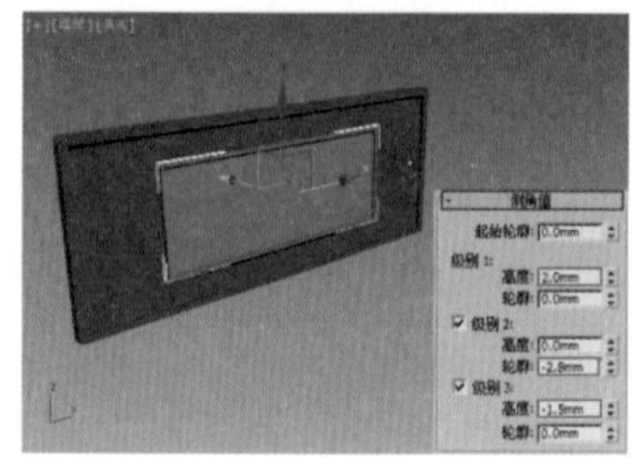

图4-158

06 使用“文本”工具 文本 在前视图单击鼠标左键创建一个默认的文本，然后在“参数”卷展栏下设置字体为“汉仪篆书繁”、“大小”为50mm，接着在“文本”输入框中输入“水如善上”4个字，具体参数设置如图4-159所示，文本效果如图4-160所示。

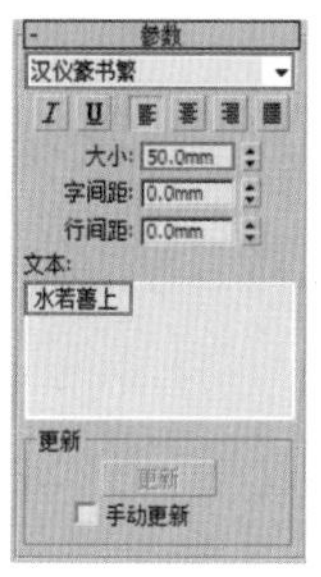

图4-159　图4-160

07 为文本加载一个“挤出”修改器，然后在“参数”卷展栏下设置“数量”为1.5mm，具体参数设置如图4-161所示，最终模型效果如图4-162所示。

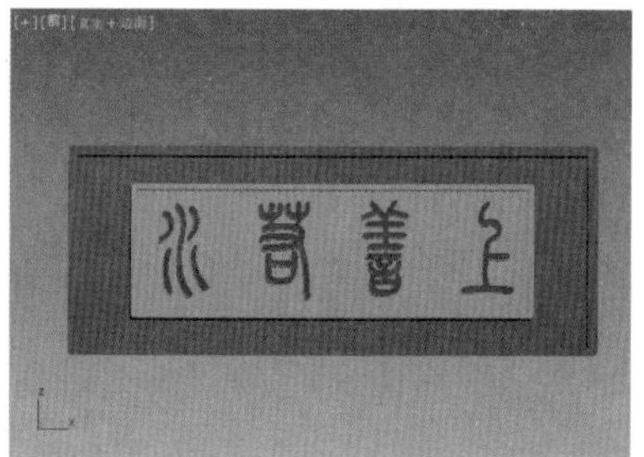

图4-161　图4-162

4.7.20 倒角剖面

“倒角剖面”修改器可以使用另一个图形路径作为倒角的截剖面来挤出一个图形，其示意图及其数设置面板如图4-163和图4-164所示。

图4-163　图4-164

【参数介绍】

倒角剖面：该选项组用于选择剖面图形，主要包含以下3个选项。

拾取剖面 拾取剖面 ：拾取一个图形或NURBS曲线作为剖面路径。

生成贴图坐标：指定UV坐标。

真实世界贴图大小：控制应用于该对象的纹理贴图材质所使用的缩放方法。

封口：该选项组用于设置封口的方式，主要包含以下两个选项。

始端：对挤出图形的底部进行封口。

末端：对挤出图形的顶部进行封口。

封口类型：该选项组用于设置封口的类型，主要包含以下两个选项。

变形：这是一个确定性的封口方法，它为对象间的变形提供相等数量的顶点。

栅格：创建更适合封口变形的栅格封口。

相交：该选项组用于设置倒角曲面的相交情况，主要包含以下两个选项。

避免线相交：启用该选项后，可以防止倒角曲面自相交。

分离：设置侧面为防止相交而分开的距离。

新手练习——制作果盘

素材文件	03.max
案例文件	新手练习——制作果盘.max
视频教学	视频教学/第4章/新手练习——制作果盘.flv
技术掌握	掌握倒角剖面命令修改器

本例是一组果盘模型，使用了样条线加载倒角剖面命令修改器制作，效果如图4-165所示。

图4-165

【操作步骤】

01 使用矩形工具在顶视图中绘制，并设置“长度”为260mm、“宽度”为300mm、“角半径”为30mm，具体参数设置及模型效果如图4-166所示。

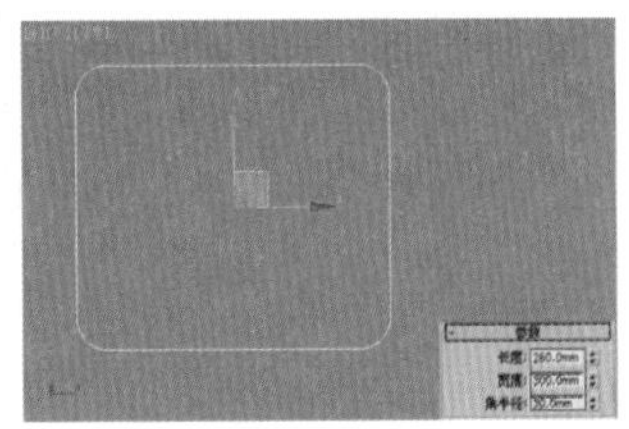

图4-166

02 使用线工具在前视图中绘制出如图4-167所示的样条线。

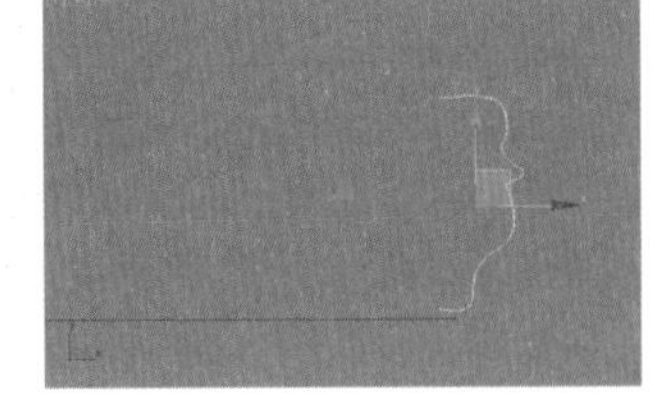

图4-167

03 选择矩形图形，然后为其加载一个“倒角剖面”修改器，接着展开“参数”卷展栏，单击“拾取剖面”按钮，并拾取样条线，具体参数设置及模型效果如图4-168所示。

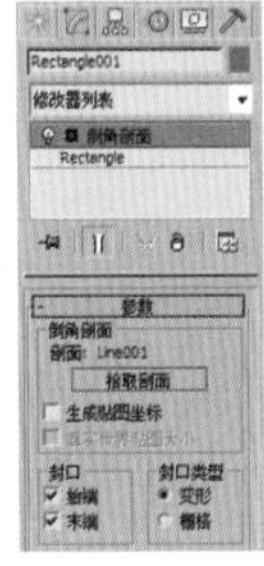

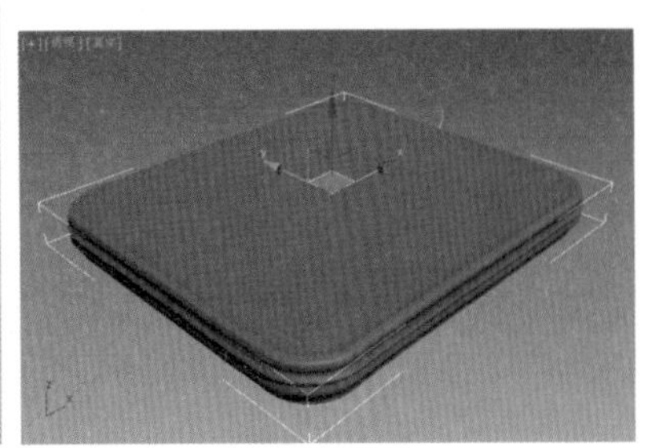

图4-168

04 展开“参数”卷展栏，并在“封口”选项组下取消勾选“末端”，具体参数设置及模型效果如图4-169所示。

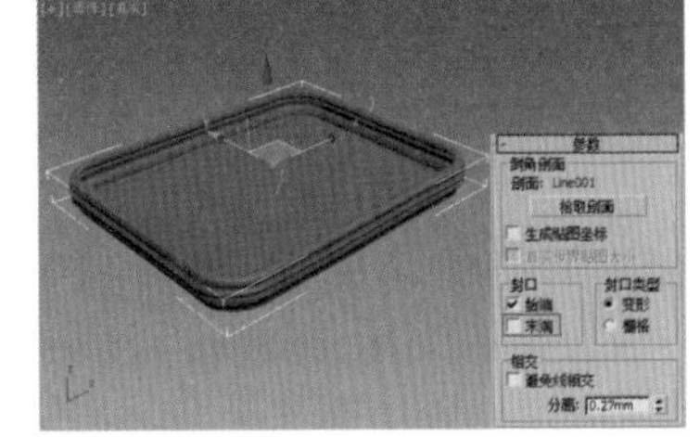

图4-169

05 选择果盘模型，然后为其加载一个“壳”命令修改器，设置“外部量”为1mm，具体参数设置及模型效果如图4-170所示。

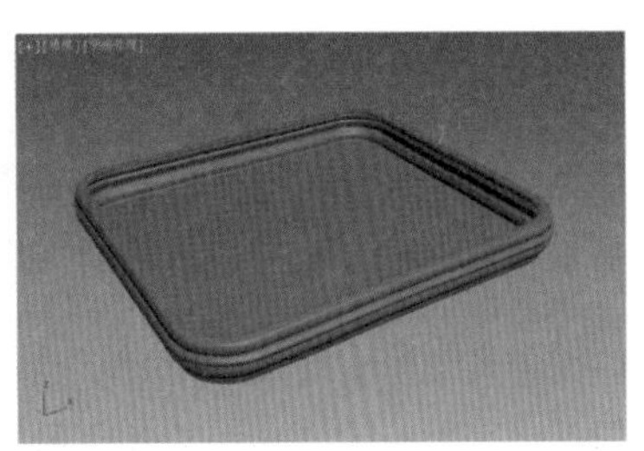

图4-170

06 最后单击按钮，并执行“导入—合并”命令，合并“03.max”文件，将葡萄模型合并进场景中，最终模型效果如图4-171所示。

图4-171

4.7.21 置换

“置换”修改器是以力场的形式来推动和重塑对象的几何外形，可以直接从修改器Gizmo（也可以使用位图）来应用它的变量力，其参数设置面板如图4-172所示。

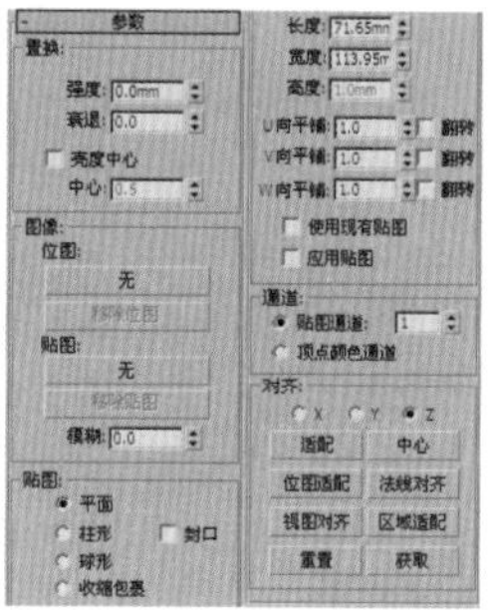

图4-172

【参数介绍】

置换：该选项组主要包含以下3个选项。

强度：设置置换的强度，数值为0时没有任何效果。

衰退：如果设置“衰减”数值，则置换强度会随距离的变化而衰减。

亮度中心：决定使用什么样的灰度作为0置换值。勾选该选项以后，可以设置下面的“中心”数值。

图像：该选项组主要包含以下5个选项。

位图/贴图：加载位图或贴图。

移除位图/贴图：移除指定的位图或贴图。

模糊：模糊或柔化位图的置换效果。

贴图：该选项组主要包含以下13个选项。

平面：从单独的平面对贴图进行投影。

柱形：以环绕在圆柱体上的方式对贴图进行投影。启用“封口”选项可以从圆柱体的末端投射贴图副本。

球形：从球体出发对贴图进行投影，位图边缘在球体两极的交汇处均为奇点。

收缩包裹：从球体投射贴图，与“球形”贴图类似，但是它会截去贴图的各个角，然后在一个单独的极点将他们全部结合在一起，在底部创建一个奇点。

长度/宽度/高度：指定置换Gizmo的边界框尺寸，其中高度对“平面”贴图没有任何影响。

U/V/W向平铺：设置位图沿指定尺寸重复的次数。

翻转：沿相应的U/V/W轴翻转贴图的方向。

使用现有贴图：让置换使用堆栈中较早的贴图设置，如果没有为对象应用贴图，该功能将不起任何作用。

应用贴图：将置换UV贴图应用到绑定对象。

通道：该选项组主要包含以下两个选项。

贴图通道：指定UVW通道用来贴图，其后面的数值框用来设置通道的数目。

顶点颜色通道：开启该选项可以对贴图使用顶点颜色通道。

对齐：该选项组主要包含以下9个选项。

X/Y/Z：选择对齐的方式，可以选择沿x/y/z轴进行对齐。

适配 适配：缩放Gizmo以适配对象的边界框。

中心 中心：相对于对象的中心来调整Gizmo的中心。

位图适配 位图适配：单击该按钮可以打开“选择图像”对话框，可以缩放Gizmo来适配选定位图的纵横比。

法线对齐 法线对齐：单击该按钮可以将曲面的法线进行对齐。

视图对齐 视图对齐：使Gizmo指向视图的方向。

区域适配 区域适配：单击该按钮可以将指定的区域进行适配。

重置 重置：将Gizmo恢复到默认值。

获取 获取：选择另一个对象并获得它的置换Gizmo设置。

新手练习——制作毛巾

素材文件	01.max
案例文件	新手练习——制作毛巾.max
视频教学	视频教学/第4章/新手练习——制作毛巾.flv
技术掌握	掌握“VRay置换”命令修改器

本例是一个浴室空间，使用了VRay置换命令修改器制作毛巾，效果如图4-173所示。

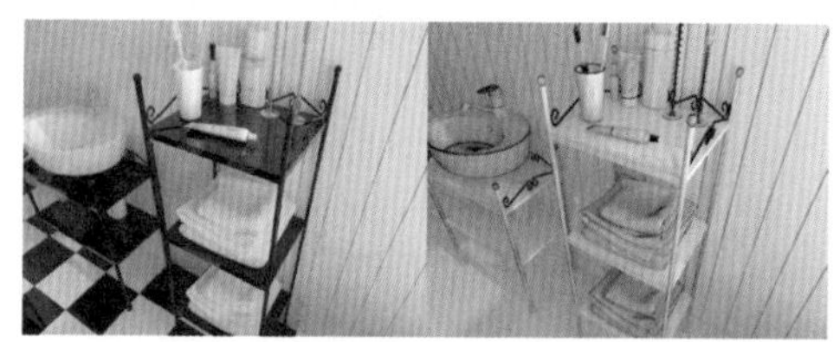

图4-173

【操作步骤】

01 打开本书配套光盘中自带的“01.max”文件，如图4-174所示。

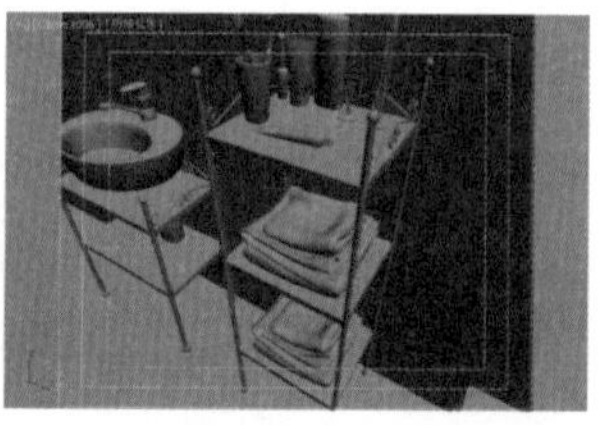

图4-174

02 选择如图4-175所示的毛巾部分模型，然后为其加载一个“VRay置换模式”修改器。

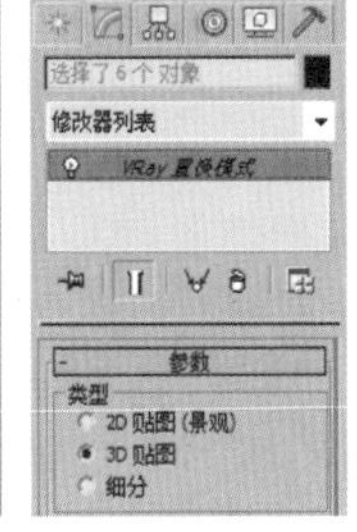

图4-175

03 在“修改”面板下单击“纹理贴图”贴图通道，并在弹出的“材质/贴图浏览器”对话框中选择“位图”命令，接着选择“毛巾凹凸.jpg”，如图4-176所示。

图4-176

04 此时在“参数”卷展栏下的“纹理贴图”通道中出现了“毛巾凹凸.jpg”贴图文件，接着设置“数量”为1mm，具体参数设置如图4-177所示。

05 将材质调节完毕以后场景的效果，如图4-178所示。

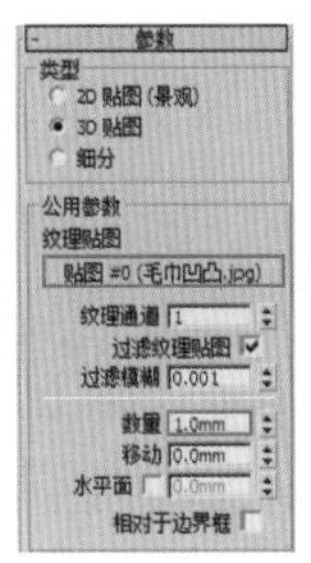

图4-177

图4-178

06 此时按键盘上的F9渲染当前场景，最终渲染效果如图4-179所示。

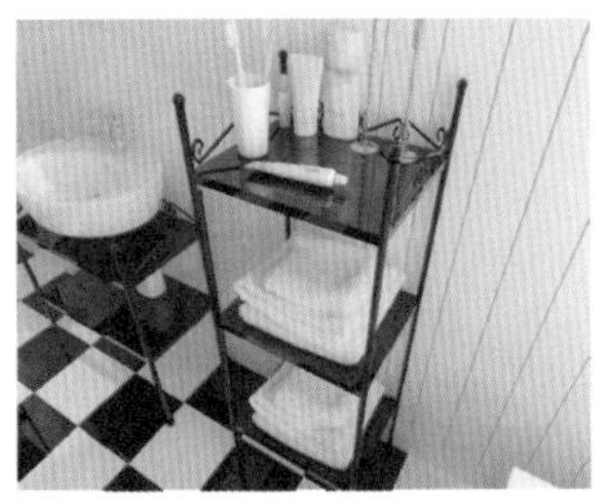

图4-179

4.7.22 噪波

“噪波”修改器可以使对象表面的顶点进行随机变动，从而让表面变得起伏不规则，常用于制作复杂的地形、地面和水面效果，并且“噪波”修改器可以应用在任何类型的对象上，效果如图4-180所示，其参数设置面板如图4-181所示。

图4-180

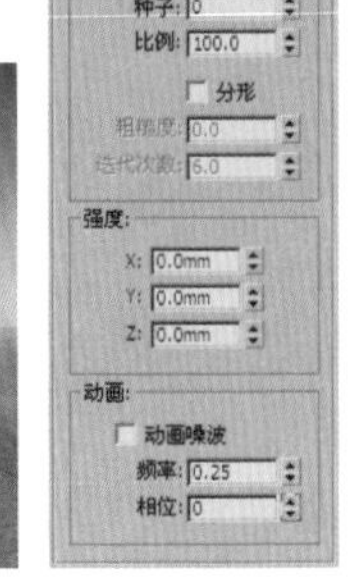

图4-181

【参数介绍】

噪波：该选项组主要包含以下5个选项。

种子：从设置的数值中生成一个随机起始点。该参数在创建地形时非常有用，因为每种设置都可以生成不同的效果。

比例：设置噪波影响的大小（不是强度）。较大的值可以产生平滑的噪波，较小的值可以产生锯齿现象非常严重的噪波。

分形：控制是否产生分形效果。

粗糙度：决定分形变化的程度。

迭代次数：控制分形功能所使用的迭代数目。

强度：该选项组主要包含以下3个选项。

X/Y/Z：设置噪波在x/y/z坐标轴上的强度（至少为其中一个坐标轴输入强度数值）。

动画：该选项组主要包含以下3个选项。

动画噪波：调节噪波和强度参数的组合效果。

频率：调节噪波效果的速度。较高的频率可以使噪波振动的更快；较低的频率可以产生较为平滑或更加温和的噪波。

相位：移动基本波形的开始点和结束点。

4.7.23 晶格

“晶格”修改器可以将图形的线段或边转化为圆柱形结构，并在顶点上产生可选择的关节多面体，如图4-182所示，其参数设置面板如图4-183所示。

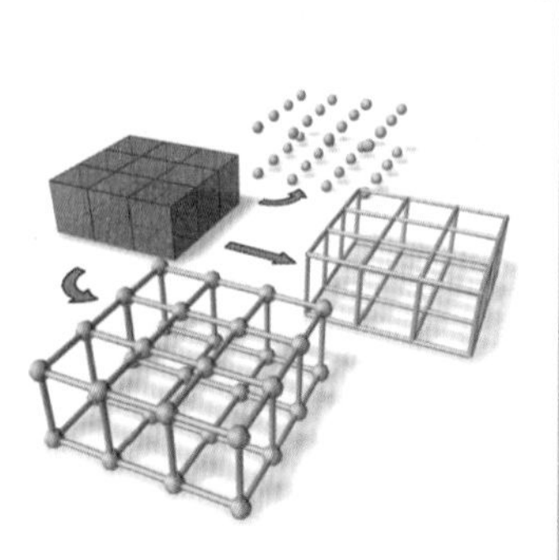

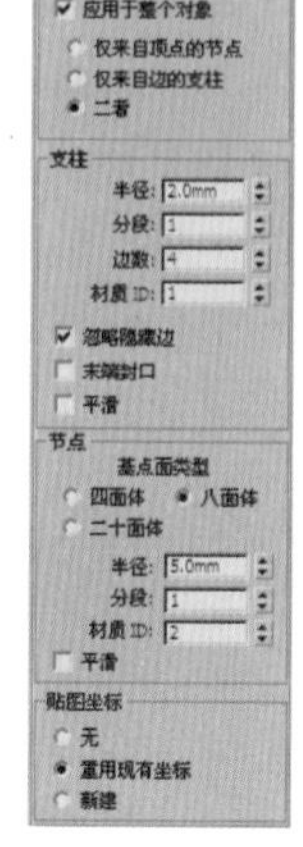

图4-182　　图4-183

【参数介绍】

几何体：该选项组主要包含以下4个选项。

应用于整个对象：将“晶格”修改器应用到对象的所有边或线段上。

仅来自顶点的节点：仅显示由原始网格顶点产生的关节（多面体）。

仅来自边的支柱：仅显示由原始网格线段产生的支柱（多面体）。

二者：显示支柱和关节。

支柱：该选项组主要包含以下7个选项。

半径：指定结构的半径。

分段：指定沿结构的分段数目。

边数：指定结构边界的边数目。

材质ID：指定用于结构的材质ID，使结构和关节具有不同的材质ID。

忽略隐藏边：仅生成可视边的结构。如果禁用该选项，将生成所有边的结构，包括不可见边。

末端封口：将末端封口应用于结构。

平滑：将平滑应用于结构。

节点：该选项组主要包含以下5个选项。

基点面类型：指定用于关节的多面体类型，包括“四面体”、“八面体”和“二十面体”3种类型。

半径：设置关节的半径。

分段：指定关节中的分段数目。分段数越多，关节形状越接近球形。

材质ID：指定用于结构的材质ID。

平滑：将平滑应用于关节。

贴图坐标：该选项组主要包含以下3个选项。

无：不指定贴图。

重用现有坐标：将当前贴图指定给对象。

新建：将圆柱形贴图应用于每个结构和关节。

小技巧

使用“晶格”修改器可以基于网格拓扑来创建可渲染的几何体结构，也可以用来渲染线框图。

高手进阶——制作水晶灯

素材文件	无
案例文件	高手进阶——制作水晶灯.max
视频教学	视频教学/第4章/高手进阶——制作水晶灯.flv
技术掌握	“螺旋线”建模命令和“晶格”、“挤出”修改器的运用

本例将制作一盏漂亮的水晶灯，模型看起来比较复杂，但实际制作流程很简单，这就是“晶格”修改器的强大功能了，案例效果如图4-184所示。

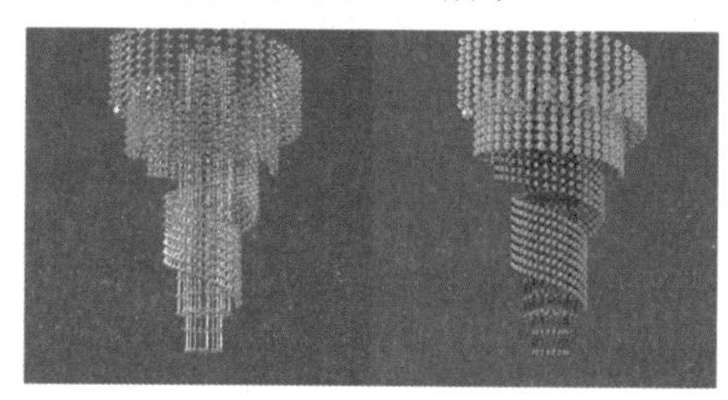

图4-184

【操作步骤】

01 在视图中创建一个圆柱体，并设置其“半径”为15mm、“高度”为150mm、“高度分段”为15、“端面分段”为1，具体参数设置和模型效果如图4-185所示。

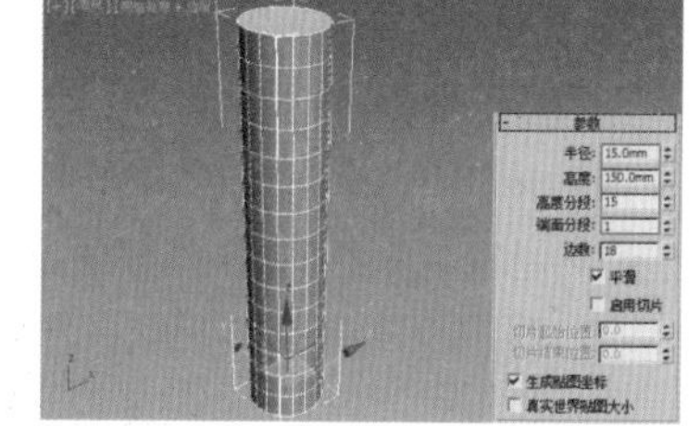

图4-185

02 选中圆柱体，然后为其加载一个“晶格”修改器，展开修改器的“参数”卷展栏，勾选“二者”选项，在“支柱”下设置“半径”为0.2mm、“分段”为1、“边数”为4，在“节点”下勾选“八面体”选项，设置“半径”为1.5mm、“分段”为1，具体参数设置如图4-186所示，当前模型效果如图4-187所示。

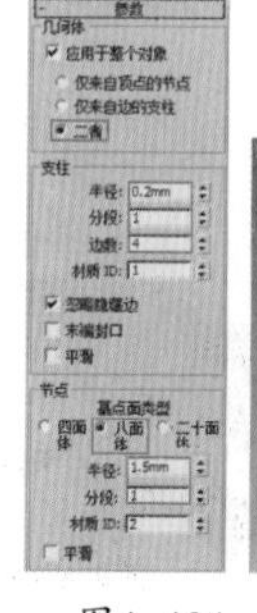

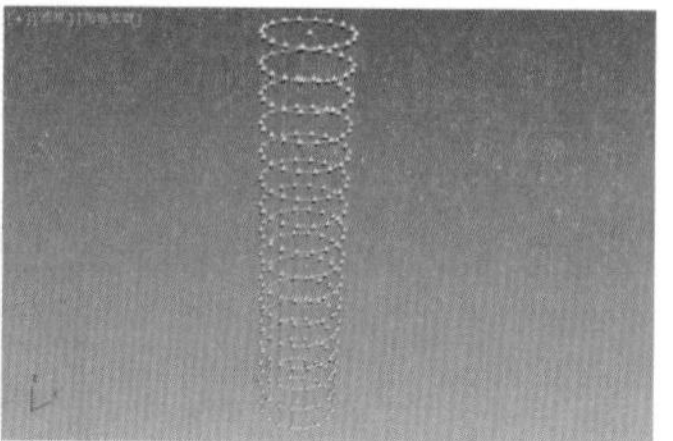

图4-186　　图4-187

小技巧

"晶格"修改器常用来制作晶格状物体的效果，相对于样条线建模来说，"晶格"修改器的建模速度非常快，仅使用一个简单的模型，并加载该修改器即可产生出晶格物体。

03 继续创建一个略小的圆柱体放置在晶格结构中间，然后在"修改"面板下展开"参数"卷展栏，接着设置圆柱体的"半径"为10mm、"高度"为170mm、"高度分段"为15、"端面分段"为1，具体参数设置和模型效果如图4-188所示。

04 给上一步创建的圆柱体加载一个"晶格"修改器，然后展开其"参数"卷展栏，接着勾选"二者"选项，并在"支柱"下设置"半径"为0.2mm、在"节点"下勾选"八面体"选项，最后设置"半径"为3mm，此时效果如图4-189所示。

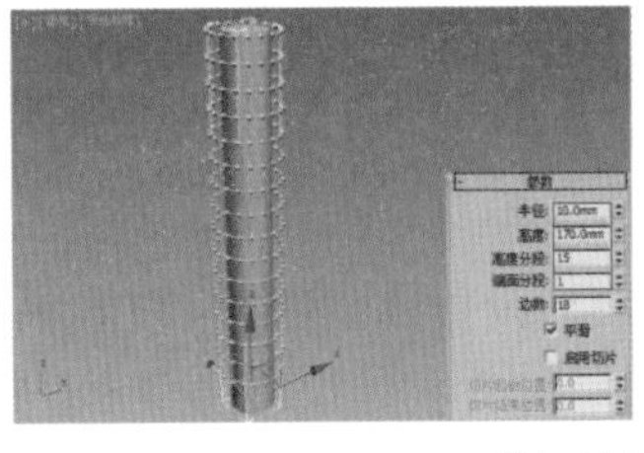

图4-188

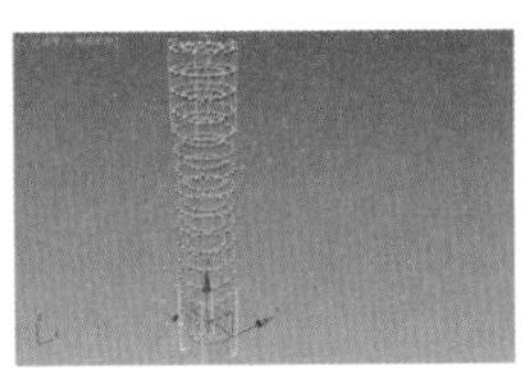

图4-189

05 单击 螺旋线 按钮并在视图中拖曳鼠标创建一圈螺旋线，并设置螺旋线的"半径1"为40mm、"半径2"为60mm、"高度"为35mm、"圈数"为1.5，具体参数设置和模型效果如图4-190所示。

06 单击选中螺旋线，进入"修改"面板，然后为其加载一个"挤出"修改器，展开"参数"卷展栏，设置"数量"为37mm、"分段"为7，模型效果如图4-191所示。

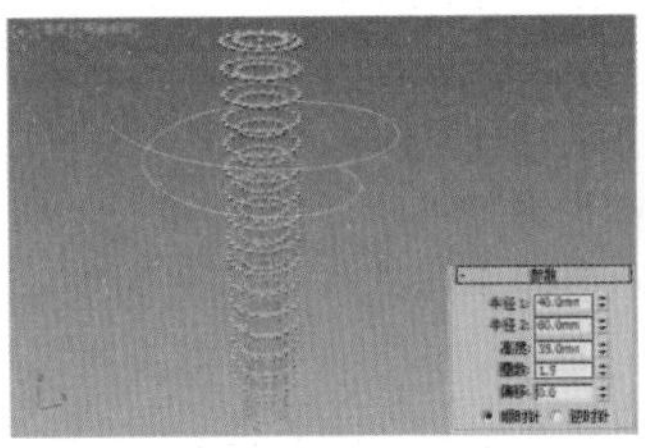

图4-190

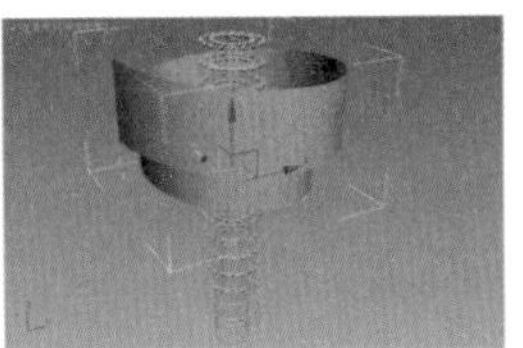

图4-191

07 给上一步挤出的模型对象加载一个"晶格"修改器，然后展开其"参数"卷展栏，在"支柱"下设置"半径"为0.2mm，接着在"节点"下勾选"八面体"选项，最后设置"半径"为3mm，此时模型效果如图4-192所示。

08 继续创建螺旋线，并设置其"半径1"为18mm、"半径2"为40mm、"高度"为100mm、"圈数"为2，然后给螺旋线加载一个"挤出"修改器，并设置"数量"为37mm、"分段"为7，此时模型效果如图4-193所示。

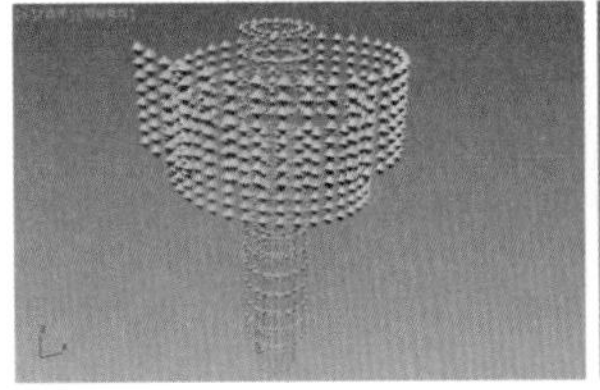

图4-192

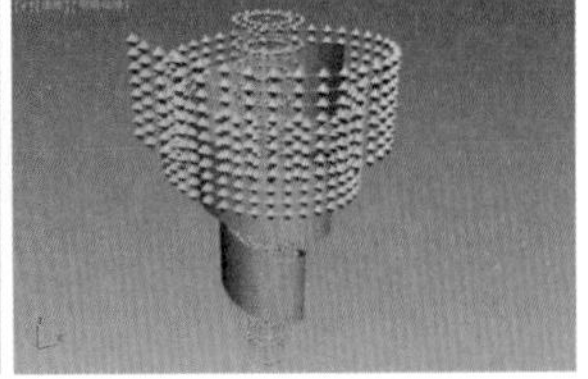

图4-193

09 给上一步挤出的模型对象加载一个"晶格"修改器，然后展开其"参数"卷展栏，在"支柱"下设置"半径"为0.2mm，接着勾选"八面体"选项，最后设置"半径"为2mm，最终模型如图4-194所示。

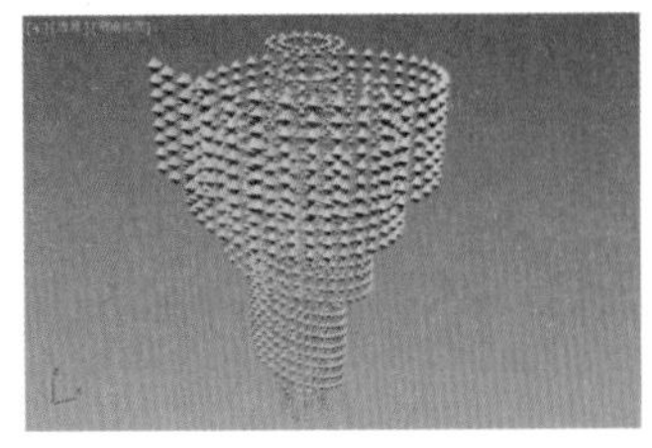

图4-194

4.7.24 扫描

"扫描"修改器可用于将样条线或NURBS曲线路径挤压出截面，它类似"放样"操作，但与放样相比，扫描工具会显得更加简单而有效率，能让用户轻松快速地得到想要的结果，其参数面板如图4-195所示。"扫描"修改器自带截面图形，同时还允许用户自定义截面图形的形状，以便生成各种复杂的三维实体模型。在创建结构钢细节、建模细节或任何需要沿着样条线挤出截面的情况时，该修改器都会非常有用。

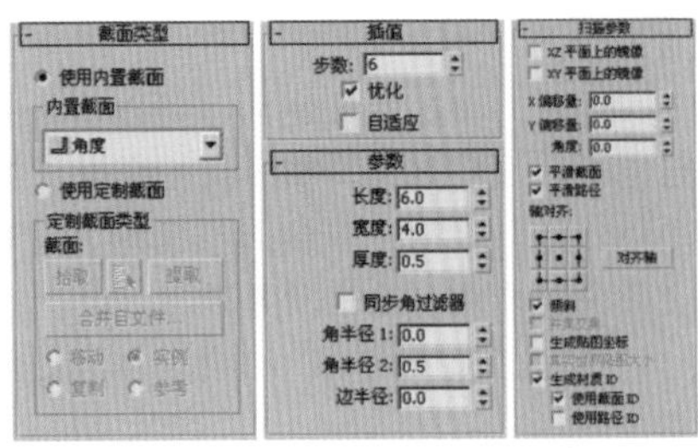

图4-195

1."截面类型"卷展栏

【参数介绍】

使用内置截面：选择此项后，用户可以选择内置任一可用截面，选定了截面后还可以在参数栏中对截面进行修改。

内置截面：在其下拉列表中包含以下10个选项，如图4-196所示。

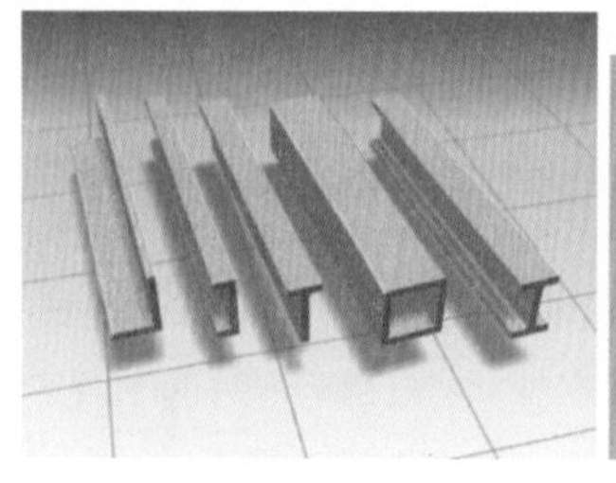
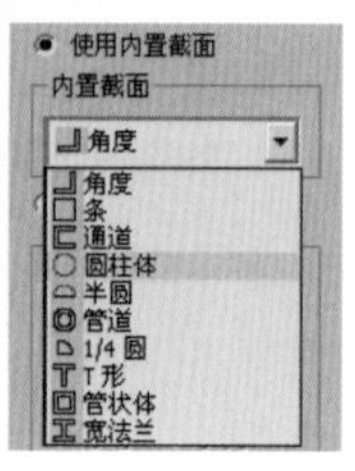

图4-196

角度：一种结构角的截面类型，这是默认的截面类型。

条：以2D矩形条作为截面对曲线进行扫描。

通道：以U形通道结构曲线作为截面沿着曲线进行扫描。

圆柱体：以圆柱体作为截面沿着曲线进行扫描。

半圆：以半圆作为截面沿着曲线进行扫描。

管道：以管道作为截面沿着曲线进行扫描。

1/4圆：以四分之一圆作为截面沿着曲线进行扫描。

T形：以T形字母结构为截面沿着曲线进行扫描。

管状体：以方形管状结构作为截面沿着曲线进行扫描。

宽法兰：以扩展凸形结构作为截面沿着曲线进行扫描。

使用定制截面：选择此项，用户可以自定义截面，也可以选择场景中的对象或其他3ds Max文件中的对象作为截面。

定制截面类型：在下面的8个参数栏中提供了定制截面的一些功能和参数。

拾取：单击此按钮后，可直接从场景拾取图形作为自定义横截面。

（拾取图形）：单击此按钮后，可以弹出“拾取图形”对话框，可以在对话框中选择想要作为截面的图形。

提取：单击此按钮后，可以将场景中当前对象的自定义截面以复制、实例或关联的方式提取出来。

合并自文件：单击此按钮后，可以从另一个Max文件中选择想要的截面图形。

移动：选择此项，扫描后作为截面的图形将不再存在。

实例：选择此项，扫描后作为截面的对象仍然存在并保持各自独立，对截面曲线的修改不影响扫描对象。

复制：选择此项，扫描后对原始截面对象的修改将同时影响到扫描对象。

参考：选择此项，扫描后对原始截面对象的修改将同时影响到扫描对象，对扫描对象的修改将不影响原始截面对象。

2.“插值”卷展栏

【参数介绍】

步数：设置截面图形的步数。数值越高，扫描对象的表面越光滑。如图4-197所示，左图是设置步数为0的扫描效果，右图是设置步数为4的扫描效果，右图明显要光滑很多。

优化：选择该选项，系统自动去除直线截面上多余的步数。如图4-198所示，左图在扫描时启用了优化，右图在扫描时没有启用优化，可以看出左图对多余步数进行了优化处理。

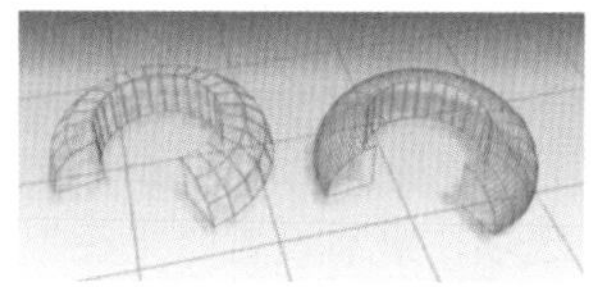

图4-197

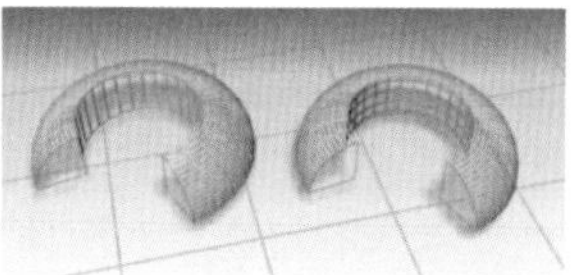

图4-198

自适应：系统自动对截面进行处理，不理会设置的步数值和优化。

3.“参数”卷展栏

该卷展栏的参数主要为内置截面设置角度、弧度、大小等性质，不同的截面图形有着不同的参数。

【参数介绍】

当选择“角度”截面时，其“参数”卷展栏共包含以下7个选项，如图4-199所示。

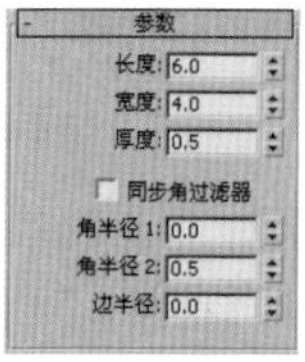

图4-199

长度：设置角度截面垂直腿上的长度。

宽度：设置角度截面水平腿上的长度。

厚度：设置角度截面水平和垂直腿上的厚度。

同步角过滤器：选择该项后，“角半径1”控制垂直腿和水平腿之间内外角的半径，但保持截面的厚度不变。

角半径1：控制垂直腿和水平腿之间外角的半径。

角半径2：控制垂直腿和水平腿之间内角的半径。

边半径：控制垂直腿和水平腿上最外边内半径的值。

当选择“条”截面时，其“参数”卷展栏共包含以下3个选项，如图4-200所示。

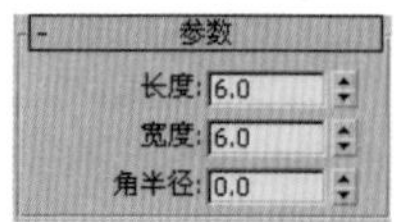

图4-200

长度：设置条截面的长度。

宽度：设置条截面的厚度。

角半径：设置截面4个角的半径值，值越大边越圆滑。

当选择“通道”截面时，其“参数”卷展栏共包含以下6个选项，如图4-201所示。

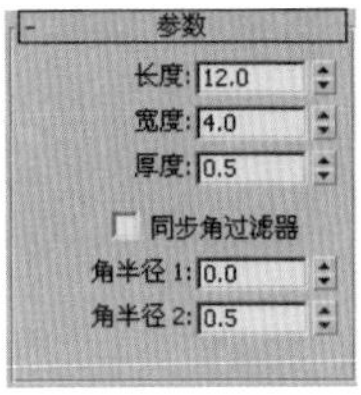

图4-201

长度：设置通道截面垂直方向上的长度。

宽度：设置通道截面顶部和底部水平腿上的宽度。

厚度：设置通道截面水平和垂直腿上的厚度。

同步角过滤器：选择该项后，“角半径1”控制垂直腿和水平腿之间内外角的半径，但保持截面的厚度不变。

角半径1：控制垂直腿和水平腿之间外角的半径。

角半径2：控制垂直腿和水平腿之间内角的半径。

当选择“圆柱体”截面时，其“参数”卷展栏包含以下选项，如图4-202所示。

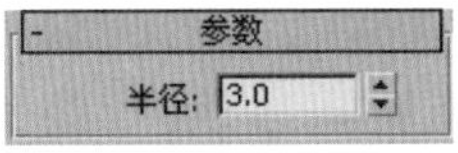

图4-202

半径：设置圆柱体截面的半径。

当选择“半圆”截面时，其“参数”卷展栏包含以下选项，如图4-203所示。

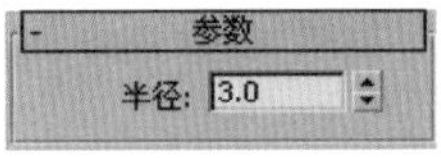

图4-203

半径：设置半圆截面的半径。

当选择“管道”截面时，其“参数”卷展栏共包含以下两个选项，如图4-204所示。

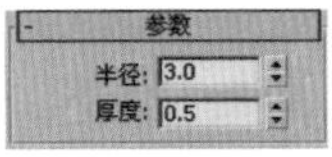

图4-204

半径：设置管道截面的外半径。

厚度：设置管道的厚度。

当选择“1/4圆”截面时，其“参数”卷展栏包含以下选项，如图4-205所示。

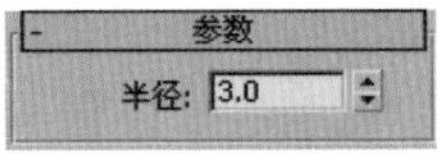

图4-205

半径：设置1/4圆的半径。

当选择“T形”截面时，其“参数”卷展栏共包含以下4个选项，如图4-206所示。

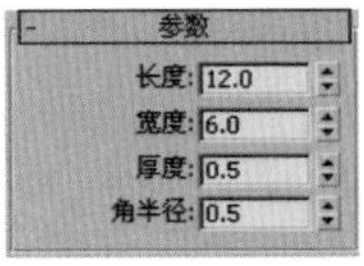

图4-206

长度：设置T形截面垂直方向上的长度。

宽度：设置T形截面水平方向上的宽度。

厚度：设置T形截面的厚度。

角半径：设置T形截面水平腿和垂直腿交叉处的内半径。

当选择“管状体”截面时，其“参数”卷展栏共包含以下6个选项，如图4-207所示。

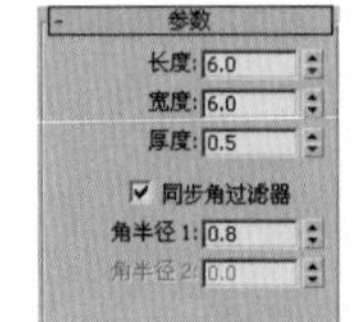

图4-207

长度：设置管状体截面的长度。

宽度：设置管状体截面的宽度。

厚度：设置管子的厚度。

同步角过滤器：勾选该项后，“角半径1”控制管状体外侧和内侧的角半径，保持截面厚度不变。

角半径1：设置管子4个角外部的角半径。

角半径2：设置管子4个角内部的角半径。

当选择“宽法兰”截面时，其“参数”卷展栏共包含以下4个选项，如图4-208所示。

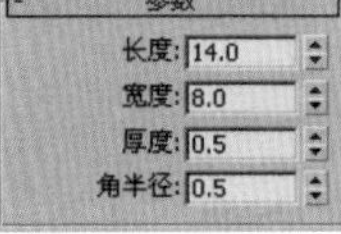

图4-208

长度：设置宽法兰垂直方向上的长度。

宽度：设置宽法兰水平方向上的宽度。

厚度：设置宽法兰的厚度。

角半径：设置宽法兰的4个内角的圆角半径。

4.“扫描参数”卷展栏

【参数介绍】

XZ平面上镜像：勾选此项，截面将沿着XZ平面进行镜像翻转。

XY平面上镜像：勾选此项，截面将沿着XY平面进行镜像翻转。如图4-209所示，左图是起用了“XZ平面上镜像”选项，右图是起用了“XY平面上镜像”选项。

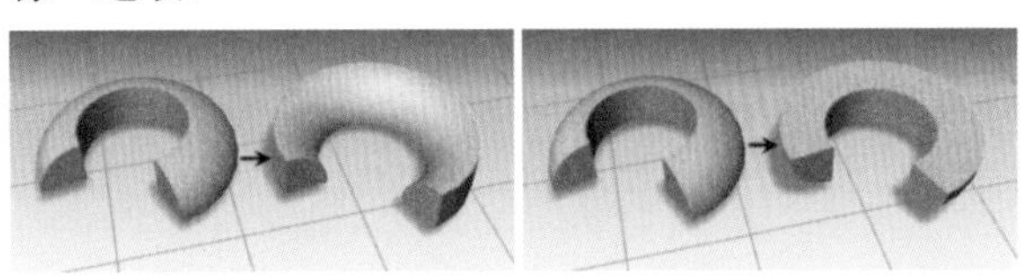

图4-209

X偏移量：相当于基本样条线移动截面的水平位置。

Y偏移量：相当于基本样条线移动截面的垂直位置。

角度：相当于基本样条线所在的平面旋转截面。

平滑截面：勾选此项，生成扫描对象时自动圆滑扫描对象的截面表面。

平滑路径：勾选此项，生成扫描对象时自动圆滑扫描对象的路径表面。

轴对齐：提供帮助将截面与基本样条线路径对齐的2D栅格。选择9个按钮之一来围绕样条线路径移动截面的轴。

对齐轴：单击该按钮将直接在视口中选择要对齐的轴心点。

倾斜：选择该项，只要路径弯曲并改变其局部*z*轴的高度，截面便围绕样条线路径旋转。如果样条线路径为2D，则忽略倾斜。如果禁用，则图形在穿越3D路径时不会围绕其*z*轴旋转。默认设置为启用。

并集交集：当样条线自身存在相互交叉的线段时，勾选此项表示在生成扫描对象时，交叉的线段的公共部分会生成新面，而取消勾选则表示交叉部分不生成新面，交叉的线段仍然按照各自的走向生成面。

生成贴图坐标：生成扫描对象时自动生成贴图坐标。

真实世界贴图大小：用来控制给指定对象应用材质纹理贴图时的贴图缩放方式。

生成材质ID：扫描时生成材质ID。

使用截面ID：使用截面ID

使用路径ID：使用路径ID。

第5章 高手建模技术——多边形建模

要点索引

本章概述

本章将重点讲述3ds Max的多边形建模方式，由于多边形建模是最为传统和经典的一种建模方式，所以本章内容的重要性不言而喻，这是读者必须要熟练掌握的模型技术。多边形建模方法比较容易理解，非常适合初学者学习，并且在建模的过程中让用户有更多的想象空间和可修改余地。多边形建模主要分为网格建模和多边形建模，还有面片建模（这种建模方式不是很常用），本章将分别对这些技术进行介绍。

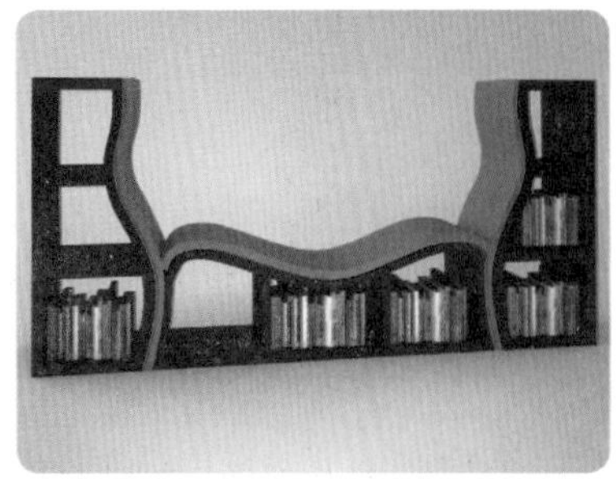
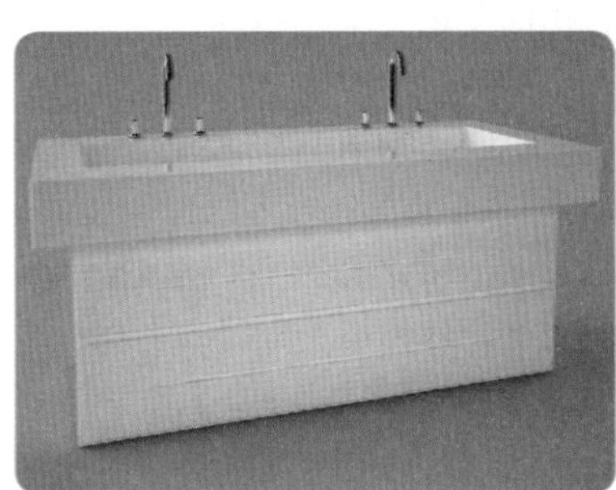

5.1 网格建模

网格建模是3ds Max高级建模中非常重要的一种方式，与多边形建模比较类似。使用网格建模方法可以进入到模型的次对象（顶点、边、面、多边形和元素）层级来编辑对象，通过修改模型的顶点或局部面来调整模型的外形。有些特殊模型不适合使用多边形建模方法制作的时候，我们可以考虑使用网格建模进行制作。如图5-1所示，这就是采用“网格建模”方式制作的3D作品。

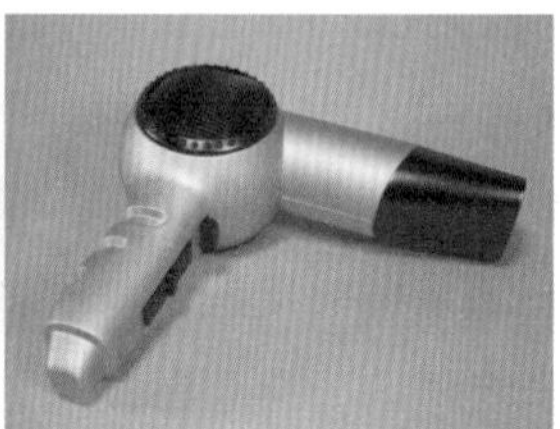

图5-1

5.1.1 将对象转换为可编辑网格

网格对象不是创建出来的，而是经过转换而成的，比如把标准基本体、扩展基本体等转换为网格对象，将模型转换为网格对象的方法有以下4种。

第1种：在模型上单击鼠标右键，然后在弹出的菜单中执行“转化为/转换为可编辑网格”命令，如图5-2所示。将模型转换为可编辑网格对象后，在修改器堆栈中可以观察到模型已经变成了可编辑网格对象，如图5-3所示。通过这种方法转换成的可编辑网格对象的创建参数将全部丢失。

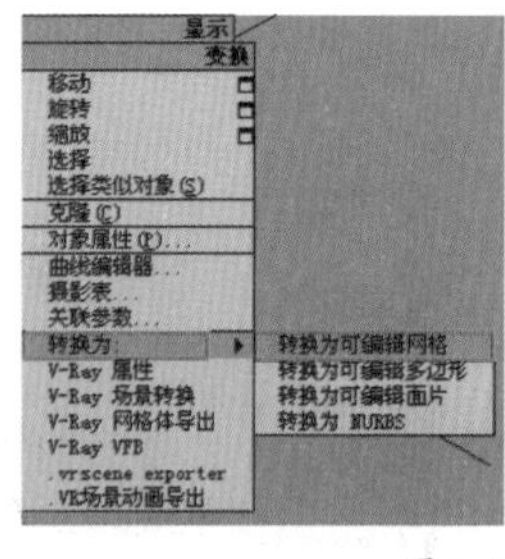

图5-2　　图5-3

第2种：选择对象，进入修改面板，然后在修改器堆栈中的对象上单击鼠标右键，在弹出的菜单中单击“可编辑网格”命令，如图5-4所示。这种方法与第1种方法一样，转换成的可编辑网格对象的创建参数将全部丢失。

第3种：选中对象，然后为其添加一个“转化为网格”修改器，如图5-5所示。采用这种方法同样可以把模型转换成可编辑网格对象，而且模型的原始创建参数不会丢失，仍然可以调整。

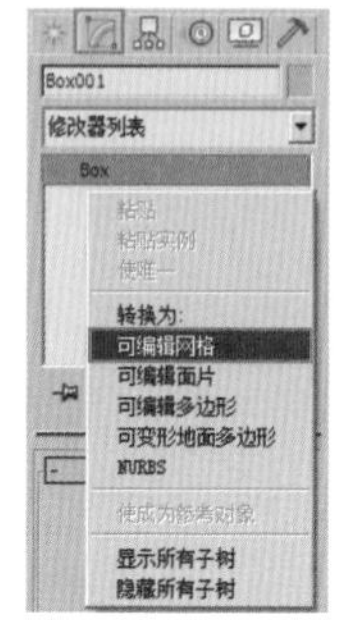

图5-4　　图5-5

第4种：在创建面板中单击在“工具”按钮，然后单击“塌陷”按钮，并在“塌陷”卷展栏中选择“输出类型”为“网格”，接着选中需要塌陷的模型对象，最后单击“塌陷选定对象”按钮，如图5-6所示。

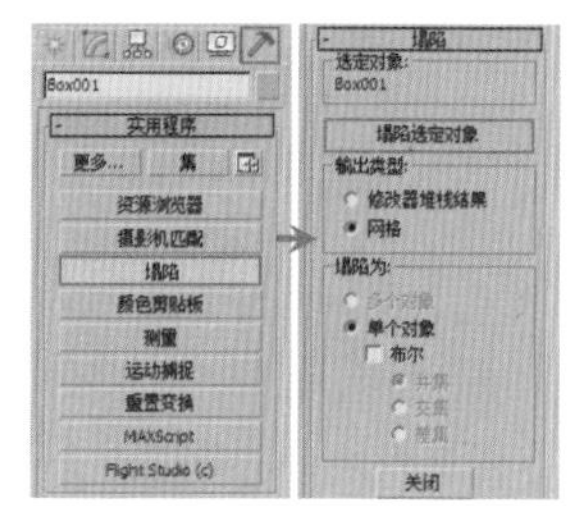

图5-6

5.1.2 编辑网格对象

在3ds Max的修改器中有一个专门用于网格编辑的修改器——“编辑网格”，这个修改器是一个非常重要的功能，读者要重点掌握。

“编辑网格”修改器主要针对网格对象的不同层级进行编辑，网格子对象包含顶点、边、面、多边形和元素5种。网格对象的参数设置面板共有4个卷展栏，分别是“选择”、“软选择”、“编辑几何体”和“曲面属性”卷展栏，如图5-7所示。

图5-7

1. “选择”卷展栏

“选择”卷展栏的参数面板如图5-8所示。

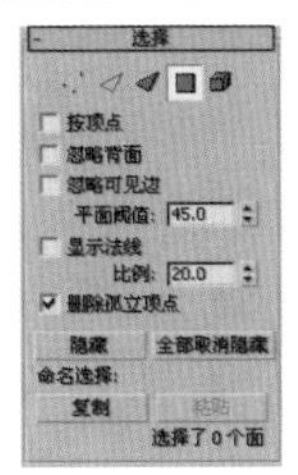

图5-8

【参数介绍】

顶点⁚：用于选择顶点子对象级别。

边◁：用于选择边子对象级别。

面◀：用于选择三角面子对象级别。

多边形■：用于选择多边形子对象级别。

元素■：用于选择元素子对象级别，可以选择对象的所有连续的面。

按顶点：勾选这个选项后，在选择一个顶点时，与该顶点相连的边或面会一同被选中。

忽略背面：由于表面法线的原因，对象表面有可能在当前视角不被显示。看不到的表面一般是不能被选择的，勾选此项，可以对其进行选择操作。

忽略可见边：取消勾选时，在多边形子对象层级进行选择时，每次单击只能选择单一的面；勾选时，可以通过下面的“平面阈值”调节选择范围，每次单击，范围内的所有面会被选择。

平面阈值：在多边形级别进行选择时，用来指定两面共面的阈值范围，阈值范围是两个面的面法线之间夹角，小于这个值说明两个面共面。

显示法线：控制是否显示法线，法线在场景中显示为蓝色，并可以通过下面的“比例”参数进行调节。

删除孤立顶点：选择该项后，在删除子对象（除顶点以外的子对象）的同时会删除孤立的顶点，而取消勾选，删除子对象时孤立顶点会被保留。

隐藏：隐藏被选择的子对象。

全部取消隐藏：显示隐藏的子对象。

复制：将当前子对象级中命名的选择集合复制到剪贴板中。

粘贴：将剪贴板中复制的选择集合指定到当前子对象级别中。

2. “软选择”卷展栏

“软选择”卷展栏的参数面板如图5-9所示。

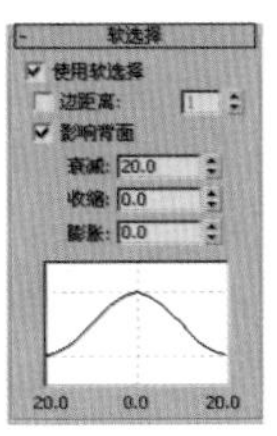

图5-9

【参数介绍】

使用软选择：控制是否开启软选择。

边距离：通过设置衰减区域内边的数目来控制受到影响的区域。

影响背面：勾选该项时，对选择的子对象背面产生同样的影响，否则只影响当前操作的一面。

衰减：设置从开始衰减到结束衰减之间的距离。以场景设置的单位进行计算，在图表显示框的下面也会显示距离范围。

收缩：沿着垂直轴提升或降低顶点。值为负数时，产生弹坑状图形曲线；值为0时，产生平滑的过渡效果。默认值为0。

膨胀：沿着垂直轴膨胀或收缩定点。收缩为0、膨胀为1时，产生一个最大限度的光滑膨胀曲线；负值会使膨胀曲线移动到曲面，从而使顶点下压形成山谷的形态。默认值为0。

3. “编辑几何体”卷展栏

“编辑几何体”卷展栏的参数面板如图5-10所示。

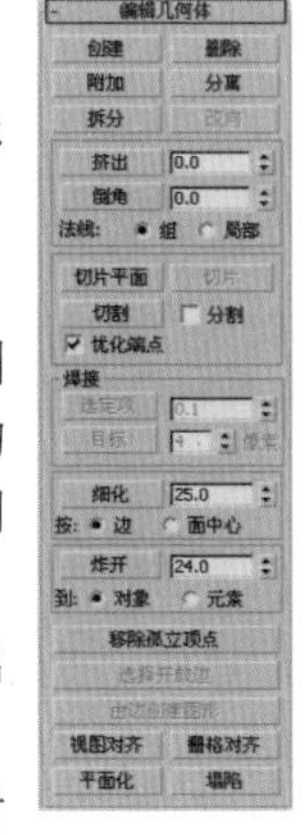

图5-10

【参数介绍】

创建：建立新的单个顶点、面、多边形或元素。

删除：删除被选择的子对象。

附加：单击此按钮，然后在视图中单击其他对象（任何类型的对象均可），可以将其合并到当前对象中，同时转换为网格对象。

分离：将当前选择的子对象分离出去，成为一个独立的新对象。

拆分：单击此按钮，然后单击对象，可以对选择的表面进行分裂处理，以产生更多的表面用于编辑。

改向：将对角面中间的边换向，改为另一种对角方式，从而使三角面的划分方式改变。

挤出：将当前选择的子对象加一个厚度，使它凸出或凹入表面，厚度值由数值来决定。

倒角：对选择面进行挤出成形。

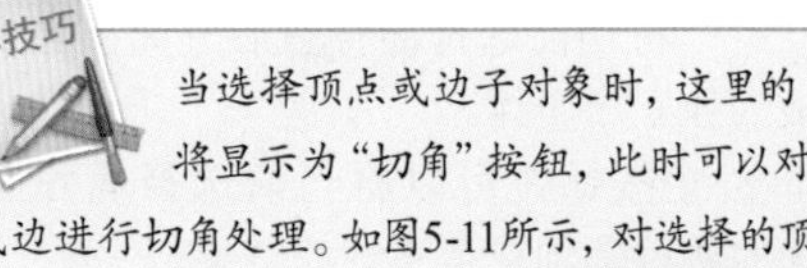

小技巧

当选择顶点或边子对象时，这里的“倒角”按钮将显示为“切角”按钮，此时可以对选择的顶点或边进行切角处理。如图5-11所示，对选择的顶点进行切角处理；如图5-12所示，对选择的边进行切角处理。

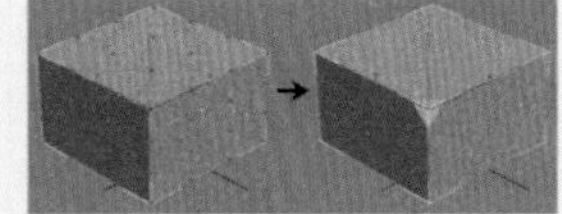

图5-11

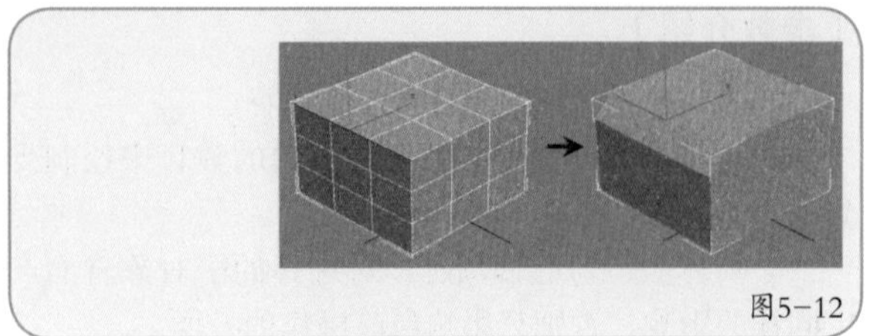
图5-12

法线：选择“组”时，选择的面片将沿着面片组平均法线方向挤出；选择“局部”时，面片将沿着自身法线方向挤出。

切片平面：一个方形化的平面，可以通过移动或旋转改变将要剪切对象的位置。单击该按钮后，“切片”按钮才能被激活。

切片：单击该按钮，将在切片平面处剪切被选择的子对象。

切割：通过在边上添加点来细分子对象。单击此按钮后，需要在细分的边上单击，然后移动鼠标到下一边，依次单击，完成细分。

分割：勾选时，在进行切片或剪切操作时，会在细分的边上创建双重的点，这样可以很容易地删除新的面来创建洞，或者像分散的元素一样操作新的面。

优化端点：勾选时，在相邻的面之间进行平滑过渡。反之，在相邻面之间产生生硬的边。

焊接选项组：用于顶点之间的焊接操作，这种空间焊接技术比较复杂，要求在三维空间内移动和确定顶点之间的位置，有两种焊接方法。

选定项：先分别选择好要焊接的点，然后单击“选定项”按钮进行焊接。如果未焊接上，提高“焊接阈值”，再单击“选定项”按钮，直到焊接上为止。

目标：单击“目标”按钮，然后在视图中将选择的点（或点集）拖曳到要焊接的点上（尽量接近），这样就会自动进行焊接。

细化选项组：对表面进行分裂复制，产生更多的面。

细化：单击此按钮，系统会根据其下的细分方式对选择表面进行分裂复制处理，产生更多的表面，用于平滑需要。

边：以选择面的边为依据进行分裂复制。

面中心：以选择面的中心为依据进行分裂复制。

炸开选项组：将当前选择面打散后分离出当前对象，使它们成为独立新个体。

炸开：单击此按钮，可以将当前选择面炸开分离，根据下面的两种选项获得不同的结果。

对象：将所有面炸为各自独立的新对象。当选择该模式时，单击“炸开”按钮后会弹出一个“炸开”对话框，在这里面可以输入新对象的名称，如图5-13所示。

图5-13

元素：将所有面炸为各自独立的新元素，但仍然属于对象本身，这是进行元素拆分的一个好办法。

移出孤立顶点：单击此按钮后，将删除所有孤立的点，不管是否选择那些点。

选择开放边：仅选择对象的边缘线。

由边创建图形：选择一个或更多的边后，单击此按钮，将以选择的边界为模板创建新的曲线，也就是把选择的边变成曲线独立出来使用。

视图对齐：单击此按钮后，选择点或子对象被放置在同一平面，且这一平面平行于选择视图。

栅格对齐：单击此按钮后，选择点或子对象被放置在同一平面，且这一平面平行于活动视图的栅格平面。

平面化：将所有的选择面强制压成一个平面（不是合成，只是处于同一平面上）。

塌陷：将选择的点、线、面、多边形或元素删除，留下一个顶点与四周的面连接，产生新的表面，这种方法不同于删除面，它是将多余的表面吸收掉，就好像减肥的人将多余的脂肪除掉后，膨胀的表皮会收缩塌陷下来。

4. “曲面属性”卷展栏

“曲面属性”卷展栏只有在子对象级别下才可用，根据所选择的子对象的不同，其参数面板中的参数也会呈现出差异。

当选择网格的“顶点”子对象时，其“曲面属性”卷展栏如图5-14所示。

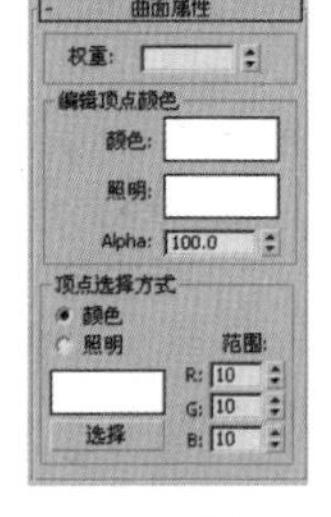

图5-14

【参数介绍】

权重：显示和改变顶点的权重。

编辑顶点颜色选项组：主要包含以下3个选项。

颜色：设置顶点的颜色。

照明：用于明暗度的调节。

Alpha：指定顶点透明值。

顶点选择方式选项组：主要包含以下3个选项。

颜色/照明：用于指定选择顶点的方式，以颜色或照明为准进行选择。

范围：设置颜色近似的范围。

选择：单击该按钮后，将选择符合这些范围的点。

当选择网格的“边”子对象时，其“曲面属性”卷展栏如图5-15所示。

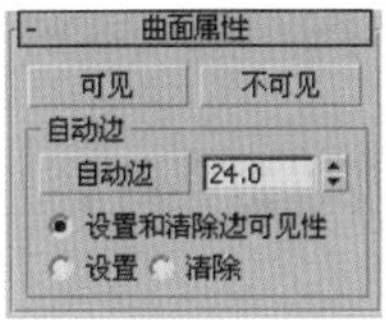

图5-15

【参数介绍】

可见/不可见：选择边后，通过这两个按钮直接控制边的显示。可见边在线框模式下渲染输出将可见，在选择“边”子对象后，会以实线显示。不可见边在线框模式下渲染输出将不可见，在选择“边”子对象后，会以虚线显示。

自动边：提供了另外一种控制边显示的方法。通过自动比较共线的面之间夹角与阈值的大小，来决定选择的边是否可见。

设置和清除边可见性：只选择当前参数的子对象。

设置：保留上次选择的结果并加入新的选择。

清除：从上一次选择结果进行筛选。

当选择网格的“面”、“多边形”或“元素”子对象时，其“曲面属性”卷展栏如图5-16所示。

图5-16

【参数介绍】

法线选项组：主要包含以下3个选项。

翻转：将选择面的法线方向进行反向。

统一：将选择面的法线方向统一为一个方向，通常是向外。

翻转法线模式：单击此按钮后，在视图单击子对象将改变它的法线方向。再次单击或右键单击视图，可以关闭翻转法线模式。

材质选项组：主要包含以下3个选项。

设置ID：在此为选择的表面指定新的ID号。如果对象使用多维材质，将会按照材质ID号分配材质。

选择ID：按照当前ID号，将所有与此ID相同的表面进行选择。

清除选定内容：选择此项后，如果选择新的ID或材质名称时，会取消选择以前选定的所有面片或元素。取消勾选后，会在原有选择基础上累加新内容。

平滑组选项组：主要包含以下3个选项。

按平滑组选择：将所有具有当前平滑组号的表面进行选择。

清除全部：删除给面片对象指定的平滑组。

自动平滑：根据右侧的阈值进行表面自动平滑处理。

编辑顶点颜色选项组：主要包含以下3个选项。

颜色：设置顶点的颜色。

照明：用于明暗度的调节。

Alpha：指定顶点透明值。

5.1.3 面挤出

该修改器与“编辑网格”修改器内部的挤出面功能相似，主要用于给对象的“面”子对象进行挤出成型，从原对象表面挤出或陷入，如图5-17所示。

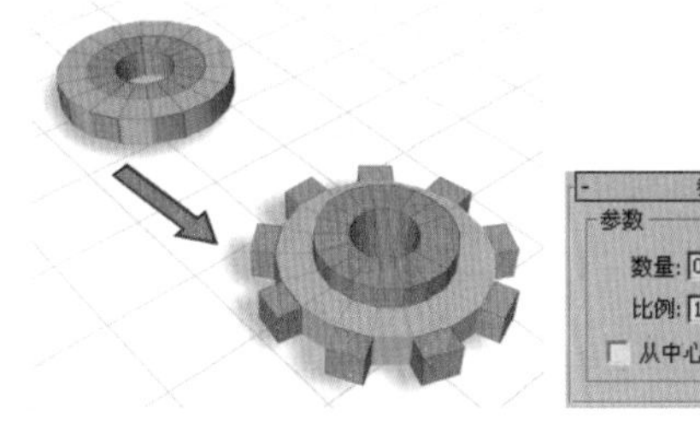

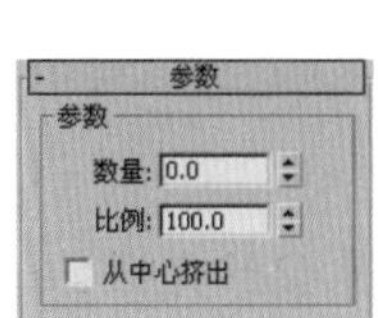

图5-17

【参数介绍】

数量：设置挤出的数量，当它为负值时，表面为凹陷效果。

比例：对挤出的选择面进行大小缩放。

从中心挤出：沿中心点向外放射性挤出被选择的面。

5.1.4 法线

使用“法线”修改器，在不用加入“编辑网格”修改命令就可以统一或翻转对象的法线方向。在3ds Max 5以前的版本中，面片对象在加入这个修改命令后，会转换为网格对象，现在，面片对象加入这个修改命令后依然保持为面片对象，它的材质也不会发生改变，如图5-18所示。

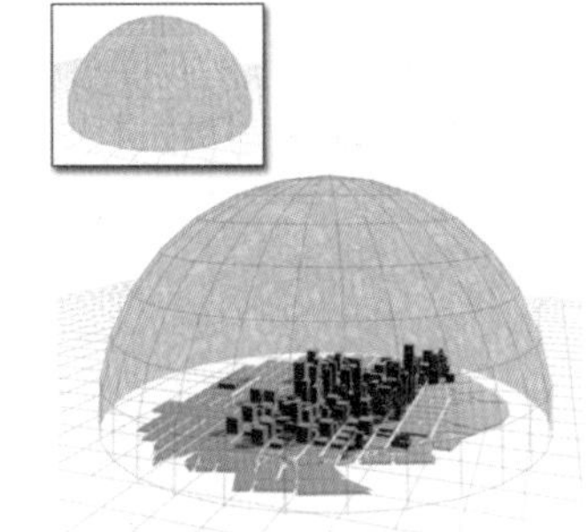

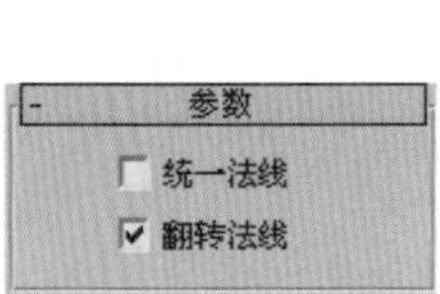

图5-18

【参数介绍】

统一法线：将对象表面的所有法线都转向一个相同的方向，通常是向外，以保证正确的渲染结果。有时一些来自其他软件的造型会产生法线错误，使用它可以很轻松地较正法线方向。

翻转法线：将对象或选择面集合的法线反向。

5.1.5 细化

给当前对象或子对象选择集合进行面的细划分，产生更多的面，以便于进行其他修改操作。另外在细分面的同时，还可以调节“张力”值来控制细分后对象产生的弹性变形，如图5-19所示。

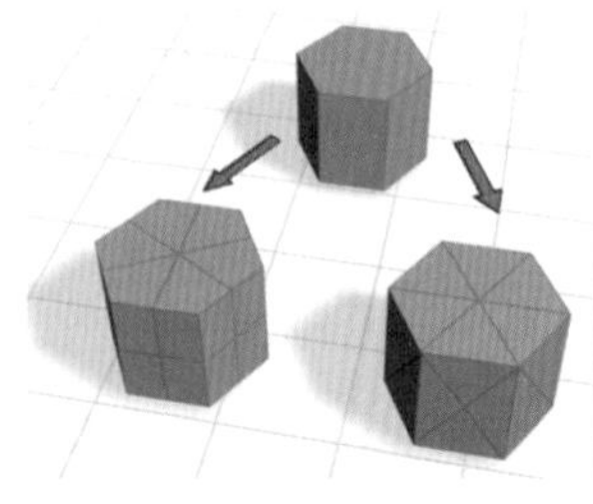

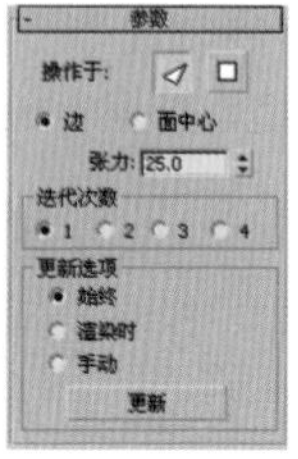

图5-19

【参数介绍】

面：以面进行细划分。

多边形：以多边形面进行细划分。

边：从每一条边的中心处开始分裂新的面。

面中心：从每一个面的中心点处开始分裂从而产生新的面。

张力：设置细化分后的表面是平的、凹陷的，还是凸起的。值为正数时，向外挤出点；值为负数时，向内吸收点；值为0时，保持面的平整。

迭代次数：设置表面细划分的次数，次数越多，面就越多。

始终：选择后，随时更新当前的显示。

渲染时：控制是否在渲染时更新显示。

手动：选择后，单击“更新”按钮将更新当前显示。

5.1.6 STL检查

“STL检查”修改器检查一个对象在输出STL文件时是否正确，STL文件是立体印刷术专用文件，它可以将保存的三维数据通过特殊设备制造出现实世界的模型，如图5-20所示。STL文件要求完整地描绘出一个完全封闭的表面模型，这个检查工具可以帮助用户节省时间和金钱。

图5-20

选择对象并执行“STL检查”修改器，在修改面板中勾选“检查”后，系统会自动进行检查，检查结束后，结果会显示在状态栏中。

【参数介绍】

错误选项组：用于选择需要检查的错误类型，如图5-21所示，1是开放边，2是双面，3是钉形，4是多重边。

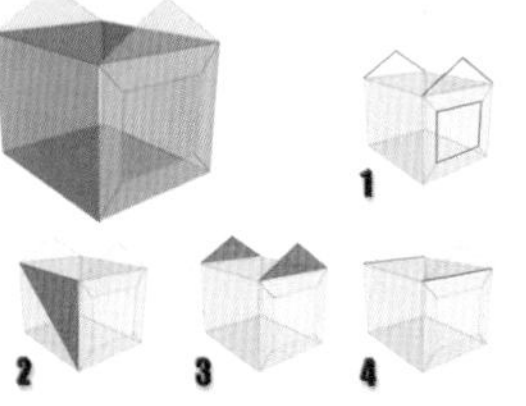

图5-21

选择选项组：主要包含以下5个选项。

不选择：选择后，检查的结果不会在对象上显示出来。

选择边：选择后，错误的边会在视图中标记出来。

选择面：选择后，错误的面会在视图中标记出来。

更改材质ID：勾先后，在右侧可以选择一个ID，指定给错误的面。

检查：勾选时，会进行STL检查。

状态选项组：显示检查的结果。

5.1.7 补洞

“补洞”修改器将对象表面破碎穿孔的地方加盖，进行补漏处理，使对象成为封闭的实体。有时候，它的确很有用，无论对象表面有几片破损，都可以一次修复，并且尽最大的努力去平滑补上的表面，不留下缝隙和棱角，其参数面板如图5-22所示。

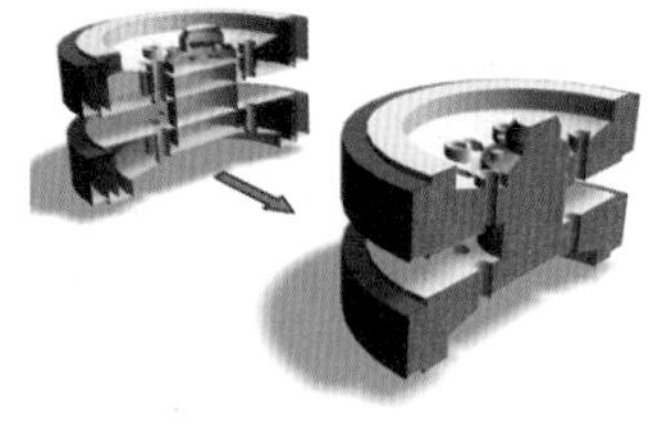

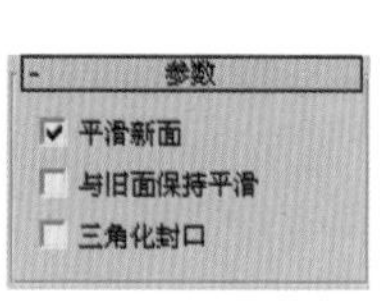

图5-22

【参数介绍】

平滑新面：为所有新建的表面指定一个平滑组。

与旧面保持平滑：为裂口边缘的原始表面指定一个平滑组，一般将这两个选项都勾选，以获得较好的效果。

三角化封口：选择此选项，新加入的表面的所有边界都变为可视。如果需要对新增表面的可见边进行编辑，应先勾选这个选项。

5.1.8 优化

使用“优化”修改器可以减少对象中面和顶点的数目，这样可以简化几何体并加快渲染速度，其参数设置面板如图5-23所示。

图5-23

【参数介绍】

详细信息级别选项组：主要包含以下两个选项。

渲染器L1/L2：设置默认扫描线渲染器的显示级别。

视口L1/L2：同时为视图和渲染器设置优化级别。

优化选项组：主要包含以下5个选项。

面阈值：设置用于决定哪些面会塌陷的阈值角度。值越低，优化越少，但是会更好地接近原始形状。

边阈值：为开放边（只绑定了一个面的边）设置不同的阈值角度。较低的值将会保留开放边。

偏移：帮助减少优化过程中产生的细长三角形或退化三角形，它们会导致渲染时产生缺陷效果。较高的值可以防止三角形退化，默认值0.1就足以减少细长的三角形，取值范围从0~1。

最大边长度：指定最大长度，超出该值的边在优化时将无法拉伸。

自动边：控制是否启用任何开放边。

保留选项组：主要包含以下两个选项。

材质边界：保留跨越材质边界的面塌陷。

平滑边界：优化对象并保持其平滑。启用该选项时，只允许塌陷至少共享一个平滑组的面。

更新选项组：主要包含以下两个选项。

更新 更新：使用当前优化设置来更新视图显示效果。只有启用“手动更新”选项时，该按钮才可用。

手动更新：开启该选项后，可以使用上面的“更新”按钮 更新。

上次优化状态选项组：主要包含以下一个选项。

前/后：使用“顶点”和“面数”来显示上次优化的结果。

小技巧

“优化”修改器通过减少面、边和顶点的数量来简化模型。首先通过“细节级别”值设置不同的“渲染”和“视图”级别。随后调整“面阈值”和“边阈值”决定元素被优化的程度。至于优化的结果可以在卷展栏底部的“上次优化状态以前/以后”，选项组中查看“顶点”数和“面片/数”。

应用“优化”修改器减少了多边形的面数，但同时也降低了模型的细致程度。下面可以设置其参数来对比一下。

当设置“面阈值”为0时，此时场景模型如图5-24所示。从图中可以看到场景模型的面数并没有减少，也就是说当“面阈值”为0时“优化”命令不起作用。

当调节“面阈值”为10时，场景模型如图5-25所示。此时场景中的模型发生了很大变化，场景中面数减少了，但是在面数减少的时候模型的细致程度也降低了。如果模型在渲染窗口的远端，那么就可以适当降低面数来提高建模的流畅度，如果是在近处那么就不要用“优化”命令，否则模型表面就没有细节效果。

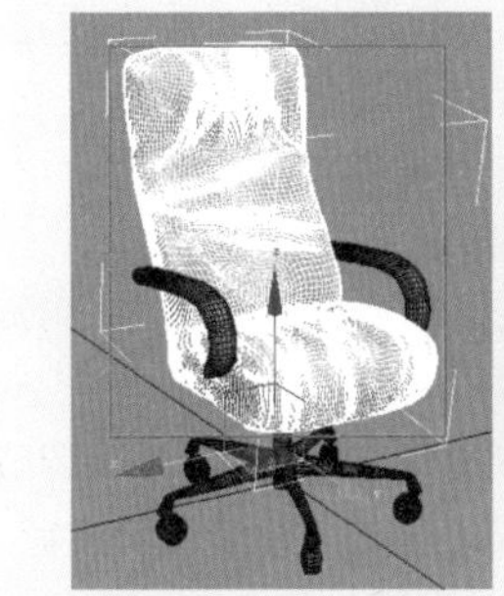

图5-24

图5-25

5.1.9 MultiRes（多分辨率）

该修改器用于优化模型的表面精度，被优化部分将最大限度地减少表面顶点数和多边形数量，并尽可能保持对象的外形不变，可用于三维游戏的开发和三维模型的网络传输，与“优化”修改器相比，它不仅提高了操作的速度，还可以指定优化的百分比和对象表面顶点数量的上限，优化的结果也好很多，其参数面板如图5-26所示。

图5-26

模型品质的高低会影响精简命令的执行结果，在执行“MultiRes（多分辨率）”这个修改器之前，可以先对模型进行一些调节。

要避免对具有复杂层级的模型直接使用“MultiRes（多分辨率）”命令，对于这样的模型，可以对独立的组分模型分别执行该命令，或者塌陷整个模型为单个的网格后再执行。

使模型尽量保持有较高的精度，关键的几何外形处需要有更多的点和面，模型的精度越高，传递“MultiRes（多分辨率）”细节的信息越准确，产生的结果越接近原始模型。

【参数介绍】

分辨率选项组：主要包含以下5个选项。

顶点百分比：控制修改后模型的顶点数相对于原始模型顶点数的百分比，值越低，精简越强烈，所得模型的表面数目越少。

顶点数：显示修改后模型的顶点数。通过这个选项，可以直接控制输出网格的最大顶点数。它和“顶点百分比”值是联动的。调节它的数值时，“顶点百分比”也会自动进行更新。

最大顶点：显示原始模型顶点总数。“顶点数”的值不可高于此值。

面数：显示模型在当前状态的面数量。在调节“顶点百分比”或“顶点数”时，这里的显示会自动更新。

最大面：显示原始模型的面数。

生成参数选项组：主要包含以下9个选项。

顶点合并：勾选时，允许在不同的元素间合并顶点。比如，对一个包含4个元素的茶壶应用“MultiRes（多分辨率）”修改起，勾选“顶点合并”后，分开的各部分元素将合并到一起。

阈值：指定被合并点之间允许的最大距离，所有距离范围之内的点将被焊接在一起，使模型更加简化。

网格内部：勾选时，在同一元素之间的相邻点和线之间也进行合并。

材质边界线：勾选时，该修改器会记录模型的ID值分配，在模型被优化处理后，依据记录的ID值进行材质划分。

保留基础顶点：控制是否对被选择的子对象进行优化处理，在“顶点”子对象层级对优化模型进行选择后，确定“保留基础顶点”为选择状态，再进行优化计算，这时改变“顶点数”将首先对子对象层级中没有被选择的点进行优化处理。

多顶点法线：勾选时，在多精度处理过程中每个顶点拥有多重法线。默认情况下，每个顶点只有单一的法线。

折缝角度：设置法线平面之间的夹角，取值范围为1~180，数值越小，模型表面越平滑，数值越大，模型表面的角点越明显。

生成：单击后，开始初始化模型。

重置：将所有参数恢复为上次进行“生成”操作的设置。

5.1.10 顶点焊接

这是一个独立的修改器，与“编辑网格”和“编辑面片”中的顶点焊接功能相同，通过调节阈值大小，控制焊接的子对象范围，如图5-27所示。

图5-27

【参数介绍】

阈值：用于指定顶点被自动焊接到一起的接近程度。

5.1.11 对称

“对称”修改器可以可以将当前模型进行对称复制，并且产生接缝融合效果，这个修改器可以应用到任何类型的模型上，在构建角色模型、船只或飞行器时特别有用，其参数设置面板如图5-28所示。

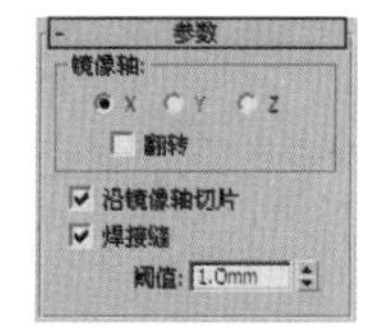

图5-28

【参数介绍】

镜像轴：用于设置镜像的轴。

X/Y/Z：选择镜像的作用轴向。

翻转：启用该选项后，可以翻转对称效果的方向。

沿镜像轴切片：启用该选项后，可以沿着镜像轴对模型进行切片处理。

焊接缝：启用该选项后，可以确保沿镜像轴的顶点在阈值以内时能被自动焊接。

阈值：设置顶点被自动焊接到一起的接近程度。

5.1.12 编辑法线

这个修改器专门针对游戏制作，可以对对象每个顶点的法线进行直接、交互的编辑。3ds Max渲染不支持这种修改，因此只能在视图中看到调节的效果，其参数面板如图5-29所示。

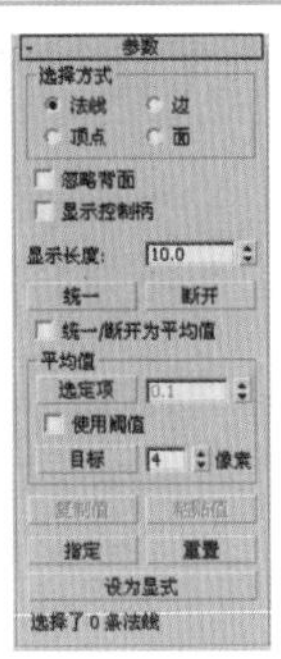

图5-29

使用“编辑法线”修改器可以产生以下3种类型的法线。

未指定：这种类型的法线在视图中会显示为蓝色，根据所在平滑组的多边形表面来计算法线的方向。默认情况下每个顶点法线的数量与这个点周围多边形拥有平滑组的数量是相同的。例如，默认情况下长方体的每个表面拥有不同的平滑组，并且每3个面会相交一个顶点，因此，这个相交顶点会拥有3个不同的法线，每个法线垂直于周围的3个表面。再如球体，默认情况下只有单一的平滑组，因此每个顶点只有单一的法线。

已指定：这种类型的顶点法线不再依靠于周围表面的平滑组。例如，对一个刚创建的长方体应用“编辑法线”修改器，选择一组点的法线后，在修改参数面板中单击“统一”按钮，此选择点原来拥有3个不同方向的法线会不顾其各自所在的平滑组，统一转换为单一的法线，这种类型的法线在视图中显示为青色。

显示：在使用“移动”或“旋转”工具对选择法线进行变换操作时，法线的默认值会被改变，不能再基于面法线重新计算，这种类型的法线在视图中显示为绿色。

知识窗

使用“编辑法线”修改器时应注意的一些问题

（1）虽然这个修改器可以应用到任何对象上，但只有多边形对象和网格对象支持“编辑法线”修改器，其他类型的对象在应用这个修改器后会转换为网格对象。如果执行这个修改器后，在以后的操作中转换对象为其他对象类型，法线修改的影响也会失效。

（2）改变对象的拓扑结构后，编辑法线修改的效果都会被移除。比如被加载网格平滑、细化、切片、镜像、对称、面挤出、顶点焊接修改器之后。

（3）使用任意的“复合对象”时，会除去编辑法线修改。

（4）可编辑多边形不支持编辑法线修改，塌陷堆栈时，会丢失编辑法线修改的效果，如果要塌陷可编辑多边形但保留法线修改，可以在编辑法线修改层之下使用“塌陷到”命令。

（5）所有的变形和贴图修改不影响法线。例如，在应用“弯曲”修改器后，法线会随着几何体一同弯曲。编辑UVW等贴图修改也不会影响法线。

（6）有少数的修改器，如“推力”和“松弛”不支持编辑法线修改。

（7）如果是“已指定”和“显式”类型的法线，应用“平滑”修改后会转换为“未指定”类型。

（8）就像网格选择和多边形选择一样，编辑法线修改会继承堆栈层级的属性。例如，在创建一个长方体后应用编辑法线修改器，改变一些法线，接着再次使用编辑法线修改器，顶部的编辑法线修改会继承下面的修改结果。

【参数介绍】

选择方式选项组：主要包含以下4个选项。

法线：选择时，直接单击法线可以选择该法线。

边：选择时，只有在单击边时才会选择相邻多边形的法线。

顶点：选择时，单击网格的顶点时会选择相关的法线。

面：选择时，单击网格表面和多边形时会选择相关的法线。

忽略背面：由于表面法线的原因，对象表面有可能在当前视角不被显示，看不到的表面一般情况是不能被选择的，勾选此选项时，可对其进行选择操作。

显示控制柄：勾选时，在法线的末端会显示一个方形手柄，便于法线的选取。

显示长度：用于设置法线在视图中显示的长度，不会对法线的功能产生影响。

统一：结合选择的法线为单一法线，执行这个命令后，法线会转换为“已指定”类型。

断开：将结合的法线打散，恢复为初始的组分结构。执行这个命令后，法线会转换为“已指定”类型，如果法线被移动或旋转，也会恢复为初始的方向。

统一/断开为平均值：决定法线方向操作结果为“统一”或“断开”。

平均值选项组：主要包含以下3个选项。

选定项：将所选法线设置为相同的绝对角度（取所有法线的平均角度）。

使用阈值：调用该项后，“选定项”右侧的平均阈值输入框将激活，而且只计算相互距离小于平均阈值的法线来确定平均值。

目标：激活该选项后，可在视图中直接选择要进行平均的多对法线。按钮右侧的值表示允许光标与实际目标的最大距离。

复制值：复制选择法线的方向到缓存区中，只能对单一的选择法线使用这个个命令。

粘贴值：将复制的信息粘贴到当前选择。

指定：转换法线为“已指定”类型。

重置：用于恢复法线为初始的状态，执行这个命令后，被选择法线会转换为“未指定”类型。

设为显示：转换选择法线为“显示”类型。

5.1.13 四边形网格化

“四边形网格化”修改器可以把对象表面转换为相对大小的四边形，它可以与“网格平滑”修改器结合使用，在保持模型基本形体的同时为其制作平滑倒角效果，如图5-30所示。

图5-30

【参数介绍】

四边形大小%：设置四边形相对于对象的近似大小，该值越低，产生的四边形越小，模型上的四边形就越多。

5.1.14 ProOptimizer（专业优化器）

该修改器可以通过减少顶点的方式来精简模型面数，相对于前面介绍的“优化”和“MultiRes（多分辨率）”修改器而言，ProOptimizer（专业优化器）的功能更加强大，运行也更加稳定，并且能达到更好的优化效果。

在面数优化过程中，ProOptimizer（专业优化器）可以有效地保护模型的边界、材质、UV坐标、顶点颜色、法线等重要信息，并且还包括顶点合并、对称优化以及收藏精简面等高级功能。

5.1.15 顶点绘制

“顶点绘制”修改器用于在对象上喷绘顶点颜色，在制作游戏模型时，过大的纹理贴图会浪费系统资源，使用顶点绘制工具可以直接为每个顶点绘制颜色，相邻点之间的不同颜色可以进行插值计算来显示其面的颜色。直接绘制的优点是可以大大节省系统资源，文件小，而且效率高；缺点就是这样绘制出来的颜色效果不够精细。

“顶点绘制”修改器可以直接作用于对象，也可以作用于限定的选择区域。如果需要对喷绘的顶点颜色进行最终渲染，需要为对象指定“顶点颜色”材质贴图。

5.1.16 平滑

“平滑”修改器用于给对象指定不同的平滑组，产生不同的表面平滑效果，如图5-31所示。

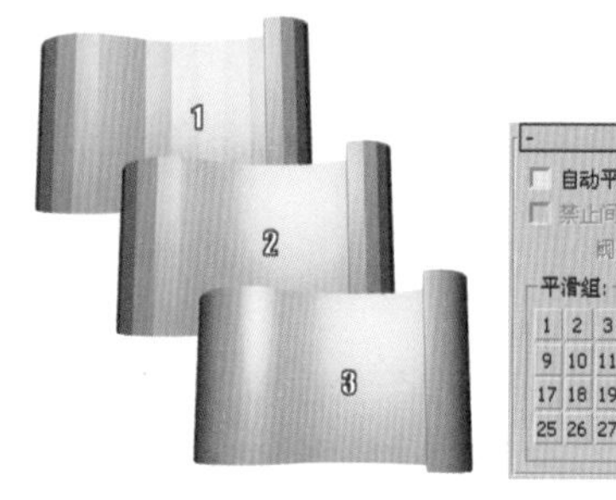

图5-31

【参数介绍】

自动平滑：如果此选项目开启，则可以通过“阈值”来调节平滑的范围。

禁止间接平滑：打开此选项，可以避免自动平滑的漏洞，但会使计算速度下降，它只影响自动平滑效果。如果发现自动平滑后的对象表面有问题，可以打开此选项来修改错误，否则不必将它打开。

阈值：设置平滑依据的面之间夹角度数。

平滑组：提供了32个平滑组群供选择指定，它们之间没有高低强弱之分，只要相邻的面拥有相同的平滑组群号码，它们就产生平滑的过渡，否则就产生接缝。

5.1.17 网格平滑

“平滑”、“网格平滑”和“涡轮平滑”修改器都可以用来平滑几何体，但是在效果和可调性上有所差别。简单地说，对于相同的物体，“平滑”修改器的参数比其他两种修改器要简单一些，但是平滑的强度不大；“网格平滑”与“涡轮平滑”修改器的使用方法相似，但是后者能够更快并更有效率地利用内存，不过“涡轮平滑”修改器在运算时容易发生错误。因此，“网格平滑”修改器是在实际工作中最常用的一种。“网格平滑”修改器可以通过多种方法来平滑场景中的几何体，它允许细分几何体，同时可以使角和边变得平滑，其参数设置面板如图5-32所示。

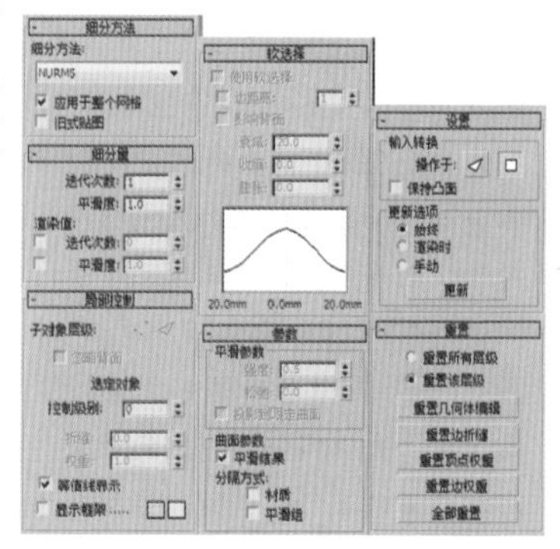

图5-32

【参数介绍】

1. “细分方法”卷展栏

细分方法：在其下拉列表中选择细分的方法，共有“经典”、“NURMS”和“四边形输出”3种方法。“经典”方法可以生成三面和四面的多面体，如图5-33所示；NURMS方法生成的对象与可以为每个控制顶点设置不同权重的NURBS对象相似，这是默认设置，如图5-34所示；“四边形输出”方法仅生成四面多面体，如图5-35所示。

图5-33

图5-34

图5-35

应用于整个网络：启用该选项后，平滑效果将应用于整个对象。

2. “细分量”卷展栏

迭代次数：设置网格细分的次数，这是最常用的一个参数，其数值的大小直接决定了平滑的效果，取值范围为0~10。增加该值时，每次新的迭代会通过在迭代之前对顶点、边和曲面创建平滑差补顶点来细分网格。图5-36所示是“迭代次数”为1、2、3时的平滑效果对比。

图5-36

“网格平滑”修改器的参数虽然有7个卷展栏，但是基本上只会用到“细分方法”和“细分量”卷展栏中的参数，特别是“细分量”卷展栏中的“迭代次数”。

平滑度：为多尖锐的锐角添加面以平滑锐角，计算得到的平滑度为顶点连接的所有边的平均角度。

渲染值：用于在渲染时对对象应用不同平滑“迭代次数”和不同的“平滑度”值。在一般情况下，使用较低的“迭代次数”和较低的“平滑度”值进行建模，而使用较高值进行渲染。

3. “局部控制”卷展栏

子对象层级：启用或禁用“顶点”或“边”层级。如果两个层级都被禁用，将在对象层级进行工作。

忽略背面：控制子对象的选择范围。取消选择时，不管法线的方向如何，可以选择所有的子对象，包括不被显示的部分。

控制级别：用于在一次或多次迭代后查看控制网格，并在该级别编辑子对象点和边。

折缝：在平滑的表面上创建尖锐的转折过渡。

权重：设置点或边的权重。

等值线显示：选择该项，细分曲面之后，软件也只显示对象在平滑之前的原始边。禁用此项后，3ds Max会显示所有通过涡轮平滑添加的曲面，因此更高的迭代次数会产生更多数量的线条，默认设置为禁用状态。

显示框架：选择该项后，可以显示出细分前的多边形边界。其右侧的第1个色块代表“顶点”子对象层级未选定的边，第2个色块代表“边”子对象层级未选定的边，单击色块可以更改其颜色。

4. “参数”卷展栏

强度：设置增加面的大小范围，仅在平滑类型选择为“经典”或“四边形输出”时可用。值范围为0~1。

松弛：对平滑的顶点指定松弛影响，仅在平滑类型选择为“经典”或“四边形输出”时可用。值范围为-1~1，值越大，表面收缩越紧密。

投影到限定曲面：在平滑结果中将所有的点放到“限定表面”中，仅在平滑类型选择为“经典”时可用。

平滑结果：选择此项，对所有的曲面应用相同的平滑组。

分隔方式：有两种方式供用户选择。材质，防止在不共享材质ID的面之间创建边界上的新面；平滑组，防止在不共享平滑组（至少一组）的面之间创建边界上的新面。

5. “设置”卷展栏

操作于：以两种方式进行平滑处理，三角形方式对每个三角面进行平滑处理，包括不可见的三角面边，这种方式细节会很清晰；多边形方式只对可见的多边形面进行平滑处理，这种方式整体平滑度较好，细节不明显。

保持凸面：只能用于多边形模式，勾选时，可以保持所有的多边形是凸起的，防止产生一些折缝。

6. “重置”卷展栏

重置所有层级：恢复所有子对象级别的几何编辑、折缝、权重等为默认或初始设置。

重置该层级：恢复当前子对象级别的几何编辑、折缝、权重等为默认或初始设置。

重置几何体编辑：恢复对点或边的变换为默认状态。

重置边折缝：恢复边的折缝值为默认值。

重置顶点权重：恢复顶点的权重设置为默认值。

重置边权重：恢复边的权重设置为默认值。

全部重置：恢复所有设置为默认值。

5.1.18 涡轮平滑

"涡轮平滑"是基于"网格平滑"的一种新型平滑修改器，与网格平滑相比，它更加简洁快速，其优化了网格平滑中的常用功能，也使用了更快的计算方式来满足用户的需求，其参数面板如图5-37所示。

在涡轮平滑中没有对"顶点"和"边"子对象级别的操作，而且它只有NURMS一种细分方式，但在处理场景时使用涡轮平滑可以大大提高视口的响应速度。

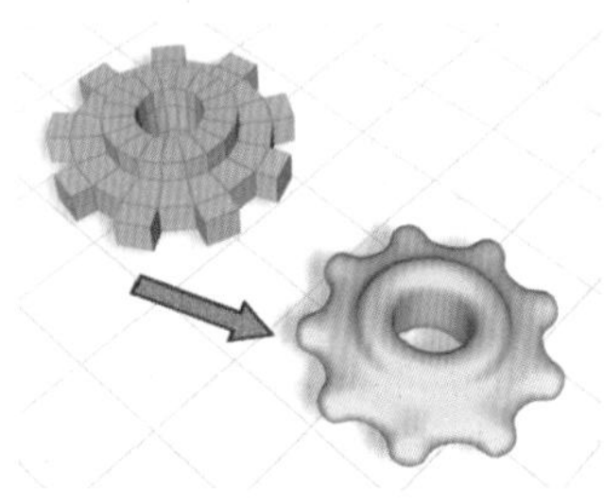

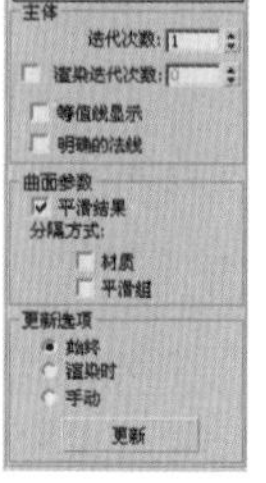

图5-37

【参数介绍】

主体选项组：主要包含以下4个选项。

迭代次数：设置网格的细分次数。增加该值时，每次新的迭代会通过在迭代之前对顶点、边和曲面创建平滑差补顶点来细分网格，修改器会细分曲面来使用这些新的顶点。默认值为1，范围为0~10。

渲染迭代次数：选择该项，可以在右边的数值框中设置渲染的迭代次数。

等值线显示：选择该项，细分曲面之后，软件也只显示对象在平滑之前的原始边。禁用此项后，3ds Max会显示所有通过涡轮平滑添加的曲面，因此更高的迭代次数会产生更多数量的线条，默认设置为禁用状态。

明确的法线：选择该项，可以在涡轮平滑过程中进行法线计算。此方法比"网格平滑"中用于计算法线的标准方法快速，而且法线质量会稍微提高。默认设置为禁用状态。

曲面参数选项组：主要包含以下3个选项。

平滑结果：选择此项，对所有的曲面应用相同的平滑组。

材质：选择此项，防止在不共享材质 ID 的曲面之间的边创建新曲面。

平滑组：选择此项，防止在不共享至少一个平滑组的曲面之间的边上创建新曲面。

更新选项选项组：主要包含以下4个选项。

始终：任何时刻对涡轮平滑作了改动后都自动更新对象。

渲染时：仅在渲染时才更新视口中对象的显示。

手动：单击"更新"按钮，手动更新视口中对象的显示。

更新：更新视口中的对象显示，仅在选择了"渲染时"或"手动"选项时才起作用。

新手练习——网格建模之浴缸

素材文件	无
案例文件	新手练习——网格建模之浴缸.max
视频教学	视频教学/第5章/新手练习——多边形建模之公共椅子.flv
技术掌握	"挤出"工具、"切角"工具、"网格平滑"修改器的运用

本例主要使用"挤出"工具、"切角"工具和"网格平滑"修改器来进行制作，其难点在于调整模型的形状，案例效果如图5-38所示。

图5-38

【操作步骤】

01 使用"长方体"工具 长方体 在场景中创建一个长方体，然后在"参数"卷展栏下设置"长度"为1500mm、"宽度"为800mm、"高度"为600mm、"长度分段"为4、"宽度分段"为6、"高度分段"为3，参数设置及模型效果如图5-39所示。

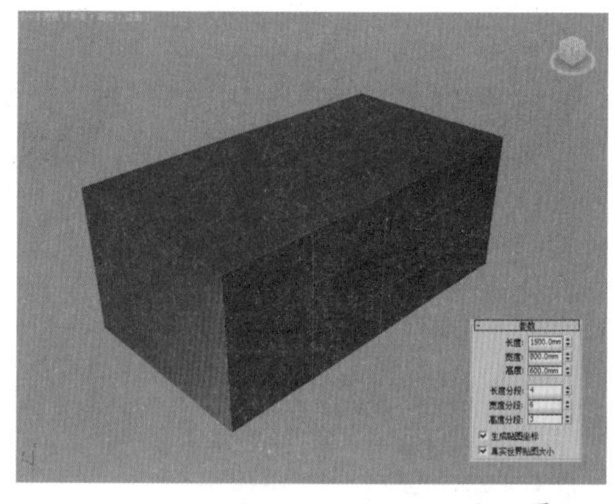

图5-39

02 将长方体转换为可编辑网格，然后进入"顶点"级别，接着将模型调整成如图5-40所示的效果。

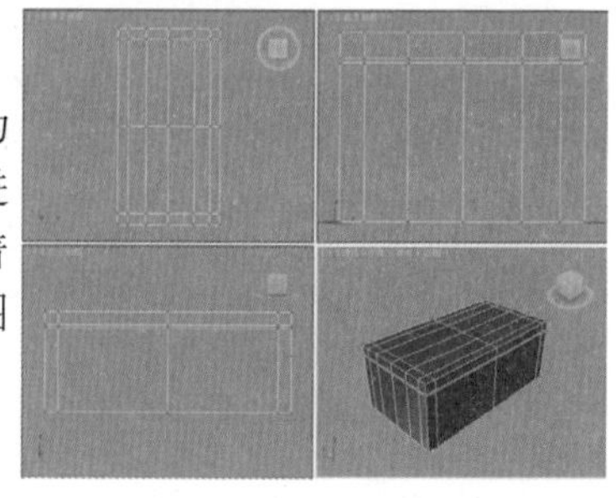

图5-40

03 进入“多边形”级别，然后选择如图5-41所示的多边形，接着在“编辑几何体”卷展栏下的“挤出”按钮 挤出 后面的输入框中输入-520mm，最后按Enter键确认挤出操作，如图5-42所示。

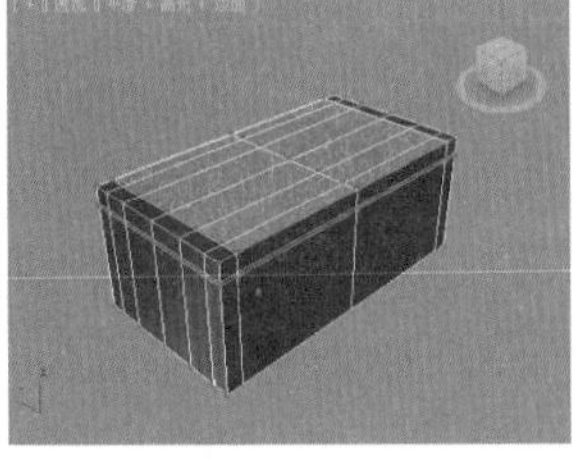

图5-41

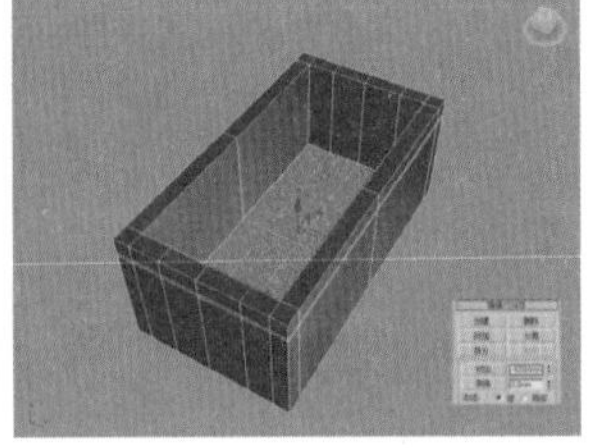

图5-42

04 进入“边”级别，然后选择如图5-43所示的边，接着在“编辑几何体”卷展栏下的“切角”按钮 切角 后面的输入框中输入3mm，最后按Enter键确认切角操作，如图5-44所示。

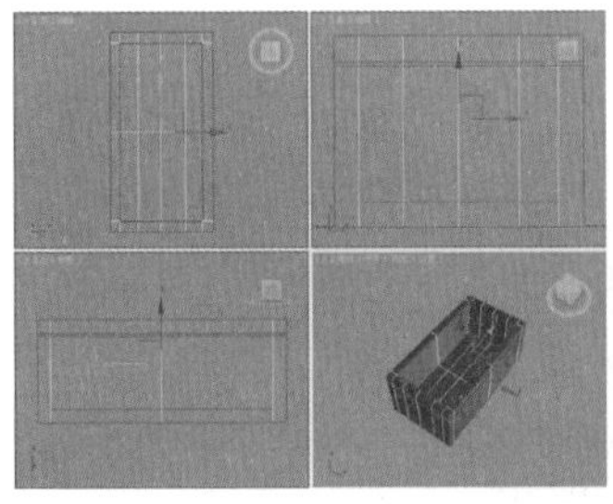

图5-43

图5-44

05 进入“顶点”级别，然后选择长方体的顶点，接着使用“选择并移动”工具将其调整成如图5-45所示的效果，最后使用“选择并均匀缩放”工具将其缩放成如图5-46所示的效果。

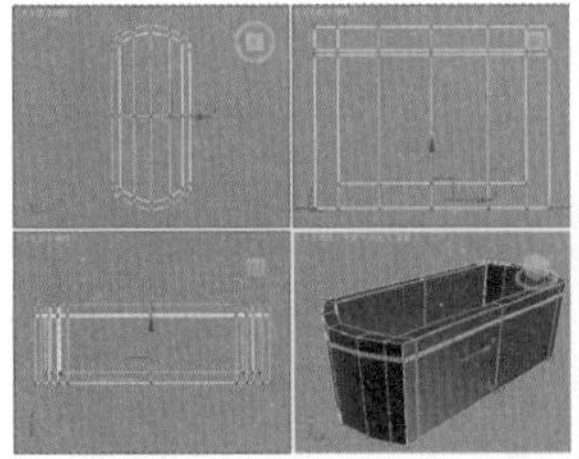

图5-45

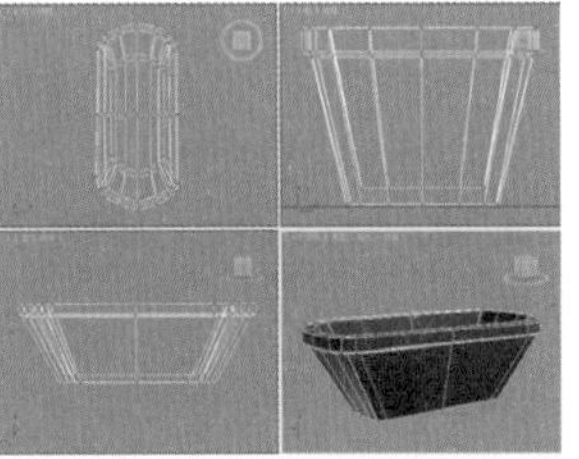

图5-46

06 为模型加载一个“网格平滑”修改器，然后在“细分量”卷展栏下设置“迭代次数”为2，参数设置及模型效果如图5-47所示。

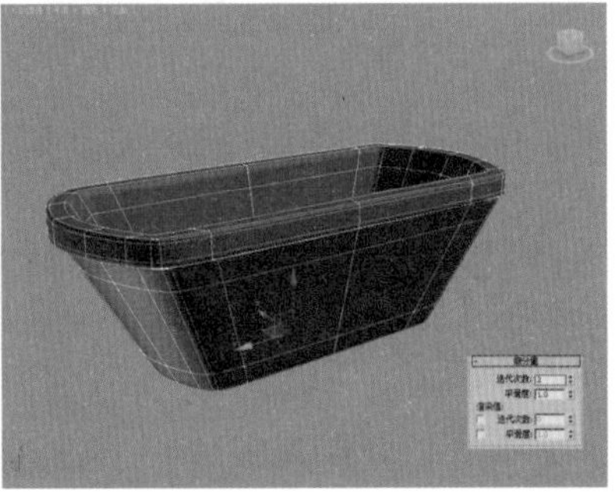

图5-47

07 在创建面板下，设置“图形”类型为“样条线”，然后单击“线”按钮 线 ，接着在左视图中绘制一条如图5-48所示的样条线作为扶手模型。

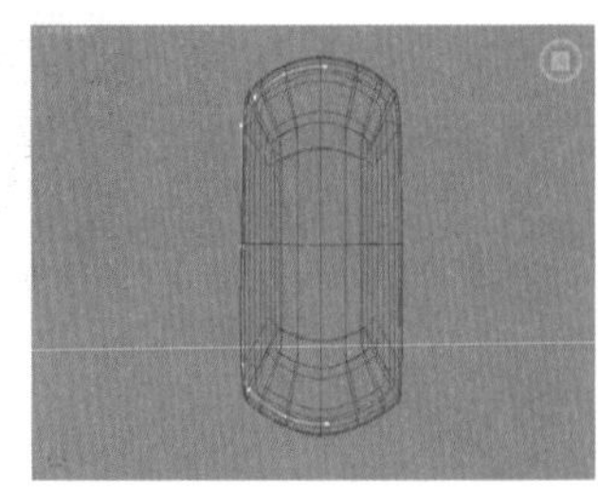

图5-48

08 选择样条线，然后进入“修改”面板，接着在“渲染”卷展栏下勾选“在渲染中启用”、“在视口中启用”和“径向”选项，最后设置“厚度”为22mm，具体参数设置及模型效果如图5-49所示。

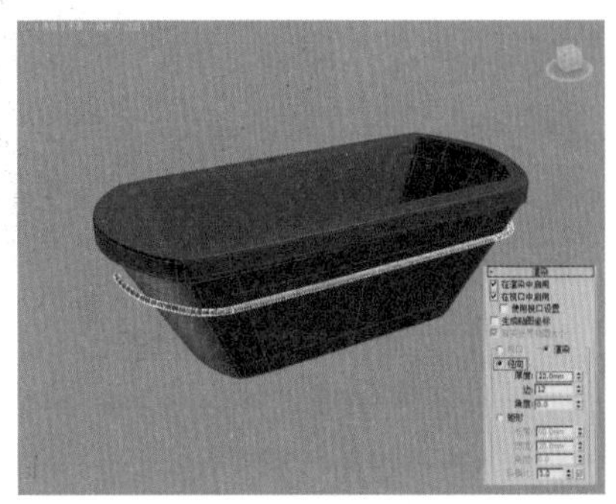

图5-49

09 使用“圆柱体”工具 圆柱体 在场景中创建一个圆柱体，然后在“参数”卷展栏下设置“半径”为15mm、“高度”为6mm、“高度分段”为1、“边数”为18，具体参数设置及模型位置如图5-50所示。

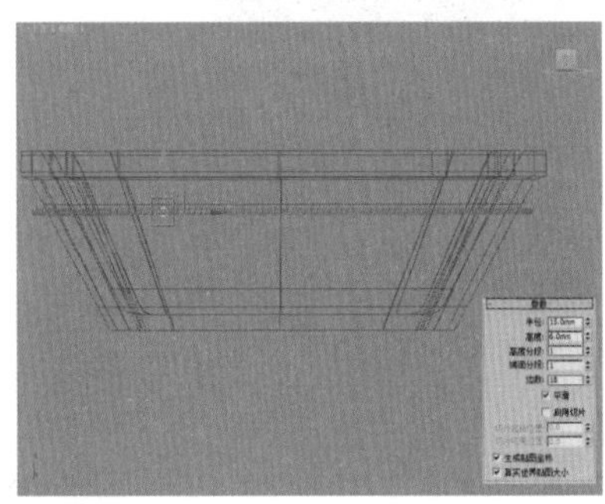

图5-50

10 继续使用“圆柱体”工具 圆柱体 在场景中创建一个圆柱体，然后在“参数”卷展栏下设置“半径”为2mm、“高度”为45mm、“高度分段”为1、“边数”为18，参数设置及模型位置如图5-51所示。

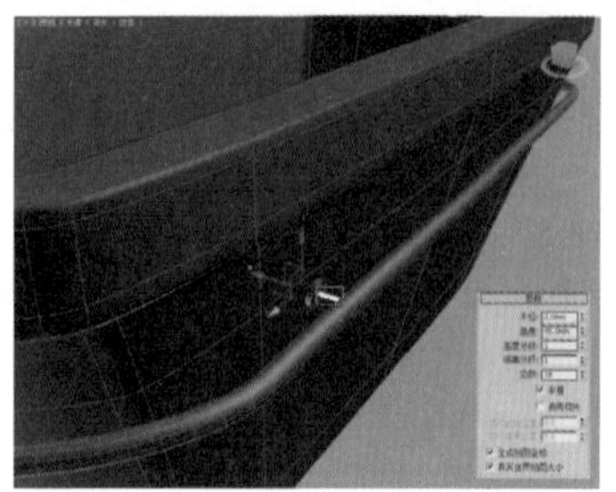

图5-51

11 使用“圆环”工具 圆环 在场景中创建一个圆环，然后在“参数”卷展栏下设置“半径1”为14mm、“半径2”为2mm、“段数”为24、“边数”为12，参数设置及模型效果如图5-52所示。

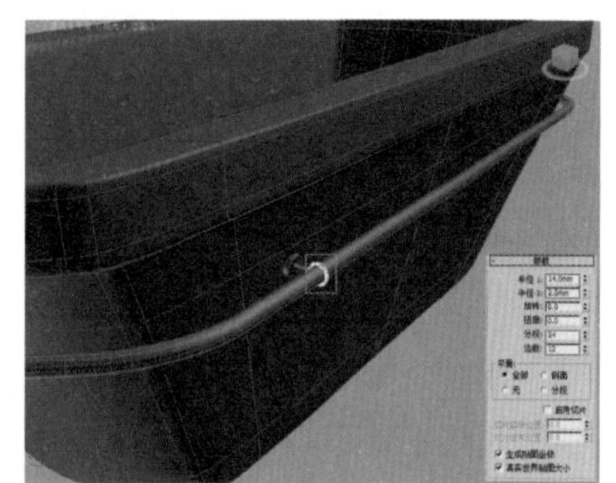

图5-52

12 使用“选择并移动”工具选择如图5-53所示的模型，然后按Shift键移动复制出3个模型到如图5-54所示的位置。

图5-53

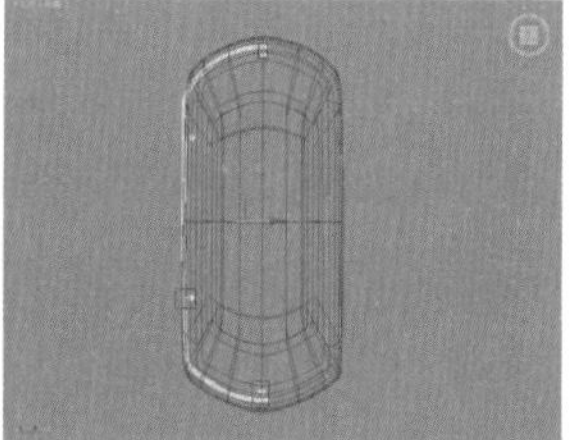

图5-54

13 模型最终效果如图5-55所示。

图5-55

新手练习——网格建模之双人沙发

素材文件	无
案例文件	新手练习——网格建模之双人沙发.max
视频教学	视频教学/第5章/新手练习——网格建模之双人沙发.flv
技术掌握	“挤出”工具、“切角”工具的运用

本例的制作方法比较简单，主要使用“挤出”工具和“切角”工具来进行制作，案例效果如图5-56所示。

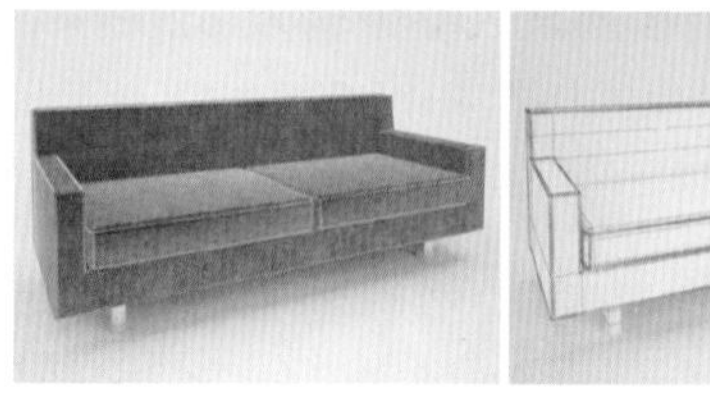

图5-56

【操作步骤】

01 使用“长方体”工具 长方体 在场景中创建一个长方体，然后在“参数”卷展栏下设置“长度”为800mm、“宽度”为2000mm、“高度”为200mm、“长度分段”为2、“宽度分段”为3、“高度分段”为1，具体参数设置及模型效果如图5-57所示。

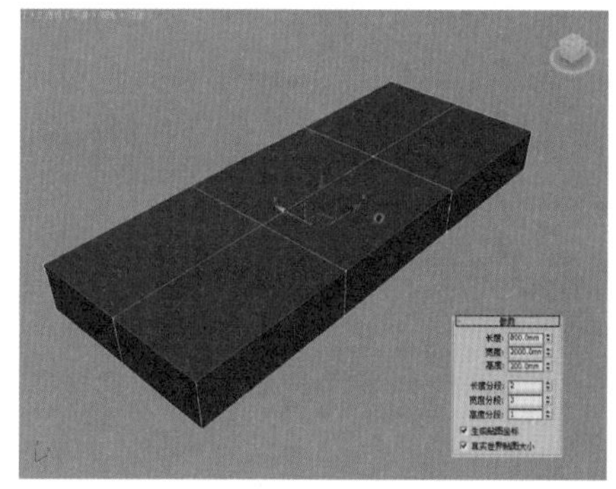

图5-57

02 将长方体转换为可编辑网格，然后在“选择”卷展栏下单击“顶点”按钮，进入“顶点”级别，接着调整好各个顶点的位置，如图5-58所示。

图5-58

03 在“选择”卷展栏下单击“多边形”按钮，进入“多边形”级别，然后选择如图5-59所示的多边形，接着在“编辑几何体”卷展栏下的“挤出”按钮 挤出 后面的输入框中输入200mm，参数设置及模型效果如图5-60所示。

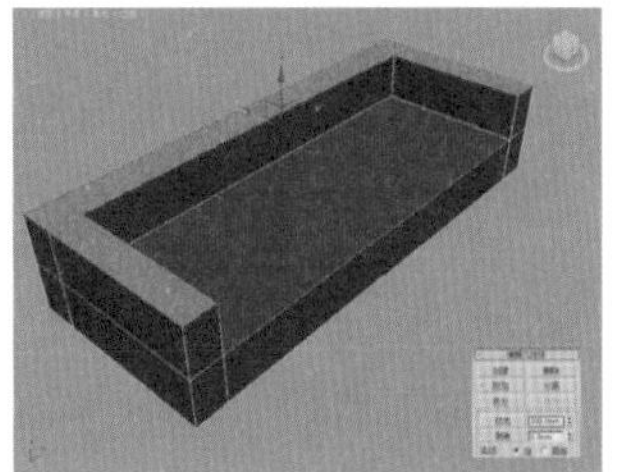

图5-59 图5-60

04 在“选择”卷展栏下单击“多边形”按钮，进入“多边形”级别，然后选择如图5-61所示的多边形，接着在“编辑几何体”卷展栏下的“挤出”按钮 挤出 后面的输入框中输入200mm，参数设置及模型效果如图5-62所示。

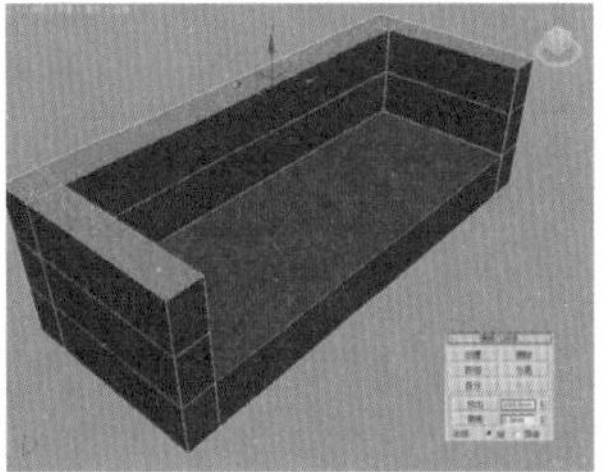

图5-61 图5-62

05 在“选择”卷展栏下单击“边”按钮，进入“边”级别，然后选择如图5-63所示的边，接着在“编辑几何体”卷展栏下的“切角”按钮 切角 后面的输入框中输入6mm，如图5-64所示，然后再在输入框中输入2mm，如图5-65所示。

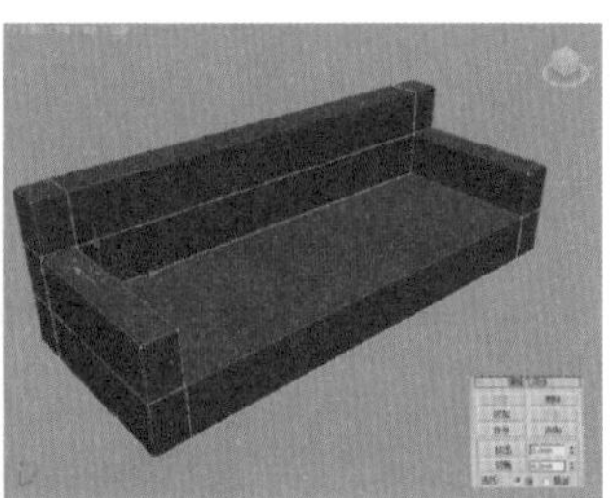

图5-63 图5-64

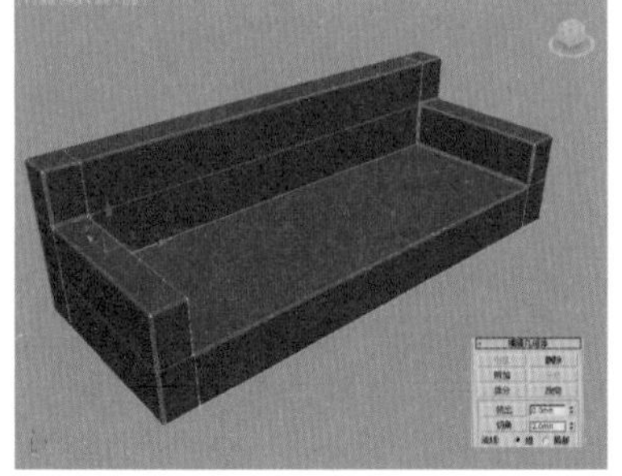

图5-65

06 使用“长方体”工具 长方体 在场景中创建一个长方体，然后在“参数”卷展栏下设置“长度”为600mm、“宽度”为50mm、“高度”为50mm、“长度分段”为3、“宽度分段”为1、“高度分段”为1，参数设置及模型位置如图5-66所示。

07 将长方体转换为可编辑网格对象，然后在“选择”卷展栏下单击“顶点”按钮，进入“顶点”级别，接着调整好各个顶点的位置，如图5-67所示。

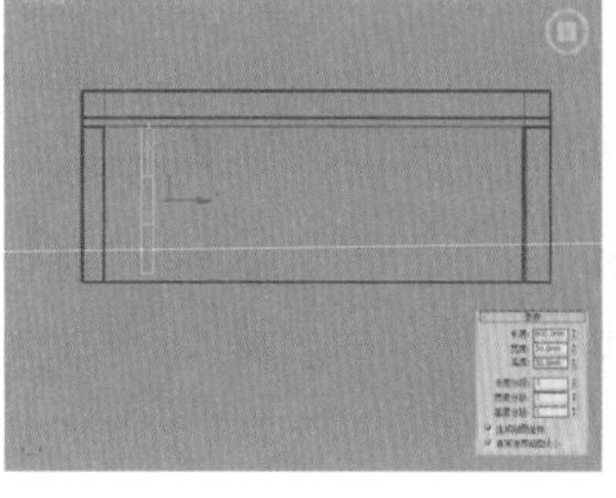

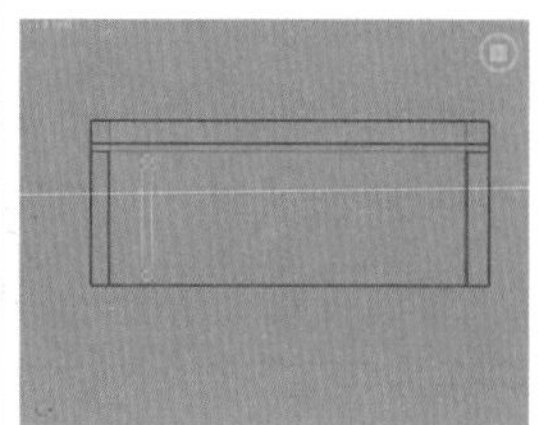

图5-66 图5-67

08 进入“多边形”级别，然后选择如图5-68所示的多边形，接着在“编辑几何体”卷展栏下的“挤出”按钮 挤出 后面的输入框中输入100mm，参数设置及模型效果如图5-69所示。

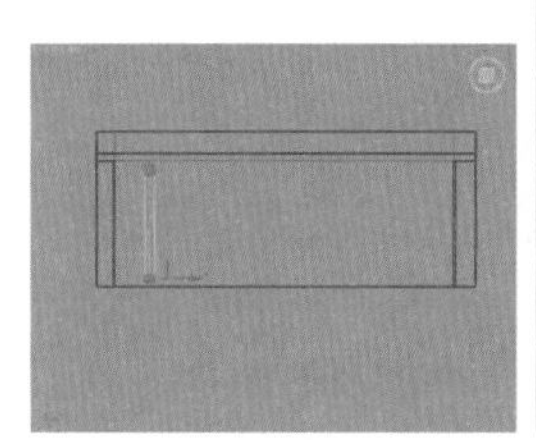

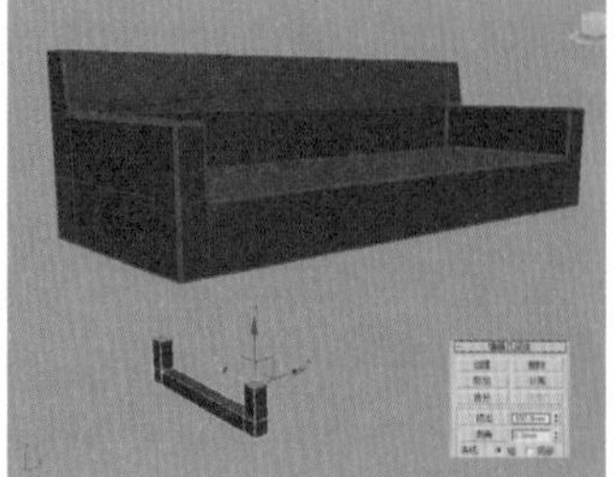

图5-68 图5-69

09 选择如图5-70所示的多边形，然后在“编辑几何体”卷展栏下的“挤出”按钮 挤出 后面的输入框中输入50mm，参数设置及模型效果如图5-71所示。

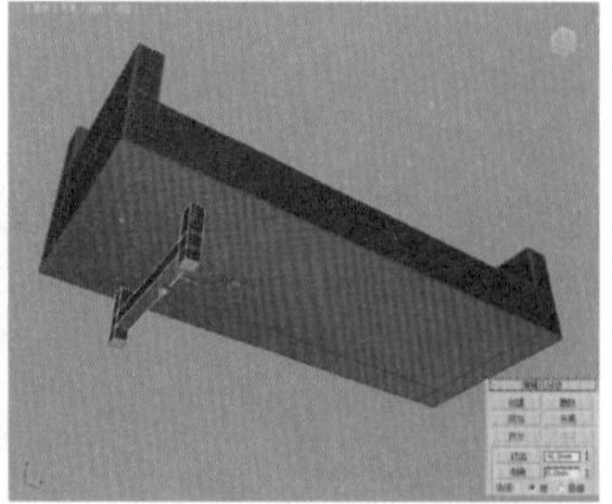

图5-70 图5-71

10 使用“选择并移动”工具选择挤出后的长方体，然后按Shift键移动复制一个模型到如图5-72所示的位置。

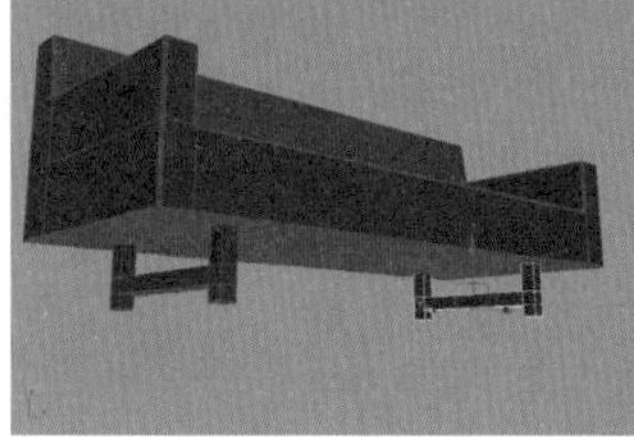

图5-72

11 使用“切角长方体”工具 切角圆柱体 在柜体底部创建一个切角圆柱体，然后在“参数”卷展栏下设置“长度”为640mm、“宽度”为880mm、“高度”为140mm、“圆角”为30mm，参数设置及模型效果如图5-73所示。

图5-73

12 使用“选择并移动”工具选择上一步创建好的切角长方体，然后按Shift键移动复制一个模型到如图5-74所示的位置。

图5-74

13 在“选择”卷展栏下单击“边”按钮，进入“边”级别，然后选择如图5-75所示沙发轮廓的边，接着单击在“编辑几何体”卷展栏下的“由边创建图形”按钮，在视图中弹出的对话框中勾选“线性”并单击“确定”按钮，如图5-76所示，最后将沙发模型隐藏，得到的沙发轮廓如图5-77所示。

图5-75

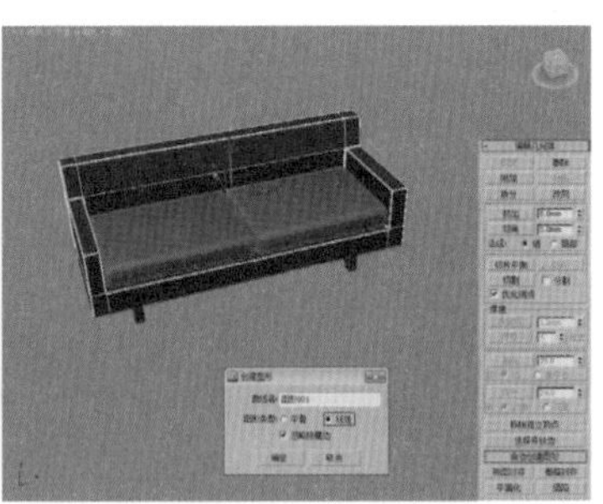

图5-76

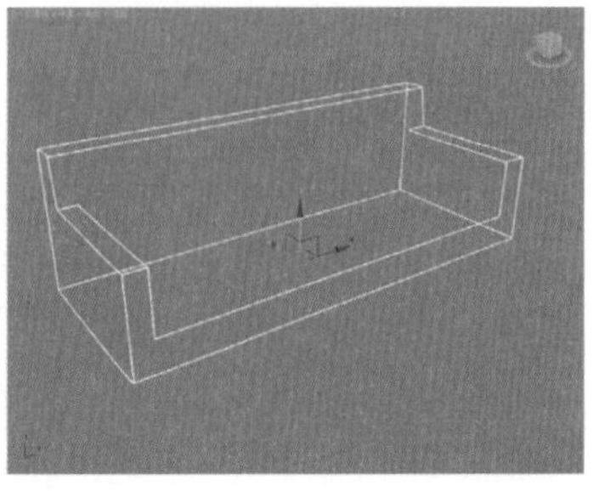

图5-77

14 选择视图中提取出的线形，然后在“渲染”卷展栏下勾选“在渲染中启用”和“在视口中启用”选项，接着勾选“径向”选项，最后设置“厚度”为5mm，参数设置如图5-78所示，完成后的模型效果如图5-79所示。

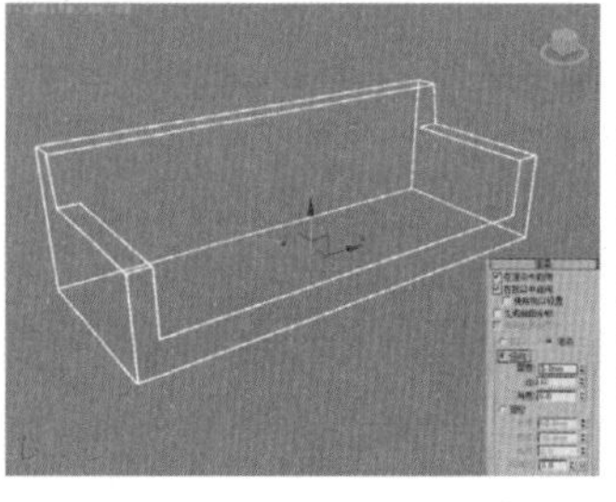

图5-78

图5-79

15 使用同样的方法将椅垫的边缘轮廓提取出来，双人沙发模型最终效果如图5-80所示。

图5-80

新手练习——网格建模之椅子

素材文件	无
案例文件	新手练习——网格建模之椅子.max
视频教学	视频教学/第5章/新手练习——网格建模之椅子.flv
技术掌握	“挤出”工具、“切角”工具以及“网格平滑”修改器的运用

本例的制作方法也比较简单，同样还是使用“挤出”工具、“切角”工具来进行制作，案例效果如图5-81所示。

图5-81

【操作步骤】

01 使用“长方体”工具 长方体 在场景中创建一个长方体，然后在“参数”卷展栏下设置“长度”为450mm、“宽度”为600mm、“高度”为40mm、“长度分段”为6、“宽度分段”为6、“高度分段”为1，具体参数设置及模型效果如图5-82所示。

02 将长方体转换为可编辑网格，然后进入“顶点”级别，接着调整好各个顶点的位置，如图5-83所示。

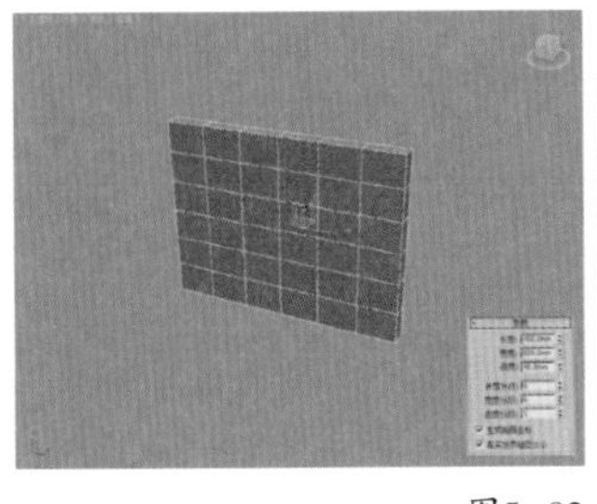

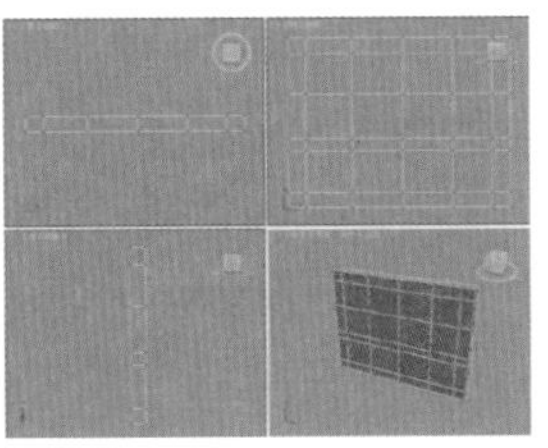

图5-82　　图5-83

03 进入“多边形”级别，然后选择如图5-84所示的多边形，接着在“编辑几何体”卷展栏下的“挤出”按钮后面的输入框中输入25mm，参数设置及模型效果如图5-85所示。

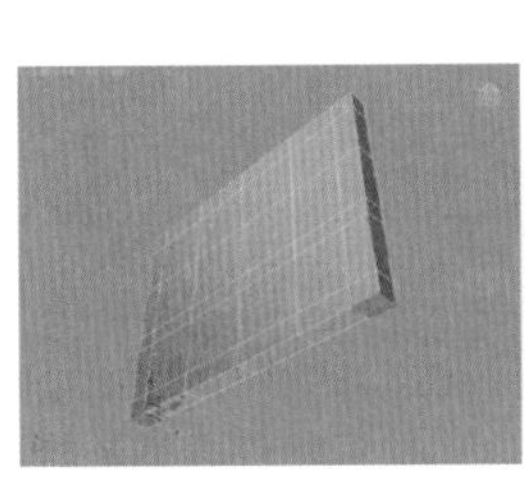

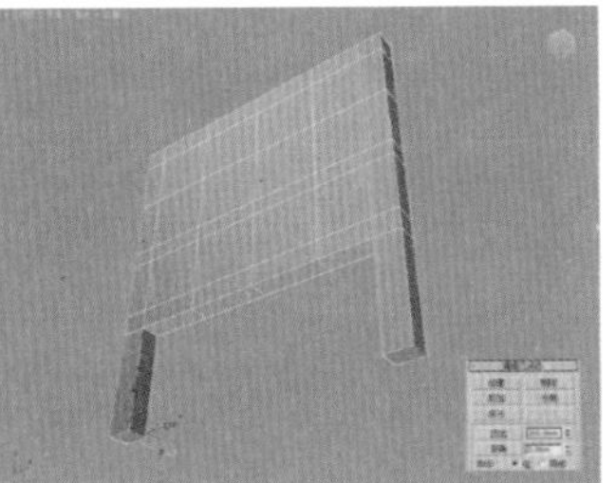

图5-84　　图5-85

04 连续使用“挤出”，输入数值分别为50mm、150mm、50mm、20mm，参数设置及模型效果如图5-86～图5-89所示。

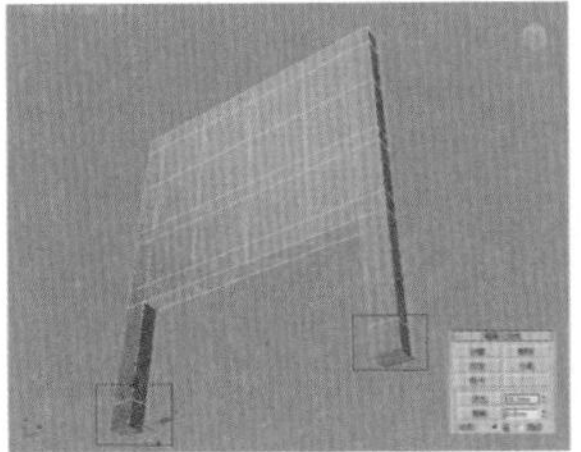

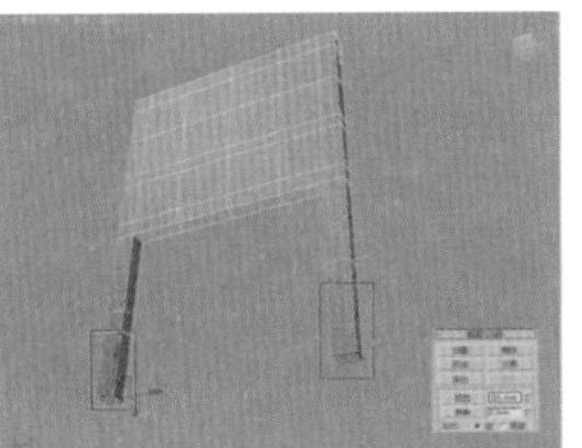

图5-86　　图5-87

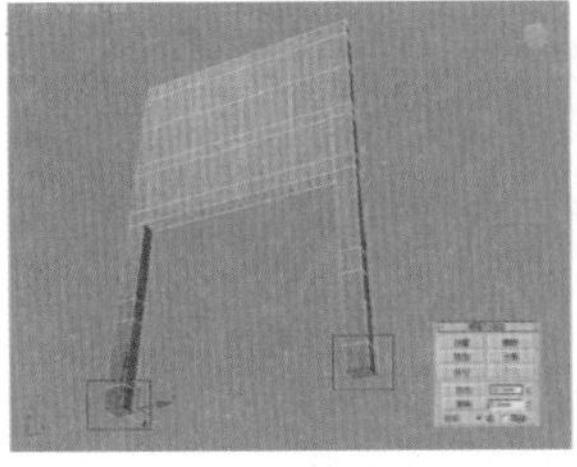

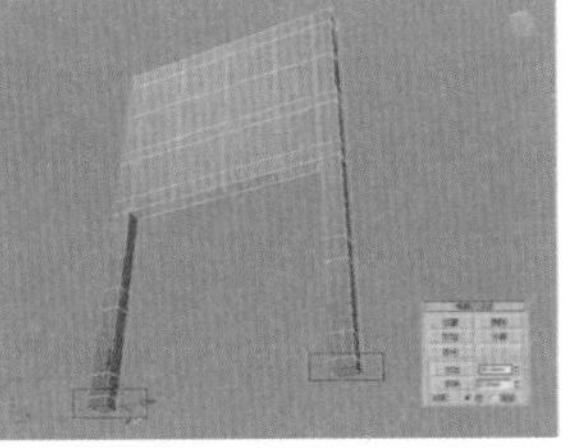

图5-88　　图5-89

05 选择如图5-90所示的边，接着在“编辑几何体”卷展栏下的“切角”按钮后面的输入框中输入3mm，参数设置及模型效果如图5-91所示。

06 选择如图5-92所示的多边形，接着在“编辑几何体”卷展栏下的“挤出”按钮后面的输入框中输入5mm，参数设置及模型效果如图5-93所示。

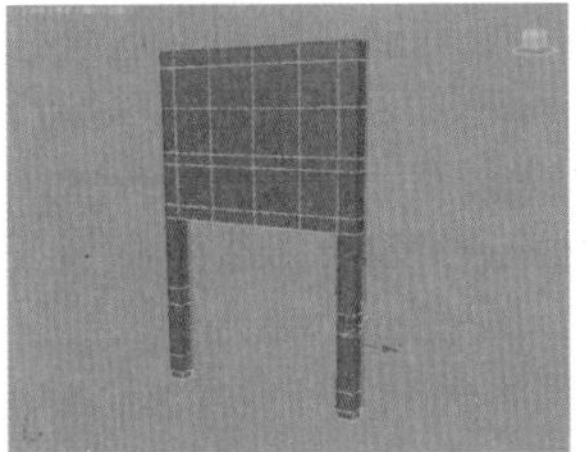

图5-90　　图5-91

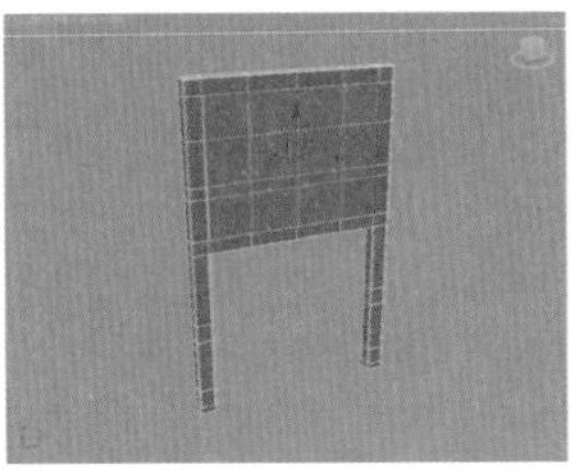

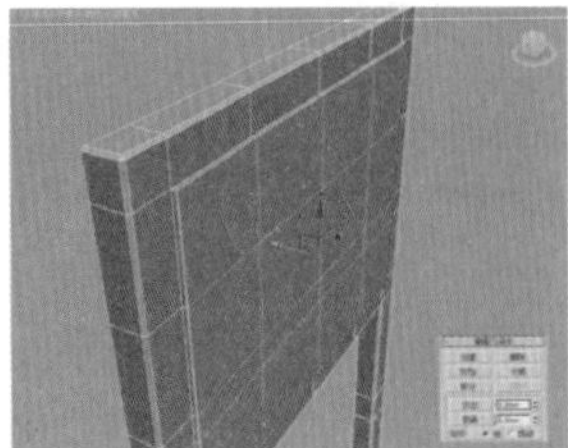

图5-92　　图5-93

07 选择如图5-94所示的边，然后在“编辑几何体”卷展栏下的“切角”按钮后面的输入框中输入3mm，接着再重复一次上一次操作，模型效果如图5-95所示。

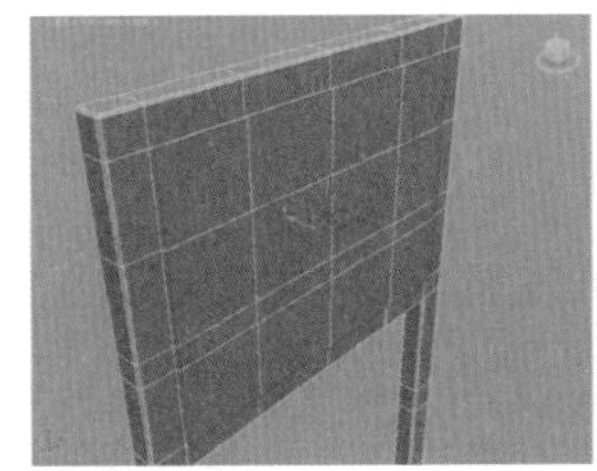

图5-94　　图5-95

08 进入“顶点”级别，然后调整好各个顶点的位置，如图5-96所示。

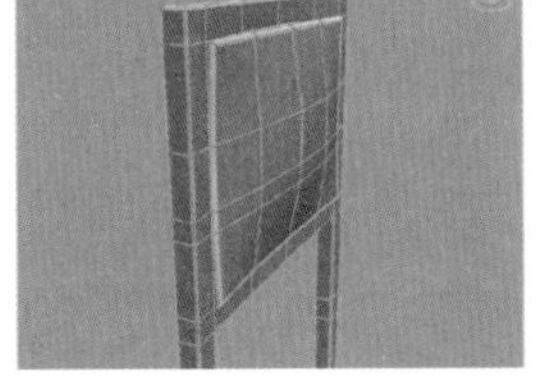

图5-96

09 选择将要挤出的多边形，然后在“编辑几何体”卷展栏下的“挤出”按钮后面的输入框中输入550mm，如图5-97所示，然后再进行一次“挤出”，输入数值为50mm，参数设置及模型效果如图5-98所示。

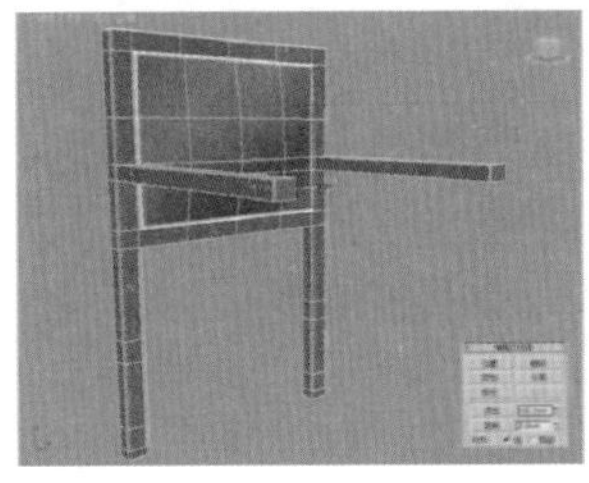

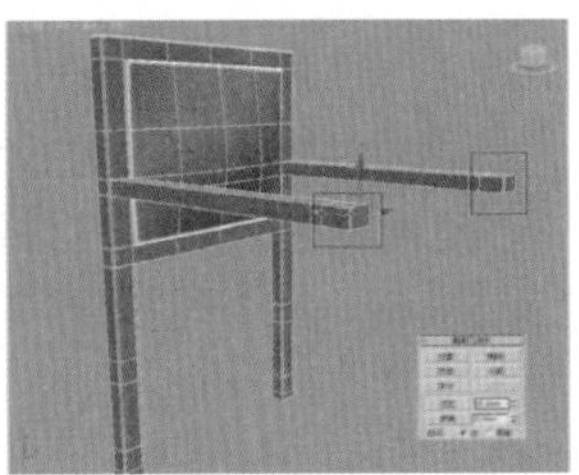

图5-97　　图5-98

10 选择将要挤出的多边形，然后在“编辑几何体”卷展栏下的“挤出”按钮 挤出 后面的输入框中输入345mm，然后再进行4次“挤出”，输入数值分别为50mm、150mm、50mm、20mm，参数设置及模型效果如图5-99～图5-103所示。

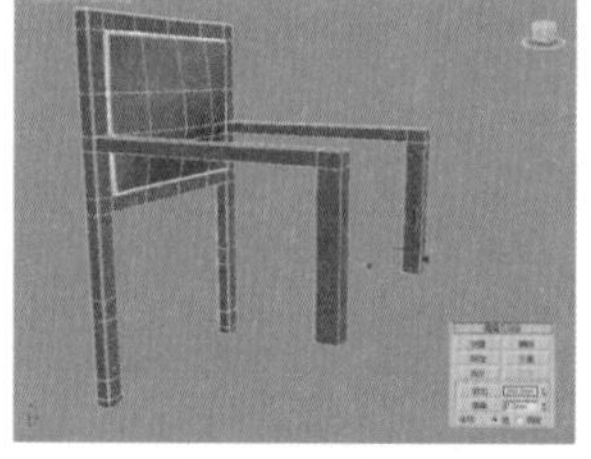
图5-99

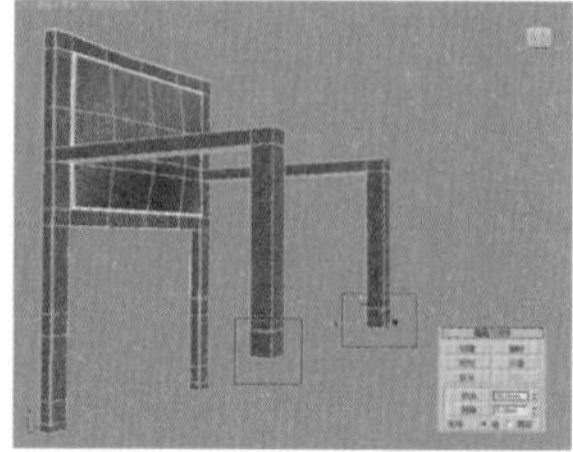
图5-100

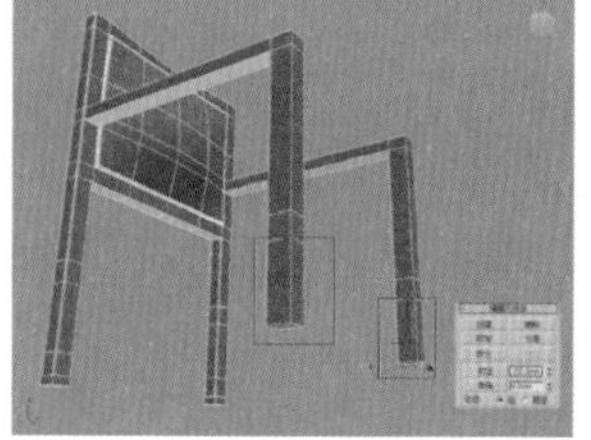
图5-101

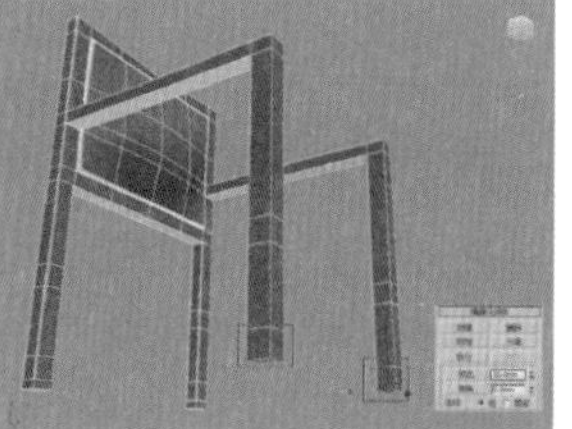
图5-102

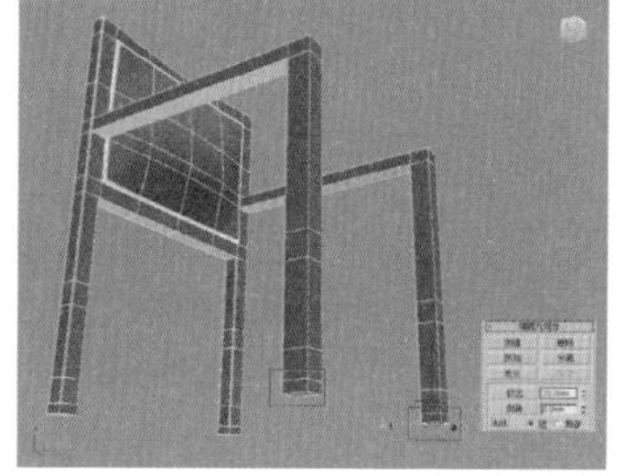
图5-103

11 选择如图5-104所示的多边形，然后在“编辑几何体”卷展栏下的“挤出”按钮 挤出 后面的输入框中输入500mm，参数设置及模型效果如图5-105所示。

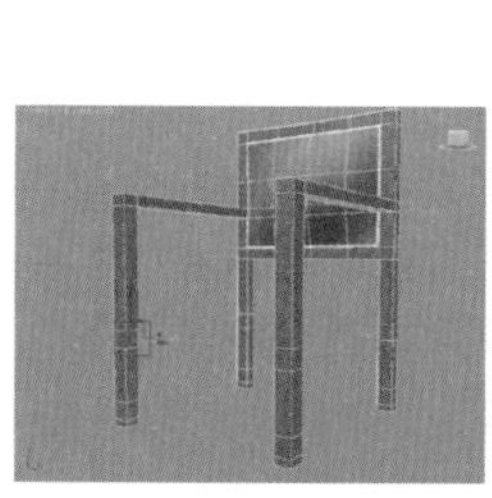
图5-104

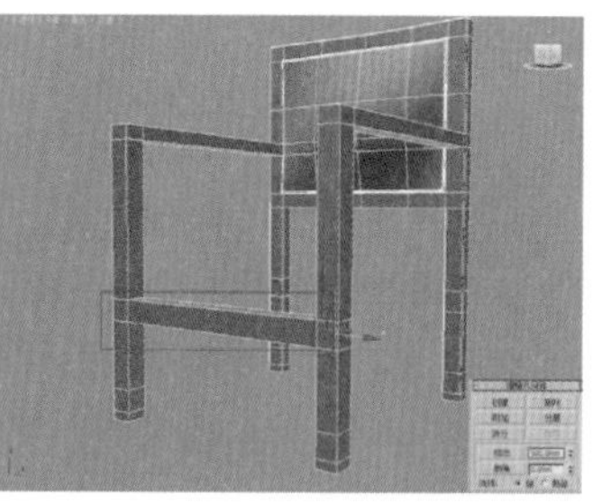
图5-105

12 选择如图5-106所示的多边形，然后在“编辑几何体”卷展栏下的“挤出”按钮 挤出 后面的输入框中输入550mm，参数设置及模型效果如图5-107所示。

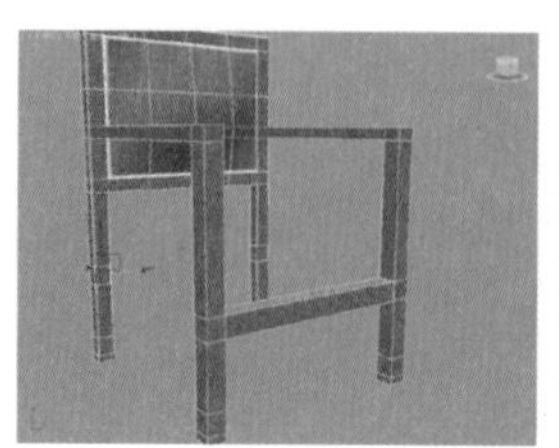
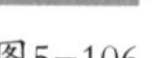
图5-106

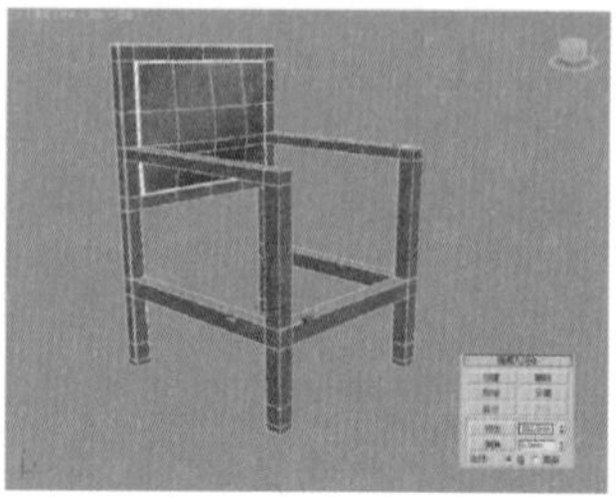

图5-107

13 选择如图5-108所示的多边形，然后在“编辑几何体”卷展栏下的“挤出”按钮 挤出 后面的输入框中输入650mm，参数设置及模型效果如图5-109所示。

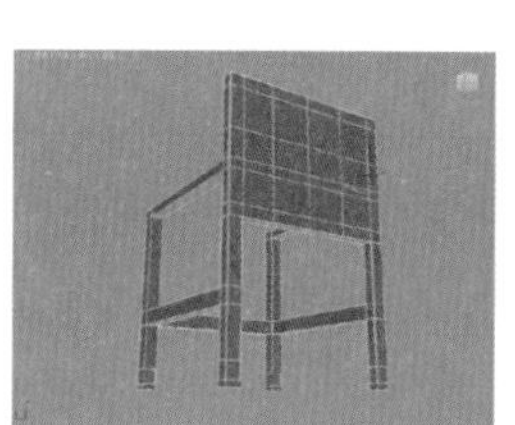
图5-108

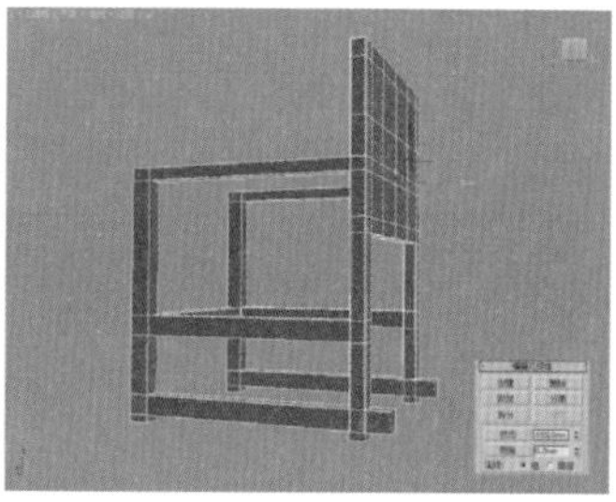

图5-109

14 进入“顶点”级别，然后调整好各个顶点的位置，如图5-110所示。

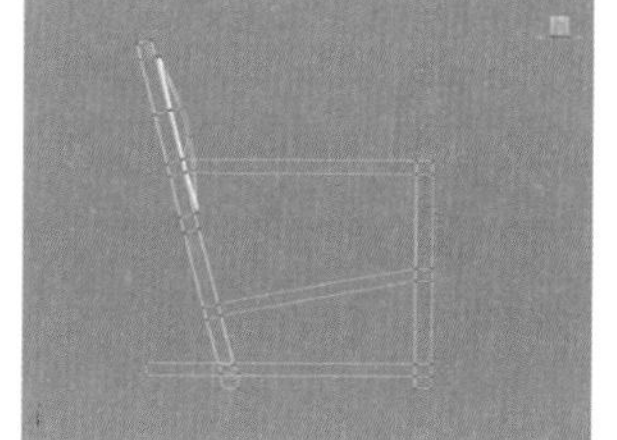
图5-110

15 选择如图5-111所示的边，接着在“编辑几何体”卷展栏下的“切角”按钮 切角 后面的输入框中输入3mm，参数设置及模型效果如图5-112所示。

图5-111

图5-112

16 使用“扩展基本体”中的“切角长方体”工具 切角长方体 在场景中创建一个切角长方体，然后在“参数”卷展栏下设置“长度”为560mm、“宽度”为540mm、“高度”为100mm、“长度分段”为4、“宽度分段”为3、“高度分段”为1、“圆角分段”为3，具体参数设置及模型位置如图5-113所示。

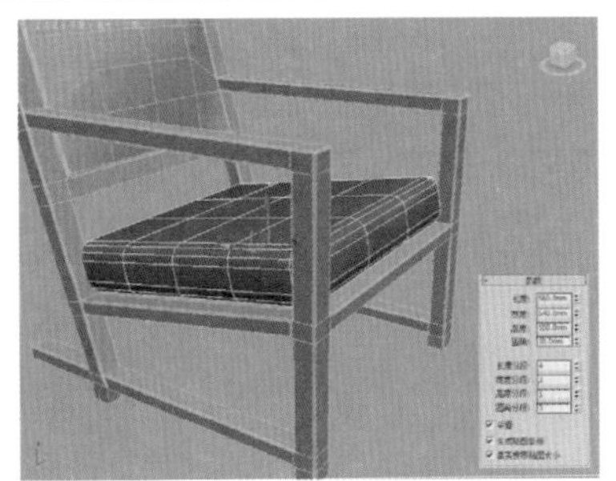

图5-113

17 使用“长方体”工具 长方体 在场景中创建一个长方体，然后在“参数”卷展栏下设置“长度”为450mm、“宽度”为450mm、“高度”为50mm、“长度分段”为6、“宽度分段”为6、“高度分段”为1，如图5-114所示。

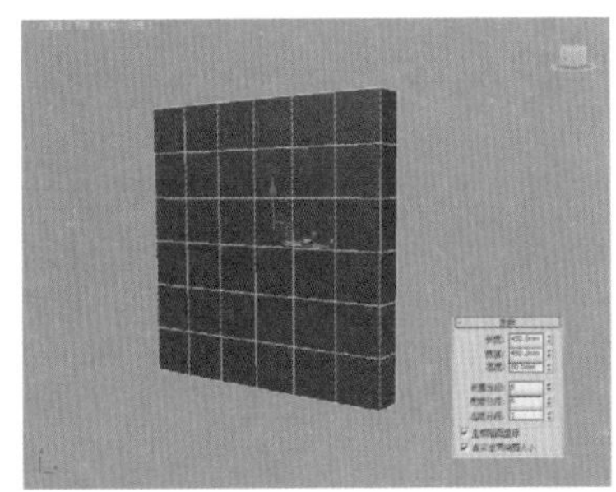

图5-114

18 将长方体转换为可编辑网格，然后进入“顶点”级别，接着将其调整成如图5-115所示的效果。

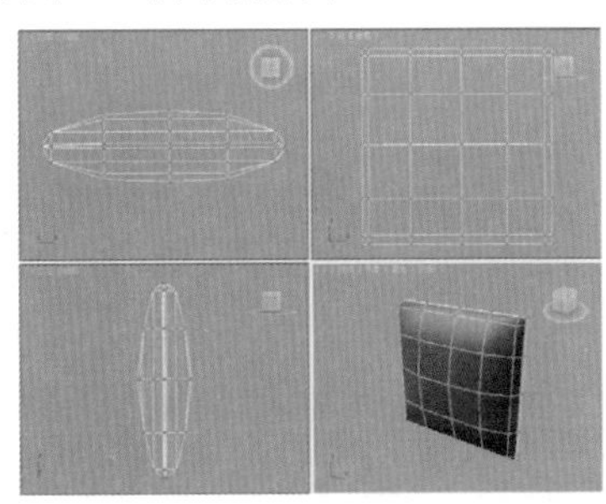

图5-115

19 为模型加载一个“网格平滑”修改器，然后在“细分量”卷展栏下设置“迭代次数”为2，模型效果如图5-116所示。

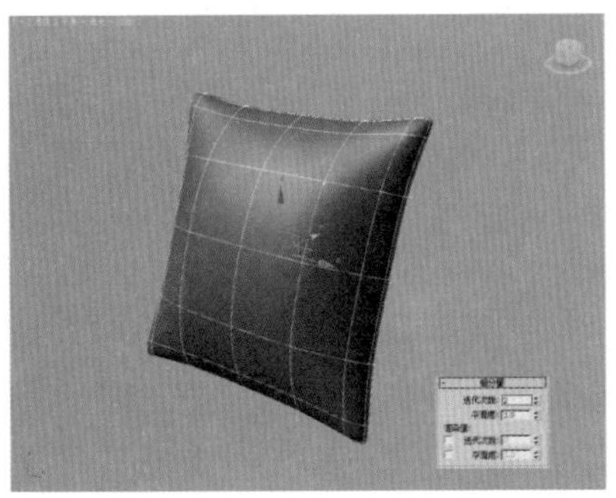

图5-116

20 椅子模型最终效果如图5-117所示。

图5-117

高手进阶——网格建模之斗柜

素材文件	无
案例文件	高手进阶——网格建模之斗柜.max
视频教学	视频教学/第5章/高手进阶——网格建模之斗柜.flv
技术掌握	“挤出”工具、“切角”工具的运用

本例的制作方法也比较简单，同样还是使用“挤出”工具、“切角”工具来进行制作，案例效果如图5-118所示。

图5-118

【操作步骤】

01 使用“长方体”工具 长方体 在场景中创建一个长方体，然后在“参数”卷展栏下设置“长度”为1200mm、“宽度”为600mm、“高度”为60mm，参数设置及模型效果如图5-119所示。

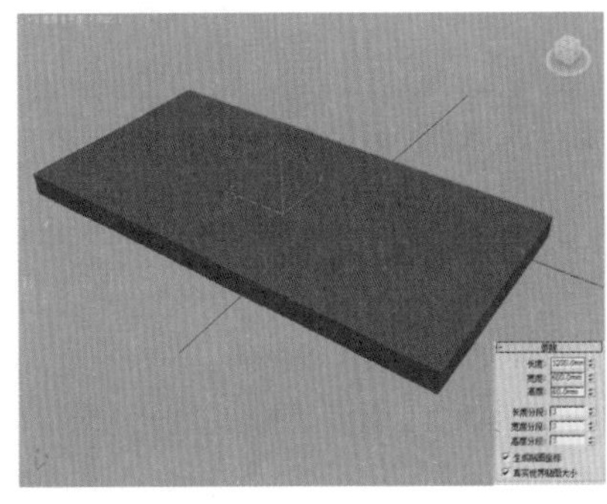

图5-119

02 将长方体转换为可编辑网格，进入“边”级别，然后选择如图5-120所示的边，接着在“编辑几何体”卷展栏下的“切角”按钮 切角 后面的输入框中输入8mm，如图5-121所示。

图5-120

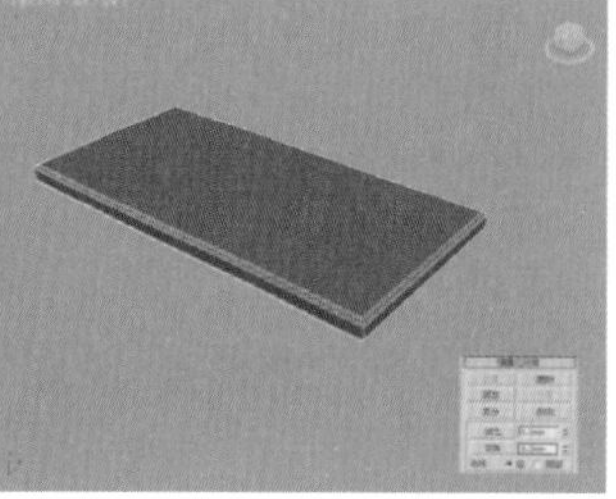
图5-121

03 使用“长方体”工具 长方体 在场景中创建一个长方体，然后在“参数”卷展栏下设置“长度”为1150mm、“宽度”为550mm、“高度”为900mm、“长度分段”为7、“宽度分段”为1、“高度分段”为8，参数设置及模型位置如图5-122所示。

04 将长方体转换为可编辑网格，然后进入“顶点”级别，接着调整好各个顶点的位置，如图5-123所示。

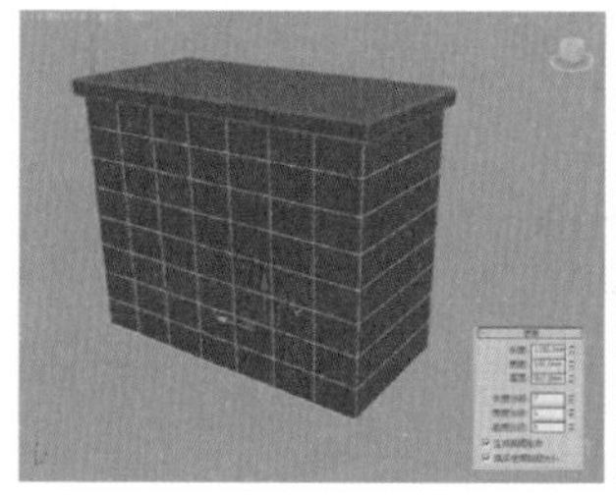
图5-122

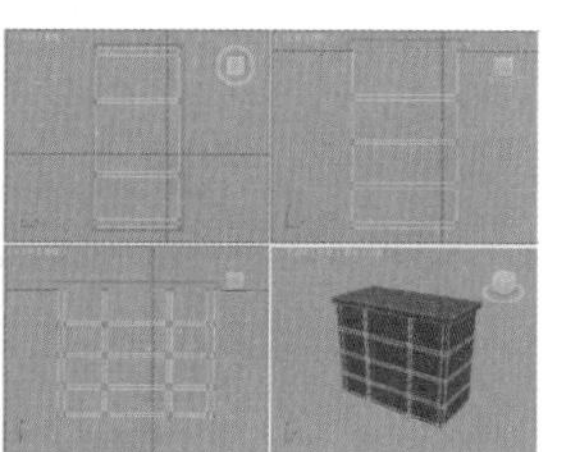
图5-123

05 选择如图5-124所示的多边形，然后在“编辑几何体”卷展栏下的“挤出”按钮 挤出 后面的输入框中输入8mm，如图5-125所示。

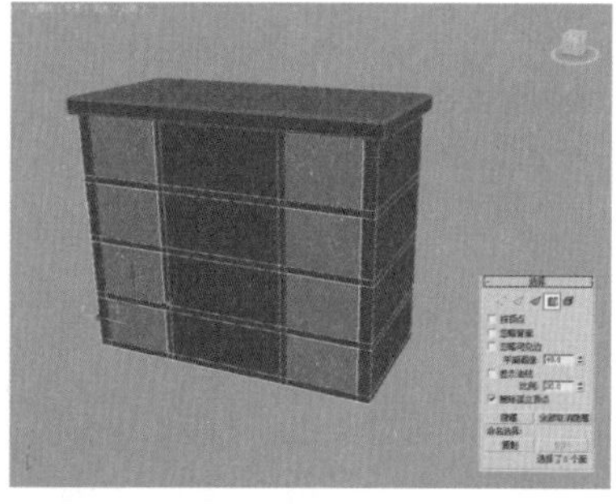
图5-124

图5-125

06 选择如图5-126所示的多边形，然后在“编辑几何体”卷展栏下的“挤出”按钮 挤出 后面的输入框中输入-540mm，如图5-127所示。

图5-126

图5-127

07 选择将要切角的边，然后在“编辑几何体”卷展栏下的“切角”按钮 切角 后面的输入框中输入8mm，如图5-128所示。

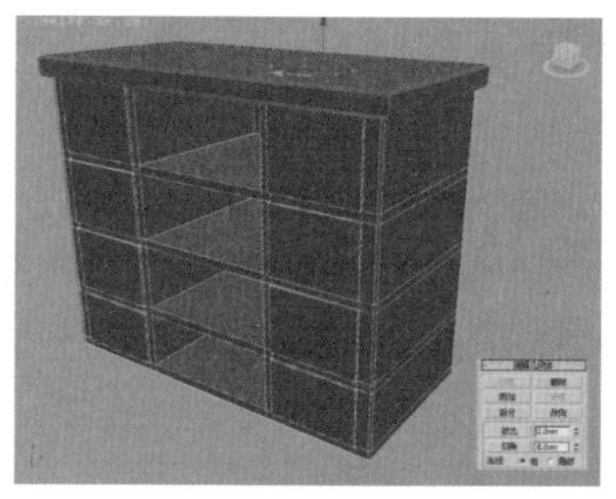
图5-128

08 选择如图5-129所示的边，然后在“编辑几何体”卷展栏下的“切角”按钮 切角 后面的输入框中输入2mm，如图5-130所示。

图5-129

图5-130

09 使用“长方体”工具 长方体 在场景中创建一个长方体，然后在“参数”卷展栏下设置“长度”为220mm、“宽度”为220mm、“高度”为10mm，参数设置及模型效果如图5-131所示。

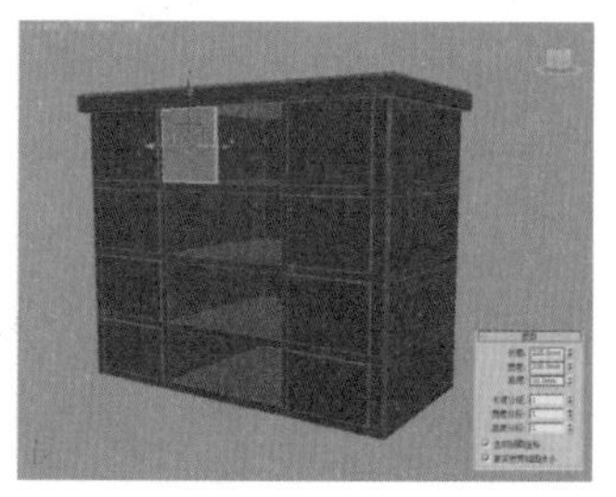
图5-131

10 选择将要切角的边，然后在“编辑几何体”卷展栏下的“切角”按钮 切角 后面的输入框中输入2mm，模型效果如图5-132所示。

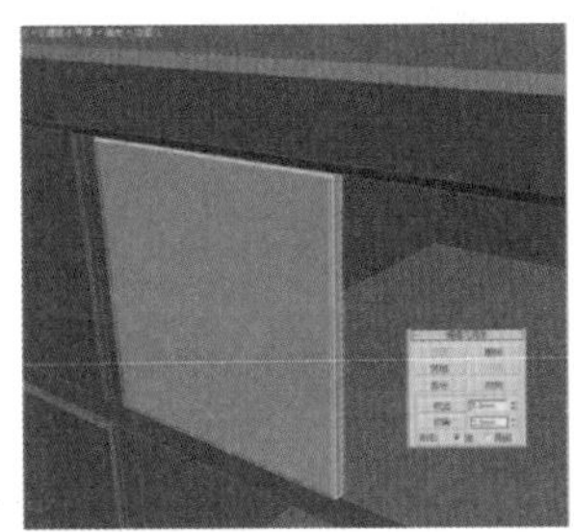

图5-132

11 使用“选择并移动”工具选择上一步创建的长方体，然后按Shift键移动复制一个长方体到如图5-133所示的位置。

12 使用“选择并移动”工具选择上一步创建的长方体，然后按Shift键移动复制长方体到如图5-134所示的位置。

图5-133

图5-134

13 使用“长方体”工具 长方体 在场景中创建一个长方体，然后在“参数”卷展栏下设置“长度”为1180mm、“宽度”为580mm、“高度”为60mm、“长度分段”为10、“宽度分段”为3、“高度分段”为3，参数设置及模型位置如图5-135所示。

14 将长方体转换为可编辑网格，然后进入“顶点”级别，接着将其调整成如图5-136所示的效果。

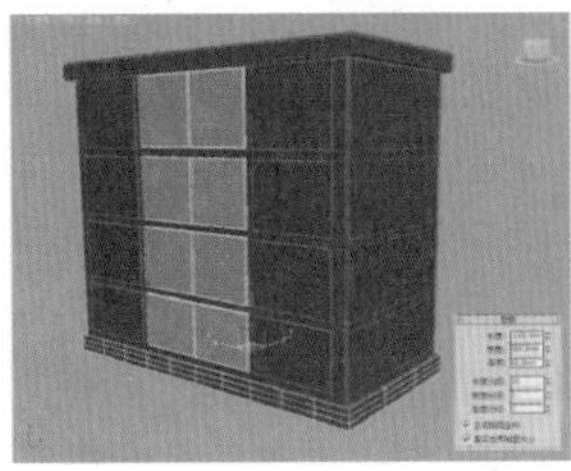

图5-135

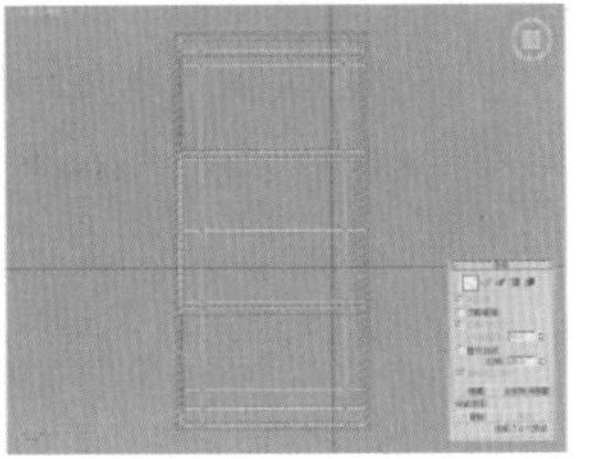

图5-136

15 选择将要挤出的多边形，然后在“编辑几何体”卷展栏下的“挤出”按钮 挤出 后面的输入框中输入20mm，如图5-137所示。

16 使用同样的方法进行两次“挤出”操作，“挤出”数值分别为10mm、20mm，模型效果如图5-138所示。

图5-137

图5-138

17 进入“顶点”级别，然后调整好各个顶点的位置，如图5-139所示，模型效果如图5-140所示。

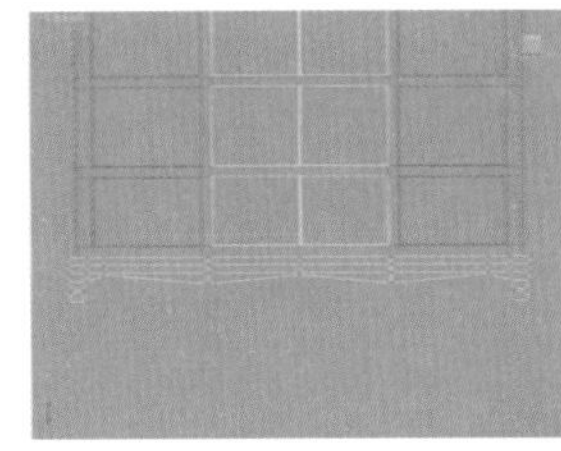

图5-139

图5-140

18 使用“圆柱体”工具 圆柱体 在场景中创建一个长方体，然后在“参数”卷展栏下设置“半径”为10mm、“高度”为24mm、“高度分段”5mm、“端面分段”为1、“边数”为18，参数设置及模型位置如图5-141所示。

19 将圆柱体转换为可编辑网格，然后进入“顶点”级别，接着将其调整成如图5-142所示的效果。

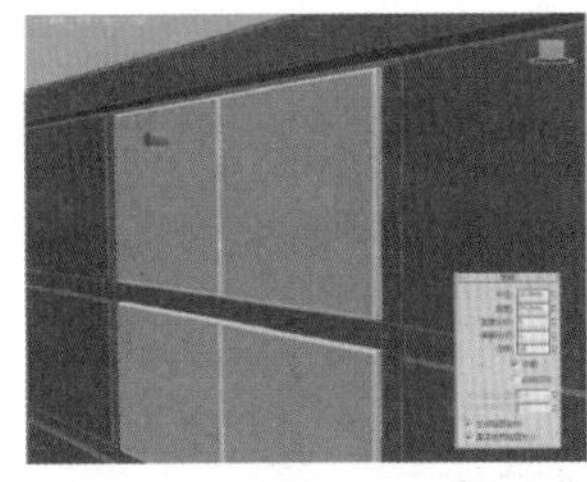

图5-141

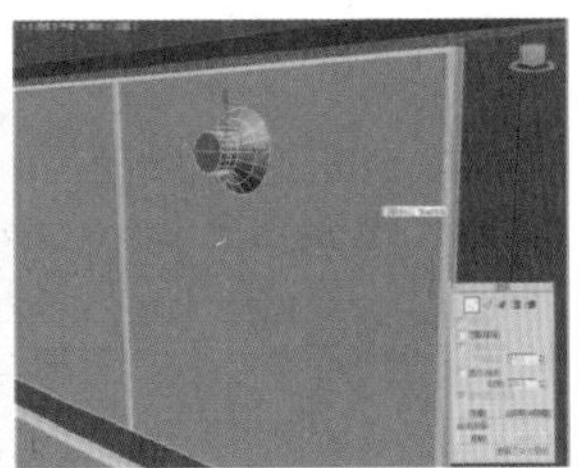

图5-142

20 使用“圆环”工具 圆环 在场景中创建一个圆环，然后在“参数”卷展栏下设置“半径”为15mm、“半径2”为1.5mm，参数设置及模型位置如图5-143所示。

图5-143

21 使用“选择并移动”工具选择上一步创建的模型，然后按Shift键移动复制16个模型到如图5-144所示的位置。

图5-144

22 使用“长方体”工具长方体在场景中创建一个长方体，然后在“参数”卷展栏下设置“长度”为60mm、“宽度”为30mm、“高度”为6mm、“长度分段”为3、“宽度分段”为3、“高度分段”为1，参数设置及模型位置如图5-145所示。

23 将长方体转换为可编辑网格，然后进入“顶点”级别，接着调整好各个顶点的位置，如图5-146所示。

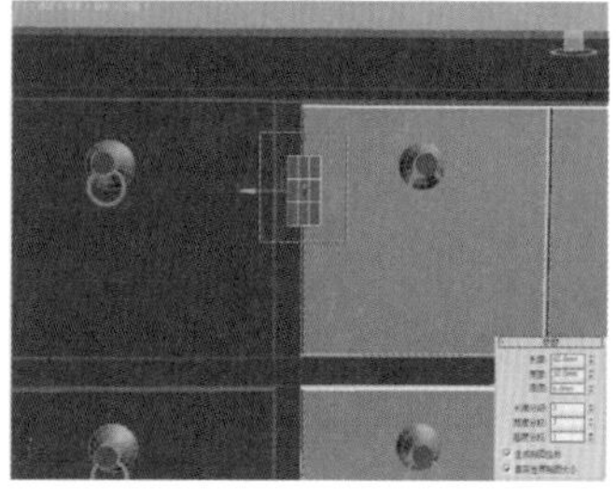

图5-145　图5-146

24 选择如图5-147所示的边，然后在“编辑几何体”卷展栏下的“切角”按钮切角后面的输入框中输入1mm，如图5-148所示，接着再进行一次切角，在框中输入0.5mm，模型效果如图5-149所示。

图5-147

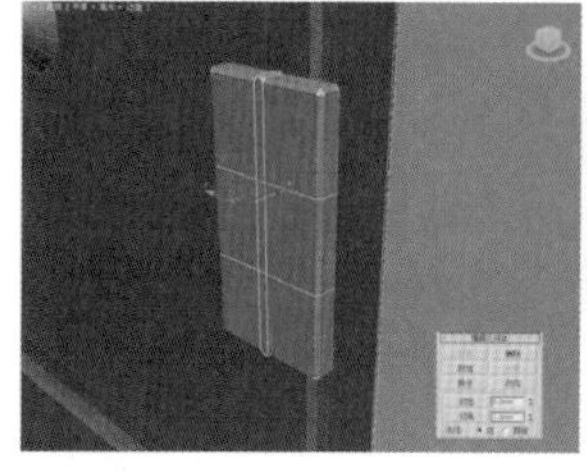

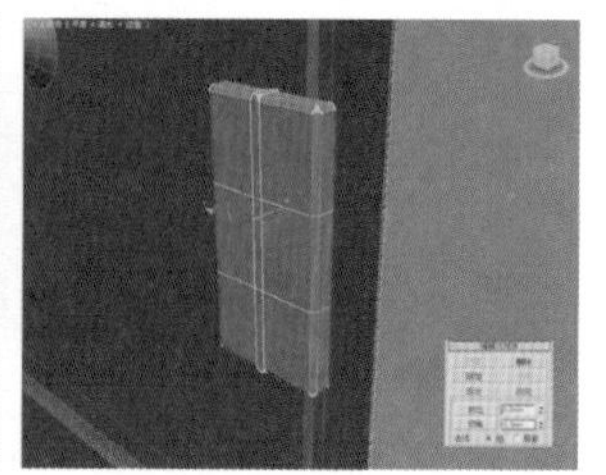

图5-148　图5-149

25 选择如图5-150所示的多边形，然后在“编辑几何体”卷展栏下的“挤出”按钮挤出后面的输入框中输入2mm，如图5-151所示。

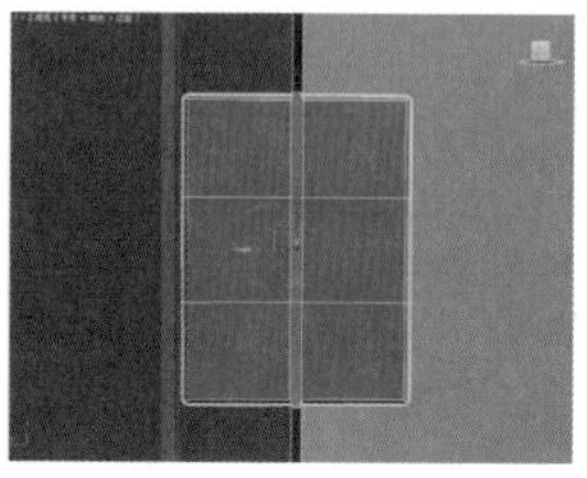

图5-150　图5-151

26 选择如图5-152所示的边，接着在“编辑几何体”卷展栏下的“切角”按钮切角后面的输入框中输入0.3mm，效果如图5-153所示。

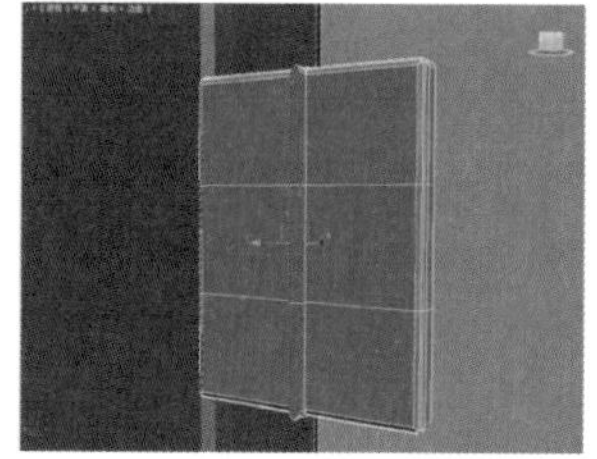

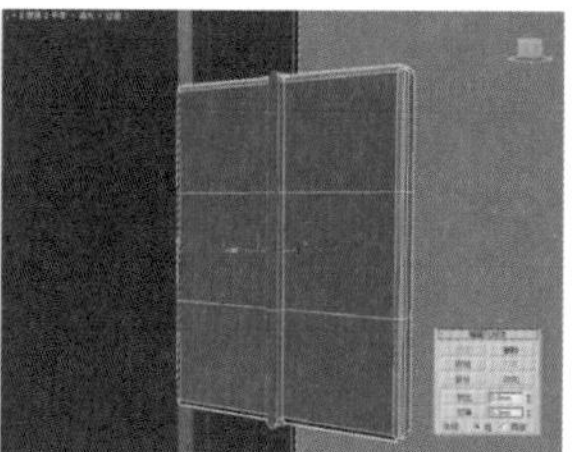

图5-152　图5-153

27 使用“选择并移动”工具选择上一步创建的模型，然后按Shift键移动复制7个模型，模型位置及斗柜模型最终效果如图5-154所示。

图5-154

5.2 面片建模

面片建模是基于“面片”的建模方法，它是一种独立的模型类型，在多边形建模基础上发展而来，面片建模解决了多边形表面不易进行弹性（平滑）编辑的难题，可以使用类似于编辑Bezier（贝兹）曲线的方法来编辑曲面。

面片建模的优点在于用来编辑的顶点很少，非常类似NURBS曲面建模，但是没有NURBS要求那么严格，只要是三角形或四边形的面片，都可以自由拼接在一起。面片建模适合于生物建模，不仅容易做出平滑的表面，而且容易生成表皮的褶皱，易于产生各种变形体。

5.2.1 将对象转化为可编辑面片

选择目标对象，然后单击鼠标右键，接着在弹出的菜单中选择“转换为/转换为可编辑面片”命令，如

图5-155所示，这样即可将对象转化为可编辑面片。

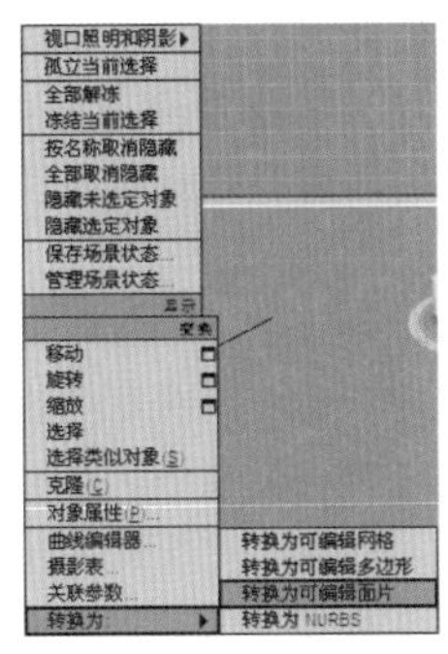

图5-155

还有一种转换方法，就是在“修改器列表”中给对象加载一个“编辑面片”修改器。

5.2.2 编辑面片

“编辑面片”修改器是面片建模最核心的工具，通过该修改器可以对面片的子对象层级进行编辑操作，以便获得需要的模型效果，其参数面板如图5-156所示。

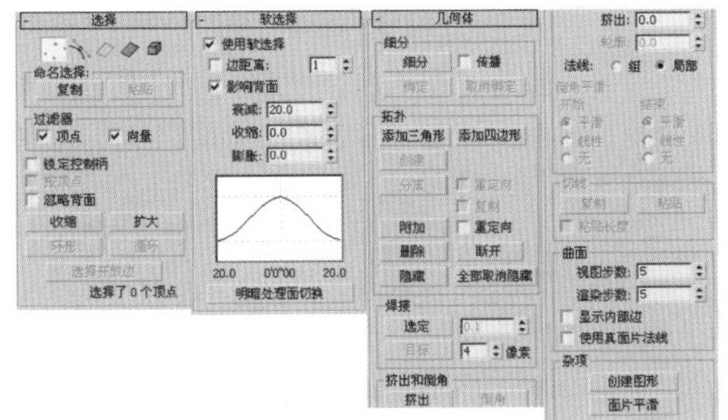

图5-156

【参数介绍】

1.“选择”卷展栏

“顶点”层级：用于选择面片对象中的顶点。

“控制柄”层级：用于选择与每个顶点关联的向量控制柄。

“边”层级：选择面片对象的边界边。

“面片”层级：用于选择面片。

“元素”层级：选择和编辑整个元素，元素的面是连续的。

命名选择选项组：主要包含以下两个选项。

复制：将当前子对象级命名的选择集合复制到剪贴板中。

粘贴：将剪贴板中复制的选择集合指定到当前子对象级别中。

过滤器选项组：主要包含以下两个选项。

顶点：勾选该项时，可以选择和移动顶点。

向量：控制对复合顶点进行曲度调节矢量点，它位于控制杆顶端，显示为绿色。

锁定控制柄：将一个顶点的所有控制手柄锁定，移动一个也会带动其他的手柄移动。

按顶点：勾先此选项，在选择一个点时，与这个点相连的控制柄、边或面会一同被选择，此选项可在除“顶点”子层级之外的其他子层级中使用。

忽略背面：控制子对象的选择范围。取消勾选时，不管法线的方向如何，可以选择所有的子对象，包括不被显示的部分。

收缩：单击该按钮后，可以通过取消选择当前选择集最外围的子对象的方式来缩小选择范围。“控制柄”子层级不能使用该选项。

扩大：单击该按钮后，可以朝所有可用方向向外扩展选择范围，“控制柄”子层级不能使用该选项。

环形：单击该按钮后，通过选择与选定边平行的所有边来选定整个对象的四周，仅用于“边”子对象层级。

循环：单击该按钮后，通过选择与选定边同方向对齐的所有边来选定整个对象四周，仅用于“边”子对象层级。

选择开方边：单击该按钮后，对象表面不闭合的边会被选择。这个选项只能仅用于“边”子对象层级。

2.“软选择”卷展栏

使用软选择：控制是否开启软选择。

边距离：通过设置衰减区域内边的数目来控制受到影响的区域。

影响背面：勾选该项时，对选择的子对象背面产生同样的影响，否则只影响当前操作的一面。

衰减：设置从开始衰减到结束衰减之间的距离。以场景设置的单位进行计算，在图表显示框的下面也会显示距离范围。

收缩：沿着垂直轴提升或降低顶点。值为负数时，产生弹坑状图形曲线；值为0时，产生平滑的过渡效果。默认值为0。

膨胀：沿着垂直轴膨胀或收缩定点。收缩为0、膨胀为1时，产生一个最大限度的光滑膨胀曲线；负值会使膨胀曲线移动到曲面，从而使顶点下压形成山谷的形态。默认值为0。

3.“几何体”卷展栏

细分选项组：主要包含以下4个选项。

细分：对选择表面进行细分处理，得到更多的面，使表面平滑。

传播：控制细分设置是否以衰减的形式影响到选择面片的周围。

绑定：用于在同一对象的不同面片之间创建无缝合的连接，并且它们的顶点数可以不相同。单击该按钮后，移动指针到点（不是角点处的点），当指针变为+后，移动指针到别一面片的边线上；同样指针变为+后，释放鼠标，选择点会跳到选择线上，完成绑定，绑定的点以黑色显示。

取消绑定：如要取消绑定，选择绑定的点后，单击“取消绑定”按钮。

拓扑选项组：主要包含以下9个选项。

添加三角形：在选择的边上增加一个三角形面片，新增加的面片会沿当前面片的曲率延伸，以保持曲面的平滑。

添加四边形：在选择的边上增加一个四角形面片，新增加的面片会沿当前面片的曲率延伸，以保持曲面的平滑。

创建：在现有的几何体或自由空间创建点、三角形和四边形面片。三角形面片的创建可以在连续单击3次左键后用右键单击结束操作。

分离：将当前选择的面片在当前对象中分离，使它成为一个独立的新对象。可能过“重定向”对分离后的对象重新放置，也可以通过“复制”将选择面片的复制品分离出去。

附加：单击此按钮，单击另外的对象，可以将它转化并合并到当前面片中来。可通过“重定向”对合并后的对象重新放置。

在附加对象时，两个对象的材质使用以下方法进行合并。

如果两个结合对象中任意一个对象已指定材质，结合后，两个对象共享同一材质。

如果两个对象都已指定材质，在结合时会弹出一个“附加选项”对话框，如图5-157所示。

图5-157

匹配材质ID到材质：勾选时，合并后对象的子材质数量由合并对象的子材质数量决定。例如，将一个包含有两个子材质的多维材质指定给长方体，长方体被合并后，仅会有两个子材质。使用这个选项，可以保证合并后材质非常精简。

匹配材质到材质ID：勾选时，合并后对象的子材质数量由对象初始的ID数量决定。例如，两个长方体，默认下材质ID的数量都为6个，如果这两个长方体是单一的材质，在进行合并后，多维材质的数量会是12个，而不是2个，在合并操作中，如果想要保留初始的材质ID分配，可以选择此选项。

删除：将当前选择的面片删除，在删除点、线的同时，也会将共享这些点、线的面片一同删除。

断开：将当前选择点打断，单击此按钮后不会看到效果，但是如果移动断点处，会发现它们已经分离了。

隐藏：将选择的面片隐藏，如果选择的是点或线，将隐藏点线所在的面片。

全部取消隐藏：将隐藏的面片全部显示出来。

焊接选项组：主要包含以下两个选项。

选定：确定可进行顶点焊接的区域面积，当顶点之间的距离小于此值时，它们就会焊接为一个顶点。

目标：在视图中将选择的点（或点集）拖曳到要焊接的顶点上（尽量接近），这样会自动进行焊接。

挤出和倒角选项组：主要包含以下6个选项。

挤出：单击此按钮后，然后拖动任何边、面片或元素，以便对其进行交互式地挤出操作。

倒角：单击此按钮后，移动光标指针到选择的面片上，指针显示会发生变化。按住鼠标左键并上下拖动，产生凸出或凹陷，释放左键并继续移动鼠标，产生导边效果，也可在释放左键后单击右键，结束倒角。

挤出：使用该微调器，可以向内或向外设置挤出数值，具体情况视该值的正负而定。

轮廓：调节轮廓的缩放数值。

法线：选择“组”时，选择的面片将沿着整个面片组平均法线方向挤出；选择“局部”时，面片将沿着自身法线方向挤出。

倒角平滑：通过3种选项而获得不同的倒角表面。

切线选项组：主要包含以下3个选项。

复制：用于复制顶点控制柄切线方向。

粘贴：用于将复制的控制柄切线方向粘贴到所选控制柄上。

粘贴长度：选择了该选项，可将控制柄的长度一同粘贴。

曲面选项组：主要包含以下4个选项。

视图步数：调节视图显示的精度。数值越大，数度越高，表面越平滑，但视图刷新速度也同时降低。

渲染步数：调节渲染的精度。

显示内部边：控制是否显示面片对象中央的横断表面。

使用真面片法线：可决定平滑面片之间边缘的方式。启用此选项后会使用真实面片法线，使得明暗处理效果更精确。

杂项选项组：主要包含以下两个选项。

创建图形：基于选择的边创建曲线，如果没有选择边，创建的曲线基于所有面片的边。

面片平滑：可调整所有的顶点控制柄来平滑面片对象表面。

4.“曲面属性”卷展栏

“曲面属性”卷展栏比较特殊，在不同的子层级中，曲面属性的内容也不同。在总层级中，曲面属性主要起到松弛网格的作用，如图5-158（左）所示。在“顶点”层级中，曲面属性主要用来控制曲面顶点的颜色，如图5-158（中）所示。“面片”与“元素”层级的曲面属性可以对曲面的法线、平滑和顶点颜色进行编辑和设置，如图5-158（右）所示。“边”和“控制柄”层级没有曲面属性。

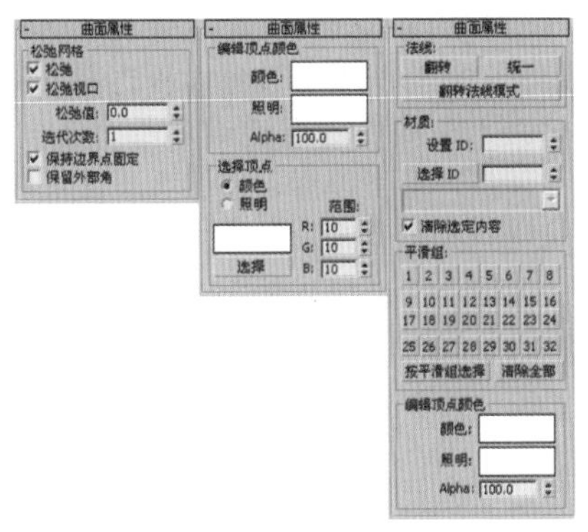

图5-158

“曲面属性”卷展栏（总层级）。

松弛：勾选该选项后下面的参数才会起作用，它的作用是通过改变顶点的张力值来达到平滑曲面的目的，与（松弛）修改器的作用类似。

松弛视口：勾选该选项后则在视口中显示松弛后的结果，如果禁用该选选项，那么松弛的结果只能在渲染时才会出现，在视口中无任何变化。

松弛值：设置顶点移动距离的百分比，值在0~1之间变化，值越大，顶点越靠近。

迭代次数：设置松弛的计算次数，值越大，松弛效果越强烈。

保持边界点固定：如果启用该选项，在开放边界上的顶点将不进行松弛修改。

保留外部角：启用该选项时，距离对象中心最远的点保持在初始位置不变。

“曲面属性”卷展栏（“顶点”层级）。

颜色：设置顶点的颜色。

照明：用于明暗度的调节。

透明：指定顶点透明值。

颜色/照明：用于指定选择顶点的方式，以颜色或照明为准进行选择。

范围：设置颜色近似的范围。

选择：单击后，将选择符合这些范围的点。

“曲面属性”卷展栏（“面片”与“元素”层级）。

翻转：将选择面的法线方向进行翻转。

统一：将选择面的法线方向统一为一个方向，通常是向外。

翻转法线模式：单击此按钮后，在视图中单击面片对象将改变面片对象法线方向。再次单击后或右键单击视图，结束当前操作。

设置ID：在此为选择的表面指定新的ID号，如果对象使用多维材质，将会按材质ID号分配材质。

选择ID：按当前ID号，将所有与此ID号相同的表面进行选择。也可在下方下拉列表中选择子材质名称进行表面选择。

清除选定内容：选择此选项后，如果选择新的ID或材质名称时，会取消选择以前选定的所有面片或元素。取消勾选时后，会在原有选择内容基础之上累加新内容。

按平滑组选择：将所有具有当前平滑组号的表面进行选择。

清除全部：删除对面片对象指定的平滑组。

颜色：设置顶点的颜色。

照明：用于明暗度的调节。

透明：指定顶点透明值。

5.2.3 删除面片

“删除面片”修改器与“删除网格”修改器相似，用于删除其下修改堆栈中选择的子对象集合，它是针对“面片选择”的修改命令，不会将指定部分真正删除。当用户重新需要那些被删除的部分时，只要将这个修改命令删除就可以了。这个修改器没有可调节的参数，直接使用即可。

5.3 多边形建模

多边形建模作为主流的建模方式，被广泛应用到建筑、游戏、影视、工业设计等领域的模型制作中。多边形建模方法在编辑上更加灵活，对硬件的要求也很低，其建模思路与网格建模的思路很接近，其不同点在于网格建模只能编辑三角面，而多边形建模对面没有特殊要求。如图5-159所示，这都是优秀的多边形建模作品。

图5-159

5.3.1 将对象转换为多边形

在编辑多边形之前首先要明确多边形物体不是创建出来的，而是塌陷出来的，将物体塌陷为多边形的方法主要有以下4种。

在编辑多边形对象之前首先要明确多边形对象不是创建出来的，而是塌陷（转换）出来的。将物体塌陷为多边形的方法主要有以下4种。

第1种：选中物体，然后在“Graphite建模工具”工具栏中单击“Graphite建模工具”按钮，接着单击“多边形建模”按钮，最后在弹出的面板中单击“转化为多边形”按钮，如图5-160所示。注意，经过这种方法转换来的多边形的创建参数将全部丢失。

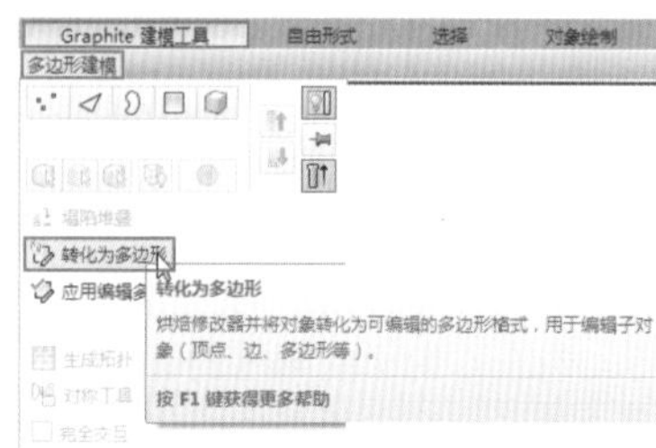

图5-160

第2种：在物体上单击鼠标右键，然后在弹出的菜单中选择“转换为/转换为可编辑多边形”命令，如图5-161所示。同样，经过这种方法转换来的多边形的创建参数将全部丢失。

第3种：为物体加载“编辑多边形”修改器，如图5-162所示。经过这种方法转换来的多边形的创建参数将被保留。

第4种：在修改器堆栈中选中物体，然后单击鼠标右键，接着在弹出的菜单中选择“可编辑多边形”命令，如图5-163所示。经过这种方法转换来的多边形的创建参数将全部丢失。

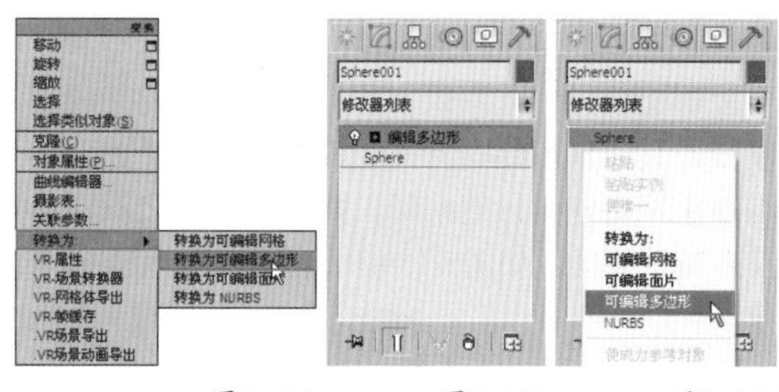

图5-161　图5-162　图5-163

5.3.2 编辑多边形对象

当模型变成可编辑多边形对象后，可以观察到可编辑多边形对象有“顶点”、“边”、“边界”、“多边形”和“元素”5个级别，用户可以分别在这5个级别下对多边形对象进行编辑，如图5-164所示。

可编辑多边形参数设置面板中包括6个卷展栏，分别是“选择”卷展栏、“软选择”卷展栏、“编辑几何体”卷展栏、“细分曲面”卷展栏、“细分置换”卷展栏和“绘制变形”卷展栏，如图5-165所示。

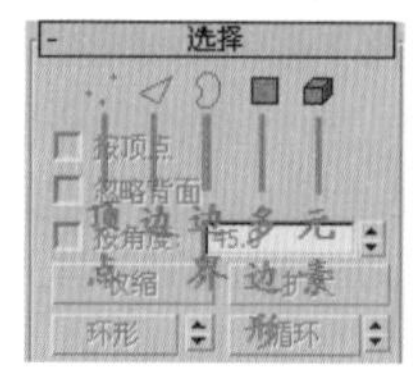

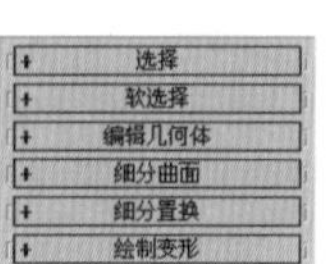

图5-164　图5-165

需要注意的是，在选择了不同的次层级以后，可编辑多边形的参数设置面板也会发生相应的变化，如果在“选择”卷展栏中单击“顶点”按钮，进入“顶点”层级以后，在参数设置面板中就会增加两个对顶点进行编辑的卷展栏。如果进入“边”层级和“多边形”层级以后，又对增加对边和多边形进行编辑的卷展栏。

1.“选择”卷展栏

“选择”卷展栏中主要是选择对象和选择次物体级别的一些参数和按钮，如图5-166所示。

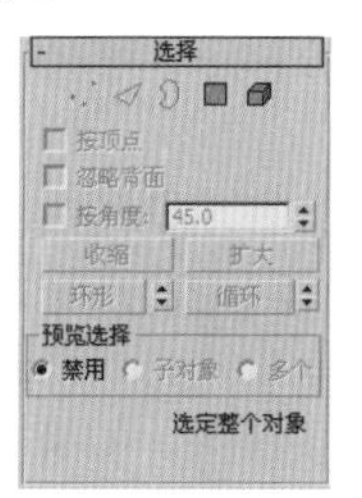

图5-166

【参数介绍】

顶点：用于选择顶点子对象级别。

边：用于选择边子对象级别。

边界：用于选择边界子对象级别，可从中选择构成网格中孔洞边框的一系列边。边界总是由仅在一侧带有面的边组成，并总是为完整循环。

多边形：用于选择多边形子对象级别。

元素：用于选择元素子对象级别，可以选择对象的所有连续面。

按顶点：除了“顶点”级别外，该选项可以在其他4种级别中使用。启用该选项后，只有选择所用的顶点才能选择子对象。

忽略背面：启用该选项后，只能选中法线指向当前视图的子对象。

按角度：启用该选项后，可以根据面的转折度数来选择子对象。

“收缩”按钮：单击该按钮可以在当前选择范围中向内减少一圈对象。

“扩大”按钮：与“收缩”相反，单击该按钮可以在当前选择范围中向外增加一圈对象。

“环形”按钮：该按钮只能在“边”和“边界”级别中使用。在选中一部分子对象后单击该按钮可以自动选择平行于当前对象的其他对象。

“循环”按钮 循环：该按钮只能在“边”和“边界”级别中使用。在选中一部分子对象后单击该按钮可以自动选择与当前对象在同一曲线上的其他对象。

预览选择：选择对象之前，通过这里的选项可以预览光标滑过位置的子对象，有“禁用”、“子对象”和“多个”3个选项可供选择。

2.“软选择”卷展栏

“软选择”是以选中的子对象为中心向四周扩散，可以通过控制“衰减”、“收缩”和“膨胀”的数值来控制所选子对象区域的大小及对子对象控制力的强弱，并且“软选择”卷展栏还包括了绘制软选择的工具，这一部分与“绘制变形”卷展栏的用法很接近，如图5-167所示。

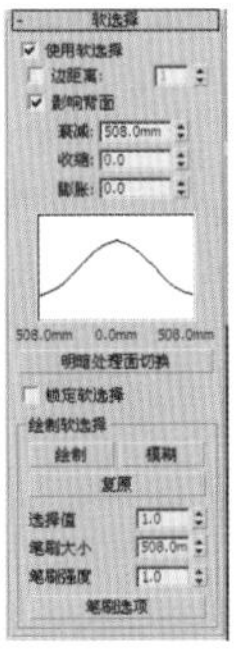

图5-167

【参数介绍】

使用软选择：控制是否开启“软选择”功能。启用后，选择一个或一个区域的子对象，那么会以这个子对象为中心向外选择其他对象。

边距离：启用该选项后，可以将软选择限制到指定的面数。

影响背面：启用该选项后，那些与选定对象法线方向相反的子对象也会受到相同的影响。

衰减：用以定义影响区域的距离，默认值为20mm。“衰减”数值越高，软选择的范围也就越大。

收缩：设置区域的相对“突出度”。

膨胀：设置区域的相对“丰满度”。

软选择曲线图：以图形的方式显示软选择是如何进行工作的。

明暗处理面切换 明暗处理面切换：只能用在“多边形”和“元素”级别中，用于显示颜色渐变。它与软选择范围内面上的软选择权重相对应。

锁定软选择：锁定软选择，以防止对按程序的选择进行更改。

绘制 绘制：可以在使用当前设置的活动对象上绘制软选择。

模糊 模糊：可以通过绘制来软化现有绘制软选择的轮廓。

复原 复原：以通过绘制的方式还原软选择。

选择值：整个值表示绘制的或还原的软选择的最大相对选择。笔刷半径内周围顶点的值会趋向于0衰减。

笔刷大小：用来设置圆形笔刷的半径。

笔刷强度：用来设置绘制子对象的速率。

笔刷选项 笔刷选项：单击该按钮可以打开“绘制选项”对话框，如图5-168所示，在该对话框中可以设置笔刷的更多属性。

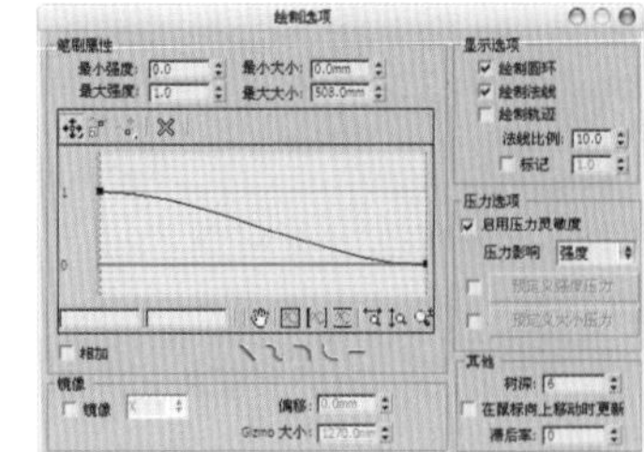

图5-168

3.“编辑几何体”卷展栏

“编辑几何体”卷展栏中提供了多种用于编辑多边形的工具，这些工具在所有次物体层级下都可用，如图5-169所示。

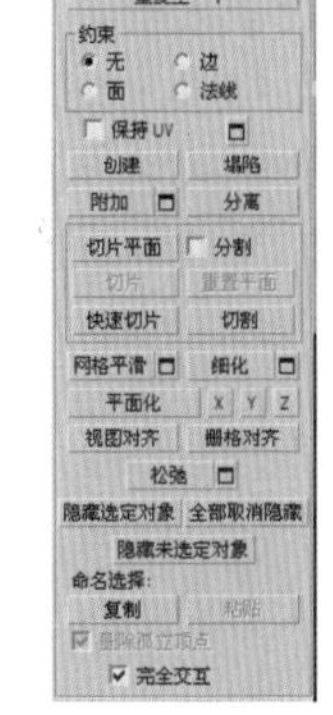

图5-169

【参数介绍】

“重复上一个”按钮 重复上一个：单击该按钮可以重复使用上一次使用的命令。

约束：使用现有的几何体来约束子对象的变换效果，共有“无”、“边”、“面”和“法线”4种方式可供选择。

保持UV：启用该选项后，可以在编辑子对象的同时不影响该对象的UV贴图。

“创建”按钮 创建：创建新的几何体。

“塌陷”按钮 塌陷：这个工具类似于“焊接”工具 焊接，但是不需要设置“阈值”参数就可以直接塌陷在一起。

“附加”按钮 附加：使用该工具可以将场景中的其他对象附加到选定的可编辑多边形中。

“分离”按钮 分离：将选定的子对象作为单独的对象或元素分离出来。

"切片平面"按钮 切片平面 ：使用该工具可以沿某一平面分开网格对象。

分割：启用该选项后，可以通过"快速切片"工具 快速切片 和"切割"工具 切割 在划分边的位置处创建出两个顶点集合。

"切片"按钮 切片 ：可以在切片平面位置处执行切割操作。

"重置平面"按钮 重置平面 ：将执行过"切片"的平面恢复到之前的状态。

"快速切片"按钮 快速切片 ：可以将对象进行快速切片，切片线沿着对象表面，所以可以更加准确地进行切片。

"切割"按钮 切割 ：可以在一个或多个多边形上创建出新的边。

"网格平滑"按钮 网格平滑 ：使选定的对象产生平滑效果。

"细化"按钮 细化 ：增加局部网格的密度，从而方便处理对象的细节。

"平面化"按钮 平面化 ：强制所有选定的子对象成为共面。

"视图对齐"按钮 视图对齐 ：使对象中的所有顶点与活动视图所在的平面对齐。

"栅格对齐"按钮 栅格对齐 ：使选定对象中的所有顶点与活动视图所在的平面对齐。

"松弛"按钮 松弛 ：使当前选定的对象产生松弛现象。

"隐藏选定对象"按钮 隐藏选定对象 ：隐藏所选定的子对象。

"全部取消隐藏"按钮 全部取消隐藏 ：将所有的隐藏对象还原为可见对象。

"隐藏未选定对象"按钮 隐藏未选定对象 ：隐藏未选定的任何子对象。

命名选择：用于复制和粘贴子对象的命名选择集。

删除孤立顶点：启用该选项后，选择连续子对象时会删除孤立顶点。

完全交互：启用该选项后，如果更改数值，将直接在视图中显示最终的结果。

4."细分曲面"卷展栏

"细分曲面"卷展栏中的参数可以将细分效果应用于多边形对象，以便可以对分辨率较低的"框架"网格进行操作，同时还可以查看更为平滑的细分结果，如图5-170所示。

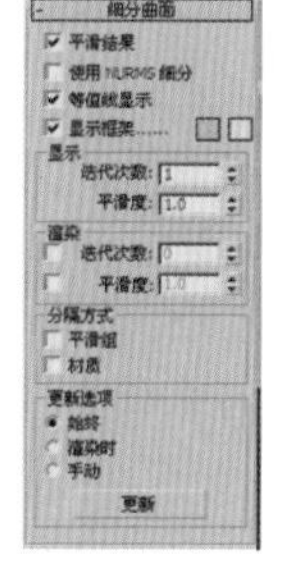

图5-170

【参数介绍】

平滑结果：对所有的多边形应用相同的平滑组。

使用NURMS细分：通过NURMS方法应用平滑效果。

等值线显示：启用该选项后，只显示等值线。

显示框架：在修改或细分之前，切换可编辑多边形对象的两种颜色线框的显示方式。

显示：包含"迭代次数"和"平滑度"两个选项。

迭代次数：用于控制平滑多边形对象时所用的迭代次数。

平滑度：用于控制多边形的平滑程度。

渲染：用于控制渲染时的迭代次数与平滑度。

分隔方式：包括"平滑组"与"材质"两个选项。

更新选项：设置手动或渲染时的更新选项。

5."细分置换"卷展栏

"细分置换"卷展栏中的参数主要用于细分可编辑的多边形，其中包括"细分预设"和"细分方法"等，如图5-171所示。

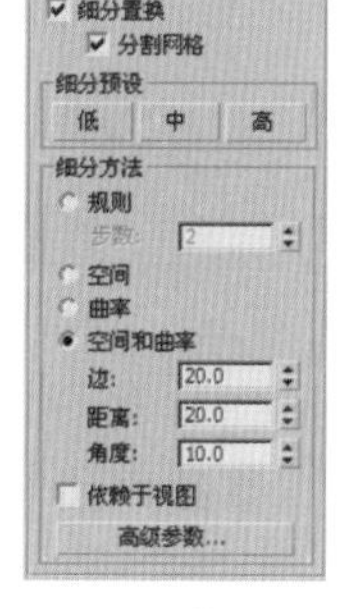

图5-171

6."绘制变形"卷展栏

"绘制变形"卷展栏可以对物体上的子对象进行推、拉操作，或者在对象曲面上拖曳光标来影响顶点，如图5-172所示。

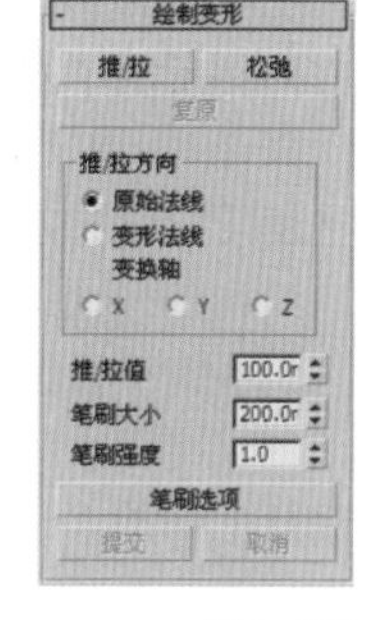

图5-172

7."编辑顶点"卷展栏

进入可编辑多边形的"顶点"层级以后，在"修改"面板中会增加一个"编辑顶点"卷展栏，如图5-173所示。这个卷展栏中的工具全部是用来编辑顶点的。

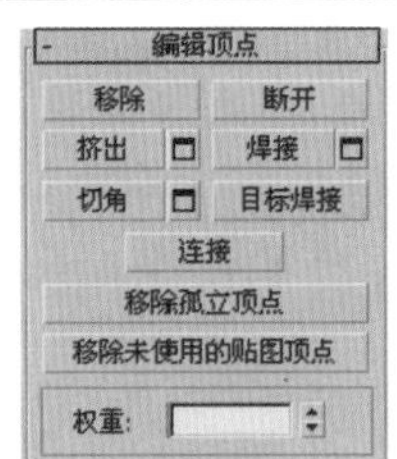

图5-173

【参数介绍】

移除 移除：选中一个或多个顶点以后，单击该按钮可以将其移除，然后接合起使用它们的多边形。

移除顶点与删除顶点的区别

这里详细介绍一下移动顶点与删除顶点的区别。

移除顶点：选中一个或多个顶点以后，单击“移除”按钮 移除 或按Backspace键即可移除顶点，但也只能是移除了顶点，而面仍然存在，如图5-174所示。注意，移除顶点可能导致网格形状发生严重变形。

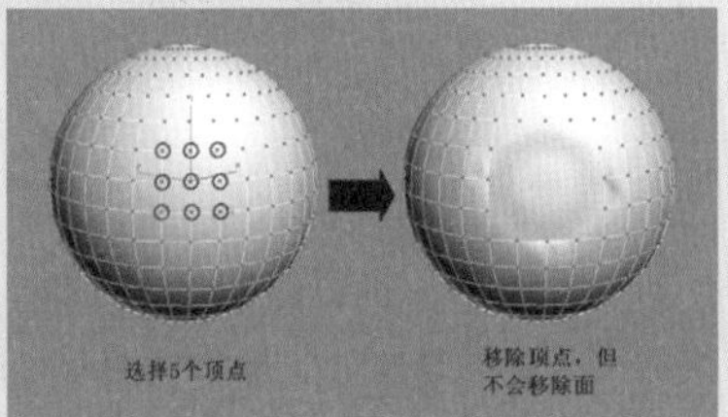

图5-174

删除顶点：选中一个或多个顶点以后，按Delete键可以删除顶点，同时也会删除连接到这些顶点的面，如图5-175所示。

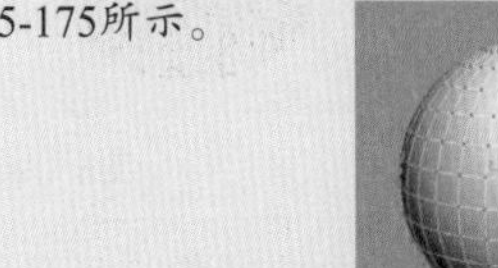

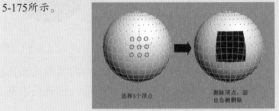

图5-175

断开 断开：选中顶点以后，单击该按钮可以在与选定顶点相连的每个多边形上都创建一个新顶点，这可以使多边形的转角相互分开，使它们不再相连于原来的顶点上。

挤出 挤出：直接使用这个工具可以手动在视图中挤出顶点，如图5-176所示。如果要精确设置挤出的高度和宽度，可以单击后面的“设置”按钮，然后在视图中的“挤出顶点”对话框中输入数值即可，如图5-177所示。

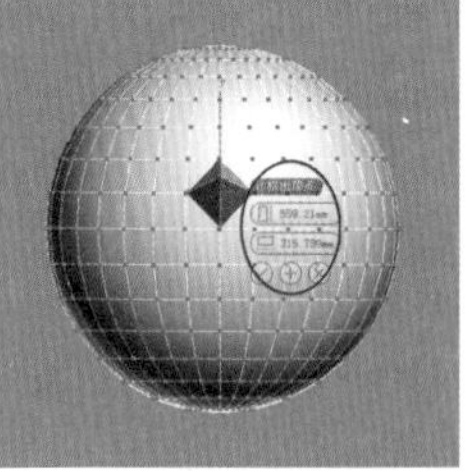

图5-176　图5-177

焊接 焊接：对“焊接顶点”对话框中指定的“焊接阈值”范围之内连续的选中的顶点进行合并，合并后所有边都会与产生的单个顶点连接。单击后面的“设置”按钮可以设置“焊接阈值”。

切角 切角：选中顶点以后，使用该工具在视图中拖曳光标，可以手动为顶点切角，如图5-178所示。单击后面的“设置”按钮，在弹出的“切角”对话框中可以设置精确的“顶点切角量”数值，同时还可以将切角后的面“打开”，以生成孔洞效果，如图5-179所示。

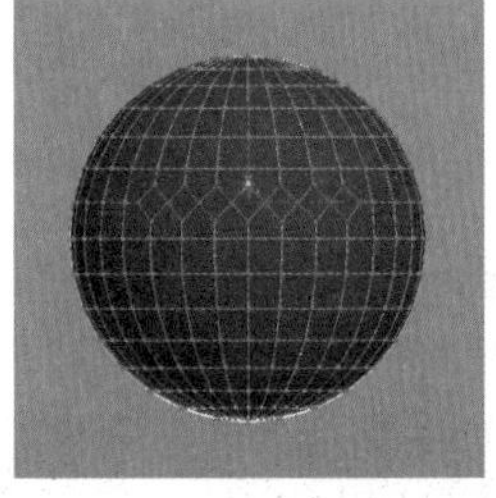

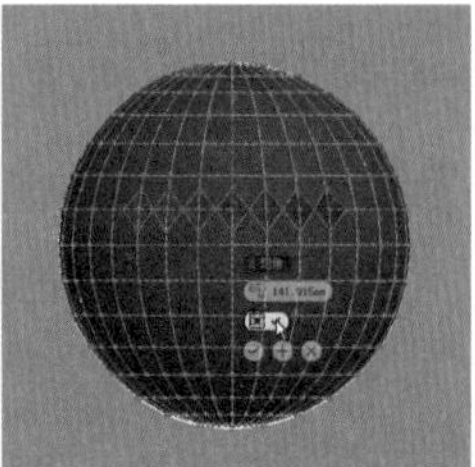

图5-178　图5-179

目标焊接 目标焊接：选择一个顶点后，使用该工具可以将其焊接到相邻的目标顶点，如图5-180所示。

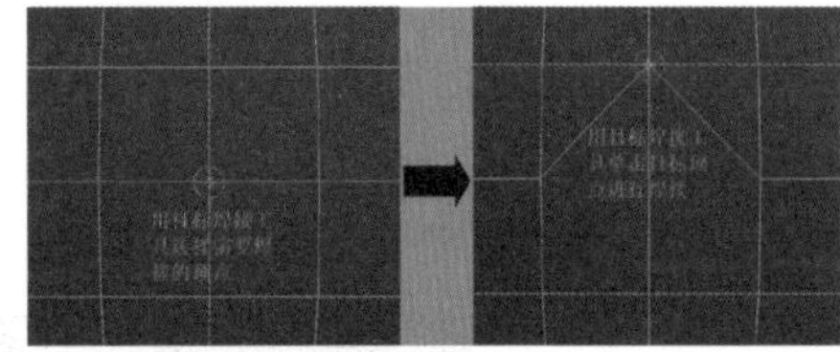

图5-180

“目标焊接”工具 目标焊接 只能焊接成对的连续顶点。也就是说，选择的顶点与目标顶点有一个边相连。

连接 连接：在选中的对角顶点之间创建新的边，如图5-181所示。

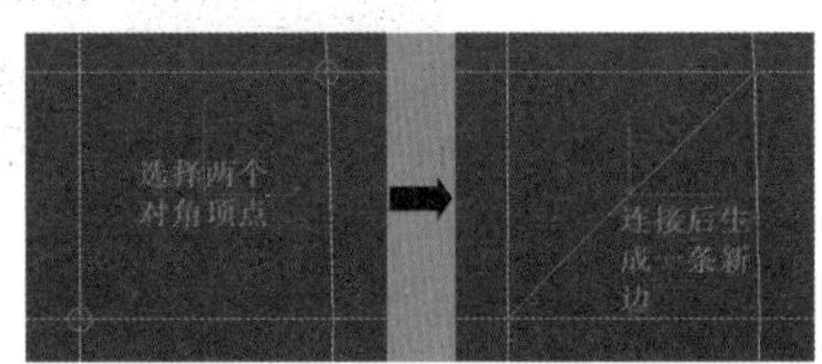

图5-181

移除孤立顶点：删除不属于任何多边形的所有顶点。

移除未使用的贴图顶点：某些建模操作会留下未使用的（孤立）贴图顶点，它们会显示在“展开UVW”编辑器中，但是不能用于贴图，单击该按钮就可以自动删除这些贴图顶点。

权重：设置选定顶点的权重，供NURMS细分选项和“网格平滑”修改器使用。

8.“编辑边”卷展栏

进入可编辑多边形的“边”层级以后，在“修改”面板中会增加一个“编辑边”卷展栏，如图5-182所示。这个卷展栏中的工具全部是用来编辑边的。

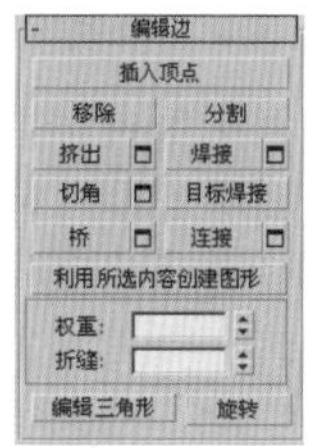

图5-182

【参数介绍】

插入顶点：在“边”级别下，使用该工具在边上单击鼠标左键，可以在边上添加顶点，如图5-183所示。

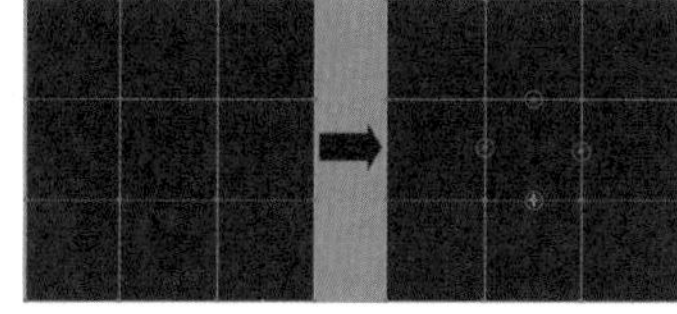

图5-183

移除：选择边以后，单击该按钮或按Backspace键可以移除边，如图5-184所示。如果按Delete键，将删除边以及与边连接的面，如图5-185所示。

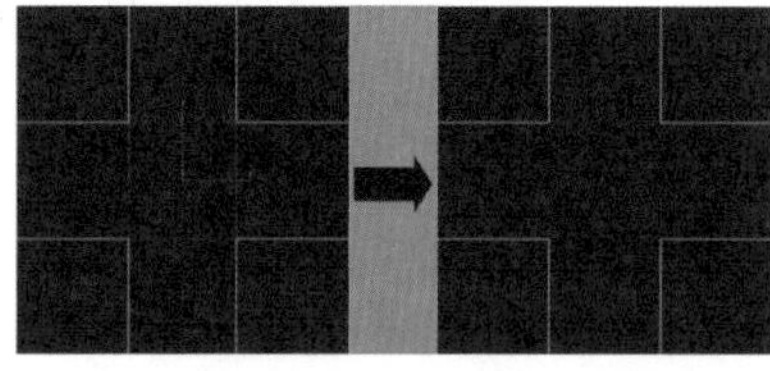

图5-184

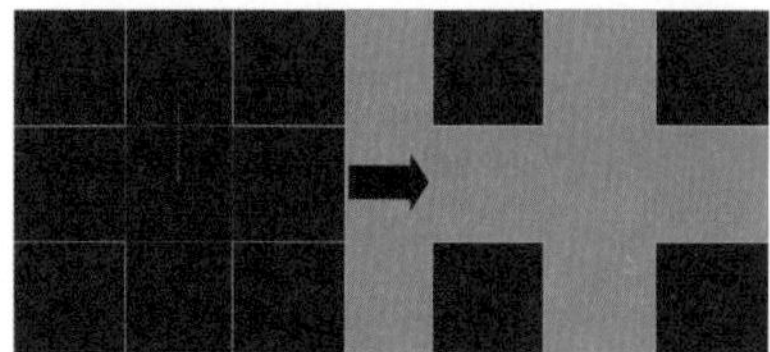

图5-185

分割：沿着选定边分割网格。对网格中心的单条边应用时，不会起任何作用。

挤出：直接使用这个工具可以手动在视图中挤出边。如果要精确设置挤出的高度和宽度，可以单击后面的“设置”按钮，然后在视图中的“挤出边”对话框中输入数值即可，如图5-186所示。

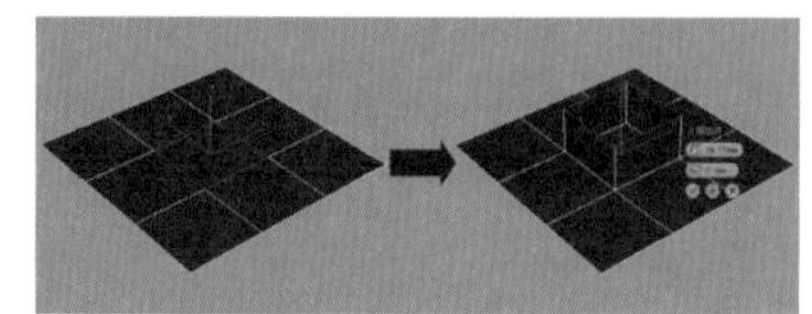

图5-186

焊接：组合“焊接边”对话框指定的“焊接阈值”范围内的选定边。只能焊接仅附着一个多边形的边，也就是边界上的边。

切角：这是多边形建模中使用频率最高的工具之一，可以为选定边进行切角（圆角）处理，从而生成平滑的棱角，如图5-187所示。

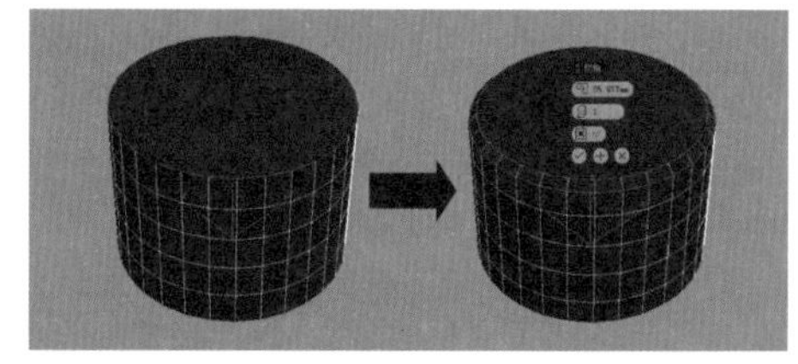

图5-187

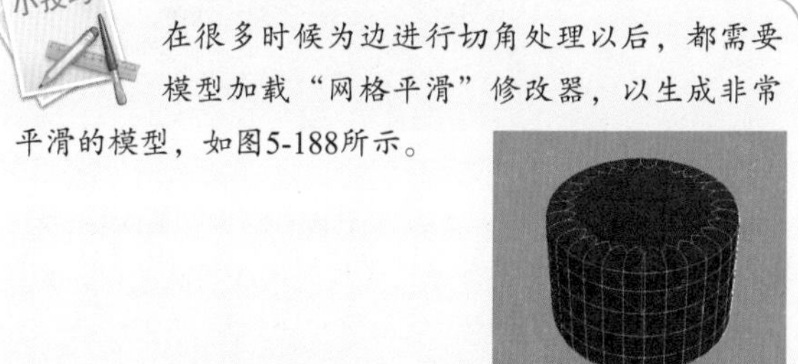

在很多时候为边进行切角处理以后，都需要模型加载“网格平滑”修改器，以生成非常平滑的模型，如图5-188所示。

图5-188

目标焊接：用于选择边并将其焊接到目标边。只能焊接仅附着一个多边形的边，也就是边界上的边。

桥：使用该工具可以连接对象的边，但只能连接边界边，也就是只在一侧有多边形的边。

连接：这是多边形建模中使用频率最高的工具之一，可以在每对选定边之间创建新边，对于创建或细化边循环特别有用。如选择一对竖向的边，则可以在横向上生成边，如图5-189所示。

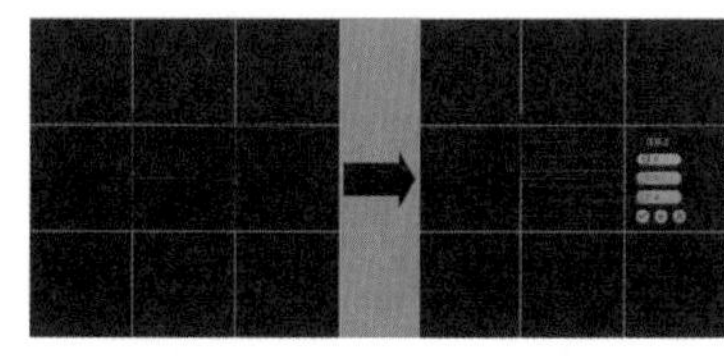

图5-189

利用所选内容创建图形：这是多边形建模中使用频率最高的工具之一，可以将选定的边创建为样条线图形。选择边以后，单击该按钮可以弹出一个“创建图形”对话框，在该对话框中可以设置图形名称以及设置图形的类型，如果选择“平滑”类型，则生成平滑的样条线，如图5-190所示；如果选择“线性”类型，则样条线的形状与选定边的形状保持一致，如图5-191所示。

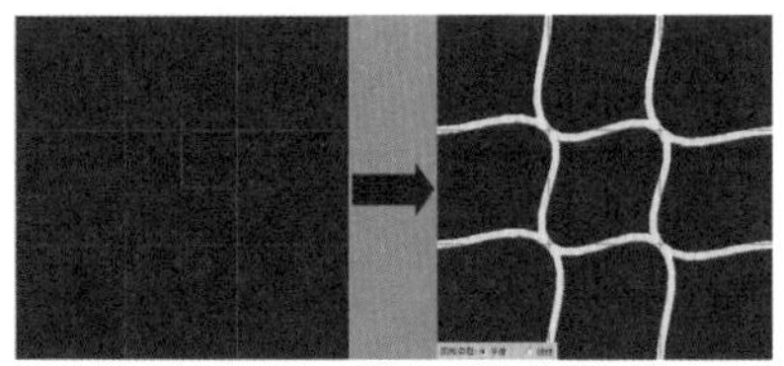

图5-190

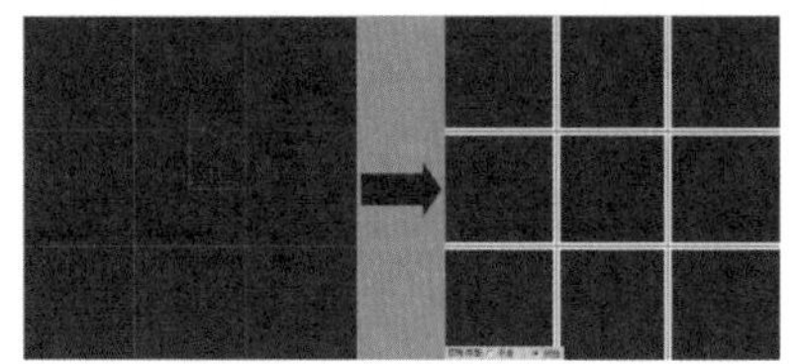

图5-191

权重：设置选定边的权重，供NURMS细分选项和“网格平滑”修改器使用。

拆缝：指定对选定边或边执行的折缝操作量，供NURMS细分选项和“网格平滑”修改器使用。

编辑三角形：用于修改绘制内边或对角线时多边形细分为三角形的方式。

旋转：用于通过单击对角线修改多边形细分为三角形的方式。使用该工具时，对角线可以在线框和边面视图中显示为虚线。

9.“编辑多边形”卷展栏

进入可编辑多边形的“多边形”级别以后，在“修改”面板中会增加一个“编辑多边形”卷展栏，如图5-192所示。这个卷展栏中的工具全部是用来编辑多边形的。

编辑多边形
插入顶点
挤出 轮廓
倒角 插入
桥 翻转
从边旋转
沿样条线挤出
编辑三角剖分
重复三角算法 旋转

图5-192

【参数介绍】

插入顶点：用于手动在多边形插入顶点（单击即可插入顶点），以细化多边形，如图5-193所示。

图5-193

挤出：这是多边形建模中使用频率最高的工具之一，可以挤出多边形。如果要精确设置挤出的高度，可以单击后面的“设置”按钮，然后在视图中的“挤出边”对话框中输入数值即可。挤出多边形时，“高度”为正值时可向外挤出多边形，为负值时可向内挤出多边形，如图5-194所示。

图5-194

轮廓：用于增加或减小每组连续的选定多边形的外边。

倒角：这是多边形建模中使用频率最高的工具之一，可以挤出多边形，同时为多边形进行倒角，如图5-195所示。

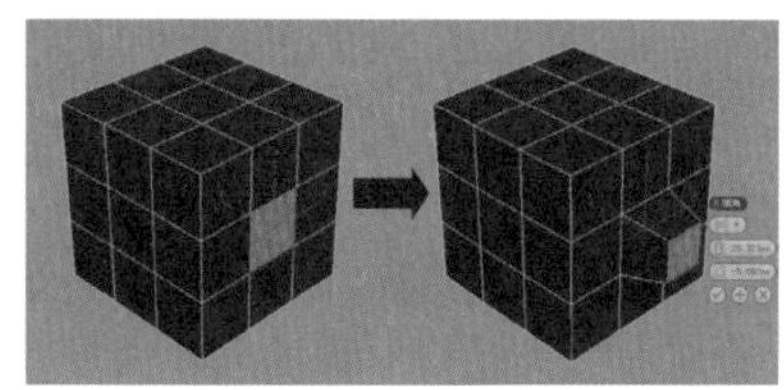

图5-195

插入：执行没有高度的倒角操作，即在选定多边形的平面内执行该操作，如图5-196所示。

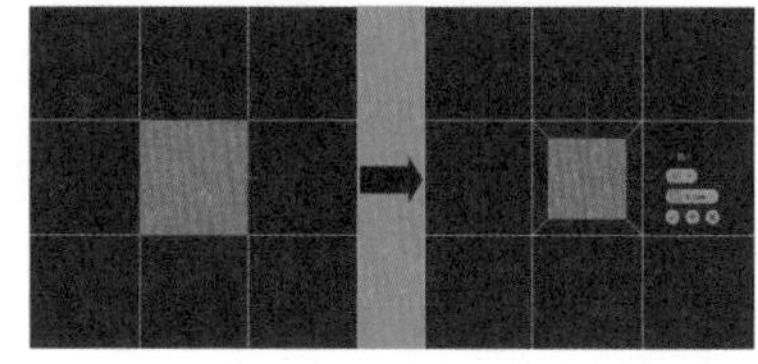

图5-196

桥：使用该工具可以连接对象上的两个多边形或多边形组。

翻转：反转选定多边形的法线方向，从而使其面向用户的正面。

从边旋转：选择多边形后，使用该工具可以沿着垂直方向拖动任何边，以便旋转选定多边形。

沿样条线挤出：沿样条线挤出当前选定的多边形。

编辑三角剖分 编辑三角剖分：通过绘制内边修改多边形细分为三角形的方式。

重复三角算法 重复三角算法：在当前选定的一个或多个多边形上执行最佳三角剖分。

旋转 旋转：使用该工具可以修改多边形细分为三角形的方式。

新手练习——多边形建模之公共椅子

素材文件	无
案例文件	新手练习——多边形建模之公共椅子.max
视频教学	视频教学/第5章/新手练习——多边形建模之公共椅子.flv
技术掌握	使用多边形建模下的切角命令

本例是一个公共椅子的模型，主要使用多边形建模下的切角命令进行创建，案例效果如图5-197所示。

图5-197

【操作步骤】

01 使用"长方体"工具 长方体 在顶视图中绘制，并在修改面板下设置"长度"为500mm、"宽度"为50mm、"高度"为25mm，参数设置及模型效果如图5-198所示。

02 选择上一步创建的长方体，然后在"顶点"级别下选择将要拖曳的点，接着使用"选择并移动"工具将点进行拖曳，如图5-199所示。

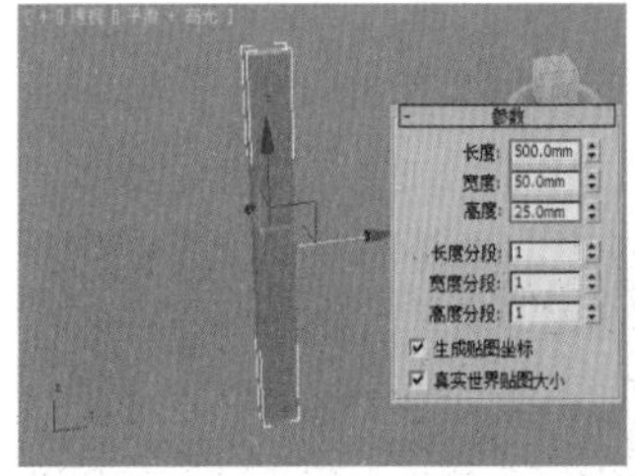

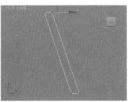

图5-198

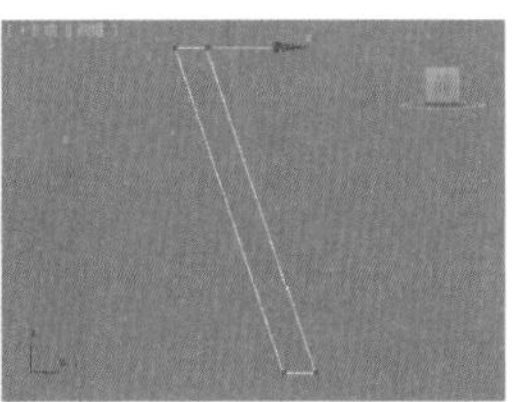

图5-199

03 在边级别下选择如图5-200所示的边，然后单击"切角"按钮 切角 后面的"设置"按钮，并设置"数量"为5mm、"分段"为4，如图5-201所示。

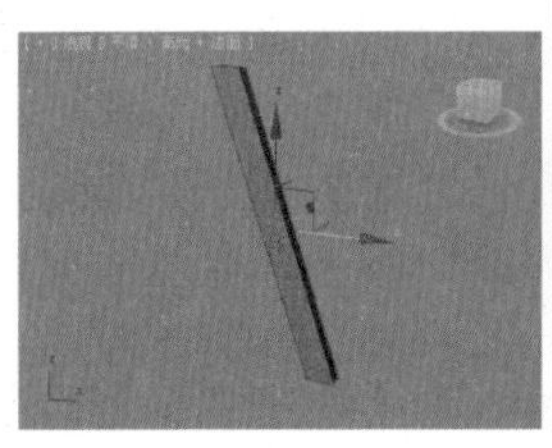

图5-200

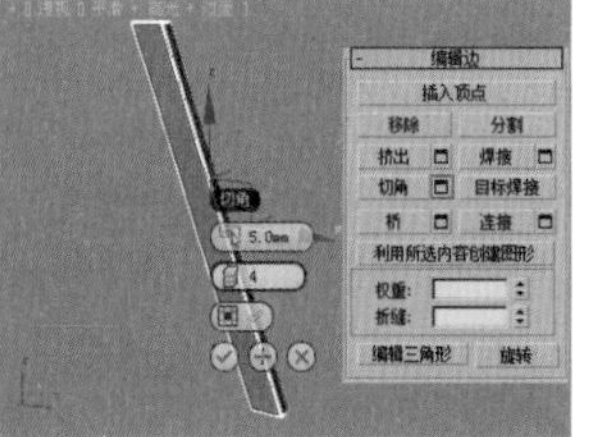

图5-201

04 选择切角后的模型，然后单击"镜像"工具，接着在弹出的"镜像屏幕坐标"面板中，设置"镜像轴"为x轴，并在"克隆当前选择"选项组下勾选"实例"选项，如图5-202所示。

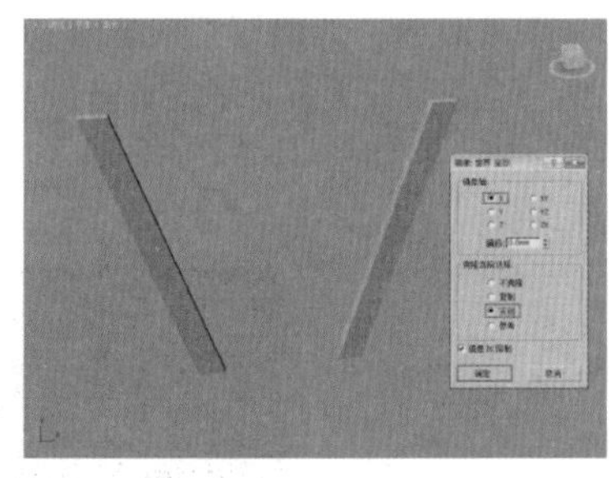

图5-202

05 使用"长方体"工具 长方体 在前视图中创建一个长方体，然后展开"参数"卷展栏，接着设置"长度"为110mm、"宽度"为550mm、"高度"为16mm，参数设置及模型效果如图5-203所示。

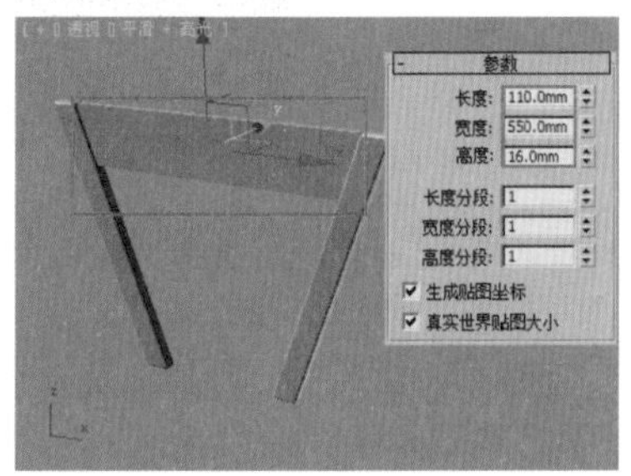

图5-203

06 将上一步创建的长方体转换为可编辑多边形，然后使用"选择并移动"工具将点进行拖曳，如图5-204所示。

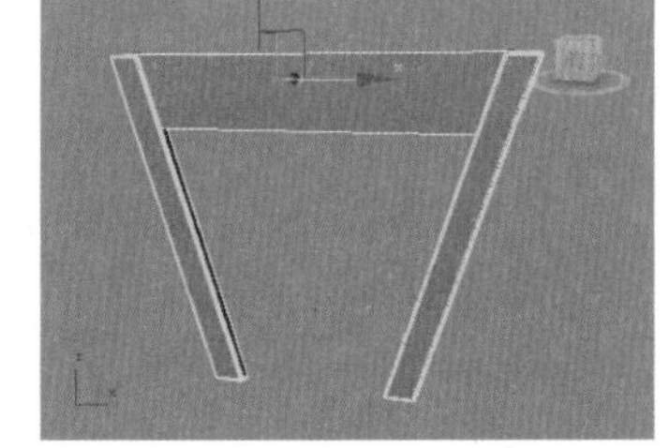

图5-204

07 在边级别下选择如图5-205所示的边，然后单击"切角"按钮 切角 后的"设置"按钮，并设置"数量"为5mm、"分段"为4，如图5-206所示。

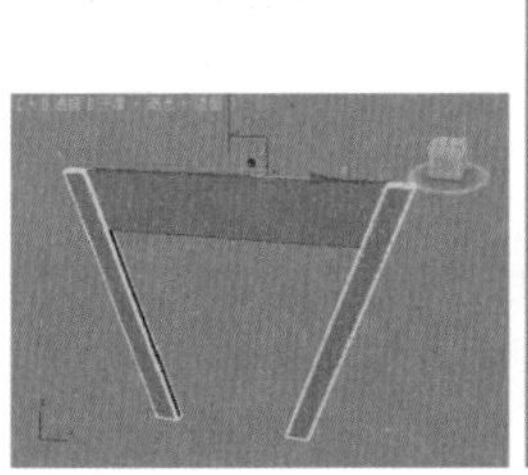

图5-205

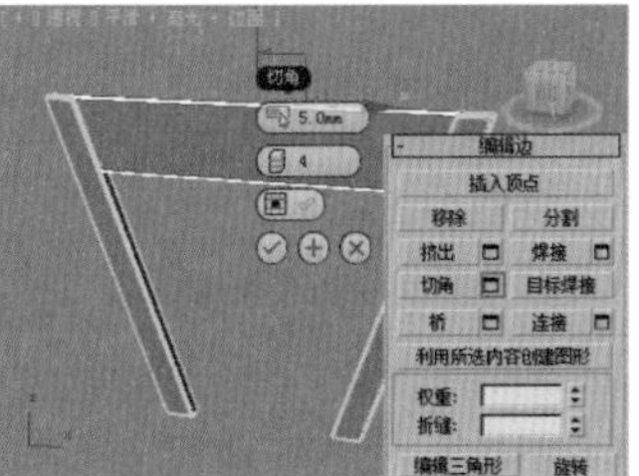

图5-206

08 使用同样的方法创建椅子靠背的模型，如图5-207所示。

图5-207

09 选择场景中所有的模型，如图5-208所示，然后使用“选择并旋转”工具将椅子背模型复制，此时模型效果，如图5-209所示。

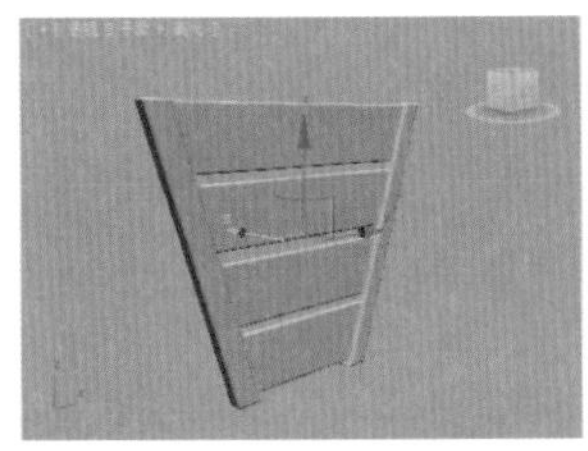

图5-208　　图5-209

10 使用“长方体”工具 长方体 在前视图中创建一个长方体，然后展开“参数”卷展栏，接着设置“长度”为520mm、“宽度”为40mm、“高度”为35mm，参数设置及模型位置如图5-210所示。

11 选择上一步创建的长方体并将其转换为可编辑多边形，然后在顶点级别下选择底部的点，接着使用“选择并均匀缩放”工具将点进行缩放，如图5-211所示。

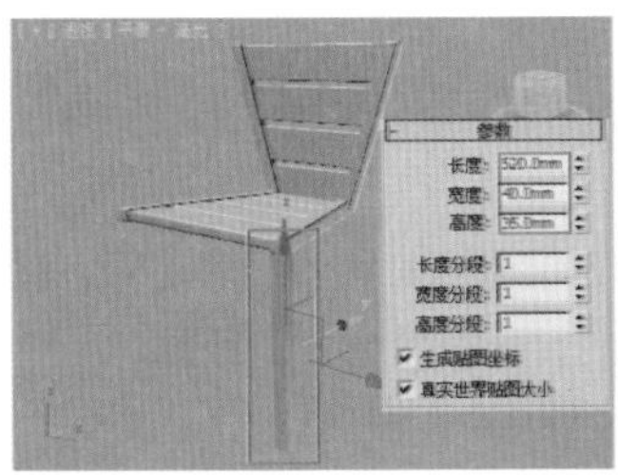

图5-210　　图5-211

12 在边级别下选择如图5-212所示的边，然后单击“切角”按钮 切角 后面的“设置”按钮，接着设置“数量”为5mm、“分段”为4，如图5-213所示。

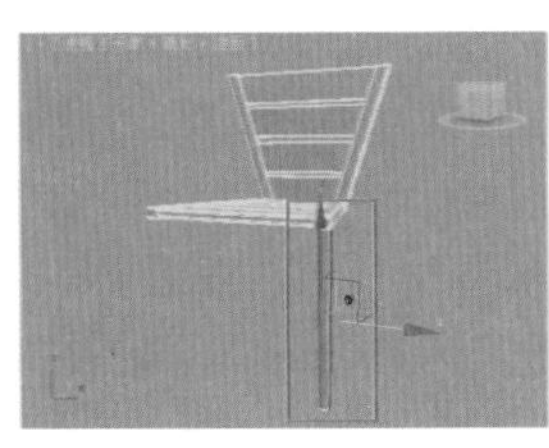

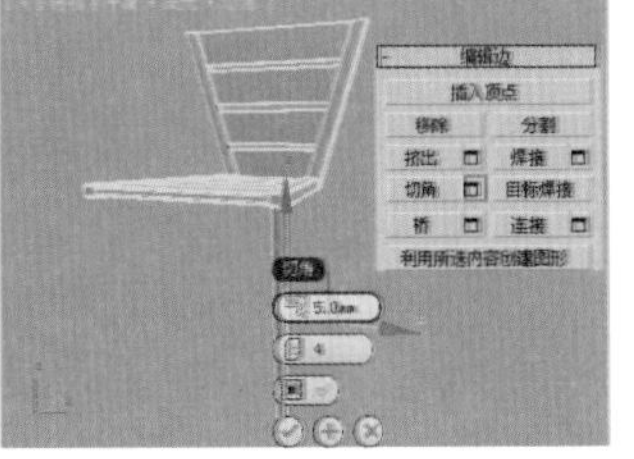

图5-212　　图5-213

13 将椅子腿模型复制3份，并放置在如图5-214所示的位置，然后选择场景中所有的模型，接着将其复制3份椅子，椅子模型最终效果如图5-215所示。

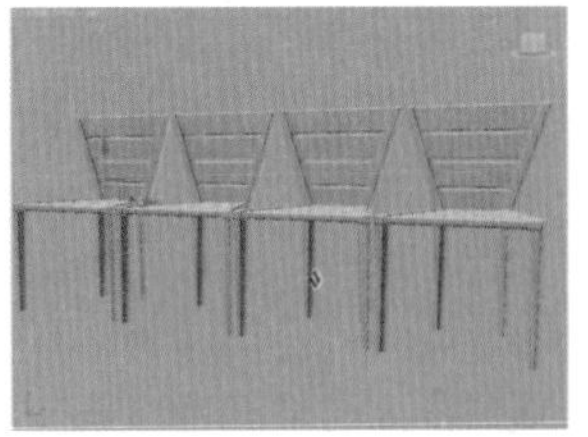

图5-214　　图5-215

新手练习——多边形建模之办公大楼

素材文件	无
案例文件	新手练习——多边形建模之办公大楼.max
视频教学	视频教学/第5章/新手练习——多边形建模之办公大楼.flv
技术掌握	使用FFD绘制出模型的主体形状，然后使用多边形下的创建图形工具将边提取出来最后使用样条线的可渲染功能

本例是一个办公大楼的模型，使用了多边形挤出、插入、分离命令，案例效果如图5-216所示。

图5-216

【操作步骤】

01 使用“长方体”工具 长方体 在顶视图中绘制一个长方体，然后在修改面板下设置“长度”为5000mm、“宽度”为40000mm、“高度”为12000mm、“长度分段”为1、“宽度分段”为8、“高度分段”为4，参数设置及模型效果如图5-217所示。

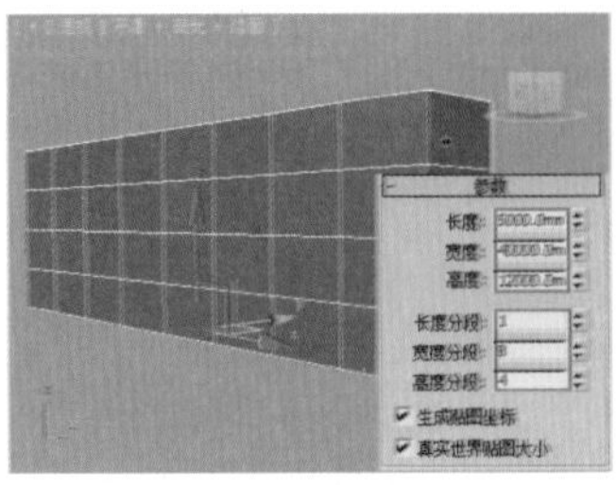

图5-217

02 将长方体转换为可编辑多边形，然后在边级别下选择如图5-218所示的边，接着单击“切角”按钮 切角 后的“设置”按钮，并设置“数量”为150mm，如图5-219所示。

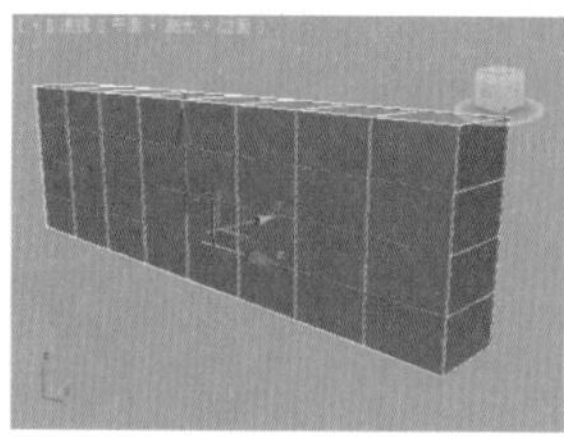

图5-218

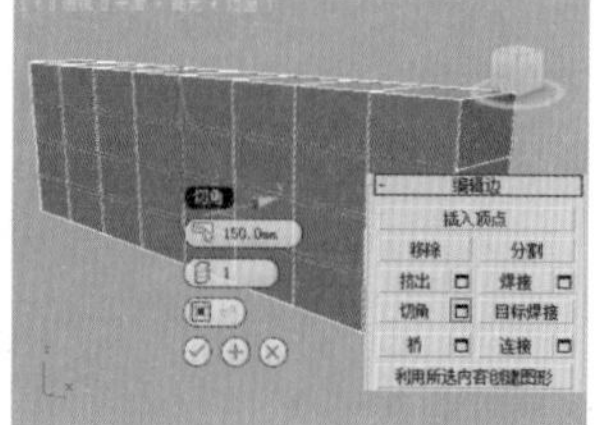

图5-219

03 在多边形级别下选择如图5-220所示的多边形，然后单击“挤出”按钮 挤出 后的“设置”按钮，并设置“挤出数量”为1400mm，如图5-221所示。

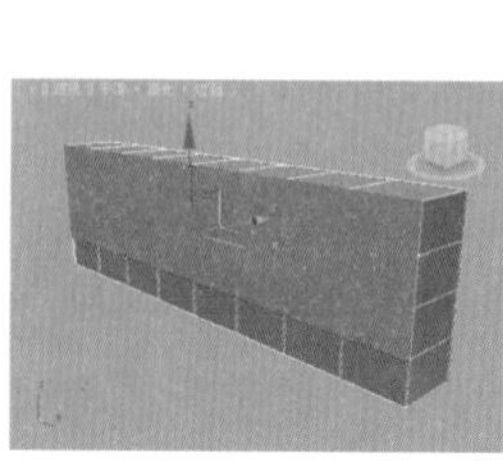

图5-220

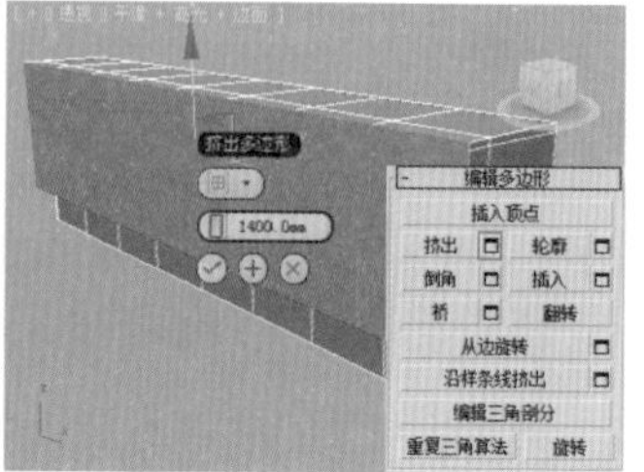

图5-221

04 使用同样的方法将模型进行挤出，此时模型效果如图5-222所示。

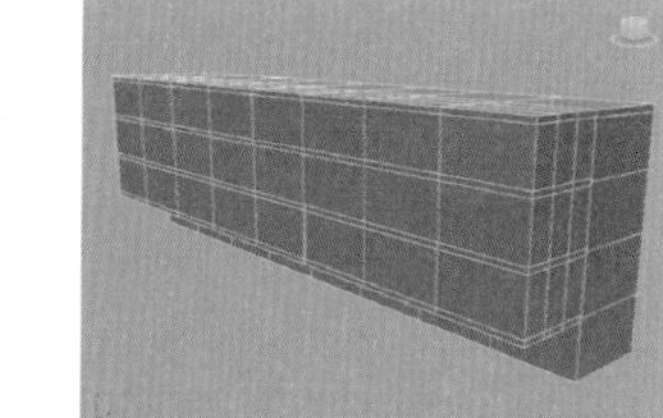

图5-222

05 在多边形级别下选择如图5-223所示的多边形，然后单击“挤出”按钮 挤出 后的“设置”按钮，并设置数量为30mm，如图5-224所示。

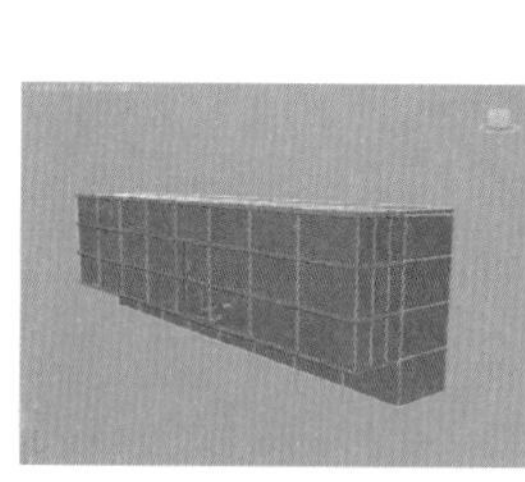

图5-223

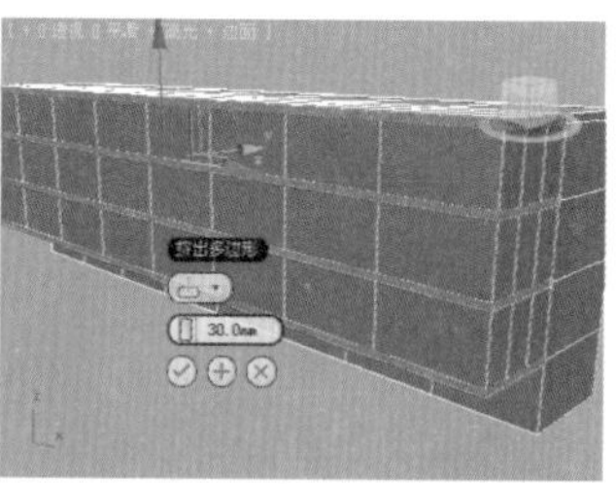

图5-224

06 在边级别下选择如图5-225所示的边，接着单击“连接”按钮 连接 后面的“设置”按钮，并设置“分段”为3，如图5-226所示。

图5-225

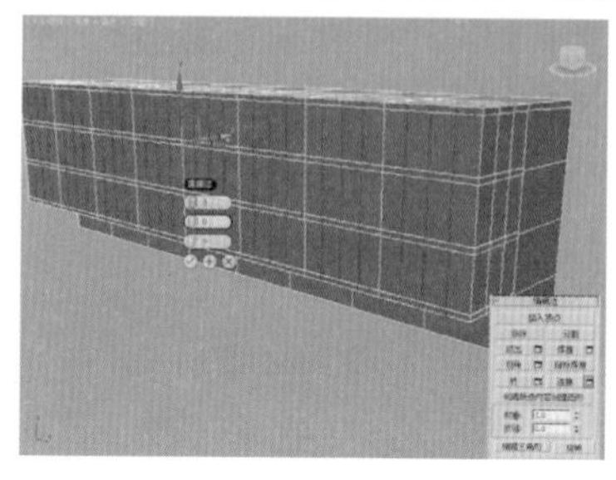

图5-226

07 在边级别下选择如图5-227所示的边，然后单击“连接”按钮 连接 后面的“设置”按钮，并设置“滑块”为-50，如图5-228所示。

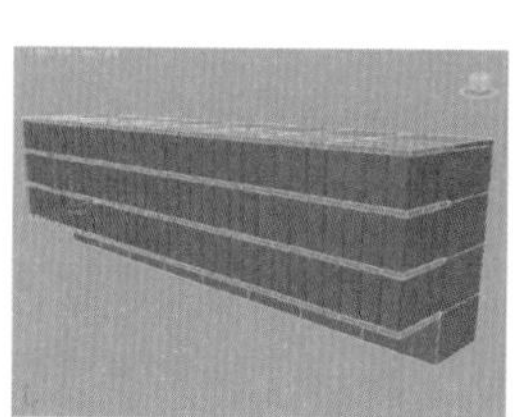

图5-227

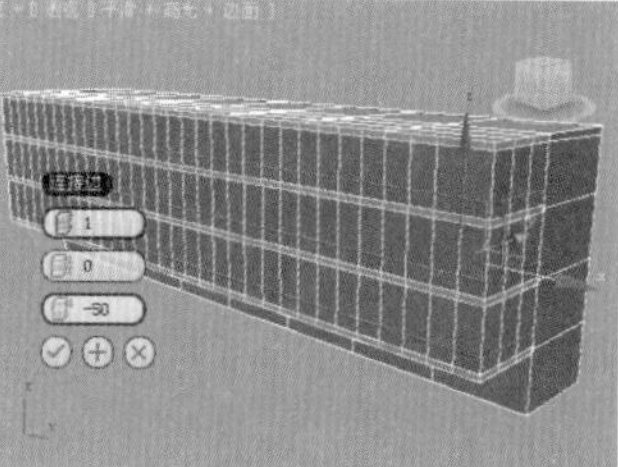

图5-228

08 在边级别下选择如图5-229所示的多边形，然后单击“插入”按钮 插入 后的“设置”按钮，并设置“数量”为40mm，如图5-230所示。

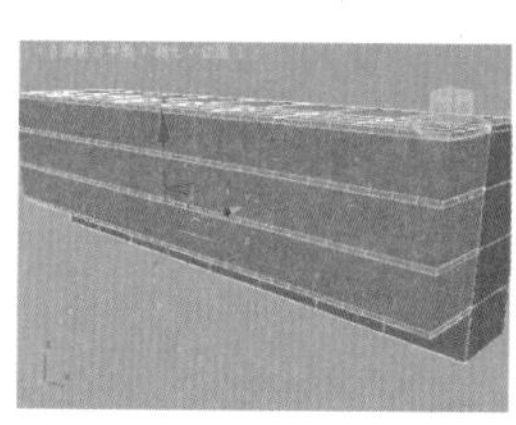

图5-229

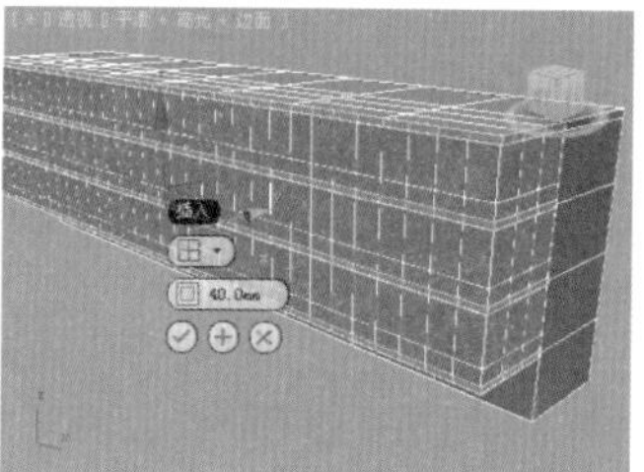

图5-230

09 在多边形级别下选择如图5-231所示的多边形，接着单击“插入”按钮 插入 后的“设置”按钮，并设置“数量”为350mm，如图5-232所示。

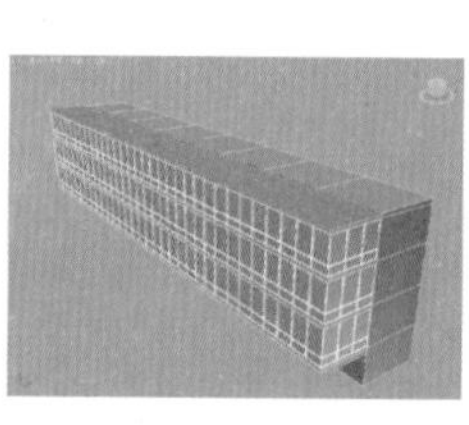

图5-231

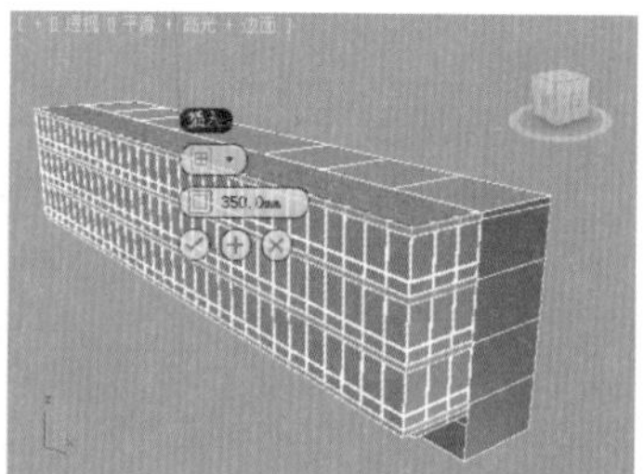

图5-232

10 保持对多边形的选择，接着单击“挤出”按钮 挤出 后的“设置”按钮，并设置数量为350mm，如图5-233所示。

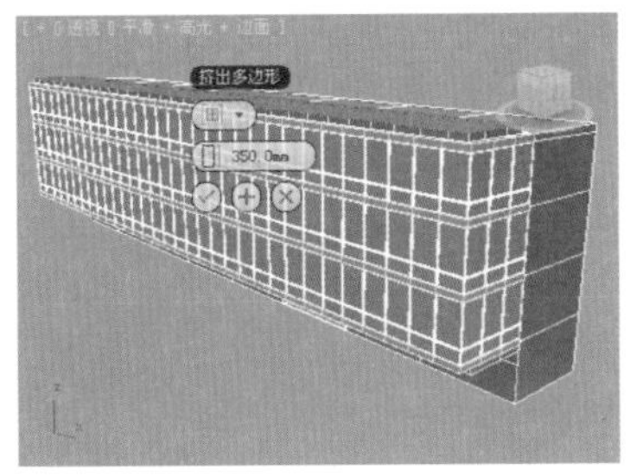

图5-233

11 使用“长方体”工具 长方体 在视图中创建一个长方体，然后展开“参数”卷展栏，接着设置“长度”为5040mm、“宽度”为3000mm、“高度”为13000mm，如图5-234所示。

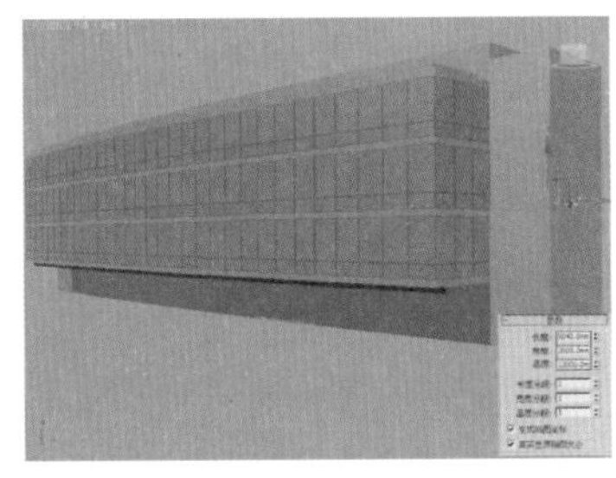

图5-234

12 使用“圆柱体”工具 圆柱体 在顶视图中创建一个圆柱体，然后展开“参数”卷展栏，设置“半径”为300mm、“高度”为11800mm，接着复制6个圆柱体到如图5-235所示的位置。

13 办公大楼最终模型效果，如图5-236所示。

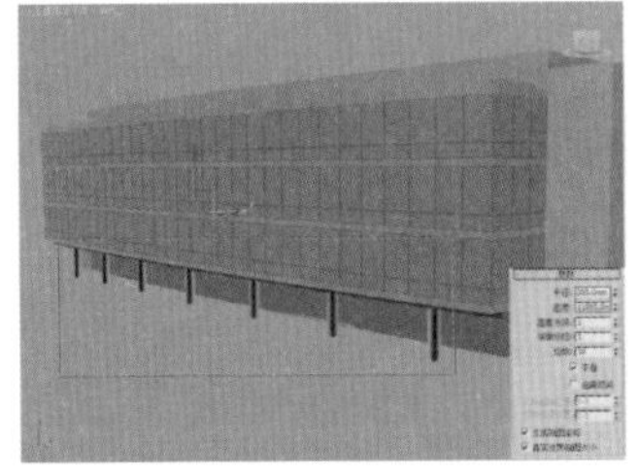

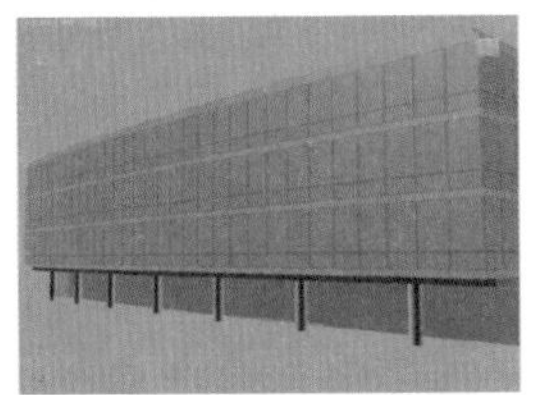

图5-235　　图5-236

新手练习——多边形建模之时尚书架

素材文件	无
案例文件	新手练习——多边形建模之时尚书架.max
视频教学	视频教学/第5章/新手练习——多边形建模之时尚书架.flv
技术掌握	使用多边形下的“点”级别调节点，并使用FFD命令调节到最终的模型

本例是一个时尚书架的模型，主要使用多边形下的“点”级别调节点，并使用FFD命令调节到最终的模型，案例效果如图5-237所示。

图5-237

【操作步骤】

01 使用“长方体”工具 长方体 在场景中创建一个长方体，然后在修改面板下设置“长度”为320mm、“宽度”为400mm、“高度”为900mm、“长度分段”为1、“宽度分段”为3、“高度分段”为7，参数设置及模型效果如图5-238所示。

02 将长方体转换为可编辑多边形，然后在“顶点”级别下选择中间部分的点，接着使用“选择并移动”工具将点调整为如图5-239所示的位置。

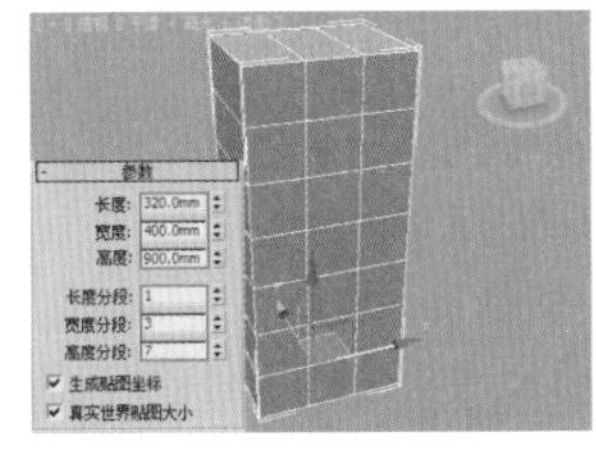

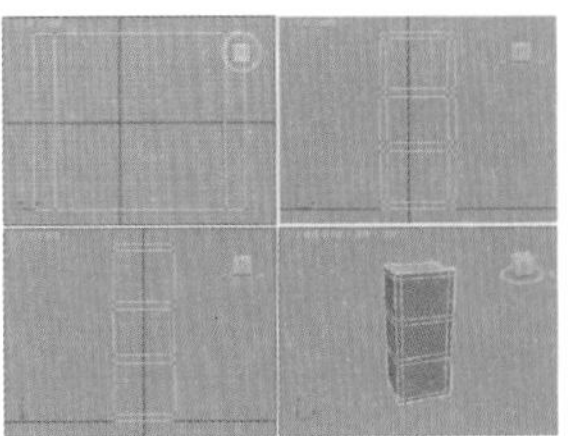

图5-238　　图5-239

03 进入“多边形”级别，然后选择如图5-240所示的多边形，接着在“编辑多边形”卷展栏下单击“桥”按钮 桥 ，此时模型效果如图5-241所示。

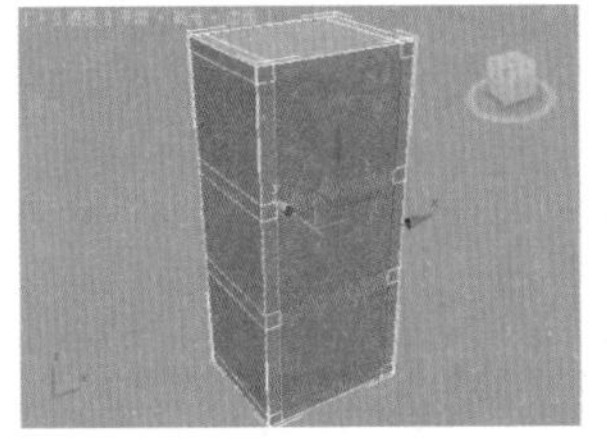

图5-240　　图5-241

在选择多边形的时候背面部分的多边形也要选择，这样使用桥命令才能达到我们想要的模型效果，如图5-242和图5-243所示。

图5-242　　图5-243

04 进入“边”级别，然后选择如图5-244所示的边，接着在编辑边卷展栏下单击“连接”按钮 连接 后的“设置”按钮，并在弹出的对话框中设置“分段”为5，最后单击，此时模型效果如图5-245所示。

图5-244

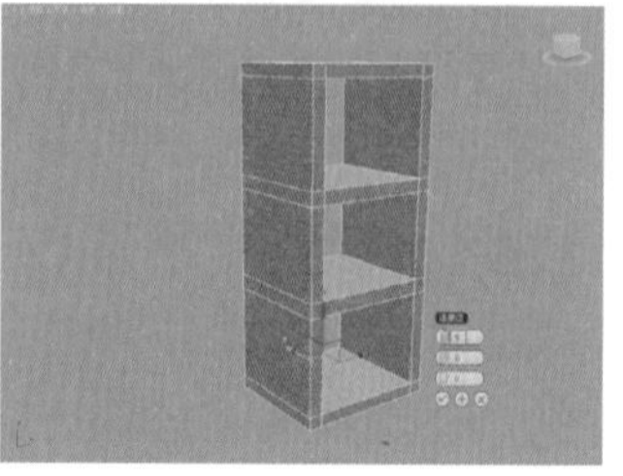

图5-245

05 在修改面板下加载一个“FFD长方体”命令修改器，然后单击“设置点数”按钮 设置点数 ，并设置“长度”为4、“宽度”为4、“高度”为8，如图5-246所示。

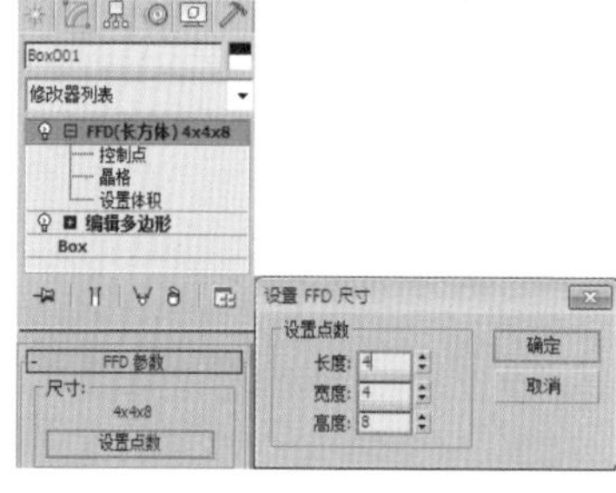

图5-246

06 在修改器堆栈下单击“控制点”次物体层级，如图5-247所示，然后选择控制点并使用“选择并移动”工具将长方体调整为如图5-248所示的模型。

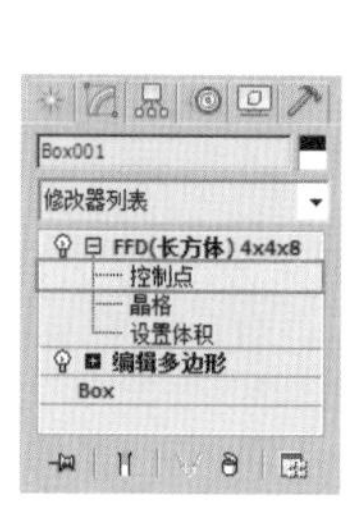

图5-247

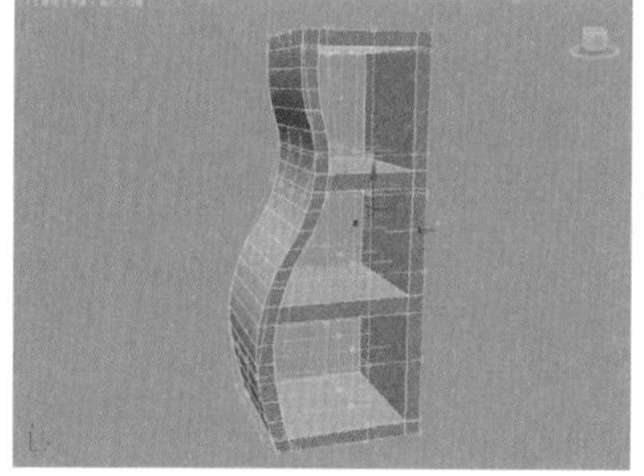

图5-248

07 选择长方体，然后单击“镜像”工具，接着在弹出的菜单中设置“镜像轴”为x、“偏移”为-1500mm，并在克隆当前选择选项组下勾选“实例”选项，参数设置及模型效果如图5-249所示。

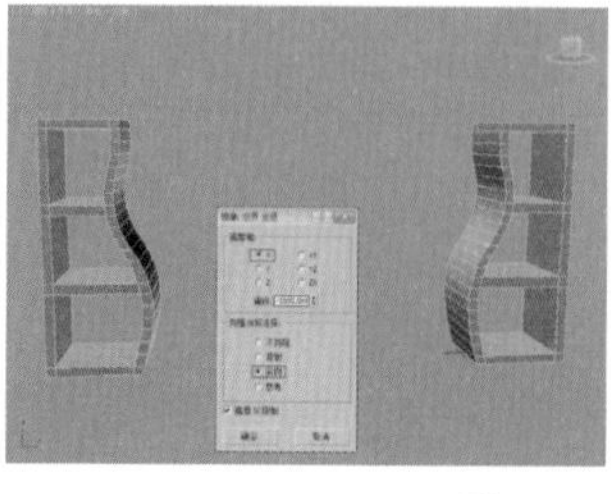

图5-249

08 在创建面板下单击 线 按钮，并在前视图中绘制出如图5-250所示的样条线，在创建时取消勾选“开始新图形”命令，如图5-251所示。

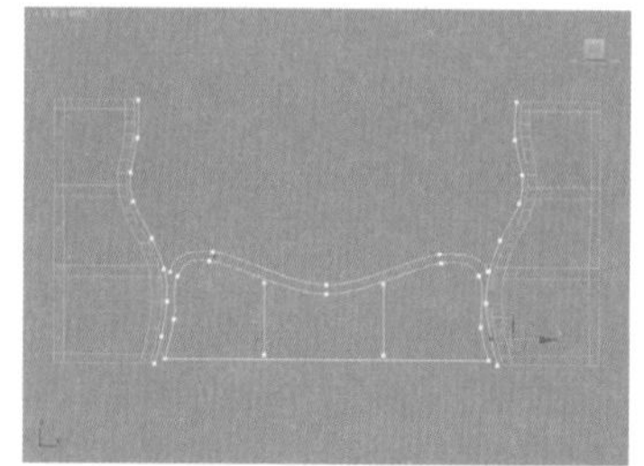

图5-250

图5-251

小技巧

在取消勾选开始新图形选项以后创建的多段线可以自动成为一个整体。这样就省去了创建完以后使用附加命令的操作。

09 选择样条线，然后在渲染卷展栏下勾选“在渲染中启用”和“在视口中启用”选项，接着勾选“矩形”选项，并设置“长度”为320mm、“宽度”为30mm，如图5-252所示，书架模型最终效果如图5-253所示。

图5-252

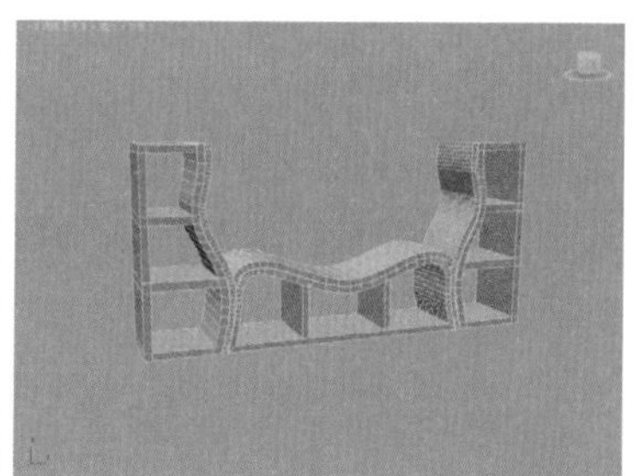

图5-253

新手练习——多边形建模之现代沙发

素材文件	无
案例文件	新手练习——多边形建模之现代沙发.max
视频教学	视频教学/第5章/新手练习——多边形建模之现代沙发.flv
技术掌握	“挤出”工具、“连接”工具、“切角”工具的运用

本例是一个转角沙发模型，主要使用“挤出”工具、“连接”工具、“切角”工具用创建图形”工具来制作，案例效果如图5-254所示。

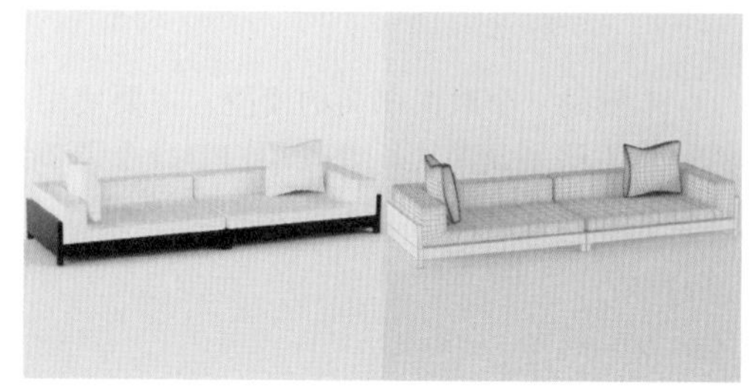

图5-254

【操作步骤】

01 使用“长方体”工具 长方体 在场景中创建一个长方体，然后在“参数”卷展栏下设置“长度”为1000mm、“宽度”为1500mm、“高度”为200mm、“长度分段”为2、“宽度分段”为3、“高度分段”为1，如图5-255所示。

02 选择上一步创建的长方体，然后将长方体转换为可编辑多边形，接着进入“顶点”级别，并调整好各个点的位置，如图5-256所示。

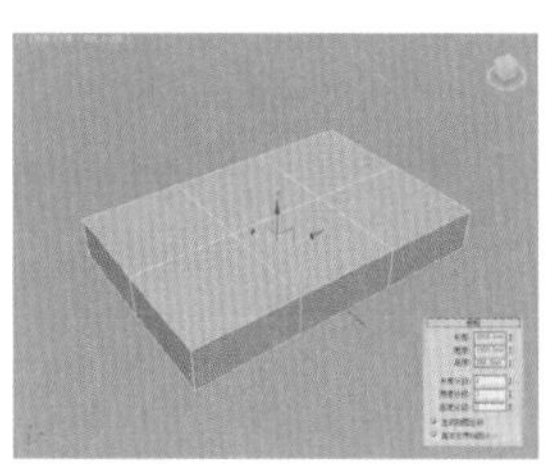

图5-255

图5-256

03 进入“多边形”级别，然后选择如图5-257所示的多边形，接着在“编辑多边形”卷展栏下单击“挤出”按钮 挤出 后面的“设置”按钮，并在弹出的对话框中设置“挤出高度”为220mm，如图5-258所示。

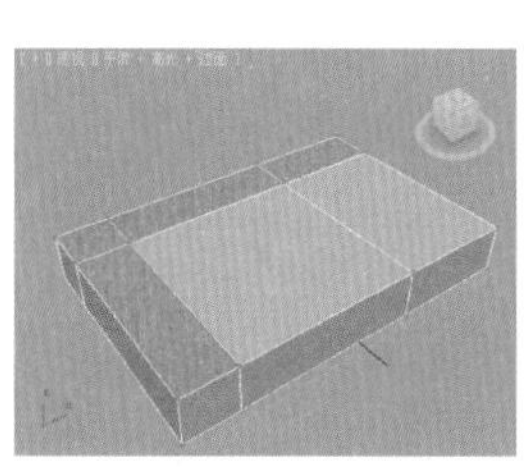

图5-257

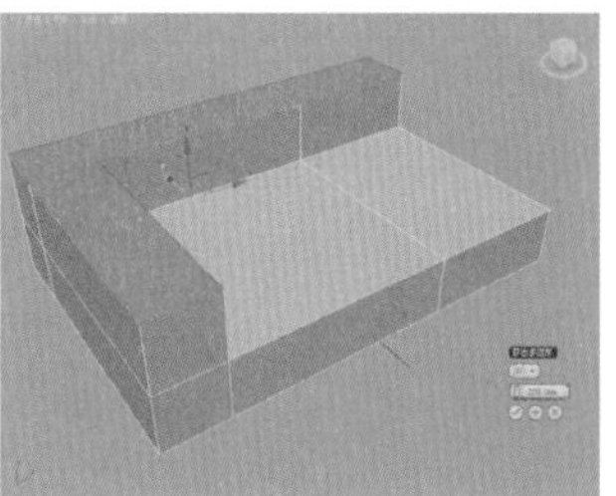

图5-258

04 进入“边”级别，然后选择如图5-259所示的边，接着在“编辑边”卷展栏下单击“切角”按钮 切角 后面的“设置”按钮，并在弹出的对话框中设置“切角量”为8mm，如图5-260所示。

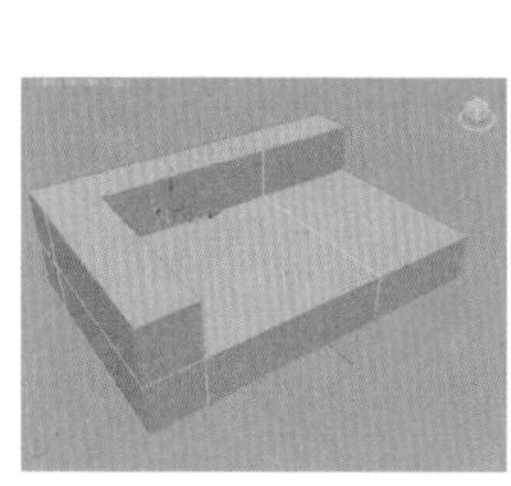

图5-259

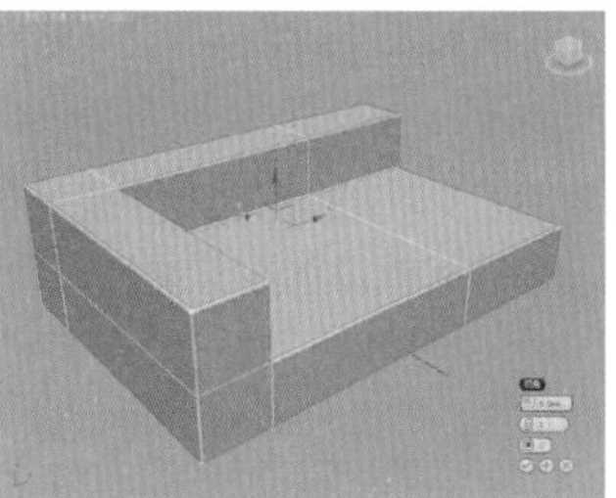

图5-260

05 选择上一步创建的模型，然后为模型加载一个“网格平滑”修改器，接着在“细分量”卷展栏下设置“迭代次数”为2，模型效果如图5-261所示。

06 使用“长方体”工具 长方体 在场景中创建一个长方体，然后在“参数”卷展栏下设置“长度”为1000mm、“宽度”为1500mm、“高度”为100mm，如图5-262所示。

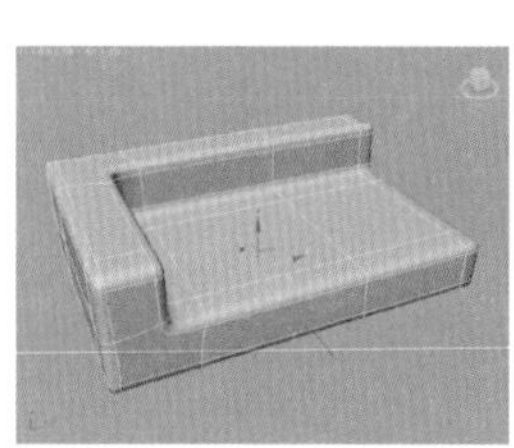

图5-261

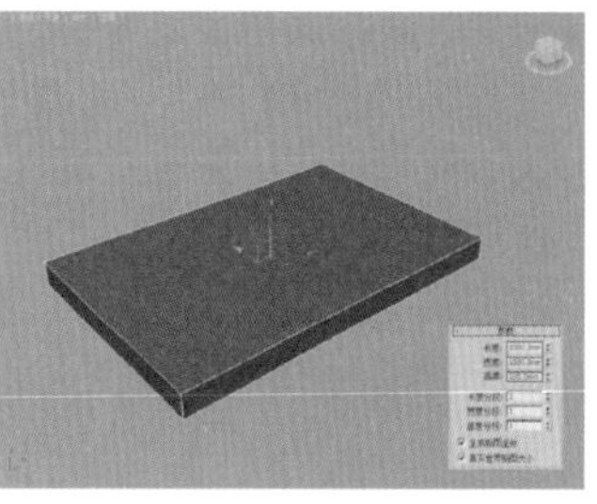

图5-262

07 将上一步创建的长方体转化为“编辑多边形”，然后进入“多边形”级别，接着选择如图5-263所示的多边形，最后在“编辑多边形”卷展栏下单击“挤出”按钮 挤出 后面的“设置”按钮，并在弹出的对话框中设置“挤出高度”为50mm，如图5-264所示。

图5-263

图5-264

08 选择如图5-265所示多边形，然后使用“挤出”工具 挤出 ，接着在弹出的对话框中设置“挤出高度”为200mm，模型效果如图5-266所示。

图5-265

图5-266

09 进入“边”级别，然后选择如图5-267所示的边，接着在“编辑边”卷展栏下单击“连接”按钮 连接 后面的“设置”按钮，并在弹出的对话框中设置“分段”为2，如图5-268所示。

图5-267

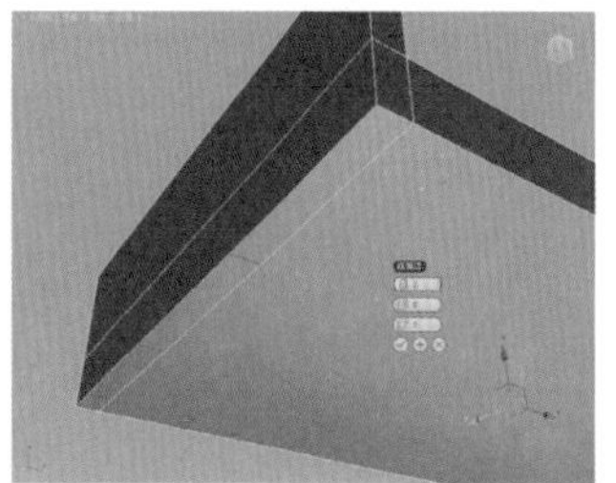

图5-268

10 选择如图5-269所示的边，然后在“编辑边”卷展栏下单击“连接”按钮 连接 后面的“设置”按钮□，接着在弹出的对话框中设置“分段”为1，如图5-270所示。

图5-269

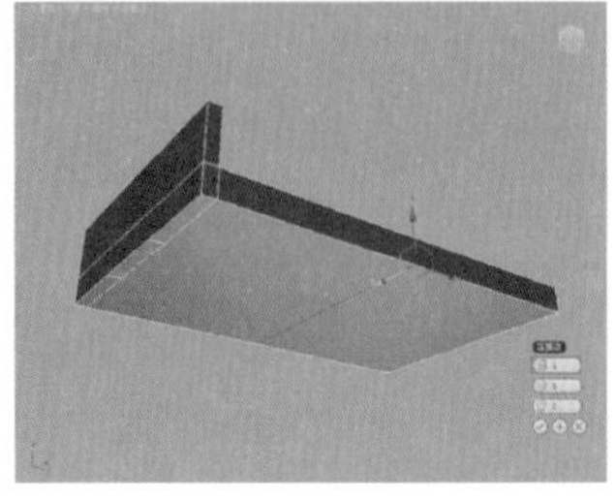

图5-270

11 选择如图5-271所示的边，然后在“编辑边”卷展栏下单击“连接”按钮 连接 后面的“设置”按钮□，接着在弹出的对话框中设置“分段”为2，如图5-272所示。

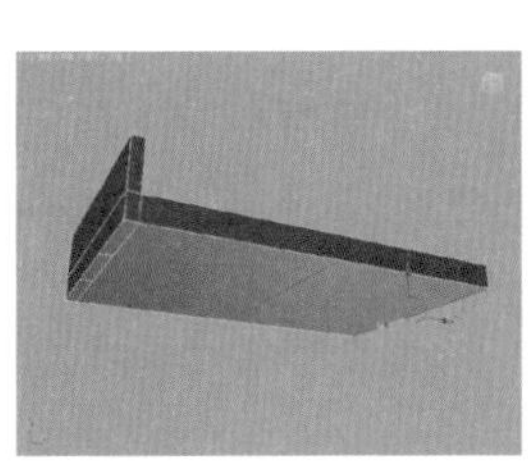

图5-271

图5-272

12 进入“顶点”级别，然后在顶视图调整好各个点所在的位置，如图5-273所示。

图5-273

13 进入“多边形”级别，然后选择如图5-274所示的多边形，接着在“编辑多边形”卷展栏下单击“挤出”按钮 挤出 后面的“设置”按钮□，并在弹出的对话框中设置“挤出高度”为50mm，如图5-275所示。

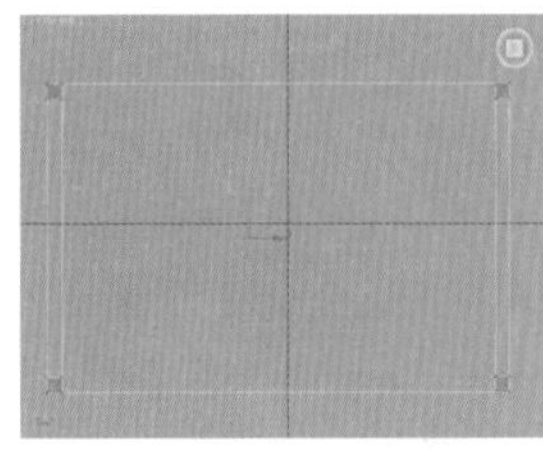

图5-274

图5-275

14 进入“边”级别，然后选择如图5-276所示的边，接着在“编辑边”卷展栏下单击“切角”按钮 切角 后面的“设置”按钮□，并在弹出的对话框中设置“切角量”为4mm，如图5-277所示。

图5-276

图5-277

15 此时模型主体部分效果如图5-278所示。

图5-278

16 使用“切角长方体”工具 切角长方体 在场景中创建一个切角长方体，然后在“参数”卷展栏下设置“长度”为200mm、“宽度”为600mm、“高度”为500mm、“圆角”为20mm，如图5-279所示。

17 将切角长方体转换为可编辑多边形，然后进入“顶点”级别，接着在视图中调整好各个顶点的位置，如图5-280所示。

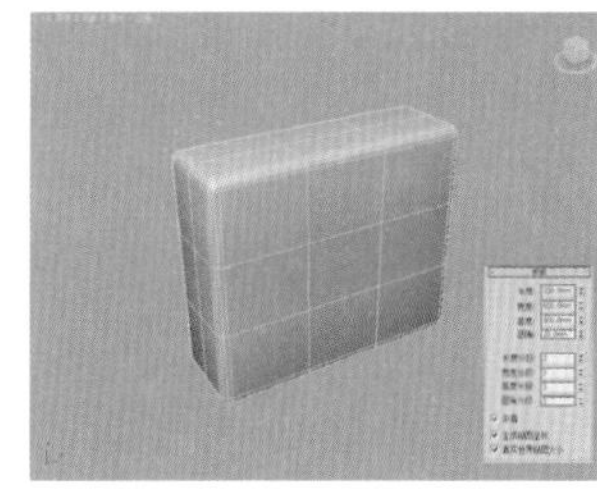

图5-279

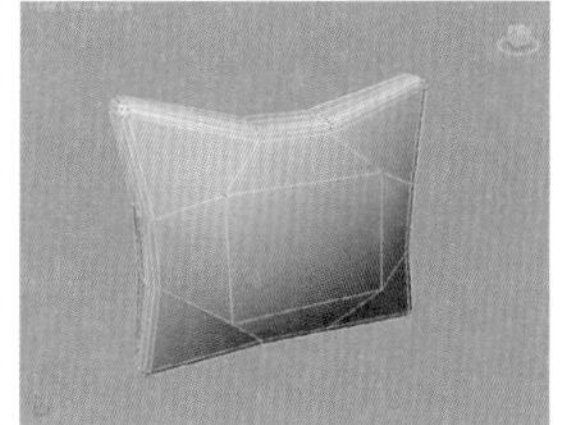

图5-280

18 为模型加载一个“网格平滑”修改器，然后在“细分量”卷展栏下设置“迭代次数”为2，模型效果如图5-281所示。

19 选择场景中所有的模型，然后使用“选择并移动”工具，接着按Shift键复制出另一侧的模型，沙发最终模型效果如图5-282所示。

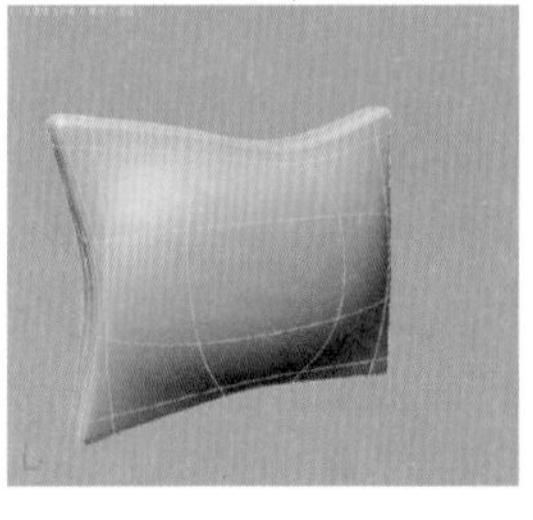

图5-281

图5-282

高手进阶——多边形建模之台盆

素材文件	无
案例文件	高手进阶——多边形建模之台盆.max
视频教学	视频教学/第5章/高手进阶——多边形建模之台盆.flv
技术掌握	“插入”工具、“挤出”工具、“切角”工具、“倒角”工具、样条线的可渲染功能的运用

本例是一个台盆模型，主要使用“插入”工具、“挤出”工具、“切角”工具、“倒角”工具和“样条线的可渲染功能”来制作，如图5-283所示。

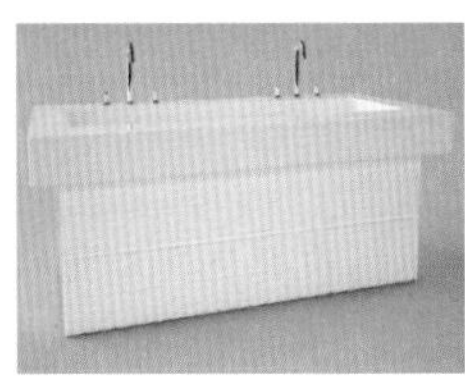
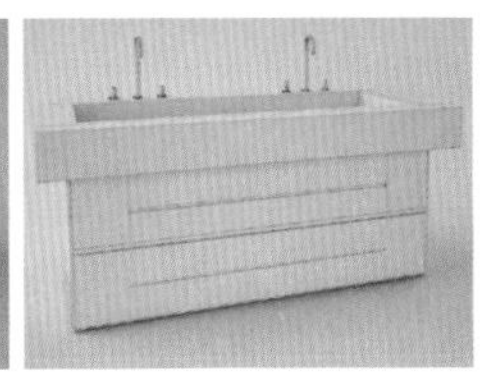

图5-283

【操作步骤】

01 使用“长方体”按钮 长方体 在场景中创建一个长方体，然后在“参数”卷展栏下设置“长度”为700mm、“宽度”为1500mm、“高度”为150mm，“长度分段”为3、“宽度分段”3、“高度分段”为1，具体参数设置及模型效果如图5-284所示。

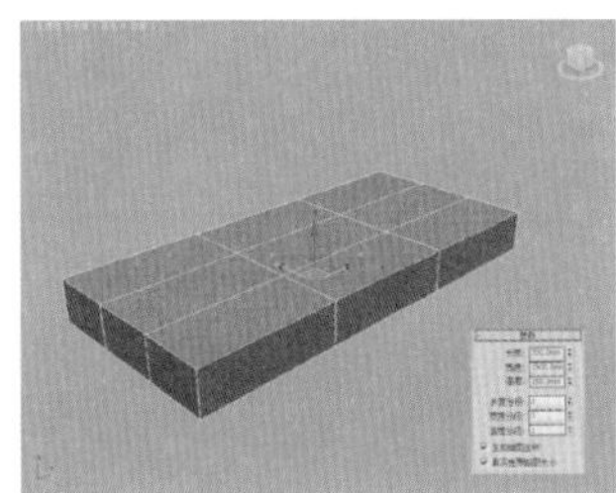

图5-284

02 将长方体转换为可编辑多边形，然后进入“顶点”级别，接着调整好各个顶点的位置，如图5-285所示。

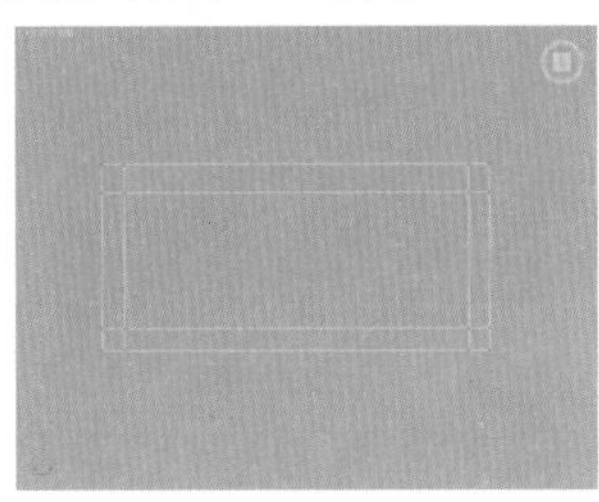

图5-285

03 进入“多边形”级别，然后选择如图5-286所示的多边形，接着在“编辑多边形”卷展栏下单击“挤出”按钮 挤出 后面的“设置”按钮，并在弹出的对话框中设置“挤出高度”为500mm，如图5-287所示。

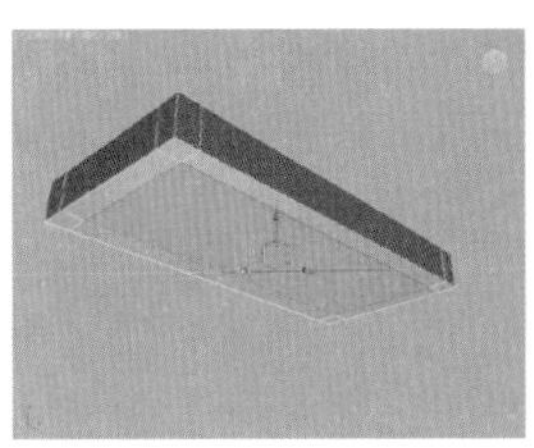
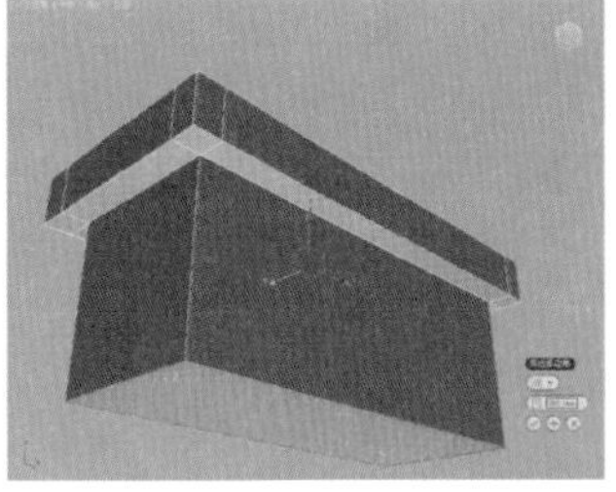

图5-286 图5-287

04 进入“边”级别，然后选择如图5-288所示的边，接着在“编辑边”卷展栏下单击“连接”按钮 连接 后面的“设置”按钮，并在弹出的对话框中设置“分段”为2，如图5-289所示。

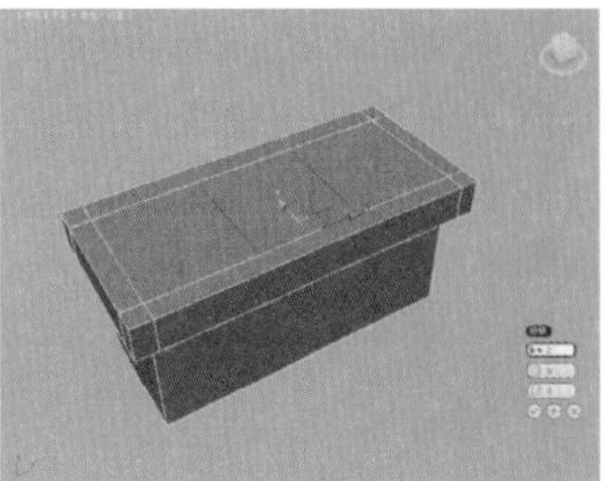

图5-288 图5-289

05 使用同样方法，对上一步新创建的两条线进行连接分段，如图5-290所示。

06 进入“顶点”级别，然后在顶视图中调整好各个顶点的位置，如图5-291所示。

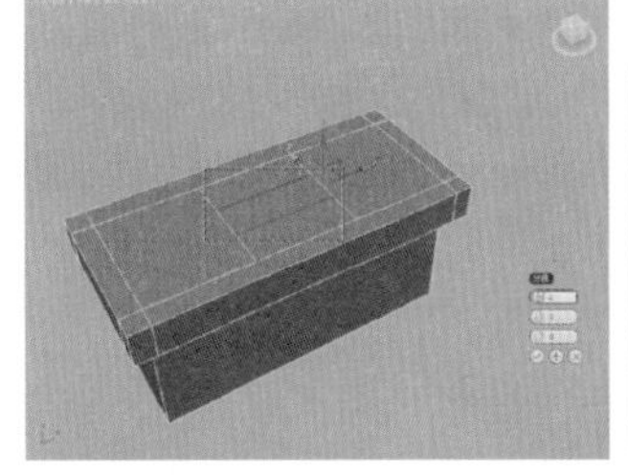

图5-290 图5-291

07 进入“多边形”级别，然后选择如图5-292所示的多边形，接着在“编辑多边形”卷展栏下单击“挤出”按钮 挤出 后面的“设置”按钮，并在弹出的对话框中设置“挤出高度”为-100mm，模型效果如图5-293所示。

图5-292 图5-293

小技巧

在选择多边形时可以在修改面板下展开“选项”卷展栏勾选“忽略背面”命令，这样在选择时就可以避免错选，如图5-294所示。

图5-294

08 选择将要插入的多边形，然后在“编辑多边形”卷展栏下单击“插入”按钮 插入 后面的“设置”按钮，接着在弹出的对话框中设置“数量”为10mm，如图5-295所示。

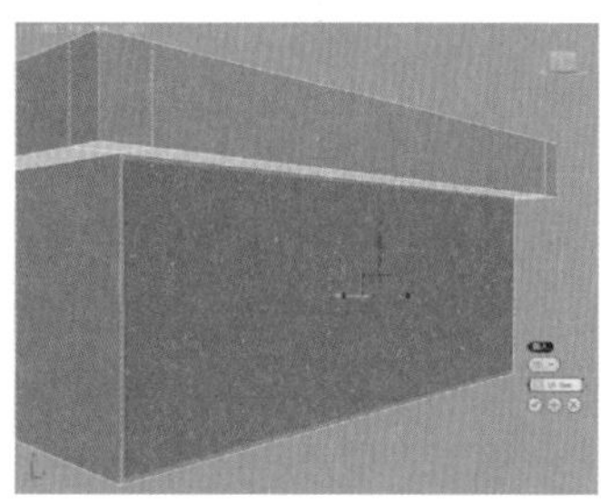

图5-295

09 进入“边”级别，然后选择如图5-296所示的边，接着在“编辑边”卷展栏下单击“连接”按钮 连接 后面的“设置”按钮，并在弹出的对话框中设置“分段”为2，如图5-297所示。

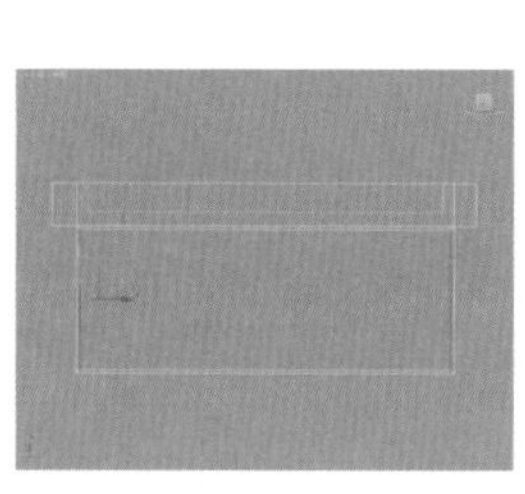

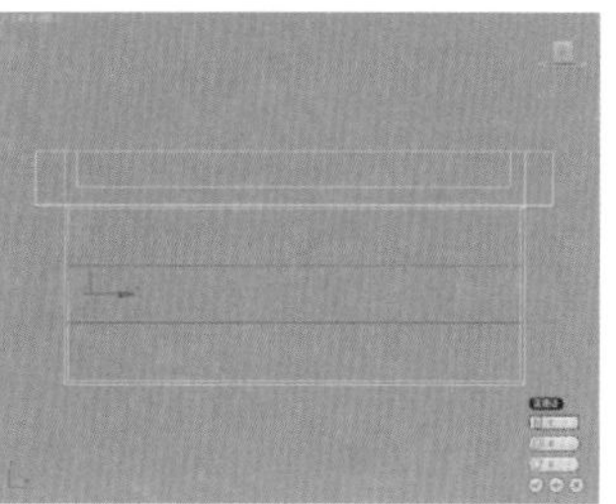

图5-296　　图5-297

10 进入“顶点”级别，然后在前视图中调整好各个顶点的位置，如图5-298所示。

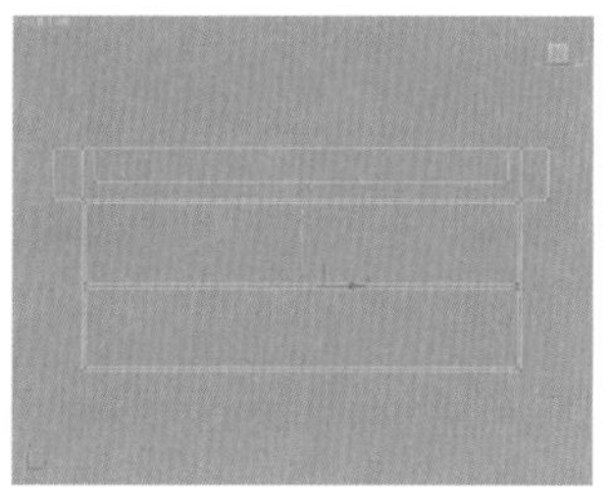

图5-298

11 进入“多边形”级别，然后选择如图5-299所示的多边形，接着在“编辑多边形”卷展栏下单击“挤出”按钮 挤出 后面的“设置”按钮，并在弹出的对话框中设置“挤出高度”为10mm，模型效果如图5-300所示。

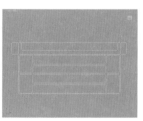

图5-299　　图5-300

12 进入“边”级别，然后选择如图5-301所示的边，接着在“编辑边”卷展栏下单击“连接”按钮 连接 后面的“设置”按钮，并在弹出的对话框中设置“分段”为2，如图5-302所示。

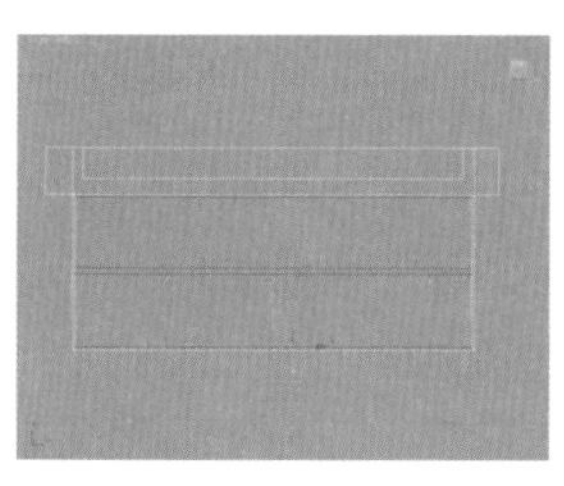

图5-301　　图5-302

13 使用同样方法，对上一步新创建的两条线进行连接分段，如图5-303所示。

14 进入“顶点”级别，然后在前视图中调整好各个顶点的位置，如图5-304所示。

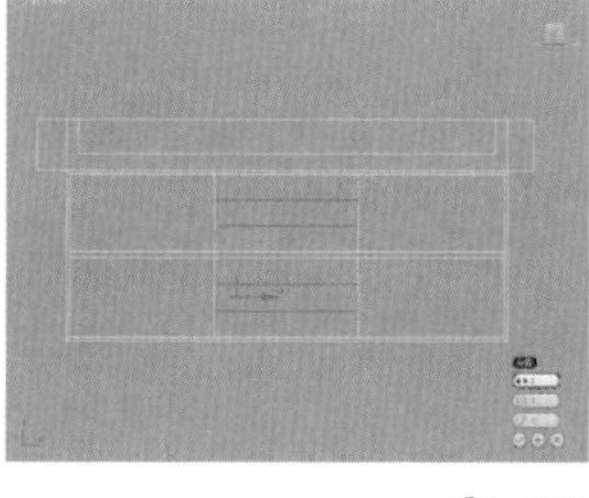

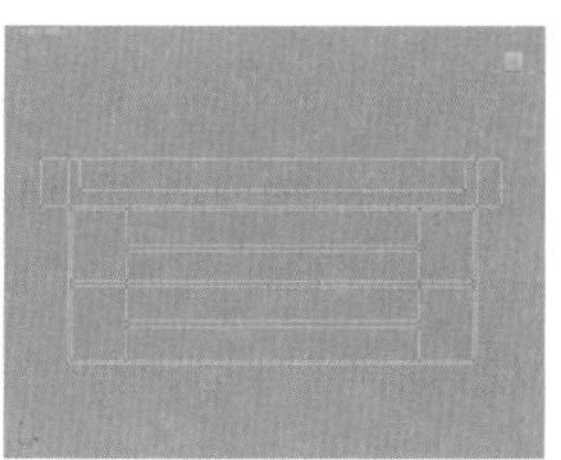

图5-303　　图5-304

15 进入“多边形”级别，然后选择如图5-305所示的多边形，接着在“编辑多边形”卷展栏下单击“倒角”按钮 倒角 后面的“设置”按钮，并在弹出的对话框中设置“高度”为-5mm、“轮廓”为-2mm，模型效果如图5-306所示。

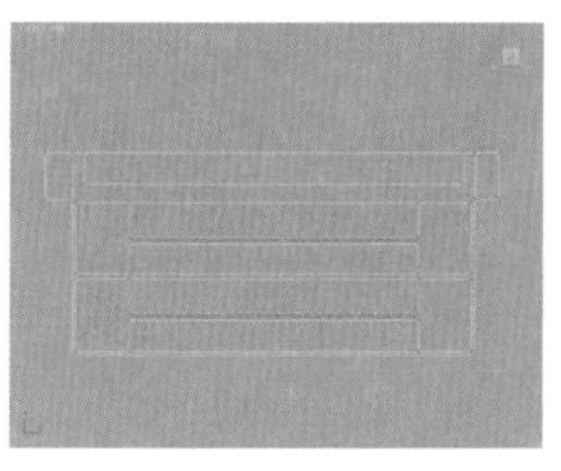

图5-305

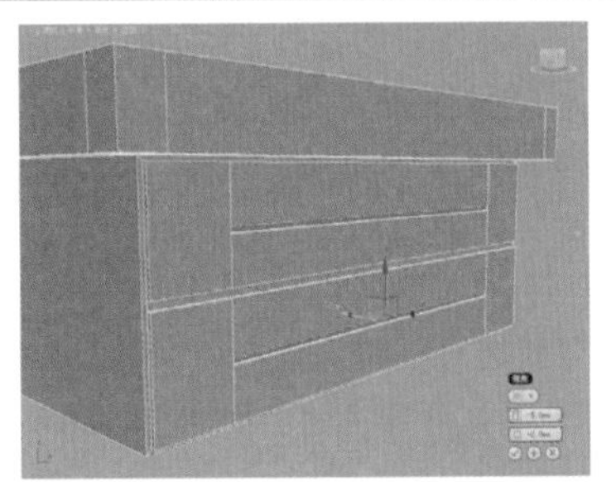

图5-306

16 进入“边”级别，然后选择如图5-307所示的边，接着在“编辑边”卷展栏下单击“切角”按钮 切角 后面的“设置”按钮□，并在弹出的对话框中设置“切角量”为3mm，如图5-308所示。

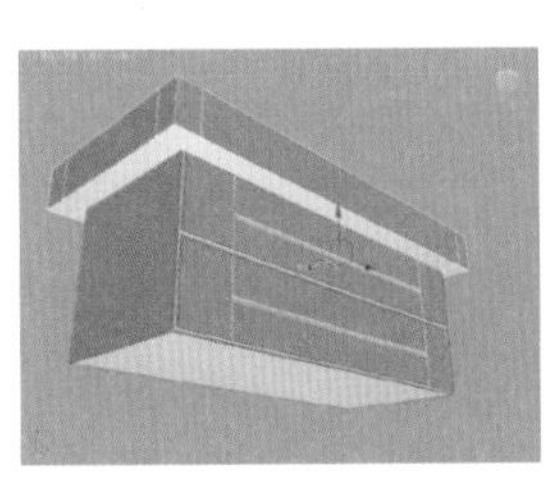

图5-307

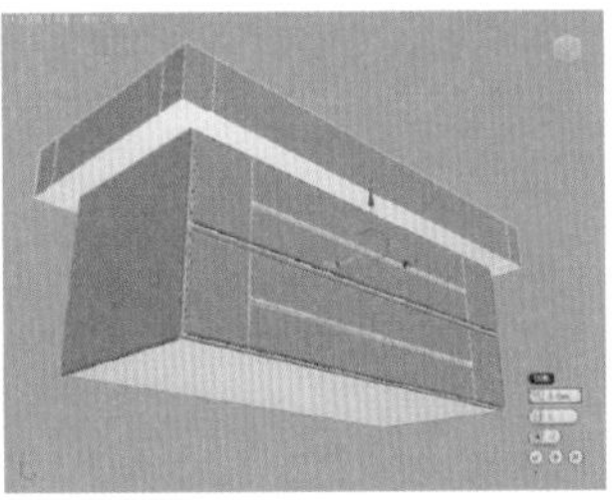

图5-308

17 选择如图5-309所示的边，然后在“编辑边”卷展栏下单击“切角”按钮 切角 后面的“设置”按钮□，接着在弹出的对话框中设置“切角量”为4mm，如图5-310所示。

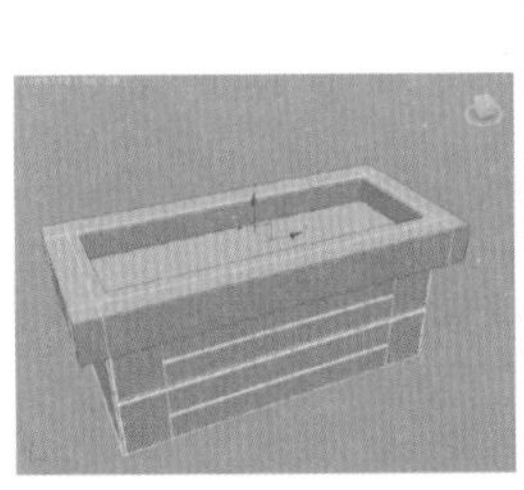

图5-309

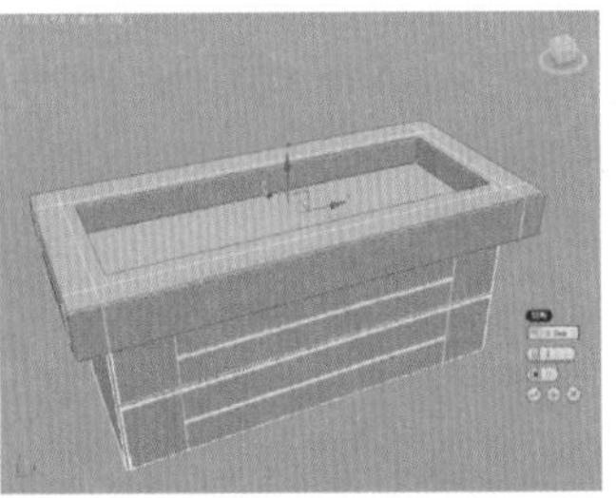

图5-310

18 设置“图形”类型为“样条线”，然后单击“线”按钮 线 ，接着在左视图中绘制一条如图5-311所示的样条线作为水龙头模型。

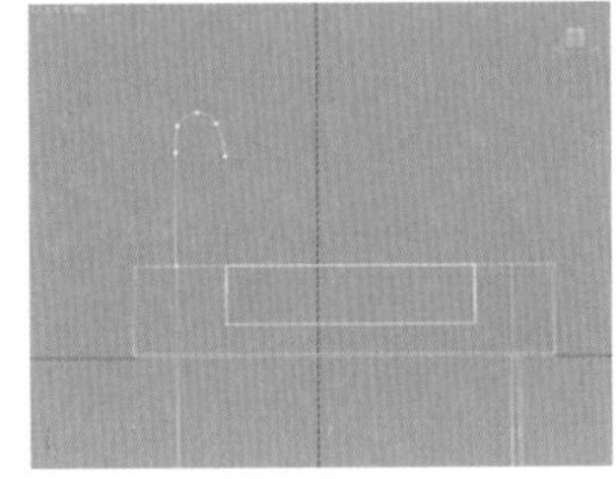

图5-311

19 选择样条线并进入“修改”面板，然后在“渲染”卷展栏下勾选“在渲染中启用”和“在视口中启用”选项，接着勾选“径向”选项，最后设置“厚度”为20mm、“边”为12，模型效果如图5-312所示。

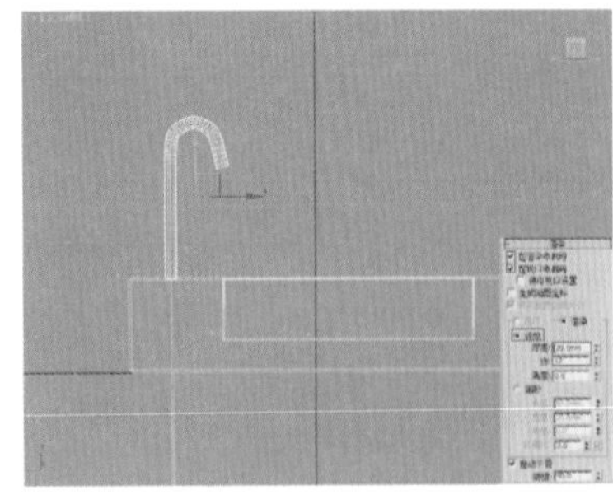

图5-312

20 使用“切角圆柱体”工具 切角圆柱体 在场景中创建一个切角圆柱体，然后在“参数”卷展栏下设置“半径”为10mm、“高度”为50mm、“圆角”为3mm、“高度分段”为1、“圆角分段”为1、“边数”为16，参数设置及模型位置如图5-313所示。

21 使用“圆环”工具 圆环 在场景中创建一个圆环，然后在“参数”卷展栏下设置“半径1”为15mm、“半径2”为5mm、“分段”为-4、“边数”为4，参数设置及模型位置如图5-314所示。

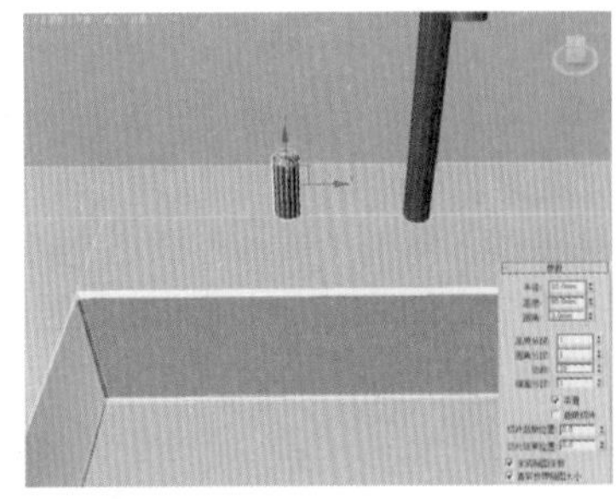

图5-313

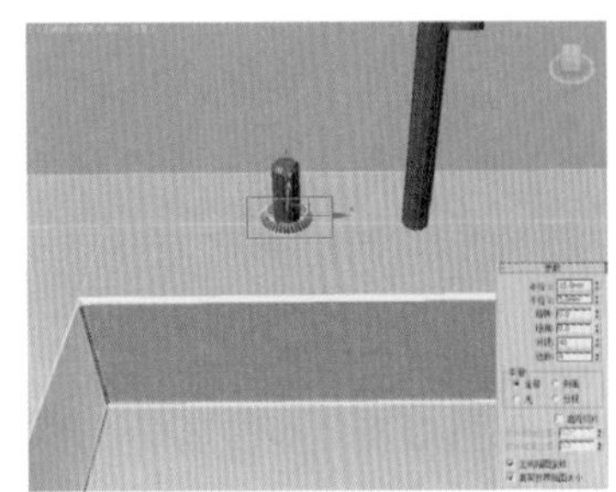

图5-314

22 使用“选择并移动”工具同时按Shift键移动复制一个圆环到如图5-315所示的位置。

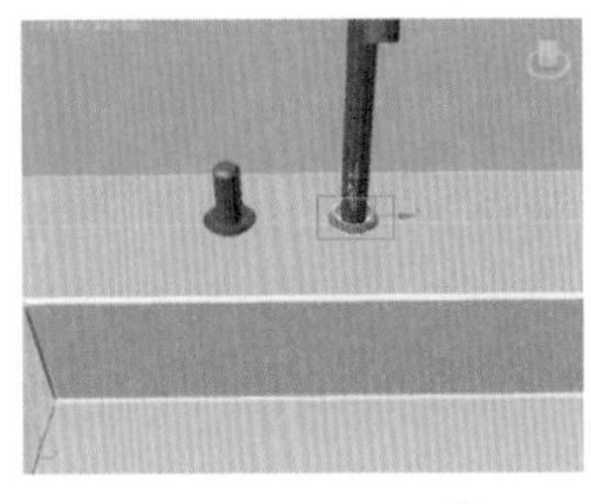

图5-315

23 使用同样方法创建其他水龙头模型，如图5-316所示。

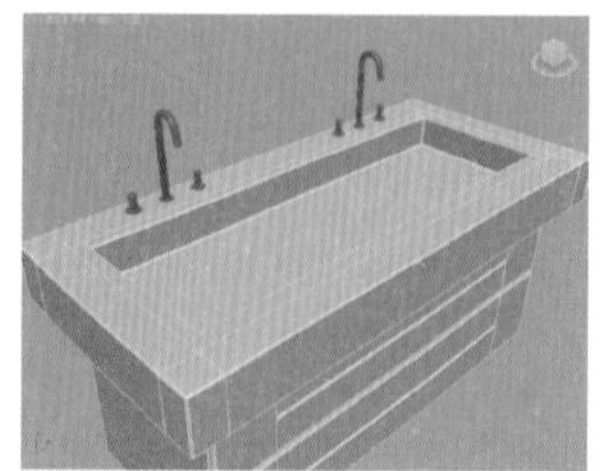

图5-316

24 使用“圆柱体”工具 圆柱体 在场景中创建一个圆柱体，然后在“参数”卷展栏下设置“半径”为30mm、“高度”为12mm，参数设置及模型位置如图5-317所示。

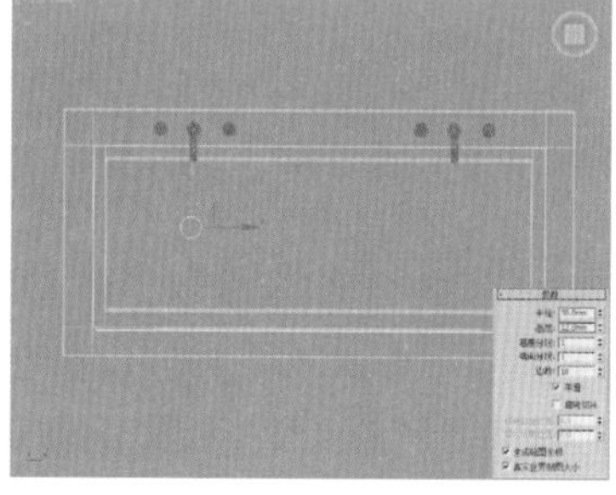

图5-317

25 将上一步创建的圆柱体转换为可编辑多边形，然后选择圆柱体顶部的多边形，接着在“编辑多边形”卷展栏下单击“插入”按钮 插入 后面的“设置”按钮，并在弹出的对话框中设置“插入量”为5mm，如图5-318所示。

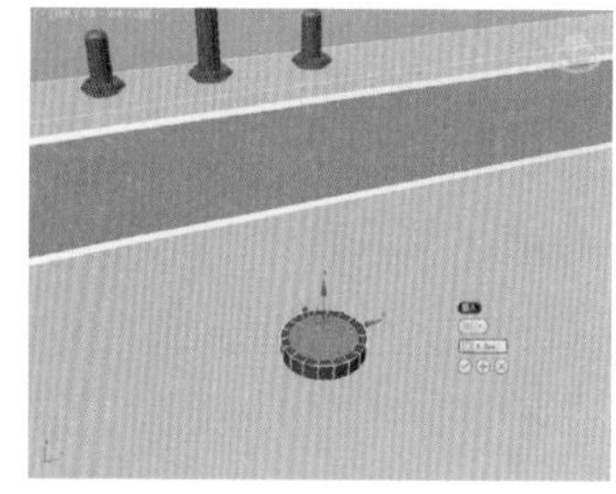

图5-318

26 保持对多边形的选择，然后在“编辑多边形”卷展栏下单击“挤出”按钮 挤出 后面的“设置”按钮，接着在弹出的对话框中设置“挤出高度”为-3mm，如图5-319所示。

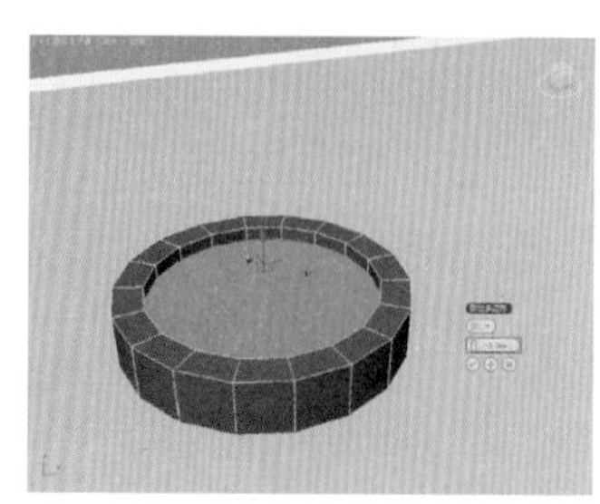

图5-319

27 保持对多边形的选择，然后使用“缩放”工具对其进行缩放，如图5-320所示，接着在“编辑多边形”卷展栏下单击“挤出”按钮 挤出 后面的“设置”按钮，并在弹出的对话框中设置“挤出高度”为6mm，如图5-321所示，最后再使用“缩放”工具对其进行缩放，模型效果如图5-322所示。

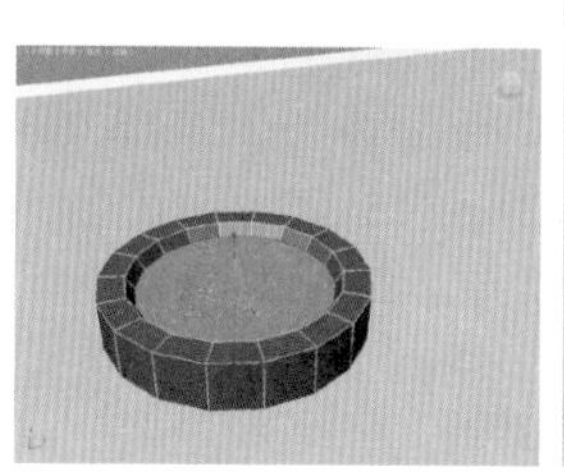

图5-320

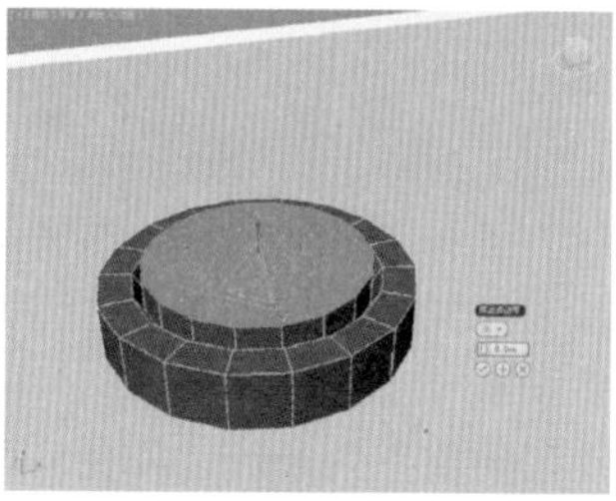

图5-321

图5-322

28 进入“顶点”级别，选择将要调整的“顶点”并在视图中调整好各个顶点的位置，如图5-323所示。

29 选择将要切角的边，然后在“编辑边”卷展栏下单击“切角”按钮 切角 后面的“设置”按钮，接着在弹出的对话框中设置“切角量”为0.5mm，如图5-324所示。

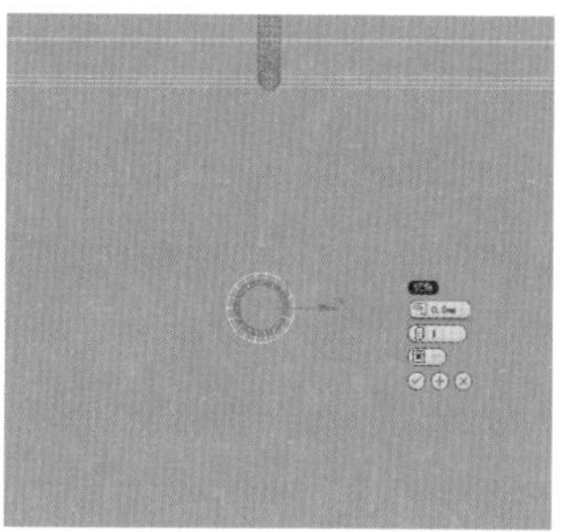

图5-323

图5-324

30 选择上一步创建的模型，然后为模型加载一个“网格平滑”修改器，接着在“细分量”卷展栏下设置“迭代次数”为2，模型效果如图5-325所示。

图5-325

31 使用“选择并移动”工具同时按Shift键移动复制一个圆环，模型最终效果如图5-326所示。

图5-326

高手进阶——多边形建模之室内装饰花

素材文件	无
案例文件	高手进阶——多边形建模之室内装饰花.max
视频教学	视频教学/第5章/高手进阶——多边形建模之室内装饰花.flv
技术掌握	使用多边形下的“点”级别调节点，并使用FFD命令调节到最终的模型

本例是一个装饰花模型，主要使用多边形下的“点”级别调节点，并使用FFD命令调节到最终的模型，案例效果如图5-327所示。

图5-327

【操作步骤】

01 使用“平面”工具 平面 在场景中创建一个平面，并在修改面板下设置“长度”为150mm、“宽度”为150mm、“长度分段”为5、“宽度分段”为5，如图5-328所示。

02 将上一步创建的平面转换为可编辑多边形，然后在顶点级别下调整点的位置，接着将其调整为花瓣的大体模型，模型的效果如图5-329所示。

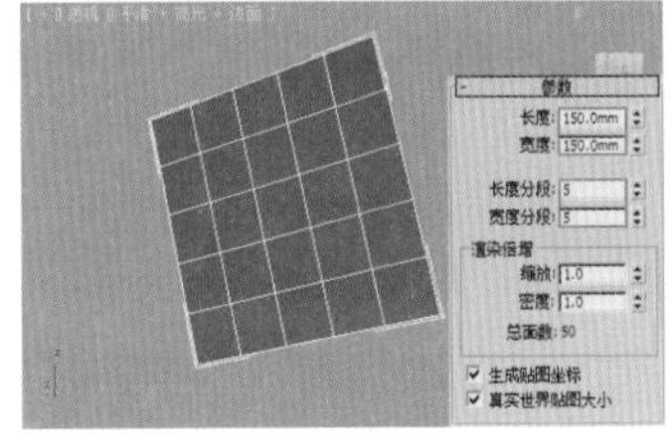

图5-328

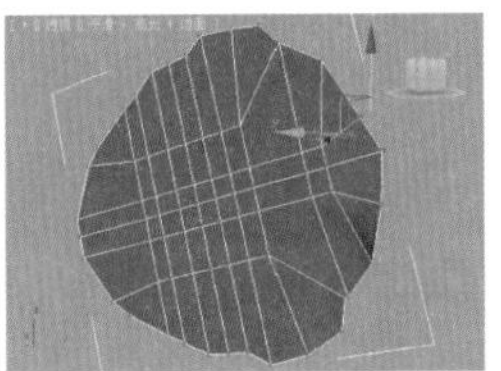

图5-329

03 选择上一步创建的模型，然后在修改面板下为其加载一个“FFD长方体”修改器，接着单击“设置点数”按钮，并设置“长度”、“宽度”、“高度”为6，如图5-330所示。

图5-330

04 选择平面模型，然后在修改器堆栈下单击FFD6×6×6修改器，并选择“控制点”次物体层级，如图5-331所示，接着调整好平面的弯曲度，如图5-332所示。

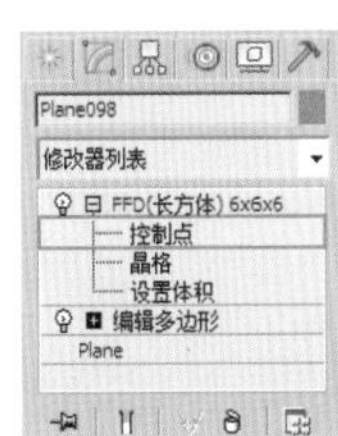

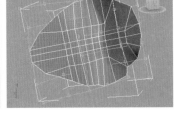

图5-331

图5-332

05 为调整后的模型加载一个“网格平滑”修改器，然后在“细分量”卷展栏下设置“迭代次数”为1，参数设置如图5-333所示，平滑后的模型效果如图5-334所示。

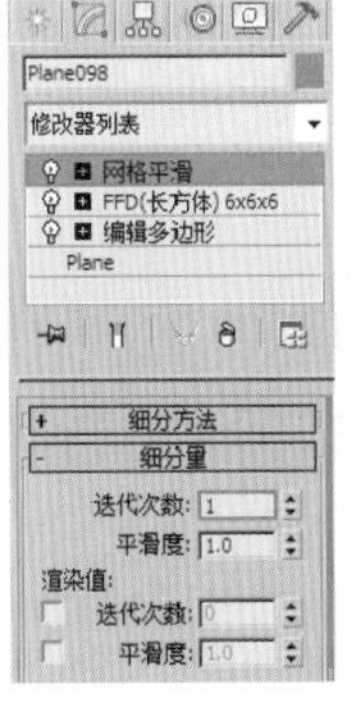

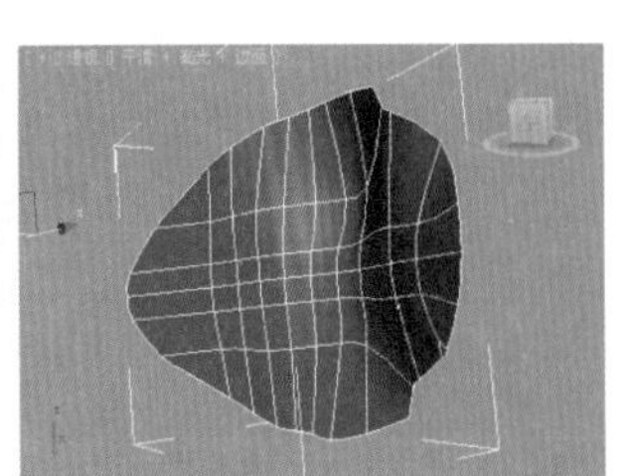

图5-333

图5-334

06 为平滑后的模型加载一个FFD3×3×3修改器，然后选择“控制点”次物体层级，如图5-335所示，接着使用“选择并移动”工具调整模型的弯曲度，如图5-336所示。

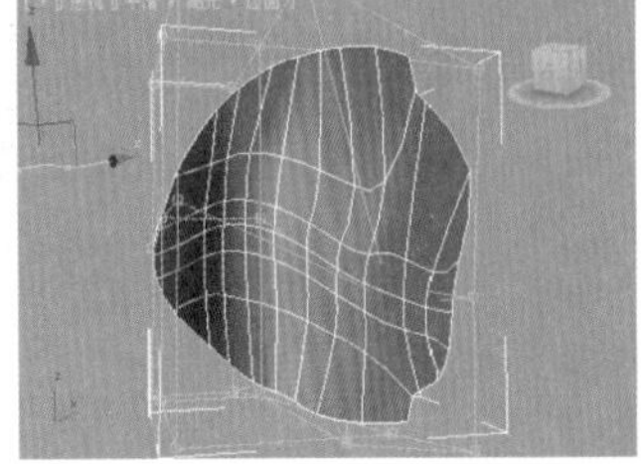

图5-335

图5-336

07 使用同样的方法制作出剩余的花瓣模型，模型效果如图5-337所示。

图5-337

08 选择场景中所有的物体，然后执行“组/成组”命令将其组合为一个整体，接着使用“选择并旋转”工具并按Shift键旋转复制两个物体，如图5-338所示。

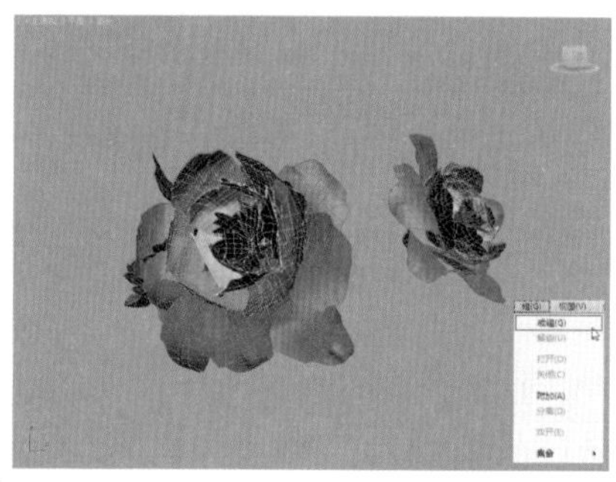

图5-338

09 使用“圆柱体”工具 圆柱体 在顶视图中创建一个圆柱体，并设置“半径”为17mm、“高度”为418mm、“高度分段”为7，如图5-339所示。

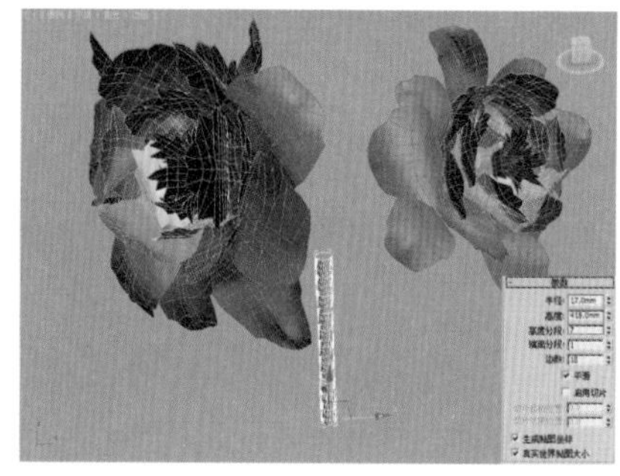

图5-339

10 为圆柱体加载一个FFD4×4×4修改器，然后在修改器堆栈下选择“控制点”次物体层级，接着使用“选择并移动”工具调整好圆柱体的弯曲度，如图5-340所示。

图5-340

11 使用同样的方法创建出其他的部分的花朵枝干，如图5-341所示。

12 在创建面板中单击“图形”按钮，然后设置图形类型为“样条线”，接着使用“椭圆”工具 椭圆 在顶视图中创建一个椭圆，并设置“长度”为335mm、“宽度”为750mm，如图5-342所示。

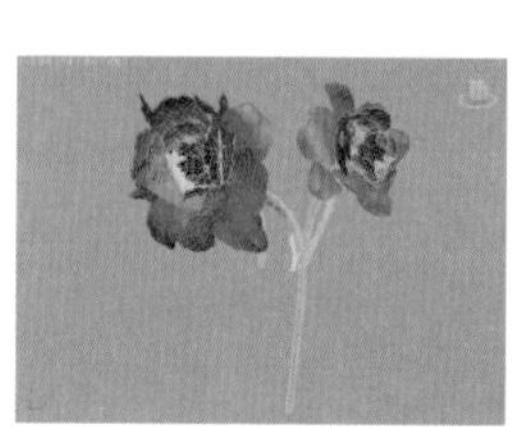

图5-341

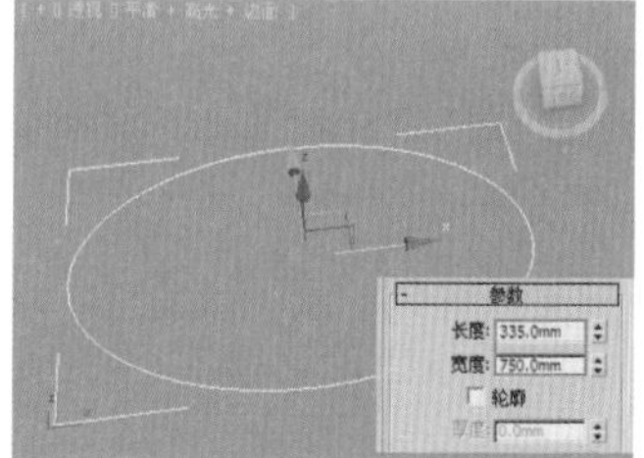

图5-342

小技巧

为了方便我们的操作可以选择其他的物体将其隐藏，如图5-343所示。

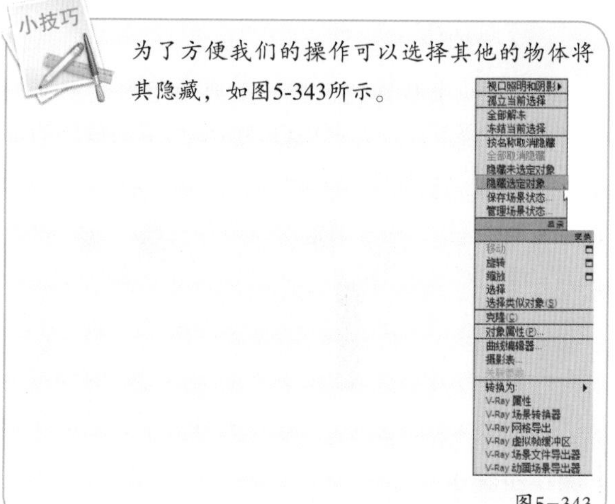

图5-343

13 将椭圆转换为可编辑样条线，然后在“样条线级别”下选择“样条线”次物体层级，接着单击“轮廓”按钮 轮廓 ，效果如图5-344所示。

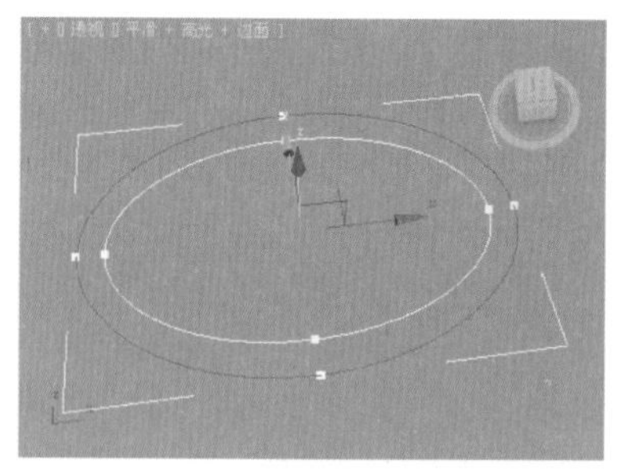

图5-344

14 为样条线加载一个“挤出”修改器，然后展开“参数”卷展栏，接着设置“数量”为1475mm、“分段”为17，参数设置如图5-345所示，模型效果如图5-346所示。

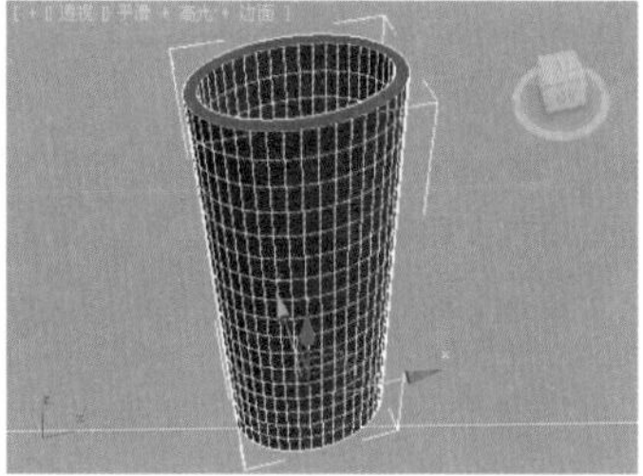

图5-345　　图5-346

15 为挤出后的模型加载一个FFD4×4×4修改器，然后选择“控制点”次物体层级，如图5-347所示，接着使用“选择并均匀缩放”工具对中间部分的控制点进行缩放，模型效果如图5-348所示。

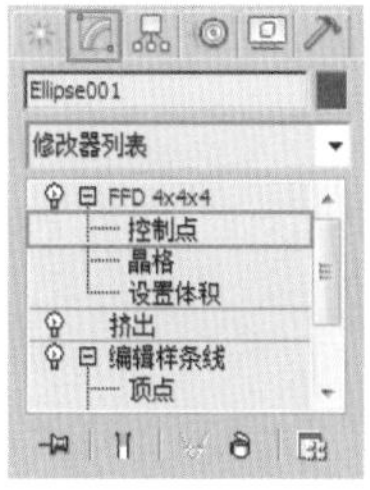

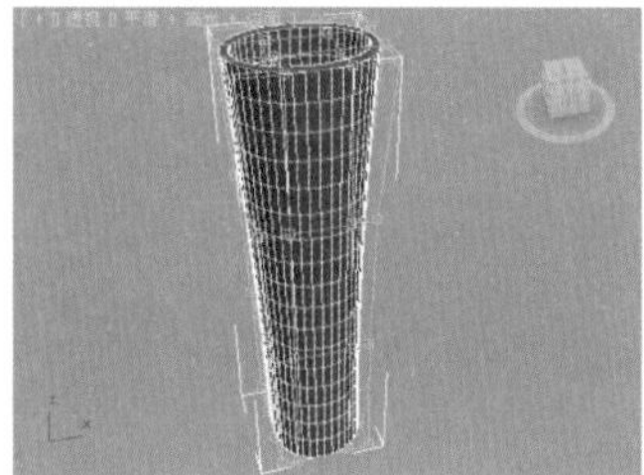

图5-347　　图5-348

16 在场景中单击右键并在弹出的菜单中选择“全部取消隐藏”命令，将其他部分模型显示，如图5-349所示，最终模型效果如图5-350所示。

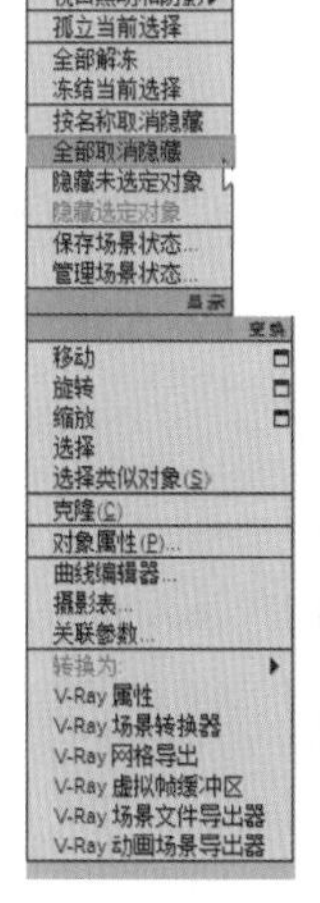

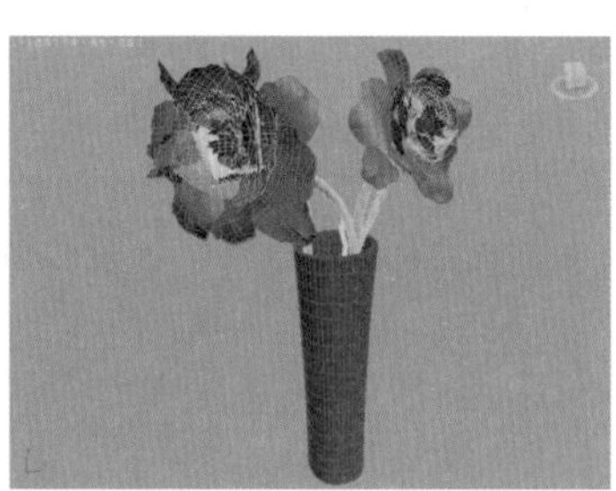

图5-349　　图5-350

高手进阶——多边形建模之柜子

素材文件	无
案例文件	高手进阶——多边形建模之柜子
视频教学	视频教学/第5章/高手进阶——多边形建模之柜子.flv
技术掌握	使用多边形下的“点”级别调节点，然后使用“插入”、“挤出”、“切角”命令，最后使用网格平滑命令修改器将模型进行圆滑

本例是一个柜子模型，主要使用多边形下的“点”级别调节点，并使用“插入”、“挤出”、“切角”命令，最后使用网格平滑命令修改器将模型进行圆滑，案例效果如图5-351所示。

图5-351

【操作步骤】

01 使用“长方体”按钮 长方体 在顶视图中创建一个长方体，然后在修改面板下设置“长度”为300mm，“宽度”为450mm、“高度”为700mm、“长度分段”为1、“宽度分段”为3、“高度分段”为3，参数设置及模型效果如图5-352所示。

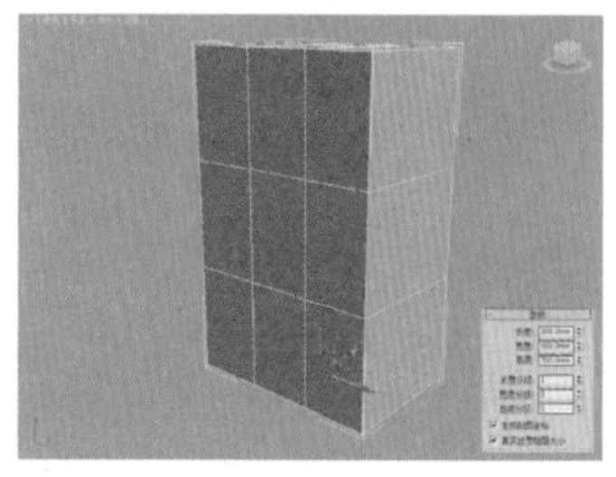

图5-352

02 将长方体转换为可编辑多边形，然后在“点”级别下选择中间的点，接着使用“选择并均匀缩放”按钮将点进行调整，如图5-353所示。

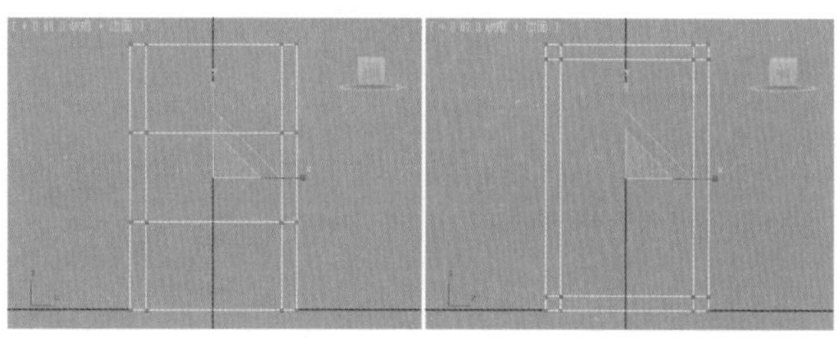

图5-353

03 在“多边形”级别下选择如图5-354所示的多边形，然后在“编辑多边形”卷展栏下单击“插入”按钮 插入 后的“设置”按钮，并设置“数量”为4mm，如图5-355所示。

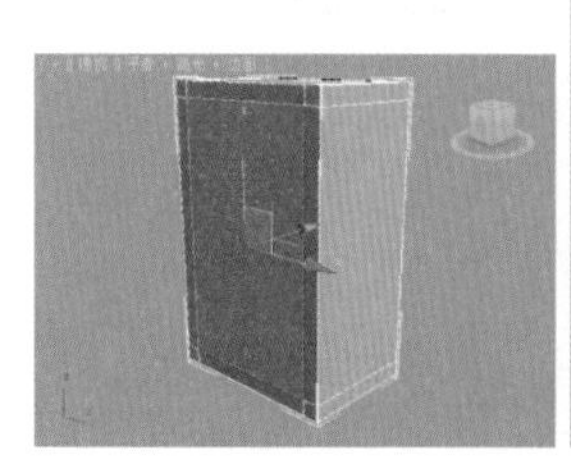

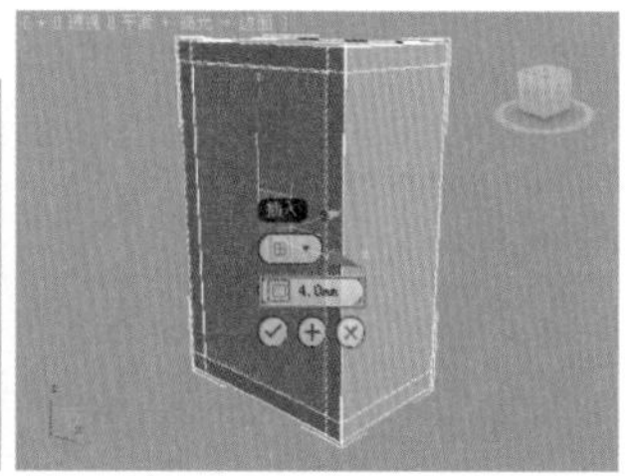

图5-354　　图5-355

04 保持对多边形的选择，然后单击“挤出”按钮 挤出 后的“设置”按钮，并在弹出的对话框中设置“挤出数量”为-250mm，如图5-356所示。

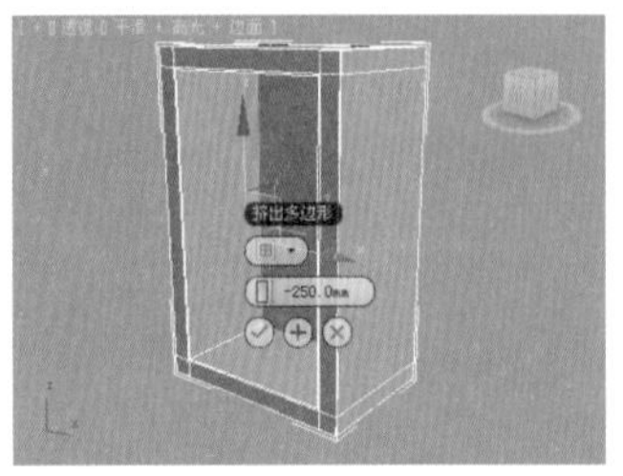

图5-356

05 在“多边形”级别下选择如图5-357所示的多边形，然后单击“插入”按钮 插入 后面的“设置”按钮，接着设置插入数量为4mm，如图5-358所示。

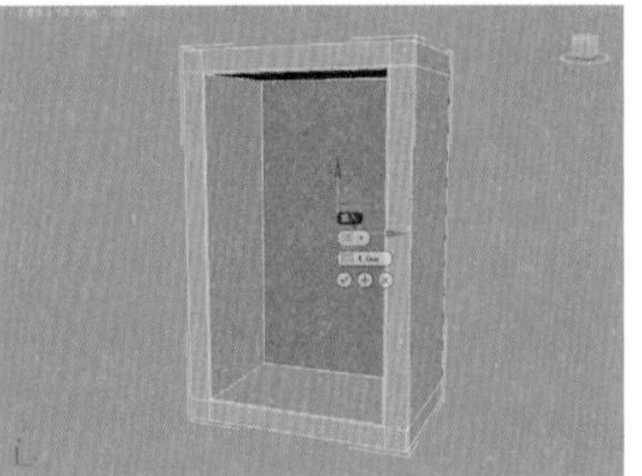

图5-357 图5-358

06 在“边”级别下选择如图5-359所示的边，然后展开“编辑边”卷展栏，接着单击“连接”按钮 连接 后的“设置”按钮，并在弹出的对话框中设置“分段”为4，如图5-360所示。

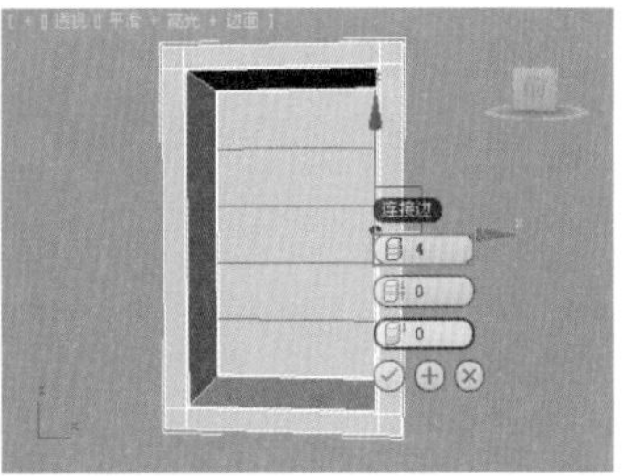

图5-359 图5-360

07 在“多边形”级别下选择如图5-361所示的多边形，然后在展开“编辑多边形”卷展栏下单击“插入”按钮 插入 后的“设置”按钮，并设置“插入类型”为“按多边形”、“数量”为2mm，如图5-362所示。

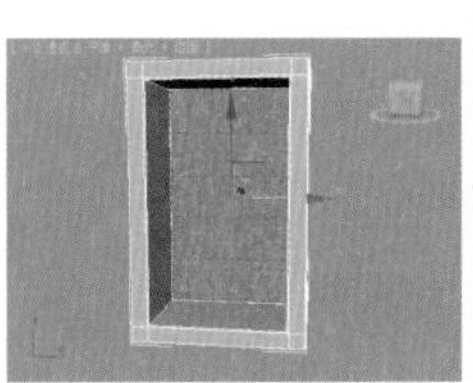

图5-361 图5-362

08 保持对多边形的选择，然后展开“编辑多边形”卷展栏，接着单击“挤出”按钮 挤出 后的“设置”按钮，并设置“挤出数量”为255mm，如图5-363所示。

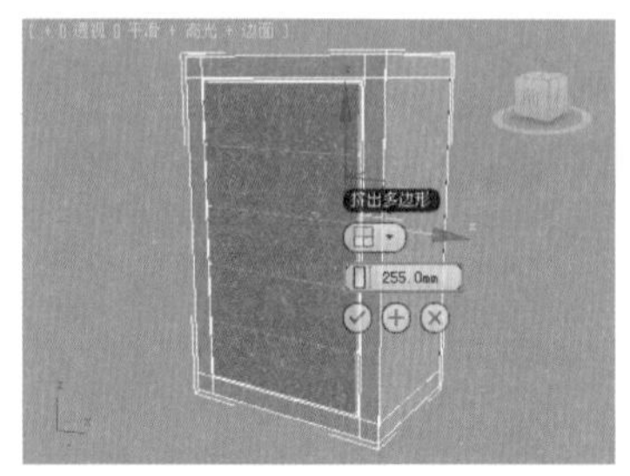

图5-363

09 在“边”级别下选择如图5-364所示的边，然后展开“编辑边”卷展栏，接着单击“切角”按钮 切角 后的“设置”按钮，并设置“数量”为3、“分段”为5，如图5-365所示。

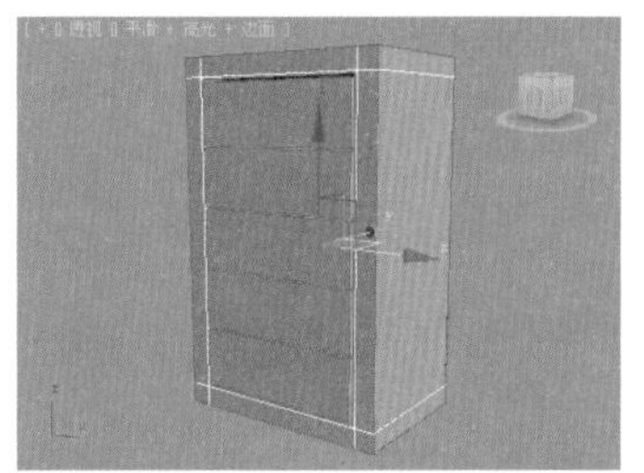

图5-364

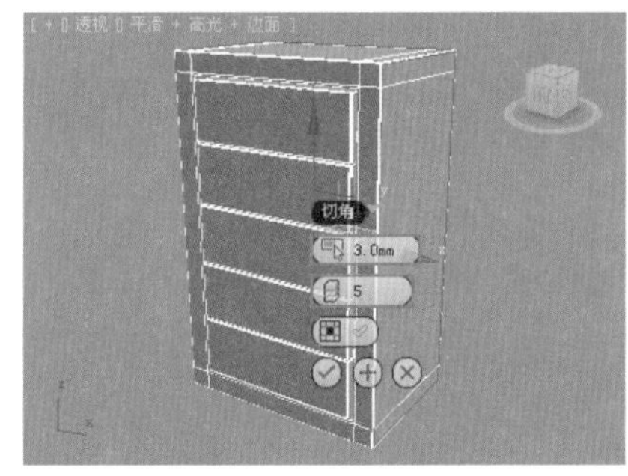

图5-365

10 柜子中间部分模型效果，如图5-366所示。

图5-366

11 使用“线”工具 线 在前视图中绘制出如图5-367所示的样条线，继续使用“线”工具在顶视图中绘制一条如图5-368所示的样条线。

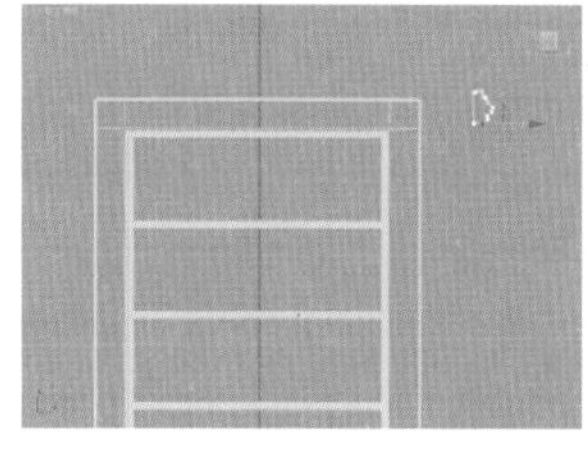
图5-367

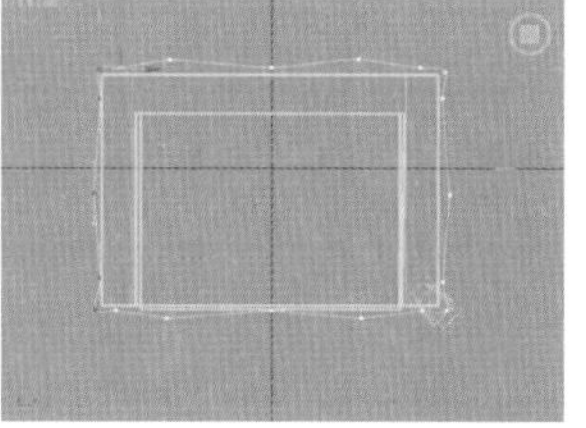
图5-368

12 选择Line01然后在创建面板下设置“几何体类型”为“复合对象”，接着单击“放样”按钮 放样 ，如图5-369所示，最后单击“获取路径”按钮 获取路径 并拾取Line02，如图5-370所示。

图5-369

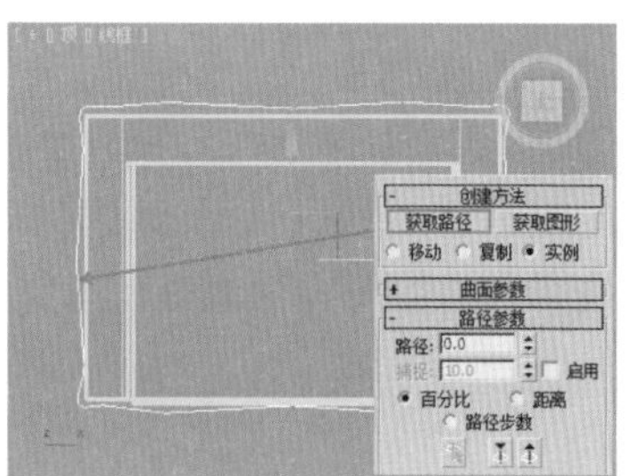

图5-370

13 放样后的模型效果如图5-371所示，但这并不是我们想要的模型效果，而且模型呈现出黑色，我们需要为放样后模型加载一个“壳”命令，如图5-372所示。

图5-371

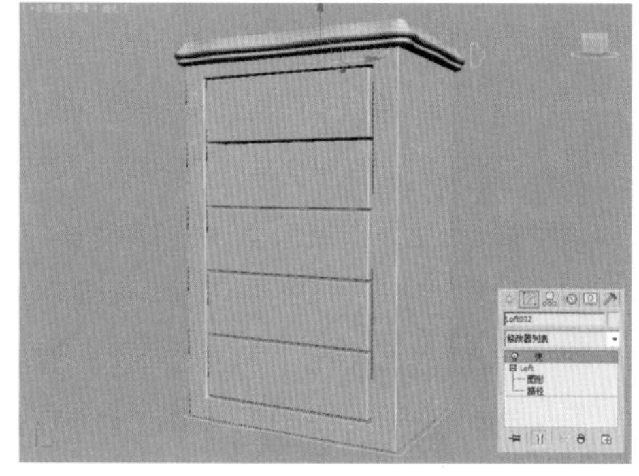
图5-372

在这里我们也可以为放样后的模型加载“法线”命令，同样可以得到一样的效果，如图5-373所示。

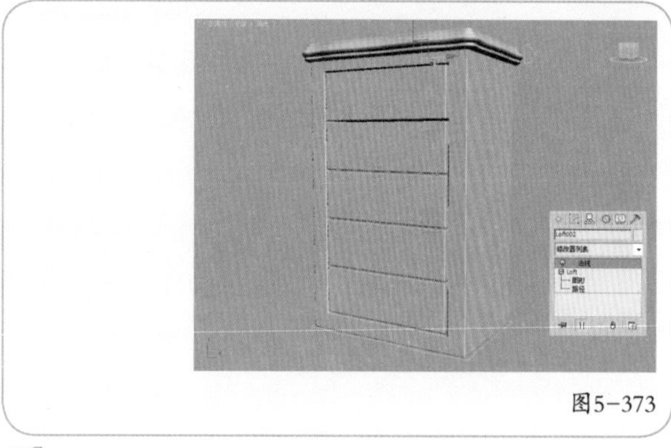
图5-373

14 使用“线”工具 线 在前视图中绘制出样条线，然后在渲染卷展栏下勾选“在渲染中启用”、“在视口中启用”和“径向”选项，并设置“厚度”为6mm，如图5-374所示。

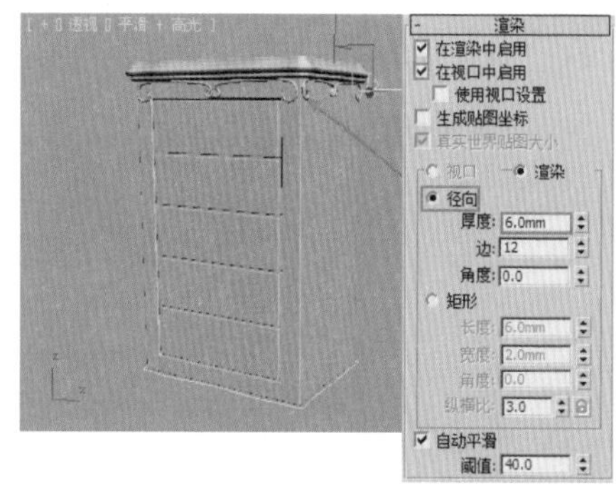

图5-374

15 使用“长方体”工具 长方体 在视图中创建一个长方体，然后在“参数”卷展栏下设置“长度”为160mm、“宽度”为70mm、“高度”为50mm、“长度分段”为4，参数设置及模型位置如图5-375所示。

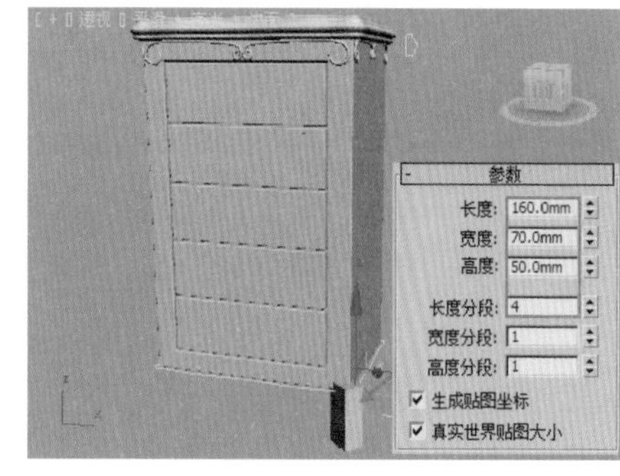

图5-375

16 选择上一步创建的长方体，然后将其转换为可编辑多边形，接着在“顶点”级别下调整好各顶点的位置，如图5-376所示。

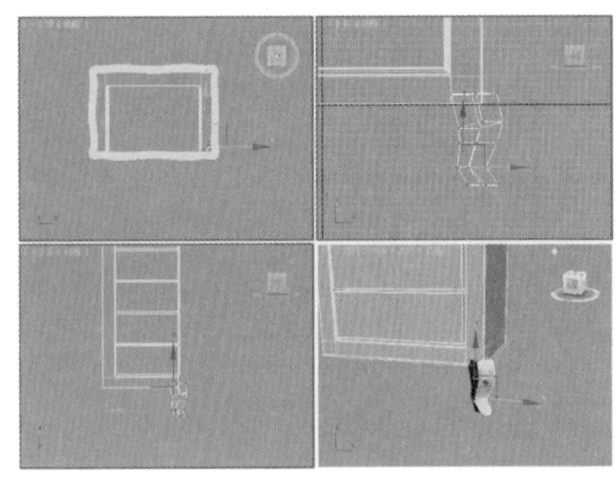

图5-376

17 在“边”级别下选择如图5-377所示的边，然后使用切角命令进行切角，如图5-378所示。

图5-377

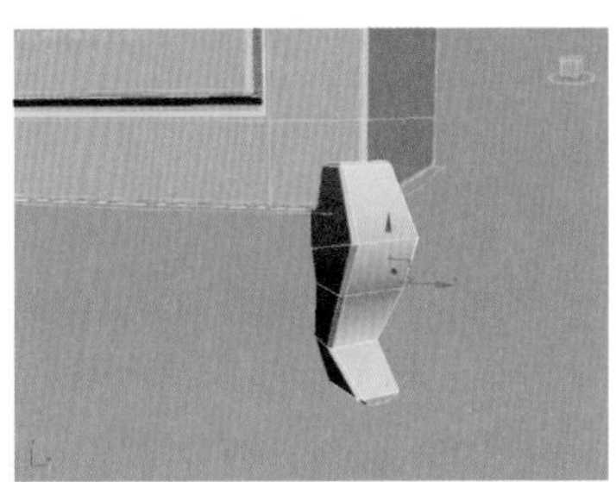

图5-378

18 选择上一步切角后的长方体，然后在修改器列表下为其加载一个“网格平滑”修改器，接着展开“细分量”卷展栏并设置“迭代次数”为2，如图5-379所示。

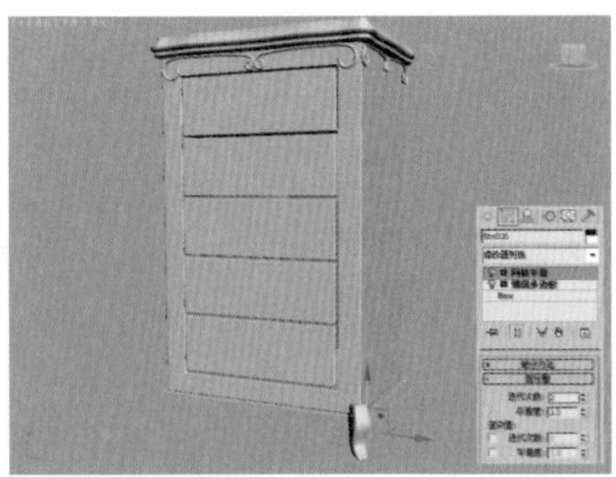

图5-379

19 选择柜子腿部模型，然后使用“镜像”工具将柜子腿模型复制3份，并将其拖曳到如图5-380所示的位置。

20 使用样条线制作出装饰部分模型，然后使用“镜像”工具将其复制3份并拖曳到合适的位置，如图5-381所示。

图5-380　　图5-381

21 在场景中创建一个球体，并将其转换为可编辑多边形，然后在顶点级别下调整好点的位置，接着使用“选择并均匀缩放”工具将中间部分的点进行缩放，并将其调节为把手的模型，如图5-382所示。最后将其复制4份并拖曳到合适的位置，柜子模型最终效果如图5-383所示。

图5-382

图5-383

第6章 摄影机

要点索引

本章概述

从本章开始，我们来学习3ds Max的摄影机，摄影机通常是一个场景中必不可少的组成单位，最后完成的静态、动态图像都要在摄影机视图中表现。首先我们要了解真实摄影机的结构及摄影机的相关术语，然后再与3ds Max的摄影机相比较。3ds Max的摄影机拥有超过现实摄影机的能力，更换镜头瞬间完成，无极变焦更是真实摄影机无法比拟的。学好3ds Max的摄影机以便制作更为高级的摄影机动画。

6.1 真实摄影机的结构

在学习摄影机之前，我们先来了解一下真实摄影机的结构与相关名词的术语。

如果拆卸掉任何摄影机的电子装置和自动化部件，都会看到如图6-1所示的基本结构。遮光外壳的一端有一孔穴，用以安装镜头，孔穴的对面有一容片器，用以承装一段感光胶片。

图6-1

为了在不同光线强度下都能产生正确的曝光影像，摄影机镜头有一可变光阑，用来调节直径不断变化的小孔，这就是所谓的光圈。打开快门后，光线才能透射到胶片上，快门给了用户选择准确瞬间曝光的机会，而且通过确定某一快门速度，还可以控制曝光时间的长短。

照相机品种繁多，按用途可分为风光摄影照相机、印刷制版照相机、文献缩微照相机、显微照相机、水下照相机、航空照相机、高速照相机等；按照相胶片尺寸，可分为110照相机（画面13毫米×17 毫米）、126照相机（画面28毫米×28毫米）、135照相机（画面24毫米×18毫米，24毫米×36毫米）、127照相机（画面45毫米×45毫米）、120照相机（包括220照相机，画面60毫米×45毫米，60毫米×60毫米，60毫米×90毫米）、圆盘照相机（画面8.2毫米×10.6毫米）；按取景方式分为透视取景照相机、双镜头反光照相机、单镜头反光照相机。

任何一种分类方法都不能包括所有的照相机，对某一照相机又可分为若干类别，如图6-2所示，135照相机按其取景、快门、测光、输片、曝光、闪光灯、调焦、自拍等方式的不同，就构成一个复杂的型谱。

图6-2

6.1.1 传统相机成像过程

步骤1：镜头把景物影像聚焦在胶片上。

步骤2：片上的感光剂随光发生变化。

步骤3：片上受光后变化了的感光剂经显影液显影和定影。

步骤4：形成和景物相反或色彩互补的影像。

6.1.2 数码相机成像过程

步骤1：经过镜头光聚焦在CCD或CMOS上。

步骤2：CCD或CMOS将光转换成电信号。

步骤3：经处理器加工，记录在相机的内存上。

步骤4：通过电脑处理和显示器的电光转换，或经打印机打印便形成影像。

6.2 摄影机的相关术语

6.2.1 镜头

一个结构简单的镜头可以是一块凸形毛玻璃，它折射来自被摄体上每一点被扩大了的光线，然后这些光线聚集起来形成连贯的点，即焦平面。当镜头准确聚集时，胶片的位置就与焦平面互相叠合。镜头一般分为标准镜头、广角镜头、远摄镜头、鱼眼镜头和变焦镜头。

1.标准镜头

标准镜头属于校正精良的正光镜头，也是使用最为广泛的一种镜头，其焦距长度等于或近于所用底片画幅的对角线，视角与人眼的视角相近似，如图6-3所示。凡是要求被摄景物必须符合正常的比例关系，均需依靠标准镜头来拍摄。

图6-3

2.广角镜头

广角镜头的焦距短、视角广、景深长，而且均大于标准镜头，其视角超过人们眼睛的正常范围，如图6-4所示。

图6-4

广角镜头的具体特性与用途表现主要有以下3点。

景深大：有利于把纵深度大的被摄物体清晰地表现在画面上。

视角大：有利于在狭窄的环境中，拍摄较广阔的场面。

景深长：可使纵深景物的近大远小比例强烈，使画面透视感强。

小技巧

广角镜的缺点是影像畸变差较大，尤其在画面的边缘部分，因此在近距离拍摄中应注意变形失真。

3.远摄镜头

远摄镜头也称长焦距镜头，它具有类似于望远镜的作用，如图6-5所示。这类镜头的焦距长于标准镜头，而视角小于标准镜头。

图6-5

远摄镜头主要有以下4个特点。

景深小：有利于摄取虚实结合的景物。

视角小：能远距离摄取景物的较大影像，对拍摄不易接近的物体，如动物、风光、人的自然神态，均能在远处不被干扰的情况下拍摄。

压缩透视：透视关系被大大压缩，使近大远小的比例缩小，使画面上的前后景物十分紧凑，画面的纵深感从而也缩短。

畸变小：影像畸变差小，这在人像摄影中经常可见。

4.鱼眼镜头

鱼眼镜头是一种极端的超广角镜头，因其巨大的视角如鱼眼而得名，如图6-6所示。它拍摄范围大，可使景物的透视感得到极大的夸张，并且可以使画面严重地桶形畸变，故别有一种情趣。

图6-6

5.变焦镜头

变焦镜头就是可以改变焦点距离的镜头，如图6-7所示。所谓焦点距离，就是从镜头中心到胶片上所形成的清晰影像上的距离。焦距决定着被摄体在胶片上所形成的影像的大小。焦点距离越大，所形成的影像也越大。变焦镜头是一种很有魅力的镜头，它的镜头焦距可以在较大的幅度内自由调节，这就意味着拍摄者在不改变拍摄距离的情况下，能够在较大幅度内调节底片的成像比例；也就是说，一只变焦镜头实际上起到了若干个不同焦距的定焦镜头的作用。

图6-7

6.2.2 焦平面

焦平面是通过镜头折射后的光线聚集起来形成清晰的、上下颠倒的影像的地方。经过离摄影机不同距离的运行，光线会被不同程度地折射后聚合在焦平面上，因此就需要调节聚焦装置，前后移动镜头距摄影机后背的距离。当镜头聚焦准确时，胶片的位置和焦平面应叠合在一起。

6.2.3 光圈

光圈通常位于镜头的中央，它是一个环形，可以控制圆孔的开口大小，并且控制曝光时光线的亮度。当需要大量的光线来进行曝光时，就需要开大光圈的圆孔；若只需要少量光线曝光时，就需要缩小圆孔，让少量的光线进入。

光圈由装设在镜头内的叶片控制，而叶片是可动的。光圈越大，镜头里的叶片开放越大，所谓“最大光圈”就是叶片毫无动作，让可通过镜头的光源全部跑进来的全开光圈；反之光圈越小，叶片就收缩得越厉害，最后可缩小到只剩小小的一个圆点。

光圈的功能就如同人类眼睛的虹膜，是用来控制拍摄时的单位时间的进光量，一般以f/5、F5或1：5来表示。以实际而言，较小的f值表示较大的光圈。

光圈的计算单位称为光圈值（f-number）或者是级数（f-stop）。

1.光圈值

标准的光圈值（f-number）的编号如下。

f/1、f/1.4、f/2、f/2.8、f/4、f/5.6、f/8、f/11、f/16、f/22、f/32、f/45、f/64，其中f/1是进光量最大的光圈号数，光圈值的分母越大，进光量就越小。通常一般镜头会用到的光圈号数为f/2.8～f/22，光圈值越大的镜头，镜片的口径就越大。

2.级数

级数（f-stop）是指相邻的两个光圈值的曝光量差距，例如，f/8与f/11之间相差一级，f/2与f/2.8之间也相差一级。以此类推，f/8与f/16之间相差两级，f/1.4与f/4之间就差了3级。

在职业摄影领域，有时称级数为“档”或是“格”，例如f/8与f/11之间相差了一档，或是f/8与f/16之间相差两格。

在每一级（光圈号数）之间，后面号数的进光量都是前面号数的一半。例如f/5.6的进光量只有f/4的一半，f/16的进光量也只有f/11的一半，号数越后面，进光量越小，并且是以等比级数的方式来递减。

小技巧

除了考虑进光量之外，光圈的大小还跟景深有关。景深是物体成像后在相片（图档）中的清晰程度。光圈越大，景深会越浅（清晰的范围较小）；光圈越小，景深就越长（清晰的范围较大）。

大光圈的镜头非常适合低光量的环境，因为它可以在微亮光的环境下，获取更多的现场光，让我们可以用较快速的快门来拍照，以便保持拍摄时相机的稳定度。但是大光圈的镜头不易制作，必须要花较多的费用才可以获得。

好的摄影机会根据测光的结果等情况来自动计算出光圈的大小，一般情况下快门速度越快，光圈就越大，以保证有足够的光线通过，所以也比较适合拍摄高速运动的物体，比如行动中的汽车、落下的水滴等。

6.2.4 快门

快门是摄影机中的一个机械装置，大多设置于机身接近底片的位置（大型摄影机的快门设计在镜头中），用于控制快门的开关速度，并且决定了底片接受光线的时间长短。也就是说，在每一次拍摄时，光圈的大小控制了光线的进入量，快门的速度决定光线进入的时间长短，这样一次的动作便完成了所谓的“曝光”。

快门是镜头前阻挡光线进来的装置，一般而言，快门的时间范围越大越好。秒数低适合拍摄运动中的物体，某款摄影机就强调快门最快能到1/16000s，可以轻松抓住急速移动的目标。不过当您要拍的是夜晚的车水马龙，快门时间就要拉长，常见照片中丝绢般的水流效果也要用慢速快门才能拍到。

快门以“秒”作为单位，它有一定的数字格式，一般在摄影机上可以见到的快门单位有以下15种。

B、1、2、4、8、15、30、60、125、250、500、1000、2000、4000、8000。

上面每一个数字单位都是分母，也就是说每一段快门分别是1s、1/2s、1/4s、1/8s、1/15s、1/30s、1/60s、1/125s、1/250s（以下以此类推）等。一般中阶的单眼摄影机快门能达到1/4000s，高阶的专业摄影机可以到1/8000s。

B指的是慢快门Bulb，B快门的开关时间由操作者自行控制，可以用快门按钮或是快门线来决定整个曝光的时间。

每一个快门之间数值的差距都是两倍，例如1/30是1/60的两倍、1/1000是1/2000的两倍，这个跟光圈值的级数差距计算是一样的。与光圈相同，每一段快门之间的差距也被之为一级、一格或是一档。

光圈级数跟快门级数的进光量其实是相同的，也就是说光圈之间相差一级的进光量，其实就等于快门之间相差一级的进光量，这个观念在计算曝光时很重要。

前面提到了光圈决定了景深，快门则是决定了被摄物的“时间”。当拍摄一个快速移动的物体时，通常需要比较高速的快门才可以抓到凝结的画面，所以在拍动态画面时，通常都要考虑可以使用的快门速度。

有时要抓取的画面可能需要有连续性的感觉，就像拍摄丝缎般的瀑布或是小河时，就必须要用到速度比较慢的快门，延长曝光的时间来抓取画面的连续动作。

6.2.5 胶片感光度

根据胶片感光度，可以把胶片归纳为3大类，分别是快速胶片、中速胶片和慢速胶片。快速胶片具有较高的ISO（国际标准协会）数值，慢速胶片的ISO数值较低，快速胶片适用于低照度下的摄影。相对而言，当感光性能较低的慢速胶片可能引起曝光不足时，快速胶片获得正确曝光的可能性就更大，但是感光度的提高会降低影像的清晰度，增加反差。慢速胶片在照度良好时，对获取高质量的照片非常有利。

在光照亮度十分低的情况下，例如，在暗弱的室内或黄昏时分的户外，可以选用超快速胶片（即高ISO）进行拍摄。这种胶片对光非常敏感，即使在火柴光下也能获得满意的效果，其产生的景象颗粒度可以营造出画面的戏剧性氛围，以获得引人注目的效果；在光照十分充足的情况下，例如，在阳光明媚的户外，可以选用超慢速胶片（即低ISO）进行拍摄。

6.3 3ds Max中的摄影机

3ds Max中的摄影机在制作效果图和动画时非常有用。3ds Max中的摄影机只包含“标准”摄影机，而“标准”摄影机又包含“目标摄影机”和“自由摄影机”两种，如图6-8所示。

图6-8

安装好VRay渲染器后，摄影机列表中会增加一种VRay摄影机，而VRay摄影机又包含“VRay穹顶摄影机”和“VRay物理摄影机”两种，如图6-9所示。

图6-9

小技巧

在实际工作中，使用频率最高的是“目标摄影机”和“VRay物理相机”，因此下面只讲解这两种摄影机。

6.3.1 目标摄影机

使用“目标”工具 目标 在场景中拖曳光标可以创建一台目标摄影机，可以观察到目标摄影机包含“目标点”和“摄影机”两个部件，如图6-10所示。

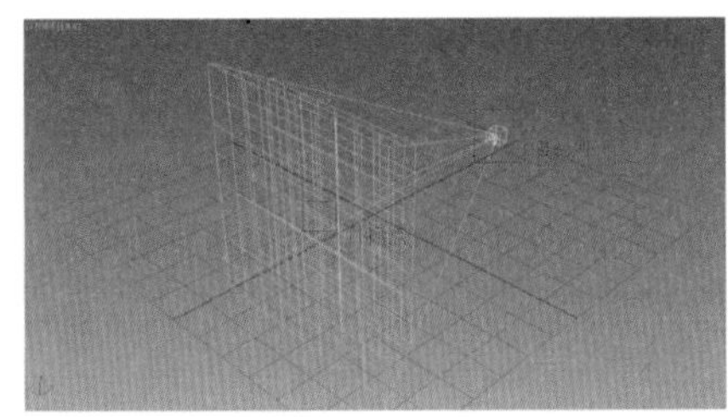

图6-10

1. “参数”卷展栏

展开“参数”卷展栏，如图6-11所示。

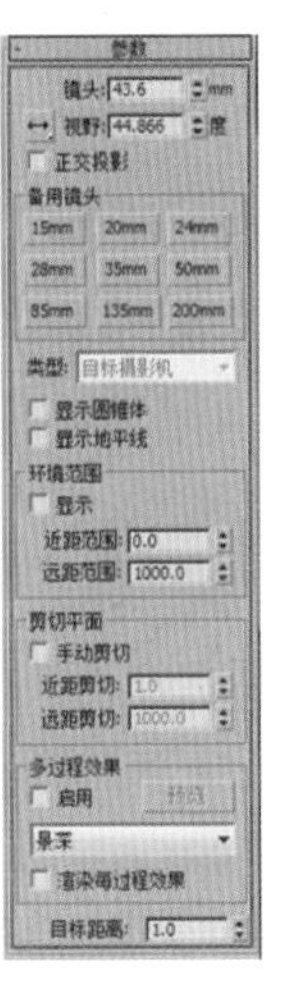

图6-11

【参数介绍】

基本选项组：主要包含以下7个选项。

镜头：以mm为单位来设置摄影机的焦距。

视野：设置摄影机查看区域的宽度视野，有水平、垂直和对角线3种方式。

正交投影：启用该选项后，摄影机视图为用户视图；关闭该选项后，摄影机视图为标准的透视图。

备用镜头：系统预置的摄影机镜头包含有15mm、20mm、24mm、28mm、35mm、50mm、85mm、135mm和200mm9种。

类型：切换摄影机的类型，包含“目标摄影机”和“自由摄影机”两种。

显示圆锥体：显示摄影机视野定义的锥形光线（实际上是一个四棱锥）。锥形光线出现在其他视口，但是显示在摄影机视口中。

显示地平线：在摄影机视图中的地平线上显示一条深灰色的线条。

环境范围选项组：主要包含以下两个选项。

显示：显示出在摄影机锥形光线内的矩形。

近距/远距范围：设置大气效果的近距范围和远距范围。

剪切平面选项组：主要包含以下两个选项。

手动剪切：启用该选项可定义剪切的平面。

近距/远距剪切：设置近距和远距平面。

多过程效果选项组：主要包含以下3个选项。

启用：启用该选项后，可以预览渲染效果。

多过程效果类型：有“景深（mental ray）”、“景深”和“运动模糊”3个选项，系统默认为“景深”。

渲染每过程效果：启用该选项后，系统会将渲染效果应用于多重过滤效果的每个过程（景深或运动模糊）。

目标距离：当使用“目标摄影机”时，该选项用来设置摄影机与其目标之间的距离。

2. “景深参数”卷展栏

景深是摄影机的一个非常重要的功能，在实际工作中的使用频率也非常高，常用于表现画面的中心点，如图6-12所示。

图6-12

当设置“多过程效果”类型为“景深”方式时，系统会自动显示出“景深参数”卷展栏，如图6-13所示。

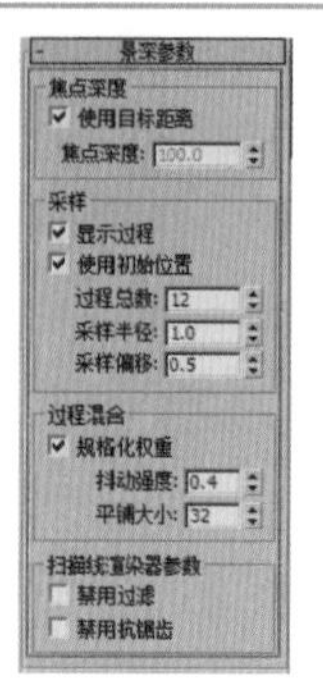

图6-13

【参数介绍】

焦点深度选项组：主要包含以下两个选项。

使用目标距离：启用该选项后，系统会将摄影机的目标距离用做每个过程偏移摄影机的点。

焦点深度：当关闭“使用目标距离”选项时，该选项可以用来设置摄影机的偏移深度，其取值范围为0~100。

采样选项组：主要包含以下5个选项。

显示过程：启用该选项后，“渲染帧窗口”对话框中将显示多个渲染通道。

使用初始位置：启用该选项后，第一个渲染过程将位于摄影机的初始位置。

过程总数：设置生成景深效果的过程数。增大该值可以提高效果的真实度，但是会增加渲染时间。

采样半径：设置场景生成的模糊半径。数值越大，模糊效果越明显。

采样偏移：设置模糊靠近或远离“采样半径”的权重。增加该值将增加景深模糊的数量级，从而得到更均匀的景深效果。

过程混合选项组：主要包含以下3个选项。

规格化权重：启用该选项后可以将权重规格化，以获得平滑的结果；当关闭该选项后，效果会变得更加清晰，但颗粒效果也更明显。

抖动强度：设置应用于渲染通道的抖动程度。增大该值会增加抖动量，并且会生成颗粒状效果，尤其在对象的边缘上最为明显。

平铺大小：设置图案的大小。0表示以最小的方式进行平铺；100表示以最大的方式进行平铺。

扫描线渲染器参数选项组：主要包含以下两个选项。

禁用过滤：启用该选项后，系统将禁用过滤的整个过程。

禁用抗锯齿：启用该选项后，可以禁用抗锯齿功能。

3.“运动模糊参数”卷展栏

运动模糊一般运用在动画中，常用于表现运动对象高速运动时产生的模糊效果，如图6-14所示。

图6-14

当设置“多过程效果”类型为“运动模糊”方式时，系统会自动显示出“运动模糊参数”卷展栏，如图6-15所示。

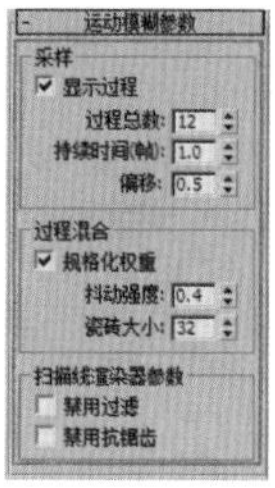

图6-15

【参数介绍】

采样选项组：主要包含以下4个选项。

显示过程：启用该选项后，“渲染帧窗口”对话框中将显示多个渲染通道。

过程总数：设置生成效果的过程数。增大该值可以提高效果的真实度，但是会增加渲染时间。

持续时间（帧）：在制作动画时，该选项用来设置应用运动模糊的帧数。

偏移：设置模糊的偏移距离。

过程混合选项组：主要包含以下3个选项。

规格化权重：启用该选项后，可以将权重规格化，以获得平滑的结果；当关闭该选项后，效果会变得更加清晰，但颗粒效果也更明显。

抖动强度：设置应用于渲染通道的抖动程度。增大该值会增加抖动量，并且会生成颗粒状的效果，尤其在对象的边缘上最为明显。

瓷砖大小：设置图案的大小。0表示以最小的方式进行平铺；100表示以最大的方式进行平铺。

扫描线渲染器参数选项组：主要包含以下两个选项。

禁用过滤：启用该选项后，系统将禁用过滤的整个过程。

禁用抗锯齿：启用该选项后，可以禁用抗锯齿功能。

新手练习——利用目标摄影机制作餐桌景深效果

素材文件	01.max
案例文件	新手练习——利用目标摄影机制作餐桌景深效果.max
视频教学	视频教学/第6章/新手练习——利用目标摄影机制作餐桌景深效果.flv
技术掌握	掌握景深效果的制作方法

本例将使用目标摄影机配合VRay渲染器来制作景深效果，案例效果如图6-16所示。

图6-16

【操作步骤】

01 打开本书配套光盘中的“01.max”文件，如图6-17所示。

图6-17

02 设置摄影机类型为“标准”，然后在场景中创建一台目标摄影机，其位置如图6-18所示。

图6-18

03 选择上一步创建的目标摄影机，然后在“参数”卷展栏下设置“镜头”为35mm、“视野”为54.432度，最后设置“目标距离”为999.999mm，参数设置如图6-19所示。

04 按F10键打开“渲染设置”对话框，然后设置渲染器为VRay渲染器，接着单击“VRay”选项卡，并展开“VRay摄像机”卷展栏，最后在“景深”选项组下勾选“开”和“从摄影机获取”选项，具体参数设置如图6-20所示。

图6-19

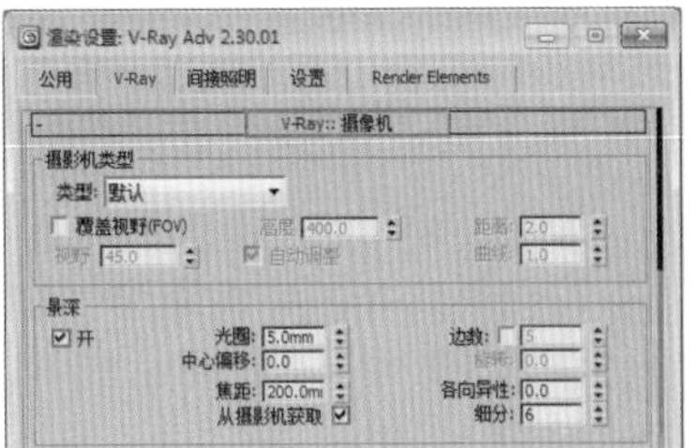

图6-20

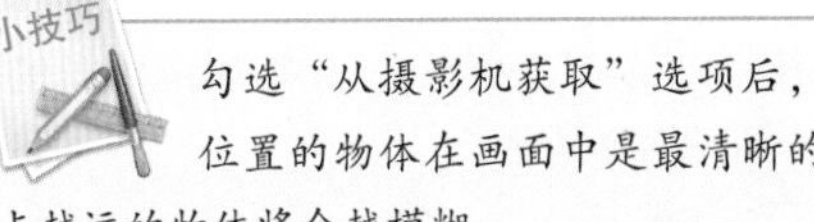

勾选“从摄影机获取”选项后，摄影机焦点位置的物体在画面中是最清晰的，而距离焦点越远的物体将会越模糊。

05 按F9键渲染当前场景，最终效果如图6-21所示。

图6-21

新手练习——利用目标摄影机制作运动模糊

素材文件	02.max
案例文件	新手练习——利用目标摄影机制作运动模糊.max
视频教学	视频教学/第6章/新手练习——利用目标摄影机制作运动模糊.flv
技术掌握	掌握运动模糊效果的制作方法

本例将使用目标摄影机配合VRay渲染器来制作运动模糊效果，案例效果如图6-22所示。

图6-22

【操作步骤】

01 打开本书配套光盘中的“02.max”文件，如图6-23所示。

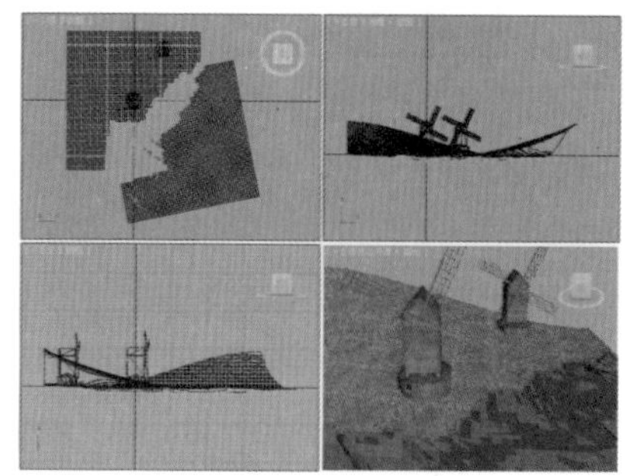

图6-23

02 在界面的右下角单击“时间配置”按钮，然后在弹出的“时间配置”对话框中设置“结束时间”为100，如图6-24所示。

03 在界面的左下角单击“自动关键点”按钮自动关键点，开启“自动关键点”功能，然后将时间滑块从第0帧拖到第100帧，并使用“选择并旋转”工具将风车的转轮旋转360°，如图6-25所示。

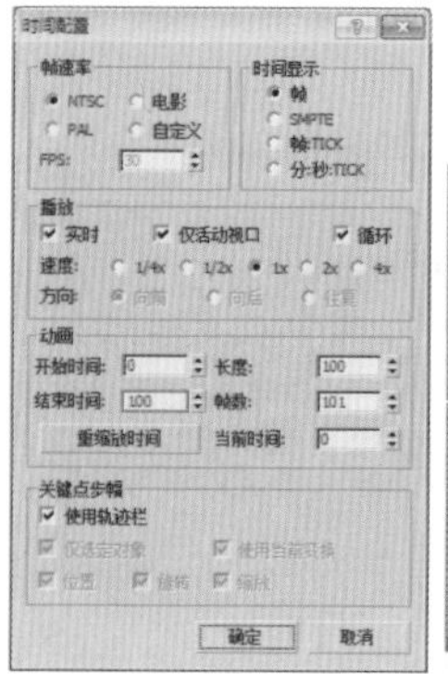

图6-24

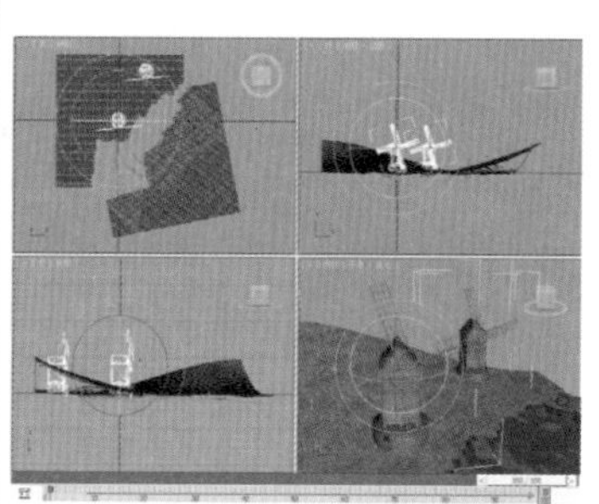

图6-25

04 关闭“自动关键点”，然后拖曳时间线滑块，接着在透视图中观察风车运动的效果，如图6-26所示。

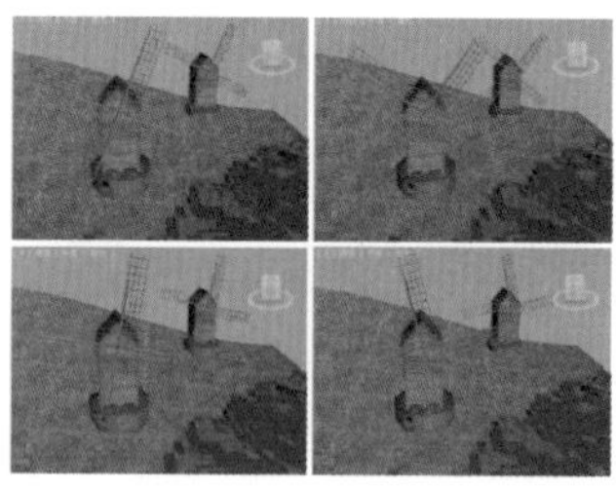

图6-26

05 设置摄影机类型为“标准”，然后在场景中创建一台目标摄影机，其位置如图6-27所示。

图6-27

06 选择上一步创建的目标摄影机，然后在“参数”卷展栏下设置“镜头”为38.601mm、“视野”为50度，最后设置“目标距离”为1300mm，参数设置如图6-28所示。

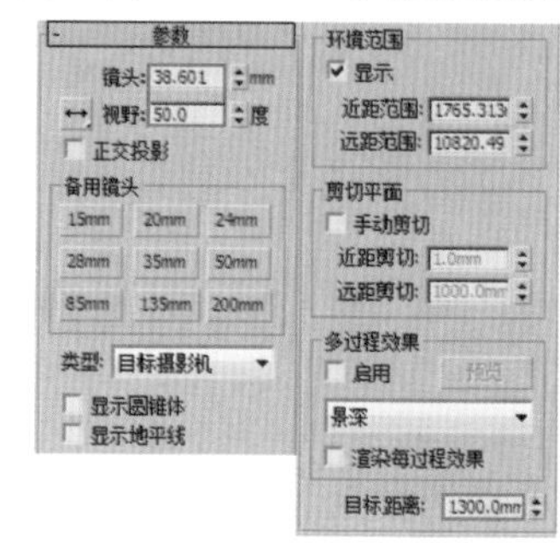

图6-28

07 按F10键打开“渲染设置”对话框，并设置渲染器为VRay渲染器，然后单击“VRay”选项卡，接着展开“VRay：摄像机”卷展栏，最后在“运动模糊”选项组下勾选“开”选项，如图6-29所示。

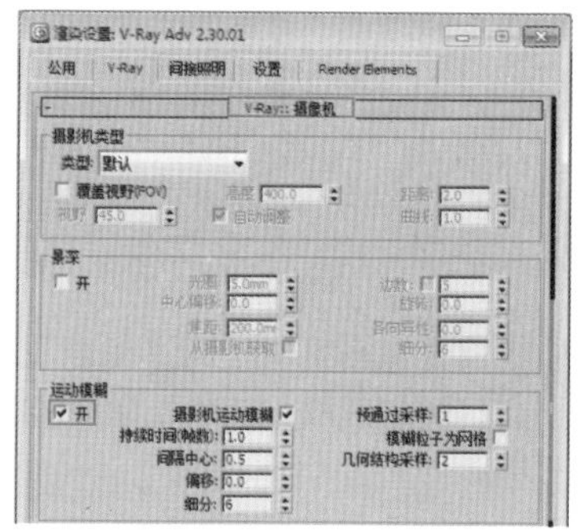

图6-29

08 将时间滑块拖曳到第0帧位置，然后在透视图中按C键切换到摄影机视图，按F9键渲染当前场景，效果如图6-30所示。

09 分别将时间滑块拖曳到第15、60、90帧位置，然后按F9键渲染这些单帧图，最终效果如图6-31所示。

图6-30

图6-31

6.3.2 VRay物理摄影机

VRay物理摄影机相当于一台真实的摄影机，它可以对场景进行“拍照”。使用“VR物理摄影机”工具VR物理摄影机在场景中拖曳光标可以创建一台VRay物理摄影机，可以观察到VRay物理摄影机同样包含“目标点”和“摄影机”两个部件，如图6-32所示。

VRay物理摄影机的参数包含5个卷展栏，如图6-33所示。

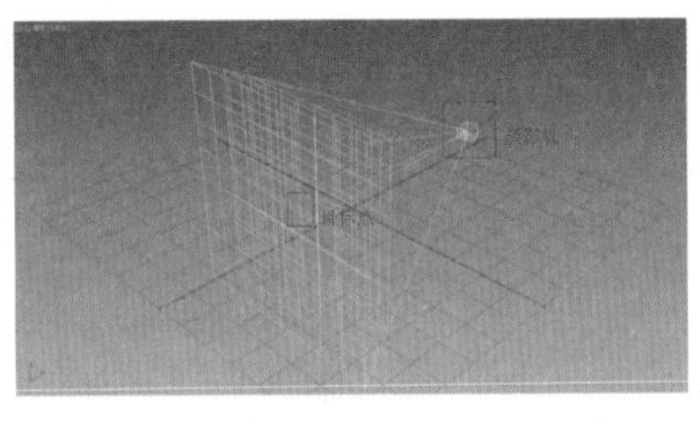
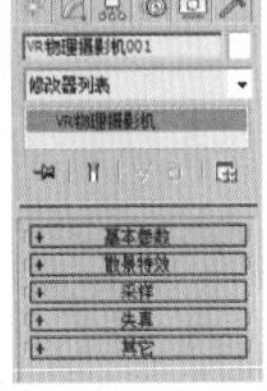

图6-32　　图6-33

1. “基本参数”卷展栏

展开“基本参数”卷展栏，如图6-34所示。

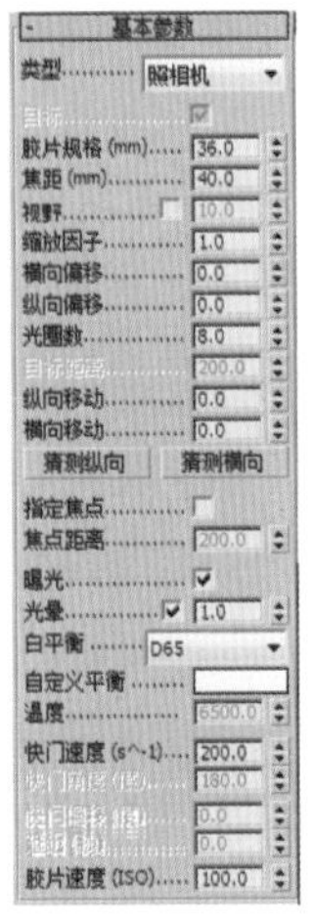

图6-34

【参数介绍】

类型：设置摄影机的类型，包含“照相机”、“摄影机（电影）”和“摄像机（DV）”3种类型。

照相机：用来模拟一台常规快门的静态画面照相机。

摄影机（电影）：用来模拟一台圆形快门的电影摄影机。

摄像机（DV）：用来模拟带CCD矩阵的快门摄像机。

目标型：当勾选该选项时，摄影机的目标点将放在焦平面上；当关闭该选项时，可以通过下面的“目标距离”选项来控制摄影机到目标点的位置。

胶片规格（mm）：控制摄影机所看到的景色范围。值越大，看到的景越多。

焦距（mm）：设置摄影机的焦长，同时也会影响到画面的感光强度。较大的数值产生的效果类似于长焦效果，且感光材料（胶片）会变暗，特别是在胶片的边缘区域；较小数值产生的效果类似于广角效果，其透视感比较强，当然胶片也会变亮。图6-35所示是焦长为15的广角效果和焦长为50的正常效果之间的对比。

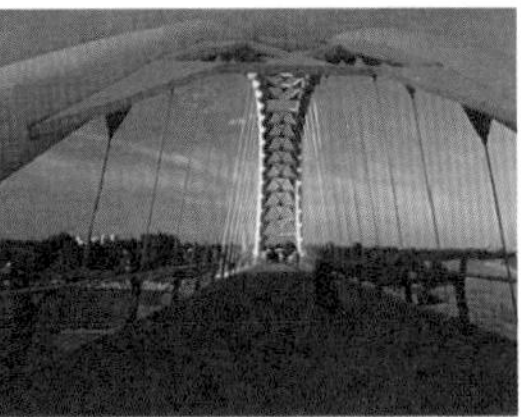

图6-35

缩放因子：控制摄影机视图的缩放。值越大，摄影机视图拉得越近。

横向/纵向偏移：控制摄影机视图的水平和垂直方向上的偏移量。

光圈数：设置摄影机的光圈大小，主要用来控制渲染图像的最终亮度。值越小，图像越亮；值越大，图像越暗，图6-36所示是“光圈系数”为2和4之间的对比。

图6-36

目标距离：摄影机到目标点的距离，默认情况下是关闭的。当关闭摄影机的“目标”选项时，就可以用“目标距离”来控制摄影机的目标点的距离。

纵向/横向移动：制摄影机在垂直方向上的变形，主要用于纠正三点透视到两点透视。

指定焦点：开启这个选项后，可以手动控制焦点。

曝光：当勾选这个选项后，VRay物理相机中的“光圈系数”、“快门速度（s^-1）”和“感光速度（ISO）”设置才会起作用。

光晕：用来模拟真实摄影机的虚光效果。

白平衡：和真实摄影机的功能一样，控制图像的色偏。例如在白天的效果中，设置一个桃色的白平衡颜色可以纠正阳光的颜色，从而得到正确的渲染颜色，图6-37所示是将“白平衡”调成偏黄与偏蓝之间的对比。

图6-37

快门速度（s^-1）：控制光的进光时间，值越小，进光时间越长，图像就越亮；值越大，进光时间就越小，图像就越暗，如图6-38、图6-39和图6-40所示分别是“快门速度（s^-1）”值为35、50和100时的对比渲染效果。

图6-38

图6-39

图6-40

快门的角度（度）：当摄影机选择“摄影机（电影）”类型的时候，该选项才被激活，主要用来控制快门角度的偏移。

快门偏移（度）：当摄影机选择“摄影机（电影）”类型的时候，该选项才被激活，主要用来控制快门角度的偏移。

延迟（秒）：当摄影机选择“摄像机（DV）”类型的时候，该选项才被激活，作用和上面的“快门速度”的作用一样，主要用来控制图像的亮暗，值越大，表示光越充足，图像也越亮。

胶片速度（ISO）：控制图像的亮暗，值越大，表示ISO的感光系数越强，图像也越亮。一般白天效果比较适合用较小的ISO，而晚上效果比较适合用较大的ISO，图6-41所示是“感光速度（ISO）”数值为600和200时的效果对比。

图6-41

2.“散景特效”卷展栏

“散景特效”卷展栏下的参数主要用于控制散景效果，如图6-42所示。当渲染景深的时候，或多或少都会产生一些散景效果，这主要和散景到摄影机的距离有关，图6-43所示是使用真实摄影机拍摄的散景效果。

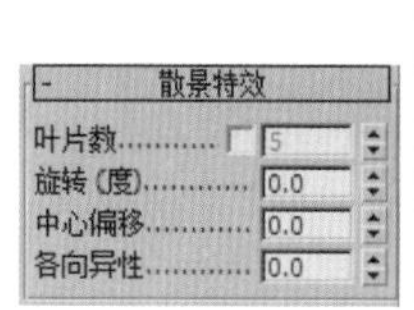

图6-42

图6-43

【参数介绍】

叶片数：控制散景产生的小圆圈的边，默认值为5表示散景的小圆圈为正五边形。如果关闭该选项，那么散景就是个圆形。

旋转（度）：散景小圆圈的旋转角度。

中心偏移：散景偏移源物体的距离。

各向异性：控制散景的各向异性，值越大，散景的小圆圈拉得越长，即变成椭圆。

3.“采样”卷展栏

展开“采样”卷展栏，如图6-44所示。

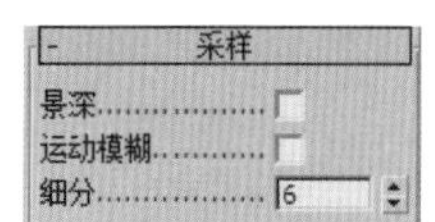

图6-44

【参数介绍】

景深：控制是否开启景深效果。当某一物体聚焦清晰时，从该物体前面的某一段距离到其后面的某一段距离内的所有景物都是相当清晰的。

运动模糊：控制是否开启运动模糊功能。这个功能只适用于具有运动对象的场景中，对静态场景不起作用。

细分：设置“景深”或“运动模糊”的细分采样。数值越高，效果越好，但是会增长渲染时间。

新手练习——测试VRay物理摄影机的光晕

素材文件	03.max
案例文件	新手练习——测试VRay物理摄影机的光晕.max
视频教学	视频教学/第6章/新手练习——测试VRay物理摄影机的光晕.flv
技术掌握	掌握VRay物理摄影机的“光晕”功能

本案例是一个餐厅空间，主要讲解了使用VRay物理摄影机的光晕效果，案例效果如图6-45所示。

图6-45

【操作步骤】

01 打开本书配套光盘中的“03.max”文件，如图6-46所示。

02 设置摄影机类型为VRay，然后在场景中创建一台VRay物理摄影机，其位置如图6-47所示。

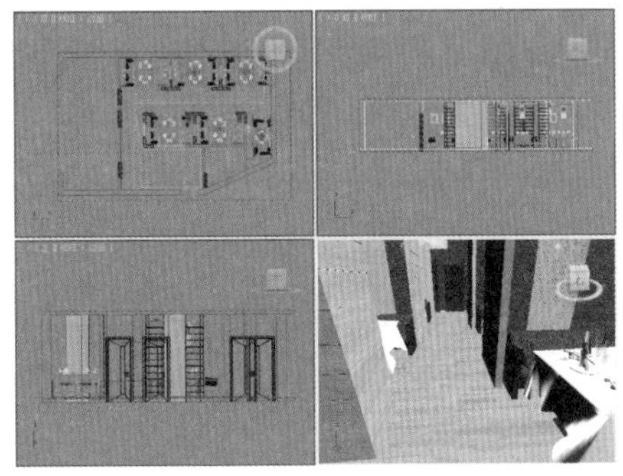

图6-46

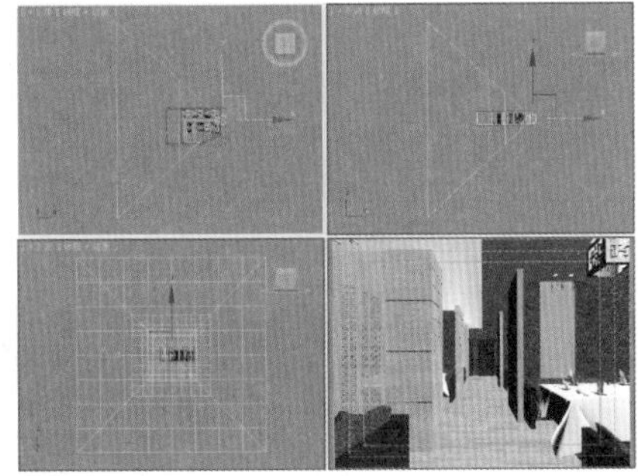

图6-47

03 选择上一步创建的VRay物理摄影机，然后在“基本参数”卷展栏下设置“胶片规格（mm）”为36、“焦距”为20、“光圈数”为1，并取消勾选“光晕”选项，参数设置如图6-48所示。

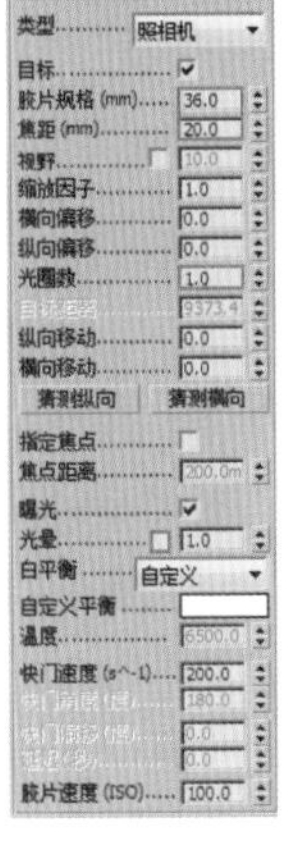

图6-48

04 按C键切换到摄影机视图，然后按F9键测试渲染当前场景，效果如图6-49所示。

图6-49

05 选择VRay物理摄影机，然后在“基本参数”卷展栏下勾选“光晕”选项，并设置其数值为2，如图6-50所示；接着按F9键测试渲染当前场景，效果如图6-51所示。

图6-50

图6-51

06 选择VRay物理摄影机，然后在“基本参数”卷展栏下将“晕光”修改为4，接着按F9键测试渲染当前场景，最终效果如图6-52所示。

图6-52

新手练习——测试VRay物理摄影机的快门速度

素材文件	04.max
案例文件	新手练习——测试VRay物理摄影机的快门速度.max
视频教学	视频教学/第6章/新手练习——测试VRay物理摄影机的快门速度.flv
技术掌握	掌握VRay物理摄影机的“快门速度（s^-1）”功能

VRay物理摄影机的“快门速度”参数非常重要，因为它可以改变渲染图像的明暗度，案例效果如图6-53所示。

图6-53

【操作步骤】

01 打开本书配套光盘中的“04.max”文件，如图6-54所示。

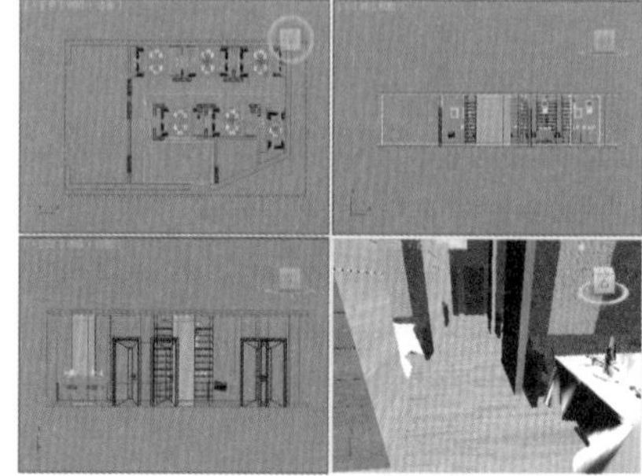
图6-54

02 设置摄影机类型为VRay，然后在场景中创建一台VRay物理摄影机，其位置如图6-55所示。

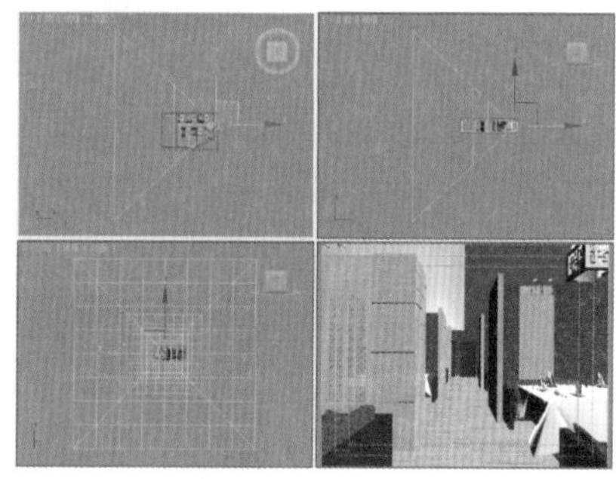
图6-55

03 选择上一步创建的VRay物理摄影机，然后在“基本参数”卷展栏下设置“胶片规格（mm）”为36、“焦距”为20、“缩放因子”为1、“光圈系数”为1、“快门速度”为200，具体参数设置如图6-56所示。

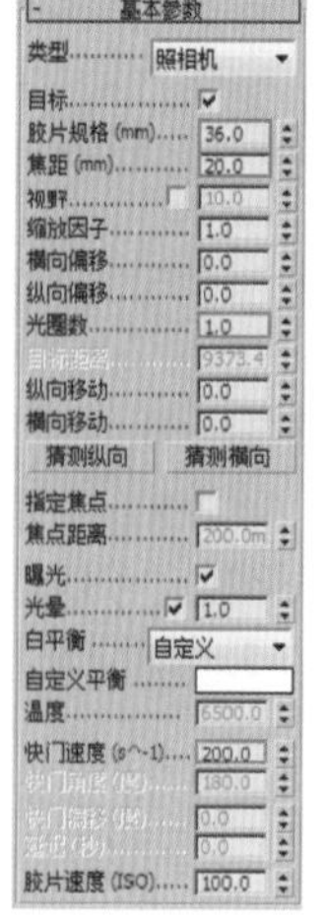

图6-56

04 按C键切换到摄影机视图，然后按F9键测试渲染当前场景，效果如图6-57所示。

图6-57

05 选择VRay物理摄影机，然后在“基本参数”卷展栏下将“快门速度”修改为130，接着按F9键测试渲染当前场景，效果如图6-58所示。

06 选择VRay物理摄影机，然后在“基本参数”卷展栏下将“快门速度”修改为为300，接着按F9键测试渲染当前场景，最终效果如图6-59所示。

图6-58

图6-59

小技巧

快门速度：这里的快门速度中的数值是实际速度的倒数，也就是说如果将快门速度设为80，那么最后的实际快门速度为1/80秒，它可以控制光通过镜头到达感光材料（胶片）的时间，其时间长短会影响到最后图像（效果图）的亮度，数值小与数值大相比，数值小的快门慢，所得到的光就会越多，最后的效果图就会越亮，数值大的快门快，所得到的效果图就会越暗。因此“快门速度”数值越大图像就会越暗，反之就会越亮。

新手练习——测试VRay物理摄影机的缩放因子

素材文件	05.max
案例文件	新手练习——测试VRay物理摄影机的缩放因子.max
视频教学	视频教学/第6章/新手练习——测试VRay物理摄影机的缩放因子.flv
技术掌握	掌握VRay物理摄影机的“缩放因子”功能

VRay物理摄影机的“缩放因子”参数非常重要，因为它可以改变摄影机视图的远近范围，从而改变物体的远近关系，案例效果如图6-60所示。

图6-60

【操作步骤】

01 打开本书配套光盘中的“05.max”文件，如图6-61所示。

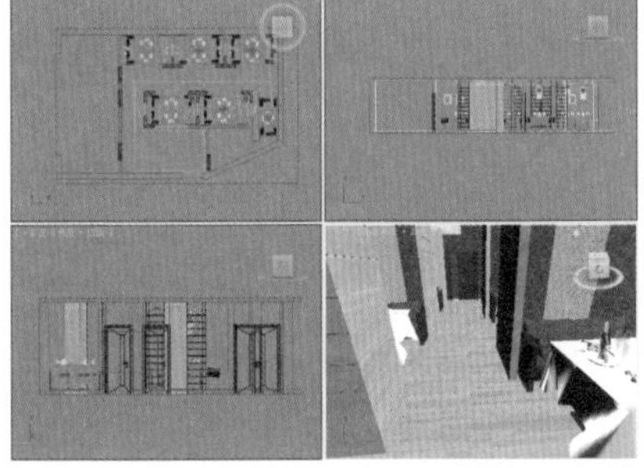

图6-61

02 设置摄影机类型为VRay，然后在场景中创建一台VRay物理摄影机，其位置如图6-62所示。

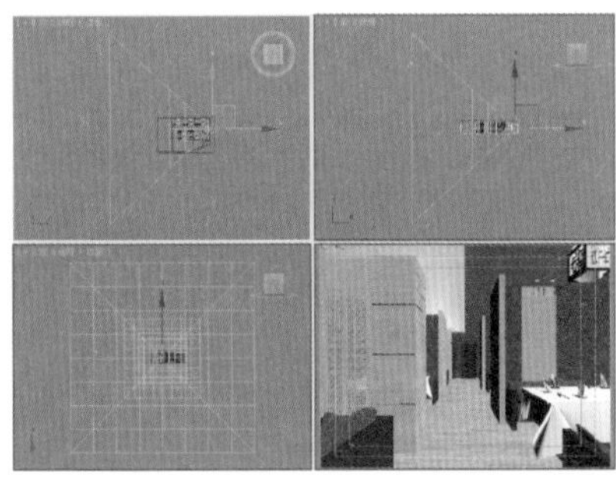

图6-62

03 选择上一步创建的VRay物理摄影机，然后在“基本参数”卷展栏下设置“胶片规格（mm）”为36、“焦距”为20、“缩放因子”为1、“光圈数”为1，具体参数设置如图6-63所示。

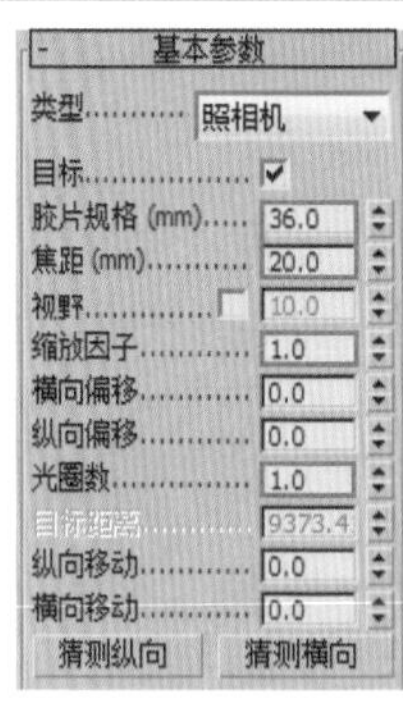

图6-63

04 按C键切换到摄影机视图，接着按F9键测试渲染当前场景，效果如图6-64所示。

图6-64

05 选择VRay物理摄影机，然后在“基本参数”卷展栏下将“缩放因子”修改为2，如图6-65所示；接着按F9键测试渲染当前场景，效果如图6-66所示。

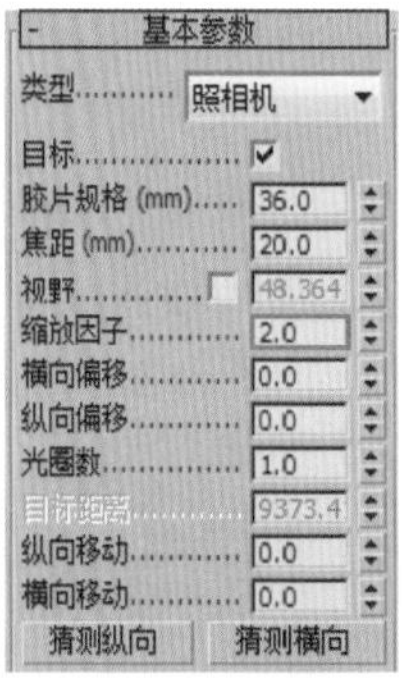

图6-65

图6-66

06 选择VRay物理摄影机，然后在“基本参数”卷展栏下将“缩放因子”修改为3，如图6-67所示；接着按F9键测试渲染当前场景，最终效果如图6-68所示。

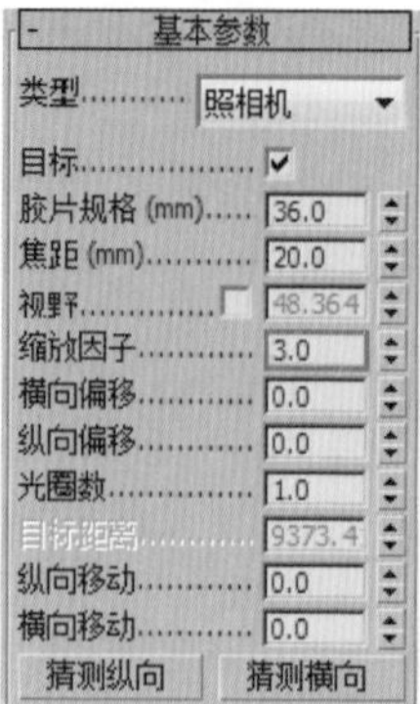
基本参数
类型 照相机
目标
胶片规格 (mm) 36.0
焦距 (mm) 20.0
视野 48.364
缩放因子 3.0
横向偏移 0.0
纵向偏移 0.0
光圈数 1.0
目标距离 9373.4
纵向移动 0.0
横向移动 0.0
猜测纵向
猜测横向

图6-67

图6-68

第7章 灯光

要点索引

本章概述

没有灯光的世界将是一片黑暗，在三维场景中也是一样，即使有精美的模型、真实的材质等，如果没有灯光照射野毫无作用。灯光是3ds Max提供的用来模拟现实生活中不同类型光源的对象，从居家办公用的普通灯具到舞台、电影布景中使用的照明设备，甚至太阳光都可以模拟。不同种类的灯光对象用不同的方法投影灯光，也就形成了3ds Max中多种类型的灯光对象。灯光是沟通作品与观众之间的桥梁，通过为场景打灯可以增强场景的真实感，增加场景的清晰程度和三维纵深度。可以说，灯光就是3D作品的灵魂，没有灯光来照明，作品就失去了灵魂。

7.1 灯光的应用

“灯火辉煌”、“光焰万丈”、“五光十色”这些词语都是用来形容我们身边的“光”。有了“光”，才能使得进入我们眼睛的物体呈现出三维的立体感，才会出现美丽的色彩，不同的“灯光”效果将会得到不一样的视觉感受。灯光是视觉画面的一部分，有非常重要的功能，其功能在于提供一个完整的整体氛围，展现具像实体，营造空间的氛围。灯光的功能有：选择性的可见度、呈现已设定的时空状况、为画面着色、塑造空间和形式、集中注意力、画面组合、呈现风格、设定情绪等。图7-1~图7-4所示为现实中的“光”效果。

图7-1

图7-2

图7-3

图7-4

7.1.1 灯光的作用

有光才有影，才能让物体呈现出三维立体感，不同的灯光效果营造的视觉感受也不一样。灯光是视觉画面的一部分，其功能主要有以下3点。

第1点：提供一个完整的整体氛围，展现出影像实体，营造空间的氛围。

第2点：为画面着色，以塑造空间和形式。

第3点：可以让人们集中注意力。

7.1.2 3ds Max灯光的基本属性

3ds Max中的照明原则是模拟自然光照效果，当光线接触到对象表面后，表面会反射或至少部分反射这些光线，这样该表面就可以被我们所见到了。对象表面所呈现的效果取决于接触到表面上的光线和表面自身材质的属性（如颜色、平滑度、不透明度等）相结合的结果。

1.强度

灯光光源的亮度影响灯光照亮对象的程度。暗淡的光源即使照射在很鲜艳的颜色上，也只能产生暗淡的颜色效果。在3ds Max中，灯光的亮度就是它的HSV值（色度、饱和度、亮度），取最大值（225）时，灯光最亮；取值为0时，完全没有照明效果。如图7-5所示，左图为低强度光源的蜡烛照亮房间，右图为高强度灯光灯泡照亮同一个房间。

图7-5

2.入射角

表面法线相对于光源之间的角度称为灯光的入射角。表面偏离光源的程度越大，它所接收到的光线越少，表现越暗。当入射角为0（光线垂直接触表现）时，表面受到完全亮度的光源照射。随着入射角增大，照明亮度不断降低，如图7-6所示。

图7-6

3.衰减

在现实生活中，灯光的亮度会随着距离增加逐渐变暗，离光源远的对象比离光源近的对象暗，这种效果就是衰减效果。自然界中灯光按照平方反比进行衰减，也就是说灯光的亮度按距光源距离的平方削弱。通常在受大气粒子的遮挡后衰减效果会更加明显，尤其在阴天和雾天的情况下。

图7-7所示，这是灯光衰减示意图，左图为反向衰减，右图为平方反比衰减。

图7-7

3ds Max中默认的灯光没有衰减设置，因此灯光与对象间的距离是没有意义的，用户在设置时，只需考虑灯光与表面间的入射角度。除了可以手动调节泛光灯和聚光灯的衰减外，还可以通过光线跟踪贴图调节衰减效果。如果使用光线跟踪方式计算反射和折射，应该对场景中的每一盏灯都进行衰减设置，因为一方面它可以提供更为精确和真实的照明效果；另一方面由于不必计算衰减以外的范围，所以还可以大大缩短渲染的时间。

小技巧

在没有衰减设置的情况下，有可能会出现对象远离灯光对象，却变得更亮的情况，这是由于对象表面的入射角度更换接近0°造成的。

对于3ds Max中的标准灯光对象，用户可以自由设置衰减开始和结束的位置，无需严格遵循真实场景中灯光与被照射对象间的距离。更为重要的是，可以通过此功能对衰减效果进行优化。对于室外场景，衰减设置可以提高景深效果；对于室内场景，衰减设置有助于模拟蜡烛等低亮度光源的效果。

4.反射光与环境光

对象反射后的光能够照亮其他的对象，反射的光越多，照亮环境中其他对象的光越多。反射光产生环境光，环境光没有明确的光源和方向，不会产生清晰的阴影。

如图7-8所示，其中A（黄色光线）是平行光，也就是发光源发射的光线；B（绿色光线）是反射光，也就是对象反射的光线；C是环境光，看不出明确的光源和方向。

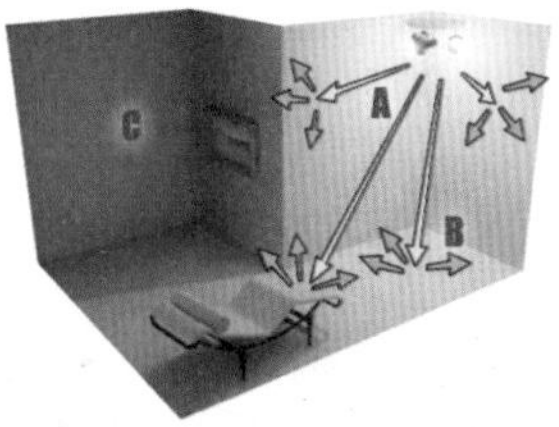

图7-8

在3ds Max中使用默认的渲染方式和灯光设置无法计算出对象的反射光，因此采用标准灯光照明时往往要设置比实际多得多的灯光对象。如果使用具有计算光能传递效果的渲染引擎（如3ds Max的高级照明、mental ray或者其他渲染器插件），就可以获得真实的反射光的效果。如果不使用光能传递方式的话，用户可以在“环境”面板中调节环境光的颜色和高度来模拟环境光的影响。

环境光的亮度影响场景的对比度，亮度越高，场景的对比度就越低；环境光的颜色影响场景整体的颜色，有时环境光表现为对象的反射光线，颜色为场景中其他对象的颜色，但大数情况下，环境光应该是场景中主光源颜色的补色。

5.颜色和灯光

灯光的颜色部分依赖于生成该灯的过程。例如，钨灯投影橘黄色的灯光，水银蒸汽灯投影冷色的浅蓝色灯光，太阳光为浅黄色。灯光颜色也依赖于灯光通过的介质。例如，大气中的云染为蓝色，脏玻璃可以将灯光染为浓烈的饱和色彩。

灯光的颜色也具备加色混合性，灯光的主要颜色为红色、绿色和蓝色（RGB）。当多种颜色混合在一起时，场景中总的灯光将变得更亮且逐渐变为白色，如图7-9所示。

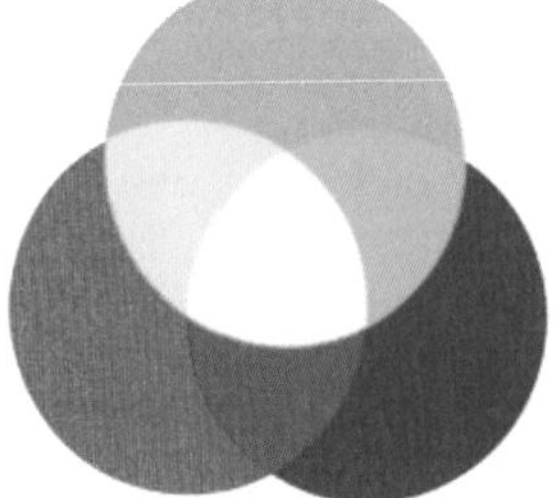

图7-9

在3ds Max中，用户可以通过调节灯光颜色的RGB值作为场景主要照明设置的色温标准，但要明确的是，人们总倾向于将场景看做是白色光源照射的结果（这是一种称为色感一致性的人体感知现象），精确地再现光源颜色可能会适得其反，渲染出古怪的场景效果，所以在调节灯光颜色时，应当重视主观的视觉感受，而物理意义上的灯光颜色仅仅是作为一项参考。

6.色温

色温是一种按照绝对温标来描述颜色的方式，有助于描述光源颜色及其他接近白色的颜色值。下面的表格中罗列了一些常见灯光类型的色温值（Kelvin）以及相应的色调值（HSV）。

7.1.3 3ds Max灯光的照明原则

说到照明原则，多参考摄影、摄像以及舞台设计方面的照明指导书籍对于提高3ds Max场景的布灯技巧有很大的帮助，这里只笼统地介绍一下标准灯光设置的基础知识。

设置灯光时，首先应该明确场景要模拟的是自然照明效果还是人工照明效果。对自然照明场景，无论是日光照明还是月光照明，最主要的光源只有一个，而人工照明场景通常应包含多个类似的光源。在3ds Max中，无论是哪种照明场景，都需要设置若干次级光源来辅助照明，无论是室内场景还是室外场景，都会受到材质颜色的影响。

1.自然光

自然照明（阳光）是来自单一光源的平行光线，它的方向和角度会随着时间、纬度、季节的变化而变化。晴天时，阳光的颜色为淡黄色，多云时偏蓝色，阴雨天时偏暗灰色，大气中的颗粒会使阳光呈橙色或褐色，日出日落时阳光则更为发红或发橙色。天空越晴朗，产生的阴影越清晰，日照场景中的立体效果越突出。

3ds Max提供了多种模拟阳光的方式，标准的灯光方式就是平行光，无论是目标平行光还是自由平行光，一盏就足以作为日照场景的光源了，如图7-10所示。将平行光源的颜色设置为白色，亮度降低，还可以用来模拟月光效果。

图7-10

2.人工光

人工照明，无论是室内还是室外夜景，都会使用多盏灯光对象。人工照明首先要明确场景中的主题，然后单独为这个主题打一盏明亮的灯光，称为“主灯光”，将其置于主题的前方稍稍偏上。除了“主灯光”以外，还需要设置一盏或多盏灯光用来照亮背景和主题的侧面，称为“辅助灯光”，亮度要低于“主灯光”。这些“主灯光”和“辅助灯光”不便能够强调场景的主题，同时还加强了场景的立体效果。用户还可以为场景的次要主题添加照明灯光，舞台术语称之为“附加灯”，亮度通常高于“辅助灯光”，低于“主灯光”。

在3ds Max中，聚光灯通常是最好的“主灯光”，无论是聚光灯还是泛光灯都很适于作为“辅助灯光”，环境光则是另一种补充照明光源。

通过光度学灯光，可以基于灯光的色温、能量值以及分布状况设置照明效果。设置这种灯光，只要严格遵循实际的场景尺寸、灯光属性和分布位置，就能够产生良好的照明效果，如图7-11所示。

图7-11

3.环境光

3ds Max中，环境光用于模拟漫反射表面反射光产生的照明效果，它的设置决定了处于阴影中和直接照明以外的表面的照明级别。用户可以在“环境”对话框中设置环境光的级别，场景会在考虑任何灯光照明之前就先根据它的设置，确立整个场景的照明级别，也是场景所能达到的最暗程度。环境光常常应用于室外场景，帮助日光照明在那些无法直射到的表面上产生均匀分布的反射光，如图7-12所示。一种常用的加深阴影的方法就是将环境光的颜色调节为近似“主灯光”颜色的补充色。

与室外场景不同，室内场景有很多灯光对象，普通环境光设置用来模拟局部光源的漫反射并不理想，最常用的方法就是环境光颜色设为黑色，并使用只影响环境光的灯光来模拟环境照明。

图7-12

7.1.4 3ds Max灯光的分类

我们可以使用3ds Max 2013模拟出真实的、复杂的光照效果。图7-13所示为“真实灯光效果”和“效果图灯光效果”的图片对比。

图7-13

在创建面板中单击“灯光”按钮，在其下拉列表中可以选择灯光的类型。在3ds Max 2013中包含了3种灯光类型，分别是“光度学”灯光、“标准”灯光和VRay灯光，如图7-14所示。

图7-14

当我们安装VRay渲染器之后，会在灯光类型中找到相应的VRay灯光。

7.2 光度学灯光

“光度学”灯光是系统默认的首选灯光类型，共有 3种类型，分别是“目标灯光”、“自由灯光”和“mr天空门户”，如图7-15所示。

图7-15

小技巧

需要注意的是，3ds Max 2013中的“光度学”灯光被放置到默认首选项中，灯光被重新进行排列和精简，“标准”灯光被排在了第二种灯光类型，同时“光度学”灯光的类型减少到了3种。

7.2.1 目标灯光

目标灯光带有一个目标点，用于指向被照明物体，如图7-16所示。目标灯光主要用来模拟现实中的筒灯、射灯和壁灯等，其默认参数包含10个卷展栏，如图7-17所示。

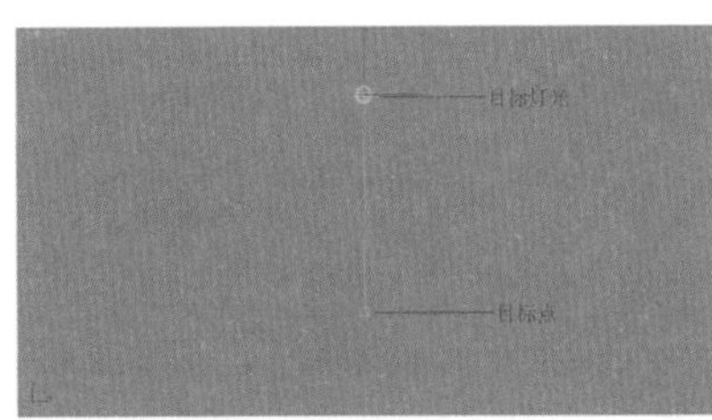

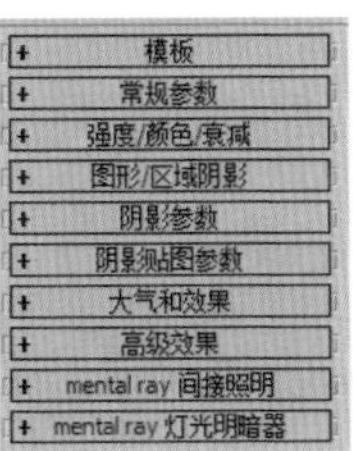

图7-16　图7-17

1. “常规参数”卷展栏

展开“常规参数”卷展栏，如图7-18所示。

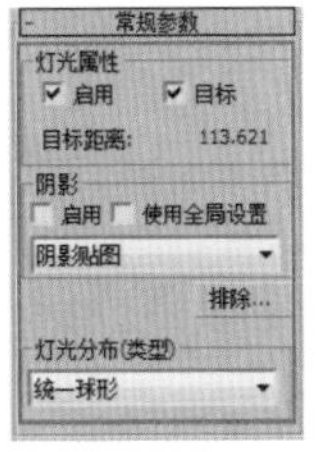

图7-18

【参数介绍】

灯光属性选项组：主要包含以下3个选项。

启用：控制是否开启灯光。

目标：启用该选项后，目标灯光才有目标点；如果禁用该选项，目标灯光将变成自由灯光，如图7-19所示。

图7-19

目标距离：用来显示目标的距离。

阴影选项组：主要包含以下3个选项。

启用：控制是否开启灯光的阴影效果。

使用全局设置：如果启用该选项后，该灯光投射的阴影将影响整个场景的阴影效果；如果关闭该选项，则必须选择渲染器使用哪种方式来生成特定的灯光阴影。

阴影类型：设置渲染器渲染场景时使用的阴影类型，包括“高级光线跟踪”、“mental ray阴影贴图”、“区域阴影”、“阴影贴图”、“光线跟踪阴影”、VRay阴影和VRay阴影贴图7种类型。

“排除”按钮 排除... ：将选定的对象排除于灯光效果之外。

灯光分布（类型）：设置灯光的分布类型，包含“光度学Web”、“聚光灯”、“统一漫反射”和“统一球形”4种类型。

2. “强度/颜色/衰减”卷展栏

展开“强度/颜色/衰减”卷展栏，如图7-20所示。

图7-20

【参数介绍】

颜色选项组：主要包含以下3个选项。

灯光：挑选公用灯光，以近似灯光的光谱特征。

开尔文：通过调整色温微调器设置来灯光的颜色。

过滤颜色：使用颜色过滤器来模拟置于光源上的过滤色效果。

强度选项组：控制灯光的强弱程度，主要包含以下3个选项。

lm（流明）：测量整个灯光（光通量）的输出功率。100瓦的通用灯炮约有1750 lm的光通量。

cd（坎德拉）：用于测量灯光的最大发光强度，通常沿着瞄准发射。100瓦通用灯炮的发光强度约为139 cd。

lx（lux）：测量由灯光引起的照度，该灯光以一定距离照射在曲面上，并面向光源的方向。

暗淡选项组：主要包含以下3个选项。

结果强度：用于显示暗淡所产生的强度。

暗淡百分比：启用该选项后，该值会指定用于降低灯光强度的“倍增”。

光线暗淡时白炽灯颜色会切换：启用该选项之后，灯光可以在暗淡时通过产生更多的黄色来模拟白炽灯。

远距衰减选项组：主要包含以下4个选项。

使用：启用灯光的远距衰减。

显示：在视口中显示远距衰减的范围设置。

开始：设置灯光开始淡出的距离。

结束：设置灯光减为0时的距离。

3.“图形/区域阴影”卷展栏

展开“图形/区域阴影”卷展栏，如图7-21所示。

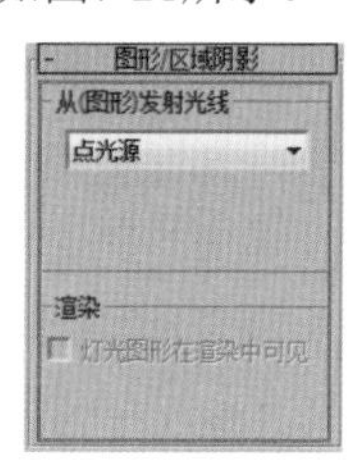

图7-21

【参数介绍】

从（图形）发射光线：选择阴影生成的图形类型，包括“点光源”、“线”、“矩形”、“圆形”、“球体”和“圆柱体”6种类型。

灯光图形在渲染中可见：启用该选项后，如果灯光对象位于视野之内，那么灯光图形在渲染中会显示为自供照明（发光）的图形。

4.“阴影参数”卷展栏

展开“阴影参数”卷展栏，如图7-22所示。

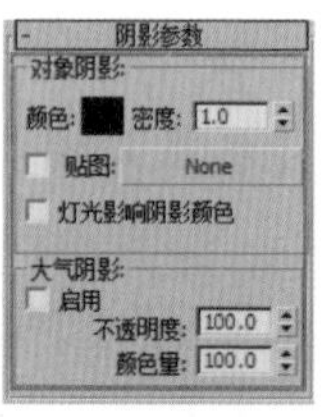

图7-22

【参数介绍】

对象阴影选项组：主要包含以下5个选项。

颜色：设置灯光阴影的颜色，默认为黑色。

密度：调整阴影的密度。

贴图：启用该选项，可以使用贴图来作为灯光的阴影。

None（无）None：单击该按钮可以选择贴图作为灯光的阴影。

灯光影响阴影颜色：启用该选项后，可以将灯光颜色与阴影颜色（如果阴影已设置贴图）混合起来。

大气阴影选项组：主要包含以下3个选项。

启用：启用该选项后，大气效果如灯光穿过它们一样投影阴影。

不透明度：调整阴影的不透明度百分比。

颜色量：调整大气颜色与阴影颜色混合的量。

5.“阴影贴图参数”卷展栏

展开“阴影贴图参数”卷展栏，如图7-23所示。

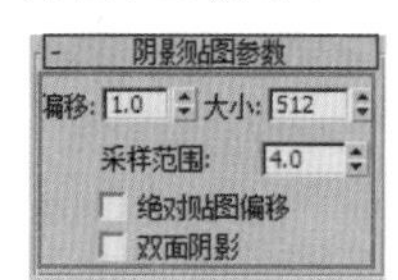

图7-23

【参数介绍】

偏移：将阴影移向或移离投射阴影的对象。

大小：设置用于计算灯光的阴影贴图的大小。

采样范围：决定阴影内平均有多少个区域。

绝对贴图偏移：启用该选项后，阴影贴图的偏移是不标准化的，但是该偏移在固定比例的基础上会以3ds Max为单位来表示。

双面阴影：启用该选项后，计算阴影时物体的背面也将产生阴影。

6.“大气和效果”卷展栏

展开“大气和效果”卷展栏，如图7-24所示。

图7-24

【参数介绍】

添加 添加：单击该按钮可以打开“添加大气或效果”对话框，如图7-25所示。在该对话框可以将大气或渲染效果添加到灯光中。

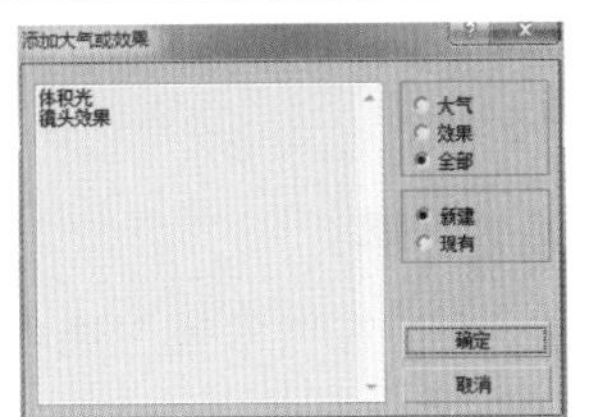

图7-25

删除：添加大气或效果以后，在大气或效果列表中选择大气或效果，然后单击该按钮可以将其删除。

大气或效果列表：显示添加的大气或效果，如图7-26所示。

图7-26

设置：在大气或效果列表中选择大气或效果以后，单击该按钮可以打开“环境和效果”对话框。在该对话框中可以对大气或效果参数进行更多的设置。

什么是光域网？

光域网是灯光的一种物理性质，用来确定光在空气中的发散方式。

不同的灯光在空气中的发散方式也不一样，如手电筒会发出一个光束，而壁灯或台灯发出的光又是另外一种形状，这些不同的形状就是由灯光自身的特性来决定的，也就是说这些形状是由光域网造车的。之所以会产生不同的图案，是因为每种灯在出厂时，厂家都要对每种灯都指定不同的光域网。在3ds Max中，如果为灯光指定一个特殊的文件，就可以产生与现生活中相同的发散效果，这特殊文件的标准格式是“.IES”。下图7-27所示为“光域网”不同形状的显示形态。

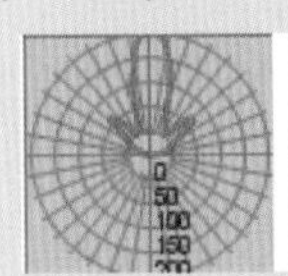
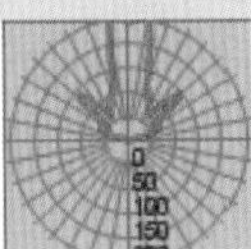
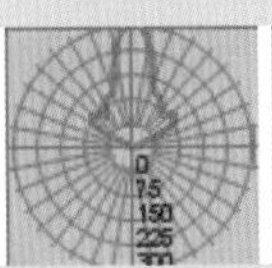
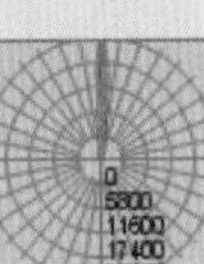

图7-27

如图7-28所示为不同的“光域网”的渲染效果。

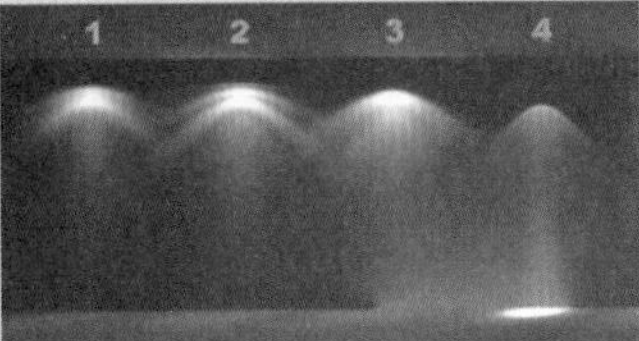

图7-28

新手练习——利用目标灯光制作射灯效果

素材文件	01.max
案例文件	新手练习——利用目标灯光制作射灯效果.max
视频教学	视频教学/第7章/新手练习——利用目标灯光制作射灯效果.flv
技术掌握	掌握如何使用目标灯光模拟射灯的效果

本例是一个客厅一角场景，主要使用目标灯光模拟射灯的效果，案例效果如图7-29所示。

图7-29

【操作步骤】

01 打开本书配套光盘中的“01.max”文件，如图7-30所示。

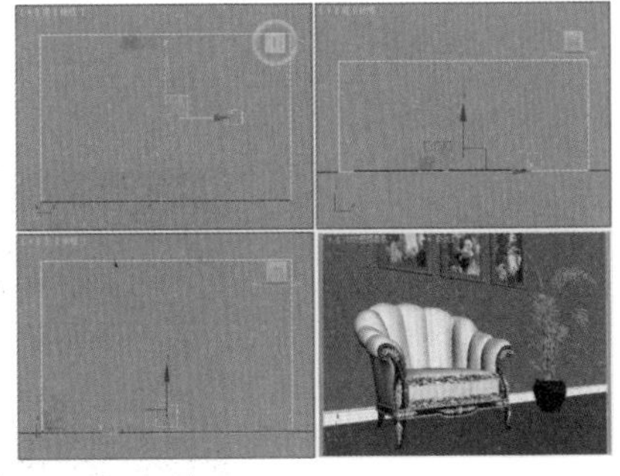

图7-30

02 在前视图中创建6盏目标灯光，然后将其拖曳到合适的位置，如图7-31所示。

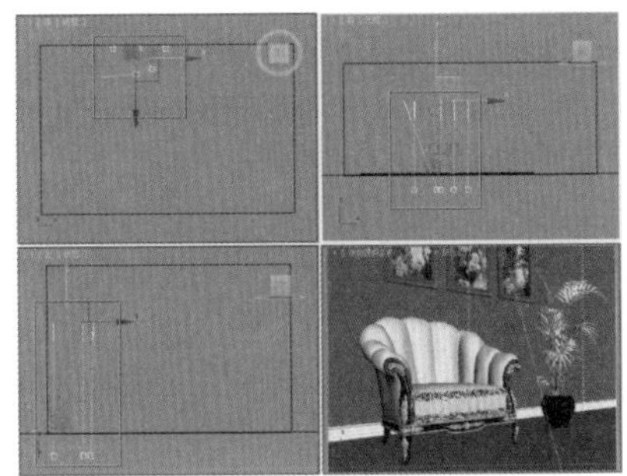

图7-31

03 选择上一步创建的目标灯光，然后进入“修改”面板，具体参数设置如图7-32所示。

设置步骤：

① 展开“常规参数”卷展栏，然后在“阴影”选项组下勾选“启用”选项，接着设置“阴影类型”为“VRay阴影”，最后在“灯光分布（类型）”选项

组下设置灯光分布类型为“光度学Web”。

② 展开“分布（光度学Web）”卷展栏，然后在通道上加载光域网文件“射灯.ies”。

③ 展开“强度/颜色/衰减”卷展栏，然后设置“过滤颜色”为（红:255，绿:251，蓝:242），接着设置“强度”为47600。

④ 展开“VRay阴影参数”卷展栏，然后勾选“球体”选项，接着设置“UVW大小”为10000mm，最后设置“细分”为20。

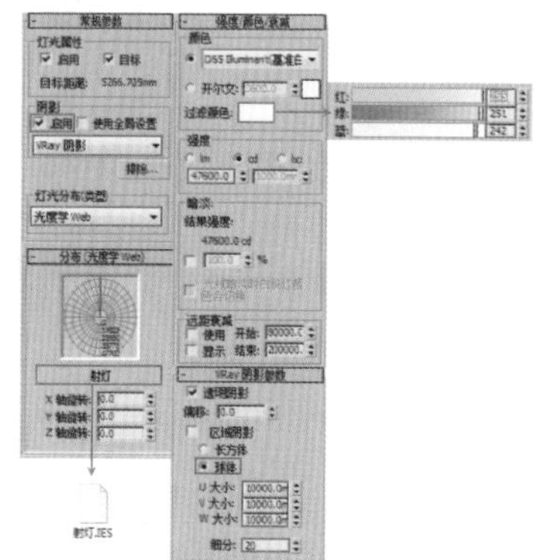

图7-32

04 按F9键渲染当前场景，效果如图7-33所示。

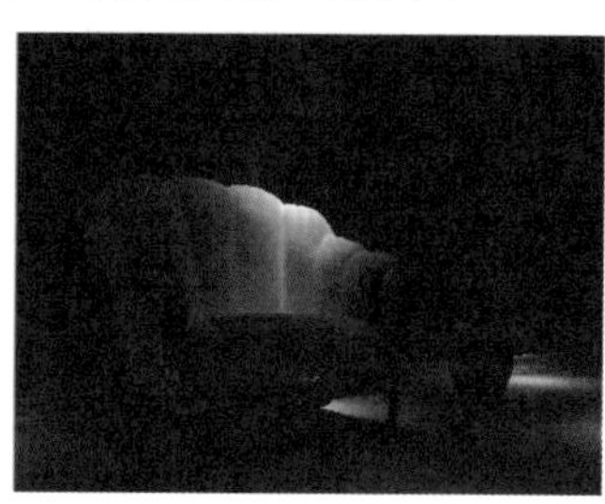

图7-33

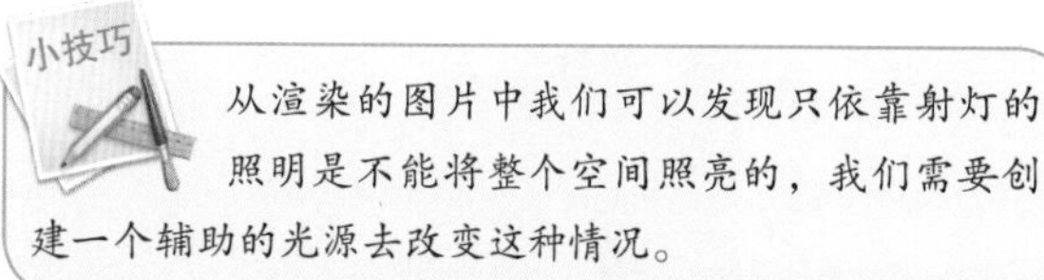

小技巧

从渲染的图片中我们可以发现只依靠射灯的照明是不能将整个空间照亮的，我们需要创建一个辅助的光源去改变这种情况。

05 将灯光类型设置为VRay，然后在顶视图中创建一盏VRay灯光，其位置如图7-34所示。

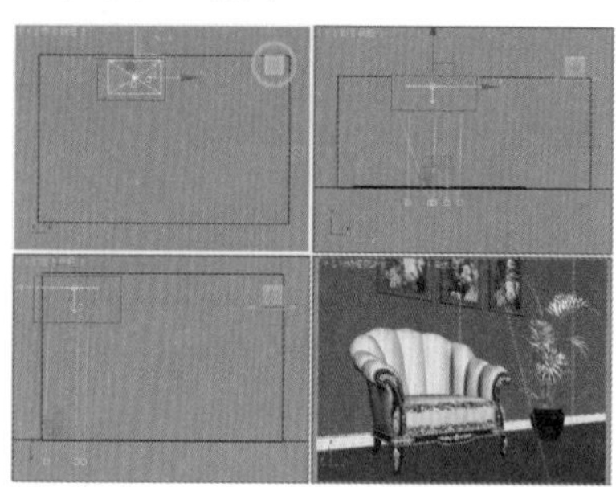

图7-34

06 选择上一步创建的VRay灯光，然后进入“修改”面板，接着展开“参数”卷展栏，具体参数设置如图7-35所示。

设置步骤：

① 在“常规”选项组下设置“类型”为“平面”。

② 在“强度”选项组下设置“倍增”为12，然后设置颜色为（红:245，绿:232，蓝:212）。

③ 在“大小”选项组下设置“1/2长”为1590mm、“1/2宽”为920mm。

④ 在“选项”选项组下勾选“不可见”选项。

⑤ 在“采样”选项组下设置“细分”为20。

07 按F9键渲染当前场景，最终效果如图7-36所示。

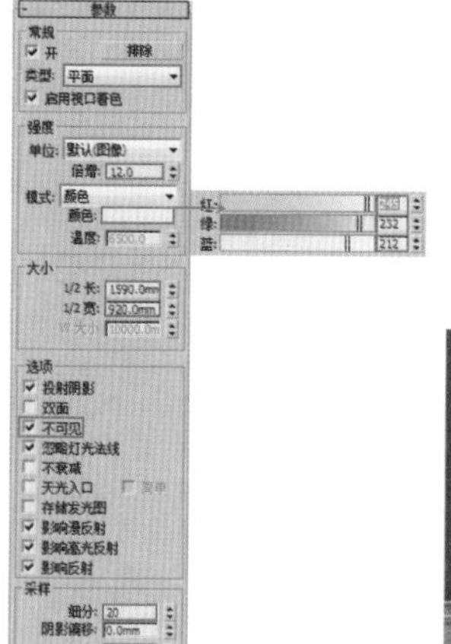

图7-35

图7-36

高手进阶——利用目标灯光制作客厅射灯效果

素材文件	02.max
案例文件	高手进阶——利用目标灯光制作客厅射灯效果.max
视频教学	视频教学/第7章/高手进阶——利用目标灯光制作客厅射灯效果.flv
技术掌握	掌握如何使用目标灯光制作客厅射灯效果

本例是一个客厅场景，主要使用目标灯光制作客厅射灯，案例效果如图7-37所示。

图7-37

【操作步骤】

01 打开本书配套光盘中的“02.max”文件，如图7-38所示。

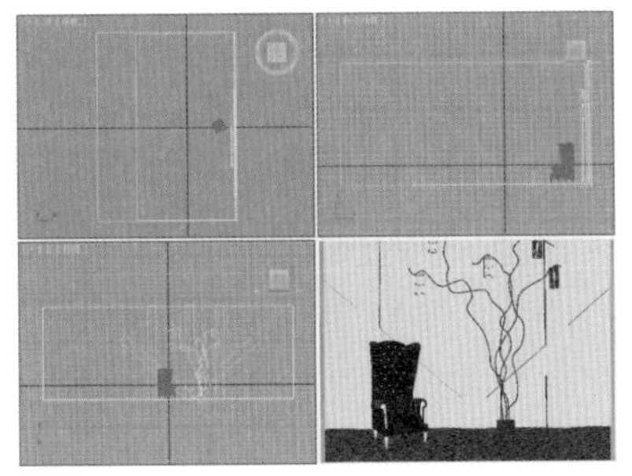

图7-38

02 在“创建”面板下，单击“灯光”按钮，然后设置“灯光类型”为VRay，接着单击“VRay灯光”按钮 VR灯光 ，如图7-39所示。

图7-39

03 在前视图中创建一盏VRay灯光，然后将其拖曳到合适的位置，如图7-40所示。

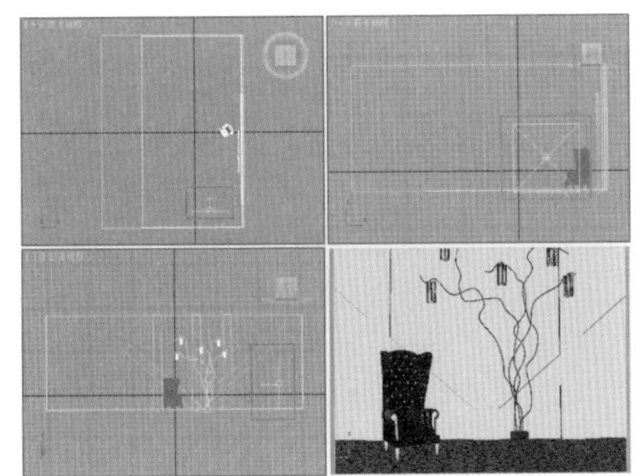

图7-40

04 选择上一步创建的VRay灯光，然后进入“修改”面板，接着展开“参数”卷展栏，具体参数设置如图7-41所示。

设置步骤：

① 在“常规”选项组下设置“类型”为“平面”。

② 在“强度”选项组下设置“倍增”为3，然后设置颜色为（红:116，绿:179，蓝:238）。

③ 在“大小”选项组下设置“1/2长”为1500mm、“1/2宽”为1500mm。

④ 在“选项”选项组下勾选“不可见”选项。

⑤ 在“采样”选项组下设置“细分”为25。

05 按F9键渲染当前场景，效果如图7-42所示。

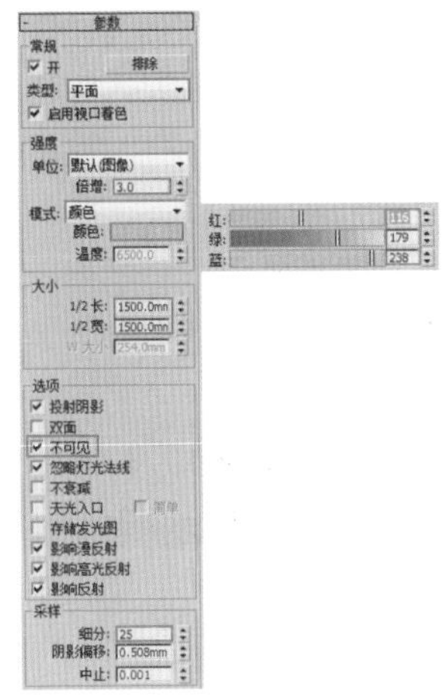

图7-41 图7-42

06 在前视图中创建一盏VRay灯光，然后将其拖曳到合适的位置，如图7-43所示。

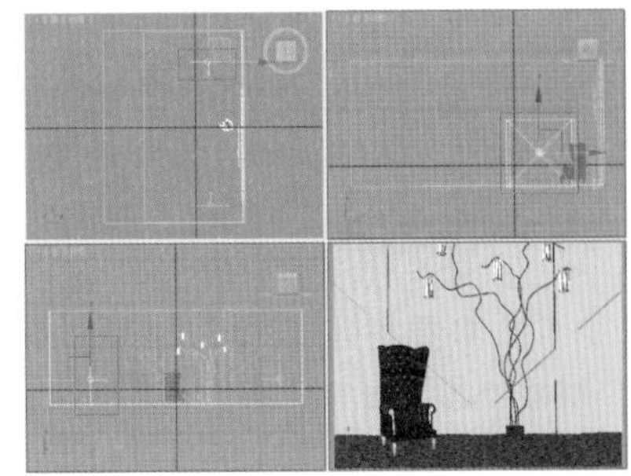

图7-43

07 选择上一步创建的VRay灯光，然后进入“修改”面板，接着展开“参数”卷展栏，并将颜色修改为（红:247，绿:221，蓝:174），如图7-44所示。

08 按F9键渲染当前场景，效果如图7-45所示。

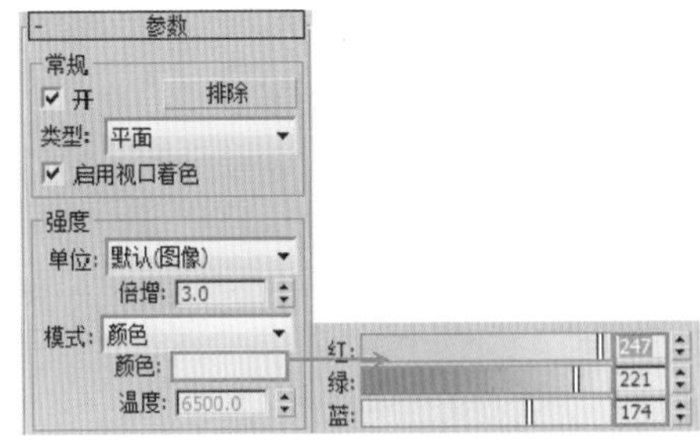

图7-44

图7-45

09 将灯光类型设置为"光度学"，然后在场景中创建两盏目标灯光，并将其拖曳到合适的位置，如图7-46所示。

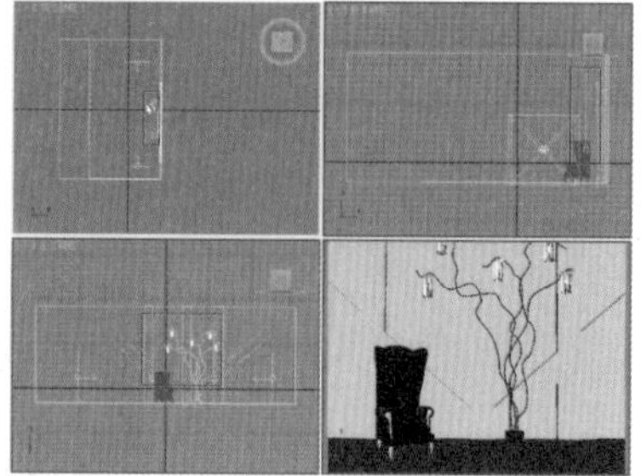

图7-46

10 选择上一步创建的目标灯光，然后进入"修改"面板，具体参数设置如图7-47所示。

设置步骤：

① 展开"常规参数"卷展栏，然后在"阴影"选项组下勾选"启用"选项，接着设置"阴影类型"为"VRay阴影"，最后在"灯光分布（类型）"选项组下设置灯光分布类型为"光度学Web"。

② 展开"分布（光度学Web）"卷展栏，然后在通道上加载光域网文件"1.ies"。

③ 展开"强度/颜色/衰减"卷展栏，然后设置"过滤颜色"为（红:255，绿:233，蓝:196），接着设置"强度"为50000。

④ 展开"VRay阴影参数"卷展栏，然后勾选"球体"选项，接着设置"UVW大小"为254mm。

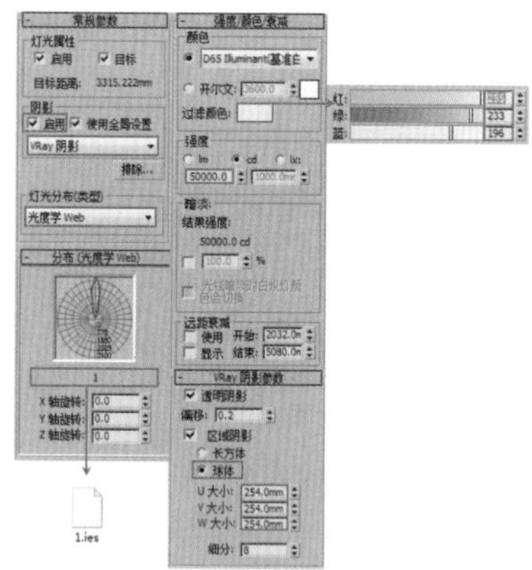

图7-47

11 按F9键渲染当前场景，效果如图7-48所示。

图7-48

12 在场景中创建5盏VRay灯光作为吊灯的光源，其位置如图7-49所示。

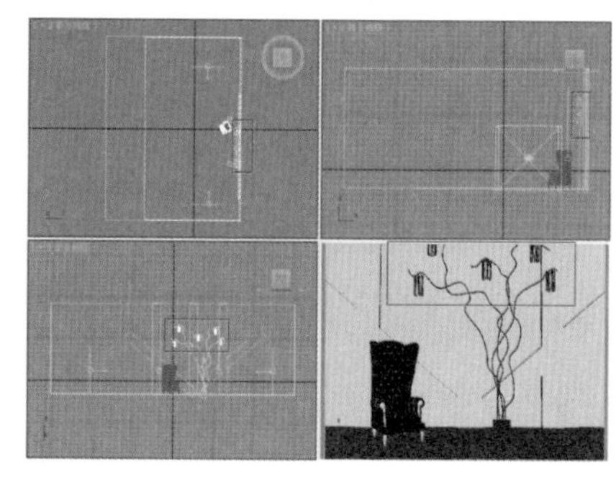

图7-49

13 选择上一步创建的VRay灯光，然后进入"修改"面板，接着展开"参数"卷展栏，具体参数设置如图7-50所示。

设置步骤：

① 在"常规"选项组下设置"类型"为"球体"。

② 在"强度"选项组下设置"倍增"为12，然后设置颜色为（红:254，绿:214，蓝:179）。

③ 在"大小"选项组下设置"半径"为80mm。

④ 在"采样"选项组下设置"细分"为8。

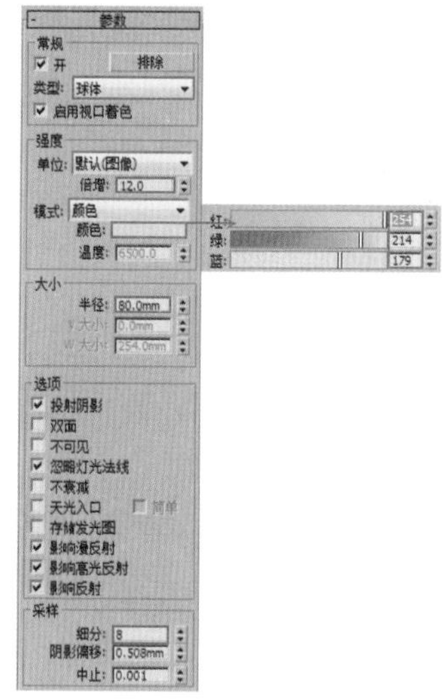

图7-50

14 按F9键渲染当前场景，最终效果如图7-51所示。

图7-51

7.2.2 自由灯光

“自由灯光”没有目标对象，有4种类型可供选择，分别是光度学Web、聚光灯、统一漫反射和统一球形，如图7-52所示。

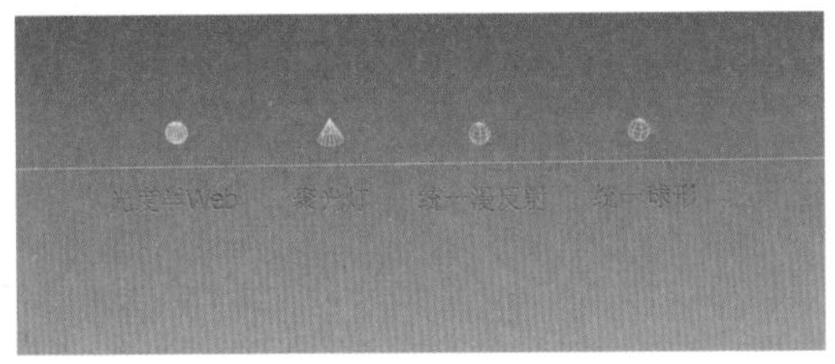

图7-52

小技巧

默认创建的“自由灯光”没有照明方向，但是可以指定照明方向，其操作方法就是在修改面板的“常用参数”卷展栏下勾选“目标”选项，开启照明方向后，可以通过目标点来调节灯光的照明方向，如图7-53所示。

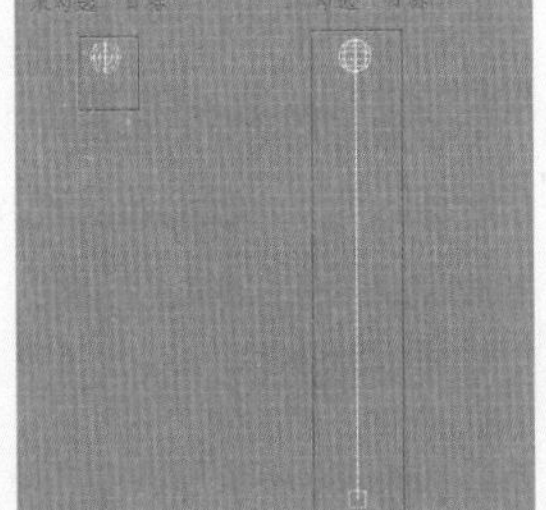

图7-53

如果“自由灯光”没有目标点，可以使用“选择并移动”工具和“选择并旋转”工具将其进行任意地移动与旋转，如图7-54所示。

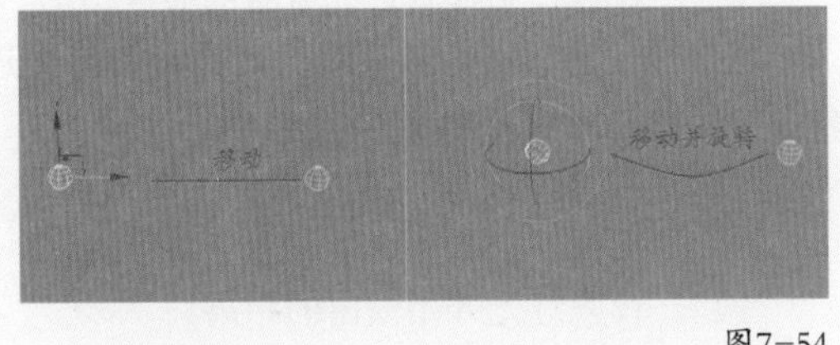

图7-54

7.2.3 mr天空门户

“mr天空门户”灯光是从3ds Max 2013版本以后的内建的mental ray灯光类型，它和“VRay灯光”的形状很相似。而不同的是“mr Sky门户”灯光必须配合“天光”才能使用，其参数设置面板如图7-55所示。

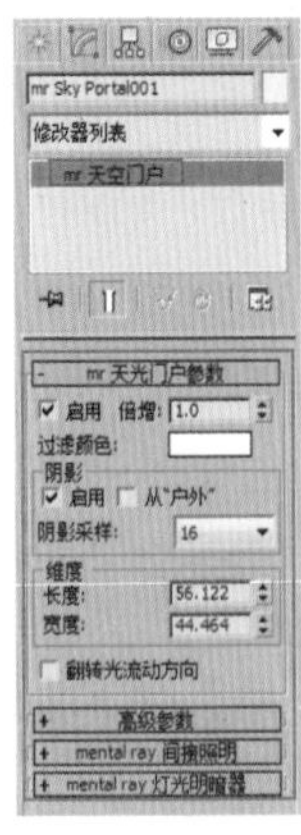

图7-55

【参数介绍】

倍增：控制灯光的强弱程度。

过滤颜色：控制灯光的颜色。

阴影：是否开启阴影。

阴影采样：控制阴影的采样精细程度，数值越大，效果越细腻，但会增加渲染时间。

维度：控制灯光的长度和宽度。

7.3 标准灯光

将灯光类型切换为“标准”灯光，可以看到“标准”灯光包括8种类型，分别是“目标聚光灯”、“自由聚光灯”、“目标平行光”、“自由平行光”、“泛光灯”、“天光”、“mr Area Omni”和“mr Area Spot”，如图7-56所示。

图7-56

7.3.1 目标聚光灯

“目标聚光灯”可以产生一个锥形的照射区域，区域以外的对象不会受到灯光的影响。目标聚光灯由透射点和目标点组成，其方向性非常好，对阴影的塑造能力也很强，如图7-57所示。

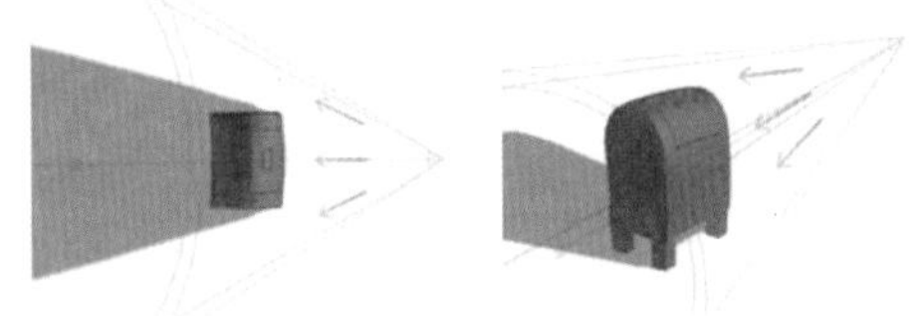

图7-57

1. “常规参数”卷展栏

进入修改面板，首先讲解“常规参数”卷展栏的参数，如图7-58所示。

图7-58

【参数介绍】

灯光类型选项组：主要包含以下3个选项。

启用：是否开启灯光。

灯光类型：“聚光灯”共有3种类型可供选择，分别是“聚光灯”、“平行光”和“泛光灯”，如图7-59所示。

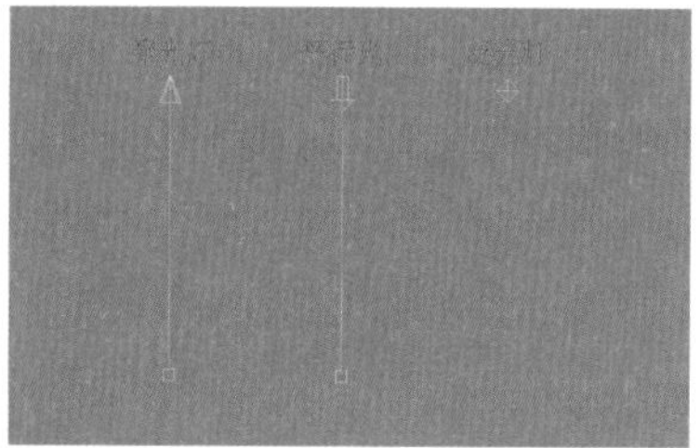

图7-59

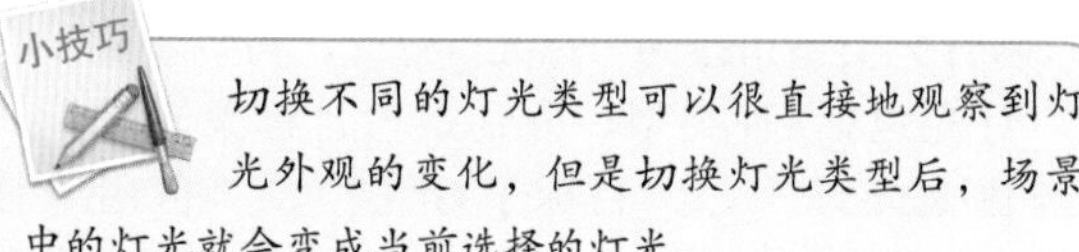

小技巧

切换不同的灯光类型可以很直接地观察到灯光外观的变化，但是切换灯光类型后，场景中的灯光就会变成当前选择的灯光。

目标：启用该选项后，灯光将成为目标灯光，关闭则成为自由灯光。

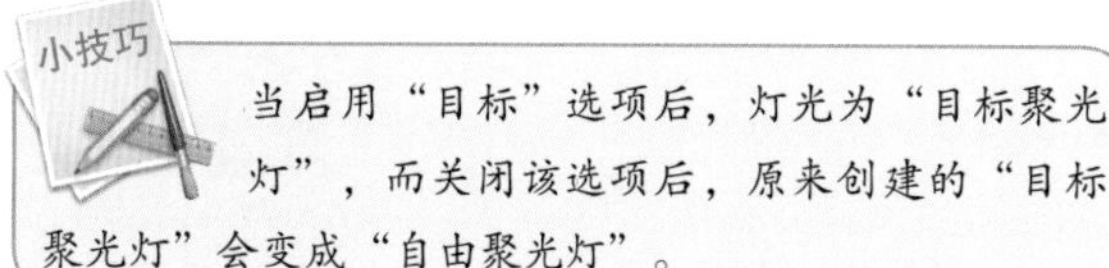

小技巧

当启用“目标”选项后，灯光为“目标聚光灯”，而关闭该选项后，原来创建的“目标聚光灯”会变成“自由聚光灯”。

阴影选项组：主要包含以下4个选项。

阴影：是否开启灯光阴影。

使用全局设置：启用该选项后可使用灯光投射阴影的全局设置。如果未使用全局设置，则必须选择渲染器使用哪种方式来生成特定灯光的阴影。

阴影贴图：切换阴影的方式来得到不同的阴影效果。

排除按钮 排除... ：可以将选定的对象排出于灯光效果之外。

2. “强度/颜色/衰减”卷展栏

“强度/颜色/衰减”卷展栏中的参数，如图7-60所示。

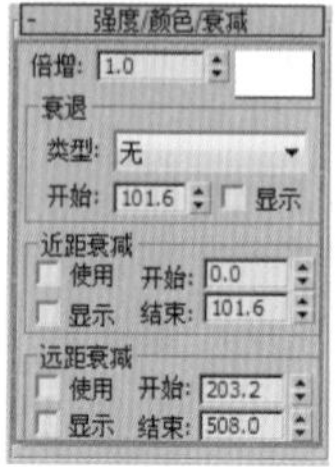

图7-60

【参数介绍】

倍增：控制灯光的强弱程度。

颜色：用来设置灯光的颜色，如图7-61所示。

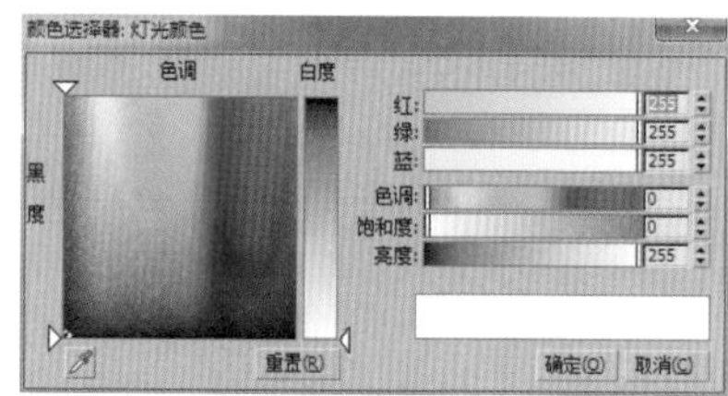

图7-61

衰退选项组：该选项组中的参数用来设置灯光衰退的类型和起始距离，主要包含以下3个选项。

衰退类型：指定灯光的衰退方式，“无”为不衰退，“倒数”为反向衰退，“平方反比”以平方反比的方式进行衰退。

小技巧

如果“平方反比”衰退方式使场景太暗，可以尝试使用“环境”面板来增加“全局照明级别”值。

开始：设置灯光开始衰减的距离。

显示：在视口中显示灯光衰减的效果。

近距衰减选项组：该选项组用来设置灯光近距离衰退的参数，主要包含以下4个选项。

使用：启用灯光近距离衰减。

显示：在视口中显示近距离衰减的范围。

开始：设置灯光开始淡出的距离。

结束：设置灯光达到衰减最远处的距离。

远距衰减选项组：该选项组用来设置灯光远距离衰退的参数，主要包含以下4个选项。

使用：启用灯光的远距离衰减。

显示：在视口中显示远距离衰减的范围。

开始：设置灯光开始淡出的距离。

结束：设置灯光衰减为0的距离。

3. “聚光灯参数”卷展栏

下面讲解“聚光灯参数”卷展栏中的参数，如图7-62所示。

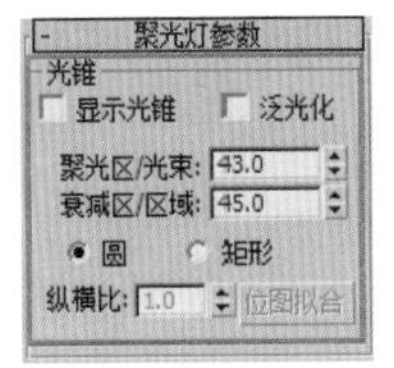

图7-62

【参数介绍】

显示光锥：是否开启圆锥体显示效果。

泛光化：开启该选项时，灯光将在各个方向投射光线。

聚光区/光束：用来调整灯光圆锥体的角度。

衰减区/区域：设置灯光衰减区的角度。

圆/矩形：指定聚光区和衰减区的形状。

纵横比：设置矩形光束的纵横比。

位图拟合按钮 位图拟合 ：在灯光“纵横比”为“矩形”的方式下可用，如图7-63所示。

图7-63

4. “高级效果”卷展栏

下面讲解“高级效果”卷展栏中的参数，如图7-64所示。

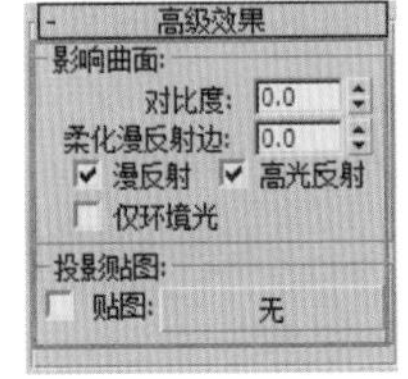

图7-64

【参数介绍】

影响曲面选项组：主要包含以下5个选项。

对比度：调整漫反射区域和环境光区域的对比度。

柔化漫反射边：增加该选项的数值可以柔化曲面的漫反射区域和环境光区域的边缘。

漫反射：开启该选项后，灯光将影响曲面的漫反射属性。

高光参数：开启该选项后，灯光将影响曲面的高光属性。

仅环境光：开启该选项后，灯光仅仅影响照明的环境光。

投影贴图选项组：主要包含以下两个选项。

贴图：为阴影添加贴图。

无 无 ：单击该按钮可以为投影加载贴图。

5. “阴影参数”卷展栏

下面讲解“阴影参数”卷展栏中的参数，如图7-65所示。

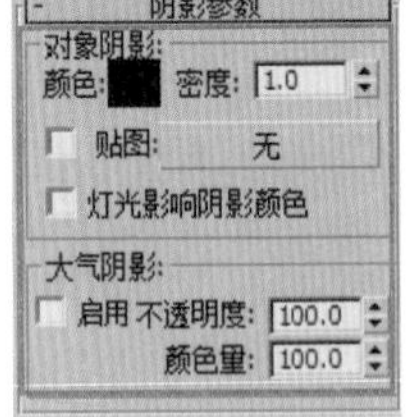

图7-65

【参数介绍】

对象阴影选项组：主要包含以下4个选项。

颜色：设置阴影的颜色，默认为黑色。

密度：设置阴影的密度。

贴图：为阴影指定贴图。

灯光影响阴影颜色：开启该选项后，灯光颜色将与阴影颜色混合在一起。

大气阴影选项组：主要包含以下3个选项。

启用：启用该选项后，大气可以穿过灯光投射阴影。

不透明度：调节阴影的不透明度。

颜色量：调整颜色和阴影颜色的混合量。

6. “光线跟踪阴影参数”卷展栏

下面讲解“光线跟踪阴影参数”卷展栏中的参数，如图7-66所示。

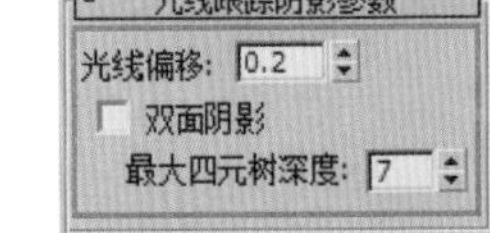

图7-66

【参数介绍】

光线偏移：光线偏移是将阴影移向或移离投射阴影的对象。

双面阴影：启用此选项后，计算阴影时背面将不被忽略。

最大四元深度：使用光线跟踪器调整四元树的深度。

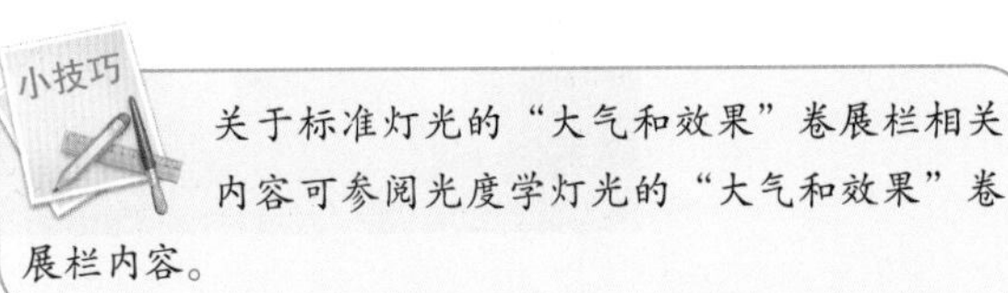

关于标准灯光的“大气和效果”卷展栏相关内容可参阅光度学灯光的“大气和效果”卷展栏内容。

7. “mental ray间接照明”卷展栏

下面讲解“mental ray间接照明”卷展栏中的参数，如图7-67所示。

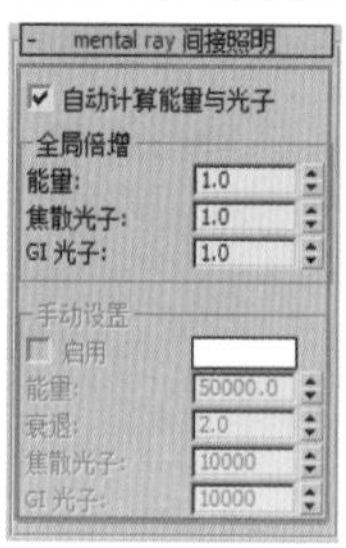

图7-67

【参数介绍】

自动计算能量与光子：启用该选项后，灯光会使用间接照明的全局灯光设置，而不使用局部灯光设置。

全局倍增选项组：主要包含以下3个选项。

能量：设置全局灯光的能量值，其默认值为1。

焦散光子：用来设置焦散的光子数量，其默认值为1。

GI光子：设置灯光生成全局照明的光子数量，其默认值为1。

手动设置选项组：主要包含以下5个选项。

启用：启用该选项后，灯光可产生间接照明效果。

能量：设置间接照明中使用的光线数量。

衰退：当光子移离光源时，指定光子能量衰退的数值。

焦散光子：设置焦散灯光所发射的光子数量。

GI光子：设置全局照明灯光所发射的光子数量。

新手练习——利用目标聚光灯制作舞台灯光

素材文件	03.max
案例文件	新手练习——利用目标聚光灯制作舞台灯光.max
视频教学	视频教学/第7章/新手练习——利用目标聚光灯制作舞台灯光.flv
技术掌握	掌握如何使用目标聚光灯制作舞台灯光的效果

本例是一个舞台场景，主要使用目标聚光灯制作舞台灯光，案例效果如图7-68所示。

图7-68

【操作步骤】

01 打开本书配套光盘中的“03.max”文件，如图7-69所示。

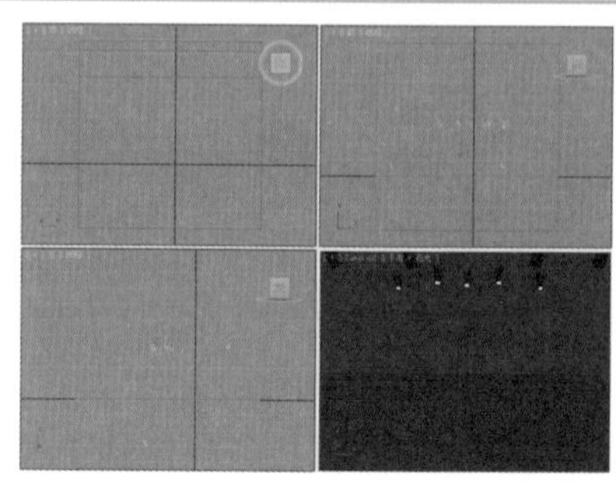

图7-69

02 将灯光类型设置为“标准”灯光，然后在前视图中创建一盏目标聚光灯，其位置如图7-70所示。

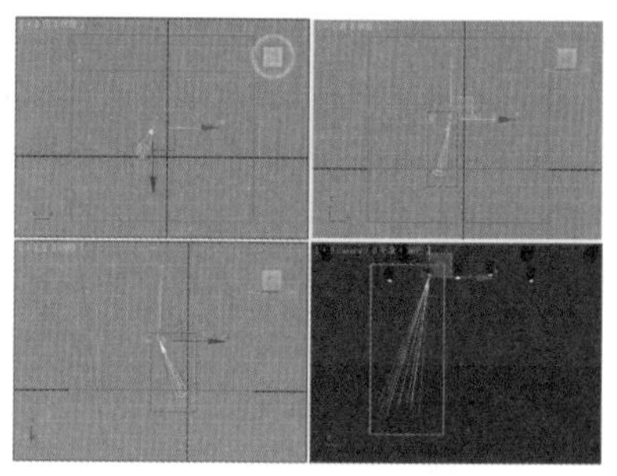

图7-70

03 选择上一步创建的目标聚光灯，然后进入“修改”面板，具体参数设置如图7-71所示。

设置步骤：

① 展开“常规参数”卷展栏，然后在“阴影”选项组下勾选“启用”选项，接着设置“阴影类型”为“阴影贴图”。

② 展开“强度/颜色/衰减”卷展栏，然后设置“倍增”为2，接着设置颜色为（红:255，绿:255，蓝:255）。

③ 展开“聚光灯参数”卷展栏，然后设置“聚光区/光束”为12、“衰减区/区域”为20。

④ 展开“高级效果”卷展栏，然后在贴图通道上加载“02.jpg”文件。

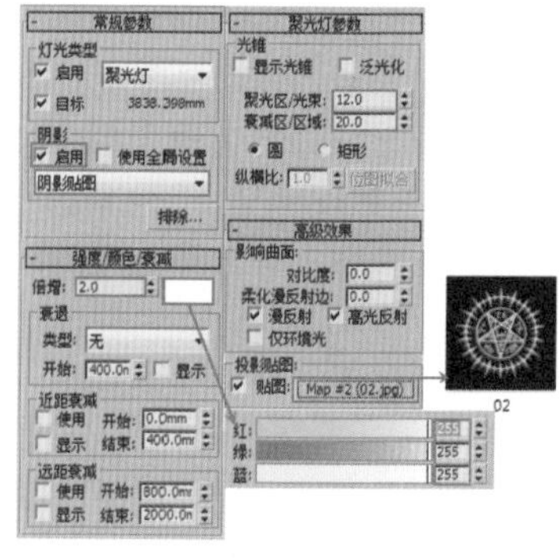

图7-71

04 按F9键渲染当前场景，效果如图7-72所示。

图7-72

小技巧

从渲染的图像中可以看到只是在地面上出现了加载的贴图纹理，但这并不是我们想要的效果，此时按数字键8，展开“大气”卷展栏，单击“添加”按钮，选择“体积光”，接着单击“拾取灯光”按钮拾取场景中的目标聚光灯，如图7-73所示。

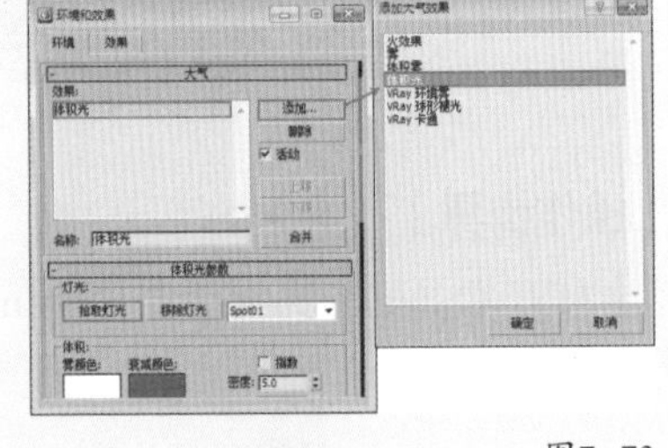

图7-73

按F9键渲染当前场景，效果如图7-74所示。

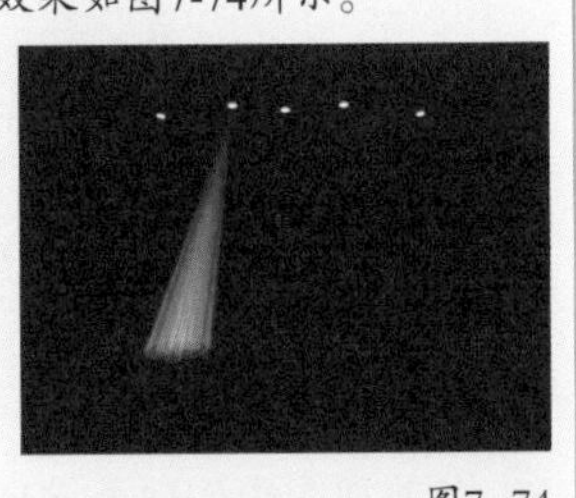

图7-74

05 将灯光类型设置为“光度学”，然后在场景中创建一盏目标灯光，其位置与场景中目标聚光灯的位置相同，如图7-75所示。

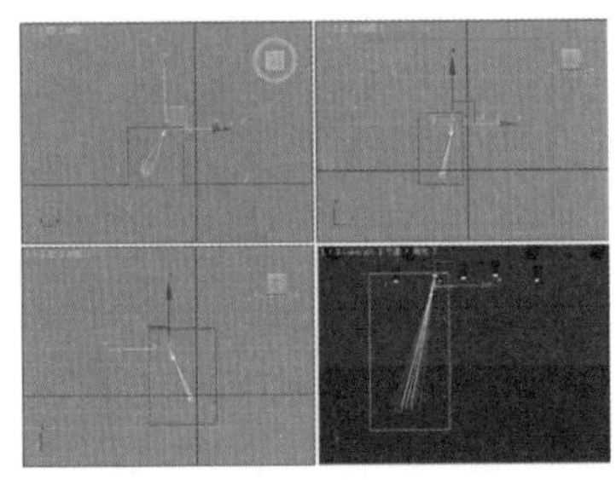

图7-75

06 选择上一步创建的目标灯光，然后进入“修改”面板，具体参数设置如图7-76所示。

设置步骤：

① 展开“常规参数”卷展栏，然后设置“灯光分布（类型）”为“聚光灯”。

② 展开“强度/颜色/衰减”卷展栏，然后设置“过滤颜色”为（红:123，绿:116，蓝:255），接着设置“强度”为3000。

③ 展开“图形/区域阴影”卷展栏，然后设置“从（图形）发射光线”为“点光源”。

④ 展开“大气和效果”卷展栏，然后单击“添加”按钮并选择“体积光”。

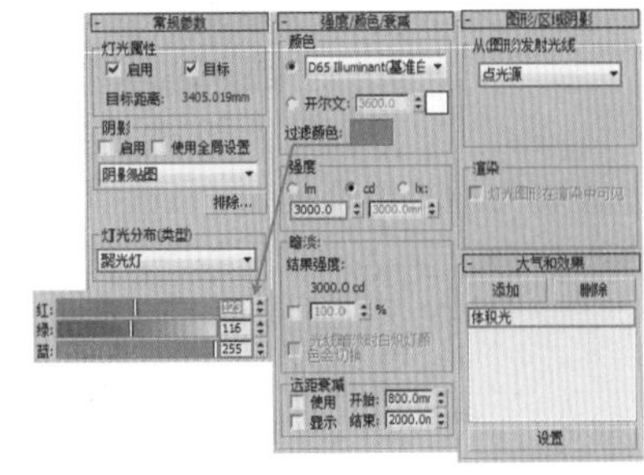

图7-76

07 按数字键8，然后在弹出的“环境和效果”面板中将“衰减颜色”设置为（红:0，绿:0，蓝:0），接着设置“密度”为4、“衰减倍增”为1，如图7-77所示。

图7-77

08 按F9键渲染当前场景，效果如图7-78所示。

图7-78

09 使用同样的方法在场景中创建出剩余部分的灯光，其位置如图7-79所示。

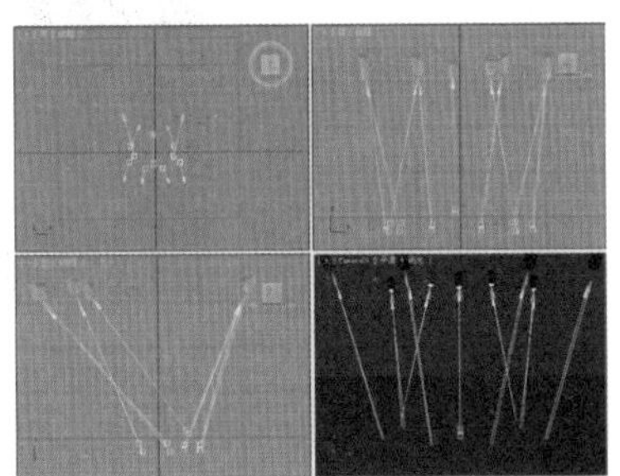

图7-79

10 按F9键渲染当前场景，效果如图7-80所示。

图7-80

11 将灯光类型设置为VRay，然后在场景中创建7盏VRay灯光，具体的位置如图7-81所示。

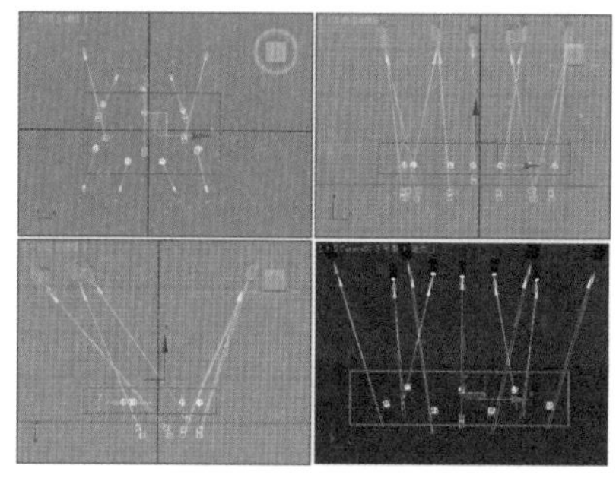

图7-81

12 选择上一步创建的VRay灯光，然后进入“修改”面板，接着展开“参数”卷展栏，具体参数设置如图7-82所示。

设置步骤：

① 在“常规”选项组下设置“类型”为“球体”。

② 在“强度”选项组下设置“倍增”为25。

③ 在“大小”选项组下设置“半径”为60mm。

④ 在“选项”选项组下勾选“不可见”选项。

13 按F9键渲染当前场景，最终效果如图7-83所示。

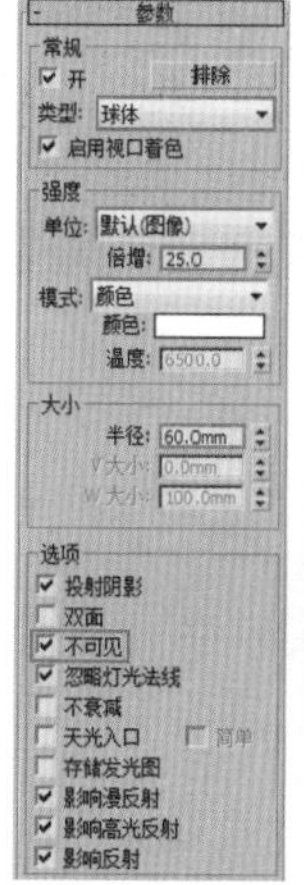

图7-82

图7-83

高手进阶——利用目标聚光灯模拟客厅夜景效果

素材文件	04.max
案例文件	高手进阶——利用目标聚光灯模拟客厅夜景效果.max
视频教学	视频教学/第7章/高手进阶——利用目标聚光灯模拟客厅夜景效果.flv
技术掌握	掌握如何使用目标聚光灯制作客厅夜景的效果

本例是一个客厅场景，主要使用目标聚光灯制作客厅夜景，案例效果如图7-84所示。

图7-84

【操作步骤】

01 打开本书配套光盘中的“04.max”文件，如图7-85所示。

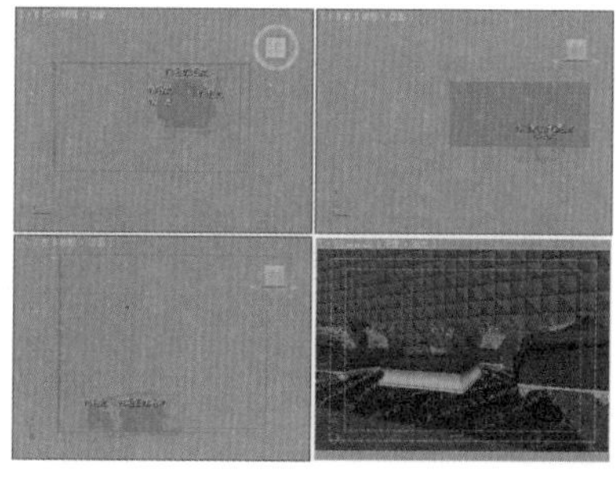

图7-85

02 在前视图中创建两盏VRay灯光，然后将其拖曳到合适的位置，如图7-86所示。

图7-86

03 选择上一步创建的VRay灯光，然后进入“修改”面板，接着展开“参数”卷展栏，具体参数设置如图7-87所示。

设置步骤：

① 在“常规”选项组下设置“类型”为“平面”。

② 在“强度”选项组下设置“倍增”为5，然后设置颜色为（红:255，绿:163，蓝:102）。

③ 在“大小”选项组下设置“1/2长”为800mm、“1/2宽”为715mm。

④ 在“选项”选项组下勾选“不可见”选项。

⑤ 在“采样”选项组下设置“细分”为8。

04 按F9键渲染当前场景，效果如图7-88所示。

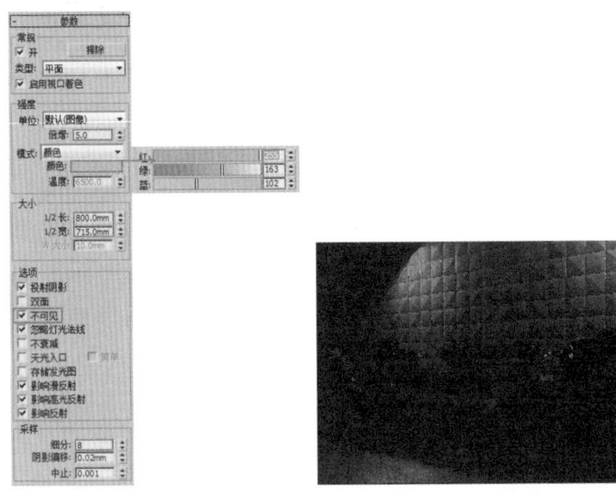

图7-87　图7-88

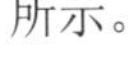 在顶视图中创建一盏VRay灯光，其位置如图7-89所示。

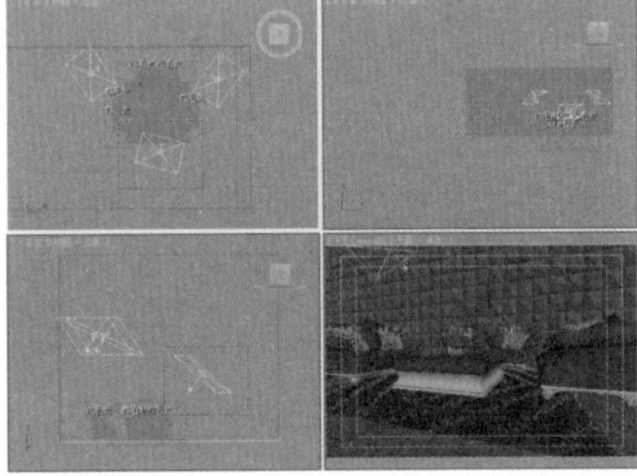

图7-89

06 选择上一步创建的VRay灯光，然后进入“修改”面板，接着展开“参数”卷展栏，具体参数设置如图7-90所示。

设置步骤：

① 在“常规”选项组下设置“类型”为“平面”。

② 在“强度”选项组下设置“倍增”为10，然后设置颜色为（红:141，绿:204，蓝:249）。

③ 在“大小”选项组下设置“1/2长”为800mm、“1/2宽”为715mm。

④ 在“选项”选项组下勾选“不可见”选项。

⑤ 在“采样”选项组下设置“细分”为15。

07 按F9键渲染当前场景，效果如图7-91所示。

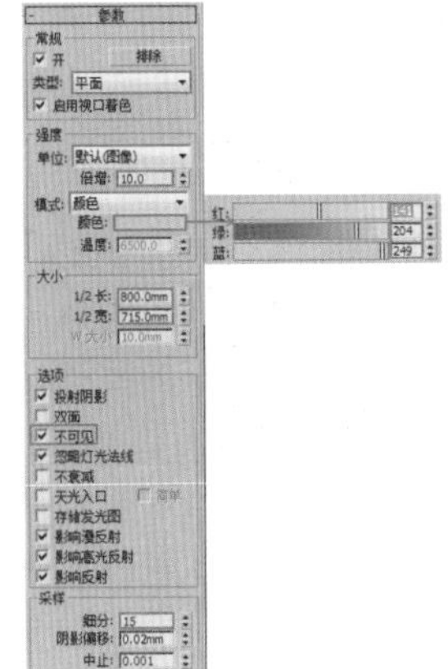

图7-90　图7-91

08 将灯光类型设置为“光度学”，然后在前视图中创建4盏目标灯光，其位置如图7-92所示。

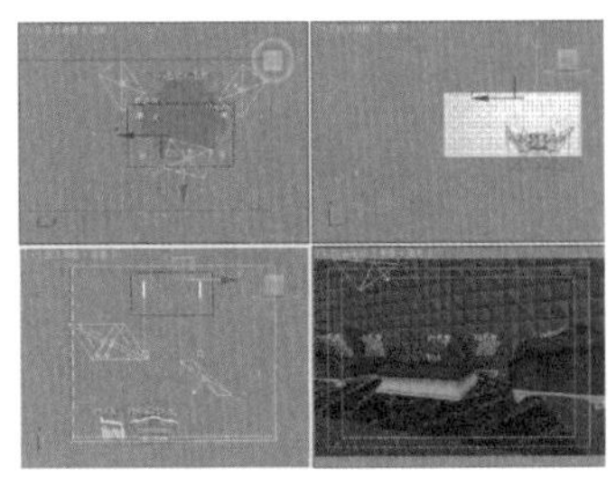

图7-92

09 选择上一步创建的目标灯光，然后进入“修改”面板，具体参数设置如图7-93所示。

设置步骤：

① 展开“常规参数”卷展栏，然后在“阴影”选项组下勾选“启用”选项，接着设置“阴影类型”为“VRay阴影”，最后在“灯光分布（类型）”选项组下设置灯光分布类型为“光度学Web”。

② 展开“分布（光度学Web）”卷展栏，然后在通道上加载光域网文件“14.ies”。

③ 展开“强度/颜色/衰减”卷展栏，然后设置“过滤颜色”为（红:253，绿:230，蓝:168），接着设置“强度”为19011。

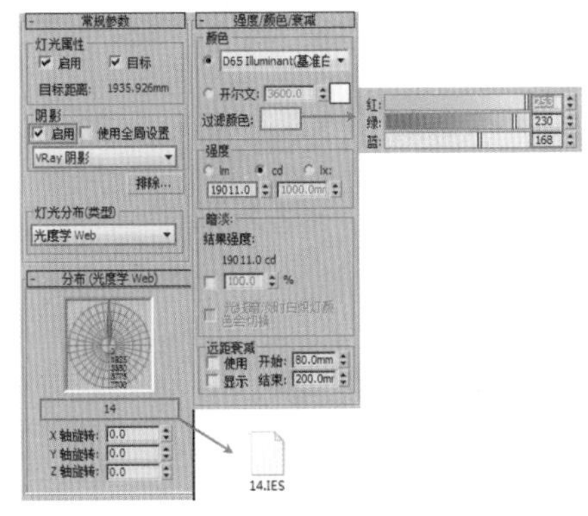

图7-93

10 按F9键渲染当前场景，效果如图7-94所示。

图7-94

11 将灯光类型设置为“标准”，然后在前视图中创建一盏目标聚光灯，其位置如图7-95所示。

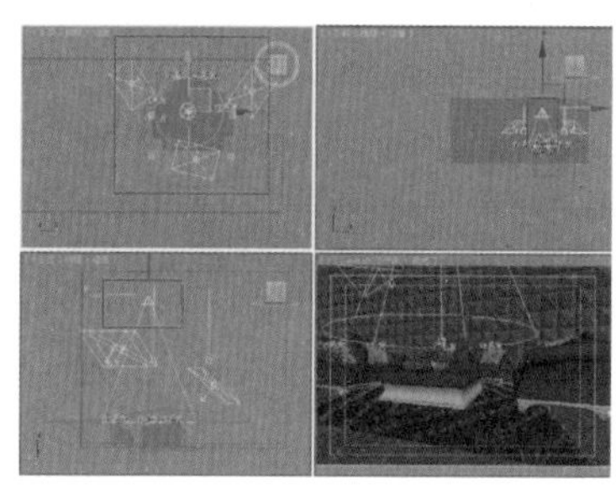

图7-95

12 选择上一步创建的目标聚光灯，然后进入“修改”面板，具体参数设置如图7-96所示。

设置步骤：

① 展开“常规参数”卷展栏，然后在“阴影”选项组下勾选“启用”选项，接着设置“阴影类型”为“阴影贴图”。

② 展开“强度/颜色/衰减”卷展栏，然后设置“倍增”为1，接着设置颜色为（红:255，绿:210，蓝:139）。

③ 展开“聚光灯参数”卷展栏，然后设置“聚光区/光束”为43、“衰减区/区域”为80。

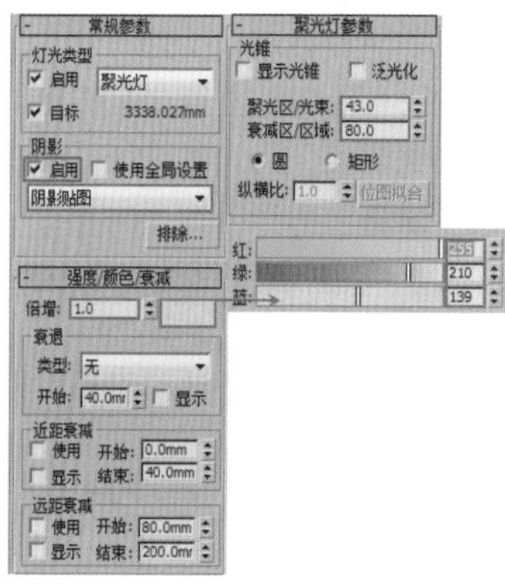

图7-96

13 按F9键渲染当前场景，最终效果如图7-97所示。

图7-97

7.3.2 Free Spot

Free Spot与“目标聚光灯”参数基本一致，只是“自由聚光灯”缺少“目标点”，如图7-98所示。自由聚光灯特别适合于模仿一些动画灯光，如舞台上的射灯等。

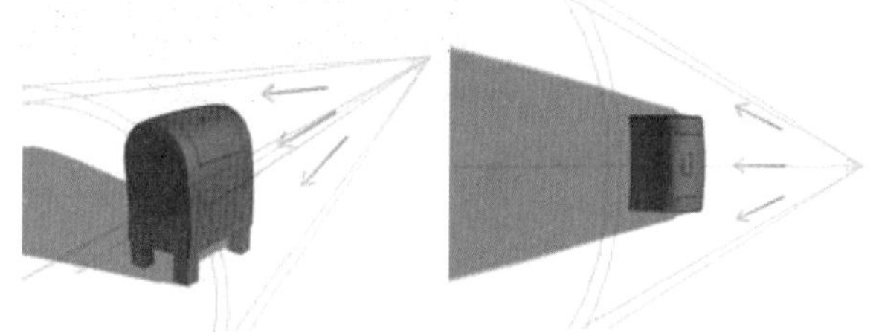

图7-98

小技巧

“自由聚光灯”的参数和“目标聚光灯”的参数差不多，区别是“自由聚光灯”没有目标点，如图7-99所示。

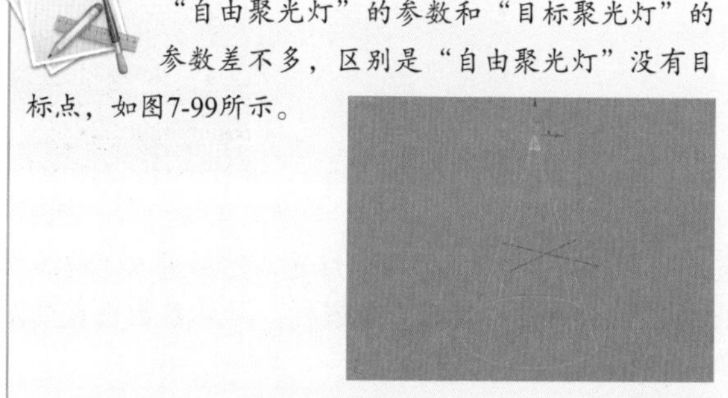

图7-99

可以使用“选择并移动”工具和“选择并旋转”工具对“自由聚光灯”进行移动和旋转操作，如图7-100所示。

图7-100

7.3.3 目标平行光

“目标平行光”可以产生一个照射区域，主要用来模拟自然光线的照射效果，如图7-101所示，如果作为体积光可以用来模拟激光束等效果。

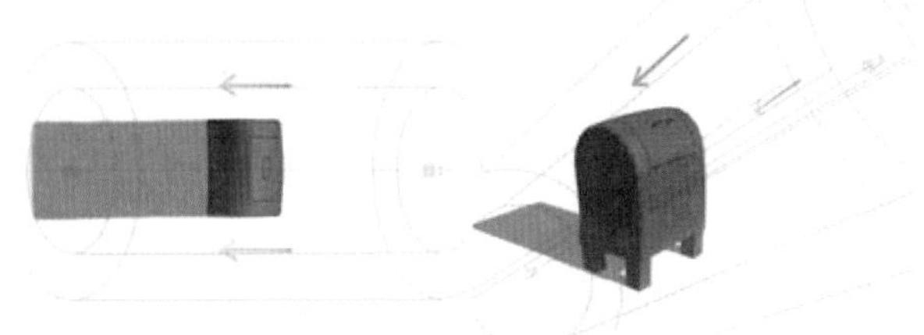

图7-101

虽然“目标平行光”可以用来模拟太阳光，但是它与“目标聚光灯”的灯光类型却不相同。“目标聚光灯”的“灯光类型”是“聚光灯”，而“目标平行光”的“灯光类型”是“平行光”，从外形上看，“目标聚光灯”更像锥形，“目标平行光”更像筒形，如图7-102所示。

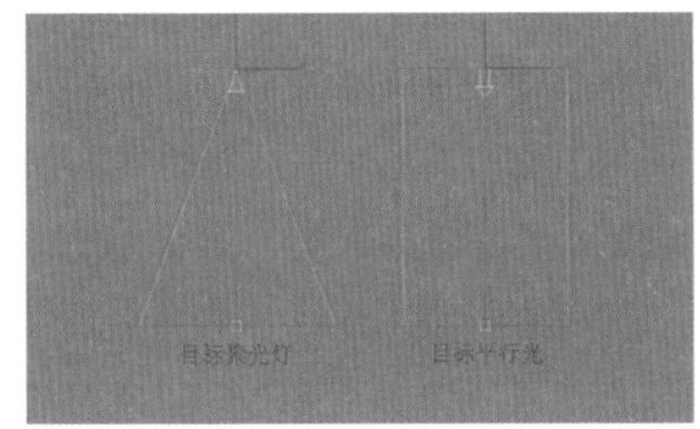

图7-102

7.3.4 自由平行光

“自由平行光”能产生一个平行的照射区域，如图7-103所示，常用来模拟太阳光。

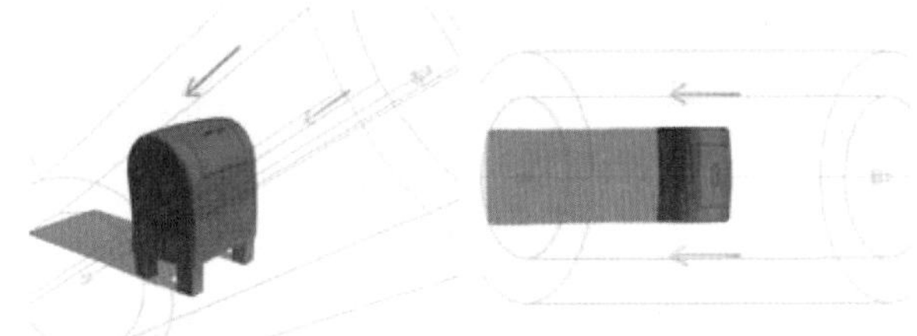

图7-103

“自由平行光”和“自由聚光灯”一样，没有目标点，如图7-104所示。

图7-104

当然当勾选“目标点”选项时，“自由平行光”会自动由“自由平行光”类型切换为“目标平行光”类型，因此这两种灯光之间是相通的。

7.3.5 泛光

“泛光”可以向周围发散光线，它的光线可以到达场景中无限远的地方，如图7-105所示。泛光灯比较容易创建和调节，能够均匀地照射场景，但是在一个场景中如果使用太多泛光灯可能会导致场景明暗层次变暗，缺乏对比。

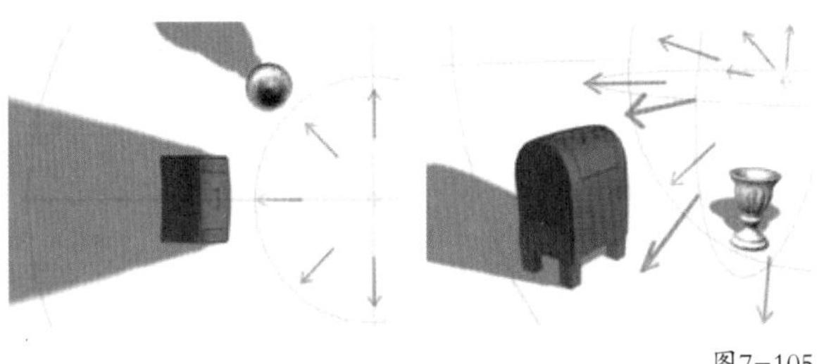

图7-105

在“泛光灯”的修改面板中，“强度/颜色/衰减”卷展栏是比较重要的，如图7-106所示。

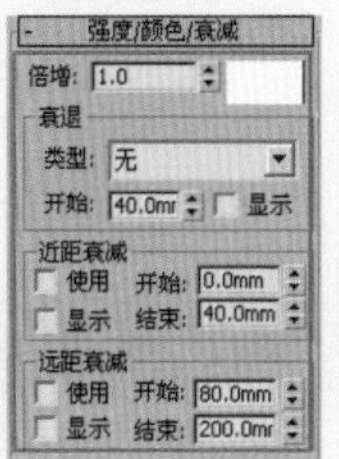

图7-106

7.3.6 天光

“天光”用于模拟天空光，以穹顶方式发光，如图7-107所示。天光不是基于物理学，可以用于所有需要基于物理数值的场景。天光可以作为场景唯一的光源，也可以与其他灯光配合使用，实现高光和投射锐边阴影。

图7-107

【参数介绍】

"天光"的参数比较少，"天光参数"卷展栏，如图7-108所示。

图7-108

启用：是否开启天光。

倍增：控制天光的强弱程度。

天空颜色选项组：主要包含以下3个选项。

使用场景环境：使用"环境与特效"对话框中设置的灯光颜色。

天空颜色：设置天光的颜色。

贴图：指定贴图来影响天光颜色。

渲染选项组：主要包含以下3个选项。

投影阴影：控制天光是否投影阴影。

每采样光线数：计算落在场景中每个点的光子数目。

光线偏移：设置光线产生的偏移距离。

7.3.7 mr Area Omni

使用mental ray渲染器渲染场景时，mr Area Omni可以从球体或圆柱体区域发射光线，而不是从点源发射光线。如果使用的是默认扫描线渲染器，mr Area Omni会像其他默认泛光灯一样发射光线。

mr Area Omni相对于"泛光"的渲染速度要慢一些，它与"泛光"的参数基本相同，但是在mr Area Omni中增加了"区域灯光参数"的卷展栏，如图7-109所示。

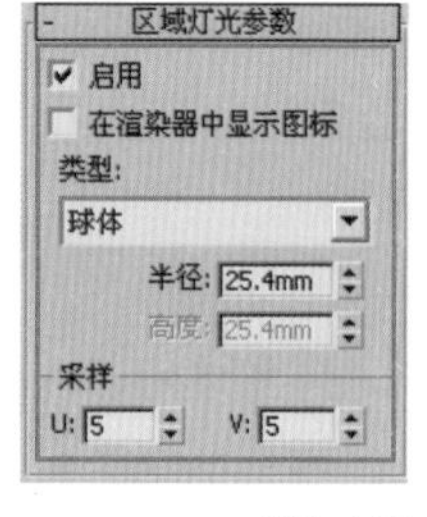

图7-109

【参数介绍】

启用：控制是否开启区域灯光。

在渲染器中显示图标：启用该选项后，mental ray渲染器将渲染灯光位置的的黑色形状。

类型：指定区域灯光的形状。球形体积灯光一般采用"球体"类型，圆柱形体积灯光一般采用"圆柱体"类型。

半径：设置球体或圆柱体的半径，其默认值为20。

高度：设置圆柱体的高度，只有区域灯光为圆柱体类型时才可用。

采样数U/V向：设置区域灯光投影阴影的质量。

对于球形灯光，U向将沿着半径来指定细分数，而V向将指定角度的细分数；对于圆柱形灯光，U向将沿高度来指定采样细分数，而V向将指定角度的细分数。图7-110所示是U/V值为5时的阴影效果，图7-111所示是U/V值为30时的阴影效果，从这两张图中可以明显地观察出U/V值越大，阴影效果就越精细。

图7-110

图7-111

7.3.8 mr Area Spot

当使用mr Area Spot渲染场景时，区域聚光灯从矩形或碟形区域发射光线，而不是从点源发射光线。使用默认的扫描线渲染器，区域聚光灯像其他标准的聚光灯一样发射光线。

mr Area Spot的参数和"目标聚光灯"的参数基本相同。"区域光灯参数"参数面板，如图7-112所示。

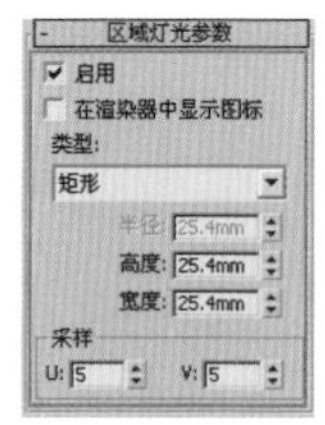

图7-112

【参数介绍】

启用：启用和禁用区域灯光。当"启用"选项处于启用状态时，mental ray 渲染器将使用灯光照亮场景。

在渲染器中显示图标：当启用此选项后，mental ray 渲染器将渲染区域灯光的黑色形状。当禁用此选项后，区域灯光不可见。默认设置为禁用状态。

类型：更改区域灯光的形状。对于矩形区域灯光而言可以是“矩形”，而对于圆形区域灯光而言则是“碟形”。默认设置为矩形。

半径：仅在“碟形”是区域灯光的活动类型时，此选项才可用。以 3ds Max Design 为单位设置圆形灯光区域的半径。默认值为 20.0。

高度和宽度：仅在“矩形”是区域灯光的活动类型时，此选项才可用。以 3ds Max Design 为单位设置矩形灯光区域的高度和宽度。高度和宽度的默认设置为 20.0。

采样U/ V 向：调整区域灯光投影的阴影的质量。这些值将指定灯光区域中使用的采样数。高数值可以改善质量，但是以渲染时间为代价。

7.4 VRay灯光

安装好VRay渲染器后，在灯光创建面板中就可以选择VRay灯光。VRay灯光包含4种类型，分别是VR灯光、VRayIES、VR环境灯光和VR太阳，如图7-113所示。

图7-113

【参数介绍】

VR灯光：主要用来模拟室内光源，是效果图制作中非常重要的灯光。

VRayIES：VRayIES是一个V形的射线光源插件，可用来加载IES灯光，能使现实中的灯光分布更加逼真。

VR太阳：主要用来模拟真实的室外太阳光。

7.4.1 VR灯光

创建一盏“VR灯光”，然后切换到修改面板，可以观察到“VR灯光”与“标准”灯光的参数有很大区别，首先讲解“常规”、“强度”和“大小”选项组中的参数，如图7-114所示。

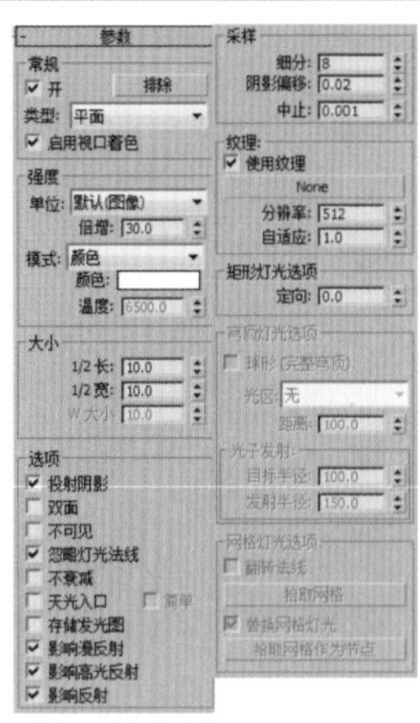

图7-114

【参数介绍】

常规选项组：主要包含以下3个选项。

开：控制是否开启VRay灯光。

排除按钮 排除 ：用来排除灯光对物体的影响。

类型：指定“VRay灯光”的类型，共有“平面”、“穹顶”、“球体”和“网格体”4种类型。“平面”选项是将VRay灯光设置成长方形形状；“穹顶”是将VRay灯光设置成边界盒形状；“球体”是将VRay光源设置成穹顶状，类似于3ds Max的天光，光线来自于位于光源z轴的半球体状圆顶；“网格体”这种灯光是一种以网格为基础的灯光，如图7-115所示。

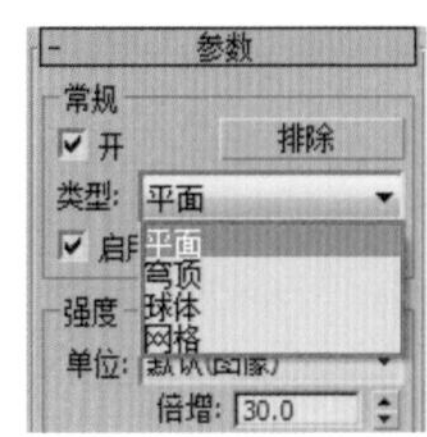

图7-115

小技巧

当“平面”、“穹顶”、“球体”和“网格体”的形状各不相同，因此他们可运用在不同的场景中，如图7-116所示。

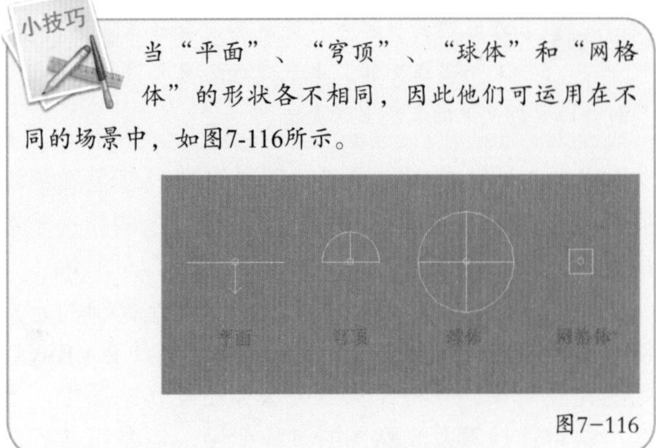

图7-116

强度选项组：主要包含以下5个选项。

单位：指定VRay灯光发光的单位，共有“默认（图像）”、“光通量”、“发光强度”、“辐射量”和“辐射强度”5种可供选择，如图7-117所示。

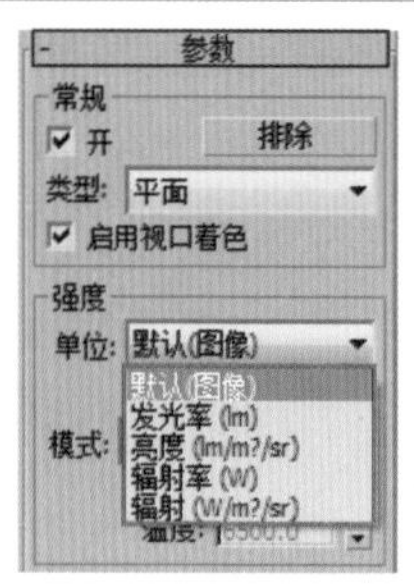

图7-117

倍增器：设置VRay光源的强度。

模式：设置VRay光源的颜色模式，共有“颜色”和“色温”两种。

颜色：指定灯光的颜色。

色温：以色温模式来设置VRay光源的颜色。

大小选项组：主要包含以下3个选项。

1/2长：设置灯光的长度。

1/2宽：设置灯光的宽度。

W大小：当前这个参数还没有被激活（即不能使用）。另外，这3个参数会随着VRay光源类型的改变而发生变化。

选项选项组：主要包含以下10个选项。

投射阴影：控制是否对物体的光照产生阴影。

双面：启用该选项后，物体将双面发光，但侧面不起作用。

不可见：如果启用该选项，渲染的最终效果中将显示VRay光源的形状；如果不启用，光源将会被使用当前灯光颜色来渲染，否则是不可见的。

忽略灯光法线：控制是否在面光源的侧面也发光，一般情况下不启用该选项。

不衰减：启用该选项后，灯光的亮度将不会因为距离而衰减。

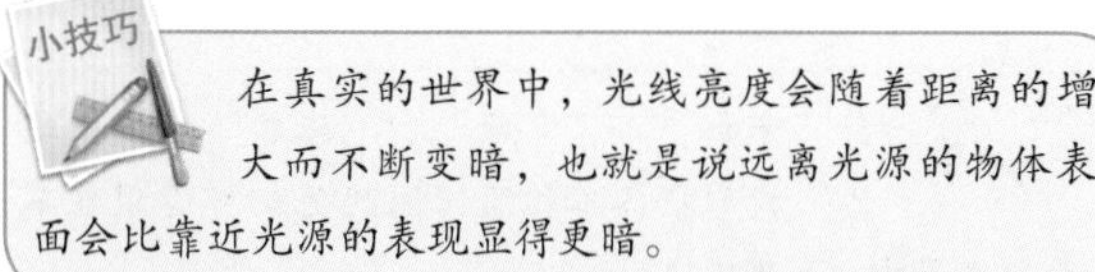
小技巧

在真实的世界中，光线亮度会随着距离的增大而不断变暗，也就是说远离光源的物体表面会比靠近光源的表现显得更暗。

天光入口：启用该项后，前面设置的颜色和倍增值都将被VRay渲染器忽略，同时会被环境的相关参数设置所代替。

储存发光图：启用该选项后，如果计算GI的方式使用的是发光贴图的方式，那么VRay将计算VRay灯光的光照效果，并将计算结果保存在发光贴图中，当然，这将使计算发光贴图的过程变慢，但是可节省渲染时间，因为可以保存贴图在稍后调用它。

影响漫反射：这选项决定灯光是否影响物体材质属性的漫反射。

影响高光反射：这选项决定灯光是否影响物体材质属性的高光。

影响反射：勾选该选项时，灯光将对物体的反射区进行光照，物体可以将光源进行反射。

采样选项组：主要包含以下3个选项。

细分：设置灯光在光照时的样本数量，数值越大，得到的阴影效果就越平滑，但是会耗费更多的渲染时间。

阴影偏移值：设置阴影与物体的偏移距离。

中止：设置采样的最小阈值。

纹理选项组：主要包含以下4个选项。

使用纹理：控制是否用纹理贴图作为半球光源。

None（无）[None]：选择纹理贴图。

分辨率：设置纹理贴图的分辨率，最高为2048。

自适应：设置数值后，系统会自动调节纹理贴图的分辨率。

新手练习——利用VRay灯光制作休息室日光效果

素材文件	05.max
案例文件	新手练习——利用VRay灯光制作休息室日光效果.max
视频教学	视频教学/第7章/新手练习——利用VRay灯光制作休息室日光效果.flv
技术掌握	掌握如何使用VRay灯光模拟休息室日光效果

本例是一个休息室场景，主要使用VRay灯光模拟日光，案例效果如图7-118所示。

图7-118

【操作步骤】

01 打开本书配套光盘中的“05.max”文件，如图7-119所示。

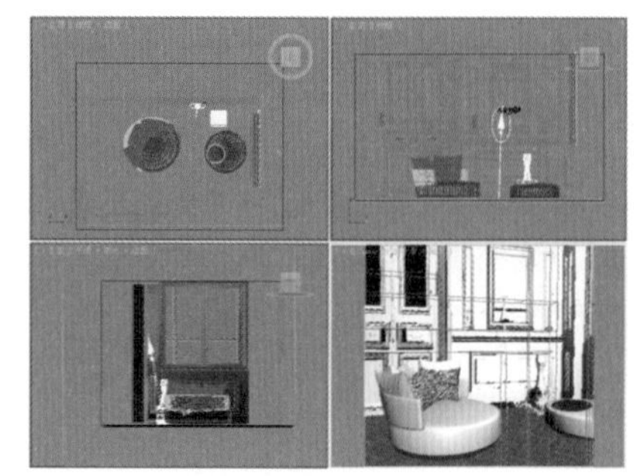

图7-119

02 在前视图中创建一盏VRay灯光，然后将其拖曳到合适的位置，如图7-120所示。

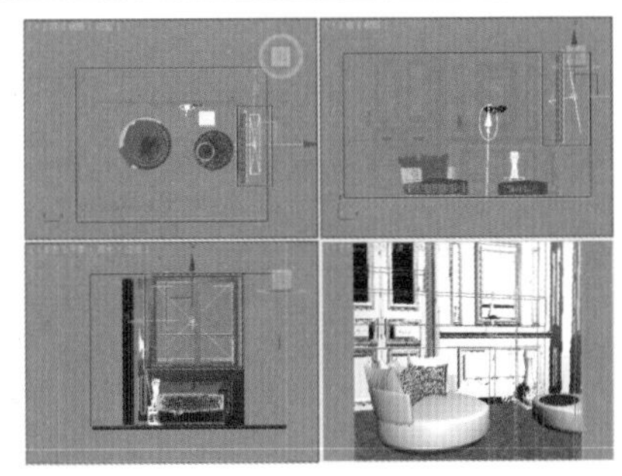

图7-120

03 选择上一步创建的VRay灯光，然后进入“修改”面板，接着展开“参数”卷展栏，具体参数设置如图7-121所示。

设置步骤：

① 在“常规”选项组下设置“类型”为“平面”。

② 在“强度”选项组下设置“倍增”为6，然后设置颜色为（红:255，绿:255，蓝:255）。

③ 在“大小”选项组下设置“1/2长”为2040mm，“1/2宽”为1960mm。

④ 在“选项”选项组下勾选“不可见”选项，取消勾选“影响高光反射”和“影响反射”选项。

⑤ 在“采样”选项组下设置“细分”为20。

04 按F9键渲染当前场景，效果如图7-122所示。

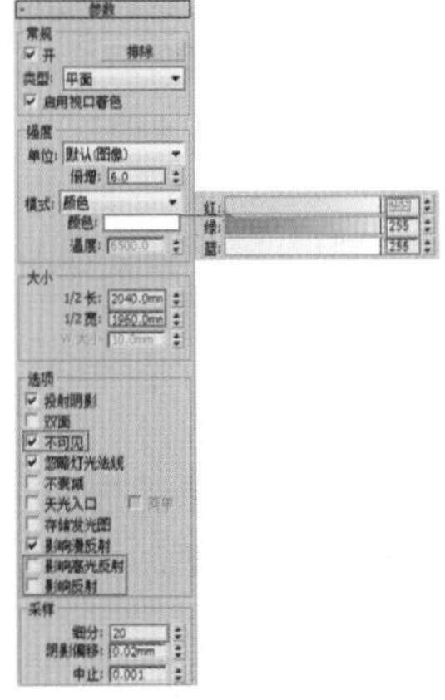

图7-121　　图7-122

05 在场景中使用“VRay灯光”创建出辅助光源并放置在场景左侧，其位置如图7-123所示。

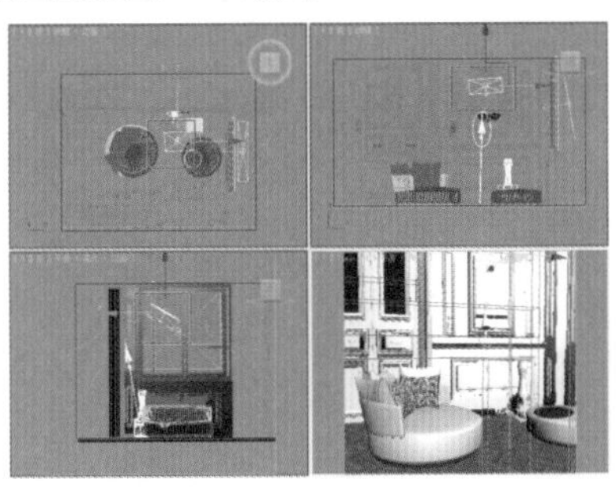

图7-123

06 选择上一步创建的VRay灯光，然后进入“修改”面板，接着展开“参数”卷展栏，具体参数设置如图7-124所示。

设置步骤：

① 在“常规”选项组下设置“类型”为“平面”。

② 在“强度”选项组下设置“倍增”为10，然后设置颜色为（红:255，绿:255，蓝:255）。

③ 在“大小”选项组下设置“1/2长”为890mm，“1/2宽”为740mm。

④ 在“选项”选项组下勾选“不可见”选项，取消勾选“影响高光反射”选项和“影响反射”选项。

⑤ 在“采样”选项组下设置“细分”为20。

07 按F9键渲染当前场景，最终效果如图7-125所示。

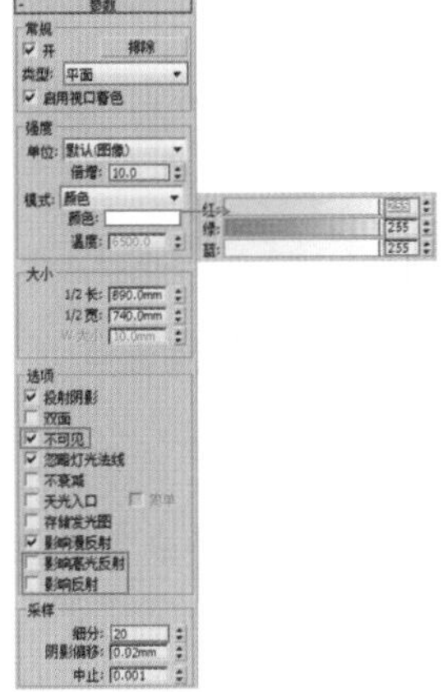

图7-124　　图7-125

新手练习——利用VRay灯光制作化妆间日光效果

素材文件	06.max
案例文件	新手练习——利用VRay灯光制作化妆间日光效果.max
视频教学	视频教学/第7章/新手练习——利用VRay灯光制作化妆间日光效果.flv
技术掌握	掌握如何使用VRay灯光模拟化妆间日光效果

妆间日光效果，案例效果如图7-126所示。

图7-126

【操作步骤】

01 打开本书配套光盘中的“06.max”文件，如图7-127所示。

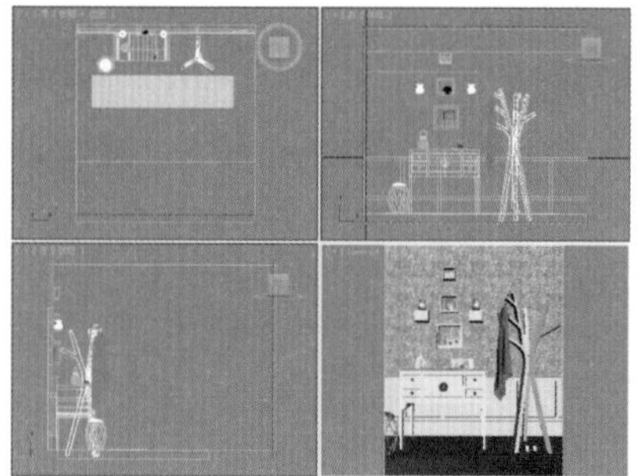

图7-127

02 设置灯光类型为VRay，然后在前视图中创建一盏VRay灯光，其位置如图7-128所示。

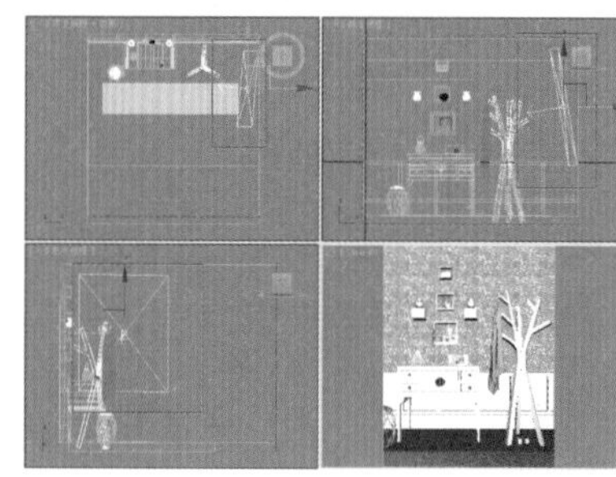

图7-128

03 选择上一步创建的VRay灯光，然后进入“修改”面板，接着展开“参数”卷展栏，具体参数设置如图7-129所示。

设置步骤：

① 在“常规”选项组下设置“类型”为“平面”。

② 在“强度”选项组下设置“倍增”为5，然后设置颜色为（红:196，绿:208，蓝:246）。

③ 在“大小”选项组下设置“1/2长”为1600mm，“1/2宽”为2000mm。

④ 在“选项”选项组下勾选“不可见”选项，接着取消勾选“影响高光反射”选项和“影响反射”选项。

⑤ 在“采样”选项组下设置“细分”为15。

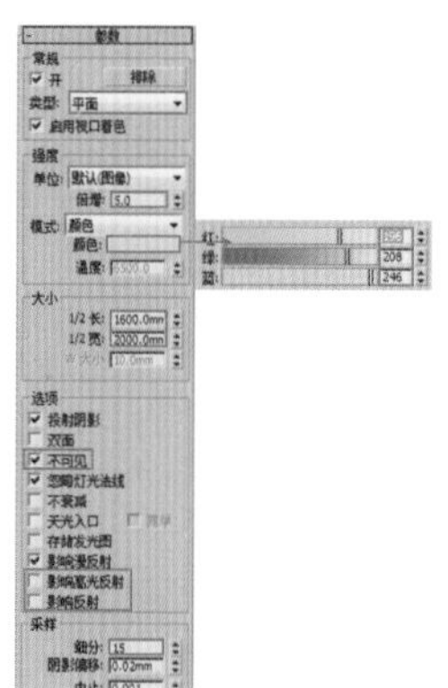

图7-129

小技巧

在这里我们也可以不勾选“不可见”选项，因为在摄影机视图中看不到VRay灯光。

04 按F9键渲染当前场景，效果如图7-130所示。

图7-130

05 在前视图中创建一盏VRay灯光，然后将其拖曳到合适的位置，其位置如图7-131所示。

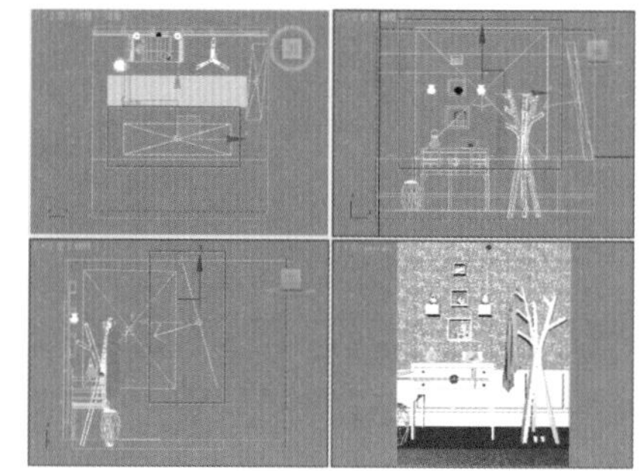

图7-131

06 选择上一步创建的VRay灯光，然后进入“修改”面板，接着展开“参数”卷展栏，具体参数设置如图7-132所示。

设置步骤：

① 在“常规”选项组下设置“类型”为“平面”。

② 在“强度”选项组下设置“倍增”为2，然后设置颜色为（红:215，绿:230，蓝:230）。

③ 在“大小”选项组下设置“1/2长”为2300mm，“1/2宽”为2300mm。

④ 在“选项”选项组下勾选“不可见”选项，接着取消勾选“影响高光反射”选项和“影响反射”选项。

⑤ 在“采样”选项组下设置“细分”为15。

07 按F9键渲染当前场景，最终效果如图7-133所示。

图7-132

图7-133

新手练习——利用VRay灯光制作壁灯效果

素材文件	07.max
案例文件	新手练习——利用VRay灯光制作壁灯效果.max
视频教学	视频教学/第7章/新手练习——利用VRay灯光制作壁灯效果.flv
技术掌握	掌握如何使用VRay灯光床头壁灯灯光效果

本例是一个卧室场景，主要使用VRay灯光制作壁灯，案例效果如图7-134所示。

图7-134

【操作步骤】

01 打开本书配套光盘中的“07.max”文件，如图7-135所示。

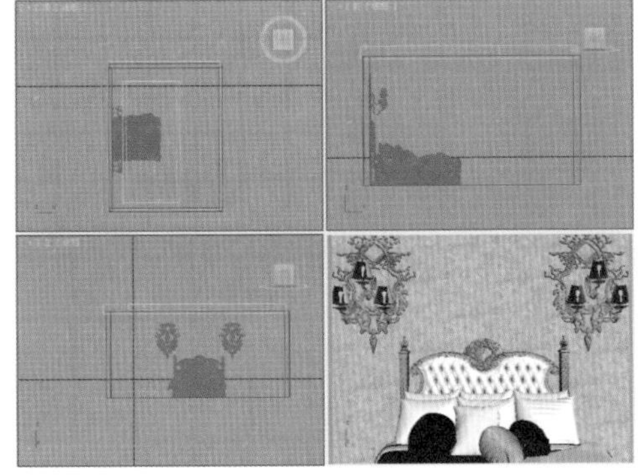

图7-135

02 设置灯光类型为VRay，然后在前视图中创建6盏VRay灯光，并将其拖曳到合适的位置，如图7-136所示。

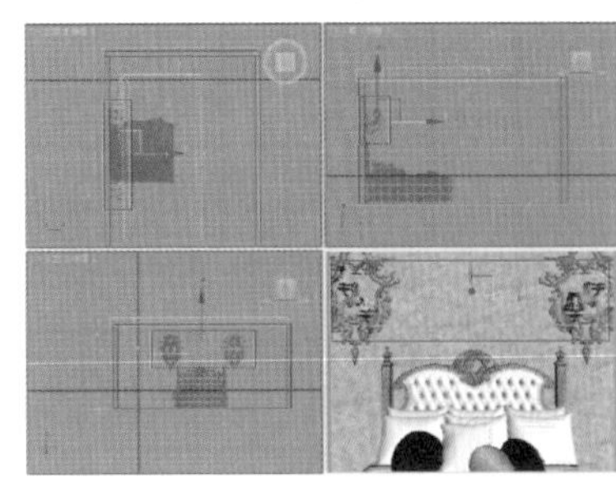

图7-136

03 选择上一步创建的VRay灯光，然后进入“修改”面板，接着展开“参数”卷展栏，具体参数设置如图7-137所示。

设置步骤：

① 在“常规”选项组下设置“类型”为“球体”。

② 在“强度”选项组下设置“倍增”为8，然后设置颜色为（红:247，绿:212，蓝:157）。

③ 在“大小”选项组下设置“半径”为2.4mm。

④ 在“选项”选项组下勾选“不可见”选项。

⑤ 在“采样”选项组下设置“细分”为15。

04 按F9键渲染当前场景，效果如图7-138所示。

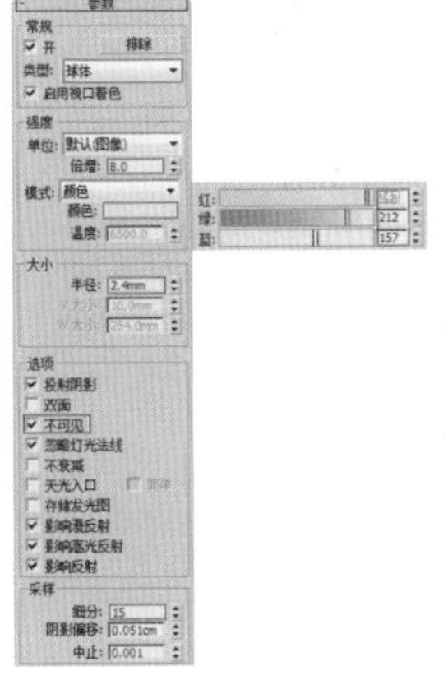

图7-137

图7-138

05 在场景中的左侧创建一盏VRay灯光，其位置如图7-139所示。

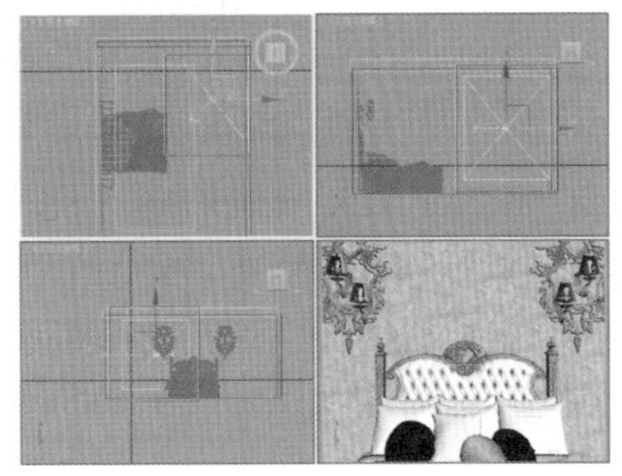

图7-139

06 选择上一步创建的VRay灯光，然后进入“修改”面板，接着展开“参数”卷展栏，具体参数设置如图7-140所示。

设置步骤：

① 在“常规”选项组下设置“类型”为“平面”。

② 在“强度”选项组下设置“倍增”为0.5，然后设置颜色为（红:121，绿:159，蓝:255）。

③ 在“大小”选项组下设置“1/2长”为78mm，“1/2宽”为59mm。

④ 在“选项”选项组下勾选“不可见”选项。

⑤ 在“采样”选项组下设置“细分”为15。

07 按F9键渲染当前场景，最终效果如图7-141所示。

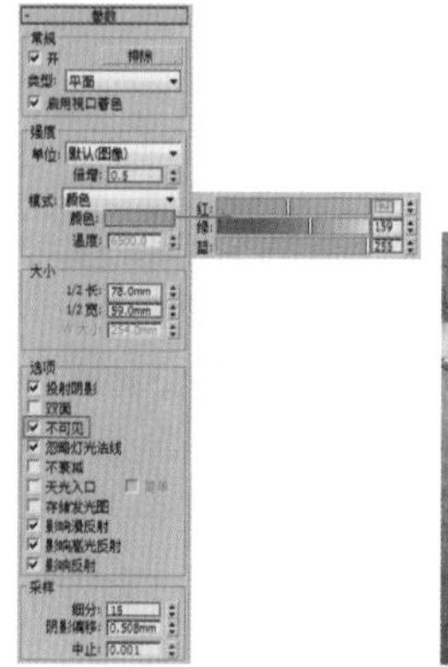

图7-140

图7-141

新手练习——利用VRay灯光制作烛光效果

素材文件	08.max
案例文件	新手练习——利用VRay灯光制作烛光效果.max
视频教学	视频教学/第7章/新手练习——利用VRay灯光制作烛光效果0.flv
技术掌握	掌握VRay灯光的使用方法

本案例是一个烛光场景，主要使用VRay灯光模拟烛光，案例效果如图7-142所示。

图7-142

【操作步骤】

01 打开本书配套光盘中的“08.max”文件，如图7-143所示。

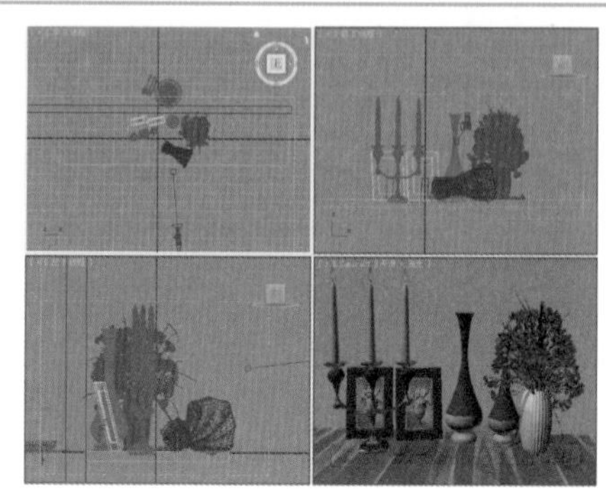

图7-143

02 设置灯光类型为VRay，然后在场景中创建3盏VRay灯光（球体），其位置如图7-144所示。

图7-144

03 选择上一步创建的VRay灯光，然后进入“修改”面板，接着展开“参数”卷展栏，具体参数设置如图7-145所示。

设置步骤：

① 在“常规”选项组下设置“类型”为“球体”。

② 在“强度”选项组下设置“倍增”为70，然后设置颜色为（红:252，绿:166，蓝:17）。

③ 在“选项”选项组下勾选“不可见”选项。

④ 在“采样”选项组下设置“细分”为20。

04 在场景中创建一盏VRay灯光，其位置如图7-146所示。

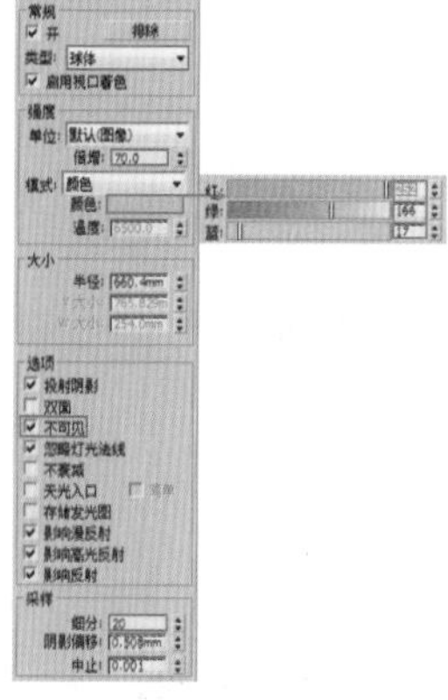

图7-145

图7-146

05 选择上一步创建的VRay灯光，然后进入“修改”面板，接着展开“参数”卷展栏，具体参数设置如图7-147所示。

设置步骤：

① 在“常规”选项组下设置“类型”为“平面”。

② 在“强度”选项组下设置“倍增”为1.5，然后设置“颜色”为白色。

③ 在“选项”选项组下勾选“不可见”选项。

④ 在“采样”选项组下设置“细分”为16。

图7-147

06 按F9键渲染当前场景，最终效果如图7-148所示。

图7-148

新手练习——利用VRay灯光制作工业产品灯光

素材文件	09.max
案例文件	新手练习——利用VRay灯光制作工业产品灯光.max
视频教学	视频教学/第7章/新手练习——利用VRay灯光制作工业产品灯光.flv
技术掌握	掌握如何使用VRay灯光模拟工业产品灯光

本例是一个工业产品灯光效果场景，主要使用VRay灯光制作产品灯光，案例效果如图7-149所示。

图7-149

【操作步骤】

01 打开本书配套光盘中的“09.max”文件，如图7-150所示。

图7-150

02 在前视图中创建一盏VRay灯光，然后将其拖曳到合适的位置，如图7-151所示。

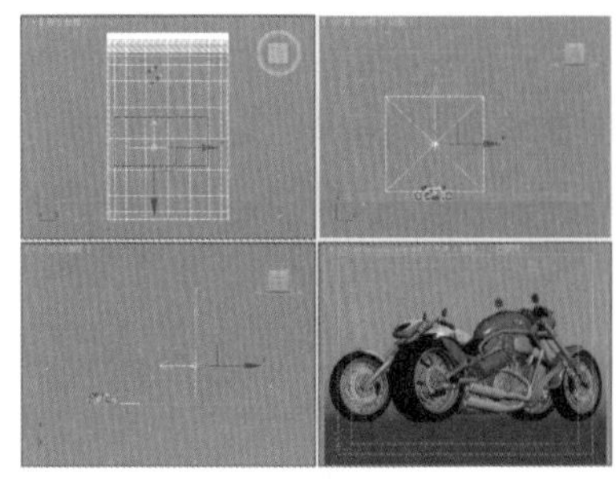

图7-151

03 选择上一步创建的VRay灯光，然后进入“修改”面板，接着展开“参数”卷展栏，具体参数设置如图7-152所示。

设置步骤：

① 在“常规”选项组下设置“类型”为“平面”。

② 在“强度”选项组下设置“倍增”为85，然后设置颜色为（红:220，绿:235，蓝:255）。

③ 在“大小”选项组下设置“1/2长”为323cm、“1/2宽”为373cm。

④ 在“选项”选项组下勾选“不可见”选项，并取消勾选“影响反射”选项。

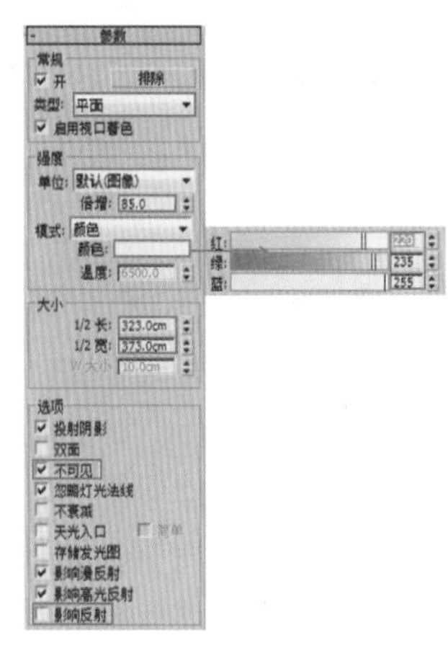

图7-152

> 小技巧
> 勾选“不可见”选项以后在场景中就不会看到VR灯光的样式。在有些时候还是需要将其取消勾选的。

04 按F9键渲染当前场景，效果如图7-153所示。

图7-153

05 在场景中使用“VRay灯光”创建出辅助光源并放置在场景左侧，其位置如图7-154所示。

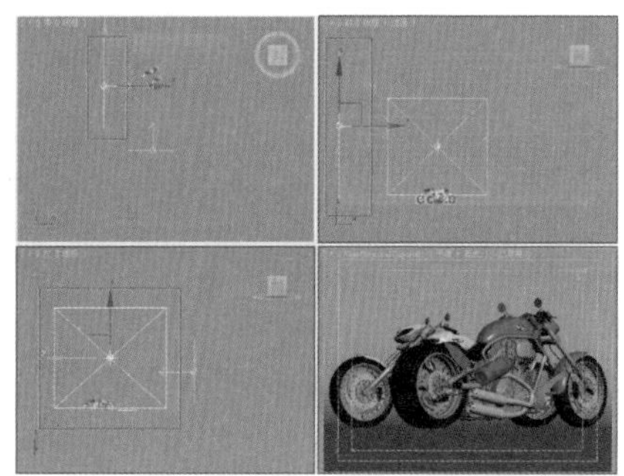

图7-154

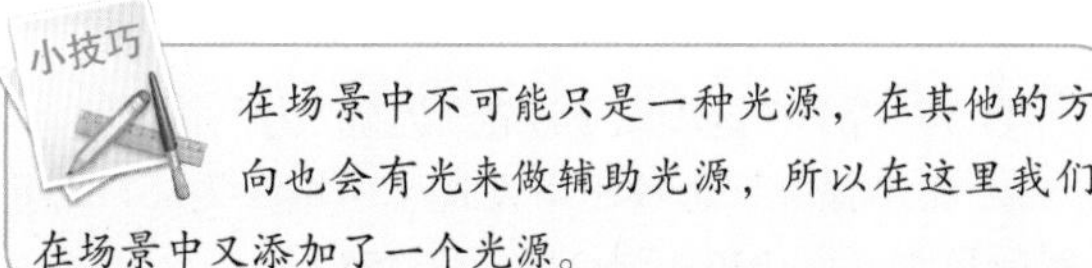

> 小技巧
> 在场景中不可能只是一种光源，在其他的方向也会有光来做辅助光源，所以在这里我们在场景中又添加了一个光源。

06 选择上一步创建的VRay灯光，然后进入“修改”面板，接着展开“参数”卷展栏，并在“强度”选项组下将“倍增”修改为50，如图7-155所示。

07 按F9键渲染当前场景，效果如图7-156所示。

图7-155

图7-156

08 在场景中使用“VRay灯光”创建出辅助光源并放置在场景右侧，其位置如图7-157所示。

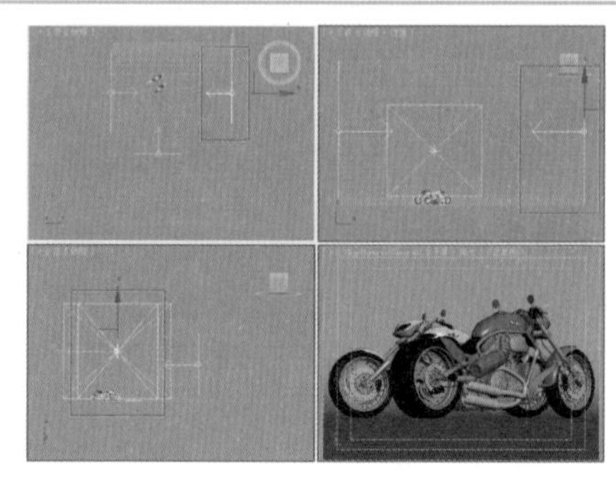

图7-157

09 选择上一步创建的VRay灯光，然后在“参数”卷展栏下将颜色修改为（红:255，绿:253，蓝:245），如图7-158所示。

图7-158

> 小技巧
> 选择VRay灯光将颜色设置为暖色，这样在整个场景中就不会显得那么“冷”，前面两个光源主要是发冷色的光。

10 按F9渲染当前场景，最终效果如图7-159所示。

图7-159

新手练习——利用VRay灯光制作时尚西餐厅灯光

素材文件	10.max
案例文件	新手练习——利用VRay灯光制作时尚西餐厅灯光.max
视频教学	视频教学/第7章/新手练习——利用VRay灯光制作时尚西餐厅灯光.flv
技术掌握	掌握如何使用VRay灯光模拟时尚西餐厅灯光

本例是一个时尚西餐厅场景，主要使用VRay灯光制作餐厅灯光，案例效果如图7-160所示。

图7-160

【操作步骤】

01 打开本书配套光盘中的“10.max”文件，如图7-161所示。

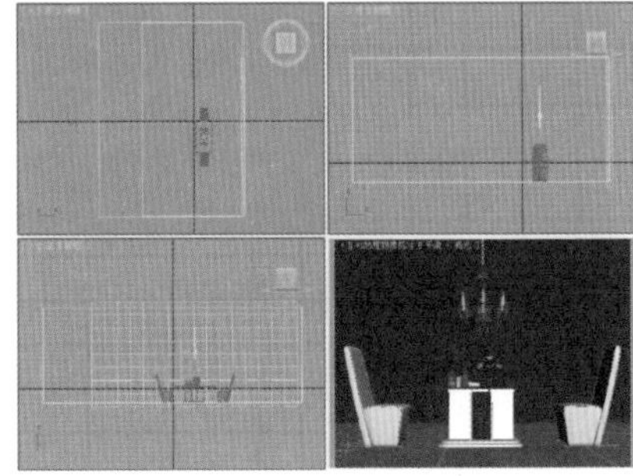

图7-161

02 在前视图中创建一盏VRay灯光，然后将其拖曳到合适的位置，如图7-162所示。

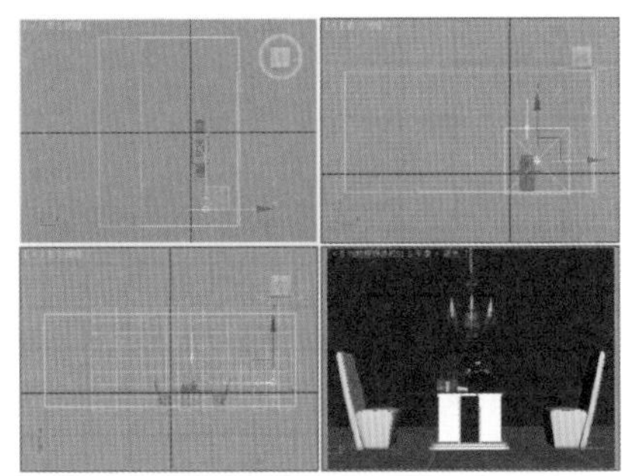

图7-162

03 选择上一步创建的VRay灯光，然后进入“修改”面板，接着展开“参数”卷展栏，具体参数设置如图7-163所示。

设置步骤：

① 在“常规”选项组下设置“类型”为“平面”。

② 在“强度”选项组下设置“倍增”为8，然后设置颜色为（红:116，绿:179，蓝:238）。

③ 在“大小”选项组下设置“1/2长”为1500mm，“1/2宽”为1500mm。

④ 在“选项”选项组下勾选“不可见”选项。

⑤ 在“采样”选项组下设置“细分”为25。

04 按F9键渲染当前场景，效果如图7-164所示。

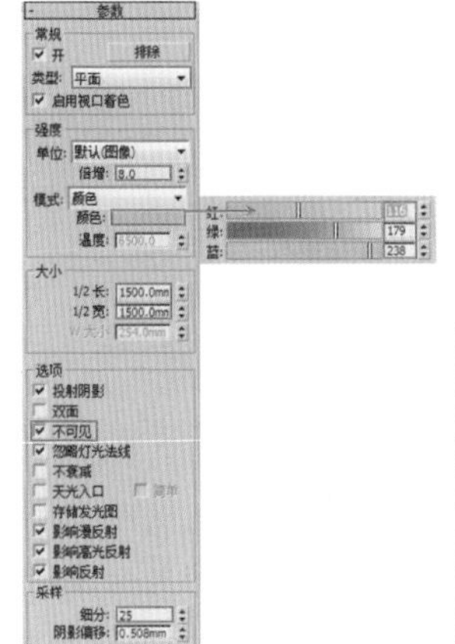

图7-163

图7-164

05 在场景左侧创建一盏VRay灯光，其位置如图7-165所示。

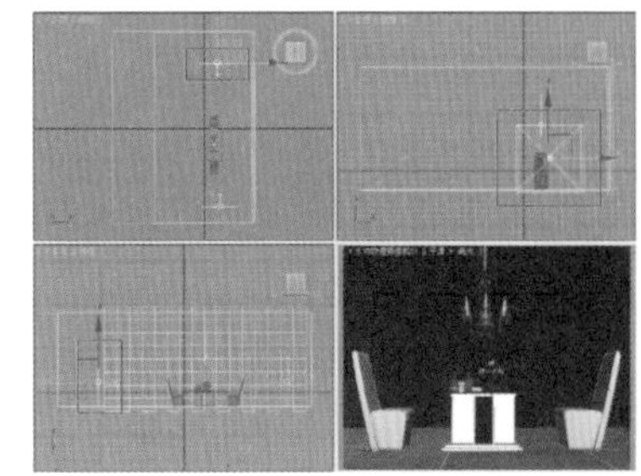

图7-165

06 选择上一步创建的VRay灯光，然后进入“修改”面板，接着展开“参数”卷展栏，具体参数设置如图7-166所示。

设置步骤：

① 在“常规”选项组下设置“类型”为“平面”。

② 在“强度”选项组下设置“倍增”为6，然后设置颜色为（红:247，绿:221，蓝:174）。

③ 在“大小”选项组下设置“1/2长”为1500mm，“1/2宽”为1500mm。

④ 在“选项”选项组下勾选“不可见”选项。

⑤ 在“采样”选项组下设置“细分”为25。

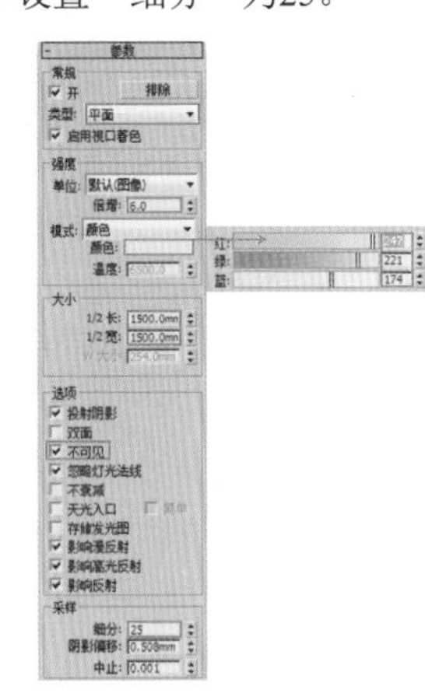

图7-166

07 按F9键渲染当前场景，效果如图7-167所示。

图7-167

08 在顶视图中创建6盏VRay灯光，然后将其拖曳到吊灯的灯罩中，如图7-168所示。

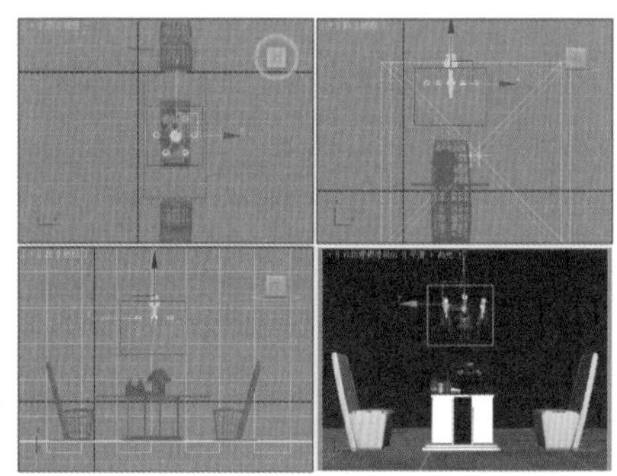

图7-168

09 选择上一步创建的VRay灯光，然后进入“修改”面板，接着展开“参数”卷展栏，具体参数设置如图7-169所示。

设置步骤：

① 在“常规”选项组下设置“类型”为“球体”。

② 在“强度”选项组下设置“倍增”为10，然后设置颜色为（红:254，绿:214，蓝:179）。

③ 在“大小”选项组下设置“半径”为25mm。

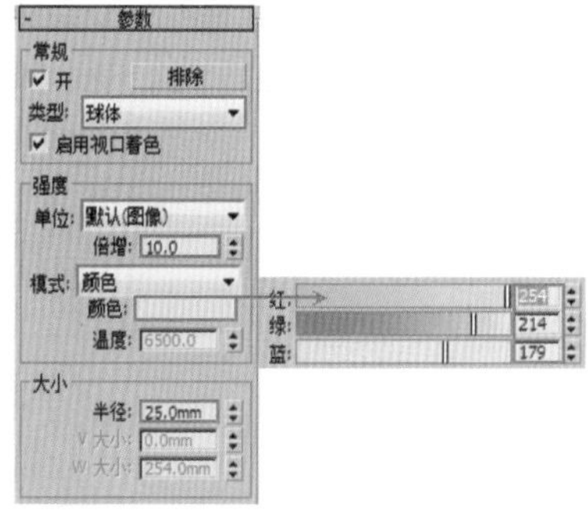

图7-169

在这里我们并没有勾选“不可见”选项，因为在这里需要将灯光显示。

10 按F9键渲染当前场景，最终效果如图7-170所示。

图7-170

高手进阶——利用VRay灯光模拟灯带效果

素材文件	11.max
案例文件	高手进阶——利用VRay灯光模拟灯带效果.max
视频教学	视频教学/第7章/高手进阶——利用VRay灯光模拟灯带效果.flv
技术掌握	掌握如何使用VRay灯光模拟灯带效果

本例是一个时尚西餐厅场景，主要使用VRay灯光制作餐厅灯带，案例效果如图7-171所示。

图7-171

【操作步骤】

01 打开本书配套光盘中的“11.max”文件，如图7-172所示。

图7-172

02 在前视图中创建一盏VRay灯光，然后将其拖曳到合适的位置，如图7-173所示。

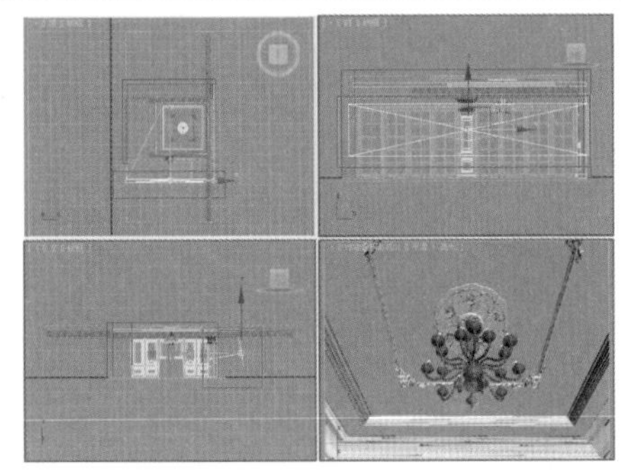

图7-173

03 选择上一步创建的VRay灯光，然后进入“修改”面板，接着展开“参数”卷展栏，具体参数设置如图7-174所示。

设置步骤：

① 在“常规”选项组下设置“类型”为“平面”。

② 在“强度”选项组下设置“倍增”为30，然后设置颜色为（红:200，绿:222，蓝:255）。

③ 在“大小”选项组下设置“1/2长”为4496mm、“1/2宽”为965mm。

④ 在“选项”选项组下勾选“不可见”选项。

⑤ 在“采样”选项组下设置“细分”为30。

04 按F9键渲染当前场景，效果如图7-175所示。

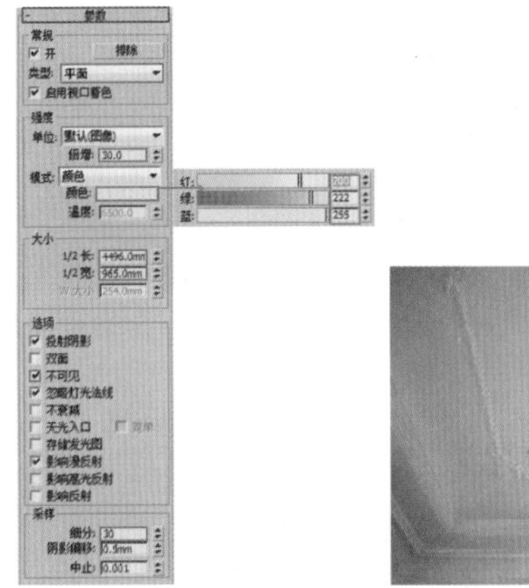

图7-174 图7-175

05 在场景中创建4盏VRay灯光作为辅助光源，其位置如图7-176所示。

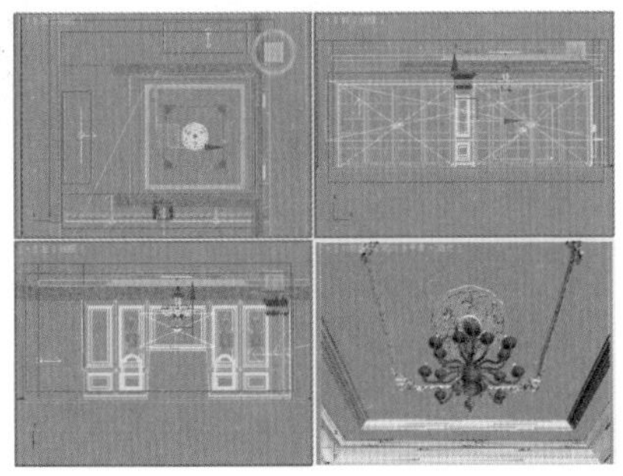

图7-176

06 选择上一步创建的VRay灯光，然后进入“修改”面板，接着展开“参数”卷展栏，具体参数设置如图7-177所示。

设置步骤：

① 在“常规”选项组下设置“类型”为“平面”。

② 在“强度”选项组下设置“倍增”为3，然后设置颜色为（红:210，绿:230，蓝:255）。

③ 在“大小”选项组下设置“1/2长”为1892mm、“1/2宽”为1314mm.

④ 在“选项”选项组下勾选“不可见”选项。

⑤ 在“采样”选项组下设置“细分”为30。

07 按F9键渲染当前场景，效果如图7-178所示。

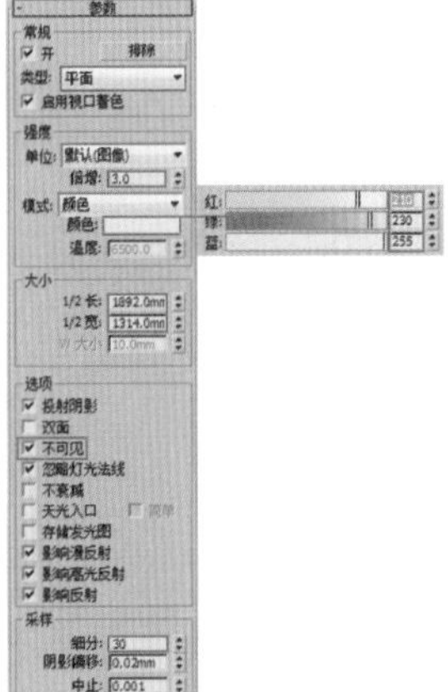

图7-177 图7-178

08 在场景中创建4盏VRay灯光制作顶棚灯带的效果，其位置如图7-179所示。

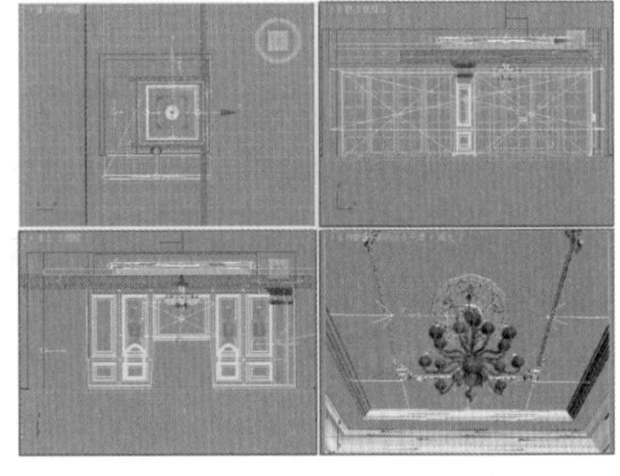

图7-179

09 选择上一步创建的VRay灯光，然后进入“修改”面板，接着展开“参数”卷展栏，具体参数设置如图7-180所示。

设置步骤：

① 在“常规”选项组下设置“类型”为“平面”。

② 在“强度”选项组下设置“倍增”为5，然后设置颜色为（红:255，绿:201，蓝:153）。

③ 在“大小”选项组下设置“1/2长”为

2130mm、“1/2宽”为100mm。

④ 在“选项”选项组下勾选“不可见”选项，并取消勾选“影响高光反射”和“影响反射”选项。

10 按F9键渲染当前场景，效果如图7-181所示。

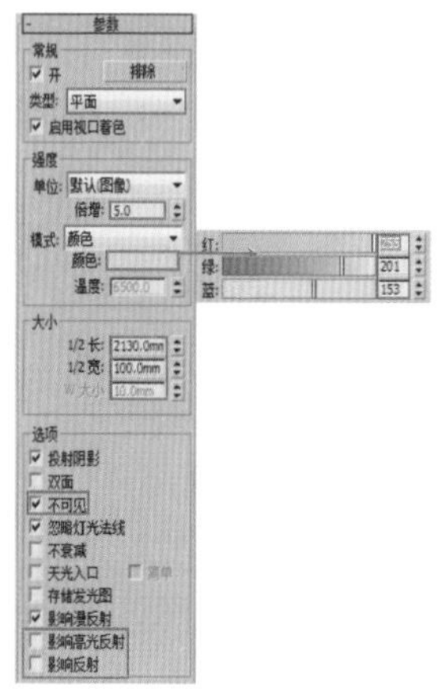

图7-180 图7-181

11 在顶视图中创建8盏VRay灯光来模拟吊灯的光源，其位置如图7-182所示。

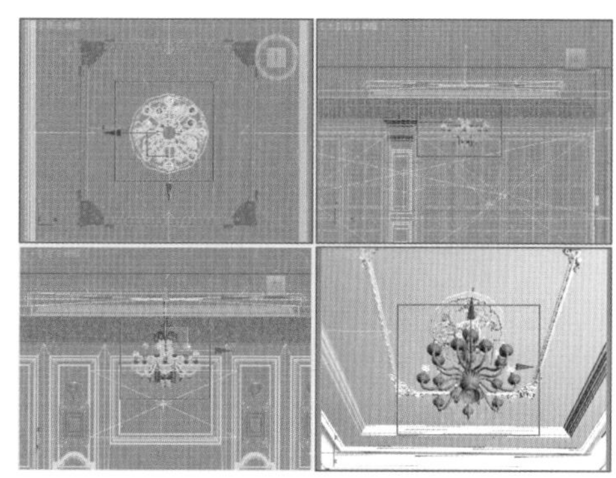

图7-182

12 选择上一步创建的VRay灯光，然后进入“修改”面板，接着展开“参数”卷展栏，具体参数设置如图7-183所示。

设置步骤：

① 在“常规”选项组下设置“类型”为“球体”。

② 在“强度”选项组下设置“倍增”为30，然后设置颜色为（红:255，绿:120，蓝:0）。

③ 在“大小”选项组下设置“半径”为26mm。

④ 在“选项”选项组下勾选“不可见”选项。

⑤ 在“采样”选项组下设置“细分”为30。

13 按F9键渲染当前场景，最终效果如图7-184所示。

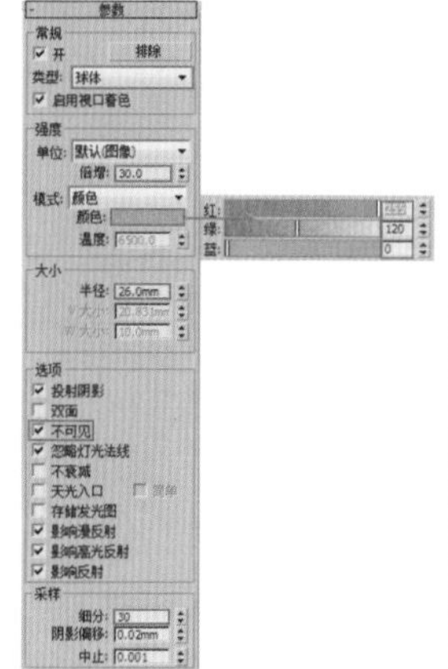

图7-183 图7-184

高手进阶——利用VRay灯光制作台灯效果

素材文件	12.max
案例文件	高手进阶——利用VRay灯光制作台灯效果.max
视频教学	视频教学/第7章/高手进阶——利用VRay灯光制作台灯效果.flv
技术掌握	掌握如何使用VRay灯光模拟台灯灯光

本例是一个卧室场景，主要使用VRay灯光模拟台灯灯光，案例效果如图7-185所示。

图7-185

【操作步骤】

01 打开本书配套光盘中的“12.max”文件，如图7-186所示。

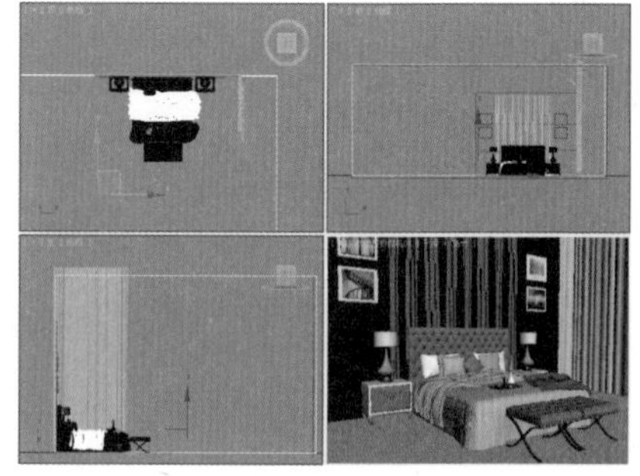

图7-186

02 在前视图中创建一盏VRay灯光，然后将其拖曳到合适的位置，如图7-187所示。

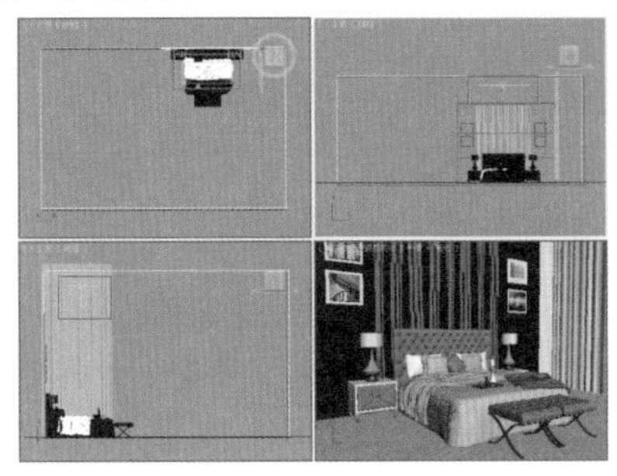

图7-187

03 选择上一步创建的VRay灯光，然后进入“修改”面板，接着展开“参数”卷展栏，具体参数设置如图7-188所示。

设置步骤：

① 在“常规”选项组下设置“类型”为“平面”。

② 在“强度”选项组下设置“倍增”为12，然后设置颜色为（红:245，绿:232，蓝:212）。

③ 在“大小”选项组下设置“1/2长”为1470mm，“1/2宽”为600mm。

④ 在“选项”选项组下勾选“不可见”选项。

⑤ 在“采样”选项组下设置“细分”为20。

04 按F9键渲染当前场景，效果如图7-189所示。

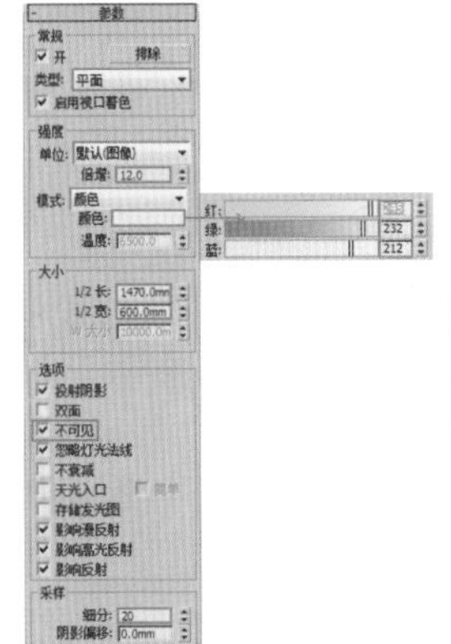

图7-188　　图7-189

05 将灯光类型设置为“光度学”，然后在场景中创建5盏目标灯光，并将其拖曳到合适的位置，如图7-190所示。

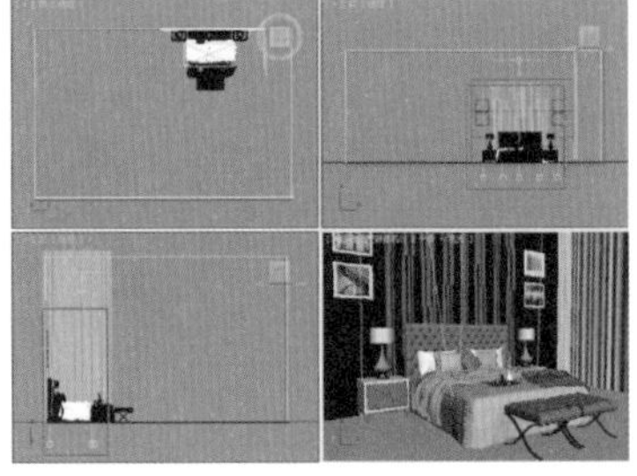

图7-190

06 选择上一步创建的目标灯光，然后切换到“修改”面板，具体参数设置如图7-191所示。

设置步骤：

① 展开“常规参数”卷展栏，然后在“阴影”选项组下勾选“启用”选项，接着设置“阴影类型”为“VRay阴影”，最后在“灯光分布（类型）”选项组下设置灯光分布类型为“光度学Web”。

② 展开“分布（光度学Web）”卷展栏，然后在通道上加载光域网文件“射灯01.ies”。

③ 展开“强度/颜色/衰减”卷展栏，然后设置“过滤颜色”为（红:255，绿:241，蓝:210），接着设置“强度”为47600。

④ 展开“VRay阴影参数”卷展栏，然后勾选“球体”选项，接着设置“UVW大小”为10000mm，最后设置“细分”为20。

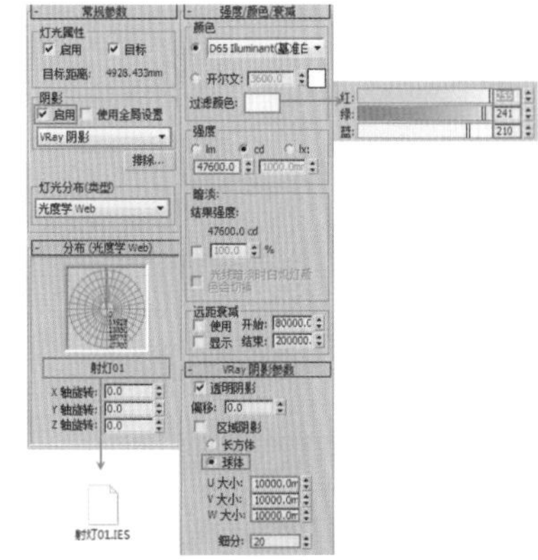

图7-191

07 按F9键渲染当前场景，效果如图7-192所示。

图7-192

08 在前视图中创建两盏目标灯光制作射灯的光源，其位置如图7-193所示。

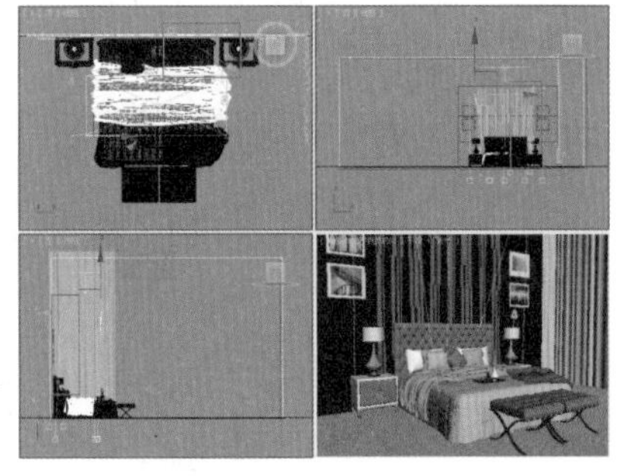

图7-193

09 选择上一步创建的目标灯光，然后进入“修改”面板，具体参数设置如图7-194所示。

设置步骤：

① 展开“常规参数”卷展栏，然后在“阴影”选项组下勾选“启用”选项，接着设置“阴影类型”为“VRay阴影”，最后在“灯光分布（类型）”选项组下设置灯光分布类型为“光度学Web”。

② 展开“分布（光度学Web）”卷展栏，然后在通道上加载光域网文件“射灯02.ies”。

③ 展开“强度/颜色/衰减”卷展栏，然后设置“过滤颜色”为（红:255，绿:220，蓝:146），接着设置“强度”为680。

④ 展开“VRay阴影参数”卷展栏，然后勾选“球体”选项，接着设置“UVW大小”为10000mm、“细分”为20。

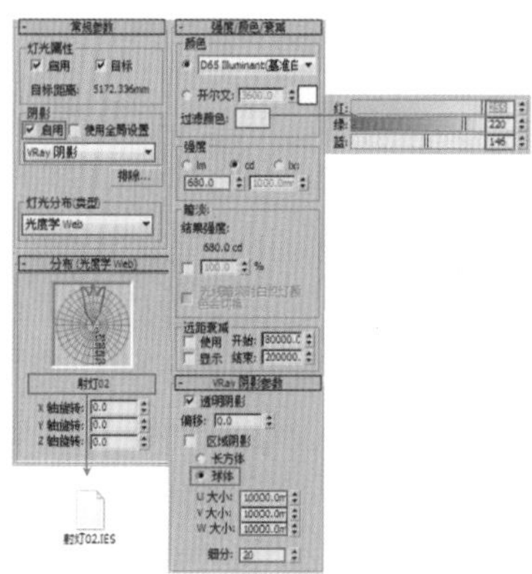

图7-194

10 按F9键渲染当前场景，效果如图7-195所示。

图7-195

11 最后在场景中创建两盏VRay灯光作为台灯的光源，其位置如图7-196所示。

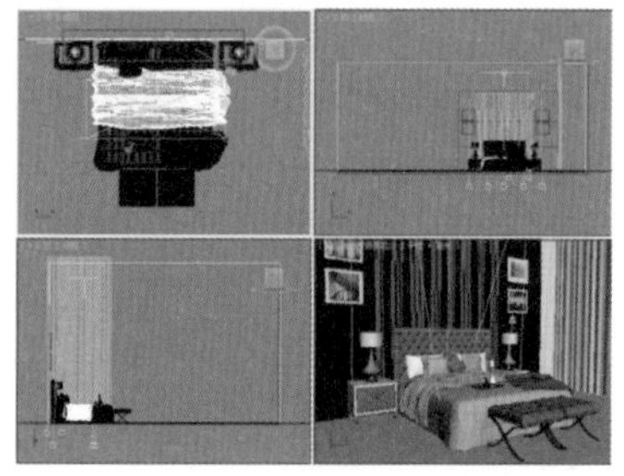

图7-196

12 选择上一步创建的VRay灯光，然后进入“修改”面板，接着展开“参数”卷展栏，具体参数设置如图7-197所示。

设置步骤：

① 在“常规”选项组下设置“类型”为“球体”。

② 在“强度”选项组下设置“倍增”为12，然后设置颜色为（红:254，绿:223，蓝:170）。

③ 在“大小”选项组下设置“半径”为90mm。

④ 在“选项”选项组下勾选“不可见”选项。

⑤ 在“采样”选项组下设置“细分”为16。

13 按F9键渲染当前场景，最终效果如图7-198所示。

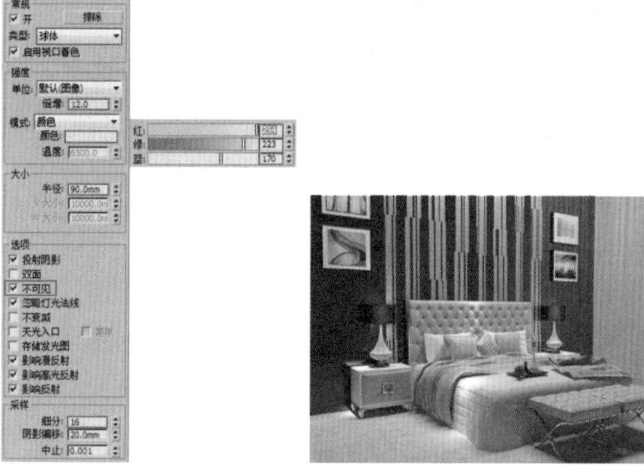

图7-197　图7-198

7.4.2 VR太阳

VR太阳主要用来模拟真实的室外太阳光。VR太阳的参数比较简单，只包含一个“VRay太阳参数”卷展栏，如图7-199所示。

图7-199

【参数介绍】

启用：阳光开关。

不可见：开启该选项后，在渲染的图像中将不会出现太阳的形状。

影响漫反射：这选项决定灯光是否影响物体材质属性的漫反射。

影响高光：该选项决定灯光是否影响物体材质属性的高光。

投射大气阴影：开启该选项以后，可以投射大气的阴影，以得到更加真实的阳光效果。

浊度：这个参数控制空气的混浊度，它影响VRay太阳和VRay天空的颜色。比较小的值表示晴朗干净的空气，此时VRay太阳和VRay天空的颜色比较蓝；较大的值表示灰尘含量重的空气（如沙尘暴），此时VRay太阳和VRay天空的颜色呈现为黄色甚至橘黄色。图7-200、图7-201、图7-202和图7-203所示分别是“浊度”值为2、3、5、10时的效果。

图7-200

图7-201

图7-202

图7-203

当阳光穿过大气层时，一部分冷光被空气中的浮尘吸收，照射到大地上的光就会变暖。

臭氧：这个参数是指空气中臭氧的含量，较小的值的阳光比较黄，较大的值的阳光比较蓝。图7-204、图7-205和图7-206所示分别是“臭氧”值为0、0.5、1时的效果。

图7-204

图7-205

图7-206

强度倍增：这个参数是指阳光的亮度，默认值为1。

小技巧

“混浊度”和“强度倍增”是相互影响的，因为当空气中的浮尘多的时候，阳光的强度就会降低。“尺寸倍增”和“阴影细分”也是相互影响的，这主要是因为影子虚边越大，所需的细分就越多，也就是说“尺寸倍增”值越大，“阴影细分”的值就要适当地增大，因为当影子为虚边阴影（面阴影）的时候，就会需要一定的细分值来增加阴影的采样，不然就会有很多杂点。

大小倍增：这个参数是指太阳的大小，它的作用主要表现在阴影的模糊程度上，较大的值可以使阳光阴影比较模糊。图7-207所示是“尺寸倍增”为0和20时的效果对比。

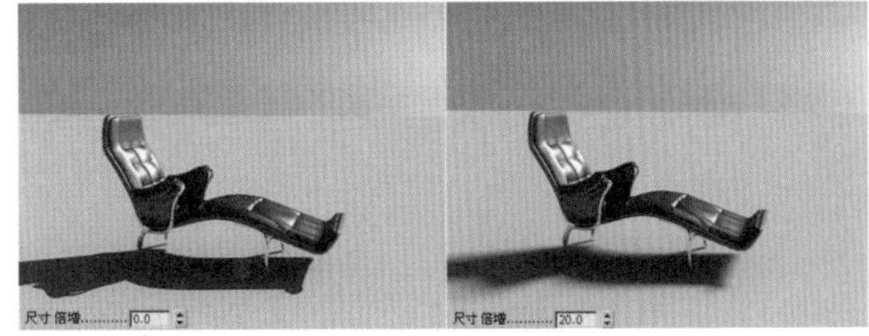

图7-207

阴影细分：这个参数是指阴影的细分，较大的值可以使模糊区域的阴影产生比较光滑的效果，并且没有杂点。

阴影偏移：用来控制物体与阴影的偏移距离，较高的值会使阴影向灯光的方向偏移。

光子发射半径：这个参数和“光子贴图”计算引擎有关。

“排除”按钮 排除... ：将物体排除于阳光照射范围之外。

新手练习——利用VRay太阳制作客厅正午阳光效果

素材文件	13.max
案例文件	新手练习——利用VRay太阳制作客厅正午阳光效果.max
视频教学	视频教学/第7章/新手练习——利用VRay太阳制作客厅正午阳光效果.flv
灯光类型	“VR光源”灯光，VRay太阳
技术掌握	使用VRay太阳模拟正午阳光的效果

本例是一个日景客厅一角场景，主要使用VRay太阳制作正午阳光，案例效果如图7-208所示。

图7-208

【操作步骤】

01 打开本书配套光盘中的“13.max”文件，如图7-209所示。

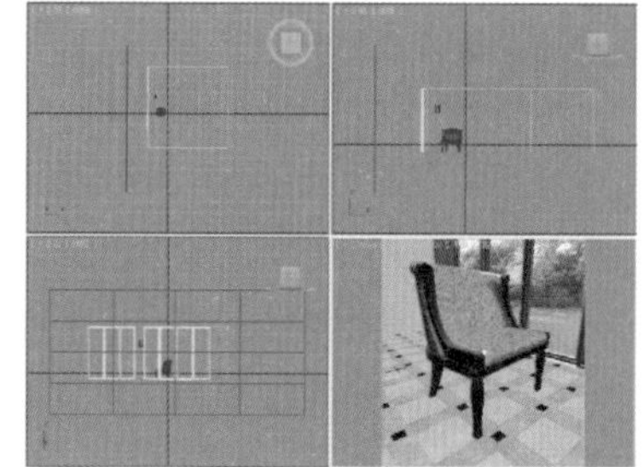

图7-209

02 在前视图中创建一盏VRay太阳，然后将其拖曳到合适的位置，如图7-210所示。

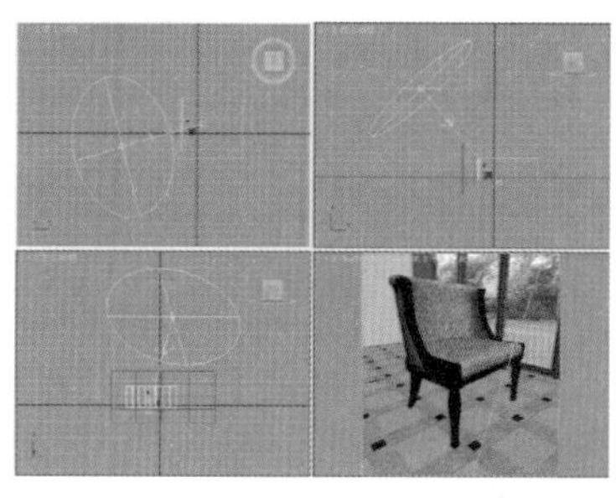

图7-210

03 选择上一步创建的VRay太阳，然后展开“VRay太阳参数”卷展栏，接着设置“强度倍增”为0.85、“大小倍增”为12、“阴影细分”为10，如图7-211所示。

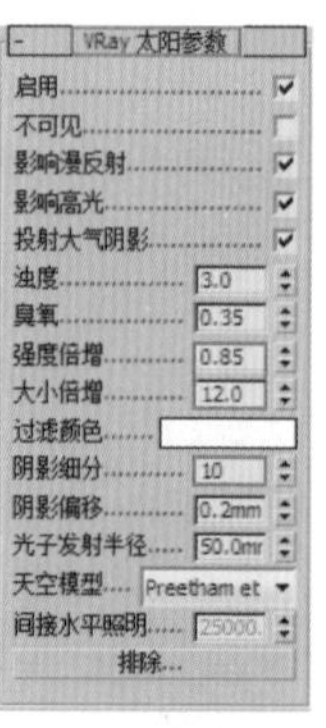

图7-211

04 按F9键渲染当前场景，效果如图7-212所示。

图7-212

05 在前视图中创建一盏VRay灯光，然后将其拖曳到合适的位置，如图7-213所示。

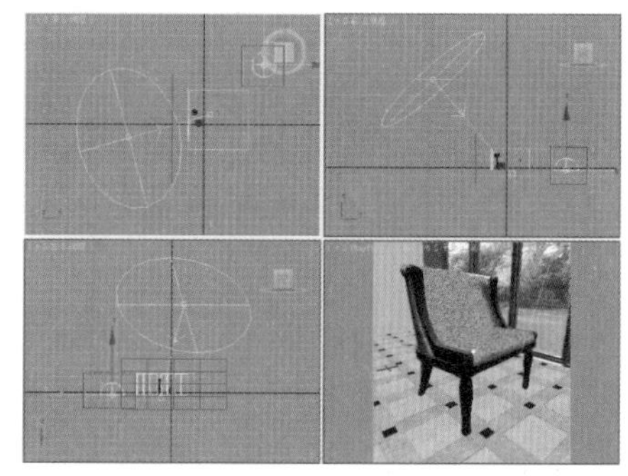

图7-213

06 选择上一步创建的VRay灯光，然后进入“修改”面板，接着展开“参数”卷展栏，具体参数设置如图7-214所示。

设置步骤：

① 在“常规”选项组下设置“类型”为“穹顶”。

② 在“强度”选项组下设置“倍增”为120，然后设置颜色为（红:106，绿:155，蓝:255）。

③ 在“选项”选项组下勾选“不可见”选项。

④ 在“采样”选项组下设置“细分”为15。

07 按F9键渲染当前场景，最终效果如图7-215所示。

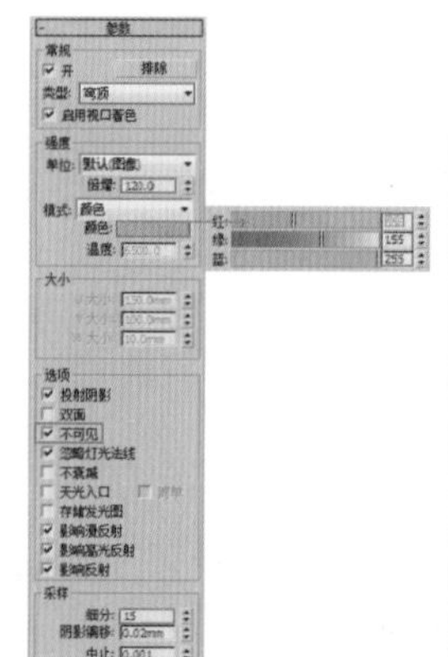

图7-214

图7-215

7.4.3 VRay天空

VRay天空是VRay灯光系统中的一个非常重要的照明系统。VRay没有真正的天光引擎，只能用环境光来代替。图7-216所示是在“环境贴图”通道中加载了一张“VRay天空”环境贴图，这样就可以得到VRay的天光，再使用鼠标左键将“VRay天空”环境贴图拖曳到一个空白的材质球上就可以调节VRay天空的相关参数。

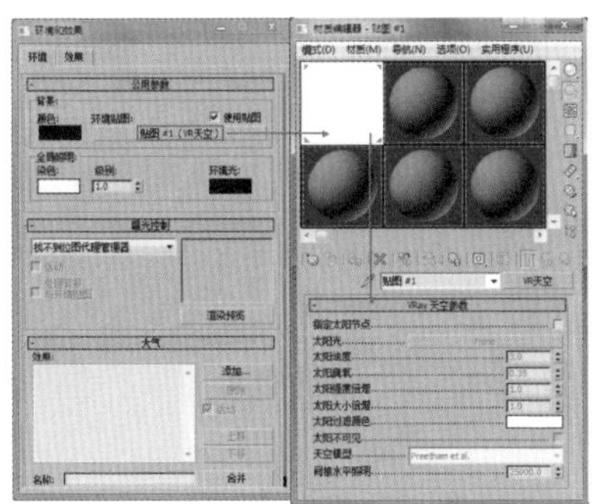

图7-216

【参数介绍】

指定太阳节点：当关闭该选项时，VRay天空的参数将从场景中的VRay太阳的参数里自动匹配；当勾选该选项时，用户就可以从场景中选择不同的光源，在这种情况下，VRay太阳将不再控制VRay天空的效果，VRay天空将用它自身的参数来改变天光的效果。

太阳光：单击后面的None（无）按钮 None 可以选择太阳光源，这里除了可以选择VRay太阳之外，还可以选择其他的光源。

太阳浊度：与“VRay太阳参数”卷展栏下的“混浊度”选项的含义相同。

太阳臭氧：与“VRay太阳参数”卷展栏下的“臭氧”选项的含义相同。

太阳强度倍增：与“VRay太阳参数”卷展栏下的“强度倍增”选项的含义相同。

太阳大小倍增：与“VRay太阳参数”卷展栏下的“尺寸倍增”选项的含义相同。

太阳不可见：与“VRay太阳参数”卷展栏下的“不可见”选项的含义相同。

天空模式：与“VRay太阳参数”卷展栏下的“天空模式”选项的含义相同。

> 小技巧
>
> 其实VRay天空是VRay系统中一个程序贴图，主要用来作为环境贴图或作为天光来照亮场景。在创建VRay太阳时，系统会弹出如图7-217所示的对话框，提示是否将“VR天空”环境贴图自动加载到环境中。

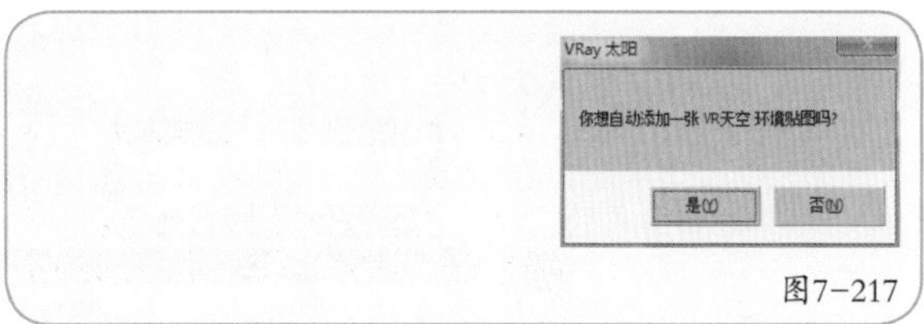

图7-217

7.4.4 VRayIES

VRayIES是一个V型射线特定光源插件，可用来加载IES灯光，能使现实世界的光分布更加逼真（.IES文件）。VRayIES和MAX中的光度学中的灯光类似，而专门优化的V-射线渲比通常的要快。

“VRayIES参数”面板如图7-218所示。

图7-218

启用：控制是否开启VRayIES灯光。

目标：控制是否启用目标点。

无：可以在这里为VRIES灯光加载.IES文件，与“目标灯光”类似。

中止：在这里可以设置灯光中止时的数值大小。

阴影偏移：控制阴影偏移的数值。

投射阴影：控制是否开启投射阴影。

使用灯光图形：控制是否开启光源形状的开关。

图形细分：控制形状的细分程度。

颜色模式：控制色彩的方式，有两种，分别为颜色和温度。

颜色：用来控制灯光的颜色。

色温：用来控制灯光色温的强度。

功率：用来控制灯光功率的强度。

新手练习——利用VRayIES制作洗手间灯光效果

素材文件	14.max
案例文件	新手练习——利用VRayIES制作洗手间灯光效果.max
视频教学	视频教学/第7章/新手练习——利用VRayIES制作洗手间灯光效果.flv
技术掌握	掌握如何使用VRayIES灯光

本例是一个洗手间场景，主要使用VRayIES制作洗手间的夜景，案例效果如图7-219所示。

图7-219

【操作步骤】

01 打开本书配套光盘中的“14.max”文件，如图7-220所示。

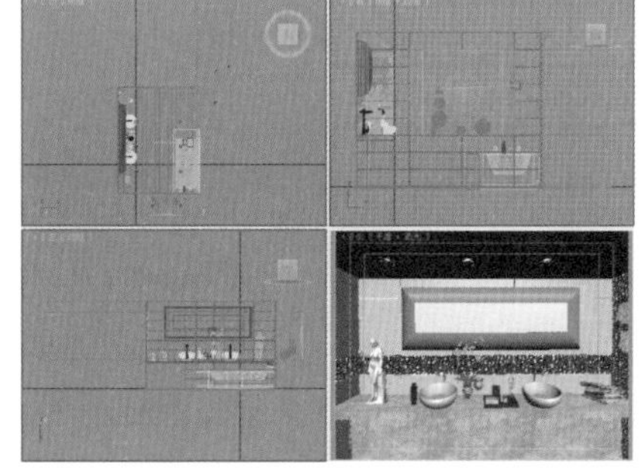

图7-220

02 在前视图中创建一盏VRayIES灯光，然后将其拖曳到合适的位置，如图7-221所示。

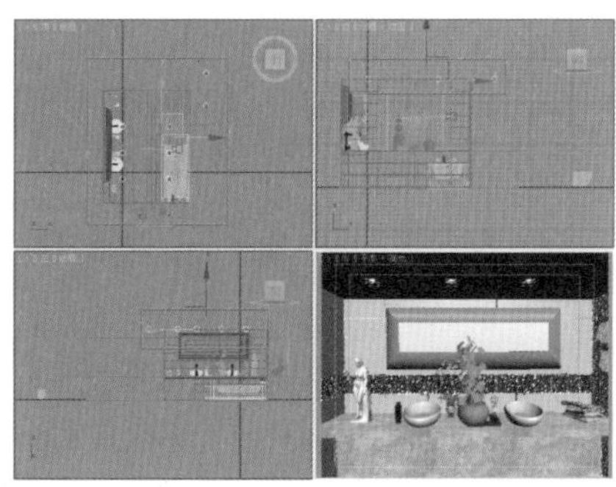

图7-221

03 选择上一步创建的VRayIES，然后展开“VRayIES参数”参数卷展栏，接着在通道上加载“archinteriors15_9_95031808.ies”光域网，最后设置“阴影偏移”为0.2cm、“图形细分”为16、“色温”为4875，如图7-222所示。

VRay IES 参数
启用
启用视口着色
显示分布
目标
archinteriors15_9_95031808
X 轴旋转 0.0
Y 轴旋转 0.0
Z 轴旋转 0.0
中止 0.0
阴影偏移 0.2cm
投影阴影
影响漫反射
影响高光
使用灯光图形 仅阴影
图形细分 16
颜色模式 温度
颜色
色温 4875.0
功率 1100.0
区域高光
排除...

图7-222

小技巧

VRayIES灯光是VRay渲染器新增的一种灯光类型。其灯光特性类似于光度学灯光，也可以说该灯光就是VRay的光度学灯光。VRayIES可以调用外部的光域网文件，使用起来非常方便。

04 按F9键渲染当前场景，最终效果如图7-223所示。

图7-223

高手进阶——灯光综合运用制作欧式卧室灯光

素材文件	15.max
案例文件	高手进阶——灯光综合运用制作欧式卧室灯光.max
视频教学	视频教学/第7章/高手进阶——灯光综合运用制作欧式卧室灯光.flv
技术掌握	掌握如何使用VRay太阳、VRay灯光

本例是一个欧式卧室场景，主要使用VRay太阳和VRay灯光来制作欧式卧室灯光，案例效果如图7-224所示。

图7-224

【操作步骤】

01 打开本书配套光盘中的“15.max”文件，如图7-225所示。

图7-225

02 设置灯光类型为VRay，然后在场景中创建一盏VRay太阳作为主光源，其位置如图7-226所示。

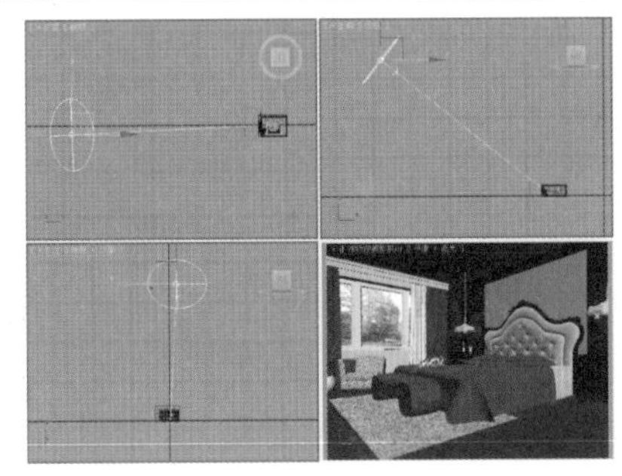

图7-226

03 选择上一步创建的VRay太阳，然后在“VRay太阳参数”卷展栏下设置“强度倍增值”为0.05、“大小倍增值”为3、“阴影细分”为8，具体参数设置如图7-227所示。

04 按F9键渲染当前场景，效果如图7-228所示。

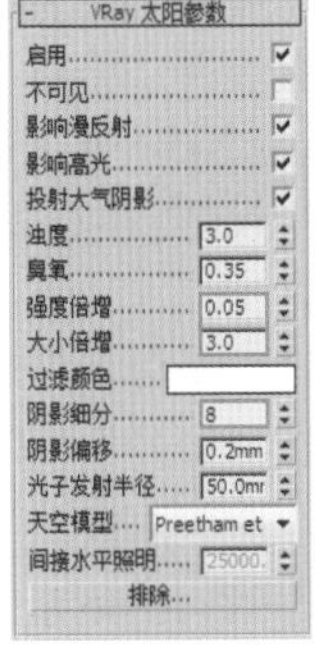

图7-227　图7-228

05 在场景中创建两盏VRay灯光作为辅助光源，其位置如图7-229所示。

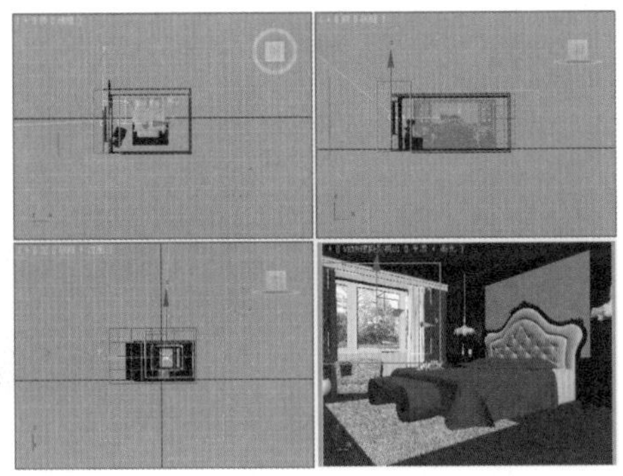

图7-229

这两盏灯光放置在窗口处，主要是用来模拟真实光照进入室内的感觉。

06 选择上一步创建的VRay灯光，然后进入“修改”面板，接着展开“参数”卷展栏，具体参数设置如图7-230所示。

设置步骤：

① 在“常规”选项组下设置“类型”为“平面”。

② 在“强度”选项组下设置“倍增”为0.2，然后设置“颜色”为（红:152，绿:203，蓝:255）。

③ 在“大小”选项组下设置“1/2长”为1190mm、“1/2宽”为850mm。

④ 在“选项”选项组下勾选“不可见”选项。

07 按F9键渲染当前场景，效果如图7-231所示。

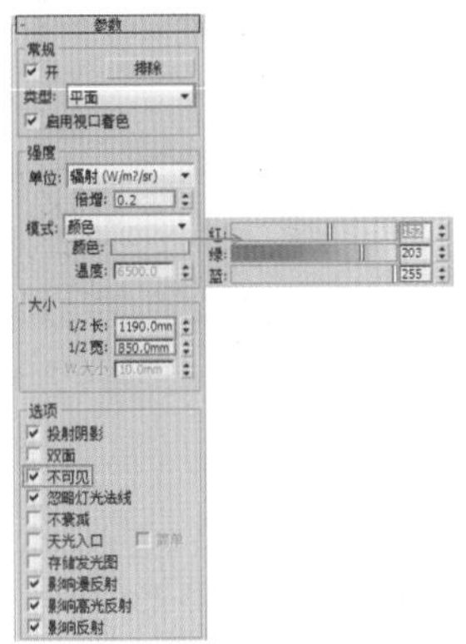

图7-230　图7-231

对于灯光颜色的设置是非常重要的，合理的灯光颜色可以营造出整个场景的气氛。

08 在场景中创建一盏VRay灯光作为辅助光源，其位置如图7-232所示。

图7-232

09 选择上一步创建的VRay灯光，然后进入“修改”面板，接着展开“参数”卷展栏，具体参数设置如图7-233所示。

设置步骤：

① 在“常规”选项组下设置“类型”为“平面”。

② 在“强度”选项组下设置“颜色”为（红:255，绿:240，蓝:215），然后设置“倍增”为0.16。

③ 在“大小”选项组下设置“1/2长”为2300mm、“1/2宽”为1490mm。

④ 在“选项”选项组下勾选“不可见”选项。

10 按F9键渲染当前场景，最终效果如图7-234所示。

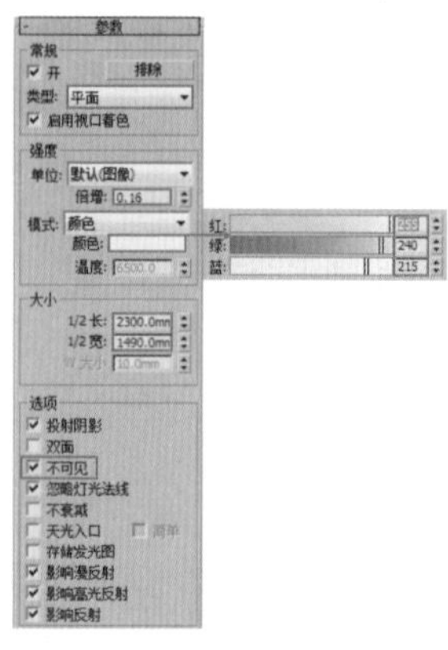

图7-233　　图7-234

高手进阶——灯光综合运用制作中式卧室灯光

素材文件	16.max
案例文件	高手进阶——灯光综合运用制作中式卧室灯光.max
视频教学	视频教学/第7章/高手进阶——灯光综合运用制作中式卧室灯光.flv
技术掌握	掌握如何使用VRay灯光、目标灯光

本例是一个中式卧室场景，主要使用目标灯光和VRay灯光来制作中式卧室灯光，案例效果如图7-235所示。

图7-235

【操作步骤】

01 打开本书配套光盘中的“16.max”文件，如图7-236所示。

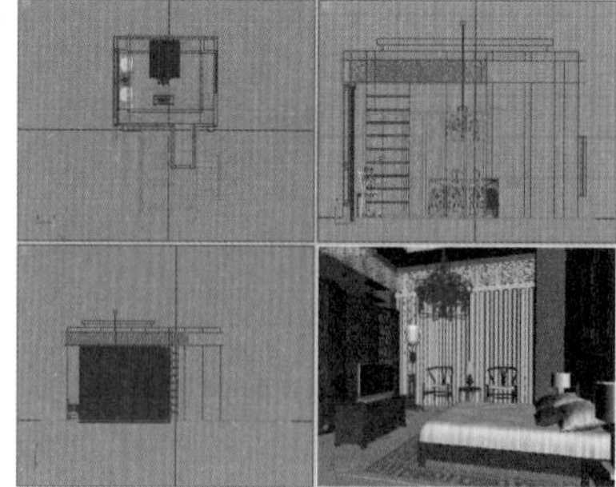

图7-236

02 设置灯光类型为VRay，然后在场景中创建一盏VRay灯光作为主光源，其位置如图7-237所示。

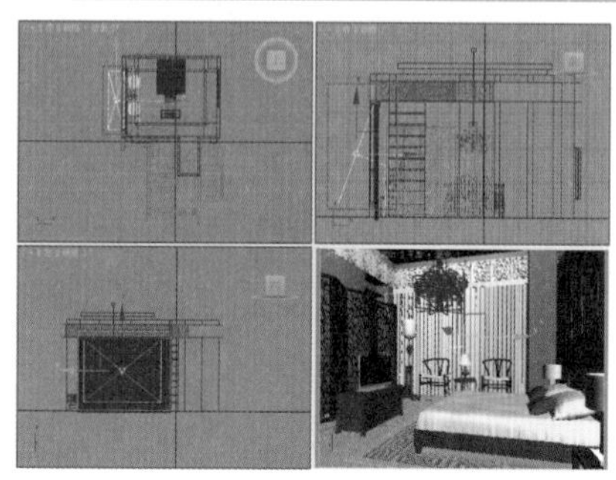

图7-237

03 选择上一步创建的VRay灯光，然后进入“修改”面板，接着展开“参数”卷展栏，具体参数设置如图7-238所示。

设置步骤：

① 在“常规”选项组下设置“类型”为“平面”。

② 在“强度”选项组下设置设置“倍增”为60，然后设置“颜色”为（红:175，绿:203，蓝:255）。

③ 在“大小”选项组下设置“1/2长”为1800mm、“1/2宽”为1500mm。

④ 在“选项”选项组下勾选“不可见”选项。

⑤ 在“采样”选项组下设置“细分”为25。

04 按F9键渲染当前场景，效果如图7-239所示。

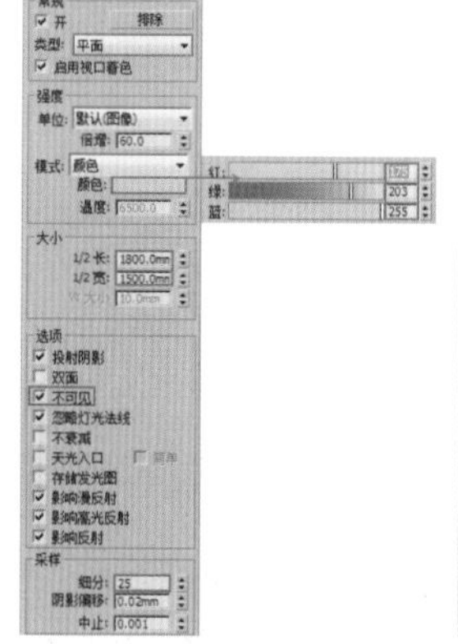

图7-238　　图7-239

05 在场景中创建一盏VRay灯光作为辅助光源，其位置如图7-240所示。

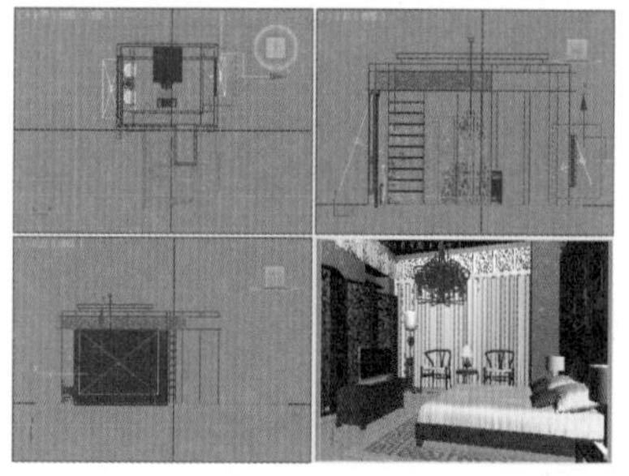

图7-240

06 选择上一步创建的VRay灯光，然后进入“修改”面板，接着展开“参数”卷展栏，具体参数设置如图7-241所示。

设置步骤：

① 在“常规”选项组下设置“类型”为“平面”。

② 在“强度”选项组下设置设置“倍增”为3，然后设置“颜色”为（红:175，绿:203，蓝:255）。

③ 在“大小”选项组下设置“1/2长”为1180mm、“1/2宽”为730mm。

④ 在“选项”选项组下勾选“不可见”选项。

07 按F9键渲染当前场景，效果如图7-242所示。

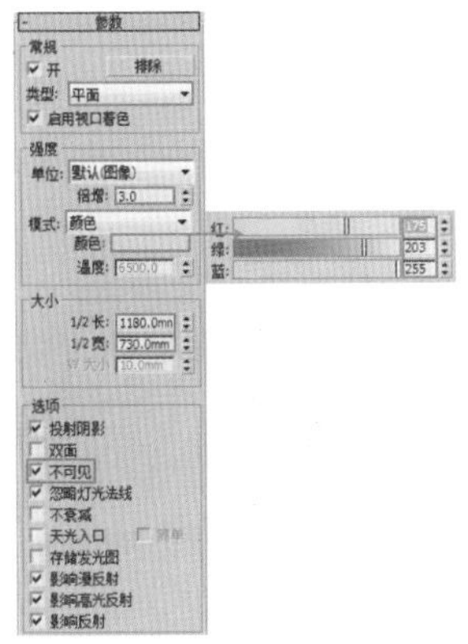

图7-241

图7-242

08 将灯光类型设置为“光度学”，然后在场景中创建3盏目标灯光，其位置如图7-243所示。

图7-243

09 选择上一步创建的目标灯光，然后进入“修改”面板，具体参数设置如图7-244所示。

设置步骤：

① 展开“常规参数”卷展栏，然后在“阴影”选项组下勾选“启用”选项，接着设置“阴影类型”为“VRay阴影”，最后在“灯光分布（类型）”选项组下设置灯光分布类型为“光度学Web”。

② 展开“分布（光度学Web）”卷展栏，然后在通道上加载光域网文件“1.ies”。

③ 展开“强度/颜色/衰减”卷展栏，然后设置“过滤颜色”为（红:255，绿:220，蓝:188），接着设置“强度”为20000。

④ 展开“VRay阴影参数”卷展栏，然后设置“细分”为14。

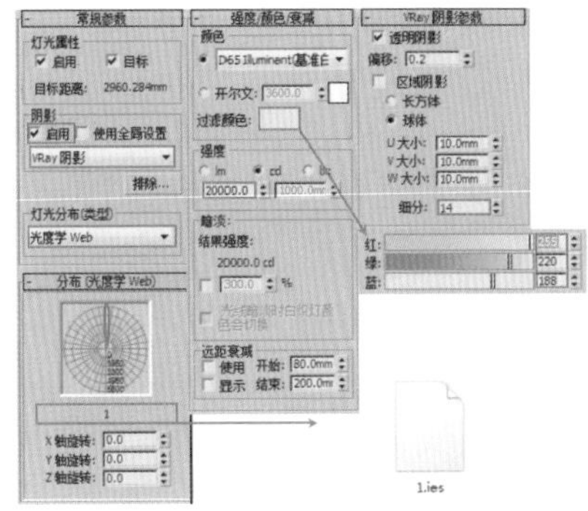

图7-244

10 按F9键渲染当前场景，效果如图7-245所示。

图7-245

11 设置灯光类型为VRay，然后在场景中创建3盏VRay灯光，并将其拖曳到台灯的灯罩中，如图7-246所示。

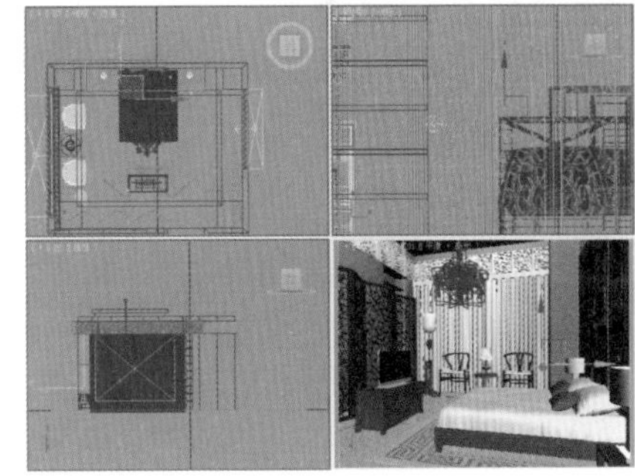

图7-246

12 选择上一步创建的VRay灯光，然后进入“修改”面板，接着展开“参数”卷展栏，具体参数设置如图7-247所示。

设置步骤：

① 在“常规”选项组下设置“类型”为“球体”。

② 在“强度”选项组下设置“倍增”为30，然后设置“颜色”为（红:255，绿:183，蓝:105）。

③ 在“大小”选项组下设置“半径”为60mm。

④ 在“选项”选项组下勾选“不可见”选项。

⑤ 在“采样”选项组下设置“细分”为16。

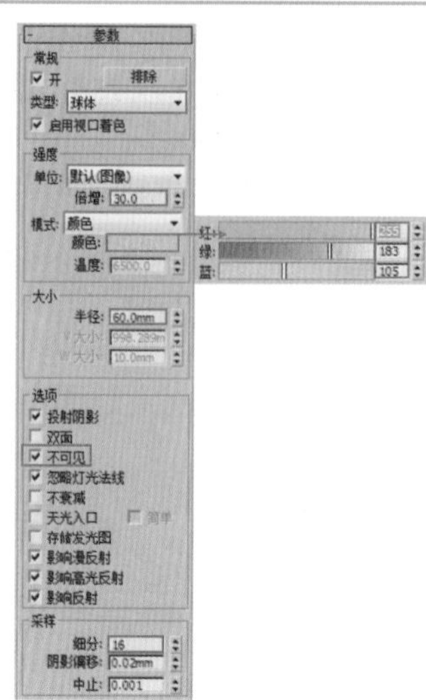

图7-247

13 在场景中创建3盏VRay灯光制作台灯灯光，其位置如图7-248所示。

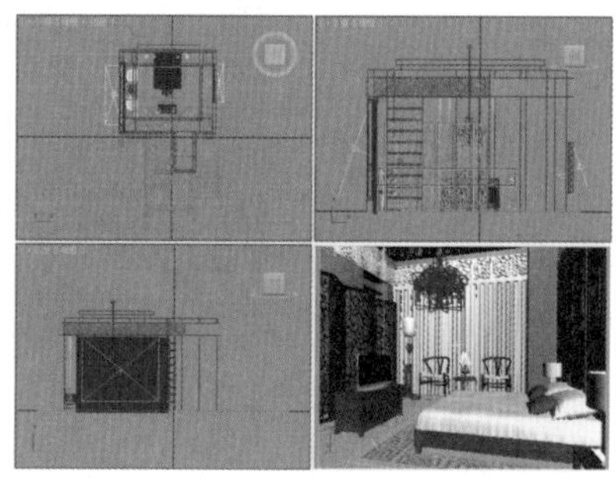

图7-248

14 选择上一步创建的VRay灯光，然后进入“修改”面板，接着展开“参数”卷展栏，具体参数设置如图7-249所示。

设置步骤：

① 在“常规”选项组下设置“类型”为“平面”。

② 在“强度”选项组下设置“倍增”为10，然后设置“颜色”为（红:255，绿:183，蓝:105）。

③ 在“大小”选项组下设置“1/2长”为121mm、“1/2宽”为121mm。

④ 在“选项”选项组下勾选“双面”和“不可见”选项。

15 按F9键渲染当前场景，效果如图7-250所示。

图7-249

图7-250

16 在场景中创建12盏VRay灯光，然后放置在吊灯的灯罩中模拟吊灯灯光，其位置如图7-251所示。

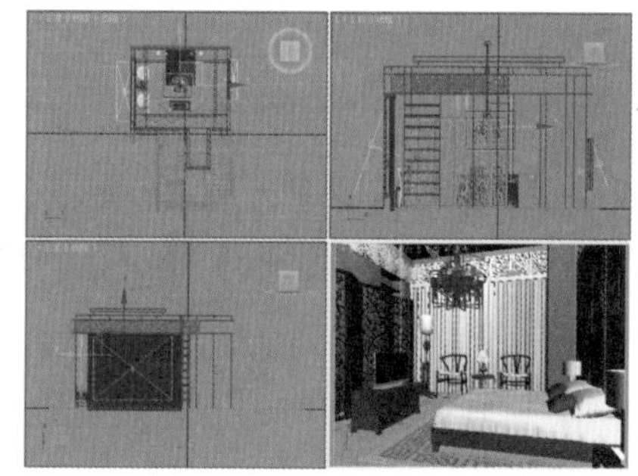

图7-251

17 选择上一步创建的VRay灯光，然后进入“修改”面板，接着展开“参数”卷展栏，具体参数设置如图7-252所示。

设置步骤：

① 在“常规”选项组下设置“类型”为“球体”。

② 在“强度”选项组下设置“倍增”为30，然后设置“颜色”为（红:255，绿:197，蓝:105）。

③ 在“大小”选项组下设置“半径”为30mm。

④ 在“选项”选项组下勾选“双面”选项。

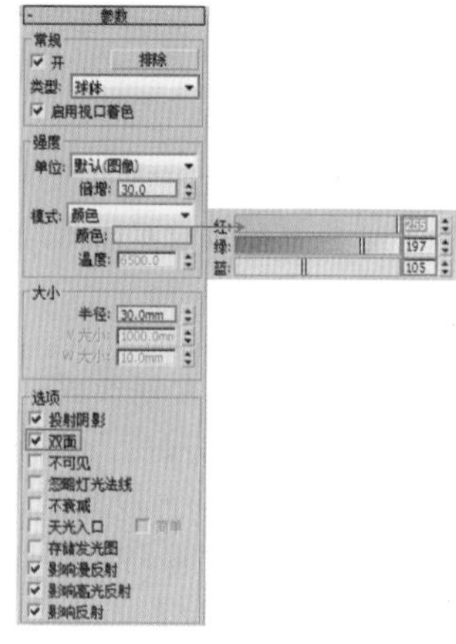

图7-252

18 在场景中创建4盏VRay灯光制作顶棚灯带的效果，其位置如图7-253所示。

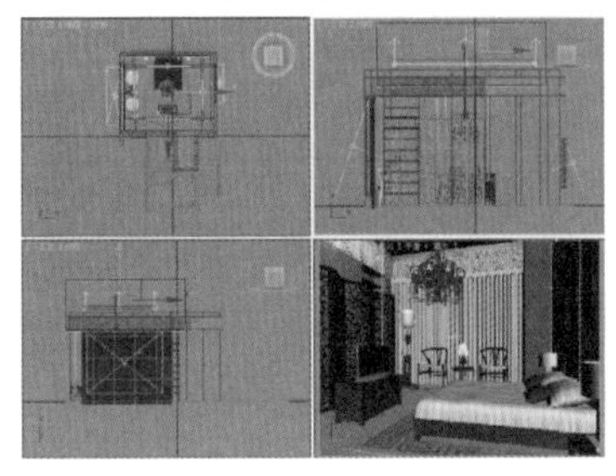

图7-253

19 选择上一步创建的VRay灯光，然后进入“修改”面板，接着展开“参数”卷展栏，具体参数设置如图7-254所示。

设置步骤：

① 在“常规”选项组下设置“类型”为“平面”。

② 在“强度”选项组下设置“倍增”为10，然后设置“颜色”为（红:255，绿:183，蓝:105）。

③ 在“大小”选项组下设置“1/2长”为70mm、“1/2宽”为1568mm。

④ 在“选项”选项组下勾选“不可见”选项。

20 按F9键渲染当前场景，最终效果如图7-255所示。

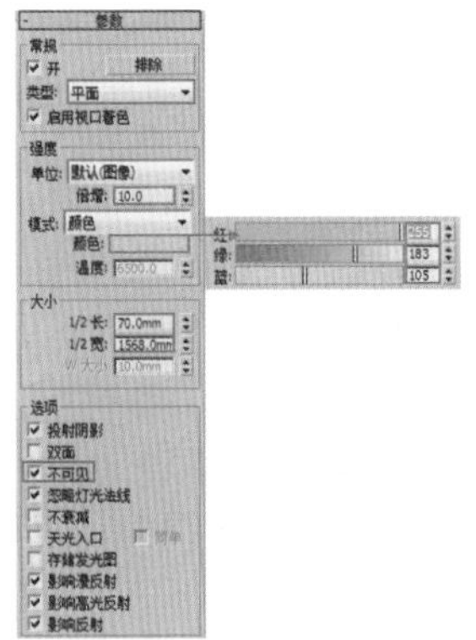

图7-254

图7-255

高手进阶——灯光综合运用制作卫生间灯光

素材文件	17.max
案例文件	高手进阶——灯光综合运用制作卫生间灯光.max
视频教学	视频教学/第7章/高手进阶——灯光综合运用制作卫生间灯光.flv
技术掌握	掌握如何使用VRay灯光、目标灯光

本例是一个卫生间场景，主要使用目标灯光和VRay灯光来制作卫生间灯光，案例效果如图7-256所示。

图7-256

【操作步骤】

01 打开本书配套光盘中的“17.max”文件，如图7-257所示。

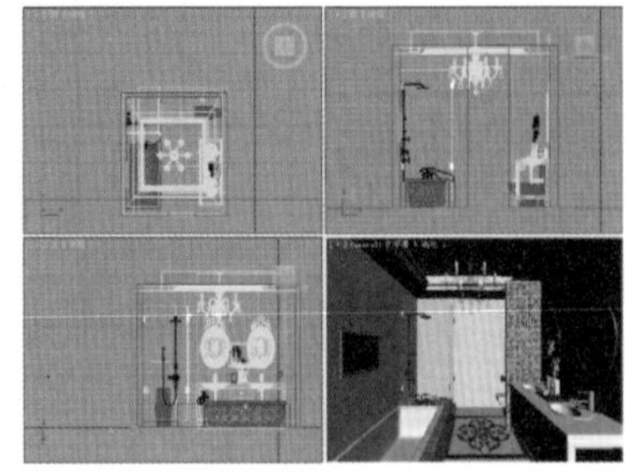

图7-257

02 设置灯光类型为VRay，然后在场景中创建一盏VRay灯光作为主光源，其位置如图7-258所示。

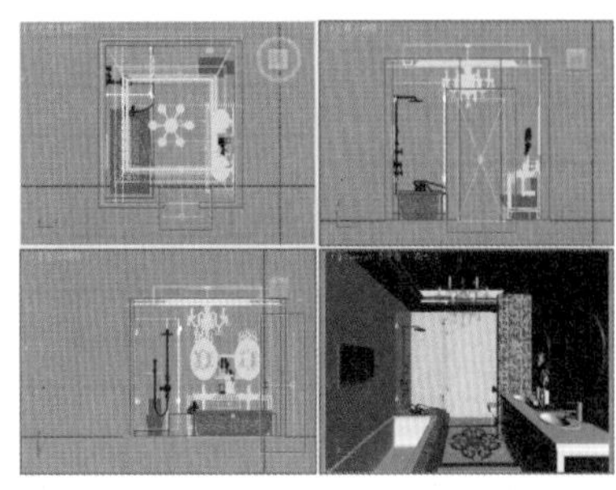

图7-258

03 选择上一步创建的VRay灯光，然后进入“修改”面板，接着展开“参数”卷展栏，具体参数设置如图7-259所示。

设置步骤：

① 在“常规”选项组下设置“类型”为“平面”。

② 在“强度”选项组下设置“倍增”为8，然后设置“颜色”为（红:255，绿:195，蓝:146）。

③ 在“大小”选项组下设置“1/2长”为400mm、“1/2宽”为410mm。

④ 在“选项”选项组下勾选“不可见”选项，然后取消勾选“影响高光反射”和“影响反射”选项。

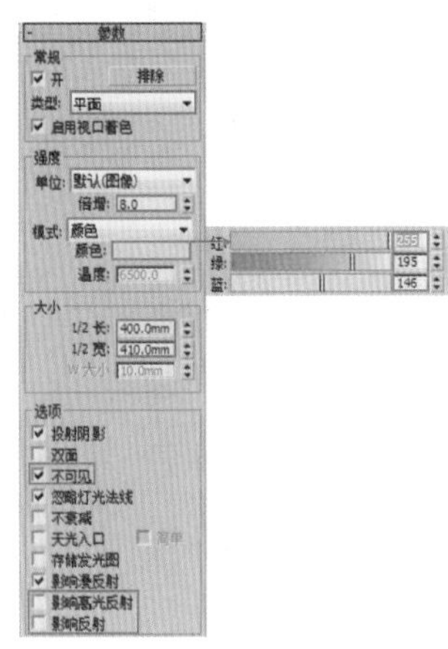

图7-259

04 按F9键渲染当前场景，效果如图7-260所示。

图7-260

05 将灯光类型设置为“光度学”，然后在前视图中创建7盏目标灯光，其位置如图7-261所示。

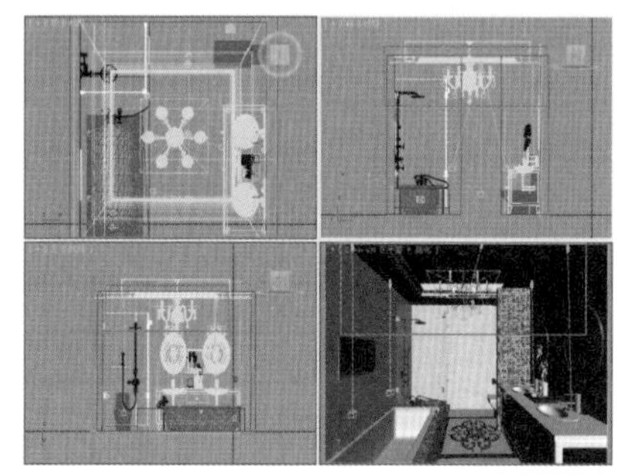

图7-261

06 选择上一步创建的目标灯光，然后进入“修改”面板，具体参数设置如图7-262所示。

设置步骤：

① 展开“常规参数”卷展栏，然后在“阴影”选项组下勾选“启用”选项，接着设置“阴影类型”为“VRay阴影”，最后在“灯光分布（类型）”选项组下设置灯光分布类型为“光度学Web”。

② 展开“分布（光度学Web）”卷展栏，然后在通道上加载光域网文件“00.ies”。

③ 展开“强度/颜色/衰减”卷展栏，然后设置“过滤颜色”为（红:255，绿:226，蓝:200），接着设置“强度”为1516。

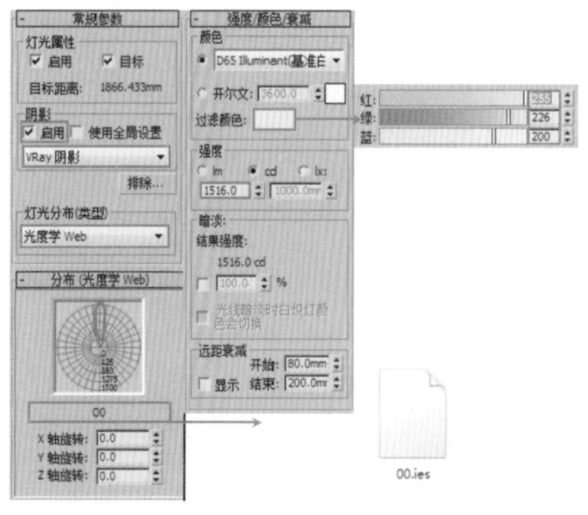

图7-262

07 按F9键渲染当前场景，效果如图7-263所示。

图7-263

08 设置灯光类型为VRay，然后在顶视图中创建一盏VRay灯光，其位置如图7-264所示。

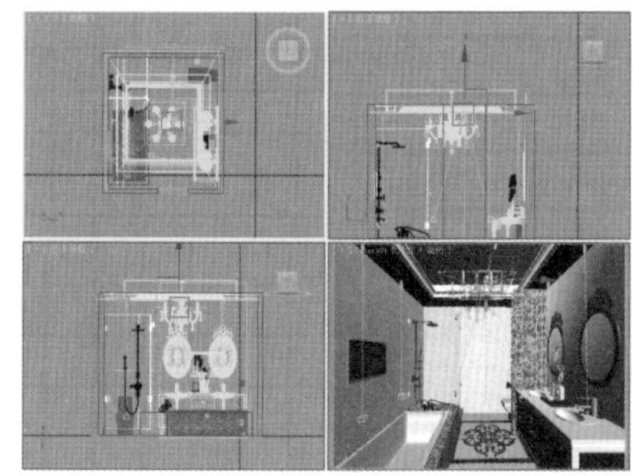

图7-264

09 选择上一步创建的VRay灯光，然后进入“修改”面板，接着展开“参数”卷展栏，具体参数设置如图7-265所示。

设置步骤：

① 在“常规”选项组下设置“类型”为“平面”。

② 在“强度”选项组下设置设置“倍增”为100，然后设置“颜色”为（红:255，绿:247，蓝:230）。

③ 在“大小”选项组下设置“1/2长”为100mm、“1/2宽”为100mm。

④ 在“选项”选项组下勾选“不可见”选项。

⑤ 在“采样”选项组下设置“细分”为20。

图7-265

10 按F9键渲染当前场景，效果如图7-266所示。

图7-266

11 设置灯光类型为“标准”，然后在顶视图中创建3盏泛光灯，其位置如图7-267所示。

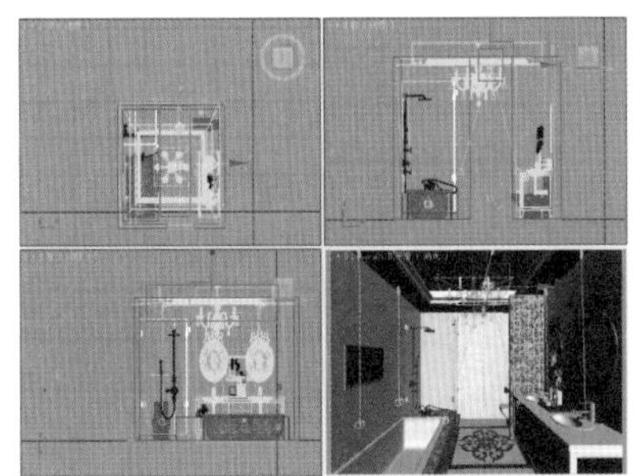

图7-267

12 选择上一步创建的泛光灯，然后进入“修改”面板，具体参数设置如图7-268所示。

设置步骤：

① 展开“常规参数”卷展栏，然后在“阴影”选项组下勾选“启用”选项，并设置“阴影类型”为“VRay阴影”。

② 展开“强度/颜色/衰减”卷展栏，然后设置“倍增”为3.5，接着设置颜色为（红:168，绿:203，蓝:255）。

③ 展开“VRay阴影参数”卷展栏，然后设置“细分”为20。

图7-268

13 按F9键渲染当前场景，效果如图7-269所示。

图7-269

14 在顶视图中创建一盏VRay灯光，然后将其拖曳到合适的位置，如图7-270所示。

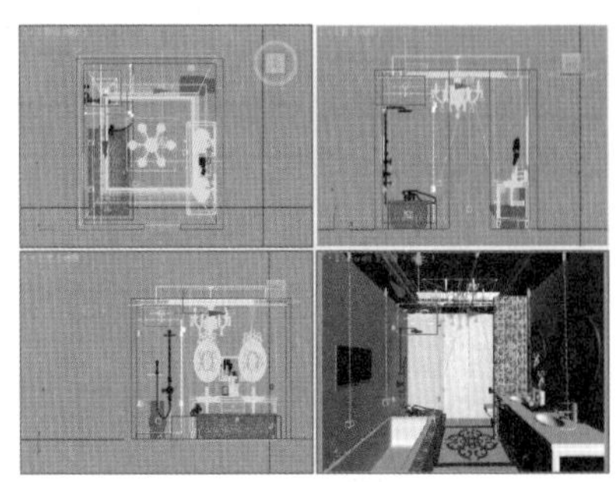

图7-270

15 选择上一步创建的VRay灯光，然后进入“修改”面板，接着展开“参数”卷展栏，具体参数设置如图7-271所示。

设置步骤：

① 在“常规”选项组下设置“类型”为“平面”。

② 在“强度”选项组下设置“倍增”为8，然后设置“颜色”为（红:255，绿:195，蓝:146）。

③ 在“大小”选项组下设置“1/2长”为200mm、“1/2宽”为200mm。

④ 在“选项”选项组下勾选“不可见”选项，然后取消勾选“影响高光反射”和“影响反射”选项。

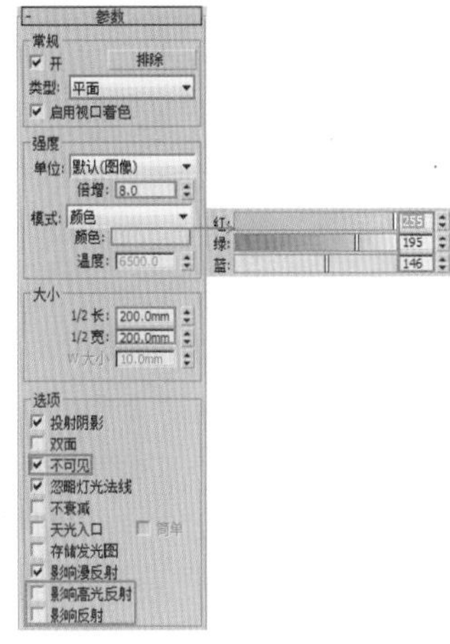

图7-271

16 在顶视图中创建一盏VRay灯光，然后将其拖曳到合适的位置，如图7-272所示。

图7-272

17 选择上一步创建的VRay灯光，然后进入“修改”面板，接着展开“参数”卷展栏，具体参数设置如图7-273所示。

设置步骤：

① 在“常规”选项组下设置“类型”为“平面”。

② 在“强度”选项组下设置“倍增”为4，然后设置“颜色”为（红:213，绿:223，蓝:255）。

③ 在“大小”选项组下设置“1/2长”为150mm、“1/2宽”为150mm。

④ 在“选项”选项组下勾选“不可见”选项。

⑤ 在“采样”选项组下设置“细分”为20。

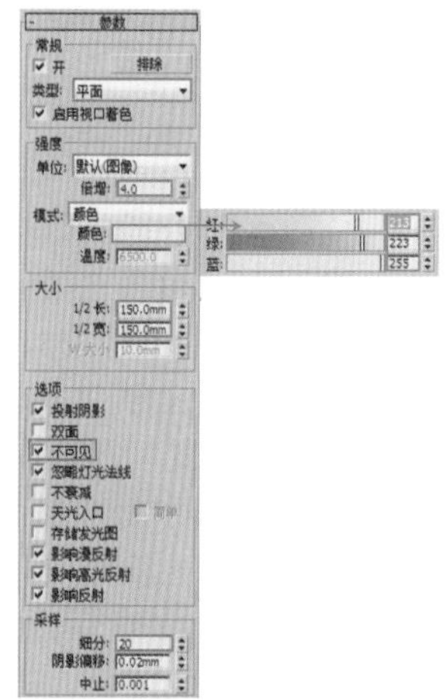

图7-273

18 按F9键渲染当前场景，效果如图7-274所示。

图7-274

19 在顶视图中创建4盏VRay灯光，然后将其拖曳到合适的位置，如图7-275所示。

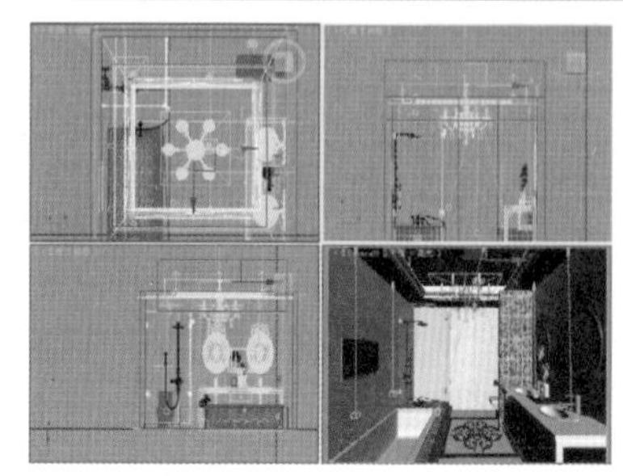

图7-275

20 选择上一步创建的VRay灯光，然后进入“修改”面板，接着展开“参数”卷展栏，具体参数设置如图7-276所示。

设置步骤：

① 在“常规”选项组下设置“类型”为“平面”。

② 在“强度”选项组下设置“倍增”为4，然后设置“颜色”为（红:255，绿:170，蓝:102）。

③ 在“大小”选项组下设置“1/2长”为690mm、“1/2宽”为50mm。

④ 在“选项”选项组下勾选“不可见”选项，然后取消勾选“影响高光反射”和“影响反射”选项。

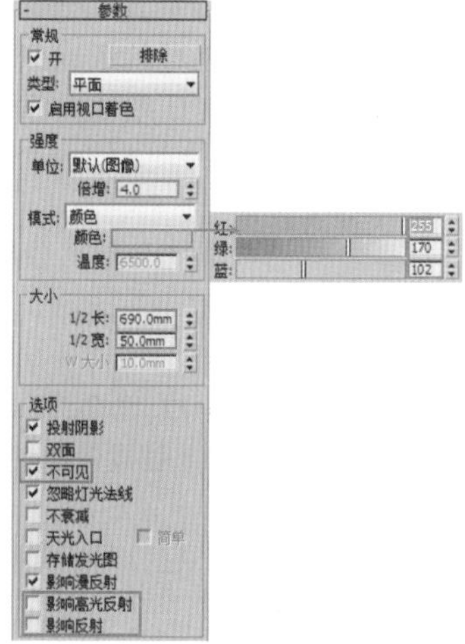

图7-276

21 按F9键渲染当前场景，最终效果如图7-277所示。

图7-277

第8章 材质与贴图

要点索引

本章概述

在大自然中，物体表面总是具有各种各样的特性，如颜色、透明度、表面纹理等。而对于3ds Max而言，制作一个物体除了造型之外，还要将其表面特性表现出来，这样才能在三维虚拟世界中真实地再现物体本身的面貌，既做到了形似，也做到了神似。在这一表现过程中，要做到物体的形似，可以通过3ds Max的建模功能；而要做到物体的神似，就需要通过材质和贴图来表现。本章将对各种材质的制作方法以及3ds Max为用户提供的多种程序贴图进行全面而详细的介绍，为读者深度剖析3ds Max的材质和贴图技术。

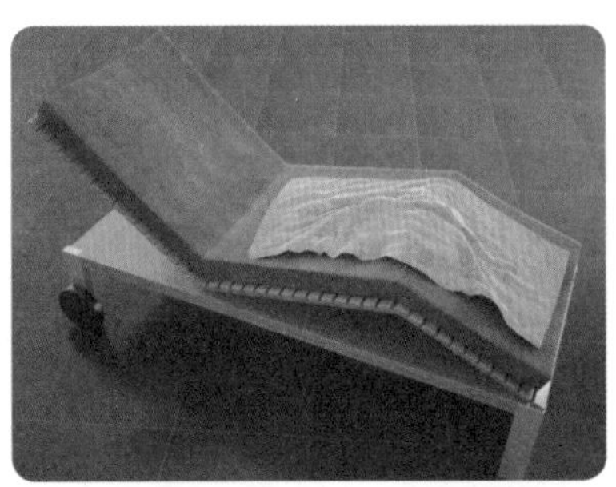

8.1 初识材质

8.1.1 什么是材质

材质主要用来表现模型的颜色、质地、纹理、透明度和光泽等特性，我们可以通过调节3ds Max 2013的材质，制作出现实世界中的任何精致的效果，如图8-1所示。

图8-1

1.物体的颜色

色彩是光的一种特性，人们通常看到的色彩是光作用于眼睛的结果。但光线照射到物体上的时候，物体会吸收一些光色，同时也会漫反射一些光色，这些漫反射出来的光色到达人们的眼睛之后，就决定物体看起来是什么颜色，这种颜色常被称为"固有色"。这些被漫反射出来的光色除了会影响人们的视觉之外，还会影响它周围的物体，这就是"光能传递"。当然，影响的范围不会像人们的视觉范围那么大，它要遵循"光能衰减"的原理。

如图8-2所示，远处的光照亮，而近处的光照暗。这是由于光的反弹与照射角度的关系，当光的照射角度与物体表面成90°垂直照射时，光的反弹最强，而光的吸收最柔；当光的照射角度与物体表面成180°时，光的反弹最柔，而光的吸收最强。

图8-2

物体表面越白，光的反射越强；反之，物体表面越黑，光的吸收越强。

2.光滑与反射

一个物体是否有光滑的表面，往往不需要用手去触摸，视觉就会告诉结果。因为光滑的物体，总会出现明显的高光，如玻璃、瓷器、金属等。而没有明显高光的物体，通常都是比较粗糙的，如砖头、瓦片、泥土等。

这种差异在自然界无处不在，但它是怎么产生的呢？依然是光线的反射作用，但和上面"固有色"的漫反射方式不同，光滑物体有一种类似"镜子"的效果，在物体的表面还没有光滑到可以镜像反射出周围物体的时候，它对光源的位置和颜色是非常敏感的。所以，光滑的物体表面只"镜射"出光源，这就是物体表面的高光区，它的颜色是由照射它的光源颜色决定的（金属除外），随着物体表面光滑度的提高，对光源的反射会越来越清晰，这就是在材质编辑中，越是光滑的物体高光范围越小，强度越高。

如图8-3所示，从洁具表面可以看到很小的高光，这是因为洁具表面比较光滑。如图8-4所示，表面粗糙的蛋糕没有一点光泽，光照射到蛋糕表面，发生了漫反射，反射光线弹向四面八方，所以就没有了高光。

图8-3

图8-4

3.透明与折射

自然界的大多数物体通常会遮挡光线，当光线可以自由穿过物体时，这个物体肯定就是透明的。这里所说的"穿过"，不单指光源的光线穿过透明物体，还指透明物体背后的物体反射出来的光线也要再次穿过透明物体，这就使得大家可以看见透明物体背后的东西。

由于透明物体的密度不同，光线射入后会发生偏转现象，也就是折射。如插进水里的筷子，看起来是弯的。不同透明物质的折射率也不一样，即使同一种透明的物质，温度不同也会影响其折射率，比如用眼睛穿过火焰上方的热空气观察对面的景象，会发现景象有明显的扭曲现象，这就是因为温度改变了空气的密度，不同的密度产生了不同的折射率。正确使用折射率是真实再现透明物体的重要手段。

在自然界中还存在另一种形式的透明，在三维软件的材质编辑中把这种属性称为“半透明”，如纸张、塑料、植物的叶子、还有蜡烛等。它们原本不是透明的物体，但在强光的照射下背光部分会出现“透光”现象。

如图8-5所示，半透明的葡萄在逆光的作用下，表现得更彻底。

图8-5

8.1.2 材质的制作流程

通常，在制作新材质并将其应用于对象时，应该遵循以下8个步骤。

第1步：指定材质的名称。

第2步：选择材质的类型。

第3步：对于标准或光线追踪材质，应选择着色类型。

第4步：设置漫反射颜色、光泽度和不透明度等各种参数。

第5步：将贴图指定给要设置贴图的材质通道，并调整参数。

第6步：将材质应用于对象。

第7步：如有必要，应调整UV贴图坐标，以便正确定位对象的贴图。

第8步：保存材质。

小技巧

3ds Max 2013中创建材质的方法非常灵活自由，任何模型都可以被赋予栩栩如生的材质，使得创建的场景更加丰富。当编辑好材质后，用户可以随时返回到材质编辑器中，进行细致的调节。

材质描述对象如何反射或透射灯光。在材质中，贴图可以模拟纹理、应用设计、反射、折射和其他效果。（贴图也可以用作环境和投射灯光）“材质编辑器”是用于创建、改变和应用场景中的材质的对话框。图8-6所示为“无材质”和“有材质”的渲染对比效果。

图8-6

8.2 材质编辑器

“材质编辑器”对话框非常重要，因为所有的材质都在这里完成。打开“材质编辑器”对话框的方法主要有以下两种。

第1种：执行“渲染>材质编辑器>精简材质编辑器”菜单命令或“渲染>材质编辑器>Slate材质编辑器”菜单命令，如图8-7所示。

图8-7

第2种：直接按M键打开“材质编辑器”对话框，这是最常用的方法。

“材质编辑器”对话框分为4大部分，最顶端为菜单栏，充满材质球的窗口为示例窗，示例窗左侧和下部的两排按钮为工具栏，其余的是参数控制区，如图8-8所示。

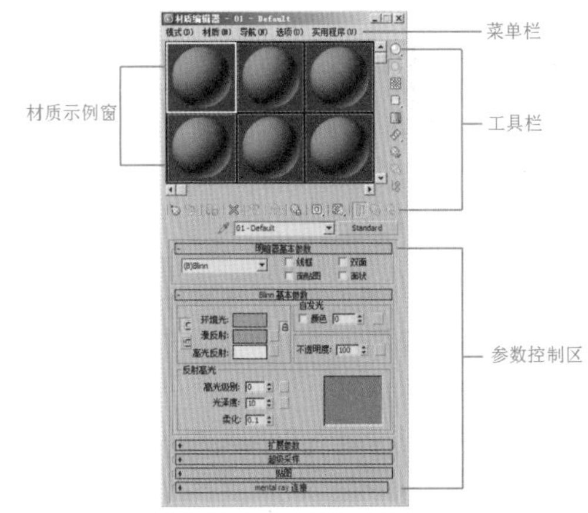

图8-8

8.2.1 菜单栏

“材质编辑器”对话框中的菜单栏包含5个菜单，分别是“模式”菜单、“材质”菜单、“导航”菜单、“选项”菜单和“实用程序”菜单。

1.模式菜单

“模式”菜单主要用来切换“精简材质编辑器”和“Slate材质编辑器”，如图8-9所示。

模式(D)
精简材质编辑器...
Slate 材质编辑器...

图8-9

【命令介绍】

精简材质编辑器：这是一个简化了的材质编辑界面，它使用的对话框比“Slate材质编辑器”小，也是在3ds Max 2011版本之前唯一的材质编辑器，如图8-10所示。

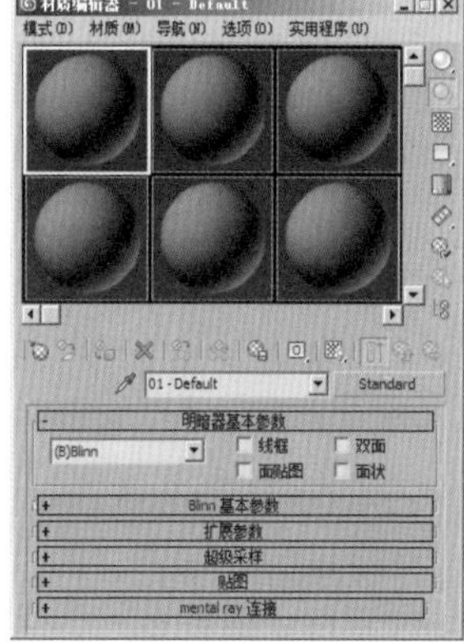

图8-10

小技巧

在实际工作中，一般都不会用到“Slate材质编辑器”，因此本书都用“精简材质编辑器”来进行讲解。

Slate材质编辑器：这是一个完整的材质编辑界面，在设计和编辑材质时使用节点和关联以图形方式显示材质的结构，如图8-11所示。

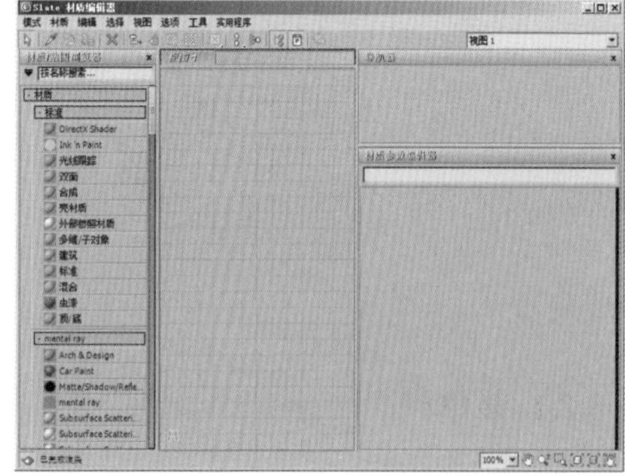

图8-11

小技巧

虽然“Slate材质编辑器”在设计材质时功能更强大，但“精简材质编辑器”在设计材质时更方便快捷。

2.材质菜单

展开“材质”菜单，如图8-12所示。

图8-12

【命令介绍】

获取材质：执行该命令可以打开“材质/贴图浏览器”对话框，在该对话框中可以选择材质或贴图。

从对象选取：执行该命令可以从场景对象中选择材质。

按材质选择：执行该命令可以基于“材质编辑器”对话框中的活动材质来选择对象。

在ATS对话框中高亮显示资源：如果材质使用的是已跟踪资源的贴图，那么执行该命令可以打开“资源跟踪”对话框，同时资源会高亮显示。

指定给当前选择：执行该命令可以将当前材质应用于场景中的选定对象。

放置到场景：在编辑材质完成后，执行该命令可以更新场景中的材质效果。

放置到库：执行该命令可以将选定的材质添加到材质库中。

更改材质/贴图类型：执行该命令可以更改材质或贴图的类型。

生成材质副本：通过复制自身的材质，生成一个材质副本。

启动放大窗口：将材质示例窗口放大，并在一个单独的窗口中进行显示（双击材质球也可以放大窗口）。

另存为FX文件：将材质另外为FX文件。

生成预览：使用动画贴图为场景添加运动，并生成预览。

查看预览：使用动画贴图为场景添加运动，并查看预览。

保存预览：使用动画贴图为场景添加运动，并保存预览。

显示最终结果：查看所在级别的材质。

视口中的材质显示为：选择在视图中显示材质的方式，共有“标准显示”、“有贴图的标准显示”、“硬件显示”和“有贴图的硬件显示”4种方式。

重置示例窗旋转：使活动的示例窗对象恢复到默认方向。

更新活动材质：更新示例窗中的活动材质。

3.导航菜单

展开“导航”菜单，如图8-13所示。

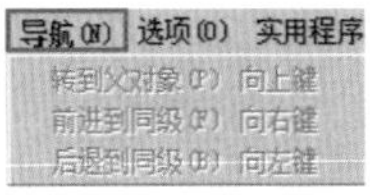

图8-13

【命令介绍】

转到父对象（P）向上键：在当前材质中向上移动一个层级。

前进到同级（F）向右键：移动到当前材质中的相同层级的下一个贴图或材质。

后退到同级（B）向左键：与“前进到同级（F）向右键”命令类似，只是导航到前一个同级贴图，而不是导航到后一个同级贴图。

4.选项菜单

展开“选项”菜单，如图8-14所示。

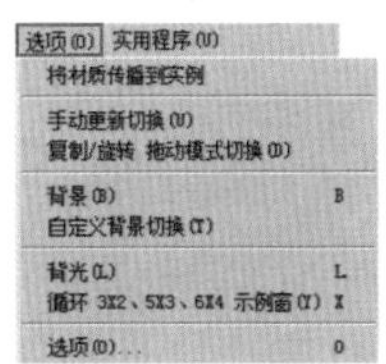

图8-14

【命令介绍】

将材质传播到实例：将指定的任何材质传播到场景中对象的所有实例。

手动更新切换：使用手动的方式进行更新切换。

复制/选择阻力模式切换：切换复制/选择阻力的模式。

背景：将多颜色的方格背景添加到活动示例窗中。

自定义背景切换：如果已指定了自定义背景，该命令就可以用来切换自定义背景的显示效果。

背光：将背光添加到活动示例窗中。

循环3×2、5×3、6×4示例窗：压力切换材质球的显示方式。

选项：打开“材质编辑器选项”对话框，如图8-15所示。

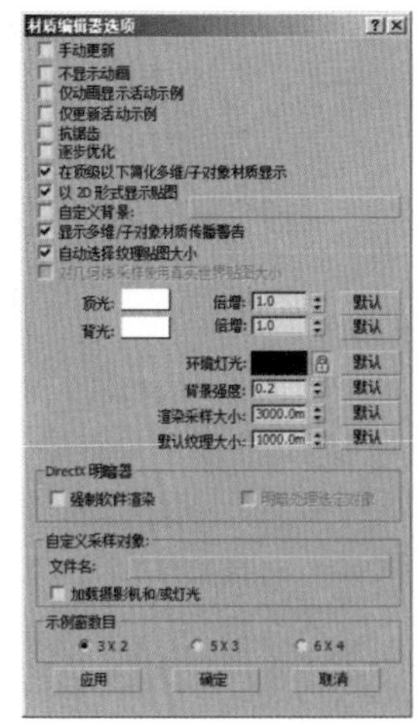

图8-15

5.实用程序菜单

“实用程序”菜单主要用来清理多维材质、重置“材质编辑器”对话框等，如图8-16所示。

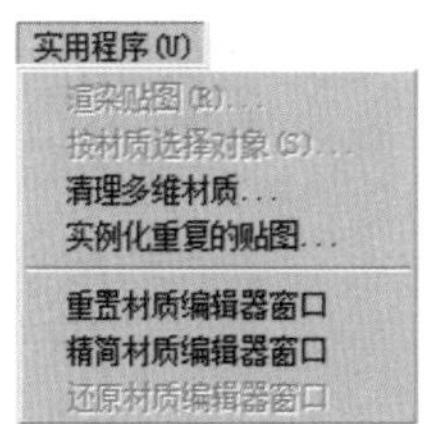

图8-16

【命令介绍】

渲染贴图：对贴图进行渲染。

按材质选择对象：可以基于“材质编辑器”对话框中的活动材质来选择对象。

清理多维材质：对“多维/子对象”材质进行分析，然后在场景中显示所有包含未分配任何材质ID的材质。

实例化重复的贴图：在整个场景中查找具有重复位图贴图的材质，并提供将它们实例化的选项。

重置材质编辑器窗口：用默认的材质类型替换“材质编辑器”对话框中的所有材质。

精简材质编辑器窗口：将“材质编辑器”对话框中所有未使用的材质设置为默认类型。

还原材质编辑器窗口：利用缓冲区的内容还原编辑器的状态。

8.2.2 材质球示例窗

材质球示例窗主要用来显示材质效果，通过它可以很直观地观察出材质的基本属性，如反光、纹理和凹凸等，如图8-17所示。

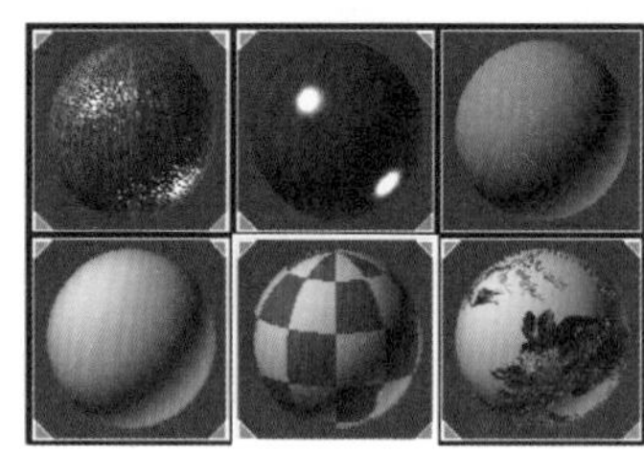

图8-17

双击材质球会弹出一个独立的材质球显示窗口，可以将该窗口进行放大或缩小来观察当前设置的材质效果，如图8-18所示。

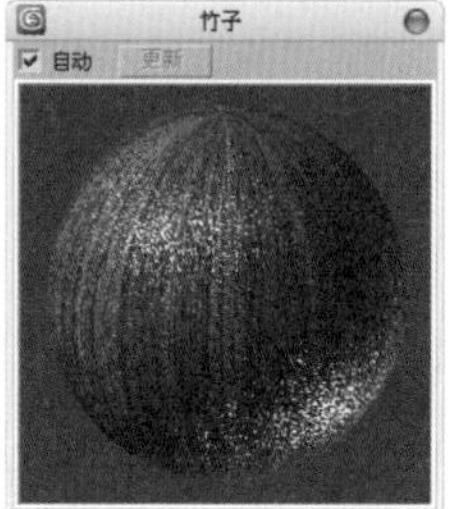

图8-18

知识窗

材质球示例窗的基本知识

在默认情况下，材质球示例窗中一共有12个材质球，可以拖曳滚动条显示出不在窗口中的材质球，同时也可以使用鼠标中键来旋转材质球，这样可以观看到材质球其他位置的效果，如图8-19所示。

图8-19

使用鼠标左键可以将一个材质球拖曳到另一个材质球上，这样当前材质就会覆盖掉原有的材质，如图8-20所示。

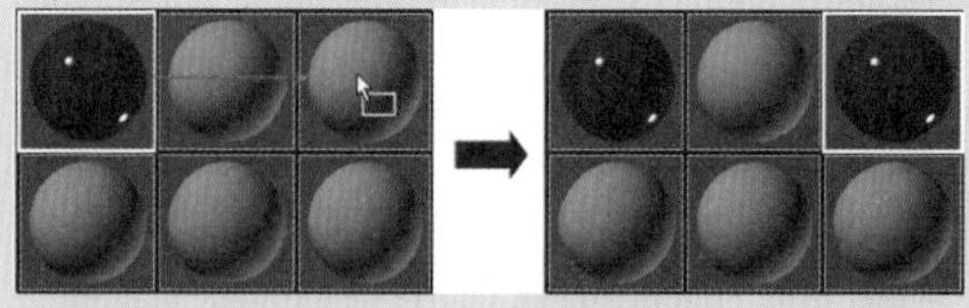

图8-20

使用鼠标左键可以将材质球中的材质拖曳到场景中的物体上（即将材质指定给对象），如图8-21所示。将材质指定给物体后，材质球上会显示4个缺角的符号，如图8-22所示。

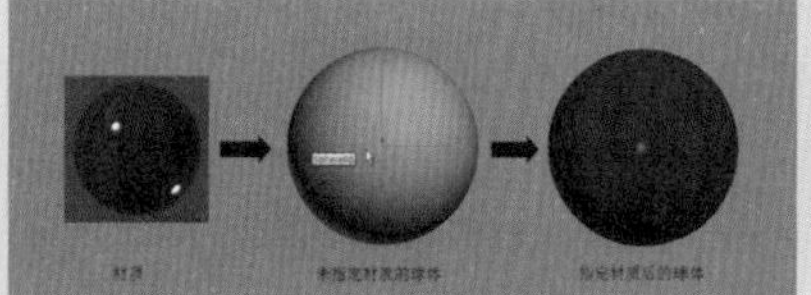

图8-21

图8-22

8.2.3 工具按钮栏

下面讲解“材质编辑器”对话框中的两排工具按钮栏，如图8-23所示。

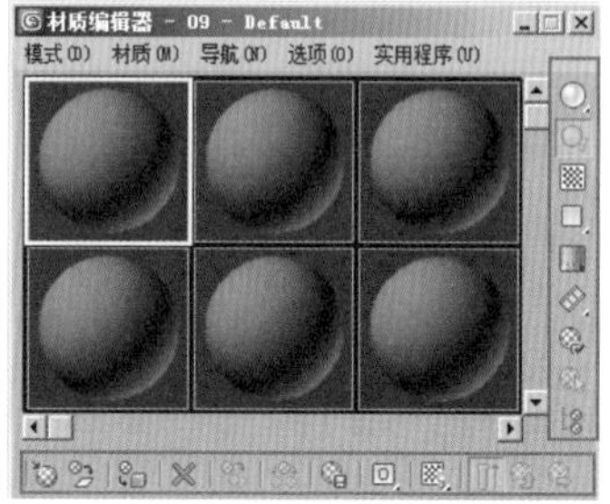

图8-23

【工具介绍】

获取材质：为选定的材质打开“材质/贴图浏览器”对话框。

将材质放入场景：在编辑好材质后，单击该按钮可以更新已应用于对象的材质。

将材质指定给选定对象：将材质赋予选定的对象。

重置贴图/材质为默认设置：删除修改的所有属性，将材质属性恢复到默认值。

生成材质副本：在选定的示例图中创建当前材质的副本。

使唯一：将实例化的材质设置为独立的材质。

放入库：重新命名材质并将其保存到当前打开的库中。

材质ID通道：为应用后期制作效果设置唯一的通道ID。

在视口中显示贴图：在视口的对象上显示2D材质贴图。

显示最终结果：在实例图中显示材质以及应用的所有层次。

转到父对象：将当前材质上移一级。

转到下一个同级项：选定同一层级的下一贴图或材质。

采样类型：控制示例窗显示的对象类型，默认为球体类型，还有圆柱体和立方体类型。

背光：打开或关闭选定示例窗中的背景灯光。

背景：在材质后面显示方格背景图像，这在观察透明材质时非常有用。

采样UV平铺：为示例窗中的贴图设置UV平铺显示。

视频颜色检查：检查当前材质中NTSC和PAL制式的不支持颜色。

生成预览：用于产生浏览和保存材质预览渲染。

选项：打开“材质编辑器选项”对话框，在该对话框中可以启用材质动画、加载自定义背景、定义灯光亮度或颜色，以及设置示例窗数目等。

按材质选择：选定使用当前材质的所有对象。

材质/贴图导航器：单击该按钮可以打开“材质/贴图导航器”对话框，在该对话框会显示当前材质的所有层级。

知识窗

从对象获取材质

在材质名称的左侧有一个工具叫“从对象获取材质”，这是一个比较重要的工具。如图8-24所示，这个场景中有一个指定了材质的球体，但是在材质示例窗中却没有显示出球体的材质。遇到这种情况可以需要使用“从对象获取材质”工具将球体的材质吸取出来。首选选择一个空白材质，然后单击“从对象获取材质”工具，接着在视图中单击球体，这样就可以获取球体的材质，并在材质示例窗中显示出来，如图8-25所示。

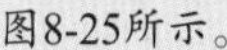

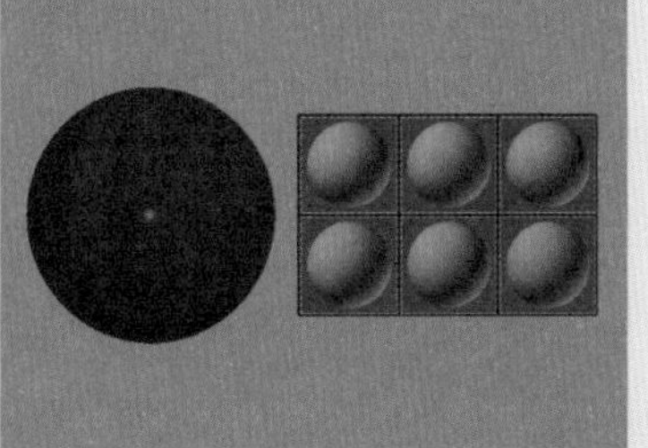

图8-24

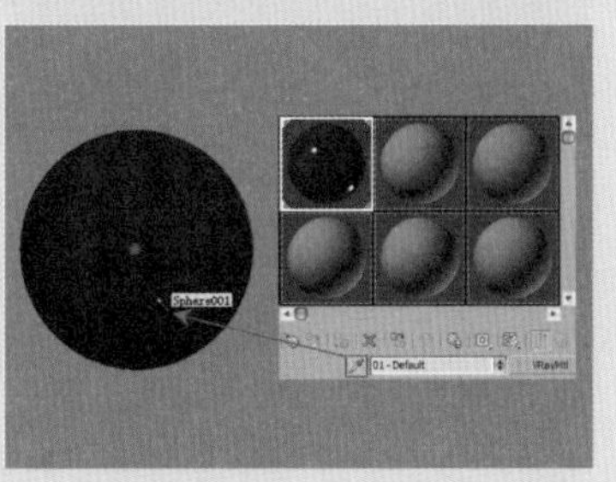

图8-25

8.2.4 参数控制区

1.“明暗器基本参数”卷展栏

展开“明暗器基本参数”卷展栏，在这里可以选择明暗器的类型，还可以设置“线框”、“双面”、“面贴图”和“面状”等参数，如图8-26所示。

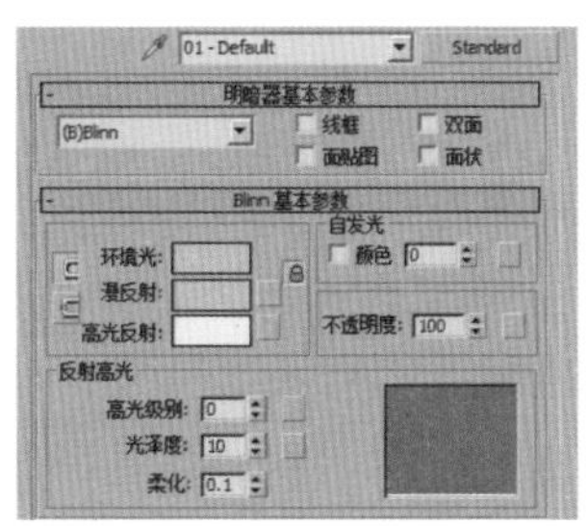

图8-26

【参数介绍】

明暗器列表：该列表中共包含了8种明暗器类型，如图8-27所示。

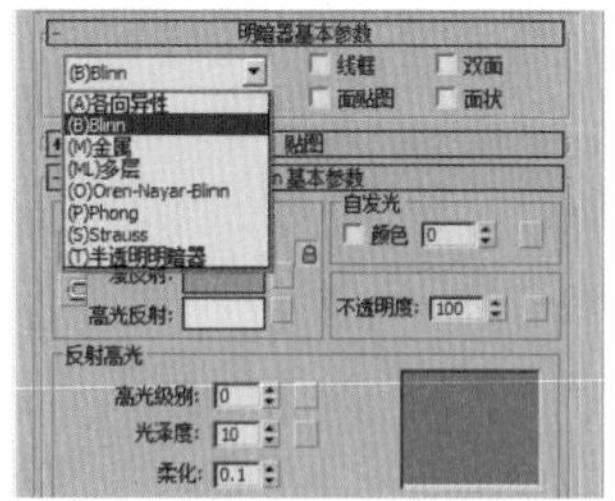

图8-27

各向异性：这种明暗器通过调节两个垂直于正向上可见高光尺寸之间的差值来提供了一种“重折光”的高光效果，这种渲染属性可以很好地表现毛发、玻璃和被擦拭过的金属等物体。

Blinn：这种明暗器是以光滑的方式来渲染物体表面，是最常用的一种明暗器。

金属：这种明暗器适用于金属表面，它能提供金属所需的强烈反光。

多层：“多层”明暗器与“各向异性”明暗器很相似，但“多层”明暗器可以控制两个高亮区，因此“多层”明暗器拥有对材质更多的控制，第1高光反射层和第2高光反射层具有相同的参数控制，可以对这些参数使用不同的设置。

Oren-Nayar-Blinn：这种明暗器适用于无光表面（如纤维或陶土），与Blinn明暗器几乎相同，通过它附加的“漫反射色级别”和“粗糙度”两个参数可以实现无光效果。

Phong：这种明暗器可以平滑面与面之间的边缘，也可以真实地渲染有光泽和规则曲面的高光，适用于高强度的表面和具有圆形高光的表面。

Strauss：这种明暗器适用于金属和非金属表面，与“金属”明暗器十分相似。

半透明明暗器：这种与Blinn明暗器类似。与Blinn明暗器相比较，它最大的区别在于能够设置半透明效果，使光线能够穿透半透明的物体，并且在穿过物体内部时离散。

线框：以线框模式渲染材质，用户可以在“扩展参数”卷展栏下设置“线框”的“大小”参数，如图8-28所示。

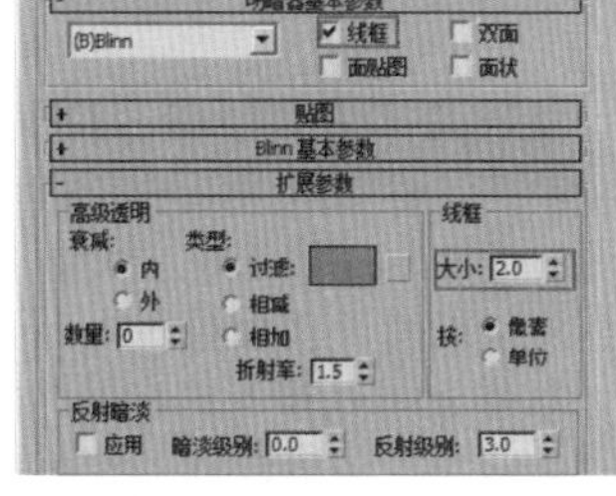

图8-28

双面：将材质应用到选定面，使材质成为双面。

面贴图：将材质应用到几何体的各个面。如果材质是贴图材质，则不需要贴图坐标，因为贴图会自动应用到对象的每一个面。

面状：使对象产生不光滑的明暗效果，把对象的每个面都作为平面来渲染，可以用于制作加工过的钻石、宝石和任何带有硬边的物体表面。

小技巧

在3ds Max 2013中，初次打开“材质编辑器”时，默认的材质球为Arch&Design（mi）材质，可以单击Arch&Design（mi）按钮，然后在弹出的“材质/贴图浏览器”对话框中将其切换为其他材质，如图8-29所示。

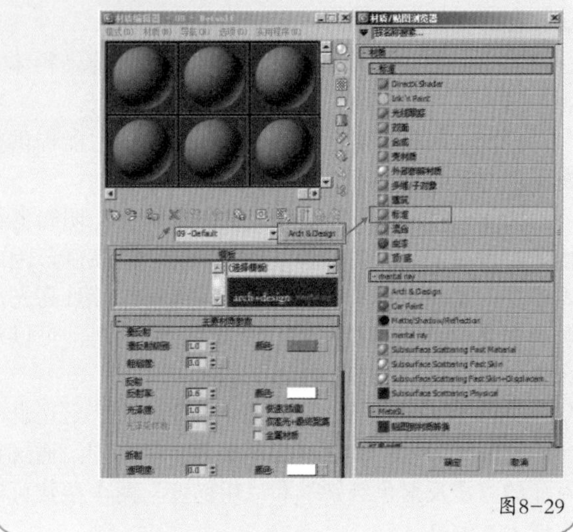

图8-29

2. “Blinn基本参数”卷展栏

下面以Blinn明暗器来讲解明暗器的基本参数。展开“Blinn基本参数”卷展栏，在这里可以设置材质的“环境光”、“漫反射”、“高光反射”、“自发光”、“不透明度”、“高光级别”、“光泽度”和“柔化”等属性，如图8-30所示。

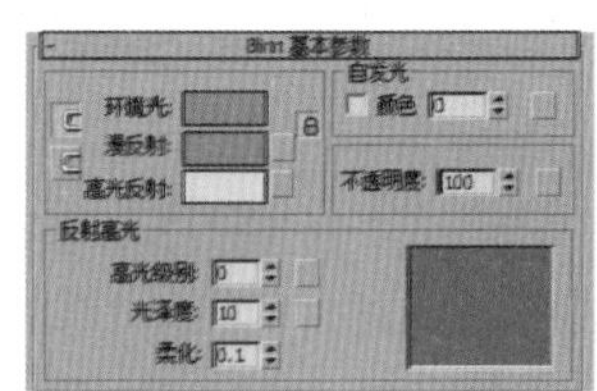

图8-30

【参数介绍】

环境光：用于模拟间接光，也可以用来模拟光能传递。

漫反射：“漫反射”是在光照条件较好的情况下（如在太阳光和人工光直射的情况下），物体反射出来的颜色，又被称作物体的固有色，也就是物体本身的颜色。

高光反射：物体发光表面高亮显示部分的颜色。

自发光：使用“漫反射”颜色替换曲面上的任何阴影，从而创建出白炽效果。

不透明度：控制材质的不透明度。

反射高光：该选项组包含以下3个选项。

高光级别：控制“反射高光”的强度。数值越大，反射强度越强。

光泽度：控制镜面高亮区域的大小，即反光区域的大小。数值越大，反光区域越小。

柔化：设置反光区和无反光区衔接的柔和度。0表示没有柔化效果；1表示应用最大量的柔化效果。

8.3 材质资源管理器

“材质资源管理器”主要用来浏览和管理场景中的所有材质。执行“渲染>材质资源管理器”菜单命令可以打开“材质管理器”对话框，如图8-31所示。

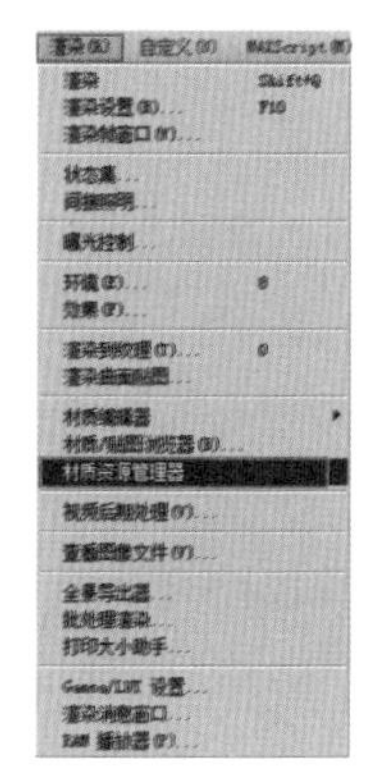

图8-31

“材质管理器”对话框分为“场景”面板和“材质”面板两大部分，如图8-32所示。“场景”面板主要用来显示场景对象的材质，而“材质”面板主要用来显示当前材质的属性和纹理。

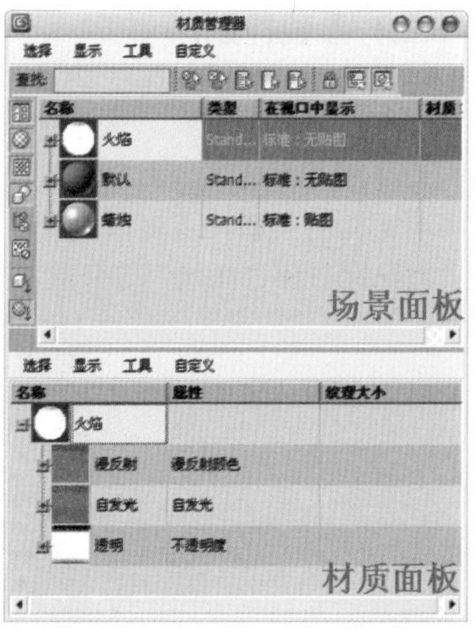

图8-32

小技巧

“材质管理器”对话框非常有用，使用它可以直观地观察到场景对象的所有材质，如在图8-33中，可以观察到场景中的对象包含3个材质，分别是“火焰”材质、“默认”材质和“蜡烛”材质。在“场景”面板中选择一个材质以后，在下面的“材质”面板中就会显示出与该材质的相关属性以及加载的纹理贴图，如图8-34所示。

图8-33

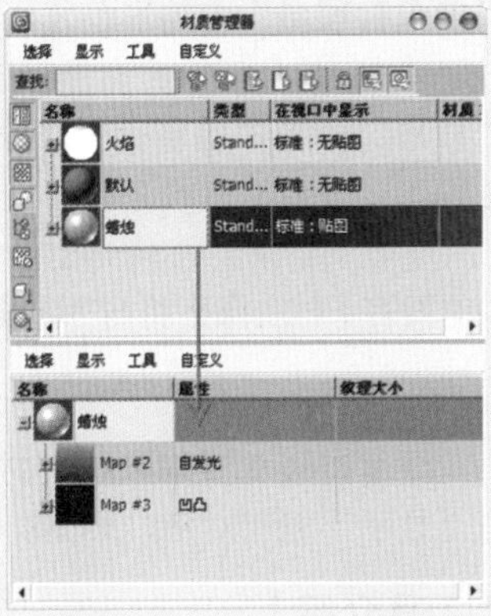

图8-34

8.3.1 场景面板

“场景”面板分为菜单栏、工具栏、显示按钮和列4大部分，如图8-35所示。

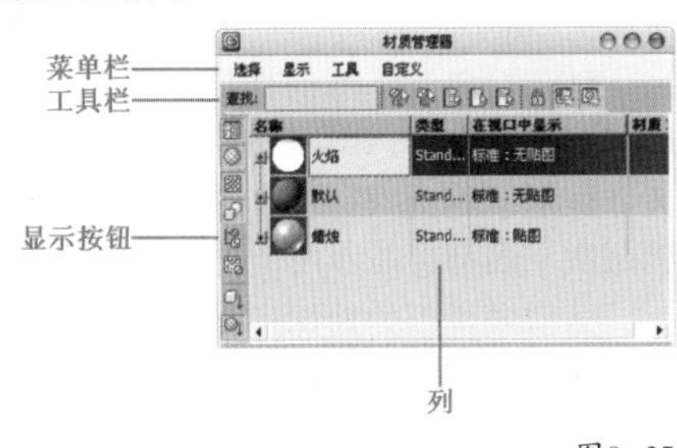

图8-35

1.菜单栏

<1>选择菜单

展开“选择”菜单，如图8-36所示。

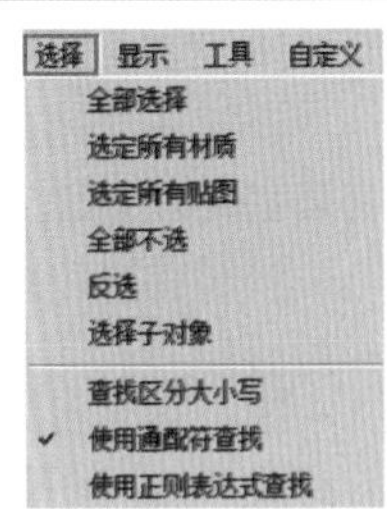

图8-36

【命令介绍】

全选：选择场景中的所有材质和贴图。

选定所有材质：选择场景中的所有材质。

选定所有贴图：选择场景中的所有贴图。

全部不选：取消选择的所有材质和贴图。

反选：颠倒当前选择，即取消当前选择的所有对象，而选择前面未选择的对象。

选择子对象：该命令只起到切换的作用。

查找区分大小写：通过搜索字符串的大小写来查处对象，如house与House。

使用通配符查找：通过搜索字符串中的字符来查找对象，如*和?等。

使用正则表达式查找：通过搜索正则表达式的方式来查找对象。

<2>显示菜单

展开“显示”菜单，如图8-37所示。

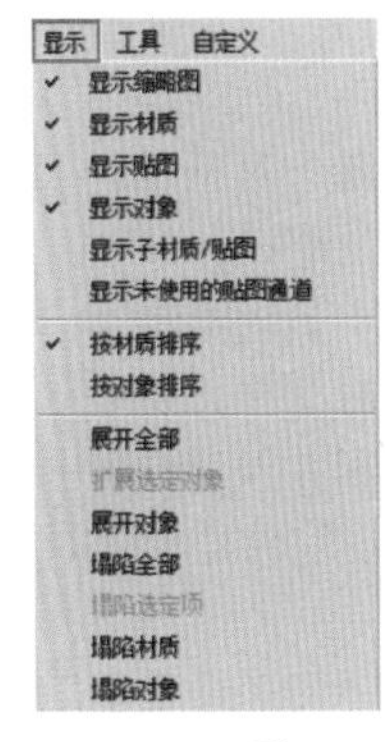

图8-37

【命令介绍】

显示缩略图：启用该选项之后，“场景”面板中将显示出每个材质和贴图的缩略图。

显示材质：启用该选项之后，“场景”面板中将显示出每个对象的材质。

显示贴图：启用该选项之后，每个材质的层次下面都包括该材质所使用到的所有贴图。

显示对象：启用该选项之后，每个材质的层次下面都会显示出该材质所应用到的对象。

显示子材质/贴图：启用该选项之后，每个材质的层次下面都会显示用于材质通道的子材质和贴图。

显示未使用的贴图通道：启用该选项之后，每个材质的层次下面还会显示出未使用的贴图通道。

按材质排序：启用该选项之后，层次将按材质名称进行排序。

按对象排序：启用该选项之后，层次将按对象进行排序。

展开全部：展开层次以显示出所有的条目。

展开选定项：展开包含所选条目的层次。

展开对象：展开包含所有对象的层次。

折叠全部：折叠整个层次。

折叠选定对象：折叠包含所选条目的层次。

折叠材质：折叠包含所有材质的层次。

折叠对象：折叠包含所有对象的层次。

<3>工具菜单

展开“工具”菜单，如图8-38所示。

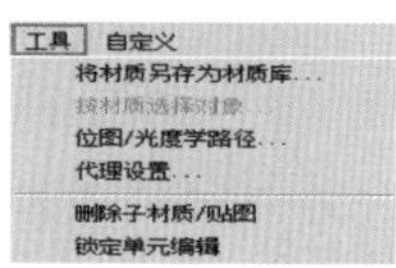

图8-38

【命令介绍】

将材质另存为材质库：将材质另存为材质库（即.mat文件）文件的文件对话框。

按材质选择对象：根据材质来选择场景中的对象。

位图/光度学路径：打开“位图/光度学路径编辑器”对话框，在该对话框中可以管理场景对象的位图的路径。

代理设置：打开“全局设置和位图代理的默认”对话框，可以使用该对话框来管理3ds Max如何创建和并入到材质中的位图的代理版本。

删除子材质/贴图：删除所选材质的子材质或贴图。

锁定单元编辑：启用该选项之后，可以禁止在“资源管理器”中编辑单元。

<4>自定义菜单

展开“自定义”菜单，如图8-39所示。

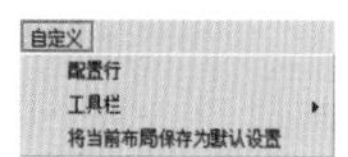

图8-39

【命令介绍】

配置行：打开“配置行”对话框，在该对话框中可以为“场景”面板添加队列。

工具栏：选择要显示的工具栏。

将当前布局保存为默认设置：保存当前“资源管理器”对话框中的布局方式，并将其设置为默认设置。

2.工具栏

“工具栏”中主要是一些对材质进行基本操作的工具，如图8-40所示。

图8-40

【工具介绍】

查找：输入文本来查找对象。

选择所有材质：选择场景中的所有材质。

选择所有贴图：选择场景中的所有贴图。

全选：选择场景中的所有材质和贴图。

全部不选：取消选择场景中的所有材质和贴图。

反选：颠倒当前选择。

锁定单元编辑：启用该选项之后，可以禁止在“资源管理器”中编辑单元。

同步到材质资源管理器：启用该选项之后，“材质”面板中的所有材质操作将与“场景”面板保持同步。

同步到材质级别：启用该选项之后，“材质”面板中的所有子材质操作将与“场景”面板保持同步。

3.显示按钮

显示按钮主要用来控制材质和贴图的显示方法，与“显示”但相对应，如图8-41所示。

图8-41

【工具介绍】

显示缩略图：激活该按钮后，“场景”面板中将显示出每个材质和贴图的缩略图。

显示材质：“场景”面板中将显示出每个对象的材质。

显示贴图：激活该按钮后，每个材质的层次下面都包括该材质所使用到的所有贴图。

显示对象：激活该按钮后，每个材质的层次下面都会显示出该材质所应用到的对象。

显示子材质/贴图：激活该按钮后，每个材质的层次下面都会显示用于材质通道的子材质和贴图。

显示未使用的贴图通道：激活该按钮后，每个材质的层次下面还会显示出未使用的贴图通道。

按对象排序/“按材质排序”按钮：让层次以对象或材质的方式来进行排序。

4.列

“列”主要用来显示场景材质的名称、类型、在视口中的显示方式以及材质的ID号，如图8-42所示。

图8-42

【参数介绍】

名称：显示材质、对象、贴图和子材质的名称。

类型：显示材质、贴图或子材质的类型。

在视口中显示：注明材质和贴图在视口中的显示方式。

材质ID：显示材质的ID号。

8.3.2 材质面板

“材质”面板包括“菜单栏”和“列”两大部分，如图8-43所示。

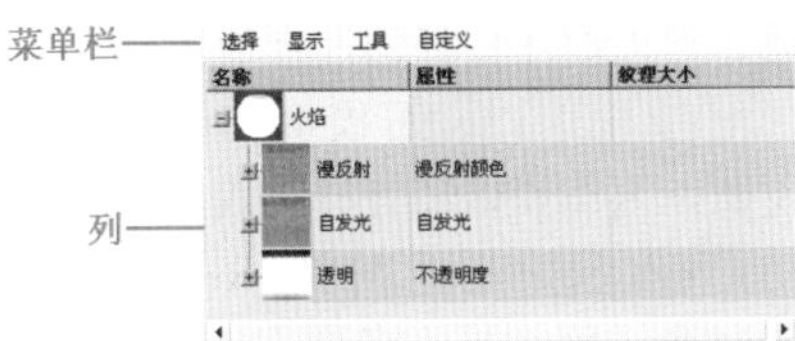

图8-43

“材质”面板中的命令含义可以参考“场景”面板中的命令。

8.4 材质/贴图浏览器

材质/贴图浏览器提供全方位的材质和贴图浏览、选择功能，它会根据当前的情况而变化，如果允许选择材质和贴图，会将两者都显示在列表窗中，否则会仅显示材质或贴图。

在3ds Max 2013中，材质/贴图浏览器进行了重新设计，新的材质/贴图浏览器对原有功能进行了重新组织，使其变得更加简单易用，执行“渲染>材质/贴图浏览器”菜单命令即可打开材质/贴图浏览器，如图8-44所示。

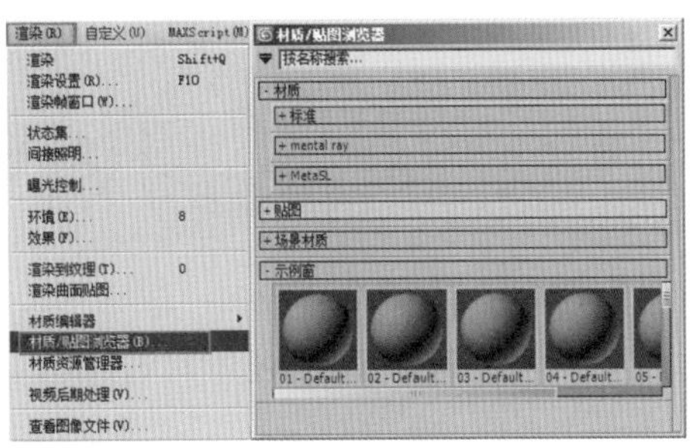

图8-44

8.4.1 材质/贴图浏览器的基本功能

材质/贴图浏览器功的基本功能如下。

（1）浏览并选择材质或贴图，双击某一种材质可以将其直接调入当前活动的示例窗中，也可以通过拖动复制操作将材质任意拖动到允许复制的地方。

（2）编辑材质库，制作并扩充自己的材质库，用于其他场景。

（3）可以自定义组合材质、贴图或材质库，使它们的操作和调用变得更加方便。

(4) 具备多种显示模式，便于查找相应的项目。

8.4.2 材质/贴图浏览器的构成

在材质/贴图浏览器中，软件将不同类的材质、贴图和材质库分门别类地组织在一起，默认包括材质、贴图、场景材质和示例窗4个组。此外还可以自由组织各种材质和贴图，添加自定的材质库或者自定义组。

每个组用卷展栏的形式组织在一起，组名称前都带有一个打开/关闭（+/-）的图标，在卷展栏名称上进行单击即可展开或卷起该卷展栏。在卷展栏上单击鼠标右键，就会弹出控制该组或材质库的菜单项目。各个组中可能还包括更细的分类项目，它们被称为子组，例如，默认情况下，材质或贴图组中包含标准、mental ray（或VRay）等子组（前提是将mental ray或VRay设置为当前渲染器）。

1.“材质”/“贴图”组

这两个组用于当前渲染器所支持的各种材质和贴图，当使用某个材质或贴图时，可以通过双击或拖动的方式调用它们。“标准”组用于显示默认扫描渲染器中提供的标准材质和贴图，其他的组则会根据当前使用的渲染器而灵活变化，如显示VRay组或mental ray组。

2.“场景材质”组

显示场景中应用的材质或贴图，甚至包括渲染设置面板或灯光中使用明暗器，它会根据场景中的变化而随时更新。利用该材质组可以整理场景中的材质，为其重新命名或将其复制到材质库中。

3.“示例窗”组

显示精简材质编辑器示例窗中的材质球效果或者列举示例窗中使用的贴图，这是材质编辑器示例窗的小版本，包括使用和尚未使用的材质球共计24个，与材质编辑器中的材质球同步更新。

8.5 3ds Max中的材质

安装VRay渲染器后，材质类型大致可分为26种。单击Standard（标准）按钮 Standard ，然后在弹出的“材质/贴图浏览器”面板中可以观察到这26种材质类型，如图8-45所示。

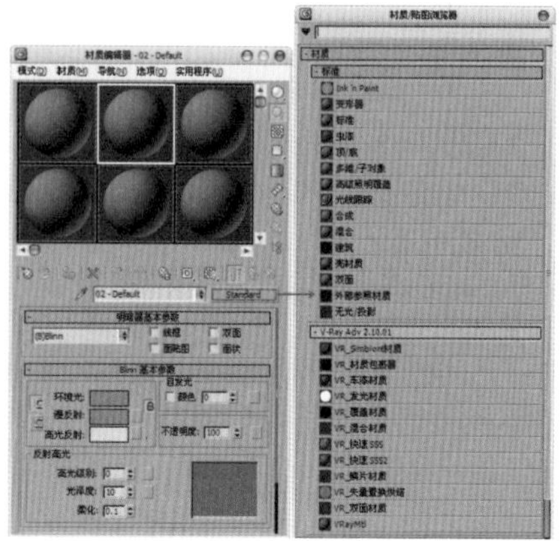

图8-45

【参数介绍】

标准：该卷展栏主要包含以下15个选项。

Ink'n Paint（墨水油漆）：通常用于制作卡通材质。

变形器：配合Morpher修改器使用，能产生材质融合的变形动画效果。

标准材质：系统默认的材质。

虫漆材质：用来控制两种材质混合的数量比例。

顶/底：为一个物体指定不同的材质，一个在顶端，一个在底端，中间交互处可产生过渡效果，并且可以调节两种材质的比例。

多维/子对象材质：将多个子材质应用到单个对象的子对象。

超级照明覆盖：配合光能传递使用的一种材质，能很好地控制光能传递和物体之间的反射比。

光线跟踪：可以创建真实的反射和折射效果，并且支持雾、颜色浓度、半透明和荧光等效果。

合成：将多个不同的材质叠加在一起，包括一个基本材质和10个附加材质，通过添加排除和混合能够创造出复杂多样的物体材质，常用来制作动物和人体皮肤、生锈的金属以及复杂的岩石等物体。

混合：将两个不同材质融合在一起，据融合度的不同来控制两种材质的显示程度，可以利用这种特性来制作材质变形动画，也可以用来制作一些质感要求较高的物体，如打磨的大理石、上腊的地板。

建筑：主要用于表现建材质感的材质。

壳材质：专门配合“渲染到贴图”命令一起使用，其作用是将“渲染到贴图”命令产生的贴图再贴回物体造型中。

双面：可为物体内外或正反表面分别指定两种不同的材质，并且可以控制他们彼此间的透明度来产生特殊效果，经常用在一些需要双面显示不同材质的动画中，如纸牌和杯子等。

外部参考材质：参考外部对象或参考场景相关运用资料。

无光/投影：主要作用是隐藏场景中的物体，渲染时也观察不到，不会对背景进行遮挡，但可遮挡其他物体，并且能产生自身投影和接受投影的效果。

V-Ray：该卷展栏为VR材质，主要包含以下9个选项。

VR材质包裹器：包裹材质是用来控制VRay材质的接收照明和产生照明。

VR发光材质：用来模拟自发光效果。

VR覆盖材质：该材质类似于标准材质下的覆盖材质，可以制作覆盖材质效果。

VR混合材质：该材质类似于标准材质下的混合材质，可以制作良好的混合效果。

VR快速3S：可模拟3S半透明效果，多用于制作皮肤、玉石和蜡烛等材质效果。

VR快速3S-2：与“VR-快速3S”材质相似，可模拟3S半透明效果，多用于制作皮肤、玉石和蜡烛等材质效果。

VR矢量置换烘焙：通过拾取目标物体，可以调整器贴图通道及置换等参数。

VR-双面材质：该材质类似于标准材质下的双面材质，可以制作双面材质效果。

VrayMtl：该材质为VRay渲染器的默认材质，非常常用。

8.5.1 标准材质

标准材质类型为表面建模提供了非常直观的方式。在3ds Max Design中，标准材质模拟表面的反射属性。如果不使用贴图，标准材质会为对象提供单一统一的颜色，如图8-46所示。

图8-46

将材质类型设置为“标准材质”时，参数面板如图8-47所示。

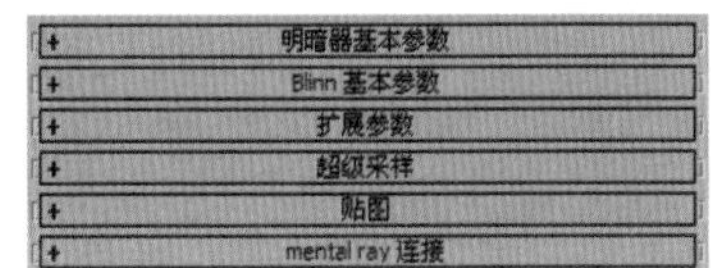

图8-47

1. “明暗器基本参数”卷展栏

在“明暗器基本参数”卷展栏下可以选择明暗器的类型，还可以设置“线框”、“双面”、“面贴图”和“面状”等参数，如图8-48所示。

图8-48

【参数介绍】

明暗器列表：在该列表中包含了8种明暗器类型，如图8-49所示。

(B)Blinn
(A)各向异性
(B)Blinn
(M)金属
(ML)多层
(O)Oren-Nayar-Blinn
(P)Phong
(S)Strauss
(T)半透明明暗器

图8-49

各向异性：这种明暗器通过调节两个垂直于正向上可见高光尺寸之间的差值来提供了一种“重折光”的高光效果，这种渲染属性可以很好地表现毛发、玻璃和被擦拭过的金属等物体。

Blinn：这种明暗器以光滑的方式来渲染物体表面，是最常用的一种明暗器。

金属：这种明暗器适用于金属表面，它能提供金属所需的强烈反光。

多层：“多层”明暗器与“各向异性”明暗器很相似，但“多层”明暗器可以控制两个高亮区，因此“多层”明暗器拥有对材质更多的控制，第1高光反射层和第2高光反射层具有相同的参数控制，可以对这些参数使用不同的设置。

Oren-Nayar-Blinn：这种明暗器适用于无光表面（如纤维或陶土），与Blinn明暗器几乎相同，通过它附加的“漫反射色级别”和“粗糙度”两个参数可以实现无光效果。

Phong：这种明暗器可以平滑面与面之间的边缘，也可以真实地渲染有光泽和规则曲面的高光，适用于高强度的表面和具有圆形高光的表面。

Strauss：这种明暗器适用于金属和非金属表面，与“金属”明暗器十分相似。

半透明明暗器：这种明暗器与Blinn明暗器类似，它们之间的最大的区别在于该明暗器可以设置半透明效果，使光线能够穿透半透明的物体，并且在穿过物体内部时离散。

线框：以线框模式渲染材质，用户可以在“扩展参数”卷展栏下设置线框的“大小”参数，如图8-50所示。

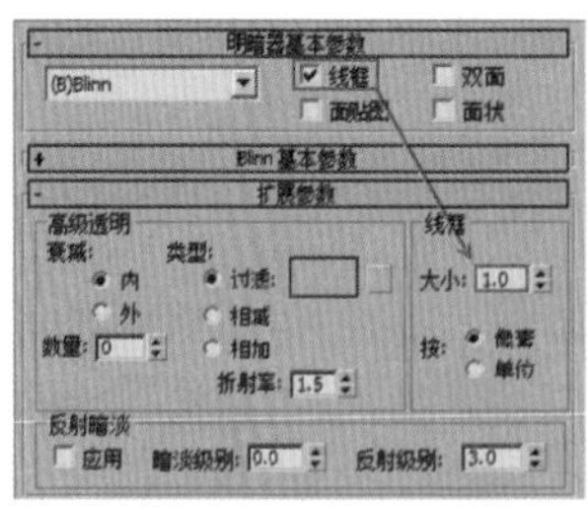

图8-50

双面：将材质应用到选定面，使材质成为双面。

面贴图：将材质应用到几何体的各个面。如果材质是贴图材质，则不需要贴图坐标，因为贴图会自动应用到对象的每一个面。

面状：使对象产生不光滑的明暗效果，把对象的每个面都作为平面来渲染，可以用于制作加工过的钻石、宝石和任何带有硬边的物体表面。

2. “Blinn基本参数”/“Phong基本参数”卷展栏

当在图8-44所示的明暗器列表中选择不同的明暗器时，这个卷展栏的名称和参数也会有所不同，如选择Blinn明暗器之后，这个卷展栏就叫“Blinn基本参数”；如果选择“各向异性”明暗器，这个卷展栏就叫“各向异性基本参数”。

Blinn和Phong都是以光滑的方式进行表现渲染，效果非常相似。Blinn高光点周围的光晕是旋转混合的，Phong是发散混合的；背光处Blinn的反光点形状近圆形，Phong的则为梭形，影响周围的区域较；如果增大柔化参数，Blinn的反光点仍保持尖锐的形态，而Phong却趋向于均匀柔和的反光；从色调上来看，Blinn趋于冷色，Phong趋于暖色。综上所述，可以近似地认为，Phong易表现暖色柔和的材质，常用于塑性材质，可以精确地反映出凹凸、不透明、反光、高光和反射贴图效果；Blinn易表现冷色坚硬的材质，它们之间的差别并不是很大。

下面就来介绍一下“Blinn基本参数”和“Phong基本参数”卷展栏的相关参数，如图8-51所示，这两个明暗器的参数完全相同。

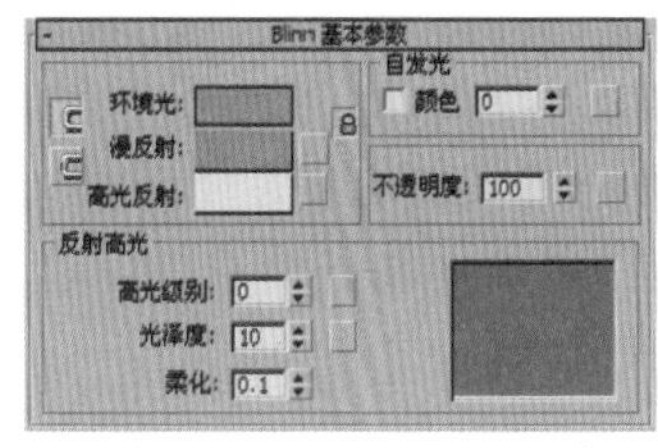

图8-51

【参数介绍】

环境光：用于模拟间接光，也可以用来模拟光能传递。

漫反射：“漫反射”是在光照条件较好的情况下（如在太阳光和人工光直射的情况下）物体反射出来的颜色，又被称作物体的“固有色”，也就是物体本身的颜色。

高光反射：物体发光表面高亮显示部分的颜色。

自发光：使用“漫反射”颜色替换曲面上的任何阴影，从而创建出白炽效果。

不透明度：控制材质的不透明度。

反射高光：该选项组主要包含以下3个选项。

高光级别：控制“反射高光”的强度。数值越大，反射强度越强。

光泽度：控制镜面高亮区域的大小，即反光区域的大小。数值越大，反光区域越小。

柔化：设置反光区和无反光区衔接的柔和度。0表示没有柔化效果；1表示应用最大量的柔化效果。

3.“各向异性基本参数”卷展栏

各向异性就是通过调节两个垂直正交方向上可见高光尺寸之间的差额，从而实现一种“重折光”的高光效果。这种渲染属性可以很好地表现毛发、玻璃和被擦拭过的金属等效果。它的基本参数大体上与上Blinn相同，其参数面板如图8-52所示。

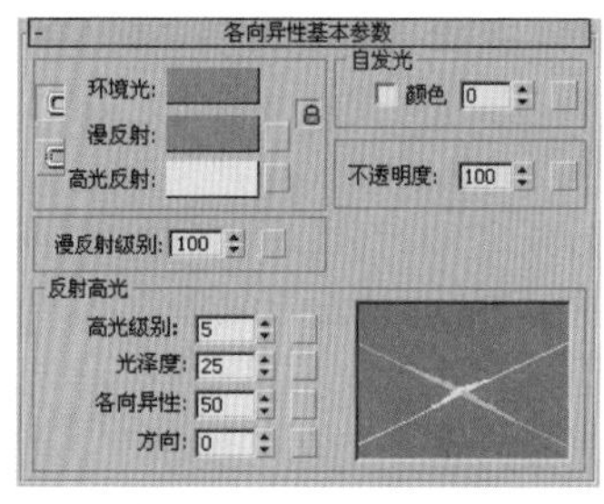

图8-52

【参数介绍】

漫反射级别：控制漫反射部分的亮度。增减该值可以在不影响高光部分的情况下增减漫反射部分的亮度，调节范围为0～400，默认为100。

各向异性：控制高光部分的各向异性和形状。值为0，高光形状呈弧形；值为100时，高光变形为极窄条状。高光图的一个轴发生更改以显示该参数中的变化，默认设置为50。

方向：用来改变高光部分的方向，范围为0～9999，默认设置为0。

4.“金属基本参数”卷展栏

这是一种比较特殊的渲染方式，专用于金属材质的制作，可以提供金属所需要的强烈反光。它取消了“高光反射”色彩的调节，反光点的色彩仅依据于漫反射色彩和灯光的色彩。

由于取消了“高光反射”色彩的调节，所以在高光部分的高光级别和光泽度设置也与Blinn有所不同。高光级别仍控制高光区域的强度，而光泽度部分变化的同时将影响高光区域的强度和大小，其参数面板如图8-53所示。

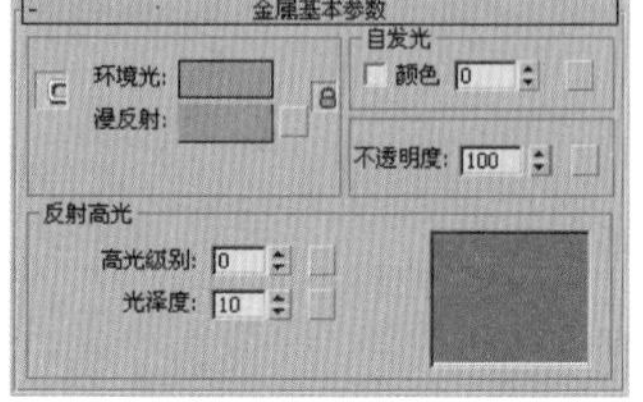

图8-53

5.“多层基本参数”卷展栏

多层渲染属性与各向异性有相似之处，它的高光区域也属于各向异性类型，意味着从不同的角度产生的高光尺寸。当各向异性为0时，它们基本是相同的，高光是圆形的，和Blinn、Phong相同；当各向异性为100时，这种高光的各项异性达到最大限度的不同，在一个方向上高光非常尖锐，而另一个方向上光泽度可以单独控制。多层最明显的不同在于，它拥有两个高光区域控制。通过高光区域的分层，可以创建很多不错的特效，其参数面板如图8-54所示。

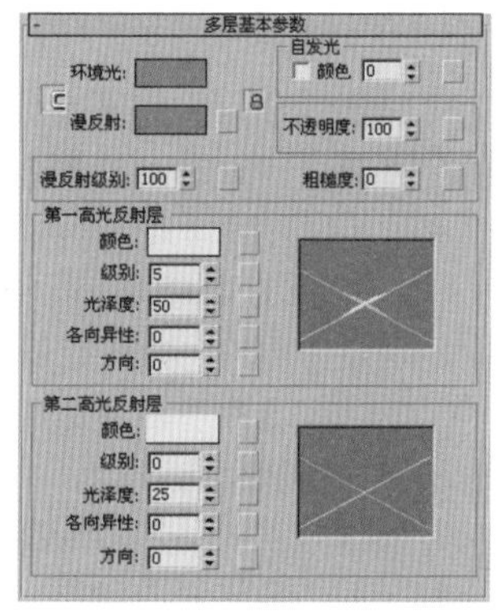

图8-54

【参数介绍】

粗糙度：设置由漫反射部分向阴影部分进行调和的快慢。提升该值时，表面的不平滑部分随之增加，材质也显得更暗更平。值为0时，则与Blinn渲染属性没有什么差别，默认为0。

关于“多层基本参数”卷展栏下的其他参数请参考前面的内容。

6.“Oren-Nayar-Blinn基本参数”卷展栏

Oren-Nayar-Blinn渲染属性是Blinn的一个特殊变量形式，通过它附加的漫反射级别和粗糙度两个设置，可以实现无光材质的效果，这种渲染属性常用来表现织物、陶制品等粗糙对象的表面，其参数面板如图8-55所示。

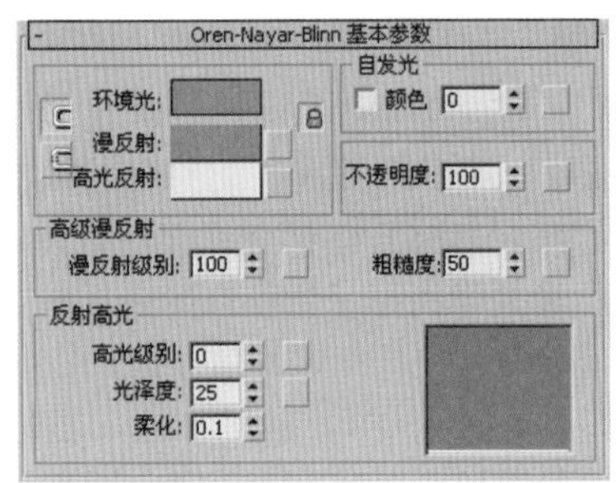

图8-55

7. “Strauss基本参数”卷展栏

Strauss提供了一种金属感的表现效果，比金属渲染属性更简洁，参数更简单，如图8-56所示。

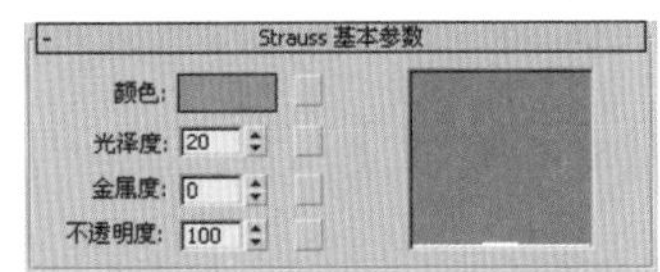

图8-56

【参数介绍】

颜色：设置材质的颜色。相当于其他渲染属性中的漫反射颜色选项，而高光和阴影部分的颜色则由系统自动计算。

金属度：设置材质的金属表现程度，默认设置为0。由于主要依靠高光表现金属程度，所以“金属度”需要配合“光泽度”才能更好地发挥效果。

8. “半透明基本参数”卷展栏

半透明明暗器与Blinn类似，最大的区别在于能够设置半透明的效果。光线可以穿透这些半透明效果的对象，并且在穿过对象内部时离散。通常半透明明暗器用来模拟薄对象，如窗帘、电影银幕、霜或者毛玻璃等效果。

制作类似单面反射的材质时，可以选择单面接受高光，通过勾选或取消“内表面高光反射”复选框来实现这些控制。半透明材质的背面同样可以产生阴影，而半透明效果只能出现在渲染结果中，视图中无法显示，其参数面板如图8-57所示。

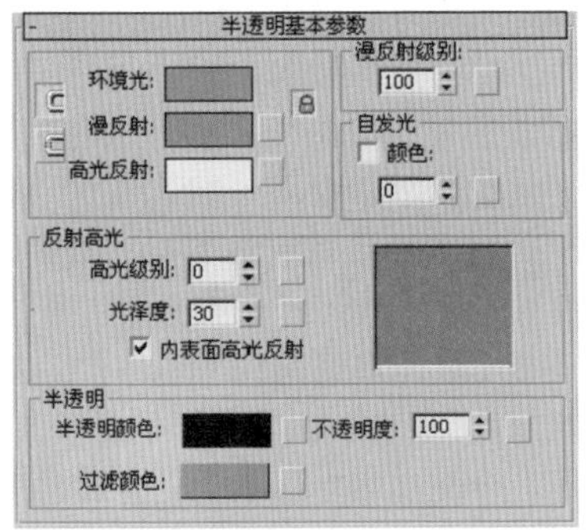

图8-57

【参数介绍】

半透明：该参数组主要用于设置材质的透明度，包含以下3个选项。

半透明颜色：半透明颜色是离散光线穿过对象时所呈现的颜色。设置的颜色可以不同于过滤颜色，两者互为倍增关系。单击色块选择颜色，右侧的灰色方块用于指定贴图。

过滤颜色：设置穿透材质的光线颜色，与半透明颜色互为倍增关系。单击色块选择颜色，右侧的灰色方块用于指定贴图。过滤颜色是指透过透明或半透明对象（如玻璃）后的颜色。过滤颜色配合体积光可以模拟诸如彩光穿过毛玻璃后的效果，也可以根据过滤颜色为半透明对象产生的光线跟踪阴影配色。

不透明度：用百分率表现材质的透明/不透明程度。当对象有一定厚度时，能够产生一些有趣的效果。

除了模拟薄对象之外，半透明明暗器还可以模拟实体对象子表面的离散，用于制作玉石、肥皂、蜡烛等半透明对象的材质效果。

9. “扩展参数”卷展栏

“扩展参数”卷展栏如图8-58所示，参数内容涉及透明度、反射以及线框模式，还有标准透明材质真实程度的折射率设置。

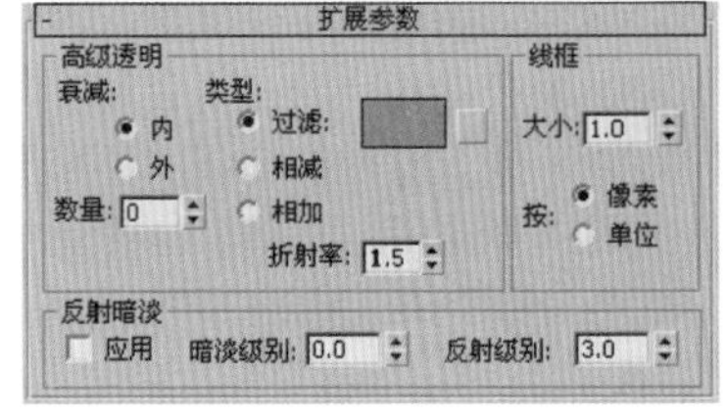

图8-58

【参数介绍】

高级透明：该选项组用于控制透明材质的透明衰减设置，主要包含以下4个选项。

衰减：有两种方式供用户选择。内，由边缘向中心增加透明的程度，像玻璃瓶的效果；外，由中心向边缘增加透明的程度，类似云雾、烟雾的效果。

数量：指定衰减的程度大小。

类型：确定以哪种方式来产生透明效果。过滤，计算经过透明对象背面颜色倍增的过滤色。单击后面的色块可以改变过滤色，单击灰色方块用于指定贴图；

相减：根据背景色做递减色彩处理，用得很少；相加，根据背景色做递增色彩的处理，常用于发光体。

折射率：设置带有折射贴图的透明材质折射率，用来控制折射材质被传播光线的程度。当设置为1（空气的折射率）时，透明对象之后看到的对象像在空气中（空气也有折射率，如热空气对景象产生的气流变形）一样不发生变形象；当设置为1.5（玻璃折射率）时，看到的对象会产生很大的变化；当折射率小于1时，对象会沿着它的边界反射，像在水中的气泡。在真实世界中很少有对象的折射率超过2，默认值为1.5。

小技巧

在真实的物理世界中，折射率是因为光线穿过透明材质和眼睛（或者摄影机）时速度不同而产生的，与对象的密度相关，折射率越高，对象的密度也越大，也可以使用一张贴图去控制折射率，这时折射率会按照从1到折射率的设定值之间的插值进行运算。例如折射率设为2.5，用一个完全黑白的噪波贴图来指定为折射贴图，这时折射率为1～2.5，对象表现为比空气密度更大；如果折射率设为0.6，贴图的折射计算在0.6～1之间，好像使用水下摄像机在拍摄。

线框：该选项组用于设置线框特性，主要包含以下选项。

大小：设置线框的粗细大小值，单位有“像素”和“单位”两种选择，如果选择“像素”，对像运动时镜头距离的变化不会影响网格线的尺寸，否则会发生改变。

反射暗淡：该选项组用于设置对象阴影区中反射贴图的暗淡效果。当一个对象表面有其他对象投影时，这个区域将会变得暗淡，但是一个标准的反射材质却不会考虑这一点，它会在对象表面进行全方位反射计算，失去投影的影响，对象变得通体光亮，场景也变得不真实。这时可以打开反射暗淡设置，它的两个参数分别控制对象被投影区和未被投影区域的反射强度，这样可以将被投影区的反射强度值降低，使投影效果表现出来，同时增加未被投影区域的反射强度，以补偿损失的反射效果。主要包含以下3个选项。

应用：勾选此选项，反射暗淡将发生作用，通过右侧的两个值对反射效果产生影响。

暗淡级别：设置对象被投影区域的反射强度，值为0时，反射贴图在阴影中为全黑。该值为0.5时，反射贴图为半暗淡。该值为1时，反射贴图没有经过暗淡处理，材质看起来好像禁用“应用”一样，默认设置为0。

反射级别：设置对象未被投影区域的反射强度，它可以使反射强度倍增，远远超过反射贴图强度为100时的效果，一般用它来补偿反射暗淡给对象表面带来的影响，当值为3时（默认），可以近似达到不打开反射暗淡时不被投影区的反射效果。

10.“超级采样”卷展栏

超级采样是3ds Max中几种抗锯齿技术之一。在3ds Max中，纹理、阴影、高光，以及光线跟踪的反射和折射都具有自身设置抗锯齿的功能，与之相比，超级采样则是一种外部附加的抗锯齿方式，作用于标准材质和光线跟踪材质。

超级采样共有4种方式，选择不同的方式，其对应的参数面板会有所差别，如图8-59所示。

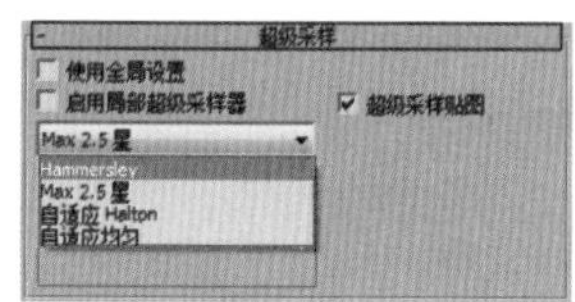

图8-59

【参数介绍】

自适应Halton：按离散分布的“准随机”方式方法沿x轴与y轴分隔采样。依据所需品质不同，采样的数量从4～40自由设置。可以向低版本兼容。

自适应均匀：从最小值4到最大值36，分隔均匀采样。采样图案并不是标准的矩形，而是在垂直与水平轴向上稍微歪斜以提高精确性。可以向低版本兼容。

Hammersley：在x轴上均匀分隔采样，在y轴上则按离散分布的“准随机”方式分隔采样。依据所需品质的不同，采样的数量的从4～40。不能与低版本兼容。

Max 2.5星：采样的排布类似于骰子中的5的图案，在一个采样点的周围平均环绕着4个采样点。这是3ds Max 2.5中所使用的超级采样方式。

小技巧

通常分隔均匀采样方式（自适应均匀和Max 2.5星）比非均匀分隔采样方式（自适应Halton和Hammersley）的抗锯齿效果要好。

下面来介绍一下其他的相关参数。

使用全局设置：勾选此项，对材质使用“默认扫描线渲染器”卷展栏中设置的超级采样选项。

启用局部超级采样器：勾选此项，可以将超级采样结果指定给材质，默认设置为禁用状态。

超级采样贴图：勾选此项，可以对应用于材质的贴图进行超级采样。禁用此选项后，超级采样器将以平均像素表示贴图。默认设置为启用，这个选项对于凹凸贴图的品质非常重要，如果是特定的凹凸贴图，打开超级采样可以带来非常优秀的品质。

质量：自适应Halton、自适应均匀和Hammersley这3种方式可以调节采样的品质。数值从0～1，0为最小，分配在每个像素上的采样约为4个；1为最大，分配在每个像素上的采样为36～40个之间。

自适应：对于自适应Halton和自适应均匀方式有

效，如果勾选，当颜色变化小于阈值的范围，将自动使用低于“质量”所设定的采样值进行采样。这样可以节省一些运算时间，推荐勾选。

阈值：自适应Halton和自适应均匀方式还可以调节“阈值”。当颜色变化超过了“阈值”设置的范围，则依照“质量”的设置情况进行全部的采样计算；当颜色变化在“阈值”范围内时，则会适当减少采样计算，从而节省时间。

11. “贴图”卷展栏

“贴图”卷展栏如图8-60所示，该参数面板提供了很多贴图通道，如环境光颜色、漫反射颜色、高光颜色、光泽度等通道，通过给这些通道添加不同的程序贴图可以在对象的不同区域产生不同的贴图效果。

贴图

	数量	贴图类型
环境光颜色	100	None
漫反射颜色	100	None
高光颜色	100	None
光泽度	100	None
高光级别	100	None
自发光	100	None
不透明度	100	None
过滤色	100	None
漫反射级别	100	None
半透明颜色	100	None
凹凸	30	None
反射	100	None
折射	100	None
置换	100	None
......	100	None

图8-60

在每个通道的右侧有一个很长的按钮，单击它们可以调出“材质/贴图浏览器”对话框，并可以从中选择不同的贴图。当选择了一个贴图类型后，系统会自动进入其贴图设置层级中，以便进行相应的参数设置。单击按钮可以返回贴图方式设置层级，这时该按钮上会显示出贴图类型的名称。

“数量”参数用于控制贴图的程度（通过设置不同的数值来控制），例如对漫反射贴图，值为100时表示完全覆盖，值为50时表示以50%的透明度进行覆盖，一般最大值都为100，表示百分比值。只有凹凸、高光级别和置换等除外，最大可以设为999。

新手练习——制作绒布材质

素材文件	躺椅.max
案例文件	新手练习——制作绒布材质.max
视频教学	视频教学/第8章/新手练习——制作绒布材质.flv
技术掌握	标准材质，Oren-Nayar-Blinn明暗器类型，噪波贴图的应用

本例使用标准材质制作的绒布材质效果如图8-61所示。

图8-61

绒布材质的基本属性主要有以两点。

带有纹理。

有一定的菲涅耳反射。

【操作步骤】

01 打开本书配套光盘中的“躺椅.max”文件，如图8-62所示。

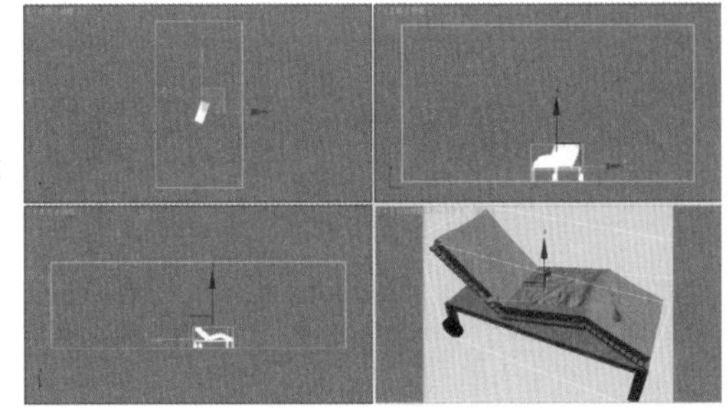

图8-62

02 按M键打开“材质编辑器”对话框，选择一个空白材质球，并将其命名为“绒布1”，具体参数设置如图8-63所示。

设置步骤：

① 展开“明暗器基本参数”卷展栏，然后设置明暗器类型为（O）Oren-Nayar-Blinn。

② 展开“Oren-Nayar-Blinn基本参数”卷展栏，然后在“漫反射”贴图通道中加载一张“绒布1贴图.jpg”文件，接着在“坐标”卷展栏下设置“瓷砖”的U为3、V为1；在“颜色”通道中加载一张“遮罩”程序贴图，然后在“贴图”通道中加载一张“衰减”程序贴图，并设置“衰减类型”为Fresnel，接着在“遮罩”贴图通道中加载一张“衰减”程序贴图，并设置“衰减类型”为“阴影/灯光”；返回到“Oren-Nayar-Blinn基本参数”卷展栏下，然后设置“高光级别”为5。

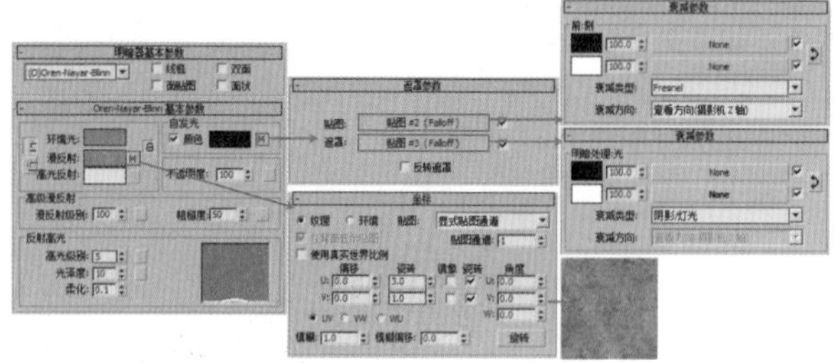

图8-63

03 展开“贴图”卷展栏，然后在“凹凸”贴图通道中加载一张“噪波”程序贴图，接着在“噪波参数”卷展栏下设置“噪波预置”的“高”数值为1，再设置“大小”为0.5，最后设置凹凸的强度为50，具体参数设置如图8-64所示，制作好的材质球效果如图8-65所示。

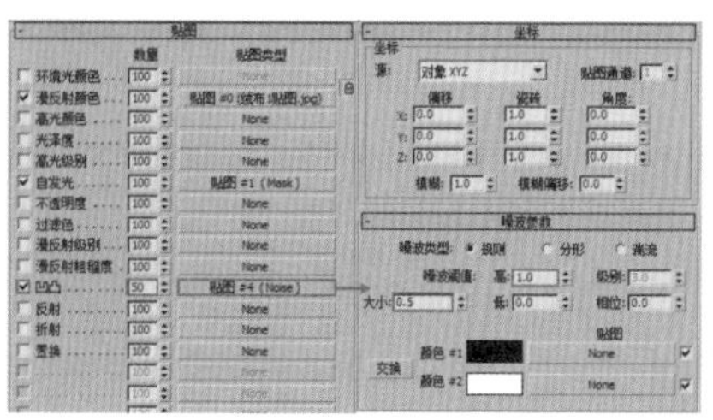

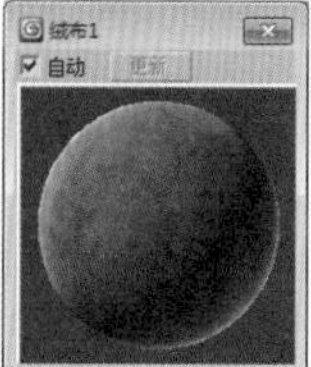

图8-64　图8-65

04 选择一个空白材质球，并将其命名为“绒布2”，然后在“漫反射”贴图通道中加载一张“绒布2贴图.jpg”文件，接着按照设置“绒布1”材质的步骤设置好其他参数，如图8-66所示，制作好的材质球效果如图8-67所示。

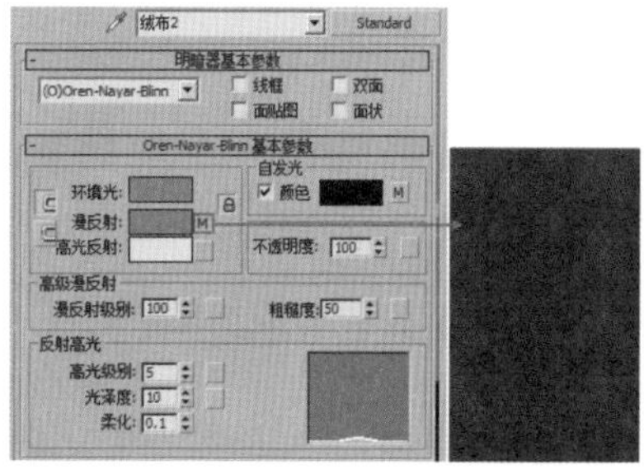

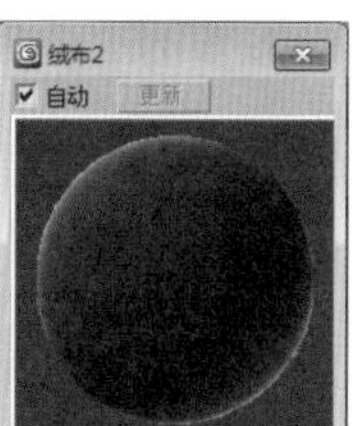

图8-66　图8-67

05 将设置好的材质指定给场景中想对应的模型，完成后的效果如图8-68所示，然后按F9键渲染当前场景，最终效果如图8-69所示。

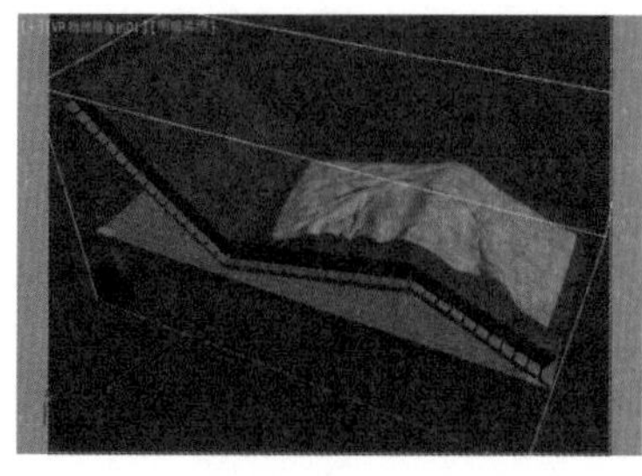

图8-68

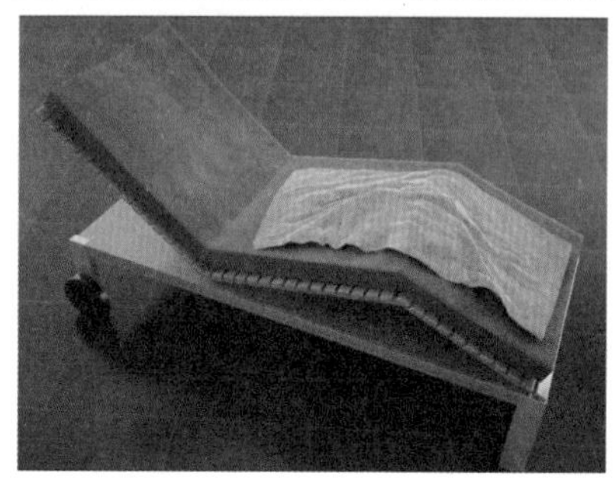

图8-69

高手进阶——制作雪山

素材文件	雪山.max
案例文件	高手进阶——制作雪山.max
视频教学	视频教学/第8章/高手进阶——制作雪山.flv
技术掌握	标准材质，噪波程序贴图、衰减程序贴图的应用

本例使用标准材质制作的雪山材质效果如图8-70所示。

图8-70

雪材质的基本属性主要有以下两点。

带有纹理。

有强烈的凹凸效果。

【操作步骤】

01 打开本书配套光盘中的“雪山.max”文件，如图8-71所示。

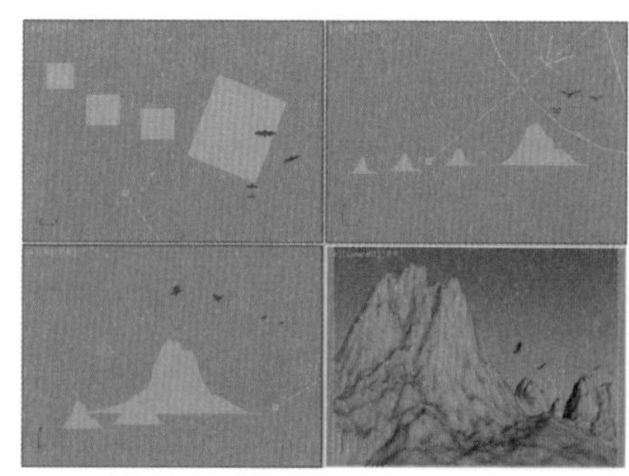

图8-71

02 选择一个空白材质球，将其命名为“雪山”，具体参数设置如图8-72所示。

设置步骤：

① 展开“明暗器基本参数”卷展栏，然后设置

明暗器类型为（O）Oren-Nayar-Blinn。

② 展开“Oren-Nayar-Blinn基本参数”卷展栏，然后在“漫反射”贴图通道中加载一张“衰减”程序贴图，接着在“衰减参数”卷展栏下单击“交换颜色/贴图”按钮，并设置“衰减类型”为“朝向/背离”，在“侧”贴图通道中加载一张“混合”程序贴图，最后在“混合曲线”卷展栏下调节好曲线的形状。

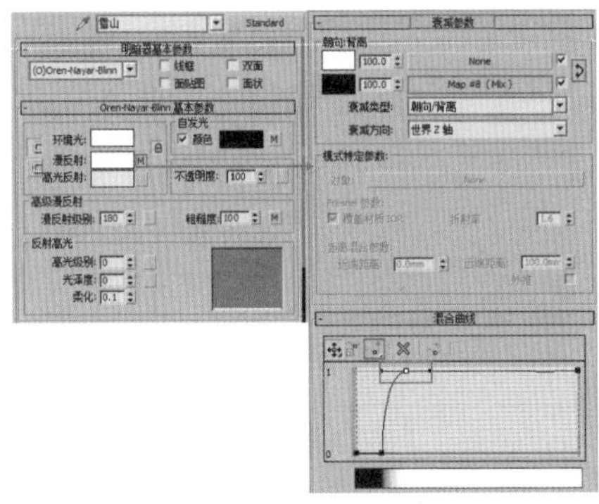

图8-72

03 切换到“混合”程序贴图设置面板，然后在“颜色#1”贴图中加载一张“细胞”程序贴图，具体参数设置如图8-73所示。

设置步骤：

① 展开“坐标”卷展栏，然后设置“偏移”的z轴为27.5。

② 展开“细胞参数”卷展栏，然后设置“细胞颜色”为（红:89，绿:90，蓝:82）；接着在“分界颜色”的第2个贴图通道中加载一张“噪波”程序贴图，最后在“噪波参数”卷展栏下设置“噪波类型”为“分形”、“大小”为50、“级别”为10，并设置“颜色#2”为（红:55，绿:55，蓝:55）。

③ 返回到“细胞参数”卷展栏，然后在“细胞特性”选项组下勾选“碎片”选项，接着设置“大小”为50、“扩散”为1.08、“凹凸平滑”为0.1、“迭代次数”为4.02。

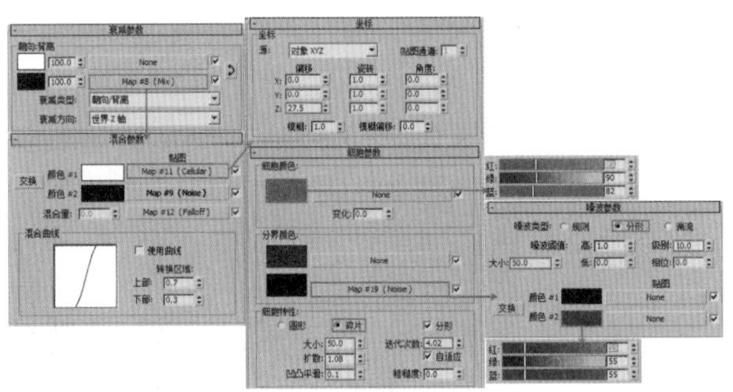

图8-73

04 返回到“混合参数”卷展栏下，然后在“颜色#2”贴图通道中加载一张“噪波”程序贴图，具体参数设置如图8-74所示。

设置步骤：

① 展开“噪波参数”卷展栏，然后设置“噪波类型”为“分形”，接着设置“噪波阈值”的“高”为0.675、“低”为0.54、“级别”为3、“相位”为18、“大小”为25，最后设置“颜色#2”为（红:59，绿:62，蓝:52），并在“颜色#1”贴图通道中加载一张“噪波”程序贴图。

② 在“坐标”卷展栏下设置“偏移”的z轴为12.8，接着在“噪波参数”卷展栏下设置“噪波类型”为“分形”，再设置“噪波阈值”的“高”为0.805、“低”为0.43、“级别”为3、“大小”为40.8，最后设置“颜色#2”为（红:69，绿:65，蓝:59）。

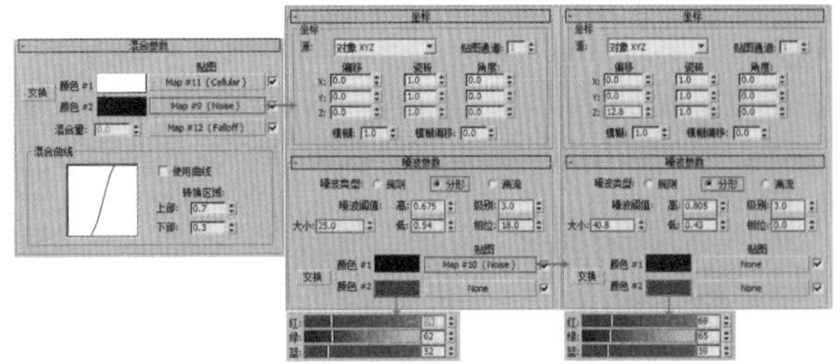

图8-74

05 返回到“混合参数”卷展栏下，然后在“混合量”贴图通道中加载一张“衰减”程序贴图，接着展开“衰减参数”卷展栏，具体参数设置如图8-75所示。

设置步骤：

① 在“衰减参数”卷展栏下设置“衰减类型”为“朝向/背离”。

② 在“混合曲线”卷展栏下调节好曲线的形状。

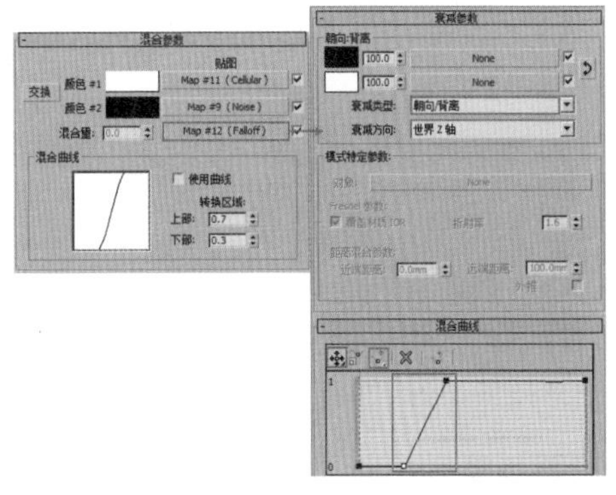

图8-75

06 返回到“Oren-Nayar-Blinn基本参数”卷展栏下，然后在“颜色”贴图通道中加载一张“衰减”程序贴图，具体参数设置如图8-76所示。

设置步骤：

① 展开“衰减参数”卷展栏，接着设置“朝向”通道的颜色为（红:46，绿:68，蓝:93），然后设置“衰减类型”为“朝向/背离”，在“背离”贴图

通道中加载一张“衰减”程序贴图，然后在“衰减参数”卷展栏下设置“衰减类型”为“垂直/平行”，接着设置“侧”通道的颜色为（红:32，绿:45，蓝:55）。

② 在“混合曲线”卷展栏下调节好曲线的形状。

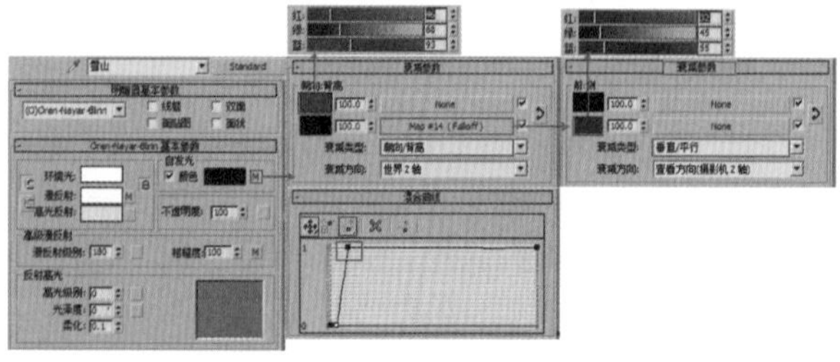

图8-76

07 返回到“Oren-Nayar-Blinn基本参数”卷展栏下，并设置“漫反射级别”为180，然后在“粗糙度”贴图通道中加载一张“衰减”程序贴图，具体参数设置如图8-77所示。

设置步骤：

① 在“衰减参数”卷展栏下单击“交换颜色/贴图”按钮，然后在“背离”贴图通道中加载一张“噪波”程序贴图，接着在“噪波参数”卷展栏下设置“噪波类型”为“分形”，接着设置“噪波阈值”的“高”为0.695、“低”为0.185、“大小”为70，最后返回上一级并设置“衰减类型”为“朝向/背离”。

② 在“混合曲线”卷展栏下调节好曲线的形状。

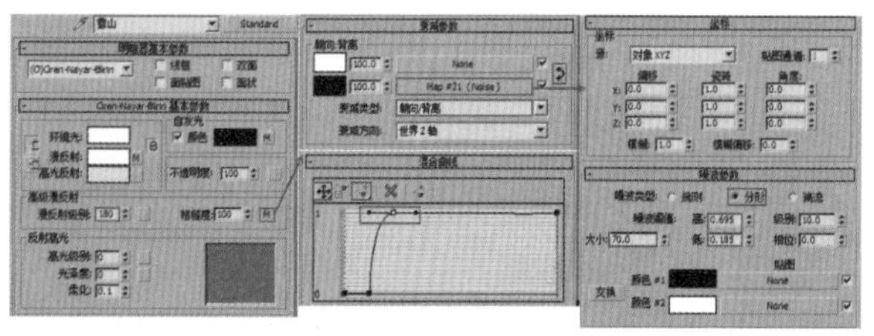

图8-77

08 返回到材质设置的最高层级，并展开“贴图”卷展栏，然后在“凹凸”贴图通道中加载一张“衰减”程序贴图，具体参数设置如图8-78所示，制作好的材质球效果如图8-79所示。

设置步骤：

① 展开“衰减参数”卷展栏，并单击“交换颜色/贴图”按钮，然后在“朝向”贴图通道中加载一张“噪波”程序贴图，接着在“噪波参数”卷展栏下设置“级别”为3、“大小”为104.4，并在“颜色#1”贴图通道中加载一张“烟雾”程序贴图，再在“烟雾参数”卷展栏下设置“大小”为28.8、“迭代次数”为5、“指数”为1.5，并设置“颜色#2”为（红:141，绿:141，蓝:141），最后返回上一级并设置“衰减类型”为“朝向/背离”。

② 返回到“混合曲线”卷展栏并调节好曲线的形状。

③ 返回到“贴图”卷展栏并设置凹凸的强度为30。

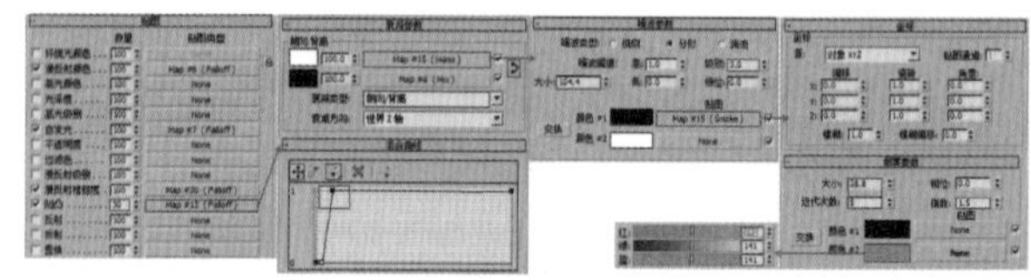

图8-78

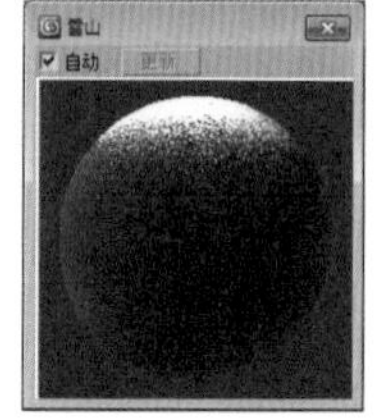

图8-79

09 将制作好的材质球指定给场景中相对应的模型，然后按F9键渲染当前场景，最终效果如图8-80所示。

图8-80

本例反复使用了程序贴图来制作雪材质，制作流程比较烦琐，但是可以很好地锻炼我们的思维能力和对程序贴图的深层认识。

8.5.2 混合材质

“混合”材质可以在模型的单个面上将两种材质通过一定的百分比进行混合，其效果如图8-81所示，材质参数设置面板如图8-82所示。

图8-81

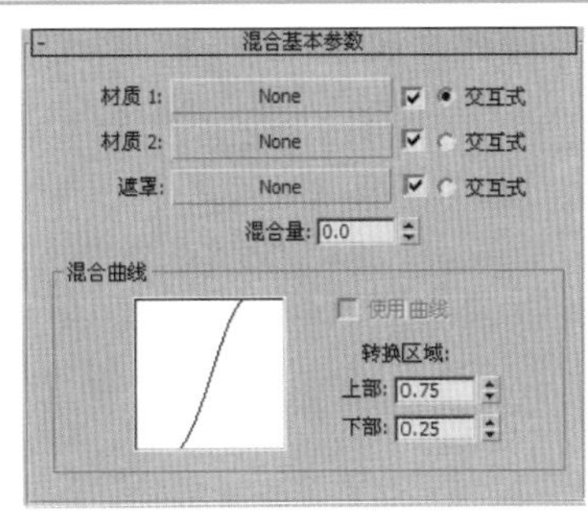

图8-82

【参数介绍】

材质1/材质2：可在其后面的材质通道中对两种材质分别进行设置。

遮罩：可以选择一张贴图作为遮罩。利用贴图的灰度值可以决定“材质1”和“材质2”的混合情况。

混合量：控制两种材质混合百分比。如果使用遮罩，则“混合量”选项将不起作用。

交互式：用来选择哪种材质在视图中以实体着色方式显示在物体的表面。

混合曲线：该选项组用于对遮罩贴图中的黑白色过渡区的调节，主要包含以下3个选项。

使用曲线：控制是否使用“混合曲线”来调节混合效果。

上部：用于调节“混合曲线”的上部。

下部：用于调节“混合曲线”的下部。

新手练习——制作窗帘

素材文件	窗帘.max
案例文件	新手练习——制作窗帘.max
视频教学	视频教学/第8章/新手练习——制作窗帘.flv
技术掌握	混合材质，VRayMtl材质的应

本例使用混合材质制作的窗帘材质效果如图8-83所示。

图8-83

窗帘材质的基本属性主要有以下两点。

带有混合纹理。

带有一定的反射。

【操作步骤】

01 打开本书配套光盘中的“窗帘.max”文件，如图8-84所示。

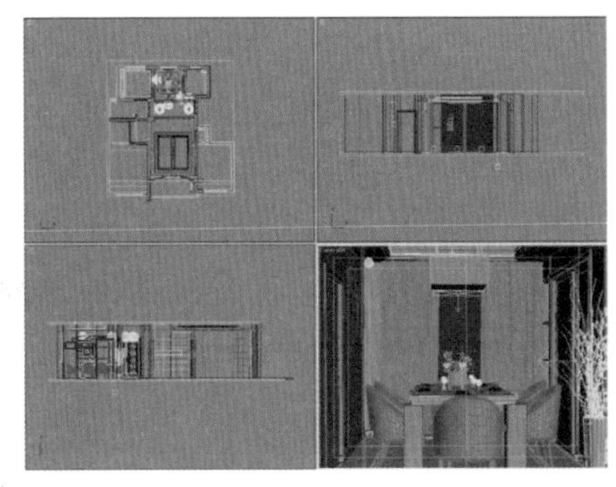

图8-84

02 选择一个空白材质球，将其命名为“窗帘”，然后将材质类型设置为“混合”材质，接着展开“混合基本参数”卷展栏，并在“材质1”材质通道中加载VRayMtl材质，最后在“基本参数”卷展栏下调节“漫反射”颜色为褐色（红:145，绿:116，蓝:79），具体参数设置如图8-85所示。

图8-85

03 返回“混合基本参数”卷展栏，然后在“材质2”材质通道中加载VRayMtl材质，接着在“基本参数”卷展栏下设置“漫反射”颜色为褐色（红:202，绿:152，蓝:99），再设置 “反射”颜色为深灰色（红:44，绿:44，蓝:44），最后设置“反射光泽度”为0.8、“细分”为20，具体参数设置如图8-86所示。

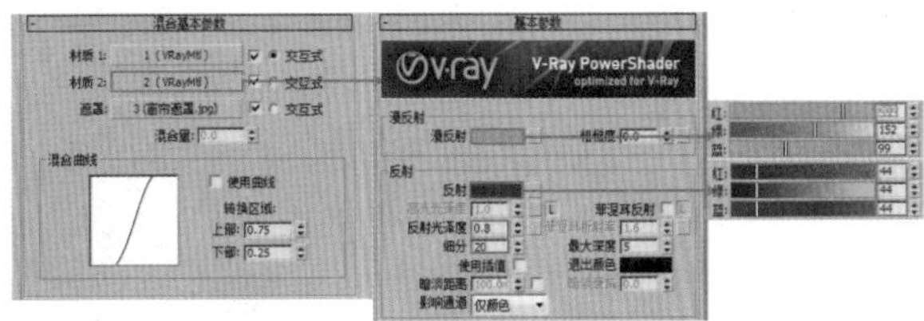

图8-86

04 返回“混合基本参数”卷展栏，然后在“遮罩”贴图通道中加载一张“窗帘遮罩.jpg”文件，接着展开“坐标”卷展栏，并设置“瓷砖”的U和V为5，具体参数设置如图8-87所示，制作好的材质球效果如图8-88所示。

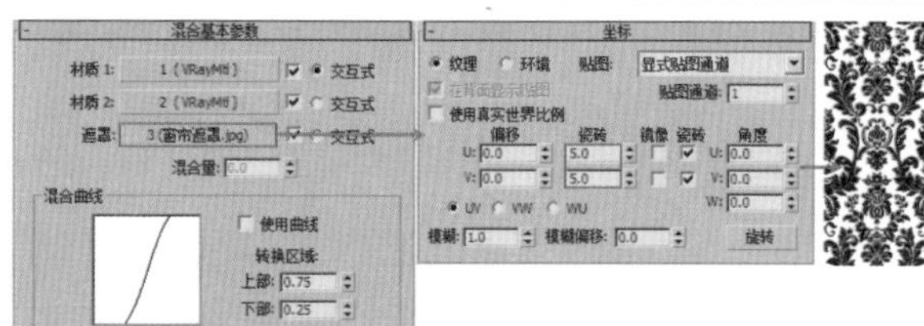

图8-87

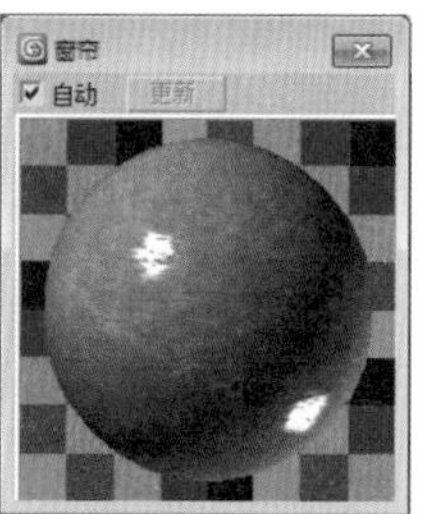

图8-88

05 将制作好的材质球指定给场景中相对应的模型，最终渲染效果如图8-89所示。

图8-89

高手进阶——制作雕花玻璃

素材文件	雕花玻璃.max
案例文件	高手进阶——制作雕花玻璃.max
视频教学	视频教学/第8章/高手进阶——制作雕花玻璃.flv
技术掌握	混合材质

本例使用混合材质制作的雕花玻璃材质效果如图8-90所示。

图8-90

雕花玻璃材质的基本属性主要有以下两点。

带有混合纹理。

有一定的反射效果。

【操作步骤】

01 打开本书配套光盘中的“雕花玻璃.max”文件，如图8-91所示。

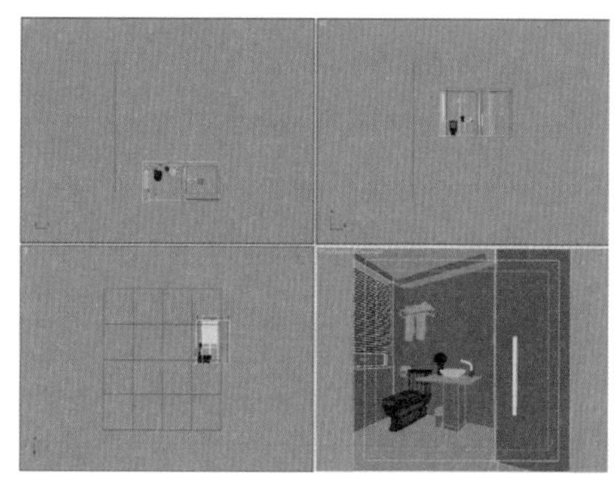

图8-91

02 选择一个空白材质球，然后将材质类型设置为“混合”材质，并将其命名为“雕花玻璃”，接着在“混合基本参数”卷展栏下的“材质1”材质通道中加载VRayMtl材质，并展开“基本参数”卷展栏，具体参数设置如图8-92所示。

设置步骤：

① 设置“漫反射”颜色为深褐色（红:16，绿:11，蓝:7）。

② 设置“反射”颜色为灰色（红:80，绿:80，蓝:80）。

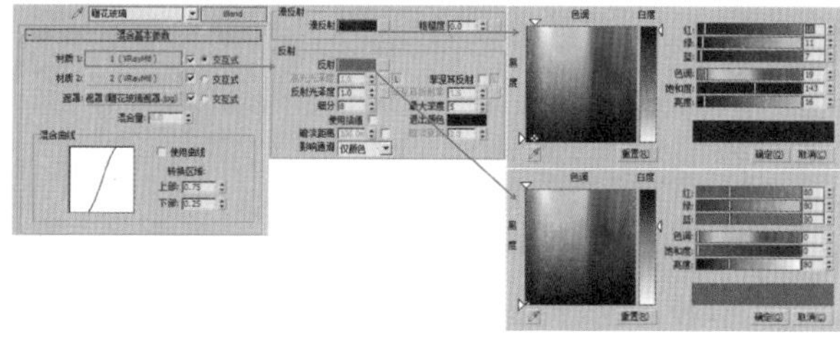

图8-92

03 返回到“混合基本参数”卷展栏，然后在“材质2”材质通道中加载VRayMtl材质，接着展开“基本参数”卷展栏，其参数设置如图8-93所示。

设置步骤：

① 设置“漫反射”颜色为褐色（红:152，绿:97，蓝:49）。

② 设置“反射”颜色为黄色（红:139，绿:136，蓝:99），然后设置“高光光泽度”为0.85、“反射光泽度”为0.8、“细分”为15。

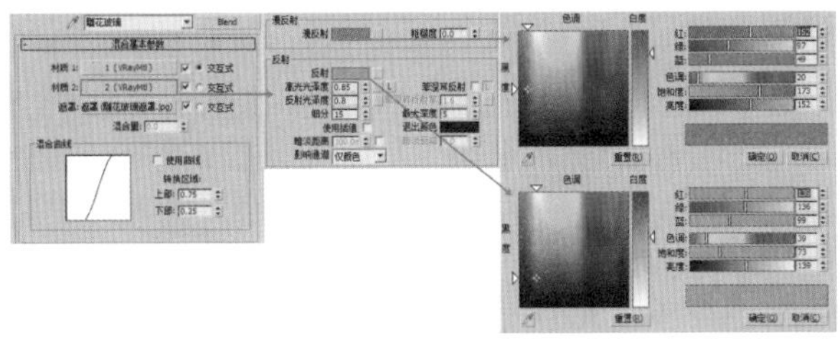

图8-93

04 返回到“混合基本参数”卷展栏，在“遮罩”贴图通道中加载一张“雕花玻璃遮罩.jpg”文件，如图8-94所示，制作好的材质球效果如图8-95所示。

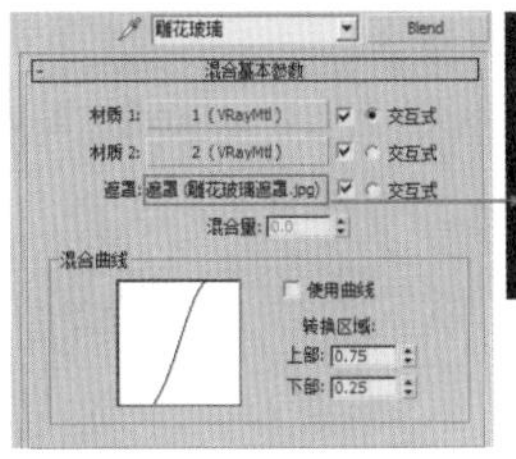

图8-94

图8-95

05 将制作好的材质球指定给场景中相对应的模型，最终渲染效果如图8-96所示。

图8-96

8.5.3 Ink'nPaint（墨水油漆）材质

Ink'n Paint（墨水油漆）材质可以用来制作卡通效果，如图8-97所示。其参数包含“基本材质扩展”卷展栏、“绘制控制”卷展栏和“墨水控制”卷展栏，如图8-98所示。

图8-97

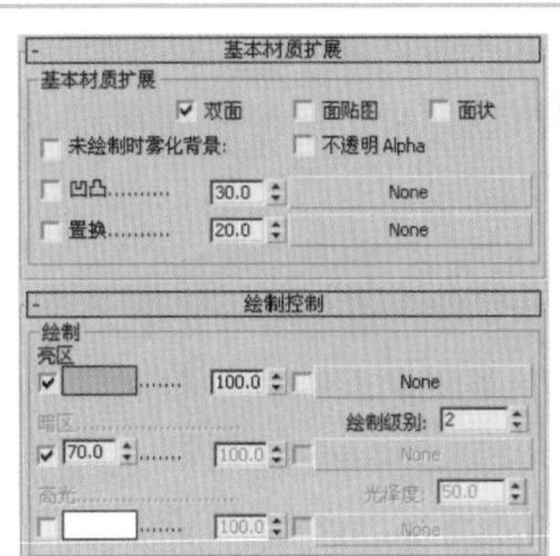
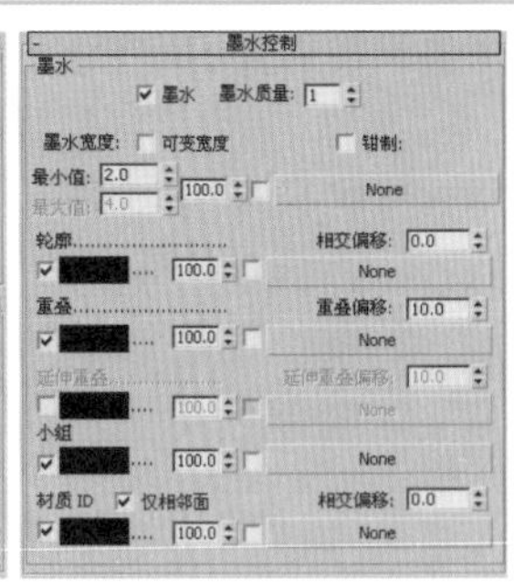

图8-98

1.“基本材质扩展”卷展栏

【参数介绍】

双面：把与对象法线相反的一面也进行渲染。

面贴面：把材质指定给造型的全部面。

面状：将对象的每个表面均平面化进行渲染。

未绘制时雾化背景：当“绘制”关闭时，材质颜色的填色部分与背景相同，勾选这个选项后，能够在对象和摄影机之间产生雾的效果，对背景进行雾化处理，默认为关闭。

透明Alpha：勾选此项，即便在“绘制”和“墨水”关闭情况下，Alpha通道也保持不透明，默认为关闭。

凹凸：为材质添加凹凸贴图。左侧的复选框设置贴图是否有效，右侧的贴图按钮用于指定贴图，中间的调节按钮用于设置凹凸贴图的数量（影响程度）。

置换：为材质添加置换贴图。左侧的复选框设置贴图是否有效，右侧的贴图按钮用于指定贴图，中间的调节按钮用于设置置换贴图的数量（影响程度）。

2.“绘制控制”卷展栏

【参数介绍】

亮区：用来调节材质的固有颜色，可以在后面的贴图通道中加载贴图。

暗区：控制材质的明暗度，可以在后面的贴图通道中加载贴图。

绘制级别：用来调整颜色的色阶。

高光：控制材质的高光区域。

3.“墨水控制”卷展栏

【参数介绍】

墨水：控制是否开启描边效果。

墨水质量：控制边缘形状和采样值。

墨水宽度：设置描边的宽度。

最小值：设置墨水宽度的最小像素值。

最大值：设置墨水宽度的最大像素值。

可变宽度：勾选该选项后可以使描边的宽度在最

大值和最小值之间变化。

钳制：勾选该选项后可以使描边宽度的变化范围限制在最大值与最小值之间。

轮廓：勾选该选项后可以使物体外侧产生轮廓线。

重叠：当物体与自身的一部分相交迭时使用。

延伸重叠：与“重叠”类似，但多用在较远的表面上。

小组：用于勾画物体表面光滑组部分的边缘。

材质ID：用于勾画不同材质ID之间的边界。

新手练习——制作卡通效果

素材文件	卡通玩具.max
案例文件	新手练习——制作卡通效果.max
视频教学	视频教学/第8章/新手练习——制作卡通效果.flv
技术掌握	Ink’n Paint材质的应用

本例使用Ink’n P aint材质制作的卡通材质效果如图8-99所示。

图8-99

卡通材质的基本属性主要有以下两点。

渲染的物体边缘带有边框效果。

颜色带有一定的转折变化效果。

【操作步骤】

01 打开本书配套光盘中的“卡通玩具.max”文件，如图8-100所示。

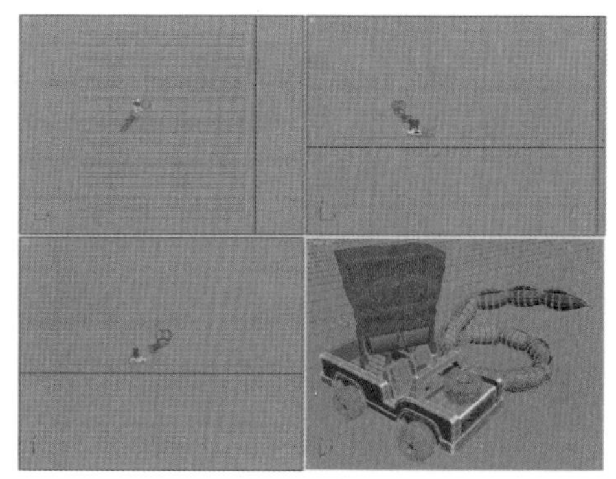

图8-100

02 设置卡通人物领带材质，首先选择一个空白材质球，然后设置材质类型为Ink’nPaint（墨水油漆）材质，具体参数设置如图8-101所示，制作好的材质球效果如图8-102所示。

设置步骤：

① 展开“绘制控制”卷展栏，设置“亮区”颜色为红色（红:255，绿:0，蓝:0），然后设置“绘制级别”为5。

② 勾选“高光”选项，然后调节颜色为粉色（红:255，绿:176，蓝:180）。

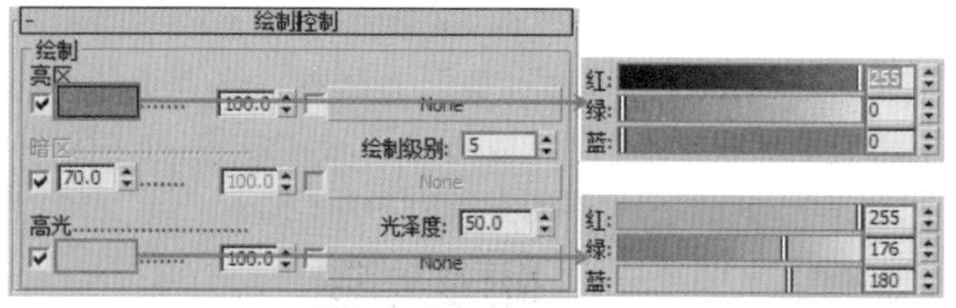

图8-101

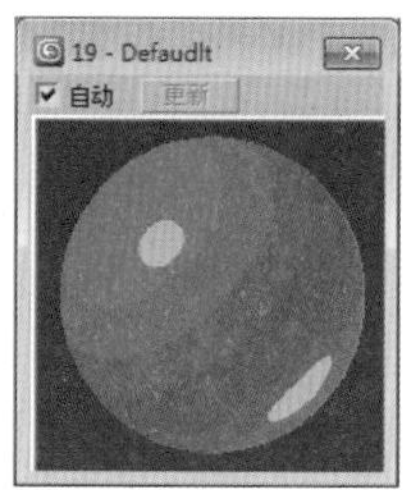

图8-102

03 设置地面材质，首先选择一个空白材质球，然后设置材质类型为Ink’n Paint（墨水油漆）材质，具体参数设置如图8-103所示，制作好的材质球效果如图8-104所示。

设置步骤：

① 展开“绘制控制”卷展栏，设置“亮区”颜色为深蓝色（红:141，绿:197，蓝:226），然后设置“绘制级别”为4。

② 勾选“高光”选项，然后调节颜色为淡蓝色（红:225，绿:244，蓝:255）。

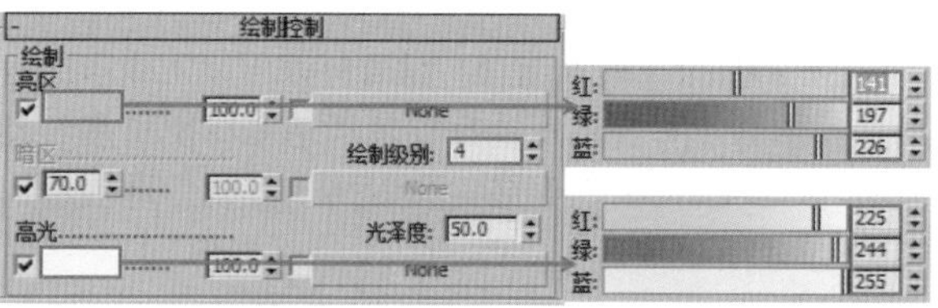

图8-103

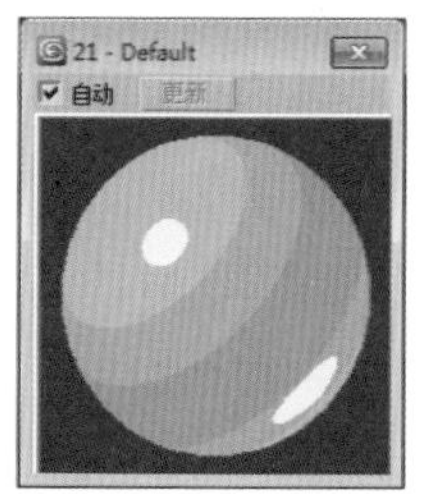

图8-104

04 设置卡通人物的材质，首先选择一个空白材质球，然后设置材质类型为Ink’n Paint（墨水油漆）材质，具体参数设置如图8-105所示，制作好的材质球效果如图8-106所示。

设置步骤：

① 展开“绘制控制”卷展栏，调节“亮区”颜色为黄色（红:250，绿:218，蓝:0），然后设置“绘制级别”为5。

② 勾选“高光”，然后调节颜色为淡蓝色（红:253，绿:241，蓝:163）。

图8-105

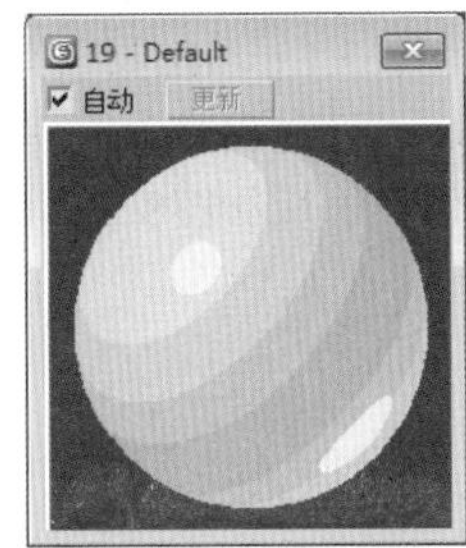

图8-106

05 使用同样的方法来制作场景中剩余部分模型的材质，但需要将“亮区”后面的颜色调节为其他的颜色，最后将所有制作好的材质球指定给场景中相对应的模型，按F9渲染当前场景，最终效果如图8-107所示。

图8-107

小技巧

卡通材质最好使用默认的扫描线来渲染，因为扫描线渲染速度非常快，而且渲染出来的卡通材质的质量也比较高。

8.5.4 多维/子对象材质

使用“多维/子对象”材质可以采用几何体的子对象级别分配不同的材质如图8-108所示，其参数设置面板如图8-109所示。

图8-108

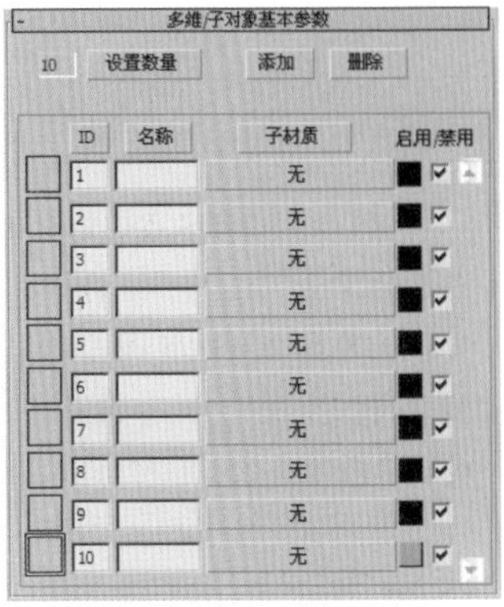

图8-109

【参数介绍】

数量：显示包含在“多维/子对象”材质中的子材质的数量。

设置数量 设置数量 ：单击该按钮可以打开“设置材质数量”对话框，如图8-110所示。在该对话框中可以设置材质的数量。

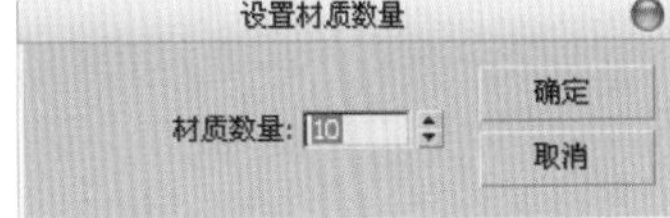

图8-110

添加 添加 ：单击该按钮可以添加子材质。

删除 删除 ：单击该按钮可以删除子材质。

ID ID ：单击该按钮将对列表进行排序，其顺序开始于最低材质ID的子材质，结束于最高材质ID。

名称 名称 ：单击该按钮可以用名称进行排序。

子材质 子材质 ：单击该按钮可以通过显示于“子材质”按钮上的子材质名称进行排序。

启用/禁用：启用或禁用子材质。

子材质列表：单击子材质后面的“无”按钮 无 ，可以创建或编辑一个子材质。

知识窗

多维/子对象材质的用法及原理解析

很多初学者都无法理解“多维/子对象”材质的原理及用法，下面就以图8-111中的一个多边形球体来详解介绍一下该材质的原理及用法。

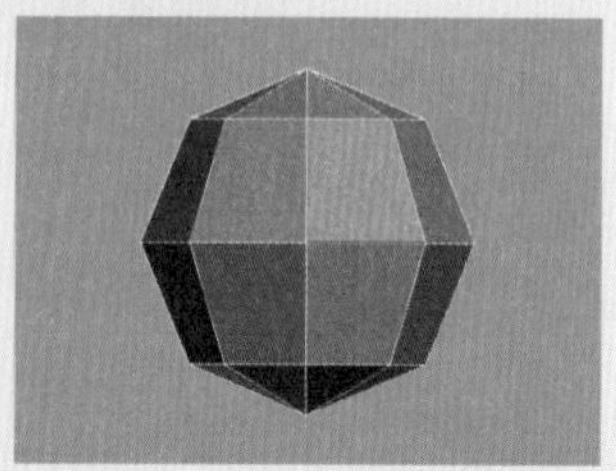

图8-111

第1步：设置多边形的材质ID号。每个多边形都具有自己的ID号，进入“多边形”级别，然后选择两个多边形，接着在“多边形:材质ID”卷展栏下将这两个多边形的材质ID设置为1，如图8-112所示。同理，用相同的方法设置其他多边形的材质ID，如图8-113和图8-114所示。

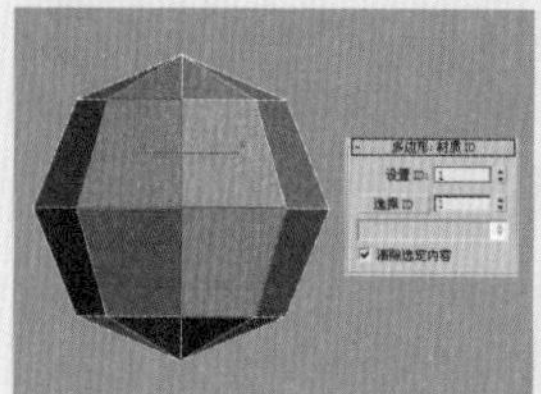

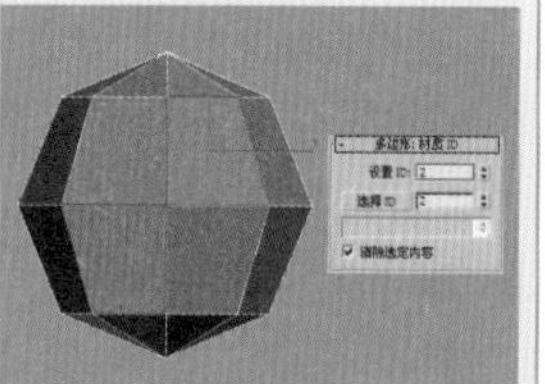

图8-112　　图8-113

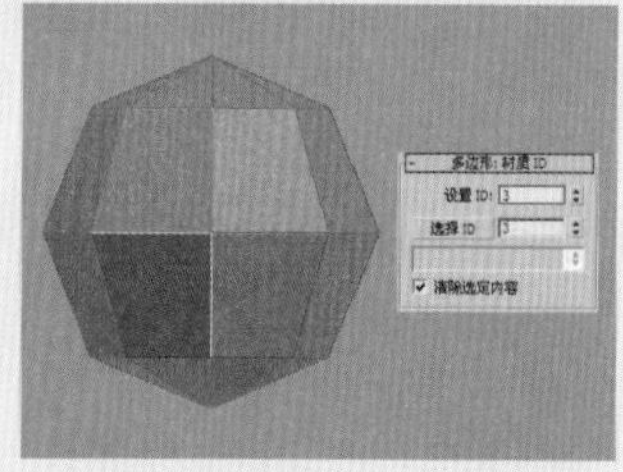

图8-114

第2步：设置“多维/子对象”材质。由于这里只有3个材质ID号。因此将“多维/子对象”材质的数量设置为3，并分别在各个子材质通道加载一个VRayMtl材质，然后分别设置VRayMtl材质的“漫反射”颜色为蓝、绿、红，如图8-115所示，接着将设置好的“多维/子对象”材质指定给多边形球体，效果如图8-116所示。

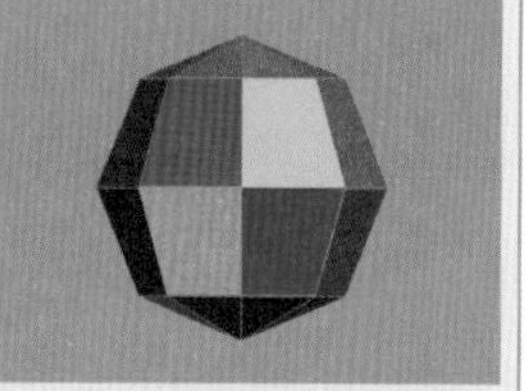

图8-115　　图8-116

从图8-115得出的结果可以得出一个结论：“多维/子对象”材质的子材质的ID号对应模型的材质ID号。也就是说，ID 1子材质指定给了材质ID号为1的多边形，ID 2子材质指定给了材质ID号为2的多边形，ID 3子材质指定给了材质ID号为3的多边形。

8.6 VRay材质

VRay材质是VRay渲染器的专用材质，只有将VRay渲染器设为当前渲染器后才能使用这些材质，下面对这些材质功能进行详细介绍。

8.6.1 VRayMtl材质

VRayMtl材质是使用频率最高的一种材质，也是使用范围最广的一种材质，常用于制作室内外效果图。VRayMtl材质除了能完成一些反射和折射效果外，还能出色地表现出SSS以及BRDF等效果，其参数设置面板如图8-117所示。

+ 基本参数
+ BRDF-双向反射分布功能
+ 选项
+ 贴图
+ 反射插值
+ 折射插值
+ mental ray 连接

图8-117

1.“基本参数”卷展栏

展开“基本参数”卷展栏，如图8-118所示。

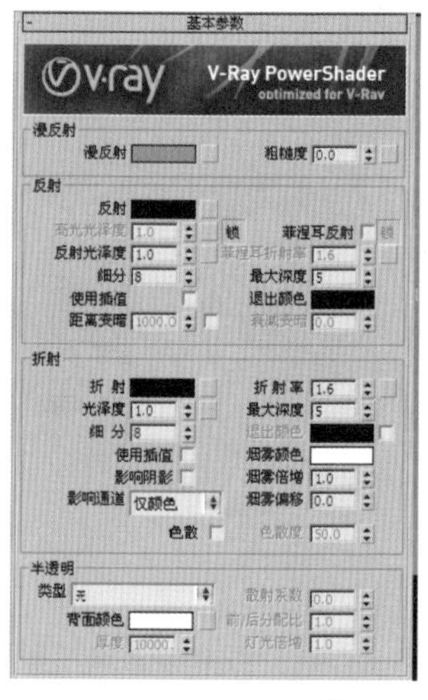

图8-118

【参数介绍】

漫反射：该选项组主要用来设置材质的漫反射属性，主要包含以下两个选项。

漫反射：物体的漫反射用来决定物体的表面颜色。通过单击它的色块，可以调整自身的颜色。单击右边的■按钮可以选择不同的贴图类型。

粗糙度：数值越大，粗糙效果越明显，可以用该选项来模拟绒布的效果。

反射：该选项组主要用来设置材质的反射属性，主要包含以下8个选项。

反射：这里的反射是靠颜色的灰度来控制，颜色越白反射越亮，越黑反射越弱；而这里选择的颜色则是反射出来的颜色，和反射的强度是分开来计算的。单击旁边的按钮，可以使用贴图的灰度来控制反射的强弱。

菲涅耳反射：勾选该选项后，反射强度会与物体的入射角度有关系，入射角度越小，反射越强烈。当垂直入射的时候，反射强度最弱。同时，菲涅耳反射的效果也和下面的“菲涅耳折射率”有关。当“菲涅耳折射率”为0或100时，将产生完全反射；而当“菲涅耳折射率”从1变化到0时，反射越强烈；同样，当菲涅耳折射率从1变化到100时，反射也越强烈。

小技巧

“菲涅耳反射”是模拟真实世界中的一种反射现象，反射的强度与摄影机的视点和具有反射功能的物体的角度有关。角度值接近0时，反射最强；当光线垂直于表面时，反射功能最弱，这也是物理世界中的现象。

菲涅耳折射率：在“菲涅耳反射”中，菲涅耳现象的强弱衰减率可以用该选项来调节。

高光光泽度：控制材质的高光大小，默认情况下和“反射光泽度”一起关联控制，可以通过单击旁边的“锁”按钮锁来解除锁定，从而可以单独调整高光的大小。

反射光泽度：通常也被称为“反射模糊”。物理世界中所有的物体都有反射光泽度，只是或多或少而已。默认值1表示没有模糊效果，而比较小的值表示模糊效果越强烈。单击右边的按钮，可以通过贴图的灰度来控制反射模糊的强弱。

细分：用来控制“反射光泽度”的品质，较高的值可以取得较平滑的效果，而较低的值可以让模糊区域产生颗粒效果。注意，细分值越大，渲染速度越慢。

使用插值：当勾选该参数时，VRay能够使用类似于“发光贴图”的缓存方式来加快反射模糊的计算。

最大深度：是指反射的次数，数值越高效果越真实，但渲染时间也更长。

小技巧

渲染室内的玻璃或金属物体时，反射次数需要设置大一些，渲染地面和墙面时，反射次数可以设置少一些，这样可以提高渲染速度。

退出颜色：当物体的反射次数达到最大次数时就会停止计算反射，这时由于反射次数不够造成的反射区域的颜色就用退出色来代替。

折射：该选项组主要用来设置材质的折射属性，主要包含以下11个选项。

折射：和反射的原理一样，颜色越白，物体越透明，进入物体内部产生折射的光线也就越多；颜色越黑，物体越不透明，产生折射的光线也就越少。单击右边的按钮，可以通过贴图的灰度来控制折射的强弱。

折射率：设置透明物体的折射率。

真空的折射率是1，水的折射率是1.33，玻璃的折射率是1.5，水晶的折射率是2，钻石的折射率是2.4，这些都是制作效果图常用的折射率。

光泽度：用来控制物体的折射模糊程度。值越小，模糊程度越明显；默认值1不产生折射模糊。单击右边的按钮，可以通过贴图的灰度来控制折射模糊的强弱。

最大深度：和反射中的最大深度原理一样，用来控制折射的最大次数。

细分：用来控制折射模糊的品质，较高的值可以得到比较光滑的效果，但是渲染速度会变慢；而较低的值可以使模糊区域产生杂点，但是渲染速度会变快。

退出颜色：当物体的折射次数达到最大次数时就会停止计算折射，这时由于折射次数不够造成的折射区域的颜色就用退出色来代替。

使用插值：当勾选该选项时，VRay能够使用类似于“发光贴图”的缓存方式来加快“光泽度”的计算。

影响阴影：这个选项用来控制透明物体产生的阴影。勾选该选项时，透明物体将产生真实的阴影。注意，这个选项仅对“VRay光源”和“VRay阴影”有效。

烟雾颜色：这个选项可以让光线通过透明物体后使光线变少，就好像和物理世界中的半透明物体一样。这个颜色值和物体的尺寸有关，厚的物体颜色需要设置淡一点儿才有效果。

默认情况下的“烟雾颜色”为白色，是不起任何作用的，也就是说白色的雾对不同厚度的透明物体的效果是一样的。在图8-119中，“烟雾颜色”为淡绿色，“烟雾倍增”为0.08，由于玻璃的侧面比正面尺寸厚，所以侧面的颜色就会深一些，这样的效果与现实中的玻璃效果是一样的。

图8-119

烟雾倍增：可以理解为烟雾的浓度。值越大，雾越浓，光线穿透物体的能力越差。不推荐使用大于1的值。

烟雾偏移：控制烟雾的偏移，较低的值会使烟雾向摄影机的方向偏移。

半透明：该选项组主要用来设置材质的透明度，包含以下6个选项。

类型：半透明效果（也叫3S效果）的类型有3种，一种是“硬（腊）模型”，如蜡烛；一种是“软（水）模型”，如海水；还有一种是“混合模型”。

背面颜色：用来控制半透明效果的颜色。

厚度：用来控制光线在物体内部被追踪的深度，也可以理解为光线的最大穿透能力。较大的值，会让整个物体都被光线穿透；较小的值，可以让物体比较薄的地方产生半透明现象。

散射系数：物体内部的散射总量。0表示光线在所有方向被物体内部散射；1表示光线在一个方向被物体内部散射，而不考虑物体内部的曲面。

前/后分配比：控制光线在物体内部的散射方向。0表示光线沿着灯光发射的方向向前散射；1表示光线沿着灯光发射的方向向后散射；0.5表示这两种情况各占一半。

灯光倍增：设置光线穿透能力的倍增值。值越大，散射效果越强。

半透明参数所产生的效果通常也叫3S效果。半透明参数产生的效果与雾参数所产生的效果有一些相似，很多用户分不太清楚。其实半透明参数所得到的效果包括了雾参数所产生的效果，更重要的是它还能得到光线的次表面散射效果，也就是说当光线直射到半透明物体时，光线会在半透明物体内部进行分散，然后会从物体的四周发散出来。也可以理解为半透明物体为二次光源，能模拟现实世界中的效果，如图8-120所示。

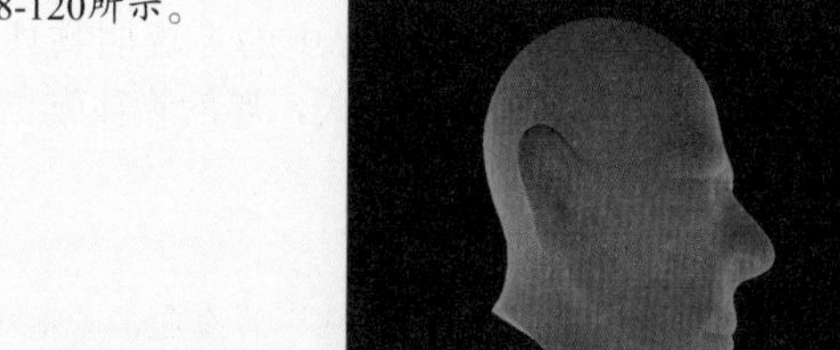

图8-120

2. “BRDF-双向反射分布功能”卷展栏

展开“BRDF-双向反射分布功能”卷展栏，如图8-121所示。

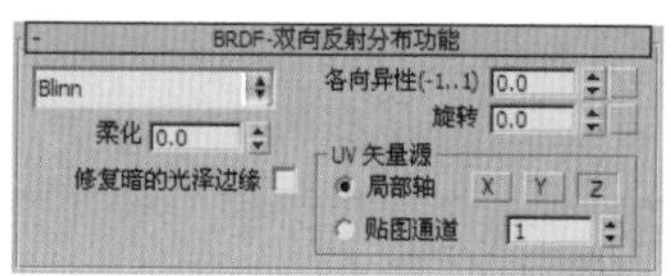

图8-121

【参数介绍】

明暗器列表：包含3种明暗器类型，分别是Blinn、Phong和Ward。Phong适合硬度很高的物体，高光区很小；Blinn适合大多数物体，高光区适中；Ward适合表面柔软或粗糙的物体，高光区最大。

各向异性：控制高光区域的形状，可以用该参数来设置拉丝效果。

旋转：控制高光区的旋转方向。

UV矢量源：该选项组用来控制高光形状的轴向，也可以通过贴图通道来设置，主要包含以下两个选项。

局部轴：有x、y、z，3个轴可供选择。

贴图通道：可以使用不同的贴图通道与UVW贴图进行关联，从而实现一个物体在多个贴图通道中使用不同的UVW贴图，这样可以得到各自相对应的贴图坐标。

关于BRDF现象，在物理世界中随处可见。在图8-122中，我们可以看到不锈钢锅底的高光形状是由两个锥形构成的，这就是BRDF现象。这是因为不锈钢表面是一个有规律的均匀的凹槽（如常见的拉丝不锈钢效果），当光反射到这样的表面上就会产生BRDF现象。

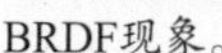

图8-122

3. “选项”卷展栏

展开“选项”卷展栏，如图8-123所示。

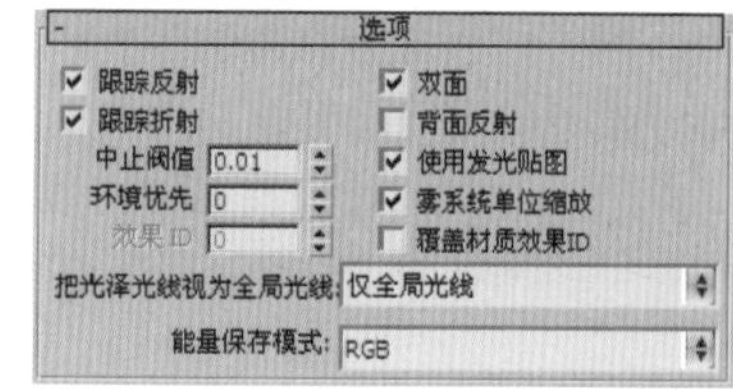

图8-123

【参数介绍】

跟踪反射：控制光线是否追踪反射。如果不勾选该选项，VRay将不渲染反射效果。

跟踪折射：控制光线是否追踪折射。如果不勾选该选项，VRay将不渲染折射效果。

中止阈值：中止选定材质的反射和折射的最小阈值。

环境优先：控制“环境优先”的数值。

双面：控制VRay渲染的面是否为双面。

背面反射：勾选该选项时，将强制VRay计算反射物体的背面产生反射效果。

使用发光贴图：控制选定的材质是否使用“发光贴图”。

把光泽光线视为全局光线：该选项在效果图制作中一般都默认设置为“仅全局光线”。

能量保存模式：该选项在效果图制作中一般都默认设置为RGB模型，因为这样可以得到彩色效果。

4.“贴图”卷展栏

展开“贴图”卷展栏，如图8-124所示。

贴图			
漫反射	100.0	✓	None
粗糙度	100.0	✓	None
反射	100.0	✓	None
高光光泽度	100.0	✓	None
反射光泽	100.0	✓	None
菲涅耳折射率	100.0	✓	None
各向异性	100.0	✓	None
各向异性旋转	100.0	✓	None
折射	100.0	✓	None
光泽度	100.0	✓	None
折射率	100.0	✓	None
透明	100.0	✓	None
凹凸	30.0	✓	None
置换	100.0	✓	None
不透明度	100.0	✓	None
环境		✓	None

图8-124

【参数介绍】

凹凸：主要用于制作物体的凹凸效果，在后面的通道中可以加载一张凸凹贴图。

置换：主要用于制作物体的置换效果，在后面的通道中可以加载一张置换贴图。

透明：主要用于制作透明物体，如窗帘、灯罩等。

环境：主要是针对上面的一些贴图而设定的，如反射、折射等，只是在其贴图的效果上加入了环境贴图效果。

如果制作场景中的某个物体不存在环境效果，就可以用“环境”贴图通道来完成。如在图8-125中，如果在“环境”贴图通道中加载一张位图贴图，那么就需要将“坐标”类型设置为“环境”才能正确使用，如图8-126所示。

图8-125

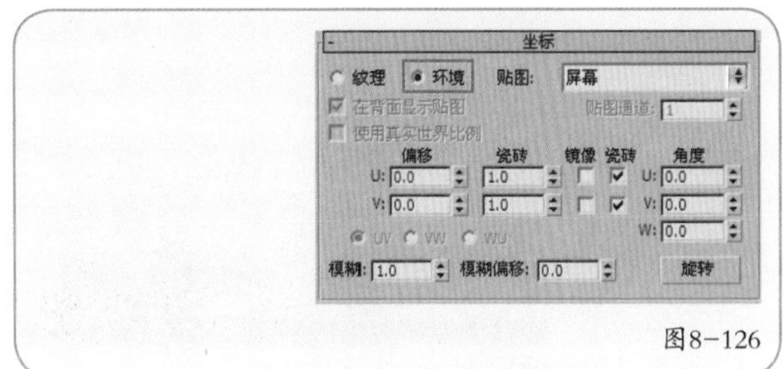

图8-126

5.“反射插值”卷展栏

展开“反射插值”卷展栏，如图8-127所示。该卷展栏下的参数只有在“基本参数”卷展栏中的“反射”选项组下勾选“使用插值”选项时才起作用。

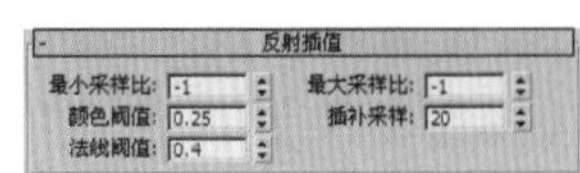

图8-127

【参数介绍】

最小采样比：在反射对象不丰富（颜色单一）的区域使用该参数所设置的数值进行插补。数值越高，精度就越高，反之精度就越低。

最大采样比：在反射对象比较丰富（图像复杂）的区域使用该参数所设置的数值进行插补。数值越高，精度就越高，反之精度就越低。

颜色阈值：指的是插值算法的颜色敏感度。值越大，敏感度就越低。

法线阈值：指的是物体的交接面或细小的表面的敏感度。值越大，敏感度就越低。

插补采样：用于设置反射插值时所用的样本数量。值越大，效果越平滑模糊。

由于“折射插值”卷展栏中的参数与“反射插值”卷展栏中的参数相似，因此这里不再进行讲解。“折射插值”卷展栏中的参数只有在“基本参数”卷展栏中的“折射”选项组下勾选“使用插值”选项时才起作用。

新手练习——制作玻璃材质

素材文件	玻璃.max
案例文件	新手练习——制作玻璃材质.max
视频教学	视频教学/第8章/新手练习——制作玻璃材质.flv
技术掌握	掌握玻璃材质的制作方法

本例使用VRayMtl材质制作的玻璃材质效果如图8-128所示。

图8-128

玻璃材质的基本属性主要有以下两点。

有一定的反射效果。

有很强的折射效果。

【操作步骤】

01 打开本书配套光盘中的“玻璃.max”文件，如图8-129所示。

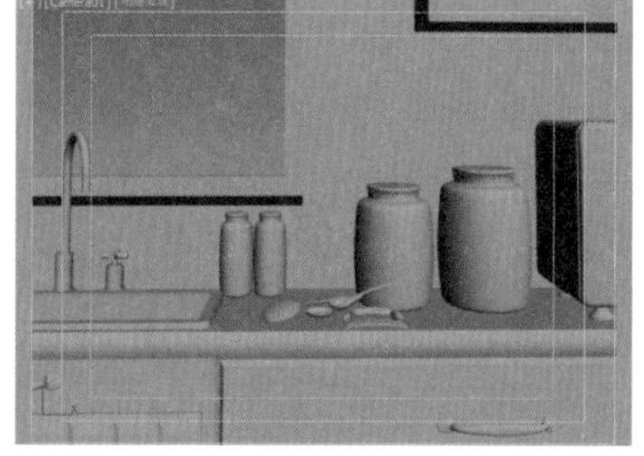

图8-129

02 下面制作玻璃材质。首先选择一个空白材质球，然后设置材质类型为VRayMtl材质，并将其命名为“玻璃”，接着展开“基本参数”卷展栏，具体参数设置如图8-130所示，制作好的材质球效果如图8-131所示。

设置步骤：

① 设置“漫反射”颜色为（红:135，绿:89，蓝:40）。

② 设置“反射”颜色为（红:50，绿:50，蓝:50），然后设置“高光光泽度”为0.85、“反射光泽度”为0.95、“细分”为10。

③ 设置“折射”颜色为（红:235，绿:235，蓝:235），然后设置“折射率”为1.57、“细分”为10，接着勾选“影响阴影”，最后设置“烟雾倍增”为1.0。

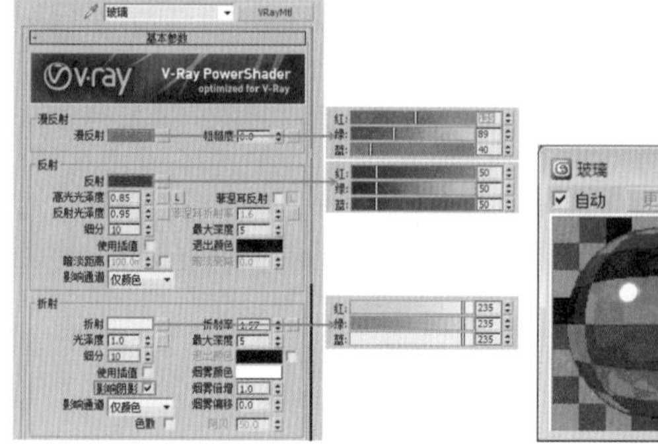

图8-130　　图8-131

03 将制作好的材质分别赋予场景中的模型，然后按F9键渲染当前场景，最终效果如图8-132所示。

图8-132

新手练习——制作灯罩材质

素材文件	台灯.max
案例文件	新新手练习——制作灯罩材质.max
视频教学	视频教学/第8章/新手练习——制作灯罩材质.flv
技术掌握	掌握VRayMtl材质制作灯罩

本例使用VRayMtl材质制作的灯罩材质效果如图8-133所示。

图8-133

灯罩材质的基本属性主要有以下两点。

带有纹理。

有很小的折射效果。

【操作步骤】

01 打开本书配套光盘中的“台灯.max”文件，如图8-134所示。

图8-134

02 首先选择一个空白的材质球，然后将材质类型设置为VRayMtl材质，并将其命名为“灯罩”，接着展开“基本参数”卷展栏，具体参数设置如图8-135所示。

设置步骤：

① 在“漫反射”贴图通道中加载一张“花纹.jpg”贴图文件，接着在“坐标”卷展栏下设置“瓷砖”的U和V分别为6.6、2.3，然后再设置“模糊”为0.5。

② 回到“基本参数”卷展栏，然后设置“折射”颜色为（红:25，绿:25，蓝:25），最后设置“光泽度”为0.65。

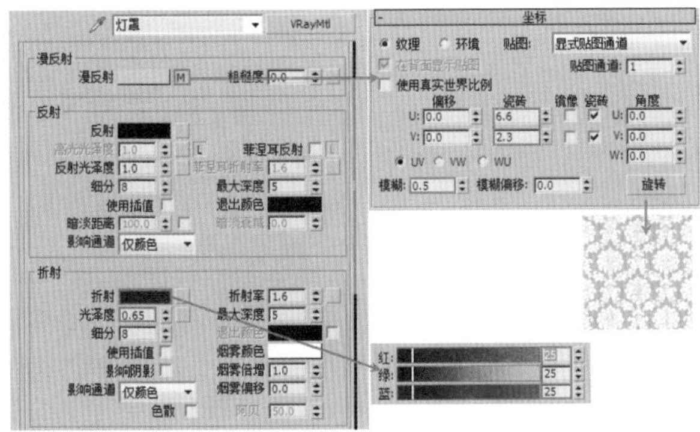

图8-135

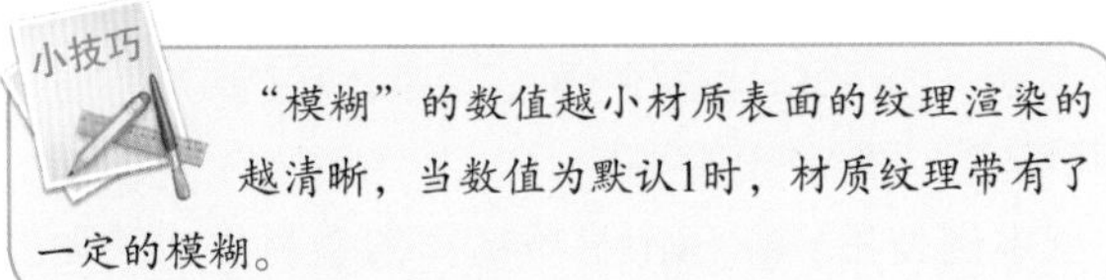

小技巧

“模糊”的数值越小材质表面的纹理渲染的越清晰，当数值为默认1时，材质纹理带有了一定的模糊。

03 展开“贴图”卷展栏，将“漫反射”贴图通道中的贴图文件拖曳到“凹凸”贴图通道中，最后设置凹凸的强度为10，具体参数设置如图8-136所示，制作好的材质球效果如图8-137所示。

图8-136

图8-137

小技巧

在“凹凸”通道上加载贴图文件以后材质表面会出现与贴图有关的凹凸，当数值越大时凹凸的程度越大，数值越小，凹凸程度越小。

04 将制作好的材质球赋予场景中对应的模型，然后按F9键渲染当前场景，最终效果如图8-138所示。

图8-138

新手练习——制作水材质

素材文件	河.max
案例文件	新手练习——制作水材质.max
视频教学	视频教学/第8章/新手练习——制作水材质.flv
技术掌握	掌握水材质的制作方法

本例使用VRayMtl材质制作的水材质效果如图8-139所示。

图8-139

水材质的基本属性主要有以下两点。

- 有一定的反射效果。
- 有很强的折射效果。

【操作步骤】

01 打开本书配套光盘中的“河.max”文件，如图8-140所示。

图8-140

02 首先选择一个空白材质球，然后设置材质类型为VRayMtl材质，并将其命名为“河水”，接着展开“基本参数”卷站栏，具体参数设置如图8-141所示。

设置步骤：

① 设置“漫反射”颜色为（红:3，绿:3，蓝:3）。

② 在“反射”贴图通道中加载一张“衰减”程序贴图，并在“衰减参数”卷展栏下设置“衰减类型”为“垂直/平行”。

③ 设置“折射”颜色为（红:239，绿:239，蓝:239），并勾选“影响阴影”。

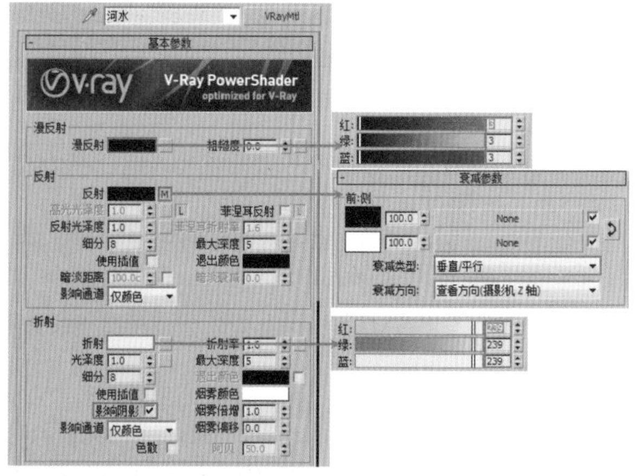

图8-141

03 展开“贴图”卷展栏，然后在“凹凸”贴图通道中加载一张“噪波”程序贴图，接着展开“噪波参数”卷展栏，设置“噪波类型”为“分型”，并设置“大小”为70；返回上一级，并设置凹凸的强度为40，具体参数设置如图8-142所示，制作好的材质球效果如图8-143所示。

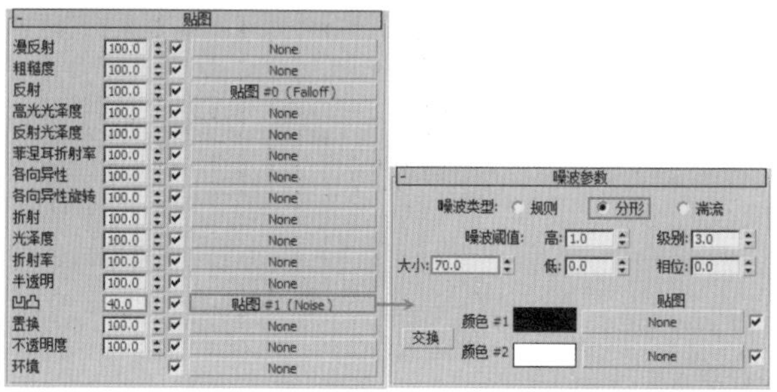

图8-142

图8-143

04 将制作好的材质分别赋予场景中的模型，然后按F9键渲染当前场景，最终效果如图8-144所示。

图8-144

新手练习——制作金材质

素材文件	金.max
案例文件	新手练习——制作金材质.max
视频教学	视频教学/第8章/新手练习——制作金材质.flv
技术掌握	VRayMtl材质的应用

本例使用VRayMtl材质制作的金材质效果如图8-145所示。

图8-145

金材质的基本属性主要是有一定的模糊反射。

【操作步骤】

01 打开本书配套光盘中的“金.max”文件，如图8-146所示。

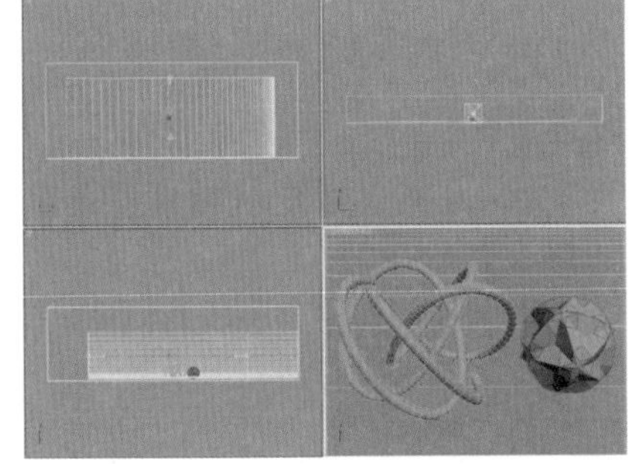

图8-146

02 选择一个空白材质球，将材质类型设置为VRayMtl材质，并将其命名为“金材质”，接着展开“基本参数”卷展栏，具体参数设置如图8-147所示，制作好的材质球效果如图8-148所示。

设置步骤：

① 设置“漫反射”颜色为褐色（红:152，绿:97，蓝:49）。

② 设置“反射”颜色为黄灰色（红:139，绿:136，蓝:99），然后设置“高光光泽度”为0.85、“反射光泽度”为0.8、“细分”为15。

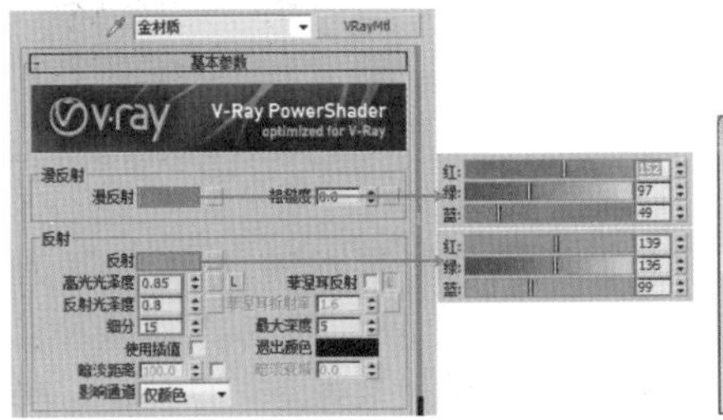

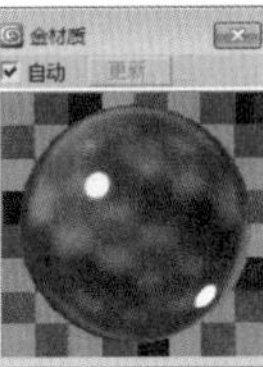

图8-147　　图8-148

03 将制作好的材质球指定给场景中的模型，按F9键渲染当前场景，最终效果如图8-149所示。

图8-149

新手练习——制作水晶灯材质

素材文件	水晶灯.max
案例文件	新手练习——制作水晶灯材质.max
视频教学	视频教学/第8章/新手练习——制作水晶灯材质.flv
技术掌握	VRayMtl材质的应用

本例使用VRayMtl材质制作的水晶灯材质效果如图8-150所示。

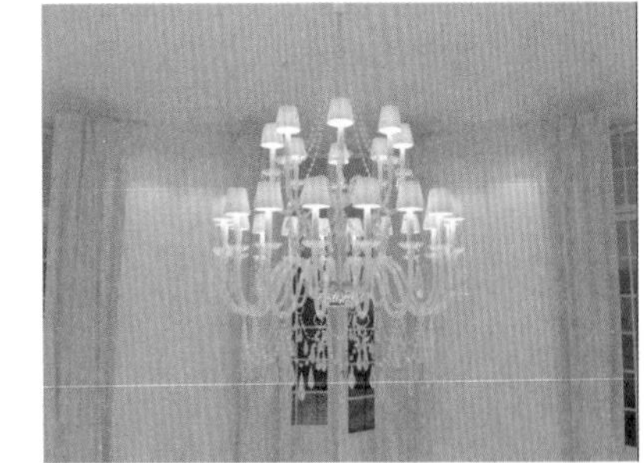

图8-150

水晶灯材质的基本属性主要有以下两点。

有很强的折射效果。

有一定的反射效果。

【操作步骤】

01 打开本书配套光盘中的“水晶灯.max”文件，如图8-151所示。

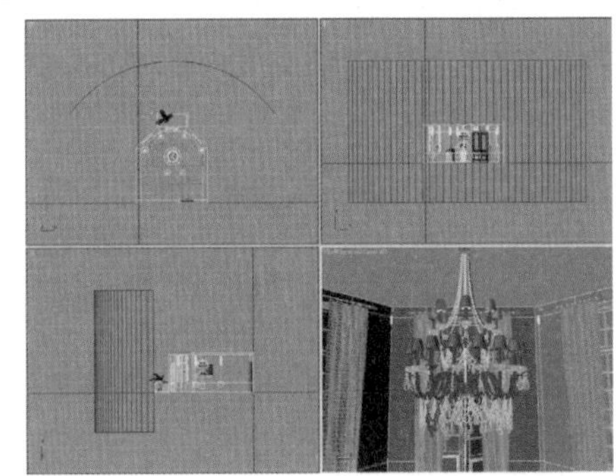

图8-151

02 选择一个空白材质球，然后将材质类型设置为VRayMtl材质，并将其命名为“水晶灯材质”，接着展开“基本参数”卷展栏，具体参数设置如图8-152所示，制作好的材质球效果如图8-153所示。

设置步骤：

① 设置“漫反射”颜色为白色（红:255，绿:255，蓝:255）。

② 设置“反射”颜色为白色（红:255，绿:255，蓝:255），并勾选“菲涅耳反射”。

③ 设置“折射”颜色为灰色（红:215，绿:224，蓝:226），并勾选“影响阴影”，最后设置“影响通道”为“颜色+Alpha”。

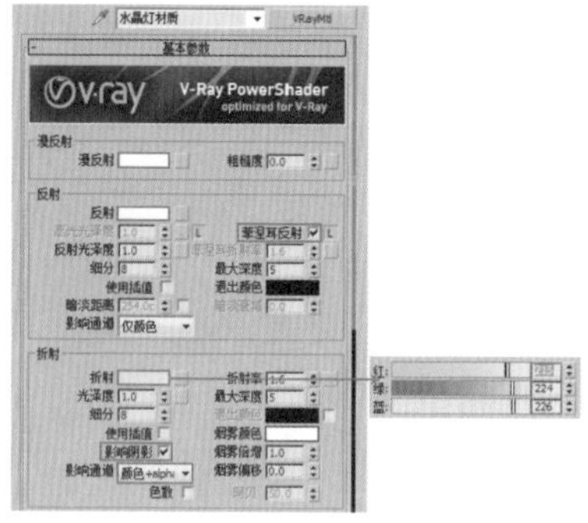

图8-152　图8-153

03 将制作好的材质球指定给场景中相对应的模型，此时场景如图8-154所示，按F9键渲染当前场景，最终效果如图8-155所示。

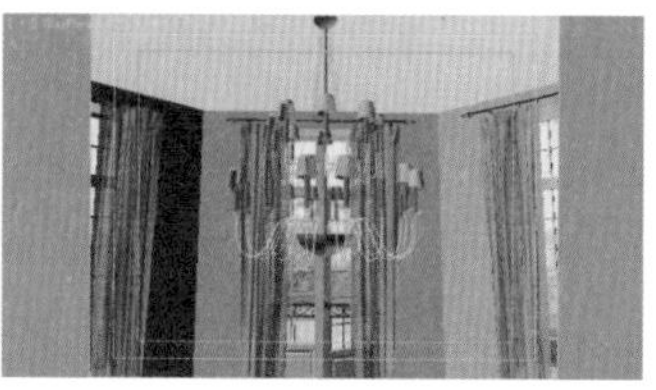

图8-154　图8-155

高手进阶——制作汽车材质

素材文件	汽车.max
案例文件	高手进阶——制作汽车材质.max
视频教学	视频教学/第8章/高手进阶——制作汽车材质.flv
技术掌握	VRayMtl材质的应用

本例使用VRayMtl材质制作的汽车材质效果如图8-156所示。

图8-156

汽车材质的基本属性主要是有一定的反射。

【操作步骤】

01 打开本书配套光盘中的“汽车.max”文件，如图8-157所示。

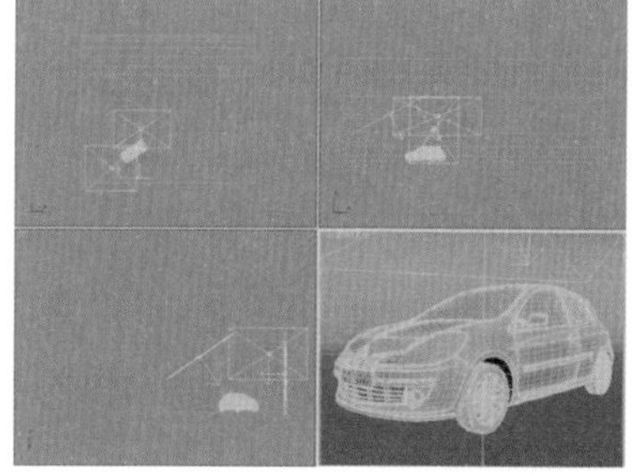

图8-157

02 选择一个空白材质球，将材质类型设置为VRayMtl材质，然后将其命名为“车漆”，接着展开“基本参数”卷展栏，具体参数如图8-158所示，制作好的材质球效果如图8-159所示。

设置步骤：

① 设置“漫反射”颜色为红色（红:198，绿:14，蓝:0）。

② 设置“反射”颜色为白色（红:255，绿:255，蓝:255），并勾选“菲涅耳反射”。

图8-158

图8-159

03 选择一个空白材质球，将材质类型设置为VRayMtl材质，然后将其命名为“车玻璃”，接着展开“基本参数”卷展栏，具体参数如图8-160所示，制作好的材质球效果如图8-161所示。

设置步骤：

① 设置“漫反射”颜色为灰色（红:237，绿:237，蓝:237）。

② 设置“反射”颜色为深灰色（红:51，绿:51，蓝:51）。

③ 设置“折射”颜色为灰色（红:222，绿:222，蓝:222）。

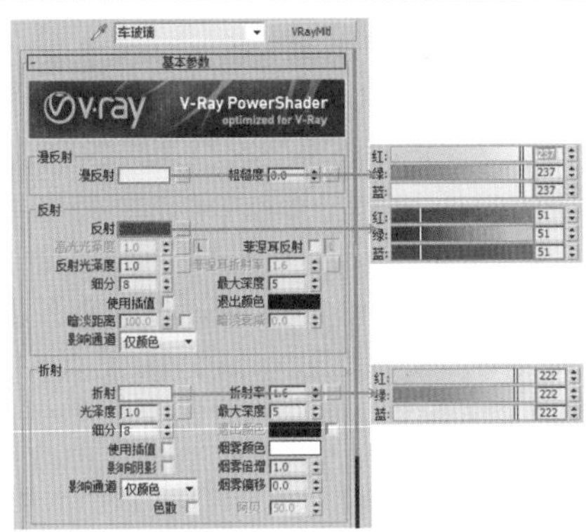

图8-160

图8-161

04 选择一个空白材质球，将材质类型设置为VRayMtl材质，然后将其命名为“车头灯”，具体参数如图8-162所示，制作好的材质球效果如图8-163所示。

设置步骤：

① 展开“基本参数”卷展栏并设置“漫反射”颜色为黑色（红:5，绿:5，蓝:5），然后在“反射”贴图通道中加载一张“车头灯贴图.jpg”文件，并勾选“菲涅耳反射”。

② 展开“贴图”卷展栏，在“不透明度”贴图通道中加载一张“车头灯贴图.bmp”文件。

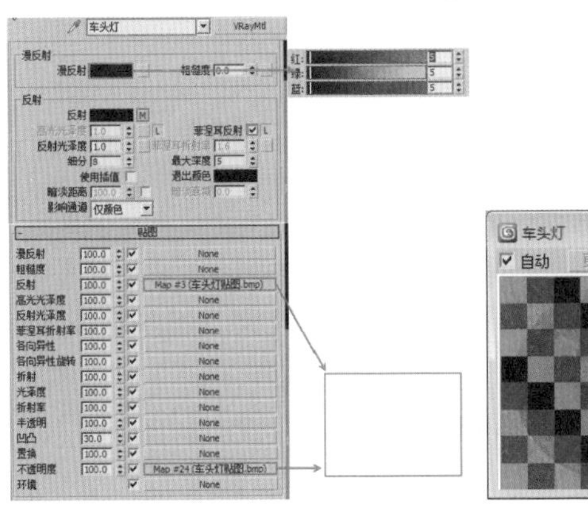

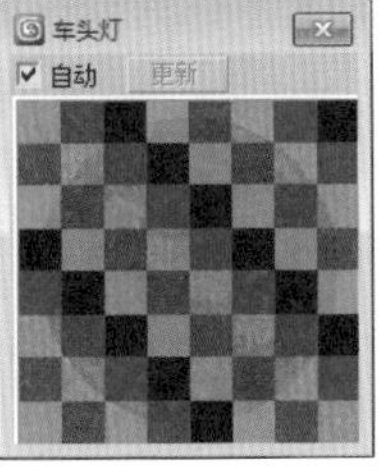

图8-162　　图8-163

05 选择一个空白材质球，将材质类型设置为VRayMtl材质，然后将其命名为“车胎”，接着展开“基本参数”卷展栏，具体参数如图8-164所示，制作好的材质球效果如图8-165所示。

设置步骤：

① 设置“漫反射”颜色为深灰色（红:30，绿:30，蓝:30）。

② 设置“反射”颜色为深灰色（红:18，绿:18，蓝:18），然后设置“高光光泽度”为0.75、“反射光泽度”为0.75、“细分”为15。

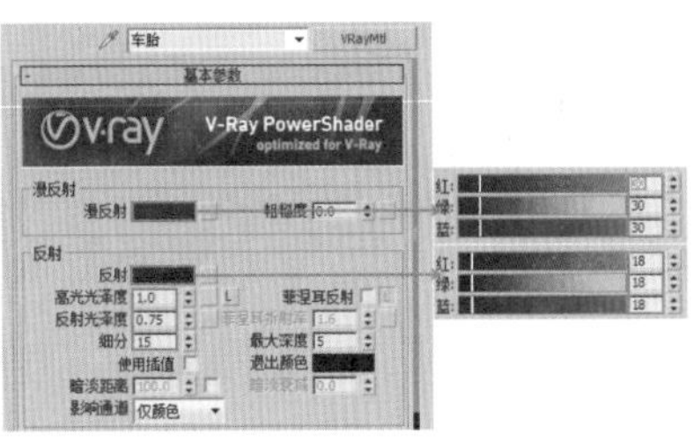

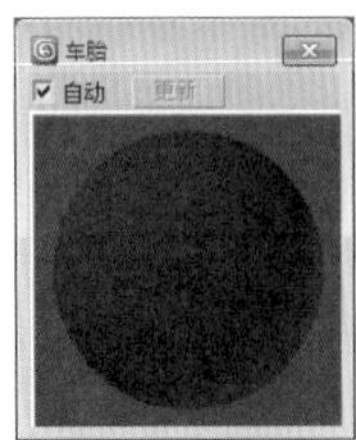

图8-164　　图8-165

06 将制作好的材质球指定给场景中相对应的模型，此时场景如图8-166所示，按F9键渲染当前场景，最终效果如图8-167所示。

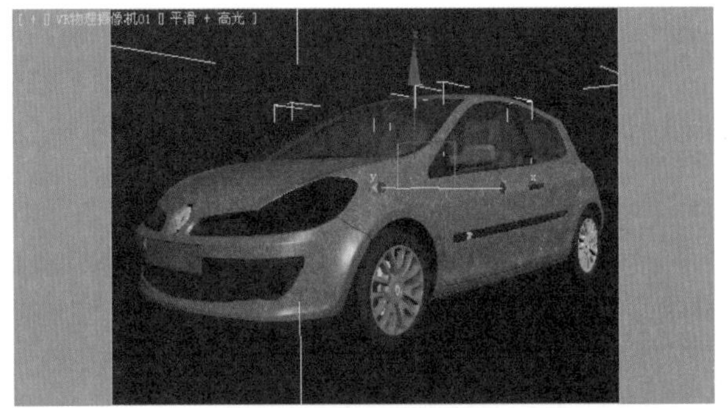

图8-166

图8-167

8.6.2 VRay材质包裹器

“VRay材质包裹器”主要控制材质的全局光照、焦散和物体的不可见等特殊属性。通过相应的设定，可以控制所有赋有该材质物体的全局光照、焦散和不可见等属性，其参数面板如图8-168所示。

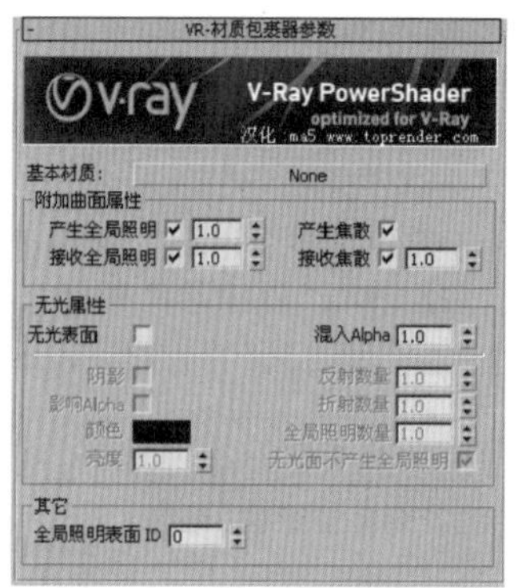

图8-168

【参数介绍】

基本材质：用于设置“VRay材质包裹器”中使用的基本材质参数，此材质必须是VRay渲染器支持的材质类型。

附加曲面属性：该选项组主要包括以下4个选项。

产生全局照明：控制当前赋予材质包裹器的物体是否计算GI光照的产生，后面的参数控制GI的倍增数量。

接受全局照明：控制当前赋予材质包裹器的物体是否计算GI光照的接受，后面的参数控制GI的倍增数量。

产生焦散：控制当前赋予材质包裹器的物体是否产生焦散。

接收焦散：控制当前赋予材质包裹器的物体是否接受焦散，后面的数值框用于控制当前赋予材质包裹器的物体的焦散倍增值。

无光属性：该选项组主要包含以下8个选项。

无光表面：控制当前赋予材质包裹器的物体是否可见，勾选后，物体将不可见。

混入Alpha：控制当前赋予材质包裹器的物体在Alpha通道的状态。1表示物体产生Alpha通道；0表示物体不产生Alpha通道；-1将表示会影响其他物体的Alpha通道。

阴影：控制当前赋予材质包裹器的物体是否产生阴影效果。勾选后，物体将产生阴影。

影响Alpha：勾选该选项后，渲染出来的阴影将带Alpha通道。

颜色：用来设置赋予材质包裹器的物体产生的阴影颜色。

亮度：控制阴影的亮度。

反射数量：控制当前赋予材质包裹器的物体的反射数量。

折射数量：控制当前赋予材质包裹器的物体的折射数量。

全局照明数量：控制当前赋予材质包裹器的物体的间接照明总量。

其他：该选项组包含以下选项。

8.6.3 VRay快速SSS

“VRay快速SSS”是用来计算次表面散射效果的材质，这是一个内部计算简化了的材质，它比使用VRayMtl材质里的半透明参数的渲染速度更快，其表现效果如图8-169所示。但它不包括漫反射和模糊效果，如果要创建这些效果可以使用“VRay混合材质”，其参数面板如图8-170所示。

图8-169

VR_快速子面散射(3S)参数

预处理比率	-1	
插补采样	128	
漫反射粗糙度	0.25	
浅层半径	5.0	
浅层颜色		
深层半径	10.0	
深层颜色		
背面散射深度	0.0	
背面半径	10.0	
背面颜色		
浅层 贴图	100.0	None
深层 贴图	100.0	None
背面 贴图	100.0	None

图8-170

【参数介绍】

预处理比率：值为0时就相当于不用插补里的效果，为-1时效果相差1/2，为-2时效果相差1/4，以此类推。

插补采样：用补插的算法来提高精度，可以理解为模糊过渡的一种算法。

漫射粗糙度：可以得到类似于绒布的效果，受光面能吸光。

浅层半径：依照场景尺寸来衡量物体浅层的次表面散射半径。

浅层颜色：控制次表面散射的浅层颜色。

深层半径：依照场景尺寸来衡量物体深层的次表面散射半径。

深层颜色：次表面散射的深层颜色。

背面散射深度：调整材质背面次表面散射的深度。

背面半径：调整材质背面次表面散射的半径。

背面颜色：调整材质背面次表面散射的颜色。

浅层贴图：是指用浅层半径来附着的纹理贴图。

深层贴图：是指用深层半径来附着的纹理贴图。

背面贴图：是指用背面散射深度来附着的纹理贴图。

8.6.4 VRay覆盖材质

“VRay覆盖材质（也有翻译为VRay替代材质）”可以让用户更广范地去控制场景的色彩融合、反射、折射等，它主要包括5种材质：基本材质、全局光材质、反射材质、折射材质和阴影材质，其参数面板如图8-171所示。

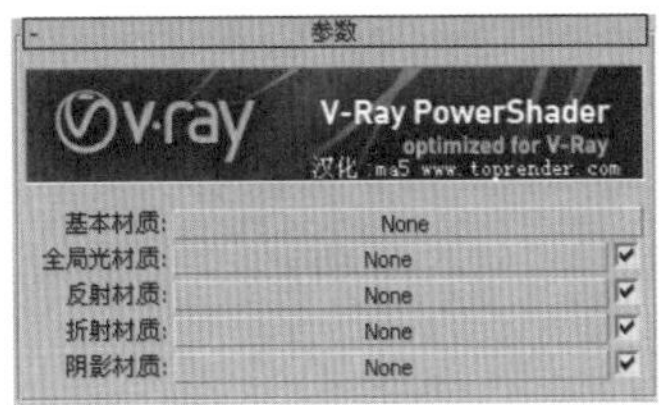

图8-171

【参数介绍】

基本材质：这个是物体的基础材质。

全局光材质：这个是物体的全局光材质，当使用这个参数的时候，灯光的反弹将依照这个材质的灰度来控制，而不是基础材质。

反射材质：物体的反射材质，在反射里看到的物体的材质。

折射材质：物体的折射材质，在折射里看到的物体的材质。

阴影材质：基本材质的阴影将用该参数中的材质来控制，而基本材质的阴影将无效。

图8-172所示的效果就是“VRay覆盖材质”的表现，镜框边辐射绿色，是因为用了“全局光材质”；近处的陶瓷瓶在镜子中的反射是红色，是因为用了“反射材质”；而玻璃瓶子折射的是淡黄色，是因为用了“折射材质”。

图8-172

8.6.5 VRay发光材质

“VRay发光材质”可以指定给物体，并把物体当光源使用，效果和3ds Max里的自发光效果类似，用户可以把它作为材质光源，如图8-173所示，其参数设置面板如图8-174所示。

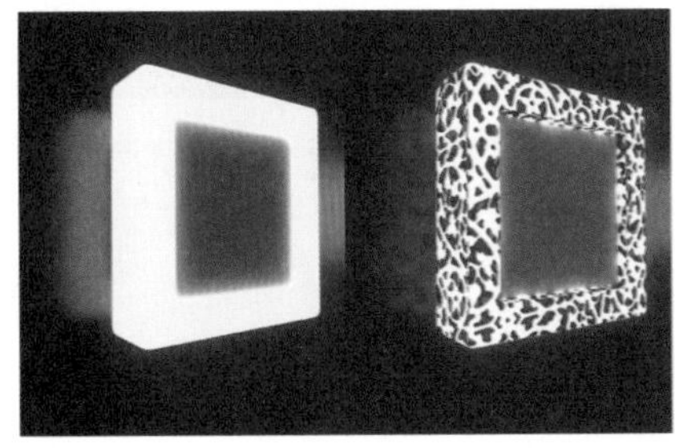

图8-173

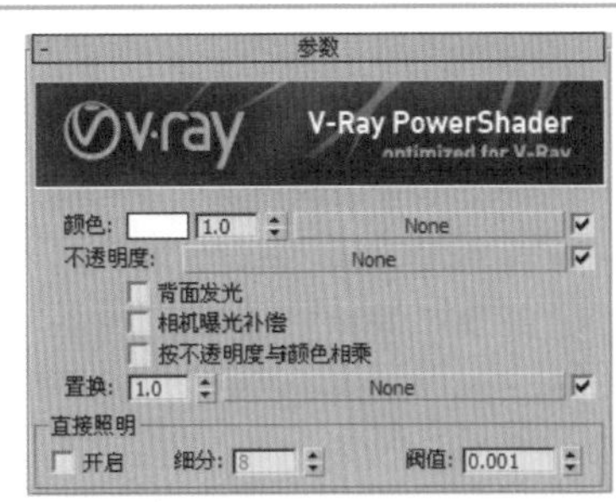

图8-174

【参数介绍】

颜色：设置对象自发光的颜色，后面的输入框用设置设置自发光的“强度”。

不透明度：用贴图来指定发光体的透明度。

背面发光：当勾选该选项时，它可以让材质光源双面发光。

8.6.6 VRay双面材质

“VRay双面材质”可以设置物体前、后两面不同的材质，常用来制做纸张、窗帘、树叶等效果，其参数设置面板如图8-175所示。

图8-175

【参数介绍】

正面材质：用来设置物体外表面的材质。

背面材质：用来设置物体内表面的材质。

半透明度：用来设置“正面材质”和“背面材质”的混合程度，可以直接设置混合值，可以用贴图来代替。值为0时，“正面材质”在外表面，“背面材质”在内表面；值为0~100时，两面材质可以相互混合；值为100时，“背面材质”在外表面，“正面材质”在内表面。

图8-176所示是应用“VRay双面材质”渲染的叶子效果，效果还是非常不错的。

图8-176

8.6.7 VRay混合材质

"VRay混合材质"可以让多个材质以层的方式混合来模拟物理世界中的复杂材质。"VRay混合材质"和3ds Max里的"混合"材质的效果比较类似，但是其渲染速度比3ds Max快很多，其参数面板如图8-177所示。

参数
V-Ray PowerShader optimized for V-Ray

基本材质: None

	镀膜材质:		混合数量:	
1:	None		None	100.0
2:	None		None	100.0
3:	None		None	100.0
4:	None		None	100.0
5:	None		None	100.0
6:	None		None	100.0
7:	None		None	100.0
8:	None		None	100.0
9:	None		None	100.0

相加(虫漆)模式

图8-177

【参数介绍】

基本材质：可以理解为最基层的材质。

镀膜材质：表面材质，可以理解为基本材质上面的材质。

混合数量：这个混合数量是表示"镀膜材质"混合多少到"基本材质"上面，如果颜色给白色，那么这个"镀膜材质"将全部混合上去，而下面的"基本材质"将不起作用；如果颜色给黑色，那么这个"镀膜材质"自身就没什么效果。混合数量也可以由后面的贴图通道来代替。

相加（虫漆）模式：选择这个选项，"VRay混合材质"将和3ds Max里的"虫漆"材质效果类似，一般情况下不勾选它。

图8-178所示的场景是用"VRay混合材质"制作的车漆效果。

图8-178

新手练习——制作钻戒

素材文件	钻戒.max
案例文件	新手练习——制作钻戒.max
视频教学	视频教学/第8章/新手练习——制作钻戒.flv
技术掌握	VR混合材质的应用

本例使用VR混合材质制作的钻戒材质效果如图8-179所示。

图8-179

钻戒材质的基本属性主要有以下两点。

有很强的反射。

有很强的折射。

【操作步骤】

01 打开本书配套光盘中的"钻戒.max"文件，如图8-180所示。

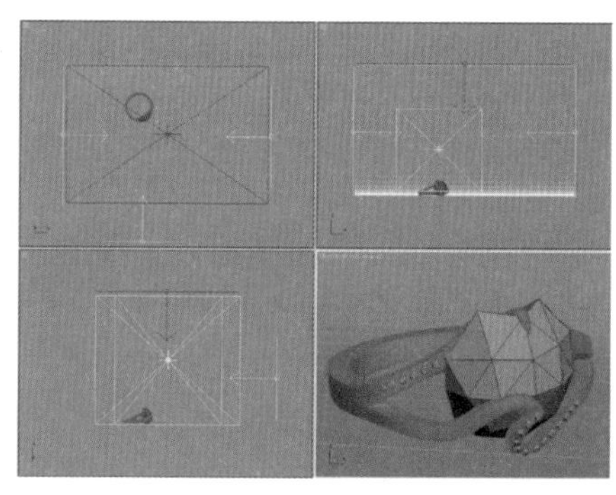

图8-180

02 选择一个空白材质球，然后将材质类型设置为"VR混合材质"，并将其命名为"钻石"，接着在"镀膜材质"下1后面的材质通道中加载VRayMtl材质，并展开"基本参数"卷展栏，具体参数设置如图8-181所示。

设置步骤：

① 设置"漫反射"颜色为黑色（红:0，绿:0，蓝:0）。

② 设置"反射"颜色为白色（红:255，绿:255，蓝:255），并勾选"菲涅耳反射"。

③ 设置"折射"颜色为白色，并设置"折射率"为2.417。

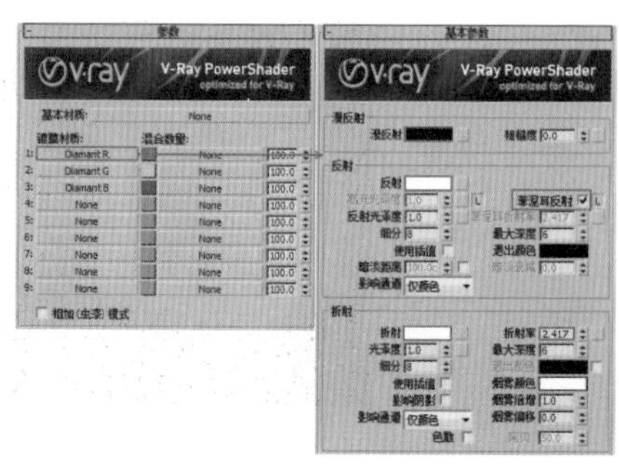

图8-181

03 返回到“参数”卷展栏，然后在“镀膜材质”下在2后面的材质通道中加载VRayMtl材质，接着展开“基本参数”卷展栏，具体参数设置如图8-182所示。

设置步骤：

① 设置“漫反射”颜色为黑色（红:0，绿:0，蓝:0）。

② 设置“反射”颜色为白色（红:255，绿:255，蓝:255），并勾选“菲涅耳反射”。

③ 设置“折射”颜色为白色，并设置“折射率”为2.417。

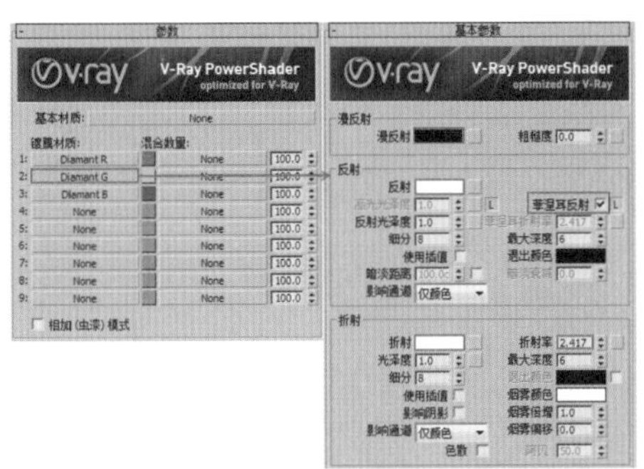

图8-182

04 返回到“参数”卷展栏，然后在“镀膜材质”下在3后面的材质通道中加载VRayMtl材质，接着展开“基本参数”卷展栏，具体参数设置如图8-183所示，制作好的材质球效果如图8-184所示。

设置步骤：

① 设置“漫反射”颜色为黑色（红:0，绿:0，蓝:0）。

② 设置“反射”颜色为白色（红:255，绿:255，蓝:255），并勾选“菲涅耳反射”。

③ 设置“折射”颜色为白色，并设置“折射率”为2.417。

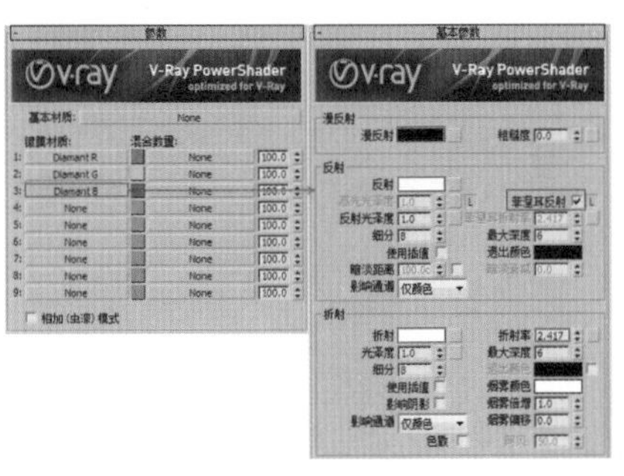

图8-183

图8-184

05 将制作好的材质球指定给场景中相对应的模型，当前场景如图8-185所示，按F9键渲染当前场景，最终效果如图8-186所示。

图8-185

图8-186

高手进阶——制作银器

素材文件	银器.max
案例文件	高手进阶——制作银器.max
视频教学	视频教学/第8章/高手进阶——制作银器.flv
技术掌握	VR混合材质，VR污垢贴图，法线贴图，噪波贴图的应用

本例使用VR混合材质制作的银器材质效果如图8-187所示。

图8-187

银器材质的基本属性主要有以下3点。

带有纹理。

有一定的反射。

有一定的凹凸效果。

【操作步骤】

01 打开本书配套光盘中的“银器.max”文件，如图8-188所示。

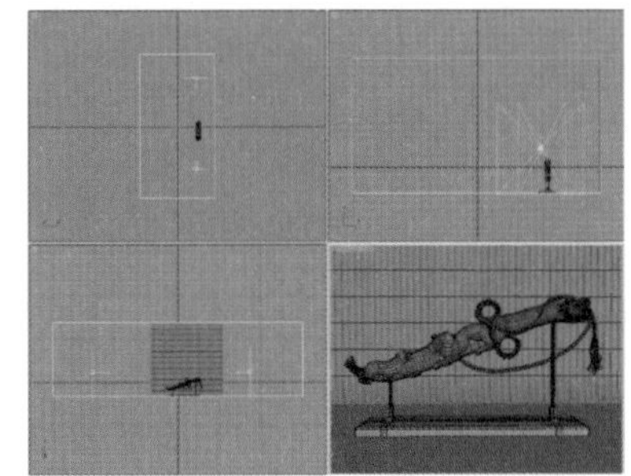

图8-188

02 选择一个空白材质球，将材质类型设置为“多维/子对象”材质，并将其命名为“把手”；展开“多维/子对象基本参数”卷展栏，然后在ID为1的贴图通道中加载一张“VR混合材质”程序贴图，接着进入子材质通道中，并在“参数”卷展栏下的“基本材质”材质通道中加载VRayMtl材质，具体参数设置如图8-189所示。

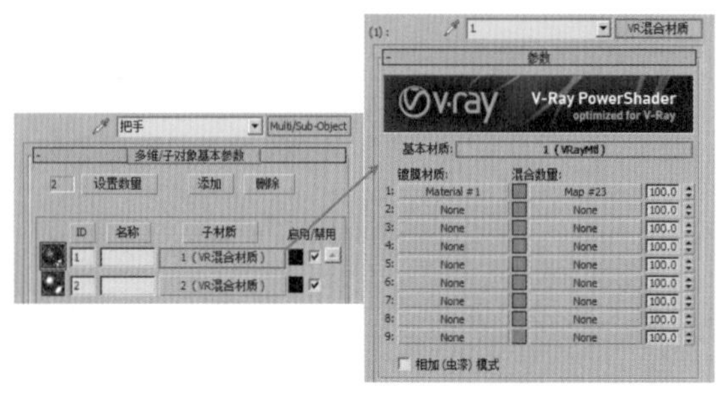

图8-189

03 单击进入“基本材质”材质通道中并展开 “基本参数”卷展栏，具体参数设置如图8-190所示。

设置步骤：

① 设置“漫反射”颜色为黑色(红:0，绿:0，蓝:0)。

② 在“反射”贴图通道中加载一张“衰减”程序贴图，接着展开“衰减参数”卷展栏，并在“前”贴图通道中加载一张“把手贴图1.jpg”文件，然后展开“坐标”卷展栏，设置“模糊”为0.01；将“前”贴图通道中的贴图文件复制到“侧”贴图通道中，并设置“衰减类型”为Fresnel；单击“转到父对象”按钮回到“基本参数”卷展栏，然后设置“高光光泽度”为0.6，“反射光泽度”为0.8，“细分”为23，最后勾选“菲涅耳反射”。

③ 设置“折射率”为0.13。

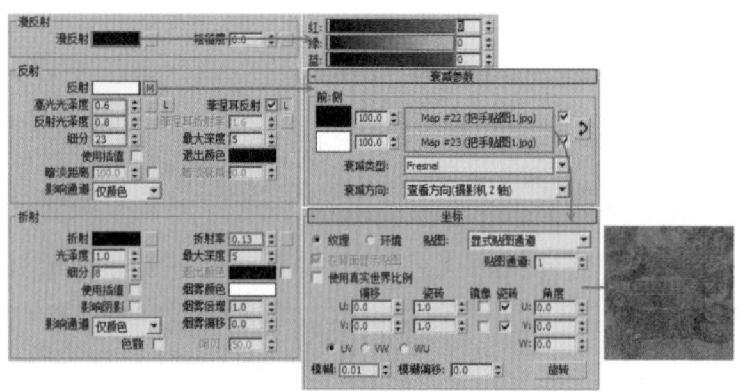

图8-190

04 展开“贴图”卷展栏，并在“凹凸”贴图通道中加载一张“法线凹凸”程序贴图，接着展开“参数”卷展栏，具体参数设置如图8-191所示。

设置步骤：

① 在“法线”贴图通道中加载一张“把手贴图.jpg”文件，然后在“坐标”卷展栏下设置“模糊”为0.01。

② 单击“转到父对象”按钮，接着在“附加凹凸”贴图通道中加载一张“噪波”程序贴图，然后在“坐标”卷展栏下设置“瓷砖”的x和y为1000，最后展开“噪波参数”卷展栏，并设置“噪波类型”为“分形”、“大小”为15。

③ 返回到“贴图”卷展栏，并设置凹凸的强度为30。

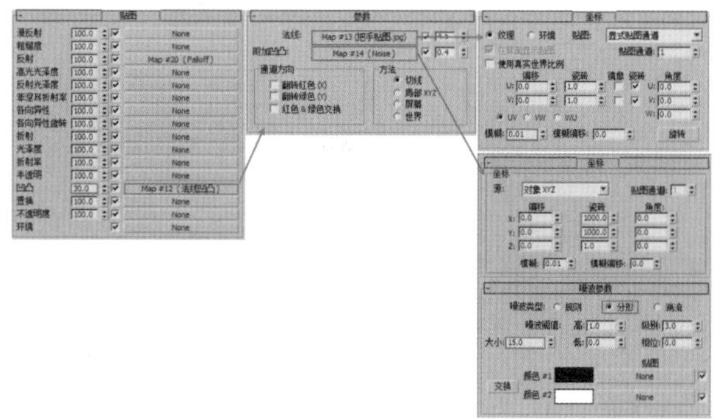

图8-191

05 回到“参数”卷展栏，具体参数设置如图8-192所示。

设置步骤：

① 在“镀膜材质”下1的材质通道中加载VRayMtl材质，接着设置“基本参数”下的“漫反射”颜色为黑色（红:0，绿:0，蓝:0）。

② 在“混合数量”下1的贴图通道中加载一张“VR污垢”程序贴图，接着在“VRay污垢参数”卷展栏下设置“半径”为2。

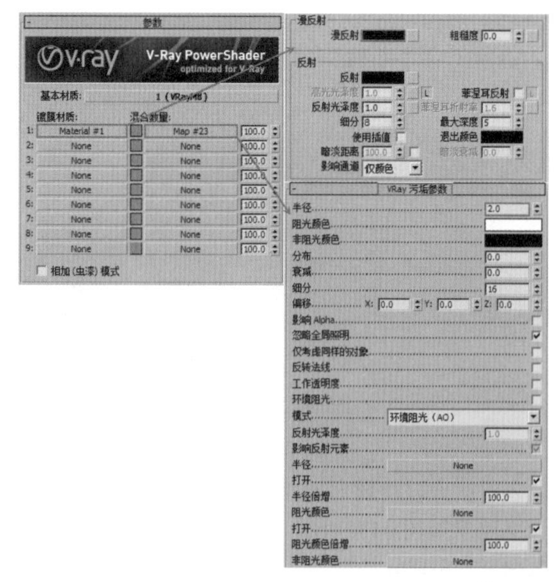

图8-192

06 返回到“多维/子对象基本参数”卷展栏，在ID号为2的材质通道中加载“VR混合材质”，具体参数设置如图8-193所示。

设置步骤：

① 进入“参数”卷展栏，并在“基本材质”的材质通道加载VRayMtl材质。

② 设置“基本参数”卷展栏下的“漫反射”为黑色、“反射”为黄色（红:255，绿:251，蓝:232），然后设置“高光光泽度”为0.6、“反射光泽度”为0.8、“细分”为23，最后勾选“菲涅耳反射”。

图8-193

07 返回到“参数”卷展栏，具体参数设置如图8-194所示，制作好的材质球效果如图8-195所示。

设置步骤：

① 在“镀膜材质”下1的材质通道中加载VRayMtl材质，然后设置“漫反射”为黑色（红:0，绿:0，蓝:0）。

② 在“混合数量”下1的贴图通道中加载一张“VR污垢”程序贴图，并在“VRay污垢参数”下设置“半径”为2。

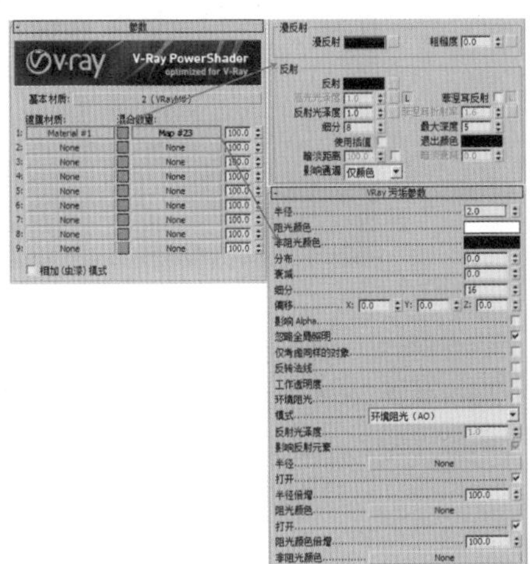

图8-194

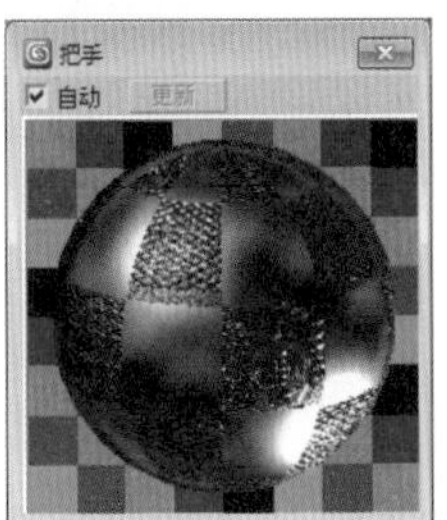

图8-195

08 将制作好的材质球指定给场景中相对应的模型，按F9键渲染，最终效果如图8-196所示。

图8-196

8.7 标准贴图

8.7.1 认识程序贴图

程序贴图是3ds Max材质功能的重要组成部分，它可以在不增加对象模型的复杂程度的基础上增加对象的细节程度，如可以创建反射、折射、凹凸和镂空等多种效果，其最大的用途就是提高材质的真实程度，此外程序贴图还可以用于创建环境或灯光投影效果。

展开标准材质的“贴图”卷展栏，在该卷展栏下有很多贴图通道，在这些贴图通道中可以加载程序贴图来表现物体的相应属性，如图8-197所示。

图8-197

随意单击一个通道的按钮，在弹出的“材质/贴图浏览器”对话框中可以观察到很多程序贴图，主要包括“标准”程序贴图和VRay程序贴图，如图8-198所示。本节将重点介绍“标准”程序贴图，VRay程序贴图将在下一小节进行讲解。

- 贴图
- 标准
combustion
MultiOutputChannelTexmapToTexmap
Perlin 大理石
RGB 倍增
RGB 染色
Substance
VR-颜色
VR_HDRI
VR_多子贴图
VR_合成贴图
VR_线框贴图
VRayGLSL
凹痕
斑点
薄壁折射
波浪
大理石
顶点颜色
法线凹凸
反射/折射
光线跟踪
合成
灰泥
混合
渐变
渐变坡度
粒子年龄
粒子运动模糊
每像素摄影机贴图
木材
平面镜
平铺
泼溅
棋盘格
输出
衰减
位图
细胞
向量置换
烟雾
颜色修正
噪波
遮罩
漩涡
- V-Ray Adv 2.10.01
VR_采样信息贴图
VR_法线贴图
VR_距离贴图
VR_天空
VR_贴图
VR_位图过滤
VR_污垢

图8-198

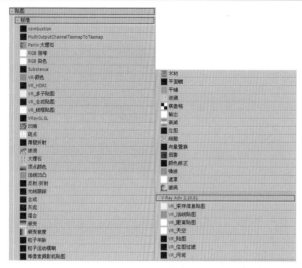

“标准”程序贴图的种类非常多，其中最主要的两类是2D贴图和3D贴图，除此之外还有合成贴图、颜色修改以及其他。2D贴图将图像文件直接投射到对象的表现或是指定给环境贴图作为场景的背景；3D贴图可以自动产生各种纹理，如木纹、水波、大理石等，使用时也不需要指定贴图坐标，对对象的内外全部进行了指定。

贴图与材质的层级结构很像，一个贴图既可以使用单一的贴图，也可以由很多贴图层级构成。使用贴图时必须要了解两个重要的概念：贴图类型与贴图坐标。

1.贴图类型

下面来分别介绍3ds Max的各种贴图类型。

【参数介绍】

2D贴图：在二维平面上进行贴图，常用于环境背景和图案商标，最简单也是最重要的2D贴图是“位图”，除此之外的其他二维贴图都属于程序贴图。

位图：通常在这里加载磁盘中的位图贴图，这是一种最常用的贴图，如图8-199所示。

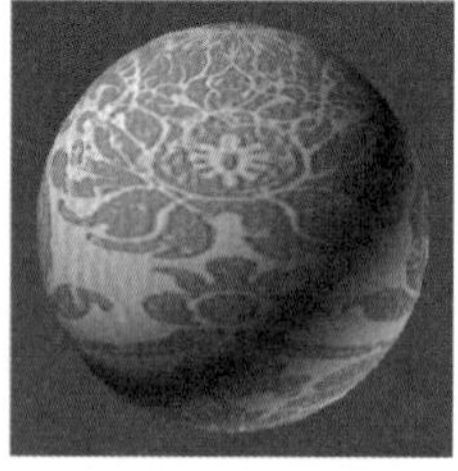

图8-199

平铺：可以用来制作平铺图像，如地砖，如图8-200所示。

棋盘格：可以产生黑白交错的棋盘格图案，如图8-201所示。

图8-200

图8-201

combustion：可以同时使用Autodesk Combustion软件和3ds Max以交互方式创建贴图。使用combustion在位图上进行绘制时，材质将在“材质编辑器”对话框和明暗处理视口中自动更新，如图8-202所示。

渐变：使用3种颜色创建渐变图像，如图8-203所示。

图8-202

图8-203

渐变坡度：可以产生多色渐变效果，如图8-204所示。

漩涡：可以创建两种颜色的漩涡形效果，如图8-205所示。

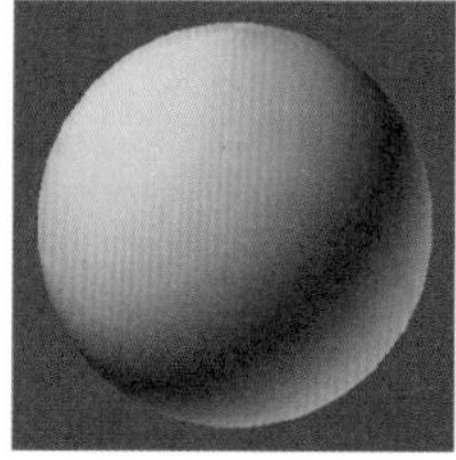

图8-204

图8-205

3D贴图：属于程序类贴图，它们依靠程序参数产生图案效果，能给对象从里到外进行贴图，有自己特定的贴图坐标系统，大多由3D Studio的SXP程序演化而来。

细胞：可模拟细胞形状的图案，如图8-206所示。

凹痕：可作为凹凸贴图，产生一种风化和腐蚀的效果，如图8-207所示。

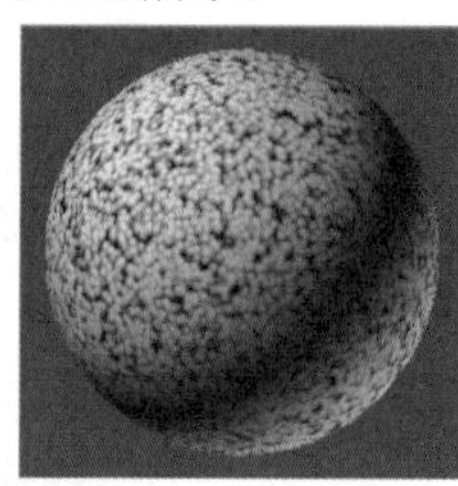

图8-206

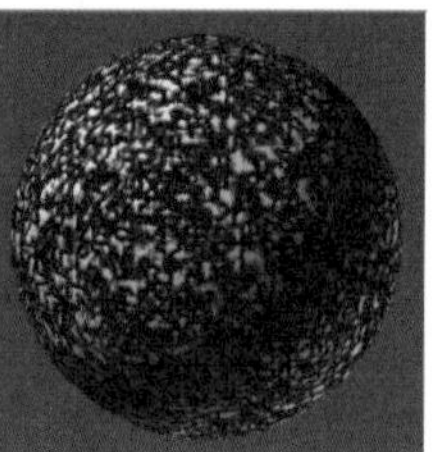

图8-207

衰减：产生两色过度效果，如图8-208所示。

大理石：产生岩石断层效果，如图8-209所示。

图8-208

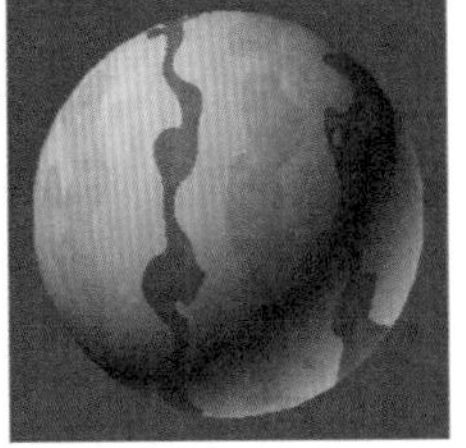

图8-209

Perlin大理石：通过两种颜色混合，产生类似于珍珠岩的纹理，如图8-210所示。

噪波：通过两种颜色或贴图的随机混合，产生一种无序的杂点效果，如图8-211所示。

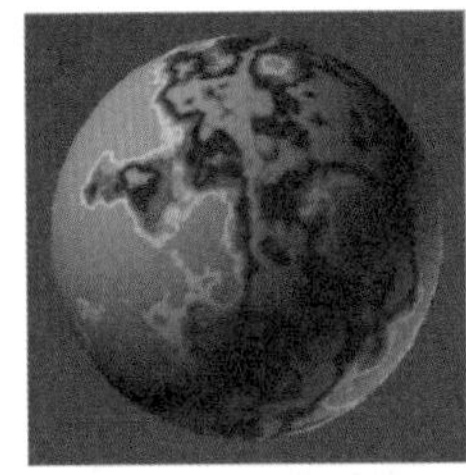

图8-210

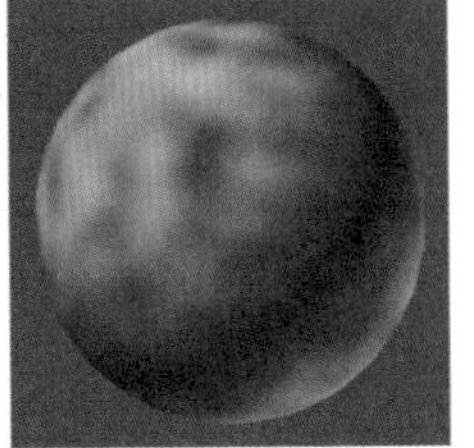

图8-211

粒子年龄：专用于粒子系统，通常用来制作彩色粒子流动的效果，如图8-212所示。

粒子运动模糊：根据粒子速度产生模糊效果，如图8-213所示。

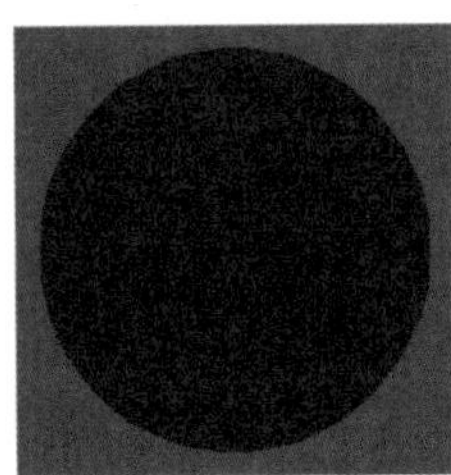

图8-212

图8-213

烟雾：产生丝状、雾状或絮状等无序的纹理效果，如图8-214所示。

斑点：产生两色杂斑纹理效果，如图8-215所示。

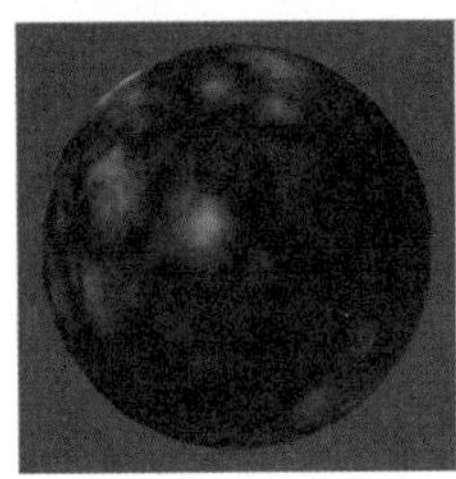

图8-214

图8-215

泼溅：产生类似油彩飞溅的效果，如图8-216所示。

泥灰：用于制作腐蚀生锈的金属和物体破败的效果，如图8-217所示。

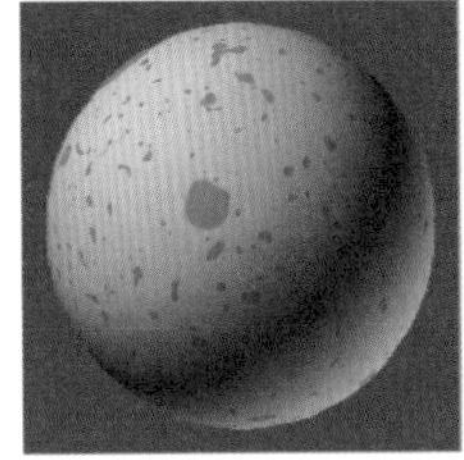

图8-216

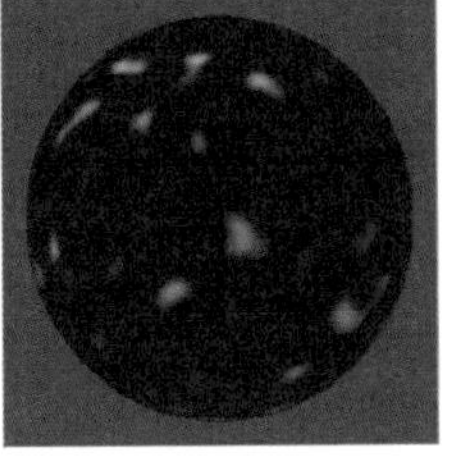

图8-217

波浪：可创建波状的，类似水纹的贴图，如图8-218所示。

木材：用于制作木头效果，如图8-219所示。

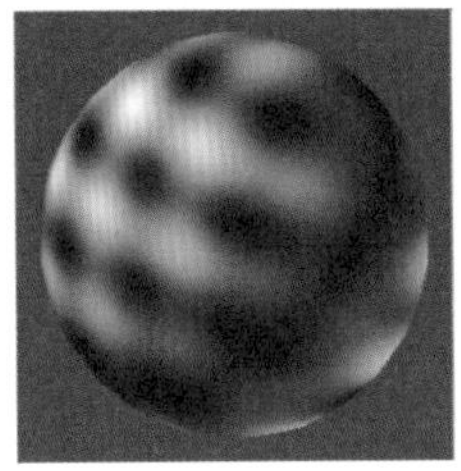

图8-218

图8-219

合成贴图：提供混合方式，将不同的贴图和颜色进行混合处理。在进行图像处理时，合成贴图能够将两种或者更多的图像按指定方式结合在一起，合成贴图包括合成、混合、遮罩、RGB倍增。

RGB相乘：主要配合凹凸贴图一起使用，允许将两种颜色或贴图的颜色进行相乘处理，从而提高图像的对比度。

合成：可以将两个或两个以上的子材质合成在一起。

混合：将两种贴图混合在一起，通常用来制作一些多个材质渐变融合或覆盖的效果。

遮罩：使用一张贴图作为遮罩。

颜色修改：这种程序贴图可以通过图像的各种通道来更改纹理的颜色、亮度、饱和度和对比度，调整的方式包括RGB颜色、单色、反转或自定义，可以调整的通道包括各个颜色通道和Alpha通道。

RGB染色：通过3种颜色通道来调整贴图的色调。

顶点颜色：根据材质或原始顶点的颜色来调整RGB或RGBA纹理，效果如图8-220所示。

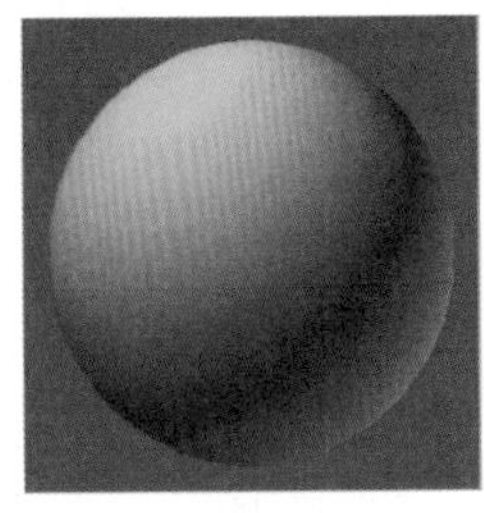

图8-220

输出：专门用来弥补某些无输出设置的贴图。

颜色修正：用来调节材质的色调、饱和度、亮度和对比度。

其他：用于创建反射和折射效果的贴图。

VR-HDRI：VRayHDRI可以翻译为高动态范围贴图，主要用来设置场景的环境贴图，即把HDRI当做光源来使用。

VR-法线贴图：可以用来制作真实的凹凸纹理效果。

VR-合成贴图：可以通过两个通道里贴图色度、灰度的不同来进行减、乘、除等操作。

VR-天空：是一种环境贴图，用来模拟天空效果。

VR-贴图：因为VRay不支持3ds Max里的光线追踪贴图类型，所以在使用3ds Max“标准”材质时的反射和折射就用“VRay贴图”来代替。

VR-位图过滤：是一个非常简单的程序贴图，它可以编辑贴图纹理的x轴、y轴向。

VR-污垢贴图：可以用来模拟真实物理世界中的物体上的污垢效果，如墙角上的污垢、铁板上的铁锈等效果。

VR-线框颜色：是一个非常简单的程序贴图，效果和3ds Max里的线框材质类似。

VR-颜色：可以用来设置任何颜色。

薄壁折射：配合“折”射贴图一起使用，能产生透镜变形的折射效果。

法线凹凸：可以改变曲面上的细节和外观。

反射/折射：可以产生反射与折射效果。

光线追踪：可以模拟真实的完全反射与折射效果。

每像素的摄影机贴图：将渲染后的图像作为物体的纹理贴图，以当前摄影机的方向贴在物体上，可以进行快速渲染。

平面镜：使共平面的表面产生类似于镜面反射的效果。

2.贴图坐标

对于附有贴图材质的对象，必须依据对象自身的UVW轴向进行贴图坐标指定，即告诉系统怎样将贴图覆盖在对象表面，3ds Max中绝大多数的标准几何体都有“生成贴图坐标”复选项，开启它就可以作用对象默认的贴图坐标。在使用“在视口中显示贴图”或渲染时，拥有“生成贴图坐标”的对象会自动开启这个选项。

对于没有自动指定贴图坐标设置的对象，如“可编辑网络”对象，需要对其使用“UVW贴图”修改器进行贴图坐标的指定，“UVW贴图”修改器也可以用来改变对象默认的贴图坐标。贴图的坐标参数在“坐标”卷展栏中进行调节，根据贴图类型的不同，“坐标”卷展栏的内容也有所不同。

当材质包含多种贴图且使用多个贴图通道时，必须在通道1之外为每个通道分别指定“UVW 贴图”修改器。对于NURBS表面子对象，无须为其指定“UVW 贴图”修改器，因为可以通过表面子对象的“材质属性”参数栏设置贴图通道。如果对象指定了使用贴图通道1以外的贴图（贴图通道1例外是因为给对象指定贴图材质时，通道1贴图坐标会自动开启），却没有通过指定“UVW贴图”修改器为对象指定匹配的贴图通道，渲染时就会出现丢失贴图坐标的情况。

8.7.2 位图贴图

“位图”贴图就是使用一张位图图像作为贴图。这是一种最基本的贴图类型，也是最常用的贴图类型，如图8-221所示。位图贴图支持很多种格式，包括FLC、AVI、BMP、GIF、JPEG、PNG、PSD和TIFF等主流图像格式，如图8-222所示。

 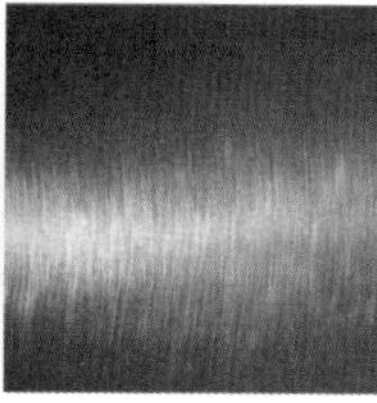 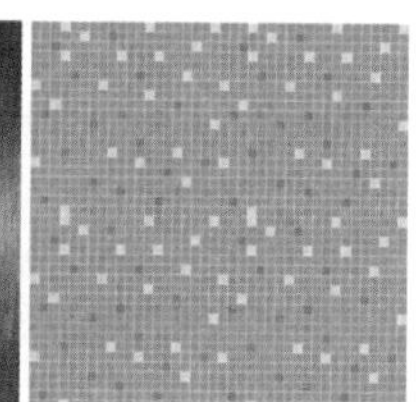

图8-221

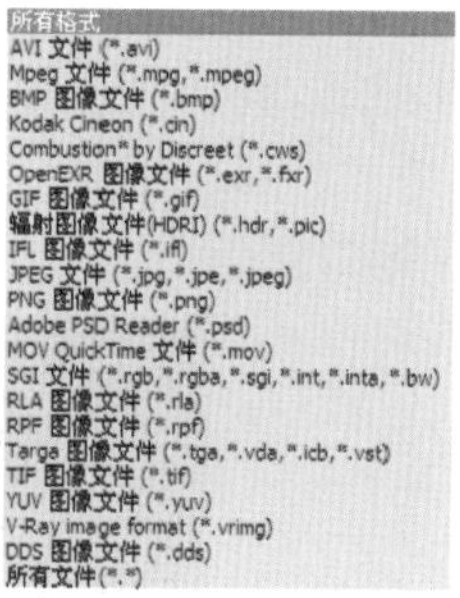

所有格式
AVI 文件 (*.avi)
Mpeg 文件 (*.mpg,*.mpeg)
BMP 图像文件 (*.bmp)
Kodak Cineon (*.cin)
Combustion* by Discreet (*.cws)
OpenEXR 图像文件 (*.exr,*.fxr)
GIF 图像文件 (*.gif)
辐射图像文件(HDRI) (*.hdr,*.pic)
IFL 图像文件 (*.ifl)
JPEG 文件 (*.jpg,*.jpe,*.jpeg)
PNG 图像文件 (*.png)
Adobe PSD Reader (*.psd)
MOV QuickTime 文件 (*.mov)
SGI 文件 (*.rgb,*.rgba,*.sgi,*.int,*.inta,*.bw)
RLA 图像文件 (*.rla)
RPF 图像文件 (*.rpf)
Targa 图像文件 (*.tga,*.vda,*.icb,*.vst)
TIF 图像文件 (*.tif)
YUV 图像文件 (*.yuv)
V-Ray image format (*.vrimg)
DDS 图像文件 (*.dds)
所有文件(*.*)

图8-222

“位图”贴图的参数面板主要包含5个卷展栏，分别是“坐标”卷展栏、“噪波”卷展栏、“位图参数”卷展栏、“时间”卷展栏和“输出”卷展栏，如图8-223所示。其中“坐标”和“噪波”卷展栏基本上算是“2D贴图”类型的程序贴图的公用参数面板，而“输出”卷展栏也是很多贴图（包括3D贴图）都会有的参数面板，“位图参数”卷展栏则是“位图”贴图所独有的参数面板。

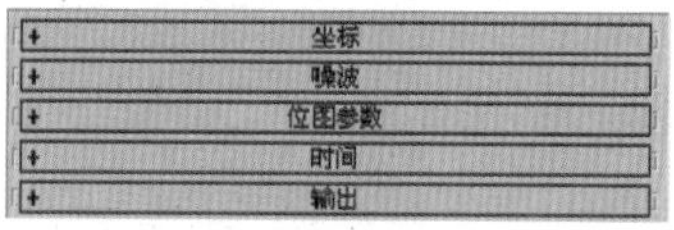

+ 坐标
+ 噪波
+ 位图参数
+ 时间
+ 输出

图8-223

在本节的参数介绍中，笔者将详细介绍这几个参数卷展栏中的相关参数，而在后续的贴图类型讲解中，就只针对每个贴图类型的独有参数进行介绍，请读者注意。

1.“坐标”卷展栏

展开“坐标”卷展栏，其参数面板如图8-224所示。

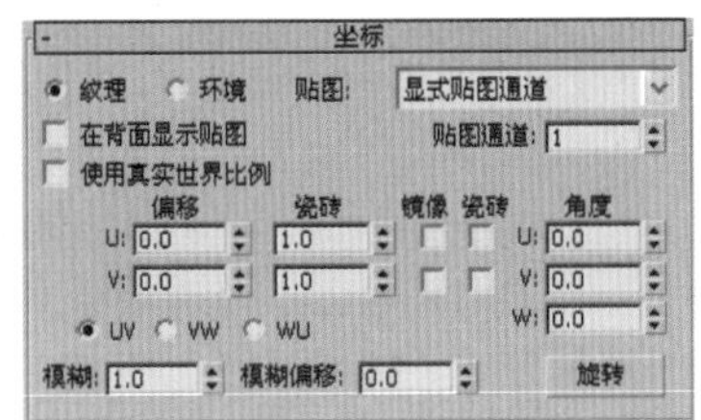

图8-224

【参数介绍】

纹理：将位图作为纹理贴图指定到表面，有4种坐标方式供用户使用，可以在右侧的“贴图”下拉菜单中进行选择，具体如下。

显示贴图通道：使用任何贴图通道，通道从1～99任选。

顶点颜色通道：使用指定的顶点颜色作为通道。

对象*XYZ*平面：使用源于对象自身坐标系的平面贴图方式，必须打开“在背面显示贴图”选项才能在背面显示贴图。

世界*XYZ*平面：使用源于场景世界坐标系的平面贴图方式，必须打开“在背面显示贴图”选项才能在背面显示贴图。

环境：将位图作为环境贴图使用时就如同将它指定到场景中的某个不可见对象上一样，在右侧的“贴图”下拉菜单中可以选择4种坐标方式，具体如下。

球形环境。

柱形环境。

收缩包裹环境。

屏幕。

前3种环境坐标与“UVW贴图”修改器中相同，“球形环境”会在两端产生撕裂现象；“收缩包裹环境”只有一端有少许撕裂现象，如果要进行摄影机移动，它是最好的选择；“柱形环境”则像一个巨大的柱体围绕在场景周围；“屏幕”方式可以将图像不变形地直接指向视角，类似于一面悬挂在背景上的巨大幕布，由于“屏幕”方式总是与视角锁定，所以只适用于静帧或没有摄影机移动的渲染。除了“屏幕”方式之外，其他3种方式都应当使用高精度的贴图来制作环境背景。

在背面显示贴图：勾选此项，平面贴图能够在渲染时投射到对象背面，默认为开启。只有*U*、*V*轴都取消勾选“瓷砖”的情况下它才有效。

使用真实世界比例：勾选此项后，使用真实“宽度”和“高度”值将贴图应用于对象，而不是*U*、*V*值。

贴图通道：当上面一项选择为“显示贴图通道”时，该输入框可用，允许用户选择从1～99的任意通道。

偏移：用于改变对象的*U*、*V*坐标，以此调节贴图在对象表面的位置。贴图的移动与其自身的大小有关，例如要将某贴图向左移动其完整宽度的距离，向下移动其一半宽度的距离，则在“*U*轴偏移”栏内输入-1，在“*V*轴偏移”栏内输入0.5。

瓷砖（也有翻译为“平铺”）：设置水平和垂直方向上贴图重复的次数，当然右侧“瓷砖”复选项要打开才起作用，它可以将纹理连续不断地贴在对象表面，经常用于砖墙、地板的制作，值为1时，贴图在表面贴一次；值为2时，贴图会在表面各个方向上重复贴两次，贴图尺寸会相应都缩小一倍；值小于1时，贴图会进行放大。

镜像：将贴图在对象表面进行镜像复制，形成该方向上两个镜像的贴图效果。与“瓷砖”一样，镜像可以在*U*轴、*V*轴或两轴向同时进行，轴向上的“瓷砖”参数用于指它显示的贴图数量，每个拷贝都是相对于自身相邻的贴图进行重复的。

UV/*UW*/*WU*：改变贴图所使用的贴图坐标系统。默认的*UV*坐标系统将贴图像放映幻灯片一样投射到对象表现；*VW*与*WU*坐标系统对贴图进行旋转，使其垂直于表面。

角度：控制在相应的坐标方向上产生贴图的旋转效果，既可以输入数据，也可以单击“旋转”钮进行实时调节。

模糊：影响图像的尖锐程度，影响力较低，主要用于位图的抗锯齿处理。

模糊偏移：使用图像的偏移产生大幅度的模糊处理，常用于产生柔和散焦效果。它的值很灵敏，一般用于反射贴图的模糊处理。

旋转：单击激活旋转贴图坐标示意框，可以直接在框中拖动鼠标对贴图进行旋转。

2.“噪波”卷展栏

展开“噪波”卷展栏，其参数如图8-225所示。通过指定不规则噪波函数使*UV*轴向上的贴图像素产生扭曲，为材质添加噪波效果，产生的噪波图案可以非常复杂，非常适合创建随机图案，还适于模拟不规则的自然地表。噪波参数间的相互影响非常紧密，细微的参数变化就可能带来明显的差别。

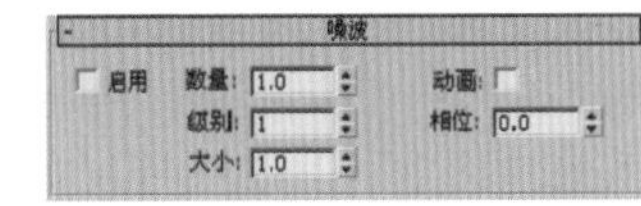

图8-225

【参数介绍】

启用：控制噪波效果的开关。

数量：控制分形计算的强度，值为0时不产生噪波效果，值为100时位图将被完全噪化，默认设置为1。

级别：设置函数被指定的次数，与“数量”值紧密联系，“数量”值越大，“级别”值的影响也越强烈，它的值由1～10可调，默认设置为1。

大小：设置噪波函数相对于几何造型的比例。值越大，波形越缓；值越小，波形越碎，值由0.001～100可调，默认设置为1。

动画：确定是否要进行动画噪波处理，只有打开它才允许产生动画效果。

相位：控制噪波函数产生动画的速度。将相位值的变化记录为动画，就可以产生动画的噪波材质。

3.“位图参数”卷展栏

展开“位图参数”卷展栏，其参数如图8-226所示。

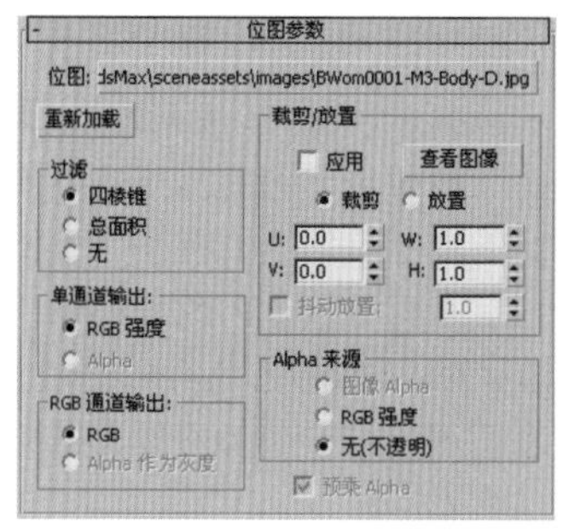

图8-226

【参数介绍】

位图：单击右侧的按钮，可以在文件框中选择一个位图文件。

重新加载：按照相同的路径和名称重新将上面的位图调入，这主要是因为在其他软件中对该图做了改动，重加载它才能使修改后的效果生效。

过滤：该选项组主要是用来确定对位图进行抗锯齿处理的方式。对于一般要求，“四棱椎”过滤方式已经足够了。“总面积”过滤方式提供更加优秀的过滤效果，只是会占用更多的内存，如果对“凹凸”贴图的效果不满意，可以选择这种过滤方式，效果非常优秀，这是提高3ds Max凹凸贴图渲染品质的一个关键参数，不过渲染时间也会大幅增长。如果选择“无”选项，将不对贴图进行过滤。

单通道输出：该选项组主要用于根据贴图方式的不同，确定图像的哪个通道将被使用。对于某些贴图方式（如凹凸），只要求位图的黑白效果来产生影响，这时一张彩色的位图就会以一种方式转换为黑白效果，通常以RGB明暗度方式转换，根据红绿蓝的明暗强度转化为灰度图像。就好像在Photoshop中将彩色图像转化为灰度图像一样；如果位图是一个具有Alpha通道的32位图像，也可以将它的Alpha通道图像作为贴图影响，例如使用它的Alpha通道制作标签贴图时。主要包含以下两个选项。

RGB强度：使用红、绿、蓝通道的强度作用于贴图。像素点的颜色将被忽略，只使用它的明亮度值，彩色将在0（黑）～255（白）级的灰度值之间进行计算。

Alpha：使用贴图自带的Alpha通道的强度进行作用。

RGB通道输出：该选项组主要用于要求彩色贴图的贴图方式，如漫反射、高光、过滤色、反射、折射等，确定位图显示色彩的方式。包含以下两个选项

RGB：以位图全部彩色进行贴图。

Alpha作为灰度：以Alpha通道图像的灰度级别来显示色调。

剪切/放置：该选项组主要用于控制贴图参数，它允许在位图上任意剪切一部分图像作为贴图进行使用，或者将原位图比例进行缩小使用，它并不会改变原位图文件，只是在材质编辑器中实施控制。这种方法非常灵活，尤其是在进行反射贴图处理时可以随意调节反射贴图的大小和内容，以便取得最佳的质感。主要包含以下5个选项。

应用：勾选此选项，全部的剪切和定位设置才能发生作用。

剪裁：允许在位图内剪切局部图像用于贴图，其下的*U*、*V*值控制局部图像的相对位置，*W*、*H*值控制局部图像的宽度和高度。

放置：这时的“瓷砖”贴图设置将会失效，贴图以“不重复”的方式贴在物体表面，*U*、*V*值控制缩小后的位图在原位图上的位置，这同时影响贴图在物体表面的位置，*W*、*H*值控制位图缩小的长宽比例。

抖动放置：针对“放置”方式起作用，这时缩小位图的比例和尺寸由系统提供的随机值来控制。

查看图像：单击此按钮，系统会弹出一个虚拟图像设置框，可以直观地进行剪切和放置操作。拖动位图周围的控制柄，可以剪切和缩小位图；在方框内拖动，可以移动被剪切和缩小的图像；在“放置”方式下，配合Ctrl键可以保持比例进行放缩；在“剪裁”方式下，配合Ctrl键按左、右键，可以对图像显示进行放缩。

Alpha来源：该选项组用于确定贴图位图透明信息的来源。主要包含以下3个选项。

图像Alpha：如果该图像具有Alpha通道，将使用它的Alpha通道。

RGB强度：将彩色图像转化的灰度图像作为透明通道来源。

无（不透明）：不使用透明信息。

预乘Alpha：确定以何种方式来处理位图的Alpha通道，默认为开启状态，如果将它关闭，RGB值将被忽略，只有发现不重复贴图不正确时再将它关闭。

4.“输出”卷展栏

展开“输出”卷展栏，其参数如图8-227所示，这些参数主要用于调节贴图输出时的最终效果，相当于二维软件中的图片校色工具。

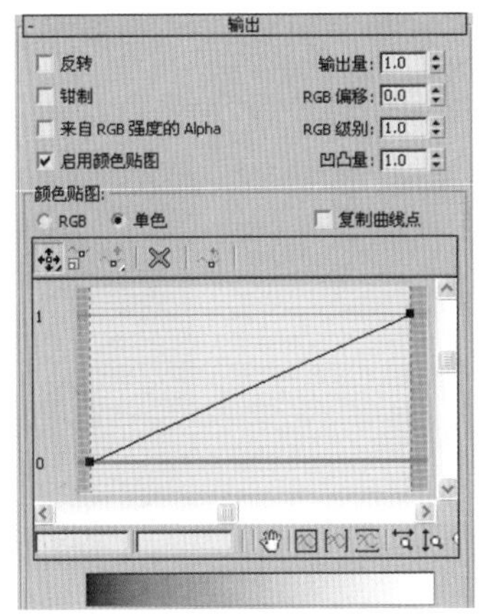

图8-227

【参数介绍】

反转：将位图的色调反转，如同照片的负片效果，对于凹凸贴图，将它打开可以使凹凸纹理反转。

钳制：勾选此项，限制颜色值的参数将不会超过1。如果将它打开，增加“RGB级别”值会产生强烈的自发光效果，因为大于1后会变白。

来自RGB强度的Alpha：勾选此项后，将为基于位图RGB通道的明度产生一个Alpha通道，黑色透明而白色不透明，中间色根据其明度显示出不同程度的半透明效果，默认为关闭状态。

启用颜色贴图：勾选此项后，可以使用色彩贴图曲线。

输出量：控制位图融入一个合成材质中的数量（程度），影响贴图的饱和度与通道值，默认设置为1。

RGB偏移：设置位图RGB的强度偏移。值为0时不发生强度偏移；大于0时，位图RGB强度增大，趋向于纯白色；小于0时，位图RGB强度减小，趋向于黑色。默认设置为0。

RGB级别：设置位图RGB色彩值的倍增量，它影响的是图像饱和度，值的增大使图像趋向于饱和与发光，低的值会使图像饱和度降低而变灰，默认设置为1。

凹凸量：只针对凹凸贴图起作用，它调节凹凸的强度，默认值为1。

颜色贴图：该选项组用来调节图像的色调范围。坐标（1，1）位置控制高亮部分，（0.5，0.5）位置控制中间影调，（0，0）位置控制阴影部分。通过在曲线上添加、移动、放缩点（拐点、贝兹-光滑和贝兹-拐点3种类型）来改变曲线的形状。主要包含以下几种选项。

RGB/单色：指定贴图曲线分类单独过滤RGB通道（RGB方式）或联合滤过RGB通道（单色方式）。

复制曲线点：开启它，在RGB方式（或单色方式）下添加的点，转换方式后还会保留在原位。这些点的变化可以指定动画，但贝兹点把手的变化不能指定。在RGB方式下指定动画后，转换为单色方式动画可以延续下来，但反之不可。

可以向任意方向移动选择的点。

只能在水平方向上移动选择的点。

只能在垂直方向上移动选择的点。

改变控制点的输出量，但维持相关的点。对于贝兹-拐点，它的作用等于同于垂直移动的作用；对于贝兹-光滑的点，它可以同时放缩贝兹点和把手。

在曲线上任意添加贝兹拐点。

在曲线上任意添加贝兹光滑点。选择一种添加方式后，可以直接按住Ctrl键在曲线上添加另一种方式的点。

移动选择点。

回复到曲线的默认状态，视图的变化不受影响。

在视图中任意拖曳曲线位置。

显示曲线全部。

显示水平方向上曲线全部。

显示垂直方向上曲线全部。

水平方向上放缩观察曲线。

垂直方向上放缩观察曲线。

围绕光标进行放大或缩小。

围绕图上任何区域绘制长方形区域，然后缩放到该视图。

位图贴图的使用方法

在所有的贴图通道中都可以加载位图贴图。在“漫反射”贴图通道中加载一张“木质.jpg”位图文件，如图8-228所示，然后将材质指定给一个球体模型，接着按F9键渲染当前场景，效果如图8-229所示。

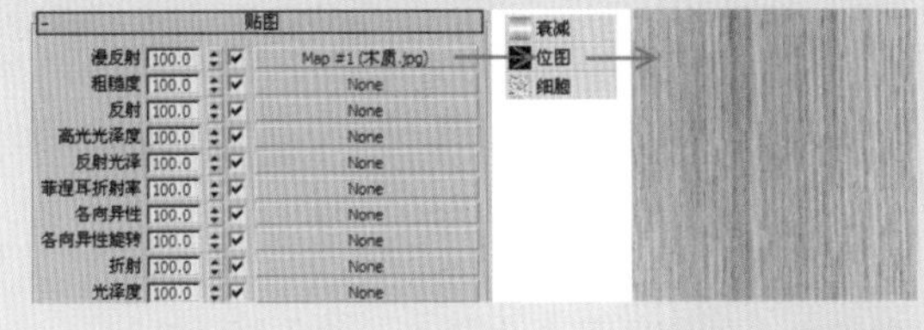

图8-228

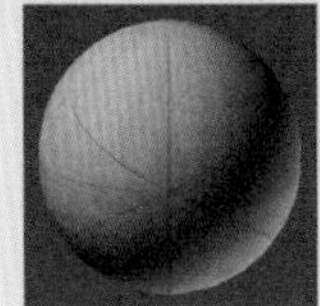

图8-229

加载位图后，3ds Max会自动弹出位图的参数设置面板，如图8-230所示。这里的参数主要用来设置位图的

"偏移"值、"瓷砖"（即位图的平铺数量）值和"角度"值，图8-231所示是"瓷砖"的V和U为6时材质球效果。

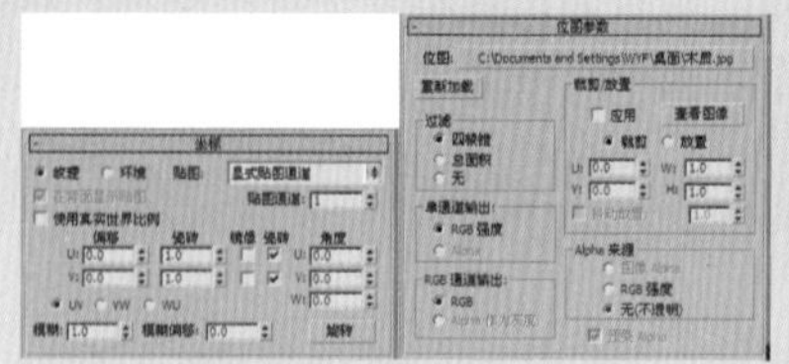

图8-230 图8-231

勾选"镜像"选项后，贴图就会变成镜像方式，当贴图不是无缝贴图时，建议勾选"镜像"选项，图8-232所示是勾选该选项时的材质球效果。

当设置"模糊"为0.01时，可以在渲染时得到最精细的贴图效果，如图8-233所示；如果设置为1，则可以得到最模糊的贴图效果，如图8-234所示。

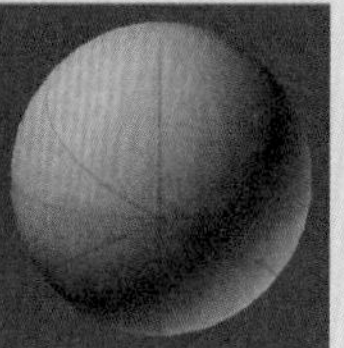

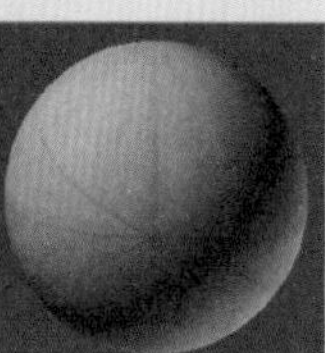

图8-232 图8-233 图8-234

在"位图参数"卷展栏下勾选"应用"选项，然后单击后面的"查看图像"按钮 查看图像 ，在弹出的对话框中可以对位图的应用区域进行调整，如图8-235所示。

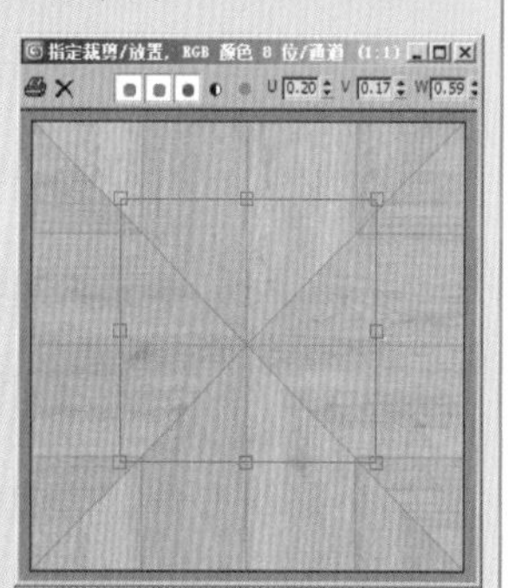

图8-235

新手练习——制作木质衣柜

素材文件	木质衣柜.max
案例文件	新手练习——制作木质衣柜.max
视频教学	视频教学/第8章/新手练习——制作木质衣柜.flv
技术掌握	VRayMtl材质，位图贴图的应用

本例的木质衣柜效果如图8-236所示。

图8-236

木质材质的基本属性主要有以下两点。

带有纹理。

有一定的反射。

【操作步骤】

01 打开本书配套光盘中的"木质衣柜.max"文件，如图8-237所示。

图8-237

02 选择一个空白材质球，然后将材质类型设置为VRayMtl材质，并将其命名为"木纹"，接着展开"基本参数"卷展栏，具体参数设置如图8-238所示，制作好的材质球效果如图8-239所示。

设置步骤：

① 在"漫反射"贴图通道中加载一张"木纹.jpg"贴图文件，然后在"坐标"卷展栏下设置"模糊"为0.01。

② 设置"反射"为深灰色（红:35，绿:35，蓝:35），接着设置"反射光泽度"为0.92、"细分"为20。

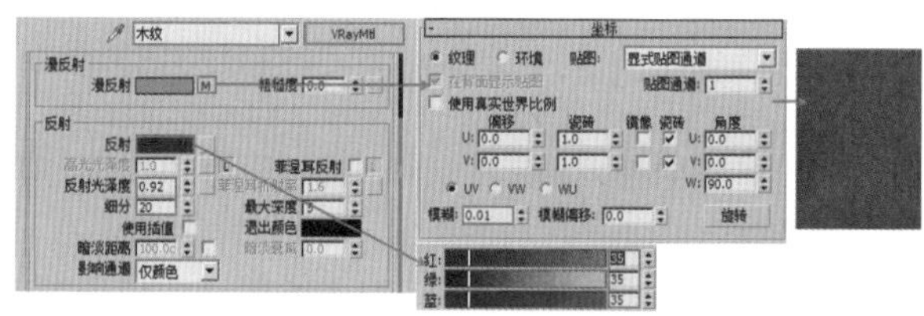

图8-238

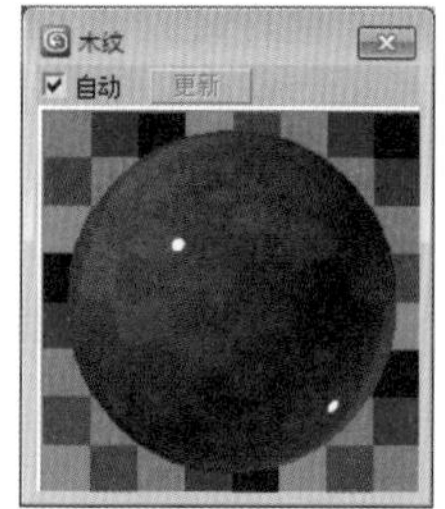

图8-239

03 将制作好的材质球指定给场景中相对应的模型，按F9键渲染，最终效果如图8-240所示。

图8-240

8.7.3 平铺程序贴图

使用“平铺”程序贴图可以创建类似于瓷砖的贴图，通常在制作有很多建筑砖块图案时使用，其参数设置面板如图8-241所示。

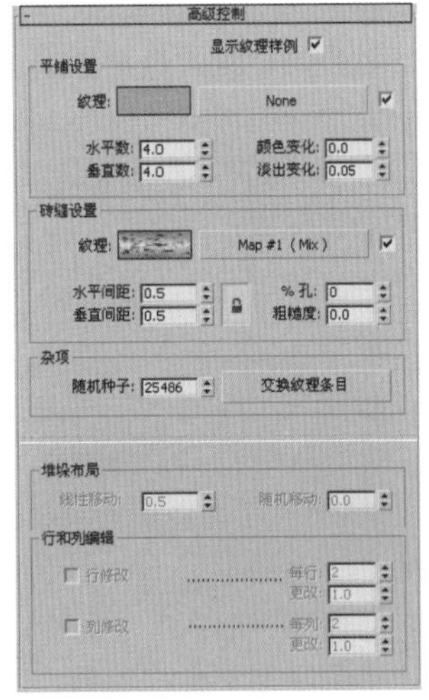

图8-241

1.“标准控制”卷展栏

预设类型：可以在右侧的下拉列表中选择不同的砖墙图案，其中“自定义平铺”可以调用在“高级控制”中自制的图案。

下图中列出了几种不同的砌合方式，如图8-242所示。

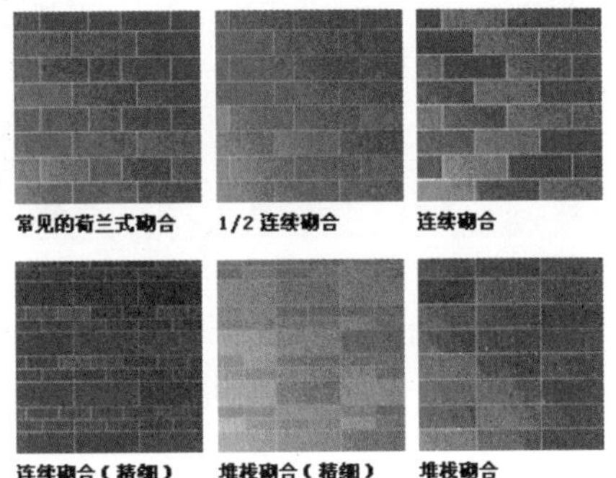

图8-242

2.“高级控制”卷展栏

【参数介绍】

显示纹理样例：更新显示指定给墙砖或灰泥的贴图。

平铺设置：该选项组主要包含以下5个选项。

纹理：控制当前砖块贴图的显示。开启它，使用纹理替换色块中的颜色作为砖墙的图案；关闭它，则只显示砖墙颜色。单击色块可以调用颜色选择对话框。右侧的长方形按钮用来指定纹理贴图。

水平数：控制一行上的平铺数。

垂直数：控制一列上的平铺数。

颜色变化：控制砖墙中的颜色变化程度。

淡出变化：控制砖墙中的褪色变化程度。

砖缝设置：该选项组主要包含以下5个选项。

纹理：控制当前灰泥贴图的显示。开启它，使用纹理替换色块中的颜色作为灰泥的图案；关闭它，则只显示灰泥颜色。单击色块可以调用颜色选择对话框。右侧的长方形按钮用来指定纹理贴图。

水平间距：控制砖块之间水平向上的灰泥大小。默认情况下与“垂直间距”锁定在一起。单击右侧的“锁”图案可以解除锁定。

垂直间距：控制砖块之间垂直方向上的灰泥大小。

%孔：设置砖墙表面因没有墙砖而造成的空洞的百分比程度，通过这些墙洞可以看到“灰泥”的情况。

粗糙度：设置灰泥边缘的粗糙程度。

杂项：该选项组主要包含以下两个选项。

随机种子：将颜色变化图案随机应用到砖墙上，不需要任何其他设置就可以产生完全不同的图案。

交换纹理条目：交换砖墙与灰泥之间的贴图或颜色设置。

堆垛布局：该选项组只有在预设类型中选择了“自定义平铺”后，才能被激活。主要包含以下两个选项。

线性移动：每隔一行移动砖块行单位距离。

随机移动：随意移动全部砖块行单位距离。

行和列编辑：该选项组只有在预设类型中选择了“自定义平铺”后，才能被激活。主要包含以下6个选项。

行修改：每隔指定的行数，按“更改”栏中指定的数量变化一行砖块。

每行：指定相隔的行数。

更改：指定变化砖块数量。

列修改：每隔指定的列数，按“更改”栏中指定的数量变化一列砖块。

每列：指定相隔的列数。

更改：指定变化砖块数量。

新手练习——制作瓷砖

素材文件	瓷砖.max
案例文件	新手练习——制作瓷砖.max
视频教学	视频教学/第8章/新手练习——制作瓷砖.flv
技术掌握	VRayMtl材质，平铺贴图的应用

本例的瓷砖材质效果如图8-243所示。

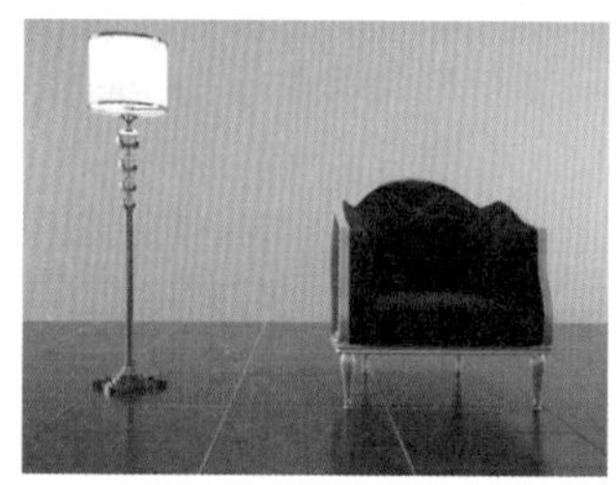

图8-243

瓷砖材质的基本属性主要有以下3点

带有纹理。

有一定的反射。

有很小的凹凸效果。

【操作步骤】

01 打开本书配套光盘中的“瓷砖.max”文件，如图8-244所示。

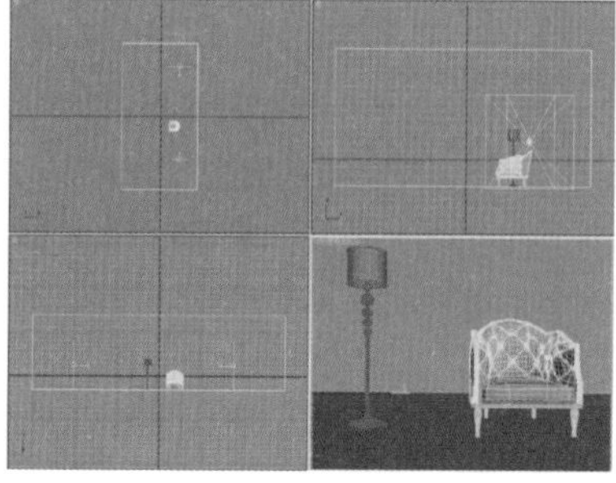

图8-244

02 选择一个空白材质球，然后将材质类型设置为VRayMtl材质，并将其命名为“地面”，接着在“漫反射”贴图通道中加载一张“平铺”程序贴图，接着展开“高级控制”卷展栏，具体参数设置如图8-245所示。

设置步骤：

① 在“纹理”贴图通道中加载一张“地面.jpg”文件，然后设置“水平数”为20，“垂直数”为20。

② 在“砖缝设置”选项组下设置“水平间距”和“垂直间距”为0.02。

③ 在“杂项”选项组下设置“随机种子”为25300。

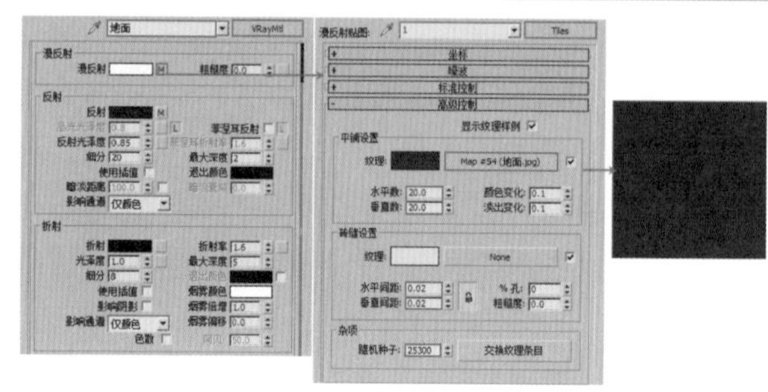

图8-245

03 返回“基本参数”卷展栏，具体参数设置如图8-246所示。

设置步骤：

① 在“反射”贴图通道中加载一张“衰减”程序贴图，接着展开“衰减参数”卷展栏，并调节“侧”颜色为灰色（红:180，绿:180，蓝:180），然后设置“衰减类型”为Fresnel。

② 设置“反射光泽度”为0.85、“细分”为20、“最大深度”为2。

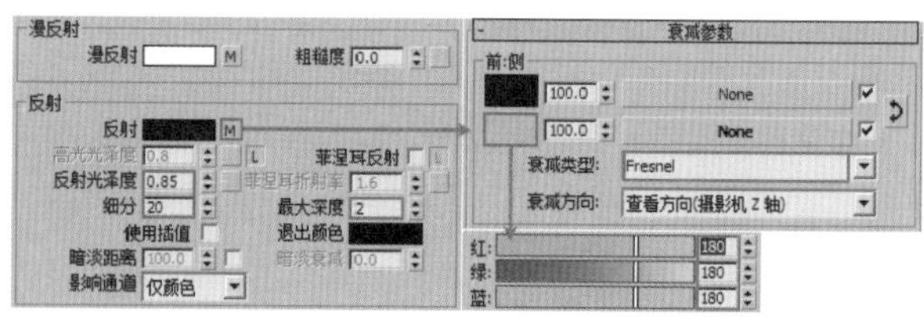

图8-246

04 展开“贴图”卷展栏，然后将“漫反射”贴图通道中的贴图文件拖曳到“凹凸”贴图通道中，最后设置凹凸强度为5，具体参数设置如图8-247所示，制作好的材质球效果如图8-248所示。

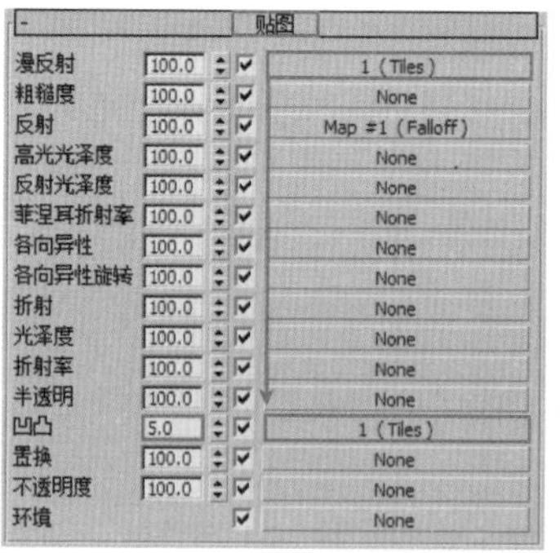

图8-247

图8-248

05 将制作好的材质球指定给场景中相对应的模型，按F9键渲染，最终效果如图8-249所示。

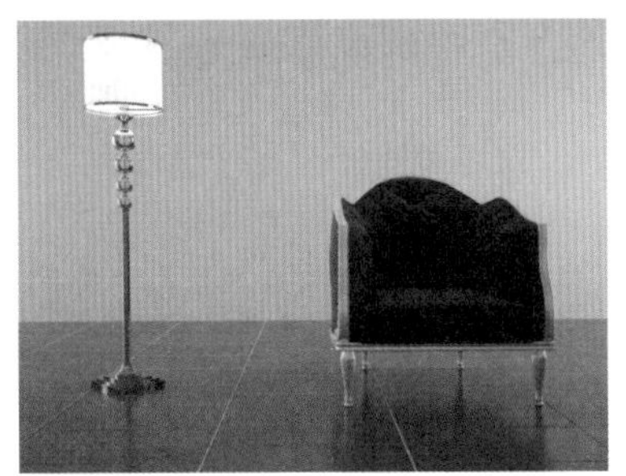

图8-249

8.7.4 衰减程序贴图

“衰减”程序贴图可以用来控制材质强烈到柔和的过渡效果，使用频率比较高，其参数设置面板如图8-250所示。

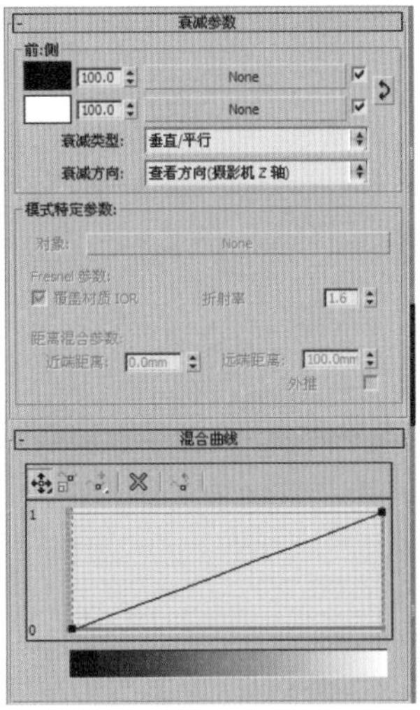

图8-250

【参数介绍】

衰减类型：设置衰减的方式，共有以下5种方式。

垂直/平行：在与衰减方向相垂直的面法线和与衰减方向相平行的法线之间设置角度衰减范围。

朝向/背离：在面向衰减方向的面法线和背离衰减方向的法线之间设置角度衰减范围。

Fresnel（菲涅耳）：基于IOR（折射率）在面向视图的曲面上产生暗淡反射，而在有角的面上产生较明亮的反射。

阴影/灯光：基于落在对象上的灯光，在两个子纹理之间进行调节。

距离混合：基于“近端距离”值和“远端距离”值，在两个子纹理之间进行调节。

衰减方向：设置衰减的方向。

混合曲线：设置曲线的形状，可以精确地控制由任何衰减类型所产生的渐变。

高手进阶——制作水墨效果

素材文件	荷花.max
案例文件	高手进阶——制作水墨效果.max
视频教学	视频教学/第8章/高手进阶——制作水墨效果.flv
技术掌握	标准材质，衰减贴图的应用

本例的水墨效果如图8-251所示。

图8-251

水墨材质的基本属性主要是有一定的菲涅耳反射。

【操作步骤】

01 打开本书配套光盘中的“荷花.max”文件，如图8-252所示。

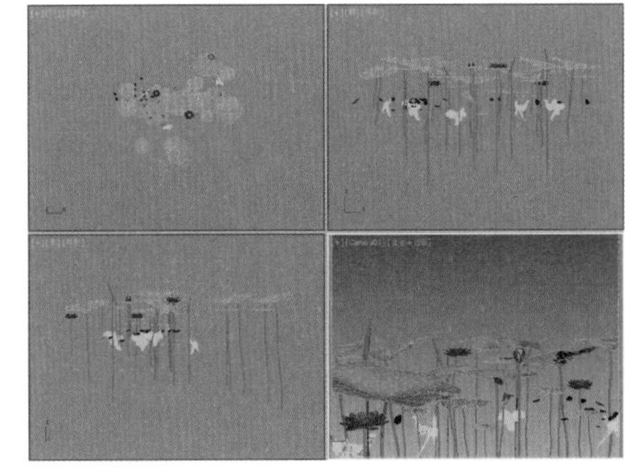

图8-252

02 选择一个空白材质球，将其命名为“水墨1”，接着在“Blinn基本参数”卷展栏下的“漫反射”贴图通道中加载一张“衰减”程序贴图，然后展开“衰减参数”卷展栏，具体参数设置如图8-253所示。

设置步骤：

① 设置“侧”颜色为绿色（红:172，绿:214，蓝:181）。

② 设置“衰减类型”为“垂直/平行”。

图8-253

03 返回到"Blinn基本参数"卷展栏，具体参数设置如图8-254所示。

设置步骤：

① 在"高光反射"贴图通道中加载一张"衰减"程序贴图，接着在"衰减参数"卷展栏下设置"衰减类型"为"垂直/平行"。

② 设置"高光级别"为50、"光泽度"为30。

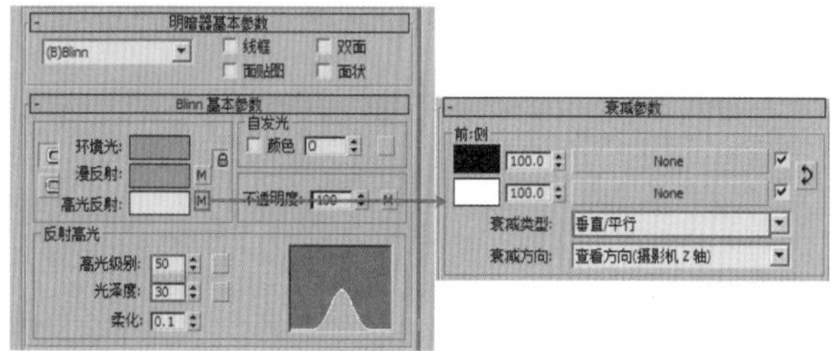

图8-254

04 返回到"Blinn基本参数"卷展栏，在"不透明度"贴图通道中加载一张"衰减"程序贴图，接着展开"衰减参数"卷展栏，然后单击"交换颜色/贴图"按钮，并设置"衰减类型"为"垂直/平行"，如图8-255所示，制作好的材质球效果如图8-256所示。

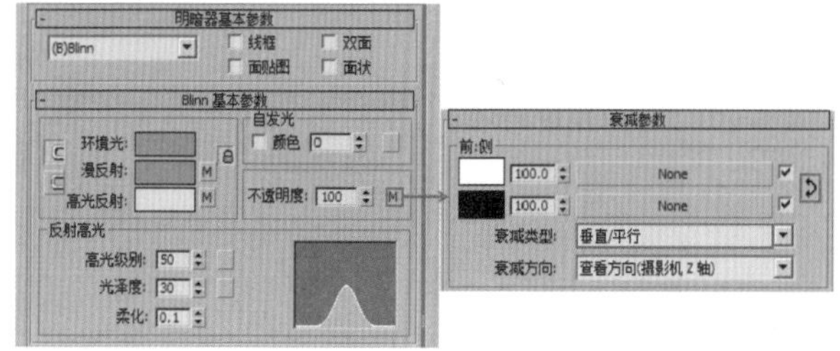

图8-255

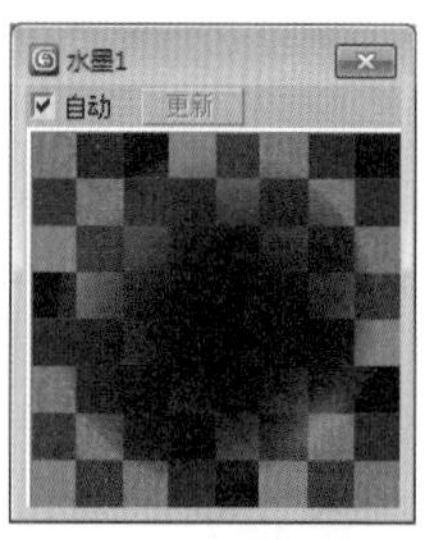

图8-256

05 将制作好的材质球指定给场景中相对应的模型，按F9键渲染当前场景，最终效果如图8-257所示。

图8-257

8.7.5 噪波程序贴图

使用"噪波"程序贴图可以将噪波效果添加到物体的表面，以突出材质的质感。"噪波"程序贴图通过应用分形噪波函数来扰动像素的UV贴图，从而表现出非常复杂的物体材质，其参数设置面板如图8-258所示。

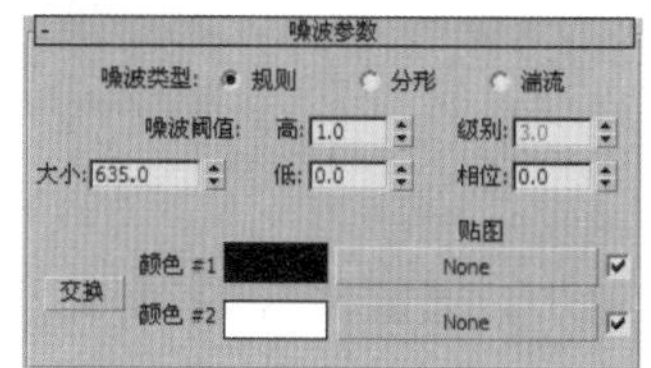

图8-258

【参数介绍】

噪波类型：共有3种类型，分别是"规则"、"分形"和"湍流"。

规则：生成普通噪波，如图8-259所示。

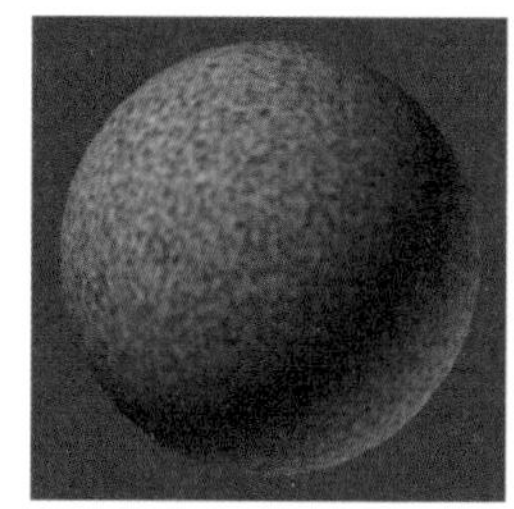

图8-259

分形：使用分形算法生成噪波，如图8-260所示。

湍流：生成应用绝对值函数来制作故障线条的分形噪波，如图8-261所示。

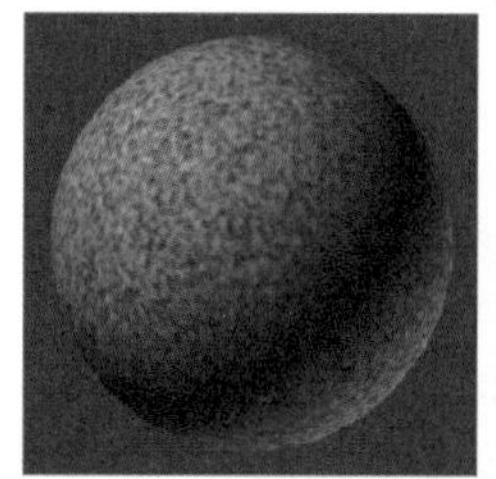

图8-260 图8-261

大小：以3ds Max为单位设置噪波函数的比例。

噪波阈值：控制噪波的效果，取值范围从0~1。

级别：决定有多少分形能量用于分形和湍流噪波函数。

相位：控制噪波函数的动画速度。

交换 交换：交换两个颜色或贴图的位置。

颜色#1/2：可以从两个主要噪波颜色中进行选择，将通过所选的两种颜色来生成中间颜色值。

8.7.6 混合程序贴图

“混合”程序贴图可以用来制作材质之间的混合效果，其参数设置面板如图8-262所示。

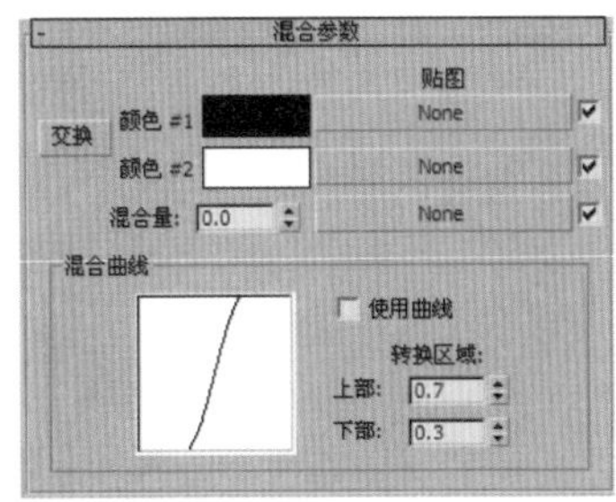

图8-262

【参数介绍】

交换 交换 ：交换两个颜色或贴图的位置。

颜色#1/2：设置混合的两种颜色。

混合量：设置混合的比例。

混合曲线：该选项组主要用于用曲线来确定对混合效果的影响。

转换区域：调整“上部”和“下部”的级别。

8.8 VRay程序贴图

VRay程序贴图是VRay渲染器提供的一些贴图方式，功能强大，使用方便，在使用VRay渲染器进行工作时，这些程序贴图都是经常用到的。VRay的程序贴图也比较多，这里选择一些比较常用的类型进行介绍。

8.8.1 VRayHDRI

VRayHDRI可以翻译为高动态范围贴图，主要用来设置场景的环境贴图，即把HDRI当做光源来使用，其参数设置面板如图8-263所示。

图8-263

【参数介绍】

位图：单击后面的“浏览”按钮 浏览 可以指定一张HDRI。

贴图：该选项组主要包含以下5个选项。

贴图类型：用于控制HDRI的贴图方式，包含5个选项。“角式”选项用于使用了对角拉伸坐标方式的HDRI；“立方体”选项用于使用了立方体坐标方式的HDRI；“球体”选项用于使用了球形坐标方式的HDRI；“反射球”选项用于使用了镜像球体坐标方式的HDRI；“3ds Max标准的”选项用于对单个物体指定环境贴图。

水平旋转：控制HDRI在水平方向的旋转角度。

水平翻转：让HDRI在水平方向上翻转。

垂直旋转：控制HDRI在垂直方向的旋转角度。

垂直翻转：让HDRI在垂直方向上翻转。

处理：该选项组主要包含以下3个选项。

整体倍增器：控制HDRI的亮度。

渲染倍增：设置渲染时的光强度倍增。

伽玛：设置贴图的伽玛值。

HDRI拥有比普通RGB格式图像（仅8bit的亮度范围）更大的亮度范围，标准的RGB图像最大亮度值是（255，255，255），如果用这样的图像结合光能传递照明一个场景的话，即使是最亮的白色也不足以提供足够的照明来模拟真实世界中的情况，渲染结果看上去会很平淡，并且缺乏对比，原因是这种图像文件将现实中的大范围的照明信息仅用一个8bit的RGB图像描述。而使用HDRI的话，相当于将太阳光的亮度值（如6000%）加到光能传递计算以及反射的渲染中，得到的渲染结果将会非常真实、漂亮。

8.8.2 VRay位图过滤

“VRay位图过滤”是一个非常简单的贴图类型，它可以对贴图纹理进行x、y轴向编辑，其参数面板如图8-264所示。

图8-264

【参数介绍】

位图：单击后面的 None 按钮可以加载一张位图。

U偏移：x轴向偏移数量。

V偏移：y轴向偏移数量。

通道：用来与对象指定的贴图坐标相对应。

8.8.3 VRay合成贴图

"VRay合成贴图"通过两个通道里贴图色度、灰度的不同，进行减、乘、除等操作，其参数面板如图8-265所示。

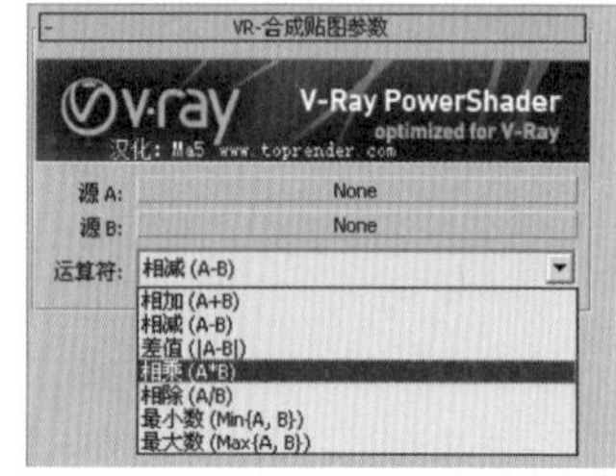

图8-265

【参数介绍】

源A：贴图通道A。

源B：贴图通道B。

运算符：该列表主要用于A通道材质和B通道材质的比较运算方式，主要包含以下7个选项。

相加（A+B）：与Photoshop图层中的叠加相似，两图相比较，亮区相加，暗区不变。

相减（A-B）：A通道贴图的色度、灰度减去B通道贴图的色度、灰度。

差值（|A-B|）：两图相比较，将产生照片负效果。

相乘（A*B）：A通道贴图的色度、灰度乘以B通道贴图的色度、灰度。

相除（A/B）：A通道贴图的色度、灰度除以B通道贴图的色度、灰度。

最小数（Min{A,B}）：取A通道和B通道的贴图色度、灰度的最小值。

最大数（Max{A,B}）：取A通道和B通道的贴图色度、灰度的最大值。

8.8.4 VRay污垢

"VRay污垢"贴图用来模拟真实物理世界中物体上的污垢效果，如墙角上的污垢、铁板上的铁锈等，其参数面板如图8-266所示。

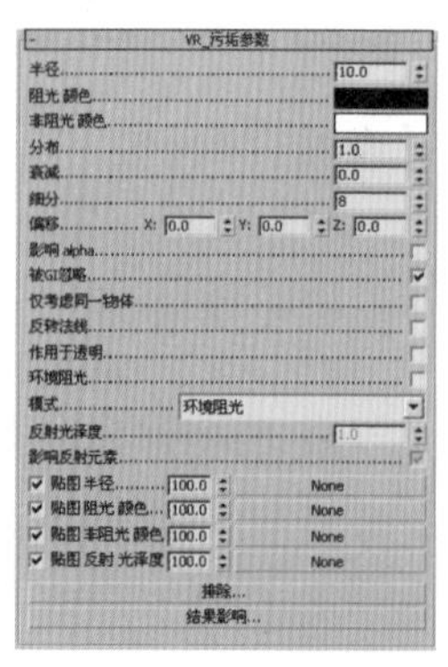

图8-266

【参数介绍】

半径：以场景单位为标准控制污垢区域的半径。同时也可以使用贴图的灰度来控制半径，白色表示将产生污垢效果，黑色表示将不产生污垢效果，灰色就按照它的灰度百分比来显示污垢效果。

阻光颜色（也有翻译为"污垢区颜色"）：设置污垢区域的颜色。

非阻光颜色（也有翻译为"非污垢区颜色"）：设置非污垢区域的颜色。

分布：控制污垢的分布，0表示均匀分布。

衰减：控制污垢区域到非污垢区域的过渡效果。

细分：控制污垢区域的细分，小的值会产生杂点，但是渲染速度快；大的值不会有杂点，但是渲染速度慢。

偏移（X, Y, Z）：污垢在x、y、z轴向上的偏移。

被GI忽略：这个选项决定是否让污垢效果参加全局照明计算。

仅考虑同一物体：当勾选时，污垢效果只影响它们自身；不勾选时，整个场景的物体都会受到影响。

反转法线：反转污垢效果的法线。

图8-267所示是"VRay污垢"程序贴图的渲染效果。

图8-267

8.8.5 VRay线框贴图

"VRay线框贴图"是一个非常简单的程序贴图，一般用来制作3D对象的线框效果，操作也非常简单，其参数面板如图8-268所示。

图8-268

【参数介绍】

颜色：设置边线的颜色。

隐藏边线：当勾选它时，物体背面的边线也将渲染出来。

厚度：该选项组用于决定边线的厚度，主要分为两个单位，具体如下。

世界单位：厚度单位为场景尺寸单位。

像素：厚度单位为像素。

图8-269所示是“VRay线框贴图”的渲染效果。

图8-269

8.8.6 VRay颜色

“VRay颜色”贴图可以用来设定任何颜色，其参数面板如图8-270所示。

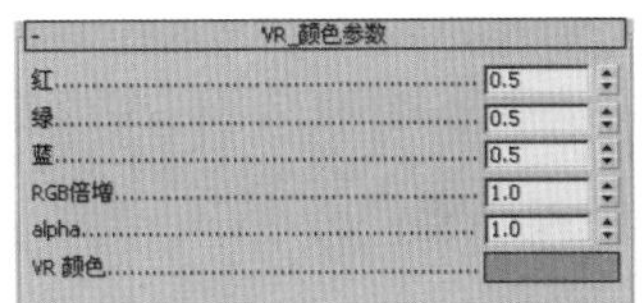

图8-270

【参数介绍】

红：设置红色通道的值。

绿：设置绿色通道的值。

蓝：设置蓝色通道的值。

RGB倍增：控制红、绿、蓝色通道的倍增。

Alpha：设置Alpha通道的值。

8.8.7 VRay贴图

因为VRay不支持3ds Max里的光线追踪贴图类型，所以在使用3ds Max标准材质时，“反射”和“折射”就用“VRay贴图”来代替，其参数面板如图8-271所示。

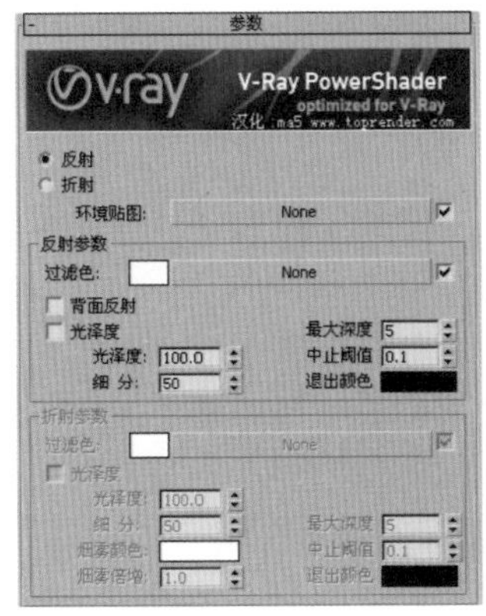

图8-271

【参数介绍】

反射：当“VRay贴图”放在反射通道里时，需要选择这个选项。

折射：当“VRay贴图”放在折射通道里时，需要选择这个选项。

环境贴图：为反射和折射材质选择一个环境贴图。

反射参数：该选项组主要包含以下8个选项。

过滤色：控制反射的程度，白色将完全反射周围的环境，而黑色将不发生反射效果。也可以用后面贴图通道里的贴图的灰度来控制反射程度。

背面反射：当选择这个选项时，将计算物体背面的反射效果。

光泽度：控制反射模糊效果的开和关。

光泽度：后面的数值框用来控制物体的反射模糊程度。0表示最大程度的模糊；100000表示最小程度的模糊（基本上没模糊的产生）。

细分：用来控制反射模糊的质量，较小的值将得到很多杂点，但是渲染速度快；较大的值将得到比较光滑的效果，但是渲染速度慢。

最大深度：计算物体的最大反射次数。

中止阈值：用来控制反射追踪的最小值，较小的值反射效果好，但是渲染速度慢；较大的值反射效果不理想，但是渲染速度快。

退出颜色：当反射已经达到最大次数后，未被反射追踪到的区域的颜色。

折射参数：该选项组主要包含以下9个选项。

过滤色：控制折射的程度，白色将完全折射，而黑色将不发生折射效果。同样也可以用后面贴图通道里的贴图灰度来控制折射程度。

光泽度：控制模糊效果的开和关。

光泽度：后面的数值框用来控制物体的折射模糊程度。0表示最大限度的模糊；100000表示最小程度的模糊（基本上没模糊的产生）。

细分：用来控制折射模糊的质量，较小的值将得到很多杂点，但是渲染速度快；较大的值将得到比较光滑的效果，但是渲染速度慢。

烟雾颜色：也可以理解为光线的穿透能力，白色将没有烟雾效果，黑色物体将不透明，颜色越深，光线穿透能力越差，烟雾效果越浓。

烟雾倍增：用来控制烟雾效果的倍增，较小的值，烟雾效果越谈，较大的值烟雾效果越浓。

最大深度：计算物体的最大折射次数。

中止阈值：用来控制折射追踪的最小值，较小的值折射效果好，但是渲染速度慢；较大的值折射效果不理想，但是渲染速度快。

退出颜色：当折射已经达到最大次数后，未被折射追踪到的区域的颜色。

到此为止，材质部分的参数讲解就告一段落，这部分内容比较枯燥，希望广大读者能多观察和分析真实物理世界中的质感，再通过自己的练习，牢牢掌握参数的内在含义，这样才能熟练运用到自己的作品中去。

新手练习——制作沙发材质

素材文件	沙发.max
案例文件	新手练习——制作沙发材质.max
视频教学	视频教学/第8章/新手练习——制作沙发材质.flv
技术掌握	VRayMtl材质，衰减贴图的应用

本例的沙发材质效果如图8-272所示。

图8-272

沙发材质的基本属性主要有以下3点。

带有纹理。

带有菲涅耳反射。

有很小的凹凸效果。

【操作步骤】

01 打开本书配套光盘中的“沙发.max”文件，如图8-273所示。

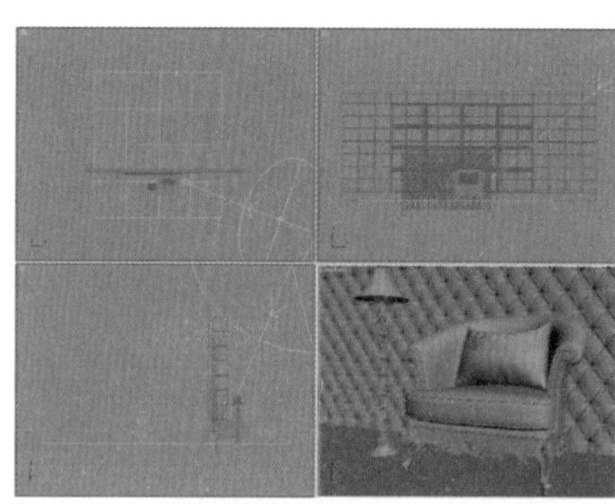

图8-273

02 选择一个空白材质球，将材质类型设置为VRayMtl材质，然后将其命名为“沙发布材质”，具体参数设置如图8-274所示。

设置步骤：

① 展开“基本参数”卷展栏，在“漫反射”贴图通道中加载一张“衰减”程序贴图。

② 展开“衰减参数”卷展栏，在“前”贴图通道中加载一张“沙发贴图.jpg”文件，接着展开“坐标”卷展栏，并设置“瓷砖”的U和V为2，再设置“模糊”为0.8；返回到“衰减参数”卷展栏，将“前”贴图通道中的贴图文件复制到“侧”贴图通道中，最后设置“衰减类型”为Fresnel。

③ 返回到“基本参数”卷展栏，然后在“反射”贴图通道中加载一张“衰减”程序贴图，接着在“衰减参数”卷展栏下设置“侧”颜色为黑色，最后设置“衰减类型”为Fresnel。

④ 返回到“基本参数”卷展栏，然后设置“高光光泽度”为0.6、“反射光泽度”为0.7。

图8-274

03 展开“贴图”卷展栏，具体参数设置如图8-275所示，制作好的材质球效果如图8-276所示。

设置步骤：

① 在“凹凸”贴图通道中加载一张“沙发凹凸贴图.jpg”文件，接着展开“坐标”卷展栏，然后设置“瓷砖”的U和V分别为2.5，再设置“模糊”为0.6，最后设置凹凸的强度为15。

② 在“置换”贴图通道中加载一张“沙发置换贴图.jpg”文件，然后返回到“贴图”卷展栏，并设置置换的强度为0.7。

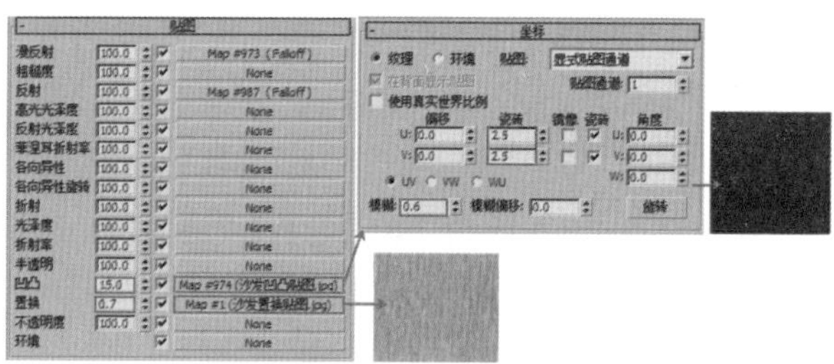

图8-275

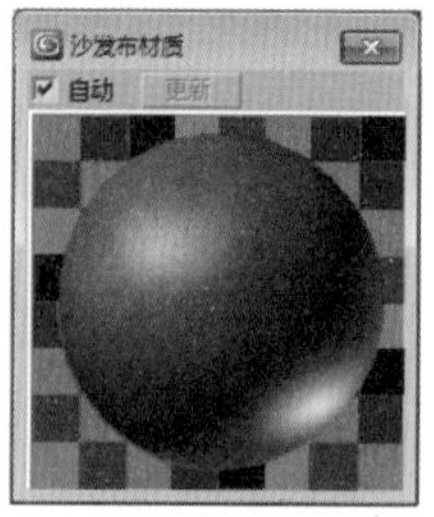

图8-276

04 选择一个空白材质球，然后将材质类型设置为“混合”材质，接着将其命名为“沙发腿”，接着展开“混合基本参数”卷展栏，并在“材质1”材质通道中加载VRayMtl材质，具体参数设置如图8-277所示。

设置步骤：

① 在"基本参数"卷展栏下设置"漫反射"颜色为黑色（红:7，绿:5，蓝:2）。

② 设置"反射"颜色为褐色（红:126，绿:103，蓝:78），然后设置"高光光泽度"为0.6、"反射光泽度"为0.8。

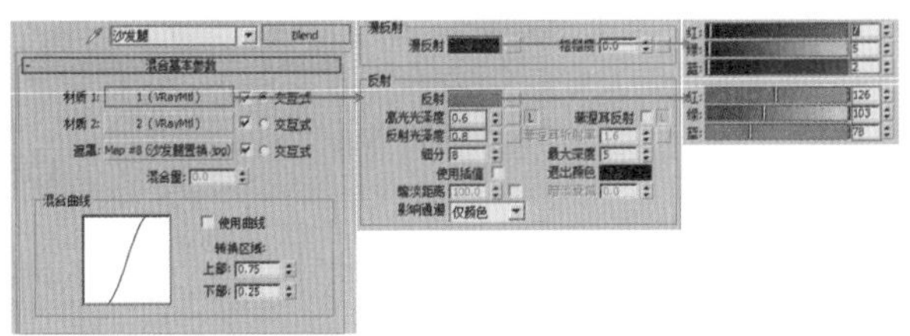

图8-277

05 返回到"混合基本参数"卷展栏，并在"材质2"材质通道中加载VRayMtl材质，具体参数设置如图8-278所示。

设置步骤：

① 在"基本参数"卷展栏下设置"漫反射"颜色为黑色（红:7，绿:5，蓝:2）。

② 设置"反射"颜色为深褐色（红:26，绿:17，蓝:9），然后设置"高光光泽度"为0.6，"反射光泽度"为0.8。

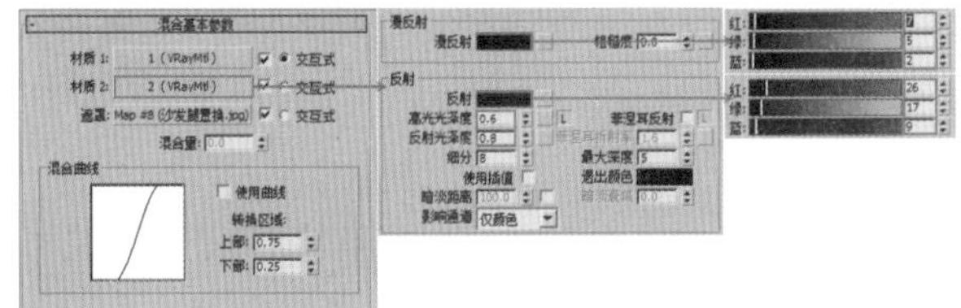

图8-278

06 返回到"混合基本参数"卷展栏，在"遮罩"贴图通道中加载一张"沙发腿置换.jpg"文件，如图8-279所示，制作好的材质球效果如图8-280所示。

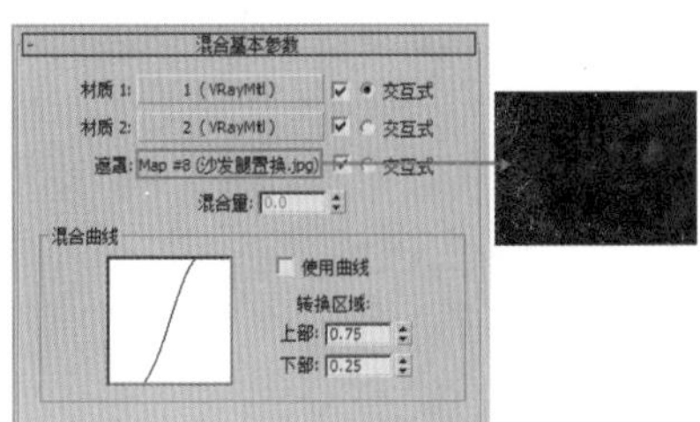

图8-279

图8-280

07 将所有制作好的材质球指定给场景中相对应的模型，按F9键渲染当前场景，最终效果如图8-281所示。

图8-281

新手练习——制作瓷器材质

素材文件	瓷器.max
案例文件	新手练习——制作瓷器材质.max
视频教学	视频教学/第8章/新手练习——制作瓷器材质.flv
技术掌握	VRayMtl材质，位图贴图的应用

本例的瓷器材质效果如图8-282所示。

图8-282

瓷器材质的基本属性主要有以下两点。

带有纹理。

有一定的反射。

【操作步骤】

01 打开本书配套光盘中的"瓷器.max"文件，如图8-283所示。

图8-283

02 选择一个空白材质球，然后将材质类型设置为VRayMtl材质，并将其命名为“瓷器”，接着展开“基本参数”卷展栏，其具体参数设置如图8-284所示，制作好的材质球效果如图8-285所示。

设置步骤：

① 在“漫反射”贴图通道中加载一张“瓷器贴图.jpg”文件，接着展开“坐标”卷展栏，并设置“模糊”为0.01。

② 设置“反射”颜色为白色（红:255，绿:255，蓝:255），并设置“细分”为11，最后勾选“菲涅耳反射”。

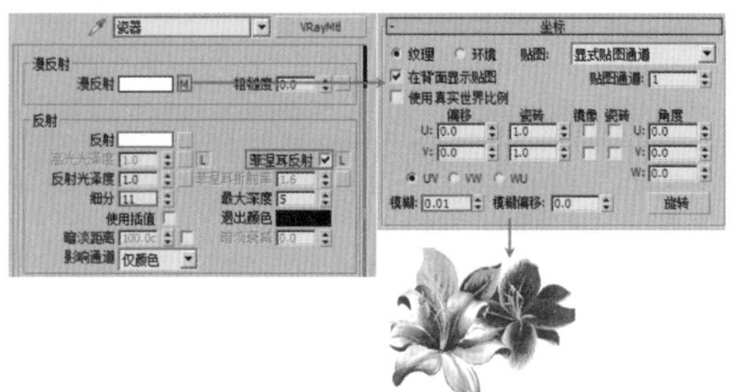

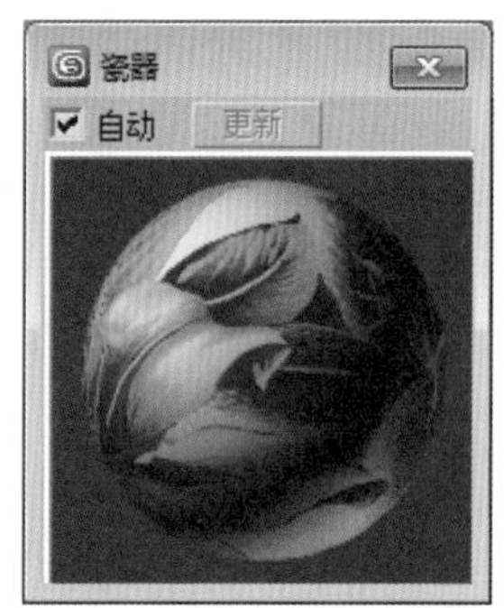

图8-284

图8-285

03 将制作好的材质球指定给场景中相对应的模型，此时场景如图8-286所示。按F9键渲染当前场景，最终效果如图8-287所示。

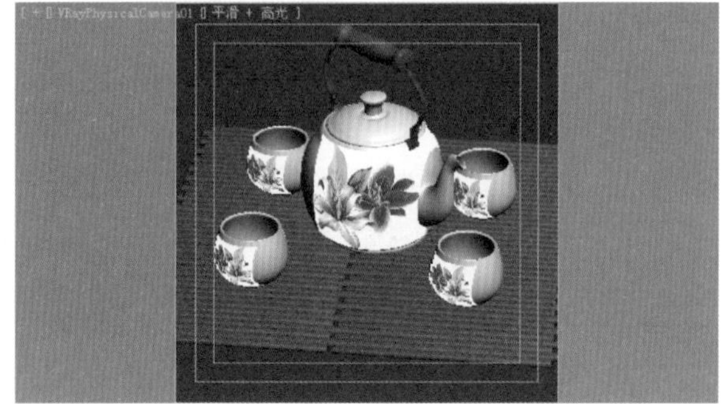

图8-286

图8-287

新手练习——制作皮手套材质

素材文件	手套.max
案例文件	新手练习——制作皮手套材质.max
视频教学	视频教学/第8章/新手练习——制作皮手套材质.flv
技术掌握	VRayMtl材质，位图贴图的应用

本例的皮手套材质效果如图8-288所示。

图8-288

皮手套材质的基本属性主要有以下3点。

- 带有纹理。
- 有一定的反射。
- 有很小的凹凸效果。

【操作步骤】

01 打开本书配套光盘中的“手套.max”文件，如图8-289所示。

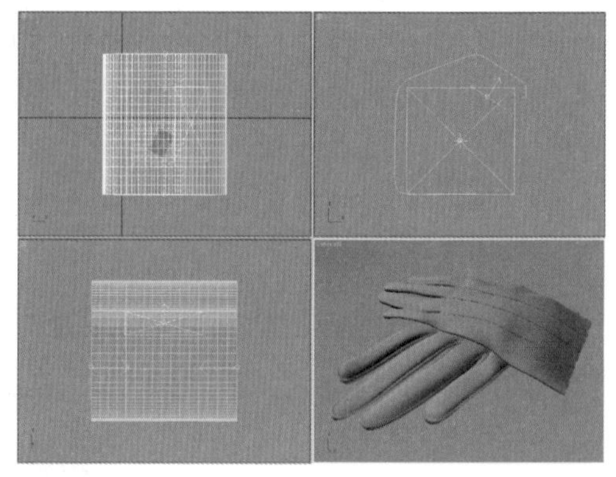

图8-289

02 选择一个空白材质球，将材质类型设置为VRayMtl材质，然后将其命名为“皮手套”，接着展开“基本参数”卷展栏，具体参数设置如图8-290所示。

设置步骤：

① 设置“漫反射”颜色为深红色（红:38，绿:14，蓝:16）。

② 设置“反射”颜色为深灰色（红:29，绿:29，蓝:29），并设置“反射光泽度”为0.82、“细分”为20。

图8-290

03 展开“贴图”卷展栏，并在“凹凸”贴图通道中加载一张“皮手套凹凸贴图.jpg”文件，然后展开“坐标”卷展栏，设置“瓷砖”的*U*和*V*为6，再返回“贴图”卷展栏，最后设置凹凸的强度为50。具体参数设置如图8-291所示，制作好的材质球效果如图8-292所示。

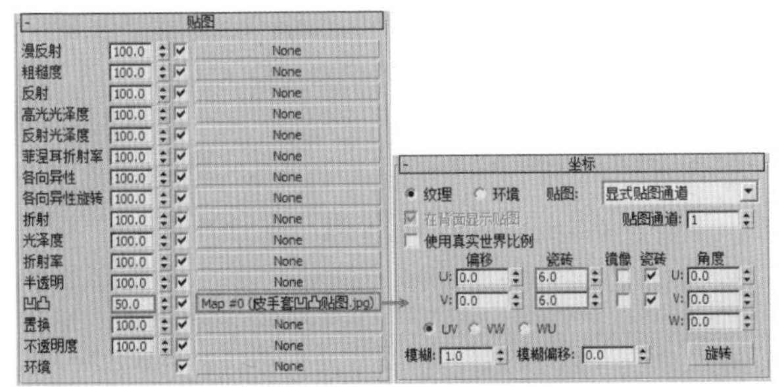

图8-291

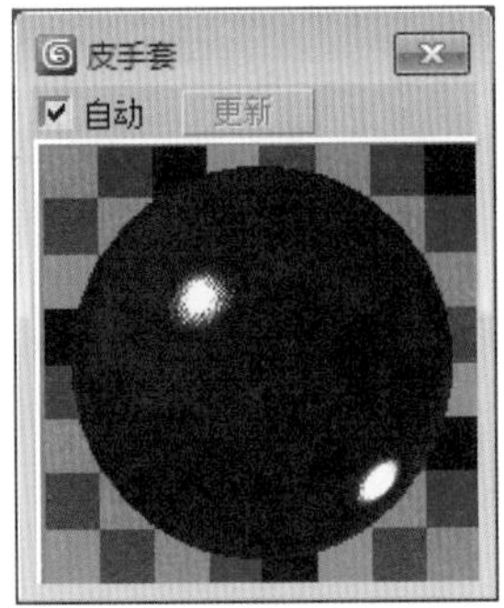

图8-292

04 将制作好的材质球指定给场景中相对应的模型，按F9键渲染当前场景，最终效果如图8-293所示。

图8-293

高手进阶——制作食物材质

素材文件	食物.max
案例文件	高手进阶——制作食物材质.max
视频教学	视频教学/第8章/高手进阶——制作食物材质.flv
技术掌握	掌握食物材质的制作方法

本例的食物材质效果如图8-294所示。

图8-294

【操作步骤】

01 打开本书配套光盘中的“食物.max”文件，如图8-295所示。

图8-295

02 下面制作葡萄材质。选择一个空白材质球，然后设置材质类型为“多维/子对象”材质，接着将其命名为“葡萄绿”，再展开“多维/子对象基本参数”卷展栏，并在ID为1的材质通道上加载VRayMtl材质，接着展开“基本参数”卷展栏，具体参数设置如图8-296所示。

设置步骤：

① 在“漫反射”贴图通道中加载一张“葡萄绿色.jpg”贴图文件。

② 在“反射”贴图通道中加载一张“衰减”程序贴图，并设置“衰减类型”为Fresnel；返回上一级，然后设置“反射光泽度”为0.89、“细分”为12。

③ 设置“折射”颜色为（红:195，绿:195，蓝:195），接着设置“光泽度”为0.85、“细分”为30、设置“折射率”为1.51，然后调节“烟雾颜色”为（红:205，绿:205，蓝:95），并设置“烟雾倍增”为0.3，最后勾选“影响阴影”。

④ 在“半透明”选项组下设置“类型”为“混合类型”，然后调节“背面颜色”为（红:249，绿:255，蓝:63）。

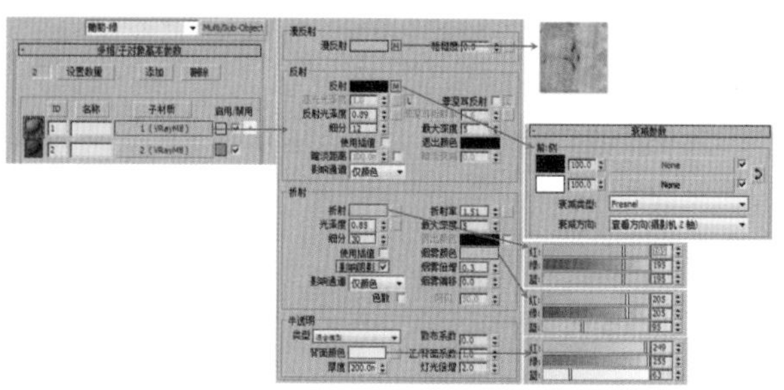

图8-296

03 在ID为2的材质通道上加载VRayMtl材质，接着展开“基本参数”卷展栏，并在“漫反射”贴图通道中加载一张“葡萄枝干.jpg”贴图文件，如图8-297所示，制作好的材质球效果如图8-298所示。

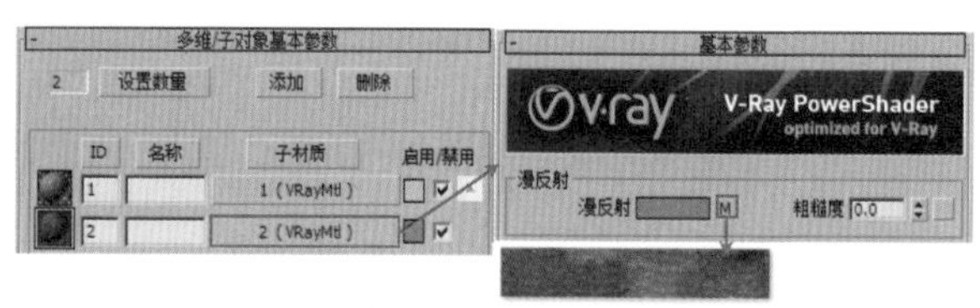

图8-297

图8-298

04 下面制作草莓材质。选择一个空白材质球，然后设置材质类型为VRayMtl材质，并将其命名为“草莓”，具体参数设置如图8-299所示。

设置步骤：

① 在“漫反射”贴图通道中加载一张“草莓.jpg”贴图文件。

② 在“反射”贴图通道中加载一张“衰减”程序贴图，接着在“衰减参数”卷展栏下“侧”的贴图通道中加载一张“archmodels76_002_strawberry1-refl.jpg”贴图文件，并设置“衰减类型”为Fresnel；返回上一级，然后设置“反射光泽度”为0.74、“细分”为12。

③ 设置“折射”颜色为（红:12，绿:12，蓝:12），然后设置“光泽度”为0.8，并调节“烟雾颜色”为（红:251，绿:59，蓝:33），接着勾选“影响阴影”，最后设置“烟雾倍增”为0.001。

④ 在“半透明”选项组下设置“类型”为“硬（蜡）模型”，然后调节“背面颜色”为（红:251，绿:48，蓝:21）。

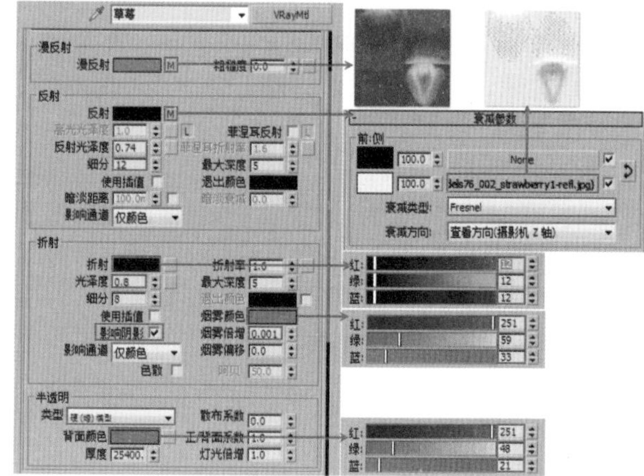

图8-299

05 展开“贴图”卷展栏，在“凹凸”贴图通道中加载一张“法线凹凸”程序贴图，展开“参数”卷展栏，在“法线”贴图通道中加载一张“草莓法线贴图.jpg”贴图文件，最后设置凹凸的强度为30，如图8-300所示，制作好的材质球效果如图8-301所示。

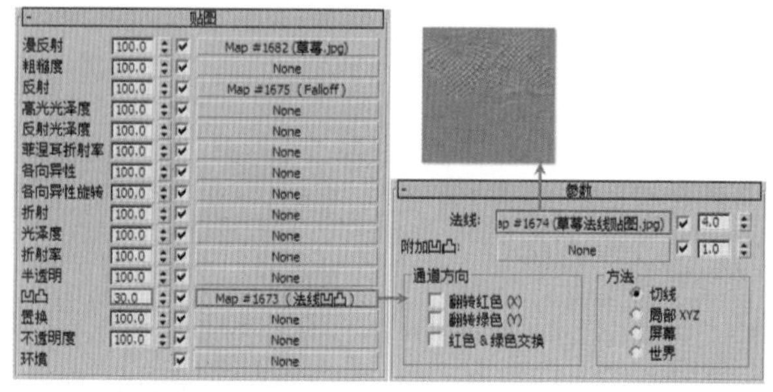

图8-300

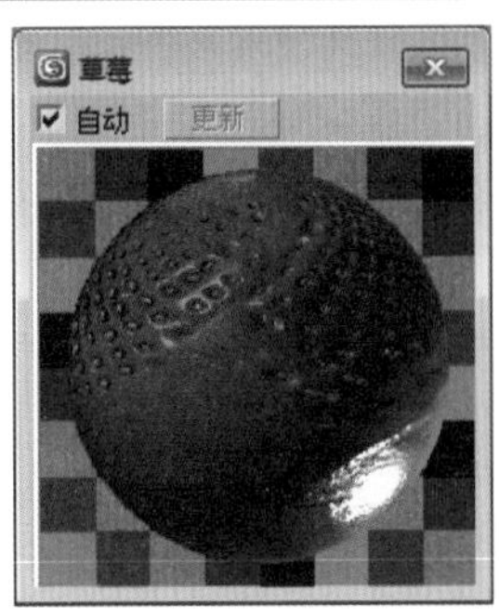

图8-301

3ds Max“法线凹凸”程序贴图使用纹理烘焙法线贴图，可以将其指定给3ds Max材质的凹凸组件、位移组件或两者，使用位移的贴图可以更正看上去平滑失真的边缘。然而，这样会增加几何体的面。

06 将制作好的材质分别赋予场景中相对应的模型，然后按F9键渲染当前场景，最终效果如图8-302所示。

图8-302

链接缺失贴图

在打开案例文件时有时候会出现“缺少外部文件”的提示框，如图8-303所示。

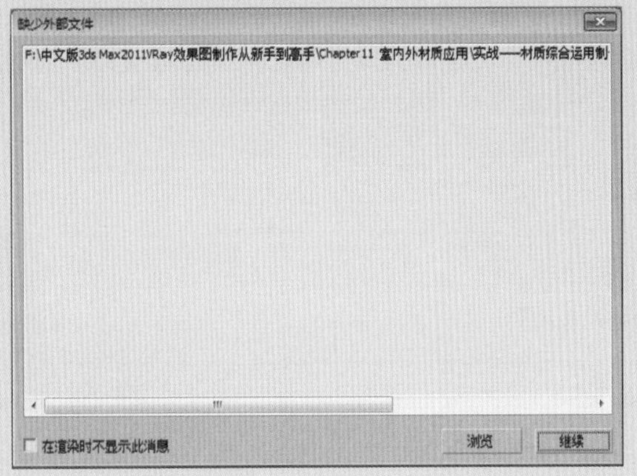

图8-303

按Shift+T组合键会弹出一个“资源追踪”对话框，如图8-304所示，此时可以看到对话框中的某些文件的“状态”会显示“文件丢失”，那么可能是因为文件的路径已被更改。

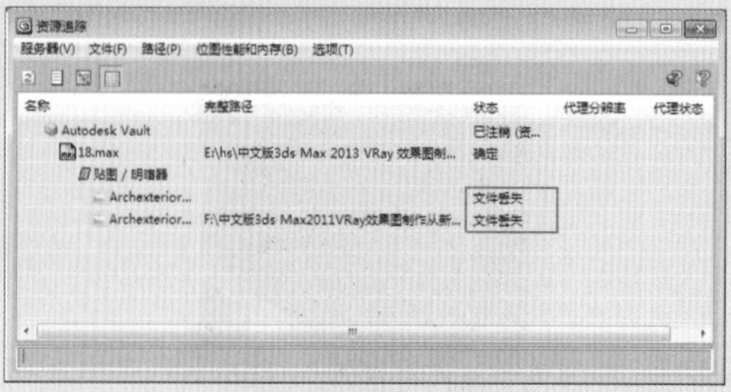

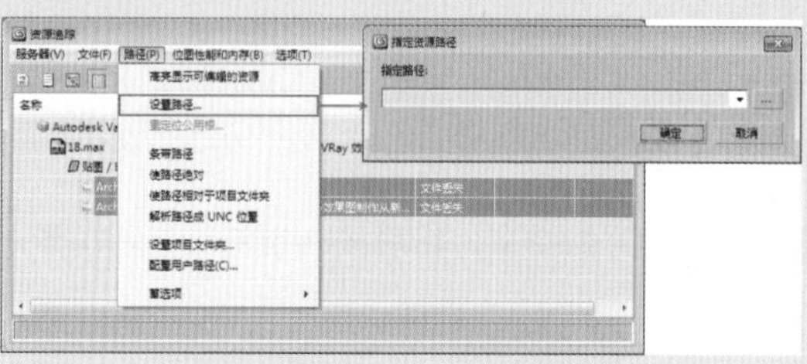

图8-304

选择丢失的文件，并单击“路径/设置路径”按钮打开“指定资源路径”对话框，如图8-305所示。

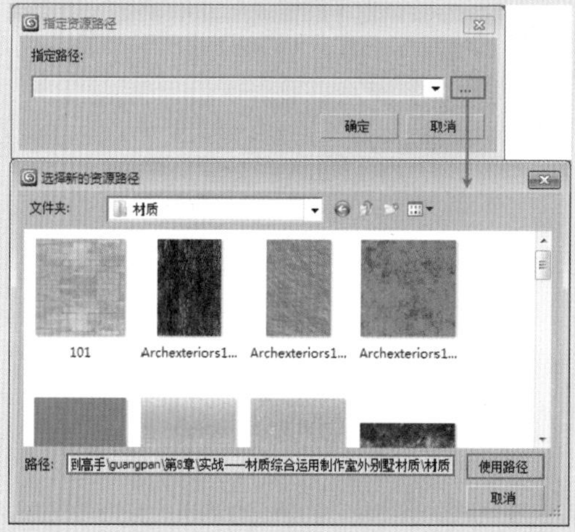

图8-305

此时，将这些贴图在计算机中所在的路径直接复制到此对话框中，或者单击…按钮，在“选择新的资源路径”对话框中找到文件所在位置，单击“使用路径”按钮即可，如图8-306所示。

图8-306

此时可看到刚才显示丢失的两个文件“状态”已变成“确定”，说明丢失文件已找回，如图8-307所示。

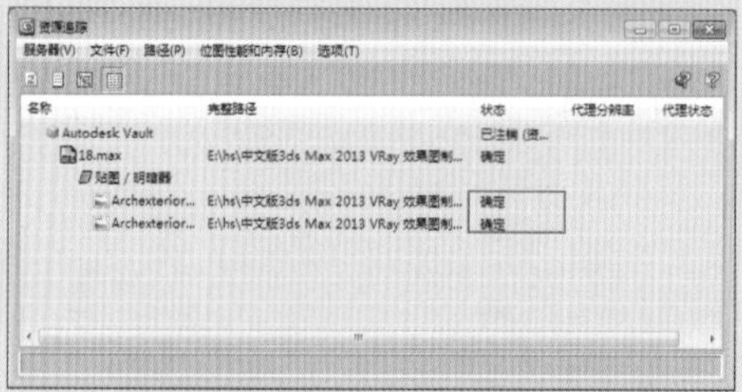

图8-307

若文件“状态”依然显示“文件丢失”，那么该文件已完全丢失，建议更换贴图。

第9章 渲染

本章概述

渲染输出是3ds Max工作流程的最后一步，也是呈现作品最终效果的关键一步。一部3D作品能否正确、直观、清晰地展现其魅力，渲染是必要的途径；3ds Max是一个全面性的三维软件，它的渲染模块能够清晰、完美地帮助制作人员完成作品的最终输出。渲染本身就是一门艺术，如果把这门艺术表现好，就需要我们深入掌握3ds Max的各种渲染设置，以及相应的渲染器的用法。

9.1 显示器的校色

图的效果除了本身的质量以外还有一个很重要的因素，那就是显示器的颜色是否准确，显示器的颜色是否准确决定了最终的打印效果，但现在的显示器品牌太多，每一种品牌的色彩效果都不尽相同，不过原理都一样，这里就以CRT显示器的颜色校正方法进行介绍。

CRT显示器是以RGB模式来显示图像的，其显示效果除了自身的硬件因素以外还有一些外在的因素，比如近处电磁干扰可以使显示器的屏幕发生抖动，磁铁靠近了也可以改变显示器的颜色。

在解决了外在因素以后就要对显示器的颜色进行调整，可以用专业的软件（像Adobe Gamma）来进行调整，也可以用最流行的图像处理软件Photoshop来进行调整，调整的方向主要有显示器的对比度、亮度和伽玛值。

下面以Photoshop作为调整软件来学习显示器的校色方法。

9.1.1 显示器对比度的调节方法

在一般情况下，显示器的对比度调到最高为宜，这样就可以表现出效果图中的细微细节，在显示器上都有相对应的对比度调整按扭。

9.1.2 显示器亮度的调节方法

首先将显示器中的颜色模式调成sRGB模式，如图9-1所示；同样也将Photoshop中的RGB模式调成sRGB，如图9-2所示。这样Photoshop就与显示器中的颜色模式相同，然后将显示器的亮度调节到最低。

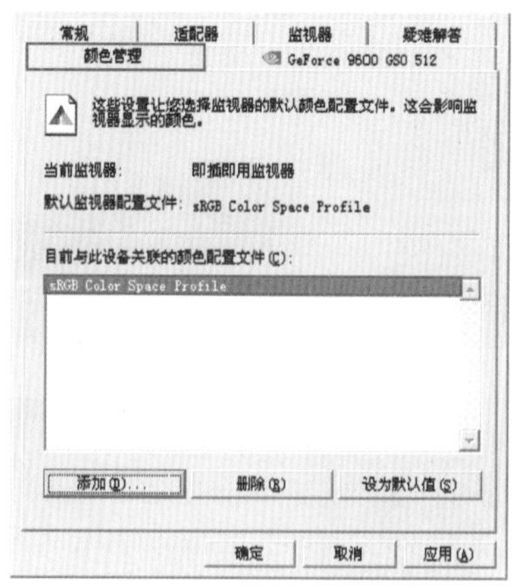

图9-1

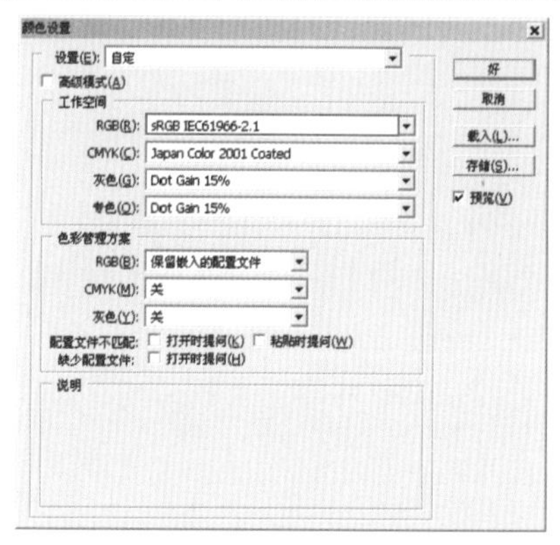

图9-2

新建一个空白文件，并用黑色填充“背景”图层，然后使用选区工具选出黑色区域的一半，接着按Ctrl+U组合键打开“色相/饱和度”对话框，设置“明度”为3，如图9-3所示。观察选区内和选区外的明暗变化，如果被调区域依然是纯黑色，这时可调整显示器的亮度，直到两个区域的亮度有细微的区别，这样就调整好了显示器的亮度。

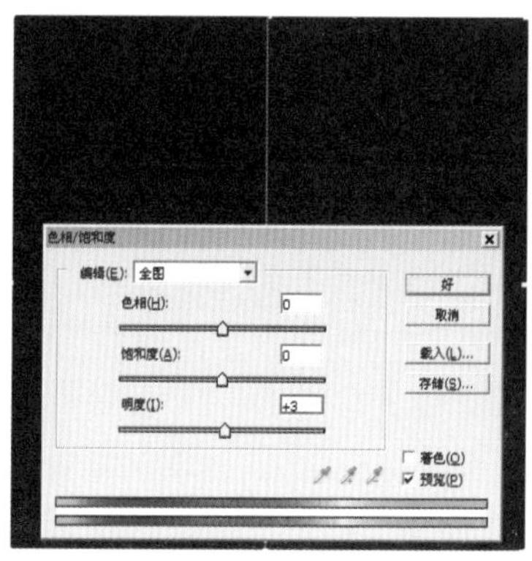

图9-3

9.1.3 显示器伽马值的调整方法

伽玛值是曲线的优化调整，是亮度和对比度的辅助功能，强力的伽玛功能可以优化和调整画面细微的明暗层次并控制整个画面对比度表现。设置合理的伽马值，可以得到更好的图像层次效果和立体感，大大优化画面的画质、亮度和对比度。

效果图表现领域对伽玛值的调整有一定的要求，校对伽玛值的正确方法如下。

新建一个Photoshop空白文件，设置颜色值为（R:188，G:188，B:188），并用该值填充“背景”图层，再用选区工具选出一半区域，并填充白色，然后在白色区域中每隔1像素加入一条宽度为1像素的黑色线条（图9-4所示为放大后的效果）。从远处观察，如果两个区域内的亮度相同就说明显示器的伽玛是正确的；如果不相同，就用显卡驱动程序软件来对伽玛进行调整，直到正确为止。

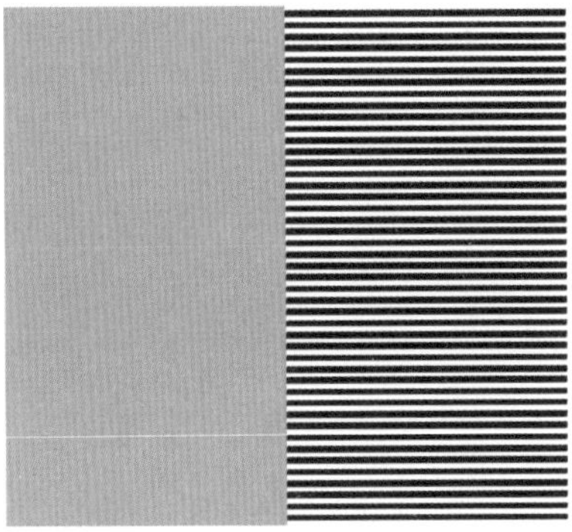

图9-4

9.2 渲染的基本常识

9.2.1 渲染基本概念

使用3ds Max创作作品时，一般都遵循“建模→灯光→材质→渲染”这个最基本的步骤，渲染是最后一道工序（后期处理除外）。渲染的英文为Render，翻译为“着色”，也就是对场景进行着色的过程，它是通过复杂的运算，将虚拟的三维场景投射到二维平面上，这个过程需要对渲染器参数进行设置，然后经过一定时间的运算并输出。图9-5所示为对场景渲染后的效果，都是从模型阶段开始，到最终渲染输出为成品。

图9-5

9.2.2 常用渲染器的类型

在CG领域，渲染器的种类非常多，发展也非常快，此起彼伏，令人眼花缭乱。从商业应用的角度来看，近十年来，有的渲染器死掉了（如Lightscape），有的一直不温不火（如Brazil、FinalRender），有的则大红大紫（如VRay、mental ray、Renderman），还有的技术比较前沿但商业价值还未得到认可（如FryRender、Maxwell）。这些渲染器虽然各不相同，但它们都是“全局光渲染器（Lightscape除外）”，也就是说现在是全局光渲染器时代了。

3ds Max是目前应用最为广泛的一个3D开发平台，其软件的通用性和用户数量都是绝对的行业领导者，因此绝大部分渲染器都支持在这个平台上运行，这就给广大的3ds Max用户带了福音，最起码大家有更多的选择，可以根据自己的习惯、爱好、工作性质等诸多因素去选择最适合自己的渲染器。

3ds Max 2013默认安装的渲染器有“iray渲染器”、“mental ray渲染器”、“Quicksilver硬件渲染器”、“默认扫描线渲染器”和“VUE文件渲染器”，在安装好VRay渲染器之后也可以使用VRay渲染器来渲染场景，如图9-6所示。当然也可以安装一些其他的渲染插件，如Renderman、Brazil、FinalRender、Maxwell等。

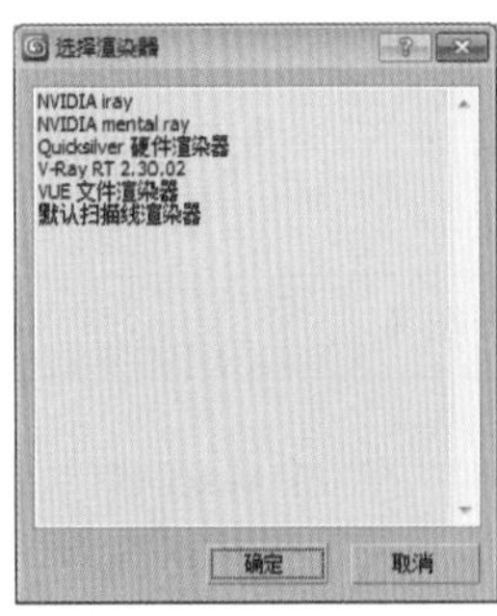

图9-6

9.2.3 渲染工具

默认状态下，主要的渲染命令集中在主工具栏的右侧，通过单击相应的工具图标可以快速执行这些命令，如图9-7所示。

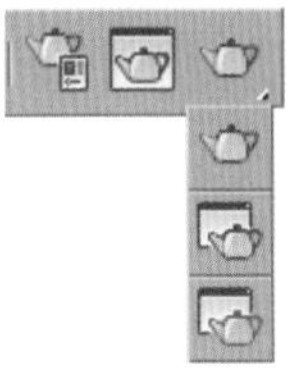

图9-7

【工具介绍】

渲染设置：这是最标准的渲染命令，单击它会弹出渲染设置对话框，以便进行各项渲染设置，具体参数请参见后面的相关内容。执行“渲染>渲染设置”菜单命令与此工具的用途相同。通常对一个新场景进行渲染时，应首先使用此工具进行参数设置。此后渲染相同场景时，可以使用另外3个工具，按照已指定的设置进行渲染，从而跳过设置环节，加快制作速度。

渲染帧窗口：渲染帧窗口是一个用于显示渲染输出的窗口，单击该按钮可以打开“渲染帧窗口”对话框，在该对话框中可以选择渲染区域、切换通道和储存渲染图像等任务。

渲染产品：根据渲染设置对话框中的输出设置，进行产品级别的快速渲染，单击该按钮就直接进入渲染状态。该工具和渲染设置一起，在实际工作中的使用频率最高。

渲染迭代：可在迭代模式下渲染场景，这是一种快速渲染工具，在现有图像上进行更新，一般用于最终聚集、反射或者其他特定对象的更改调试，迭代渲染会忽略文件输出、网络渲染、多帧渲染、导出到MI文件，以及电子邮件通知。

ActiveShade（动态着色）：该按钮能够在新窗口中创建动态着色效果，它的参数设置独立于产品级快速渲染的设置。

对于产品级和动态着色渲染，可以各自指定不同的渲染器，在渲染设置面板的“指定渲染器”卷展栏中进行指定。

9.3 渲染的基本参数设置

在3ds Max的默认情况下，单击按钮打开“渲染设置”对话框，如图9-8所示。此时的当前渲染器为“默认扫描线渲染器”，在该对话框中包含有“公用”、“Render Elements（渲染元素）”、“渲染器”、“光线跟踪器”和“高级照明”5个选项卡。如果将当前渲染器设置为VRay，则渲染设置对话框如图9-9所示；如果将当前渲染器设置为mental ray，则渲染设置对话框如图9-10所示。

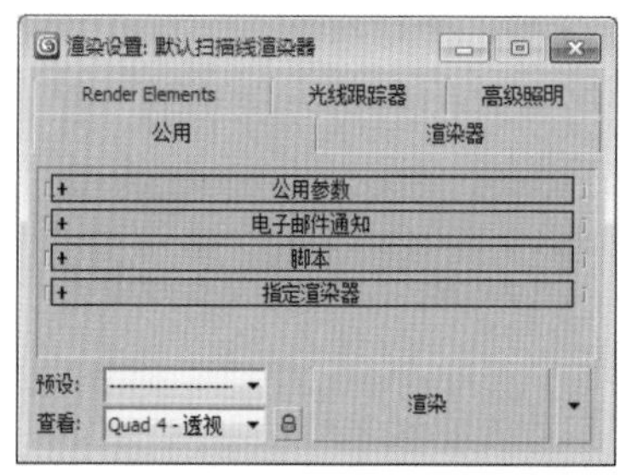

图9-8

图9-9

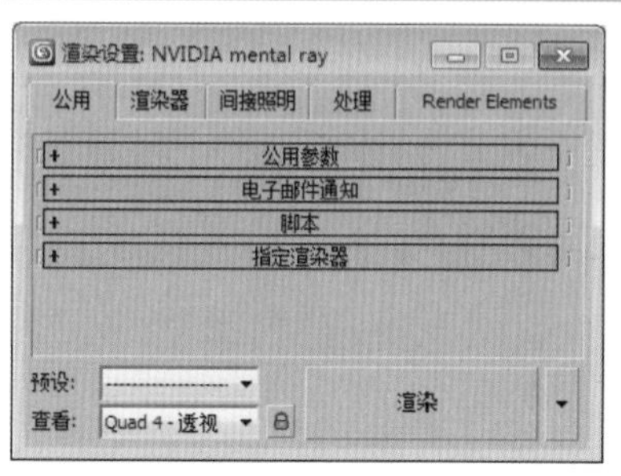

图9-10

从以上3张示意图可以看出，无论选择何种渲染器，其中的“公用”和“Render Elements（渲染元素）”选项卡总是存在的，也就是说这两个选项卡基本上是通用的，尤其是“公用”选项卡，它适用于所有的渲染器。而“Render Elements（渲染元素）”选项卡略有差别，它不能适用于所有的渲染器，如设置“iray渲染器”或“VUE文件渲染器”为当前渲染器时，该选项卡不会出现在渲染设置对话框中。

关于“渲染设置”对话框各选项卡下的参数，本章将在后续的内容中陆续进行讲解，这里先简单介绍一下该对话框底部的几个参数的含义。

【参数介绍】

预设：用于从预设渲染参数集中进行选择，加载或保存渲染参数设置，用户不仅可以调用3ds Max自身提供的多种预设方案，还可以使用自己的预设方案。

查看：在下拉菜单中选择要渲染的视图。这里只提供了当前屏幕中存在的视图类型，选择后会激活相应的视图。后面的“锁”图标工具用于锁定视图列表中的某个视图，当在别的视图中进行操作（改变当前激活视图）后，系统还会渲染被锁定的视图；如果禁用该锁定工具，则系统总是渲染当前激活的视图。

渲染：单击此按钮，系统将按照以上的参数设置开始渲染计算。

9.3.1 设置公用参数

1. “公用参数”卷展栏

“公用参数”卷展栏可以设置渲染的帧数、大小、效果选项、保存文件等参数，这些设置对于各种渲染器都是通用的，其参数面板如图9-11所示。

【参数介绍】

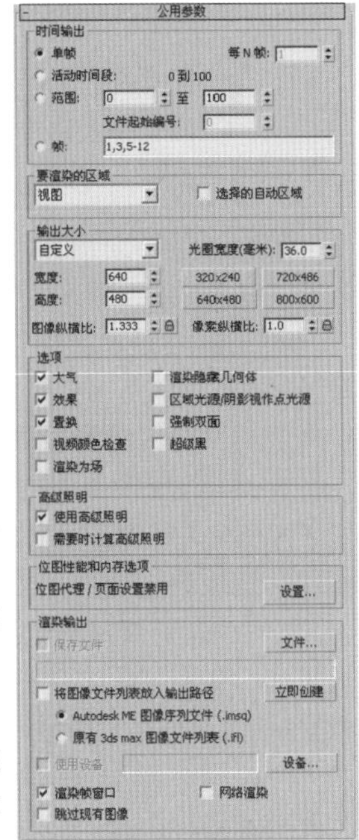
图9-11

时间输出：该选项组用于设置将要对哪些帧进行渲染，主要包含以下6个选项。

单帧：只对当前帧进行渲染，得到静态图像。

活动时间段：对当前活动的时间段进行渲染，当前时间段根据屏幕下方时间滑块来设置。

范围：手动设置渲染的范围，这里还可以指定为负数。

帧：特殊指定单帧或时间段进行渲染，单帧用“,”号隔开，时间段之间用“-”连接。例如1,3,5-12表示对第1帧、第3帧、第5～12帧进行渲染。对时间段输出时，还可以控制间隔渲染的帧数和起始计数的帧号。

每N帧：设置间隔多少帧进行渲染，例如输入3，表示每隔3帧渲染1帧，即渲染1、4、7、10帧等。对于较长时间的动画，可以使用这种方式来简略观察动作是否完整。

文件起始编号：设置起始帧保存时文件的编号。对于逐帧保存的图像，它们会按照自身的帧号增加文件序号，例如第2帧为File 0002，因为默认的“文件起始编号”为0，所以所有的文件号都和当前帧的数字相同。如果更改这个序号，保存的文件序号名将和真正的帧号发生偏移，例如当“文件起始编号”为5时，原来的第1帧保存后，自动增加的文件名序号会由File 0001变为File 0006。

小技巧

“文件起始编号”参数有一个比较重要的应用，就是通过设置它的数值，对动画片段进行渲染，而将片段的文件名用从0开始的名称进行输出，而且他们是负数。例如渲染从第50～第55帧，原来保存的文件名会是File 0050～File 0055，如果设置“文件起始编号”为-50，那么输出结果为File 0000～File 0005，设置范围为-99 999～99 999。

要渲染的区域：该选项组参数主要用于设置被渲染的区域。其下拉列表提供了5种不同的渲染类别，主要用于控制渲染图像的尺寸和内容，分别如下。

视图：对当前激活视图的全部内容进行渲染，是默认渲染类型，如图9-12所示。

选定对象：只对当前激活视图中选择的对象进行渲染，如图9-13所示。

图9-12

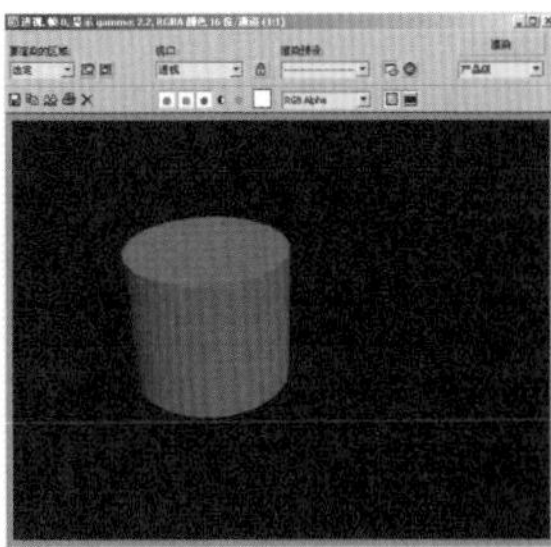
图9-13

区域：只对当前激活视图中被指定的区域进行渲染。进行这种类型的渲染时，会在激活视图中出现一个虚线框，用来调节要渲染的区域，如图9-14所示，这种渲染仍保留渲染设置的图像尺寸。

放大：选择一个区域放大到当前的渲染尺寸进行渲染，与“区域”渲染方式相同，不同的是渲染后的图像尺寸。“区域”渲染方式相当于在原效果图上切一块进行渲染，尺寸不发生任何变化；“放大”渲染是将切下的一块按当前渲染设置中的尺寸进行渲染，这种放大可以看做是视野上的变化，所以渲染图像的质量不会发生变化，如图9-15所示。

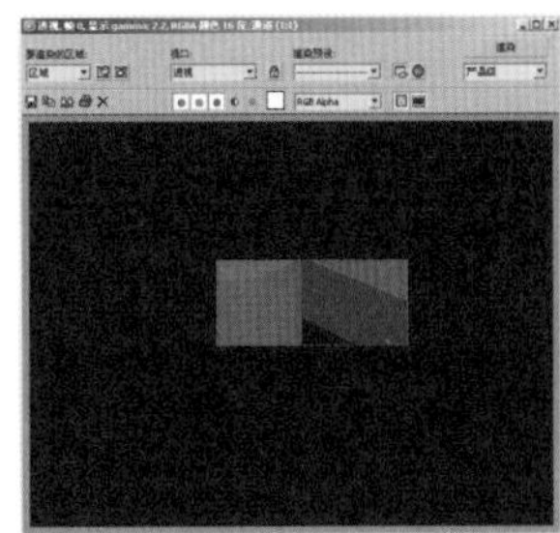
图9-14

图9-15

小技巧

采用“放大”方式进行渲染时，选择的区域在调节时会保持长宽比不变，符合渲染设置定义的长宽比例。

裁剪：只渲染被选择的区域，并按区域面积进行裁剪，产生与框选区域等比例的图像，如图9-16所示。

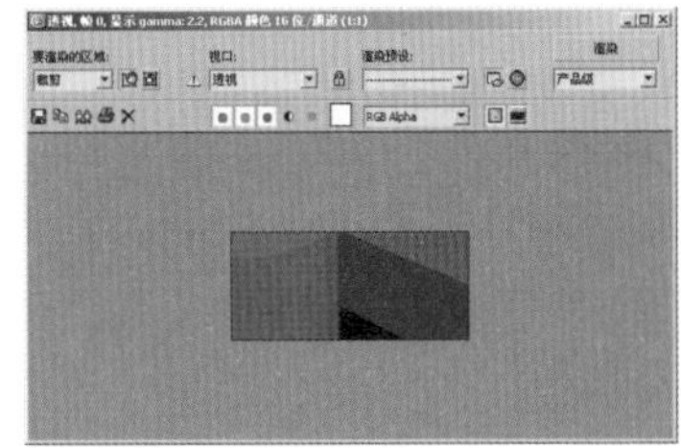
图9-16

选择的自动区域：勾选此项后，如果要渲染的区域设置为“区域”、“裁剪”和“放大”渲染方式，那么渲染的区域会自动定义为选中的对象。如果将要渲染的区域设置为“视图”或“选择对象” 渲染方式，则勾选该项后将自动切换为“区域”模式。

输出大小：该选项组用于确定渲染图像的尺寸大小，主要包含以下6个选项。

尺寸类型下拉列表：在这里默认为“自定义”尺寸类型，可以自定义下面的参数来改变渲染尺寸。3ds Max还提供其他的固定尺寸类型，以方便有特殊要求的用户。

宽度/高度：分别设置图像的宽度和高度，单位为像素，可以直接输入数值或调节微调器，也可以从右侧的4种固定尺寸中选择。

固定尺寸：直接定义尺寸。3ds Max提供了4个固定尺寸按钮，它们也可以进行重新定义，在任意按钮上单击鼠标右键，弹出配置预设对话框，如图9-17所示。在该对话框中可以重新设置当前按钮的尺寸，获取当前设置按钮可以直接将当前已设定的长宽尺寸和比例读入，作为当前按钮的设置参考。

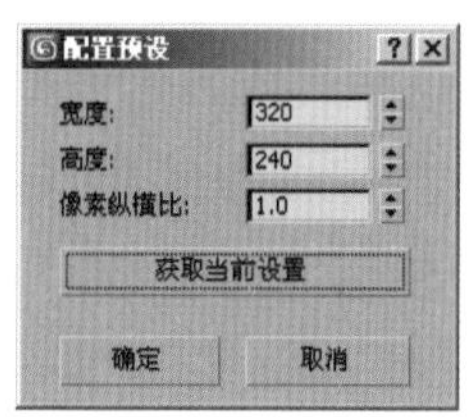

图9-17

图像纵横比：设置图像长度和宽度的比例，当长宽值指定后，它的值也会自动计算出来。图像纵横=长度/宽度。在自定义尺寸类型下，该参数可以进行调节，它的改变影响高度值的改变；如果按下它右侧的锁定按钮，则会固定图像的纵横比，这时对长度值的调节也会影响宽度值；对于已定义好的尺寸类型，图像纵横比被固化，不可调节。

像素纵横比：为其他的显示设备设置像素的形状。有时渲染后的图像在其他显示设备上播放时，可能会发生挤压变形，这时可以通过调整像素纵横比值来修正它。如果选择了已定义好的其他尺寸类型，它将变为固定设置值。如果按下它右侧的锁定按钮，将会固定图像像素的纵横比。

光圈宽度（毫米）：针对当前摄影机视图的摄影机设置，确定它渲染输出的光圈宽度，它的变化将改变摄影机的镜头值，同时也定义了镜头与视野参数之间的相对关系，但不会影响摄影机视图中的观看效果。如果选择了已定义的其他尺寸类型，它将变为固定设置。

根据选择输出格式的不同，图像的纵横比和分辨率会随之产生变化。

选项：该选项组主要包含以下9个选项。

大气：是否对场景中的大气效果进行渲染处理，如雾、体积光。

效果：是否对场景设置的特殊效果进行渲染，如镜头效果。

置换：是否对场景中的置换贴图进行渲染计算。

视频颜色检查：检查图像中是否有像素的颜色超过了NTSC制或PAL制电视的阈值，如果有，则将对它们作标记或转化为允许的范围值。

渲染为场：当为电视创建动画时，设定渲染到电视的场扫描，而不是帧。如果将来要输出到电视，必须考虑是否要将此项开启，否则画面可能会出现抖动现象。

渲染隐藏几何体：如果将它打开，将会对场景中所有对象进行渲染，包括被隐藏的对象。

区域光源/阴影视作点光源：将所有的区域光源或阴影都当做是从点对象发出的，以此进行渲染，这样可以加快渲染速度。

强制双面：对对象内外表面都进行渲染，这样虽然会减慢渲染速度，但能够避免法线错误造成的不正确表面渲染，如果发现有法线异常的错误（镂空面、闪烁面），最简单的解决方法就是将这个选项打开。

超级黑：为视频压缩而对几何体渲染的黑色进行限制，一般情况下不要将它打开。

高级照明：该选项组主要包含以下两个选项。

使用高级照明：勾选此项，3ds Max将会调用高级照明系统进行渲染。默认情况是打开的，因为高级照明系统有启用开关，所以如果系统没有打开，即使这里打开了也没有作用，不会影响正常的渲染速度。这时若需要暂时在渲染时关闭高级照明，只要在这里取消勾选进行关闭即可，不要关闭高级照明系统的有效开关，这样做的原因是不会改变已经调节好的高级照明参数。

需要时计算高级照明：勾选此项可以判断是否需要重复进行高级照明的光线分布计算。一般默认是关闭的，表示不进行判断，每帧都进行高级照明的光线分布计算，这样对于静帧无所谓，但对于动画来说就有些浪费，因为如果是没有对象和灯光动画（如仅仅是摄影机的拍摄动画），就不必去进行逐帧的光线分布计算，从而节约大量的渲染时间。但对有对象的相对位置发生了变化的场景，整个场景的光线分布也会随之变化，所以必须要逐帧进行光线分布计算。如果勾选了此项，系统会对场景进行自动判断，在没有对象相对位置发生变化的帧不进行光线分布的重复计算，而在有对象相对位置发生变化的帧进行光线重复计算，这样既保证了渲染效果的正确性，又提高了渲染速度。

渲染输出：该选项组主要包含以下11个选项。

保存文件：设置渲染后文件的保存方式，通过“文件”按钮设置要输出的文件名称和格式。一般包括两种文件类型，一种是静帧图像，另一种是动画文件，对于广播级录像带或电影的制作，一般都要求逐帧地输出静态图像，这时选择了文件格式后，输入文件名，系统会为其自动添加0001、0002等序列后缀名称。

文件：单击该按钮可以打开“渲染输出文件”面板，用于指定输出文件的名称、格式与保存路径等。

将图像文件列表放入输出路径：勾选此项可创建图像序列文件，并将其保存在与渲染相同的目录中。

立即创建：单击该按钮，用手动方式创建图像序列文件，首先必须为渲染自身选择一个输出文件。

Autodesk ME 图像序列文件（.imsq）：选择该项之后，创建图像序列（IMSQ）文件。

原有3ds Max图像文件列表（.ifl）：选择该项之后，生成由3ds Max旧版本创建的各种图像文件列表（IFL）文件。

使用设备：设置是否使用渲染输出的视频硬件设备。

设备：用于选择视频硬件输出设置，以便进行输出操作。

渲染帧窗口：设置是否在渲染帧窗口中输出渲染结果。

网络渲染：设置是否进行网络渲染。勾选该选项后，在渲染时将看到网络任务分配对话框。

跳过现有图像：如果发现存在与渲染图像名称相同的文件，将保留原来的文件，不进行覆盖。

2.“电子邮件通知”卷展栏

该功能可以使渲染任务像网络渲染一样发送电子邮件通知，这类邮件在执行诸如动画渲染之类的大型渲染任务时非常有用，使用户不必将所有注意力都集中在渲染系统上，其参数面板如图9-18所示。

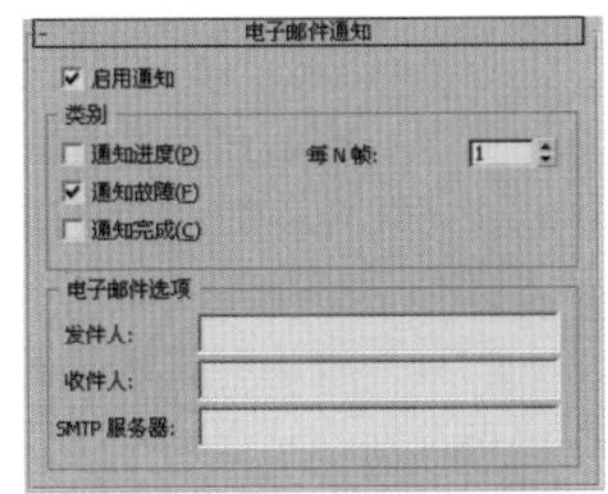

图9-18

【参数介绍】

启用通知：勾选此项，渲染器才会在出现情况时发送电子邮件通知，默认为关闭。

类别：该选项组主要包含以下4个选项。

通知进度：发送电子邮件以指示渲染进程。每当“每N帧”参数框中所指定的帧数渲染完毕时，就会发送一份电子邮件。

通知故障：只有在出现阻碍渲染完成的情况下才发送电子邮件通知，默认为开启。

通知完成：当渲染任务完成时发送电子邮件通知，默认为关闭。

每N帧：设置“通知进度”所间隔的帧数，默认为1，通常都会将这个值设置得大一些。

电子邮件选项：该选项组主要包含以下3个选项。

发件人：输入开始渲染任务人的地址。

收件人：输入要了解渲染情况的人的地址。

SMTP服务器：输入作为邮件服务器系统的IP地址。

3.“脚本”卷展栏

“脚本”卷展栏的参数面板如图9-19所示。

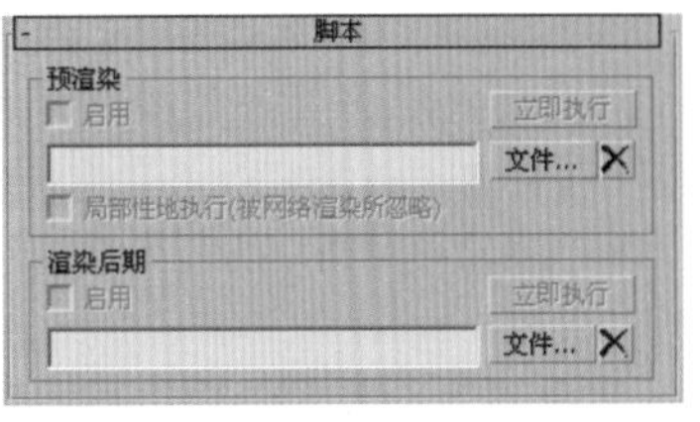

图9-19

【参数介绍】

预渲染：该选项组主要包含以下4个选项。

启用：勾选此项，启用预渲染脚本。

立即执行：单击该按钮，立即运行预渲染脚本。

文件：单击该按钮，设定要运行的预渲染脚本。单击右侧的X按钮可以移除预渲染脚本。

局部性地执行（被网络渲染所忽略）：勾选此项，则预渲染脚本只在本机运行，如果使用网络渲染，将忽略该脚本。

渲染后期：该选项组主要包含以下3个选项。

启用：勾选此项，启用渲染后期脚本。

立即执行：单击该按钮，立即运行渲染后期脚本。

文件：单击该按钮，设定要运行的渲染后期脚本。单击右侧的X按钮可以移除渲染后期脚本。

4.“指定渲染器”卷展栏

通过“指定渲染器”卷展栏可以方便地进行渲染器的更换，其参数面板如图9-20所示。

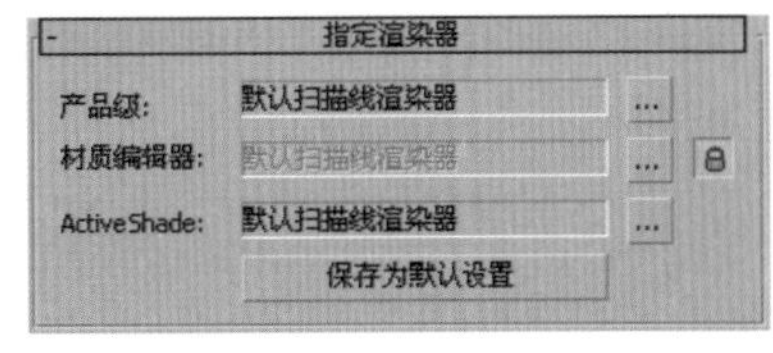

图9-20

【参数介绍】

产品级：当前使用的渲染器的名称将显示在其中，单击右侧的...按钮可以打开“选择渲染器”对话框，如图9-21所示。在该对话框中列出了当前可以指定的渲染器，但不包括当前使用的渲染器（如当前使用的默认扫描线渲染器就不在其中）。在渲染器列表中选择一个要使用的渲染器，然后单击“确定”按钮，即可改变当前渲染器。

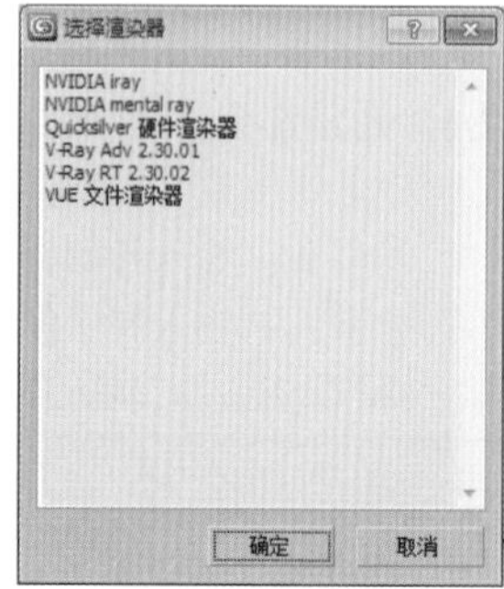

图9-21

材质编辑器：用于渲染材质编辑器中样本窗的渲染器。当右侧的按钮处于启用状态时，将锁定材质编辑器和产品级使用相同的渲染器。默认设置为启用。

ActiveShade（动态着色）：用于动态着色窗口显示使用的渲染器。在3ds Max自带的渲染器中，只有默认扫描线渲染器可以用于动态着色视口渲染。

9.3.2 设置Render Elements（渲染元素）参数

使用这个功能可以将场景中的不同信息（如反射、折射、阴影、高光、Alpha通道等）分别渲染为一个个单独的图像文件，其参数面板如图9-22所示。这项功能的主要目的是方便合成制作，将这些分离的图像导入到合成软件中（如Photoshop）合成，用不同的方式叠加在一起，如果觉得阴影过暗，可以单独将它变亮一些；如果觉得反射太强，可以单独将它变弱一些。由于这些工作是在后期合成软件中进行的，所以处理速度很快，并且不会因为细微的修改就要重新渲染整个三维场景。

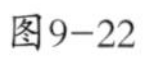

图9-22

通常来讲，元素在合成时没有非常固定的顺序，但大气、背景以及黑白阴影这3种元素例外，最终的元素合成顺序如下，但这种方法并不考虑彩色照明的情况。

（1）顶部：大气元素。

（2）从顶部第2层：黑白阴影元素，用于暗淡阴影区域的颜色。

（3）中部：漫反射、高光等元素。

（4）底部：背景元素。

【参数介绍】

激活元素：启用该项，单击“渲染”按钮，可以按照下面的元素列表进行分离渲染。

显示元素：启用该项，每个渲染元素分别显示在各自的渲染帧窗口中，在渲染时会弹出多个观察窗口。

添加：单击此按钮可以打开“渲染元素”对话框，如图9-23所示，可以从中选择并添加新的元素到列表中。

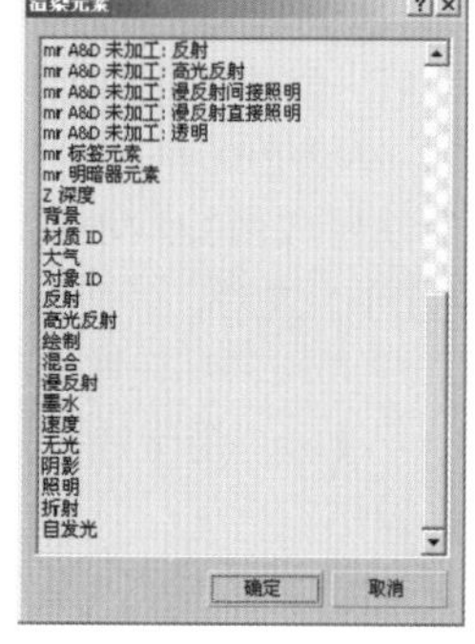

图9-23

小技巧

“渲染元素”对话框中的渲染元素比较多，有3ds Max默认扫描线渲染器提供的渲染元素，有mental ray渲染器提供的渲染元素。如果安装了其他渲染器，还会有更多的渲染元素，如VRay渲染元素。

合并：从别的3ds Max场景中合并渲染元素。

删除：从列表中删除选择的渲染元素。

名称：显示和修改渲染元素的名称。

启用：显示该渲染元素是否处于有效状态。

过滤器：显示该元素的抗锯齿过滤计算是否有效。

类型：显示元素类型。

输出路径：显示元素的输出路径和文件名称。

选定元素参数：该选项组主要包含以下4个选项。

启用：勾选时，选定的渲染元素有效。关闭时，不渲染选定的元素。

启用过滤：勾选时，选定元素的抗锯齿过滤计算有效；关闭时，选定的元素在渲染时不使用抗锯齿过滤计算。

名称：显示当前选定元素的名称，还可以用来对元素重新命名。

浏览 ...：用于指定渲染元素输出的存储位置、名称和类型。右侧的文本框中，可以直接输入元素的路径和名称。

输出到combustion：使用该选项组可以直接生成一个含有渲染元素分层信息的CWS文件（combustion工作文件）。可以直接在combustion合成软件中打开该文件，里面已经自动将这些分层的素材进行了正确的合成，只要分别选择各自的层进行调节就可以了，非常方便。主要包含以下两个选项。

启用：勾选时，将会保存一个含渲染元素的CWS文件。

浏览 ...：设置CWS文件的名称和路径位置。

以上介绍了各种渲染元素的通用参数，除此之外，有一些渲染元素还具有自己的特定参数，当在渲染列表中选择这种元素时，相应的参数卷展栏会出现在面板最下方，下面列举一些元素进行介绍。

1.混合元素

“混合元素”是一种将其他几种渲染元素合并在一起的自定义元素。默认状态下，混合元素合并所有的渲染元素，所渲染的结果相当于没有背景的正常渲染结果，通过勾选每种元素前面的复选框来指定要合并的元素，其参数面板如图9-24所示。

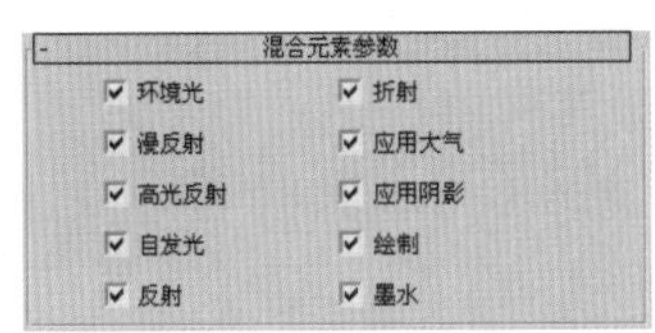

图9-24

2.漫反射元素

勾选“照明”选项时，渲染得到的对象“漫反射元素”会受到场景照明的影响，即与光照的强度、角度有关；禁用此项时，漫反射元素与照明无关，对于纹理材质，相当于纹理贴图在对象表面的映射，无明暗照明的变化，对于单色材质，则只渲染为颜色平面。其参数面板如图9-25所示。

图9-25

3.照明元素

“照明元素”有3个控制选项，其参数面板如图9-26所示。

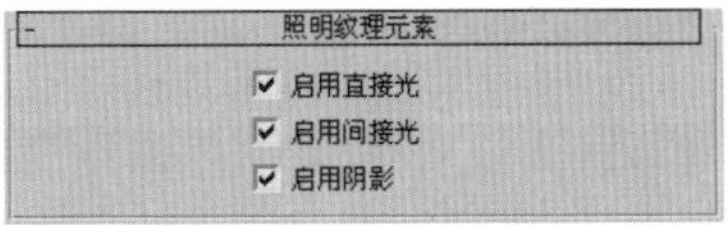

图9-26

【参数介绍】

启用直接光：勾选此项，在渲染的照明纹理元素中将包含直接光照的效果。

启用间接光：勾选此项，在渲染的照明纹理元素中将包含间接光照的效果。

启用阴影：勾选此项，在渲染的照明纹理元素中将包含阴影效果。

4.无光元素

“无光元素”的参数面板如图9-27所示。

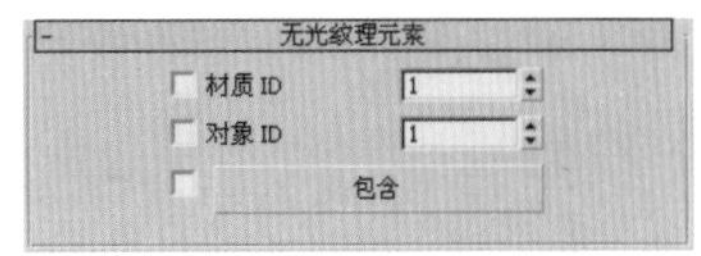

图9-27

【参数介绍】

无光：元素的作用就是渲染特定对象的遮罩，用于进行图像合成时的抠像。它的用法与Alpha元素相似，但是无光元素可以更灵活地设定遮罩的对象，而不像Alpha元素那样对场景中的所有对象有效。无光元素可以通过材质ID、对像ID和手工选择来指定要生成遮罩的对象。

材质ID：勾选此项，场景中的材质ID号等于右侧数值设定的可见对象将生成遮罩。

对象ID：勾选此项，场景中的对象ID号等于右侧数值设定的可见对象将生成遮罩。

包含：勾选此项，单击“包含”按钮，在弹出的“排除/包含”对话框中手工指定生成遮罩的对象，选择方式可以是排除或者包含方式。当使用包含方式时，与使用材质ID和对象ID一样，选定对象的区域将渲染为白色，其他区域（包括无对象的区域）渲染为黑色。当使用排除方式时，选定对象的区域将渲染为黑色，其他区域（包括无对象的区域）渲染为白色。

当使用“排除”方式时，必须禁用材质ID 和对象ID选项，因为这几种方式会发生冲突。

5.Z深度元素

“Z深度元素”能通过渲染结果的灰度变化来反映场景对象在*z*轴或视图方向上的不同景深，最近的对象呈纯白色，最远的对象呈黑色，处于中间的对象呈灰色，灰色越暗，对象距离摄影机越远。

“Z深度元素”的参数面板如图9-28所示，此卷展栏用于调整Z深度渲染中显示的场景部分。默认情况下，渲染包含视图前面的对象（Z最小值为100），并将300个3ds Max单位延伸到场景（Z最大值班为300）

中。如果场景深度超过300个单位，则需要增加“Z最大值”的数值。

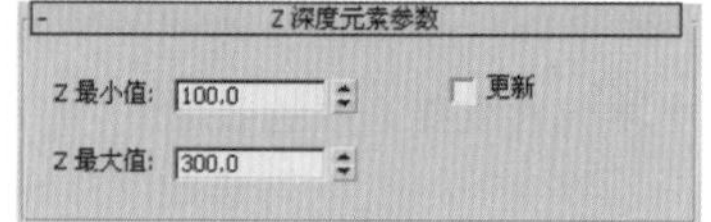

图9-28

【参数介绍】

Z最小值：z轴深度通道渲染时的最近距离。单位为3ds Max设置单位，默认设置为100。

Z最大值：z轴深度通道渲染时的最远距离。单位为3ds Max设置单位，默认设置为300。

6.对象ID元素

渲染指定给对象的对象ID信息或对象自身的颜色信息。对于不同ID号的对象或具有不同颜色的对象（指对象的线框颜色），可以分别赋予不同的颜色信息，这样就可以在后期软件或进行特效制作时识别和选择这些物体，其参数面板如图9-29所示。

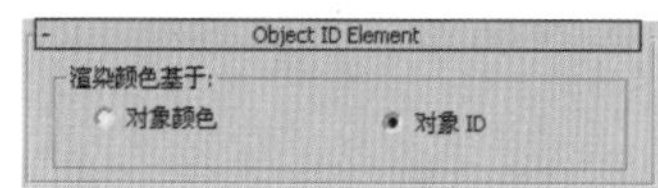

图9-29

【参数介绍】

对象颜色：依据对象的线框颜色来渲染区分物体。

对象ID：依据对象的ID来随机指定颜色，相同的ID号渲染相同的颜色。

7.速度元素

“速度元素”生成一张包含对象运动信息的渲染图像，它主要用于后期合成软件中运动模糊的制作，与3ds Max中的运动模糊相比，使用速度元素可以节省大量渲染时间。速度元素的另一个用途是重新调整某段视频中的系列帧图像，使该图像内的运动速度变得更加精确。

在速度渲染中，运动信息被保存为RGB颜色信息。相对于要渲染的平面，x轴上的移动保存为红色，y轴上的移动保存为绿色，z轴上的移动保存为蓝色。mental ray渲染器支持该元素，但必须关闭mental ray的摄影机运动模糊效果。另外，一些mental ray材质不支持该渲染元素。

“速度元素”卷展栏上的参数用于提高在渲染中保存运动数据的精度，其参数面板如图9-30所示。

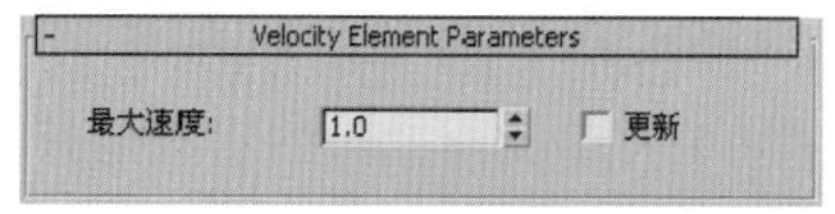

图9-30

【参数介绍】

最大速度：根据“更新”收集的结果输入一个最大速度值，设置最大速度可以进一步提高运动信息的精度。默认设置为1。

更新：渲染测试帧时启用，每次测试渲染之后，将最大速度设置为最新记录的值，然后使用这些值中的最大值来进行最终渲染。在渲染整个动画前要禁用更新选项，默认设置为禁用状态。

9.4 3ds Max渲染帧窗口

单击“渲染帧窗口”按钮，3ds Max会弹出自带的“渲染帧窗口”对话框，如图9-31所示。渲染帧窗口是一个用于显示渲染输出的窗口，在渲染输出阶段起着不可替代的作用，是用户在渲染过程中观察渲染进程或渲染效果的窗口。

图9-31

【工具介绍】

要渲染的区域：该下拉列表中提供了要渲染的区域选项，包括“视图”、“选定”、“区域”、“裁剪”和“放大”。

编辑区域：可以调整控制手柄来重新调整渲染图像的大小。

自动选定对象区域：激活该按钮后，系统会将“区域”、“裁剪”和“放大”自动设置为当前选择。

视口：显示当前渲染的是哪个视图。若渲染的是“透视图”，那么在这里就显示为“透视图”。

锁定到视口：激活该按钮后，系统就只渲染视图列表中的视图。

渲染预设：可以从下拉列表中选择与预设渲染相关的选项。

渲染设置：单击该按钮可以打开“渲染设置”对话框。

环境和效果对话框（曝光控制）：单击该按钮可以打开“环境和效果”对话框，在该对话框中可以调整曝光控制的类型。

产品级/迭代："产品级"是使用"渲染帧窗口"对话框、"渲染设置"对话框等所有当前设置进行渲染；"迭代"是忽略网络渲染、多帧渲染、文件输出、导出至MI文件以及电子邮件通知，同时使用扫描线渲染器进行渲染。

渲染：单击该按钮可以使用当前设置来渲染场景。

保存图像：单击该按钮可以打"保存图像"对话框，在该对话框可以保存多种格式的渲染图像。

复制图像：单击该按钮可以将渲染图像复制到剪贴板上。

克隆渲染帧窗口：单击该按钮可以克隆一个"渲染帧窗口"对话框。

打印图像：将渲染图像发送到Windows定义的打印机中。

清除：清除"渲染帧窗口"对话框中的渲染图像。

启用红色/绿色/蓝色通道：显示渲染图像的红/绿/蓝通道。图9-32~图9-34所示分别是单独开启红色、绿色、蓝色通道的图像效果。

图9-32

图9-33

图9-34

显示Alpha通道：显示图像的Aplha通道。

单色：单击该按钮可以将渲染图像以8位灰度的模式显示出来，如图9-35所示。

图9-35

切换UI叠加：激活该按钮后，如果"区域"、"裁剪"或"放大"区域中有一个选项处于活动状态，则会显示表示相应区域的帧。

切换UI：激活该按钮后，"渲染帧窗口"对话框中的所有工具与选项均可使用；关闭该按钮后，不会显示对话框顶部的渲染控件以及对话框下部单独面板上的mental ray控件，如图9-36所示。

图9-36

9.5 VRay渲染器

VRay渲染器是Chaos Group公司开发的一款高质量渲染软件，主要以插件的形式应用于3ds Max等软件中。由于VRay渲染器可以真实地模拟现实光照，并且操作简单，易学易用，因此被广泛应用于建筑表现、工业设计和动画制作等领域。

VRay的渲染速度与渲染质量比较均衡，也就是说在保证较高渲染质量下的渲染速度也不错，所以它是目前效果图制作领域最为流行的渲染器。图9-37所示的是VRay渲染出来的作品。

图9-37

安装好VRay渲染器之后，若想使用该渲染器来渲染场景，可以按F10键打开"渲染设置"对话框，然后在"公用"选项卡下展开"指定渲染器"卷展栏，接着单击"产品级"选项后面的"选择渲染器"按钮，最后在弹出的"选择渲染器"对话框中选择VRay渲染器即可，如图9-38所示。

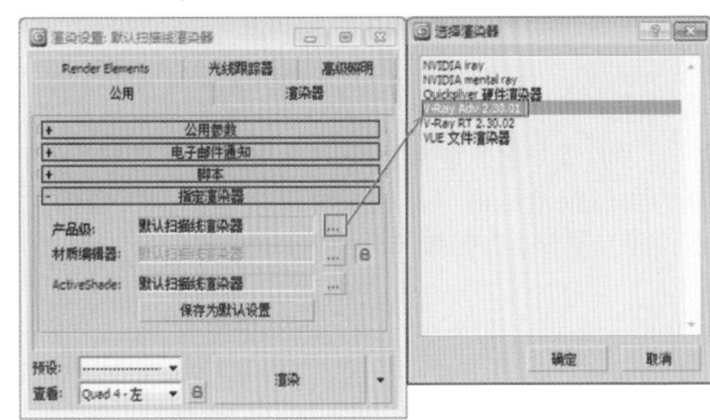

图9-38

VRay渲染器参数主要包括“公用”、V-Ray、“间接照明”、“设置”和Render Elements（渲染元素）5大选项卡，如图9-39所示。下面重点讲解V-Ray、“间接照明”和“设置”这3个选项卡下的参数。

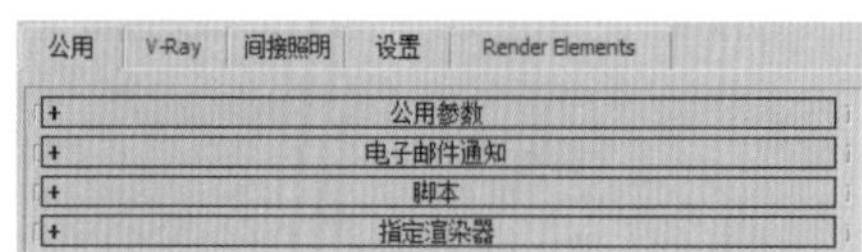

图9-39

9.5.1 VRay选项卡

1.“授权”卷展栏

在“授权”卷展栏中主要呈现了VRay的注册信息，注册文件一般都放置在“C:\Program Files\Common Files\ChaosGroup\VRFLClient.xml”路径下，如果以前安装过低版本的VRay，而在安装VRay Adv 1.50 SP2的过程中出现了问题，那么可以把这个文件删除以后再安装，其参数面板如图9-40所示。

图9-40

2.“关于V-Ray”卷展栏

在这个展卷栏中，用户可以看到关于VRay的官方网站地址www.chaosgroup.com，以及当前渲染器的版本号、Logo等，如图9-41所示。

图9-41

3.“帧缓冲区”卷展栏

“帧缓冲区”卷展栏中的参数用来设置VRay自身的图形帧渲染窗口，这里可以设置渲染图像的大小，或者保存渲染图像等，如图9-42所示。

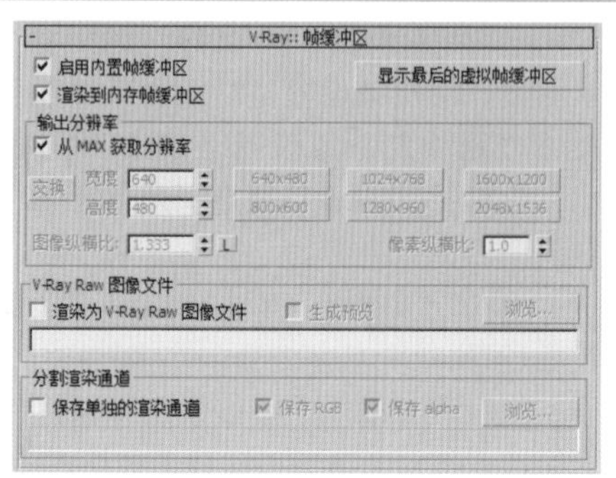

图9-42

【参数介绍】

启用内置帧缓存：当选择这个选项的时候，用户就可以使用VRay自身的渲染窗口。同时需要注意，应该关闭3ds Max默认的“渲染帧窗口”选项，这样可以节约一些内存资源，如图9-43所示。

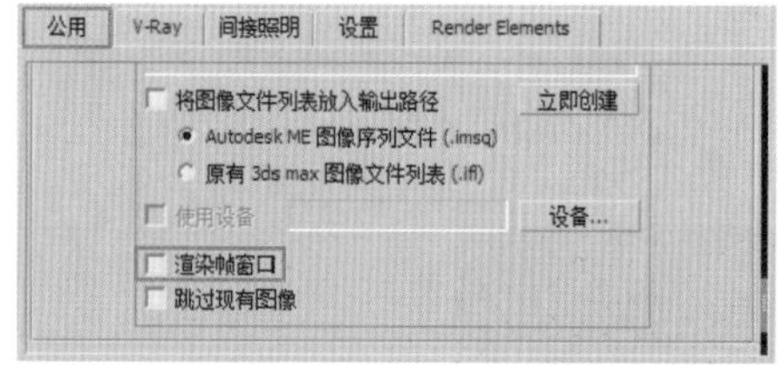

图9-43

显示上次帧缓存VFB：单击此按钮，就可以看到上次渲染的图形。

渲染到内存帧缓存：当勾选该选项时，可以将图像渲染到内存中，然后再由帧缓存窗口显示出来，这样可以方便用户观察渲染的过程；当关闭该选项时，不会出现渲染框，而直接保存到指定的硬盘文件夹中，这样的好处是可以节约内存资源。

知识窗

详解“VRay帧缓存”对话框

在“帧缓存”卷展栏下勾选“启用内置帧缓存”选项后，按F9键渲染场景，3ds Max会弹出“VRay帧缓存”对话框，如图9-44所示。

图9-44

切换颜色显示模式 ：分别为“切换到RGB通道”、“查看红色通道”、“查看绿色通道”、“查看蓝色通道”、“切换到Alpha通道”和“灰度模式”。

保存图像：将渲染好的图像保存到指定的路径中。

载入图像：载入VRay图像文件。

清除图像：清除帧缓存中的图像。

复制到3ds Max的帧缓存：单击该按钮可以将VRay帧缓存中的图像复制到3ds Max中的帧缓存中。

渲染时跟踪鼠标：强制渲染鼠标所指定的区域，这样可以快速观察到指定的渲染区域。

区域渲染：使用该按钮可以在VRay帧缓存中拖出一个渲染区域，再次渲染时就只渲染这个区域内的物体。

渲染上次：执行上一次的渲染。

打开颜色校正控制：单击该按钮会弹出“颜色校正”对话框，在该对话框中可以校正渲染图像的颜色。

强制颜色钳制：单击该按钮可以对渲染图像中超出显示范围的色彩不进行警告。

查看钳制颜色：单击该按钮可以查看钳制区域中的颜色。

打开像素信息对话框 i：单击该按钮会弹出一个与像素相关的信息通知对话框。

使用颜色对准校正：在“颜色校正”对话框中调整明度的阈值后，单击该按钮可以将最后调整的结果显示或不显示在渲染的图像中。

使用颜色曲线校正：在“颜色校正”对话框中调整好曲线的阈值后，单击该按钮可以将最后调整的结果显示或不显示在渲染的图像中。

使用曝光校正：控制是否对曝光进行修正。

显示在sRGB色彩空间的颜色：SRGB是国际通用的一种RGB颜色模式，还有Adobe RGB和ColorMatch RGB模式，这些RGB模式主要的区别就在于Gamma值的不同。

% F：这里主要是控制水印的对齐方式、字体颜色和大小，以及显示VRay渲染的一些参数。

输出分辨率：该选项组主要包含以下6个选项。

从Max获取分辨率：当勾选该选项时，将从“公用”选项卡的“输出大小”参数组中获取渲染尺寸，如图9-45所示；当关闭该选项时，将从VRay渲染器的“输出分辨率”参数组中获取渲染尺寸，如图9-46所示。

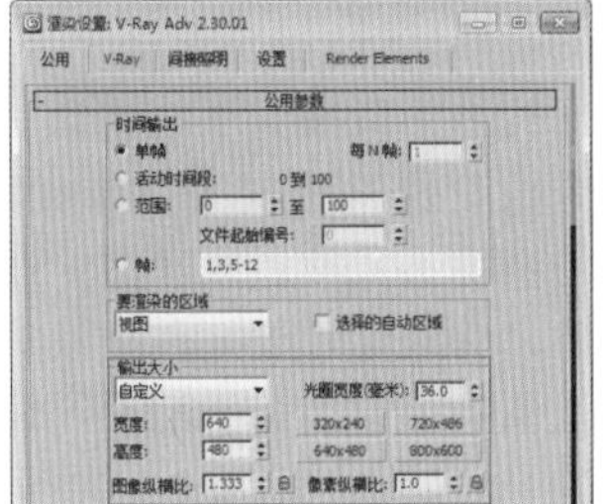

图9-45

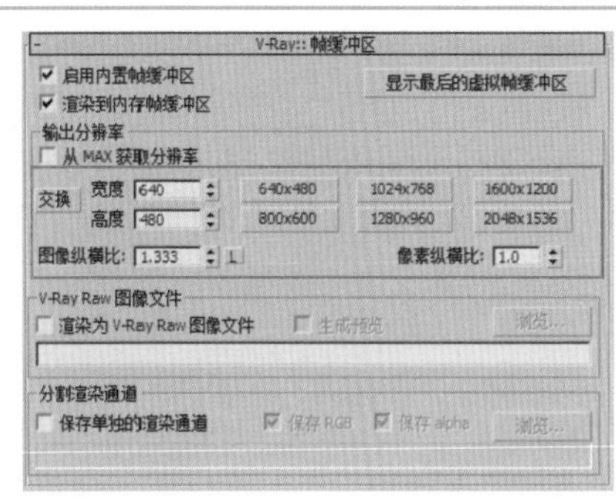

图9-46

宽度：设置像素的宽度。

长度：设置像素的长度。

交换 交换：交换“宽度”和“高度”的数值。

图像纵横比：设置图像的长宽比例，单击后面的“锁”按钮 L 可以锁定图像的长宽比。

像素纵横比：控制渲染图像的像素长宽比。

V-Ray Raw图像文件：该选项组主要包含以下两个选项。

渲染为V-Ray Raw图像文件：控制是否将渲染后的文件保存到所指定的路径中。勾选该选项后渲染的图像将以Raw格式进行保存。

生成预览：当勾选此项后，可以得到一个比较小的预览框来预览渲染的过程，预览框中的图不能缩放，并且看到的渲染图的质量都不高，这是为了节约内存资源。

小技巧

在渲染较大的场景时，计算机会负担很大的渲染压力，而勾选“渲染为VRay原态格式图像”选项后（需要设置好渲染图像的保存路径），渲染图像会自动保存到设置的路径中。

分割渲染通道：该选项组主要包含以下4个选项。

保存单独的渲染通道：控制是否单独保存渲染通道。

保存RGB：控制是否保存RGB色彩。

保存Alpha：控制是否保存Alpha通道。

浏览 浏览...：单击该按钮可以保存RGB和Alpha文件。

4. “全局开关”卷展栏

“全局开关”展卷栏下的参数主要用来对场景中的灯光、材质、置换等进行全局设置，比如是否使用默认灯光、是否开启阴影、是否开启模糊等，如图9-47所示。

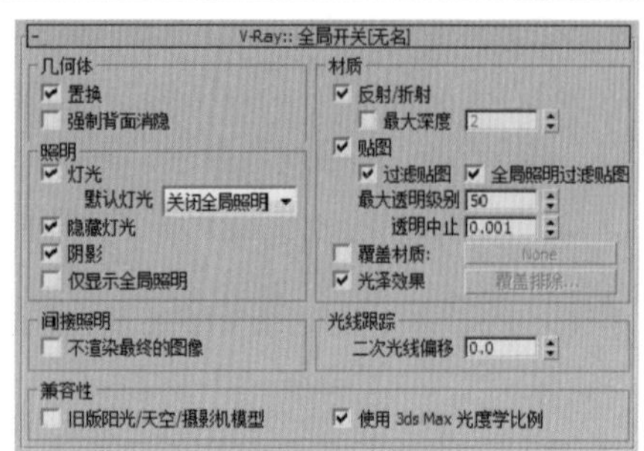

图9-47

【参数介绍】

几何体：该选项组主要包含以下两个选项。

置换：控制是否开启场景中的置换效果。在VRay的置换系统中，一共有两种置换方式，分别是材质置换方式和VRay置换修改器方式，如图9-48所示。当关闭该选项时，场景中的两种置换都不会起作用。

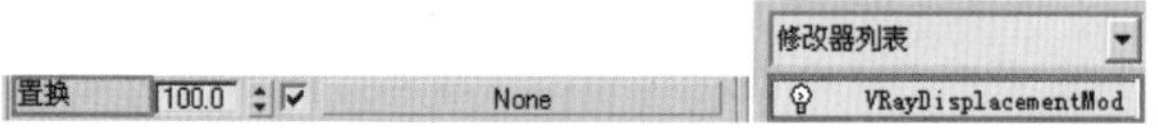

图9-48

背面强制隐藏：执行3ds Max中的“自定义>首选项”菜单命令，在弹出的对话框中的“视口”选项卡下有一个“创建对象时背面消隐”选项，如图9-49所示。“背面强制隐藏”与“创建对象时背面消隐”选项相似，但“创建对象时背面消隐”只用于视图，对渲染没有影响，而“强制背面隐藏”是针对渲染而言的，勾选该选项后反法线的物体将不可见。

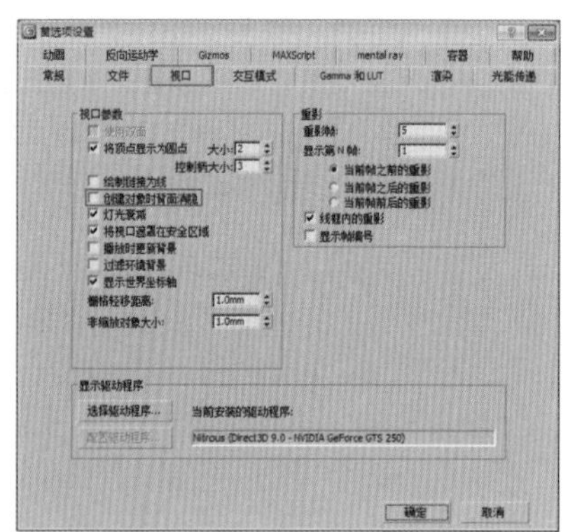

图9-49

灯光：该选项组主要包含以下5个选项。

灯光：控制是否开启场景中的光照效果。当关闭该选项时，场景中放置的灯光将不起作用。

缺省灯光：控制场景是否使用3ds Max系统中的默认光照，一般情况下都不设置。

隐藏灯光：控制场景是否让隐藏的灯光产生光照。这个选项对于调节场景中的光照非常方便。

阴影：控制场景是否产生阴影。

只显示全局照明：当勾选该选项时，场景渲染结果只显示全局照明的光照效果。虽然如此，渲染过程中也是计算了直接光照的。

间接照明：该选项组主要包含以下一个选项。

不渲染最终图像：控制是否渲染最终图像。如果勾选该选项，VRay将在计算完光子以后，不再渲染最终图像，这对跑小光子图非常方便。

材质：该选项组主要包含以下9个选项。

反射/折射：控制是否开启场景中的材质的反射和折射效果。

最大深度：控制整个场景中的反射、折射的最大深度，后面的输入框数值表示反射、折射的次数。

贴图：控制是否让场景中的物体的程序贴图和纹理贴图渲染出来。如果关闭该选项，那么渲染出来的图像就不会显示贴图，取而代之的是漫反射通道里的颜色。

过滤贴图：这个选项用来控制VRay渲染时是否使用贴图纹理过滤。如果勾选该选项，VRay将用自身的“抗锯齿过滤器”来对贴图纹理进行过滤，如图9-50所示；如果关闭该选项，将以原始图像进行渲染。

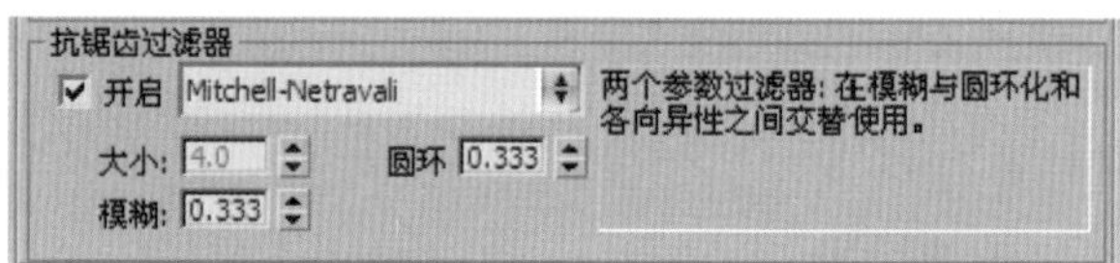

图9-50

全局照明过滤贴图：控制是否在全局照明中过滤贴图。

最大透明级别：控制透明材质被光线追踪的最大深度。值越高，被光线追踪的深度越深，效果越好，但渲染速度会变慢。

透明中止阈值：控制VRay渲染器对透明材质的追踪终止值。当光线透明度的累计比当前设定的阈值低时，将停止光线透明追踪。

替代材质：是否给场景赋予一个全局材质。当在后面的通道中设置了一个材质后，那么场景中所有的物体都将使用该材质进行渲染，这在测试阳光的方向时非常有用。

光泽效果：是否开启反射或折射模糊效果。当关闭该选项时，场景中带模糊的材质将不会渲染出反射或折射模糊效果。

光线跟踪：该选项组主要包含以下选项。

二次光线偏移：这个选项主要用来控制有重面的物体在渲染时不会产生黑斑。如果场景中有重面，在默认值0的情况下将会产生黑斑，一般通过设置一个比较小的值来纠正渲染错误，如0.0001。但是如果这个值设置得比较大，如10，那么场景中的间接照明将变得不正常。如在图9-51中，地板上放了一个长方体，它的位置刚好和地板重合，当“二次光线偏移”数值为0的时候渲染结果不正确，出现黑块；当“二次光线偏移”数值为0.001的时候，渲染结果正常，没有黑斑，如图9-52所示。

图9-51

图9-52

5. "图像采样器（反锯齿）"卷展栏

抗锯齿在渲染设置中是一个必须调整的参数，其数值的大小决定了图像的渲染精度和渲染时间，但抗锯齿与全局照明精度的高低没有关系，只作用于场景物体的图像和物体的边缘精度，其参数设置面板如图9-53所示。

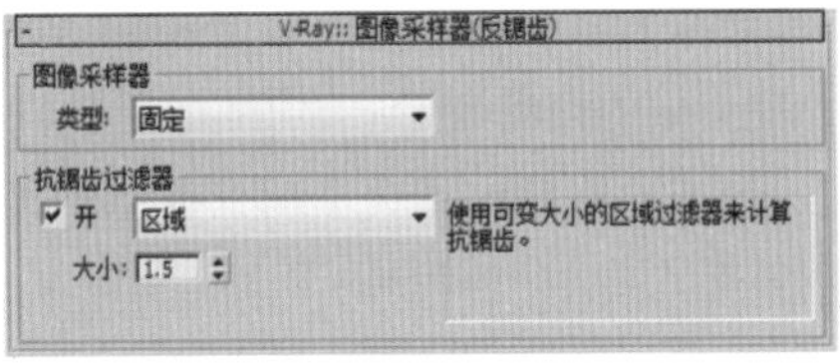

V-Ray:: 图像采样器(反锯齿)
图像采样器
类型: 固定
抗锯齿过滤器
开 区域 使用可变大小的区域过滤器来计算抗锯齿。
大小: 1.5

图9-53

【参数介绍】

图像采样器：在选项组 "类型" 下拉列表中可以选择"固定"、"自适应确定性蒙特卡洛"和"自适应细分"3种图像采样器类型，具体如下。

固定：对每个像素使用一个固定的细分值。该采样方式适合拥有大量的模糊效果（如运动模糊、景深模糊、反射模糊、折射模糊等）或者具有高细节纹理贴图的场景。在这种情况下，使用"固定"方式能够兼顾渲染品质和渲染时间。其采样参数如图9-54所示，细分越高，采样品质越高，渲染时间越长。

图9-54

自适应确定性蒙特卡洛：这是最常用的一种采样器，在下面的内容中还要单独介绍，其采样方式可以根据每个像素以及与它相邻像素的明暗差异来使不同像素使用不同的样本数量。在角落部分使用较高的样本数量，在平坦部分使用较低的样本数量。该采样方式适合拥有少量的模糊效果或者具有高细节的纹理贴图以及具有大量几何体面的场景，其参数面板如图9-55所示。

图9-55

下面介绍一下图9-226所示的参数面板的各参数含义。

最小细分：定义每个像素使用的最小细分，这个值最主要用在对角落地方的采样。当值越大，角落地方的采样品质越高，图的边线抗锯齿也越好，同时渲染速度也越慢。

最大细分：定义每个像素使用的最大细分，这个值主要用在平坦部分的采样。当值越大时，平坦部分的采样品质越高，渲染速度越慢。在渲染商业图的时候，可以把这个值设置得相对比较低，因为平坦部分需要的采样不多，从而节约渲染时间。

颜色阈值：色彩的最小判断值，当色彩的判断达到这个值以后，就停止对色彩的判断。具体一点就是分辨哪些是平坦区域，哪些是角落区域。这里的色彩应该理解为色彩的灰度。

使用DMC采样器阈值：如果勾选了该选项，"颜色阈值"参数将不起作用，取而代之的是采用DMC采样器里的阈值。

显示采样：勾选它以后，可以看到"自适应DMC"的样本分布情况。

自适应细分：这个采样器具有负值采样的高级抗锯齿功能，适用于在没有或者有少量的模糊效果的场景中，在这种情况下，它的渲染速度最快，但是在具有大量细节和模糊效果的场景中，它的渲染速度会非常慢，渲染品质也不高，这是因为它需要去优化模糊和大量的细节，这样就需要对模糊和大量细节进行预计算，从而把渲染速度降低。同时该采样方式是3种采样类型中最占内存资源的一种，而"固定"采样器占的内存资源最少，其参数面板如图9-56所示。

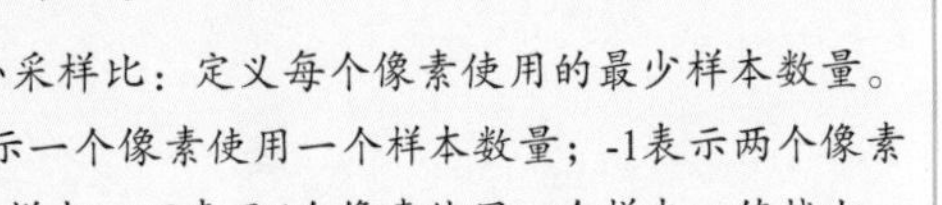

图9-56

下面介绍一下图9-56所示的参数面板的各参数含义。

最小采样比：定义每个像素使用的最少样本数量。数值0表示一个像素使用一个样本数量；-1表示两个像素使用一个样本；–2表示4个像素使用一个样本。值越小，渲染品质越低，渲染速度越快。

最大采样比：定义每个像素使用的最多样本数量。数值0表示一个像素使用一个样本数量；1表示每个像素使用4个样本；2表示每个像素使用8个样本数量。值越高，渲染品质越好，渲染速度越慢。

颜色阈值：色彩的最小判断值，当色彩的判断达到这个值以后，就停止对色彩的判断。具体一点就是分辨哪些是平坦区域，哪些是角落区域。这里的色彩应该理解为色彩的灰度。

对象轮廓：勾选它以后，可以对物体轮廓线使用更多的样本，从而让物体轮廓的品质更高，渲染速度减慢。

法线阈值：决定"自适应细分"在物体表面法线的采样程度。当达到这个值以后，就停止对物体表面进行判断。具体一点就是分辨哪些是交叉区域，哪些不是交叉区域。

随机采样：当勾选它以后，样本将随机分布。这个样本的准确度更高，同时对渲染速度没影响，建议勾选。

显示采样：勾选它以后，可以看到"自适应细分"的样本分布情况。

抗锯齿过滤器：该选项组主要包含以下两个选项。

开：当勾选"开"选项以后，可以从后面的下拉列表中选择一个抗锯齿过滤器来对场景进行抗锯齿处理；如果不勾选"开"选项，那么渲染时将使用纹理抗锯齿过滤器。抗锯齿过滤器的类型有以下16种。

（1）区域：用区域大小来计算抗锯齿，如图9-57所示。

（2）清晰四方形：来自Neslon Max算法的清晰9像素重组过滤器，如图9-58所示。

图9-57

图9-58

（3）Catmull-Rom：一种具有边缘增强的过滤器，可以产生较清晰的图像效果，如图9-59所示。

图9-59

（4）图版匹配/Max R2：使用3ds Max R2的方法（无贴图过滤）将摄影机和场景或"无光/投影"元素与未过滤的背景图像相匹配，如图9-60所示。

（5）四方形：和"清晰四方形"相似，能产生一定的模糊效果，如图9-61所示。

图9-60

图9-61

（6）立方体：基于立方体的25像素过滤器，能产生一定的模糊效果，如图9-62所示。

（7）视频：适合于制作视频动画的一种抗锯齿过滤器，如图9-63所示。

图9-62

图9-63

（8）柔化：用于程度模糊效果的一种抗锯齿过滤器，如图9-64所示。

（9）Cook变量：一种通用过滤器，较小的数值可以得到清晰的图像效果，如图9-65所示。

图9-64

图9-65

（10）混合：一种用混合值来确定图像清晰或模

糊的抗锯齿过滤器，如图9-66所示。

（11）Blackman：一种没有边缘增强效果的抗锯齿过滤器，如图9-67所示。

图9-66　　图9-67

（12）Mitchell-Netravali：一种常用的过滤器，能产生微量模糊的图像效果，如图9-68所示。

（13）VRayLanczos/VRaySinc过滤器：VRay新版本中的两个新抗锯齿过滤器，可以很好地平衡渲染速度和渲染质量，如图9-69所示。

图9-68　　图9-69

（14）VRay盒子过滤器/VRay三角形过滤器：这也是VRay新版本中的抗锯齿过滤器，它们以“盒子”和“三角形”的方式进行抗锯齿。

大小：设置过滤器的大小。

6.“环境”卷展栏

“环境”卷展栏分为“全局照明环境（天光）覆盖”、“反射/折射环境覆盖”和“折射环境覆盖”3个参数组，如图9-70所示。在该卷展栏下可以设置天光的亮度、反射、折射和颜色等。

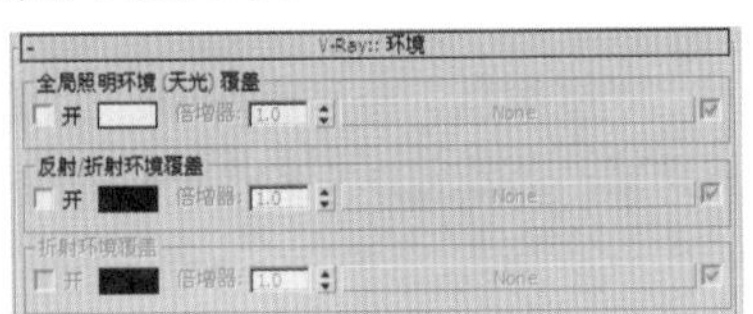

图9-70

【参数介绍】

全局照明环境（天光）覆盖：该选项组主要包含以下4个选项。

开：控制是否开启VRay的天光。当使用这个选项以后，3ds Max默认的天光效果将不起光照作用。

颜色：设置天光的颜色。

倍增器：设置天光亮度的倍增。值越高，天光的亮度越高。

None（无）None：选择贴图来作为天光的光照。

反射/折射环境覆盖：该选项组主要包含以下4个选项。

开：当勾选该选项后，当前场景中的反射环境将由它来控制。

颜色：设置反射环境的颜色。

倍增器：设置反射环境亮度的倍增。值越高，反射环境的亮度越高。

None（无）None：选择贴图来作为反射环境。

折射环境覆盖：该选项组主要包含以下4个选项。

开：当勾选该选项后，当前场景中的折射环境由它来控制。

颜色：设置折射环境的颜色。

倍增器：设置反射环境亮度的倍增。值越高，折射环境的亮度越高。

None（无）None：选择贴图来作为折射环境。

7.“颜色贴图”卷展栏

“颜色贴图”卷展栏下的参数主要用来控制整个场景的颜色和曝光方式，如图9-71所示。

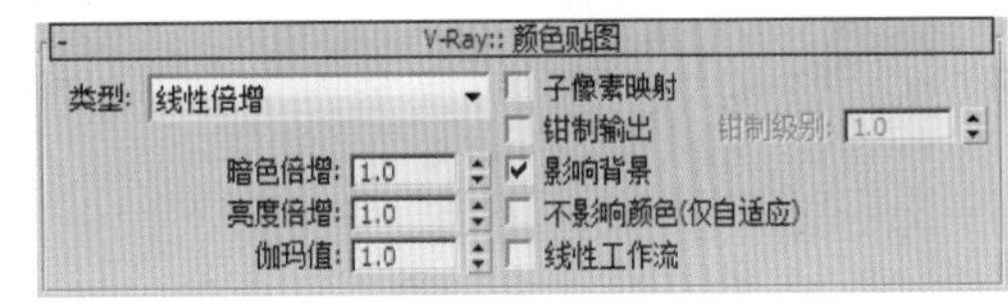

图9-71

【参数介绍】

类型：该选项组提供不同的曝光模式，包括“线性倍增”、“指数”、“HSV指数”、“强度指数”、“伽玛校正”、“强度伽玛”和“莱因哈德”这7种模式。

线性倍增：这种模式将基于最终色彩亮度来进行线性的倍增，可能会导致靠近光源的点过分明亮，如图9-72所示。“线性倍增”模式包括3个局部参数，“暗倍增”是对暗部的亮度进行控制，加大该值可以提高暗部的亮度；“亮倍增”是对亮部的亮度进行控制，加大该值可以提高亮部的亮度；“伽玛值”主要用来控制图像的伽玛值。

指数：这种曝光是采用指数模式，它可以降低靠近光源处表面的曝光效果，同时场景颜色的饱和度会降低，如图9-73所示。“指数”模式的局部参数与“线性倍增”一样。

图9-72　图9-73

HSV指数：与“指数”曝光比较相似，不同点在于可以保持场景物体的颜色饱和度，但是这种方式会取消高光的计算，如图9-74所示。“HSV指数”模式的局部参数与“线性倍增”一样。

强度指数：这种方式是对上面两种指数曝光的结合，既抑制了光源附近的曝光效果，又保持了场景物体的颜色饱和度，如图9-75所示。“强度指数”模式的局部参数与“线性倍增”相同。

图9-74　图9-75

伽玛校正：采用伽玛来修正场景中的灯光衰减和贴图色彩，其效果和“线性倍增”曝光模式类似，如图9-76所示。“伽玛校正”模式包括“倍增”和“反转伽玛”两个局部参数，“倍增”主要用来控制图像的整体亮度倍增；“反转伽玛”是VRay内部转化的，比如输入2.2就是和显示器的伽玛2.2相同。

强度伽玛：这种曝光模式不仅拥有“伽玛校正”的优点，同时还可以修正场景灯光的亮度，如图9-77所示。

图9-76　图9-77

莱因哈德：这种曝光方式可以把“线性倍增”和“指数”曝光混合起来，如图9-78所示。它包括一个“燃烧值”局部参数，主要用来控制“线性倍增”和“指数”曝光的混合值，0表示“线性倍增”不参与混合，如图9-79所示；1表示“指数”不参加混合；0.5表示“线性倍增”和“指数”曝光效果各占一半，如图9-80所示。

图9-78　图9-79　图9-80

子像素映射：在实际渲染时，物体的高光区与非高光区的界限处会有明显的黑边，而开启“子像素映射”选项后就可以缓解这种现象。

钳制输出：当勾选这个选项后，在渲染图中有些无法表现出来的色彩会通过限制来自动纠正。但是当使用HDRI（高动态范围贴图）的时候，如果限制了色彩的输出会出现一些问题。

影响背景：控制是否让曝光模式影响背景。当关闭该选项时，背景不受曝光模式的影响。

不影响颜色（仅自适应）：在使用HDRI（高动态范围贴图）和“VRay发光材质”时，若不开启该选项，“颜色贴图”卷展栏下的参数将对这些具有发光功能的材质或贴图产生影响。

8.“摄像机”卷展栏

“摄像机”卷展栏是VRay系统里的一个摄影机特效功能，其参数面板如图9-81所示。

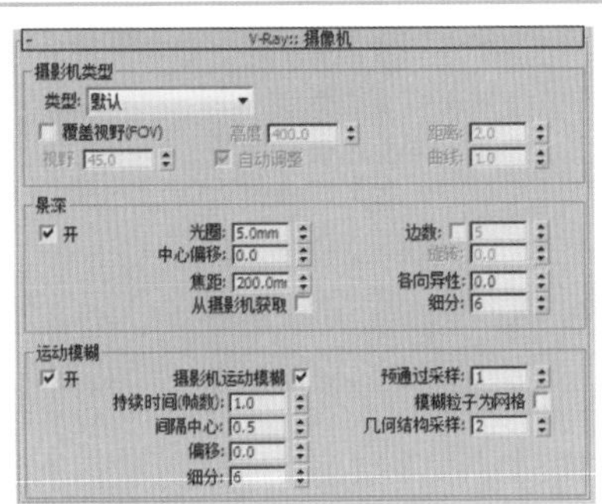

图9-81

【参数介绍】

摄影机类型：该选项组主要用于定义三维场景投射到平面的不同方式，主要包含以下7个选项。

类型：VRay支持7种摄影机类型，分别是：默认、球型、圆柱（中点）、圆柱（正交）、盒、鱼眼和包裹球形（旧式）。

（1）默认：这个是标准摄影机类型和3ds Max里默认的摄影机效果一样，把三维场景投射到一个平面上，图9-82所示的渲染效果。

图9-82

（2）球型：将三维场景投射到一个球面上，如图9-83所示的渲染效果。

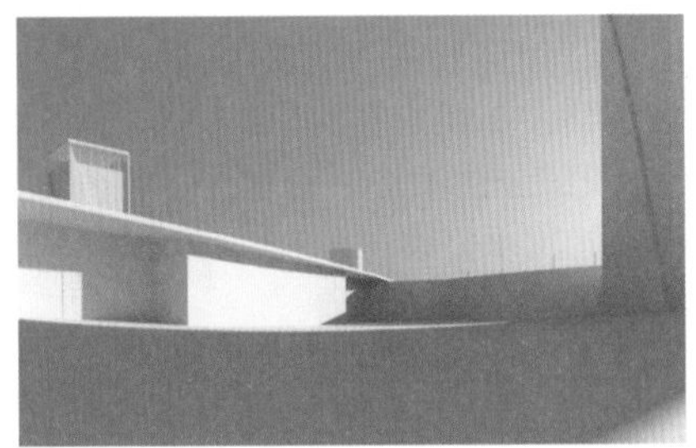

图9-83

（3）圆柱（中点）：由标准摄影机和球型摄影机叠加而成的效果，在水平方向采用球型摄影机的计算方式，而在垂直方向上采用标准摄影机的计算方式，图9-84所示的渲染效果。

（4）圆柱（正交）：这种摄影机也是混合模式，在水平方向采用球型摄影机的计算方式，而在垂直方向上采用视线平行排列，其渲染效果如图9-85所示。

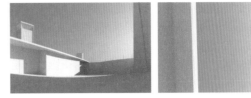

图9-84

图9-85

（5）盒：这种方式是把场景按照Box方式展开，其渲染效果如图9-86所示。

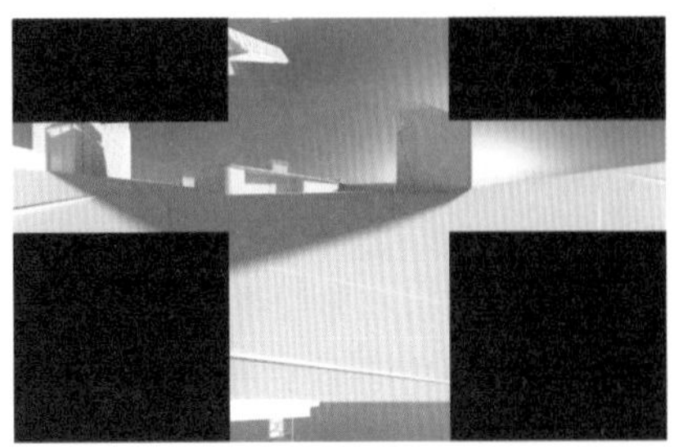

图9-86

（6）鱼眼：这种方式就是人们常说的环境球拍摄方式，其渲染效果如图9-87所示。

图9-87

（7）包裹球形（旧式）：是一种非完全球面摄影机类型，其渲染效果如图9-88所示。

图9-88

覆盖视野（FOV）：用来替代3ds Max默认摄影机的视角，3ds Max默认摄影机的最大视角为180°，而这里的视角最大可以设定为360°。

视野：这个值可以替换3ds Max默认的视角值，最大值为360°。

高度：当且仅当使用“圆柱（正交）”摄影机时，该选项可用。用于设定摄影机高度。

自动调整：当使用“鱼眼”和“变形球（旧式）”摄影机时，此选项可用。当勾选它时，系统会自动匹配歪曲直径到渲染图的宽度上。

距离：当使用“鱼眼”摄影机时，该选项可用。在不勾选“自适应”选项的情况下，“距离”控制摄影机到反射球之间的距离，值越大，表示摄影机到反射球之间的距离越大。

曲线：当使用“鱼眼”摄影机时，该选项可用。它控制渲染图形的扭曲程度，值越小扭曲程度越大。

景深：该选项组主要用来模拟摄影里的景深效果，主要包含以下9个选项。

开：控制是否打开景深。

光圈：光圈值越小景深越大，光圈值越大景深越小，模糊程度越高。

中心偏移：这个参数控制模糊效果的中心位置，值为0意味着以物体边缘均匀的向两边模糊，正值意味着模糊中心向物体内部偏移，负值则意味着模糊中心向物体外部偏移。

焦距：摄影机到焦点的距离。焦点处的物体最清晰。

从摄影机获取：当这个选项激活的时候，焦点由摄影机的目标点确定。

边数：这个选项用来模拟物理世界中的摄影机光圈的多边形形状。如5就代表五边形。

旋转：光圈多边形形状的旋转。

各向异性：这个控制多边形形状的各向异性，值越大，形状越扁。

细分：用于控制景深效果的品质。

下面来看一下景深渲染效果的一些测试，如图9-89~图9-91所示。

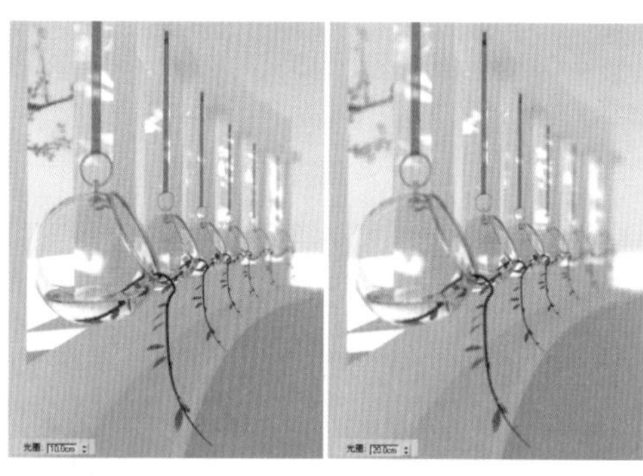

图9-89

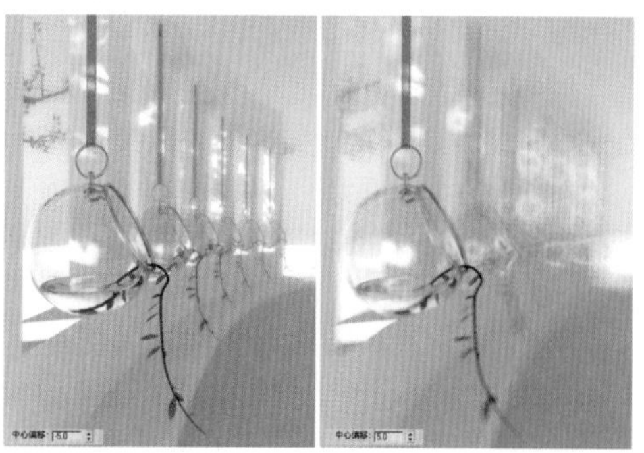

图9-90

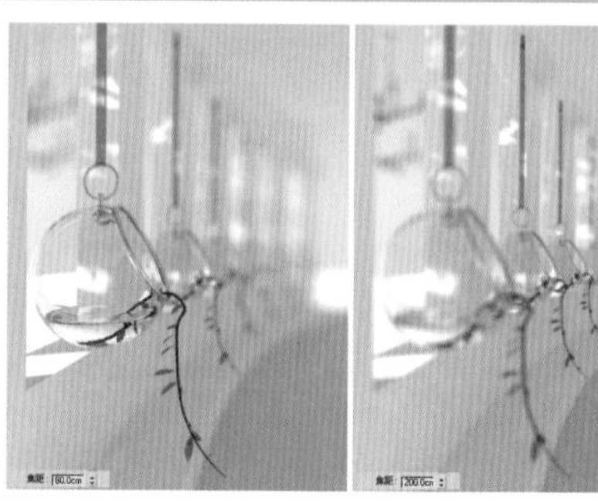

图9-91

运动模糊：该选项组主要用来模拟真实摄影机拍摄运动物体所产生的模糊效果，它仅对运动的物体有效。其主要包含以下9个选项。

开：勾选此选项，可以打开运动模糊特效。

摄影机运动模糊：勾选此选项，可以打开相机运动模糊效果。

持续时间（帧数）：控制运动模糊每一帧的持续时间，值越大，模糊程度越强。

间隔中心：用来控制运动模糊的时间间隔中心，0表示间隔中心位于运动方向的后面，0.5表示间隔中心位于模糊的中心，1表示间隔中心位于运动方向的前面。

偏移：用来控制运动模糊的偏移，0表示不偏移，负值表示沿着运动方向的反方向偏移，正值表示沿着运动方向偏移。

细分：控制模糊的细分，较小的值容易产生杂点，较大的值模糊效果的品质较高。

预通过采样：控制在不同时间段上的模糊样本数量。

模糊粒子为网格：当勾选此参数以后，系统会把模糊粒子转换为网格物体来计算。

几何结构采样：这个值常用在制作物体的旋转动画上。如果取值为默认的2时，那么模糊的边将是一条直线；如果取值为8的时候，那么模糊的边将是一个8段细分的弧形，通常为了得到比较精确的效果，需要把这个值设定在5以上。

9.5.2 “间接照明”选项卡

“间接照明”选项卡下包含4个参数卷展栏，如图9-92所示，本节将分别讲解其中的相关参数。

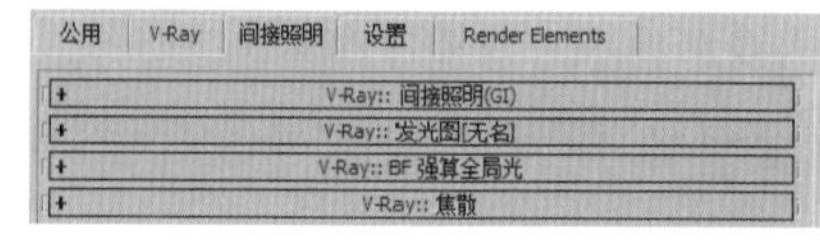

图9-92

在上图中，第2个和第3个卷展栏是可变的，也就是说根据选择参数的不同，这两个卷展栏的名称会有所变化，当然其中对应的参数也会跟着变化。

如图9-93所示，从图中可以看出，第2个卷展栏与首次反弹的全局光引擎对应，第3个卷展栏与二次反弹的全局光引擎对应。

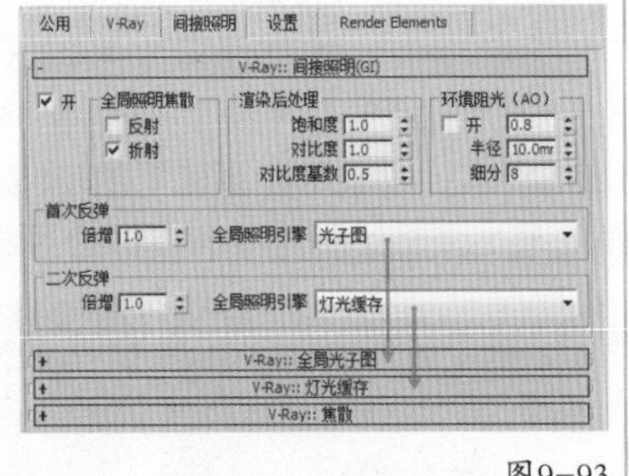

图9-93

1. “间接照明”卷展栏

在VRay渲染器中，如果没有开启间接照明时的效果就是直接照明效果，开启后就可以得到间接照明效果。开启间接照明后，光线会在物体与物体间互相反弹，因此光线计算会更加准确，图像也更加真实，其参数设置面板如图9-94所示。

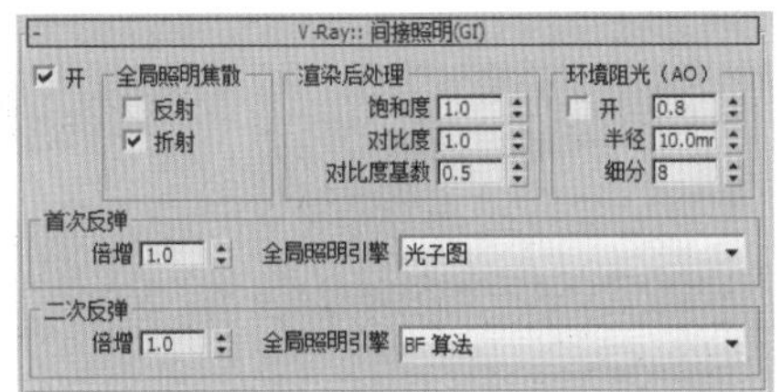

图9-94

【参数介绍】

开：勾选该选项后，将开启间接照明效果。

全局照明焦散：该选项组主要包含以下两个选项。

反射：控制是否开启反射焦散效果。

折射：控制是否开启折射焦散效果。

> 小技巧
>
> 注意，“全局照明焦散”参数组下的参数只有在“焦散”卷展栏下勾选“开启”选项后才起作用。

渲染后处理：该选项组主要包含以下3个选项。

饱和度：可以用来控制色溢，降低该数值可以降低色溢效果，图9-95所示是“饱和度”数值为0和2时的效果对比。

图9-95

对比度：控制色彩的对比度。数值越高，色彩对比越强；数值越低，色彩对比越弱。

对比度基数：控制“饱和度”和“对比度”的基数。数值越高，“饱和度”和“对比度”效果越明显。

环境阻光：该选项组主要包含以下3个选项。

开：控制是否开启“环境阻光”功能。

半径：设置环境阻光的半径。

细分：设置环境阻光的细分值。数值越高，阻光越好，反之越差。

首次反弹：该选项组主要包含以下两个选项。

倍增：控制“首次反弹”的光的倍增值。值越高，“首次反弹”的光的能量越强，渲染场景越亮，默认情况下为1。

全局光照明引擎：设置“首次反弹”的GI引擎，包括“发光图”、“光子图”、“BF 算法”和“灯光缓存”4种。

二次反弹：该选项组主要包含以下两个选项。

倍增：控制“二次反弹”的光的倍增值。值越高，“二次反弹”的光的能量越强，渲染场景越亮，最大值为1，默认情况下也为1。

全局光照明引擎：设置“二次反弹”的GI引擎，包括“无”（表示不使用引擎）、“光子图”、“BF 算法”和“灯光缓存”4种。

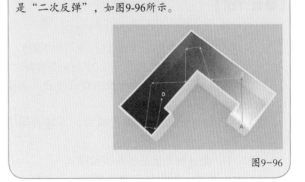

> 知识窗
>
> **首次反弹与二次反弹的区别**
>
> 在真实世界中，光线的反弹一次比一次减弱。VRay渲染器中的全局照明有“首次反弹”和“二次反弹”，但并不是说光线只反射两次，“首次反弹”可以理解为直接照明的反弹，光线照射到A物体后反射到B物体，B物体所接收到的光就是“首次反弹”，B物体再将光线反射到D物体，D物体再将光线反射到E物体……D物体以后的物体所得到的光的反射就是“二次反弹”，如图9-96所示。

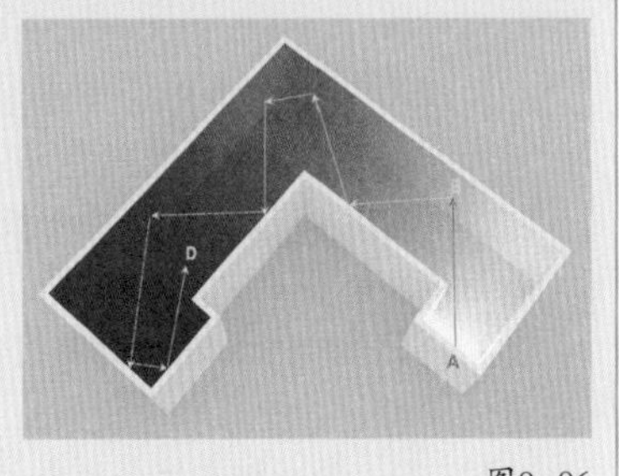

图9-96

2. “发光图”卷展栏

“发光图”描述了三维空间中的任意一点以及全部可能照射到这点的光线。在几何光学里，这个点可以是无数条不同的光线来照射，但是在渲染器当中，必须对这些不同的光线进行对比、取舍，这样才能优化渲染速度。那么VRay渲染器的“发光图”是怎样对光线进行优化的呢？当光线射到物体表面的时候，VRay会从“发光图”里寻找与当前计算过的点类似的点（VRay计算过的点就会放在“发光图”里），然后根据内部参数进行对比，满足内部参数的点就认为和计算过的点相同，不满足内部参数的点就认为和计算过的点不相同，同时就认为此点是个新点，那么就重新计算它，并且把它也保持在“发光图”里。这就是大家在渲染时看到的“发光图”在计算过程中运算几遍光子的现象。正是因为这样，“发光图”会在物体的边界、交叉、阴影区域计算得更精确（这些区域光的变化很大，所以被计算的新点也很多）；而在平坦区域计算的精度就比较低（平坦区域的光的变化并不大，所以被计算的新点也相对比较少）。这是一种常用的全局光引擎，只存在于“首次反弹”引擎中，其参数设置面板如图9-97所示。

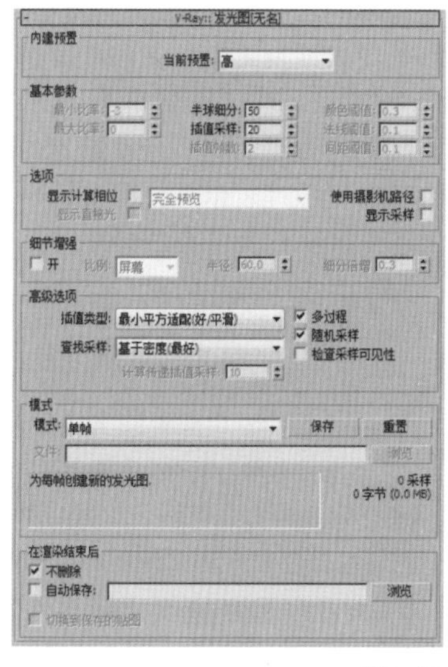

图9-97

【参数介绍】

内建预置：该选项组主要包含以下选项。

当前预置：设置发光图的预设类型，共有以下8种。

（1）自定义：选择该模式时，可以手动调节参数。

（2）非常低：这是一种非常低的精度模式，主要用于测试阶段。

（3）低：一种比较低的精度模式，不适合用于保存光子图。

（4）中：是一种中级品质的预设模式。

（5）中-动画：用于渲染动画效果，可以解决动画闪烁的问题。

（6） 高：一种高精度模式，一般用在光子图中。

（7）高-动画：比中等品质效果更好的一种动画渲染预设模式。

（8）非常高：是预设模式中精度最高的一种，可以用来渲染高品质的效果图。

基本参数：该选项组主要包含以下7个选项。

最小比率：控制场景中平坦区域的采样数量。0表示计算区域的每个点都有样本；-1表示计算区域的1/2是样本；-2表示计算区域的1/4是样本。图9-98所示是“最小采样比”为-2和-5时的对比效果。

图9-98

最大比率：控制场景中的物体边线、角落、阴影等细节的采样数量。0表示计算区域的每个点都有样本；-1表示计算区域的1/2是样本；-2表示计算区域的1/4是样本。图9-99所示是“最大采样比”为0和-1时的效果对比。

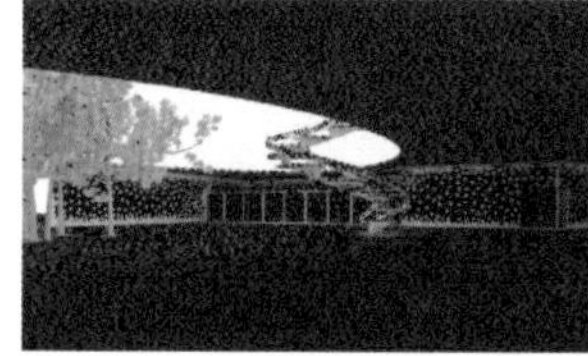

图9-99

半球细分：因为VRay采用的是几何光学，所以它可以模拟光线的条数。这个参数就是用来模拟光线的数量，值越高，表现的光线越多，那么样本精度也就越高，渲染的品质也越好，同时渲染时间也会增加。图9-100所示是“半球细分”为20和100时的效果对比。

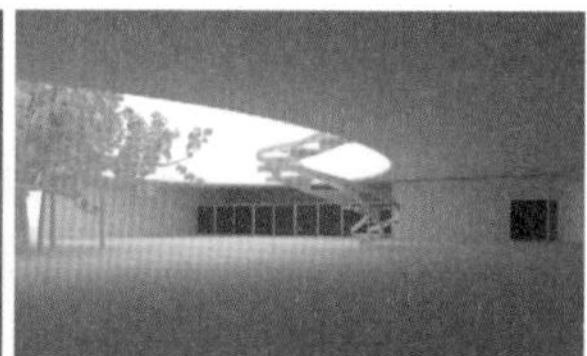

图9-100

插值采样：这个参数是对样本进行模糊处理，较大的值可以得到比较模糊的效果，较小的值可以得到比较锐利的效果。图9-101所示是“插值采样值”为2和20时的效果对比。

图9-101

颜色阈值：这个值主要是让渲染器分辨哪些是平坦区域，哪些不是平坦区域，它是按照颜色的灰度来区分的。值越小，对灰度的敏感度越高，区分能力越强。

法线阈值：这个值主要是让渲染器分辨哪些是交叉区域，哪些不是交叉区域，它是按照法线的方向来区分的。值越小，对法线方向的敏感度越高，区分能力越强。

间距阈值：这个值主要是让渲染器分辨哪些是弯曲表面区域，哪些不是弯曲表面区域，它是按照表面距离和表面弧度的比较来区分的。值越高，表示弯曲表面的样本越多，区分能力越强。

选项：该选项组主要包含以下3个选项。

显示计算相位：勾选这个选项后，用户可以看到渲染帧里的GI预计算过程，同时会占用一定的内存资源。

显示直接光：在预计算的时候显示直接照明，以方便用户观察直接光照的位置。

显示采样：显示采样的分布以及分布的密度，帮助用户分析GI的精度够不够。

细节增强：该选项组主要包含以下4个选项。

开启：是否开启“细部增强”功能。

比例：细分半径的单位依据，有“屏幕”和“世界”两个单位选项。“屏幕”是指用渲染图的最后尺寸来作为单位；“世界”是用3ds Max系统中的单位来定义的。

半径：表示细节部分有多大区域使用“细节增强”功能。“半径”值越大，使用“细部增强”功能的区域也就越大，同时渲染时间也越慢。

细分倍增：控制细部的细分，但是这个值和“发光图”里的“半球细分”有关系，0.3代表细分是“半球细分”的30%；1代表和“半球细分”的值一样。值越低，细部就会产生杂点，渲染速度越快；值越高，细部就可以避免产生杂点，同时渲染速度越慢。

高级选项：该选项组主要包含以下6个选项。

插值类型：VRay提供了4种样本插补方式，为“发光图”的样本的相似点进行插补。

（1）权重平均值（好/强）：一种简单的插补方法，可以将插补采样以一种平均值的方法进行计算，能得到较好的光滑效果。

（2）最小平方适配（好/平滑）：默认的插补类型，可以对样本进行最适合的插补采样，能得到比“加权平均值（好/BF 算法）”更光滑的效果。

（3）Delone三角剖分（好/精确）：最精确的插补算法，可以得到非常精确的效果，但是要有更多的“半球细分”才不会出现斑驳效果，且渲染时间较长。

（4）最小平方权重/泰森多边形权重（测试）：结合了“加权平均值（好/BF 算法）”和“最小方形适配（好/平滑）”两种类型的优点，但渲染时间较长。

查找采样：它主要控制哪些位置的采样点是适合用来作为基础插补的采样点。VRay内部提供了以下4种样本查找方式。

（1）平衡嵌块（好）：它将插补点的空间划分为4个区域，然后尽量在它们中寻找相等数量的样本，它的渲染效果比“临近采样（草图）”效果好，但是渲染速度比“临近采样（草图）”慢。

（2）最近（草稿）：这种方式是一种草图方式，它简单地使用“发光图”里的最靠近的插补点样本来渲染图形，渲染速度比较快。

（3）重叠（很好/快速）：这种查找方式需要对“发光图”进行预处理，然后对每个样本半径进行计算。低密度区域样本半径比较大，而高密度区域样本半径比较小。渲染速度比其他3种都快。

（4）基于密度（最好）：它基于总体密度来进行样本查找，不但物体边缘处理非常好，而且在物体表面也处理得十分均匀。它的效果比“重叠（非常好/快）”更好，其速度也是4种查找方式中最慢的一种。

计算传递插值采样：用在计算“发光图”过程中，主要计算已经被查找后的插补样本的使用数量。较低的数值可以加速计算过程，但是会导致信息不足；较高的值计算速度会减慢，但是所利用的样本数量比较多，所以渲染质量也比较好。官方推荐使用10~25之间的数值。

多过程：当勾选该选项时，VRay会根据“最大采样比”和“最小采样比”进行多次计算。如果关闭该选项，那么就强制一次性计算完。一般根据多次计算以后的样本分布会均匀合理一些。

随机采样：控制“发光图”的样本是否随机分配。如果勾选该选项，那么样本将随机分配，如图9-102所示；如果关闭该选项，那么样本将以网格方式来进行排列，如图9-103所示。

图9-102

图9-103

检查采样可见性：在灯光通过比较薄的物体时，很有可能会产生漏光现象，勾选该选项可以解决这个问题，但是渲染时间就会长一些。通常在比较高的GI情况下，也不会漏光，所以一般情况下不勾选该选项。当出现漏光现象时，可以试着勾选该选项，图9-104所示是右边的薄片出现的漏光现象，图9-105所示是勾选了“检查采样可见性”以后的效果，从图中可以观察到没有了漏光现象。

图9-104

图9-105

模式：该选项组主要包含以下5个选项。

模式：一共有以下8种模式。

（1）单帧：一般用来渲染静帧图像。

（2）多帧增量：这个模式用于渲染仅有摄影机移动的动画。当VRay计算完第1帧的光子以后，在后面的帧里根据第1帧里没有的光子信息进行新计算，这样就节约了渲染时间。

（3）从文件：当渲染完光子以后，可以将其保存起来，这个选项就是调用保存的光子图进行动画计算（静帧同样也可以这样）。

（4）添加到当前贴图：当渲染完一个角度的时候，可以把摄影机转一个角度再全新计算新角度的光子，最后把这两次的光子叠加起来，这样的光子信息更丰富、更准确，同时也可以进行多次叠加。

（5）增量添加到当前贴图：这个模式和“添加到当前贴图”相似，只不过它不是全新计算新角度的光子，而是只对没有计算过的区域进行新的计算。

（6）块模式：把整个图分成块来计算，渲染完一个块再进行下一个块的计算，但是在低GI的情况下，渲染出来的块会出现错位的情况。它主要用于网络渲染，速度比其他方式快。

（7）动画（预通过）：适合动画预览，使用这种模式要预先保存好光子图。

（8）动画（渲染）：适合最终动画渲染，这种模式要预先保存好光子图。

保存 保存 ：将光子图保存到硬盘。

重置 重置 ：将光子图从内存中清除。

文件：设置光子图所保存的路径。

浏览 浏览 ：从硬盘中调用需要的光子图进行渲染。

在渲染结束后：该选项组主要包含以下3个选项。

不删除：当光子渲染完以后，不把光子从内存中删掉。

自动保存：当光子渲染完以后，自动保存在硬盘中，单击“浏览”按钮 浏览 就可以选择保存位置。

切换到保存的贴图：当勾选了“自动保存”选项后，在渲染结束时会自动进入“从文件”模式并调用光子图。

3.“灯光缓存”卷展栏

“灯光缓存”与“发光图”比较相似，都是将最后的光发散到摄影机后得到最终图像，只是“灯光缓存”与“发光图”的光线路径是相反的，“发光图”的光线追踪方向是从光源发射到场景的模型中，最后再反弹到摄影机，而“灯光缓存”是从摄影机开始追踪光线到光源，摄影机追踪光线的数量就是“灯光缓存”的最后精度。由于“灯光缓存”是从摄影机方向开始追踪的光线的，所以最后的渲染时间与渲染的图像的像素没有关系，只与其中的参数有关，一般适用于“二次反弹”，其参数设置面板如图9-106所示。

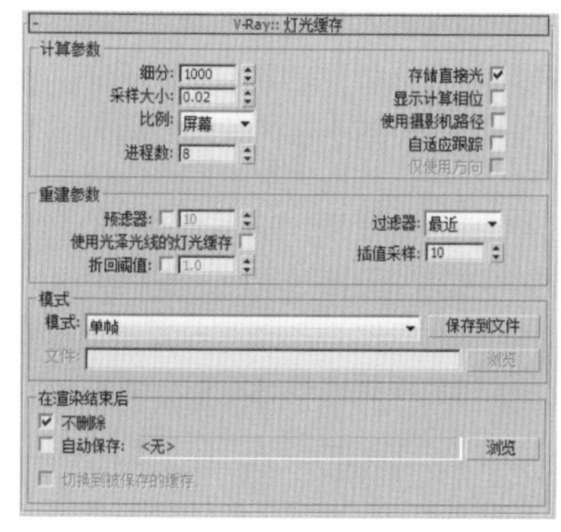

图9-106

【参数介绍】

计算参数：该选项组主要包含以下8个选项。

细分：用来决定“灯光缓存”的样本数量。值越高，样本总量越多，渲染效果越好，渲染时间越慢。图9-107所示是“细分”值为200和800时的渲染效果对比。

图9-107

采样大小：用来控制“灯光缓存”的样本大小，比较小的样本可以得到更多的细节，但是同时需要更多的样本。图9-108所示是“采样大小”为0.04和0.01时的渲染效果对比。

图9-108

比例：主要用来确定样本的大小依靠什么单位，这里提供了以下两种单位。一般在效果图中使用“屏幕”选项，在动画中使用“世界”选项。

进程数：这个参数由CPU的个数来确定，如果是单CUP单核单线程，那么就可以设定为1；如果是双核，就可以设定为2。注意，这个值设定得太大会让渲染的图像有点模糊。

存储直接光：勾选该选项以后，“灯光缓存”将保存直接光照信息。当场景中有很多灯光时，使用这个选项会提高渲染速度。因为它已经把直接光照信息保存到“灯光缓存”里，在渲染出图的时候，不需要对直接光照再进行采样计算。

显示计算相位：勾选该选项以后，可以显示“灯光缓存”的计算过程，方便观察。

自适应跟踪：这个选项的作用在于记录场景中的灯光位置，并在光的位置上采用更多的样本，同时模糊特效也会处理得更快，但是会占用更多的内存资源。

仅使用方向：当勾选“自适应跟踪”选项以后，该选项才被激活。它的作用在于只记录直接光照的信息，而不考虑间接照明，可以加快渲染速度。

重建参数：该选项组主要包含以下4个选项。

预滤器：当勾选该选项以后，可以对“灯光缓存”样本进行提前过滤，它主要是查找样本边界，然后对其进行模糊处理。后面的值越高，对样本进行模糊处理的程度越深。图9-109所示是“预先过滤”为10和50时的对比渲染效果。

图9-109

使用光泽光线的灯光缓存：是否使用平滑的灯光缓存，开启该功能后会使渲染效果更加平滑，但会影响到细节效果。

过滤器：该选项是在渲染最后成图时，对样本进行过滤，其下拉列表中共有以下3个选项。

（1）无：对样本不进行过滤。

（2）邻近：当使用这个过滤方式时，过滤器会对样本的边界进行查找，然后对色彩进行均化处理，从而得到一个模糊效果。当选择该选项以后，下面会出现一个“插补采样”参数，其值越高，模糊程度越深。图9-110所示是“过滤器”都为“邻近”，而“插补采样”为10和50时的对比渲染效果。

图9-110

（3）固定：这个方式和“邻近”方式的不同点在于，它采用距离的判断来对样本进行模糊处理。同时它也附带一个“过滤大小”参数，其值越大，表示模糊的半径越大，图像的模糊程度越深。图9-111所示是“过滤器”方式都为“固定”，而“过滤大小”为0.02和0.06时的对比渲染效果。

图9-111

折回阈值：勾选该选项以后，会提高对场景中反射和折射模糊效果的渲染速度。

模式：该选项组主要包含以下3个选项。

模式：设置光“灯光缓存”卷展栏式，共有以下4种。

（1）单帧：一般用来渲染静帧图像。

（2）穿行：这个模式用在动画方面，它把第1帧到最后1帧的所有样本都融合在一起。

（3）从文件：使用这种模式，VRay要导入一个预先渲染好的光子图，该功能只渲染光影追踪。

（4）渐进路径跟踪：这个模式就是常说的PPT，它是一种新的计算方式，与“自适应DMC”一样是一个精确的计算方式。不同的是，它不停地去计算样本，不对任何样本进行优化，直到样本计算完毕为止。

保存到文件 保存到文件：将保存在内存中的光子图再次进行保存。

浏览 浏览：从硬盘中浏览保存好的光子图。

在渲染结束后：该选项组主要包含以下3个选项。

不删除：当光子渲染完以后，不把光子从内存中删掉。

自动保存：当光子渲染完以后，自动保存在硬盘中，单击“浏览”按钮 浏览 可以选择保存位置。

切换到被保存的缓存：当勾选“自动保存”选项以后，这个选项才被激活。当勾选该选项以后，系统会自动使用最新渲染的光子图来进行大图渲染。

4. “BF强算全局光”卷展栏

当选择了“BF 算法”全局光引擎后，就会出现“BF 强算全局光”卷展栏，如图9-112所示。“BF 算法”方式是由蒙特卡罗积分方式演变过来的，它和蒙特卡罗不同的是多了细分和反弹控制，并且内部计算方式采用了一些优化方式。虽然这样，但是它的计算精度还是相当精确的，同时渲染速度也很慢，在“细分”较小时，会有杂点产生。

图9-112

【参数介绍】

细分：定义“BF 算法”的样本数量，值越大效果越好，速度越慢；值越小，产生的杂点会更多，速度相对快些。图9-113左图所示是“细分”为3的效果，右图所示是“细分”为10的效果。

图9-113

二次反弹：当二次反弹也选择“BF 算法”后，这个选项被激活，它控制二次反弹的次数，值越小，二次反弹越不充分，场景越暗。通常在值达到8以后，更高值的渲染效果区别不是很大，同时值越高渲染速度越慢。图9-114左图所示是“细分”为8、“二次反弹”次数为1的效果；右图所示是“细分”为8、“二次反弹”次数为8的效果。

图9-114

5. “全局光子图”卷展栏

当选择了“光子图”全局光引擎后，就会出现“全局光子图”卷展栏，如图9-115所示。“光子图”是基于场景中的灯光密度来进行渲染的，与“发光图”相比，它没有自适应性，同时它更需要依据灯光的具体属性来控制对场景的照明，这就对灯光有选择性，它仅支持3ds Max里的“目标平行光”和“VRay灯光”。

“光子图”和“灯光缓存”相比，它的使用范围小，而且功能上也没“灯光缓存”强大，所以这里仅仅简单介绍一下它的部分重要参数。

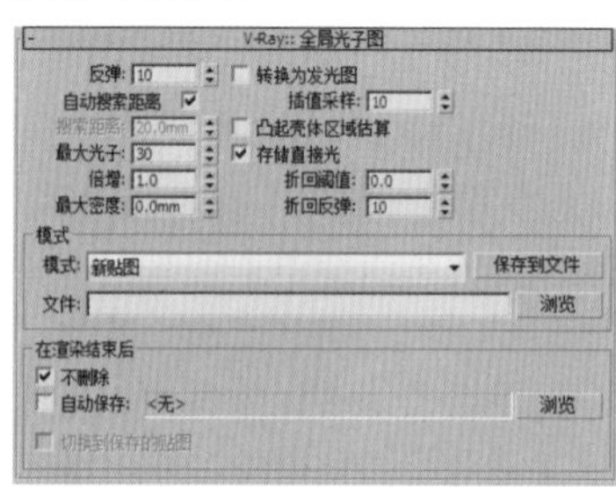

图9-115

【参数介绍】

反弹：控制光线的反弹次数，较小的值场景比较暗，这是因为反弹光线不充分造成的。默认的值10就可以达到理想的效果。

自动搜索距离：VRay根据场景的光照信息自动估计一个光子的搜索距离，方便用户的使用。

搜索距离：当不勾选“自动搜索距离”选项时，此参数激活，它主要让用户手动输入数字来控制光子的搜索距离。较大的值会增加渲染时间，较小的值会让图像产生杂点。

最大光子：控制场景里着色点周围参于计算的光子数量。值越大效果越好，同时渲染时间越长。

倍增：控制光子的亮度，值越大，场景越亮，值越小，场景越暗。

最大密度：它表示在多大的范围内使用一个光子图。0表示不使用这个参数来决定光子图的使用数量，而使用系统内定的使用数量。值越高，渲染效果越差。

转换为发光图：它可以让渲染的效果更平滑。

插值采样：这个值是控制样本的模糊程度，值越大渲染效果越模糊。

凸起壳体区域估算：当勾选此选项时，VRay会强制去除光子图产生的黑斑。同时渲染时间也会增加。

存储直接光：把直接光照信息保存到光子图中，提高渲染速度。

折回阈值：控制光子来回反弹的阈值，较小的值，渲染品质高，渲染速度慢。

折回反弹：用来设置光子来回反弹的次数，较大的值，渲染品质高，渲染速度慢。

6. “焦散”卷展栏

“焦散”是一种特殊的物理现象，在VRay渲染器里有专门的焦散功能，其参数面板如图9-116所示。

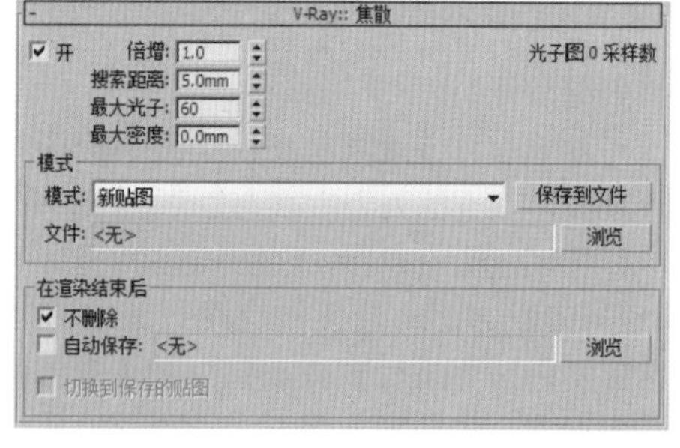

图9-116

【参数介绍】

开：勾选该选项后，就可以渲染焦散效果。

倍增：焦散的亮度倍增。值越高，焦散效果越亮。图9-117 所示分别是“倍增器”为4和12时的对比渲染效果。

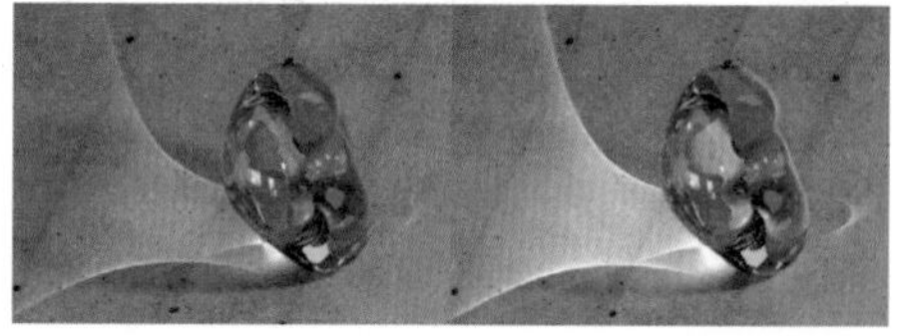

图9-117

搜索距离：当光子追踪撞击在物体表面的时候，会自动搜寻位于周围区域同一平面的其他光子，实际上这个搜寻区域是一个以撞击光子为中心的圆形区域，其半径就是由这个搜寻距离确定的。较小的值容易产生斑点；较大的值会产生模糊焦散效果。图9-118所示分别是“搜索距离”为0.1mm和2mm时的对比渲染效果。

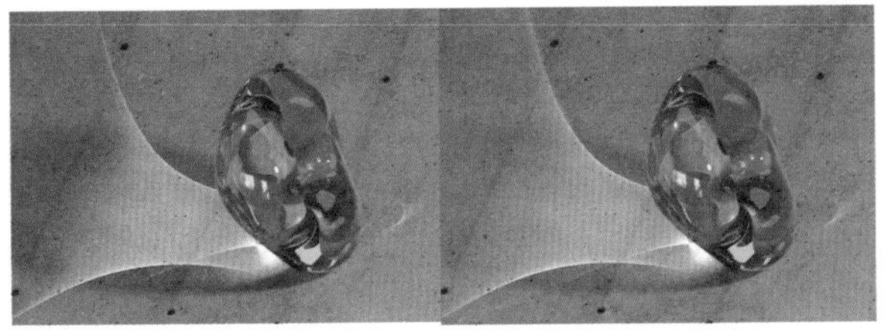

图9-118

最大光子：定义单位区域内的最大光子数量，然后根据单位区域内的光子数量来均分照明。较小的值不容易得到焦散效果；而较大的值会使焦散效果产生模糊现象。图9-119所示分别是“最大光子数”为1和200时的对比渲染效果。

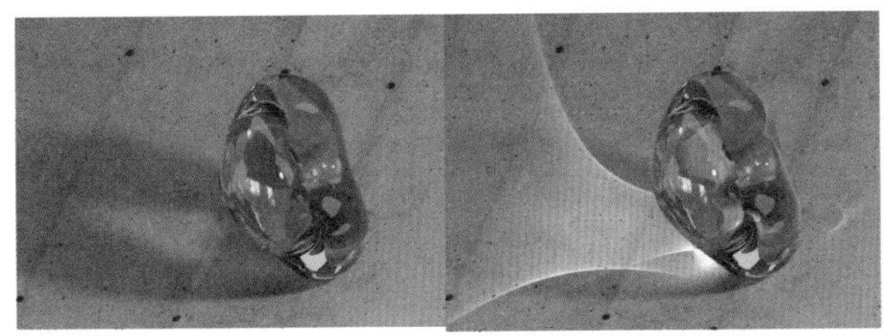

图9-119

最大密度：控制光子的最大密度，默认值0表示使用VRay内部确定的密度，较小的值会让焦散效果比较锐利。图9-120所示分别是“最大密度”为0.01mm和5mm时的对比渲染效果。

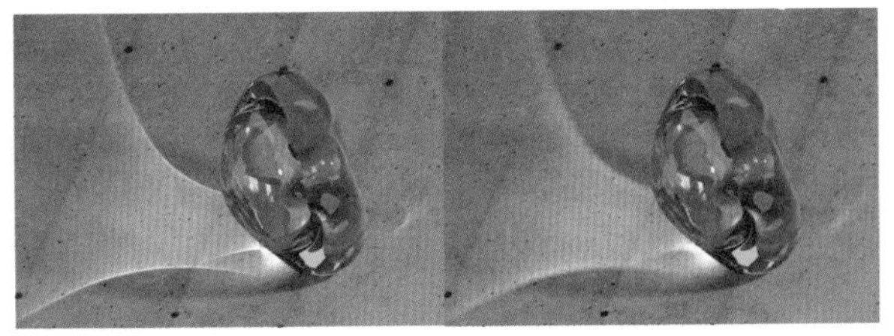

图9-120

9.5.3 “设置”选项卡

“设置”选项卡下包含3个卷展栏，分别是“DMC采样器”、“默认置换”和“系统”卷展栏，如图9-121所示。

图9-121

1. “DMC采样器”卷展栏

“DMC采样器”是VRay渲染器的核心部分，一般用于确定获取什么样的样本，最终哪些样本被光线追踪。它控制场景中的反射模糊、折射模糊、面光源、抗锯齿、次表面散射、景深、动态模糊等效果的计算程度。

与那些任意一个“模糊”评估使用分散的方法来采样不同的是，VRay根据一个特定的值，使用一种独特的统一的标准框架来确定有多少以及多么精确的样本被获取，那个标准框架就是大名鼎鼎的“DMC采样器”。那么在渲染中实际的样本数量是由什么决定的呢？其条件有3个，分别如下。

第1个：由用户在VRay参数面板里指定的细分值。

第2个：取决于评估效果的最终图像采样，例如，暗的平滑的反射需要的样本数就比明亮的要少，原因在于最终的效果中反射效果相对较弱；远处的面积灯需要的样本数量比近处的要少。这种基于实际使用的样本数量来评估最终效果的技术被称为“重要性抽样”。

第3个：从一个特定的值获取的样本的差异。如果那些样本彼此之间比较相似，那么可以使用较少的样本来评估，如果是完全不同的，为了得到好的效果，就必须使用较多的样本来计算。在每一次新的采样后，VRay会对每一个样本进行计算，然后决定是否继续采样。如果系统认为已经达到了用户设定的效果，会自动停止采样，这种技术称为“早期性终止”。

现在来看看“DMC采样器”的参数面板，如图9-122所示。

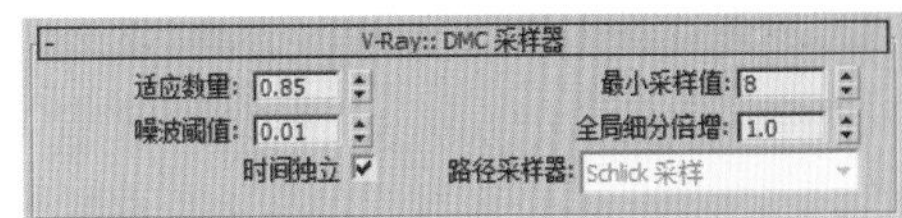

图9-122

【参数介绍】

适应数量：主要用来控制自适应的百分比。

噪波阈值：控制渲染中所有产生噪点的极限值，包括灯光细分、抗锯齿等。数值越小，渲染品质越高，渲染速度就越慢。

时间独立：控制是否在渲染动画时对每一帧都使用相同的“DMC采样器”参数设置。

最少采样值：设置样本及样本插补中使用的最少样本数量。数值越小，渲染品质越低，速度就越快。

全局细分倍增：VRay渲染器有很多“细分”选项，该选项是用来控制所有细分的百分比。

路径采样器：设置样本路径的选择方式，每种方式都会影响渲染速度和品质，在一般情况下选择默认方式即可。

2. "默认置换"卷展栏

"默认置换"卷展栏下的参数是用灰度贴图来实现物体表面的凸凹效果，它对材质中的置换起作用，而不作用于物体表面，其参数设置面板如图9-123所示。

图9-123

【参数介绍】

覆盖Max的设置：控制是否用"默认置换"卷展栏下的参数来替代3ds Max中的置换参数。

边长度：设置3D置换中产生最小的三角面长度。数值越小，精度越高，渲染速度越慢。

依赖于视口：控制是否将渲染图像中的像素长度设置为"边长度"的单位。若不开启该选项，系统将以3ds Max中的单位为准。

最大细分：设置物体表面置换后可产生的最大细分值。

数量：设置置换的强度总量。数值越大，置换效果越明显。

相对于边界框：控制是否在置换时关联（缝合）边界。若不开启该选项，在物体的转角处可能会产生裂面现象。

紧密边界：控制是否对置换进行预先计算。

3. "系统"卷展栏

"系统"卷展栏下的参数不仅对渲染速度有影响，而且还会影响渲染的显示和提示功能，同时还可以完成联机渲染，其参数设置面板如图9-124所示。

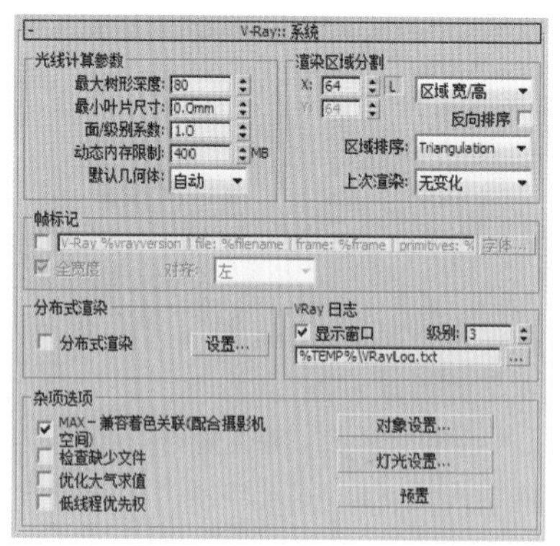

图9-124

【参数介绍】

光线计算参数：该选项组主要包含以下5个选项。

最大树形深度：控制根节点的最大分支数量。较高的值会加快渲染速度，同时会占用较多的内存。

最小叶片尺寸：控制叶节点的最小尺寸，当达到叶节点尺寸以后，系统停止计算场景。0表示考虑计算所有的叶节点，这个参数对速度的影响不大。

面/级别系数：控制一个节点中的最大三角面数量，当未超过临近点时计算速度较快；当超过临近点以后，渲染速度会减慢。所以，这个值要根据不同的场景来设定，进而提高渲染速度。

动态内存限制：控制动态内存的总量。注意，这里的动态内存被分配给每个线程，如果是双线程，那么每个线程各占一半的动态内存。如果这个值较小，那么系统经常在内存中加载并释放一些信息，这样就减慢了渲染速度。用户应该根据自己的内存情况来确定该值。

默认几何体：控制内存的使用方式，共有以下3种方式。

（1）自动：VRay会根据使用内存的情况自动调整使用静态或动态的方式。

（2）静态：在渲染过程中采用静态内存会加快渲染速度，同时在复杂场景中，由于需要的内存资源较多，经常会出现3ds Max跳出的情况。这是因为系统需要更多的内存资源，这时应该选择动态内存。

（3）动态：使用内存资源交换技术，当渲染完一个块后就会释放占用的内存资源，同时开始下一个块的计算。这样就有效地扩展了内存的使用。注意，动态内存的渲染速度比静态内存慢。

渲染区域分割：该选项组主要包含以下6个选项。

X：当在后面的列表中选择"区域宽/高"时，它表示渲染块的像素宽度；当后面的选择框里选择"区域数量"时，它表示水平方向一共有多少个渲染块。

Y：当后面的列表中选择"区域 宽/高"时，它表示渲染块的像素高度；当后面的选择框里选择"区域数量"时，它表示垂直方向一共有多少个渲染块。

L L：当单击该按钮使其凹陷后，将强制x和y的值相同。

反向排序：当勾选该选项以后，渲染顺序将和设定的顺序相反。

区域排序：控制渲染块的渲染顺序，共有以下6种方式。

（1）从上→下：渲染块将按照从上到下的渲染顺序渲染。

（2）从左→右：渲染块将按照从左到右的渲染顺序渲染。

（3）棋盘格：渲染块将按照棋格方式的渲染顺序渲染。

（4）螺旋：渲染块将按照从里到外的渲染顺序渲染。

（5）三角剖分：这是VRay默认的渲染方式，它将图形分为两个三角形依次进行渲染。

（6）稀耳伯特曲线：渲染块将按照“希耳伯特曲线”方式的渲染顺序渲染。

上次渲染：这个参数确定在渲染开始的时候，在3ds Max默认的帧缓存框中以什么样的方式处理先前的渲染图像。这些参数的设置不会影响最终渲染效果，系统提供了以下5种方式。

（1）不改变：与前一次渲染的图像保持一致。

（2）交叉：每隔 2 个像素图像被设置为黑色。

（3）区域：每隔一条线设置为黑色。

（4）暗色：图像的颜色设置为黑色。

（5）蓝色：图像的颜色设置为蓝色。

帧标记：该选项组主要包含以下4个选项。

V-Ray %vrayversion | 文件: %filename | 帧: %frame | 基面数: %pri：当勾选该选项后，就可以显示水印。

字体 字体：修改水印里的字体属性。

全宽度：水印的最大宽度。当勾选该选项后，它的宽度和渲染图像的宽度相当。

对齐：控制水印里的字体排列位置，有“左”、“中”、“右”3个选项。

分布式渲染：该选项组主要包含以下两个选项。

分布式渲染：当勾选该选项后，可以开启“分布式渲染”功能。

设置 设置...：控制网络中的计算机的添加、删除等。

VRay日志：该选项组主要包含以下3个选项。

显示窗口：勾选该选项后，可以显示“VRay日志”的窗口。

级别：控制“VRay日志”的显示内容，一共分为4个级别。1表示仅显示错误信息；2表示显示错误和警告信息；3表示显示错误、警告和情报信息；4表示显示错误、警告、情报和调试信息。

文件保存位置 c:\VRayLog.txt ...：可以选择保存“VRay日志”文件的位置。

杂项选项：该选项组主要包含以下7个选项。

Max-兼容着色关联（配合摄影机空间）：有些3ds Max插件（如大气等）是采用摄影机空间来进行计算的，因为它们都是针对默认的扫描线渲染器而开发。为了保持与这些插件的兼容性，VRay通过转换来自这些插件的点或向量的数据，模拟在摄影机空间计算。

检查缺少文件：当勾选该选项时，VRay会自己寻找场景中丢失的文件，并将它们进行列表，然后保存到C:\VRayLog.txt中。

优化大气求值：当场景中拥有大气效果，并且大气比较稀薄的时候，勾选这个选项可以得到比较优秀的大气效果。

低线程优先权：当勾选该选项时，VRay将使用低线程进行渲染。

对象设置 对象设置...：单击该按钮会弹出“VRay对象属性”对话框，在该对话框中可以设置场景物体的局部参数。

灯光设置 灯光设置...：单击该按钮会弹出“VRay光源属性”对话框，在该对话框中可以设置场景灯光的一些参数。

预置 预置：单击该按钮会打开“VRay预置”对话框，在该对话框中可以保持当前VRay渲染参数的各种属性，方便以后调用。

新手练习——灯光材质渲染综合应用之卫生间

素材文件	卫生间.max
案例文件	新手练习——灯光材质渲染综合应用之卫生间.max
视频教学	视频教学/第9章/新手练习——灯光材质渲染综合应用之卫生间.flv
技术掌握	掌握平铺程序贴图的使用方法

本例是一个卫生间空间，室内明亮灯光表现是本例的学习难点，砖墙材质和陶瓷材质的制作方法是本例的学习重点，效果如图9-125所示。

图9-125

【操作步骤】

1.材质制作

本例的场景对象材质主要包括镜子材质、砖墙材质、大理石台面材质、金属材质、灯罩材质、陶瓷材质，如图9-126所示。

图9-126

01 打开本书配套光盘中的“卫生间.max”文件，如图9-127所示。

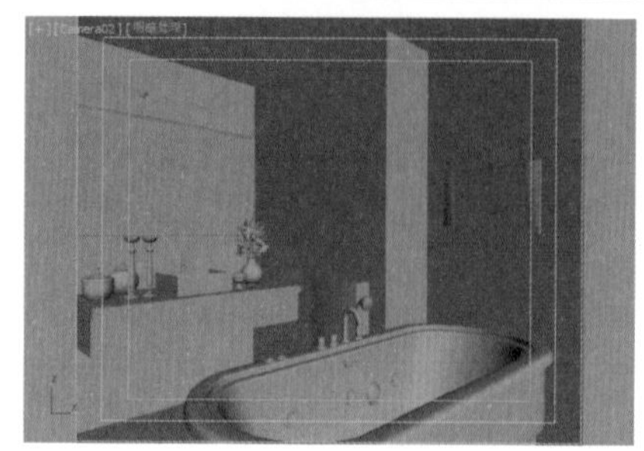

图9-127

02 制作砖墙材质。选择一个空白材质球，然后设置材质类型为VRayMtl材质，并将其命名为“砖墙”，具体参数设置如图9-128所示，制作好的材质球效果如图9-129所示。

设置步骤：

① 在“漫反射”贴图通道中加载一张“平铺”程序贴图，接着展开“标准控制”卷展栏，并设置“预设类型”为“堆栈砌合”，然后展开“高级控制”卷展栏，在“纹理”贴图通道中加载一张“砖墙纹理.jpg”贴图文件，并设置“水平数”为2、“垂直数”为4、“淡出变化”为0.05，再设置“水平间距”为0.1、“垂直间距”为0.1。

② 在“反射”贴图通道中加载一张“衰减”程序贴图，接着展开“衰减参数”卷展栏，并调节“侧”颜色为（红:225，绿:225，蓝:225），然后设置“衰减类型”为Fresnel，最后设置“高光光泽度”为0.8、“反射光泽度”为0.8、“细分”为15。

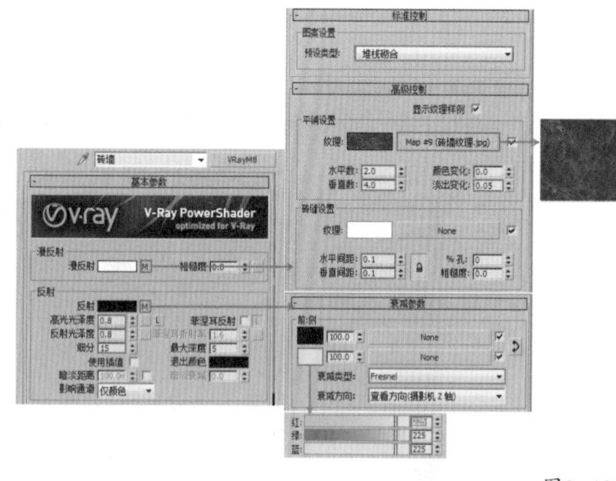

图9-128

图9-129

03 制作大理石台面材质。选择一个空白材质球，然后设置材质类型为VRayMtl材质，并将其命名为“大理石台面”，具体参数设置如图9-130所示，制作好的材质球效果如图9-131所示。

设置步骤：

① 在“漫反射”贴图通道中加载一张“咖啡纹.jpg”贴图文件。

② 设置“反射”颜色为（红:25，绿:25，蓝:25），再设置“细分”为13。

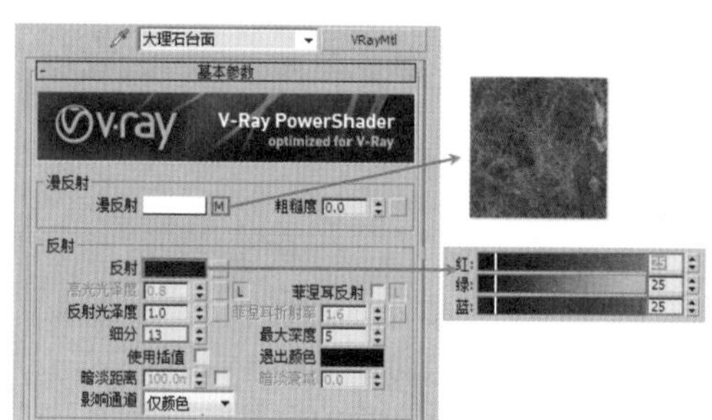

图9-130

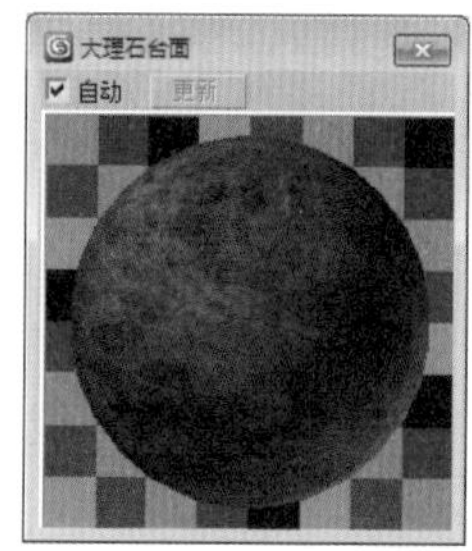

图9-131

04 制作镜子材质。选择一个空白材质球，然后设置材质类型为VRayMtl材质，并将其命名为“镜子”，具体参数设置如图9-132所示，制作好的材质球效果如图9-133所示。

设置步骤：

① 设置“漫反射”颜色为（红:0，绿:0，蓝:0）。

② 设置“反射”颜色为（红:255，绿:255，蓝:255），然后设置“细分”为20。

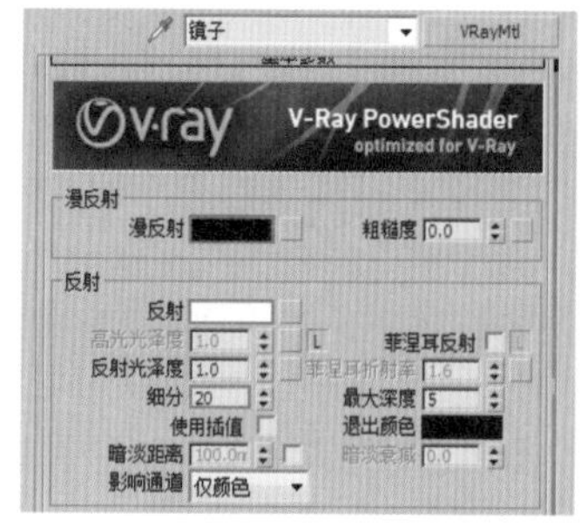

图9-132

图9-133

05 制作陶瓷材质。选择一个空白材质球，然后设置材质类型为VRayMtl材质，并将其命名为“陶瓷”，具体参数设置如图9-134所示，制作好的材质球效果如图9-135所示。

设置步骤：

① 在“基本参数”卷展栏下设置“漫反射”颜色为（红:255，绿:255，蓝:255）；在“反射”贴图通道中加载一张“衰减”程序贴图，接着在“衰减参数”卷展栏下设置“衰减类型”为Fresnel，然后返回上一级设置“细分”为13。

② 展开“贴图”卷展栏，在“环境”通道中加载一张“输出”程序贴图，接着展开“输出”卷展栏，并设置“输出量”为2。

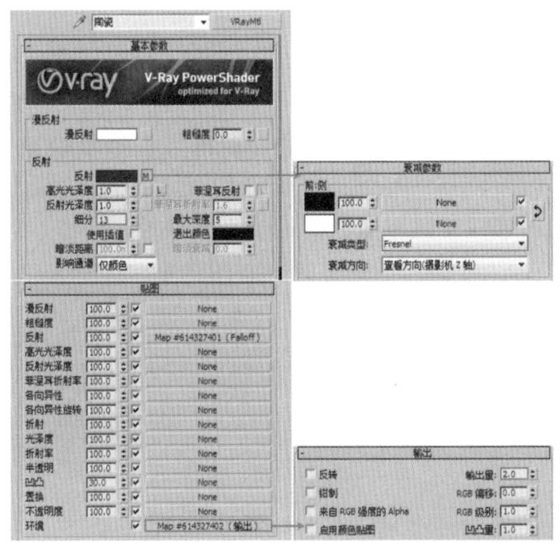

图9-134

图9-135

06 制作金属材质。选择一个空白材质球，然后设置材质类型为VRayMtl材质，并将其命名为“金属”，具体参数设置如图9-136所示，制作好的材质球效果如图9-137所示。

设置步骤：

① 设置“漫反射”颜色为（红:128，绿:128，蓝:128）。

② 设置“反射”颜色为（红:255，绿:255，蓝:255），然后设置“反射光泽度”为0.9、“细分”为10。

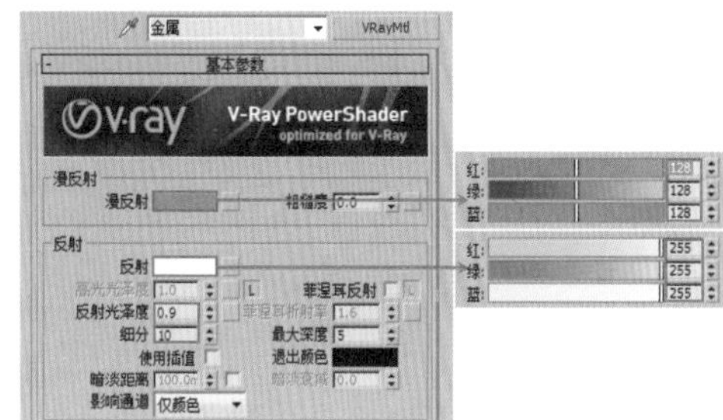

图9-136

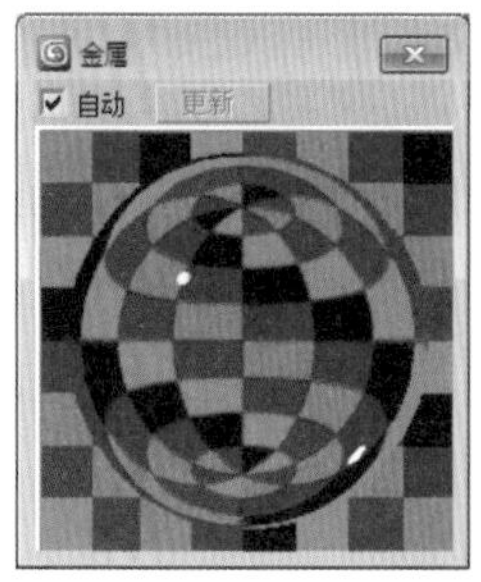

图9-137

07 制作地面材质。选择一个空白材质球，然后设置材质类型为VRayMtl材质，并将其命名为“地面”，接着在“漫反射”贴图通道中加载一张“地面.jpg”贴图文件，如图9-138所示，制作好的材质球效果如图9-138所示。

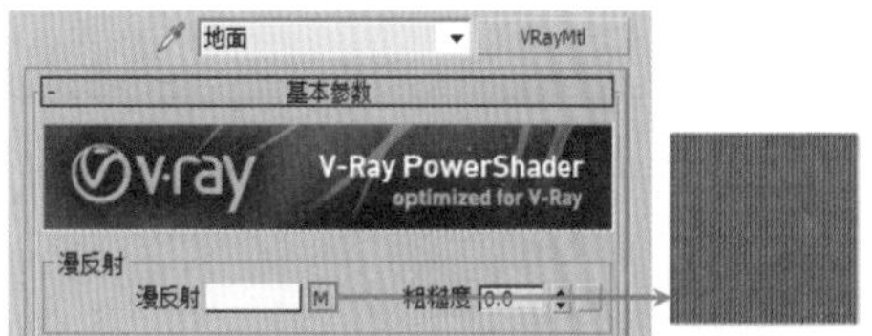

图9-138

图9-139

2.设置测试渲染参数

01 按F10键打开“渲染设置”对话框，然后设置渲染器为VRay渲染器，接着在“公用参数”卷展栏下设置“宽度”为600、“高度”为487，最后单击“图像纵横比”选项后面的“锁定”按钮，锁定渲染图像的纵横比，如图9-140所示。

图9-140

02 展开V-Ray选项卡下的“图形采样器（反锯齿）”卷展栏，然后设置“图像采样器”的“类型”为“固定”，接着勾选“抗锯齿过滤器”下的“开”选项，并设置其类型为“区域”，如图9-141所示。

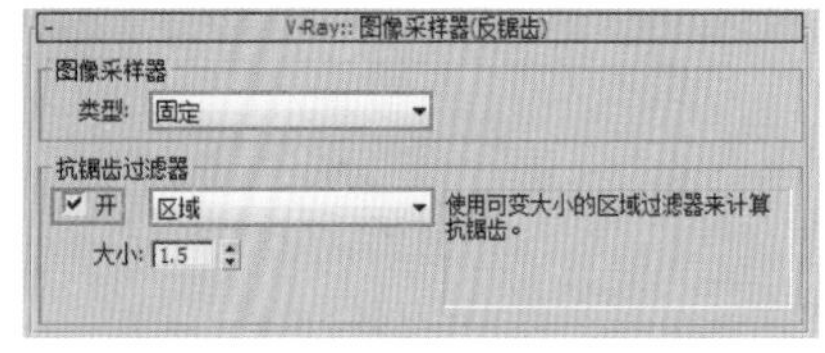

图9-141

03 展开“颜色贴图”卷展栏，然后设置“类型”为“莱因哈德”，接着设置“加深值”为0.4、“伽玛值”为1.1，最后勾选“子像素映射”和“钳制输出”选项，并取消勾选“影响背景”，具体参数设置如图9-142所示。

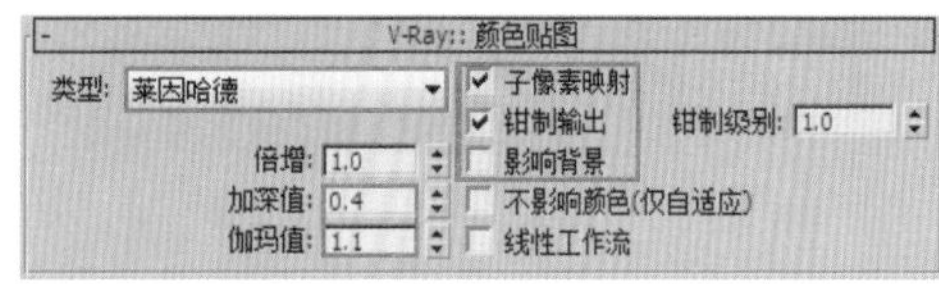

图9-142

04 单击“间接照明”选项卡，接着在“间接照明（GI）”卷展栏下勾选“开”选项，然后设置“首次反弹”的“全局照明引擎”为“发光图”、“二次反弹”的“全局照明引擎”为“灯光缓存”，如图9-143所示。

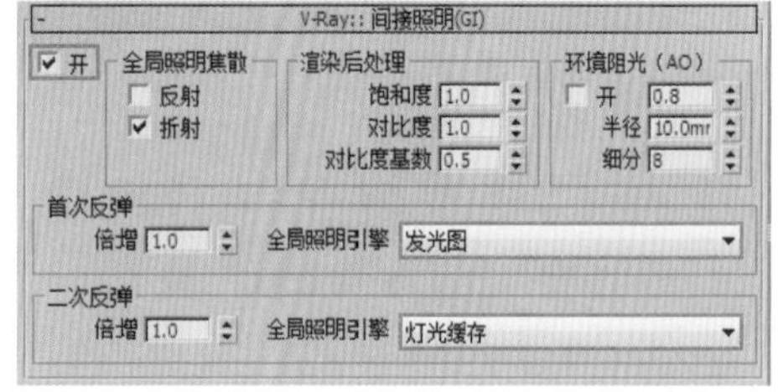

图9-143

05 展开“发光图”卷展栏，然后设置“当前预置”为“非常低”，接着设置“半球细分”为20、“插值采样”为10，最后勾选“显示计算相位”和“显示直接光”选项，具体参数设置如图9-144所示。

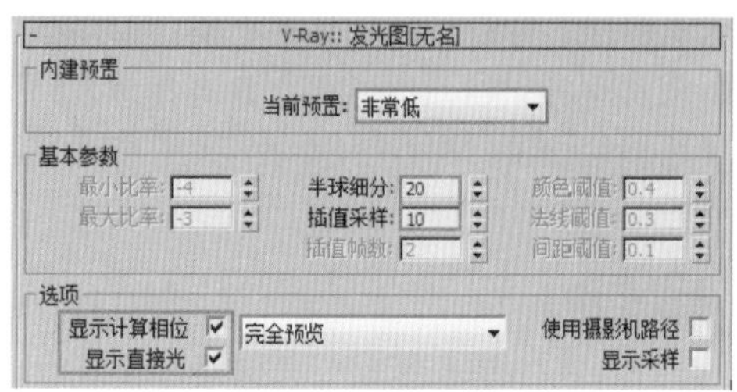

图9-144

06 展开“灯光缓存”卷展栏，然后设置“细分”为100，接着勾选“显示计算相位”选项，具体参数设置如图9-145所示。

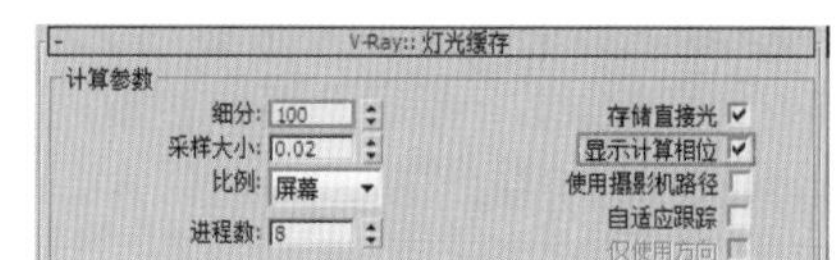

图9-145

07 单击“设置”按钮，然后在“系统”卷展栏下设置“默认几何体”为“静态”，接着设置“区域排序”为Top→Buttom（从上到下），最后取消勾选“显示窗口”选项，具体参数设置如图9-146所示。

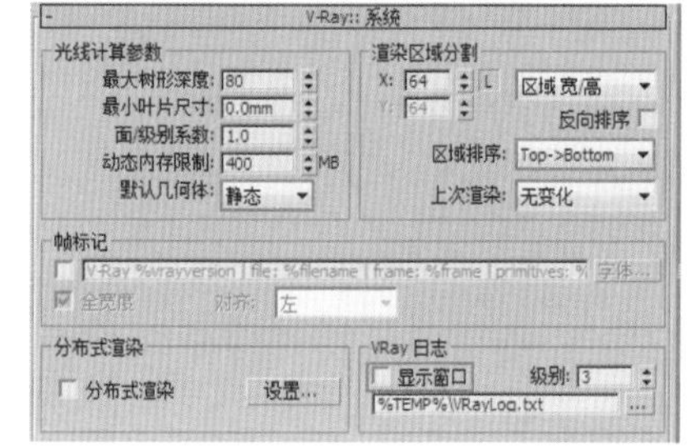

图9-146

3.灯光设置

本例共需要布置两处灯光，分别是主光源和辅助光源。

01 创建主光源。设置灯光类型为“光度学”，然后在场景中创建10盏目标灯光作为主光源，其位置如图9-147所示。

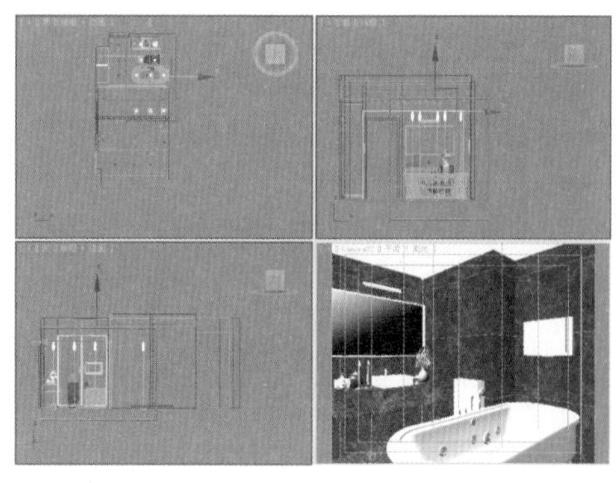

图9-147

02 选择上一步创建的目标灯光，然后进入“修改”面板，具体参数设置如图9-148所示。

设置步骤：

① 在“阴影”选项组下勾选“启用”，并设置阴影类型为“VRay阴影”，然后设置“灯光分布（类型）”为“光度学Web”。

② 展开“分布（光度学Web）”卷展栏，并在其贴图通道中加载一张“经典筒灯.ies”光域网文件。

③ 展开“强度/颜色/衰减”卷展栏，然后调节“过滤颜色”为（红:255，绿:243，蓝:196），并设置“强度”为6000。

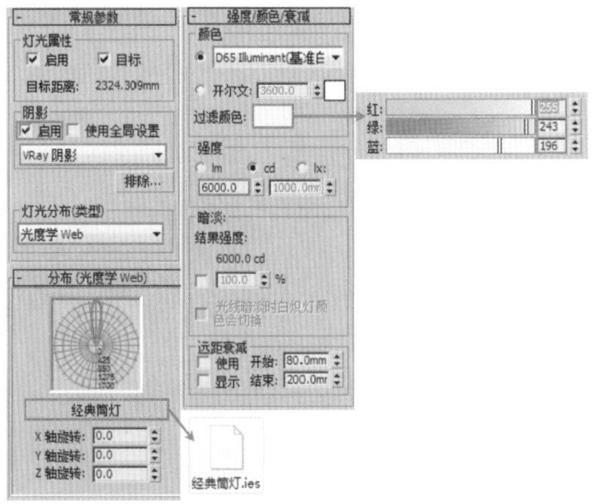

图9-148

03 按F9键测试渲染当前场景，效果如图9-149所示。

图9-149

04 创建辅助光源。继续使用目标灯光在场景中创建5盏作为辅助光源，其位置如图9-150所示。

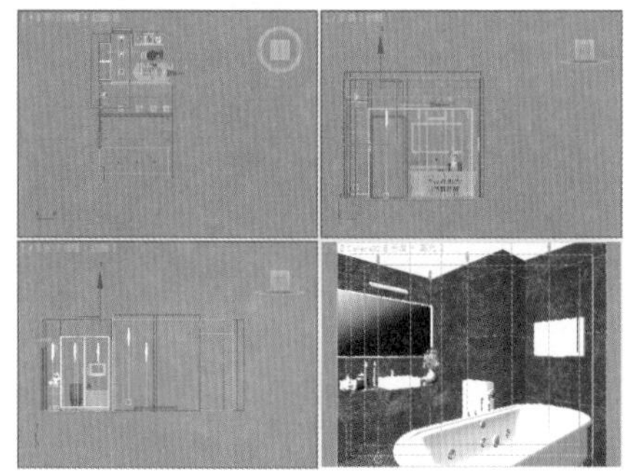

图9-150

05 选择上一步创建的目标灯光，然后进入“修改”面板，具体参数设置如图9-151所示。

设置步骤：

① 展开“常规参数”卷展栏，然后在“阴影”选项组下勾选“启用”，并设置阴影类型为“VRay阴影”，接着设置“灯光分布（类型）”为“光度学Web”。

② 展开“分布（光度学Web）”卷展栏，并在通道上加载“中间亮.ies”光域网文件。

③ 展开“强度/颜色/衰减”卷展栏，然后调节“过滤颜色”为（红:255，绿:243，蓝:196），并设置“强度”为34000。

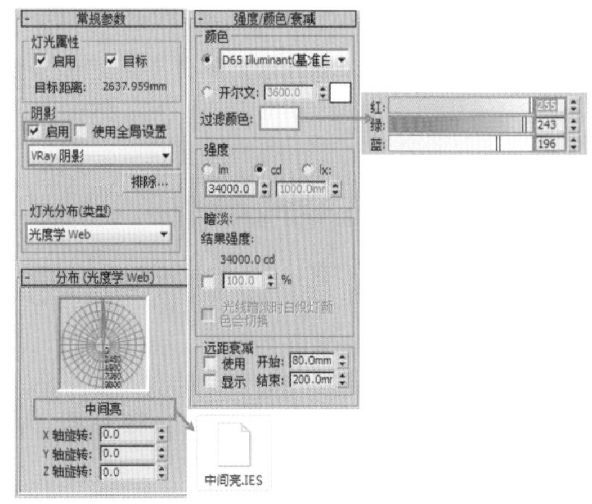

图9-151

06 按F9键测试渲染当前场景，效果如图9-152所示。

图9-152

4.设置最终渲染参数

01 按F10键打开“渲染设置”对话框，然后在“公用参数”卷展栏下设置“宽度”为1800、“高度”为1461，如图9-153所示。

图9-153

02 在VRay选项卡下展开“图像采样器（反锯齿）”卷展栏，设置“图像采样器”的“类型”为“自适应确定性蒙特卡洛”，接着在“抗锯齿过滤器”选项组下勾选“开”选项，并设置过滤器的类型为Mitchell-Netravali，具体参数设置如图9-154所示。

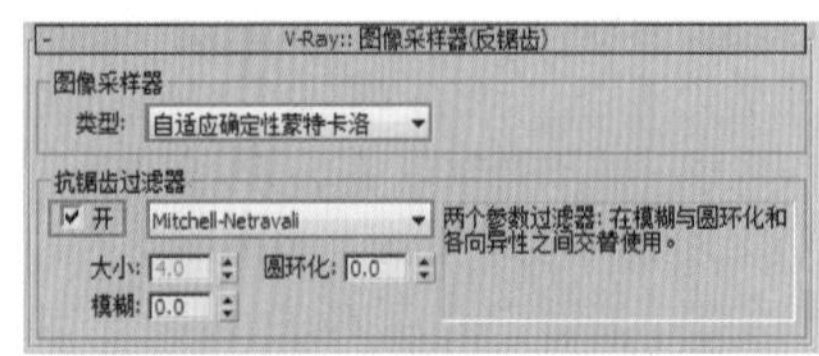

图9-154

03 展开“自适应DMC图像采样器”卷展栏，然后设置“最小细分”为1、“最大细分”为4，最后勾选“使用确定性蒙特卡洛采样器阈值”，具体参数设置如图9-155所示。

图9-155

04 单击“间接照明”按钮，然后在“发光图”卷展栏下设置“当前预置”为“低”，接着设置“半球细分”为90、“插值采样”为30，最后勾选“显示计算相位”和“显示直接光”选项，具体参数设置如图9-156所示。

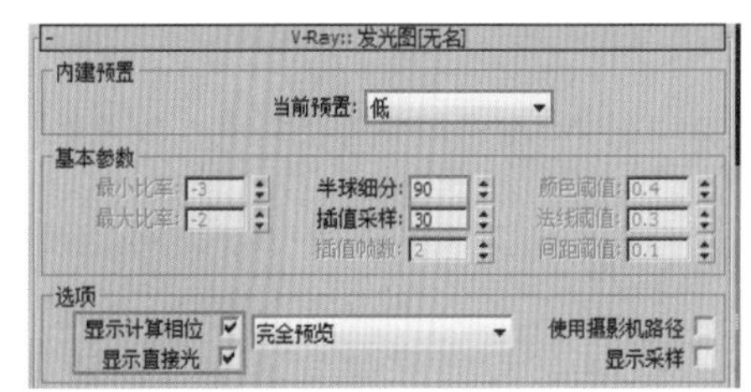

图9-156

05 展开“灯光缓存”卷展栏，然后设置“细分”1000、“采样大小”为0.015，接着勾选“显示计算相位”选项，具体参数设置如图9-157所示。

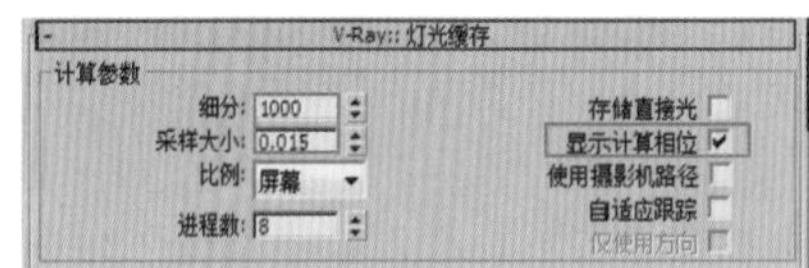

图9-157

06 单击“设置”按钮，然后在“DMC采样器”卷展栏下设置“噪波阈值”为0.002、“最少采样值”为10，如图9-158所示。

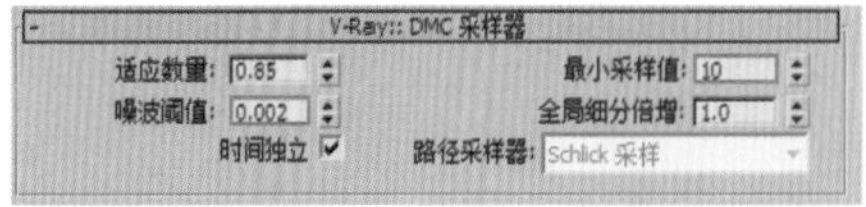

图9-158

07 按F9键渲染当前场景，最终效果如图9-159所示。

图9-159

新手练习——灯光材质渲染综合应用之客厅一角

素材文件	客厅一角.max
案例文件	新手练习——灯光材质渲染综合应用之客厅一角.max
视频教学	视频教学/第9章/新手练习——灯光材质渲染综合应用之客厅一角.flv
技术掌握	掌握室内明亮灯光的表现方法以及木纹、窗帘布材质的制作方法

本例是一个客厅空间，室内明亮灯光表现是本例的学习难点，窗帘布、木纹材质的制作方法是本例的学习重点，效果如图9-160所示。

图9-160

【操作步骤】

1.材质制作

本例的场景对象材质主要包括木纹材质、地毯材质、电视屏幕材质、椅子金属材质、灯罩材质、窗帘布材质，如图9-161所示。

图9-161

01 打开本书配套光盘中的“客厅一角.max”文件，如图9-162所示。

图9-162

02 制作木纹材质。选择一个空白材质球，然后设置材质类型为VRayMtl材质， 并将其命名为“木纹”，具体参数设置如图9-163所示，制作好的材质球效果如图9-164所示。

设置步骤：

① 在“漫反射”贴图通道中加载一张“木纹.jpg”贴图文件。

② 在“反射”贴图通道中加载一张“衰减”程序贴图，接着在“衰减参数”卷展栏下设置“侧”颜色为（红:225，绿:225，蓝:225），并设置“衰减类型”为Fresnel，最后设置“高光光泽度”为0.7、“反射光泽度”为0.8、“细分”为15。

图9-163

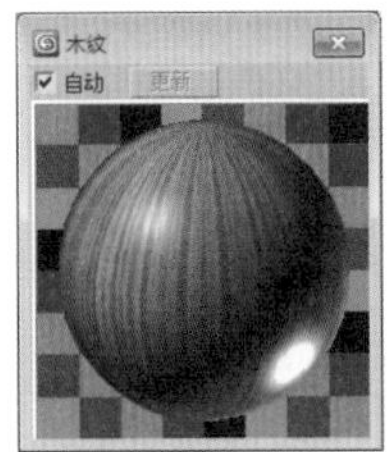

图9-164

03 制作地毯材质。选择一个空白材质球，然后设置材质类型为VRayMtl材质，并将其命名为“地毯”，最后在“漫反射”贴图通道中加载一张“地毯.jpg”文件，如图9-165所示，制作好的材质球效果如图9-166所示。

图9-165

图9-166

04 制作窗帘布材质。选择一个空白材质球，然后设置材质类型为VRayMtl材质，并将其命名为“窗帘布”，具体参数设置如图9-167所示，制作好的材质球效果如图9-168所示。

设置步骤：

① 设置“漫反射”颜色为（红:120，绿:103，蓝:89）、“反射”颜色为（红:29，绿:21，蓝:5），然后设置“反射光泽度”为0.56、“细分”为6。

② 展开“双向反射分布函数”卷展栏，接着设置其类型为“沃德”，然后设置“各向异性”为0.3、“旋转”为–20。

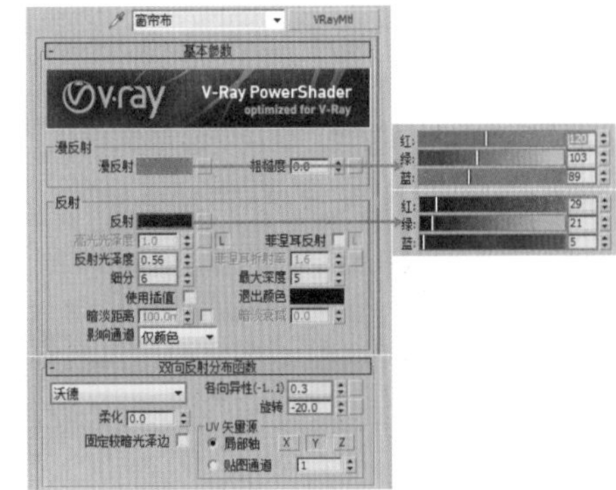

图9-167

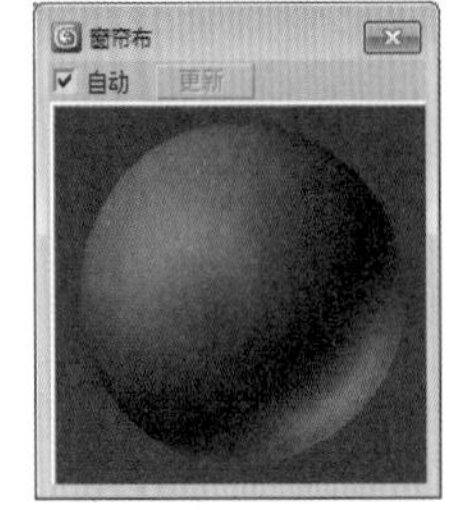

图9-168

05 制作椅子金属材质。选择一个空白材质球，然后设置材质类型为VRayMtl材质，并将其命名为“椅子金属”，具体参数设置如图9-169所示，制作好的材质球效果如图所9-170示。

设置步骤：

① 设置“漫反射”颜色为黑色（红:0，绿:0，蓝:0）。

② 设置“反射”颜色为白色（红:255，绿:255，蓝:255），并设置“细分”为13。

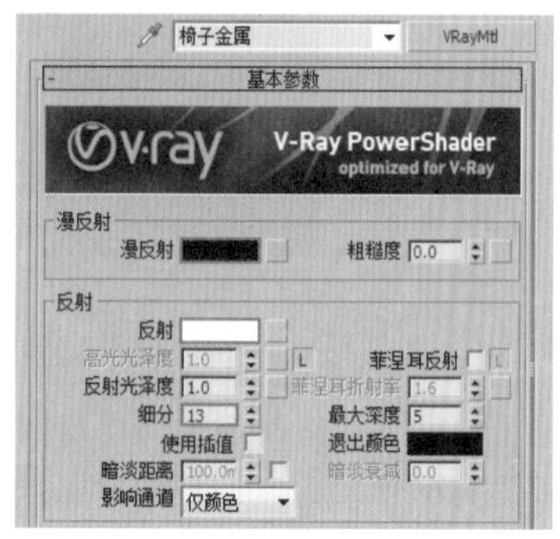

图9-169 图9-170

06 制作灯罩材质。选择一个空白材质球，然后设置材质类型为VRayMtl材质，并将其命名为“灯罩”，具体参数设置如图9-171示，制作好的材质球效果如图9-172所示。

设置步骤：

① 设置“漫反射”颜色为（红:26，绿:28，蓝:33）。

② 设置“反射”颜色为（红:17，绿:17，蓝:17），并设置“高光光泽度”为0.5、“反射光泽度”为0.65、“细分”为4、“最大深度”为1。

图9-171

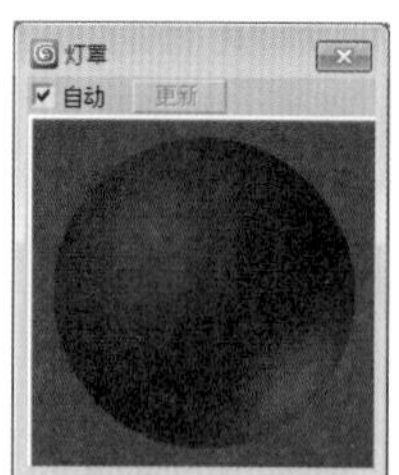

图9-172

07 制作电视屏幕材质。选择一个空白材质球，然后设置材质类型为“VR灯光材质”，并将其命名为“电视屏幕”，接着在颜色贴图通道中加载一张“电视屏幕.jpg”贴图文件，并设置其强度为2，如图9-173所示，制作好的材质球效果如图9-174所示。

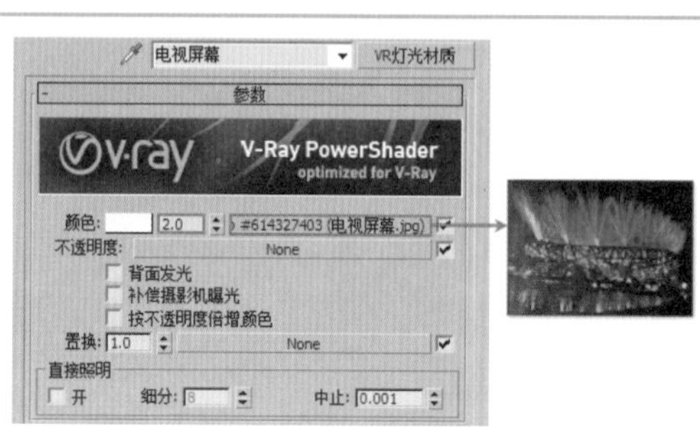

图9-173

图9-174

2.设置测试渲染参数

01 按F10键打开“渲染设置”对话框，然后设置渲染器为VRay渲染器，接着在“公用参数”卷展栏下设置“宽度”为500、“高度”为406，最后单击“图像纵横比”选项后面的“锁定”，锁定渲染图像的纵横比，具体参数设置如图9-175所示。

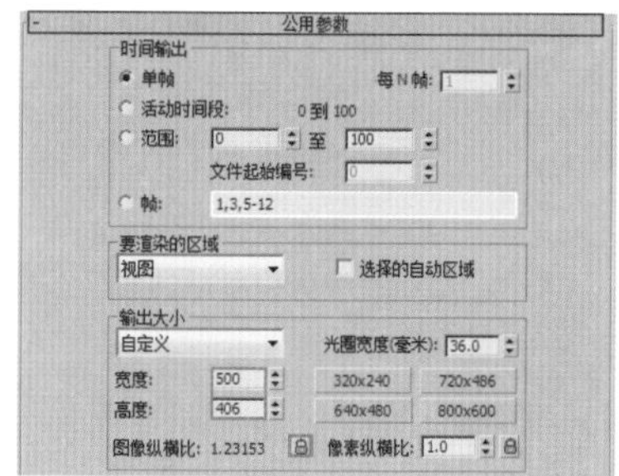

图9-175

02 展开V-Ray选项卡下的“图形采样器（反锯齿）”卷展栏，然后设置“图像采样器”的“类型”为“固定”，接着勾选“抗锯齿过滤器”下的“开”选项，并设置其类型为“区域”，具体参数设置如图9-176所示。

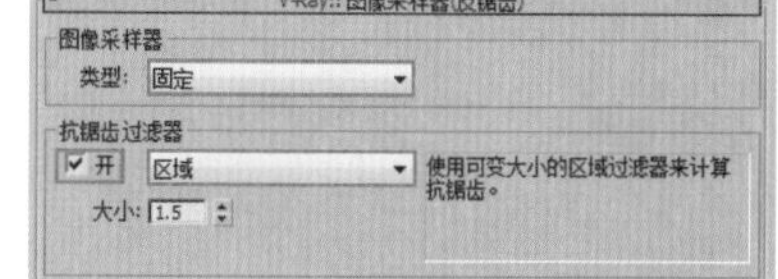

图9-176

03 展开“颜色贴图”卷展栏，然后设置“类型”为“莱因哈德”，接着设置“加深值”为0.4、“伽玛值”为1.1，最后勾选“子像素映射”和“钳制输出”选项，并取消勾选“影响背景”，具体参数设置如图9-177所示。

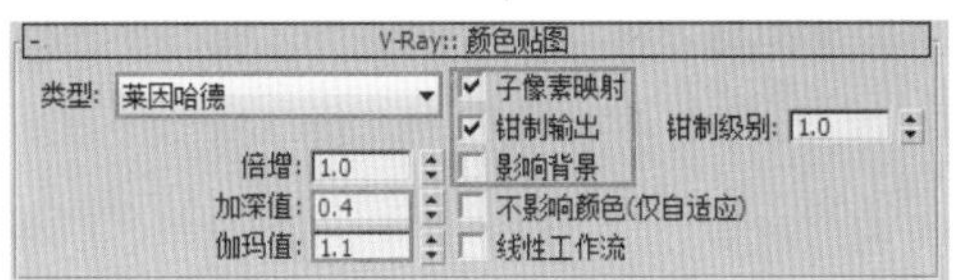

图9-177

04 单击“间接照明”按钮，接着在“间接照明（GI）”卷展栏下勾选“开”选项，然后设置“首次反弹”的“全局照明引擎”为“发光图”、“二次反弹”的“全局照明引擎”为“灯光缓存”，具体参数设置如图9-178所示。

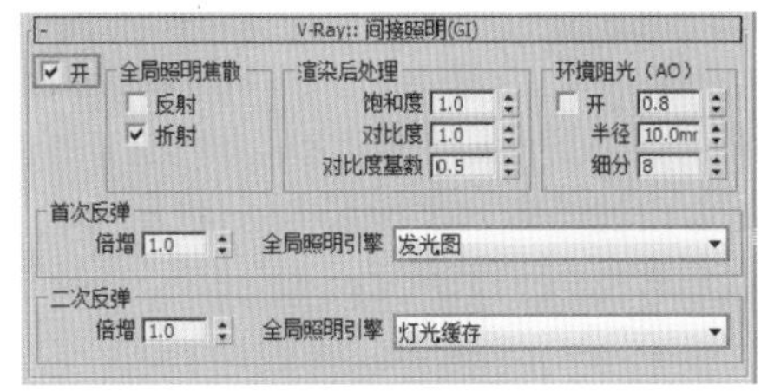

图9-178

05 展开“发光图”卷展栏，然后设置“当前预置”为“非常低”，接着设置“半球细分”为20、“插值采样”为10，最后勾选“显示计算相位”和“显示直接光”选项，具体参数设置如图9-179所示。

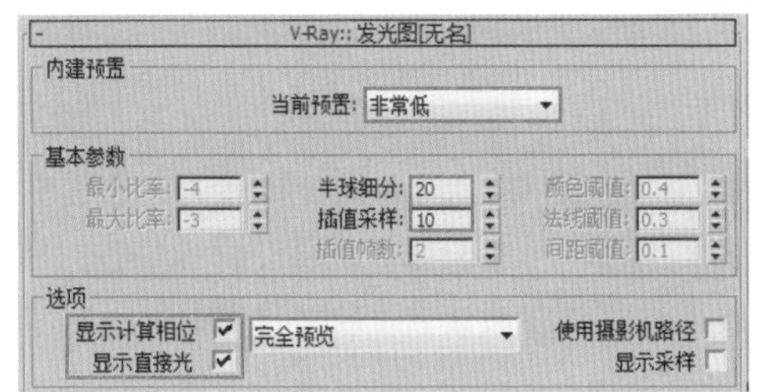

图9-179

06 展开“灯光缓存”卷展栏，然后设置“细分”为100，接着勾选“显示计算相位”选项，具体参数设置如图9-180所示。

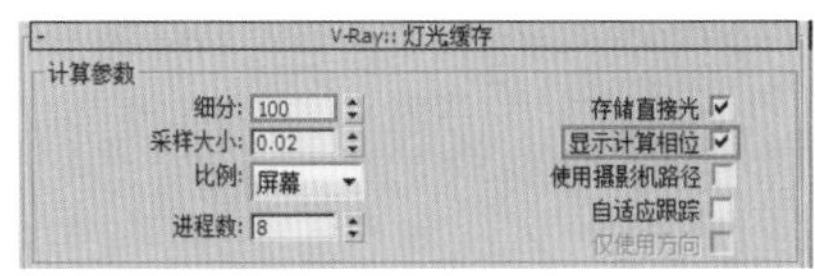

图9-180

07 单击“设置”按钮，然后在“系统”卷展栏下设置“最大树形深度”为60、“面/级别系数”为2、“默认几何体”为“静态”，接着设置“区域排序”为Top→Buttom（从上到下），最后 取消勾选“显示窗口”选项，具体参数设置如图9-181所示。

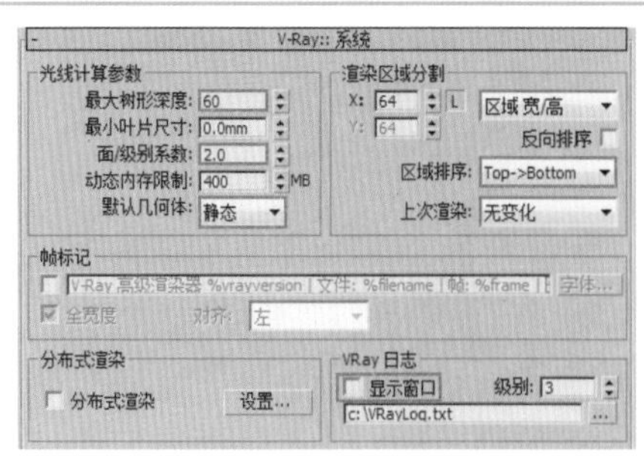

图9-181

3.灯光设置

本例共需要布置3处灯光，分别是主光源、台灯以及灯带。

01 创建主光源。设置灯光类型为“光度学”，然后在场景中创建11盏目标灯光作为主光源，其位置如图9-182所示。

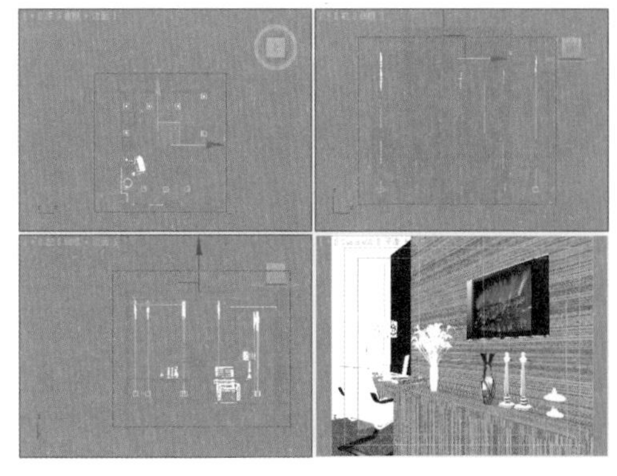

图9-182

02 选择上一步创建的目标灯光，然后进入“修改”面板，具体参数设置如图9-183所示。

设置步骤：

① 展开“常规参数”卷轴纳兰，然后在“阴影”选项组下勾选“启用”，并设置阴影类型为“VRay阴影”，接着设置“灯光分布（类型）”为“光度学Web”。

② 展开“分布（光度学Web）”卷展栏，并在其通道中加载一张“中间亮.ies”光域网文件。

③ 展开“强度/颜色/衰减”卷展栏，并调节“过滤颜色”为（红:255，绿:243，蓝:196），最后设置“强度”为34000。

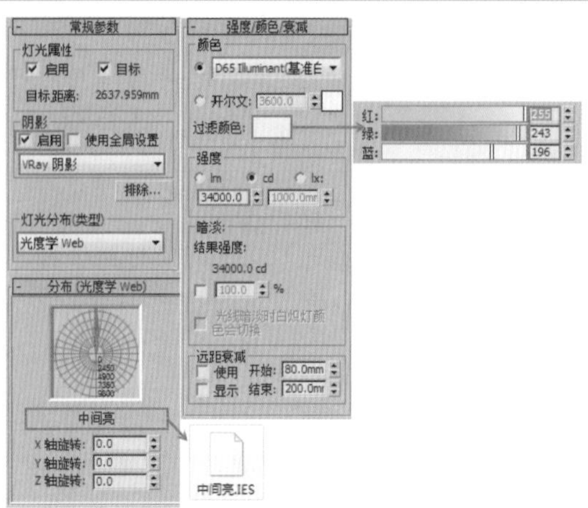

图9-183

03 按F9键测试渲染当前场景，效果如图9-184所示。

图9-184

04 创建台灯。设置灯光类型为VRay，然后在场景中创建1盏VRay灯光作为辅助光源，其位置如图9-185所示。

图9-185

05 选择上一步创建的VR灯光，然后展开“参数”卷展栏，具体参数设置如图9-186所示。

设置步骤：

① 在“常规”选项组下设置“类型”为“球体”。

② 在“强度”选项组下设置“倍增”为35，然后设置“颜色”为（红:255，绿:226，蓝:180）。

③ 在“大小”选项组下设置“半径”为60mm。

④ 在“选项”选项组下勾选“不可见”选项，并取消勾选“影响高光反射”和“影响反射”选项。

⑤ 在“采样”选项组下设置“细分”为13。

06 按F9键测试渲染当前场景，效果如图9-187所示。

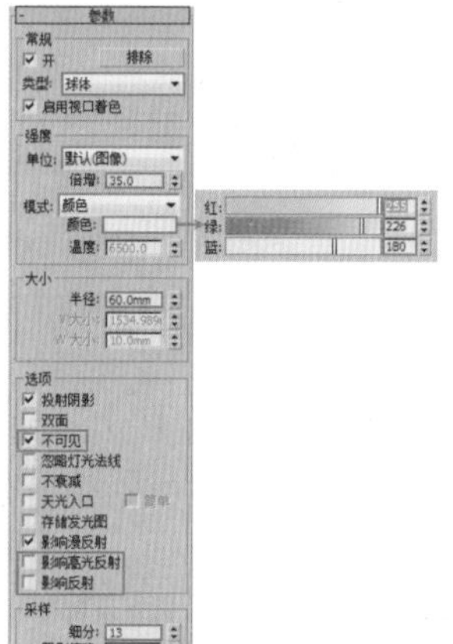

图9-186

图9-187

07 创建灯带。在场景中创建1盏VR灯光作为灯带，其位置如图9-188所示。

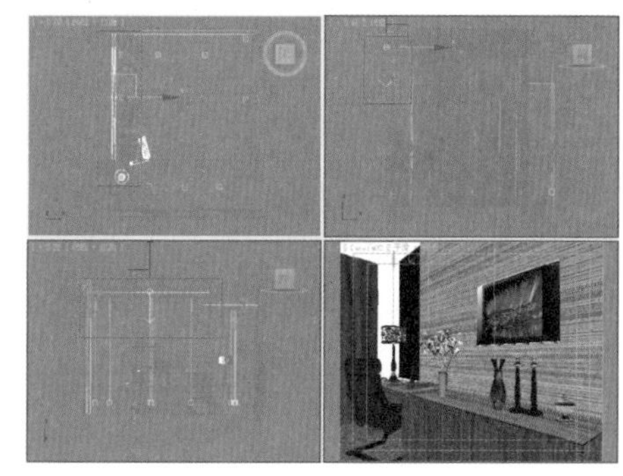

图9-188

08 选择上一步创建的VR灯光，然后展开“参数”卷展栏，具体参数设置如图9-189所示。

设置步骤：

① 在“常规”选项组下设置“类型”为“平面”。

② 在“强度”选项组下设置“倍增”为10，然后设置“颜色”为（红:255，绿:226，蓝:180）。

③ 在“大小”选项组下设置“1/2长”为40mm、“1/2宽”为1535mm。

④ 在“选项”选项组下勾选“不可见”选项，并取消勾选“影响高光反射”和“影响反射”选项。

⑤ 在“采样”选项组下设置“细分”为13。

图9-189

09 按F9键测试渲染当前场景，效果如图9-190所示。

图9-190

4.设置最终渲染参数

01 按F10键打开“渲染设置”对话框，然后在“公用参数”卷展栏下设置“宽度”为1500、“高度”为1218，具体参数设置如图9-191所示。

公用参数
时间输出
单帧 每N帧: 1
活动时间段: 0 到 100
范围: 0 至 100
文件起始编号: 0
帧: 1,3,5-12
要渲染的区域
视图 选择的自动区域
输出大小
自定义 光圈宽度(毫米): 36.0
宽度: 1500 320x240 720x486
高度: 1218 640x480 800x600
图像纵横比: 1.23153 像素纵横比: 1.0

图9-191

02 选择V-Ray选项卡，然后在“图像采样器（反锯齿）”卷展栏下设置“图像采样器”的“类型”为“自适应确定性蒙特卡洛”，接着设置“抗锯齿过滤器”类型为Mitchell-Netravali，具体参数设置如图9-192所示。

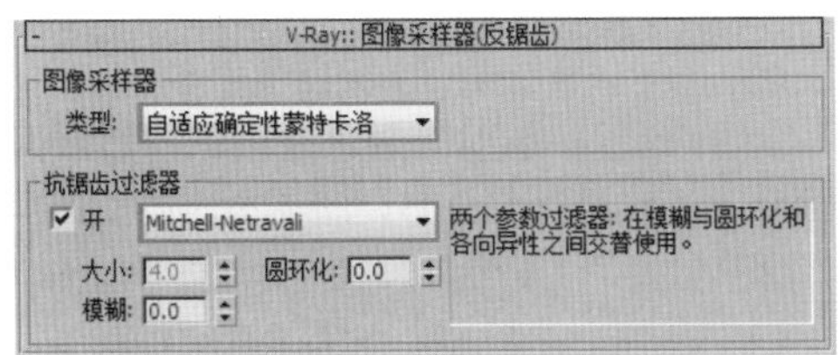

图9-192

03 展开“自适应DMC图像采样器”卷展栏，然后设置“最小细分”为1、“最大细分”为4，最后勾选“使用确定性蒙特卡洛采样器阈值”，具体参数设置如图9-193所示。

图9-193

04 单击“间接照明”选项卡，然后在“发光图”卷展栏下设置“当前预置”为“低”，接着设置“半球细分”为90、“插值采样”为30，最后勾选“显示计算相位”和“显示直接光”选项，具体参数设置如图9-194所示。

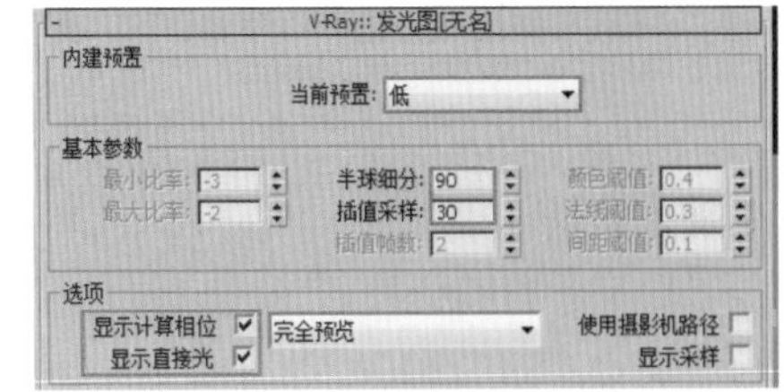

图9-194

05 展开“灯光缓存”卷展栏，然后设置“细分”为1500、“采样大小”为0.015，接着勾选“显示计算相位”选项，具体参数设置如图9-195所示。

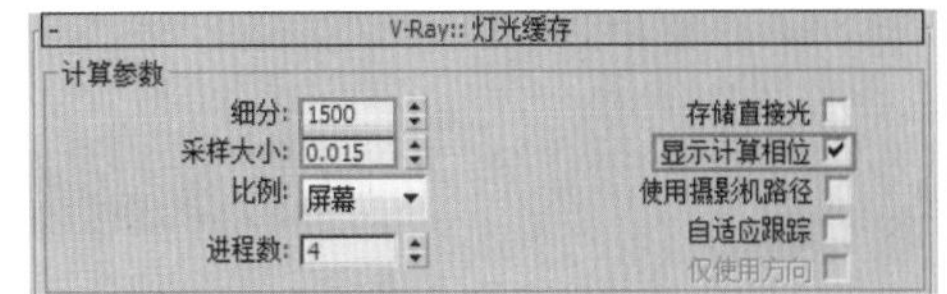

图9-195

06 选择“设置”选项卡，然后在“DMC采样器”卷展栏下设置“噪波阈值”为0.002、“最少采样值”为10，具体参数设置如图9-196所示。

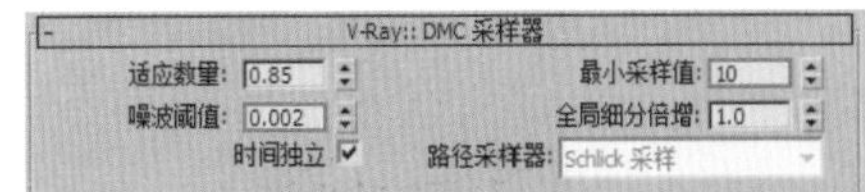

图9-196

07 按F9键渲染当前场景，最终效果如图9-197所示。

图9-197

新手练习——灯光材质渲染综合应用之卧室

素材文件	卧室.max
案例文件	新手练习——灯光材质渲染综合应用之卧室.max
视频教学	视频教学/第9章/新手练习——灯光材质渲染综合应用之卧室.flv
技术掌握	使用VRay灯光来模拟的日光效果

本例是一个卧室场景，使用VRay灯光表现强烈阳光效果是本例的学习重点，材质是本例的学习难点，效果如图9-198所示。

图9－198

【操作步骤】

1.材质制作

本场景中的物体材质主要有玻璃、玻璃钢、地面、植物、床、床单、窗纱，如图9－199所示。

图9－199

01 打开本书配套光盘中的“卧室.max”文件，如图9-200所示。

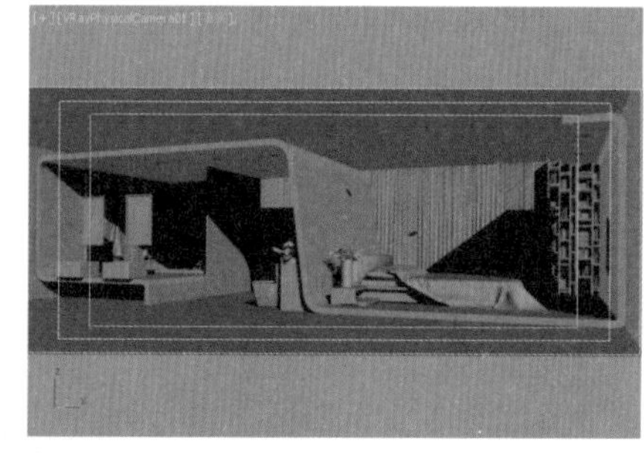

图9－200

02 制作地面材质。选择一个空白材质球，然后将材质类型设置为VRayMtl材质，并将其命名为“地面”，具体参数设置如图9-201所示，制作好的材质球效果如图9-202所示。

设置步骤：

① 在“漫反射”贴图通道中加载一张“地面.jpg”贴图文件，接着在“坐标”卷展栏下设置“模糊”为0.01；在“反射”贴图通道中加载一张“衰减”程序贴图，接着在“衰减参数”卷展栏下设置“衰减类型”为Fresnel，并调节“侧”颜色为白色，最后返回上一级并设置“高光光泽度”为0.86、“反射光泽度”为0.92。

② 展开“贴图”卷展栏，然后在“凹凸”贴图通道中加载一张“地面凹凸.jpg”贴图文件，最后设置凹凸的强度为30。

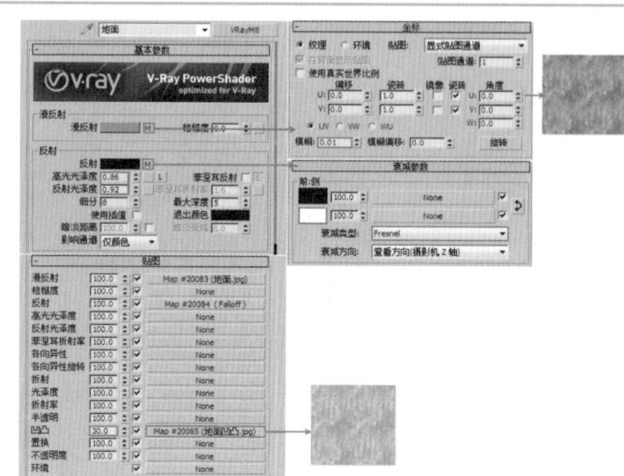

图9－201

图9－202

03 制作玻璃材质。选择一个空白材质球，然后将材质类型设置为VRayMtl材质，并将其命名为“玻璃”，具体参数设置如图9-203所示，制作好的材质球效果如图9-204所示。

设置步骤：

① 设置“漫反射”颜色为灰色（红:128，绿:128，蓝:128）。

② 设置“反射”颜色为白色，并勾选“菲涅耳反射”。

③ 设置“折射”颜色为白色，然后调节“烟雾颜色”为绿色（红:205，绿:220，蓝:206），并设置“烟雾倍增”为0.02，最后勾选“影响阴影”。

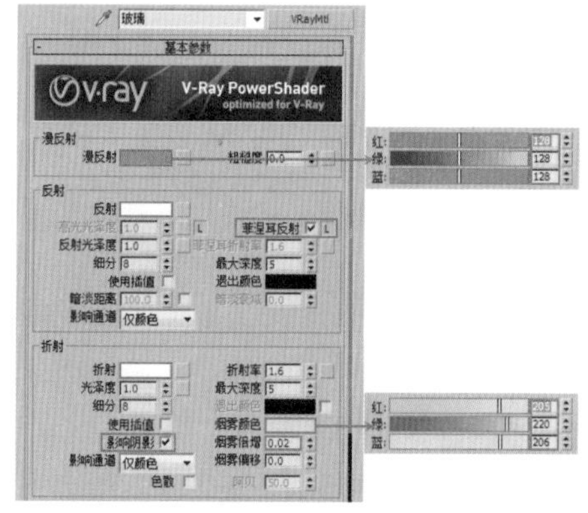

图9－203

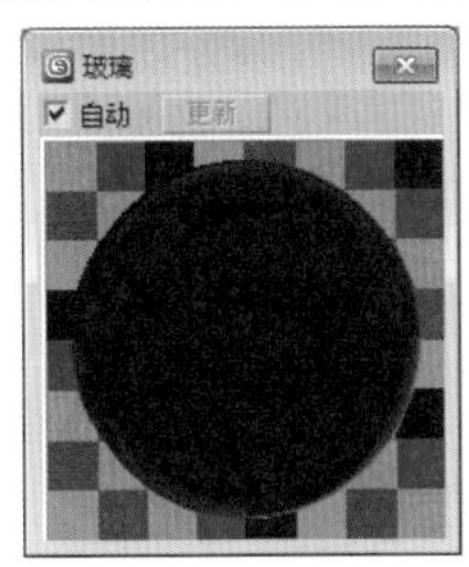

图9-204

04 制作床单材质。选择一个空白材质球，然后将材质类型设置为VRayMt材质，并将其命名为“床单”，具体参数设置如图9-205所示，制作好的材质球效果如图9-206所示。

设置步骤：

① 在“漫反射”贴图通道中加载一张“衰减”程序贴图，接着在“衰减参数”卷展栏下设置“衰减类型”为“垂直/平行”，并调节“前”颜色为（红:46，绿:55，蓝:62）、“侧”颜色为（红:143，绿:154，蓝:157）。

② 设置“反射”颜色为（红:13，绿:13，蓝:13），并设置“高光光泽度”为0.69。

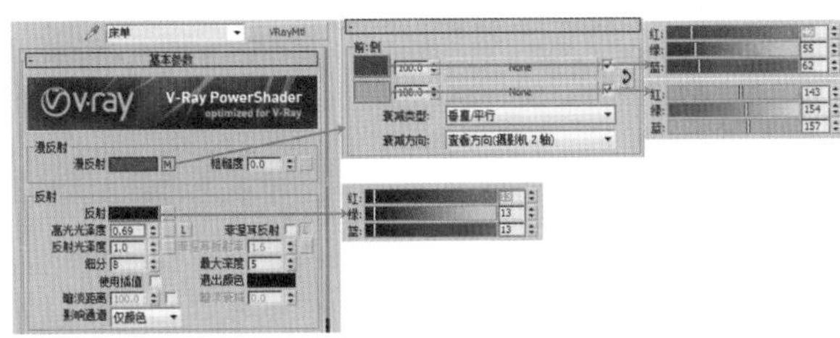

图9-205

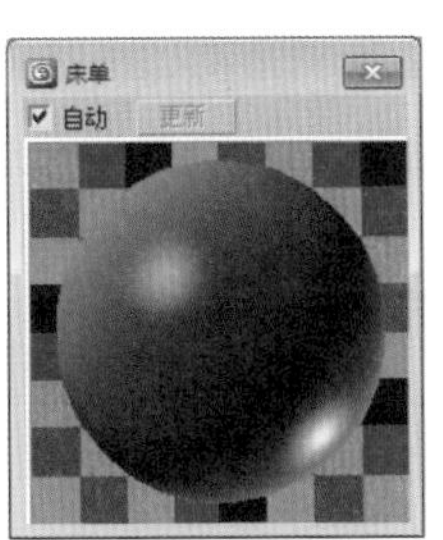

图9-206

05 制作玻璃钢材质。选择一个空白材质球，然后设置材质类型为VRayMtl材质，并将其命名为“玻璃钢”，具体参数设置如图9-207所示，制作好的材质球效果如图9-208所示。

设置步骤：

① 设置“漫反射”颜色为“白色”。

② 在“反射”贴图通道中加载一张“衰减”程序贴图，接着在“衰减参数”卷展栏下设置“衰减类型”为Fresnel，并调节“侧”颜色为（红:166，绿:166，蓝:166），最后返回上一级并设置“高光光泽度”为0.91、“反射光泽度”为0.94。

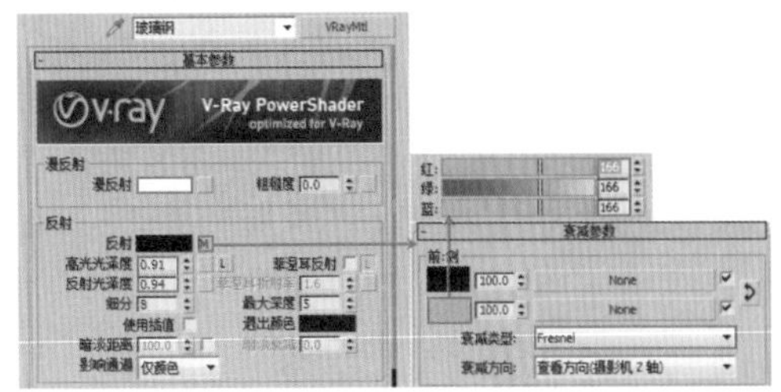

图9-207

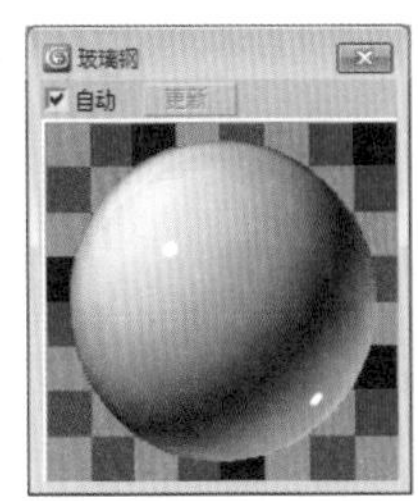

图9-208

06 制作窗纱材质。选择一个空白材质球，然后将材质类型设置为VRayMtl材质，并将其命名为“窗纱”，具体参数设置如图9-209所示，制作好的材质球效果如图9-210所示。

设置步骤：

① 设置“漫反射”颜色为白色。

② 设置“折射”颜色为（红:62，绿:62，蓝:62），然后设置“光泽度”为0.51，最后勾选“影响阴影”。

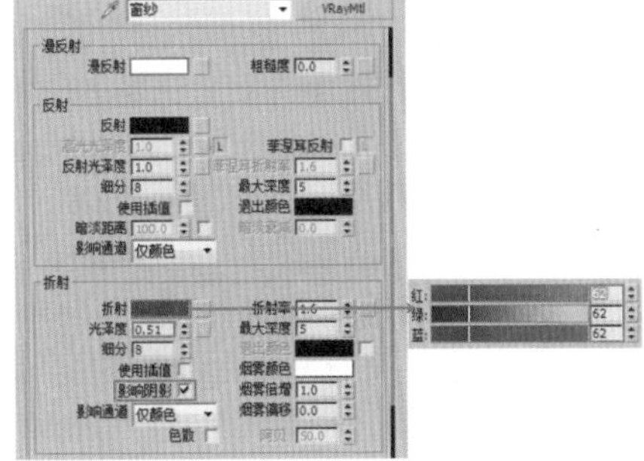

图9-209

图9-210

07 制作床材质。选择一个空白材质球，然后将材质类型设置为VRayMtl材质，并将其命名为“床”，具体参数设置如图9-211所示，制作好的材质球效果如图9-212所示。

设置步骤：

① 设置“漫反射”颜色为（红:35，绿:35，蓝:35）。

② 在“反射”贴图通道中加载一张“衰减”程序贴图，接着在“衰减参数”卷展栏下设置“衰减类型”为Fresnel，并设置“侧”颜色为白色，最后设置“高光光泽度”为0.91、“反射光泽度”为0.96。

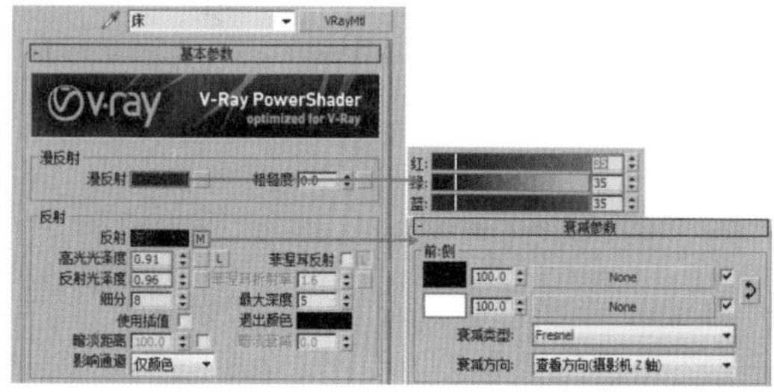

图9-211

图9-212

08 制作植物材质。选择一个空白材质球，然后将材质类型设置为VRayMtl材质，并将其命名为“植物”，具体参数设置如图9-213所示。

设置步骤：

① 在“漫反射”贴图通道中加载一张“渐变”程序贴图，接着展开“渐变参数”卷展栏，并在“颜色#1”贴图通道中加载一张“叶子1.jpg”贴图文件，并在“坐标”卷展栏下设置“模糊”为4；在“颜色#3”贴图通道中加载一张“叶子2.jpg”贴图文件，并在“坐标”卷展栏下设置“模糊”为4。

② 设置“反射”颜色为深灰色（红:15，绿:15，蓝:15），并设置“反射光泽度”为0.84。

③ 在“折射”贴图通道中加载一张“叶子黑白.jpg”贴图文件，接着在“坐标”卷展栏下设置“瓷砖”的*U*和*V*为4。

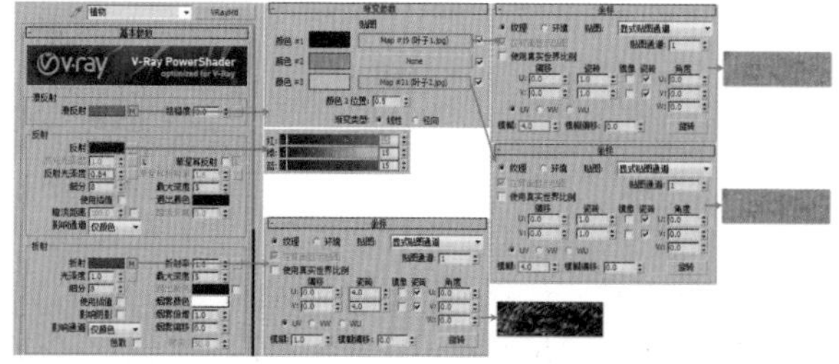

图9-213

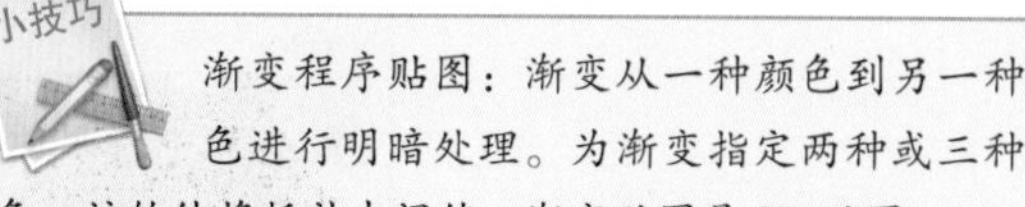

渐变程序贴图：渐变从一种颜色到另一种颜色进行明暗处理。为渐变指定两种或三种颜色；该软件将插补中间值。渐变贴图是2D贴图。

09 展开“贴图”卷展栏，并在“凹凸”贴图通道中加载一张“叶子黑白.jpg”贴图文件，接着在“坐标”卷展栏下设置“瓷砖”的*U*和*V*为4，最后设置凹凸的强度为25，如图9-214所示，制作好的材质球效果如图9-215所示。

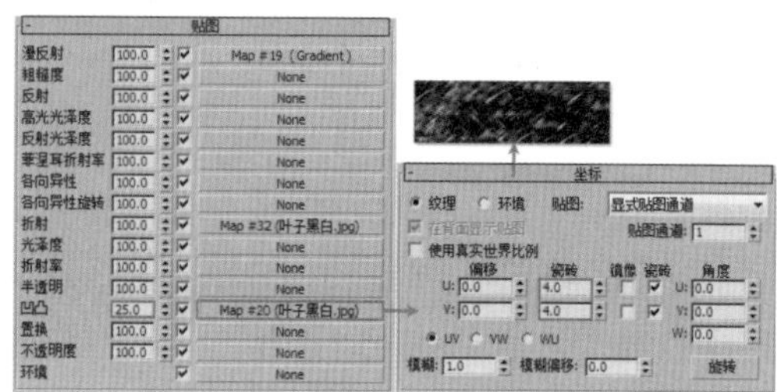

图9-214

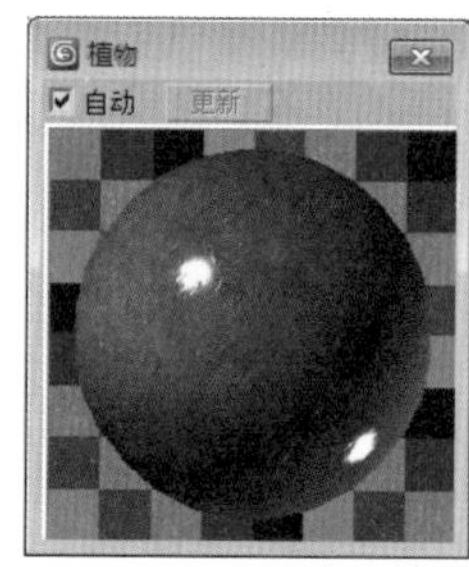

图9-215

2.设置测试渲染参数

01 按F10键打开“渲染设置”对话框，然后设置渲染器为VRay渲染器，接着在“公用参数”卷展栏下设置“宽度”为500、“高度”为208，最后单击“图像纵横比”选项后面的“锁定”，锁定渲染图像的纵横比，如图9-216所示。

图9-216

02 展开V-Ray选项卡下的“图形采样器（反锯齿）”卷展栏，然后设置“图像采样器”的“类型”为“固定”，接着勾选“抗锯齿过滤器”下的“开”选项，并设置其类型为“区域”，具体参数设置如图9-217所示。

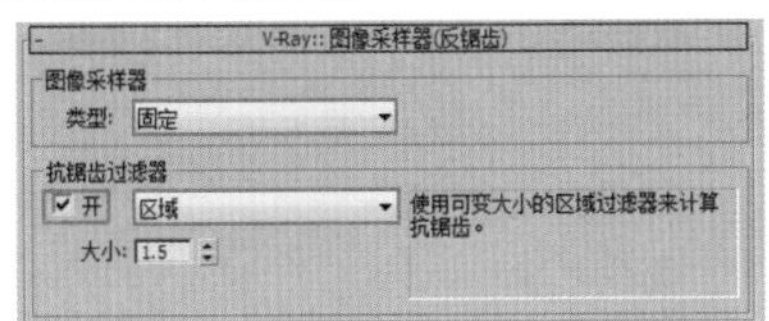

图9-217

03 展开“颜色贴图”卷展栏，接着设置“类型”为“线性倍增”，然后设置“暗色倍增”设成1.4，具体参数设置如图9-218所示。

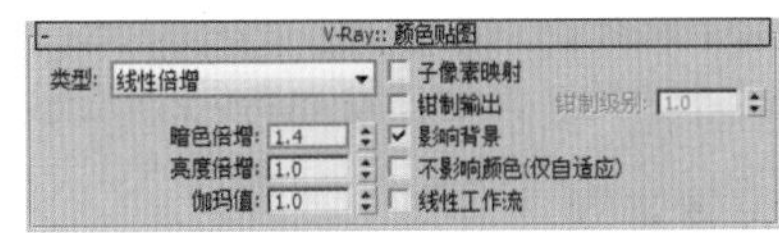

图9-218

04 单击“间接照明”选项卡，接着在“间接照明（GI）”卷展栏下勾选“开”选项，然后设置“首次反弹”的“全局照明引擎”为“发光图”、“二次反弹”的“全局照明引擎”为“灯光缓存”，具体参数设置如图9-219所示。

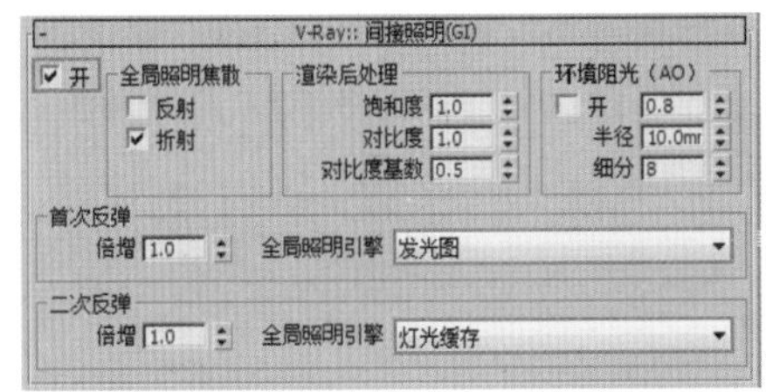

图9-219

05 展开“发光图”卷展栏，接着“当前预置”为“非常低”，然后设置“半球细分”为20、设置“插值采样值”为20，最后勾选“显示计算相位”和“显示直接照明”，具体参数设置如图9-220所示。

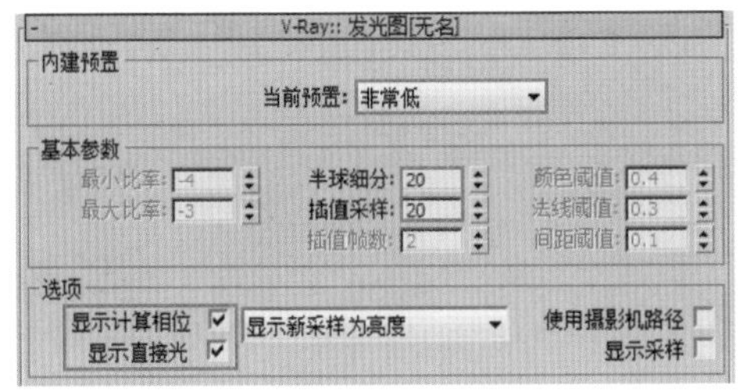

图9-220

06 单击“设置”选项卡，然后在“系统”卷展栏下设置“最大树形深度”为60、“面/级别系数”为2、“默认几何体”为“静态”，接着设置“区域排序”为Top→Buttom（从上到下），最后取消勾选“显示窗口”选项，具体参数设置如图9-221所示。

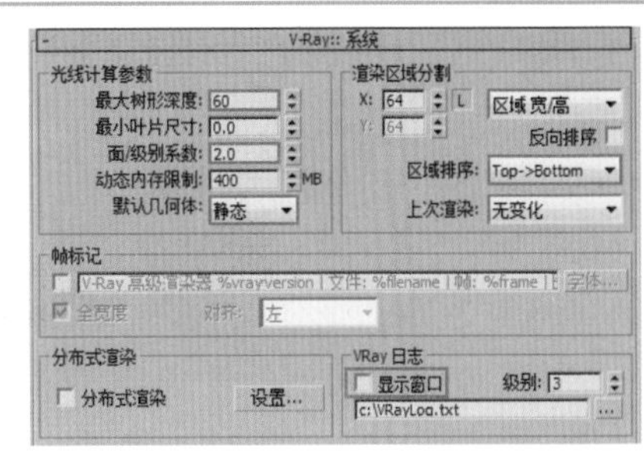

图9-221

3.灯光设置

本例共需要布置4处灯光，分别是主光源、辅助光源、射灯、橱柜内部光源。

01 创建主光源。使用VR灯光在“前视图”中创建1盏VR灯光，并将其拖曳到合适的位置，如图9-222所示。

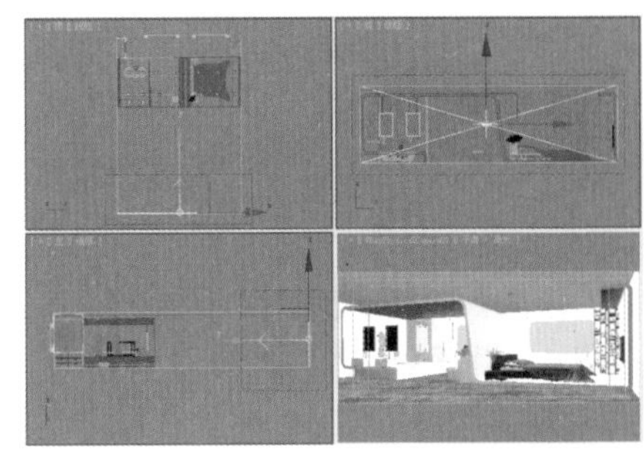

图9-222

02 选择上一步创建的VR灯光，然后展开“参数”卷展栏，具体参数设置如图9-223所示。

设置步骤：

① 在“常规”选项组下设置“类型”为“平面”。

② 在“强度”选项组下设置“倍增”为6，并设置“颜色”淡蓝色（红:235，绿:245，蓝:255）。

③ 在“选项”选项组下勾选“不可见”，并取消勾选“影响高光反射”和“影响反射”。

④ 在“采样”选项组下设置“细分”为16。

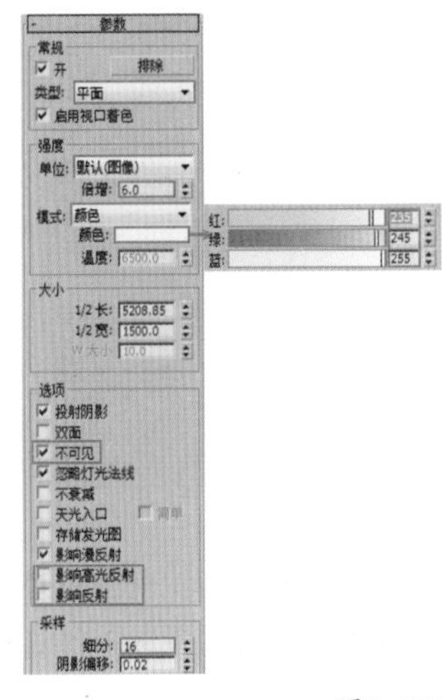

图9-223

03 按F9键测试渲染下当前场景，效果如图9-224所示。

图9-224

04 创建辅助光源。使用VR灯光在前视图中创建2盏VR灯光，并将其拖曳到合适的位置，如图9-225所示。

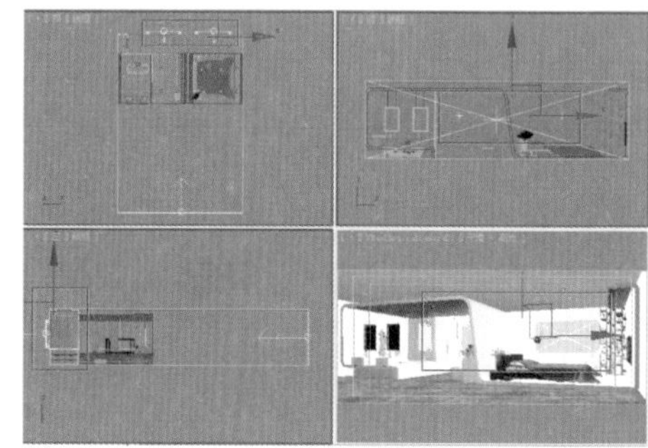

图9-225

05 选择上一步创建的VR灯光，然后展开“参数”卷展栏，具体参数设置如图9-226所示。

设置步骤：

① 在“常规”选项组下设置“类型”为“平面”。

② 在“强度”选项组下设置“倍增”为4.5，并设置“颜色”为淡蓝色（红:206，绿:234，蓝:255）。

③ 在“采样”选项组下设置“细分”16。

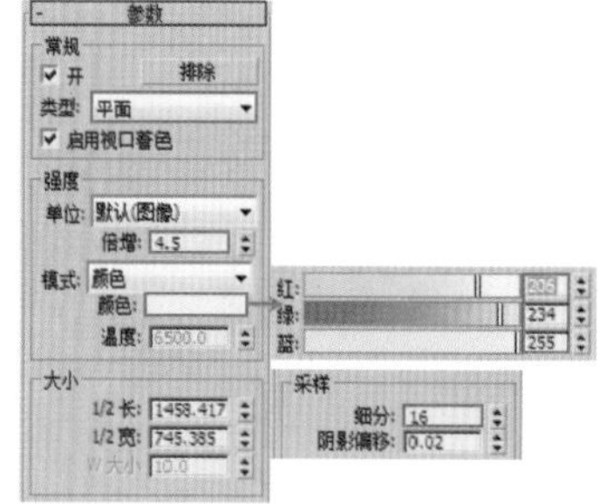

图9-226

06 按F9键测试渲染下当前场景，效果如图9-227所示。

图9-227

07 创建射灯。使用自由灯光在顶视图中创建10盏自由灯光，并将其拖曳到合适的位置，如图9-228所示。

图9-228

08 选择上一步创建的自由灯光，然后进入“修改”面板，具体参数设置如图9-229所示。

设置步骤：

① 展开“常规参数”卷展栏，并在“阴影”选项组下勾选“启用”，接着设置阴影类型为“VRay阴影”，然后设置“灯光分布（类型）”为“光度学Web”。

② 在“分布（光学度Web）”卷展栏下的贴图通道中加载一张“经典筒灯.ies”光域网文件。

③ 在“强度/颜色/衰减”卷展栏下设置“过滤颜色”为黄色（红:255，绿:198，蓝:86），并设置“强度”为1516。

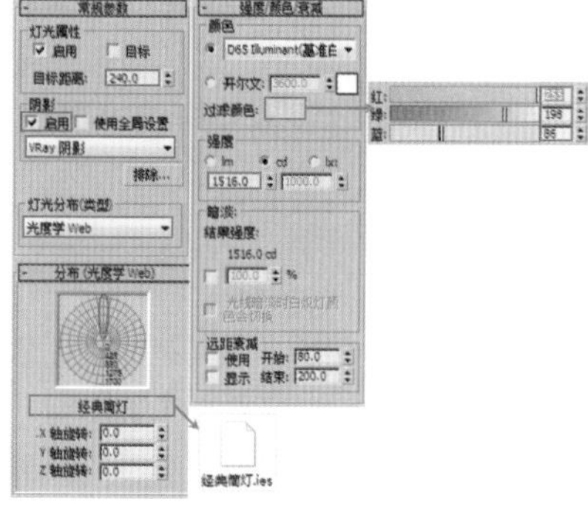

图9-229

09 按F9键测试渲染下当前场景，效果如图9-230所示。

图9-230

10 创建橱柜内部光源。在顶视图中创建1盏VR灯光，并将其拖曳到合适的位置，如图9-231所示。

图9-231

11 选择上一步创建的VR灯光，然后展开“参数”卷展栏，具体参数设置如图9-232所示。

设置步骤：

① 在“常规”选项组下设置“类型”为“平面”。

② 在“强度”选项组下设置“倍增”为4，并设置“颜色”为黄色（红:255，绿:187，蓝:82）。

③ 在“选项”选项组下勾选“不可见”。

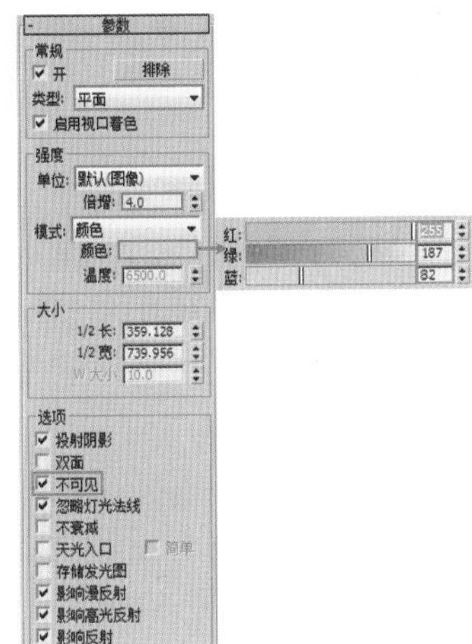

图9-232

12 按F9键测试渲染下当前场景，效果如图9-233所示。

图9-233

4.设置最终渲染参数

01 按F10键打开“渲染设置”对话框，然后在“公用参数”卷展栏下设置“宽度”为3200、“高度”为1333，具体参数设置如图9-234所示。

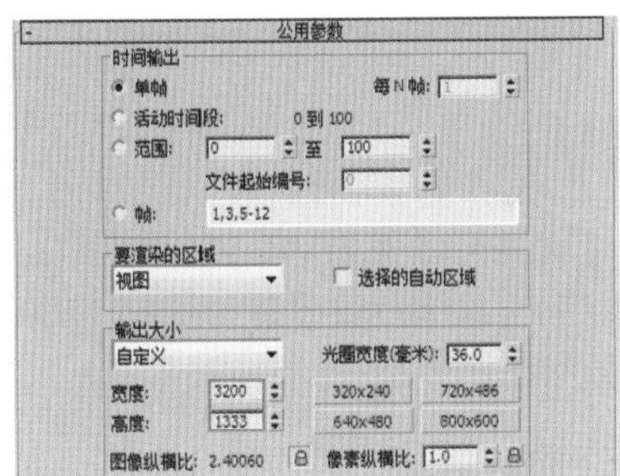

图9-234

02 单击V-Ray选项卡，然后在“图像采样器（反锯齿）”卷展栏下设置“图像采样器”的“类型”为“自适应确定性蒙特卡洛”，接着设置“抗锯齿过滤器”类型为Mitchell-Netravali，最后设置“圆环化”为0，“模糊”为0，具体参数设置如图9-235所示。

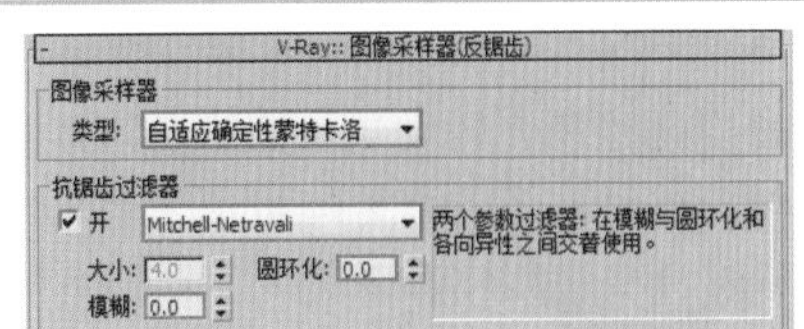

图9-235

03 展开“自适应DMC图像采样器”卷展栏，然后设置“最小细分”为1、“最大细分”为4，最后勾选“使用确定性蒙特卡洛采样器阈值”，具体参数设置如图9-236所示。

图9-236

04 单击“间接照明”选项卡，然后在“发光图”卷展栏下设置“当前预置”为“中”，接着设置“半球细分”为60，最后勾选“显示计算相位”和“显示直接光”选项，具体参数设置如图9-237所示。

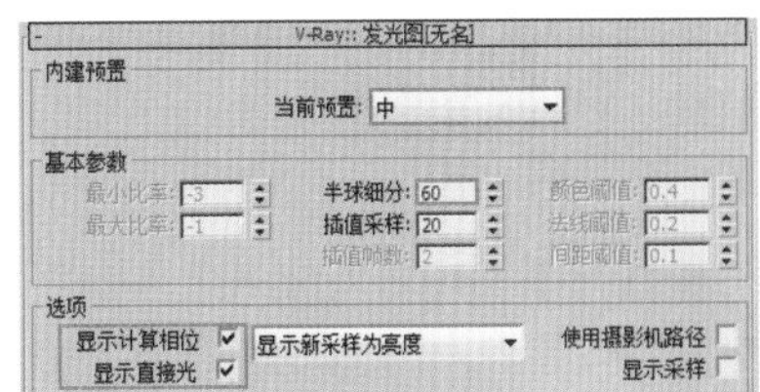

图9-237

05 展开“灯光缓存”卷展栏，然后设置“细分”1500、“采样大小”为0.002、“进程数”为4，接着勾选“显示计算相位”选项，具体参数设置如图9-238所示。

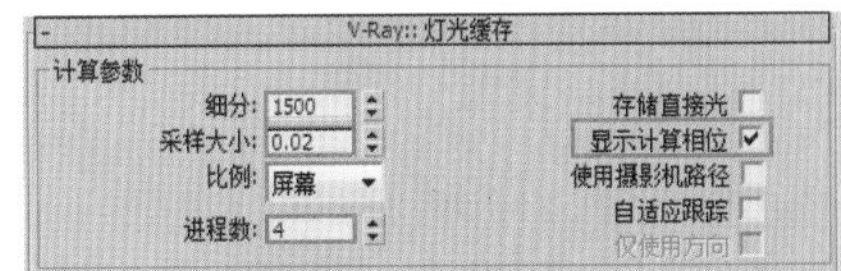

图9-238

06 按F9键渲染当前场景，最终渲染效果如图9-239所示。

图9-239

高手进阶——灯光材质渲染综合应用之厨房

素材文件	厨房.max
案例文件	高手进阶——灯光材质渲染综合应用之厨房.max
视频教学	视频教学/第9章/高手进阶——灯光材质渲染综合应用之厨房.flv
技术掌握	使用VRay灯光来模拟日光的效果

本例是一个小型的家装厨房场景，使用VRay灯光表现强烈阳光效果是本例的学习重点，材质是本例的学习难点，效果如图9-240所示。

图9-240

【操作步骤】

1.材质制作

本场景中的物体材质主要有地面、白漆、乳胶漆、金属、壁画、花盆、鹅软石等，如图9-241所示。

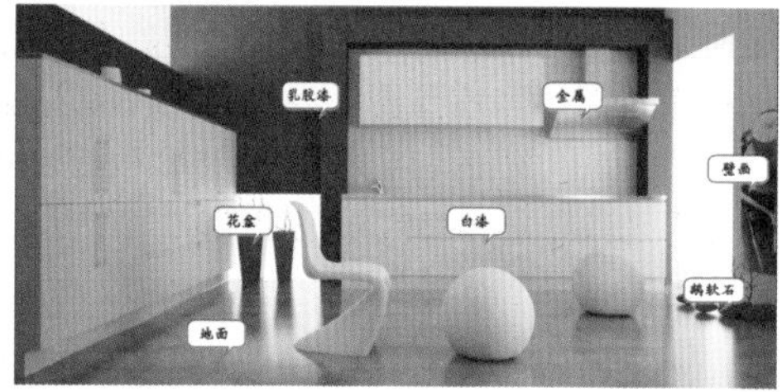

图9-241

01 打开本书配套光盘中的“厨房.max”文件，如图9-242所示。

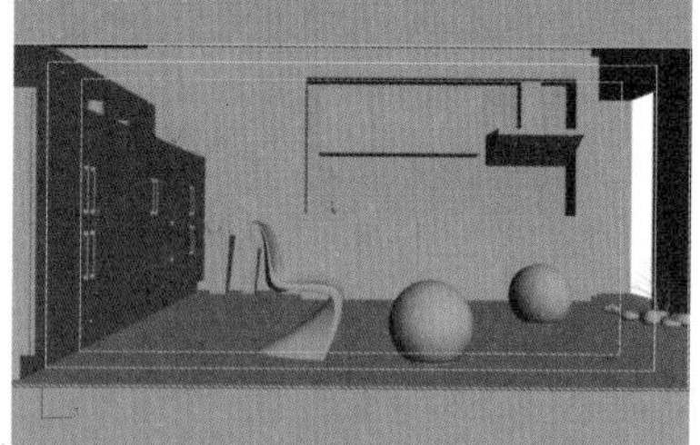

图9-242

02 制作地面材质。选择一个空白材质球，然后将材质类型设置为VRayMtl材质，并将其命名为“地面”，具体参数设置如图9-243所示，制作好的材质球效果如图9-244所示。

设置步骤：

① 在“漫反射”贴图通道中加载一张“地面.jpg”贴图文件；在“反射”贴图通道中加载一张“衰减”程序贴图，接着在“衰减参数”卷展栏下设置“侧”颜色为蓝色（红:230，绿:242，蓝:255），并设置“衰减类型”为Fresnel，返回上一级并设置“高光光泽度”为0.85、“反射光泽度”为0.88、“细分”为25、“最大深度”为2。

② 在“贴图”卷展栏下单击“漫反射”贴图通道中的贴图拖曳到“凹凸”通道中，然后设置凹凸的强度为3，最后在“环境”贴图通道中加载一张“输出”程序贴图。

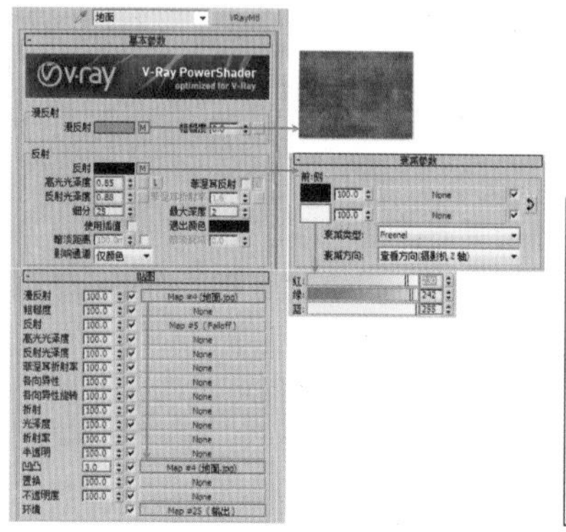

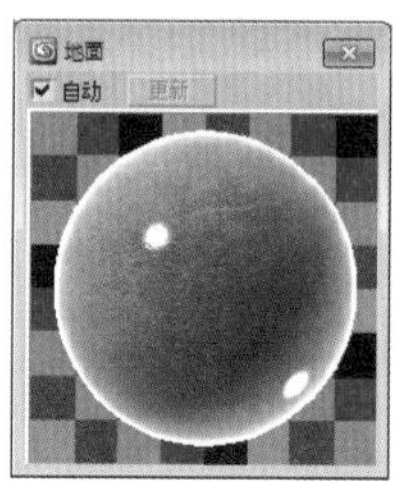

图9-243　图9-244

> **小技巧**
> 输出贴图主要用在环境的通道上，场景里面有反射的物体，那么如果给了输出贴图的话，那反射物体就反射那张贴图做为反射的环境。

03 制作白漆材质。选择一个空白材质球，然后将材质类型设置为VRayMtl材质，并将其命名为“白漆”，具体参数设置如图9-245所示，制作好的材质球效果如图9-246所示。

设置步骤：

① 设置“漫反射”颜色为（红:245，绿:245，蓝:245）。

② 在“反射”贴图通道中加载一张“衰减”程序贴图，接着在“衰减参数”卷展栏下设置“侧”颜色为（红:200，绿:200，蓝:200），并设置“衰减类型”为Fresnel，最后返回上一级并设置“高光光泽度”为0.65、“反射光泽度”为0.6、“细分”为30。

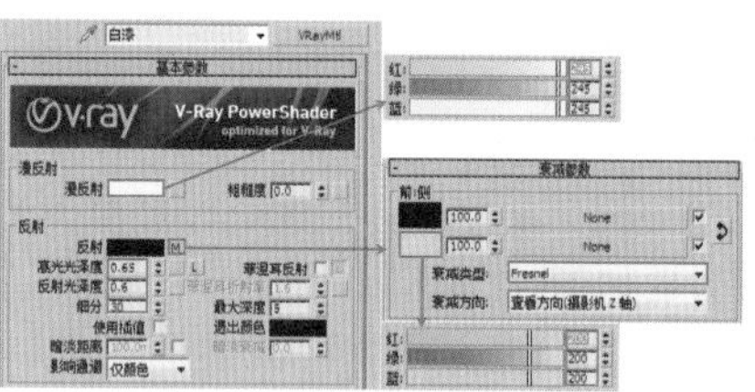

图9-245　图9-246

04 制作乳胶漆材质。选择一个空白材质球，然后将材质类型设置为VRayMtl材质，并将其命名为“乳胶漆”，具体参数设置如图9-247所示，制作好的材质球效果如图9-248所示。

设置步骤：

① 在“漫反射”选项组下设置“漫反射”颜色为深红色（红:51，绿:31，蓝:37）；设置“反射”颜色为深灰色（红:11，绿:11，蓝:11），然后设置“高光光泽度”为0.35、“反射光泽度”为1、“细分”为20。

② 展开“贴图”卷展栏，单击并在“凹凸”贴

图通道中加载一张“凹凸.tif”贴图文件，并设置凹凸的强度为15。

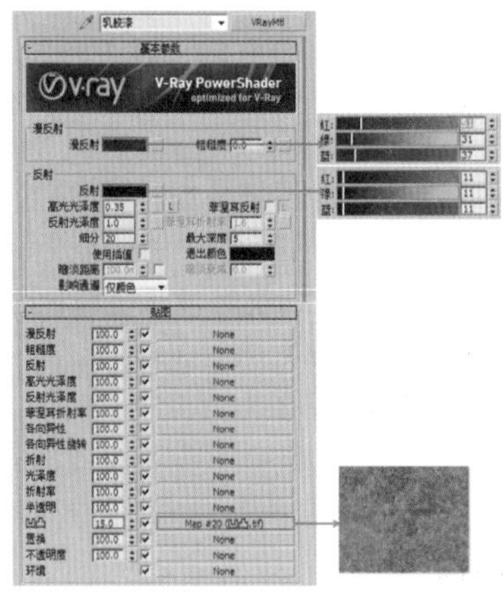

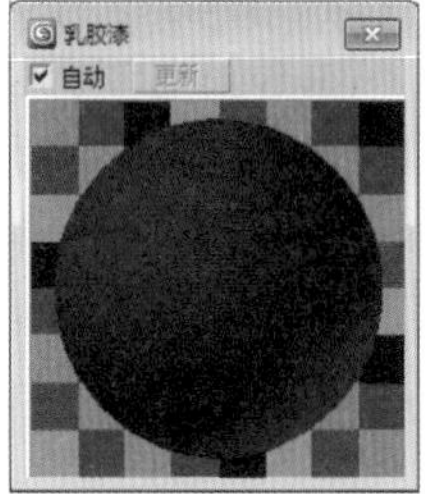

图9-247　　图9-248

05 金属材质的制作。选择一个空白材质球，然后设置材质类型为VRayMtl材质，并将其命名为“金属”，具体参数设置如图9-249所示，制作好的材质球效果如图9-250所示。

设置步骤：

① 在“基本参数”卷展栏下设置“漫反射”颜色为（红:200，绿:200，蓝:200），然后设置“反射”颜色为（红:204，绿:213，蓝:220），最后设置“高光光泽度”为0.9、“反射光泽度”为0.8、“细分”为20、“最大深度”为10。

② 单击展开“贴图”卷展栏，并在“凹凸”贴图通道中加载一张“噪波”程序贴图，接着在“坐标”卷展栏下设置“瓷砖”的*X*和*Y*分别为2和50，“角度”的*Z*为90，然后在“噪波参数”卷展栏下设置“大小”为0.25，最后返回上一级并设置凹凸的强度为30。

③ 展开“双向反射分布函数”卷展栏，接着设置其类型为“多面”，并设置“旋转”为90。

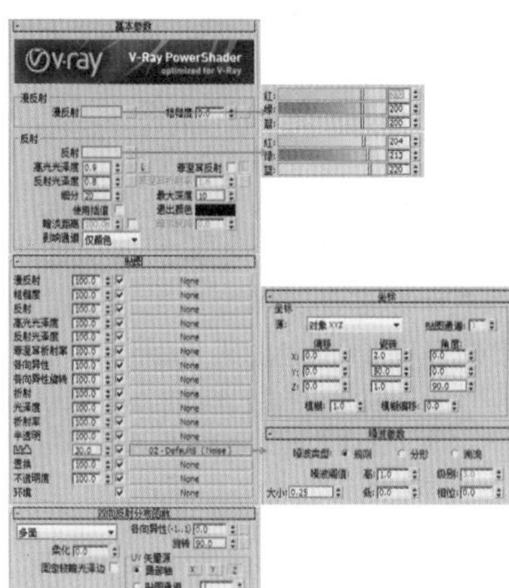

图9-249　　图9-250

06 制作壁画材质。选择一个空白材质球，然后将材质类型设置为VRayMtl材质，并将其命名为“壁画”，具体参数设置如图9-251所示，制作好的材质球效果如图9-252所示。

设置步骤：

在“漫反射”贴图通道中加载一张“壁画.jpg”贴图文件。

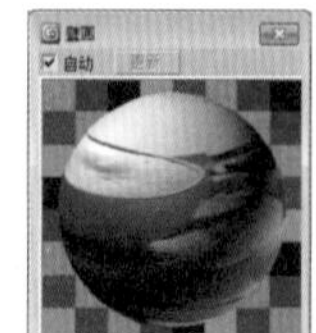

图9-251　　图9-252

07 制作花盆材质。选择一个空白材质球，然后将材质类型设置为VRayMtl材质，并将其命名为“花盆”，具体参数设置如图9-253所示，制作好的材质球效果如图9-254所示。

设置步骤：

① 在“漫反射”贴图通道中加载一张“花盆.jpg”贴图文件。

② 在“反射”贴图通道中加载一张“衰减”程序贴图，接着在“衰减参数”卷展栏下设置“侧”颜色为白色，并设置“衰减类型”为Fresnel，最后返回上一级设置“高光光泽度”为0.8、“反射光泽度”为0.8、“细分”为20。

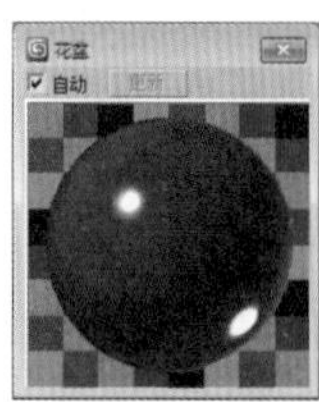

图9-253　　图9-254

08 制作鹅软石材质。选择一个空白材质球，然后将材质类型设置为VRayMtl材质，并将其命名为“鹅软石”，具体参数设置如图9-255所示，制作好的材质球效果如图9-256所示。

设置步骤：

① 在“漫反射”贴图通道中加载一张“鹅软石.jpg”贴图文件；在“反射”贴图通道中加载一张“衰减”程序贴图，接着在“衰减参数”卷展栏下设置“侧”颜色为灰色（红:139，绿:139，蓝:139），并设置“衰减类型”为Fresnel，最后返回上一级并设置“高光光泽度”为0.5、“反射光泽度”为0.5、“细分”为15。

② 展开“贴图”卷展栏，并拖曳“漫反射”贴图通道中的贴图文件到“凹凸”贴图通道中，最后设置凹凸的强度为5。

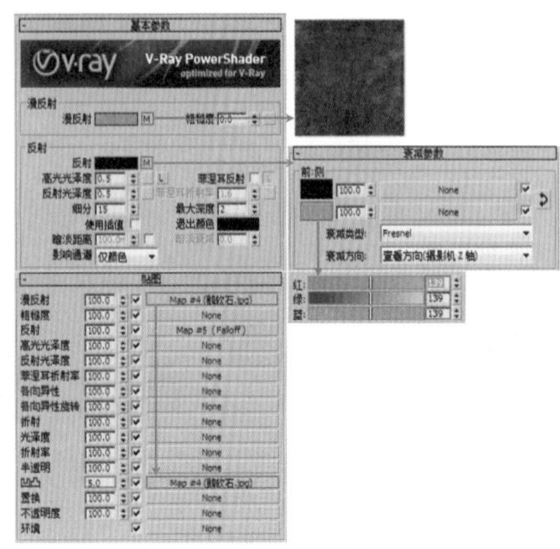

图9-255

图9-256

2.设置测试渲染参数

01 按F10键打开“渲染设置”对话框，然后设置渲染器为VRay渲染器，接着在“公用参数”卷展栏下设置“宽度”为500、“高度”为243，最后单击“图像纵横比”选项后面的“锁定”，锁定渲染图像的纵横比，具体参数设置如图9-257所示。

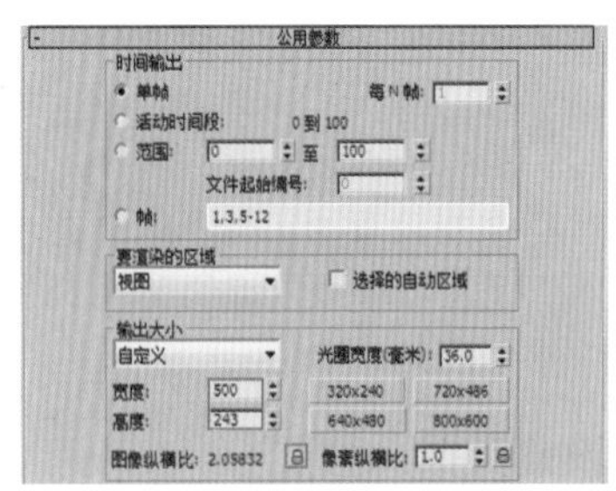

图9-257

02 展开V-Ray选项卡下的“图形采样器（反锯齿）”卷展栏，然后设置“图像采样器”的“类型”为“固定”，接着勾选“抗锯齿过滤器”下的“开”选项，并设置其类型为“区域”，具体参数设置如图9-258所示。

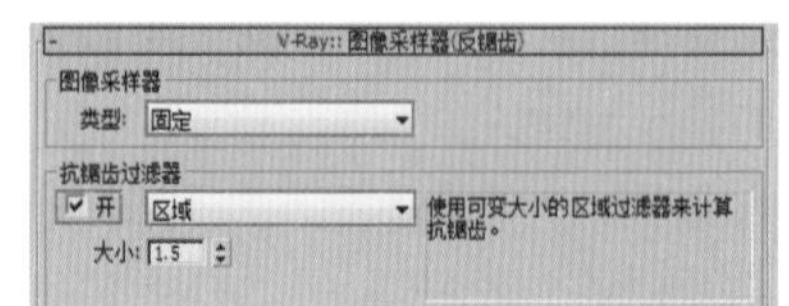

图9-258

03 展开“环境”卷展栏，然后在“反射/折射环境覆盖”下勾选“开”选项，并在其贴图通道中加载一张“VRay天空”程序贴图，接着在“折射环境覆盖”下勾选“开”选项，并在其贴图通道中加载一张“VRay天空”程序贴图，具体参数设置如图9-259所示。

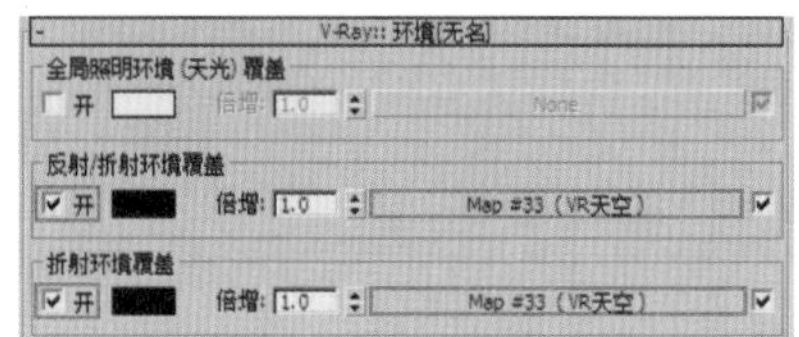

图9-259

04 展开“颜色贴图”卷展栏，然后设置“类型”为“莱因哈德”，接着设置“加深值”为0.35，最后开启“子像素映射”和“钳制输出”功能，具体参数设置如图9-260所示。

图9-260

05 单击“间接照明”选项卡，然后在“间接照明（GI）”卷展栏下勾选“开”选项，设置“首次反弹”的“全局光引擎”为“发光图”、“二次反弹”的“全局光引擎”为“灯光缓存”，具体参数设置如图9-261所示。

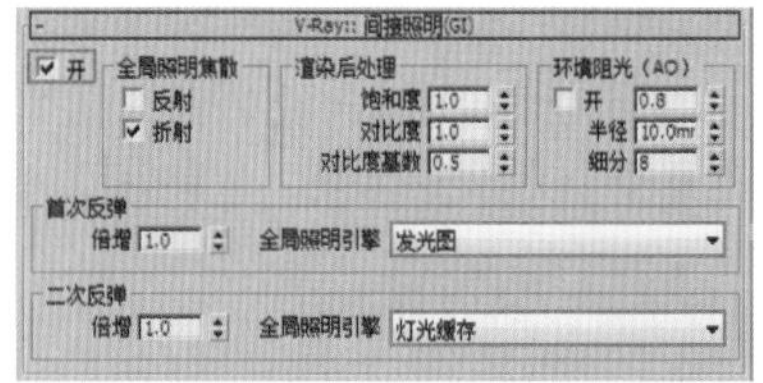

图9-261

06 展开“发光图”卷展栏，然后设置“当前预置”为“非常低”，接着设置“半球细分”为20、“插值采样”为20，最后勾选“显示计算相位”和“显示直接光”选项，具体参数设置如图9-262所示。

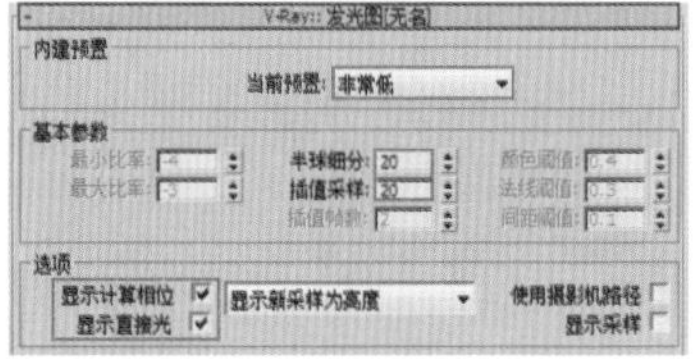

图9-262

07 展开“灯光缓存”卷展栏，然后设置“细分”为100，接着勾选“显示计算相位”选项，具体参数设置如图9-263所示。

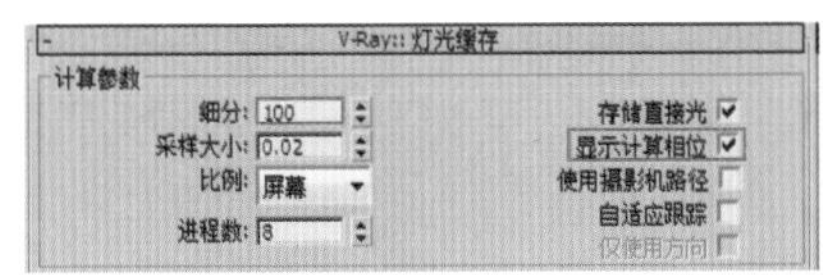

图9-263

08 单击“设置”选项卡，然后在“系统”卷展栏下设置“最大树形深度”为100、“面/级别系数”为0.5、“动态内存限制”为600，接着“渲染区域分割”下的*X*为32，并设置“区域排序”为“Top→Bottom（从上到下）”，最后取消勾选“显示窗口”，具体参数设置如图9-264所示。

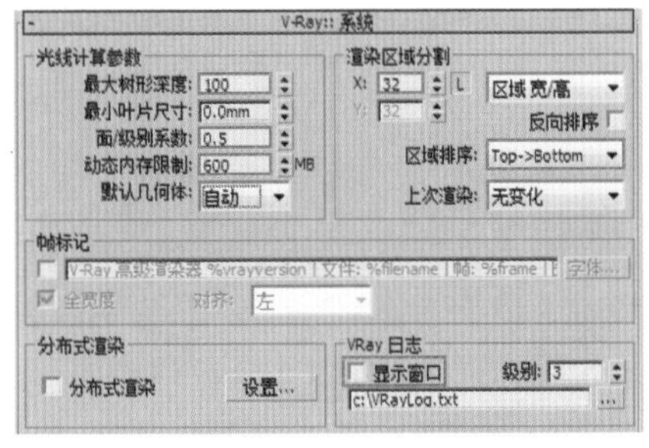

图9-264

09 按键盘上的8键，打开“环境和效果”窗口，然后在“环境贴图”通道中加载一张“VR天空”程序贴图，接着按下键盘上的M键打开“材质编辑器”，并将“VR天空”拖曳到一个空白材质球上，如图9-265所示。

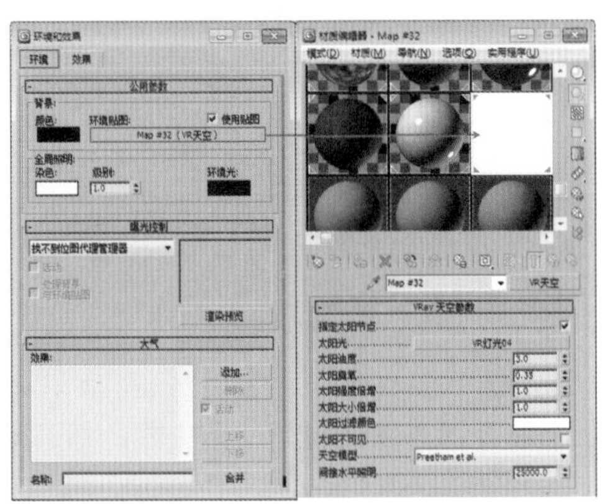

图9-265

3.灯光设置

本例共需要布置两处灯光，分别是主光源和辅助光源。

01 创建主光源。在顶视图中创建1盏VR灯光，并将其拖曳到合适的位置，如图9-266所示。

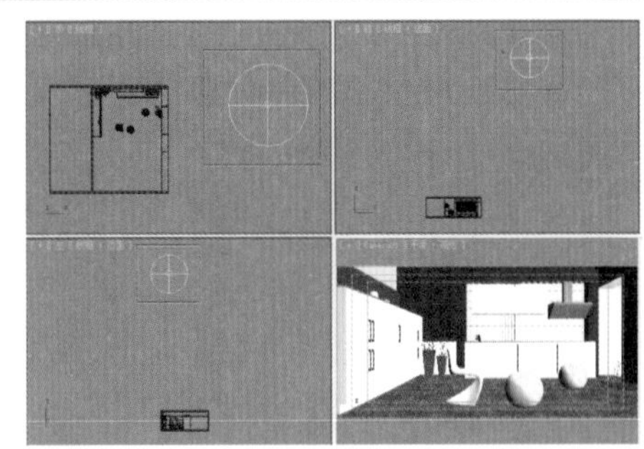

图9-266

02 选择上一步创建的VR灯光，然后展开“参数”卷展栏，具体参数设置如图9-267所示。

设置步骤：

① 在“常规”选项组下设置“类型”为“球体”。

② 在“强度”选项组下设置“单位”为“辐射”，并设置“倍增”为80，然后设置“颜色”为淡蓝色（红:246，绿:250，蓝:255）。

③ 在“大小”选项组下设置“半径”为3000mm。

④ 在“选项”组下勾选“不可见”选项。

⑤ 在“采样”选项组下设置“细分”为30。

图9-267

03 创建辅助光源。在左视图中创建3盏VR灯光，并将其拖曳到合适的位置，如图9-268所示。

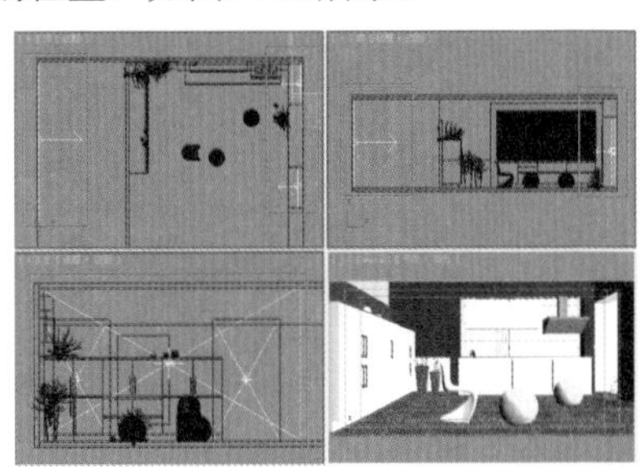

图9-268

04 选择上一步创建的VR灯光，然后展开“参数”卷展栏，具体参数设置如图9-269所示。

设置步骤：

① 在“常规”选项组下设置“类型”为“平面”。

② 在“强度”选项组下设置“单位”为“辐射”，并设置“倍增”为4.2，然后设置“颜色”为淡蓝色（红:246，绿:250，蓝:255）。

③ 在“大小”选项组下设置“1/2长”为650mm，“1/2宽”为1130mm。

④ 在“采样”选项组下设置“细分”30。

图9-269

05 按F9键测试渲染当前场景，效果如图9-270所示。

图9-270

4.设置最终渲染参数

01 按F10键打开“渲染设置”对话框，然后在“公用参数”卷展栏下设置“宽度”为2400，“高度”为1166，具体参数设置如图9-271所示。

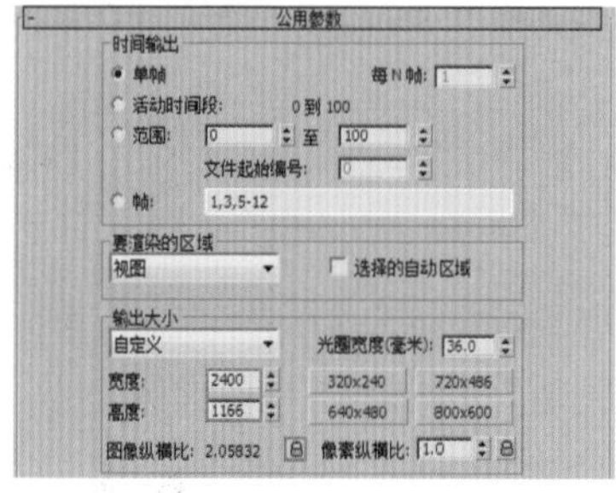

图9-271

02 单击V-Ray选项卡，然后在“图像采样器（反锯齿）”卷展栏下设置“图像采样器”的“类型”为“自适应确定性蒙特卡洛”，接着设置“抗锯齿过滤器”类型为Mitchell-Netravali，具体参数设置如图9-272所示。

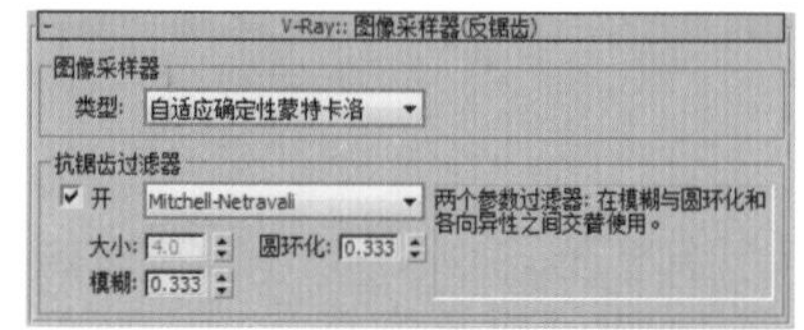

图9-272

03 展开“颜色贴图”卷展栏，然后设置“类型”为“指数”，并勾选“子像素映射”和“钳制输出”，具体参数设置如图9-273所示。

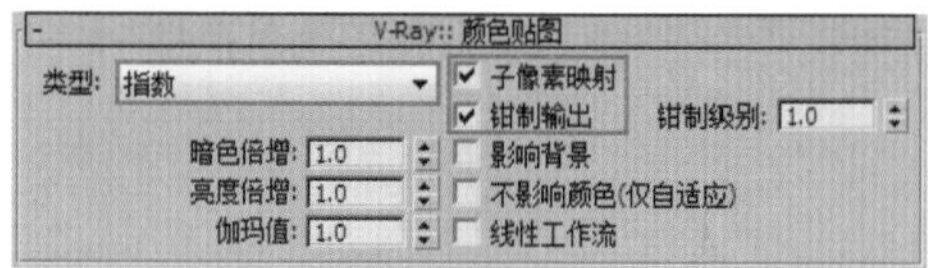

图9-273

04 展开“自适应DMC图像采样器”卷展栏，然后设置“最小细分”为1、“最大细分”为4，最后勾选“使用确定性蒙特卡洛采样器阈值”，具体参数设置如图9-274所示。

图9-274

05 单击“间接照明”选项卡，然后在“发光图”卷展栏下设置“当前预置”为“高”，接着设置“半球细分”为50，“插值采样”为20，具体参数设置如图9-275所示。

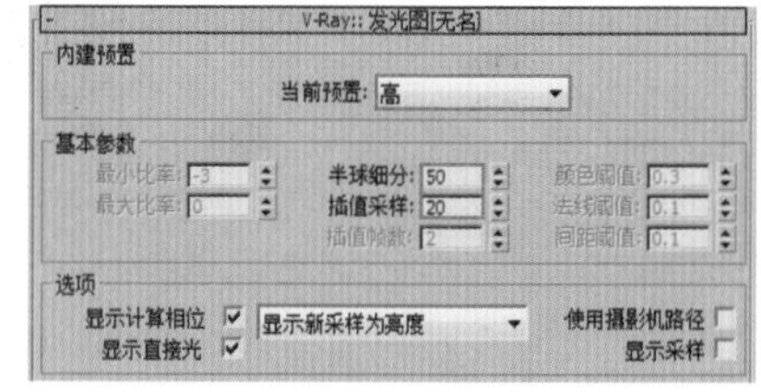

图9-275

06 展开“灯光缓存”卷展栏，然后设置“细分”1200，“采样大小”为0.02，“进程数”为8，勾选“预滤器”并设置为50，具体参数设置如图9-276所示。

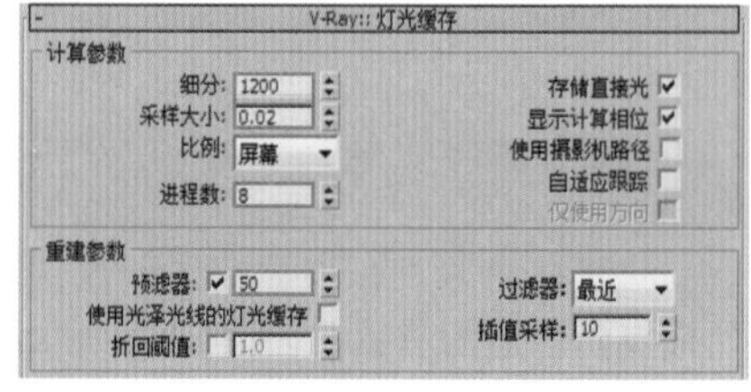

图9-276

07 单击“设置”选项卡，然后展开“DMC采样器”卷展栏接着设置“适应数量”为0.8、“噪波阈值”为0.001，具体参数设置如图9-277所示。

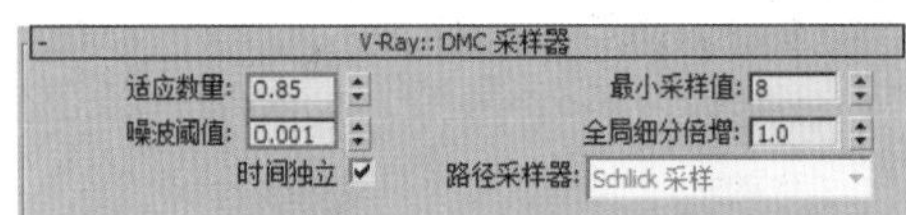

图9-277

08 展开“系统”卷展栏，然后设置“最大别系数树形深度”为90、“面/级别系数”为0.5、“默认几何体”为“静态”，接着设置“区域排序”为“Top→Buttom”，最后取消勾选“显示窗口”，具体参数设置如图9-278所示。

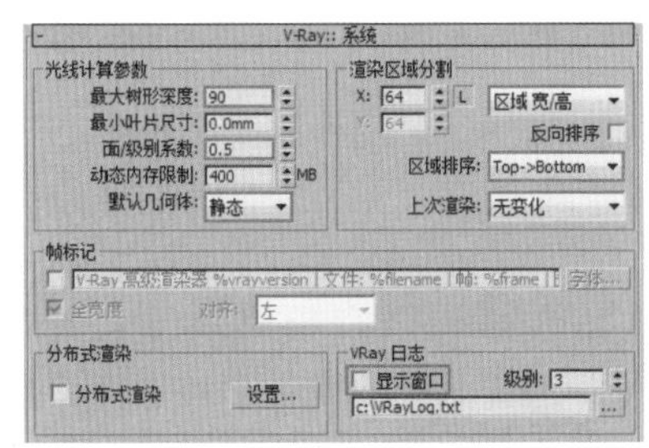

图9-278

09 按F9键渲染当前场景，最终渲染效果如图9-279所示。

图9-279

高手进阶——灯光材质渲染综合运用之现代风格餐厅

素材文件	现代风格餐厅.max
案例文件	高手进阶——灯光材质渲染综合运用之现代风格餐厅.max
视频教学	视频教学/第9章/高手进阶——灯光材质渲染综合运用之现代风格餐厅.flv
技术掌握	VRay渲染器综合应用

本例是一个餐厅场景，效果如图9-280所示。

图9-280

【操作步骤】

1.材质制作

本场景中的物体材质主要有金属，椅子靠背，仿古砖，理石台面，镜子如图9-281所示。

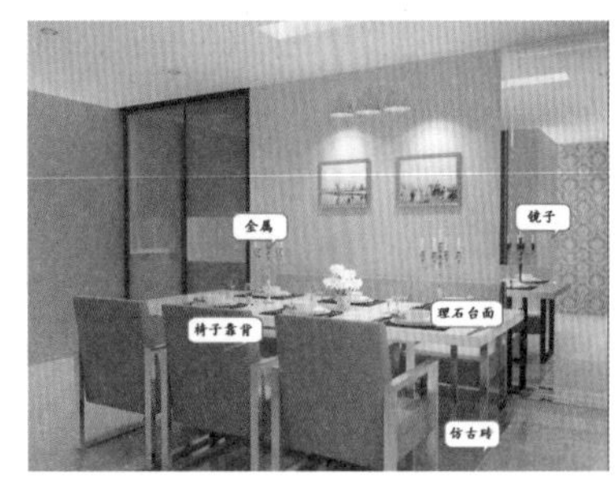

图9-281

01 打开本书配套光盘中的“现代风格餐厅.max”文件，如图9-282所示。

图9-282

02 首先制作金属材质。选择一个空白材质球，将材质类型设置为VRayMtl材质，并将其命名为“金属”，具体参数设置如图9-283所示，制作好的材质球效果如图9-284所示。

设置步骤：

① 设置“漫反射”颜色为灰绿色（红:159，绿:167，蓝:171）。

② 设置“反射”颜色为灰色（红:210，绿:210，蓝:210），并设置“高光光泽度”为0.55、“反射光泽度”为0.85、“细分”为6。

图9-283 图9-284

03 选择一个空白材质球，然后将材质类型设置为“标准”材质，并将其命名为“椅子靠背”，具体参数设置如图9-285所示。

设置步骤：

① 展开“明暗器基本参数”卷展栏，并设置明暗器类型为(O)Oren-Nayar-Blinn。

② 展开“Oren-Nayar-Blinn基本参数”卷展栏，并设置“漫反射”颜色为棕色（红:163，绿:130，蓝:94）；在“自发光”选项组下勾选“颜色”，并在其贴图通道中加载一张“遮罩”程序贴图，接着展开“遮罩参数”卷展栏，并在“贴图”后的贴图通道中加载一张“衰减”程序贴图。接着展开“衰减参数”卷展栏，然后设置“侧”的颜色为灰色（红:173，绿:173，蓝:173），并设置“衰减类型”为Fresnel；单击“转到父对象”按钮，在“遮罩”的贴图通道中加载一张“衰减”程序贴图。接着展开“衰减参数”卷展栏，然后设置“侧”的颜色为灰色（红:173，绿:173，蓝:173），最后设置“衰减类型”为“阴影/灯光”。

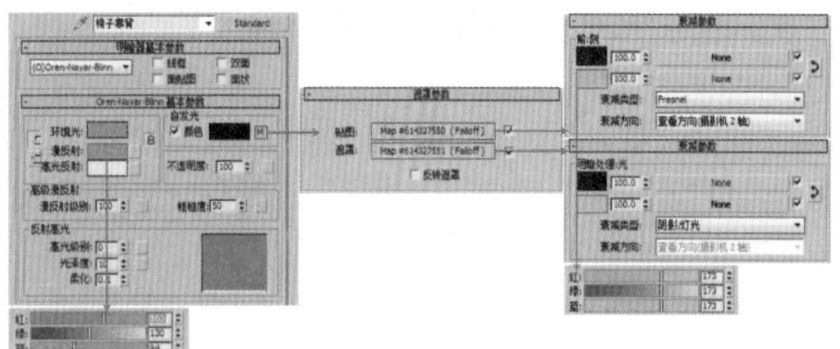

图9-285

04 展开“贴图”卷展栏，并在“凹凸”贴图通道中加载一张“椅子靠背置换.jpg”贴图文件，接着展开“坐标”卷展栏，并设置“瓷砖”的U和V为2，最后设置凹凸的强度为20，具体参数设置如图9-286所示，制作好的材质球效果如图9-287所示。

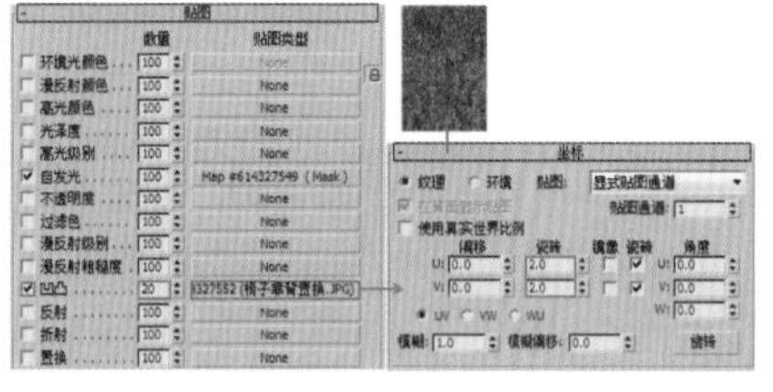

图9-286 图9-287

05 选择一个空白材质球，然后将材质类型设置为VRayMtl材质，并将其命名为“仿古砖”，具体参数设置如图9-288所示，制作好的材质球效果如图9-289所示。

设置步骤：

① 在“漫反射”贴图通道中加载一张“仿古砖.jpg”贴图文件，接着展开“坐标”卷展栏，然后设置“瓷砖”的U和V分别为12。

② 单击“转到父对象”按钮，接着设置“反射”颜色为深灰色（红:45，绿:45，蓝:45），最后设置“细分”为15。

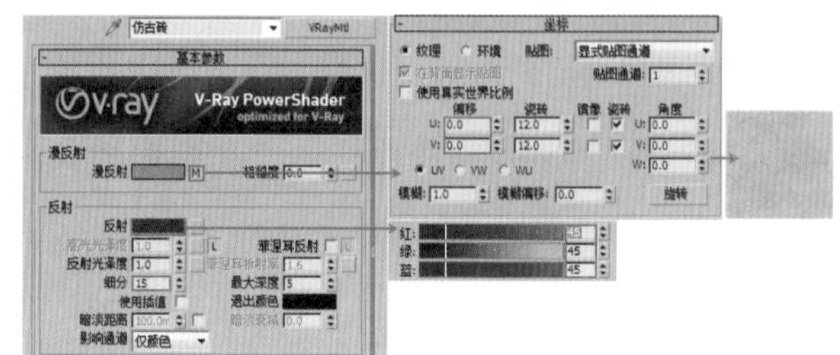

图9-288

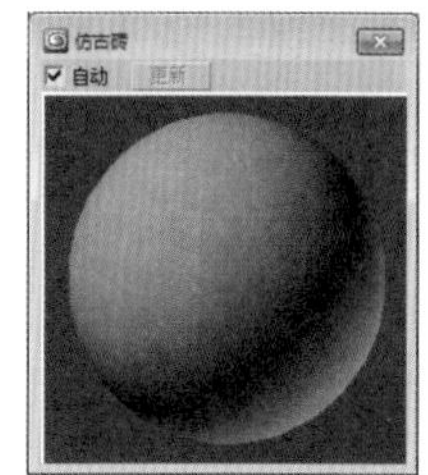

图9-289

06 选择一个空白材质球，将材质类型设置为VRayMtl材质，并将其命名为“理石台面”，具体参数设置如图9-290所示，制作好的材质球效果如图9-291所示。

设置步骤：

① 展开“基本参数”卷展栏，在“漫反射”贴图通道中加载一张“大理石.jpg”贴图文件，然后在“反射”贴图通道中加载一张“衰减”程序贴图，接着展开“衰减参数”卷展栏，设置“衰减类型”为Fresnel，单击“转到父对象”按钮，最后设置“高光光泽度”为0.77。

② 展开“贴图”卷展栏，在“环境”贴图通道中加载一张“输出”程序贴图。

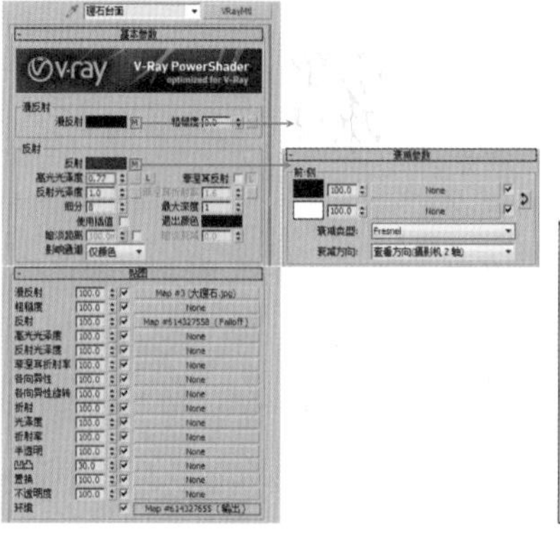

图9-290 图9-291

07 选择一个空白材质球，将材质类型设置为VRayMtl材质，并将其命名为“灰镜”，具体参数设置如图9-292所示，制作好的材质球效果如图9-293所示。

设置步骤：

① 设置“漫反射”颜色为灰色（红:128，绿:128，蓝:128）。

② 设置“反射”颜色为白色（红:255，绿:255，蓝:255），并设置“细分”为15。

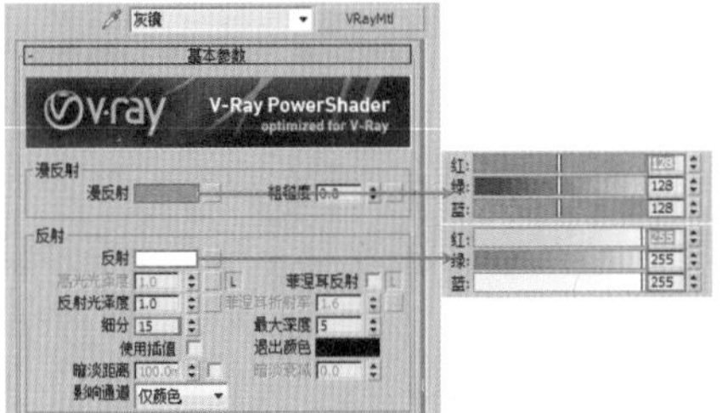

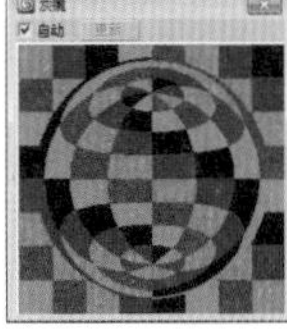

图9-292　　图9-293

2.设置测试渲染参数

01 按F10键打开“渲染设置”对话框，然后在“公用参数”卷展栏下设置“宽度”为500、“高度”为375，接着单击“锁定”按钮，锁定渲染图形的纵横比，具体参数设置如图9-294所示。

图9-294

02 展开V-Ray选项卡下的“图形采样器（反锯齿）”卷展栏，然后设置“图像采样器”的“类型”为“固定”，最后在“抗锯齿过滤器”下取消勾选“开”选项，具体参数设置如图9-295所示。

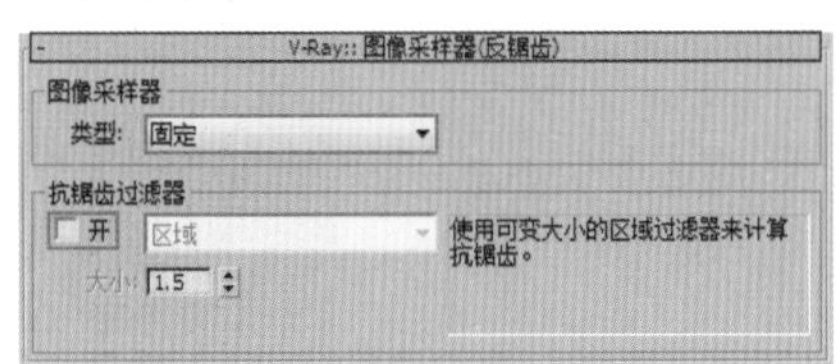

图9-295

03 展开“间接照明”选项卡下的“间接照明（GI）”卷展栏，然后勾选“开”选项，接着设置“首次反弹”的“全局照明引擎”为“发光图”、“二次反弹”的“全局照明引擎”为“灯光缓存”，具体参数设置如图9-296所示。

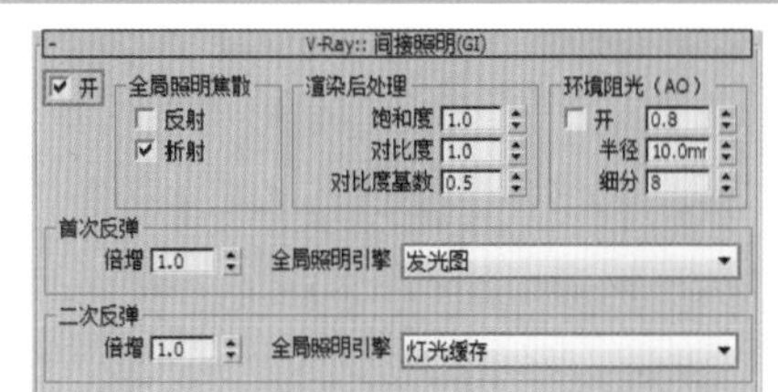

图9-296

04 展开“间接照明”选项卡下的“发光图”卷展栏，然后设置“当前预置”为自定义，设置“最小比率”为−5，“最大比率”为−4，“半球细分”为50，“插值采样”为20，接着勾选“显示计算相位”，具体参数设置如图9-297所示。

图9-297

05 展开“灯光缓存”卷展栏，并设置“细分”为400，最后勾选“显示计算相位”，具体参数设置如图9-298所示。

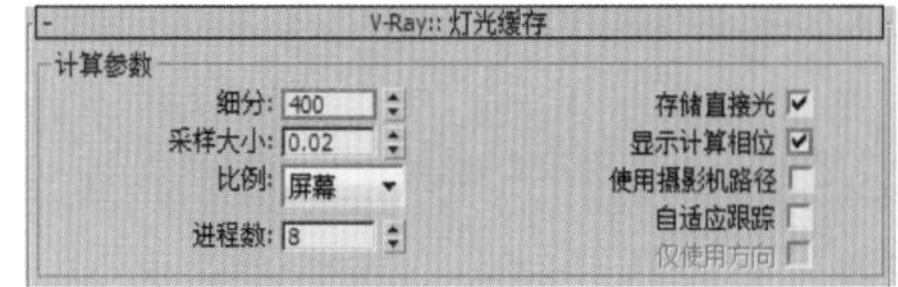

图9-298

06 展开“设置”选项卡下的“系统”卷展栏，然后设置“区域排序”为Top→Buttom（从上到下），并取消勾选“显示窗口”功能，具体参数设置如图9-299所示。

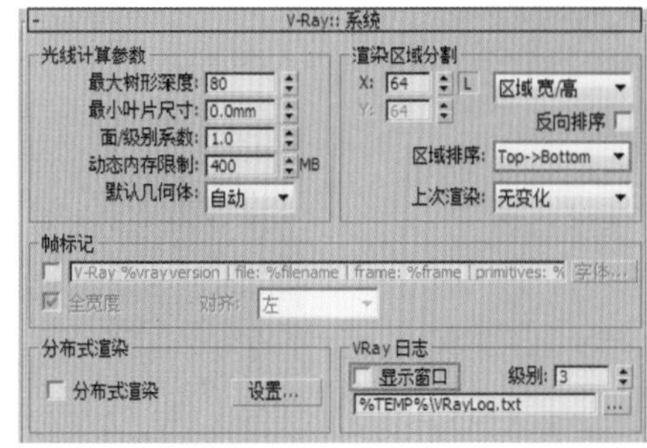

图9-299

3.灯光设置

本例共需要布置5处灯光，分别是筒灯、射灯、吊灯、顶棚光源和辅助光源。

01 使用自由灯光制作餐厅筒灯。在顶视图中创建9盏自由灯光，并将其拖曳到合适的位置，如图9-300所示。

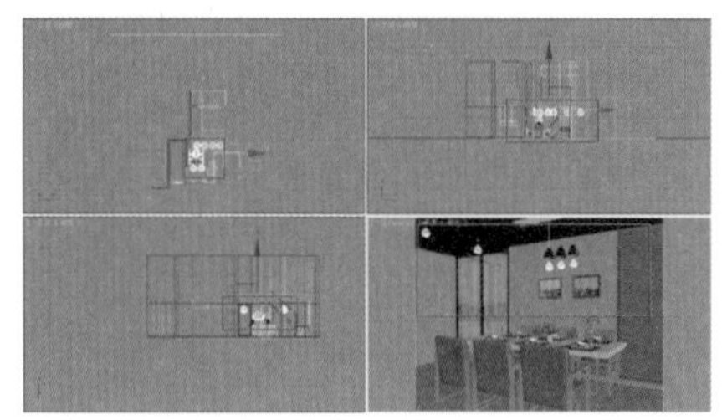

图9-300

02 选择上一步创建的自由灯光，然后进入“修改”面板，具体参数设置如图9-301所示。

设置步骤：

① 展开“常规参数”卷展栏，接着勾选“阴影”选项组下的“启用”，并设置阴影类型为“VRay阴影”，然后设置“灯光分布（类型）”为“光学度Web”。

② 展开“分布（光学度Web）”卷展栏，并在其贴图通道中加载一张“1.ies”光域网文件。

③ 展开“强度/颜色/衰减”卷展栏，然后设置“过滤颜色”为黄色（红:255，绿:220，蓝:165），并设置“强度”为2000。

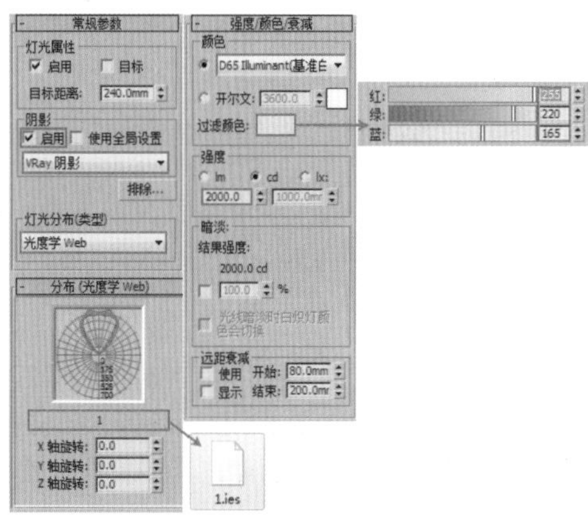

图9-301

03 按F9键测试渲染下当前场景，效果如图9-302所示。

图9-302

04 使用自由灯光制作场景中的射灯。在顶视图中创建2盏自由灯光，并将其拖曳到合适的位置，如图9-303所示。

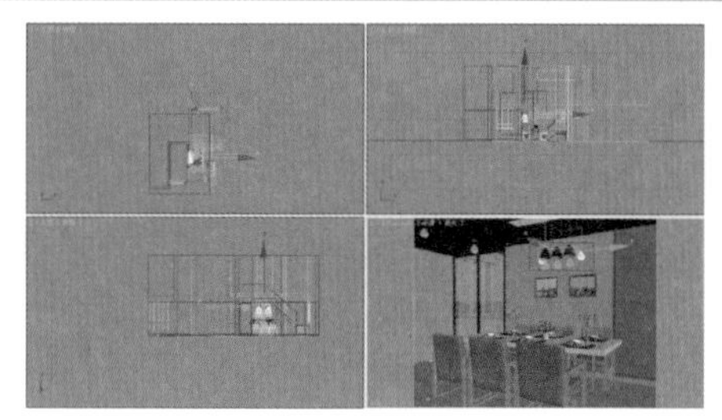

图9-303

05 选择上一步创建的自由灯光，然后进入“修改”面板，具体参数设置如图9-304所示。

设置步骤：

① 展开“常规参数”卷展栏，勾选“阴影”选项组下的“启用”，并设置阴影类型为“VRay阴影”，然后设置“灯光分布（类型）”为“光学度Web”。

② 展开“分布（光学度Web）”卷展栏，并在其贴图通道中加载一张“1.ies”光域网文件。

③ 展开“强度/颜色/衰减”卷展栏，然后设置“过滤颜色”为黄色（红:255，绿:220，蓝:165），并设置“强度”为1654。

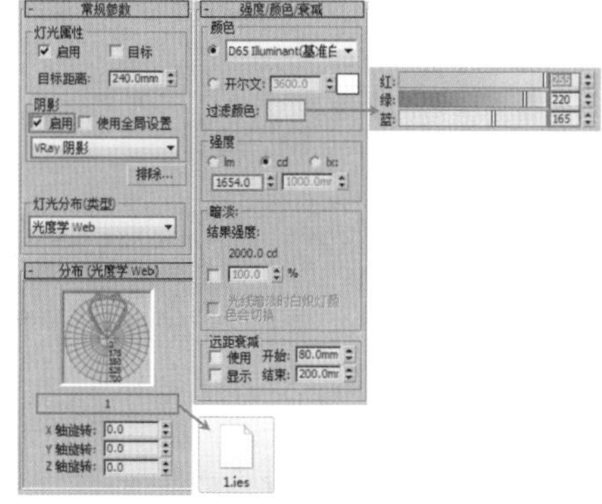

图9-304

06 按F9键测试渲染下当前场景，效果如图9-305所示。

图9-305

07 使用VR灯光制作卫生间理石台面下方灯带。将灯光类型为设置VRay，接着在顶视图中创建3盏VR灯光，并将其拖曳到合适的地方，如图9-306所示。

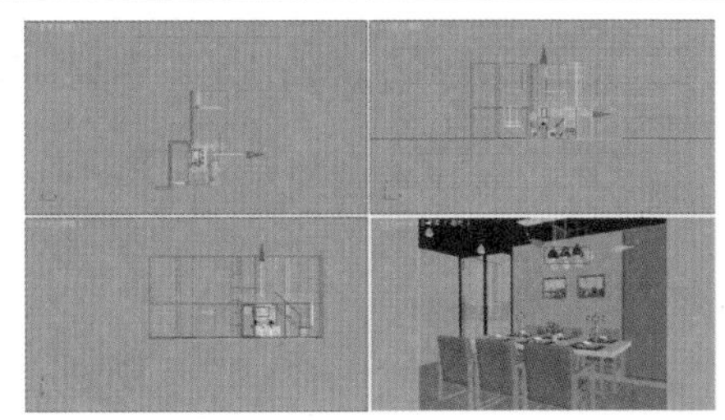

图9-306

08 选择上一步创建的VR灯光，然后展开“参数”卷展栏，具体参数设置如图9-307所示。

设置步骤：

① 在“常规”选项组下设置“类型”为“球体”。

② 在“强度”选项组下设置“倍增”为10，并设置“颜色”为黄色（红:248，绿:234，蓝:195）。

③ 在“选项”选项组下勾选“不可见”选项，并取消勾选“影响高光”和“影响反射”选项。

④ 在“采样”选项组下设置“细分”为15。

09 按F9键测试渲染下当前场景，效果如图9-308所示。

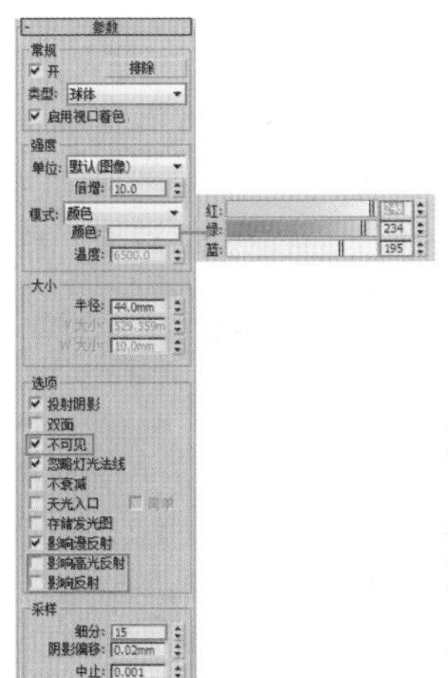

图9-307 图9-308

10 使用VR灯光制作顶棚光源。在顶视图中创建1盏VR灯光，并将其拖曳到合适的地方，如图9-309所示。

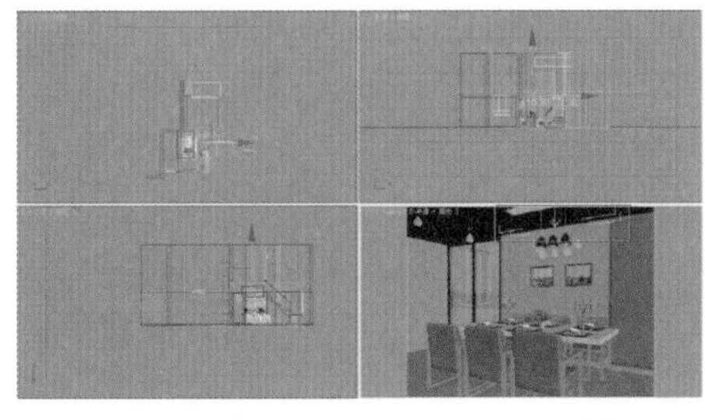

图9-309

11 选择上一步创建的VR灯光，然后展开“参数”卷展栏，具体参数设置如图9-310所示。

设置步骤：

① 在“常规”选项组下设置“类型”为“平面”。

② 在“强度”选项组下设置“倍增”为2.5，并设置“颜色”为黄色（红:242，绿:213，蓝:161）。

③ 在“选项”选项组下勾选“不可见”选项，并取消勾选“影响高光”和“影响反射”选项。

④ 在“采样”选项组下设置“细分”为15。

12 按F9键测试渲染下当前场景，效果如图9-311所示。

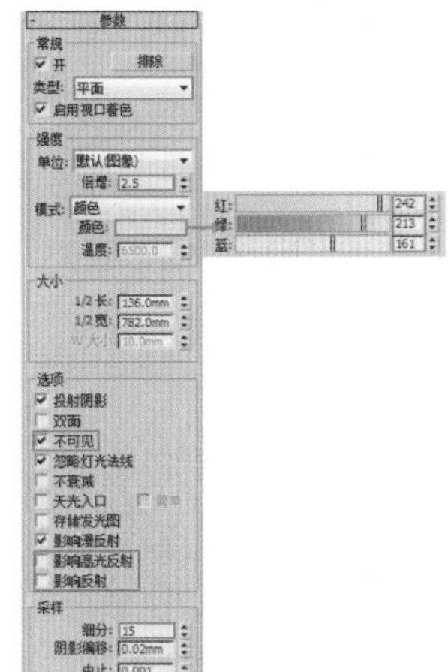

图9-310 图9-311

13 使用VR灯光制作辅助光源。在顶视图中创建2盏VR灯光，并将其拖曳到合适的位置，如图9-312所示。

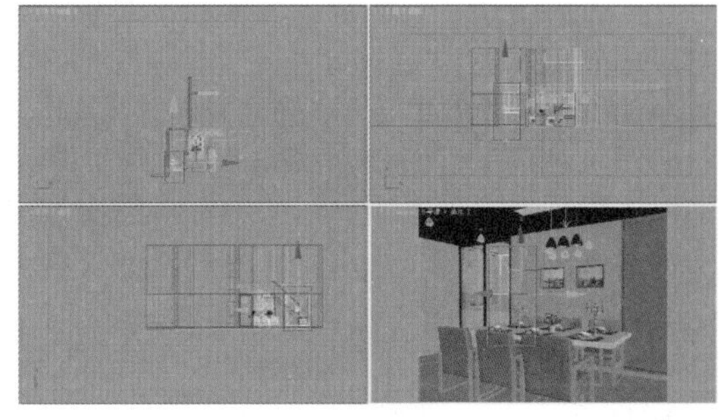

图9-312

14 选择上一步创建的VR灯光，然后展开“参数”卷展栏，具体参数设置如图9-313所示。

设置步骤：

① 在“基本”选项组下设置“类型”为“平面”。

② 在“强度”选项组下设置“倍增”为1.5，并设置“颜色”为（红:242，绿:213，蓝:161）。

③ 在“大小”选项组下设置“1/2长”为790mm、“1/2宽”为1100mm。

④ 在“选项”选项组下勾选“不可见”选项，并取消勾选“影响高光反射”和“影响反射”选项。

⑤ 在“采样”选项组下设置“细分”为15。

15 按F9键测试渲染下当前场景，效果如图9-314所示。

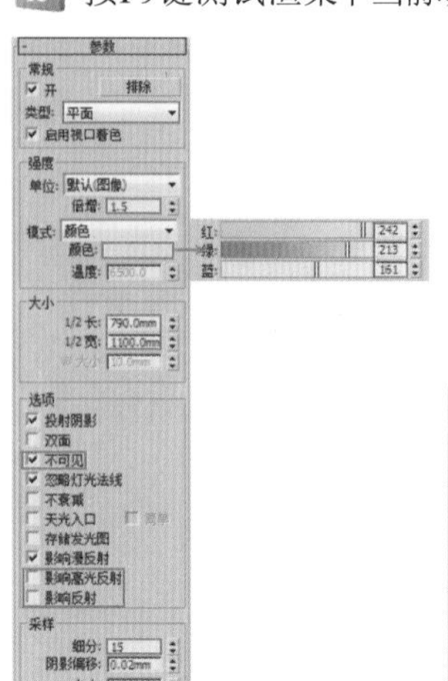

图9-313

图9-314

4.设置最终渲染参数

01 按F10键打开“渲染设置”对话框，然后在“公用参数”卷展栏下设置“宽度”为2000、“高度”为1500，具体参数设置如图9-315所示。

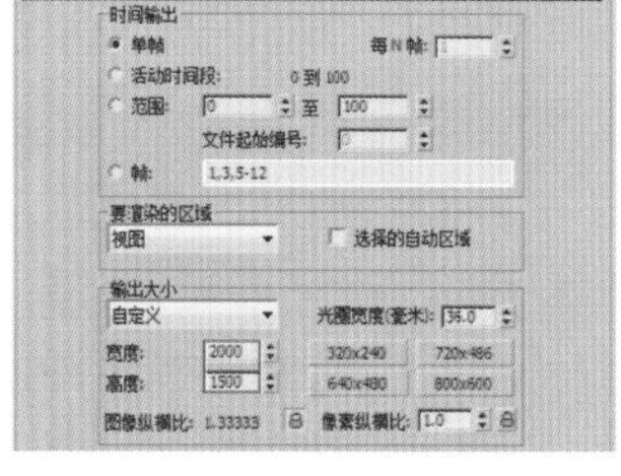

图9-315

02 在VRay选项卡下展开“图像采样器（反锯齿）”卷展栏，然后设置“图像采样器”的“类型”为“自适应确定性蒙特卡洛”，接着在“抗锯齿过滤器”选项组下勾选“开”选项，并设置过滤器的类型为Catmull-Rom，具体参数设置如图9-316所示。

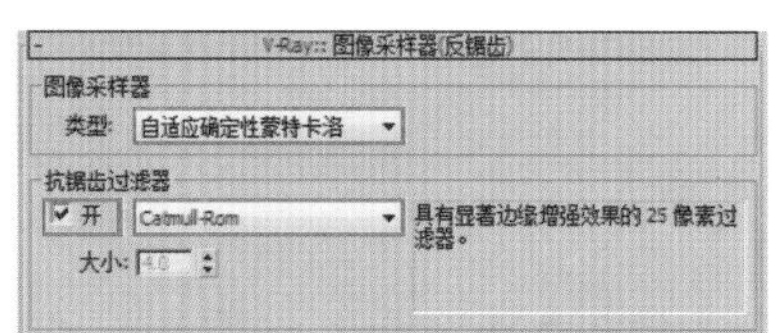

图9-316

03 展开“自适应DMC图像采样器”卷展栏，然后设置“最小细分”为1、“最大细分”为4，最后勾选“使用确定性蒙特卡洛采样器阈值”，具体参数设置如图9-317所示。

图9-317

04 在“间接照明”选项卡下展开“间接照明”卷展栏，接着勾选“开”选项，然后设置“首次反弹”的“全局光引擎”为“发光图”、“二次反弹”的“全局光引擎”为“灯光缓存”，具体参数设置如图9-318所示。

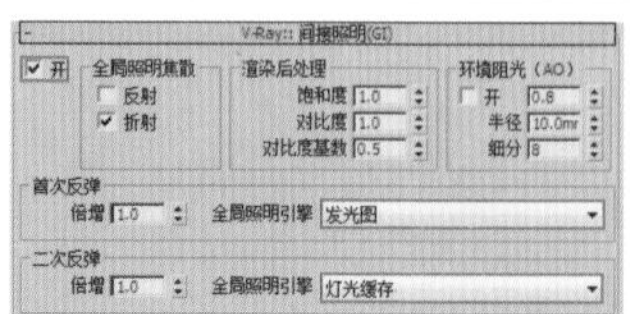

图9-318

05 展开“发光图”卷展栏，并设置“当前预置”为“中”，接着设置“半球细分”为50、“插值采样”为20，然后开启“显示计算相位”和“显示直接光”选项，具体参数设置如图9-319所示。

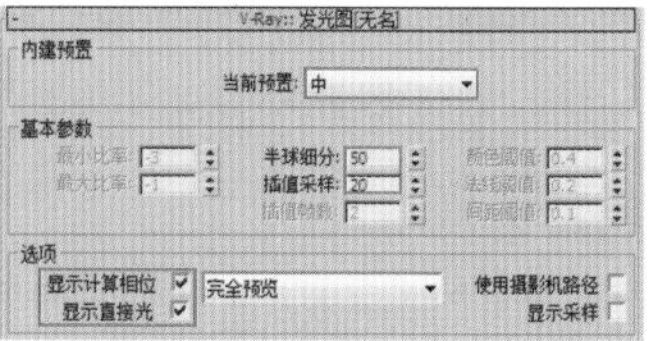

图9-319

06 展开“灯光缓存”卷展栏，然后设置“细分”为1200、“采样大小”为0.02，最后开启“显示计算相位”选项，具体参数设置如图9-320所示。

图9-320

07 在“设置”选项卡下展开“DMC采样器”卷展栏，然后设置“适应数量”为0.75、“噪波阈值”为0.005、“最小采样值”为20、“全局细分倍增”为1.2，具体参数设置如图9-321所示。

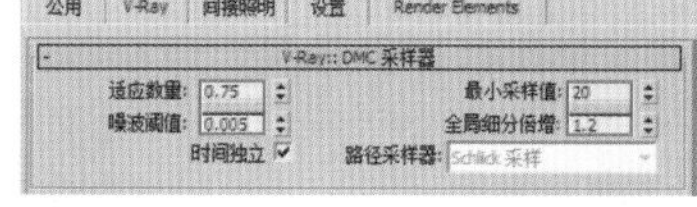

图9-321

08 展开“系统”卷展栏，然后勾选“反向排序”，并设置“区域排序”为“Top→Buttom（从上到下）”，最后取消勾选“显示窗口”，具体参数设置如图9-322所示。

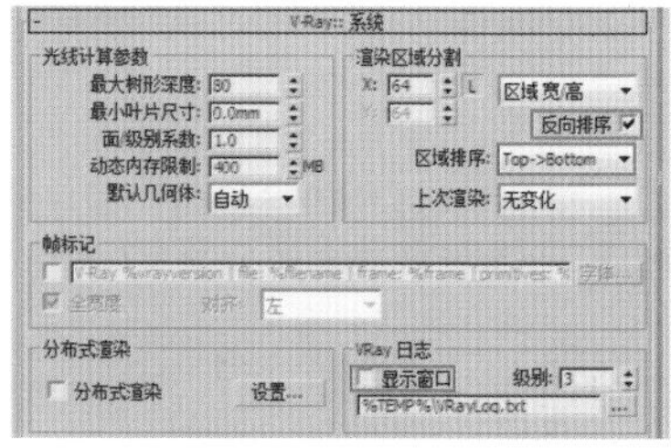

图9-322

09 按F9键渲染当前场景，最终渲染效果如图9-323所示。

图9-323

第10章
家装篇

10.1 综合实例——豪华欧式卧室夜晚效果

素材文件	01.max
案例文件	综合实例——豪华欧式卧室夜晚效果.max
视频教学	视频教学/第10章/综合实例——豪华欧式卧室夜晚效果.flv
技术掌握	软包和地毯材质的制作方法以及卧室夜景的表现方法

本场景是一个小型的欧式卧室空间，夜景的表现是本例的学习难点，软包材质和地毯材质是本例的学习难点，效果如图10-1所示。

图10-1

10.1.1 材质制作

本例的场景对象材质主要包括地板材质、软包材质、木纹材质、壁纸材质、床盖材质、地毯材质，如图10-2所示。

图10-2

1.制作地板材质

（1）打开本书配套光盘中的“01.max”文件，如图10-3所示。

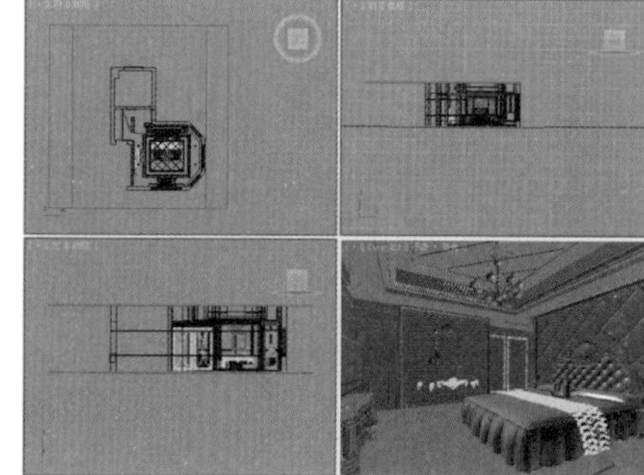

图10-3

（2）选择一个空白材质球，然后设置材质类型为VRayMtl材质，并将其命名为“地板”，具体参数设置如图10-4所示，制作好的材质球效果如图10-5所示。

设置步骤：

① 在“漫反射”贴图通道中加载一张“地板.jpg”贴图文件。

② 在“反射”贴图通道中加载一张“衰减”程序贴图，然后展开“衰减参数”卷展栏，并设置“侧”颜色为（红:218，绿:239，蓝:254），接着设置“衰减类型”为Fresnel，最后设置“高光光泽度”为0.7、“反射光泽度”为0.85。

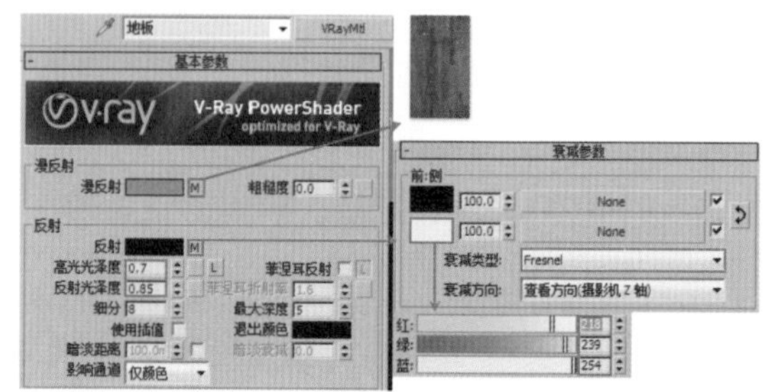

图10-4

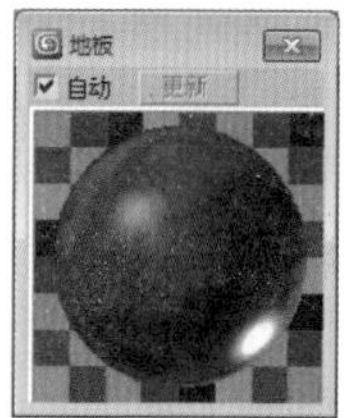

图10-5

小技巧

将反射光泽度设置为0.85以后材质表面反射就会有模糊反射效果。

2.制作软包材质

选择一个空白材质球，然后设置材质类型为VRayMtl材质，并将其命名为“软包”，具体参数设置如图10-6所示，制作好的材质球效果如图10-7所示。

设置步骤：

① 设置“漫反射”颜色为（红:102，绿:83，蓝:67）。

② 设置“反射”颜色为（红:45，绿:45，蓝:45），然后设置“高光光泽度”为0.56、“反射光泽度”为0.65、“细分”为20。

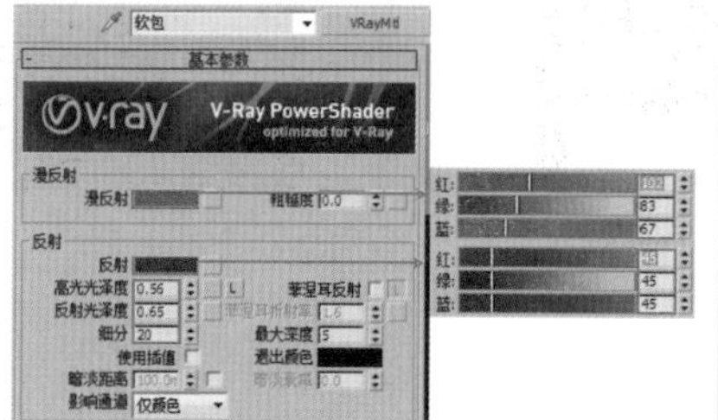

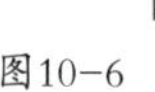

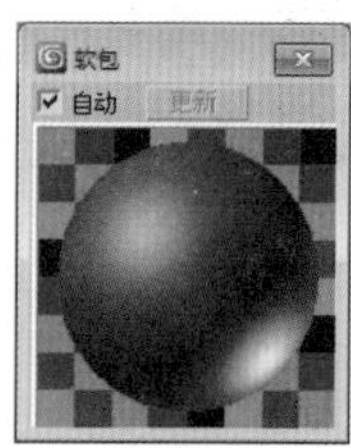

图10-6　图10-7

3.制作木纹材质

选择一个空白材质球，然后设置材质类型为VRayMtl材质，并将其命名为“木纹”，具体参数设置如图10-8所示，制作好的材质球效果如图10-9所示。

设置步骤：

① 在“漫反射”贴图通道中加载一张“木纹.jpg”贴图文件。

② 在“反射”贴图通道中加载一张“衰减”程序贴图，然后展开“衰减参数”卷展栏，并设置“侧”颜色为（红:218，绿:239，蓝:254），接着设置“衰减类型”为Fresnel，最后设置“高光光泽度”为0.7、“反射光泽度”为0.88、“细分”为20。

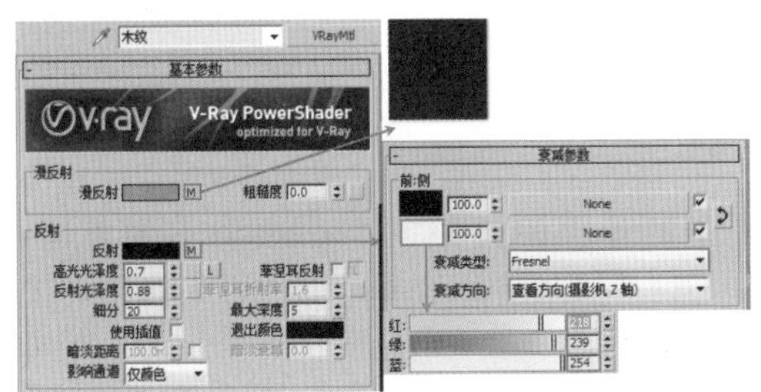

图10-8

图10-9

4.制作壁纸材质

选择一个空白材质球，然后设置材质类型为VRayMtl材质，并将其命名为“壁纸”，接着在“漫反射”贴图通道中加载一张“壁纸.jpg”贴图文件，如图10-10所示，制作好的材质球效果如图10-11所示。

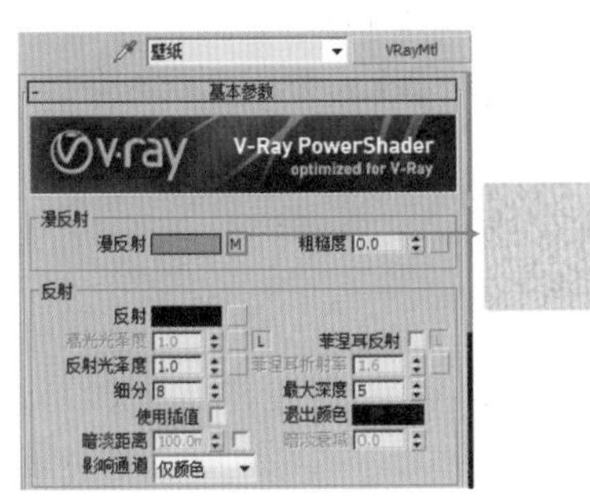

图10-10

图10-11

5.制作床罩材质

选择一个空白材质球，然后设置材质类型为VRayMtl材质，并将其命名为“床罩”，具体参数设置如图10-12所示，制作好的材质球效果如图10-13所示。

设置步骤：

① 在“漫反射”贴图通道中加载一张“衰减”程序贴图，然后展开“衰减参数”卷展栏，并在“前”贴图通道中加载一张“床罩.jpg”贴图文件，接着在“坐标”卷展栏下设置“模糊”为0.01，最后在“衰减参数”卷展栏下设置“衰减类型”为Fresnel。

② 展开“贴图”卷展栏，然后在“凹凸”贴图通道中加载一张“床罩.jpg”贴图文件，接着在“坐标”卷展栏下设置“模糊”为0.01。

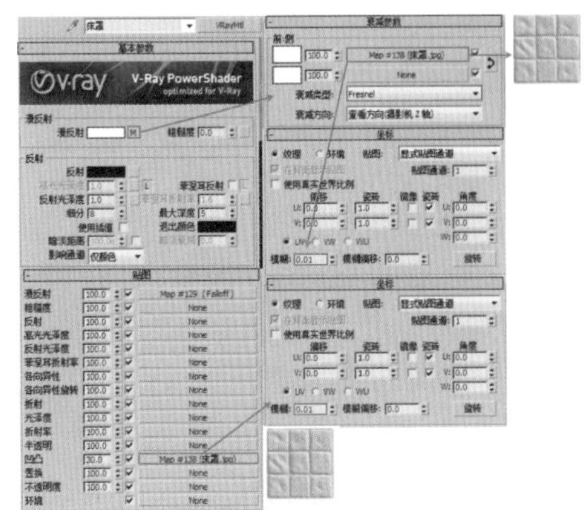

图10-12

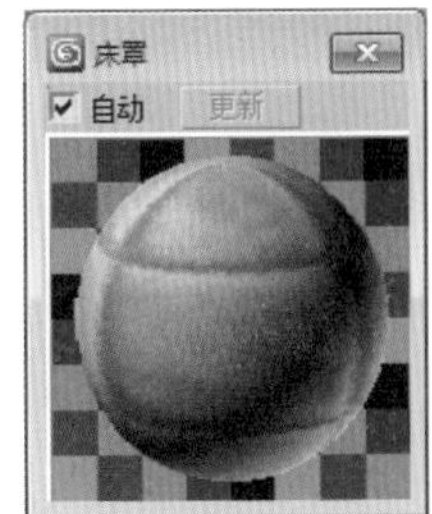

图10-13

小技巧

在贴图坐标卷展栏下将模糊设置为0.01时贴图纹理在渲染时会显示更加清晰。

6.制作地毯材质

选择一个空白材质球，然后设置材质类型为VRayMtl材质，并将其命名为“地毯”，具体参数设置如图10-14所示，制作好的材质球效果如图10-15所示。

设置步骤：

① 在“漫反射”贴图通道中加载一张“衰减”程序贴图，然后展开“衰减参数”卷展栏，并在“前”贴图通道中加载一张“地毯.jpg”贴图文件，接着在“坐标”卷展栏下设置“模糊”为0.01，最后设置“衰减类型”为Fresnel。

② 展开“贴图”卷展栏，然后在“凹凸”贴图通道中加载一张“地毯.jpg”贴图文件，接着在“坐标”卷展栏下设置“模糊”为0.01。

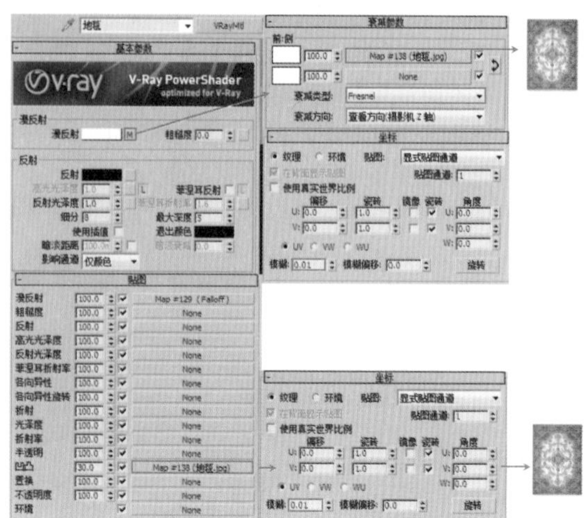

图10-14

图10-15

地毯材质都会有一定的凹凸纹理效果，所以在凹凸后面的通道上加载纹理贴图。

10.1.2 设置测试渲染参数

01 按F10键打开“渲染设置”对话框，然后设置渲染器为VRay渲染器，接着在“公用参数”卷展栏下设置“宽度”为500、“高度”为375，最后单击“图像纵横比”选项后面的“锁定”按钮，锁定渲染图像的纵横比，如图10-16所示。

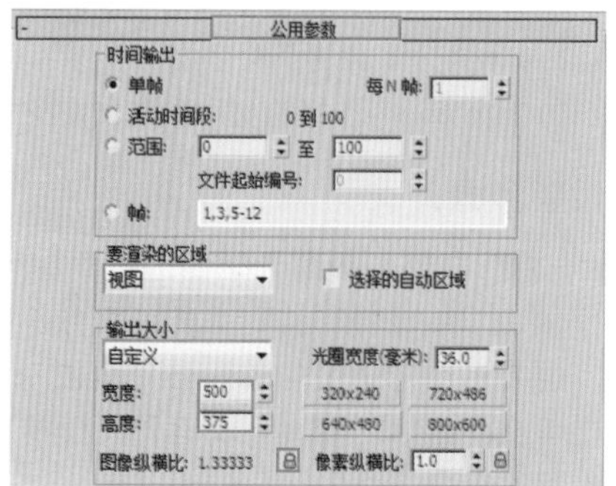

图10-16

02 展开VRay选项卡下的“图像采样器（反锯齿）”卷展栏，然后设置“图像采样器”类型为“自适应细分”，接着设置“抗锯齿过滤器”类型为VRaySincFilter，具体参数设置如图10-17所示。

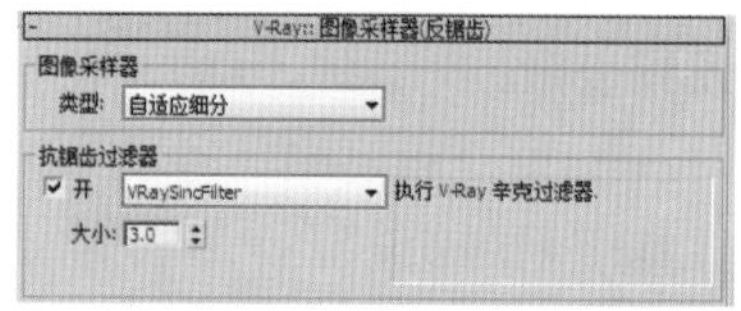

图10-17

03 展开“自适应细分图像采样器”卷展栏，然后设置“最小比率”为0、“最大比率”为2，具体参数设置如图10-18所示。

图10-18

04 展开“间接照明”选项卡下的“间接照明（GI）”卷展栏，然后勾选“开”选项，接着设置“首次反弹”的“全局照明引擎”为“发光图”、“二次反弹”的“全局照明引擎”为“灯光缓存”，如图10-19所示。

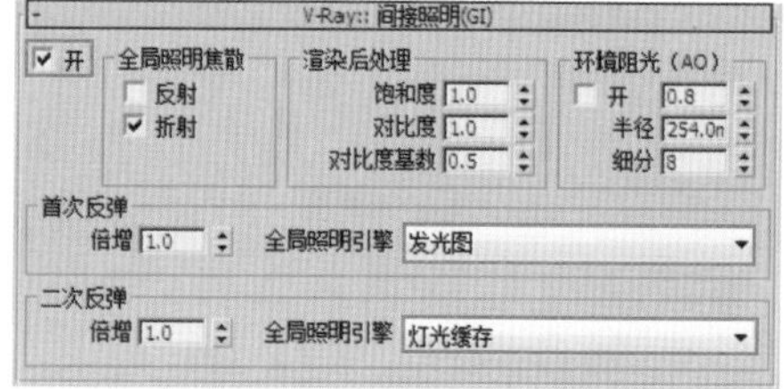

图10-19

05 展开“发光图”卷展栏，然后设置“当前预置”为“非常低”，接着设置“半球细分”为50、“插值采样”为20，最后勾选“显示计算相位”和“显示直接光”选项，具体参数设置如图10-20所示。

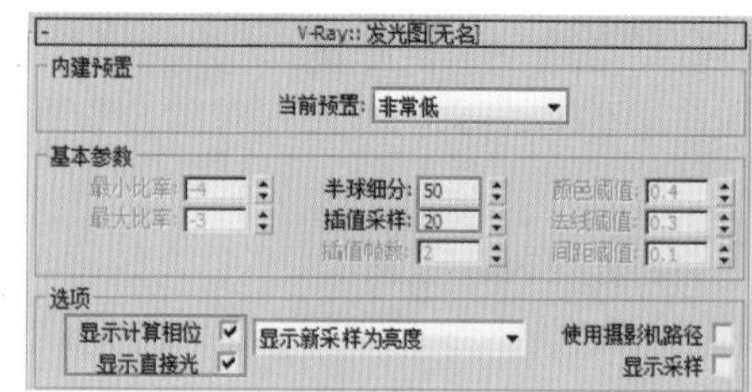

图10-20

06 展开“灯光缓存”卷展栏，然后设置“细分”为200，接着勾选“显示计算相位”选项，并取消勾选“存储直接光”选项，具体参数设置如图10-21所示。

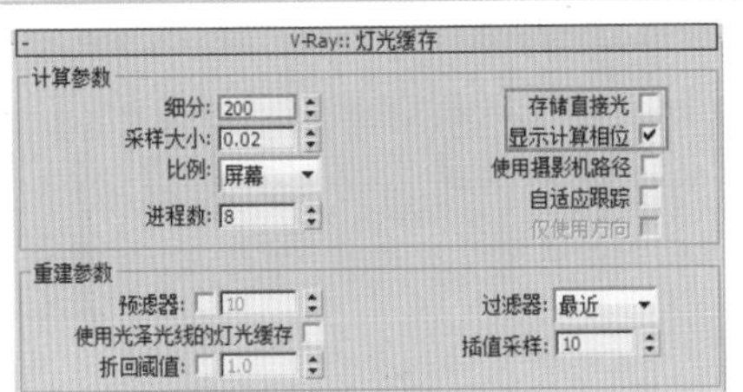

图10-21

07 单击“设置”选项卡，然后在“系统”卷展栏下设置“最大树形深度”为90、“面/级别系数”为0.5、“默认几何体”为“静态”，接着在“渲染区域分割”选项组下设置X为32、“区域排序”为Top→Buttom，最后在“VRay日志”选项组下取消勾选“显示窗口”选项，具体参数设置如图10-22所示。

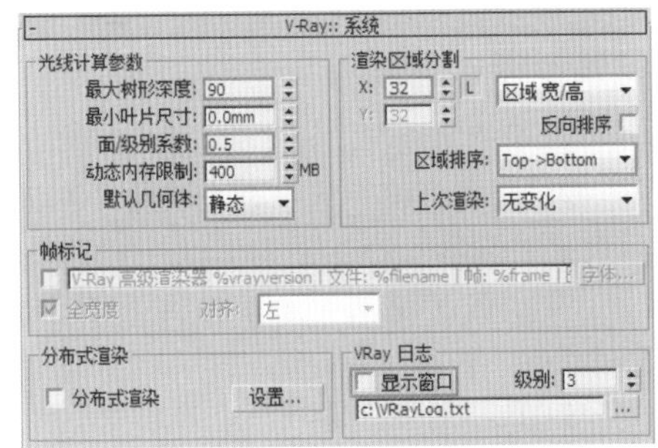

图10-22

小技巧

在测试渲染时可以将渲染的参数调节低一些，主要可以提高渲染的速度，减少测试渲染的时间以便我们再次进行修改调节。

10.1.3 灯光设置

本场景共需要布置5处灯光，分别是主光源、辅助光源、吊灯灯光、台灯灯光和顶棚的灯带。

1.创建主光源

01 设置灯光类型为“光度学”，然后在场景中创建10盏目标灯光作为主光源，其位置如图10-23所示。

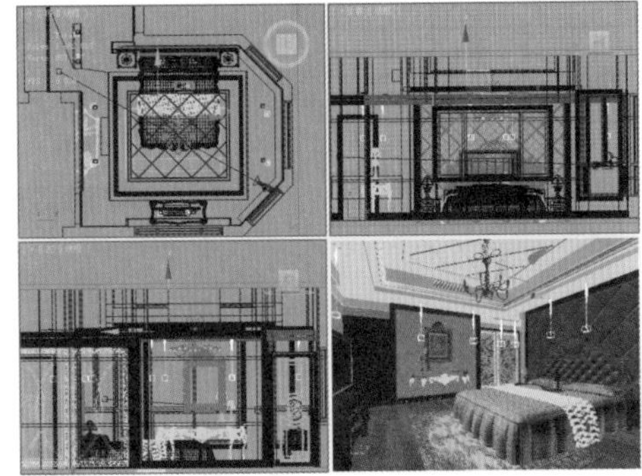

图10-23

02 选择上一步创建的目标灯光，然后进入“修改”面板，具体参数设置如图10-24所示。

设置步骤：

① 展开“常规参数”卷展栏，然后在“阴影”选项组下勾选“启用”选项，接着设置“阴影类型”为“VRay阴影”，最后在“灯光分布（类型）”选项组下设置灯光分布类型为“光度学Web”。

② 展开“分布（光度学Web）”卷展栏，然后在通道上加载光域网文件“19.ies”。

③ 展开“强度/颜色/衰减”卷展栏，然后设置“过滤颜色”为（红:245，绿:163，蓝:89），接着设置“强度”为56580。

④ 展开“VRay阴影参数”卷展栏，然后设置“偏移”为0.2。

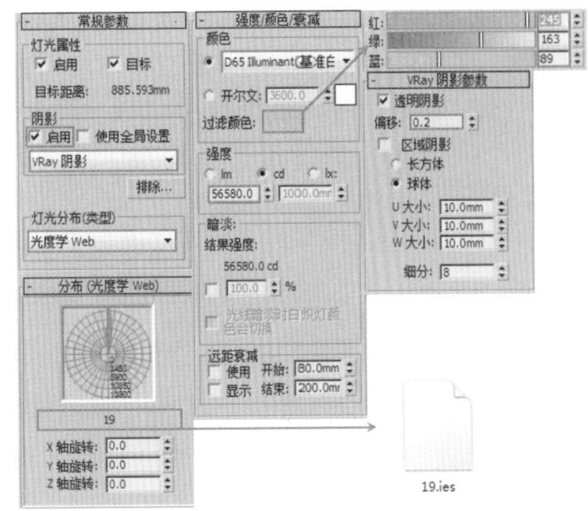

图10-24

03 按F9键渲染当前场景，效果如图10-25所示。

图10-25

2.创建辅助光源

01 设置灯光类型为VRay，然后在场景中创建4盏VRay灯光作为辅助光源，其位置如图10-26所示。

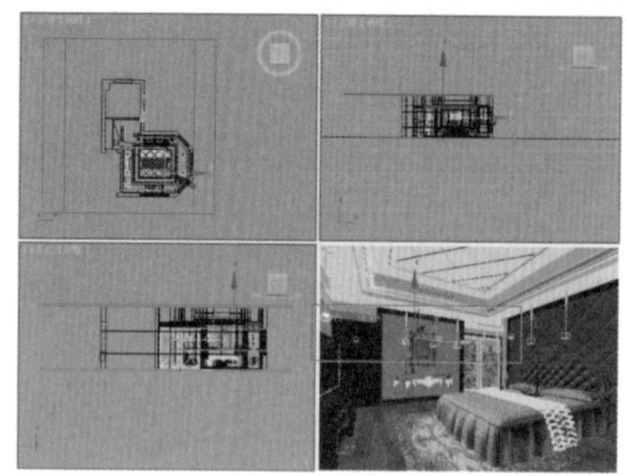

图10-26

02 选择上一步创建的VRay灯光，然后进入“修改”面板，接着展开“参数”卷展栏，具体参数设置如图10-27所示。

设置步骤：

① 在“常规”选项组下设置“类型”为“平面”。

② 在“强度”选项组下设置“倍增”为1000，然后设置“颜色”为（红:252，绿:229，蓝:199）。

③ 在“大小”选项组下设置“1/2长”为35mm、“1/2宽”为27mm。

④ 在“选项”选项组下勾选“不可见”选项。

03 按F9键测试渲染当前场景，效果如图10-28所示。

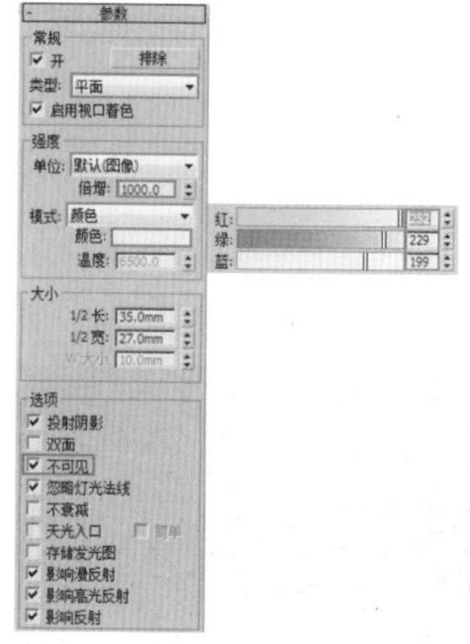

图10-27

图10-28

对于灯光颜色的设置是非常重要的，合理的灯光颜色可以营造出整个场景的气氛。

3.创建吊灯

01 在场景中创建8盏VRay灯光作为吊灯的光源，其位置如图10-29所示。

图10-29

02 选择上一步创建的VRay灯光，然后进入“修改”面板，接着展开“参数”卷展栏，具体参数设置如图10-30所示。

设置步骤：

① 在“常规”选项组下设置“类型”为“球体”。

② 在“强度”选项组下设置“倍增”为150，然后设置“颜色”为（红:245，绿:163，蓝:89）。

③ 在“大小”选项组下设置“半径”为16.5mm。

④ 在“选项”选项组下勾选“不可见”选项。

03 按F9键测试渲染当前场景，效果如图10-31所示。

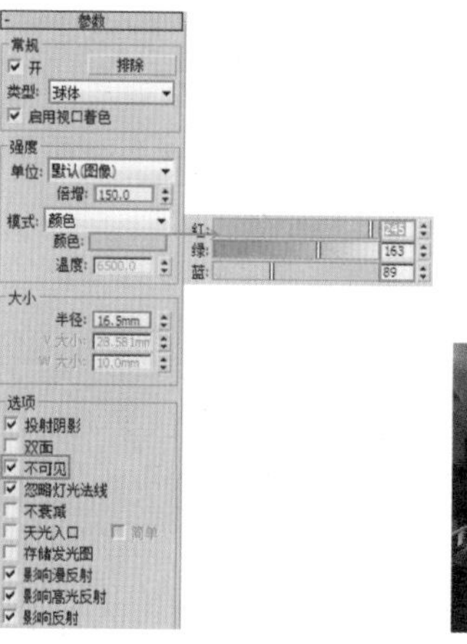

图10-30

图10-31

4.创建台灯

01 在场景中创建4盏VRay灯光作为台灯光源，并将其放置在台灯的灯罩中，如图10-32所示。

图10-32

02 选择上一步创建的VRay灯光，然后进入“修改”面板，接着展开“参数”卷展栏，具体参数设置如图10-33所示。

设置步骤：

① 在“常规”选项组下设置“类型”为“球体”。

② 在“强度”选项组下设置“倍增”为150，然后设置“颜色”为（红:245，绿:163，蓝:89）。

③ 在“大小”选项组下设置“半径”为16.5mm。

④ 在“选项”选项组下勾选“不可见”选项。

03 按F9键测试渲染当前场景，效果如图10-34所示。

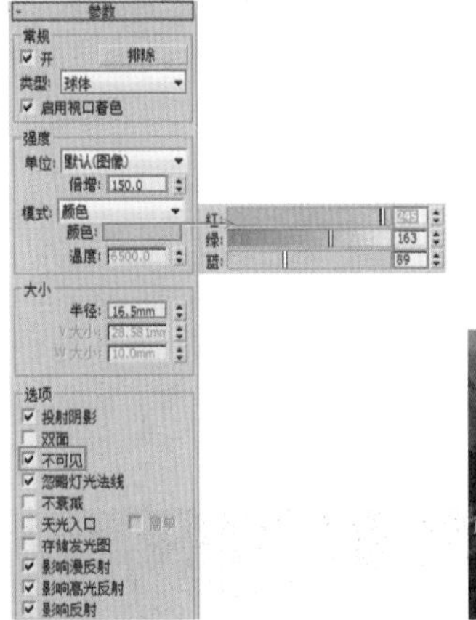

图10-33

图10-34

5.创建灯带

01 在场景中创建4盏VRay灯光作为灯带灯光，并将其放置在顶棚中，如图10-35所示。

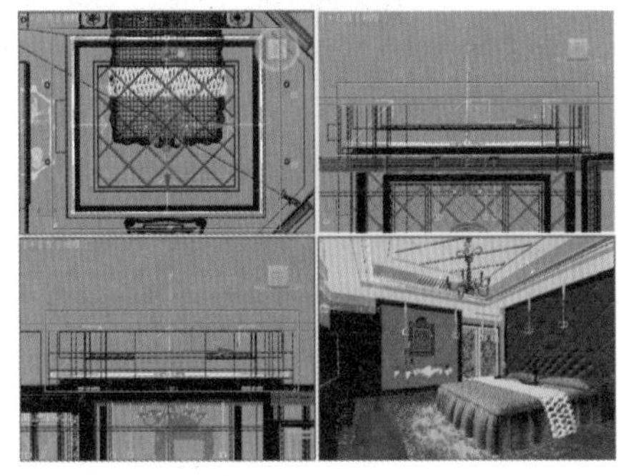

图10-35

制作灯带光源需要将VRay灯光向上照射，灯光照射到顶棚上出现一道灯带，这样可以在室内营造一定的气氛。

02 选择上一步创建的VRay灯光，然后进入“修改”面板，接着展开“参数”卷展栏，具体参数设置如图10-36所示。

设置步骤：

① 在“常规”选项组下设置“类型”为“平面”。

② 在“强度”选项组下设置“倍增”为10，然后设置“颜色”为（红:245，绿:163，蓝:89）。

③ 在“大小”选项组下设置“1/2长”为1840mm、“1/2宽”为28mm。

④ 在“选项”选项组下勾选“不可见”选项，然后取消勾选“影响反射”选项。

03 按F9键测试渲染当前场景，效果如图10-37所示。

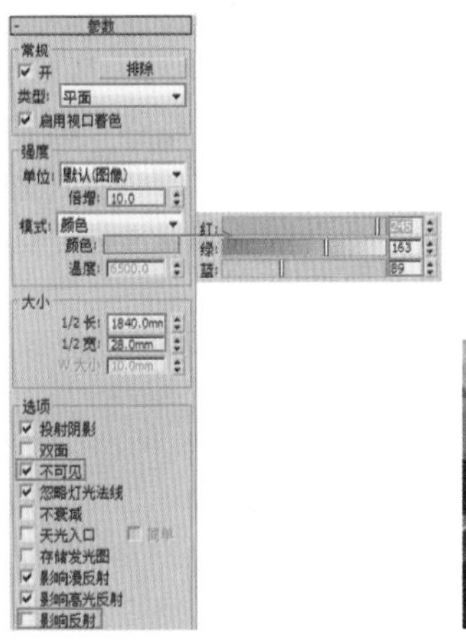

图10-36

图10-37

10.1.4 设置最终渲染参数

01 按F10键打开“渲染设置”对话框，然后在“公用参数”卷展栏下设置“宽度”为1800、“高度”为1347，最后单击“图像纵横比”选项后面的“锁定”按钮，锁定渲染图像的纵横比，如图10-38所示。

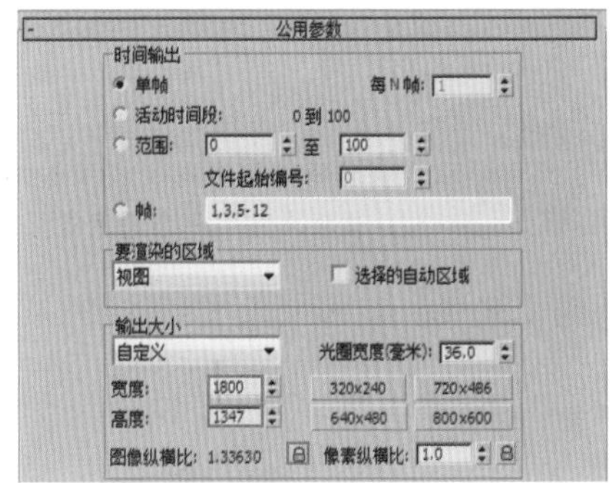

图10-38

02 展开VRay选项卡下的“图像采样器（反锯齿）”卷展栏，然后设置“图像采样器”类型为“自适应确定性蒙特卡洛”，接着设置“抗锯齿过滤器”类型为Mitchell-Netravali，具体参数设置如图10-39所示。

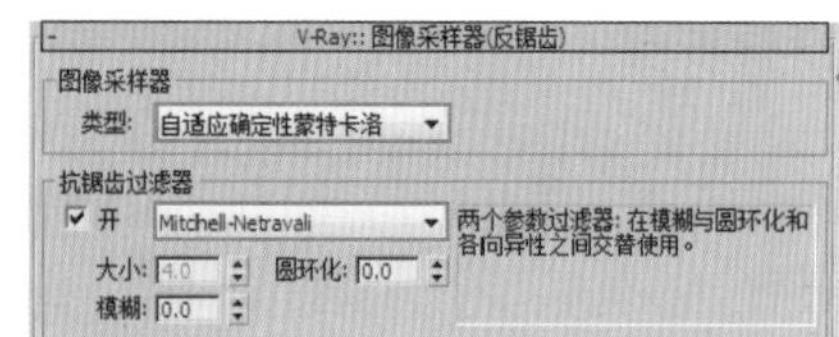

图10-39

03 展开“自适应DMC图像采样器”卷展栏，然后设置“最小细分”为1、“最大细分”为4，如图10-40所示。

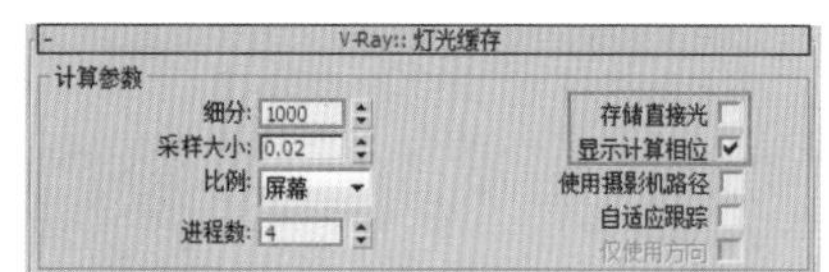

图10-40

04 展开“间接照明”选项卡下的“灯光缓存”卷展栏，然后设置“细分”为1000、“进程数”为4，接着勾选“显示计算相位”选项，并取消勾选“存储直接光”选项，具体参数设置如图10-41所示。

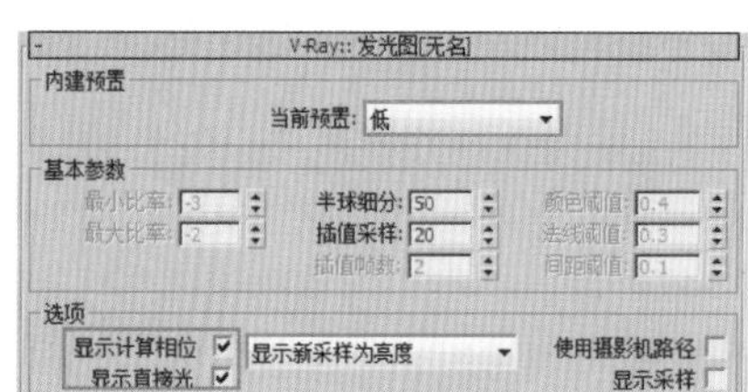

图10-41

05 展开“发光图”卷展栏，然后设置“当前预置”为“低”，接着勾选“显示计算相位”和“显示直接光”选项，如图10-42所示。

图10-42

在最终渲染时可以将渲染参数调节质量高一些，这样在渲染出来的图像会更加清晰。

06 按F9键渲染当前场景，最终渲染效果如图10-43所示。

图10-43

10.2 综合实例——现代卧室儿童房日景效果

素材文件	02.max
案例文件	综合实例——现代卧室儿童房日景效果.max
视频教学	视频教学/第10章/综合实例——现代卧室儿童房日景效果.flv
技术掌握	地板材质的制作方法以及儿童房日景的表现方法

本场景是一个小型的儿童房空间，儿童房日景的表现是本例的学习重点，地板材质、是本例的学习难点，效果如图10-44所示。

图10-44

10.2.1 材质制作

本例的场景对象材质主要包括地板材质、白漆材质、木纹材质、玻璃灯罩材质、床单布材质、座椅材质，如图10-45所示。

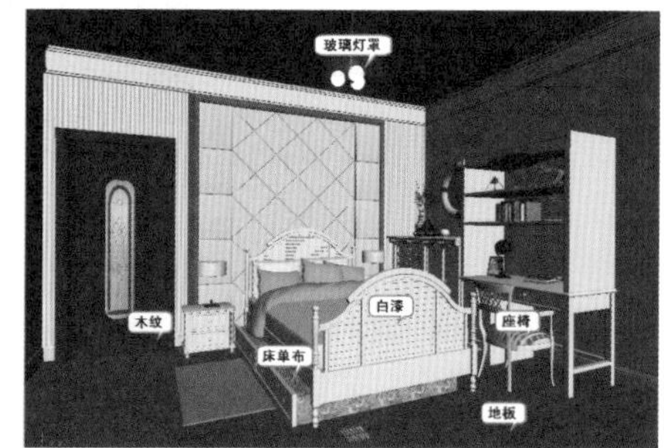

图10-45

1.制作地板材质

01 打开本书配套光盘中的“02.max”文件，如图10-46所示。

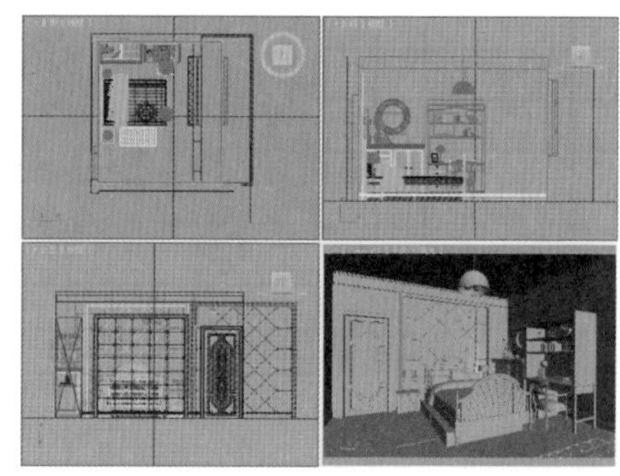

图10-46

02 选择一个空白材质球，然后设置材质类型为VRayMtl材质，并将其命名为“地板”，具体参数设置如图10-47所示，制作好的材质球效果如图10-48所示。

设置步骤：

① 在“漫反射”贴图通道中加载一张“地板.jpg”贴图文件。

② 在“反射”贴图通道中加载一张“衰减”程序贴图，然后在“衰减参数”卷展栏下设置“衰减类型”为Fresnel，最后设置“反射光泽度”为0.83。

③ 展开“贴图”卷展栏，然后在“凹凸”贴图通道中加载一张“地板.jpg”贴图文件，接着在“环境”贴图通道中加载一张“输出”程序贴图。

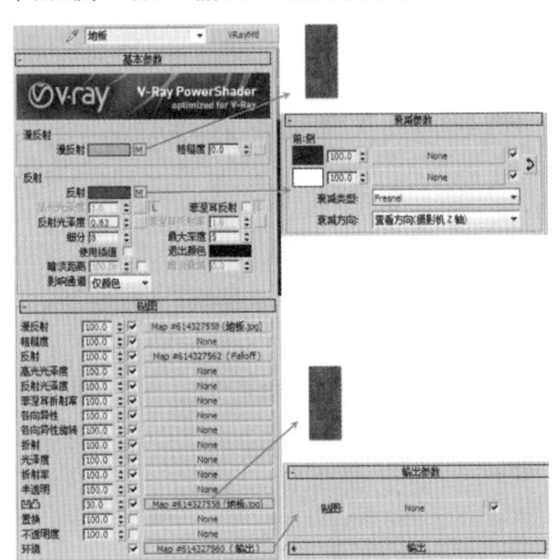

图10-47

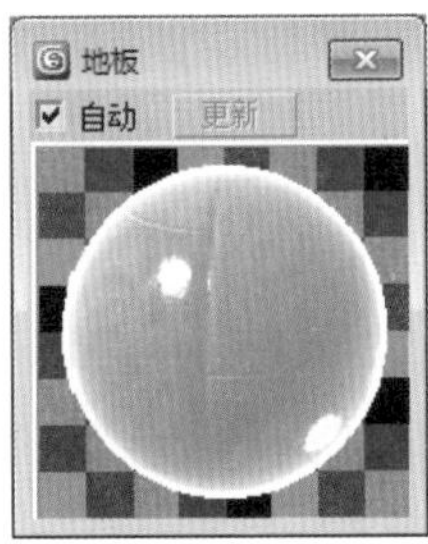

图10-48

2.制作木纹材质

选择一个空白材质球，然后设置材质类型为VRayMtl材质，并将其命名为“木纹”，具体参数设置如图10-49所示，制作好的材质球效果如图10-50所示。

设置步骤：

① 在“漫反射”贴图通道中加载一张“木纹.jpg”贴图文件。

② 在“反射”贴图通道中加载一张“衰减”程序贴图，然后展开“衰减参数”卷展栏，接着设置“衰减类型”为Fresnel，最后设置“反射光泽度”为0.83。

③ 展开“贴图”卷展栏，然后在“凹凸”贴图通道中加载一张“木纹.jpg”贴图文件，接着在“环境”通道中加载一张“输出”程序贴图。

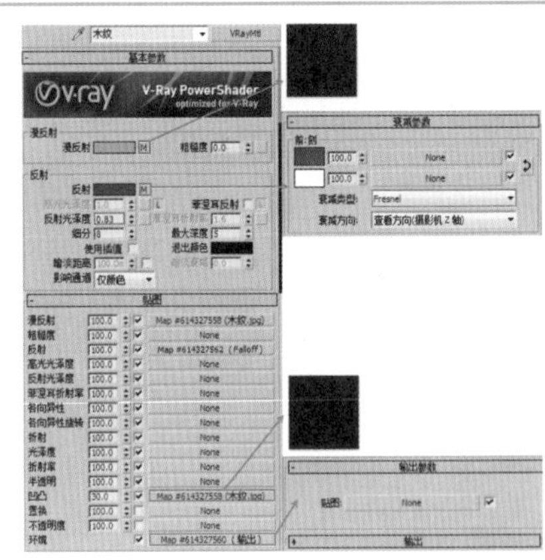

图10-49

图10-50

3.制作白漆材质

选择一个空白材质球，然后设置材质类型为VRayMtl材质，并将其命名为“白漆”，具体参数设置如图10-51所示，制作好的材质球效果如图10-52所示。

设置步骤：

① 设置“漫反射”颜色为（红:245，绿:245，蓝:245）。

② 设置“反射”颜色为（红:30，绿:30，蓝:30），然后设置“高光光泽度”为0.8、“反射光泽度”为0.9。

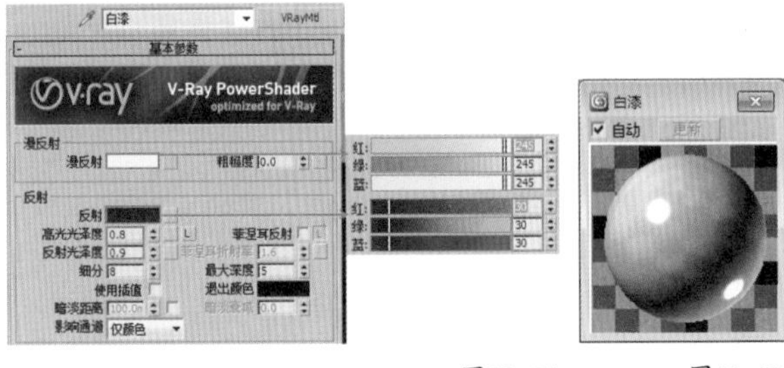

图10-51　图10-52

4.制作座椅材质

选择一个空白材质球，然后设置材质类型为VRayMtl材质，并将其命名为“座椅”，接着在“漫反射”贴图通道中加载一张“座椅.jpg”贴图文件，如图10-53所示，制作好的材质球效果如图10-54所示。

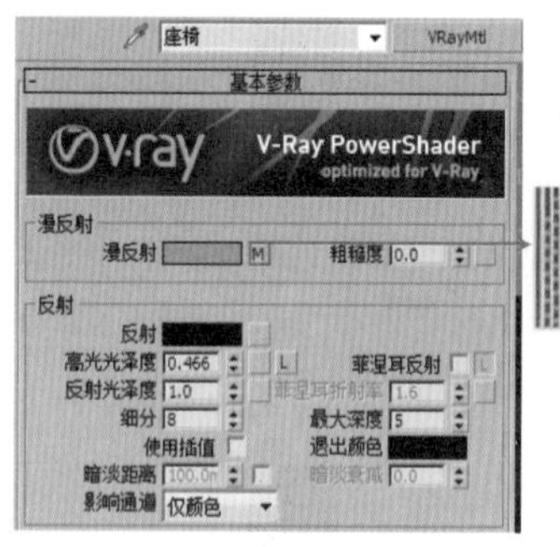

图10-53　　图10-54

5.制作床单布材质

选择一个空白材质球，然后设置材质类型为“标准”材质，并将其命名为“床单布”，接着展开“明暗器基本参数”卷展栏，并设置类型为（O）Oren-Nayar-Blinn，最后展开“Oren-Nayar-Blinn基本参数”卷展栏为“漫反射”贴图通道加载一张“床单布.jpg”贴图文件，具体参数设置如图10-55所示，制作好的材质球效果如图10-56所示。

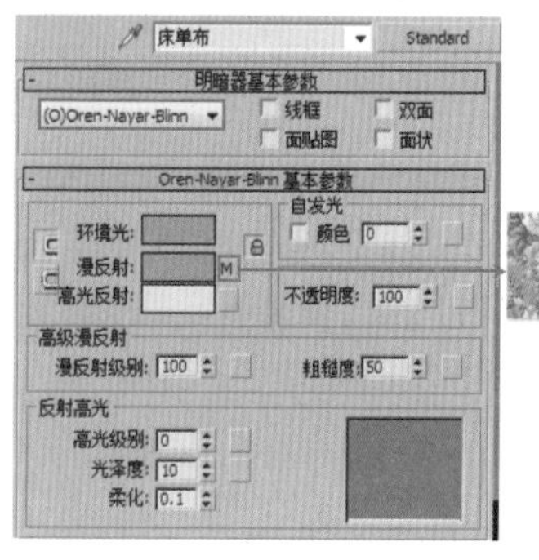

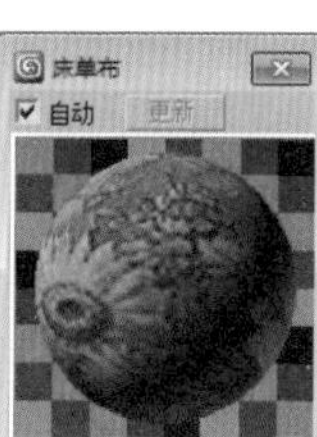

图10-55　　图10-56

6.制作玻璃灯罩材质

选择一个空白材质球，然后设置材质类型为VRayMtl材质，并将其命名为“玻璃灯罩”，具体参数设置如图10-57所示，制作好的材质球效果如图10-58所示。

设置步骤：

① 设置“漫反射”颜色为（红:205，绿:221，蓝:249）。

② 设置“反射”颜色为（红:45，绿:45，蓝:45），然后设置“高光光泽度”为0.68、“反射光泽度”为0.9。

③ 设置“折射”颜色为（红:233，绿:233，蓝:233），然后设置“折射率”为1.5、“烟雾倍增”为0.05、“影响通道”为“颜色+Alpha”，接着勾选“影响阴影”选项。

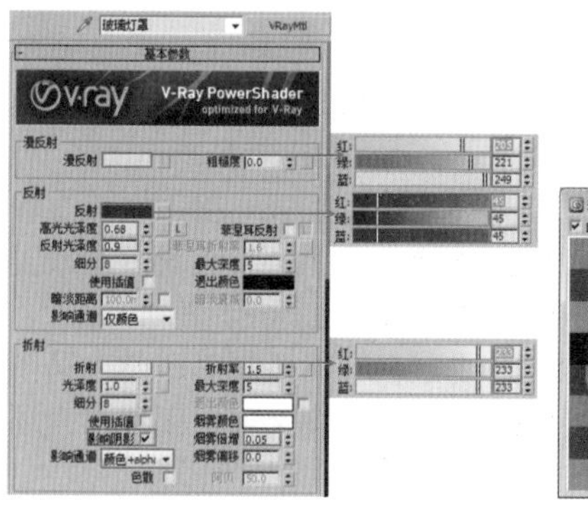

图10-57　　图10-58

10.2.2 设置测试渲染参数

01 按F10键打开“渲染设置”对话框，然后设置渲染器为VRay渲染器，接着在“公用参数”卷展栏下设置“宽度”为350、“高度”为237，最后单击“图像纵横比”选项后面的“锁定”按钮，锁定渲染图像的纵横比，如图10-59所示。

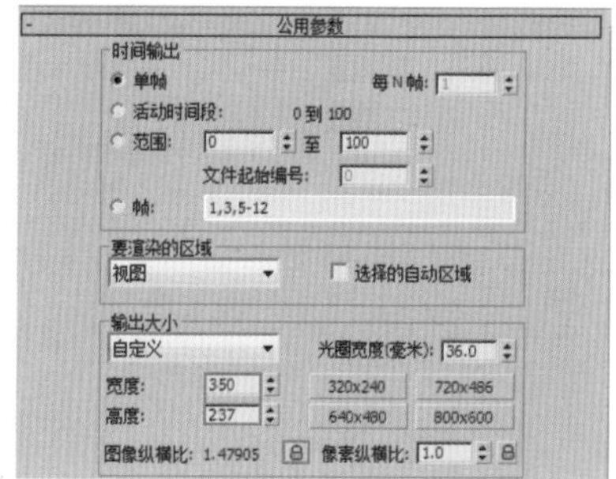

图10-59

02 展开VRay选项卡下的“图形采样器（反锯齿）”卷展栏，然后设置“图像采样器”类型为“固定”，接着勾选“抗锯齿过滤器”下的“开”选项，并设置其类型为“区域”，最后设置“固定图像采样器”卷展栏下的“细分”为1，具体参数设置如图10-60所示。

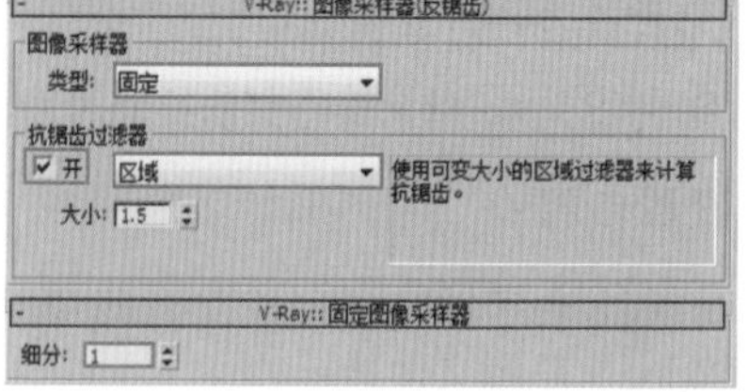

图10-60

03 展开“颜色贴图”卷展栏，然后设置“类型”为“莱因哈德”，如图10-61所示。

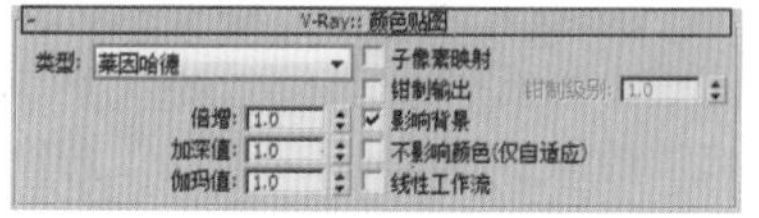

图10-61

04 展开“间接照明”选项卡下的“间接照明（GI）”卷展栏，然后勾选“开”选项，接着设置“首次反弹”的“全局照明引擎”为“发光图”、“二次反弹”的“全局照明引擎”为“灯光缓存”，如图10-62所示。

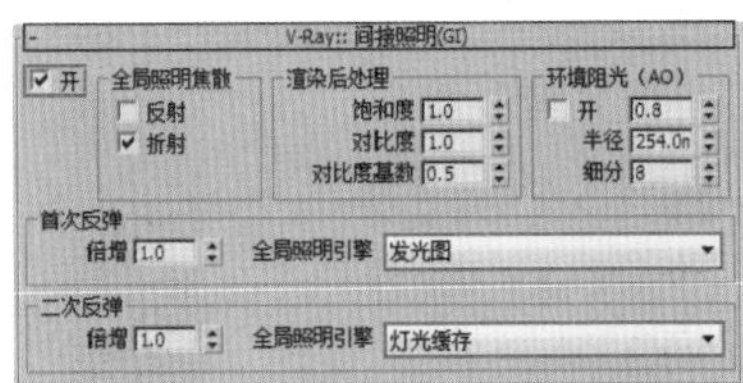

图10-62

05 展开“发光图”卷展栏，然后设置“当前预置”为“自定义”，接着设置“最小比率”为-4、“最大比率”为-3、“半球细分”为50、“插值采样”为20，最后勾选“显示计算相位”和“显示直接光”选项，具体参数设置如图10-63所示。

图10-63

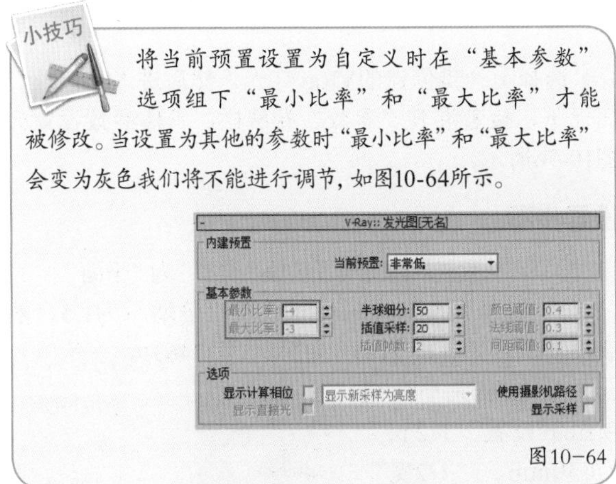

小技巧

将当前预置设置为自定义时在“基本参数”选项组下“最小比率”和“最大比率”才能被修改。当设置为其他的参数时“最小比率”和“最大比率”会变为灰色我们将不能进行调节，如图10-64所示。

图10-64

06 展开“灯光缓存”卷展栏，然后设置“细分”为300，接着勾选“显示计算相位”选项，如图10-65所示。

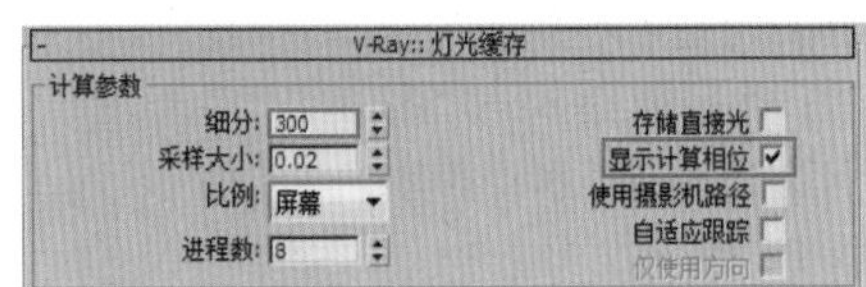

图10-65

07 展开“设置”选项卡下的“系统”卷展栏，然后在“渲染区域分割”选项组下设置“区域排序”为Top→Bottom，接着在“VRay日志”选项组下关闭“显示窗口”选项，具体参数设置如图10-66所示。

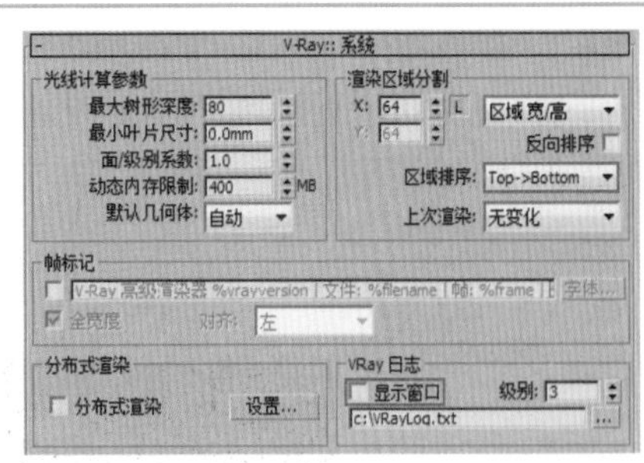

图10-66

小技巧

设置“区域排序”为Top→Bottom在渲染最终图像时的顺序为从上到下依次渲染。

10.2.3 灯光设置

本场景共需要布置3处灯光，分别是从室外阳光、窗口处的辅助光源以及台灯灯光。

1.创建阳光

01 设置灯光类型为VRay，然后在场景中创建一盏VRay太阳作为主光源，接着在弹出的“VRay太阳”对话框中单击“否”按钮，如图10-67所示，其位置如图10-68所示。

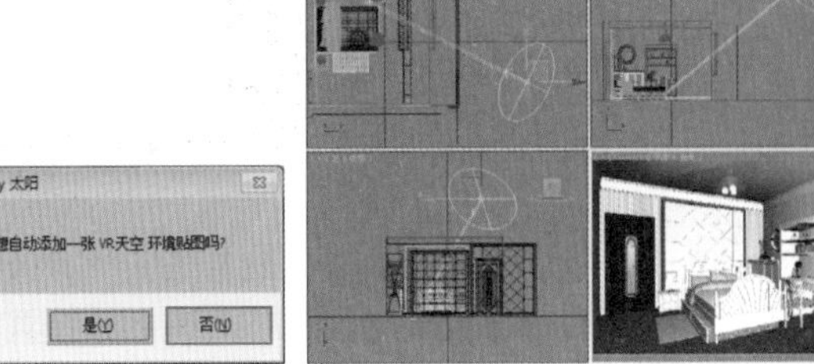

图10-67　图10-68

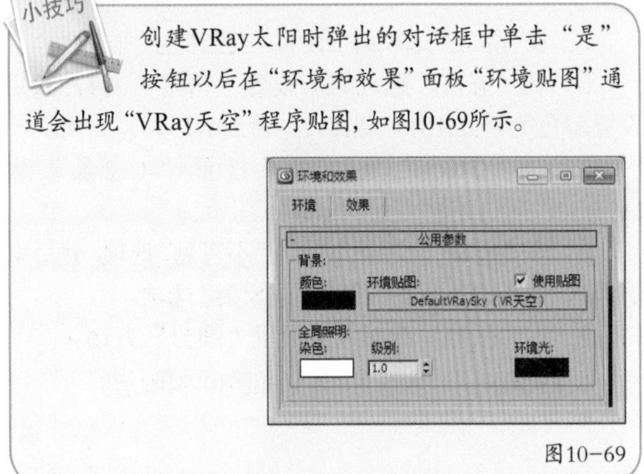

小技巧

创建VRay太阳时弹出的对话框中单击“是”按钮以后在“环境和效果”面板“环境贴图”通道会出现“VRay天空”程序贴图，如图10-69所示。

图10-69

02 选择上一步创建的VRay太阳，然后进入“修改”面板，接着在展开“VRay太阳参数”卷展栏下设置“浊度”为10、“强度倍增”为0.01、“大小倍增”

为4、“阴影细分”为16，如图10-70所示。

03 按F9键渲染当前场景，效果如图10-71所示。

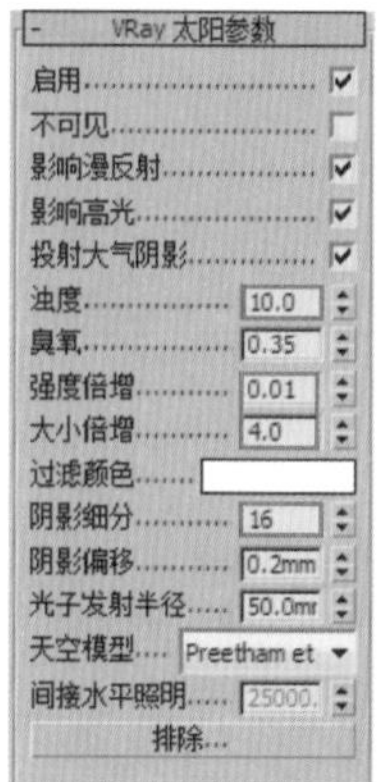

图10-70　　图10-71

2.创建辅助光源

01 设置灯光类型为VRay，然后在视图中创建一盏VRay灯光放置在窗口处，其位置如图10-72所示。

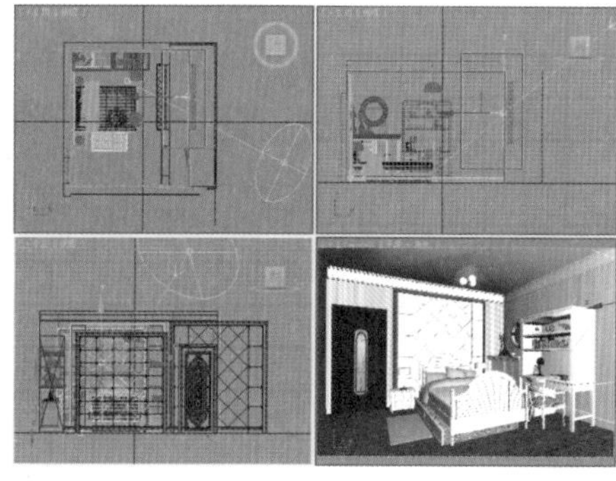

图10-72

02 选择上一步创建的VRay灯光，然后进入“修改”面板下，接着展开“参数”卷展栏，具体参数设置如图10-73所示。

设置步骤：

① 在“常规”选项组下设置“类型”为“平面”。

② 在“强度”选项组下设置“倍增”为4，然后设置颜色为（红:181，绿:212，蓝:248）。

③ 在“大小”选项组下设置“1/2长”为1195mm、“1/2宽”为960mm。

④ 在“选项”选项组下勾选“不可见”选项，然后取消勾选“影响高光反射”和“影响反射”选项。

⑤ 在“采样”选项组下设置“细分”为16。

03 按F9键渲染当前场景，效果如图10-74所示。

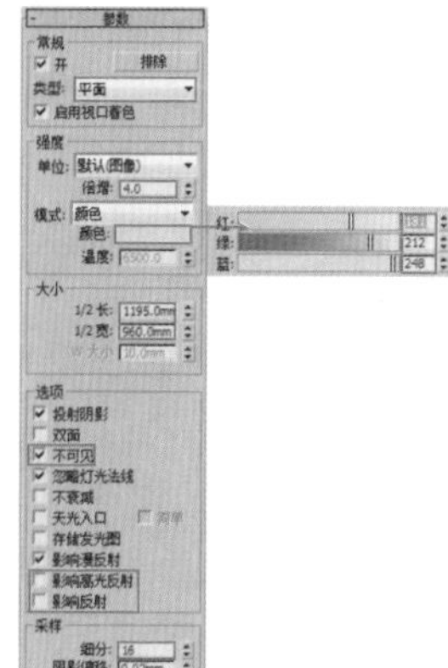

图10-73　　图10-74

04 在场景中创建一盏VRay灯光作为辅助光源，其位置如图10-75所示。

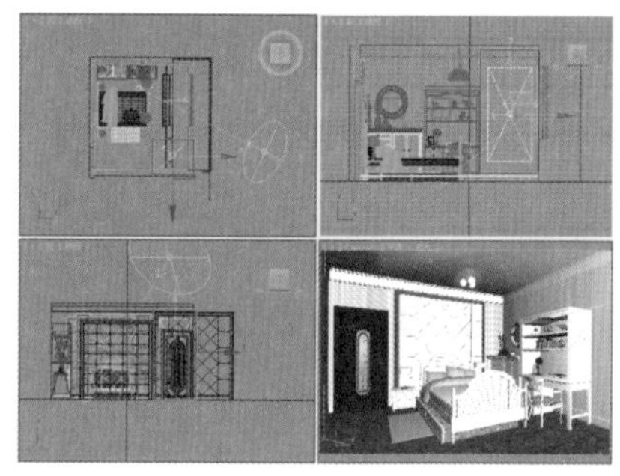

图10-75

05 选择上一步创建的VRay灯光，然后进入“修改”面板下，接着展开“参数”卷展栏，具体参数设置如图10-76所示。

设置步骤：

① 在“常规”选项组下设置“类型”为“平面”。

② 在“强度”选项组下设置“倍增”为1.5，然后设置颜色为（红:216，绿:242，蓝:246）。

③ 在“大小”选项组下设置“1/2长”为630mm、“1/2宽”为920mm。

④ 在“选项”选项组下勾选“不可见”选项，然后取消勾选“影响高光反射”和“影响反射”选项。

⑤ 在“采样”选项组下设置“细分”为8。

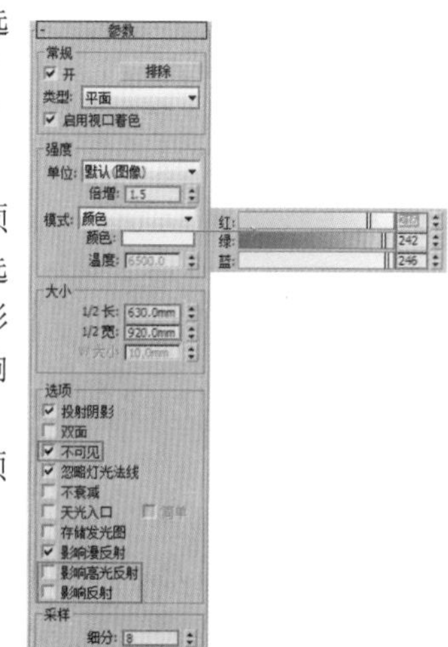

图10-76

06 按F9键渲染当前场景，效果如图10-77所示。

图10-77

3.创建台灯

01 设置灯光类型为VRay，然后在视图中创建两盏VRay灯光并放置在台灯灯罩中，其位置如图10-78所示。

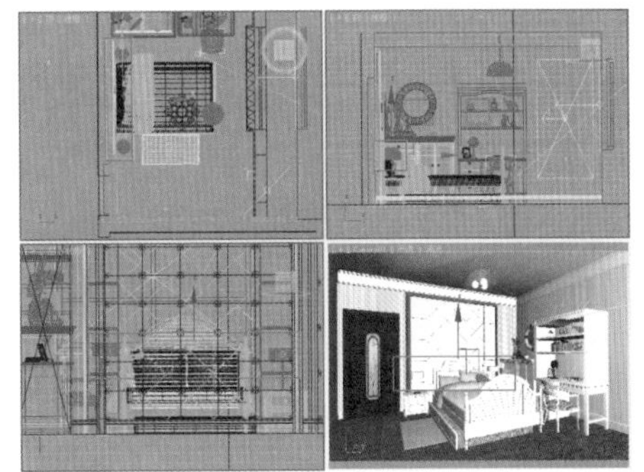

图10-78

02 选择上一步创建的VRay灯光，然后进入“修改”面板下，接着展开“参数”卷展栏，具体参数设置如图10-79所示。

设置步骤：

① 在“常规”选项组下设置“类型”为“球体”。

② 在“强度”选项组下设置“倍增”为60，然后设置颜色为（红:251，绿:224，蓝:188）。

③ 在“大小”选项组下设置“半径”为30mm。

④ 在“选项”选项组下勾选“不可见”选项，然后取消勾选“影响高光反射”和“影响反射”选项。

03 按F9键渲染当前场景，效果如图10-80所示。

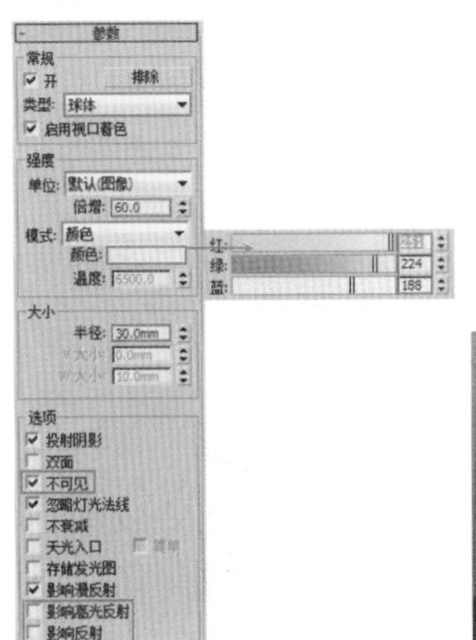

图10-79　　图10-80

10.2.4 设置最终渲染参数

01 按F10键打开“渲染设置”对话框，然后在“公用参数”卷展栏下设置“宽度”为1800、“高度”为1219，接着单击“图像纵横比”选项后面的“锁定”按钮，锁定渲染图像的纵横比，如图10-81所示。

图10-81

02 展开VRay选项卡下的“图像采样器（反锯齿）”卷展栏，然后设置“图像采样器”类型为“自适应确定性蒙特卡洛”，接着设置“抗锯齿过滤器”类型为Catmull-Rom，最后展开“自适应DMC图像采样器”卷展栏，并设置“最小细分”为1、“最大细分”为4，具体参数设置如图10-82所示。

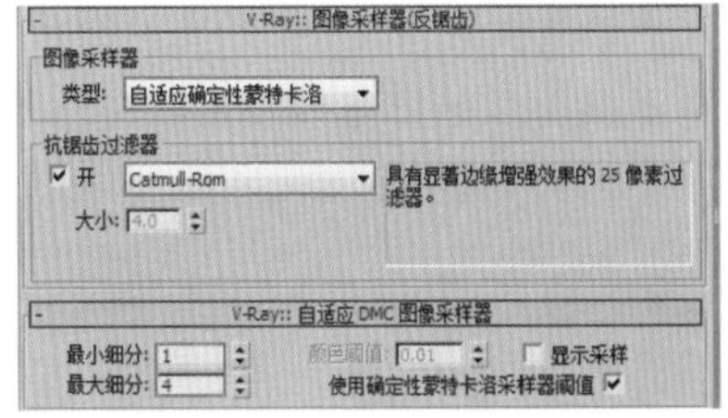

图10-82

03 展开“间接照明”选项卡下的“灯光缓存”卷展栏，然后设置“细分”为1000、“进程数”为4，接着勾选“显示计算相位”选项，并取消勾选“存储直接光”选项，具体参数设置如图10-83所示。

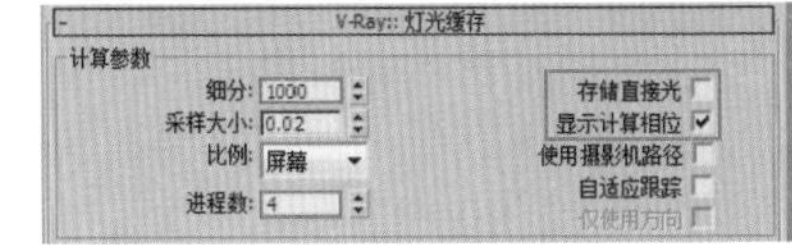

图10-83

04 展开“发光图”卷展栏，然后设置“当前预置”为“中”，接着设置“半球细分”为50、“插值采样”为20，最后勾选“显示计算相位”和“显示直接光”选项，具体参数设置如图10-84所示。

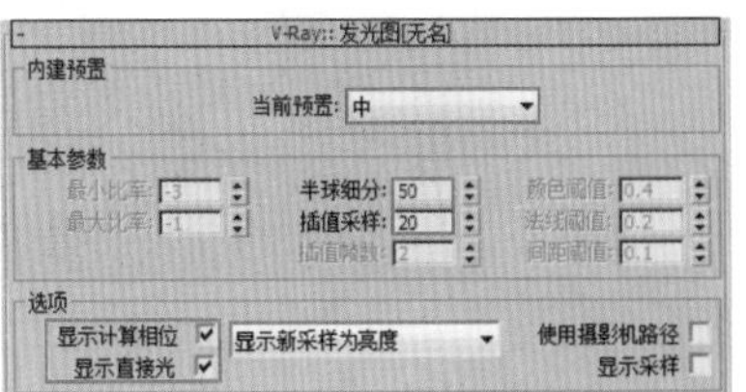

图10-84

05 展开“DMC采样器”卷展栏，然后设置“噪波阈值”为0.005，如图10-85所示。

图10-85

06 按F9键渲染当前场景，最终渲染效果如图10-86所示。

图10-86

10.3 综合实例——客厅日景效果

素材文件	03.max
案例文件	综合实例——客厅日景效果.max
视频教学	视频教学/第10章/综合实例——客厅日景效果.flvv
技术掌握	沙发绒布材质的制作方法以及厨房夜景的表现方法

本场景是一个小型的客厅空间，客厅日景的表现是本例的学习重点，沙发绒布材质是本例的学习难点，效果如图10-87所示。

图10-87

10.3.1 材质制作

本例的场景对象材质主要包括地板材质、木质材质、沙发绒布材质、地毯材质、窗纱材质、白色人造石材质，如图10-88所示。

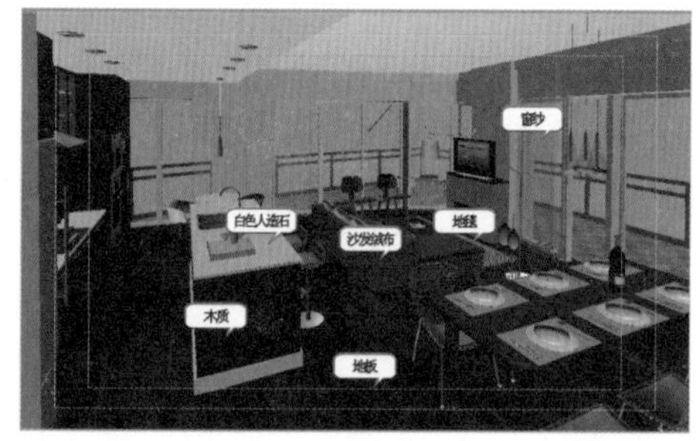

图10-88

1.制作地板材质

01 打开本书配套光盘中的“03.max”文件，如图10-89所示。

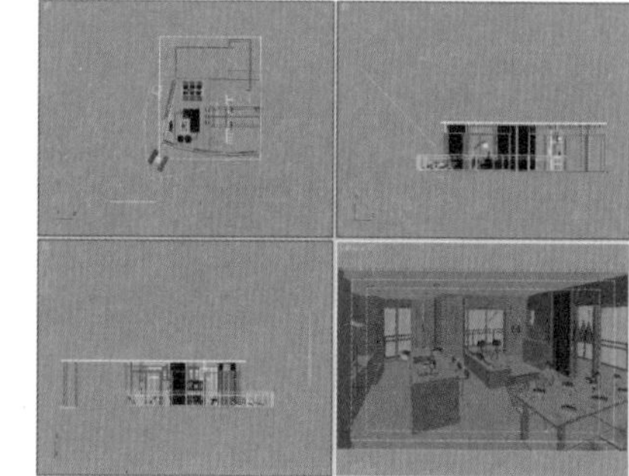

图10-89

02 选择一个空白材质球，然后设置材质类型为VRayMtl材质，并将其命名为“地板”，具体参数设置如图10-90所示，制作好的材质球效果如图10-91所示。

设置步骤：

① 在“漫反射”贴图通道中加载一张“地板.jpg”贴图文件，然后在“坐标”卷展栏下设置“模糊”为0.01。

② 在“反射”贴图通道中加载一张“衰减”程序贴图，接着在“衰减参数”卷展栏下设置“侧”颜色为（红:200，绿:225，蓝:225），并设置“衰减类型”为Fresnel，最后设置“高光光泽度”为0.88、“反射光泽度”为0.85。

③ 展开“贴图”卷展栏，然后将“漫反射”通道中贴图拖曳到“凹凸”贴图通道上，并在弹出“复制贴图”对话框中勾选“复制”选项，接着设置“凹凸”的强度为50。

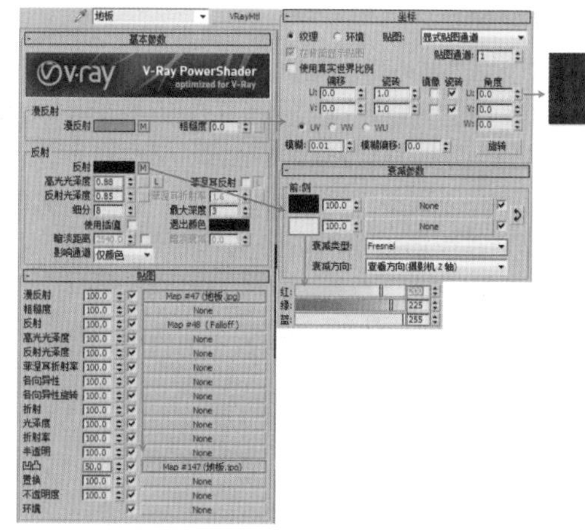

图10-90

图10-91

2.制作木质材质

选择一个空白材质球，然后设置材质类型为VRayMtl材质，并将其命名为“木质”，具体参数设置如图10-92所示，制作好的材质球效果如图10-93所示。

设置步骤：

① 在“漫反射”贴图通道中加载一张“木质.jpg”贴图文件，然后在“坐标”卷展栏下设置“模糊”为0.01。

② 在“反射”贴图通道中加载一张“衰减”程序贴图，接着在“衰减参数”卷展栏下设置“侧”颜色为（红:195，绿:223，蓝:255），并设置“衰减类型”为Fresnel，最后设置“高光光泽度”为0.88、“反射光泽度”为0.65、“最大深度”为3。

③ 展开“贴图”卷展栏，然后将“漫反射”通道中贴图拖曳到“凹凸”贴图通道上，并在弹出“复制贴图”对话框中勾选“复制”选项，接着设置“凹凸”的强度为30。

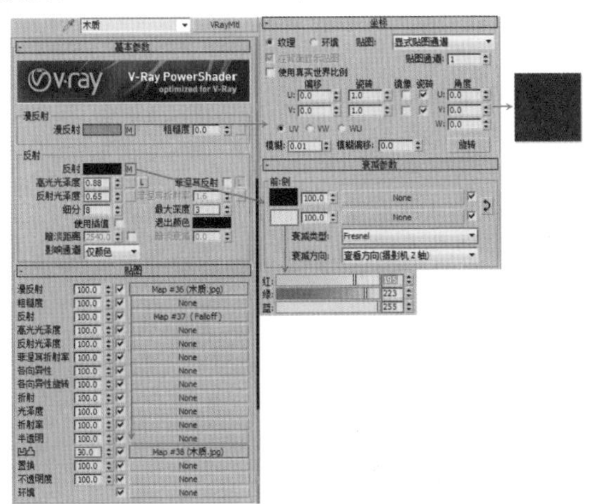

图10-92

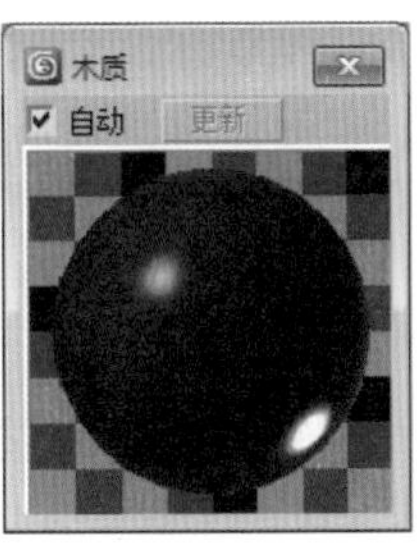

图10-93

3.制作沙发绒布材质

选择一个空白材质球，然后设置材质类型为“标准”材质，并将其命名为“沙发绒布”，具体参数设置如图10-94所示，制作好的材质球效果如图10-95所示。

设置步骤：

① 展开“Blinn基本参数”卷展栏，然后设置“漫反射”颜色为（红:49，绿:67，蓝:79）、“高光反射”颜色为（红:230，绿:230，蓝:230），接着在自发光选项组下勾选“颜色”选项。

② 在“颜色”贴图通道中加载一张“遮罩”程序贴图，然后在“贴图”通道中加载一张“衰减”程序贴图，并设置“衰减类型”为“Fresnel”，接着在“遮罩”通道中加载一张“衰减”程序贴图，并设置“衰减类型”为“阴影/灯光”。

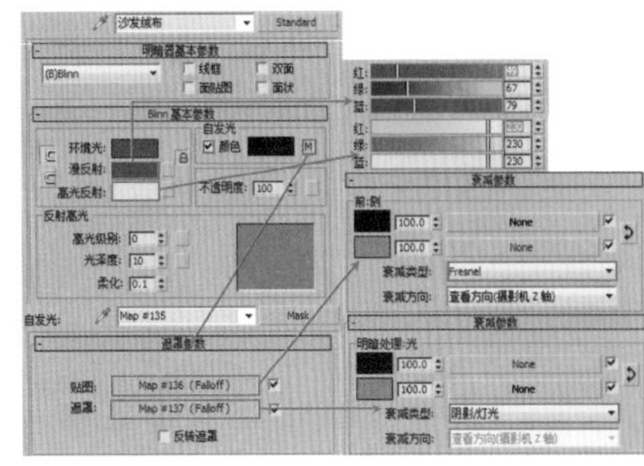

图10-94

图10-95

4.制作地毯材质

选择一个空白材质球，然后设置材质类型为“标准”材质，并将其命名为“地毯”，具体参数设置如图10-96所示，制作好的材质球效果如图10-97所示。

设置步骤：

① 展开“明暗器基本参数”卷展栏，并设置明暗类型为（O）Oren-Nayar-Blinn。

② 展开“Oren-Nayar-Blinn基本参数”卷展栏，然后在“漫反射”贴图通道中加载一张“地毯.jpg”贴图文件，接着在“坐标”卷展栏下设置“模糊”为0.01。

③ 展开“贴图”卷展栏，然后在“凹凸”贴图通道中加载一张“地毯凹凸.jpg”贴图文件，并设置“凹凸”的强度为50。

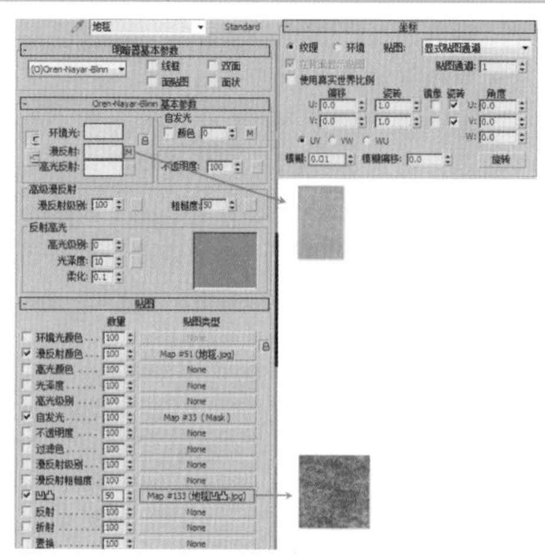

图10-96

图10-97

5.制作白色人造石材质

选择一个空白材质球，然后设置材质类型为VRayMtl材质，并将其命名为“白色人造石”，具体参数设置如图10-98所示，制作好的材质球效果如图10-99所示。

设置步骤：

① 设置“漫反射”颜色为（红:255，绿:252，蓝:245）。

② 在“反射”贴图通道中加载一张“衰减”程序贴图，然后在“衰减参数”卷展栏下设置“侧”颜色为（红:105，绿:176，蓝:255），并设置“衰减类型”为Fresnel，接着设置“高光光泽度”为0.9、“反射光泽度”为0.98。

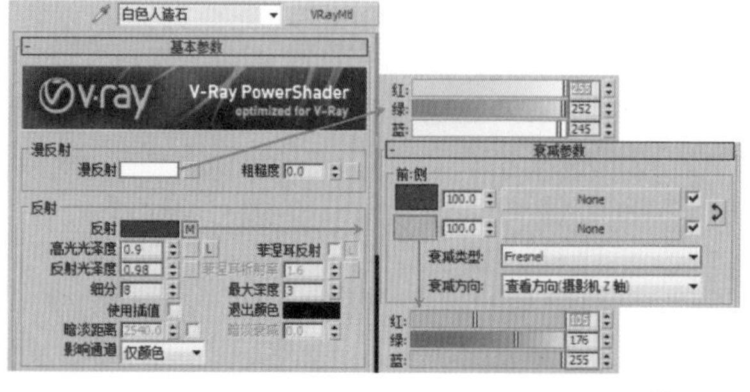

图10-98

图10-99

6.制作窗纱材质

选择一个空白材质球，然后设置材质类型为VRayMtl材质，并将其命名为“窗纱”，具体参数设置如图10-100所示，制作好的材质球效果如图10-101所示。

设置步骤：

① 设置“漫反射”颜色为（红:255，绿:255，蓝:255）。

② 设置“折射”颜色为（红:215，绿:215，蓝:215），然后设置“光泽度”为0.7、“细分”为15、“折射率”为1.4、“烟雾倍增”为0.2，接着勾选“影响阴影”选项。

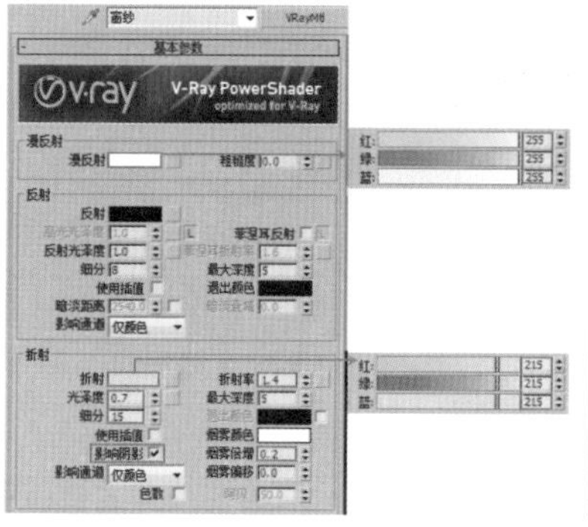

图10-100

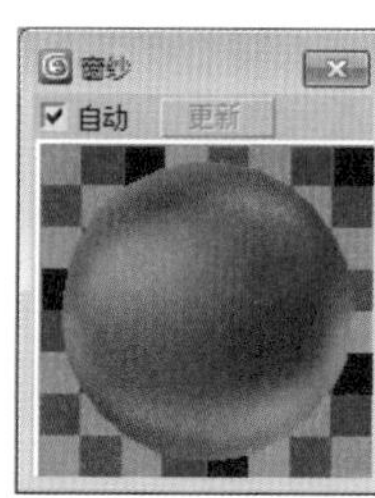

图10-101

窗纱的材质就有一定的模糊透明，这样窗纱就可以透光。

10.3.2 设置测试渲染参数

01 按F10键打开“渲染设置”对话框，然后设置渲染器为VRay渲染器，接着在“公用参数”卷展栏下设置“宽度”为500、“高度”为300，最后单击“图像纵横比”选项后面的“锁定”按钮，锁定渲染图像的纵横比，如图10-102所示。

图10-102

02 展开VRay选项卡下的“图像采样器（反锯齿）”卷展栏，然后设置“图像采样器”类型为“自适应细分”，接着设置“抗锯齿过滤器”类型为“区域”，具体参数设置如图10-103所示。

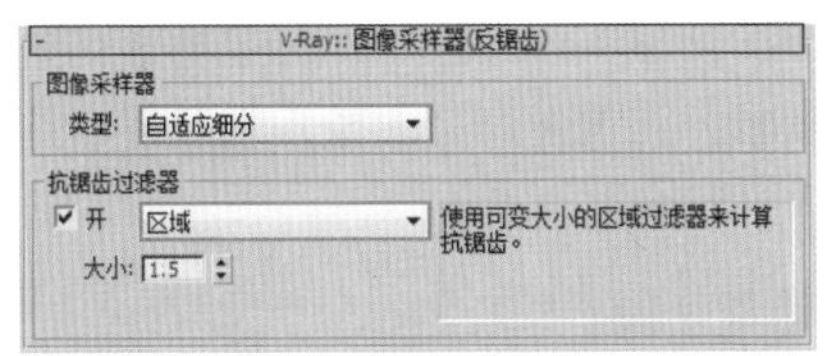

图10-103

03 展开“自适应细分图像采样器”卷展栏，然后设置“最小比率”为-1、“最大比率”为2，具体参数设置如图10-104所示。

图10-104

04 展开“颜色贴图”卷展栏，然后设置“类型”为“莱因哈德”，接着设置“倍增”为1.1、“加深值”为0.7、“伽玛值”为1.5，如图10-105所示。

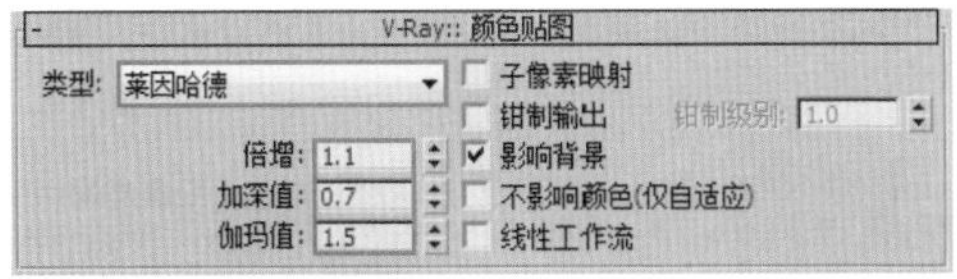

图10-105

05 展开“环境”卷展栏，然后在“全局照明环境（天光）覆盖”选项组下勾选“开”选项，并设置“倍增”为0.1，如图10-106所示。

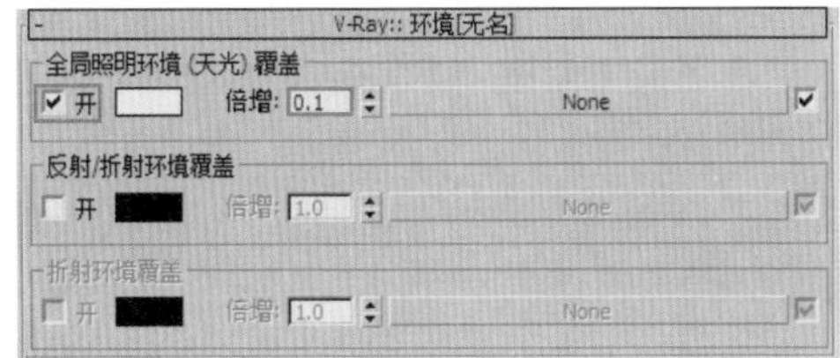

图10-106

06 展开“间接照明”选项卡下的“间接照明（GI）”卷展栏，然后勾选“开”选项，接着设置“首次反弹”的“全局照明引擎”为“发光图”、“二次反弹”的“全局照明引擎”为“灯光缓存”，如图10-107所示。

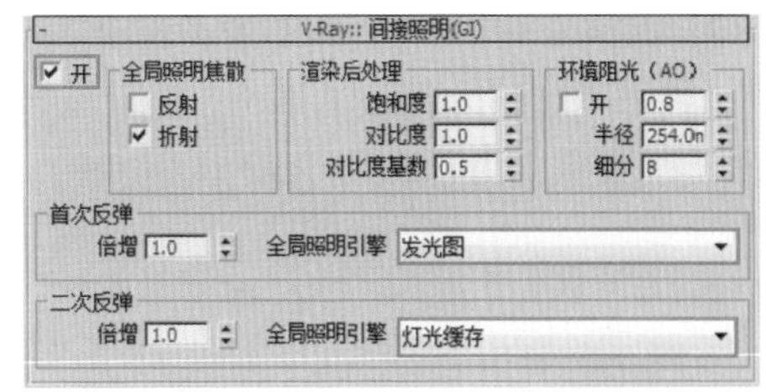

图10-107

07 展开“发光图”卷展栏，然后设置“当前预置”为“自定义”，接着设置“最小比率”为-4、“最大比率”为-3、“半球细分”为50、“插值采样”为20，最后勾选“显示计算相位”和“显示直接光”选项，具体参数设置如图10-108所示。

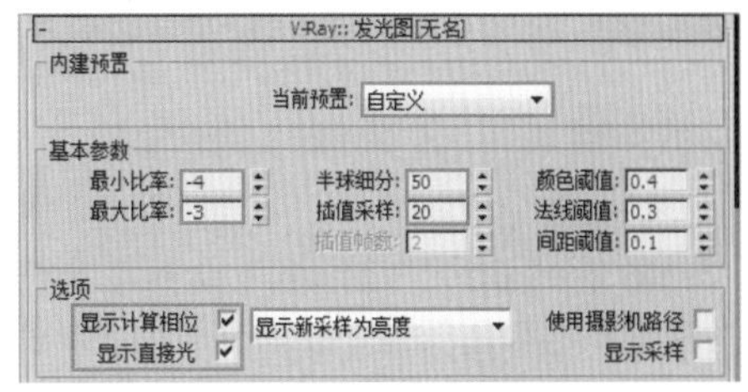

图10-108

08 展开“灯光缓存”卷展栏，然后设置“细分”为300，接着勾选“显示计算相位”选项，如图10-109所示。

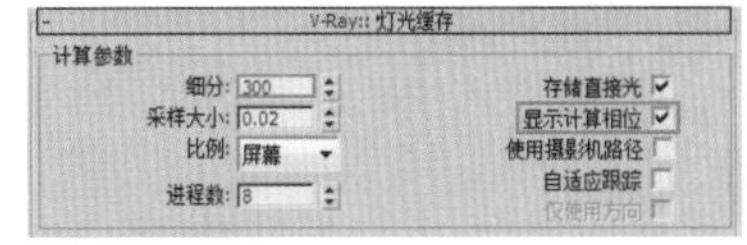

图10-109

09 单击“设置”选项卡，然后在“系统”卷展栏下设置“区域排序”为Top→Bottom，接着在“VRay日志”选项组下关闭“显示窗口”选项，具体参数设置如图10-110所示。

图10-110

10.3.3 灯光设置

本场景共需要布置4处灯光，分别是室外主光源、窗口处辅助光源、室内射灯以及餐桌上的吊灯。

1.创建主光源

01 设置灯光类型为VRay，然后在场景中创建两盏VRay灯光作为主光源，其位置如图10-111所示。

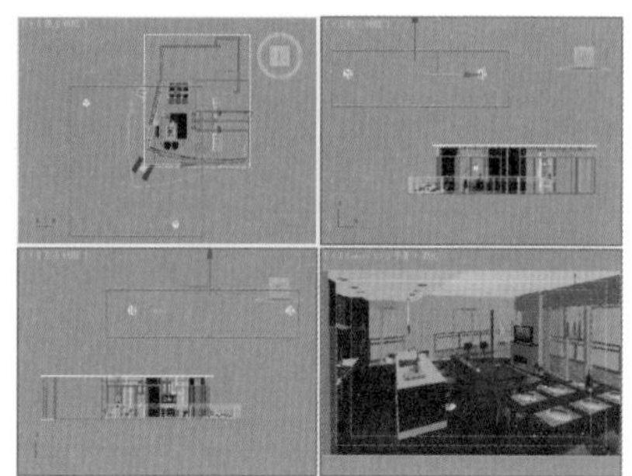

图10-111

02 选择上一步创建的VRay灯光，然后进入“修改”面板，接着展开“参数”卷展栏，具体参数设置如图10-112所示。

设置步骤：

① 在“常规”选项组下设置“类型”为“球体”。

② 在“强度”选项组下设置“倍增”为5000，然后设置“颜色”为（红:255，绿:202，蓝:155）。

③ 在“大小”选项组下设置“半径”为300mm。

④ 在“选项”选项组下勾选“不可见”选项，然后取消勾选“影响反射”选项。

03 按F9键渲染当前场景，效果如图10-113所示。

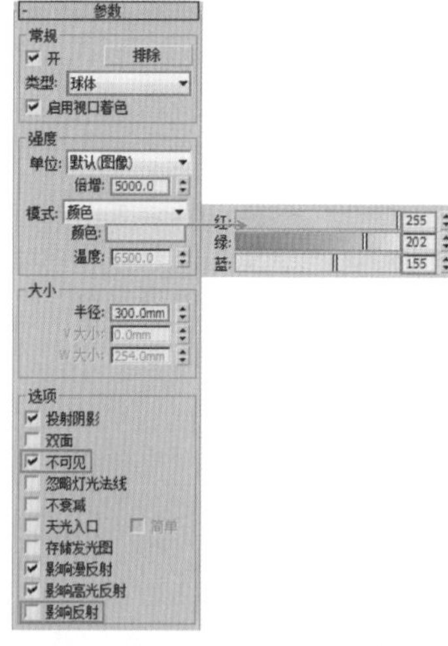

图10-112

图10-113

2.创建辅助光源

01 在场景中创建一盏VRay灯光作为辅助光源，其位置如图10-114所示。

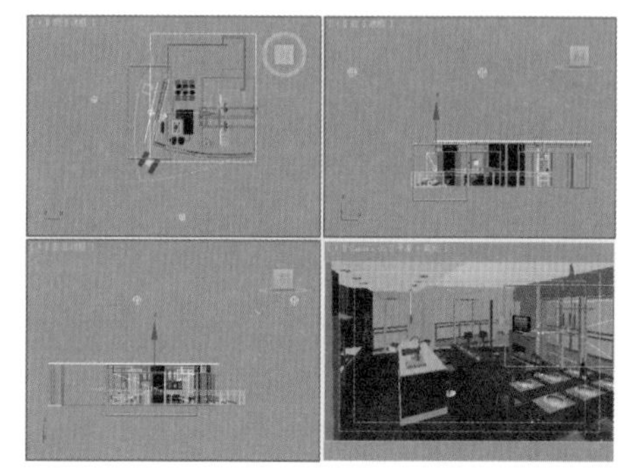

图10-114

02 选择上一步创建的VRay灯光，然后进入“修改”面板，接着展开“参数”卷展栏，具体参数设置如图10-115所示。

设置步骤：

① 在“常规”选项组下设置“类型”为“平面”。

② 在“强度”选项组下设置“倍增”为3.5，然后设置“颜色”为（红:149，绿:209，蓝:255）。

③ 在“大小”选项组下设置“1/2长”为3060mm、“1/2宽”为1100mm。

④ 在“选项”选项组下勾选“不可见”选项，然后取消勾选“影响反射”选项。

03 按F9键渲染当前场景，效果如图10-116所示。

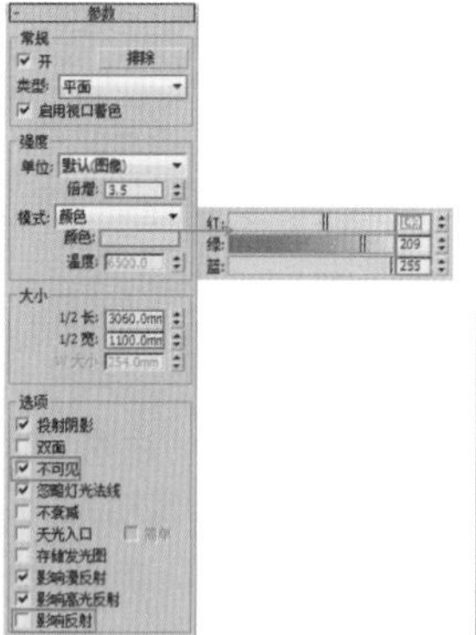

图10-115　图10-116

04 在场景中创建一盏VRay灯光作为辅助光源，其位置如图10-117所示。

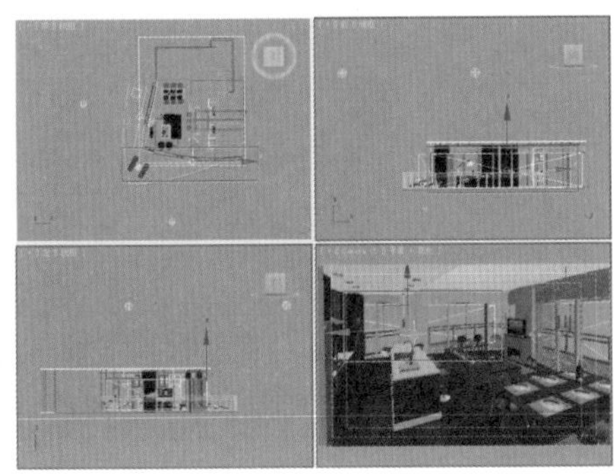

图10-117

05 选择上一步创建的VRay灯光，然后进入“修改”面板，接着展开“参数”卷展栏，具体参数设置如图10-118所示。

设置步骤：

① 在“常规”选项组下设置“类型”为“平面”。

② 在“强度”选项组下设置“倍增”为0.5，然后设置“颜色”为（红:149，绿:209，蓝:255）。

③ 在“大小”选项组下设置“1/2长”为5060mm、“1/2宽”为1120mm。

④ 在“选项”选项组下勾选“不可见”选项，然后取消勾选“影响高光反射”和“影响反射”选项。

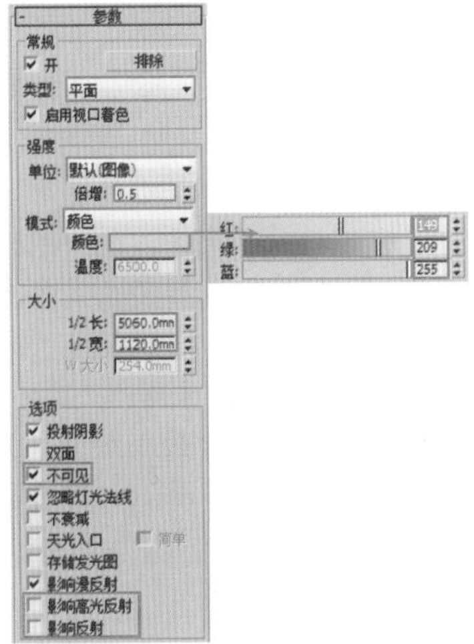

图10-118

06 按F9键渲染当前场景，效果如图10-119所示。

图10-119

3.创建射灯

01 设置灯光类型为“光度学”，然后在场景中创建6盏目标灯光作为射灯光源，其位置如图10-120所示。

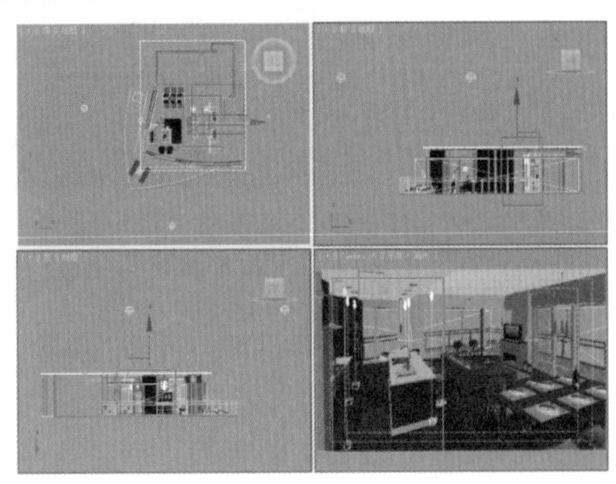

图10-120

02 选择上一步创建的目标灯光，然后进入“修改”面板，具体参数设置如图10-121所示。

设置步骤：

① 展开“常规参数”卷展栏，然后在“阴影”选项组下勾选“启用”选项，接着设置“阴影类型”为“VRay阴影”，最后在“灯光分布（类型）”选项组下设置灯光分布类型为“光度学Web”。

② 展开“分布（光度学Web）”卷展栏，然后在通道上加载光域网文件“经典筒灯.ies”。

③ 展开“强度/颜色/衰减”卷展栏，然后设置“过滤颜色”为（红:255，绿:191，蓝:109），接着设置“强度”为5000。

④ 展开“VRay阴影参数”卷展栏，然后勾选“球体”选项，接着设置“UVW大小”为254mm。

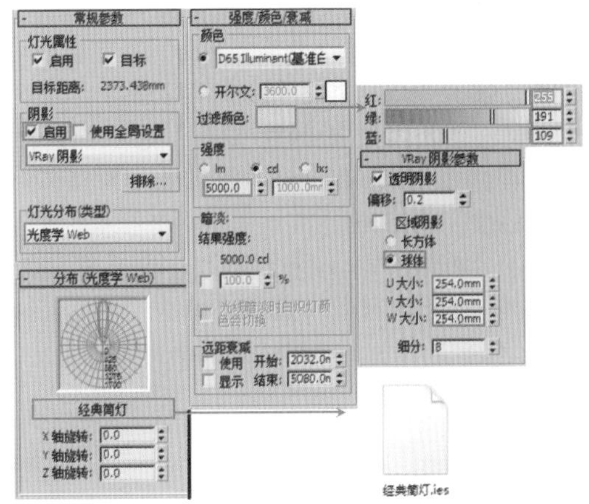

图10-121

03 按F9键渲染当前场景，效果如图10-122所示。

图10-122

4.创建吊灯

01 在场景中创建3盏目标灯光作为射灯光源，其位置如图10-123所示。

图10-123

02 选择上一步创建的目标灯光，然后进入“修改”面板，具体参数设置如图10-124所示。

设置步骤：

① 展开“常规参数”卷展栏，然后在“阴影”选项组下勾选“启用”选项，接着设置“阴影类型”为“VRay阴影”，最后在“灯光分布（类型）”选项组下设置灯光分布类型为“光度学Web”。

② 展开“分布（光度学Web）”卷展栏，然后在通道上加载光域网文件“经典筒灯.ies”。

③ 展开“强度/颜色/衰减”卷展栏，然后设置“过滤颜色”为（红:255，绿:128，蓝:15），接着设置“强度”为1500。

④ 展开“VRay阴影参数”卷展栏，然后勾选“球体”选项，接着设置“UVW大小”为254mm。

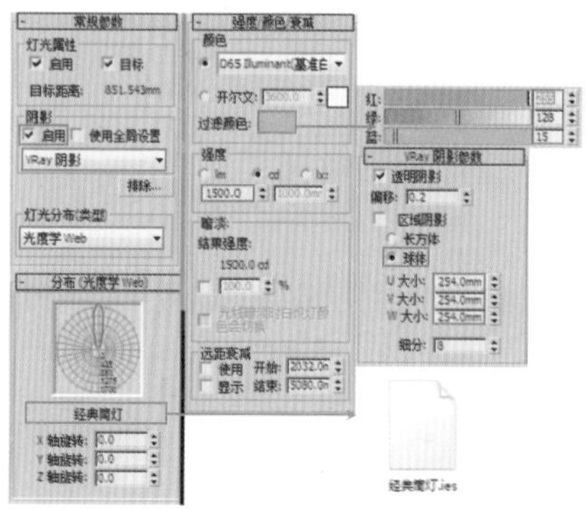
图10-124

03 按F9键渲染当前场景，效果如图10-125所示。

图10-125

10.3.4 设置最终渲染参数

01 按F10键打开“渲染设置”对话框，然后在“公用参数”卷展栏下设置“宽度”为1800、“高度”为1080，接着单击“图像纵横比”选项后面的“锁定”按钮，锁定渲染图像的纵横比，如图10-126所示。

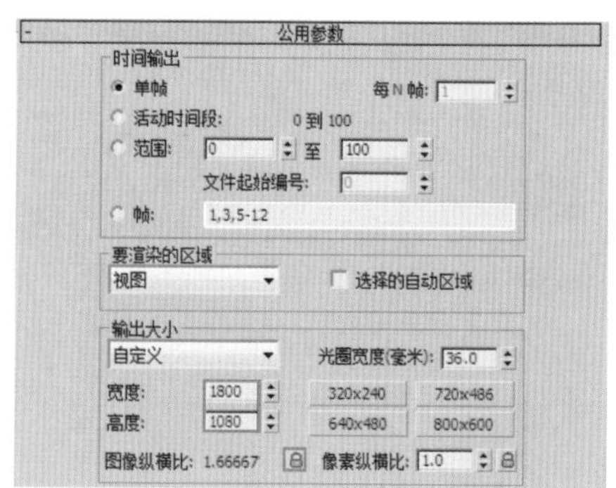
图10-126

02 展开VRay选项卡下的“图像采样器（反锯齿）”卷展栏，然后设置“图像采样器”类型为“自适应确定性蒙特卡洛”，接着设置“抗锯齿过滤器”类型为Catmull-Rom，最后展开“自适应DMC图像采样器”卷展栏，并设置“最小细分”为1、“最大细分”为4，具体参数设置如图10-127所示。

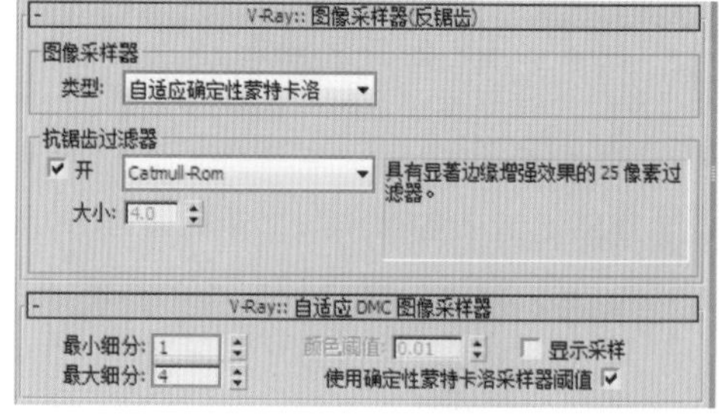
图10-127

03 单击“间接照明”选项卡，然后展开“灯光缓存”卷展栏，接着设置“细分”为1500、“进程数”为8，并勾选“显示计算相位”选项，具体参数设置如图10-128所示。

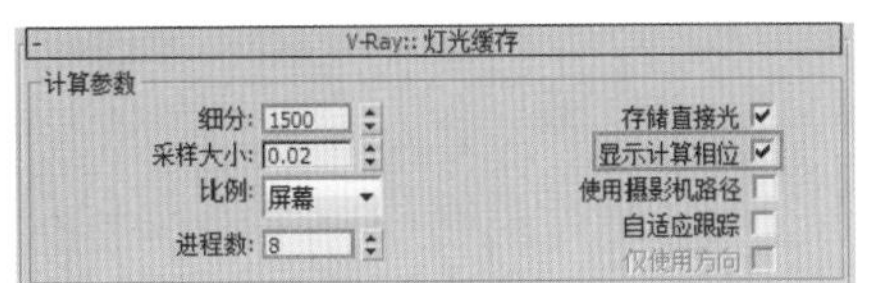

图10-128

勾选“显示计算相位”选项，在渲染时就会显示出灯光缓存计算的过程。

04 展开“发光图”卷展栏，然后设置“当前预置”为“中”，接着设置“半球细分”为60、“插值采样”为30，并勾选“显示计算相位”和“显示直接光”选项，具体参数设置如图10-129所示。

图10-129

05 展开“DMC采样器”卷展栏，然后设置“噪波阈值”为0.001、“最小采样值”为12，如图10-130所示。

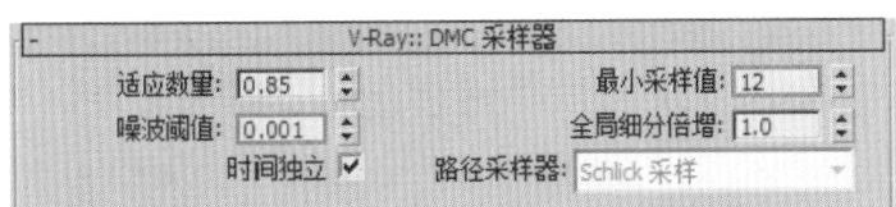

图10-130

06 按F9键渲染当前场景，最终渲染效果如图10-131所示。

图10-131

10.4 综合实例——现代客厅日景效果

素材文件	04.max
案例文件	综合实例——现代客厅日景效果.max
视频教学	视频教学/第10章/综合实例——现代客厅日景效果.flv
技术掌握	餐桌、地板材质的制作方法以及现代客厅日景的表现方法

本场景是一个小型的现代客厅空间，客厅日景表现是本例的学习重点，餐桌、地板材质是本例的学习难点，效果如图10-132所示。

图10-132

10.4.1 材质制作

本例的场景对象材质主要包括餐桌材质、地板材质、地毯材质、靠垫材质、窗帘材质、磨砂金属材质，如图10-133所示。

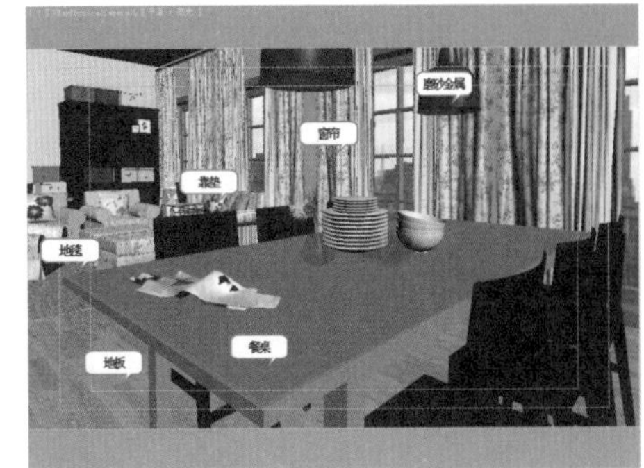

图10-133

1.制作餐桌材质

01 打开本书配套光盘中的“04.max”文件，如图10-134所示。

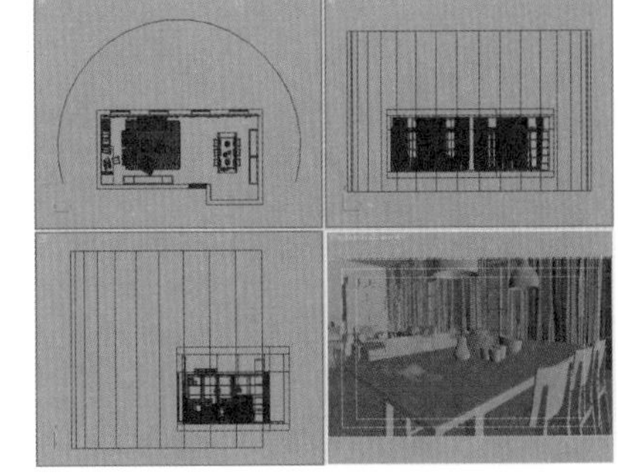

图10-134

02 选择一个空白材质球，然后设置材质类型为VRayMtl材质，并将其命名为“餐桌”，具体参数设置如图10-135所示，制作好的材质球效果如图10-136所示。

设置步骤：

① 在“漫反射”贴图通道中加载一张“VR污垢”程序贴图，然后在“VRay污垢参数”卷展栏下设置“半径”为10mm。

② 在“反射”贴图通道中加载一张“衰减”程序贴图，然后设置“衰减类型”为Fresnel，接着在“反射光泽度”通道中加载一张“餐桌黑白图.jpg”贴图文件。

③ 展开“贴图”卷展栏，然后将“反射光泽度”通道中贴图拖曳到“凹凸”贴图通道上，并设置“凹凸”强度为10。

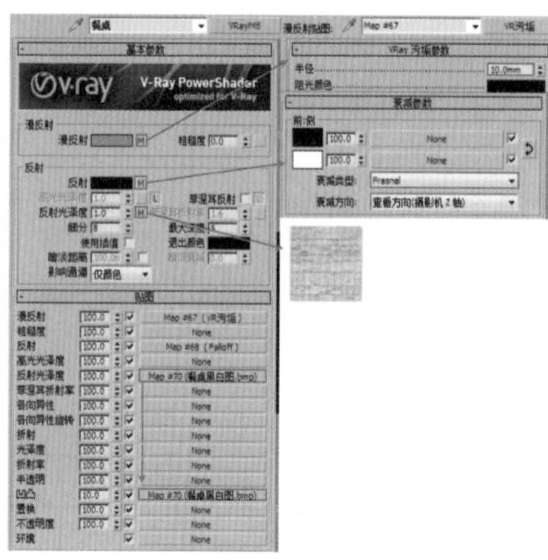

图10-135

图10-136

2.制作窗帘材质

选择一个空白材质球，然后设置材质类型为VRayMtl材质，并将其命名为“窗帘”，具体参数设置如图10-137所示，制作好的材质球效果如图10-138所示。

设置步骤：

① 在“漫反射”贴图通道中加载一张“窗帘.jpg”贴图文件。

② 设置“折射”颜色为（红:12，绿:12，蓝:12），然后勾选“影响阴影”选项，接着设置“影响通道”为“颜色+Alpha”。

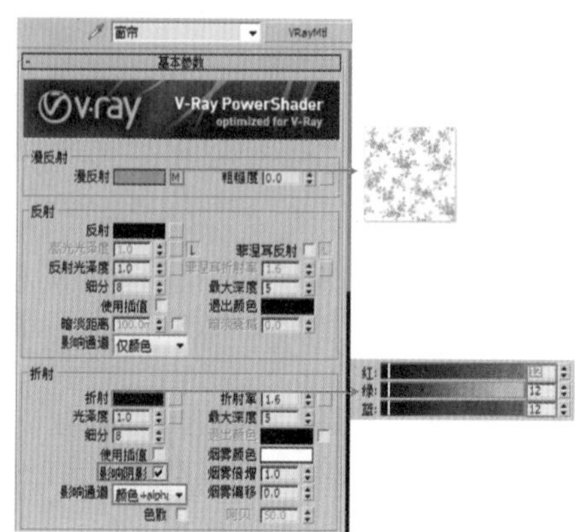

图10-137

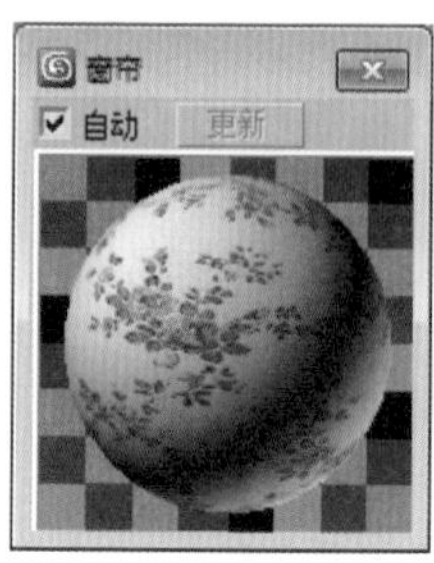

图10-138

3.制作地板材质

选择一个空白材质球，然后设置材质类型为VRayMtl材质，并将其命名为“地板”，具体参数设置如图10-139所示，制作好的材质球效果如图10-140所示。

设置步骤：

① 在“漫反射”贴图通道中加载一张“VR污垢”程序贴图，然后在“VRay污垢参数”卷展栏下设置“半径”为3mm，接着在“非阻光颜色”通道中加载一张“地板.jpg”贴图文件。

② 设置“反射”颜色为（红:24，绿:24，蓝:24），接着设置“高光光泽度”为0.83、“反射光泽度”为0.85。

③ 展开“贴图”卷展栏，然后在“凹凸”贴图通道中加载一张“地板.jpg”贴图文件。

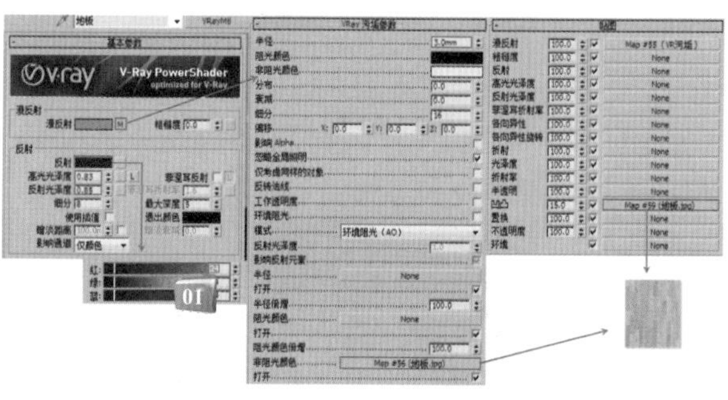

图10-139

图10-140

4.制作靠垫材质

选择一个空白材质球，然后设置材质类型为“标准”材质，并将其命名为“靠垫”，具体参数设置如图10-141所示，制作好的材质球效果如图10-142所示。

设置步骤：

① 展开“明暗器基本参数”卷展栏，然后设置明暗类型为（O）Oren-Nayar-Blinn。

② 展开“Oren-Nayar-Blinn基本参数”卷展栏，然后在“漫反射”通道中加载一张“靠垫.jpg”贴图文件，接着在“坐标”卷展栏下设置“模糊”为0.01，最后在“反射高光”选项组下设置“高光级别”为8。

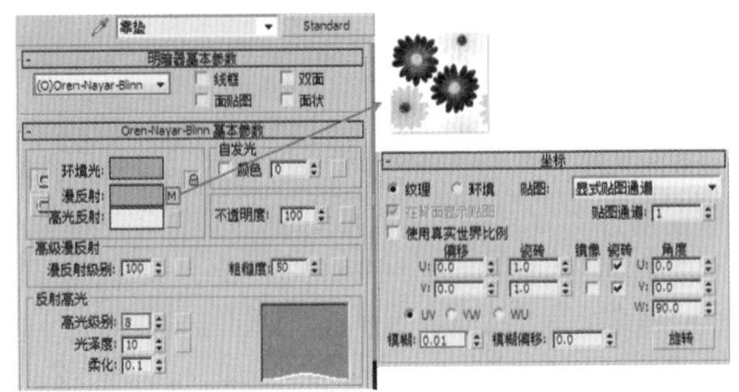

图10-141

图10-142

5.制作地毯材质

选择一个空白材质球，然后设置材质类型为“标准”材质，并将其命名为“地毯”，具体参数设置如图10-143所示，制作好的材质球效果如图10-144所示。

设置步骤：

① 展开“明暗器基本参数”卷展栏，并设置明暗类型为（O）Oren-Nayar-Blinn。

② 展开“Oren-Nayar-Blinn基本参数”卷展栏，然后在“漫反射”通道中加载一张“地毯.jpg”贴图文件，接着在“坐标”卷展栏下设置“模糊”为0.01，最后在“反射高光”选项组下设置“高光级别”为20。

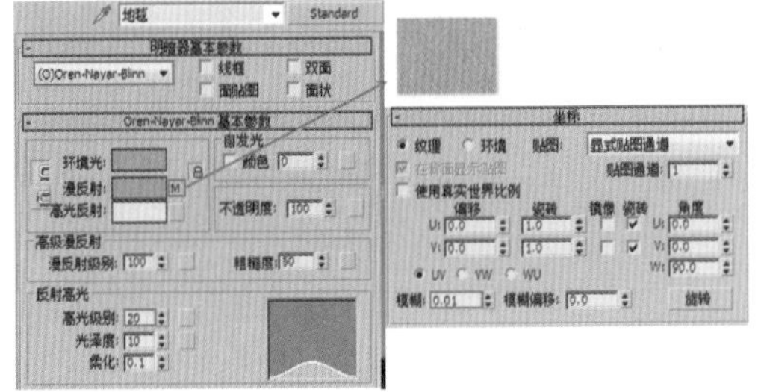

图10-143

图10-144

6.制作磨砂金属材质

选择一个空白材质球，然后设置材质类型为VRayMtl材质，并将其命名为“磨砂金属”，具体参数设置如图10-145所示，制作好的材质球效果如图10-146所示。

设置步骤：

① 展开“基本参数”卷展栏，然后设置“漫反射”颜色为（红:27，绿:27，蓝:27），接着设置“反射”颜色为（红:200，绿:200，蓝:200），最后设置“反射光泽度”为0.85。

② 展开“双向反射分布函数”卷展栏，然后设置类型为“沃德”。

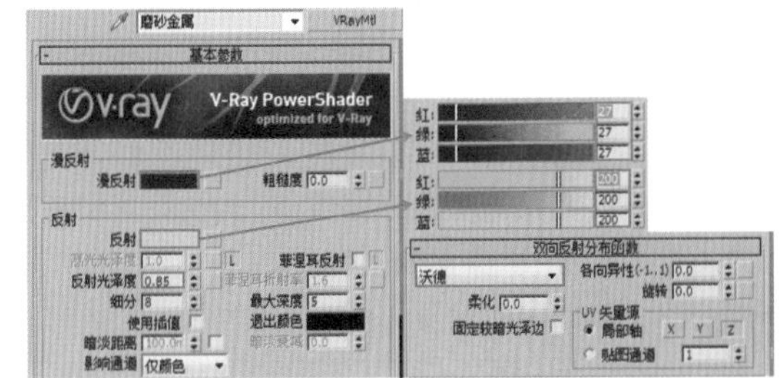

图10-145

图10-146

10.4.2 设置测试渲染参数

01 按F10键打开“渲染设置”对话框，然后设置渲染器为VRay渲染器，接着在“公用参数”卷展栏下设置“宽度”为500、“高度”为300，最后单击“图像纵横比”选项后面的“锁定”按钮，锁定渲染图像的纵横比，如图10-147所示。

图10-147

02 展开VRay选项卡下的“图像采样器（反锯齿）”卷展栏，然后设置“图像采样器”类型为“自适应细分”，接着设置“抗锯齿过滤器”类型为VRaySincFilter，最后展开“自适应细分图像采样器”卷展栏，并设置“最小比率”为0、“最大比率”为2，具体参数设置如图10-148所示。

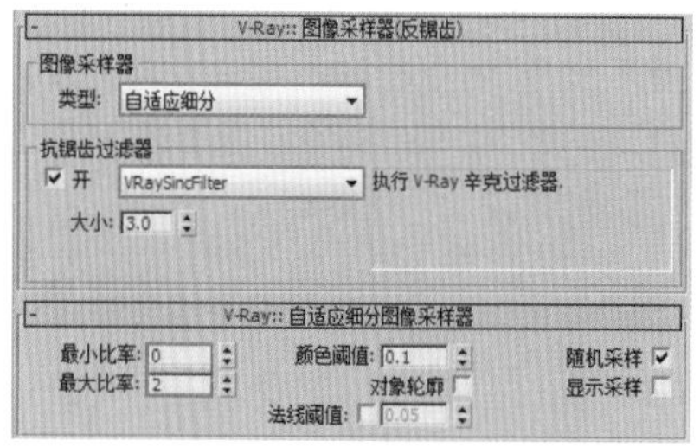

图10-148

03 展开“颜色贴图”卷展栏，然后设置“类型”为“莱因哈德”，接着设置“加深值”为0.6、“伽玛值”为1.3，最后勾选“子像素映射”、“钳制输出”和“影响背景”选项，具体参数设置如图10-149所示。

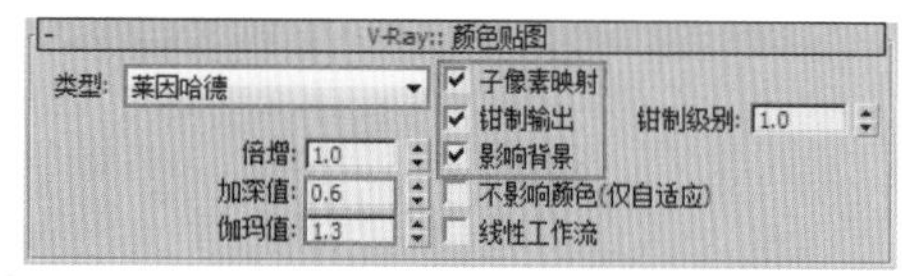

图10-149

04 单击“设置”选项卡，然后在“系统”卷展栏下设置“最大树形深度”为90、“面/级别系数”为0.5、“默认几何体”为“静态”，接着在“渲染区域分割”选项组下设置X为32、“区域排序”为Top→Bottom，最后在“VRay日志”选项组下关闭“显示窗口”选项，具体参数设置如图10-150所示。

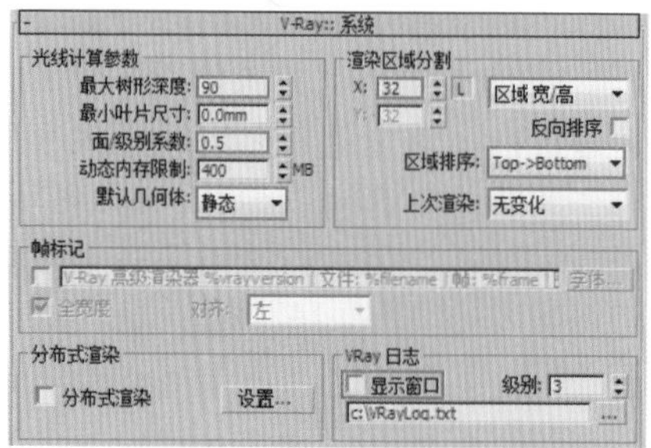

图10-150

05 单击“间接照明”选项卡，然后在“间接照明（GI）”卷展栏下勾选“开”选项，接着设置“首次反弹”的“全局照明引擎”为“发光图”、“二次反弹”的“全局照明引擎”为“灯光缓存”，如图10-151所示。

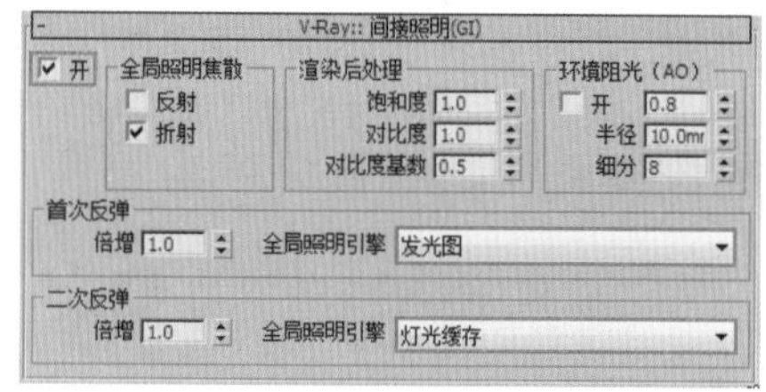

图10-151

06 展开“发光图”卷展栏，然后设置“当前预置”为“非常低”，接着设置“半球细分”为50、“插值采样”为20，最后勾选“显示计算相位”和“显示直接光”选项，具体参数设置如图10-152所示。

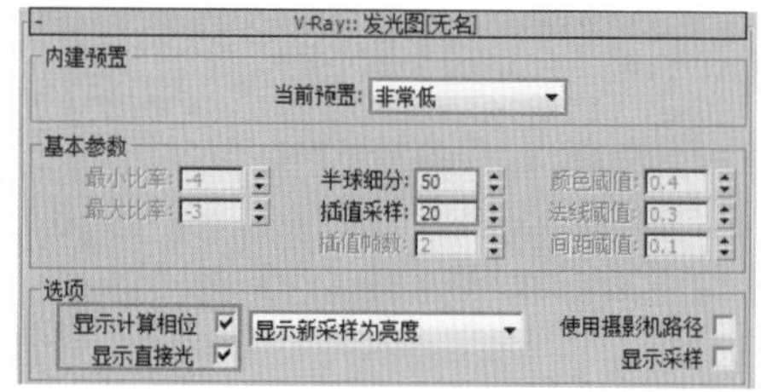

图10-152

07 展开“灯光缓存”卷展栏，然后设置“细分”为200，接着关闭“存储直接光”选项，并勾选“显示计算相位”选项，如图10-153所示。

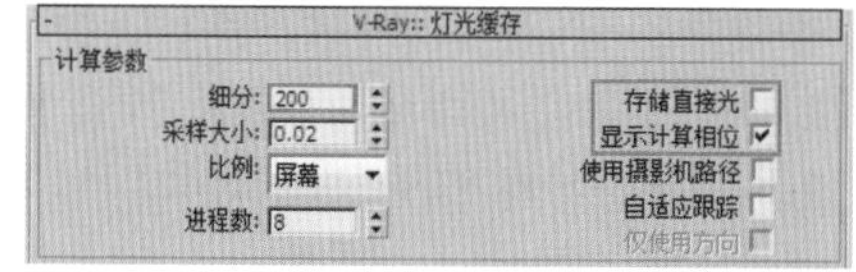

图10-153

10.4.3 灯光设置

本场景共需要布置3处灯光，分别是室外主光源、窗口处辅助光源以及餐桌上的吊灯灯光。

1.创建主光源

01 设置“灯光”类型为VRay，然后在场景中创建一盏VRay太阳作为主光源，其位置如图10-154所示。

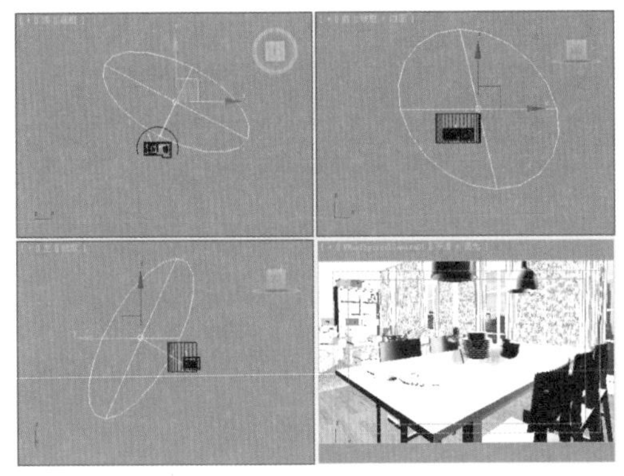

图10-154

02 选择上一步创建的VRay太阳，然后展开“VRay太阳参数”卷展栏，接着设置“浊度”为3、“强度倍增值”为0.5、“大小倍增值”为30、“阴影细分”为8，具体参数设置如图10-155所示。

03 按F9键测试渲染当前场景，效果如图10-156所示。

图10-155 图10-156

2.创建辅助光源

01 在场景中创建4盏VRay灯光作为辅助光源，其位置如图10-157所示。

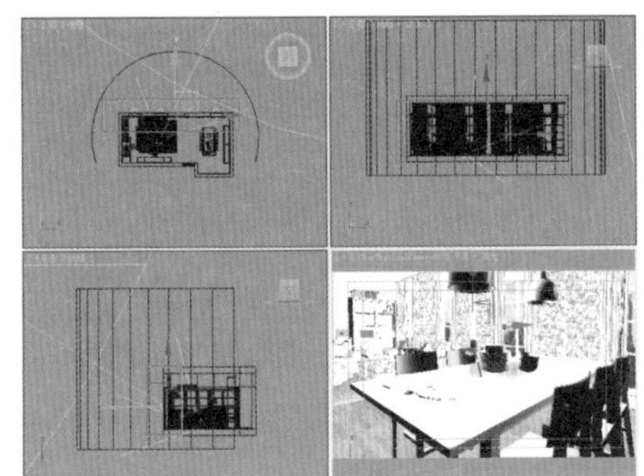

图10-157

小技巧

这4盏VRay灯光放置在窗口处，主要是用来模拟真实光照进入室内的感觉。

02 选择上一步创建的VRay灯光，然后进入“修改”面板，接着展开“参数”卷展栏，具体参数设置如图10-158所示。

设置步骤：

① 在“常规”选项组下设置“类型”为“平面”。

② 在“强度”选项组下设置“倍增”为130，然后设置“颜色”为（红:84，绿:164，蓝:255）。

③ 在“大小”选项组下设置“1/2长”为365mm、“1/2宽”为880mm。

④ 在“选项”选项组下勾选“不可见”选项。

⑤ 在“采样”选项组下设置“细分”为8。

03 按F9键测试渲染当前场景，效果如图10-159所示。

图10-158 图10-159

04 设置灯光类型为“光度学”，然后在场景中创建4盏目标灯光，其位置如图10-160所示。

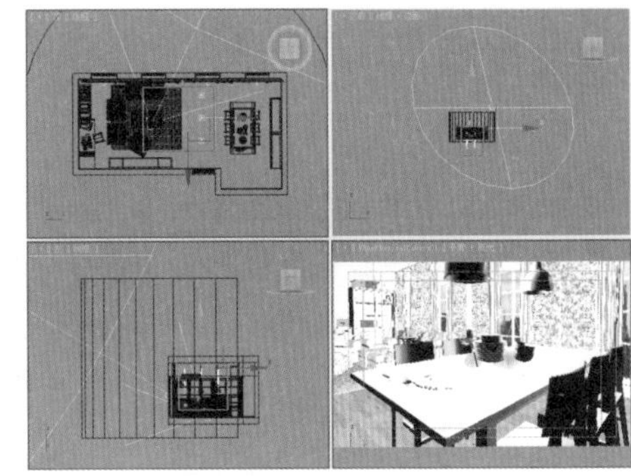

图10-160

05 选择上一步创建的目标灯光，然后进入“修改”面板，具体参数设置如图10-161所示。

设置步骤：

① 展开“常规参数”卷展栏，然后在“阴影”选项组下勾选“启用”选项，接着设置“阴影类型”为“VRay阴影”，最后在“灯光分布（类型）”选项组下设置灯光分布类型为“光度学Web”。

② 展开“分布（光度学Web）”卷展栏，然后在

通道上加载光域网文件“15.ies”。

③ 展开“强度/颜色/衰减”卷展栏，然后设置“过滤颜色”为白色，接着设置“强度”为34000。

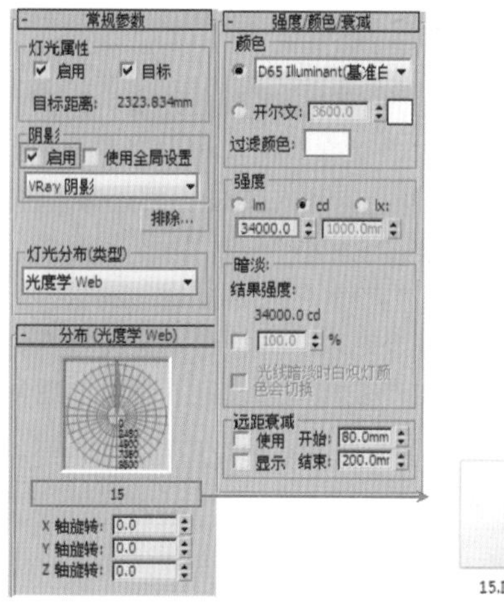

图10-161

06 按F9键测试渲染当前场景，效果如图10-162所示。

图10-162

3.创建吊灯

01 在场景中创建4盏VRay灯光作为辅助光源，其位置如图10-163所示。

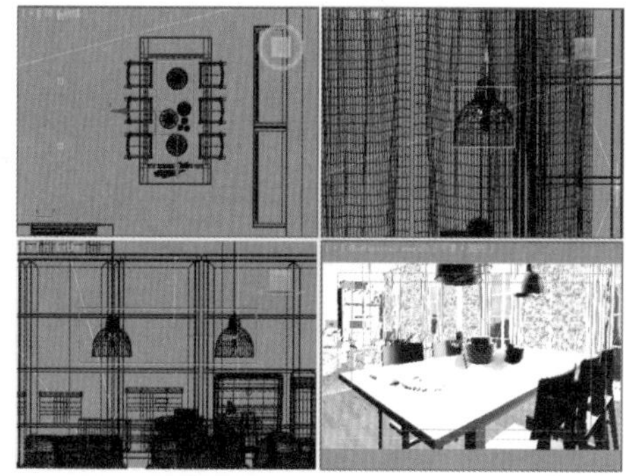

图10-163

02 选择上一步创建的VRay灯光，然后进入“修改”面板，接着展开“参数”卷展栏，具体参数设置如图10-164所示。

设置步骤：

① 在“常规”选项组下设置“类型”为“球体”。

② 在“强度”选项组下设置“倍增”为92，然后设置“颜色”为（红:255，绿:164，蓝:20）。

③ 在“大小”选项组下设置“半径”为15mm。

④ 在“选项”选项组下勾选“不可见”选项。

⑤ 在“采样”选项组下设置“细分”为8。

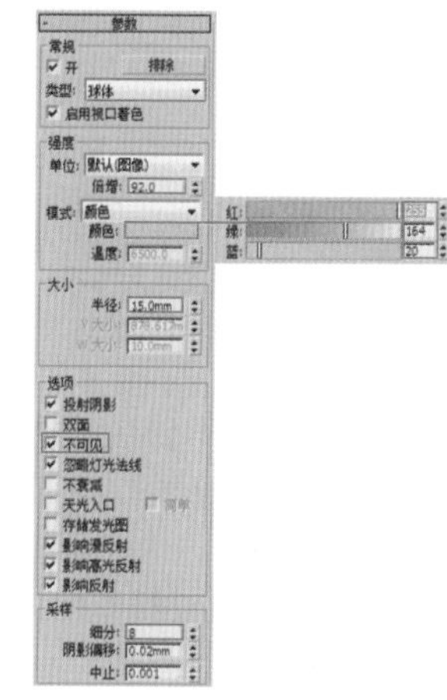

图10-164

03 按F9键测试渲染当前场景，效果如图10-165所示。

图10-165

10.4.4 设置最终渲染参数

01 按F10键打开“渲染设置”对话框，然后展开“公用参数”卷展栏，接着设置“宽度”为2000、“高度”为1200，如图10-166所示。

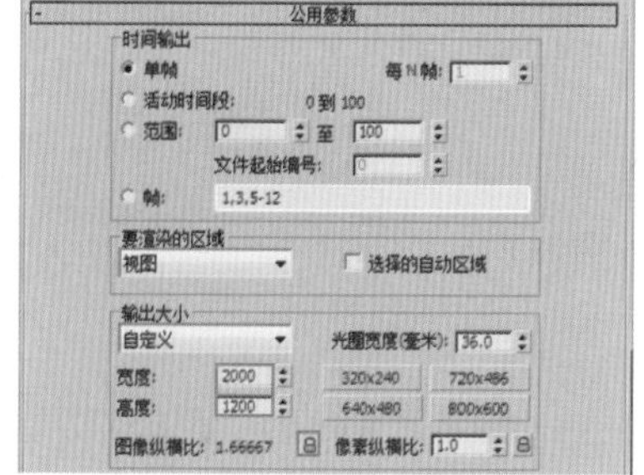

图10-166

02 单击VRay选项卡，然后在“图像采样器（反锯齿）”卷展栏下设置“图像采样器”类型为“自适应确定性蒙特卡洛”，接着设置“抗锯齿过滤器”类型为Mitchell-Netravali，最后展开“自适应DMC图像采样器”卷展栏，并设置“最小细分”为1、“最大细分”为4，具体参数设置如图10-167所示。

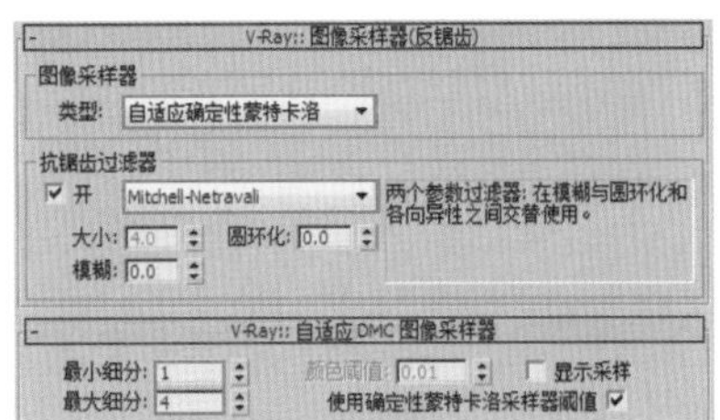

图10-167

03 单击“间接照明”选项卡，然后展开“灯光缓存”卷展栏，接着设置“细分”为1000、“进程数量”为4，最后关闭“存储直接光”选项，并勾选“显示计算相位”选项，具体参数设置如图10-168所示。

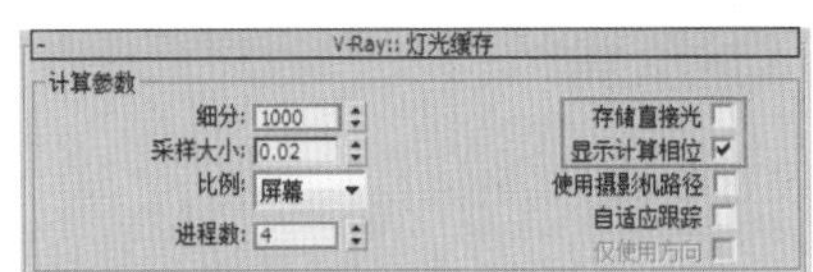

图10-168

04 展开“发光图”卷展栏，然后设置“当前预置”为“中”，接着设置“半球细分”为50、“插值采样”为20，最后勾选“显示计算相位”和“显示直接光”选项，具体参数设置如图10-169所示。

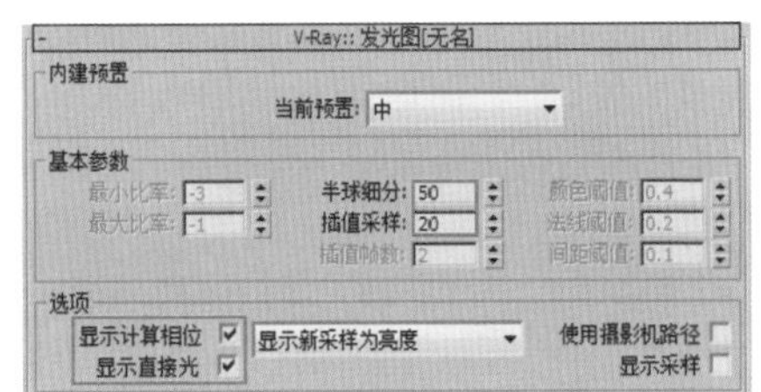

图10-169

05 按F9键渲染当前场景，最终渲染效果如图10-170所示。

图10-170

10.5 综合实例——现代厨房阴天气氛表现

素材文件	05.max
案例文件	综合实例——现代厨房阴天气氛表现.max
视频教学	视频教学/第10章/综合实例——现代厨房阴天气氛表现.flv
技术掌握	藤艺材质、黑大理石材质的制作方法以及现代厨房阴天气氛的表现方法

本场景是一个小型的现代厨房空间，厨房阴天气氛的表现是本例的学习重点，藤艺材质、窗帘材质和黑大理石材质是本例的学习难点，效果如图10-171所示。

图10-171

10.5.1 材质制作

本例的场景对象材质主要包括橱柜材质、黑木材质、白陶瓷材质、玻璃材质、藤艺材质、窗帘材质和黑大理石材质，如图10-172所示。

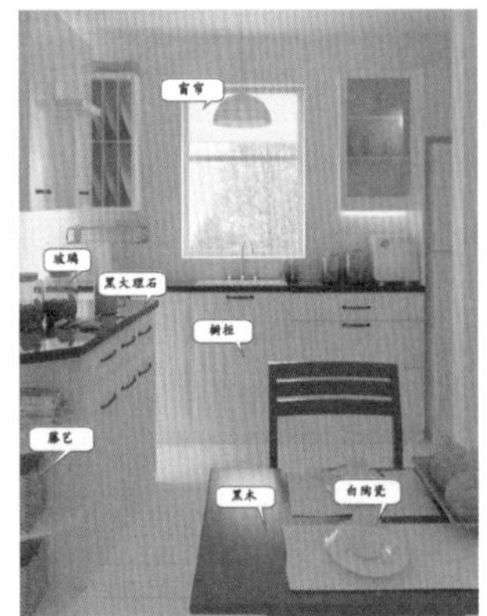

图10-172

1.制作橱柜材质

01 打开本书配套光盘中的“05.max”文件，如图10-173所示。

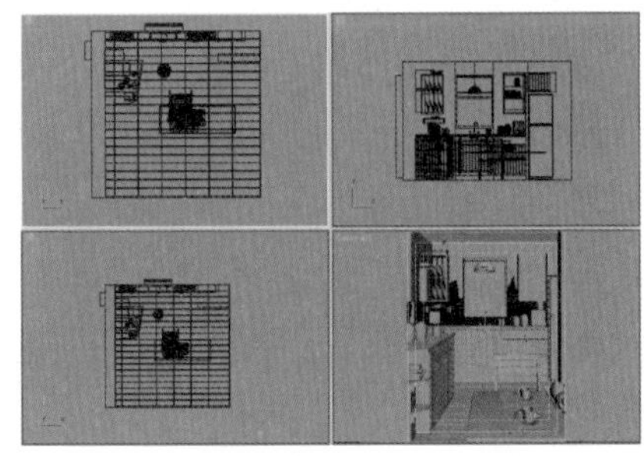

图10-173

02 选择一个空白材质球，然后设置材质类型为VRayMtl材质，并将其命名为“橱柜”，具体参数设置如图10-174所示，制作好的材质球效果如图10-175所示。

设置步骤：

① 设置“漫反射”颜色为（红:247，绿:233，蓝:220）。

② 设置“反射”颜色为（红:30，绿:30，蓝:30），接着设置“反射光泽度”为0.5、“细分”为10。

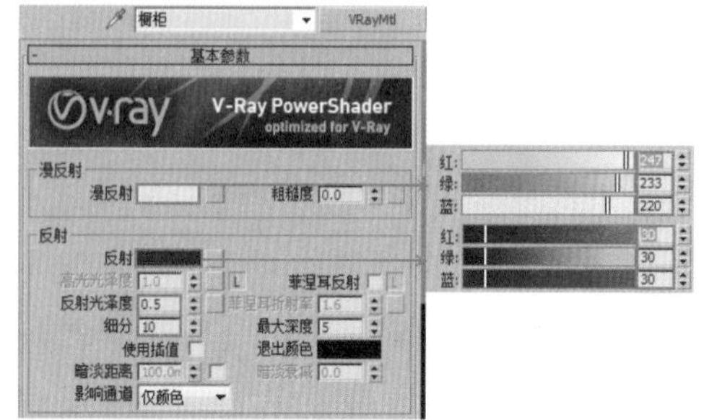

图10-174

图10-175

2.制作黑木材质

选择一个空白材质球，然后设置材质类型为VRayMtl材质，并将其命名为“黑木”，具体参数设置如图10-176所示，制作好的材质球效果如图10-177所示。

设置步骤：

① 展开“基本参数”卷展栏，然后设置“漫反射”颜色为（红:42，绿:42，蓝:42），接着在“反射”选项组下设置“高光光泽度”为0.7、“反射光泽度”为0.85、“细分”为20。

② 展开“贴图”卷展栏，然后在“反射”贴图通道中加载一张“衰减”程序贴图，接着设置“侧”通道的颜色为（红:169，绿:169，蓝:169），并设置“衰减类型”为Fresnel，最后在“环境”贴图通道中加载一张“输出”程序贴图。

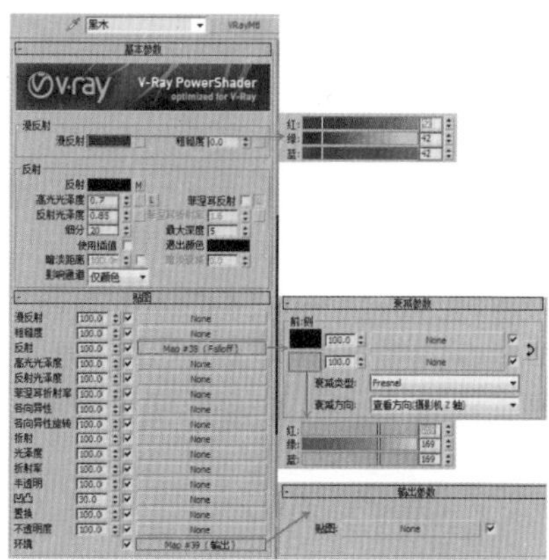

图10-176

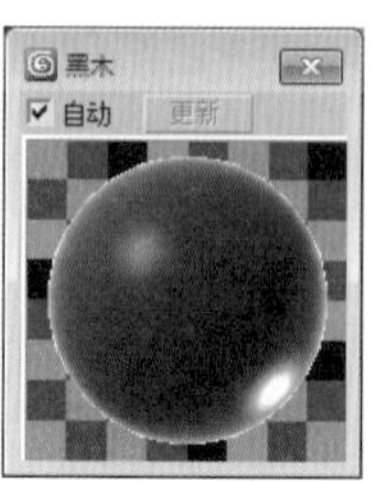

图10-177

3.制作白陶瓷材质

选择一个空白材质球，然后设置材质类型为VRayMtl材质，并将其命名为“白陶瓷”，具体参数设置如图10-178所示，制作好的材质球效果如图10-179所示。

设置步骤：

① 设置“漫反射”颜色（红:255，绿:255，蓝:255）。

② 在“反射”贴图通道中加载一张“衰减”程序贴图，然后设置“衰减类型”为Fresnel，接着设置“高光光泽度”为0.95、“反射光泽度”为1、“细分”为20。

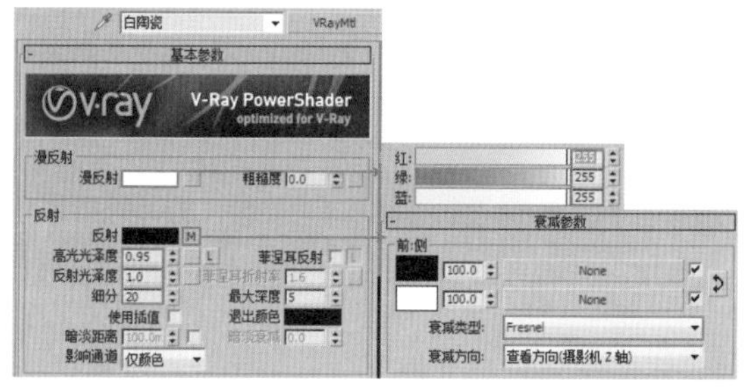

图10-178

图10-179

4.制作玻璃材质

选择一个空白材质球，然后设置材质类型为VRayMtl材质，并将其命名为“玻璃”，具体参数设置如图10-180所示，制作好的材质球效果如图10-181所示。

设置步骤：

① 设置“漫反射”颜色为（红:135，绿:89，蓝:40）。

② 设置“反射”颜色为（红:50，绿:50，蓝:50），然后设置“高光光泽度”为0.8、“反射光

泽度”为0.95、“细分”为10。

③ 设置“折射”颜色为（红:235，绿:235，蓝:235)，然后设置“折射率”为1.57、“细分”为10、“烟雾倍增”为0.1，接着勾选“影响阴影”选项。

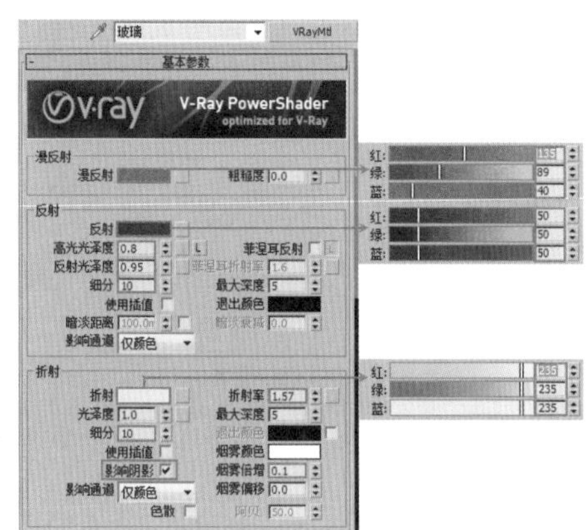

图10-180

图10-181

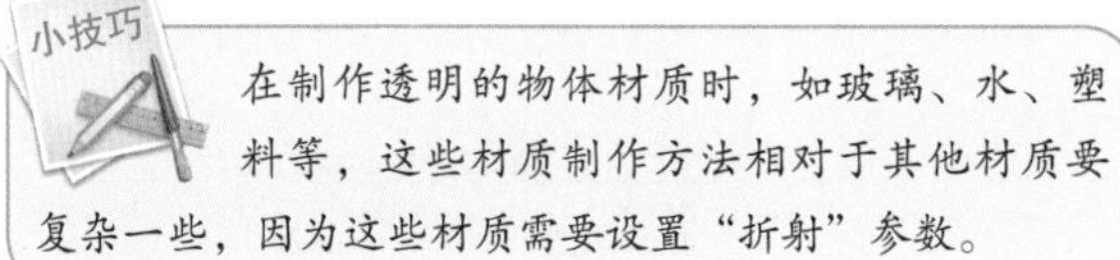

小技巧

在制作透明的物体材质时，如玻璃、水、塑料等，这些材质制作方法相对于其他材质要复杂一些，因为这些材质需要设置“折射”参数。

5.制作藤艺材质

选择一个空白材质球，然后设置材质类型为VRayMtl材质，并将其命名为“藤艺”，具体参数设置如图10-182所示，制作好的材质球效果如图10-183所示。

设置步骤：

① 在“漫反射”贴图通道中加载一张“藤条01.jpg”文件，然后在“坐标”卷展栏下设置“模糊”为0.1。

② 在“反射”贴图通道中加载一张“衰减”程序贴图，然后设置“前”通道的颜色为黑色、“侧”通道的颜色为（红:200，绿:200，蓝:200），接着设置“衰减类型”为Fresnel，最后设置“高光光泽度”为0.7、“反射光泽度”为0.79、“细分”为10。

③ 展开“贴图”卷展栏，然后在“高光光泽度”贴图通道中加载一张“藤条02.jpg”贴图文件，并设置“高光光泽度”为30，接着在“不透明度”贴图通道中加载一张相同的贴图文件。

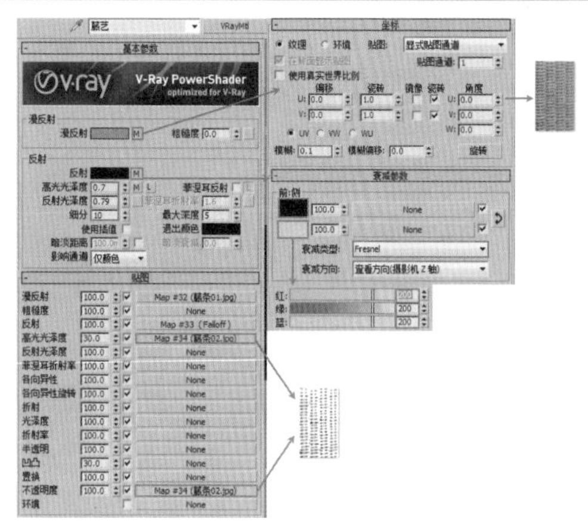

图10-182

图10-183

小技巧

在很多情况下为了节省模型的面数，都会从贴图方面寻找好的解决方法。例如在“不透明度”通道中加载黑白贴图可以使材质产生镂空效果。不过在“不透明度”通道中加载的黑白贴图要遵循“黑透白不透”的原理，意思就是说黑色的地方是可以穿透的，也就是所谓的镂空效果，而白色的地方是封闭的，灰色的地方是半透明的。

6.制作窗帘材质

选择一个空白材质球，然后设置材质类型为VRayMtl材质，并将其命名为“窗帘”，具体参数设置如图10-184所示，制作好的材质球效果如图10-185所示。

设置步骤：

① 设置“漫反射”颜色为（红:220，绿:250，蓝:255）。

② 设置“反射”颜色为（红:30，绿:30，蓝:30），然后设置“反射光泽度”为0.5。

③ 设置“折射”颜色为（红:99，绿:99，蓝:99），然后设置“光泽度”为0.85、“折射率”为1.001，接着勾选“影响阴影”选项。

④ 展开“选项”卷展栏，然后取消勾选“跟踪反射”选项。

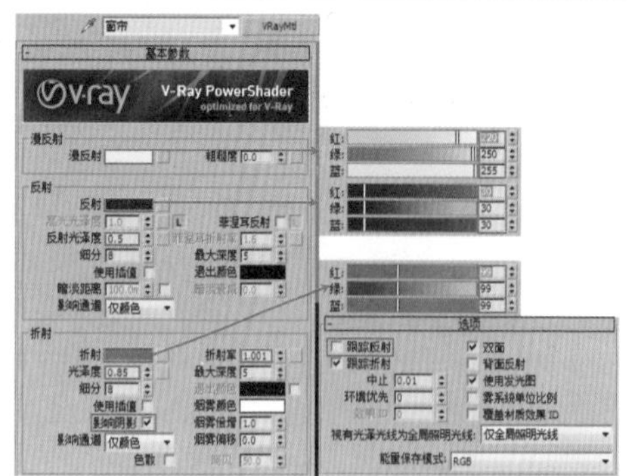

图10-184

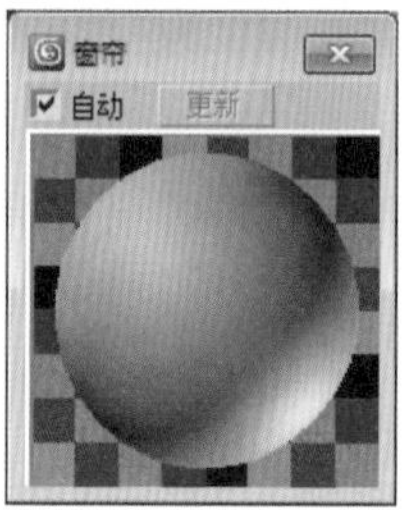

图10-185

7.制作黑大理石材质

选择一个空白材质球，然后设置材质类型为VRayMtl材质，并将其命名为“黑大理石”，具体参数设置如图10-186所示，制作好的材质球效果如图10-187所示。

设置步骤：

① 设置“漫反射”颜色为（红:8，绿:8，蓝:8）。

② 在“反射”贴图通道中加载一张“衰减”程序贴图，然后在“衰减参数”卷展栏下设置“衰减类型”为Fresnel，接着设置“高光光泽度”为0.89。

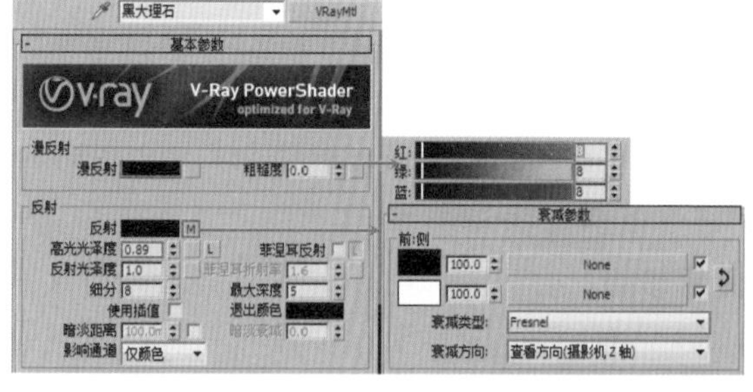

图10-186

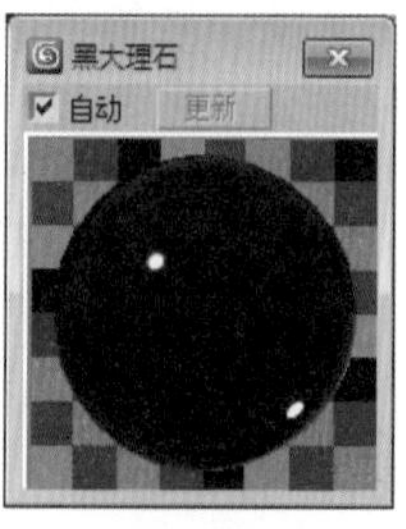

图10-187

10.5.2 设置测试渲染参数

01 按F10键打开“渲染设置”对话框，然后设置渲染器为VRay渲染器，接着在“公用参数”卷展栏下设置“宽度”为394、“高度”为500，最后单击“图像纵横比”选项后面的“锁定”按钮，锁定渲染图像的纵横比，如图10-188所示。

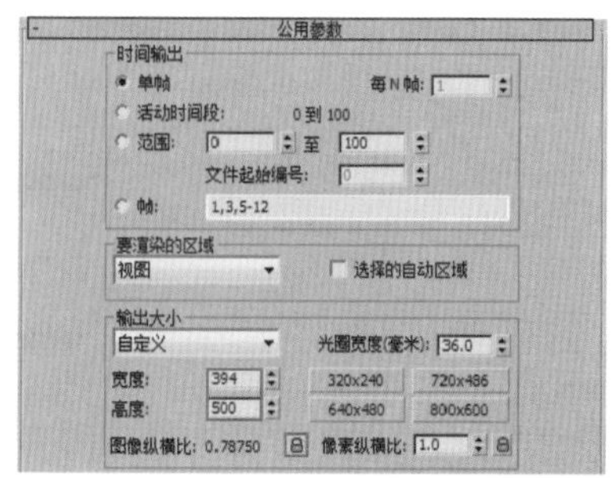

图10-188

02 展开VRay选项卡下的“图像采样器（反锯齿）”卷展栏，然后设置“图像采样器”类型为“自适应细分”，接着设置“抗锯齿过滤器”类型为VRaySincFilter，最后展开“自适应细分图像采样器”卷展栏，并设置“最小比率”为0、“最大比率”为2，具体参数设置如图10-189所示。

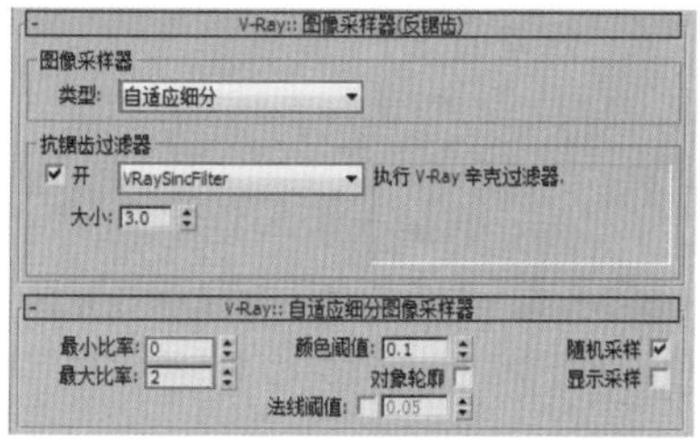

图10-189

03 展开“颜色贴图”卷展栏，然后设置“类型”为“指数”，接着设置“亮度倍增”为0.5、“伽玛值”为1.7，最后勾选“影响背景”选项，具体参数设置如图10-190所示。

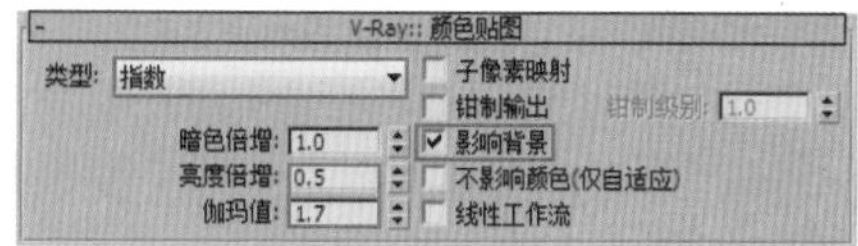

图10-190

小技巧

由于本场景使用的是自然光，所以在设置“色彩映射”时要考虑两点：一是尽量不让窗口处产生曝光过度现象；二是为了更大程度的照亮厨房场景，就需要使用“指数”方式。

04 单击“设置”选项卡，然后在“系统”卷展栏下设置“最大树形深度”为90、“面/级别系数”

为0.5、“默认几何体”为“静态”，接着在“渲染区域分割”选项组下设置X为32、“区域排序”为Top→Bottom，最后在“VRay日志”选项组下关闭“显示窗口”选项，具体参数设置如图10-191所示。

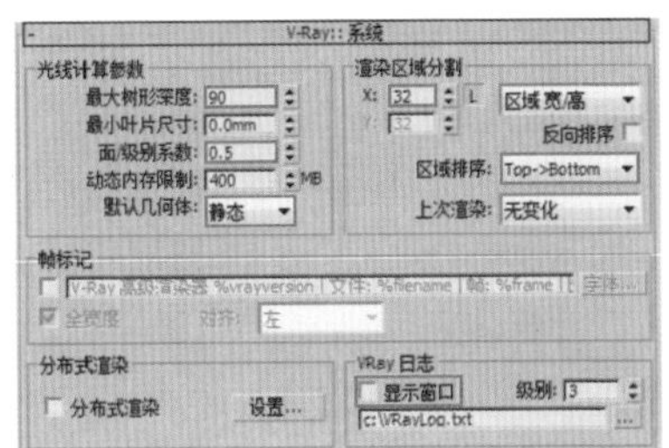

图10-191

05 单击“间接照明”选项卡，然后在“间接照明（GI）”卷展栏下勾选“开”选项，接着设置“首次反弹”的“全局照明引擎”为“发光图”、“二次反弹”的“全局照明引擎”为“灯光缓存”，如图10-192所示。

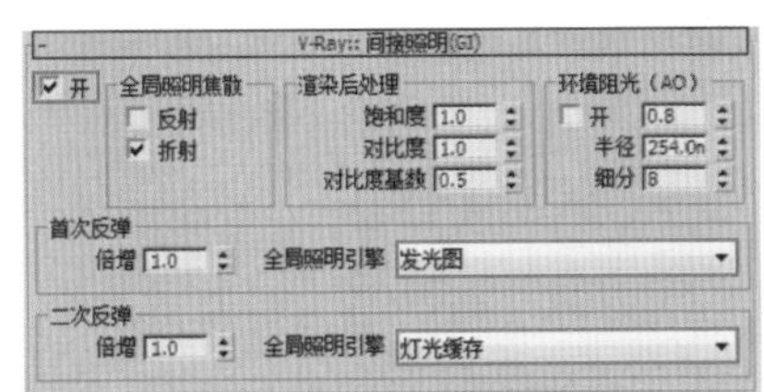

图10-192

06 展开“发光图”卷展栏，然后设置“当前预置”为“非常低”，接着设置“半球细分”为50、“插值采样”为20，最后勾选“显示计算相位”和“显示直接光”选项，具体参数设置如图10-193所示。

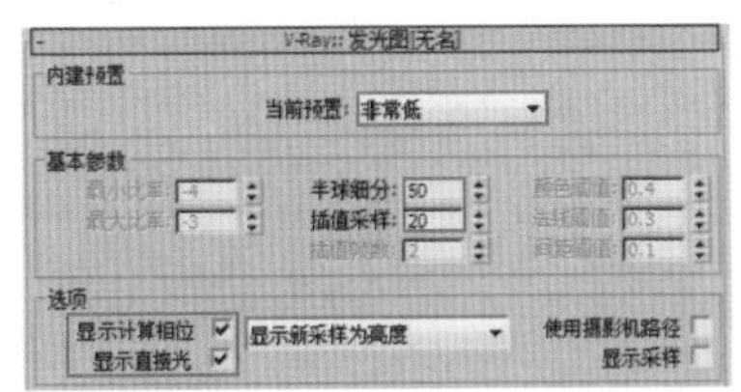

图10-193

07 展开“灯光缓存”卷展栏，然后设置“细分”为200，接着关闭“存储直接光”选项，并勾选“显示计算相位”选项，如图10-194所示。

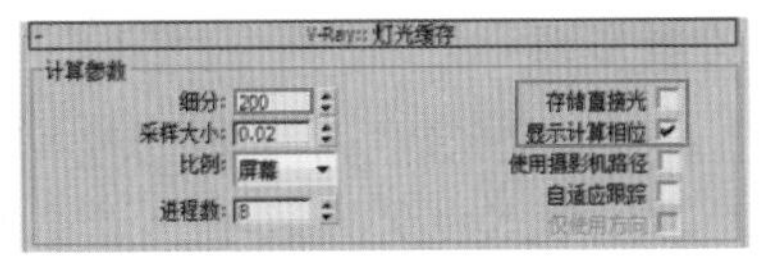

图10-194

10.5.3 灯光设置

本场景共需要布置两处灯光，分别是室外阳光和窗口处辅助光源。

1.创建阳光

01 设置灯光类型为VRay，然后在场景中创建一盏VRay太阳作为主光源，其位置如图10-195所示。

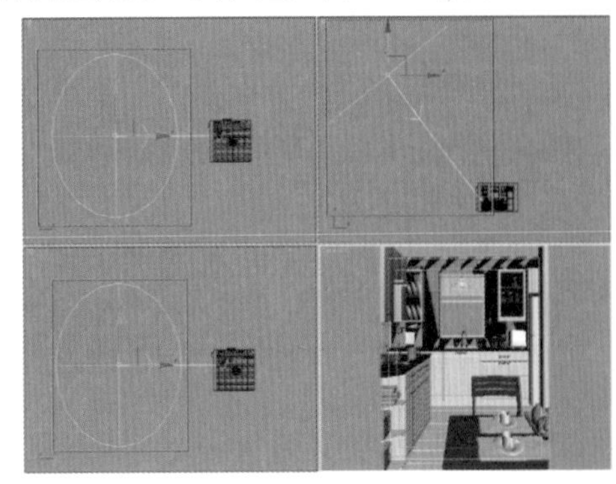

图10-195

02 选择上一步创建的VRay太阳，然后在“VRay太阳参数”卷展栏下设置“浊度”为2、“强度倍增”为0.005、“大小倍增”为10、“阴影细分”为10，具体参数设置如图10-196所示。

03 按F9键测试渲染当前场景，效果如图10-197所示。

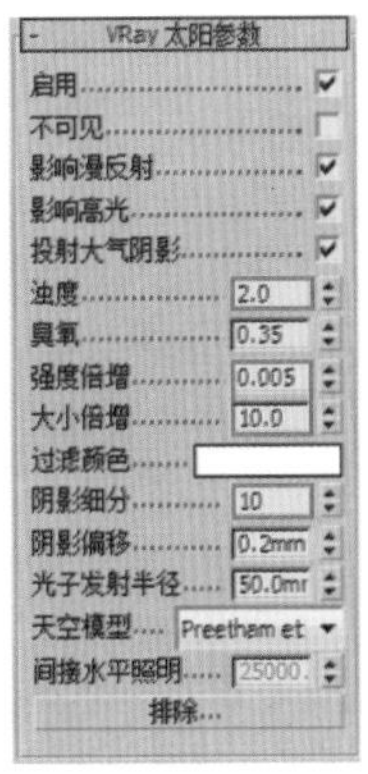

图10-196

图10-197

2.创建辅助光源

01 在场景中创建两盏VRay灯光作为辅助光源，其位置如图10-198所示。

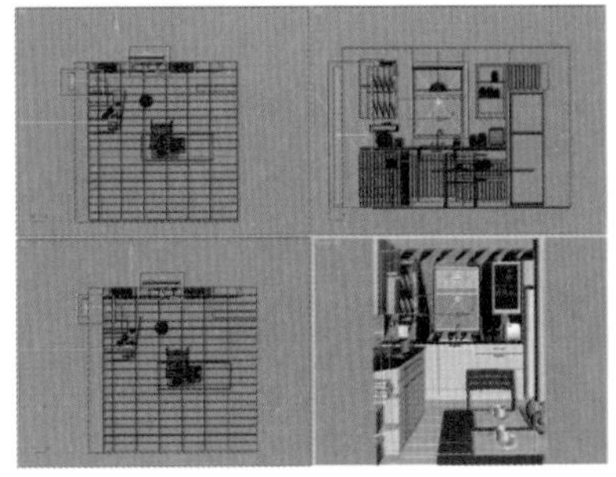

图10-198

这两盏灯光放置在窗口处，主要是用来模拟真实光照进入室内的感觉。

02 选择上一步创建的VRay灯光，然后进入“修改”面板，接着展开“参数”卷展栏，具体参数设置如图10-199所示。

设置步骤：

① 在“常规”选项组下设置“类型”为“平面”。

② 在“强度”选项组下设置“倍增”为10，然后设置“颜色”为（红:99，绿:172，蓝:255）。

③ 在“大小”选项组下设置“1/2长”为550mm、“1/2宽”为750mm。

④ 在“选项”选项组下勾选“不可见”选项。

⑤ 在“采样”选项组下设置“细分”为25。

03 按F9键测试渲染当前场景，效果如图10-200所示。

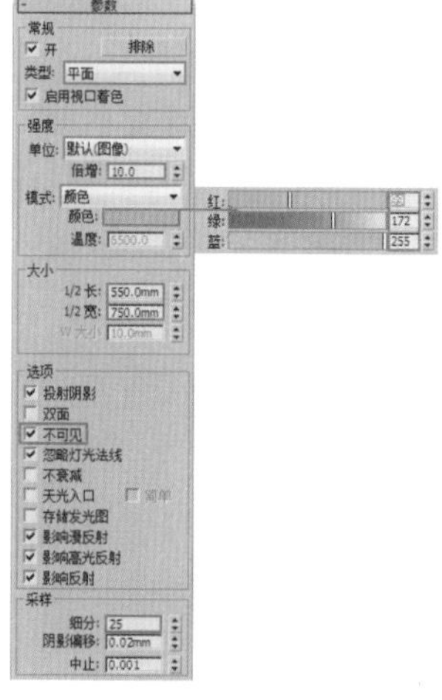

图10-199

图10-200

对于灯光颜色的设置是非常重要的，合理的灯光颜色可以营造出整个场景的气氛。

04 在场景中创建一盏VRay灯光作为辅助光源，其位置如图10-201所示。

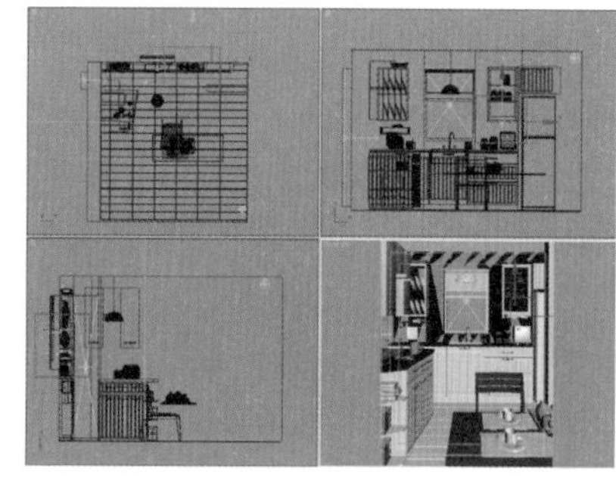

图10-201

05 选择上一步创建的VRay灯光，然后进入“修改”面板，接着展开“参数”卷展栏，具体参数设置如图10-202所示。

设置步骤：

① 在“常规”选项组下设置“类型”为“平面”。

② 在“强度”选项组下设置“倍增”为20，然后设置“颜色”为（红:255，绿:197，蓝:97）。

③ 在“大小”选项组下设置“1/2长”为293mm、“1/2宽”为5mm。

④ 在“选项”选项组下勾选“不可见”选项。

06 按F9键测试渲染当前场景，效果如图10-203所示。

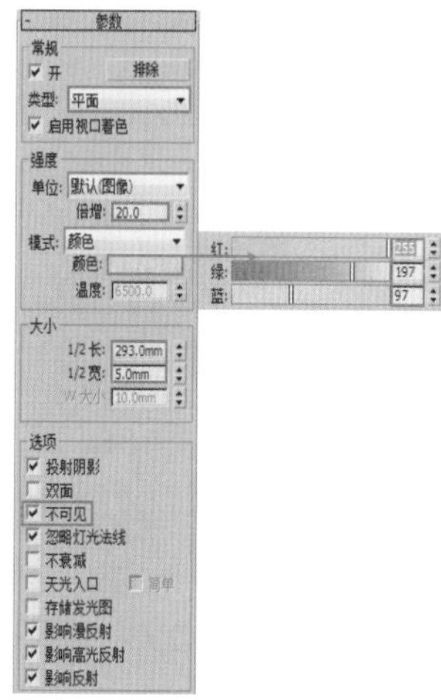

图10-202

图10-203

07 在场景中创建一盏VRay灯光作为辅助光源，其位置如图10-204所示。

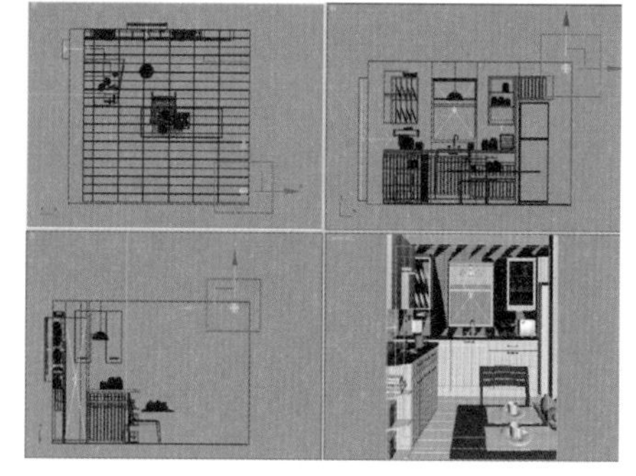

图10-204

08 选择上一步创建的VRay灯光，然后进入“修改”面板，接着展开“参数”卷展栏，具体参数设置如图10-205所示。

设置步骤：

① 在“常规”选项组下设置“类型”为“球体”。

② 在“强度”选项组下设置“倍增”为20，然后设置“颜色”为（红:255，绿:197，蓝:97）。

③ 在“大小”选项组下设置“半径”为100mm。

④ 在“选项”选项组下勾选“不可见”选项。

09 按F9键测试渲染当前场景，效果如图10-206所示。

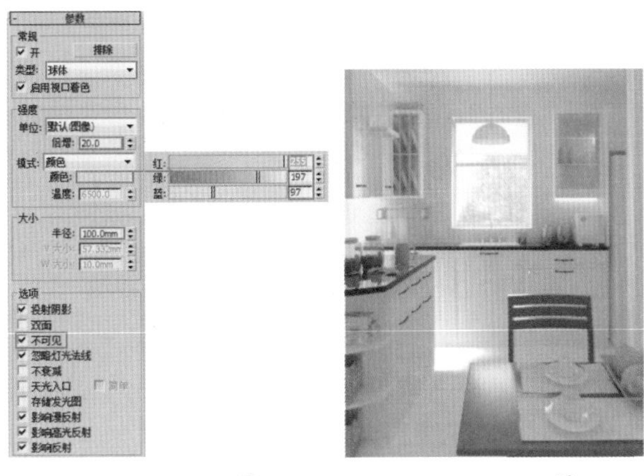

图10-205　　图10-206

10.5.4 设置最终渲染参数

01 按F10键打开“渲染设置”对话框，然后在“公用参数”卷展栏下设置“宽度”为1575、“高度”为2000，如图10-207所示。

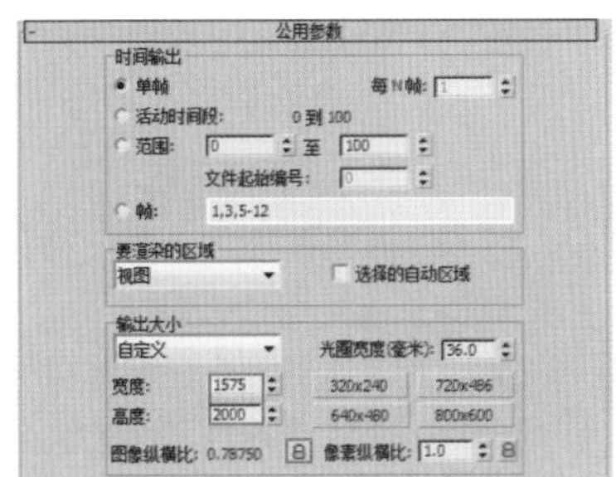

图10-207

02 单击VRay选项卡，然后在“图像采样器（反锯齿）”卷展栏下设置“图像采样器”类型为“自适应确定性蒙特卡洛”，接着设置“抗锯齿过滤器”类型为Mitchell-Netravali，最后展开“自适应DMC图像采样器”卷展栏，并设置“最小细分”为1、“最大细分”为4，具体参数设置如图10-208所示。

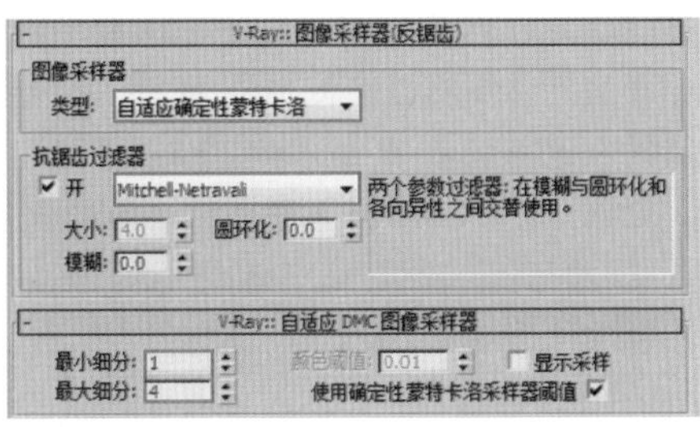

图10-208

03 单击“间接照明”选项卡，然后展开“灯光缓存”卷展栏，接着设置“细分”为1000、“进程数”为4，并关闭“存储直接光”选项，最后勾选“显示计算相位”选项，具体参数设置如图10-209所示。

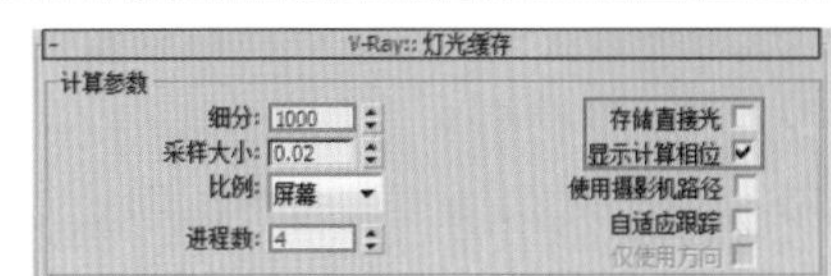

图10-209

04 展开“发光图”卷展栏，然后设置“当前预置”为“低”，接着勾选“显示计算相位”和“显示直接光”选项，如图10-210所示。

图10-210

05 按F9键渲染当前场景，最终渲染效果如图10-211所示。

图10-211

10.5.5 后期处理

01 启动Photoshop，然后导入前面渲染好的效果图，如图10-212所示。

图10-212

02 按Ctrl+B组合键打开“色彩平衡”对话框，然后设置青色的“色阶”为–10，接着设置黄色的“色阶”为9，具体参数设置如图10-213所示。

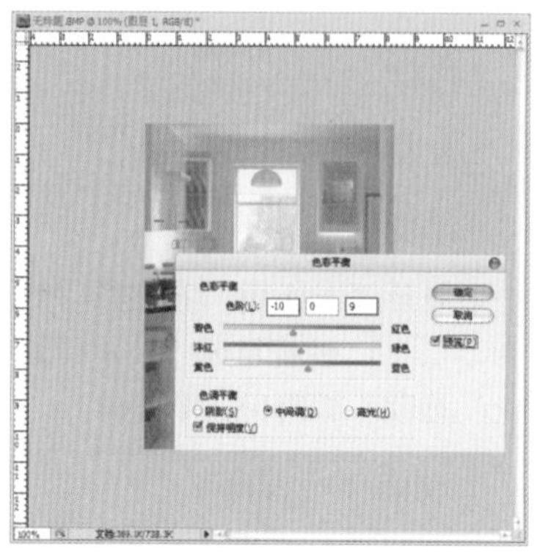

图10-213

03 按Ctrl+Shift+S组合键将调整好的效果图保存好，最终效果如图10-214所示。

图10-214

10.6 综合实例——简欧厨房夜景效果

素材文件	06.max
案例文件	综合实例——简欧厨房夜景效果.max
视频教学	视频教学/第10章/综合实例——简欧厨房夜景效果.flv
技术掌握	墙面材质的制作方法以及厨房夜景的表现方法

本场景是一个小型的厨房空间，厨房夜景的表现是本例的学习重点，墙面材质是本例的学习难点，效果如图10-215所示。

图10-215

10.6.1 材质制作

本例的场景对象材质主要包括木纹材质、地面材质、墙面材质、竹篮材质、白瓷材质、磨砂金属材质，如图10-216所示。

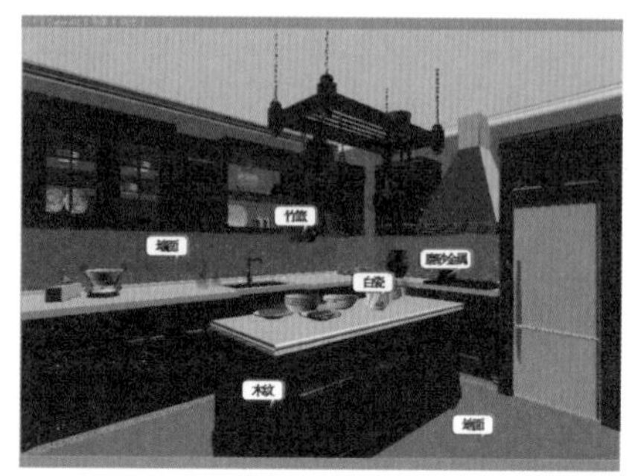

图10-216

1.制作木纹材质

01 打开本书配套光盘中的“06.max”文件，如图10-217所示。

图10-217

02 选择一个空白材质球，然后设置材质类型为VRayMtl材质，并将其命名为“木纹”，具体参数设置如图10-218所示，制作好的材质球效果如图10-219所示。

设置步骤：

① 在“漫反射”通道中加载一张“木纹.jpg”贴图文件，然后在“坐标”卷展栏下设置偏移的“*V*”为0.32。

② 设置“反射”颜色为（红:193，绿:210，蓝:246），然后设置“高光光泽度”为0.83、“反射光泽度”为0.85、“细分”为20，接着勾选“菲涅耳反射”选项。

③ 展开“贴图”卷展栏，然后将“漫反射”贴图通道中贴图拖曳到“凹凸”贴图通道上，并设置“凹凸”强度为5。

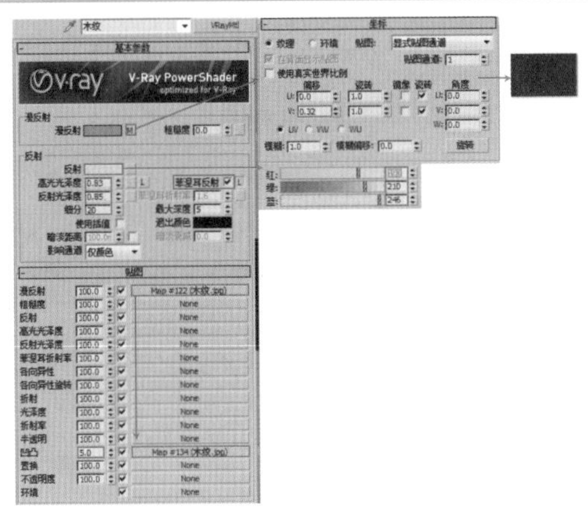

图10-218

图10-219

2.制作地面材质

选择一个空白材质球，然后设置材质类型为VRayMtl材质，并将其命名为“地面”，具体参数设置如图10-220所示，制作好的材质球效果如图10-221所示。

设置步骤：

① 在“漫反射”通道中加载一张“地面.jpg”贴图文件。

② 设置“反射”颜色为（红:253，绿:253，蓝:253），然后设置“反射光泽度”为0.85、“细分”为16，接着勾选“菲涅耳反射”选项。

③ 展开“贴图”卷展栏，然后将“漫反射”贴图通道中贴图拖曳到“凹凸”贴图通道上，并设置“凹凸”强度为150。

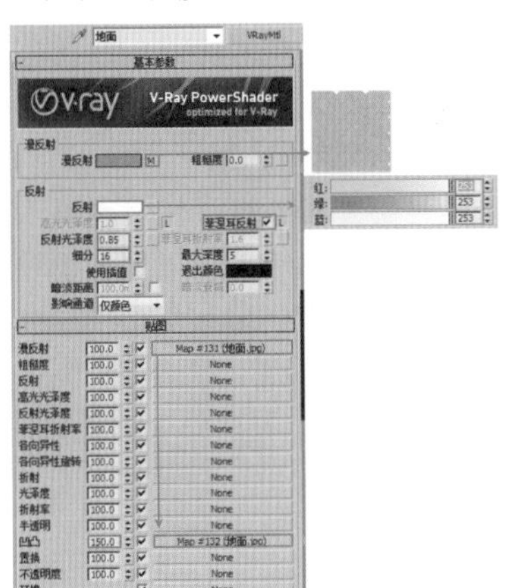

图10-220 图10-221

3.制作墙面材质

选择一个空白材质球，然后设置材质类型为VRayMtl材质，并将其命名为“墙面”，具体参数设置如图10-222所示，制作好的材质球效果如图10-223所示。

设置步骤：

① 在“漫反射”贴图通道中加载一张“平铺”程序贴图，然后在“坐标”卷展栏下设置“瓷砖”的“*U*、*V*”为2，接着在“标准控制”卷展栏下设置“预设类型”为“堆栈砌合”。

② 展开“高级控制”卷展栏，然后在“平铺设置”选项组下纹理通道上加载“墙面1.jpg”贴图文件，并设置“水平数”、“垂直数”为2，接着在“砖缝设置”选项组下纹理通道上加载“墙面2.jpg”贴图文件，并设置“水平间距”、“垂直间距”为0.1。

③ 设置反射颜色为（红:200，绿:200，蓝:200），然后设置“高光光泽度”为0.82、“反射光泽度”为0.85、“细分”为12，最后勾选“菲涅耳反射”选项。

④ 展开“贴图”卷展栏，然后将“漫反射”贴图通道中贴图拖曳到“凹凸”贴图通道上，并设置“凹凸”强度为300。

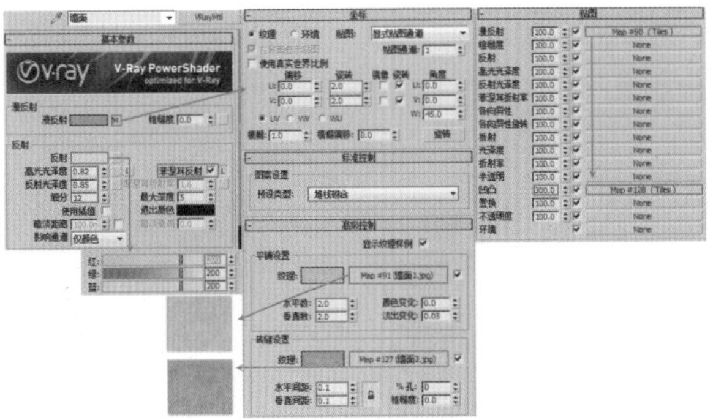

图10-222

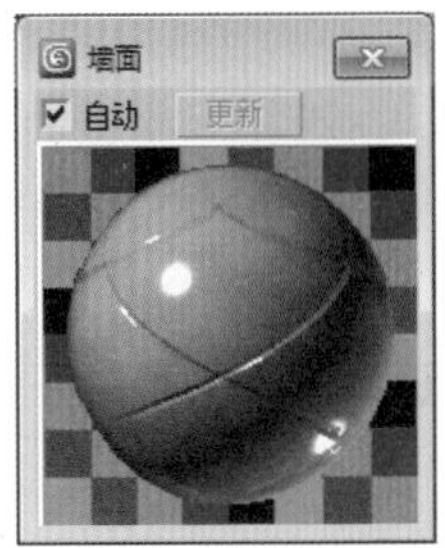

图10-223

4.制作竹篮材质

选择一个空白材质球，然后设置材质类型为VRayMtl材质，并将其命名为“竹篮”，具体参数设置如图10-224所示，制作好的材质球效果如图10-225所示。

设置步骤：

① 在“漫反射”贴图通道中加载一张“竹篮.jpg”贴图文件，然后在“坐标”卷展栏下设置“瓷砖”的“*V*”为3，接着设置“模糊”为0.01。

② 在“反射”贴图通道中加载一张“衰减”程序贴图，然后在“衰减参数”卷展栏下设置“侧”颜色为（红:188，绿:188，蓝:188），接着设置“衰减类型”为Fresnel，最后设置“高光光泽度”为0.85、“反射光泽度”为0.8、“细分”为12。

③ 展开“贴图”卷展栏，然后将“漫反射”贴图通道中贴图拖曳到“凹凸”贴图通道上，并设置“凹凸”强度为50。

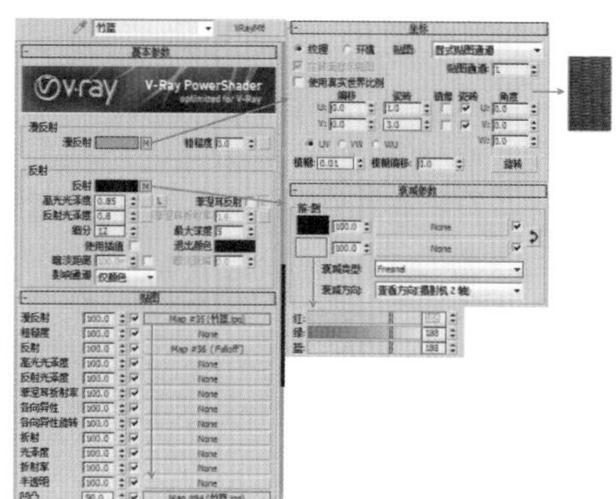

图10-224

图10-225

5.制作白瓷材质

选择一个空白材质球，然后设置材质类型为VRayMtl材质，并将其命名为“白瓷”，具体参数设置如图10-226所示，制作好的材质球效果如图10-227所示。

设置步骤：

① 设置“漫反射”颜色为（红:250，绿:250，蓝:250）。

② 在“反射”贴图通道中加载一张“衰减”程序贴图，然后在“衰减参数”卷展栏下设置“衰减类型”为Fresnel，最后设置“高光光泽度”为0.9、“反射光泽度”为0.92。

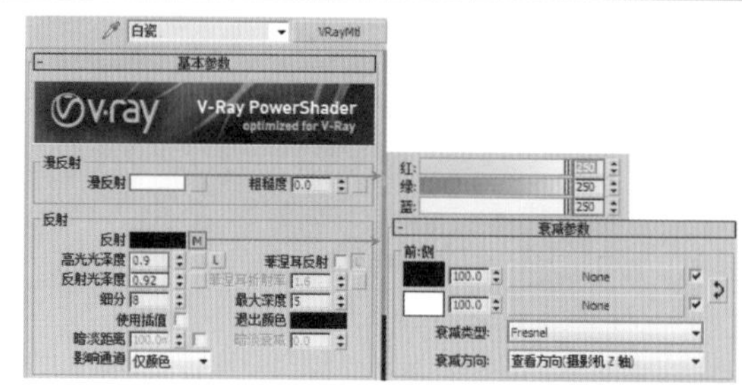

图10-226

图10-227

6.制作磨砂金属材质

选择一个空白材质球，然后设置材质类型为VRayMtl材质，并将其命名为“磨砂金属”，具体参数设置如图10-228所示，制作好的材质球效果如图10-229所示。

设置步骤：

① 设置“漫反射”颜色为（红:0，绿:0，蓝:0）。

② 设置“反射”颜色为（红:188，绿:188，蓝:188），然后设置“反射光泽度”为0.75，“细分”为6。

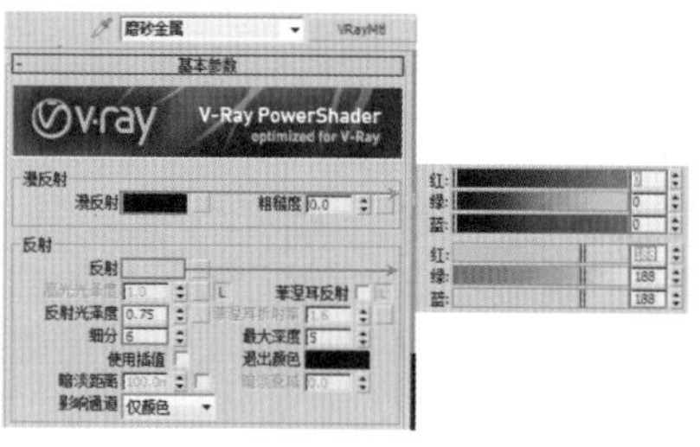

图10-228

图10-229

10.6.2 设置测试渲染参数

01 按F10键打开“渲染设置”对话框，然后设置渲染器为VRay渲染器，接着在“公用参数”卷展栏下设置“宽度”为500、“高度”为348，最后单击“图像纵横比”选项后面的“锁定”按钮，锁定渲染图像的纵横比，如图10-230所示。

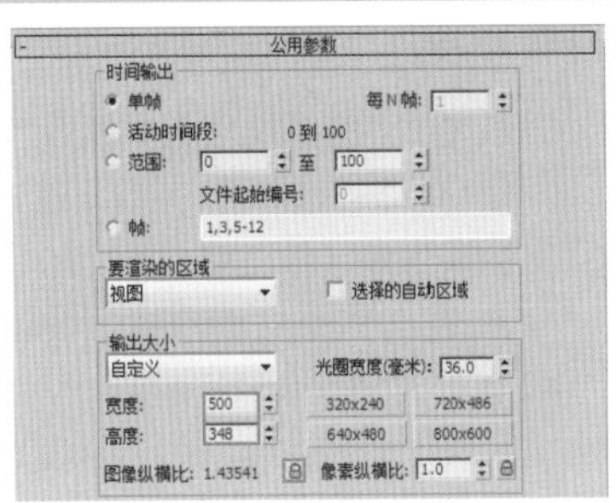

图10-230

02 单击VRay选项卡，然后在“图像采样器（反锯齿）”卷展栏下设置“图像采样器”类型为“固定”，接着取消勾选“开”选项，最后展开“固定图像采样器”卷展栏，并设置“细分”为1，具体参数设置如图10-231所示。

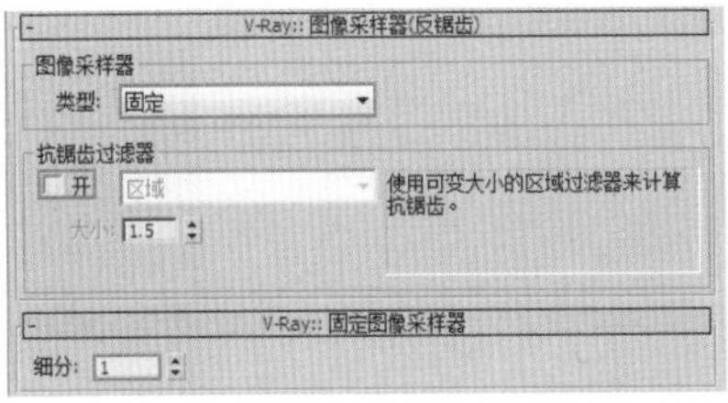

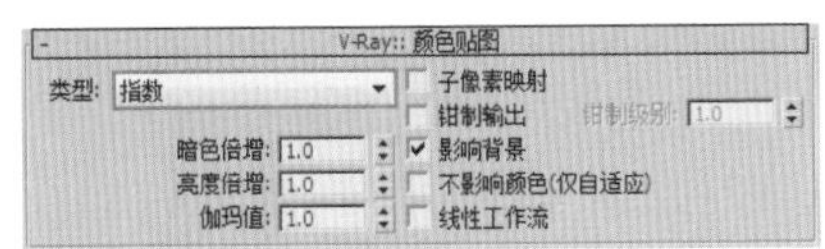

图10-231

03 展开“颜色贴图”卷展栏，然后设置“类型”为“指数”，如图10-232所示。

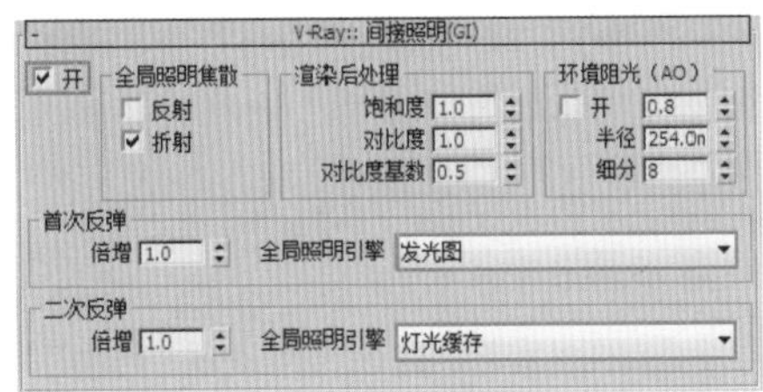

图10-232

04 单击“间接照明”选项卡，然后在“间接照明（GI）”卷展栏下勾选“开”选项，接着设置“首次反弹”的“全局照明引擎”为“发光图”、“二次反弹”的“全局照明引擎”为“灯光缓存”，如图10-233所示。

图10-233

05 展开“发光图”卷展栏，然后设置“当前预置”为“自定义”，接着设置“最小比率”为-4、“最大比率”为-3、“半球细分”为50、“插值采样”为20，最后勾选“显示计算相位”和“显示直接光”选项，具体参数设置如图10-234所示。

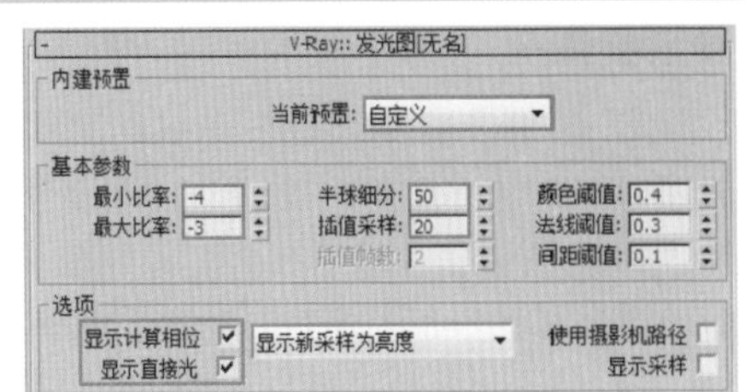

图10-234

06 展开“灯光缓存”卷展栏，然后设置“细分”为300，接着勾选“显示计算相位”选项，如图10-235所示。

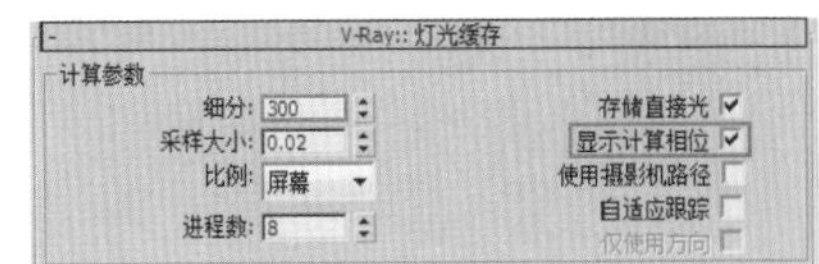

图10-235

07 单击“设置”选项卡，然后在“系统”卷展栏下设置“区域排序”为Top→Bottom，接着在“VRay日志”选项组下关闭“显示窗口”选项，具体参数设置如图10-236所示。

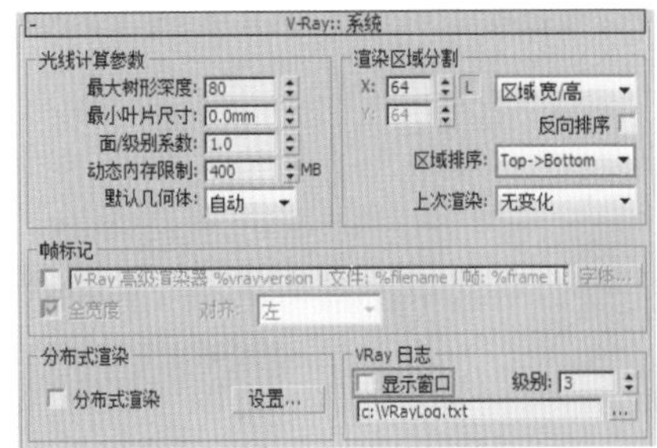

图10-236

10.6.3 灯光设置

本场景共需要布置两处灯光，分别是室内主光源和辅助光源。

1.创建主光源

01 设置灯光类型为“光度学”，然后在场景中创建21盏目标灯光作为主光源，其位置如图10-237所示。

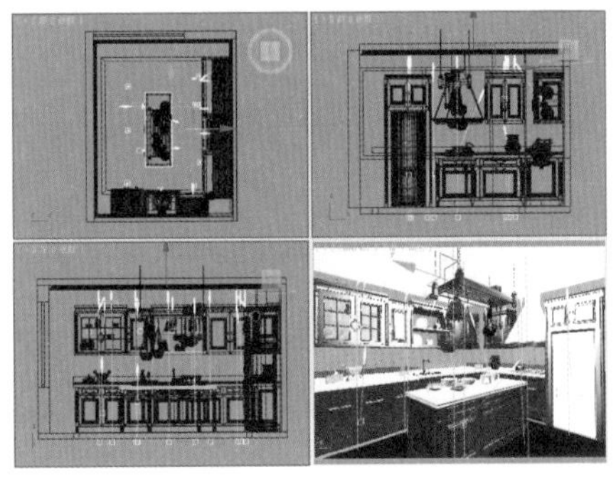

图10-237

02 选择上一步创建的目标灯光，然后进入“修改”面板，具体参数设置如图10-238所示。

设置步骤：

① 展开“常规参数”卷展栏，然后在“阴影”选项组下勾选“启用”选项，接着设置“阴影类型”为“VRay阴影”，最后在“灯光分布（类型）”选项组下设置灯光分布类型为“光度学Web”。

② 展开“分布（光度学Web）”卷展栏，然后在通道上加载光域网文件“7.ies”。

③ 展开“强度/颜色/衰减”卷展栏，然后设置“过滤颜色”为（红:255，绿:186，蓝:119），接着设置“强度”为9000。

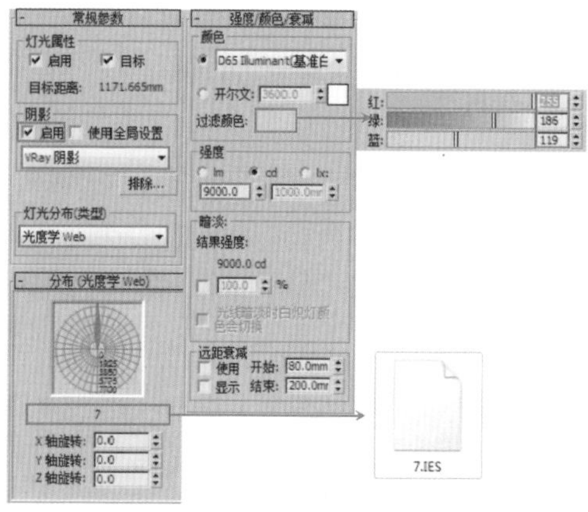

图10-238

03 按F9键渲染当前场景，效果如图10-239所示。

图10-239

2.创建辅助光源

01 设置灯光类型为VRay，然后在场景中创建9盏VRay灯光作为辅助光源，其位置如图10-240所示。

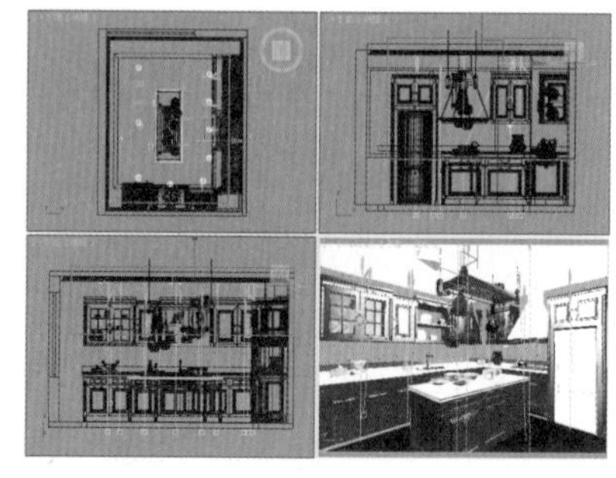

图10-240

02 选择上一步创建的VRay灯光，然后进入“修改”面板，接着展开“参数”卷展栏，具体参数设置如图10-241所示。

设置步骤：

① 在“常规”选项组下设置“类型”为“平面”。

② 在“强度”选项组下设置“倍增”为200，然后设置颜色为（红:255，绿:196，蓝:119）。

③ 在“大小”选项组下设置“1/2长”为50mm、“1/2宽”为50mm。

④ 在“选项”选项组下勾选“不可见”选项，然后取消勾选“影响高光反射”和“影响反射”选项。

03 按F9键渲染当前场景，效果如图10-242所示。

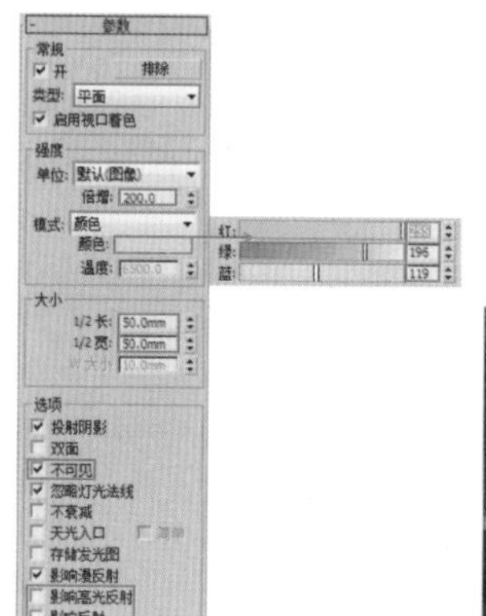

图10-241　图10-242

04 在场景中创建7盏VRay灯光作为辅助光源，并将其放置在橱柜的下方，如图10-243所示。

图10-243

05 选择上一步创建的VRay灯光，然后进入“修改”面板，接着展开“参数”卷展栏，具体参数设置如图10-244所示。

设置步骤：

① 在“常规”选项组下设置“类型”为“平面”。

② 在“强度”选项组下设置“倍增”为40，然后设置颜色为（红:255，绿:221，蓝:180）。

③ 在“大小”选项组下设置“1/2长”为40mm、“1/2宽”为40mm。

④ 在“选项”选项组下勾选“不可见”选项，然后取消勾选“影响高光反射”和“影响反射”选项。

06 按F9键渲染当前场景，效果如图10-245所示。

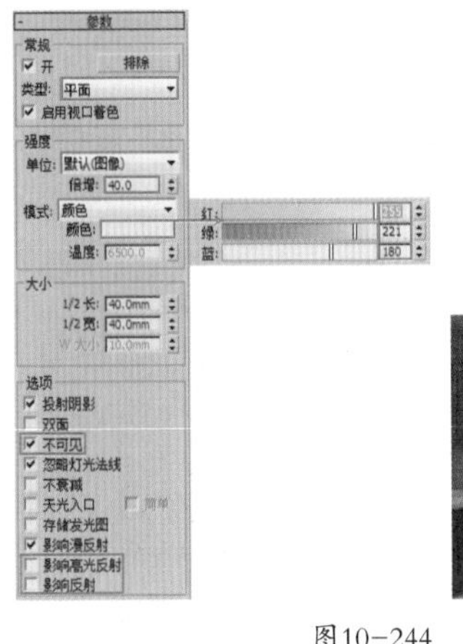

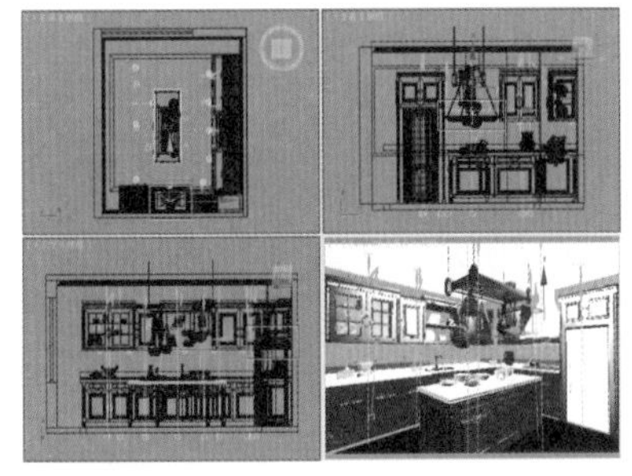

图10-244　　图10-245

07 创建一盏VRay灯光，并放置在灶台的上方，其位置如图10-246所示。

图10-246

08 选择上一步创建的VRay灯光，然后进入“修改”面板，接着展开“参数”卷展栏，具体参数设置如图10-247所示。

设置步骤：

① 在“常规”选项组下设置“类型”为“平面”。

② 在“强度”选项组下设置“倍增”为10，然后设置颜色为（红:255，绿:231，蓝:200）。

③ 在“大小”选项组下设置“1/2长”为360mm、“1/2宽”为255mm。

④ 在“选项”选项组下勾选“不可见”选项，然后取消勾选“影响高光反射”和“影响反射”选项。

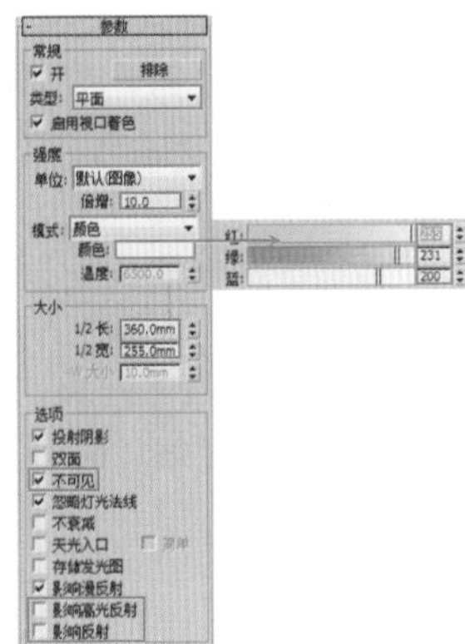

图10-247

09 按F9键渲染当前场景，效果如图10-248所示。

图10-248

10.6.4 设置最终渲染参数

01 按F10键打开“渲染设置”对话框，然后展开“公用参数”卷展栏，接着设置“宽度”为1800、“高度”为1253，如图10-249所示。

图10-249

02 展开VRay选项卡下的“图像采样器（反锯齿）”卷展栏，然后设置“图像采样器”类型为“自适应确定性蒙特卡洛”，接着设置“抗锯齿过滤器”类型为Catmull-Rom，最后展开“自适应DMC图像采样器”卷展栏，并设置“最小细分”为1、“最大细分”为4，具体参数设置如图10-250所示。

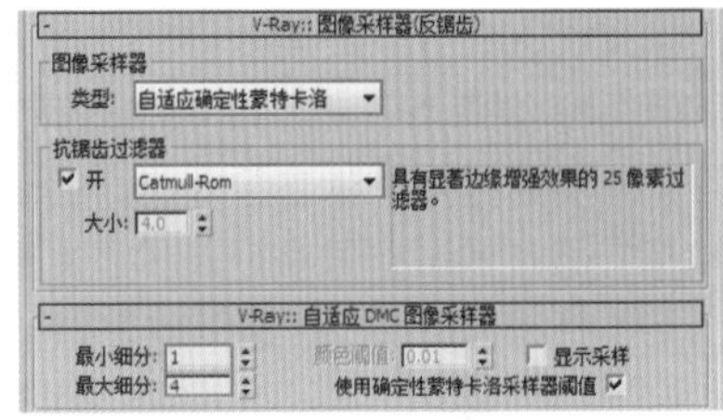

图10-250

03 单击“间接照明”选项卡，然后展开“灯光缓存”卷展栏，接着设置“细分”为1500、“进程数量”为8，最后勾选“显示计算相位”选项，具体参数设置如图10-251所示。

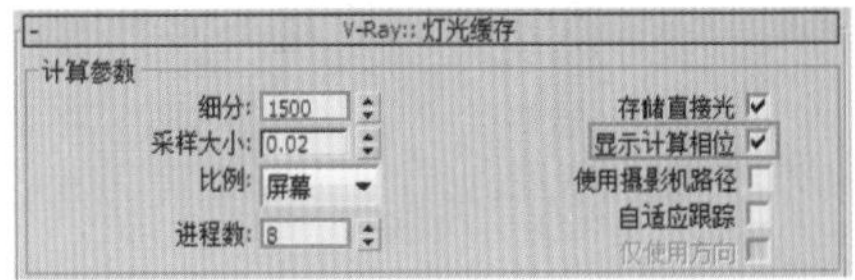

图10-251

04 展开“发光图”卷展栏，然后设置“当前预置”为“中”，接着设置“半球细分”为60、“插值采样”为30，最后勾选“显示计算相位”和“显示直接光”选项，具体参数设置如图10-252所示。

图10-252

05 展开“DMC采样器”卷展栏，然后设置“噪波阈值”为0.005，如图10-253所示。

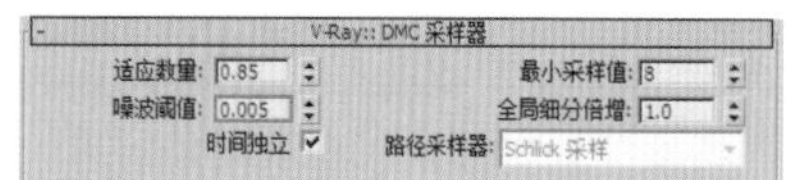

图10-253

06 按F9键渲染当前场景，最终渲染效果如图10-254所示。

图10-254

10.7 综合实例——休息室阳光表现

素材文件	07.max
案例文件	综合实例——中式接待室日景效果.max
视频教学	视频教学/第10章/综合实例——中式接待室日景效果.flv
技术掌握	壁纸材质的制作方法以及现代客厅日景的表现方法

本场景是一个休息室空间，砖墙材质、藤椅材质和花叶材质的制作方法以及休息室阳光效果的表现方法是本例的学校要点，案例效果如图10-255所示。

图10-255

10.7.1 材质制作

本例的场景对象材质主要包括砖墙材质、藤椅材质、环境材质、石材雕花材质、壁纸材质，如图10-256所示。

图10-256

1.制作砖墙材质

01 打开本书配套光盘中的“07.max”文件，如图10-257所示。

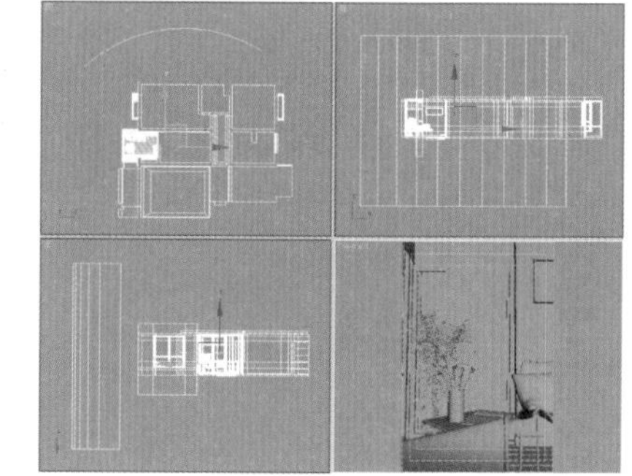

图10-257

02 选择一个空白材质球，然后设置材质类型为VRayMtl材质，并将其命名为“砖墙”，具体参数设置如图10-258所示，制作好的材质球效果如图10-259所示。

设置步骤：

① 在“漫反射”贴图通道中加载一张“砖墙.jpg”贴图文件。

② 在“反射”贴图通道中加载一张“衰减”程序贴图，然后设置“侧”通道的颜色为（红:18，绿:18，蓝:18），接着设置“衰减类型”为Fresnel，最后设置“高光光泽度”为0.5、“反射光泽度”为0.8。

③ 展开“贴图”卷展栏，然后将“凹凸”贴图通道中加载一张“砖墙凹凸.jpg”贴图文件，接着设置“凹凸”强度为120。

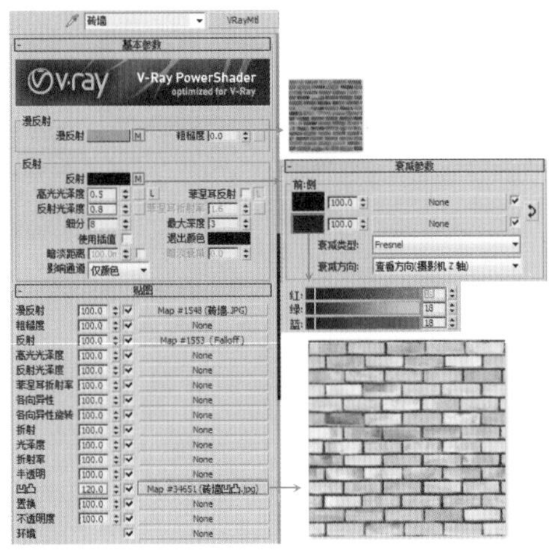
图10-258

图10-259

2.制作藤椅材质

选择一个空白材质球，然后设置材质类型为“标准”材质，并将其命名为“藤椅”，接着在“漫反射”贴图通道中加载一张“藤鞭.jpg”贴图文件，最后在“不透明度”贴图通道中加载一张“藤鞭黑白.jpg”贴图文件，并在“反射高光”选项组下设置“高光级别”为61，具体参数设置如图10-260所示，制作好的材质球效果如图10-261所示。

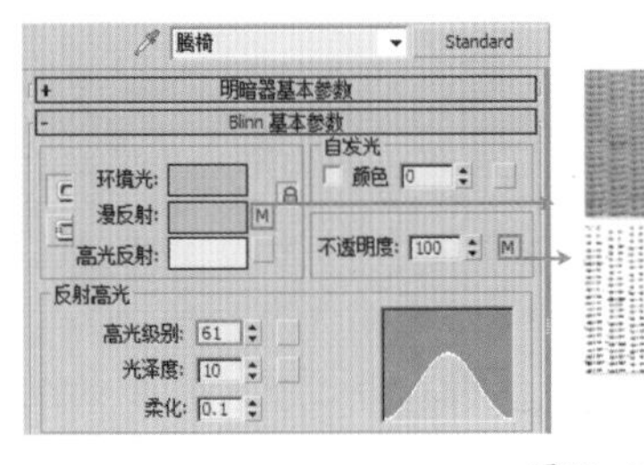
图10-260

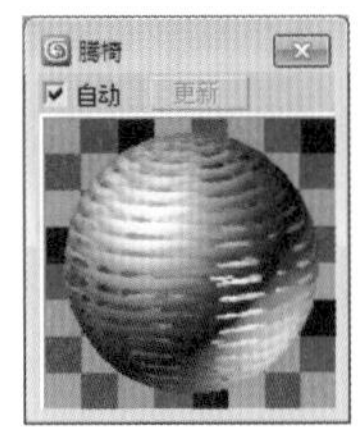
图10-261

3.制作环境材质

选择一个空白材质球，然后设置材质类型为“VR灯光材质”，并将其命名为“环境”，接着展开“参数”卷展栏，最后设置“颜色”数值为2.5，并在其通道上加载一张“环境.jpg”贴图文件，具体参数设置如图10-262所示，制作好的材质球效果如图10-263所示。

图10-262 图10-263

4.制作花叶子材质

选择一个空白材质球，然后设置材质类型为VRayMtl材质，并将其命名为“砖墙”，具体参数设置如图10-264所示，制作好的材质球效果如图10-265所示。

设置步骤：

① 在“漫反射”贴图通道中加载一张“花叶子.jpg”贴图文件。

② 设置“反射”颜色为（红:25，绿:25，蓝:25），然后设置“反射光泽度”为0.6、“最大深度”为4。

③ 设置“折射”颜色为（红:34，绿:34，蓝:34），然后设置“光泽度”为0.4。

④ 展开“贴图”卷展栏，然后在“凹凸”贴图通道中加载一张“花叶子黑白.jpg”贴图文件，并设置凹凸的数值为100。

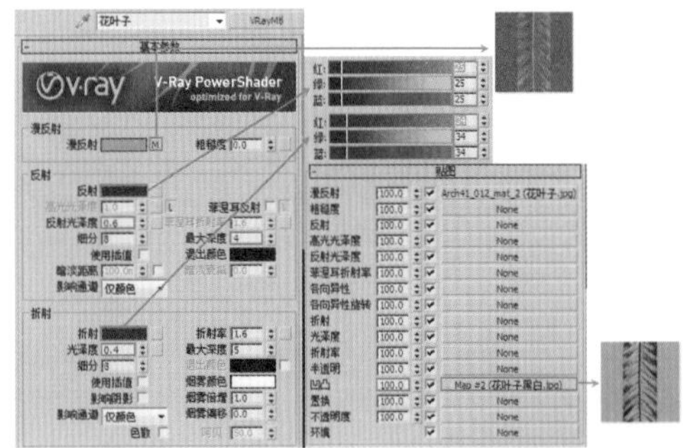
图10-264

图10-265

5.制作地板材质

选择一个空白材质球，然后设置材质类型为VRayMtl材质，并将其命名为“地板”，具体参数设置如图10-266所示，制作好的材质球效果如图10-267所示。

设置步骤：

① 在“漫反射”贴图通道中加载一张“地板.jpg”贴图文件。

② 在“反射”贴图通道中加载一张“衰减”程序贴图，然后在“衰减参数”卷展栏下设置“侧”颜色为（红:32，绿:32，蓝:32），接着设置“衰减类型”为Fresnel，最后设置“高光光泽度”为0.6、“反射光泽度”为0.85、“最大深度”为3。

③ 展开“贴图”卷展栏，然后将“漫反射”贴图通道中贴图拖曳到“凹凸”贴图通道上，并设置“凹凸”强度为40。

④ 展开“反射插值”卷展栏，然后设置“最小比率”为-2。

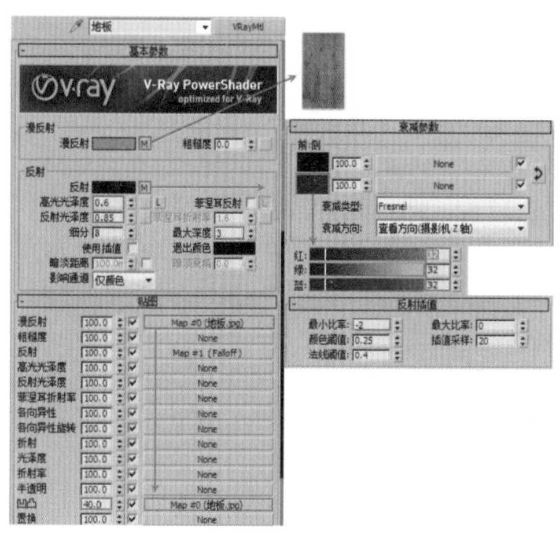

图10-266

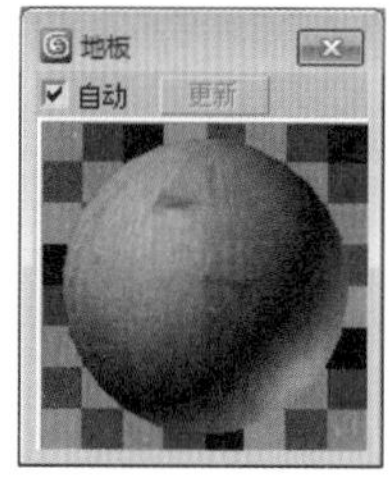

图10-267

6.制作窗框材质

选择一个空白材质球，然后设置材质类型为VRayMtl材质，并将其命名为“窗框”，具体参数设置如图10-268所示，制作好的材质球效果如图10-269所示。

设置步骤：

① 设置“漫反射”颜色为（红:2，绿:6，蓝:15）。

② 设置“反射”颜色为（红:10，绿:10，蓝:10），然后设置“高光光泽度”为0.8、“反射光泽度”为0.85、“最大深度”为3。

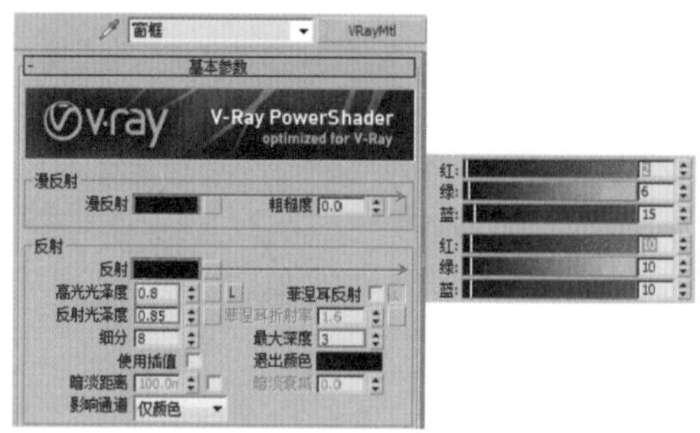

图10-268

图10-269

10.7.2 设置测试渲染参数

01 按F10键打开“渲染设置”对话框，然后设置渲染器为VRay渲染器，接着在“公用参数”卷展栏下设置“宽度”为337、“高度”为500，最后单击“图像纵横比”选项后面的“锁定”按钮，锁定渲染图像的纵横比，如图10-270所示。

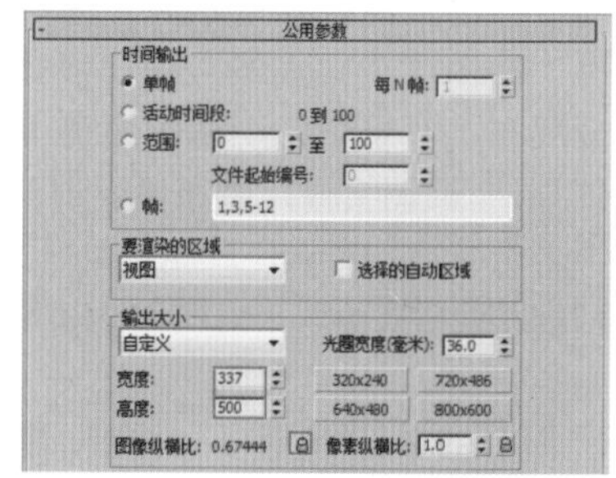

图10-270

02 单击VRay选项卡，然后在“图像采样器（反锯齿）”卷展栏下设置“图像采样器”类型为“固定”，接着勾选“开”选项，并设置“抗锯齿过滤器”类型为“区域”，最后展开“固定图像采样器”卷展栏，并设置“细分”为1，具体参数设置如图10-271所示。

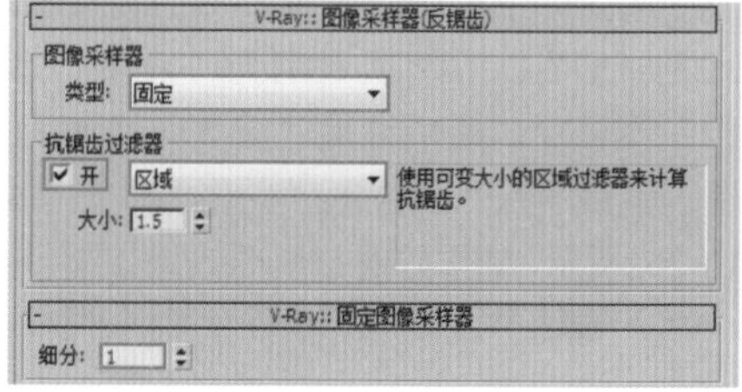

图10-271

03 展开“颜色贴图”卷展栏，然后设置“类型”为“指数”，接着设置“变亮倍增”为0.9、“伽玛值”为1.1，并勾选“子像素映射”和“钳制输出”选项，具体参数设置如图10-272所示。

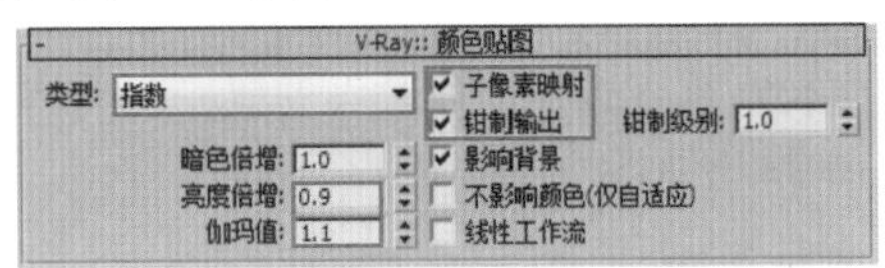

图10-272

04 展开“环境”卷展栏，然后在“全局照明环境（天光）覆盖”选项组下勾选“开”选项，并设置颜色为（红:204，绿:230，蓝:255），如图10-273所示。

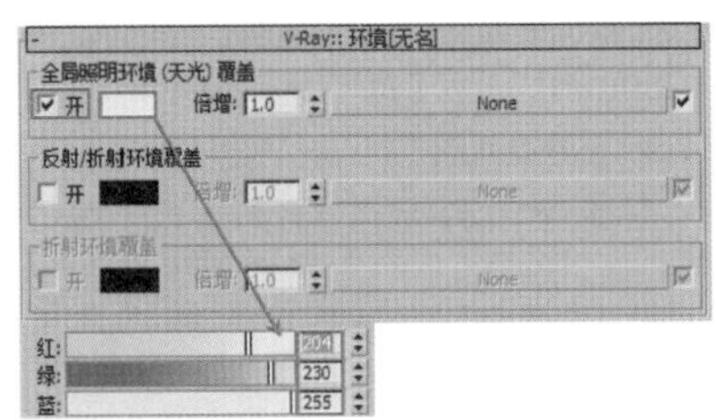

图10-273

05 单击“间接照明”选项卡，然后在“间接照明（GI）”卷展栏下勾选“开”选项，接着设置“首次反弹”的“全局照明引擎”为“发光图”、“二次反弹”的“全局照明引擎”为“灯光缓存”，如图10-274所示。

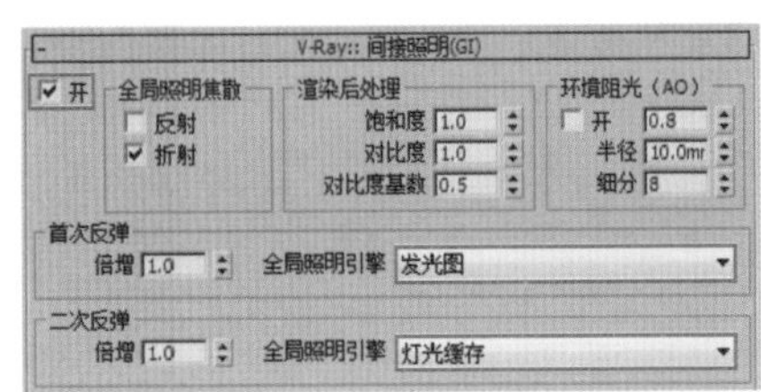

图10-274

06 展开“发光图”卷展栏，然后设置“当前预置”为“非常低”，接着设置“半球细分”为50、“插值采样”为20，最后勾选“显示计算相位”和“显示直接光”选项，具体参数设置如图10-275所示。

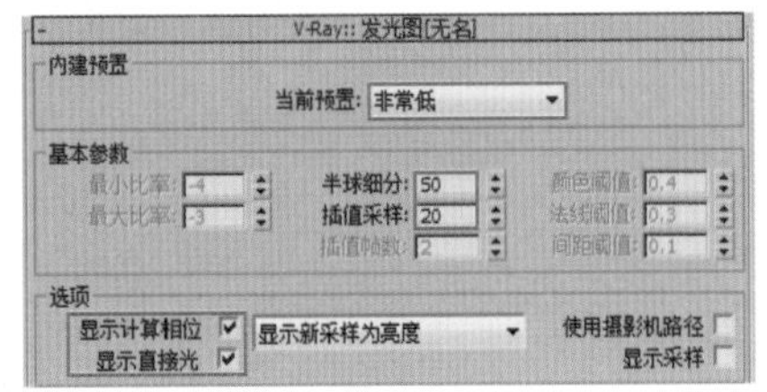

图10-275

07 展开“灯光缓存”卷展栏，然后设置“细分”为100、“进程数”为4，接着勾选“显示计算相位”选项，如图10-276所示。

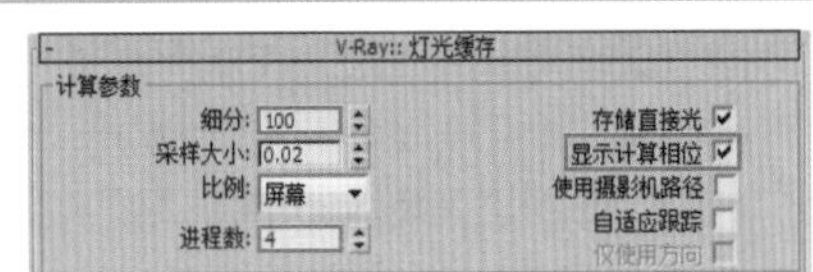

图10-276

08 单击“设置”选项卡，然后在“系统”卷展栏下设置“区域排序”为Top→Bottom，接着在“VRay日志”选项组下关闭“显示窗口”选项，具体参数设置如图10-277所示。

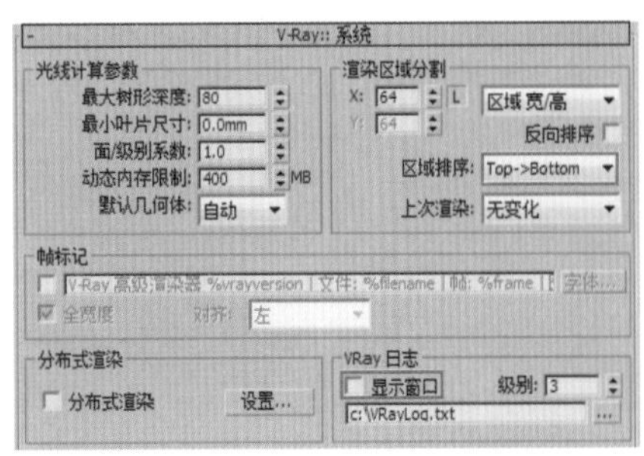

图10-277

10.7.3 灯光设置

本场景共需要布置两处灯光，分别是室外阳光以及窗口处的天光。

1.创建阳光

01 设置灯光类型为“标准”，然后在场景中创建一盏目标平行光作为主光源，其位置如图10-278所示。

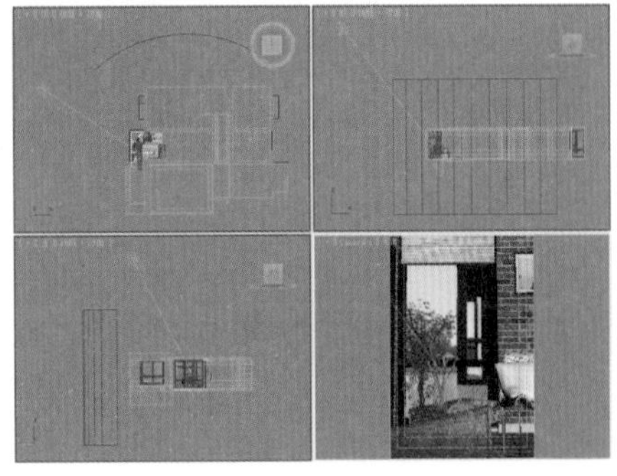

图10-278

02 选择上一步创建的目标平行光，然后进入“修改”面板，具体参数设置如图10-279所示。

设置步骤：

① 展开“常规参数”卷展栏，然后在“阴影”选项组下勾选“启用”选项，接着设置“阴影类型”为“VRay阴影”。

② 展开“强度/颜色/衰减”卷展栏，然后设置设置“倍增”为3，接着设置颜色（红:250，绿:242，蓝:219）。

③ 展开“平行光参数”卷展栏，然后设置

“聚光区/光束”为4940mm、“衰减区/区域”为4942mm，接着勾选“圆”选项。

④ 展开“VRay阴影参数”卷展栏，然后勾选“球体”选项，接着设置“UVW大小”为200mm，最后设置“细分”为20。

图10-279

03 按F9键测试渲染当前场景，效果如图10-280所示。

图10-280

2.创建天光

01 设置灯光类型为VRay，然后在场景中创建一盏VRay灯光作为辅助光源，其位置如图10-281所示。

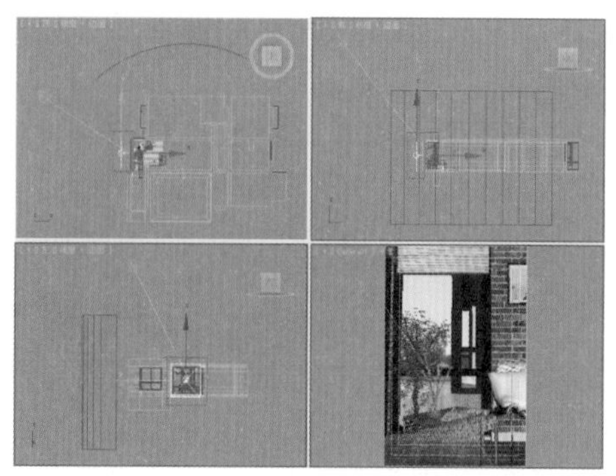

图10-281

这盏灯光放置在窗口处，主要是用来模拟真实光照进入室内的感觉。

02 选择上一步创建的VRay灯光，然后进入“修改”面板，接着展开“参数”卷展栏，具体参数设置如图10-282所示。

设置步骤：

① 在“常规”选项组下设置“类型”为“平面”。

② 在“强度”选项组下设置“倍增”为10，然后设置颜色为（红:225，绿:236，蓝:253）。

③ 在“大小”选项组下设置“1/2长”为1280mm、“1/2宽”为1400mm。

④ 在“选项”选项组下勾选“不可见”选项。

⑤ 在“采样”选项组下设置“细分”为20。

03 按F9键测试渲染当前场景，效果如图10-283所示。

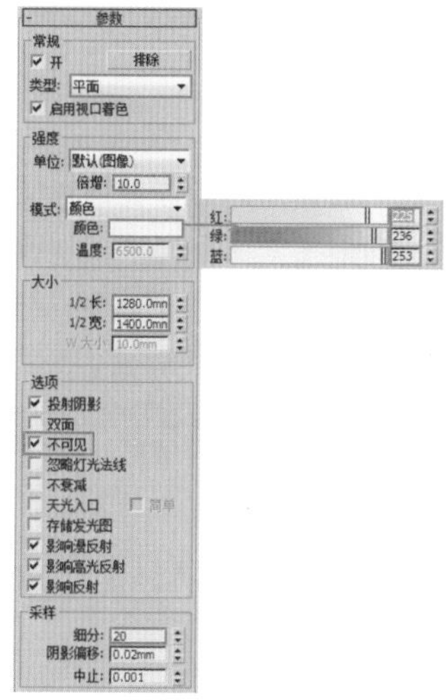

图10-282　图10-283

04 在场景中创建一盏VRay灯光，然后将其拖曳到合适的位置，如图10-284所示。

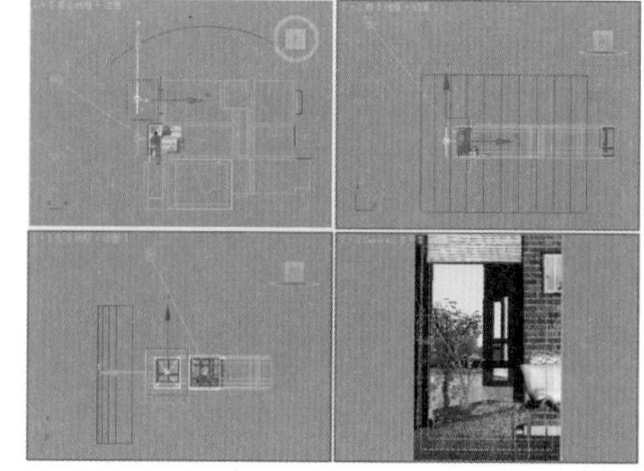

图10-284

05 选择上一步创建的VRay灯光，然后进入“修改”面板，接着展开“参数”卷展栏，具体参数设置如图10-285所示。

设置步骤：

① 在“常规”选项组下设置“类型”为“平面”。

② 在“强度”选项组下设置“倍增”为5，然后设置颜色为（红:144，绿:187，蓝:252）。

③ 在“大小”选项组下设置“1/2长”为1062mm、“1/2宽”为1256mm。

④ 在“选项”选项组下勾选“不可见”选项。

⑤ 在“采样”选项组下设置“细分”为8。

06 按F9键测试渲染当前场景，效果如图10-286所示。

图10-285

图10-286

10.7.4 设置最终渲染参数

01 按F10键打开“渲染设置”对话框，然后展开“公用参数”卷展栏，接着设置“宽度”为1213、“高度”为1800，如图10-287所示。

图10-287

02 单击VRay选项卡，然后在“图像采样器（反锯齿）”卷展栏下设置“图像采样器”类型为“自适应确定性蒙特卡洛”，接着设置“抗锯齿过滤器”类型为Mitchell-Netravali，最后展开“自适应DMC图像采样器”卷展栏，并设置“最小细分”为1、“最大细分”为4，具体参数设置如图10-288所示。

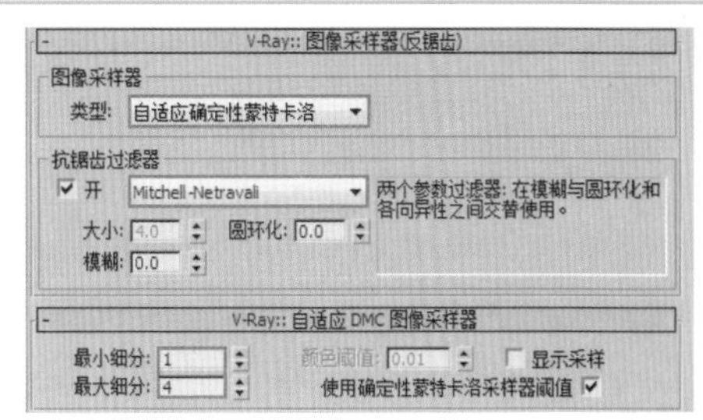

图10-288

03 单击“间接照明”选项卡，然后展开“灯光缓存”卷展栏，接着设置“细分”为1000、“进程数”为4，最后取消勾选“存储直接光”选项，并勾选“显示计算相位”选项，具体参数设置如图10-289所示。

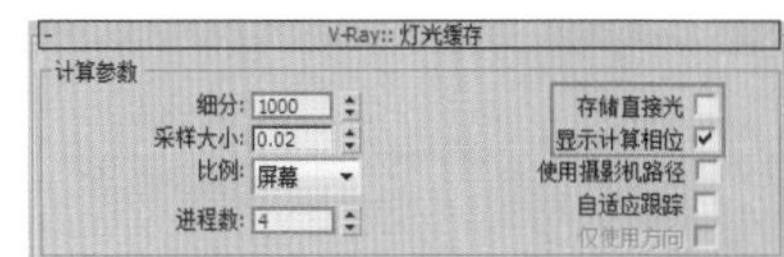

图10-289

04 展开“发光图”卷展栏，然后设置“当前预置”为“中”，接着设置“半球细分”为50、“插值采样”为20，最后勾选“显示计算相位”和“显示直接光”选项，具体参数设置如图10-290所示。

图10-290

05 展开“DMC采样器”卷展栏，然后设置“噪波阈值”为0.005、“最小采样值”为10，如图10-291所示。

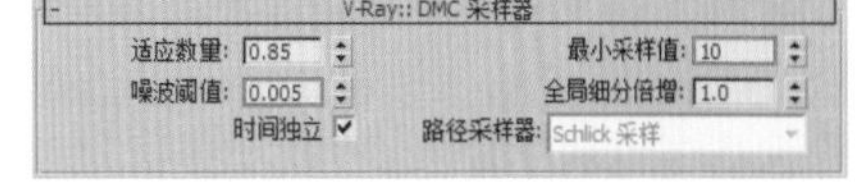

图10-291

06 按F9键渲染当前场景，最终渲染效果如图10-292所示。

图10-292

10.8 综合实例——奢华欧式书房日景

素材文件	08.max
案例文件	家装空间——奢华欧式书房日景.max
视频教学	视频教学/第10章/家装空间——奢华欧式书房日景.flv
技术掌握	奢华欧式书房日景的材质灯光渲染综合技术应用

本例是一个奢华欧式书房场景，使用VRay灯光效果是本例的学习重点，材质是本例的学习难点，效果如图10-293所示。

图10-293

10.8.1 材质制作

本场景中的物体材质主要有地板、地毯、木纹、窗纱、皮椅、窗帘、皮沙发等，如图10-294所示。

图10-294

1.制作地板材质

01 打开本书配套光盘中的“08.max”文件，如图10-295所示。

图10-295

02 选择一个空白材质球，然后设置材质类型为“VR材质包裹器”，并将其命名为“地板”，具体参数设置如图10-296所示，制作好的材质球效果如图10-297所示。

设置步骤：

① 在“基本材质”通道中加载一张VRayMtl材质，然后在“附加曲面属性”选项组下设置“生成全局照明”为0.3。

② 在“漫反射”通道中加载一张“地板.jpg”贴图文件，然后在“坐标”卷展栏下设置“模糊”为0.01。

③ 在“反射”贴图通道中加载一张“衰减”程序贴图，然后设置“衰减类型”为Fresnel，接着设置“高光光泽度”为0.86、“反射光泽度”为0.92。

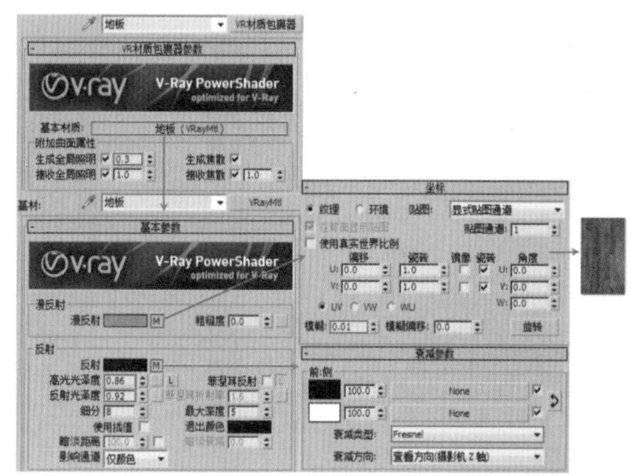

图10-296

图10-297

2.制作地毯材质

选择一个空白材质球，然后设置材质类型为VRayMtl材质，并将其命名为“地毯”，具体参数设置如图10-298所示，制作好的材质球效果如图10-299所示。

设置步骤：

① 展开“基本参数”卷展栏，然后设置“漫反射”颜色为（红:255，绿:238，蓝:231），接着在其通道中加载一张“地毯.jpg”贴图文件。

② 展开“贴图”卷展栏，然后在“凹凸”贴图通道中加载一张“地毯凹凸.jpg”贴图文件，接着在“坐标”卷展栏下设置“瓷砖U/V”为4.0，最后设置“凹凸”强度为30。

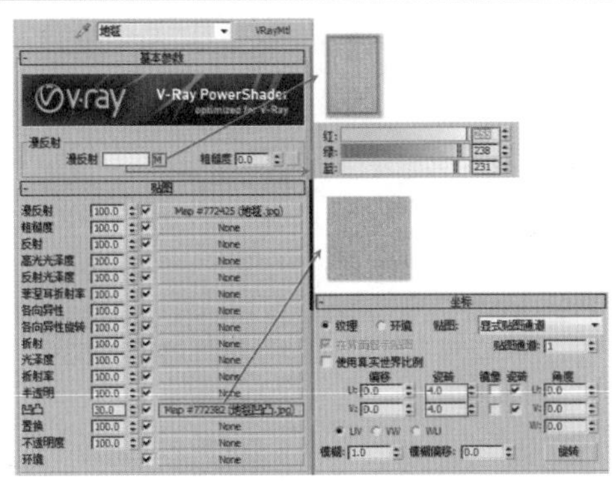

图10-298

图10-299

3.制作木纹材质

选择一个空白材质球，然后设置材质类型为“VR材质包裹器”，并将其命名为“木纹”，具体参数设置如图10-300所示，制作好的材质球效果如图10-301所示。

设置步骤：

① 在“基本材质”通道中加载一张VRayMtl材质，然后在“附加曲面属性”选项组下设置“生成全局照明”为0.3。

② 在“漫反射”通道中加载一张“木纹.jpg”贴图文件，然后在“坐标”卷展栏下设置“模糊”为0.01。

③ 在“反射”贴图通道中加载一张“衰减”程序贴图，然后设置“衰减类型”为Fresnel，接着设置“高光光泽度”为0.9、“反射光泽度”为0.92。

图10-300

图10-301

4.制作窗纱材质

选择一个空白材质球，然后设置材质类型为“标准”材质，并将其命名为“窗纱”，具体参数设置如图10-302所示，制作好的材质球效果如图10-303所示。

设置步骤：

① 展开“明暗器基本参数”卷展栏，并设置明暗类型为“（A）各向异性”。

② 展开“各向异性基本参数”卷展栏，然后设置“高光反射”颜色为（红:230，绿:230，蓝:230），接着设置“不透明”为65，最后在“反射高光”选项组下设置“高光级别”为57、“各向异性”为50。

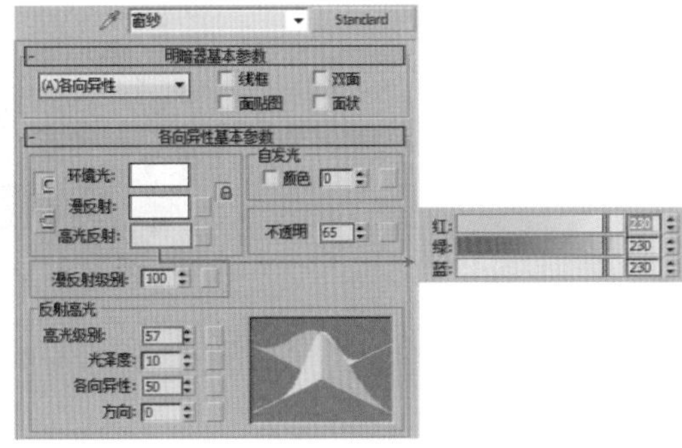

图10-302

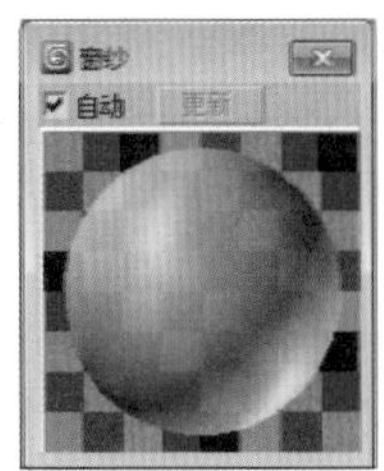

图10-303

5.制作皮椅材质

选择一个空白材质球，然后设置材质类型为VRayMtl材质，并将其命名为“皮椅”，具体参数设置如图10-304所示，制作好的材质球效果如图10-305所示。

设置步骤：

① 在“漫反射”贴图通道中加载一张“皮椅.jpg”贴图文件，然后在“坐标”卷展栏下设置“模糊”为0.01。

② 在“反射”贴图通道中加载一张“衰减”程序贴图，然后设置“衰减类型”为Fresnel，接着设置“高光光泽度”为0.74、“反射光泽度”为0.61。

③ 展开“贴图”卷展栏，然后将“漫反射”贴图通道中贴图拖曳到“凹凸”贴图通道上，并设置“凹凸”强度为5。

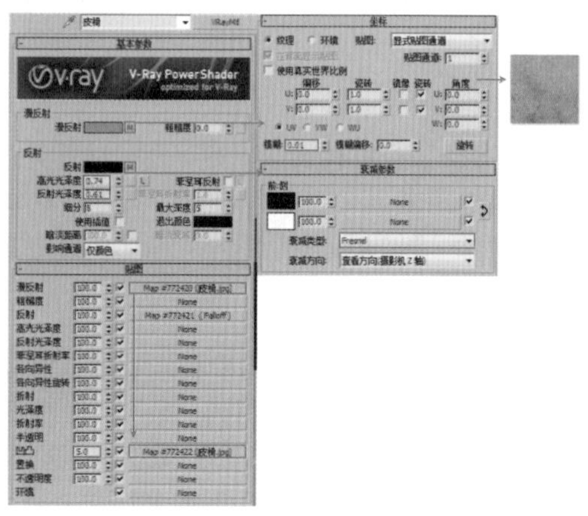

图10-304

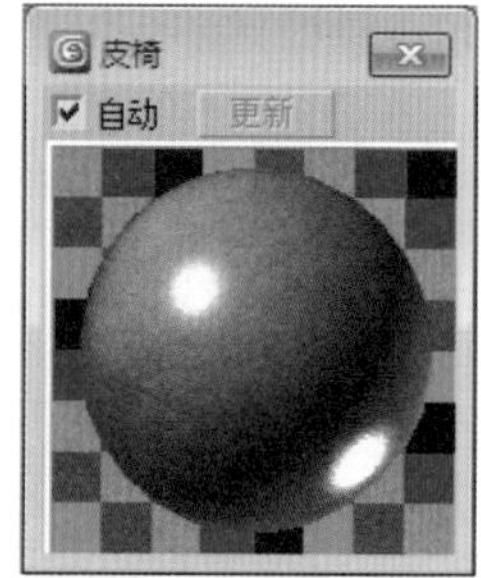

图10-305

6.制作窗帘材质

选择一个空白材质球，然后设置材质类型为“混合”材质，并将其命名为“窗帘”，具体参数设置如图10-306所示，制作好的材质球效果如图10-307所示。

设置步骤：

① 在“材质1”通道中加载一个“标准”材质，然后在“明暗基本参数”卷展栏下设置明暗类型“（A）各向异性”，接着在“漫反射”贴图通道中加载一张“窗帘.jpg”贴图文件，最后设置“高光级别”为58，“光泽度”为15，“各向异性”为50。

② 在“材质2”通道中加载一个VRayMtl材质，然后设置“漫反射”颜色为（红:119，绿:116，蓝:107），接着设置“反射”颜色为（红:45，绿:45，蓝:45），最后设置“高光光泽度”为0.85，“反射光泽度”为0.87。

③ 在“遮罩”贴图中加载一张“窗帘.jpg”贴图文件，然后在“坐标”卷展栏下设置“模糊”为0.01。

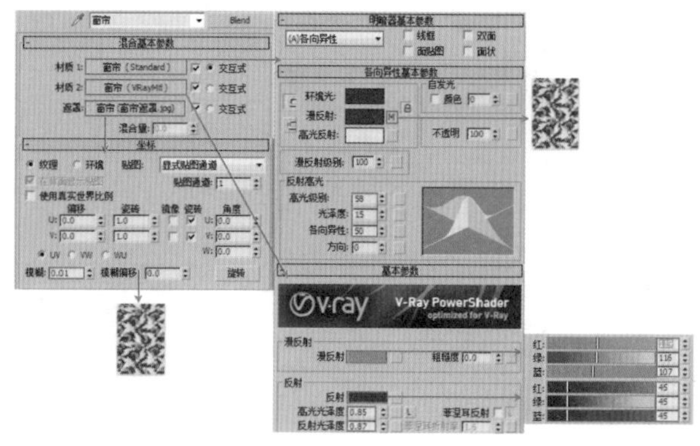

图10-306

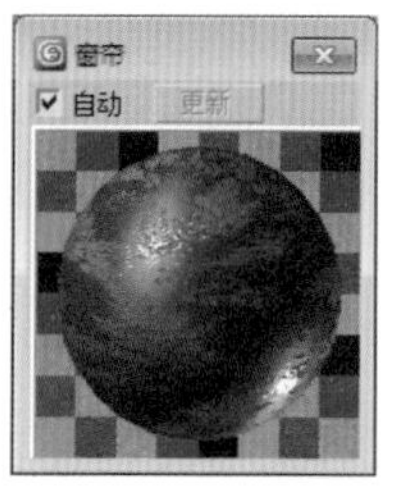

图10-307

7.制作皮沙发材质

01 选择一个空白材质球，然后设置材质类型为“多维/子对象”材质，并将其命名为“皮沙发”，接着在“多维/子对象基本参数”卷展栏下设置数量为2，最后在ID1和ID2材质通道中各加载一个VRayMtl材质，具体参数设置如图10-308所示。

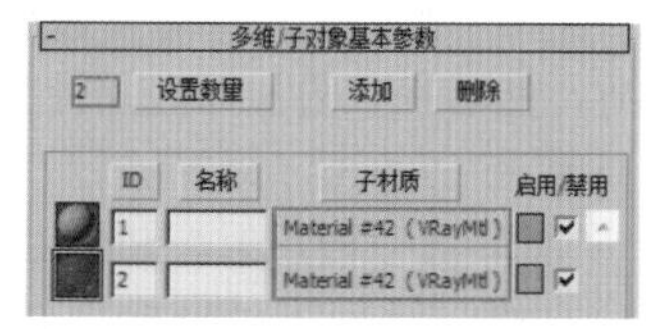

图10-308

02 单击ID1材质通道，然后切换到VRayMtl材质设置面板，具体参数设置如图10-309所示。

设置步骤：

① 在“漫反射”贴图通道中加载一张“皮沙发.jpg”贴图文件，然后在“坐标”卷展栏下设置“模糊”为0.01。

② 在“反射”贴图通道中加载一张“衰减”程序贴图，然后在“衰减参数”卷展栏下设置“衰减类型”为Fresnel，接着设置“高光光泽度”为0.74、“反射光泽度”为0.61。

③ 展开“贴图”卷展栏，然后将“漫反射”贴图通道中贴图文件拖曳到“凹凸”贴图通道上，并设置“凹凸”强度为5。

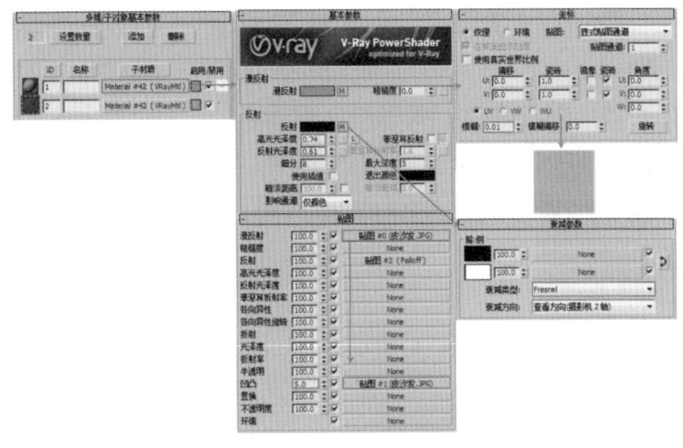

图10-309

03 单击ID2材质通道，然后切换到VRayMtl材质设置面板，具体参数设置如图10-310所示，制作好的材质球效果如图10-311所示。

设置步骤：

① 设置“漫反射”颜色为（红:162，绿:139，蓝:108）。

② 设置“反射”颜色为（红:205，绿:205，蓝:205），然后设置“高光光泽度”为0.89、“反射光泽度”为0.94。

图10-310

图10-311

10.8.2 设置测试渲染参数

01 按F10键打开“渲染设置”对话框，然后设置渲染器为VRay渲染器，接着在“公用参数”卷展栏下设置“宽度”为500、“高度”为450，最后单击“图像纵横比”选项后面的“锁定”按钮，锁定渲染图像的纵横比，如图10-312所示。

图10-312

02 单击VRay选项卡，然后在“图像采样器（反锯齿）”卷展栏下设置“图像采样器”类型为“固定”，接着在“抗锯齿过滤器”选项组下勾选“开”选项，并设置“抗锯齿过滤器”类型为“区域”，具体参数设置如图10-313所示。

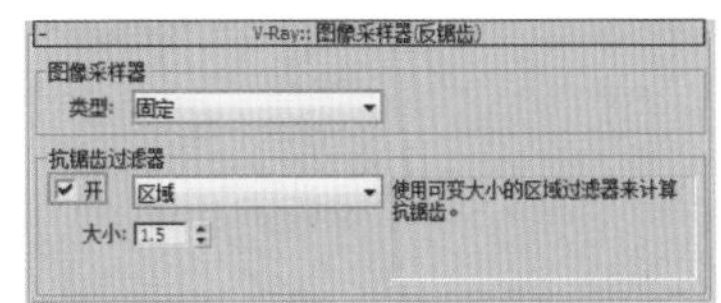

图10-313

03 单击“间接照明”选项卡，然后展开“间接照明（GI）”卷展栏，接着勾选打开“开”选项，并设置“首次反弹”的“全局照明引擎”的“全局照明引擎”为“发光图”、“二次反弹”的“全局照明引擎”的“全局照明引擎”为“灯光缓存”，如图10-314所示。

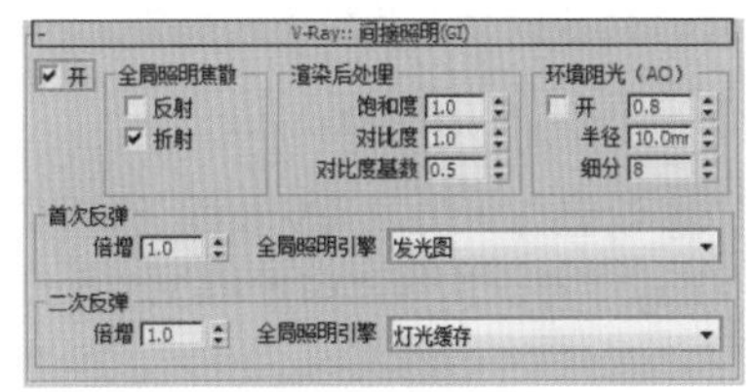

图10-314

04 展开“发光图”卷展栏，然后设置“当前预置”为“非常低”，接着设置“半球细分”为20、“插值采样”为10，最后勾选“显示计算相位”和“显示直接光”选项，具体参数设置如图10-315所示。

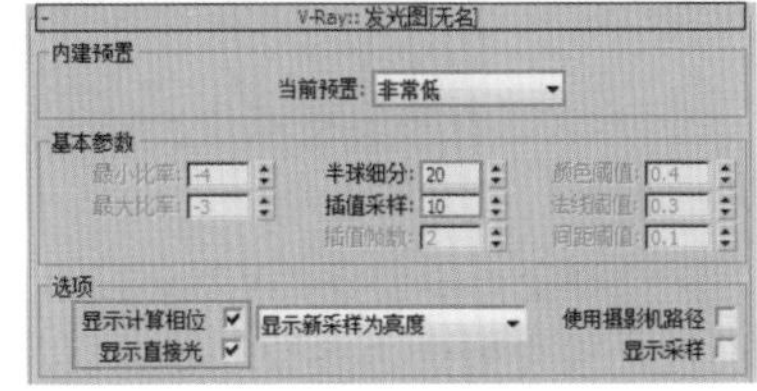

图10-315

05 展开“灯光缓存”卷展栏，然后设置“细分”为100，接着勾选“显示计算相位”选项，如图10-316所示。

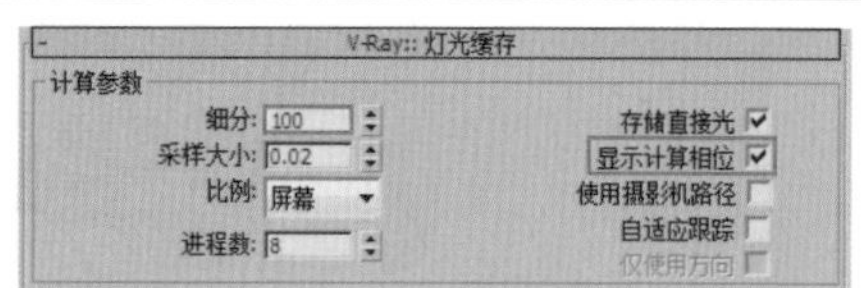

图10-316

06 单击“设置”选项卡，然后在“系统”卷展栏下设置“最大树形深度”为60、“面/级别系数”为2.0、“默认几何体”为“静态”，接着在“渲染区域分割”选项组下设置“区域排序”为Top→Bottom，最后在“VRay日志”选项组下关闭“显示窗口”选项，具体参数设置如图10-317所示。

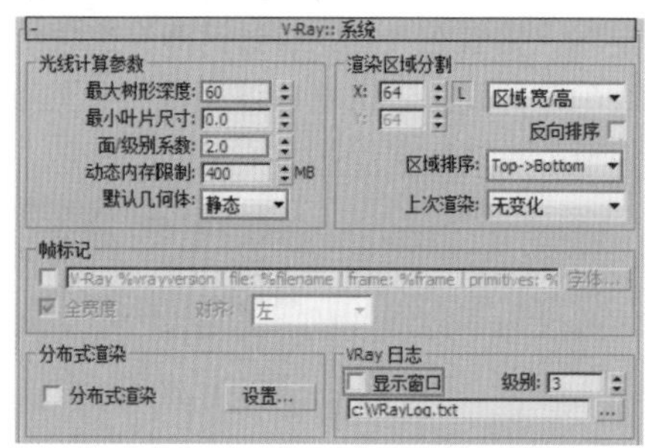

图10-317

10.8.3 灯光设置

本场景的灯光设置比较复杂，共需要布置6处灯光，分别是室外的天光、室内的辅助光源、筒灯、射灯、台灯以及天花板上的灯带。

1.创建天光

01 设置灯光类型为VRay，然后在前视图中创建一盏VRay灯光，其位置如图10-318所示。

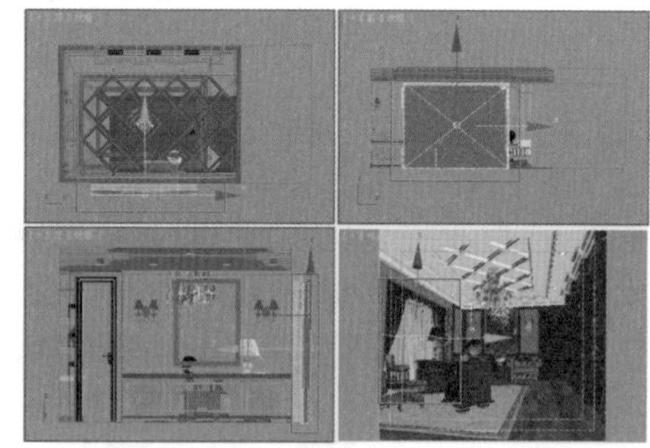

图10-318

02 选择上一步创建的VRay灯光，然后进入“修改”面板，接着展开“参数”卷展栏，具体参数设置如图10-319所示。

设置步骤：

① 在“常规”选项组下设置“类型”为“平面”。

② 在“强度”选项组下设置“倍增”为20，然后设置颜色为（红:131，绿:184，蓝:255）。

③ 在“大小”选项组下设置“1/2长”为3786mm、“1/2宽”为1475mm。

④ 在“选项”选项组下勾选“不可见”选项。

⑤ 在“采样”选项组下设置“细分”为16。

03 按F9键测试渲染下当前场景，效果如图10-320所示。

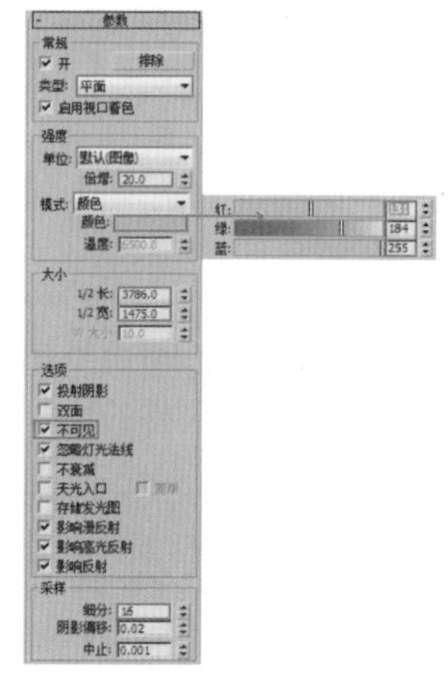

图10-319　　图10-320

2.创建辅助光源

01 在左视图中创建一盏VRay灯光，然后将其拖曳到合适的位置，如图10-321所示。

图10-321

02 选择上一步创建的VRay灯光，然后进入“修改”面板，接着展开“参数”卷展栏，具体参数设置如图10-322所示。

设置步骤：

① 在“常规”选项组下设置“类型”为“平面”。

② 在“强度”选项组下设置“倍增”为1.8，然后设置颜色为（红:255，绿:245，蓝:221）。

③ 在“大小”选项组下设置“1/2长”为2412.5mm、“1/2宽”为1745mm。

④ 在“选项”选项组下勾选“不可见”选项。

⑤ 在“采样”选项组下设置“细分”为16。

03 按F9键测试渲染下当前场景，效果如图10-323所示。

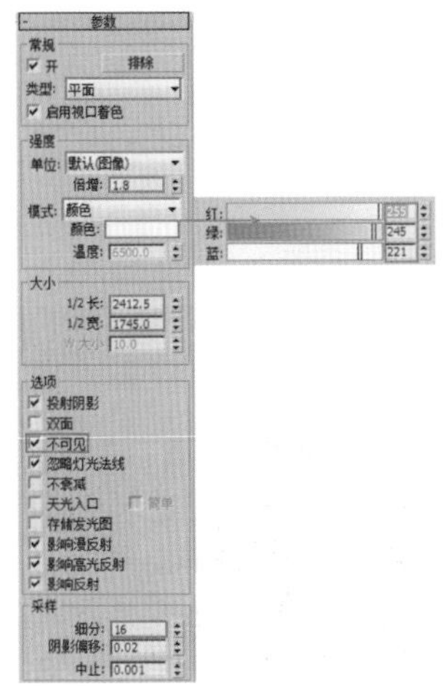

图10-322

图10-323

3.创建筒灯

01 在顶视图中创建6盏VRay灯光，然后将其拖曳到合适的位置，如图10-324所示。

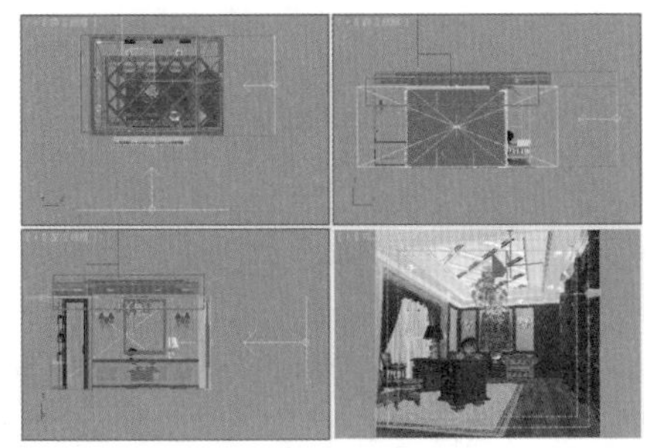
图10-324

02 选择上一步创建的VRay灯光，然后进入“修改”面板，接着展开“参数”卷展栏，具体参数设置如图10-325所示。

设置步骤：

① 在“常规”选项组下设置“类型”为“平面”。

② 在“强度”选项组下设置“倍增”为60，然后设置颜色为（红:255，绿:245，蓝:221）。

③ 在“大小”选项组下设置“1/2长”为80mm、“1/2宽”为80mm。

④ 在“选项”选项组下勾选“不可见”选项，接着取消勾选“影响高光反射”和“影响反射”选项。

⑤ 在“采样”选项组下设置“细分”为12。

03 按F9键测试渲染下当前场景，效果如图10-326所示。

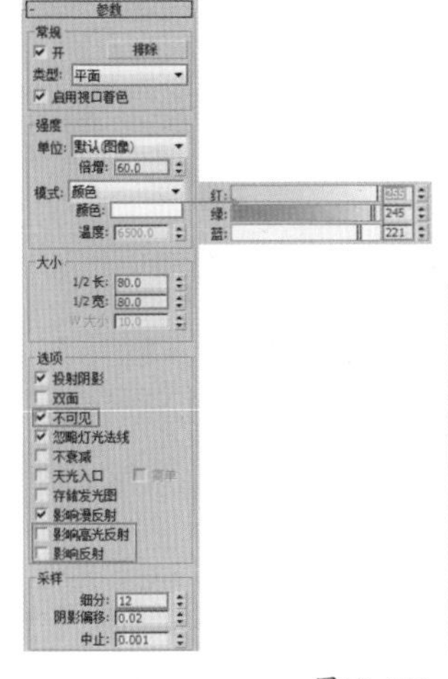

图10-325

图10-326

4.创建射灯

01 设置灯光类型为“光度学”，然后在顶视图中创建6盏自由灯光，其位置如图10-327所示。

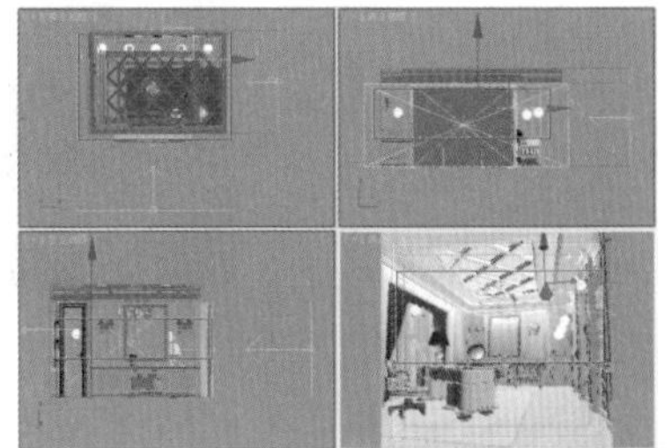
图10-327

02 选择上一步创建的自由灯光，然后进入“修改”面板，具体参数设置如图10-328所示。

设置步骤：

① 展开“常规参数”卷展栏，然后在“阴影”选项组下勾选“启用”选项，接着设置“阴影类型”为“VRay阴影”，最后在“灯光分布（类型）”选项组下设置灯光分布类型为“光度学Web”。

② 展开“分布（光度学Web）”卷展栏，然后在通道上加载光域网文件“经典筒灯.ies”。

③ 展开“强度/颜色/衰减”卷展栏，然后设置“过滤颜色”为（红:255，绿:240，蓝:202），接着设置“强度”为10000。

④ 展开“VRay阴影参数”卷展栏，然后勾选“球体”选项，接着设置“UVW大小”为10mm。

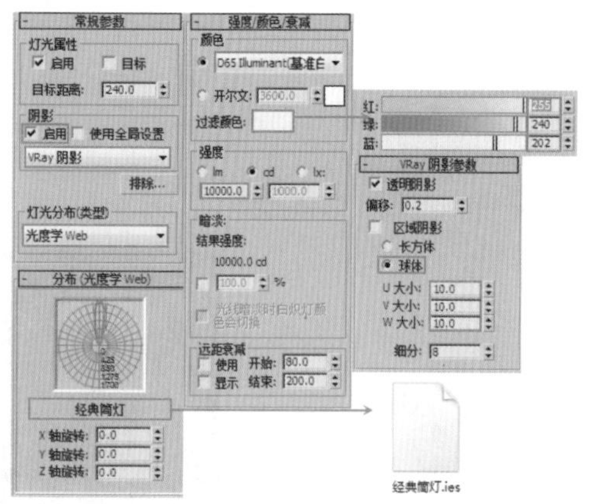

图10-328

03 按F9键测试渲染下当前场景，效果如图10-329所示。

图10-329

5.创建台灯

01 在顶视图中创建一盏VRay灯光，然后将其拖曳到合适的位置，如图10-330所示。

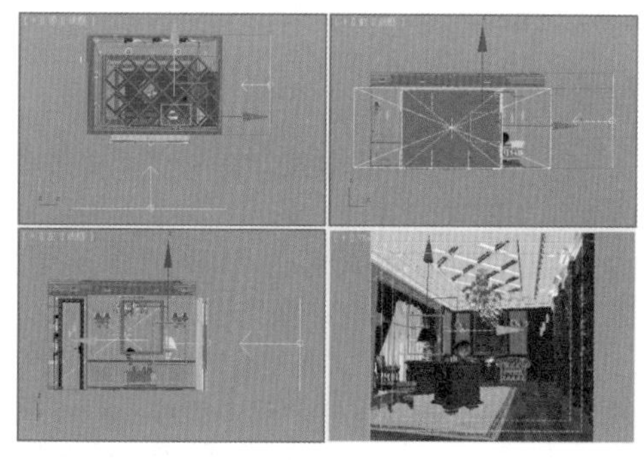

图10-330

02 选择上一步创建的VRay灯光，然后进入“修改”面板，接着展开“参数”卷展栏，具体参数设置如图10-331所示。

设置步骤：

① 在“常规”选项组下设置“类型”为“球体”。

② 在“强度”选项组下设置“倍增”为160，然后设置颜色为（红:255，绿:206，蓝:112）。

③ 在“大小”选项组下设置“半径”为60mm。

④ 在“选项”选项组下勾选“不可见”选项，接着取消勾选“影响高光反射”和“影响反射”选项。

03 按F9键测试渲染下当前场景，效果如图10-332所示。

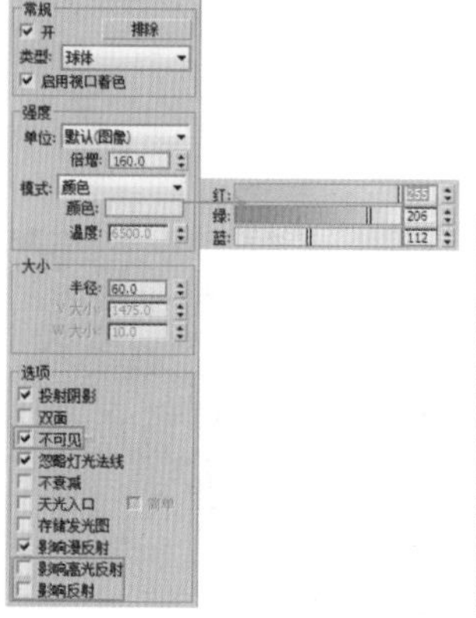

图10-331　图10-332

6.创建灯带

01 在顶视图中创建3盏VRay灯光制作灯带，然后将其拖曳到合适的位置，如图10-333所示。

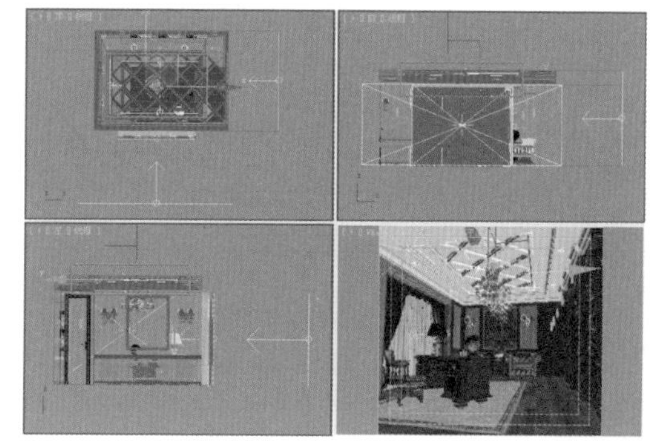

图10-333

02 选择上一步创建的VRay灯光，然后进入“修改”面板，接着展开“参数”卷展栏，具体参数设置如图10-334所示。

设置步骤：

① 在“常规”选项组下设置“类型”为“平面”。

② 在“强度”选项组下设置“倍增”为3，然后设置“颜色”为白色。

③ 在“大小”选项组下设置“1/2长”为1907mm、“1/2宽”为121mm。

④ 在“选项”选项组下勾选“不可见”选项。

⑤ 在“采样”选项组下设置“细分”为12。

03 按F9键测试渲染下当前场景，效果如图10-335所示。

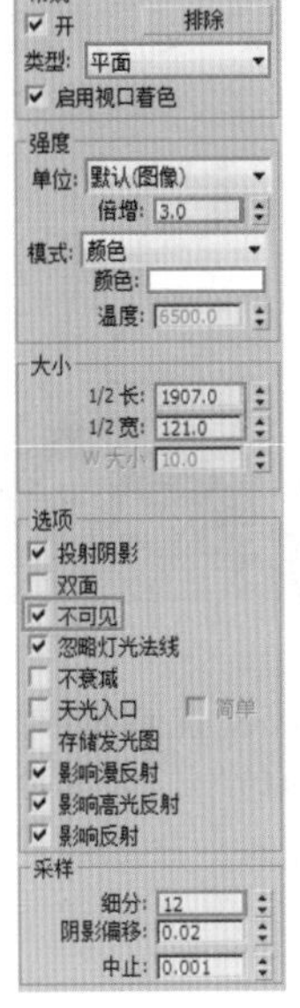

图10-334

图10-335

10.8.4 设置最终渲染参数

01 按F10键打开“渲染设置”对话框，然后展开“公用参数”卷展栏，接着设置“宽度”为2600、“高度”为2340，如图10-336所示。

图10-336

02 单击VRay选项卡，然后在“图像采样器（反锯齿）”卷展栏下设置“图像采样器”类型为“自适应确定性蒙特卡洛”，接着设置“抗锯齿过滤器”类型为Mitchell-Netravali，最后展开“自适应DMC图像采样器”卷展栏，并设置“最小细分”为1、“最大细分”为4，具体参数设置如图10-337所示。

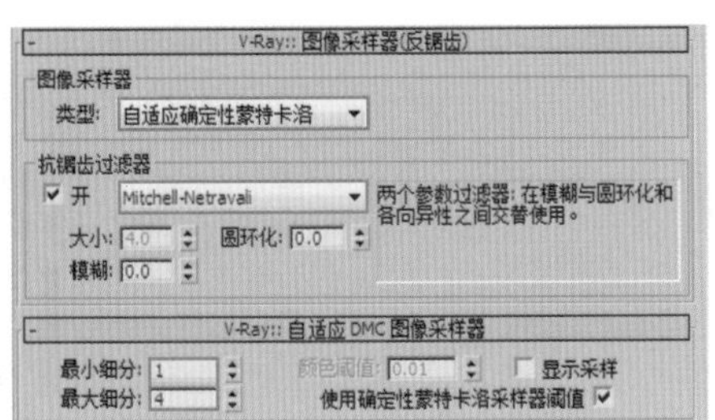

图10-337

03 单击“间接照明”选项卡，然后在“间接照明（GI）”卷展栏下勾选“开”选项，接着设置“首次反弹”的“全局照明引擎”为“发光图”、“二次反弹”的“全局照明引擎”为“灯光缓存”，如图10-338所示。

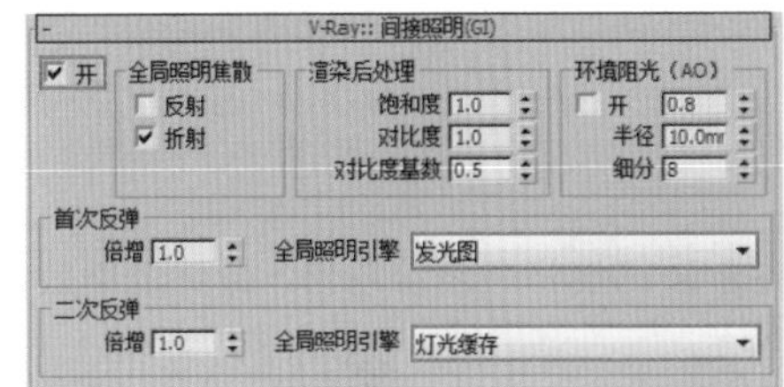

图10-338

04 展开“发光图”卷展栏，然后设置“当前预置”为“中”，接着设置“半球细分”为50、“插值采样”为20，最后勾选“显示计算相位”和“显示直接光”选项，具体参数设置如图10-339所示。

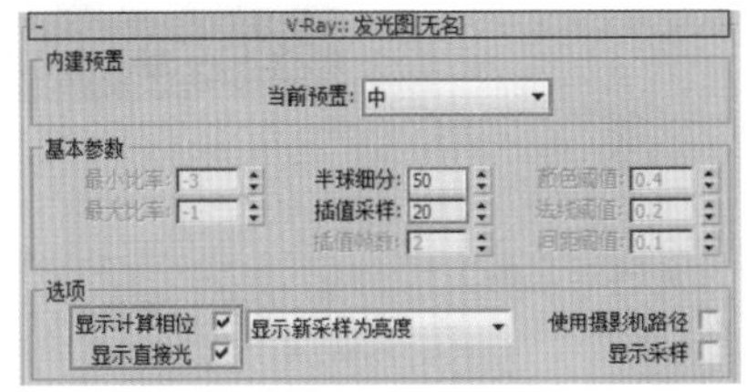

图10-339

05 展开“灯光缓存”卷展栏，然后设置“细分”为1200、“进程数”为2，接着勾选“显示计算相位”选项，如图10-340所示。

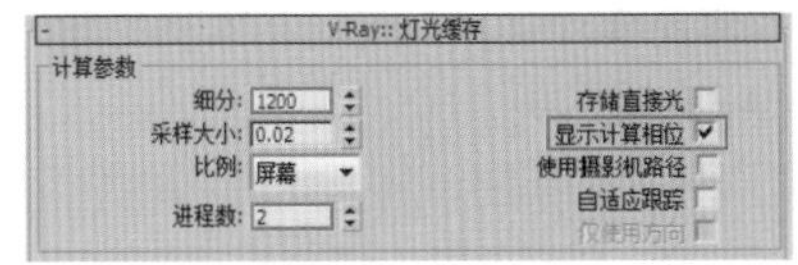

图10-340

06 展开“DMC采样器”卷展栏，然后设置“适应数量”为0.75、“最小采样值”为20，如图10-341所示。

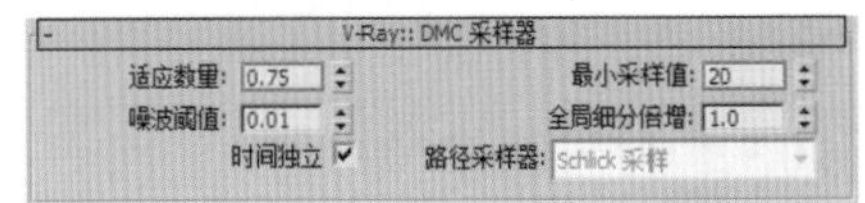

图10-341

07 单击“设置”选项卡，然后在“系统”卷展栏下设置“最大树形深度”为60、“面/级别系数”为2.0、“默认几何体”为“静态”，接着在“渲染区域分割”选项组下设置“区域排序”为Top→Bottom，最后在“VRay日志”选项组下关闭“显示窗口”选项，具体参数设置如图10-342所示。

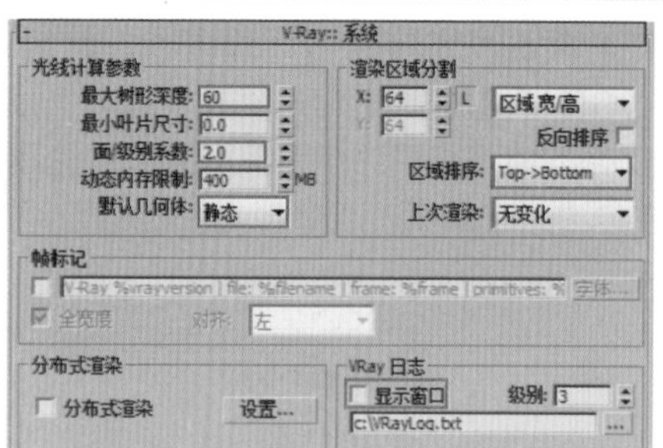

图10-342

08 按F9键渲染当前场景，最终渲染效果如图10-343所示。

图10-343

10.9 综合实例——豪华欧式卫生间

素材文件	09.max
案例文件	综合实例——豪华欧式卫生间.max
视频教学	视频教学/第10章/综合实例——豪华欧式卫生间.flv
技术掌握	豪华欧式卫生间的材质灯光渲染综合技术应用

本例是一个卫生场景，使用“VR灯光”效果是本例的学习重点，材质是本例的学习难点，效果如图10-344所示。

图10-344

10.9.1 材质制作

本场景中的物体材质主要有地砖、白漆、墙面砖、窗帘、浴巾、金属、镜子等，如图10-345所示。

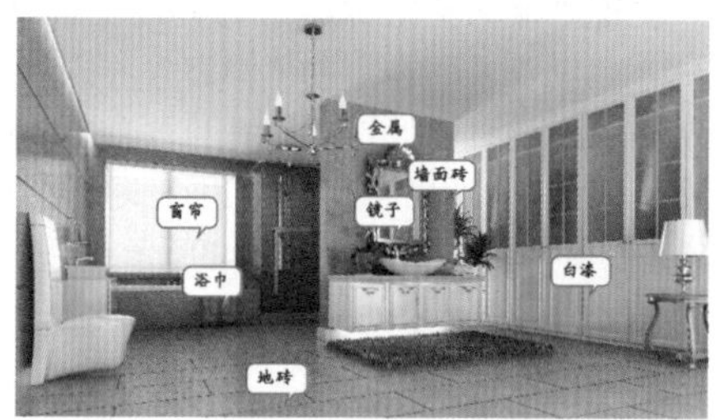

图10-345

1.制作地砖材质

01 打开本书配套光盘中的“09.max”文件，如图10-346所示。

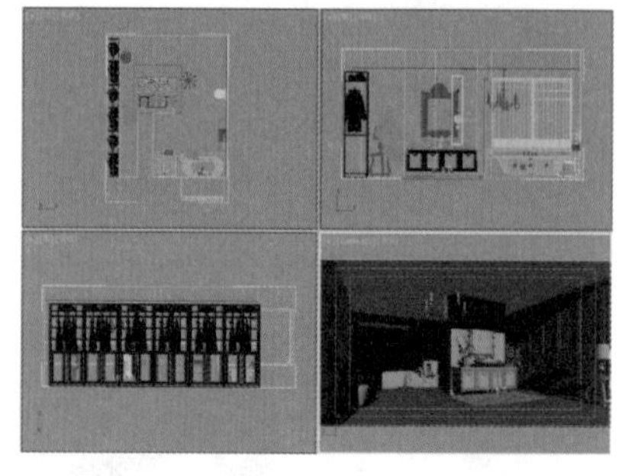

图10-346

02 选择一个空白材质球，然后设置材质类型为VRayMtl材质，并将其命名为“地砖”，具体参数设置如图10-347所示，制作好的材质球效果如图10-348所示。

设置步骤：

① 在“漫反射”贴图通道中加载一张“地砖.jpg”文件，然后在“坐标”卷展栏下设置“模糊”为0.01。

② 在“反射”贴图通道中加载一张“衰减”程序贴图，然后设置“衰减类型”为Fresnel，接着设置“高光光泽度”为0.9、“反射光泽度”为0.85。

③ 展开“贴图”卷展栏，然后将“漫反射”贴图通道中贴图拖曳到“凹凸”贴图通道上，并设置“凹凸”强度为40。

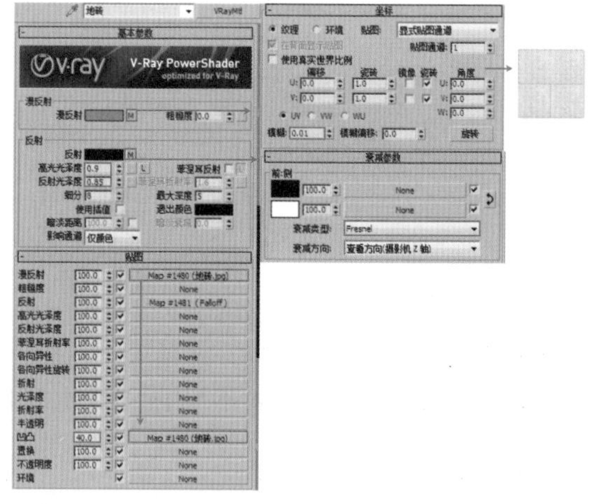

图10-347

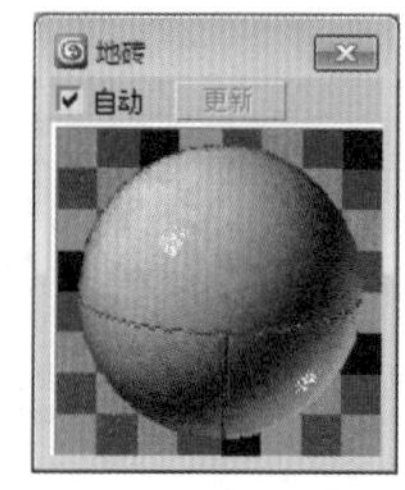

图10-348

2.制作白漆材质

选择一个空白材质球，然后设置材质类型为VRayMtl材质，并将其命名为“白漆”，具体参数设置如图10-349所示，制作好的材质球效果如图10-350所示。

设置步骤：

① 在“漫反射”贴图通道中加载一张“输出”程序贴图，然后在“输出”卷展栏下设置“输出量”为1.1。

② 在“反射”贴图通道中加载一张“衰减”程序贴图，然后在“衰减参数”卷展栏下设置“衰减类型”为Fresnel，接着设置“高光光泽度”为0.86、“反射光泽度”为0.89。

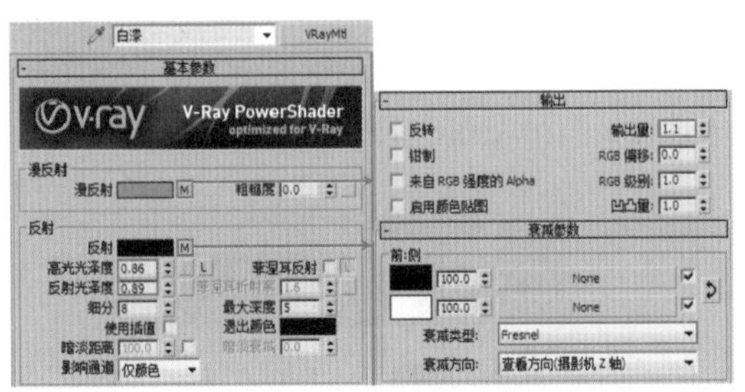

图10-349

图10-350

3.制作墙面砖材质

选择一个空白材质球，然后设置材质类型为VRayMtl材质，并将其命名为“墙面砖”，具体参数设置如图10-351所示，制作好的材质球效果如图10-352所示。

设置步骤：

① 在“漫反射”贴图通道中加载一张“墙面砖.jpg”贴图文件，然后在“坐标”卷展栏下设置“模糊”为0.01。

② 在“反射”贴图通道中加载一张“衰减”程序贴图，然后设置“衰减类型”为Fresnel，接着设置“高光光泽度”为0.9、“反射光泽度”为0.88。

③ 展开“贴图”卷展栏，然后在“凹凸”贴图通道中加载一张“墙面砖凹凸.jpg”贴图文件，并设置“凹凸”强度为40。

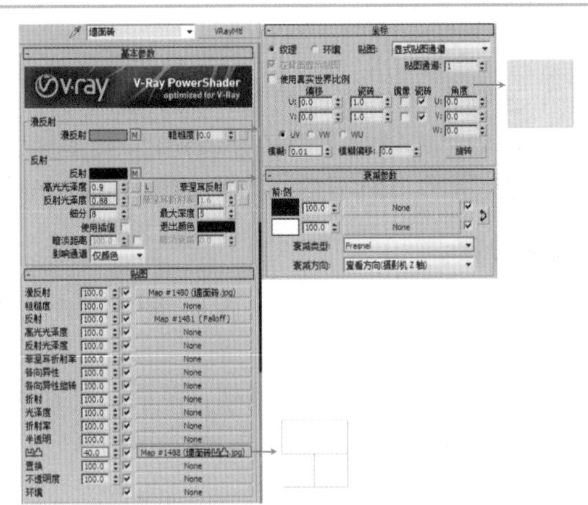

图10-351

图10-352

4.制作窗帘材质

选择一个空白材质球，然后设置材质类型为VRayMtl材质，并将其命名为“窗帘”，具体参数设置如图10-353所示，制作好的材质球效果如图10-354所示。

设置步骤：

① 设置“漫反射”颜色为（红:141，绿:141，蓝:141）。

② 设置“折射”颜色为（红:49，绿:49，蓝:49），然后设置“光泽度”为0.51，接着勾选“影响阴影”选项。

图10-353

图10-354

5.制作浴巾材质

选择一个空白材质球，然后设置材质类型为VRayMtl材质，并将其命名为“浴巾”，具体参数设置如图10-355所示，制作好的材质球效果如图10-356所示。

设置步骤：

① 在“漫反射”贴图通道中加载一张“浴巾.jpg”贴图文件。

② 展开“贴图”卷展栏，然后在“置换”贴图通道中加载一张“浴巾凹凸.jpg”贴图文件，并设置“置换”强度为10。

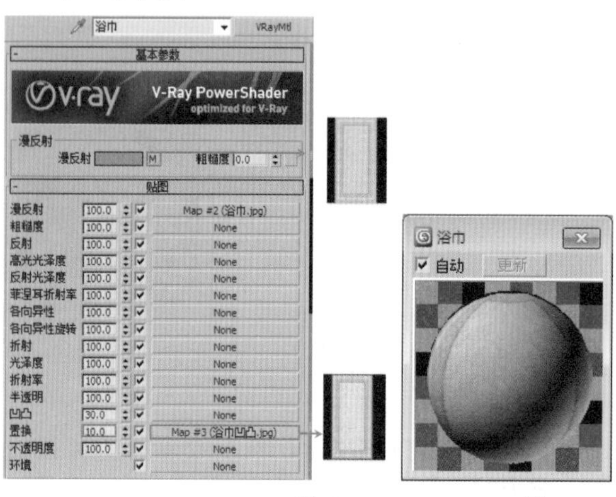

图10-355 图10-356

6 .制作金属材质

选择一个空白材质球，然后设置材质类型为VRayMtl材质，并将其命名为“金属”，具体参数设置如图10-357所示，制作好的材质球效果如图10-358所示。

设置步骤：

① 设置“漫反射”颜色为（红:128，绿:128，蓝:128）。

② 设置“反射”颜色为（红:250，绿:250，蓝:250），然后设置“高光光泽度”为0.95、“反射光泽度”为0.85。

图10-357

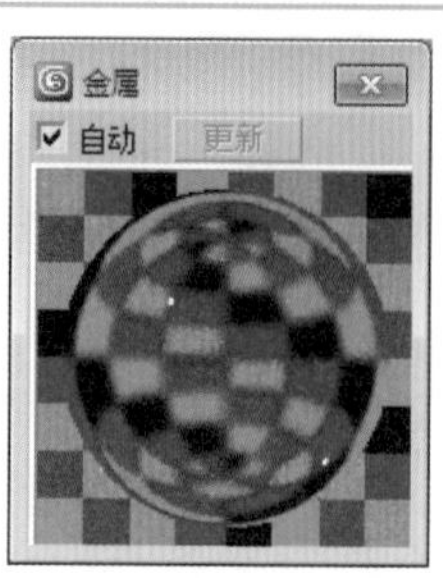

图10-358

7.制作镜子材质

选择一个空白材质球，然后设置材质类型为VRayMtl材质，并将其命名为“镜子”，接着设置“漫反射”颜色为“黑色”、“反射”颜色为“白色”，具体参数设置如图10-359所示，制作好的材质球效果如图10-360所示。

图10-359 图10-360

10.9.2 设置测试渲染参数

01 按F10键打开“渲染设置”对话框，然后设置渲染器为VRay渲染器，接着在“公用参数”卷展栏下设置“宽度”为500、“高度”为278，最后单击“图像纵横比”选项后面的“锁定”按钮，锁定渲染图像的纵横比，如图10-361所示。

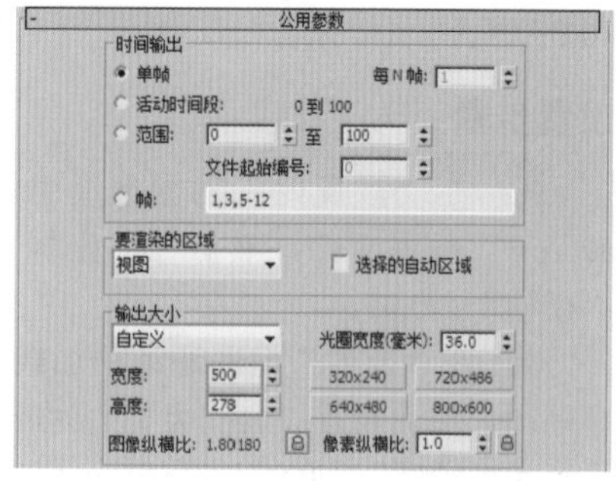

图10-361

02 单击VRay选项卡，然后在“图像采样器（反锯齿）”卷展栏下设置“图像采样器”类型为“固定”，接着在“抗锯齿过滤器”选项组下勾选“开”选项，并设置“抗锯齿过滤器”类型为“区域”，具体参数设置如图10-362所示。

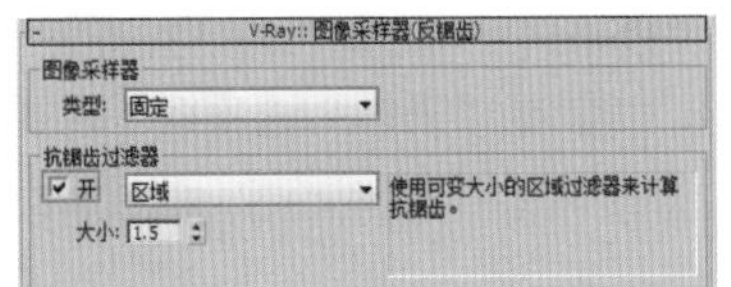

图10-362

03 展开“颜色贴图”卷展栏，然后设置“类型”为“线性倍增”、“暗色倍增”为1.2，接着勾选“子像素映射”和“钳制输出”选项，并取消勾选“影响背景”选项，具体参数设置如图10-363所示。

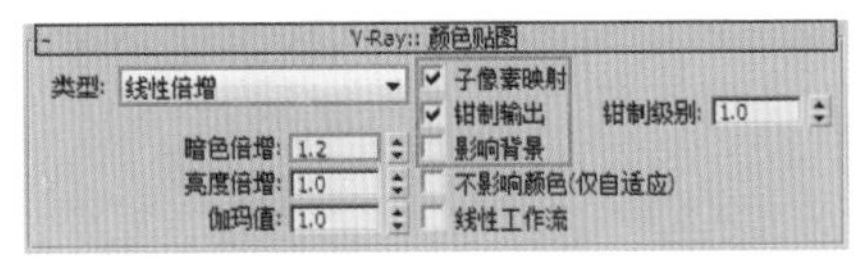

图10-363

04 单击“间接照明”选项卡，然后展开“间接照明（GI）”卷展栏，接着勾选打开“开”选项，并设置“首次反弹”的“全局照明引擎”的“全局照明引擎”为“发光图”、“二次反弹”的“全局照明引擎”的“全局照明引擎”为“灯光缓存”，如图10-364所示。

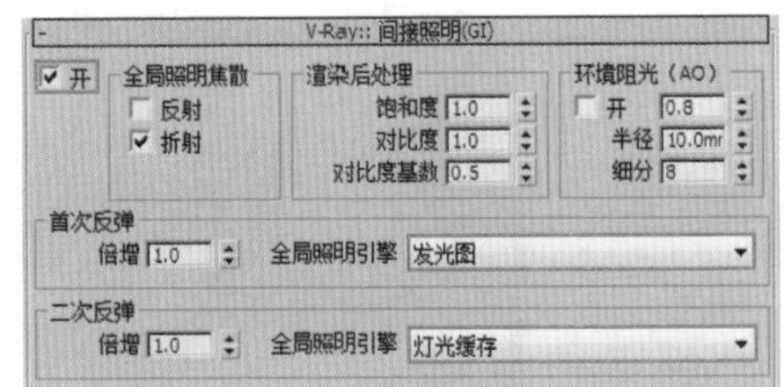

图10-364

05 展开“发光图”卷展栏，然后设置“当前预置”为“非常低”，接着设置“半球细分”为20、“插值采样”为10，最后勾选“显示计算相位”和“显示直接光”选项，具体参数设置如图10-365所示。

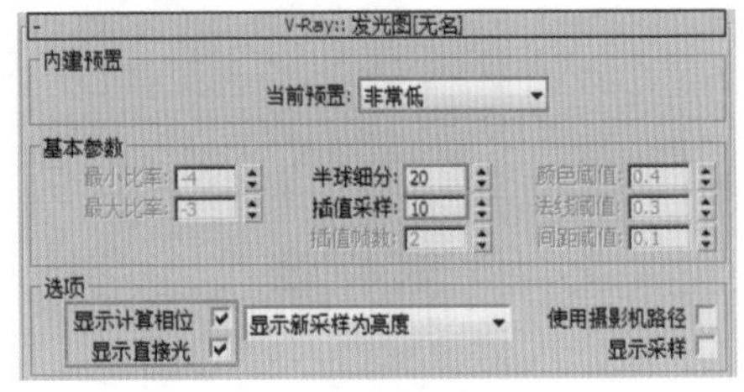

图10-365

06 展开“灯光缓存”卷展栏，然后设置“细分”为100，接着勾选“显示计算相位”选项，如图10-366所示。

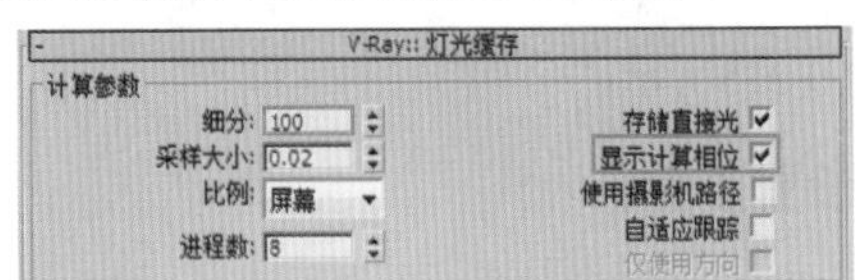

图10-366

07 单击“设置”选项卡，然后在“系统”卷展栏下设置“最大树形深度”为60、“面/级别系数”为2.0、“默认几何体”为“静态”，接着在“渲染区域分割”选项组下设置“区域排序”为Top→Bottom，最后在“VRay日志”选项组下关闭“显示窗口”选项，具体参数设置如图10-367所示。

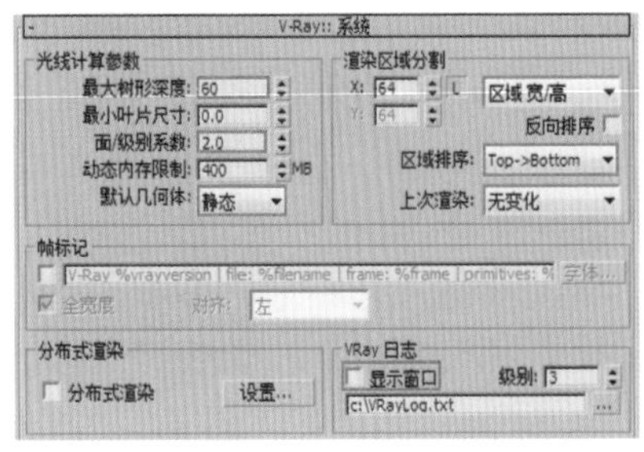

图10-367

10.9.3 灯光设置

本场景共需要布置3处灯光，分别是室外主光源、辅助光源以及天花板上的灯带。

1.创建主光源

01 将灯光类型设置为VRay，然后在前视图中创建一盏VRay灯光，其位置如图10-368所示。

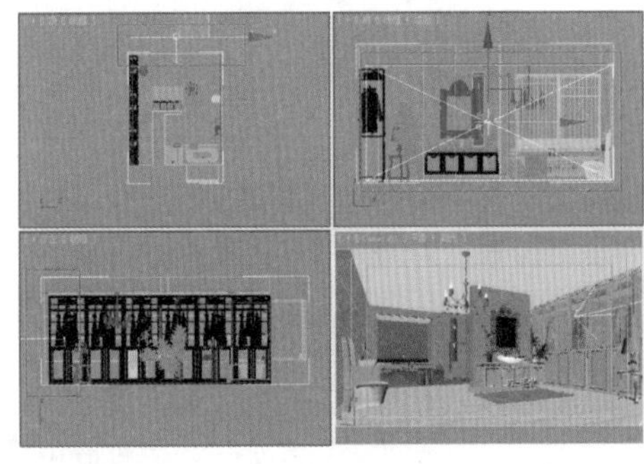

图10-368

02 选择上一步创建的VRay灯光，然后进入“修改”面板，接着展开“参数”卷展栏，具体参数设置如图10-369所示。

设置步骤：

① 在“常规”选项组下设置“类型”为“平面”。

② 在“强度”选项组下设置“倍增”为1.5，然后设置“颜色”为（红:219，绿:245，蓝:255）。

③ 在“大小”选项组下设置“1/2长”为2644mm、“1/2宽”为1186mm。

④ 在“选项”选项组下勾选“不可见”选项。

⑤ 在“采样”选项组下设置“细分”为16。

03 按F9键测试渲染下当前场景，效果如图10-370所示。

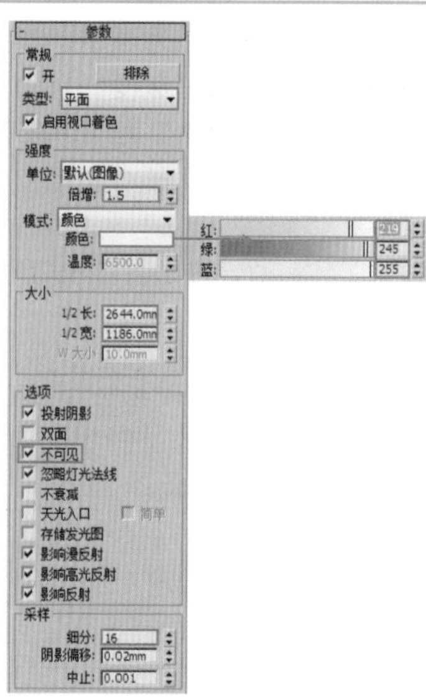

图10-369

图10-370

2.创建辅助光源

01 在前视图中创建一盏VRay灯光，然后将其拖曳到合适的位置，如图10-371所示。

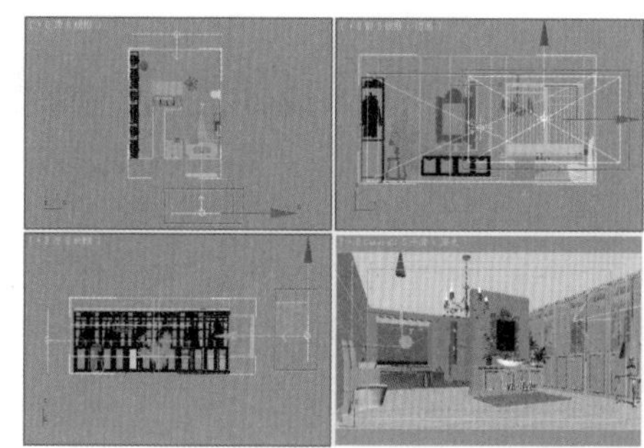

图10-371

02 选择上一步创建的VRay灯光，然后进入“修改”面板，接着展开“参数”卷展栏，具体参数设置如图10-372所示。

设置步骤：

① 在“常规”选项组下设置“类型”为“平面”。

② 在“强度”选项组下设置“倍增”为12，然后设置“颜色”为（红:206，绿:236，蓝:255）。

③ 在“大小”选项组下设置“1/2长”为1739mm、“1/2宽”为953mm。

④ 在“采样”选项组下设置“细分”为14。

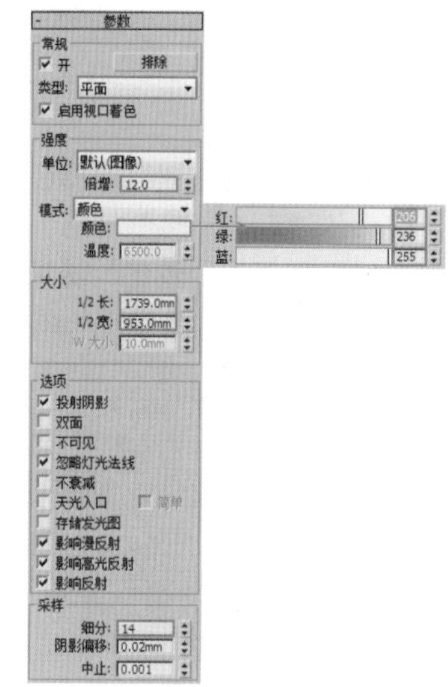

图10-372

03 按F9键测试渲染下当前场景，效果如图10-373所示。

图10-373

04 在前视图中创建一盏VRay灯光，然后将其拖曳到合适的位置，如图10-374所示。

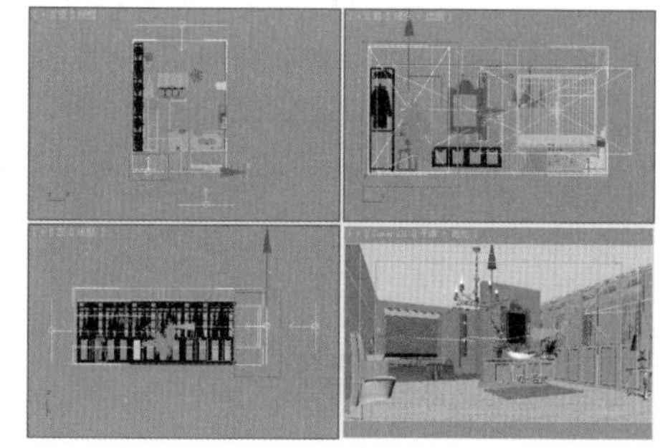

图10-374

05 选择上一步创建的VRay灯光，然后进入“修改”面板，接着展开“参数”卷展栏，具体参数设置如图10-375所示。

设置步骤：

① 在“常规”选项组下设置“类型”为“平面”。

② 在“强度”选项组下设置“倍增”为8，然后设置“颜色”为（红:210，绿:238，蓝:255）。

③ 在“大小”选项组下设置“1/2长”为

931mm、“1/2宽”为1400mm。

④ 在“采样”选项组下设置“细分”为14。

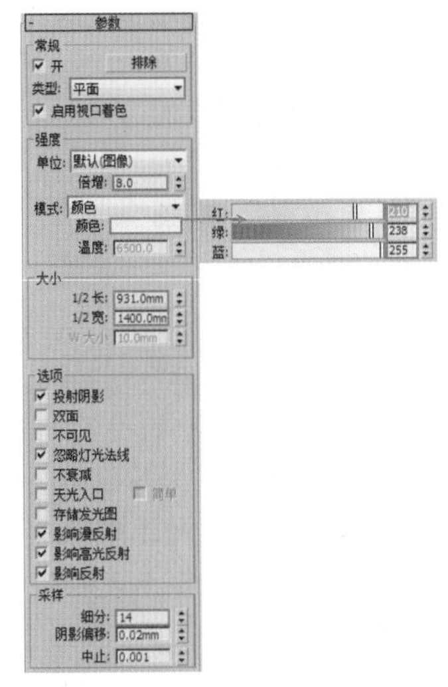

图10-375

06 按F9键测试渲染下当前场景，效果如图10-376所示。

图10-376

3.创建灯带

01 在顶视图中创建一盏VRay灯光，然后将其拖曳到合适的位置，如图10-377所示。

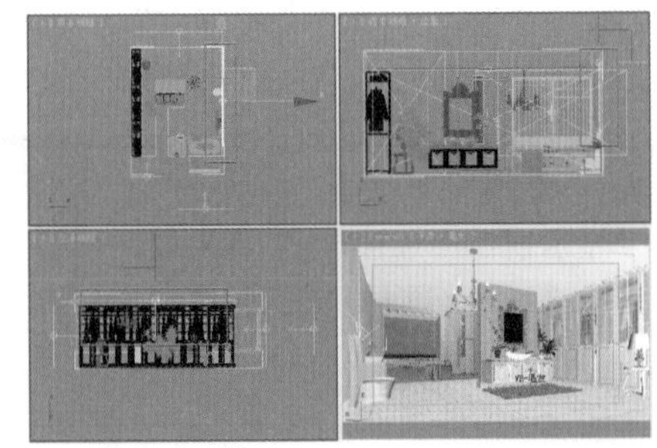

图10-377

02 选择上一步创建的VRay灯光，然后进入“修改”面板，接着展开“参数”卷展栏，具体参数设置如图10-378所示。

设置步骤：

① 在“常规”选项组下设置“类型”为“平面”。

② 在“强度”选项组下设置“倍增”为4，然后设置“颜色”为（红:255，绿:234，蓝:192）。

③ 在“选项”选项组下勾选“不可见”选项，然后取消勾选“影响反射”选项。

④ 在“采样”选项组下设置“细分”为14。

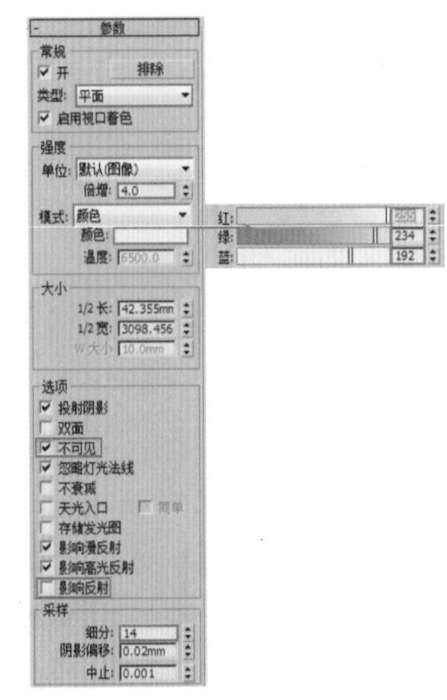

图10-378

03 按F9键测试渲染下当前场景，效果如图10-379所示。

图10-379

04 在顶视图中创建一盏VRay灯光，然后将其拖曳到合适的位置，如图10-380所示。

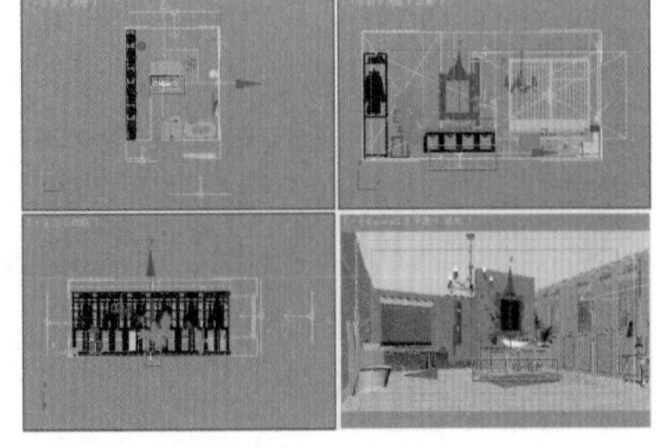

图10-380

05 选择上一步创建的VRay灯光，然后进入“修改”面板，接着展开“参数”卷展栏，具体参数设置如图10-381所示。

设置步骤：

① 在“常规”选项组下设置“类型”为“平面”。

② 在“强度”选项组下设置“倍增”为1.5，然后设置“颜色”为白色。

③ 在“选项”选项组下勾选“不可见”选项，然后取消勾选“影响反射”选项。

06 按F9键测试渲染下当前场景，效果如图10-382所示。

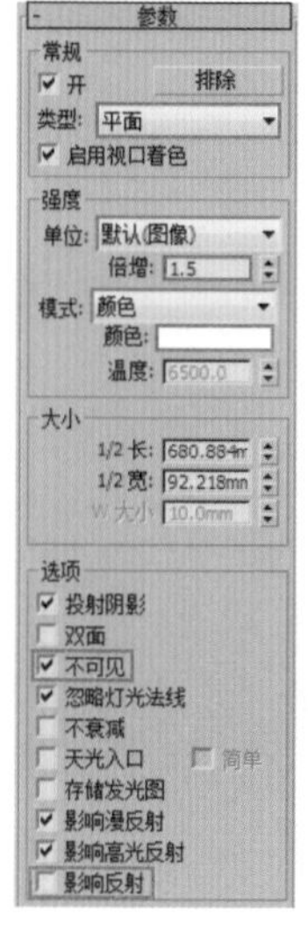

图10-381

图10-382

10.9.4 设置最终渲染参数

01 按F10键打开“渲染设置”对话框，然后展开“公用参数”卷展栏，接着设置“宽度”为2600、“高度”为1446，如图10-383所示。

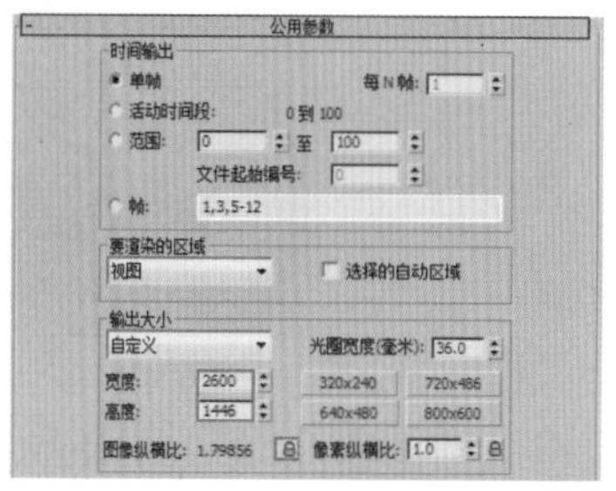

图10-383

02 单击VRay选项卡，然后在“图像采样器（反锯齿）”卷展栏下设置“图像采样器”类型为“自适应确定性蒙特卡洛”，接着设置“抗锯齿过滤器”类型为Mitchell-Netravali，最后展开“自适应DMC图像采样器”卷展栏，并设置“最小细分”为1、“最大细分”为4，具体参数设置如图10-384所示。

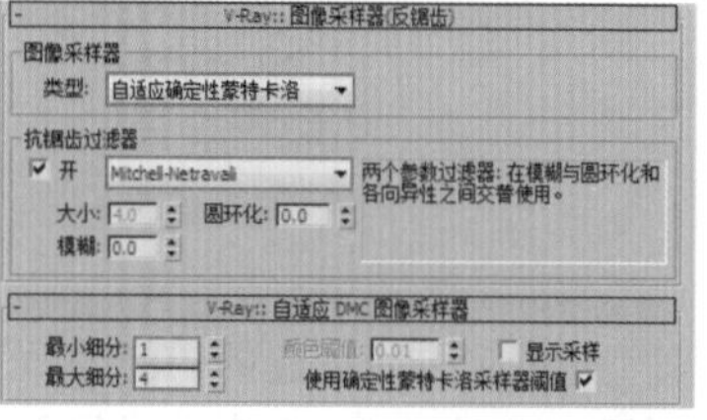

图10-384

03 展开“颜色贴图”卷展栏，然后设置“类型”为“线性倍增”，接着设置“暗色倍增”为1.2，如图10-385所示。

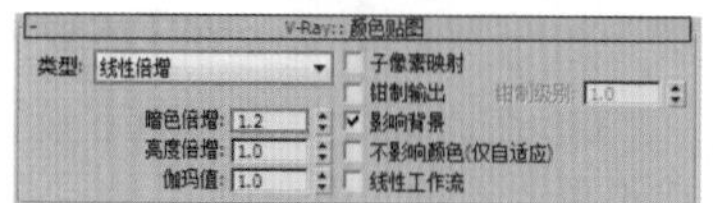

图10-385

04 单击“间接照明”选项卡，然后展开“间接照明（GI）”卷展栏，接着勾选打开“开”选项，并“首次反弹”的“全局照明引擎”的“全局照明引擎”为“发光图”、“二次反弹”的“全局照明引擎”的“全局照明引擎”为“灯光缓存”，如图10-386所示。

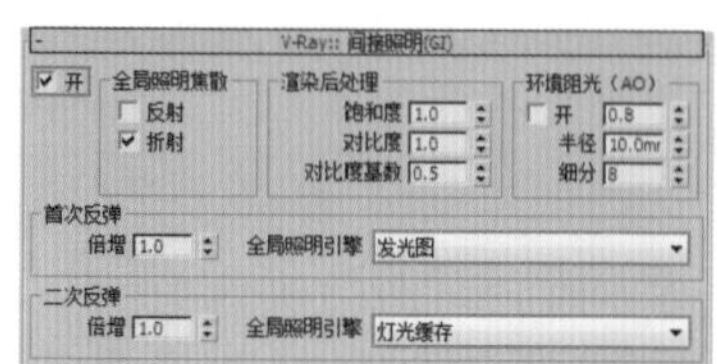

图10-386

05 展开“发光图”卷展栏，然后设置“当前预置”为“自定义”，接着设置“最小比率”为-3、“最大比率”为-1、“半球细分”为50、“插值采样”为20，最后勾选“显示计算相位”和“显示直接光”选项，具体参数设置如图10-387所示。

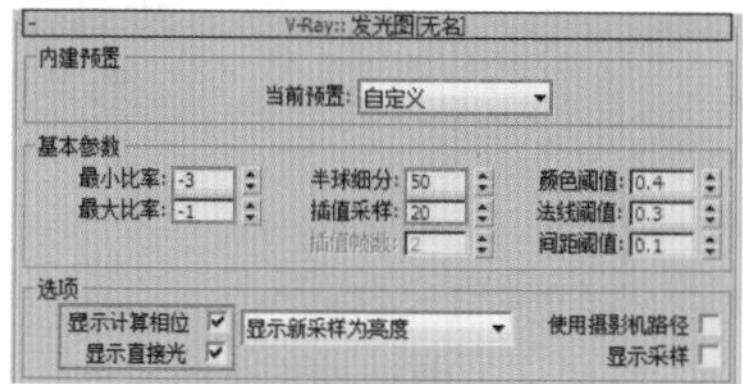

图10-387

06 展开“灯光缓存”卷展栏，然后设置“细分”为1200、“进程数”为4，接着勾选“显示计算相位”选项，如图10-388所示。

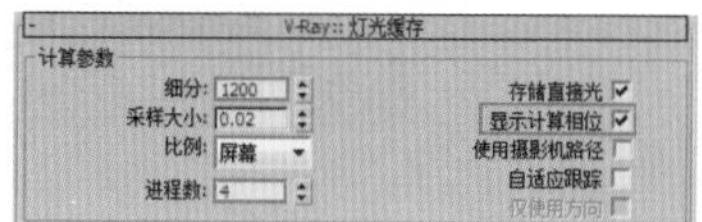

图10-388

07 单击“设置”选项卡，然后在“系统”卷展栏下设置“最大树形深度”为60、“面/级别系数”为2.0、“默认几何体”为“静态”，接着在“渲染区域分割”选项组下设置“区域排序”为Top→Bottom，最后在“VRay日志”选项组下关闭“显示窗口”选项，具体参数设置如图10-389所示。

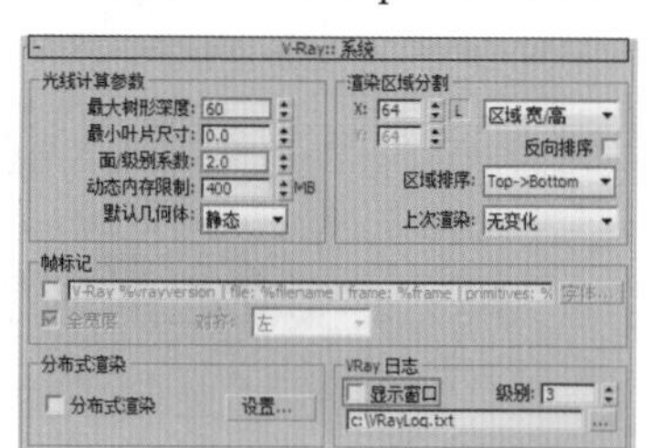

图10-389

08 按F9键渲染当前场景，最终渲染效果如图10-390所示。

图10-390

第11章

工装篇

11.1 综合实例——中式接待室日景效果

素材文件	01.max
案例文件	综合实例——中式接待室日景效果.max
视频教学	视频教学/第11章/综合实例——中式接待室日景效果.flv
技术掌握	壁纸材质的制作方法以及现代客厅日景的表现方法

本场景是一个小型的中式接待室空间，客厅日景表现是本例的学习重点，壁纸材质是本例的学习难点，效果如图11-1所示。

图11-1

11.1.1 材质制作

本例的场景对象材质主要包括地毯材质、大理石材质、窗纱材质、石材雕花材质、壁纸材质，如图11-2所示。

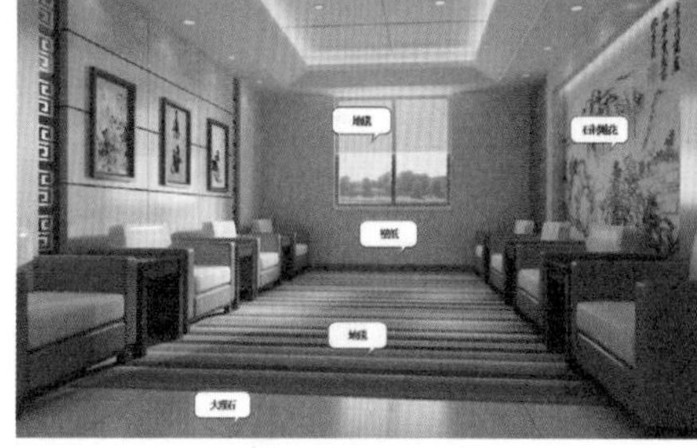

图11-2

1.制作地毯材质

01 打开本书配套光盘中的“01.max”文件，如图11-3所示。

图11-3

02 选择一个空白材质球，然后设置材质类型为VRayMtl材质，并将其命名为“地毯”，具体参数设置如图11-4所示，制作好的材质球效果如图11-5所示。

设置步骤：

① 在“漫反射”贴图通道中加载一张“地毯.jpg”贴图文件，然后在“坐标”卷展栏下设置“模糊”为0.01。

② 设置“反射”颜色为（红:15，绿:15，蓝:15），并设置“高光光泽度”为0.25。

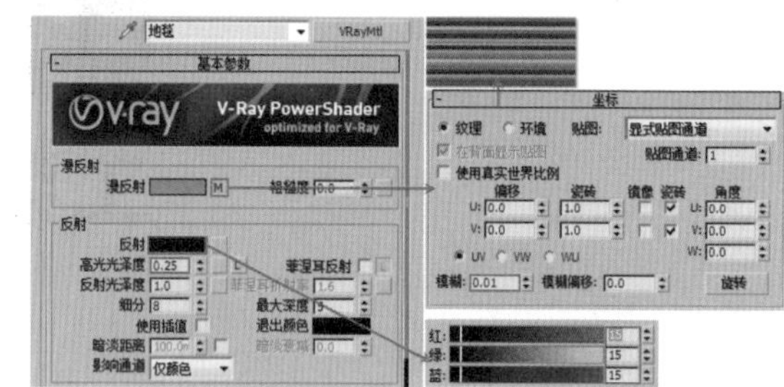

图11-4

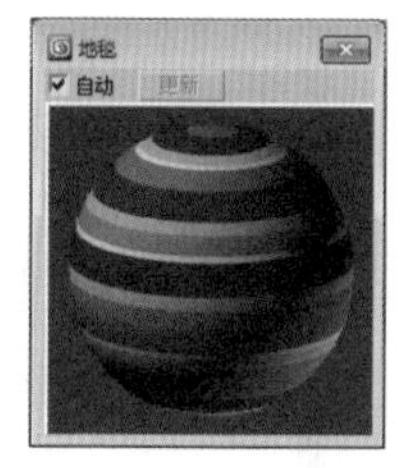

图11-5

2.制作石材雕花材质

选择一个空白材质球，然后设置材质类型为VRayMtl材质，并将其命名为“石材雕花”，具体参数设置如图11-6所示，制作好的材质球效果如图11-7所示。

设置步骤：

① 在“漫反射”选项组下单击颜色后面的通道按钮，并为其加载一个贴图文件“石材雕花.jpg”，在“坐标”卷展栏下设置“模糊”为0.01。

② 在“反射”选项组下调节“反射”后面的颜色为（红:15，绿:15，蓝:15），设置“反射光泽度”为0.7。

③ 展开“选项”卷展栏，并取消勾选“跟踪反射”。

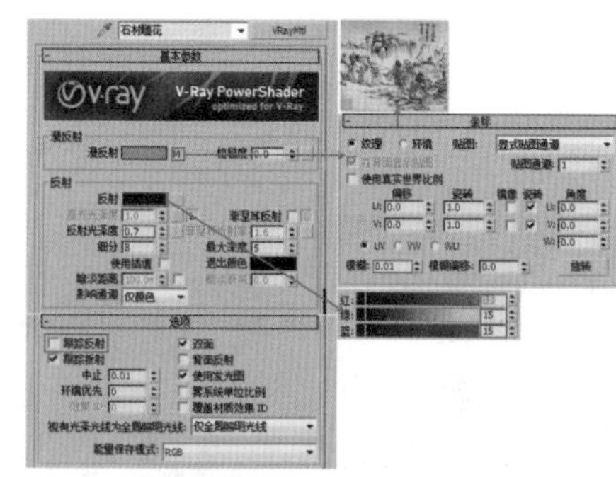

图11-6

图11-7

3.制作窗纱材质

选择一个空白材质球，然后设置材质类型为VRayMtl材质，并将其命名为"窗纱"，具体参数设置如图11-8所示，制作好的材质球效果如图11-9所示。

设置步骤：

① 设置"漫反射"颜色为（红:250，绿:250，蓝:250）。

② 设置"折射"颜色为（红:102，绿:102，蓝:102），并勾选"影响阴影"，然后设置"影响通道"为"颜色+Alpha"。

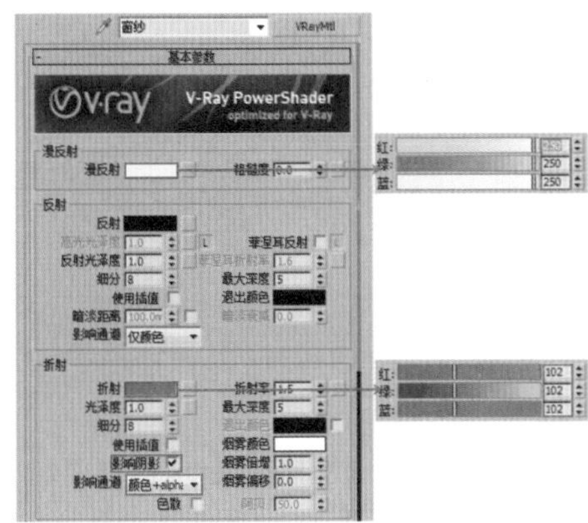

图11-8

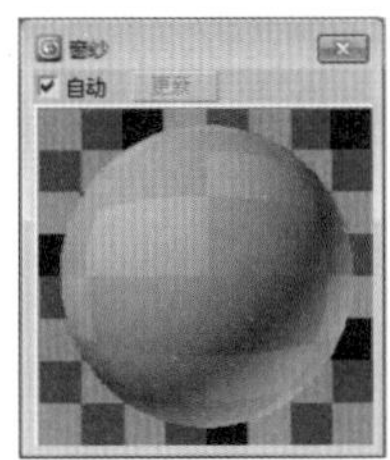

图11-9

4.制作大理石材质

选择一个空白材质球，然后设置材质类型为VRayMtl材质，并将其命名为"大理石"，具体参数设置如图11-10所示，制作好的材质球效果如图11-11所示。

设置步骤：

① 在"漫反射"贴图通道中加载一张"大理石地面.jpg"贴图文件。

② 在"反射"贴图通道中加载一张"衰减"程序贴图，接着在"衰减参数"卷展栏下设置"侧"颜色为（红:150，绿:150，蓝:150），并设置"衰减类型"为Fresnel，然后返回上一级并设置"高光光泽度"为0.85、"反射光泽度"为0.9。

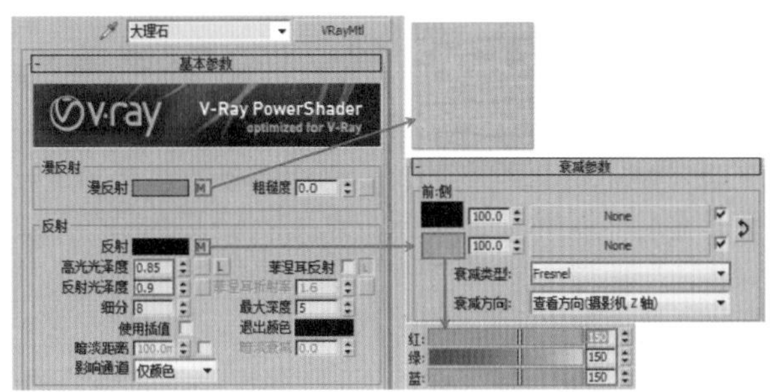

图11-10

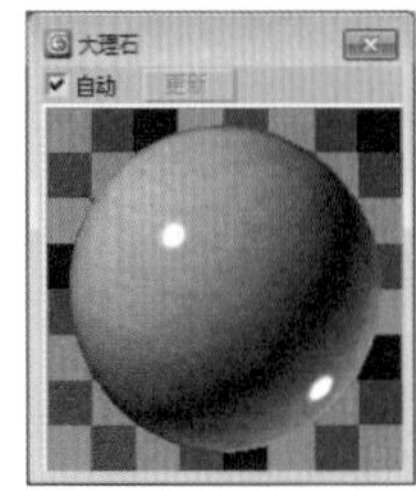

图11-11

5.制作墙纸材质

选择一个空白材质球，然后设置材质类型为"VRay材质包裹器"材质，并将其命名为"墙纸"，具体参数设置如图11-12所示，制作好的材质球效果如图11-13所示。

设置步骤：

① 在"基本材质"材质通道中加载VRayMtl材质，然后在"基本参数"卷展栏下的"漫反射"贴图通道中加载一张"墙纸.jpg"贴图文件，接着设置"反射"颜色为（红:15，绿:15，蓝:15），并设置"反射光泽度"为0.7，再展开"选项"卷展栏，并取消勾选"跟踪反射"选项。

② 设置"生成全局照明"为0.85。

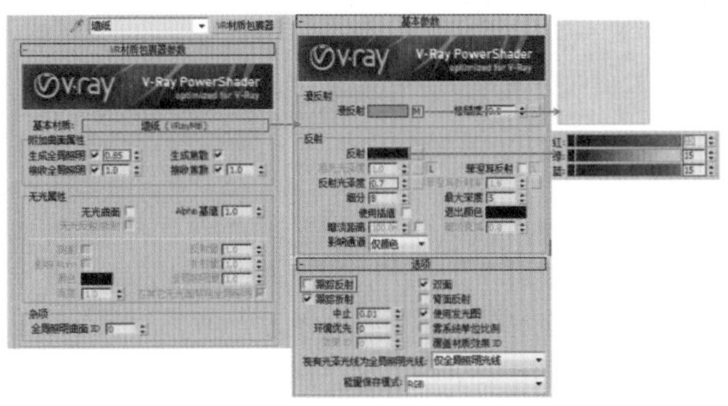

图11-12

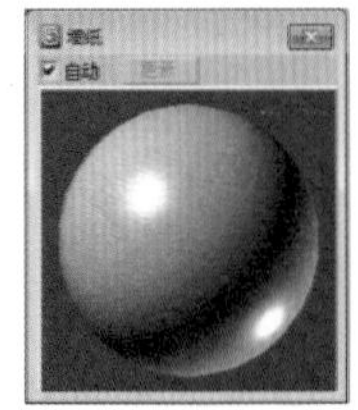

图11-13

11.1.2 设置测试渲染参数

01 按F10键打开“渲染设置”对话框，然后设置渲染器为VRay渲染器，接着在“公用参数”卷展栏下设置“宽度”为500、“高度”为313，最后单击“图像纵横比”选项后面的“锁定”，锁定渲染图像的纵横比，具体参数设置如图11-14所示。

图11-14

02 展开V-Ray选项卡下的“图形采样器（反锯齿）”卷展栏，然后设置“图像采样器”的“类型”为“固定”，接着勾选“抗锯齿过滤器”下的“开”选项，并设置其类型为“区域”；展开“固定图像采样器”卷展栏，然后设置“细分”为1，具体参数设置如图11-15所示。

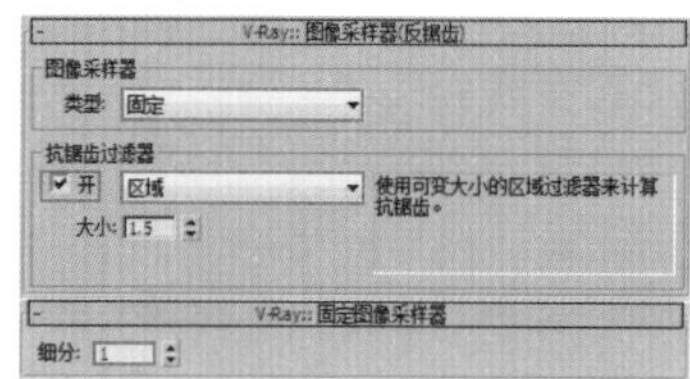

图11-15

03 展开“颜色贴图”卷展栏，然后设置“类型”为“线性倍增”，接着勾选“子像素贴图”、“钳制输出”选项，具体参数设置如图11-16所示。

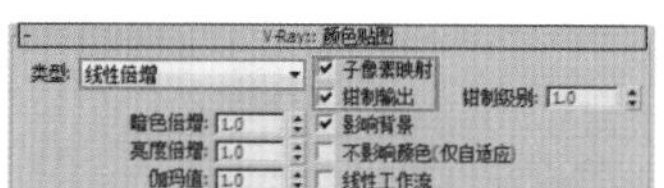

图11-16

04 展开“间接照明”选项卡下的“间接照明（GI）”卷展栏下勾选“开”选项，接着设置“首次反弹”的“全局照明引擎”为“发光图”、“二次反弹”的“全局照明引擎”为“灯光缓存”，具体参数设置如图11-17所示。

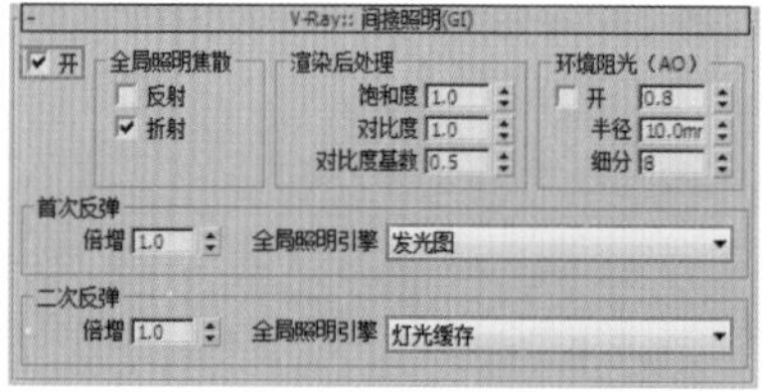

图11-17

05 展开“发光图”卷展栏，然后设置“当前预置”为“非常低”，接着设置“半球细分”为50、“插值采样”为20，最后勾选“显示计算相位”和“显示直接光”选项，具体参数设置如图11-18所示。

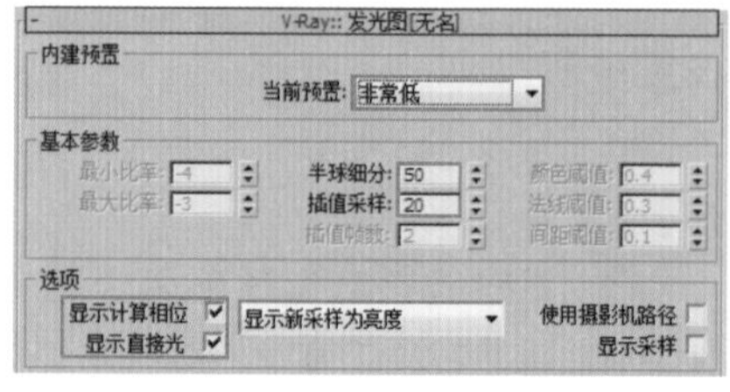

图11-18

06 展开“灯光缓存”卷展栏，然后设置“细分”为100、“进程数”为4，并勾选“显示计算相位”选项，具体参数设置如图11-19所示。

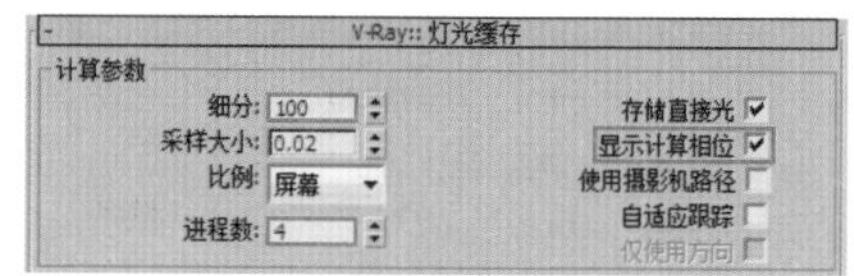

图11-19

07 展开“设置”选项卡下的“系统”卷展栏，并设置“最大树形深度”为90、“面/级别系数”为0.5、“默认几何体”为“静态”，接着在“渲染区域分割”选项组下设置x为32、“区域排序”为Top→Buttom（从上到下），最后关闭“显示窗口”选项，具体参数设置如图11-20所示。

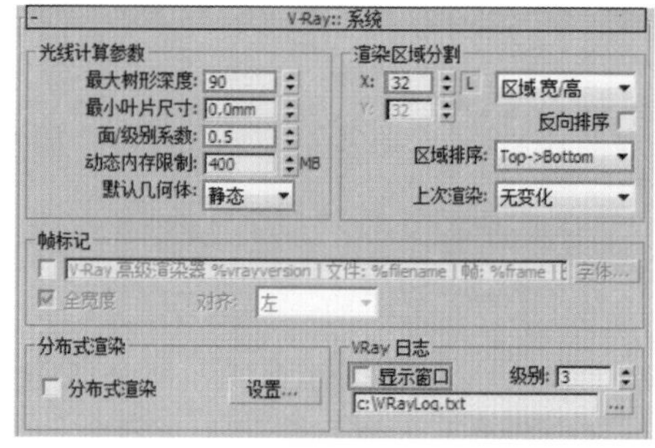

图11-20

11.1.3 灯光设置

本例共需要布置4处灯光，分别是主光源（阳光）、射灯、灯带和辅助光源。

1.创建主光源（阳光）

01 设置灯光类型为“标准”，然后在场景中创建一盏目标平行光作为主光源，其位置如图11-21所示。

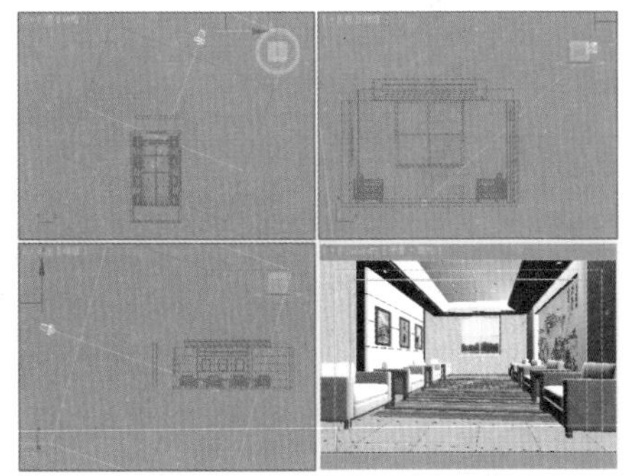

图11-21

02 选择上一步创建的目标平行光，然后进入“修改”面板，具体参数设置如图11-22所示。

设置步骤：

① 在“常规参数”卷展栏下的“阴影”选项组下勾选“启用”，并设置阴影类型为“VRay阴影”。

② 在“强度/颜色/衰减”卷展栏下设置“倍增”为7，并设置其颜色为（红:255，绿:239，蓝:210）。

③ 在“平行光参数”卷展栏下设置“聚光区/光束”为8000mm、“衰减区/光束”为8002mm，并勾选“矩形”。

④ 在“VRay阴影参数”卷展栏下勾选“长方体”，并设置“UVW大小”分别为1000mm，最后设置“细分”为12。

图11-22

03 按F9键测试渲染当前场景，效果如图11-23所示。

图11-23

2.创建辅助光源

01 在场景中创建1盏VR灯光作为辅助光源，其位置如图11-24所示。

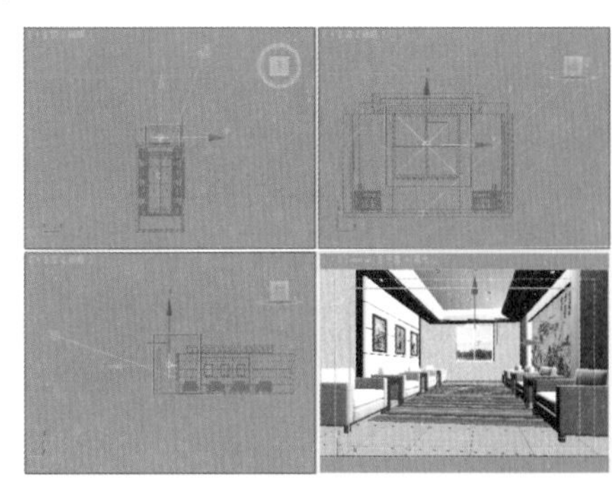

图11-24

这盏灯光放置在窗口处，主要是用来模拟真实光照进入室内的感觉。

02 选择上一步创建的VR灯光，然后展开“参数”卷展栏，具体参数设置如图11-25所示。

设置步骤：

① 在“常规”选项组下设置“类型”为“平面”。

② 在“强度度”选项组下设置设置“倍增”为25，并设置“颜色”为（红:134，绿:185，蓝:255）。

③ 在“大小”选项组下设置“1/2长”为840mm、“1/2宽”为800mm。

④ 在“选项”选项组下勾选“不可见”选项。

⑤ 在“采样”选项组下设置“细分”为20。

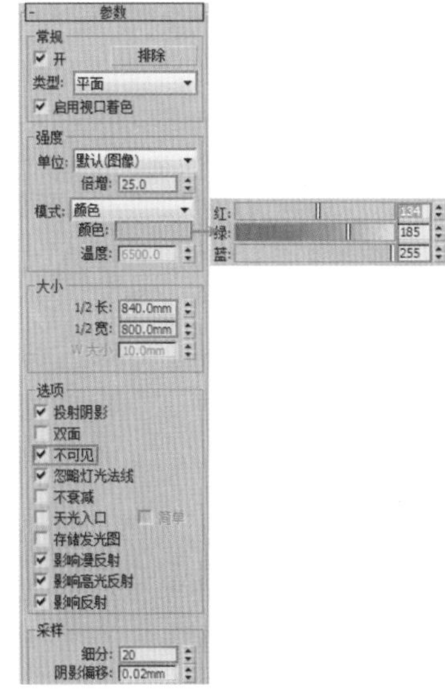

图11-25

03 按F9键测试渲染当前场景，效果如图11-26所示。

图11-26

04 将灯光类型设置为“光度学”，选择并单击“自由灯光”，然后在场景中创建四盏自由灯光，如图11-27所示。

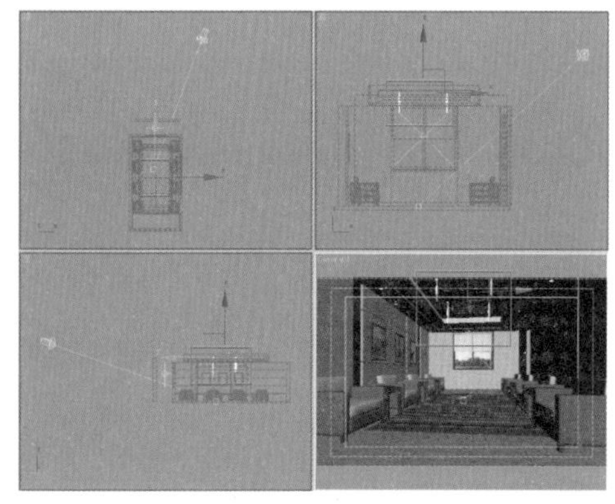

图11-27

05 选择上一步创建的自由灯光，然后进入“修改”面板，具体参数设置如图11-28所示。

设置步骤：

① 展开“常规参数”卷展栏，并勾选“启用”，然后设置阴影类型为“VRay阴影”，接着设置“灯光分布（类型）”为“光度学Web”。

② 展开“分布（光度学Web）”卷展栏，并在其通道上加载一张“20.ies”光域网文件。

③ 展开“强度/颜色/衰减”卷展栏，并设置“过滤颜色”为（红:255，绿:224，蓝:175），并设置“强度”为34000。

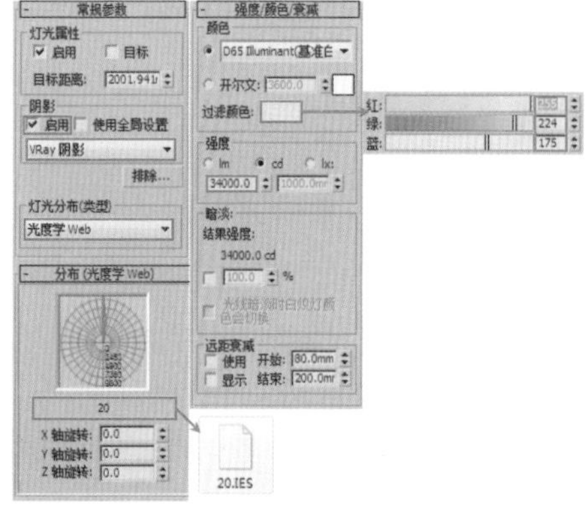

图11-28

06 按F9键测试渲染当前场景，效果如图11-29所示。

图11-29

3.创建射灯

01 在场景中创建12盏自由灯光作为射灯，其位置如图11-30所示。

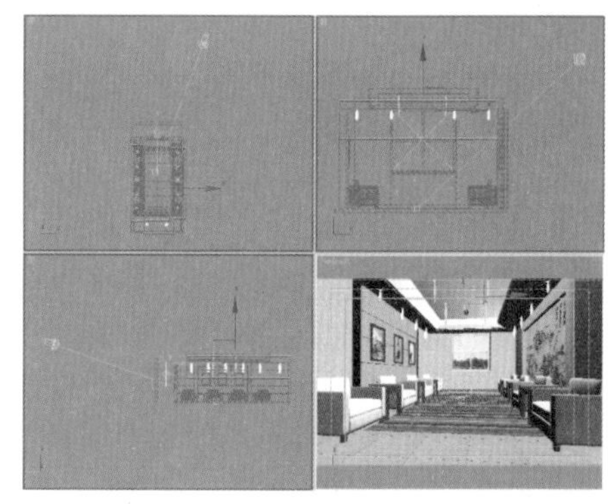

图11-30

02 选择上一步创建的自由灯光，然后进入“修改”面板，具体参数设置如图11-31所示。

设置步骤：

① 展开“常规参数”卷展栏，并勾选“启用”，接着设置阴影类型为“VRay阴影”，然后设置“灯光分布（类型）”为“光度学Web”。

② 展开“分布（光度学Web）”卷展栏，并在其通道上加载一张“筒灯.ies”光域网文件。

③ 展开“强度/颜色/衰减”卷展栏，并设置“过滤颜色”为（红:255，绿:236，蓝:206），然后设置“强度”为3000。

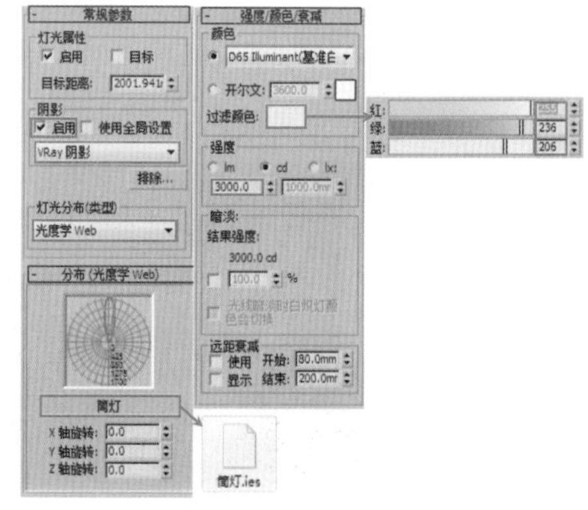

图11-31

03 按F9键测试渲染当前场景，效果如图11-32所示。

图11-32

4.创建灯带

01 在场景中创建4盏VR灯光作为灯带，其位置如图11-33所示。

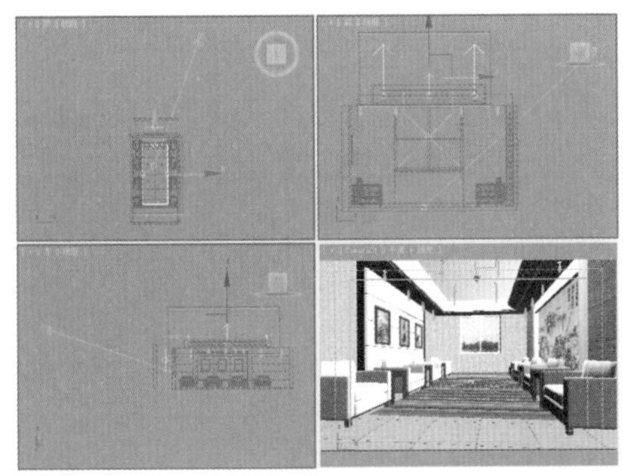

图11-33

02 选择上一步创建的VR灯光，然后展开“参数”卷展栏，具体参数设置如图11-34所示。

设置步骤：

① 在“常规”选项组下设置“类型”为“平面”。

② 在“强度”选项组下设置“倍增”为6，接着设置“颜色”为（红:255，绿:224，蓝:175）。

③ 在“大小”选项组下设置“1/2长”为29mm、“1/2宽”为2650mm。

④ 在“选项”选项组下勾选“不可见”选项。

⑤ 在“采样”选项组下设置“细分”为8。

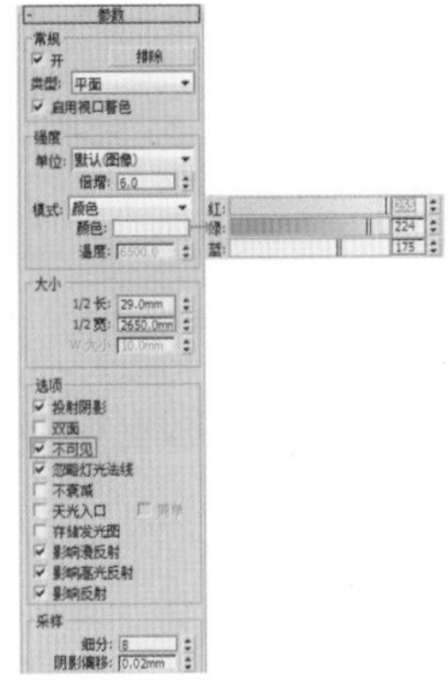

图11-34

03 继续在场景中创建一盏VR灯光，并放置在如图11-35所示位置。

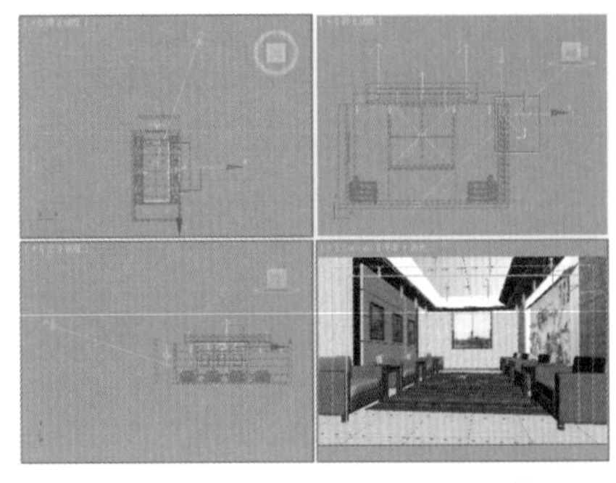

图11-35

04 选择上一步创建的VR灯光，然后展开“参数”卷展栏，具体参数设置如图11-36所示。

设置步骤：

① 在“常规”选项组下设置“类型”为“平面”。

② 在“强度”选项组下设置“倍增”为7，接着设置“颜色”为（红:255，绿:224，蓝:175）。

③ 在“大小”选项组下设置“1/2长”为25mm、“1/2宽”为1750mm。

④ 在“选项”选项组下勾选“不可见”选项。

⑤ 在“采样”选项组下设置“细分”为15。

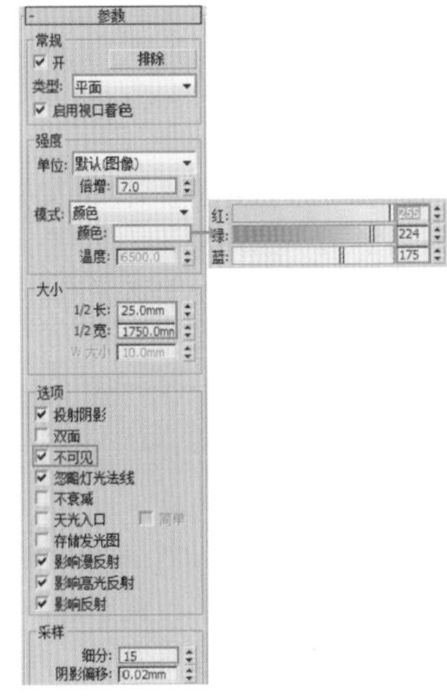

图11-36

05 按F9键测试渲染当前场景，效果如图11-37所示。

图11-37

11.1.4 设置最终渲染参数

01 按F10键打开“渲染设置”对话框，然后展开“公共参数”卷展栏，接着设置“宽度”为1800、“高度”为1127，具体参数设置如图11-38所示。

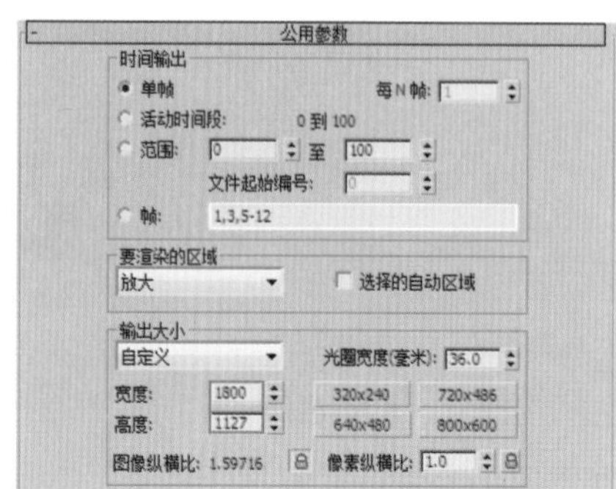

图11-38

02 在VRay选项卡下展开“图像采样器（反锯齿）”卷展栏，设置“图像采样器”的“类型”为“自适应确定性蒙特卡洛”，接着在“抗锯齿过滤器”选项组下设置过滤器的类型为Mitchell-Netravali，具体参数设置如图11-39所示。

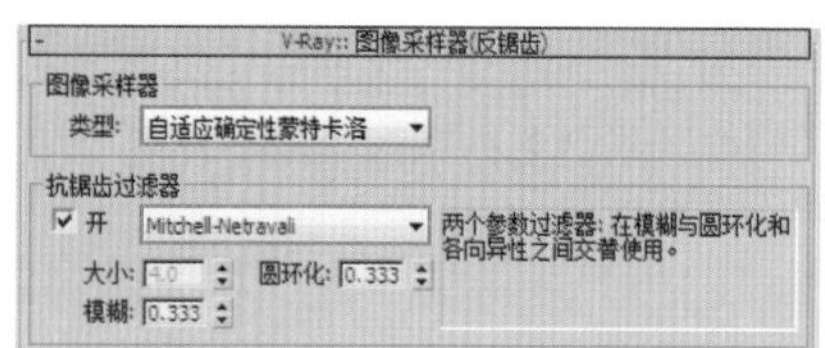

图11-39

03 展开“自适应DMC图像采样器”卷展栏，然后设置“最小细分”为1、“最大细分”为4，最后勾选“使用确定性蒙特卡洛采样器阈值”，具体参数设置如图11-40所示。

图11-40

04 在“间接照明”选项卡下展开“发光图”卷展栏，并设置“当前预置”为“中”，接着设置“半球细分”为50、“插值采样”为20，然后开启“显示计算相位”和“显示直接光”选项，具体参数设置如图11-41所示。

图11-41

05 展开“灯光缓存”卷展栏，然后设置“细分”为1000、“进程数”为4，接着关闭“存储直接光”选项，最后勾选“显示计算相位”选项，具体参数设置如图11-42所示。

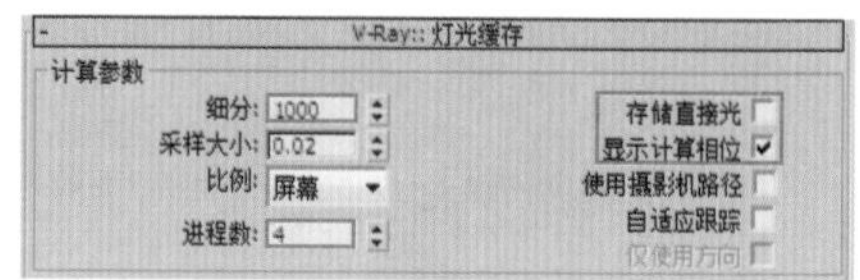

图11-42

06 在“设置”选项卡下展开“DMC采样器”卷展栏，设置“噪波阈值”为0.005，“最小采样值”为10，具体参数设置如图11-43所示。

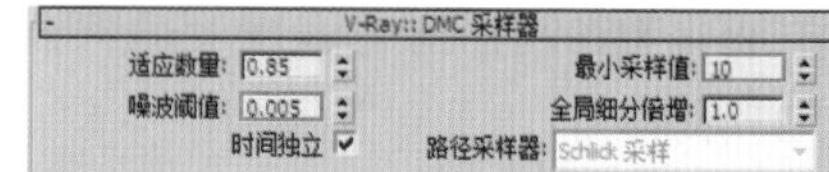

图11-43

07 按F9键渲染当前场景，最终渲染效果如图11-44所示。

图11-44

11.2 综合实例——会客室日景效果

素材文件	02.max
案例文件	综合实例——会客室日景效果.max
视频教学	视频教学/第11章/综合实例——会客室日景效果.flv
技术掌握	玻璃材质的制作方法以及现代客厅日景的表现方法

本场景是一个小型的会客室空间，日景灯光表现是本例的学习重点，玻璃材质是本例的学习难点，效果如图11-45所示。

图11-45

11.2.1 材质制作

本例的场景对象材质主要包括环境、玻璃、百叶窗、沙发、地毯，如图11-46所示。

图11-46

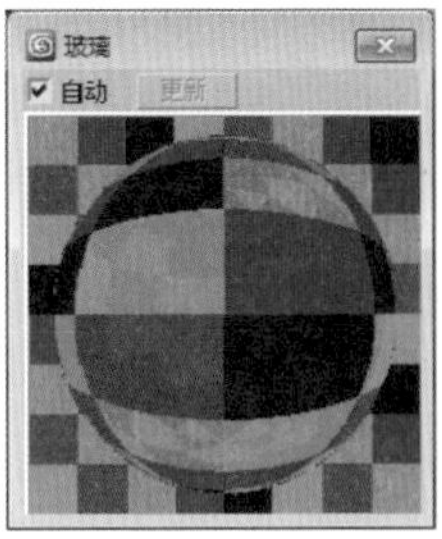

1.制作玻璃材质

01 打开本书配套光盘中的“02.max”文件，如图11-47所示。

图11-47

02 选择一个空白材质球，然后设置材质类型为VRayMtl材质，并将其命名为“玻璃”，具体参数设置如图11-48所示，制作好的材质球效果如图11-49所示。

设置步骤：

① 设置“漫反射”颜色为（红:204，绿:214，蓝:220）。

② 设置“反射”颜色为（红:35，绿:35，蓝:35）。

③ 设置“折射”颜色为（红:255，绿:255，蓝:255），然后设置“折射率”为1.4，接着勾选“影响阴影”。

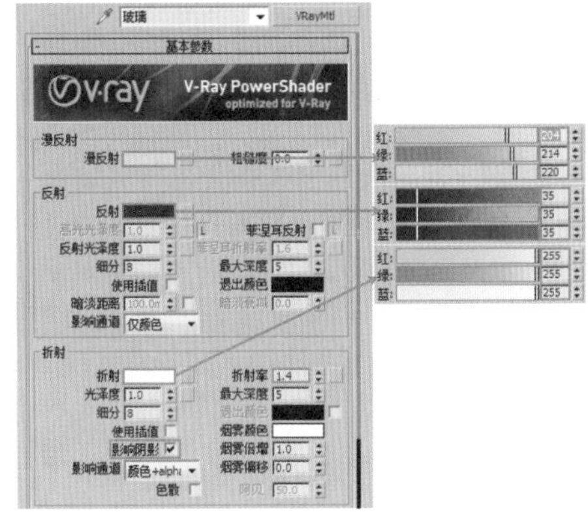

图11-48

图11-49

2.制作地毯材质

选择一个空白材质球，然后设置材质类型为VRayMtl材质，并将其命名为“地毯”，具体参数设置如图11-50所示，制作好的材质球效果如图11-51所示。

设置步骤：

① 在“基本参数”卷展栏下的“漫反射”贴图通道中加载一张“地毯.jpg”贴图文件。

② 展开“贴图”卷展栏，在“凹凸”贴图通道中加载一张“地毯凹凸.jpg”贴图文件，并设置凹凸的强度为150，接着同样在“置换”贴图通道中加载一张“地毯凹凸.jpg”贴图文件，并设置置换的强度为6。

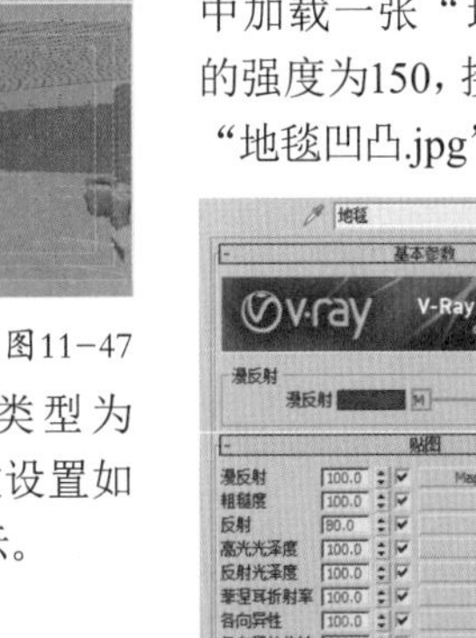

图11-50

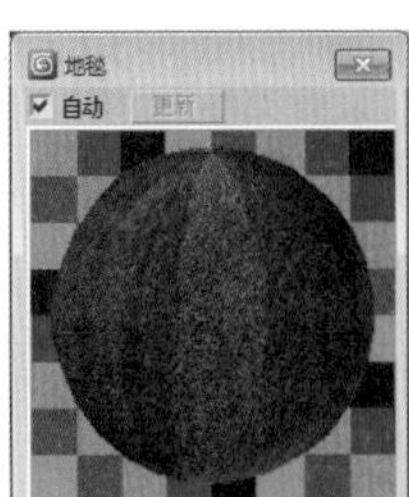

图11-51

3.制作环境材质

选择一个空白材质球，然后设置材质类型为VR灯光材质，并将其命名为“环境”，接着在“参数”卷展栏下的“颜色”贴图通道中加载一张“环境.jpg”贴图文件，并设置数值为2.4，具体参数设置如图11-52所示，制作好的材质球效果如图11-53所示。

图11-52

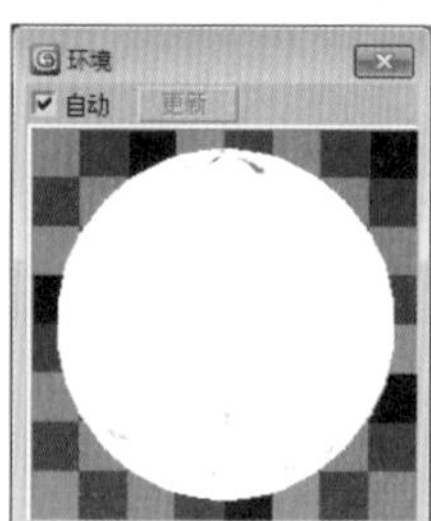

图11-53

4.制作百叶窗材质

选择一个空白材质球，然后设置材质类型为VRay材质，并将其命名为“百叶窗”，具体参数设置如图11-54所示，制作好的材质球效果如图11-55所示。

设置步骤：

① 设置“漫反射”颜色为（红:250绿:250，蓝:250）。

② 在“反射”贴图通道中加载一张“衰减”程序贴图，然后在“衰减参数”卷展栏下设置“侧”颜色为（红:160，绿:160，蓝:160），并设置“衰减类型”为Fresnel，最后设置“高光光泽度”为0.9、“反射光泽度”为0.95。

③ 设置“折射”颜色为（红:50，绿:50，蓝:50）。

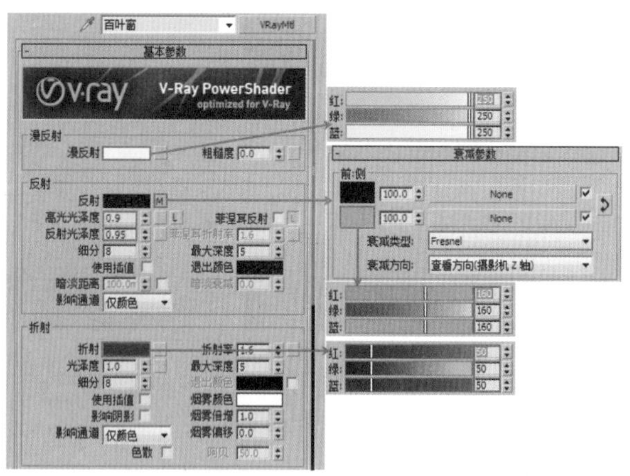

图11-54

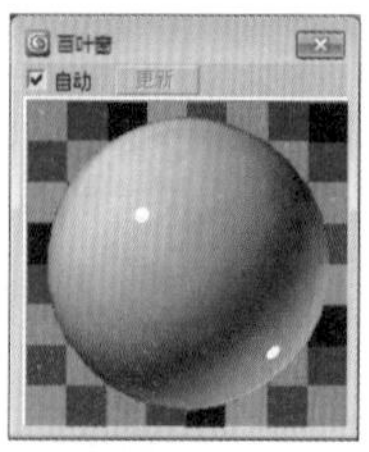

图11-55

5.制作沙发材质

01 选择一个空白材质球，然后设置材质类型为VRay材质，并将其命名为“沙发”具体参数设置如图11-56所示。

设置步骤：

① 在“漫反射”贴图通道中加载一张“沙发皮革.jpg”贴图文件。

② 设置“反射”颜色为（红:40，绿:40，蓝:40），并设置“反射光泽度”为0.7。

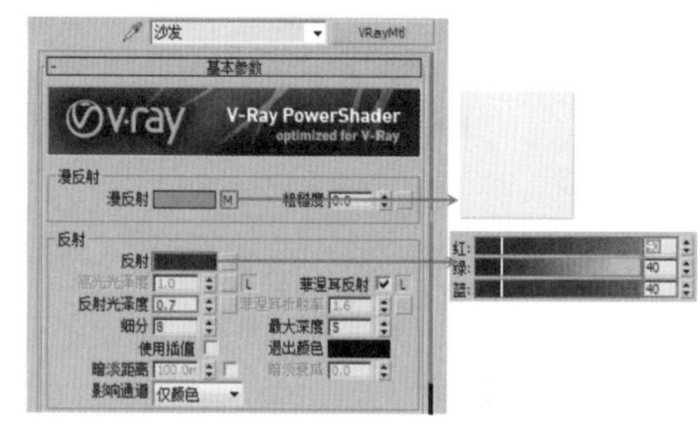

图11-56

02 展开“选项”卷展栏，并取消勾选“跟踪反射”选项，接着展开“贴图”卷展栏，并将“漫反射”贴图通道中的贴图文件拖曳到“凹凸”贴图通道中，最后设置凹凸的强度为25，具体参数设置如图11-57所示，制作好的材质球效果如图11-58所示。

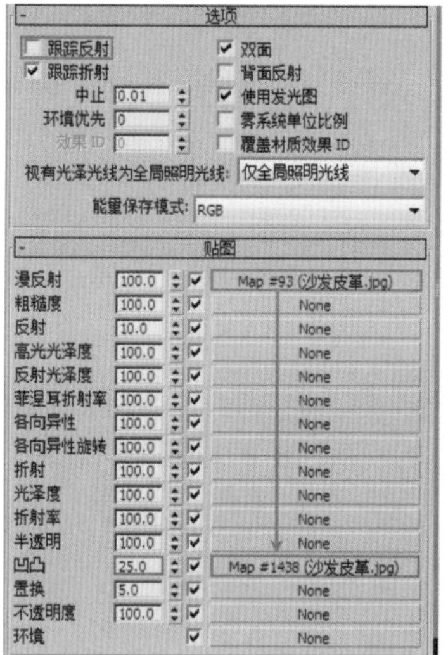

图11-57

图11-58

11.2.2 设置测试渲染参数

01 按F10键打开“渲染设置”对话框，然后设置渲染器为VRay渲染器，接着在“公用参数”卷展栏下设置“宽度”为600、“高度”为415，最后单击“图像纵横比”选项后面的“锁定”，锁定渲染图像的纵横比，具体参数设置如图11-59所示。

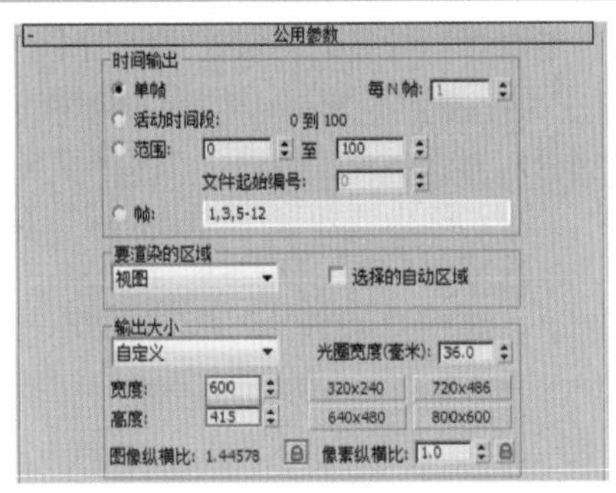

图11-59

02 展开V-Ray选项卡下的“图形采样器（反锯齿）”卷展栏，然后设置“图像采样器”的“类型”为“固定”，接着勾选“抗锯齿过滤器”下的“开”选项，并设置其类型为“区域”；展开“固定图像采样器”卷展栏，然后设置“细分”为1，具体参数设置如图11-60所示。

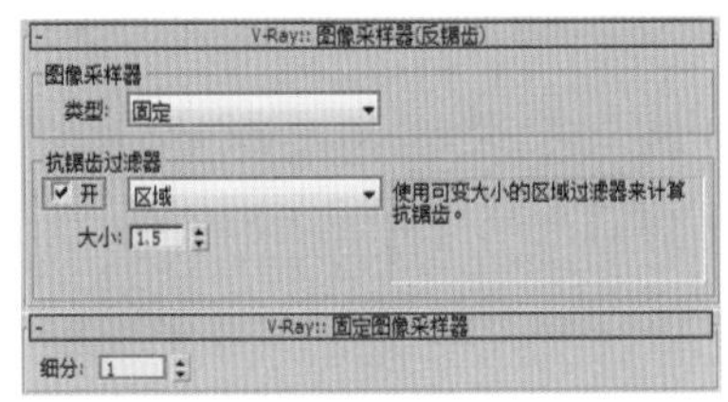

图11-60

03 展开“颜色贴图”卷展栏，然后设置“类型”为“指数”，接着设置“伽玛值”为0.8，并勾选“子像素贴图”选项，具体参数设置如图11-61所示。

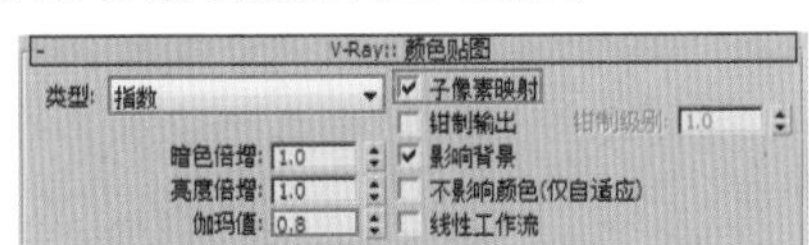

图11-61

04 展开“间接照明”选项卡下的“间接照明（GI）”卷展栏下勾选“开”选项，接着设置“首次反弹”的“全局照明引擎”为“发光图”、“二次反弹”的“全局照明引擎”为“灯光缓存”，具体参数设置如图11-62所示。

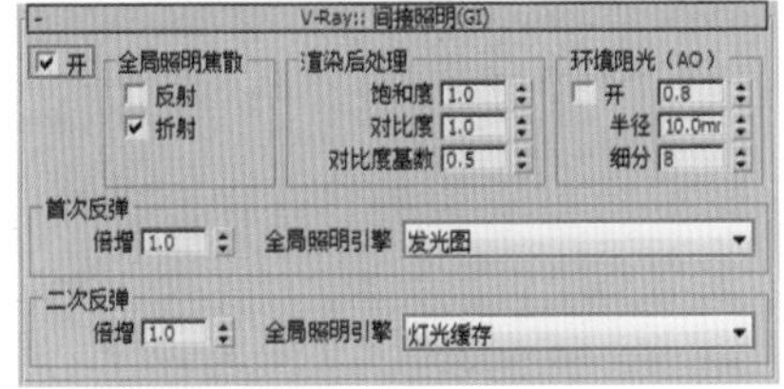

图11-62

05 展开“发光图”卷展栏，然后设置“当前预置”为“非常低”，接着设置“半球细分”为50、“插值采样”为20，最后勾选“显示计算相位”和“显示直接光”选项，具体参数设置如图11-63所示。

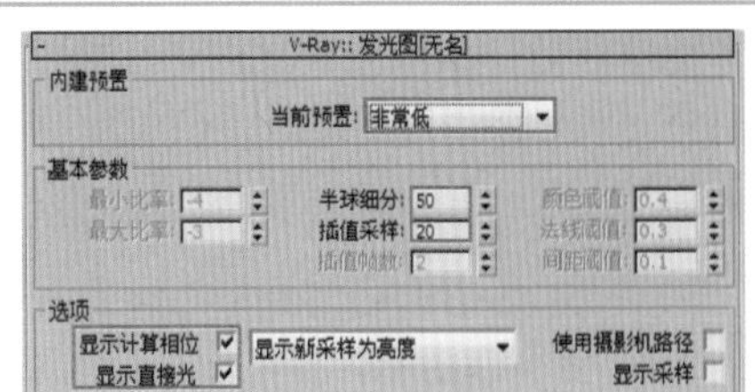

图11-63

06 展开“灯光缓存”卷展栏，然后设置“细分”为100、“进程数”为4，并勾选“显示计算相位”选项，具体参数设置如图11-64所示。

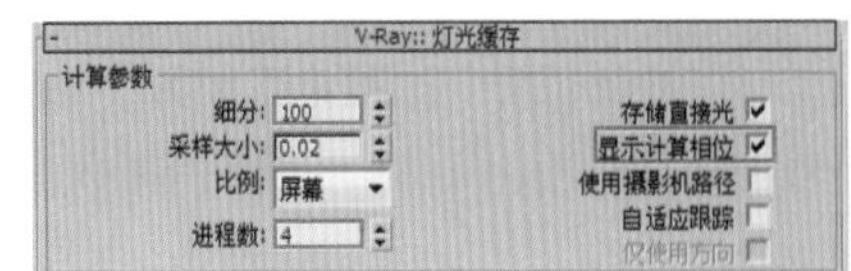

图11-64

07 展开“设置”选项卡下的“系统”卷展栏，并设置“最大树形深度”为90、“面/级别系数”为0.5、“默认几何体”为“静态”，接着在“渲染区域分割”选项组下设置X为32、“区域排序”为Top→Buttom（从上到下），最后关闭“显示窗口”选项，具体参数设置如图11-65所示。

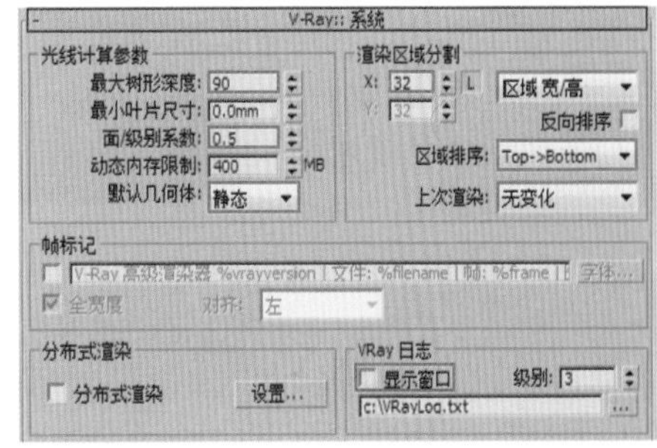

图11-65

11.2.3 灯光设置

本例共需要布置4处灯光，分别是主光源、灯带、射灯和辅助光源。

1.创建主光源

01 首先设置灯光类型为VRay，然后在场景中创建一盏VR灯光作为主光源，其位置如图11-66所示。

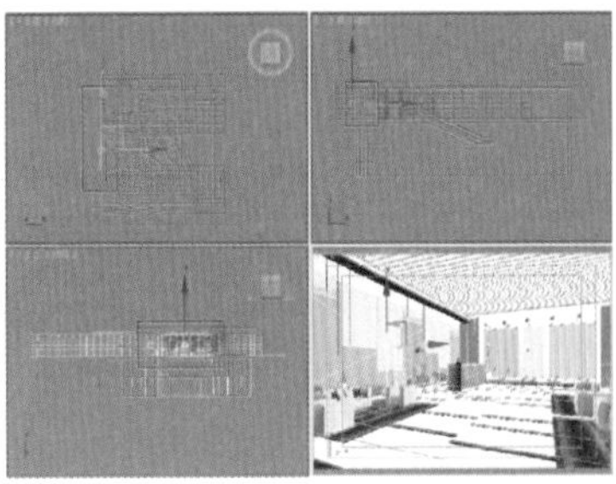

图11-66

02 选择上一步创建的VR灯光，然后展开“参数”卷展栏，具体参数设置如图11-67所示。

设置步骤：

① 在“常规”选项组下设置“类型”为“平面”。

② 在“强度”选项组下设置“倍增”为5，然后设置“颜色”为（红:203，绿:237，蓝:255）。

③ 在“大小”选项组下设置“1/2长”为2200mm、“1/2宽”为5440mm。

④ 在“选项”选项组下勾选“不可见”选项，并取消勾选“影响高光反射”和“影响反射”选项。

⑤ 在“采样”选项组下设置“细分”为20。

03 按F9键测试渲染当前场景，此时效果如图11-68所示。

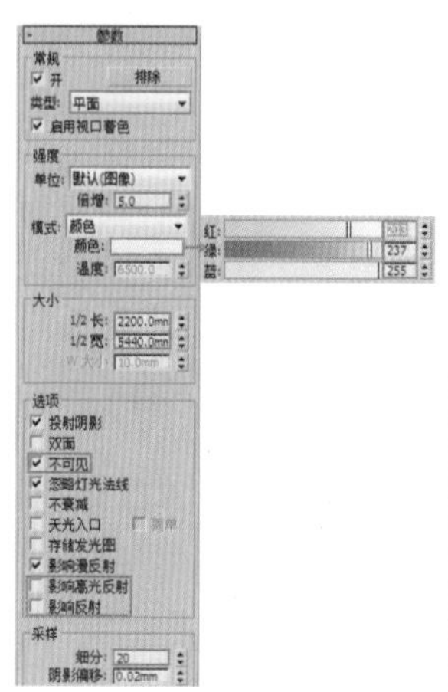

图11-67

图11-68

2.创建射灯

01 首先设置灯光类型为“光度学”，然后在场景中创建30盏目标灯光作为射灯光源，其位置如图11-69所示。

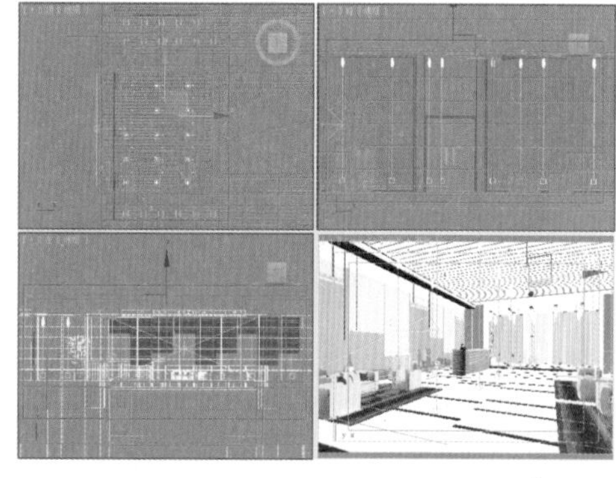

图11-69

02 选择上一步创建的目标灯光，然后进入到“修改”面板，具体参数设置如图11-70所示。

设置步骤：

① 展开“常规参数”卷展栏，并在“阴影”下勾选“启用”，接着设置阴影类型为“VRay阴影”，然后设置“灯光分布（类型）”为“光度学Web”。

② 展开“分布（光度学Web）”卷展栏，并在其通道上加载一直“5.ies”光域网文件。

③ 展开“强度/颜色/衰减”卷展栏，接着设置“过滤颜色”为（红:255，绿:236，蓝:203），然后设置“强度”为30000。

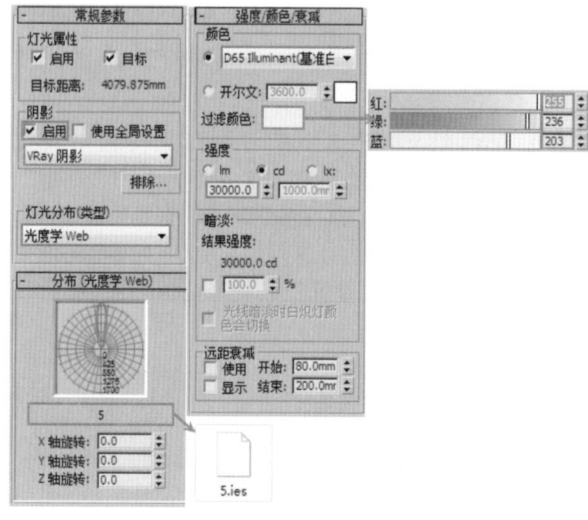

图11-70

03 按F9键测试渲染当前场景，效果如图11-71所示。

图11-71

04 接着选择目标灯光，并在场景中创建7盏目标灯光作为射灯光源，其位置如图11-72所示。

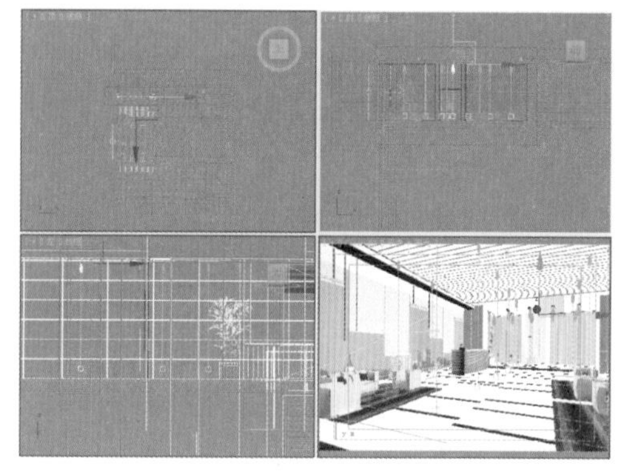

图11-72

05 选择上一步创建的目标灯光，然后进入“修改”面板，具体参数设置如图11-73所示。

设置步骤：

① 展开“常规参数”卷展栏，并在“阴影”下勾选“启用”，接着设置阴影类型为“VRay阴影”，然后设置“灯光分布（类型）”为“光度学Web”。

② 展开“分布（光度学Web）”卷展栏，并在其通道上加载一张“0.ies”光域网文件。

③ 展开“强度/颜色/衰减”卷展栏，然后设置“过滤颜色”为（红:255，绿:167，蓝:96），并设置“强度”为20000。

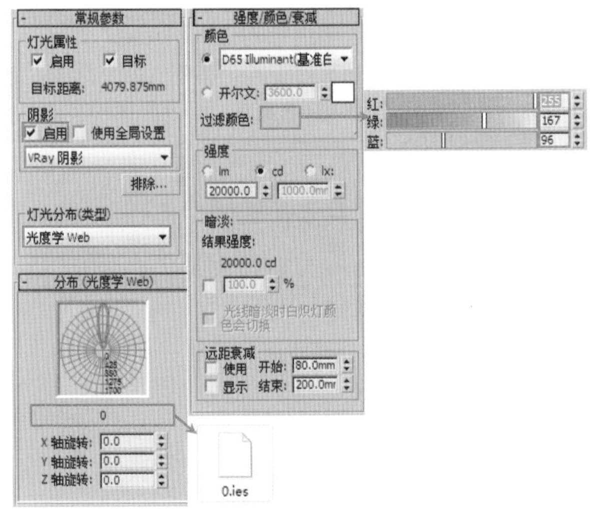

图11-73

06 按F9键测试渲染当前场景，效果如图11-74所示。

图11-74

3.创建辅助光源

01 在场景中创建3盏VR灯光作为辅助光源，其位置如图11-75所示。

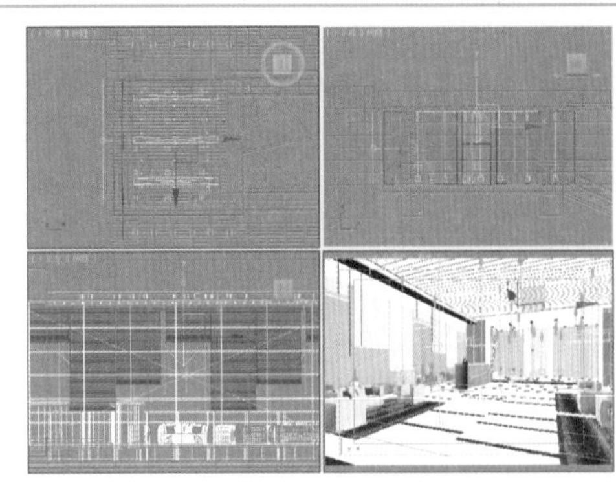

图11-75

02 选择上一步创建的VR灯光，然后展开“参数”卷展栏，具体参数设置如图11-76所示。

设置步骤：

① 在“常规”选项组下设置“类型”为“平面”。

② 在“强度”选项组下设置“倍增”为3.5，然后设置“颜色”为（红:255，绿:241，蓝:200）。

③ 在“大小”选项组下设置“1/2长”为3870mm、“1/2宽”为290mm。

④ 在“选项”选项组下勾选“不可见”选项，并取消勾选“影响高光反射”和“影响反射”选项。

⑤ 在“采样”选项组下设置“细分”为8。

图11-76

03 继续在场景中创建4盏VR灯光作为辅助光源，其位置如图11-77所示。

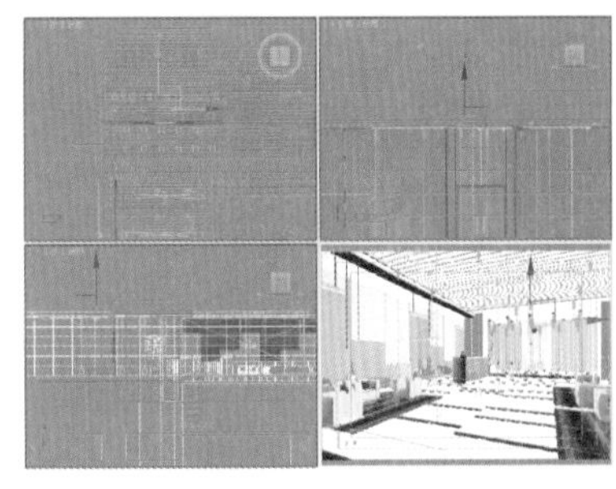

图11-77

04 选择上一步创建的VR灯光，然后展开“参数”卷展栏，具体参数设置如图11-78所示。

设置步骤：

① 在“常规”选项组下设置“类型”为“平面”。

② 在“强度”选项组下设置“倍增”为150，然后设置“颜色”为（红:255，绿:216，蓝:185）。

③ 在“大小”选项组下设置“1/2长”为60mm、“1/2宽”为60mm。

④ 在“选项”选项组下勾选“不可见”选项，并取消勾选“影响高光反射”和“影响反射”选项。

⑤ 在“采样”选项组下设置“细分”为8。

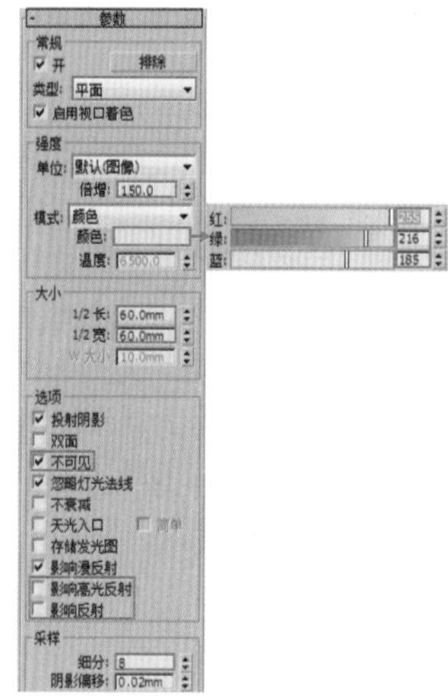

图11-78

05 按F9键测试渲染当前场景，效果如图11-79所示。

图11-79

4.创建灯带

01 在场景中创建1盏VR灯光作为灯带的光源，其位置如图11-80所示。

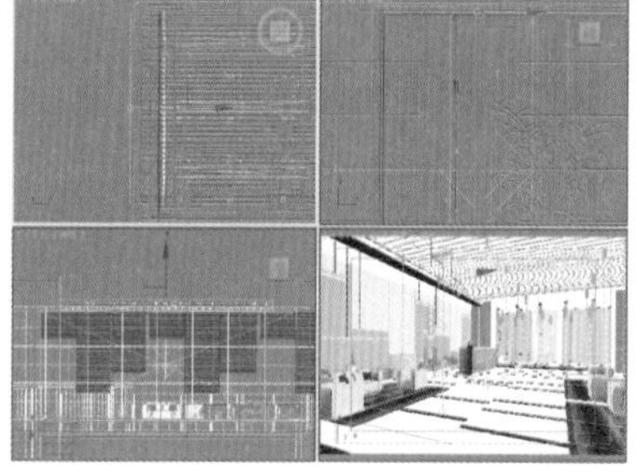

图11-80

小技巧

将VRay灯光放置在顶棚的位置，用来模拟灯带光源。

02 选择上一步创建的VR灯光，然后展开“参数”卷展栏，具体参数设置如图11-81所示。

设置步骤：

① 在“常规”选项组下设置“类型”为“平面”。

② 在“强度”选项组下设置“倍增”为20，然后设置“颜色”为（红:255，绿:241，蓝:200）。

③ 在“大小”选项组下设置“1/2长”为50mm、“1/2宽”为5600mm。

④ 在“选项”选项组下勾选“不可见”选项，并取消勾选“影响高光反射”和“影响反射”选项。

⑤ 在“采样”选项组下设置“细分”为8。

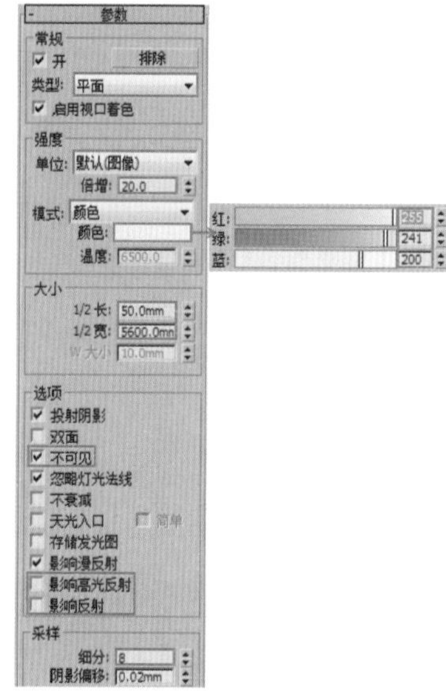

图11-81

03 按F9键测试渲染当前场景，效果如图11-82所示。

图11-82

11.2.4 设置最终渲染参数

01 按F10键打开“渲染设置”对话框，然后展开“公共参数”卷展栏，接着设置“宽度”为2000、

“高度”为1383，具体参数设置如图11-83所示。

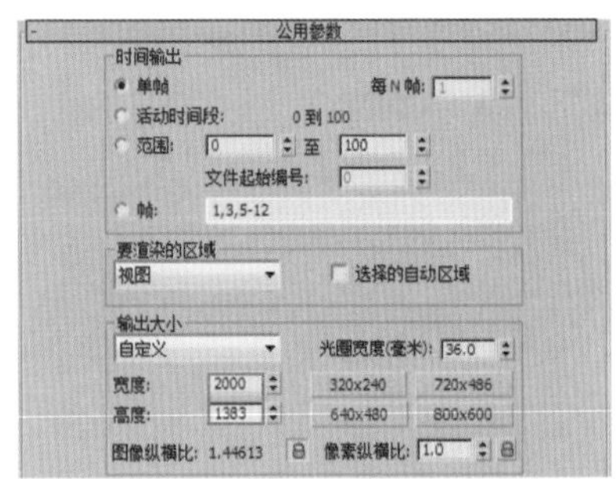

图11-83

02 在VRay选项卡下展开“图像采样器（反锯齿）”卷展栏，设置“图像采样器”的“类型”为“自适应确定性蒙特卡洛”，接着在“抗锯齿过滤器”选项组下设置过滤器的类型为Mitchell-Netravali，具体参数设置如图11-84所示。

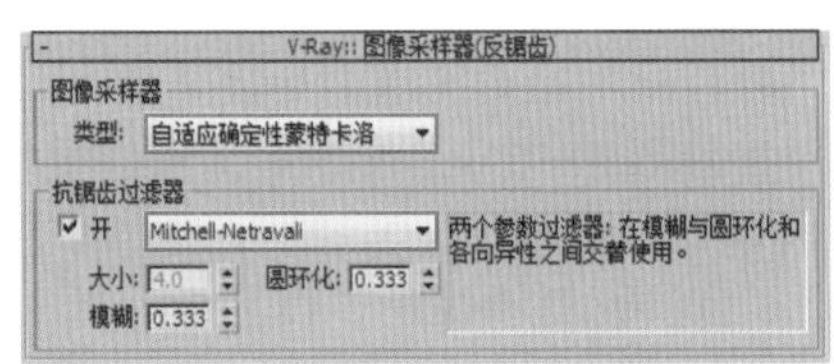

图11-84

03 展开“自适应DMC图像采样器”卷展栏，然后设置“最小细分”为1、“最大细分”为4，最后勾选“使用确定性蒙特卡洛采样器阈值”，具体参数设置如图11-85所示。

图11-85

04 在“间接照明”选项卡下展开“发光图”卷展栏，并设置“当前预置”为“中”，接着设置“半球细分”为50、“插值采样”为20，然后开启“显示计算相位”和“显示直接光”选项，具体参数设置如图11-86所示。

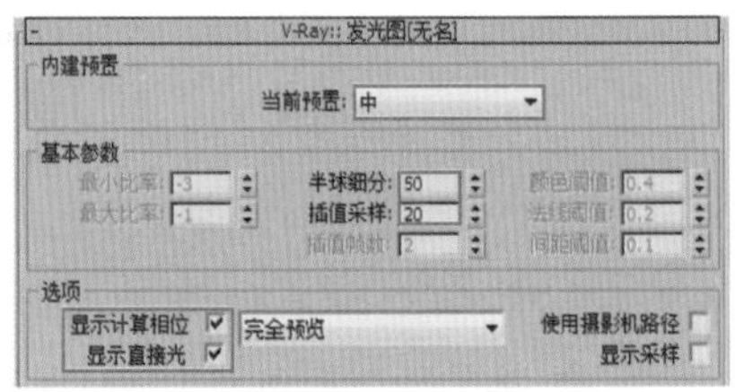

图11-86

05 展开“灯光缓存”卷展栏，然后设置“细分”为1000、“进程数”为4，接着关闭“存储直接光”选项，最后勾选“显示计算相位”选项，具体参数设置如图11-87所示。

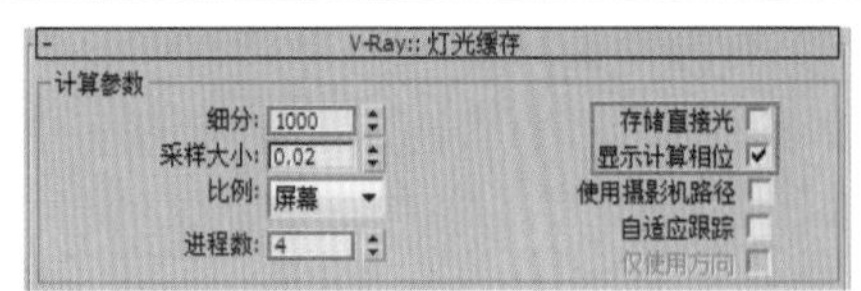

图11-87

06 在“设置”选项卡下展开“DMC采样器”卷展栏，然后设置“适应数量”为0.75、“噪波阈值”为0.001、“最小采样值”为16，具体参数设置如图11-88所示。

图11-88

07 按F9键渲染当前场景，最终渲染效果如图11-89所示。

图11-89

11.3 综合实例——餐厅夜晚灯光表现

素材文件	03.max
案例文件	综合实例——餐厅夜晚灯光表现.max
视频教学	视频教学/第11章/综合实例——餐厅夜晚灯光表现.flv
技术掌握	吊灯灯罩材质和窗纱材质的制作方法；餐厅夜晚灯光效果的表现方法

本例是一个餐厅空间，吊灯灯罩材质和窗纱材质的制作方法以及餐厅夜晚灯光效果的表现方法是本例的学习要点，图11-90所示是本例的渲染效果及线框图。

图11-90

11.3.1 材质制作

本例的场景对象材质主要包括地板材质、木纹材质、玻璃杯材质、陶瓷材质、吊灯灯罩材质、台灯灯罩材质和窗纱材质，如图11-91所示。

图11-91

1.制作地板材质

01 打开光盘中的“03.max”文件，如图11-92所示。

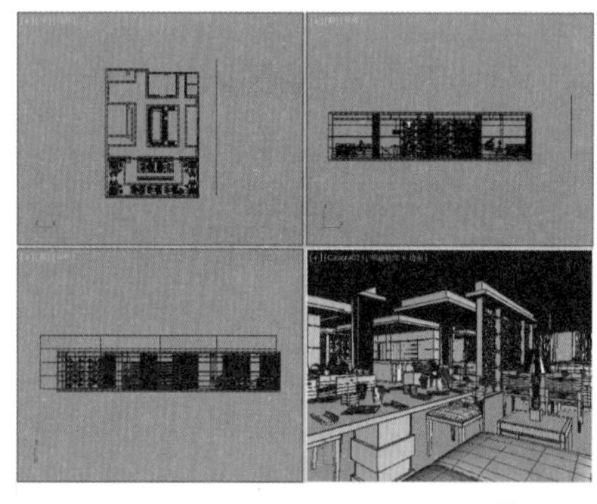

图11-92

02 选择一个空白材质球，然后设置材质类型为VRayMtl材质，并将其命名为“地板”，具体参数设置如图11-93所示，制作好的材质球效果如图11-94所示。

设置步骤：

① 在“漫反射”贴图通道中加载一张“地板.jpg”贴图文件，然后在“坐标”卷展栏下设置“模糊”为0.01。

② 设置“反射”颜色为（红:250，绿:250，蓝:250），然后设置“高光光泽度”为0.7、“反射光泽度”为0.85，接着勾选“菲涅耳反射”选项。

③ 设置“光泽度”为0.9，并勾选“影响阴影”选项，然后设置“影响通道”为“颜色+Alpha”，最后设置“折射率”为2.0、“烟雾倍增”为0.2。

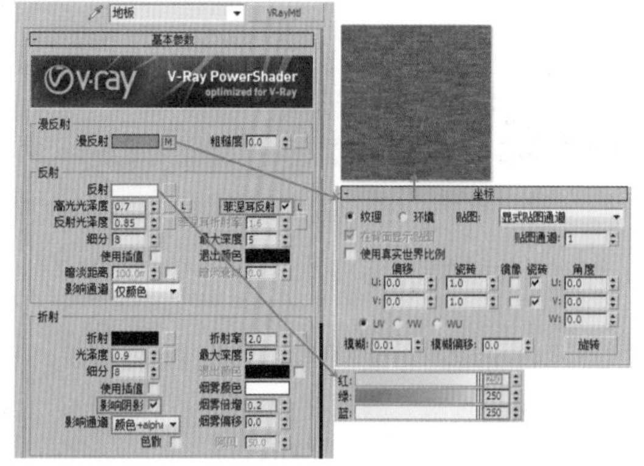

图11-93

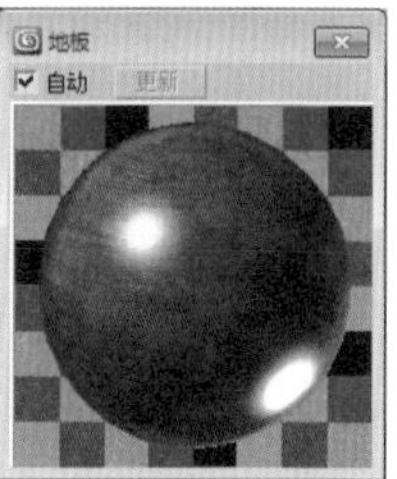

图11-94

2.制作木纹材质

选择一个空白材质球，然后设置材质类型为VRayMtl材质，并将其命名为“木纹”，具体参数设置如图11-95所示，制作好的材质球效果如图11-96所示。

设置步骤：

① 在“漫反射”贴图通道中加载一张“混合”程序贴图，然后展开“混合参数”卷展栏，接着在“颜色#1”贴图通道中加载一张“木纹.jpg”贴图文件，最后在“颜色#2”贴图通道中加载一张“木纹1.jpg”贴图文件。

② 设置“反射”颜色为（红:250，绿:250，蓝:250），然后设置“高光光泽度”为0.7、“反射光泽度”为0.92，接着勾选“菲涅耳反射”选项。

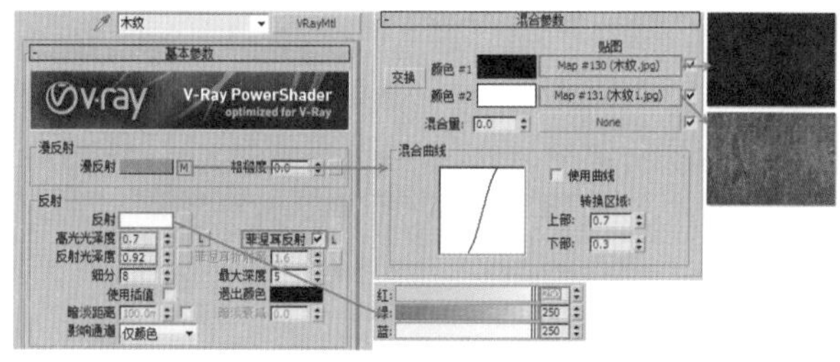

图11-95

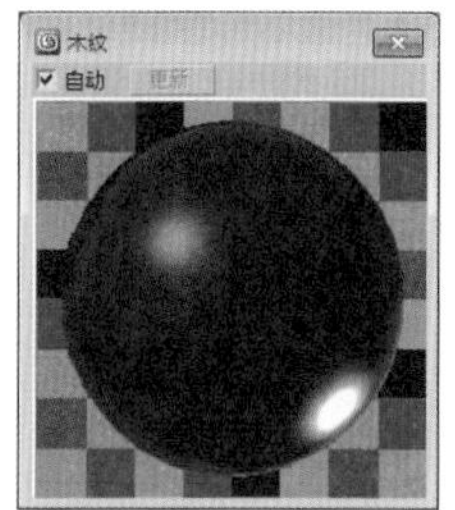

图11-96

3.制作玻璃杯材质

选择一个空白材质球，然后设置材质类型为VRayMtl材质，并将其命名为“玻璃杯子”，具体参数设置如图11-97所示，制作好的材质球效果如图11-98所示。

设置步骤：

① 设置“漫反射”颜色为（红:178，绿:178，蓝:178）。

② 设置“反射”颜色为（红:250，绿:250，蓝:250），然后设置“高光光泽度”为0.9，接着勾选“菲涅耳反射”选项，最后设置“菲涅耳折射率”为2。

③ 设置“折射”颜色为（红:240，绿:240，蓝:240），然后勾选“影响阴影”选项。

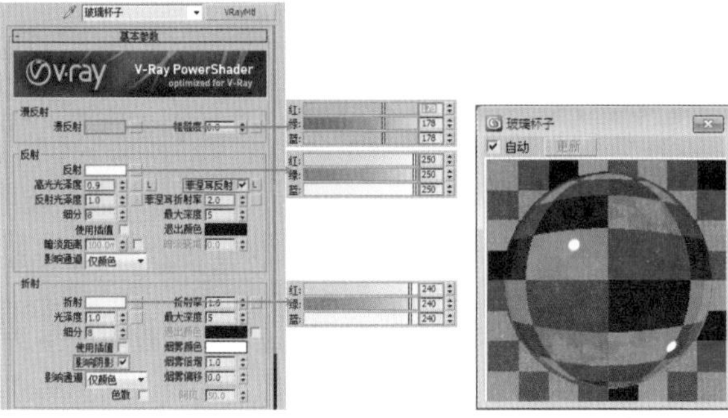

图11-97　　图11-98

4.制作陶瓷材质

选择一个空白材质球，然后设置材质类型为VRayMtl材质，并将其命名为“陶瓷”，具体参数设置如图11-99所示，制作好的材质球效果如图11-100所示。

设置步骤：

① 设置“漫反射”颜色为（红:240，绿:240，蓝:240）。

② 设置“反射”颜色为（红:200，绿:200，蓝:200），然后设置“高光光泽度”为0.7，接着勾选“菲涅耳反射”选项，最后设置“菲涅耳折射率”为2。

图11-99

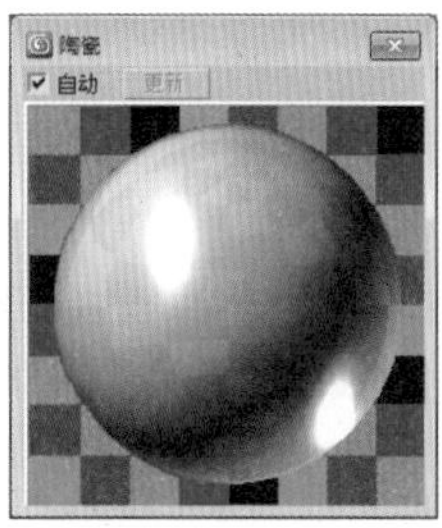

图11-100

5.制作吊灯灯罩材质

选择一个空白材质球，然后设置材质类型为VRayMtl材质，并将其命名为“吊灯灯罩”，具体参数设置如图11-101所示，制作好的材质球效果如图11-102所示。

设置步骤：

① 在“基本参数”卷展栏下设置“漫反射”颜色为（红:183，绿:183，蓝:183），然后设置“反射”颜色为（红:160，绿:160，蓝:160），然后设置“高光光泽度”为0.6、“反射光泽度”为0.9。

② 展开“双向反射分布功能”卷展栏，然后设置“各向异性（-1,1）”为0.6。

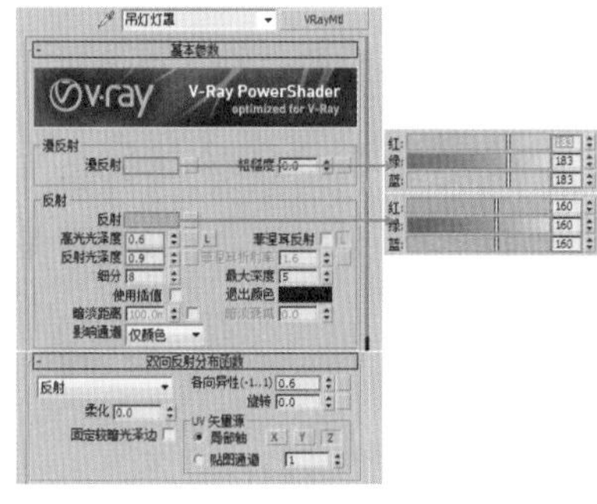

图11-101　　图11-102

6.制作台灯灯罩材质

选择一个空白材质球，然后设置材质类型为VRayMtl材质，并将其命名为“台灯灯罩”，具体参数设置如图11-103所示，制作好的材质球效果如图11-104所示。

设置步骤：

① 设置“漫反射”颜色为（红:255，绿:246，蓝:235）。

② 设置“折射”颜色为（红:50，绿:50，蓝:50），然后设置“光泽度”为0.8，接着勾选“影响阴影”选项，最后设置“折射率”为1.2。

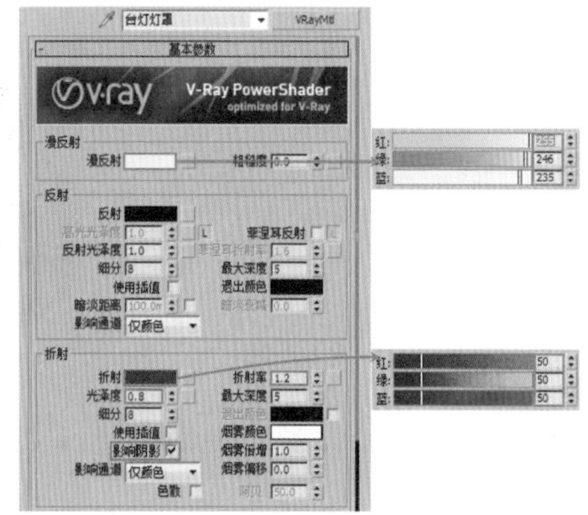

图11-103

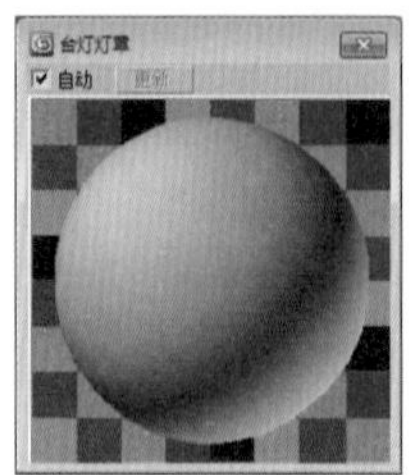

图11-104

7.制作窗纱材质

选择一个空白材质球，然后设置材质类型为VRayMtl材质，并将其命名为“窗纱”，具体参数设置如图11-105所示，制作好的材质球效果如图11-106所示。

设置步骤：

① 设置“漫反射”颜色为（红:128，绿:128，蓝:128）。

② 设置“反射”颜色为（红:250，绿:250，蓝:250），然后勾选“菲涅耳反射”选项，接着设置“菲涅耳折射率”为2。

③ 设置“折射”颜色为（红:250，绿:250，蓝:250），然后设置“折射率”为1.5，接着勾选“使用插值”和“影响阴影”选项，最后设置“影响通道”为“颜色+Alpha”。

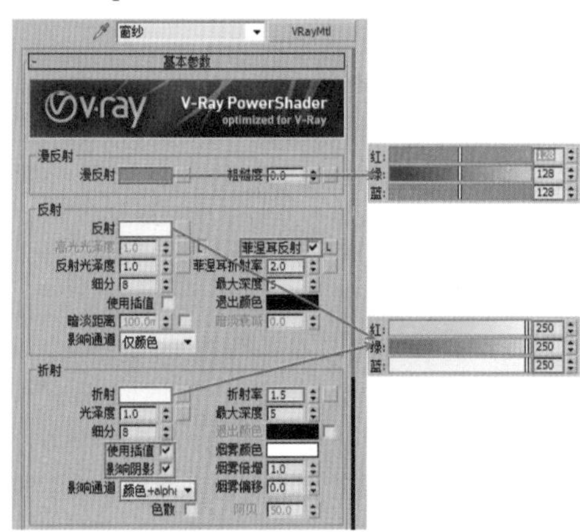

图11-105

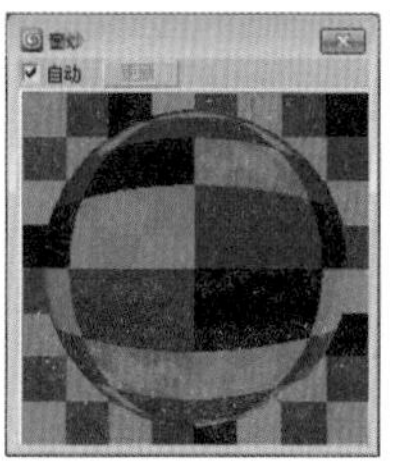

图11-106

11.3.2 设置测试渲染参数

01 按F10键打开“渲染设置”对话框，然后设置渲染器为VRay渲染器，接着在“公用参数”卷展栏下设置“宽度”为600、“高度”为386，最后单击“图像纵横比”选项后面的“锁定”按钮，锁定渲染图像的纵横比，具体参数设置如图11-107所示。

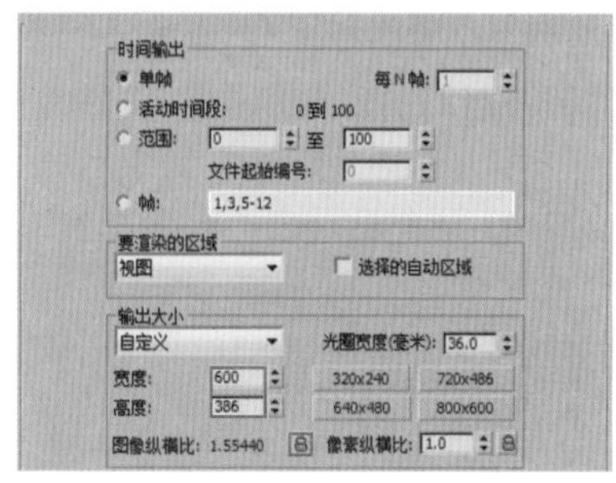

图11-107

02 展开V-Ray选项卡下的“图形采样器（反锯齿）”卷展栏，然后设置“图像采样器”的“类型”为“固定”，接着勾选“抗锯齿过滤器”选项组下的“开”选项，并设置过滤器类型为“区域”，具体参数设置如图11-108所示。

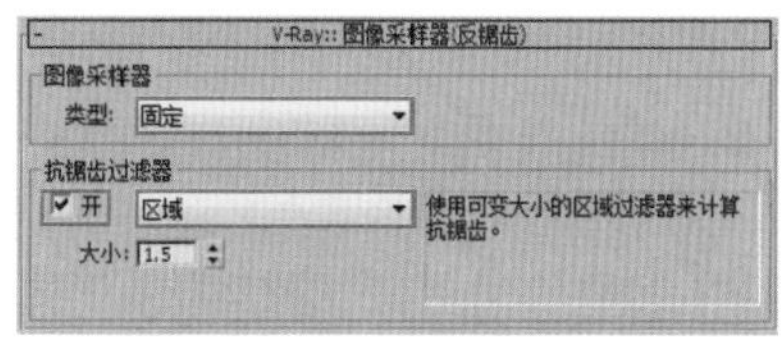

图11-108

03 展开“颜色贴图”卷展栏，然后设置“类型”为“莱因哈德”，接着设置“加深值”为0.5，最后勾选“子像素映射”和“钳制输出”选项，具体参数设置如图11-109所示。

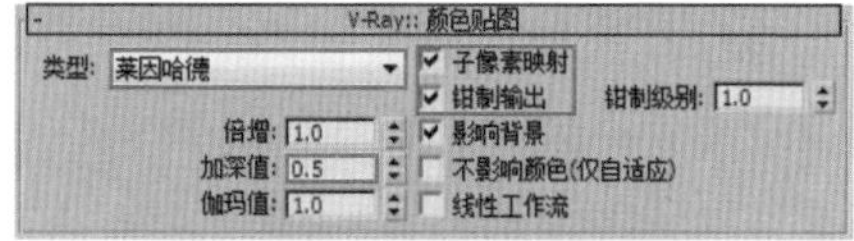

图11-109

04 展开“环境”卷展栏，然后在“全局照明环境（天光）覆盖”选项组下勾选“开”选项，接着设置“倍增器”为2，最后在其通道中加载一张光盘中的“环境.jpg”贴图文件，具体参数设置如图11-110所示。

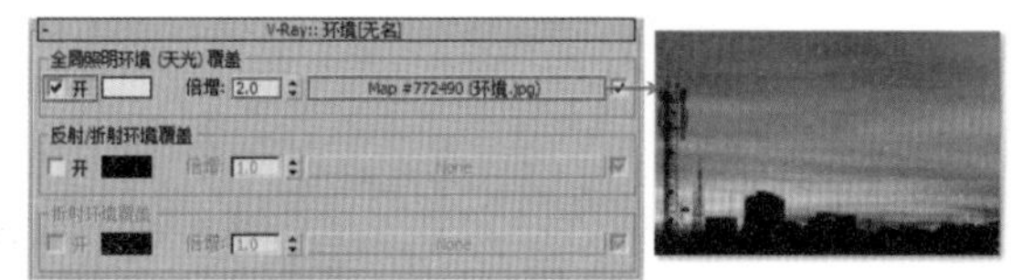

图11-110

05 展开“间接照明”选项卡下的“间接照明（GI）”卷展栏下勾选“开”选项，接着设置“首次反弹”的“全局照明引擎”为“发光图”、“二次反弹”的“全局照明引擎”为“灯光缓存”，具体参数设置如图11-111所示。

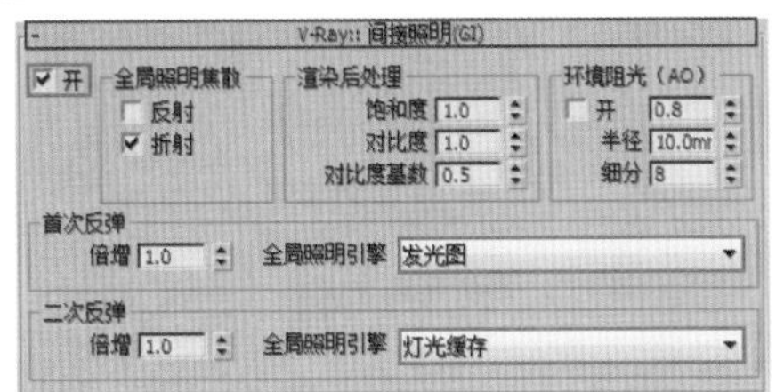

图11-111

06 展开“发光图”卷展栏，然后设置“当前预置”为“非常低”，接着设置“半球细分”为50、“插值采样”为20，最后勾选“显示计算相位”和“显示直接光”选项，具体参数设置如图11-112所示。

图11-112

07 展开“灯光缓存”卷展栏，然后设置“细分”为100，接着勾选“存储直接光”和“显示计算相位”选项，具体参数设置如图11-113所示。

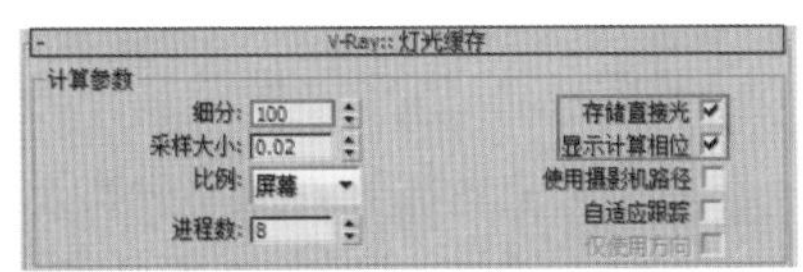

图11-113

08 在“设置”选项卡下展开“系统”卷展栏，然后设置“区域排序”为Triangulation（三角剖分），接着关闭“显示窗口”选项，具体参数设置如图11-114所示。

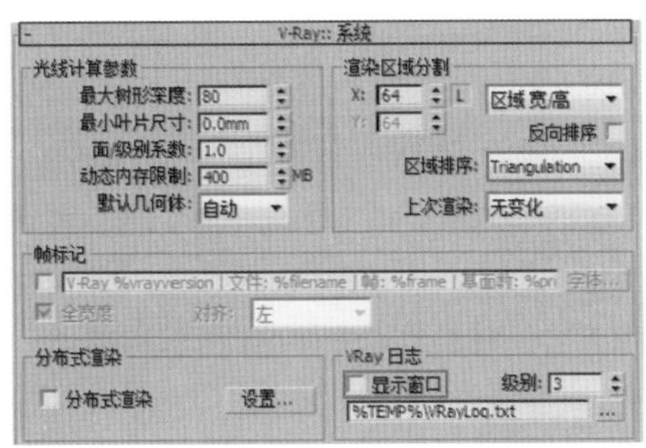

图11-114

09 按大键盘上的8键打开“环境和效果”对话框，然后展开“公用参数”卷展栏，接着在“环境贴图”通道中加载一张“输出”程序贴图，如图11-115所示。

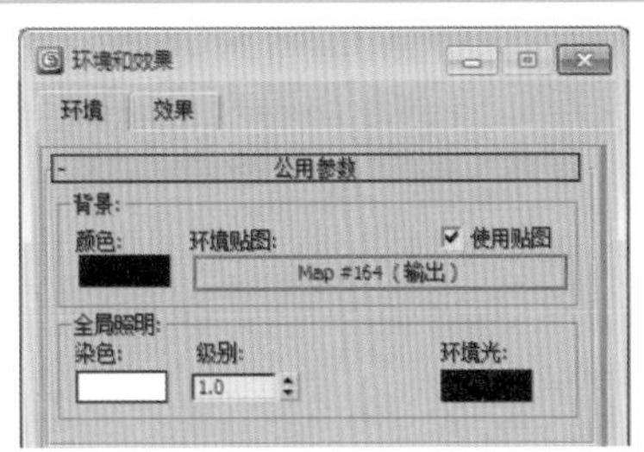

图11-115

11.3.3 灯光设置

本例的灯光布局比较复杂（主要是灯光太多），也是本例的难点。本例共需要布置5处灯光，分别是射灯和筒灯、吊灯、台灯、壁灯以及灯带。

1.创建射灯和筒灯

01 设置灯光类型为“光度学”，然后在左视图中创建108盏目标灯光，其位置如图11-116所示。

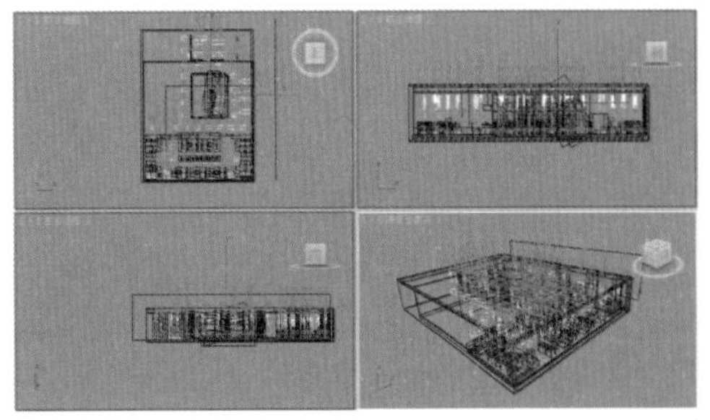

图11-116

02 选择上一步创建的目标灯光，然后切换到“修改”面板，具体参数设置如图11-117所示。

设置步骤：

① 展开“常规参数”卷展栏，然后在“阴影”选项组下勾选“启用”选项，接着设置阴影类型为“VRay阴影”，最后设置“灯光分布（类型）”为“光度学Web”。

② 展开“分布（光度学Web）”卷展栏，然后在其通道中加载一个“实例文件>CH24>7.ies”光域网文件。

③ 展开“强度/颜色/衰减”卷展栏，然后设置“过滤颜色”为（红:255，绿:238，蓝:200），接着设置“强度”为19011。

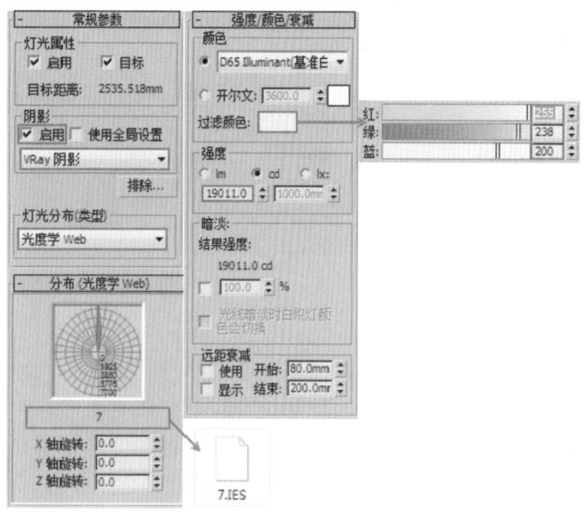

图11-117

03 继续在左视图中创建20盏目标灯光，其位置如图11-118所示。

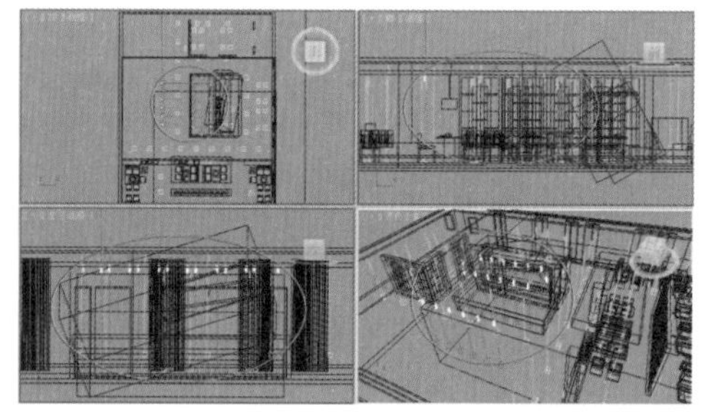

图11-118

04 选择上一步创建的目标灯光，然后切换到“修改”面板，具体参数设置如图11-119所示。

设置步骤：

① 展开“常规参数”卷展栏，然后在“阴影”选项组下勾选“启用”选项，接着设置阴影类型为VRayShadow（VRay阴影），最后设置“灯光分布（类型）”为“光度学Web”。

② 展开“分布（光度学Web）”卷展栏，然后在其通道中加载一个光盘中的“实例文件>CH24>5.ies”光域网文件。

③ 展开“强度/颜色/衰减”卷展栏，然后设置“过滤颜色”为（红:255，绿:239，蓝:190），接着设置“强度”为1516。

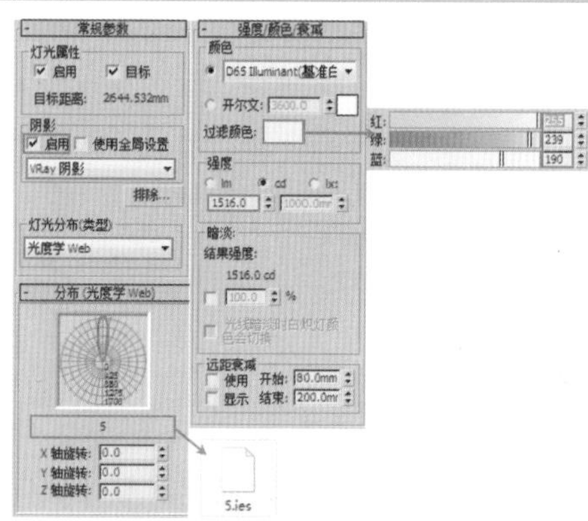

图11-119

05 按F9键测试渲染当前场景，效果如图11-120所示。

图11-120

2.创建吊灯

01 设置灯光类型为VRay，然后在9盏吊灯的灯罩内创建9盏VR灯光，其位置如图11-121所示。

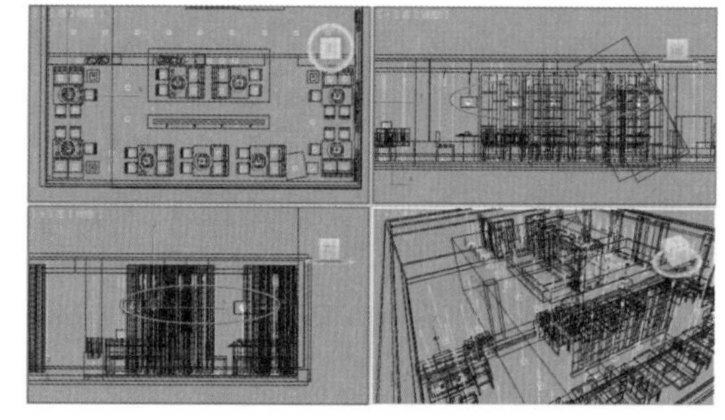

图11-121

02 选择上一步创建的VR灯光，然后展开“参数”卷展栏，具体参数设置如图11-122所示。

设置步骤：

① 在“常规”选项组下设置“类型”为“球体”。

② 在“强度”选项组下设置“倍增”为150，然后设置“颜色”为（红:255，绿:228，蓝:169）。

③ 在“大小”选项组下设置“半径”为40mm。

④ 在“选项”选项组下勾选“不可见”选项，然后关闭“影响高光反射”和“影响反射”选项。

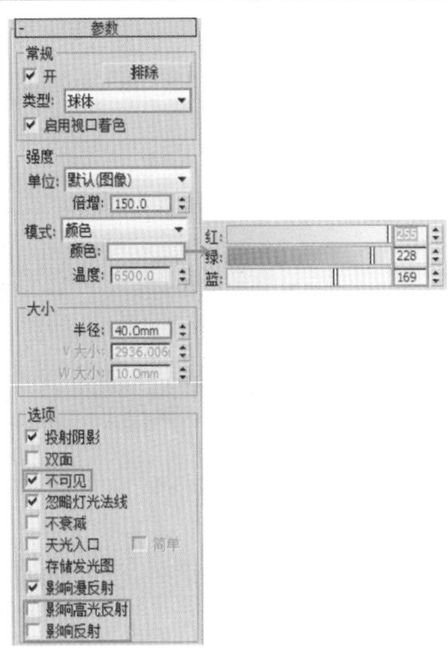

图11-122

03 按F9键测试渲染当前场景，效果如图11-123所示。

图11-123

3.创建台灯

01 在4盏台灯的灯罩内创建4盏VR灯光，其位置如图11-124所示。

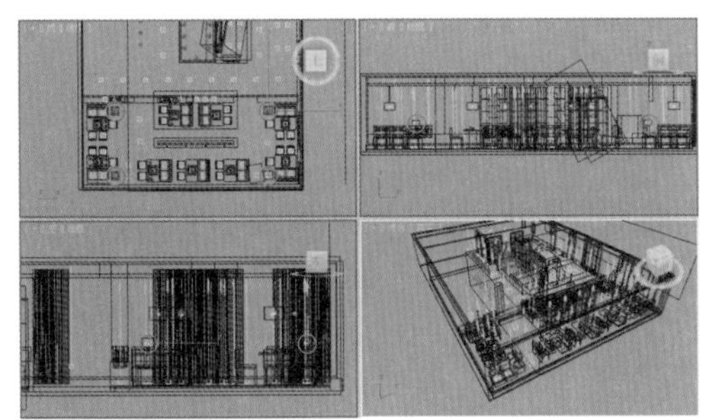

图11-124

02 选择上一步创建的VR灯光，然后展开“参数”卷展栏，具体参数设置如图11-125所示。

设置步骤：

① 在“常规”选项组下设置“类型”为“球体”。

② 在“强度”选项组下设置“倍增”为125，然后设置“颜色”为（红:255，绿:227，蓝:161）。

③ 在“大小”选项组下设置“半径”为20mm。

④ 在“选项”选项组下勾选“不可见”选项，然后关闭“影响高光反射”和“影响反射”选项。

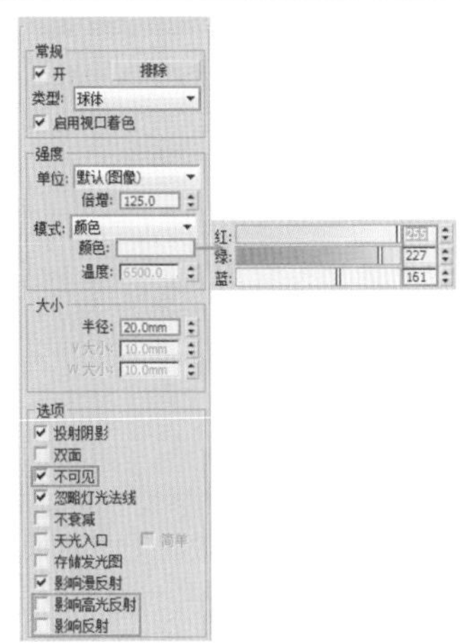

图11-125

03 按F9键测试渲染当前场景，效果如图11-126所示。

图11-126

4.创建壁灯

01 在隔板上创建24盏VR灯光，其位置如图11-127所示。

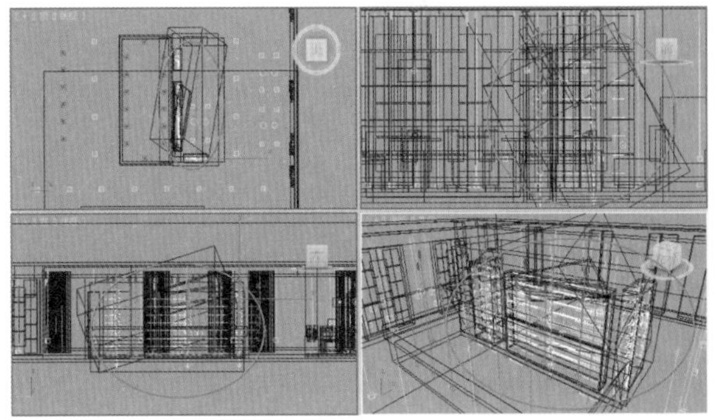

图11-127

02 选择上一步创建的VR灯光，然后展开“参数”卷展栏，具体参数设置如图11-128所示。

设置步骤：

① 在“常规”选项组下设置“类型”为“平面”。

② 在“强度”选项组下设置“倍增”为4，然后设置“颜色”为（红:255，绿:248，蓝:208）。

③ 在“大小”选项组下设置“1/2长”为40mm、“1/2宽”为1440mm。

④ 在“选项”选项组下勾选“不可见”选项。

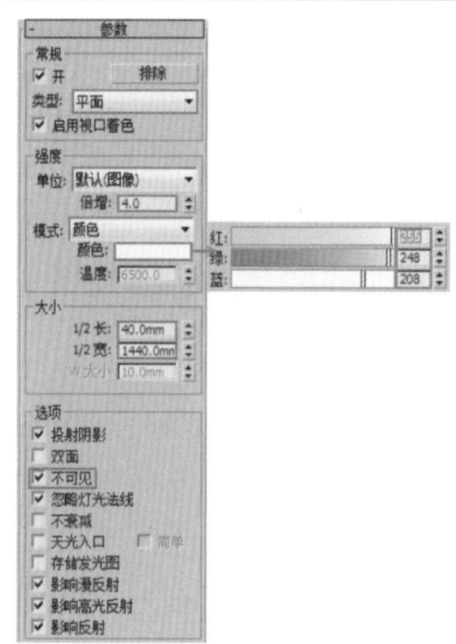

图11-128

03 继续在其他的隔板上创建11盏VR灯光，其位置如图11-129所示。

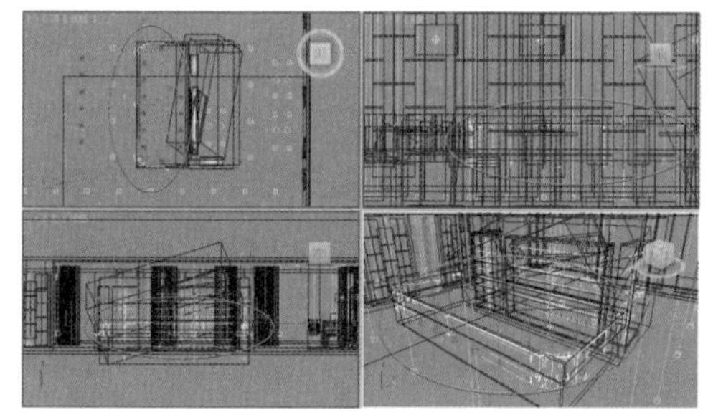

图11-129

04 选择上一步创建的VR灯光，然后展开“参数”卷展栏，具体参数设置如图11-130所示。

设置步骤：

① 在“常规”选项组下设置“类型”为“平面”。

② 在“强度”选项组下设置“倍增”为20，然后设置“颜色”为（红:255，绿:243，蓝:201）。

③ 在“大小”选项组下设置“1/2长”为894mm、“1/2宽”为10mm。

④ 在“选项”选项组下勾选“不可见”选项，然后关闭“影响高光反射”和“影响反射”选项。

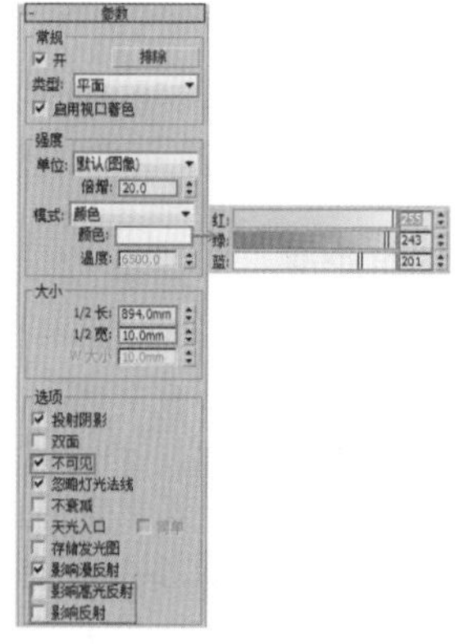

图11-130

05 按F9键测试渲染当前场景，效果如图11-131所示。

图11-131

5.创建灯带

01 在天花板上创建39盏VR灯光作为灯带，其位置如图11-132所示。

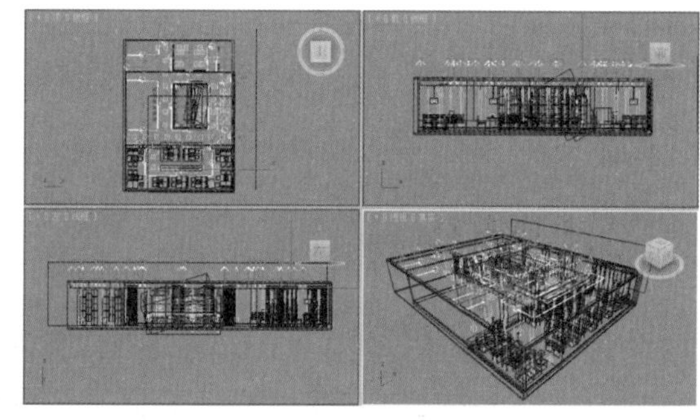

图11-132

02 选择上一步创建的VR灯光，然后展开“参数”卷展栏，具体参数设置如图11-133所示。

设置步骤：

① 在“常规”选项组下设置“类型”为“平面”。

② 在“强度”选项组下设置“倍增”为5，然后设置“颜色”为（红:255，绿:229，蓝:187）。

③ 在“大小”选项组下设置“1/2长”为40mm、“1/2宽”为2936mm。

④ 在“选项”选项组下勾选“不可见”选项，然后关闭“影响高光反射”和“影响反射”选项。

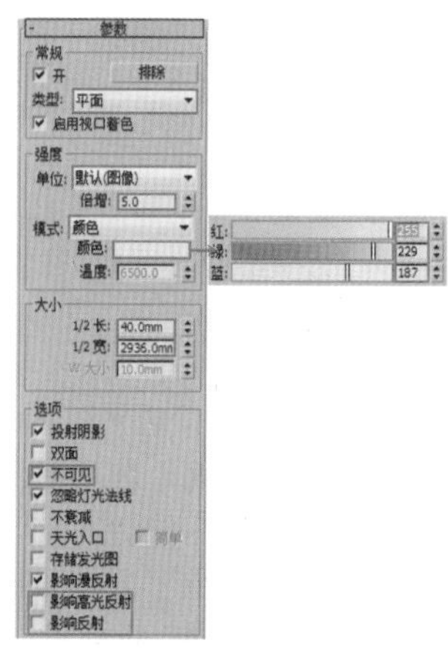

图11-133

03 按F9键测试渲染当前场景，效果如图11-134所示。

图11-134

11.3.4 设置最终渲染参数

01 按F10键打开“渲染设置”对话框，然后在“公用参数”卷展栏下设置“宽度”为1200、“高度”为772，具体参数设置如图11-135所示。

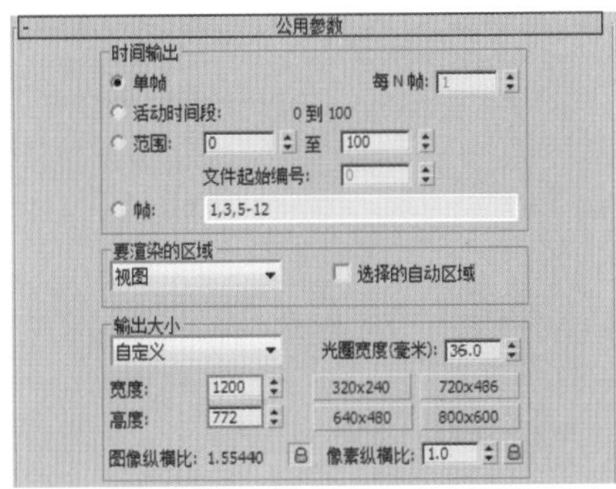

图11-135

02 在VRay选项卡下展开“图像采样器（反锯齿）”卷展栏，设置“图像采样器”的“类型”为“自适应确定性蒙特卡洛”，接着在“抗锯齿过滤器”选项组下设置过滤器的类型为Mitchell-Netravali，具体参数设置如图11-136所示。

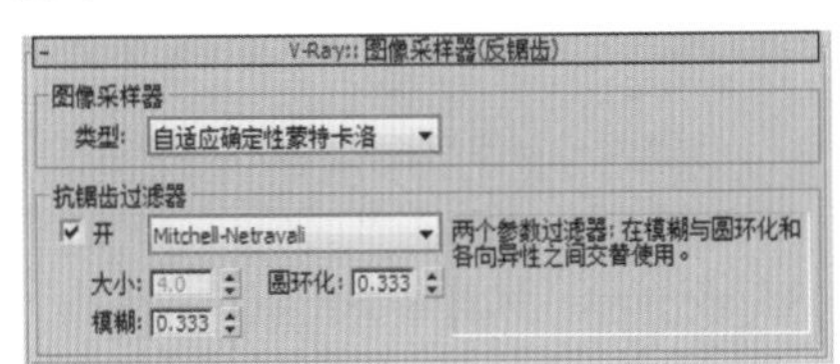

图11-136

03 单击“VR-间接照明”选项卡，然后在“发光贴图”卷展栏下设置“当前预置”为“低”，接着设置“半球细分”为60、“插值采样值”为30，具体参数设置如图11-137所示。

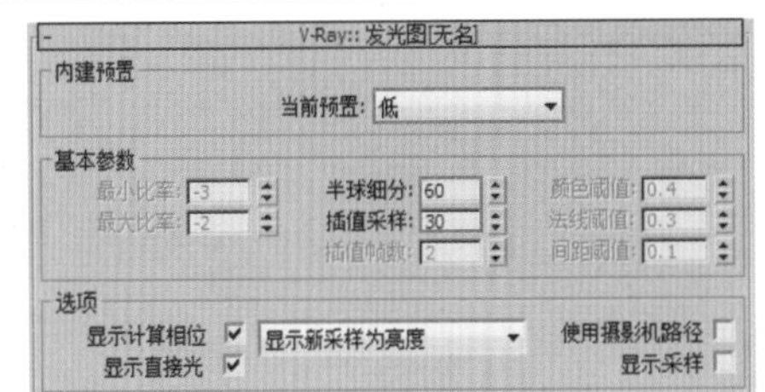

图11-137

04 展开“灯光缓存”卷展栏，然后设置“细分”为1200，具体参数设置如图11-138所示。

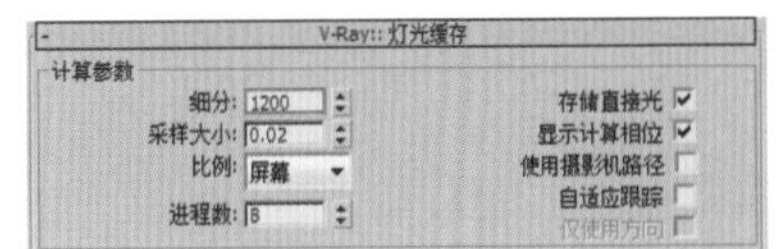

图11-138

05 在“设置”选项卡下展开“DMC采样器”卷展栏，接着设置“噪波阈值”为0.005、“最少采样值”为12，具体参数设置如图11-139所示。

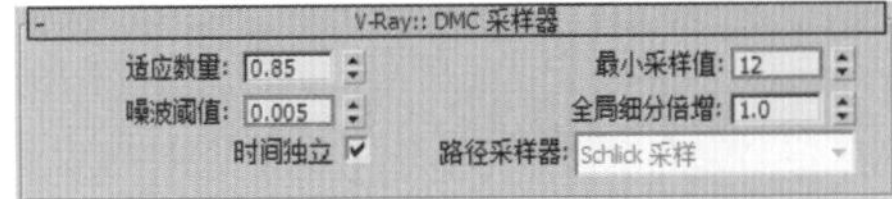

图11-139

06 按F9键渲染当前场景，最终效果如图11-140所示。

图11-140

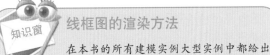

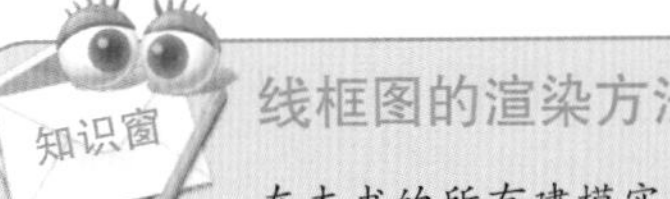

线框图的渲染方法

在本书的所有建模实例大型实例中都给出了一张效果图与一张线框图，用线框图可以更好地观察场景模型的布局。下面以图11-141中的场景为例来详细介绍一下线框图的渲染方法与注意事项，这个场景的渲染效果如图11-142所示。注意，以下所讲方法是渲染线框图的通用方法（包括参数设置）。

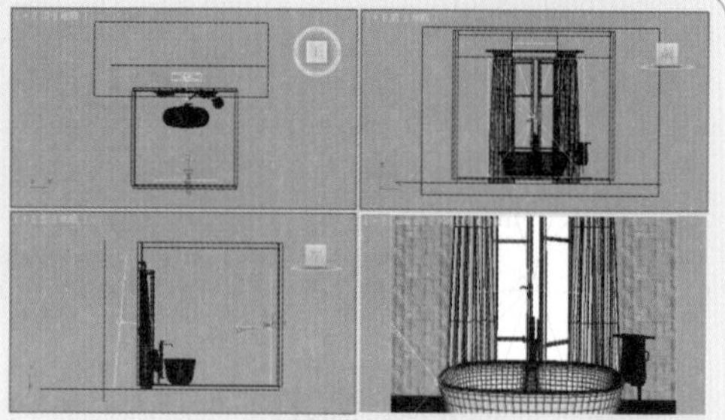

图11-141

图11-142

第1步：设置线框材质。选择一个空白材质球，然后设置材质类型为VRayMtl材质，并将其命名为“线框”，接着设置“漫反射”颜色为（红:230，绿:230，蓝:230），同时在其贴图通道中加载一张“VR边纹理”，再设置“颜色”为（红:10，绿:10，蓝:10），最后设置“像素”为0.4，具体参数设置如图11-143所示，制作好的材质球效果如图11-144所示。

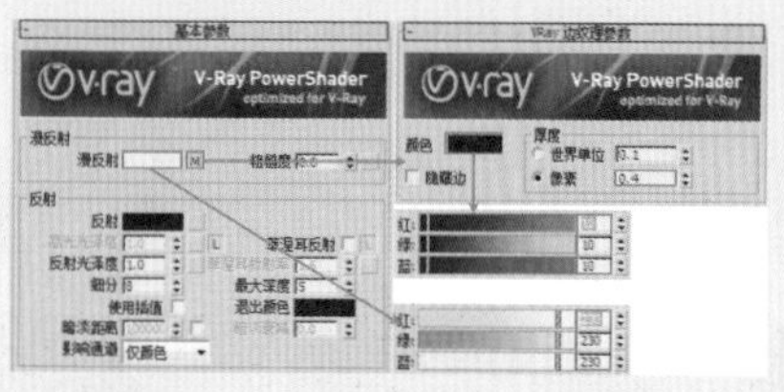

图11-143

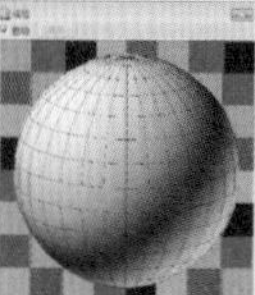

图11-144

第2步：按F10键打开“渲染设置”对话框，单击V-Ray选项卡，然后展开“全局开关”卷展栏，接着勾选“覆盖材质”选项，最后将“线框”材质球拖曳到该选项后面的None按钮 None 上（在弹出的对话框中设置“方法”为“实例”），如图11-145所示。通过这个步骤，可以使将场景中的所有材质都替换为“线框”材质，这样就不用对场景中的对象重新指定材质了。

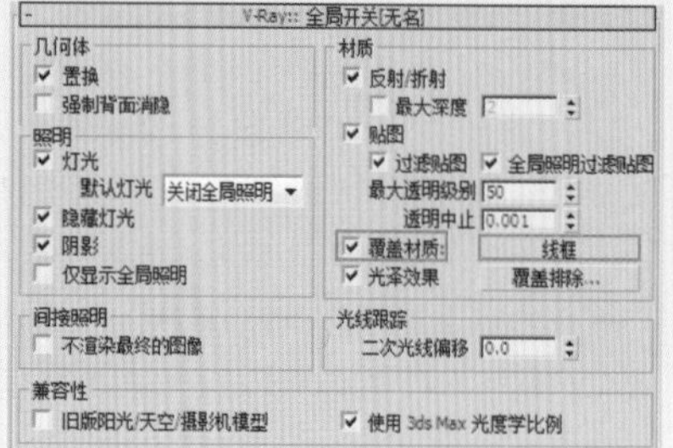

图11-145

第3步：按F9键渲染当前场景，效果如图11-146所示。从图中可以发现场景比较暗，这是因为场景中存在玻璃，且门窗外有天光，而将“玻璃”材质（“玻璃”材质是半透明的）替换为“线框”材质（“线框”材质是不透明的）后，“线框”材质会挡住窗外的天光，因此场景比较暗。基于此，需要将玻璃模型排除掉，这样天光才能照射进室内。请用户千万注意，如果门窗上有窗纱，也必须将窗纱排除掉。关于排除方法请参阅下面的第4步。另外，如果场景中存在外景，最好也将其排除掉，这样才能得到更真实的线框图。

图11-146

第4步：在“全局开关”卷展栏下的“材质”选项组下单击“覆盖排除”按钮 覆盖排除... ，然后在“场景对象”列表中选择“玻璃”和“外景”对象，接着单击 >> 按钮将其排除到右侧的列表中，如图11-147和图11-148所示。

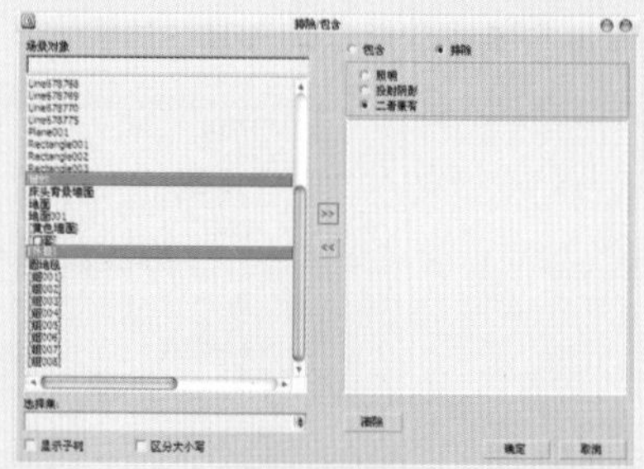

图11-147

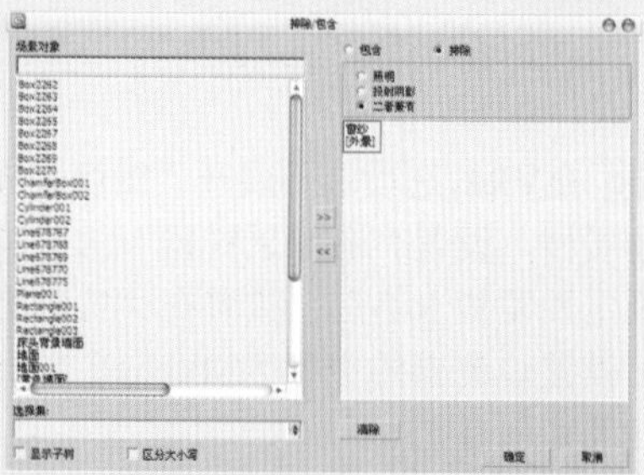

图11-148

第5步：按F9键渲染当前场景，效果如图11-149所示。从图中可以观察到现在的光影效果已经正常了。

图11-149

这里再总结以下渲染线框图的注意事项。

第1点：渲染参数与效果图的渲染参数可以保持一致，无需改动。

第2点：最好用全局替代渲染技术来渲染线框图。

第3点：如果场景中有玻璃和窗纱等半透明对象以及外景对象，一定要将其排除掉。注意，没有挡住灯光的玻璃和窗纱无需排除。

第12章
室外建筑篇

12.1 综合实例——简约别墅日景效果

素材文件	01.max
案例文件	综合实例——简约别墅日景效果.max
视频教学	视频教学/第12章/综合实例——简约别墅日景效果.flv
技术掌握	VRay天空材质的制作方法以及别墅日景的表现方法

本场景是一个室外别墅场景，日景的表现是本例的学习重点，VRay天空材质是本例的学习难点，案例效果及其线框图如图12-1所示。

图12-1

12.1.1 材质制作

本例的场景对象材质主要包括外墙砖材质、VRay天空、环境、后花园地面，如图12-2所示。

图12-2

1.制作外墙砖材质

01 打开本书配套光盘中的“01.max”文件，如图12-3所示。

图12-3

02 选择一个空白材质球，然后设置材质类型为VRayMtl材质，并将其命名为“外墙砖”，接着在“漫反射”贴图通道中加载一张“砖墙.jpg”贴图文件，具体参数设置如图12-4所示，制作好的材质球效果如图12-5所示。

图12-4　图12-5

2.制作后花园地面材质

选择一个空白材质球，然后设置材质类型为VRayMtl材质，并将其命名为“后花园地面”，接着在“漫反射”贴图通道中加载一张“地面.jpg”贴图文件，最后在“坐标”卷展栏下设置“模糊”为0.01，具体参数设置如图12-6所示，制作好的材质球效果如图12-7所示。

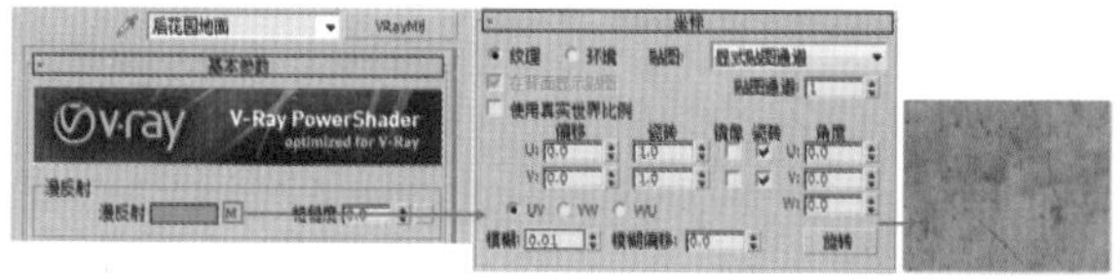

图12-6

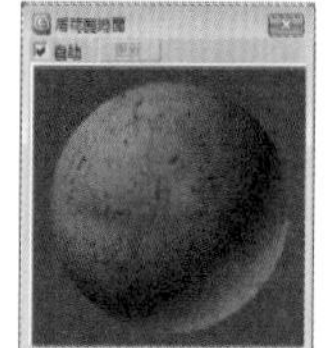

图12-7

3.制作玻璃材质

选择一个空白材质球，然后设置材质类型为VRayMtl材质，并将其命名为“玻璃”，具体参数设置如图12-8所示，制作好的材质球效果如图12-9所示。

设置步骤：

① 设置“漫反射”颜色为（红:90，绿:90，蓝:90）。

② 设置“反射”颜色为（红:67，绿:67，蓝:67）。

图12-8

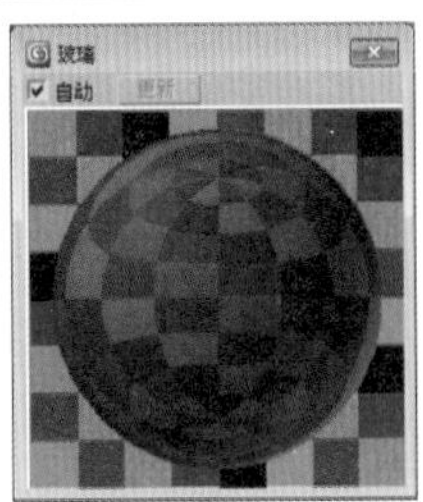

图12-9

4.制作VR天空材质

选择一个空白材质球，然后按下键盘上的数字键8打开“环境和效果”对话框，接着在“环境贴图”下的通道中加载一张“VR天空”程序贴图，并将其用鼠标左键拖曳到一个空白材质球上，最后勾选“指定太阳节点”，并设置“太阳强度倍增”为0.04，具体参数设置如图12-10所示，制作好的材质球效果如图12-11所示。

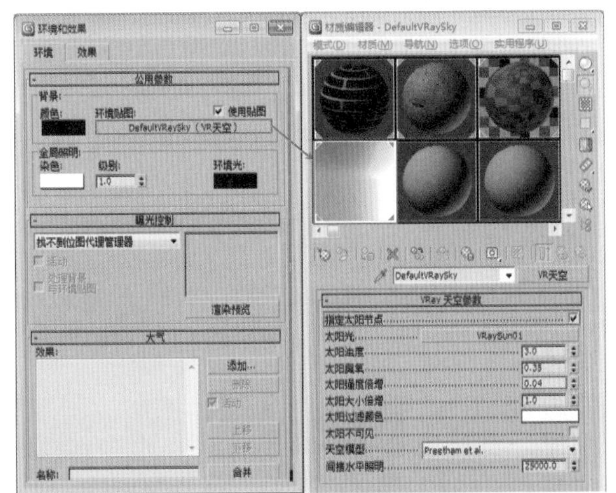

图12-10

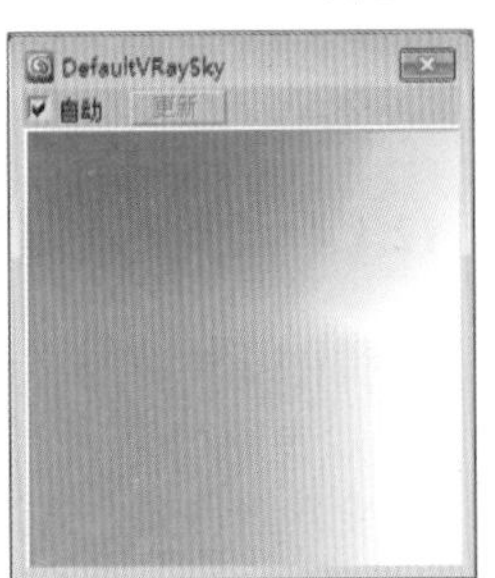

图12-11

12.1.2 设置测试渲染参数

01 按F10键打开“渲染设置”对话框，然后设置渲染器为VRay渲染器，接着在“公用参数”卷展栏下设置“宽度”为500、“高度”为375，最后单击“图像纵横比”选项后面的“锁定”，锁定渲染图像的纵横比，具体参数设置如图12-12所示。

图12-12

02 展开V-Ray选项卡下的“图形采样器（反锯齿）”卷展栏，然后设置“图像采样器”的“类型”为“固定”，接着勾选“抗锯齿过滤器”下的“开”选项，并设置其类型为“区域”；展开“固定图像采样器”卷展栏，然后设置“细分”为1，具体参数设置如图12-13所示。

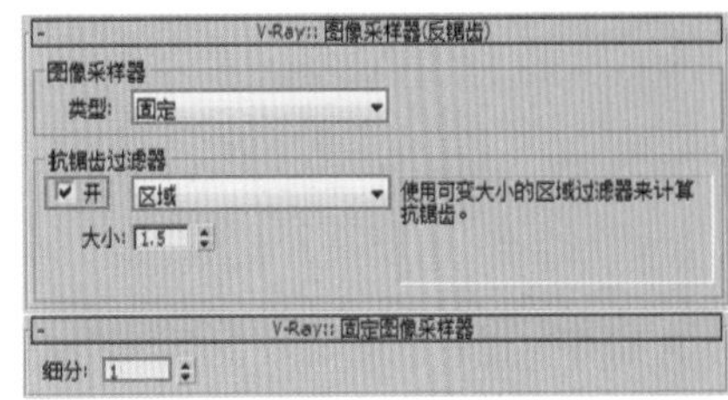

图12-13

03 展开“颜色贴图”卷展栏，然后设置“类型”为“指数”，接着设置“暗色倍增”为0.8，“亮度倍增”为1，“伽玛值”为2，勾选“子像素贴图”和“钳制输出”选项，具体参数设置如图12-14所示。

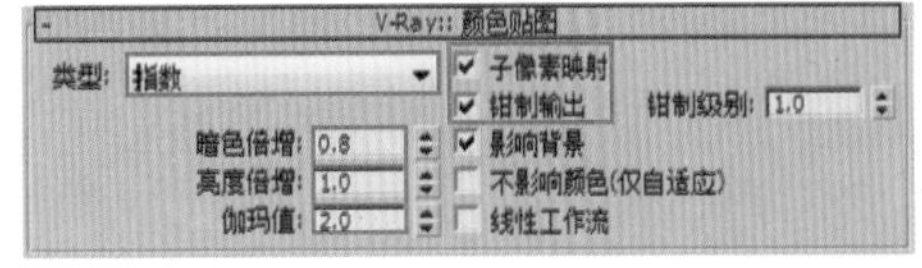

图12-14

04 展开“间接照明”选项卡下的“间接照明（GI）”卷展栏下勾选“开”选项，接着设置“首次反弹”的“全局照明引擎”为“发光图”、“二次反弹”的“全局照明引擎”为“灯光缓存”，具体参数设置如图12-15所示。

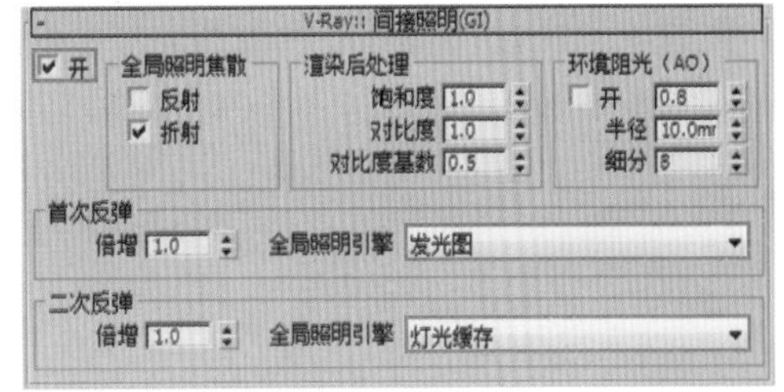

图12-15

05 展开“发光图”卷展栏，然后设置“当前预置”为“非常低”，接着设置“半球细分”为50、“插值采样”为20，最后勾选“显示计算相位”和“显示直接光”选项，具体参数设置如图12-16所示。

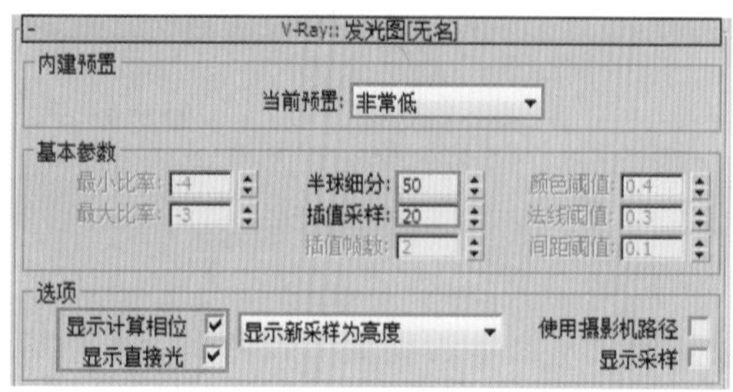

图12-16

06 展开“灯光缓存”卷展栏，然后设置“细分”为200，勾选“显示计算相位”选项，具体参数设置如图12-17所示。

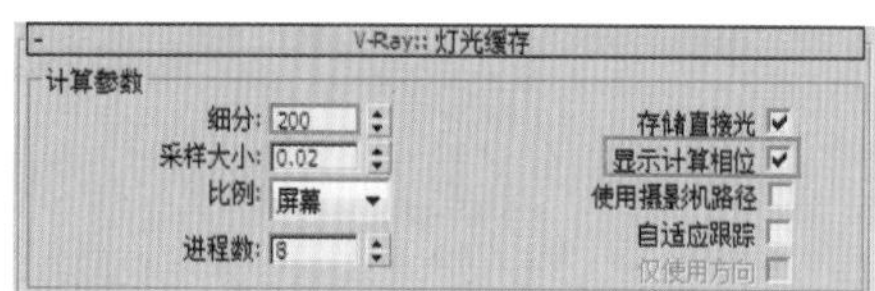

图12-17

07 展开“设置”选项卡下的“系统”卷展栏，然后设置“区域排序”为Top→Bottom（从上到下），最后在“VRay日志”选项组下关闭“显示窗口”选项，具体参数设置如图12-18所示。

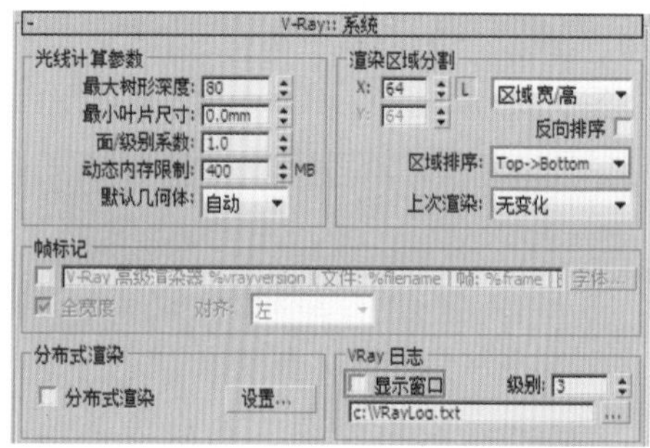

图12-18

12.1.3 灯光设置

本例为室外空间，只需要布置一处主光源即太阳光。

01 创建主光源（阳光）。设置灯光类型为VRay，然后在场景中创建一盏VR太阳作为主光源，其位置如图12-19所示。

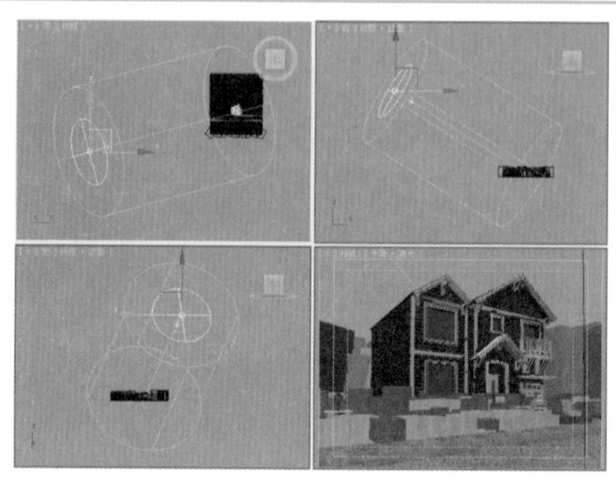

图12-19

02 选择上一步创建的VR太阳，然后展开“VRay太阳参数”卷展栏，具体参数设置如图12-20所示。

设置步骤：

① 设置“强度倍增”为0.045。

② 设置“大小倍增”为4。

③ 设置“阴影细分”为20。

④ 设置“光子发射半径”为150000mm。

03 按F9键测试渲染当前场景，效果如图12-21所示。

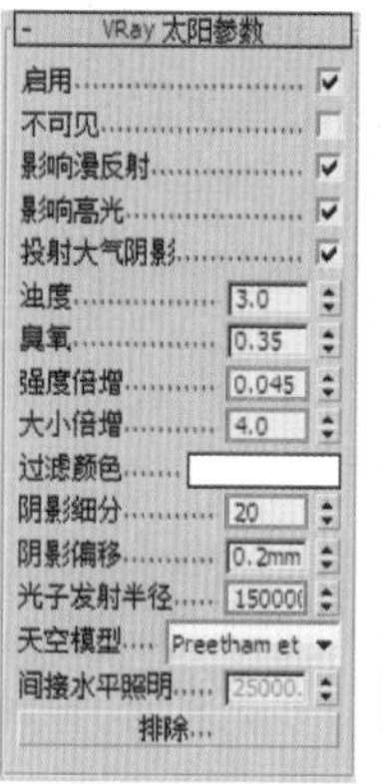

图12-20　图12-21

12.1.4 设置最终渲染参数

01 按F10键打开“渲染设置”对话框，然后展开“公共参数”卷展栏，接着设置“宽度”为1800、“高度”为1350，具体参数设置如图12-22所示。

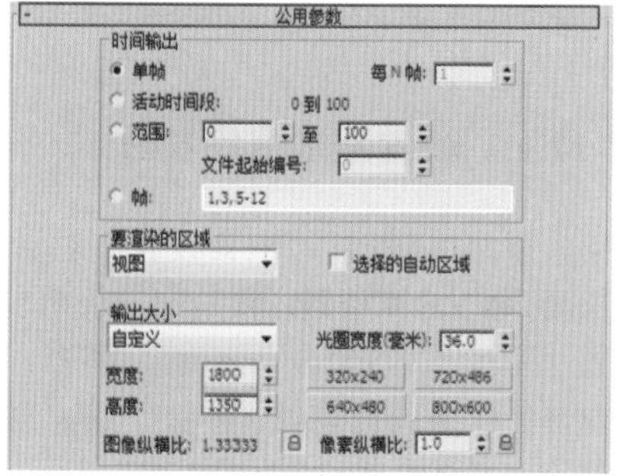

图12-22

02 在VRay选项卡下展开“图像采样器（反锯齿）”卷展栏，设置“图像采样器”的“类型”为“自适应细分”，接着在“抗锯齿过滤器”选项组下设置过滤器的类型为Catmull-Rom，具体参数设置如图12-23所示。

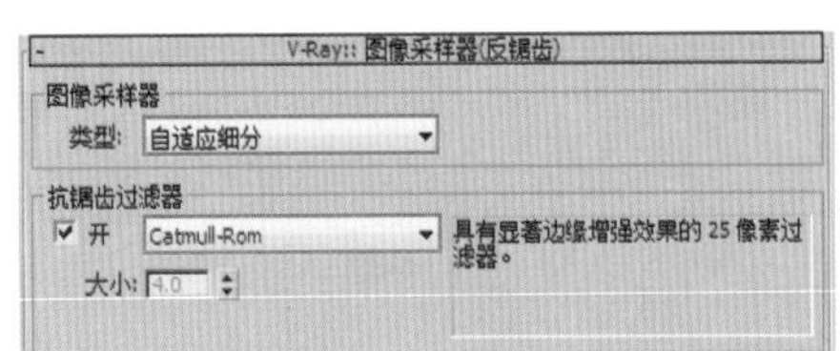

图12-23

03 展开“自适应细分图像采样器”卷展栏，然后设置“最小比率”为-1、“最大比率”为2，具体参数设置如图12-24所示。

图12-24

04 在“间接照明”选项卡下展开“发光贴图”卷展栏，然后设置“当前预置”为“中”，设置“半球细分”为50，“插值采样”为20，接着勾选“显示计算相位”和“显示直接光”选项，具体参数设置如图12-25所示。

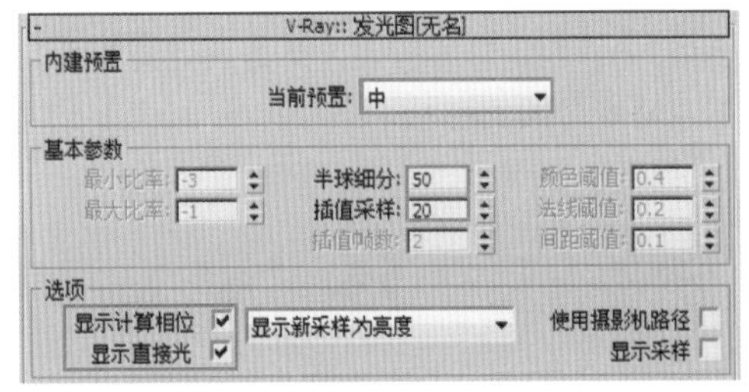

图12-25

05 展开“灯光缓存”卷展栏，然后设置“细分”为1200、“进程数”为8，接着关闭“存储直接光”选项，最后勾选“显示计算相位”选项，具体参数设置如图12-26所示。

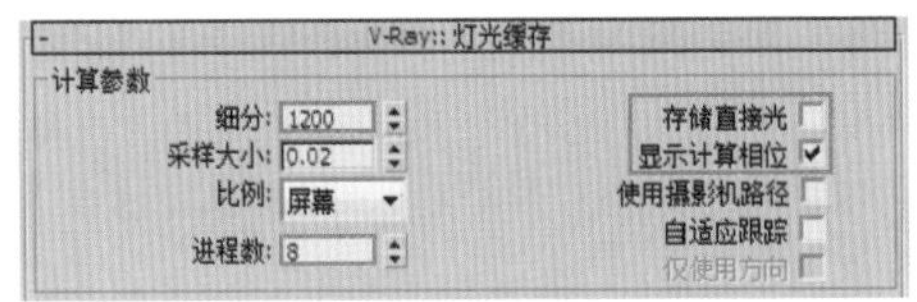

图12-26

06 在“设置”选项卡下展开“DMC采样器”卷展栏，然后设置“噪波阈值”为0.005、“最小采样值”为10，具体参数设置如图12-27所示。

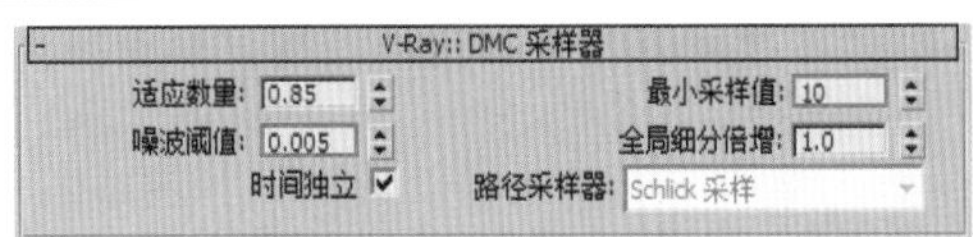

图12-27

噪波阈值是对精度的控制，该值越小精度越高，品质越好，渲染速度越慢。

07 按F9键渲染当前场景，最终渲染效果如图12-28所示。

图12-28

12.2 综合实例——城市河边日景效果

素材文件	02.max
案例文件	综合实例——城市河边日景效果.max
视频教学	视频教学/第12章/综合实例——城市河边日景效果.flv
技术掌握	河水、草地材质的制作方法以及室外日景的表现方法

本场景是一个大型的城市风景空间，日景的表现是本例的学习重点，河水、草地材质是本例的学习难点，效果如图12-29所示。

图12-29

12.2.1 材质制作

本例的场景对象材质主要包括河水材质、植物材质、环境材质、草地材质、地面材质，如图12-30所示。

图12-30

1.制作河水材质

01 打开本书配套光盘中的“02.max”文件，如图12-31所示。

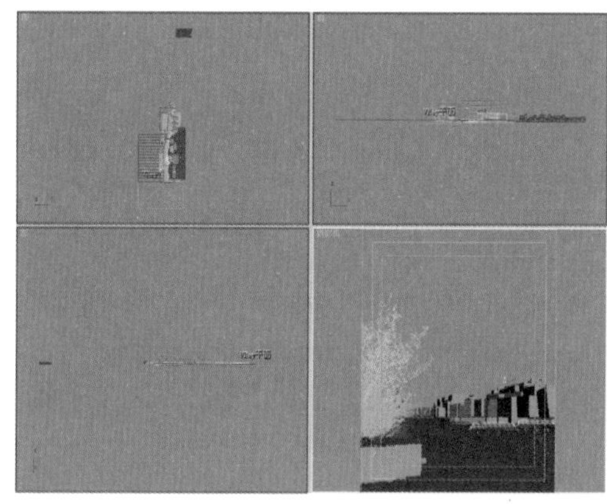

图12-31

02 选择一个空白材质球，然后设置材质类型为VRayMtl材质，并将其命名为“河水”，接着展开“参数”卷展栏，具体参数设置如图12-32所示。

设置步骤：

① 设置“漫反射”颜色为（红:3，绿:3，蓝:3）。

② 在“反射”贴图通道中加载一张“衰减”程序贴图，接着在“衰减参数”卷展栏下设置“衰减类型”为“垂直/平行”，然后在“混合曲线”卷展栏下调节好曲线的形状。

③ 设置“折射”颜色为（红:255，绿:255，蓝:255），并勾选“影响阴影”选项。

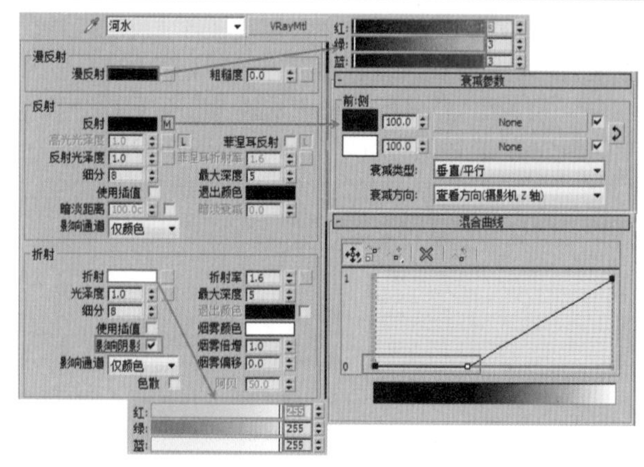

图12-32

03 展开“贴图”卷展栏，并在“凹凸”贴图通道中加载一张“法线凹凸”程序贴图，接着在“参数”卷展栏下的“法线”贴图通道中加载一张“混合”程序贴图，展开“混合参数”卷展栏，具体参数设置如图12-33所示。

设置步骤：

① 在“调节#2”贴图通道中加载一张“河水法线贴图.jpg”贴图文件。

② 在“混合量”贴图通道中加载一张“衰减”程序贴图，接着在“衰减参数”卷展栏下设置“衰减类型”为“垂直/平行”，最后在“混合曲线”卷展栏下调整好曲线的形状。

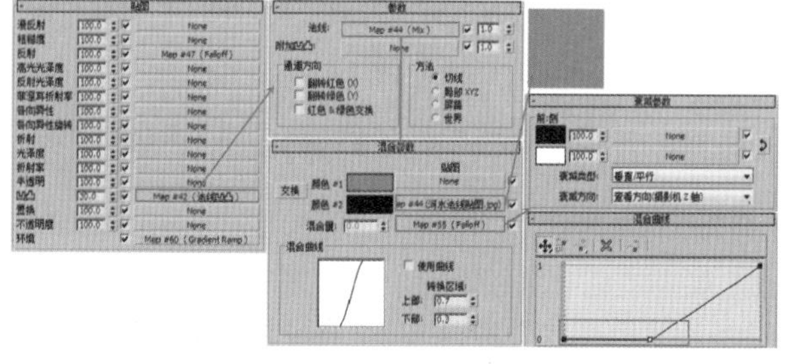

图12-33

小技巧

法线凹凸程序贴图通过可以被指定给材质的凹凸组件、位移组件或两者。使用位移的贴图可以更正看上去平滑失真的边缘；然后，这样会增加几何体的面。

04 返回到“贴图”卷展栏，然后在“环境”贴图通道中加载一张“渐变坡度”程序贴图，并调节“渐变坡度参数”为图12-34所示的样式，制作好的材质球效果如图12-35所示。

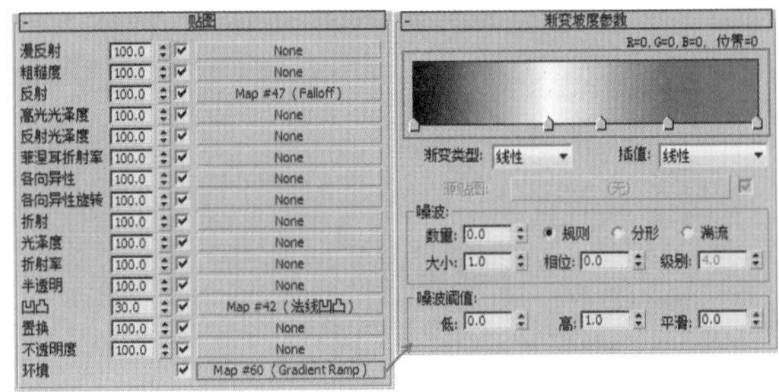

图12-34

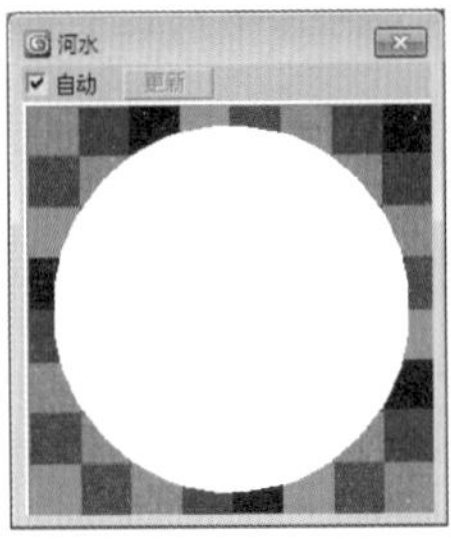

图12-35

2.制作植物材质

01 选择一个空白材质球，然后设置材质类型为“多维/子对象材质”，并将其命名为“植物”，接着展开“多维/子对象基本参数”卷展栏，并在ID为1的材质通道中加载VRayMtl材质，具体参数设置如图12-36所示。

设置步骤：

① 设置“漫反射”颜色为（红:94，绿:97，蓝:49）。

② 设置“反射”颜色为（红:15，绿:15，蓝:15），然后设置“反射光泽度”为0.6。

③ 设置“折射”颜色为（红:20，绿:20，蓝:20），设置“光泽度”为0.2，设置“烟雾颜色”颜色为（红:94，绿:97，蓝:49）。

④ 设置“类型”为“硬（蜡）模型”，接着设置“背面颜色”为（红:94，绿:97，蓝:49）。

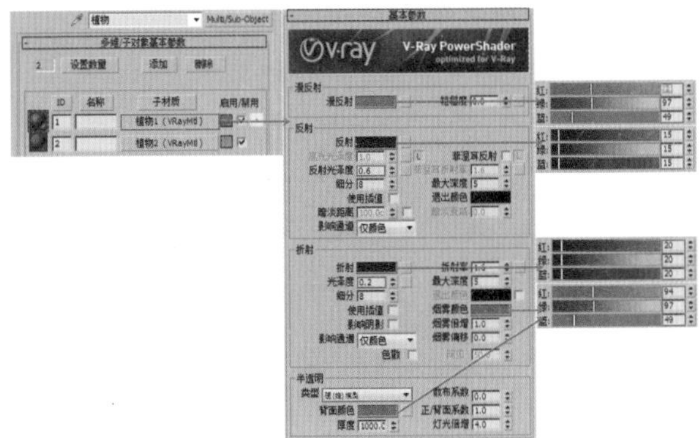

图12-36

02 在ID为2的材质通道中加载VRayMtl材质，具体参数设置如图12-37所示，制作好的材质球效果如图12-38所示。

设置步骤：

① 展开“基本参数”卷展栏，然后在“漫反射”贴图通道中加载一张“植物.jpg”贴图文件，接着在“坐标”卷展栏下设置“瓷砖”的*u*和*v*为5。

② 展开“贴图”卷展栏，然后将“漫反射”贴图通道中的贴图文件拖曳到“凹凸”贴图通道中，最后设置凹凸的强度为30。

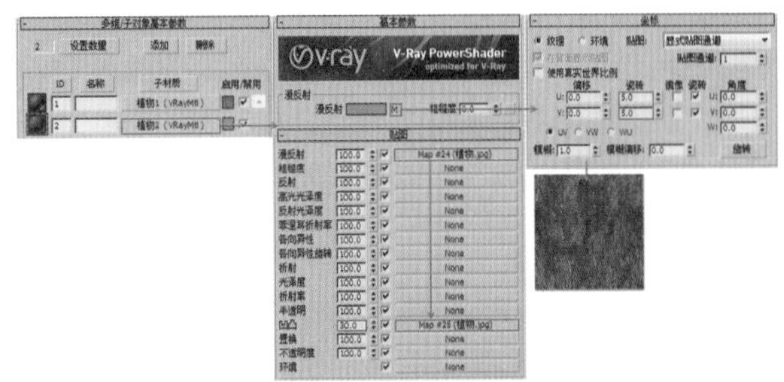

图12-37

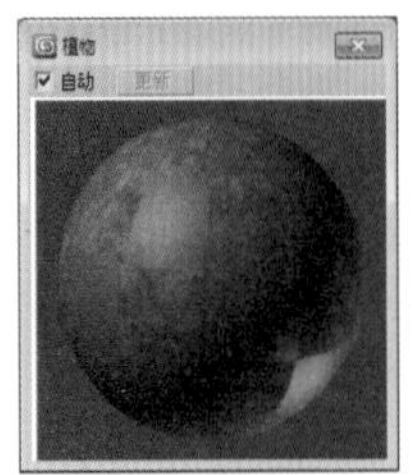

图12-38

3.制作环境材质

选择一个空白材质球，然后设置材质类型为“多维/子对象材质”，并将其命名为“环境”；按下8键，打开“环境和效果”对话框，接着在“环境贴图”下面的通道中加载一张“环境.jpg”贴图文件，然后将其用鼠标左键拖曳到“环境”材质球上，并在“输出”卷展栏下设置“输出量”为120，具体参数设置如图12-39所示，制作好的材质球效果如图12-40所示。

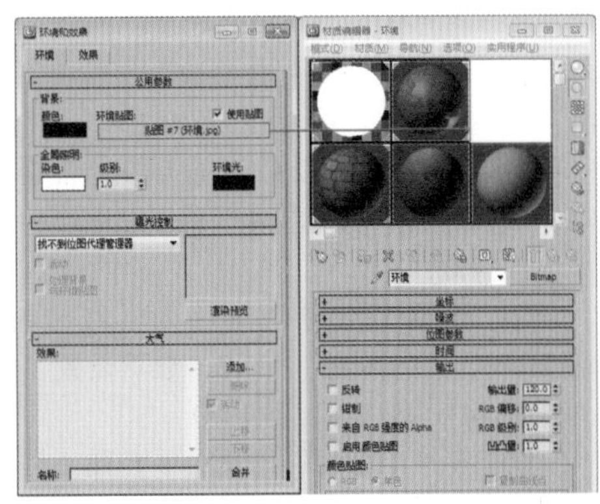

图12-39

图12-40

4.制作地面材质

选择一个空白材质球，然后设置材质类型为VRayMtl材质，并将其命名为“地面”，接着在“漫反射”贴图通道中加载一张“地面.jpg”贴图文件，如图12-41所示，制作好的材质球效果如图12-42所示。

图12-41

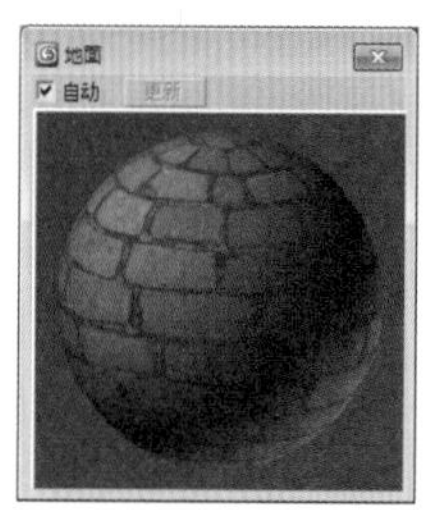

图12-42

5.制作草地材质

选择一个空白材质球，然后设置材质类型为VRayMtl材质，并将其命名为“草地”，具体参数设置如图12-43所示，制作好的材质球效果如图12-44所示。

设置步骤：

① 在“漫反射”贴图通道中加载一张“混合”程序贴图，然后在“混合参数”卷展栏下调节“颜色#1”为（红:181，绿:181，蓝:129）、“颜色#2”为（红:58，绿:75，蓝:24），最后在“混合量”贴图通道中加载一张“渐变坡度”程序贴图，并调节好渐变坡度的参数。

② 设置“折射”颜色为（红:20，绿:20，蓝:20）、“光泽度”为0.2，最后设置“烟雾颜色”为（红:141，绿:158，蓝:107）。

③ 在“半透明”选项组下设置“类型”为“硬（蜡）模型”。

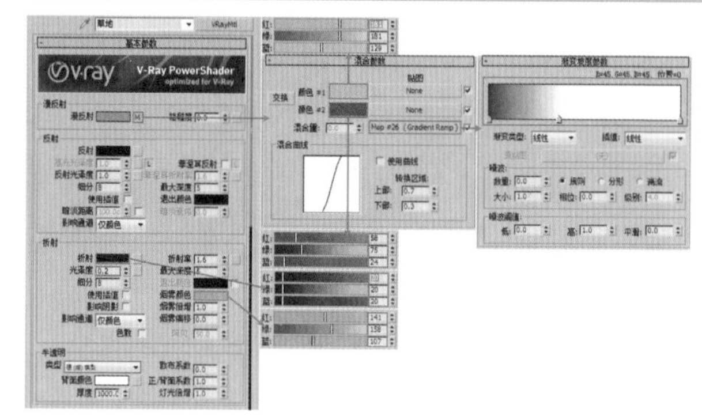

图12-43

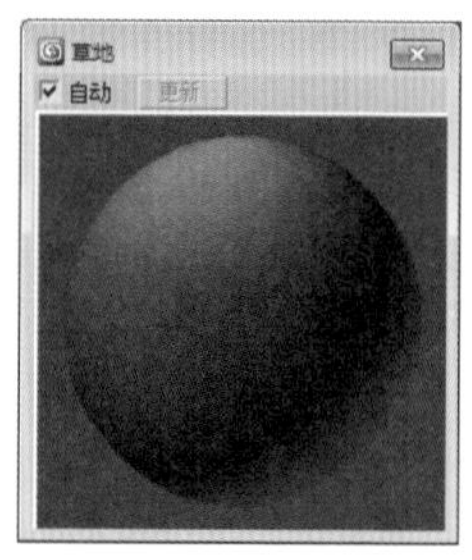

图12-44

小技巧

“渐变坡度”程序贴图是与“渐变”程序贴图相似的2D贴图。它从一种颜色到另一种进行着色。在这个贴图中，可以为渐变指定任何数量的颜色或贴图。它有许多用于高度自定义渐变的控件。几乎任何“渐变坡度”参数都可以设置动画。

12.2.2 设置测试渲染参数

01 按F10键打开“渲染设置”对话框，然后设置渲染器为VRay渲染器，接着在“公用参数”卷展栏下设置“宽度”为400、“高度”为520，最后单击“图像纵横比”选项后面的“锁定”按钮，锁定渲染图像的纵横比，具体参数设置如图12-45所示。

图12-45

02 展开V-Ray选项卡下的“图形采样器（反锯齿）”卷展栏，然后设置“图像采样器”的“类型”为“固定”，接着勾选“抗锯齿过滤器”下的“开”选项，并设置其类型为“区域”；展开“固定图像采样器”卷展栏，然后设置“细分”为1，具体参数设置如图12-46所示。

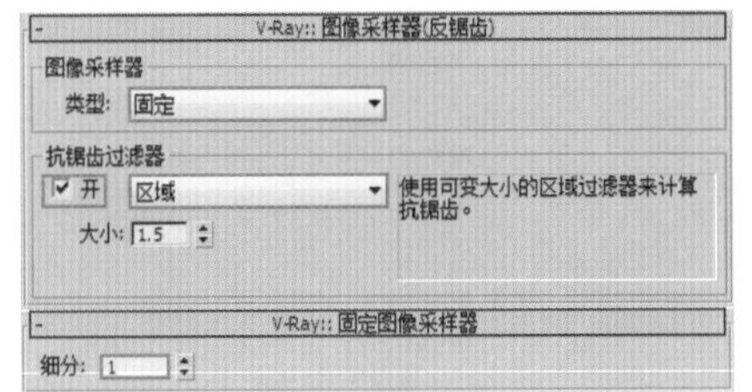

图12-46

03 展开“颜色贴图”卷展栏，然后设置“类型”为“指数”，接着勾选“子像素贴图”和“钳制输出”选项，具体参数设置如图12-47所示。

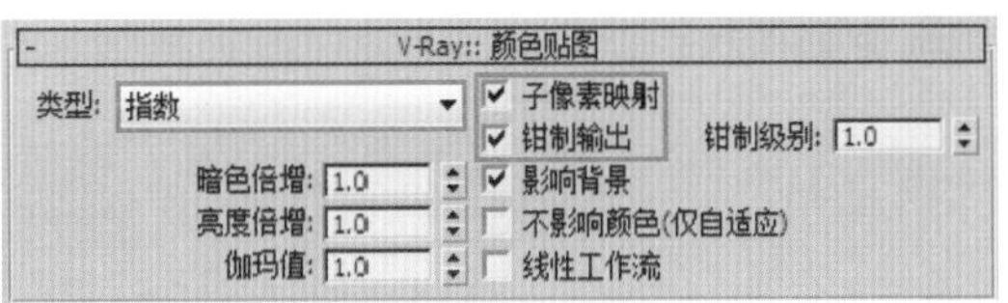

图12-47

04 展开“间接照明”选项卡下的“间接照明（GI）”卷展栏下勾选“开”选项，接着设置“首次反弹”的“全局照明引擎”为“发光图”、“二次反弹”的“全局照明引擎”为“灯光缓存”，具体参数设置如图12-48所示。

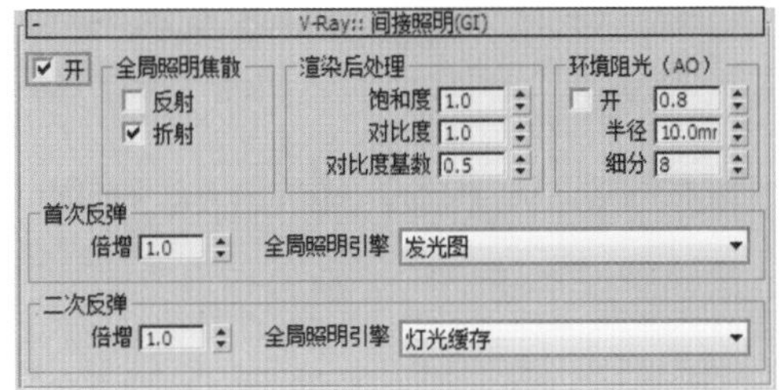

图12-48

05 展开“发光图”卷展栏，然后设置“当前预置”为“非常低”，接着设置“半球细分”为50、“插值采”为20，最后勾选“显示计算相位”和“显示直接光”选项，具体参数设置如图12-49所示。

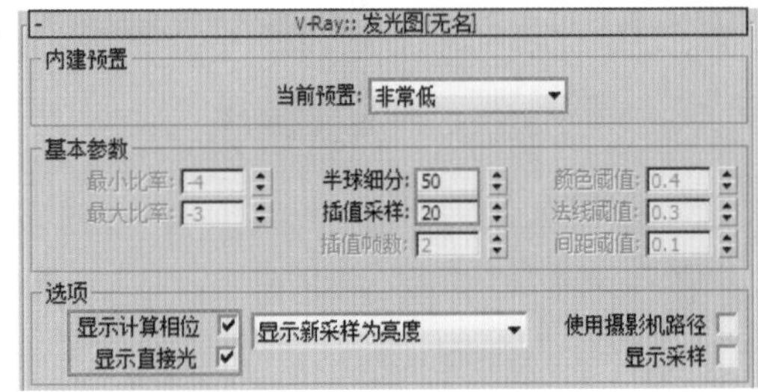

图12-49

06 展开“灯光缓存”卷展栏，然后设置“细分”为100，“进程数”为4，勾选“显示计算相位”选项，具体参数设置如图12-50所示。

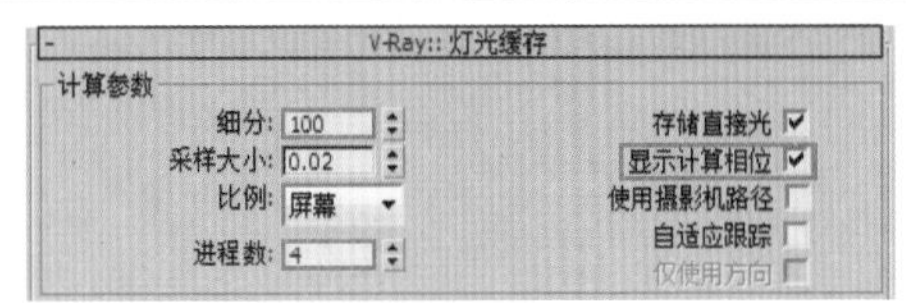

图12-50

07 展开“设置”选项卡下的“系统”卷展栏，然后设置“最树形深度”为90、“面/级别系统”为0.5、“默认几何体”为“静态”，接着在“渲染区域分割”选项组下设置X为32、“区域排序”为Top→Buttom（从上到下），最后在“VRay日志”选项组下关闭“显示窗口”选项，具体参数设置如图12-51所示。

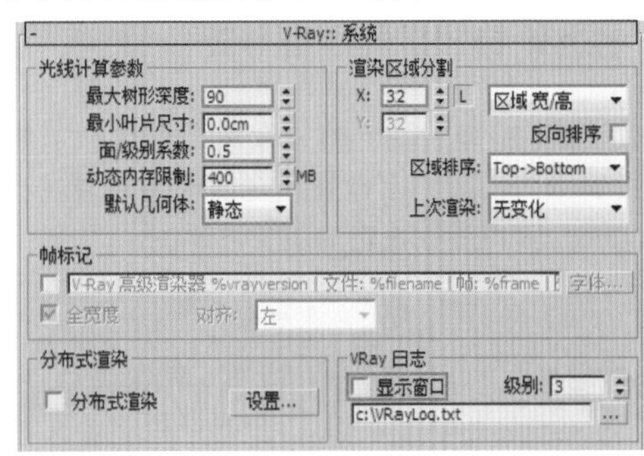

图12-51

12.2.3 灯光设置

本例为室外空间，只需要布置一处主光源即太阳光。

01 设置灯光类型为VRay，然后在场景中创建一盏VR太阳作为主光源，其位置如图12-52所示。

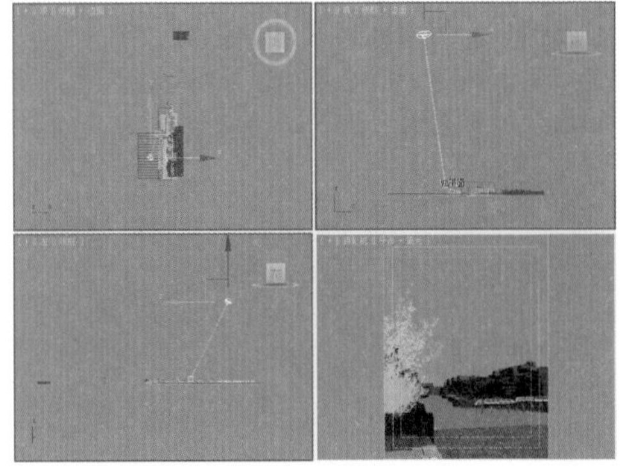

图12-52

02 选择上一步创建的VR太阳，然后展开“VRay太阳参数”卷展栏，接着设置“臭氧”为0、“强度倍增”为0.03、“阴影细分”为20，具体参数设置如图12-53所示。

03 按F9键测试渲染当前场景，效果如图12-54所示。

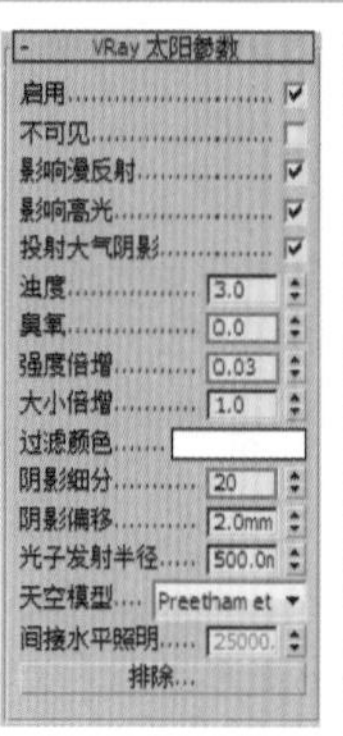

图12-53

图12-54

12.2.4 设置最终渲染参数

01 按F10键打开“渲染设置”对话框，然后在“公用参数”卷展栏下设置“宽度”为1538、“高度”为2000，具体参数设置如图12-55所示。

图12-55

02 在VRay选项卡下展开“图像采样器（反锯齿）”卷展栏，设置“图像采样器”的“类型”为“自适应确定性蒙特卡洛”，接着在“抗锯齿过滤器”选项组下设置过滤器的类型为Catmull-Rom，具体参数设置如图12-56所示。

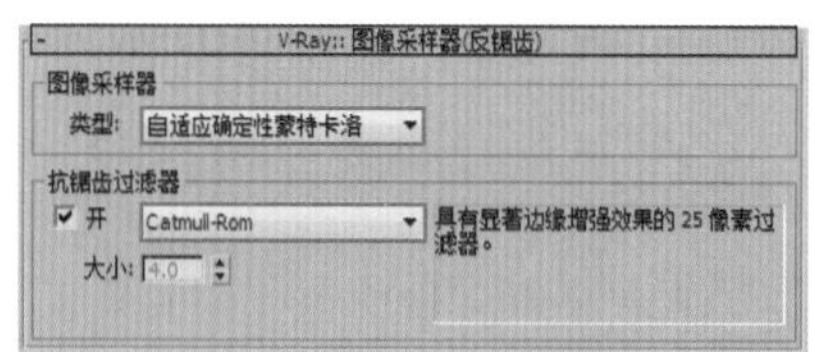

图12-56

03 展开“自适应DMC图像采样器”卷展栏，然后设置“最小细分”为1、“最大细分”为4，具体参数设置如图12-57所示。

图12-57

04 展开“间接照明”选项卡下的“发光图”卷展栏，然后设置“当前预置”为“中”，设置“半球细分”为50，“插值采样”为20，接着勾选“显示计算相位”和“显示直接光”选项，具体参数设置如图12-58所示。

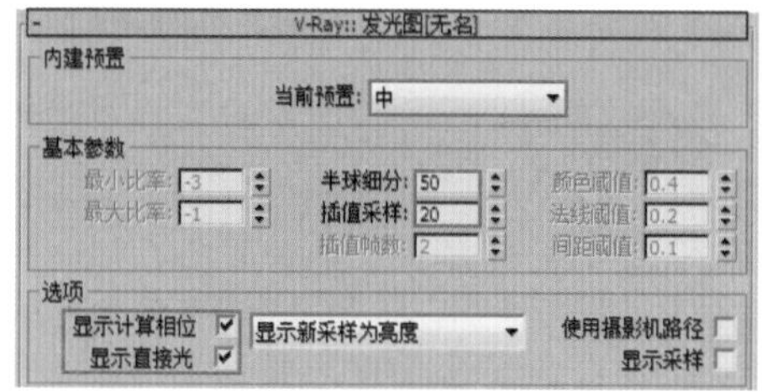

图12-58

05 展开“灯光缓存”卷展栏，然后设置“细分”为1000、“进程数”为4，接着关闭“存储直接光”选项，最后勾选“显示计算相位”选项，具体参数设置如图12-59所示。

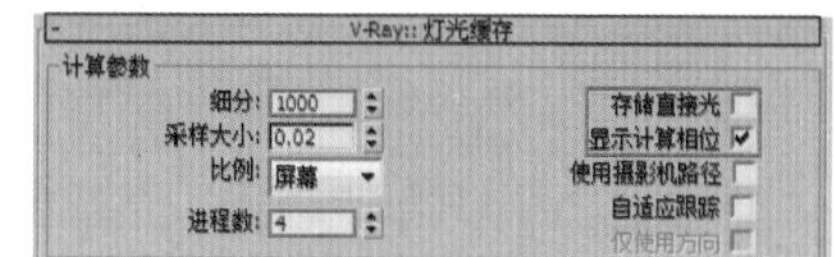

图12-59

06 在“设置”选项卡下展开“DMC采样器”卷展栏，设置“噪波阈值”为0.005，“最小采样值”为10，具体参数设置如图12-60所示。

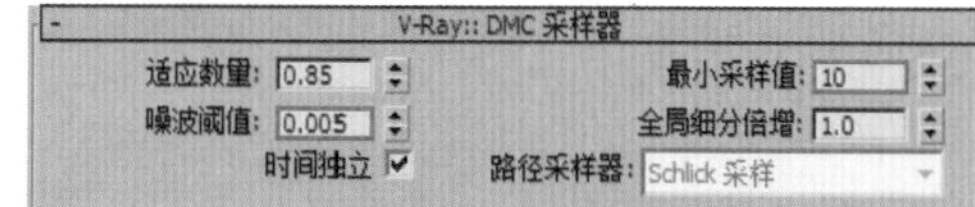

图12-60

07 按F9键渲染当前场景，最终渲染效果如图12-61所示。

图12-61